国家辞书编纂出版规划

中国林业百科全书

森林培育卷

《中国林业百科全书》总编纂委员会　编著

中国林业出版社

图书在版编目（CIP）数据

中国林业百科全书. 森林培育卷 /《中国林业百科
全书》总编纂委员会编著. -- 北京：中国林业出版社，
2022.8

ISBN 978-7-5219-0947-0

Ⅰ. ①中… Ⅱ. ①中… Ⅲ. ①林业－中国－百科全书
②森林抚育－中国－百科全书 Ⅳ. ①S7-61

中国版本图书馆CIP数据核字(2020)第259393号

中国林业百科全书 | 森林培育卷

出版发行	中国林业出版社（100009 北京西城区德内大街刘海胡同 7 号）
网　址	http://www.forestry.gov.cn/lycb.html
电　话	（010）83143519，83143574
装帧设计	周周设计局
制　版	中林科印文化发展（北京）有限公司
印　刷	北京雅昌艺术印刷有限公司
版　次	2022 年 8 月第 1 版
印　次	2022 年 8 月第 1 次
开　本	889mm×1194mm 1/16
印　张	32.75
字　数	1345 千字
定　价	680.00 元

《中国林业百科全书》总编纂委员会

总 顾 问（按姓氏笔画排序）

总 主 编　封加平　张守攻

副总主编（按姓氏笔画排序）

总 编 委（按姓氏笔画排序）

秘 书 长　邵权熙

前　言

　　《中国林业百科全书》是中国第一部荟萃中外古今林业科学知识并全面反映中国林业发展情况的百科全书，是一所普及林业科学知识、传播林业建设经验、促进林业可持续发展和生态文明建设的没有围墙的大学。

　　森林是人类文明的摇篮，是人类食物、药物、建筑材料、生活用品、传统能源的重要来源，是自人类诞生以来对人类最大的奉献者。今天，林业仍然是利用太阳能和地力创造绿色财富、规模最大的绿色经济体，发展林业被认为是维护全球生态安全、应对全球气候变化、实现人类永续发展的根本性解决方案。科学家预言，随着科学技术的突破，生物质材料、生物制药、生物炭基肥、生物农药及能源植物、植物蛋白，可为解决能源、食物、健康、土地污染等一系列人类面临的巨大挑战提供重要路径。

　　然而，由于人类对森林长期无休止的过度利用和破坏，导致或加剧了水土流失、土地荒漠化、干旱缺水、湿地减少、洪涝灾害、物种灭绝、气候变化等一系列全球性的生态危机。联合国发布的《2000年全球生态环境展望》指出，全球森林已减少了50%，难以支撑人类文明大厦。科学家警告：生态恶化将使自然界失去供养人类生存的能力，生态危机有可能成为人类面临的最大威胁；没有林业的可持续发展，就没有经济社会的可持续发展。联合国已作出一个基本结论：森林涉及环境与发展整个范围的问题与机会，对经济发展和维护各种形式的生命是必不可少的。

　　中国是林业发展历史最悠久的国家之一。早在新石器时代，中国林业就开始萌芽，木制武器、工具、器皿在生产生活中得到应用。在4000多年前的上古时期，神农氏采集植物、遍尝百草，成为草木入药的发明者，"斫木为耜，揉木为耒"又成为神农氏开启森林利用先河的证据。到3000多年前的商朝，中国已设立了政府机构"司木"，并有了"木工"职业。到2700多年前的西周，已经有了负责森林防火、林木培育、林木利用与管理的官职，并开始形成原始的植物分类思想。在2300多年前的《孟子》中，"斧斤以时入山林，材木不可胜用也"，已体现出可持续发展的思想。这些保护森林、保护自然的思想为中华文明延续5000多年而没有断裂作出了重要贡献。

　　中国又是世界上最重视林业建设的国家之一。新中国成立后，林业建设的力度不断加大，创造了一个又一个林业发展的奇迹。中国开展了世界上规模最大、参与人数最多、持续时间最长的植树造林运动；中国实施了世界上规模最大、数量最多、成效最好的生态建设工程；中国已成为全球人工林面积最大和森林面积增长最多的国家；中国又是防治荒漠化成效最显著的国家，扭转了千百年来土地荒漠化不断扩展的趋势，实现了从"沙进人退"到"绿进沙退"的历史性转变；中国还是林业产业发展最快的国家，从林业产业一度为最落后的国家一跃升为全球林产品生产、贸易、消费大国，为中国8亿多农民脱贫致富和促进绿色发展作出了重要贡献。

　　中国还是林业建设内容最丰富的国家之一。中国地域辽阔,跨越寒温带、中温带、暖温带、亚热带、热带 5 个气候带,形成了多种多样的生态系统和物种多样性,使中国成为世界上唯一具备所有生态类型的国家,其中陆地生态系统就有包括森林、草原和草甸、湿地、荒漠、高山冻原等 5 大类 600 多种,在湿地生态系统中几乎拥有《湿地公约》中所有的湿地类型。中国是世界上物种资源最丰富的 12 个国家之一,拥有 1.5 万～ 1.8 万多种特有植物。中国林业产业门类齐全,形成了丰富多彩的特色产业,积累了一、二、三产业融合发展和可持续发展的经验。中国林业信息化、数字化、智能化发展迅速。同时,中国生态文化发展精彩纷呈。

　　编纂《中国林业百科全书》是全国林业科技工作者多年的愿望。1995 年中国林业出版社首次提出编纂《中国林业百科全书》,并将其列入 1996—2000 年重点林业图书出版规划;2003 年中国林业出版社再次提出编纂《中国林业百科全书》的计划,但由于种种原因未能实施。2013 年中国林业出版社申报的《中国林业百科全书》项目入选国家新闻出版广电总局辞书编纂出版规划。2015 年国家林业局批准《中国林业百科全书》项目申请报告。2016 年 12 月 22 日,《中国林业百科全书》编纂工作正式启动。

　　《中国林业百科全书》共 24 卷,包括《总目录》《总索引》《综合卷》《林业政策与法规卷》《林业基础科学卷》《森林生态卷》《森林培育卷》《森林经理卷》《森林保护卷》《林木遗传育种卷》《经济林卷》《荒漠化防治卷》《水土保持卷》《自然保护地卷》《湿地卷》《野生动植物保护与利用卷》《园林绿化卷》《生态旅游卷》《森林工程卷》《林业装备卷》《木材科学与技术卷》《林产化学加工工程卷》《生物质能源及材料卷》《林业经济与管理卷》。计收条目 2.4 万条,约 3000 万字,陆续出版。

　　《中国林业百科全书》每一卷的纸质版与电子版同时出版。这为读者查阅相关内容提供了便利,也为今后及时补充修订有关条目提供了便利。

　　《中国林业百科全书》的编纂出版,是林业科技事业的一项基本建设工程,也是新时代生态文明建设的一项基础性工程,对于推动中国林业建设持续深入高质量发展,向世界传播中国生态文明建设经验,共同促进绿色发展、建设美丽地球,具有重要意义。

　　《中国林业百科全书》的编纂出版,是在中共中央宣传部、财政部、国家林业和草原局的高度重视下,在全行业的大力支持下,经过包括中国科学院、中国工程院院士在内的 4000 多名林业专家学者的艰苦努力取得的成果,是集体智慧的结晶。编纂这部巨著是一项宏大的系统工程,填补了中国林业发展史上的一项空白,具有开创性和复杂性,难免存在疏漏和不足,衷心希望广大专家、读者提出宝贵意见,共同建设好这座没有围墙的林业大学。

《中国林业百科全书》总主编　封加平　张守攻

2022 年 5 月

凡　例

一、编　排

1. 全书以专业知识领域为基础设卷，分 22 卷，外加《总目录》《总索引》共 24 卷。卷由条目组成。

2. 各卷按前言、凡例、本卷前言、概观性文章、条目分类目录、正文、条目标题汉字笔画索引、条目标题外文索引、内容索引等顺序编排。

3. 全书主体是条目，条目一般由条目标题、释文和相应的插图、表格、参考文献等组成。

4. 全书条目按条目标题的汉语拼音字母顺序排列。第一字同音时，按声调顺序排列；同音同调时，按汉字笔画由少到多的顺序排列；笔画数相同时，按起笔笔形横（一）、竖（丨）、撇（丿）、点（丶）、折（乛，包括乛、乚、乀等）的顺序排列。第一字相同时，按第二字，余类推。以拉丁字母、罗马数字和阿拉伯数字开头的条目标题，依次排在全部汉字条目标题之后。

5. 各卷在条目分类目录之前都有一篇介绍本卷内容的概观性文章。

6. 各卷均列有条目分类目录，供读者了解本学科的全貌，可按学科知识体系查检所需要的条目。分类目录还反映出条目间的层次性、系统性，例如：

7. 为保持知识体系的完整性和便于读者查阅，内容完全相同的条目，可以重复出现在不同卷。对卷间交叉的知识主题，在有关学科卷中均设有条目，但释文内容分别按其所在学科的要求有所侧重。

二、条目标题

8. 条目标题一般为词或词组，如"混交林""抽样""实生苗""森林定向培育""种子采集""种子贮藏"。

9. 条目标题一般由汉语标题和相对应的外文两部分组成；有两个以上对应外文的，中间用分号（；）隔开。

10. 无通用译名而纯属中国内容的条目标题，不附条目标题外文。

11. 生物属名、种名的条目标题外文一般注拉丁学名和英文名称，中间用分号隔开。其中，拉丁学名为斜体，属以上的科、目、纲、门名称的拉丁学名排正体，第一个字母大写，其他字母小写。如：

白桦　　　*Betula platyphylla* Suk.

12. 有关植物物种条目采用的是 APG 分类系统，在一般的释文中从习惯。

三、释文

13. 条目释文力求使用规范化的现代汉语。条目释文开始一般不重复条目标题。

14. 条目释文一般依次由定义和定性叙述、简史、基本内容、研究状况、插图、表格、参考文献等构成，视条目的性质和知识内容的实际状况有所增减或调整。

15. 条目释文较长时，设置层次标题，并用不同的字体和排式表示。

16. 一个条目的内容涉及其他条目并需由其他条目的释文补充的，采用"参见"的方式。所参见的条目标题在释文中用楷体字排印，例如"根据经营对象和培育目标，苗圃分为*森林苗圃*、*园林苗圃*、*果树苗圃*和*实验苗圃*，以及具有多功能特点的*综合苗圃*等"；所参见的条目标题未在释文中出现的，另用括号加"见"字标出，例如"对没有竞争力的树仅伐除受压、受损或病害木（见*干扰树采伐*）"。

17. 条目释文中配有必要的随文插图，包括照片、航摄图、遥感图、线条图等。

18. 插图附图题、图注等说明文字。条目只配一幅图且图题与条目标题一致时，不附图题。

四、索引

19. 全书附有条目标题汉字笔画索引、条目标题外文索引、内容索引等。

五、其他

20. 全书所用汉字，除必须用繁体字和异体字的以外，以国务院 2013 年 6 月公布的《通用规范汉字表》为准。

21. 全书所用数字，执行国家标准 GB/T 15835—2011《出版物上数字用法》。

22. 全书所用科学技术名词以全国科学技术名词审定委员会审定的为准，未经审定和尚未统一的，从习惯。

23. 全书所用地名，除历史地名外，一般以中国地名委员会审定的为准（含中国地名、外国地名）。历史地名后一般括注今地名。

《森林培育卷》前言

　　森林培育是从林木种子、苗木、造林更新到林木成林、成熟和收获的整个过程中，按既定目标和自然规律所进行的一系列综合栽培和抚育作业活动。为森林经营活动的主要组成部分和不可或缺的基础环节。森林培育的对象是天然林、人工林以及天然起源和人工起源结合形成的森林（人天混交林），也包括未达到森林"标准"的各种防护林带的林木和"四旁"散生树木；培育目标包括提供木材产品、经济林产品、生态服务产品等。研究森林培育的理论和技术的学科称为森林培育学，为林学一级学科下的二级学科。

　　人类工业文明的到来和科学技术发展推动了森林培育技术体系的形成和学科体系的创立，19世纪德国的林学理论和实践成就成为了世界林学界的先声。随着人类对森林认知的不断深入和森林培育实践的发展，目前，森林培育技术体系和学科内容包括苗木培育、人工林营造、天然更新、育林作业法、林农复合经营、定向培育、森林多功能经营、森林碳汇、生态系统服务等各个方面。中国古代先贤就有了处理自然资源利用与培育关系的思想萌芽，但林学学科和森林培育技术体系在中国形成发展相对比较晚，直到20世纪20年代以后才陆续由一批从欧、美、日归国的留学生对林学学科作了系统介绍。中国森林培育技术体系和学科发展与用材林营造和国土绿化实践紧密关联，作为一门应用性很强的学科，随着人类对森林认知的不断深入和需求的多样化发展，森林培育学的学科体系还在不断发展完善之中。

　　中国人工林发展取得了可喜成绩。第九次森林资源清查数据显示，中国人工林面积达7954万hm²，居世界第一，对全球森林资源增长的贡献显著。但森林有效供给与日益增长的社会需求之间的矛盾仍然突出，木材对外依存度达到50%以上，而且还有继续增加的趋势；森林生态系统功能脆弱的状况尚未得到根本改变。如何进一步提高森林生产力和固碳增汇能力、满足社会对生态产品的需求是中国林业面临的挑战，也是森林培育学科不可推卸的责任。为了实现山川秀美并建成完备的林业生态体系、发达的林业产业体系和繁荣的生态文化体系的宏伟目标，需要提高全社会对森林培育理论和技术的认识。因此，系统整理总结森林培育生产实践经验，吸收国外森林培育科技最新进展，编纂出版一部全面而扼要地介绍森林培育相关知识的大型工具书，向社会大众普及森林培育的科学技术知识，是促进林业可持续发展和生态文明建设目标的迫切需要。

　　按《中国林业百科全书》总编纂委员会的总体部署，《森林培育卷》从中国林业科学研究院、北京林业大学、南京林业大学、东北林业大学、国际竹藤中心等55个教学科研单位，遴选具有森林培育多年教学和科研经历的高层次专家共300余人组成了阵容强大的编写队伍。在全体编委和撰稿人的共同努力及《中国林业百科全书》编辑部的关心协助下，历经近6年完成了撰写工作。全卷涵盖森林培育概论、林木种子、苗木培育、森林营造、森林抚育、森林主伐更新、林农复合经营、城市森林培育、竹藤培育、主要树种培育、人物、机构等 13 个板块共 906 个条目。

编纂一部既符合林业行业需求又具有传承生态文明、资政育人、服务社会作用的《森林培育卷》，条目表的确定是编纂的重要基础，也可以说是全卷整体样式的刻画阶段。在编委会提出的初步条目表方案的基础上，经多次广泛征求意见，并专门召开 2 次编委会议及 2 次专题工作会充分论证，先后完成条目表的初拟、重拟、拟定和审改工作，解决了与其他卷的条目重复问题，历时 2 年，确定了《森林培育卷》各板块框架组成和条目数量。与现有的《林学名词》《中国林业词典》等大型工具书所涉及的森林培育相关的内容相比，《森林培育卷》最终确定的条目不论是内容的广泛性还是知识的系统性更能充分反映整个森林培育过程的内涵。

选择合适的专家撰写相应的条目，采用交叉审稿完善条目内容。根据总编纂委员会《森林培育卷》条目表的批复，筛选领域内相关专家撰写擅长的条目，全面展开了条目撰稿及卷内审改稿工作。历时 1 年有余，先后完成样条撰写与审定、条目撰稿人确定、条目初稿撰写等工作，并进行条目定性语、规范格式整理等工作。为提高条目质量，组织开展了板块内审稿改稿、板块间交叉审改稿和返回撰稿人修改工作，历时约半年；随后，又组建了审稿专家组，制定了分板块审稿提交的工作方案，分板块对稿件进行了交叉审阅，再返回撰稿人修改；最后，修改稿由副主编、主编审阅初步定稿。2020 年 8 月至 10 月中旬，将初步定稿的条目按板块先后提交至编辑部。

在《森林培育卷》条目的修改定稿阶段，充分发挥编委会和编辑团队集体的力量，不断提升条目编写质量。根据编辑部返回的审校意见及工作要求，及时开展了条目系统修改及校对工作。历时 20 个月，其间共进行了 2 次返回修改工作，条目知识点得到了专家从不同视角的审视提炼。每次返回修改均组织条目撰稿人修改确认、负责板块的编委审阅、主编审阅三步工作，重点关注修改意见较集中的条目，不断完善条目内容，解决了百科体问题，进一步系统梳理了板块间和条目间逻辑关系，提升了《森林培育卷》的整体质量。

《森林培育卷》的出版，要感谢国家林业和草原局、《中国林业百科全书》总编纂委员会及中国林业出版社的大力支持和关心。特别要感谢所有条目撰写人的敬业精神和编委的使命意识，没有他们的奉献和付出不可能如此顺利完成。同时，还要衷心感谢《中国林业百科全书》编辑部编辑人员及相关专家，正是他们的辛勤劳动和务实求进作风保障了条目的质量。

由于参编人员多，并限于编写组对百科撰写要求认知水平，在体系构建和内容撰写方面尚存在需要完善之处，期待广大读者批评指正。

张守攻　方升佐

2022 年 6 月

目　录

森林培育

张守攻　沈海龙

从林木种子、苗木、造林更新到林木成林、成熟和收获的整个过程中，按既定目标和自然规律所进行的一系列综合栽培和抚育作业活动。是森林经营活动的主要组成部分和不可或缺的基础环节。其实质是通过以树木为主体的森林植物利用太阳能和其他物质进行生物转化、生产人类所需的木材、工业原料、生物质能源材料、食物等，并同时创造保护人类和其他生物生存所需环境的生产过程。

"森林培育"一词的起源是从"种树""栽树""植树"开始的。人们最早进行的森林培育活动是通过播种栽培树木（即种树）或利用苗木栽培树木（即栽树、植树）。随着种树、植树规模的不断扩大，逐步变为"树木栽培""森林栽培""森林营造"。德语"waldbau"、英语"silviculture"、法语和意大利语"sylviculture"、西班牙语"silvicultura"、俄语"лесные культуры"等具有相同含义，源于"培育森林（care of forests/cultivation of forests）"，都具有森林培育技术（art）和森林培育科学（science）两层意思。日语直接翻译成了"造林学"，中国最早的教材是 1902 年由山西农林学堂请日本专家翻译的日本人吉田義孝编写的《造林学》，直接使用了日语"造林学"的说法。受其影响，20 世纪初中国开始早期林业职业教育和建立森林法规、设置植树节时出现了"造林学""造林法"等用法，后来陈嵘、陈植、郝景盛等编写教材时，也使用了"造林学"一词，使得"造林"一词被广泛应用，后来演变为"植树造林""造林绿化"。"森林的培育""培育森林"到"森林培育"等词有源可查的是出现在 20 世纪 60 年代初期介绍国外造林技术文章中，从文章内容来看，当时是"造林""育林""森林栽培"的替代词。到 20 世纪 80 年代初"森林培育"开始出现在林业科技论文的题目中，说明"森林培育"一词已经被大多数林业工作者接受。"森林培育"术语的采用原因无法深究，普遍认为是因为林木栽培周期较长，除了有种植及其相关的种子生产和苗木培育过程以外，还包括前期复杂的生长发育特性和立地特性分析，后续复杂的密度调控、树种组成调控、水平和垂直结构调控、树体管理、目标产品管理以及收获更新等一系列无法分割的过程，用"造林"等前述词汇难以确切反映出这些复杂的内容，林业工作者开始接受和使用具有能够涵盖以上全部内容的"森林培育"一词；加上中文的"造林"一般可理解为纯粹的栽植树木建立森林的工艺过程（planting and/or seeding，或日文的"植林"，中文的"森林营造"），无法涵盖现代森林培育的完整内容，1989 年中国林学会林学名词审定委员会决定把"造林学"对应的名词改为"森林培育学"。此后，"森林培育"取代了"造林"成为正式术语，并且被广大林业工作者和各界广泛接受和认可、熟知、使用。

目的与对象

　　森林培育的目的是增加森林资源数量、提升森林资源质量。森林通过物质生产过程提供各种产品，包括各类木材、木本油料、木本药材、木本粮食和木本蔬菜、工业原料、竹藤和林下非木本植物产品等；森林通过其生存状态和生命活动及其与环境的相互作用提供各种生态功能，包括固碳释氧、促进养分和水分循环、维护生物多样性、调节气候、涵养水源、保持水土、防风固沙、改善环境等；森林通过其外在结构和内部环境提供社会文化功能，包括绿化观赏、清洁水源、森林康养、改善居住环境、提供休闲游憩条件、提供教育场地和就业机会等。这些森林功能的发挥需要丰富的、高质量的森林资源。世界上除了如俄罗斯、巴西和加拿大等少数国家具有丰富的天然林资源外，绝大多数国家天然林资源不足，森林资源的增加需要靠人工造林来实现，也可以通过天然更新实现。很多情况下，天然更新也需要采取人工促进措施才能成功，而人工造林和人工促进天然更新都属于森林培育中增加资源量的作业范畴。森林质量提升可以通过良种应用、林木生长发育的促进、生物生产力水平的提升、林分组成树种的调整、林木数量结构和空间结构调整、林木和林地营养调控等来实现，这些都属于森林培育中提高林木个体和群体质量的作业范畴。

　　森林培育的对象是天然林、人工林以及天然起源和人工起源结合形成的森林（人天混交林），也包括未达到森林"标准"的各种防护林带的林木和"四旁"散生树木（联合国粮食及农业组织称为"林外树木"）。森林培育的目标多种多样，包括提供木材产品、经济林产品、生态服务产品等；因培育目标不同而形成不同的林种，包括提高用材林、防护林、经济林、能源林、特种用途林等。用材林还可进一步分为一般用材林、工业用材林、速生丰产用材林等；防护林还可进一步分为农田防护林、防风固沙林、水源涵养林、水土保持林、海防林等。很多森林具有多种功能，称为多功能林，如果材兼用林、材脂兼用林等。按照森林分类经营的要求，可把森林分成商品林、公益林和多功能林。世界人工林占全球森林面积的7%，中国人工林占中国森林面积的36%，世界人工林为全球提供了50%以上的工业用材，中国人工林生产的木材比重已经达到90%。人工林对全球森林生态服务功能的提升和发挥同样起到重要的作用，农田防护林、防沙治沙林主要是人工林。因此，人工林一直是森林培育的主要对象。天然林是世界森林的主体，世界天然林占全球森林面积的93%，中国天然林占中国森林面积的64%。但是天然林中原始林已经很少，世界和中国天然林中均有70%为各类次生林。次生林在保障木材供给安全、保护生态环境、促进林区社会经济发展等方面具有重要作用，已经成为全球现有林经营的重点和热点。迄今为止，森林培育的理论与技术内容还是以用材林培育为模式构建的，随着社会经济发展，森林培育的对象也从过去的单一用材林发展到生态公益林和各类经济林，甚至一些非木本植物也进入森林培育对象范畴，如在适宜区域开展的林下人参等植物栽培，以及半干旱地区林下种草等，森林培育的理论与技术内容也在不断扩展。

主要过程

　　森林培育通过对林木的遗传控制、林分结构调控和林地环境调控，建立配套协调的技术体系，以达到预期培育目标。森林培育的对象和目标不同，森林培育过程的时间跨度变化很大，短的只需要数年，长的需要数百年；森林培育的过程和内容也比较复杂，不同培育目标，所经历的过程会有所不同。人工用材林培育要经历规划设计阶段、良种壮苗培育阶段、森林建成阶段、森林抚育管理阶段和森林收获更新阶段；天然用材林主要经历森林建成阶段、森林抚育管理阶段和森林收获更新阶段；人工经济林、生态公益林和多功能林培育要经历规划设计阶段、良种壮苗培育阶段、森林建成阶段、森林抚育利用阶段和森林更新重建阶段；天然经济林、生态公益林和多功能林培育主要经历森林更新建成阶段和森林抚育利用阶段。同一培育目标的不同培育阶段和不同培育目标的相似培育阶段面临的森林培育理论与技术问题存在差异，但每个阶段又必须前后连贯、形成体系，指向既定的培育目标。

　　规划设计阶段　即在进行森林建成作业实施之前制订完整的森林培育方案的阶段。首先要根据森林分类经营和定向培育的原则，对森林培育的目标进行论证和审定，调查收集拟建森林区域的自然和社会经济条件、技术水平，潜在造林树种的产品需求状况以及生物学和生态学特性、生物学研究和培育技术研发基础，确定拟建森林的类别（用材林、经济林、生态公益林、多功能林等）和定向培育策略；然后进行造林地立地条件调查分析、培育森林的树种组成、水平和垂直结构设计、密度设计、种植点配置及整体培育技术体系的审定等；最后，进行造林规划设计。规划设计主要针对人工造林作业，但针对天然林建成的人工促进天然更新也需要进行必要的规划设计。

　　良种壮苗培育阶段　即为人工造林准备和培育造林材料的阶段。林木种子是承载林木遗传基因、促进森林世代繁衍的载体，其数量和质量直接关系到森林生长发育状态和森林质量。只有遗传品质和播种品质均优良的良种，才能形成速生、丰产、优质、抗逆性强的森林。通过林木育种技术培育遗传品质优良的林木种子，通过良种品质保障技术培育播种品质优良的林木种子。苗木是植苗造林的材料，有了良种，还需要培育能够适应造林地立地条件的壮苗，这样才能为造林成功奠定基础。培育目标不同，培育苗木的类型和规格也有区别，如用材林、生态林、多功能林培育以实生苗、扦插苗为主，苗木规格以标准苗为主；而经济林培育可优选嫁接苗，使用大规格苗木。

　　森林建成阶段　即通过人力、自然力或者二者结合方式建立森林的阶段。该阶段与森林培育目标和培育对象关联度很高，受其影响，该阶段可能只是一个很短的独立过程，也可能是一个连续的、不断重复的过程。依靠自然力建成森林就是依靠天然下种或萌芽等无性繁殖途径形成森林。依靠人力建成森林是通过人工播种或植苗营造森林的过程，这个阶段涉及造林地和造林树种（品种）及树种组合的选择、种子生产与经营、苗木培育、造林密度和林分结构确定、整地造林、幼林抚育等森林培育活动。某些情况下要依靠人力与自然力相结合的方式建成森林，如封山育林、人工促进天然更新、栽针保阔、近自然森林经营等。人工纯林尤其是短轮伐期工业人工林，完全采用人工造林方式建立森林，森林建成阶段是一个很短的独立过程；成熟后多采用皆伐法收获并进行人工更新，其森林更新阶段也是一个很短的独立过程。人工更新和天然更新相结合建立的人天混交林，成熟收获时基本是采用择伐或渐伐法收获并进行人工更新或人工促进天然更新，生长、成熟、收获、更新的过程是连续、交织在一起的，所以，其森林建成阶段就是一个连续的、不断重复的过程。

森林抚育管理阶段　即在幼林郁闭后到收获更新前对森林进行抚育管理以促进林木生长发育、形成目标产品的阶段。此阶段延续时间最长。为了保证森林按预期要求成长，需要不断调整林木与林木之间以及林木与环境之间的关系，使之始终处于理想的林分结构状态及有利于生长发育的环境状态。为此，需要实施有特定间隔期的多次抚育作业，包括**透光伐、疏伐、卫生伐、修枝、施肥、垦复、林下植被调控**等。用材林需要保障和促进保留林木的生长发育、目标材种的形成，同时要注意中间利用木材产品的培育；经济林主要保障和促进经济林产品的生产，同时要注意多种效益的发挥；多功能林（如果材兼用林）需要进行各种产品（如木材和果实）的协同培育与利用；生态公益林重点保障生态服务功能发挥的同时，也要注意木材或其他林产品的培育。此阶段贯穿于郁闭成林到成熟收获较长的时间区间，要经历幼龄林、中龄林、近熟林等生长发育阶段，每个阶段培育的目标都会有所不同，因此，不同阶段林分结构的调控和林木生长的调控都要服从于该阶段培育目标的要求。

森林收获更新阶段　即以木材产品为主的最终林产品成熟收获的同时进行森林更新的阶段。又称主伐更新阶段。无论森林的木材主伐利用还是森林的生态防护功能利用，都要密切关注下一世代森林更新的需要。森林利用既要考虑合理利用的规模、时间、形式及利用时的林分状态，又要密切结合森林恢复更新的需要，或更宏观地说是森林可持续发展的需要，这些都是决定森林收获利用的方式（**择伐、渐伐、皆伐、自然演替**等）和选择技术措施必须遵循的基本准则。不是每种培育目标和培育对象的森林均有该阶段。人工经济林、生态公益林和多功能林可能是纯粹的森林更新重建，没有最终产品的收获利用；也可能有兼顾培育木材产品的林分，存在最终产品的收获利用，但森林更新重建是这类林分的主体目标。天然经济林、生态公益林和多功能林的该阶段完全与森林更新建成阶段融合在一起，与森林抚育管理阶段形成交叉进行的状态。

知识体系构成及其特点

森林培育知识体系指进行森林培育生产活动所需要的系统的、具有普遍意义的理论和技术知识。迄今为止，森林培育的知识体系主要是以用材林生产活动为对象建立的，其他林种的培育活动及其知识体系都是在用材林知识体系的基础上针对各个林种的特点进行不同程度的调整和充实而建成的。

知识体系构成　主要包括 9 个方面基本内容。①森林培育基本原理：包括森林生长发育及其调控原理，森林立地效应及其选择与调控原理，造林树种（品种）特性及其选择原理，*林分密度、树种组成和层次等群落结构效应及其调控原理*等。②种子生产与品质保障的理论与技术：包括种子生产、收获、检验、贮藏、运输，以及品质保障与检验的基础与技术等。广义上也包括良种选育的内容。③苗木培育的理论与技术：包括*苗圃地选择与苗圃建立*、苗木生长发育、各类苗木培育等相关的理论与技术。④*森林营造的理论与技术：包括整地与造林、幼林抚育、封山育林、林农复合经营、城市森林营建*等相关的理论与技术。⑤森林抚育管理的理论与技术：包括抚育采伐、林分改造、修枝整形、施肥灌溉等林木和林地管理措施相关的理论与技术。⑥森林收获更新的理论与技术：包括木质产品成熟收获及收获后的森林更新等相关的理论与技术。⑦区域森林培育与主要树种培育的理论与技术：包括不同区域森林培育的理论与技术、主要树种培育的理论与技术等。⑧林业生态工程建设的理论与技术：包括国家和地方重点林业生态工程建设的理论与技术等。⑨森林培育规划设计：包括苗圃规划设计、造林规划设计、抚育采伐规划设计、林分改造规划设计、收获更新规划设计等。

知识体系的特点　①最复杂的植物栽培知识体系。森林培育与作物栽培、果树栽培、花卉栽培等本质上都是一种针对特定植物的栽培活动。但森林培育活动与其他栽培活动又有很大的不同，概括起来说，森林培育涉及的物种多、种群和群落类型多；其培育对象——森林，具有体量大、面积广、结构复杂，以及生长周期长、生产目标多、生产过程对自然环境的依存度大等特点。因此，对应于森林培育的知识体系也非常复杂。②经过经验总结和科学试验等过程而建立的。森林培育知识和其他栽培活动另一个较大的差别是经验总结仍占有很大的比例，经验和直觉在森林培育的生产实践中仍起重要作用。但是现代森林培育的理论与技术越来越多地建立在了经过科学试验验证的理论基础上，使其理论化、科学化水平得到了提升；而且很多经验性知识经过科学试验的验证也成了理论化、科学化的知识，使仅适合于局部区域或个别树种和林型的经验成为可以在更广泛的范围内应用的理论与技术。此外，树木生理等相关基础理论与技术的深入发展和应用使基于这些理论和技术研究成果基础上的森林培育措施更加科学、更加精准、更加有效、更有可操作性，可充分发挥森林生长发育潜力、大大提升森林生产力水平和生态服务功能。③传承性与创新性、普适性与差异性、稳定性与发展变化长期共存。森林培育的知识体系有基础理论知识体系的传承，并在传承的过程中重新组装和综合，进行了创新和拓展。例如，树木营养理论属于植物生理的内容，直接转化为森林培育知识内容，同时融进了一些季节生物节律引起的个体内养分转移，以及群落内凋落物参与的养分循环等林木特有的内容；森林立地的理论与技术则是在植物生理、土壤、气象和生态等知识综合和拓展基础上，按照森林培育的特殊需要而建立的；林木种子催芽技术、森林抚育采伐技术分别是在种子休眠理论和密度效应理论基础上综合和创新构建而来。森林培育的基本理论和技术广泛适用于各个地区、各个树种，但其具体环节、细节、侧重点等因地区和树种不同而有很大的差异。如适地适树、良种壮苗、合理结构等基本原则适用于任何地区和任何树种，但南方的"地"和"树"与北方不同，用材林的良种与经济林的良种标准也不一样；同是红松室外隔年埋藏催芽法，在黑龙江、吉林和辽宁的具体实施时间和期限也有所不同。森林培育的基本理论、技术和体系等的框架和环节等在一定时期内保持稳定状态，但具体的知识点、各技术环节内的具体要求、精准水平、指标体系、注意事项等，会随着研究的深入、经验的积累、目标要求的变化等发生变化。例如，容器育苗的技术始终要涉及育苗容器、育苗基质、水肥管理、环境调控等内容，但随着树木生理生态理论研究和一些现代技术与工艺、材料的发展，从 20 世纪 80 年代到 21 世纪初的 30 多年，这些内容的具体实施技术和要求等已经发生了巨大变化。

知识体系建设中教材和专著的作用　森林培育知识体系的建立和完善离不开理论总结，而专著和教材建设是理论总结的主要载体。森林培育的实践带动了理论的发展，使人们对森林的种类、分布、生长发育和环境影响有了越来越深入的了解，森林培育学者不断将对实践的认知和成果进行总结，著书立说，使森林培育的知识体系得到发展和不断完善。从 1764 年德国人 R. 海格（R. Hager）著《造林学讲义》（*Unterricht von dem Waldbau*）开始，1865 年德国人 H. 科塔（H. Cotta）编著《造林学指南》（*Anweisung zum Waldbau*），1901 年和 1912 年日本本多静六编写出版《造林学》和《造林学本论》，1921 年美国 R. C. 霍利（R. C. Hawley）编写出版《实用育林学》（*The Practice of Silviculture*，2018 年第 10 版出版发行），1935 年英国 A. 丹格勒（A. Dengeler）编写出版《生态基础上的造林学》（*Silviculture on an Ecological Basis*），1949 年苏联 B. B. 奥吉耶夫斯基（B. B. Огиевски й）编写出版《森林培育学》（*Лесные Культуры*，1954 年由张企会等翻译成中文出版），1980 年奥地利 H. 迈耶尔（H. Mayer）编著《造林学：以群落学与生态学为基础》（*Waldbau: auf Soziologisch-okologisch Grundlage*，1989 年被译成中文出版），1979 年 T. W. 丹尼尔（T. W. Daniel）等编写出版《森林经营原理》（*Principles of Silviculture*，1987 年被译成中文出版），1987 年 K. 谢泼德（K. Shepard）编写出版《人工林培育》（*Plantation Silviculture*），到 1979 年 S. H. 斯珀尔（S. H. Spurr）编写出版《森林培育学》（*Silviculture*）等，这些著作内容丰富，反映了各自地区特点和森林培育特点，发展和形成了森林培育的完整知识体系。

中国森林培育知识体系从学习欧洲、日本、苏联、美国，到自主研发、中西融合、形成具有特色的自主体系，教材和专著建设同样发挥了重要作用。1933 年陈嵘编写出版《造林学概要》和《造林学各论》、1944 年郝景盛编写出版《造林学》、1949 年陈植编写出版《造林学原论》，是早期森林培育知识体系建设的开始。1959 年由华东华中协作组（以马大浦为主）编写出版的《造林学》教材，1961 年由北京林学院造林教研组（沈国舫任编写组组长）编写出版的全国统编教材《造林学》，1978 年中国树木志编委会（郑万钧主编）编写出版的《中国主要树种造林技术》，1981 年孙时轩主编、沈国舫副主编、全国诸多造林学和森林经营学专家参编的新版《造林学》（1992 年出版第 2 版），完成了中国现代森林培育知识体系的构建。进入 21 世纪以来，大量森林培育相关著作，如张建国等的《人工造林技术概论》（2007），刘世荣等的《天然林生态恢复的原理与技术》（2011），盛炜彤的《中国人工林及其育林体系》（2014），方升佐的《人工林培育：进展和方法》（2018）等的出版，特别是沈国舫领衔编著的《中国主要树种造林技术》（第 2 版，2020）更是全面总结了中国现代森林培育技术进展。随着沈国舫主编的《森林培育学》于 2001 年出版，集中反映了 20 世纪中国在森林培育方面积累的经验和知识，2011 年、2016 年和 2021 年分别出版了第 2 版、第 3 版和第 4 版（翟明普和马履一主编），其相对稳定的内容组成标志着中国森林培育的知识体系基本形成。

发展简史

森林培育是伴随着工业文明的出现而发展的。工业文明的发展使森林资源遭到大量破坏，而对木材和其他林产品需求的增加又需要大量的森林资源，从而促进了森林培育事业和技术的发展。结合技术研发和事业发展状态，可将森林培育发展史划分为如下三个阶段。

零星种树、植树，总结实践经验，形成种树、植树技术的阶段 即模仿自然进行零星至一定规模种树、植树实践，并总结实践经验形成种树、植树技术的阶段。森林培育技术的发展主要是由于人们对木材和其他林产品的需求依靠自然森林得不到满足的情况下诱发的。在古代人类农耕社会阶段到工业文明出现之前，自然界有足够的森林为人类提供庇护和物产，没有培育森林的需求。但是这一时期人们仍然受兴趣驱使或是观赏、遮阴、生产果木等目的，开始了种树、植树的活动。这个时期的种树、植树主要是模仿树木天然下种、萌发出苗、长成树木的过程，收集树木种子、播种成树，或移植天然发生的苗木进行栽植。因为种植规模较小，一般形不成森林和森林环境，故而称为种树、植树。日积月累的实践，形成了一些早期开发树种的种树、植树技术，包括种子繁殖、扦插繁殖、萌芽繁殖等育苗技术。技术的建立主要依据长期经验的总结，有少量的验证性实验，但基本没有有意识的科学试验研发。

这一阶段发生发展的年代因地区和树种的不同存在很大差异。在12～13世纪前，英国、法国、德国等森林培育活动起源很早的欧洲国家大多处于这种状态，而且这个阶段开始的时间可以追溯到公元前2000年至公元250年的玛雅文明时期。典型的"刀耕火种"式小片开荒（swidden agriculture），即在小片采伐或火烧的迹地上栽植农作物或果树等，其中栽植木本果木、药材等的活动可以视为早期的森林培育活动。这个阶段北美没有经历（直接引进欧洲发展成熟的森林培育技术），而在非洲热带雨林区域，现今还存在这种水平的森林培育活动。中国这个阶段拉得很长，处于种树、植树的历史时期在距今1万年的新石器时代（有资料把开始时期推前到距今3万年前），古人已开始种植草木；公元前2550年至公元前2140年新石器时代晚期的五帝时期，古人已开始掌握了关于林木栽培的一些规律；在公元前21世纪至公元前771年的夏朝、商朝和周朝时期，已经有了一定的松、柏、栗等的栽植技术，《周易》中就有关于种子雨后吸水膨胀萌发的记载；春秋战国至南北朝时期，种树实践增多，古代造林技术开始形成，已提出"土宜之法"（适地适树原则的思想萌芽），《国语》指出松柏宜栽于地势较高之地，《诗经》有对榆、栲、栎、栗、杨、桑、松等的生态习性的记载。秦代有栽松、栽榆的实践，西汉的《氾胜之书》描述了种植桑树的方法；北魏贾思勰的《齐民要术》对于树木的扦插、压条、嫁接等无性繁殖技术，以及树木栽植、修枝抚育的技术与经验等有较为详细的阐述，还记述了板栗种子催芽、直播育苗之法；隋代至元代松、杉、竹、桐、桑、荔枝、柑橘等林果栽培实践多，技术也得到发展和提高，出现了一些植树造林经验总结著作，如唐代韩鄂的《四时纂要》、宋代苏轼的《东坡杂记》、陈翥的《桐谱》，元代王祯的《农书》等，形成种竹"八字法"，泡桐的压条、分根繁殖法和修枝与无节材培育法，培育松树苗木的催芽、作床、施基肥、播种、越冬覆盖、起苗包装方法等。个别树种如欧洲赤松、红橡，中国的杉木和毛竹等，已经有了比较成熟的造林技术。随着人类定居和人口的增加，对薪炭材的需求不断增加，在14世纪的德国、17世纪的英国和法国等中欧国家催生了薪炭矮林作业法，建立了生产薪炭材的丛生矮林（coppice）作业法，中国、日本等也都有了薪炭材培育法，如头木作业、鹿角桩作业等。

总体来看，这一时期以行道树和园林观赏植树为主，能达到造林标准的很少。中国杉木栽培历史非常早，距今0.8万～1.2万年史前农业火耕期就已经开始，先秦时期古越人和荆蛮人结合刀耕火种原始农业生产，先后创造发明了杉木萌条和插条无性繁育技术；秦汉时期杉木成为长江流域重要造林树种，并引种到黄河流域，人工林已经有了一定的规模。榆树、樟树、桑树、油桐等有个别造林报道。但是对于中国东北林区的红松，却延迟到了20世纪10～30年代才有播种种植红松和利用野生苗移栽栽植红松的实践和育苗试验，20 世纪 30 年代开始有营造人工林的实践，但规模很小。很多树种直到 20 世纪 80 年代之后才有小规模造林的实践。

人工造林，经验总结与试验研发结合，建立森林培育技术的阶段 即开始规模化种树、植树，建立人工林，通过实践经验总结和验证性与系统试验研发相结合，建立用材林和各类防护林培育技术体系的阶段。规模化人工造林的出现是与工业革命的兴起及科学技术的发展相关联的。欧洲的文艺复兴促进了科学技术的发展，引起了 18 世纪的第一次产业革命。由产业革命引发的工业化和城市化发展初期对森林造成了更大破坏，使木材成为稀缺商品，强大的需求使得大面积的森林遭到毁灭性的破坏，德国等欧洲国家和美国等都出现了绝大部分天然林被采伐利用的情况，木材资源危机，生态环境也逐渐恶化。很多地区仅靠天然更新已经不能完成森林的恢复与重建，大规模人工造林和更新开始实施。得益于对森林作用认识的提高和森林培育实践的成功，欧洲大陆各国（以德国、瑞士、法国为代表）的森林在 19 世纪中叶、美国的森林到 20 世纪初，进入了恢复发展的阶段。规模化人工造林和森林更新实践需要系统性的森林培育技术支撑，过去简单的种树、栽树技术和依靠实践经验总结建立技术的方式已经不能满足森林培育发展的需要，促使人们在经验总结的基础上，开始对森林和林木生长发育过程及其与气象和土壤因子关系、林木开花结果和种子发育、苗木培育、造林更新、抚育间伐等森林培育技术及其生物学基础进行系统观察、分析，通过科学试验进行验证。19 世纪末到 20 世纪中叶，生产经验总结和科学研究相结合，使欧洲赤松、地中海石松、欧洲落叶松、欧洲白蜡、红橡、欧洲山毛榉、云杉、冷杉、侧柏、杨树等主要造林树种森林培育技术有了一定程度的发展。在种苗培育方面，对结实影响因素、*种源和生态型与生长关系*、种实发育与成熟等生物学和生态学特性以及采种林分与母树选择、母树林建设、采种调制技术、品质鉴定方法、播种育苗方法等开展研究并将成果应用于种子经营和苗木培育实践。在造林更新方面，在造林地选择、整地、造林密度调控、造林方式方法、树种混交方法等方面都取得阶段性成果。在抚育采伐方面，建立了林木分级体系和除伐、透光伐、生长伐技术及修枝技术。在主伐更新方面，确立了皆伐、择伐和渐伐对应的更新技术。这一时期森林培育技术主要针对主要造林树种开发，技术由基本成型到逐步完善。"木材培育论""永续利用论"均产生于这个时期，是基于木材生产目的提出的。

20 世纪 40～50 年代至 20 世纪末期，在经济发展、木材需求旺盛、森林资源持续遭到破坏、自然灾害急剧加重的背景下，大力培育人工林、经营好现有林成为林业行业乃至国民经济建设的重要任务。森林培育（主要针对用材林）相关的生物学和生态学基础（如树木生长与生态因子关系、群落和生态系统结构与功能、森林生物生产力形成的实质、*立地质量评价与立地选择*等）、林木种子品质培育和保障的生物学与技术（如种子园建立技术、种源试验、*种子播种品质检验*、*种子休眠*、*种子催芽*、*种子贮藏*等）、苗木培育的原理与技术（如播种和扦插技术、容器育苗技术、苗圃建立与管理技术等）、造林更新的理论与技术（立地质量评价技术、适地适树技术、密度管理技术、混交技术、整地造林技术、幼林抚育技术）、抚育采伐的理论与技术（开始期确定、间伐方法选择、修枝技术等）都得到了空前发展，理论上更深入、技术上更成熟。这一时期比较突出的是工业人工林建设、森林多功能理论的提出和森林可持续经营理论的提出。工业人工林主要指为特定工业部门提供原料而定向培育的人工林，突出的代表是意大利的杨树、新西兰的辐射松、美国的火炬松和世界各国的桉树，以及北美黄杉、湿地松、落叶松等树种速生丰产工业用材林（如纸浆林、能源林）。集约经营、面向市场、目标单一、基地化培育是其典型特征。工业人工林集约育林技术的研发重点在于良种的选育、适地适树（种源、品种）、密度与结构调控、施肥等林地肥力调控、轮伐期调控以及病虫害管理等。同时，森林的多功能也引起关注，长轮伐期多功能林培育的理论与技术也得到发展。20 世纪 80 年代以后，森林可持续经营理论提出并逐渐替代了永续利用理论，使森林培育的目标不仅仅限于木材和非木质林产品，生态服务功能的培育也进入视野。

这一阶段中的中国，早期森林培育技术还处于上一个阶段的末期，发展缓慢。19 世纪末到 20 世纪中叶基本上处于引进中欧国家和美国等森林培育技术成果的发展模式，尚未形成自己的体系。1949 年以后至 20 世纪末期，国家提出"越采越多，越采越好，青山常在，永续利用"的林业经营方针，开展绿化荒山、封山育林，推动大规模造林绿化行动。森林培育技术从学习欧洲、苏联、美国、日本到加强研究逐步建立了自主知识体系。针对杉木、马尾松、落叶松、杨树等国家重要造林树种，桉树、柳杉、银杏、油松、红松、刺槐、相思树、樟树、楠木等区域重要造林树种的培育技术进行了系统研发，对多种多样的乡土珍贵树种的繁殖和培育技术也进行了研发，形成了自主技术模式和体系。《1989—2000 年全国造林绿化规划纲要》提出营造一亿亩速生丰产林规划，中国林学会提出"定向培育，合理布局，集约经营，持续利用；采用先进的配套技术，建设速生、高产、优质、稳定、高效的工业用材林基地"的技术路线，开启了中国大规模建设速生丰产用材林的历程。除了用材林外，对油茶、核桃、橡胶、杜仲、板栗、榛子等经济林树种也进行了比较系统的研发和应用；20 世纪 70 年代末，开启了三北防护林等大规模林业生态工程建设。在森林生态系统理论、人工林生物生产力形成的实质、森林立地分类、林木种子生产、种子催芽技术、播种育苗技术、扦插育苗技术、容器和环境控制育苗技术、林分密度控制、混交林建设理论与技术、抚育采伐理论与技术、主伐与更新技术、区域造林技术、防护林建设理论与技术、经济林建设理论与技术、城市森林建设技术等方面都取得重要进展，使凭经验造林逐渐转向科学化造林。生态林业理论、近自然森林经营理论、森林可持续发展理论、森林分类经营和多功能森林理论等已经在中国传播，某些方面还有了很好的实践（如"栽针保阔"理念甚至起始于近自然森林经营理论尚未传入中国的 20 世纪 60 年代），但总体上尚处于理论层面。

生态系统培育，多功能整体系统研发，建立完善生态建设和生态修复技术的阶段　即基于山水林田湖草沙共同体和近自然森林经营理念，以生态系统的多种功能培育为目标，整体上系统性试验研发，建立完善生态建设和生态修复技术的阶段。20 世纪 90 年代开始特别是进入 21 世纪后，是中外现代森林培育事业和森林培育学研究不断深化、精准化阶段，森林培育的知识体系已经基本形成。这一时期中外森林培育事业飞速发展，伴随着各项林业重点生态工程的持续开展，也受全球环境变化影响带来的对森林多种功能需求强化的影响，森林培育的对象由用材生产为主的商品林为重点，转向商品林、生态林和多功能林并重，森林培育相关研究也不断深入和精准化。

用材林培育活动和培育技术的研发虽然始终是森林培育永恒的主题，但基于对集约育林、无性系良种应用的短轮伐期工业用材林，特别是大面积纯林在生态稳定性方面的一些弊端的反思，对基于生态林业、生物多样性维护、近自然森林经营、森林可持续经营等理念的森林培育技术的研发和应用已经成为实际的行动，如多品种林业技术、野生动物栖息结构保育技术、目标树近自然培育技术、长周期大径材近自然培育技术、分类经营和定向培育技术、多功能森林培育技术等；建立以生态系统为对象的生态建设和生态修复技术，适应于气候变化（全球变暖）的适应性造林、固碳增汇培育技术、城市森林培育技术、经济林培育技术等也都已经进入日程。人工林培育近自然化、天然林培育人工化不断强化，人工林和天然林的界限不断变小，森林培育技术会针对培育对象的变化而发生相应的调整。森林可持续发展思想，包括生态林业（新林业）理念、近自然林业理论、森林分类经营理念和多功能森林培育理念等，已经成为森林培育实践和理论与技术研发的指导思想，在实践中广为应用，超越了可持续发展思想的生态文明思想，强调人的自觉与自律，强调人与自然环境的相互依存、相互促进、共处共融，既追求人与生态的和谐，也追求人与人的和谐，而且人与人的和谐是人与自然和谐的前提，强调山水林田湖草沙整体观，这也已经成为国际上接受的思想。现代森林培育将人与森林和其他自然资源作为生命共同体，以生态保护、生态建设和生态修复进行生态系统管理，把森林培育放在整个生态系统中进行考察，作为生态文明建设的组成部分来认识，统筹进行山水林田湖草沙综合治理，森林培育技术成为生态建设和生态修复的技术，森林培育活动汇入了生态文明建设之中。

发展趋势

当代世界范围内森林培育的发展状况非常复杂，各个发展时期的森林培育活动同时存在，即前工业文明时期的原始森林培育形式、工业文明时期的恢复和重建森林培育模式与后工业文明时期的可持续森林培育模式同时存在。热带非洲和亚马孙的偏远林区，刀耕火种依然存在；很多热带农村区域，过去广泛应用的矮林作业系统仍然广为应用。林业发达国家和区域则关注森林供给、支撑、调节和社会功能的同时发挥，产出多种效益的可持续发展森林培育活动。位于中间发展阶段的国家和区域，森林培育发展更多地受社会经济发展的影响。未来森林培育将以森林数量增加和质量精准提升为基本任务，呈现出以下发展趋势。

①森林培育的目标趋向于多元化，但用材林培育永远是森林培育的主要对象、森林培育研究的主要课题，经济林、生态公益林和多功能林的重要性不断提升或局部超过用材林。某些情况下，如人参等属于"草"的药材类、松茸等"菇"类也将纳入森林培育的对象。

②森林培育的对象将不仅仅是人工林，天然林特别是天然次生林也是森林培育的重要对象，近自然森林培育理念下，人工林和天然林的界限将会变得模糊，人力和自然力协同进行森林培育成为森林培育研究的重要课题。

③森林培育调控对象和研究内容的深度和广度已经发生明显变化，林分和个体水平的调控与研究是持续的主题，景观和区域大尺度水平上的调控与研究也会增强，器官、细胞、分子等微观水平上的调控和研究也已经成为森林培育理论与技术研究的重要方向。

条目分类目录

矮化砧 dwarf rootstock

控制接穗生长、使嫁接树木的树体小于标准树体的一种砧木类型。首先在苹果中发现并被利用，尤其是在欧洲应用历史悠久。18世纪欧洲就将营养系矮化砧木应用于商业性生产的苹果果园中。为使欧洲各国所用的矮化砧木规格统一，便于生产利用，20世纪初，英国东茂林试验站（East Malling Research Station）的Hatton收集和研究了欧洲大陆70多种苹果砧木并进行整理，用M1，M2，M3……编号，分成16个型号（后来又扩充到27个型号），供各国采用，简称EM砧（茂林砧），包括了矮化、半矮化、半乔化和乔化4个类型。乐园苹果和道生苹果是一些矮化砧木的原始类型。自从1927年英国东茂林试验站将M系矮化砧介绍给世界后，世界各苹果主产国就开始了苹果矮化砧的选育和应用研究工作。中国从1951年引进M系，随后又相继引入了MM系、P系等矮化砧，并结合实际情况开展了苹果矮化砧选育研究。国内选育的苹果矮化砧已有100多个优系。利用矮化砧木栽培的苹果树冠为乔砧树的1/2～2/3。利用矮化砧培育的树木适于密植，可以节省土地，管理方便，省工，栽植后一般2～4年开始结果，6～8年即进入丰产期，果品质量较好，早期经济效益较高，并便于果园更新。矮化砧木的矮化作用比其他致矮措施效果持久，它的利用促进了果树向矮化密植、集约栽培方向发展。矮化砧木已在世界苹果生产中广为应用，梨和柑橘的矮化砧木进入实际应用阶段，桃、杏、樱桃、核桃等树种的矮化砧木研究和培育处于发展中。

参考文献

杜学梅, 杨廷桢, 高敬东, 等, 2017. 苹果矮砧育种国内研究进展[J]. 中国农学通报(19): 57-64.

李育农, 2001. 苹果属植物种质资源研究[M]. 北京: 中国农业出版社, 262-270.

欧春青, 姜淑苓, 王斐, 等, 2010. 果树矮化机理的研究进展[J]. 浙江农业科学, 1(3): 487-491.

（侯智霞）

矮林皆伐作业法 clear cutting system for coppice forest

一次性伐除全部林木并借助树桩萌芽或根蘖进行更新的矮林作业方式。矮林经营的主要采伐方式。

在矮林经营中应用较多。皆伐后迹地上光照条件比其他采伐方式的都好，可促使休眠芽和不定芽发育，萌发更多的萌芽条。矮林皆伐在需要考虑调节伐区气候和增强水土保持作用时，应确定合适的伐区方向和采伐方向。

参考文献

北京林学院, 1981. 造林学[M]. 北京: 中国林业出版社.

（彭祚登，高帆）

矮林择伐作业法 shelterwood cutting system for coppice forest

用相对短的间隔期，以单株或以小的树木群为单位重复伐除最老或径级最大的成熟林木的矮林作业方式。常用于立地贫瘠、有水土流失的山地，或由中性、耐阴树种形成的林分。

苏联在椴树林中、日本在常绿栎类林中、法国和瑞典在水青冈林中，经常应用择伐方式经营矮林。中国在千金榆、椴树、桤木、水青冈等树种组成的矮林经营中一般采用择伐。在护堤、护路、护岸林中，为维持防护作用和观赏价值，也采用择伐，间隔期一般5～15年；对薪炭林和采条林的采伐，则更多采用1～4年的间隔期。择伐后伐桩上的萌芽条株数减少，在同一伐桩上形成异龄萌芽条植株。

参考文献

北京林学院, 1981. 造林学[M]. 北京: 中国林业出版社.

沈国舫, 翟明普, 2011. 森林培育学[M]. 2版. 北京: 中国林业出版社.

（彭祚登，高帆）

矮林状中林 coppice-like composite forest

实生起源上层林木数量很少、无性起源下层林木数量较多的中林类型。

见中林作业法。

（彭祚登）

矮林作业法 coppice method

针对由树桩萌芽或根蘖生成的林木组成林分所采取的经营措施。矮林为由萌芽或根蘖等无性更新形成的外形矮小的森林。幼龄期生长较迅速，林分达到最大平均生长量的时期比乔林早，但到达成熟时期易腐朽，轮伐期短，适于培育小径材。

发展历史 矮林作业法盛行于14世纪的欧洲，主要用作薪炭林经营。直到第二次世界大战以后，矮林还是欧洲的主要燃料来源。20世纪中期以来由于对纸浆材的需求成倍地增长，引起人们对矮林作业的兴趣。在中国，矮林作业法是一种古老的森林作业法，《诗经》和《齐民要术》等书中都有类似矮林作业的记载。

矮林作业特点 矮林作业法可以得到比乔林更多的薪材、小径材及编织原料等，且更新容易，技术简单。但材种价值低，木材质量较差，病腐木多。长期经营矮林会导致土壤肥力下降。

矮林作业技术方法 矮林作业法采用无性更新途径，包括头木作业、截枝作业、鹿角桩作业、编织材料林作业、蚕林作业、薪炭林作业等，矮林经营的成败除与树种有关外，还取决于采伐方式、采伐季节、采伐年龄、采伐技术（伐根高度与伐根断面形态）。

采伐方式 一般用皆伐。在矮林作业中采用皆伐时，由于不借助天然下种更新，因而伐区不一定呈带状，伐区也可宽些。中国萌芽力较强的树种如柳、杨、桦木、刺槐、栎、杉木、蓝桉等形成的林分，适于皆伐。矮林采伐有时也用择伐方式，称为"矮林择伐"，常用于立地贫瘠，有水土流失的山地，或由中性、耐阴树种形成的林分。

采伐季节 一般在树木休眠期进行，以冬季为好。如在生长后期进行采伐，不但影响萌芽力，还有可能致使新条冻害和感染病害。但中国南方杉木例外，杉木矮林夏季采伐不会降低其萌芽力。若是为特定目的经营矮林，应根据有利于培育目的而选择采伐季节。

采伐年龄 依据培育目的而定，一般不超过40年。编织用采条类的矮林，采伐年龄1～2年；生产小规格材的矮林，采伐年龄3～8年；立地条件好、培育较大径级用材的林分，以其工艺成熟龄确定采伐年龄；经营薪炭林的矮林，采伐年龄应根据其数量成熟龄确定。矮林的数量成熟龄比乔林要小。从生物学角度看，矮林的采伐年龄应在萌芽力消失以前一段时间。如采伐过晚，不仅林木生长慢，且病腐率增高。

采伐技术 主要指伐根高度与伐根断面形态。伐根高度影响萌芽条的数量、质量。伐根高度为直径的1/3为宜，以后逐次略微提高，以便从新桩上再产生萌芽条。确定伐根高度时，还应考虑气候条件，在暖湿气候地区，伐根应高些；而在干燥、风大、寒冷地区，伐根应低些。伐后用土覆盖伐根断面，避免伐根顶端干枯。伐根断面形态影响林分更新质量。伐根断面要求平滑微斜，以防雨水停留引起伐根腐烂；倾斜的方向应避风、避光，避免劈裂和脱皮。

参考文献

北京林学院, 1981. 造林学[M]. 北京: 中国林业出版社.

黄枢, 沈国舫, 1993. 中国造林技术[M]. 北京: 中国林业出版社.

沈国舫, 翟明普, 2011. 森林培育学[M]. 2版. 北京: 中国林业出版社.

（彭祚登，高帆）

桉树培育 cultivation of eucalyptus

根据桉树生物学和生态学特性对其进行的栽培与管理。桉树是桃金娘科 (Myrtaceae) 桉属 (Eucalyptus)、杯果木属 (Angophora) 和伞房属 (Corymbia) 树种的统称；常绿木本植物，其中大部分是乔木，绝大多数自然分布于澳大利亚，少数几种分布于巴布亚新几内亚、印度尼西亚和菲律宾。最具代表性的两个分类系统为普赖尔—约翰逊（Pryor & Johnson）分类系统和希尔—约翰逊（Hill & Johnson）分类系统，后者在世界植物学界得到广泛认同。

根据希尔—约翰逊分类系统，桉树类一共有945个种、亚种和变种。包括杯果木属14种、伞房属136种和桉树属795种。中国最早于1890年引种桉树，开始主要用于庭院和四旁绿化。迄今为止，中国引种的桉树有300多种，进行过育苗造林试验的有200多种，引种的范围遍及中国大部分省区，南起海南岛（北纬18° 20'），北至陕西汉中（北纬33°），东起浙江普陀（东经122° 19'）及台湾岛（东经120°～122°），西至四川西昌（东经102°，北纬28°），从东南沿海台地到海拔2000m的云贵高原广大区域内，行政辖区达17省（自治区、直辖市）范围内均有桉树的种植。生产上广泛应用的桉树有10余种，但很少使用桉树纯种造林，主要应用其优良杂交无性系。20世纪80年代开始，中国开始大规模种植桉树，到2018年，全国桉树面积达546万 hm²。桉树是一类集合树种，种类繁多，中国生产中广泛使用的12个树种，除柠檬桉和托里桉是伞房属的外，其余都是桉属，分以下5种类型。①热带南亚热带生产型桉树：尾叶桉 Eucalyptus urophylla S. T. Blake、巨桉 E. grandis W. Hill ex Maiden、细叶桉 E. tereticornis Sm.、赤桉 E. camaldulensis Dehnh. var. camaldulensis、粗皮桉 E. pellita F.V. Muell.，以及生产上应用最广的尾巨桉无性系。②高海拔地区油材两用型桉树：蓝桉 E. globulus Labill. subsp. globulus、史密斯桉 E. smithii R. T. Baker。③中亚热带耐寒桉树：邓恩桉 E. dunnii Maiden、本沁桉 E. benthamii Maiden et Cambage。④园林观赏用材桉树：柠檬桉 Corymbia citrodoral(Hook) K. D. Hill & L. A. S. Johnson、托里桉 C. torelliana (F. Muell.) K. D. Hill & L. A. S. Johnson。⑤珍贵实木用材桉树：大花序桉 Eucalyptus cloeziana F. Muell.。由于桉树各种之间在培育方面具有很大的相似性，所以，选择中国栽培最多的尾叶桉作为典型树种进行描述。

树种概述 尾叶桉属于常绿大乔木；花序腋生，有花5～7朵或更多；4～6月孕蕾，9～10月开花，翌年4～5月种子成熟。每克种子可育性种子数456粒。原产印度尼西亚，是少数几个原产地不在澳大利亚的桉树种之一。已被南美洲、非洲、亚洲及澳大利亚等普遍引种栽培。中国广西东门林场和广东雷州林业局较早引种栽培，并于20世纪90年代大面积推广，在广东、广西、海南和福建等地表现良好。生长快，干形好，有一些种源能在低纬度、低海拔地区生长良好；夏雨型，要求年降水量1000～1500mm，最热月平均气温29℃，最冷月平均气温8～12℃，不耐霜冻。深受生产单位和林农欢迎。木材可作为制浆造纸主要原料，也是优良的纤维板、胶合板原料；叶可提取桉叶油、桉多酚等生化原料；树形优美可作为行道树和庭园绿化树种，还具有生态防护作用。

苗木培育　可采用有性和无性繁殖培育苗木。

播种育苗　尾叶桉种粒极小，每克种子300～600粒，对播种前的整地要求高，播种床除草深翻松土后再细致碎土平整，床面铺2.5～3.0cm厚的播种基质。播种方式分点播和撒播2种。点播是直接将种子点放在容器基质上，一般每个容器放种子3～4粒，待种子发芽成苗稳定时，将多余的小苗间出移至发芽失败的容器或新容器中，一个容器中只留下一株健壮的小苗。撒播是将种子均匀撒播于规整的苗床上，育成3～5cm的小苗，移植至容器内再进行培育。华南地区在每年10月至翌年1月播种，6～9天开始发芽出土，经30～45天，小苗可以移植至容器，再过45～60天苗木可高达15～25cm，可以出圃造林。从播种到出圃需

图1　尾巨桉7年生丰产林（广西七坡林场）

图2　桉树速生丰产用材林（广西高峰林场）

100～120天。

扦插育苗　是桉树无性系育苗的主要方法，自20世纪80年代到21世纪初在生产中广泛应用。

采穗圃栽植以大田池栽形式最好，用红砖砌成长方形栽植池，宽100cm，长度不限，高度25cm。将采穗母株按株行距20cm×25cm栽植在池内，安装喷水装置，每株每年产穗条40条，每平方米可采穗800条，每亩一年可采穗条30万条。

母株上的穗条生长至15～20cm、茎干呈半木质化时即可采穗条进行扦插。采穗时间宜在早上（5：00～8：00）或傍晚（17：00～19：00），穗条以越靠近主干基部越好。

制穗具体步骤：先将穗条基部较老化的部分剪去，留下半木质化的枝条及顶芽。接着修剪成带有1对或2对叶子的枝条，长度7～10cm。注意切口平整，然后用剪刀将穗条的叶片剪去3/5。

在尾叶桉、尾巨桉、巨尾桉等无性系的扦插中，采用吲哚丁酸（500～1000mg/kg）等处理均可达到80%以上的成活率。扦插前对插条进行消毒处理，常用药剂有多菌灵（1：400）、百菌清（1：400）等，插条消毒15～20分钟后即可进行扦插。育苗床等扦插设备和基质的消毒则用波尔多液（硫酸铜：生石灰：水为1%：1%：98%）及高锰酸钾1：500药液喷淋。

扦插在温室或大棚内进行，一般采用直插法，即将插条竖直插入容器基质中。扦插时基质要湿润，深度为1.5～2.0cm，用手或工具压紧，使插条基部与基质紧密接触。扦插后立即用雾化喷淋法淋透。温室内扦插后第8～10天即开始生根，再过15～20天，生根率可达85%。生根阶段必须保证适宜的温度（不低于15℃）和湿度，最好采用不透水、可调光的温室或大棚内再套小棚的方法管理，保持插条和叶片有充足的水分。

组培育苗　桉树组培技术于20世纪90年代开始获得巨大成功后，陆续在生产上推广应用。2000年以后桉树育苗开始转向组培苗为主。华南地区桉树苗造林90%以上均使用组培苗。

组培苗移栽基质常用配方为50%炭化稻壳+30%国产泥炭+20%椰糠。稻壳经焖烧炭化后与其他材料混合均匀，用机器灌装成内径3.8cm肠状基质段，切成10cm长小段，插入81孔穴盘，清水浇透备用。组培苗在移栽前要进行炼苗，即将培育容器口上的塞子或瓶盖逐步打开，从培养室拿到温室常温下放置5～7天。

组培生根瓶苗经过炼苗后，将小苗从瓶子中轻轻倒出，用清水洗净培养基，小苗在0.1%多菌灵溶液中消毒2秒，移栽入基质。移栽前，先在基质中开一小穴，然后将植株种植下去。种植不能过深或过浅，一般为2cm左右。

组培苗移栽入基质后，马上淋定根水，盖上薄膜保温保湿，盖上遮阴网，空气湿度大时可只盖遮阴网。移栽3天后喷一次杀菌药（0.1%甲基托布津），一周内注意保持叶面水分，10天后可揭开薄膜两端，或全部揭掉。苗木生长稳定后30天可用0.1%磷酸二氢钾溶液进行叶面追肥。

林木培育 桉树基本的造林作业操作程序：清山→整地→挖穴→施基肥→苗木运输→栽植和浇水→GPS（全球定位系统）测量→补植和浇水→追肥→除草和抚育。关键技术环节是林地清理、细致整地、适时定植、抚育施肥。

林地清理 分为全面清理、带状清理、块状清理三种，可根据造林地自然植被状况、采伐剩余物数量和散布情况、造林方式及经济条件的不同，选择其一。

细致整地 坡度＜10°的林地采用机械整地，坡度在10°～15°的林地，可根据实际情况选择人工整地或机械整地，坡度＞15°或不能用机械整地的林地，使用人工整地。种植穴要沿水平等高线成行排列，行距4m。机械整地挖穴：穴深60cm，穴面100cm×100cm；人工整地挖穴：穴深40cm，穴面50cm×50cm，穴底30cm×30cm。

适时定植 在沿海平缓地带种植密度为1667株/hm²（株行距2m×3m）或1500株/hm²（株行距1.67m×4m）；其他地区种植密度为1245株/hm²（株行距2m×4m）。

抚育施肥 一般在栽植后6～8周进行首次除草，清除桉树苗周边50cm内的杂草；雨季后期再进行一次抚育，可以带状或块状抚育。造林后的第二和第三年根据林地具体情况决定抚育1次或2次。桉树基肥主要为复合肥，少量为农家肥加化肥。基肥所用的氮（N）、磷（P）、钾（K）复合肥中P含量较高，用量500g/株左右。追肥同每次抚育一起进行，复合肥中N和K含量相对较高，用量200～400g/株，根据树木大小和土壤条件具体而定。萌芽更新一年四季都可进行，但以冬春为好。平伐萌芽率较高，伐桩高度以稍高出地面5～10cm为宜。萌芽林在采伐后3～6个月萌芽条高达1～2m时进行抚育和定株，每个树蔸留1～2个健壮萌芽条，并进行施肥。

主要病虫害防治

桉树焦枯病 病原菌为粪壳菌纲肉座菌目丛赤壳科丽赤壳属（*Calonectria*）真菌。一般4月下旬或5月初开始发病，7～8月为发病高峰期。发病初期，叶片出现水渍状斑点，后斑点连接并扩大呈不规则状坏死区域，典型的烂叶症状；病害自下向上传播，病斑扩展迅速，严重时大量叶片脱落。可通过种植抗病桉树无性系，对幼林修枝，或剪去出现病症的枝叶林外烧毁等措施防控。在发病始盛期，可对叶片喷施达科宁或甲霜灵锰锌等化学药剂防治。

桉树青枯病 病原菌为β变形菌纲伯克氏菌目伯克氏菌科劳尔氏菌属（*Ralstonia*）细菌。主要对桉树幼苗和3年生以下的幼树危害较大，6～8月为发病高峰期，9～10月为病树枯死期，高温多湿的环境，特别是台风暴雨过后，该病会在土壤中迅速繁殖和传播，极易从根表或伤口部位侵入植物。可通过种植抗病无性系、造林树种及无性系多样化、使用不带病菌的良种壮苗造林等综合防控。少量植株发病时及时挖除，在病穴及其周围土壤撒上生石灰进行土壤消毒。

油桐尺蠖 *Buzura suppressaria* Guenee 桉树主要食叶害虫，常间歇性猖獗发生成灾，能将整株叶片啃光，仅剩秃枝。防控技术提倡种植混交林。在3月上旬后，利用成虫陆续羽化出土和具有趋光性的特点，于晚上用黑光灯诱杀。在害虫还在低龄幼虫阶段时，喷洒化学药剂杀灭幼虫。

桉树枝瘿姬小蜂 *Leptocybe invasa* Fisher et LaSalle 主要危害桉树嫩枝和叶，导致桉树新叶的叶脉、叶柄和嫩枝产生典型的肿块状虫瘿，枝叶生长扭曲、畸形，新梢、新叶变小，树冠丛枝，生长缓慢。受害林木生长变形，严重影响林木质量。防治措施包括推广使用抗虫无性系造林，提倡不同无性系镶嵌式种植。对1～2年生严重受害的桉树林分应全部销毁，对3年生以上受害桉树林分要全部实施皆伐，就地销毁带虫枝、叶、树皮，对桉树伐根进行抑制萌芽处理。

参考文献

陈帅飞, 2014. 中国桉树真菌病原汇录: 2006—2013[J]. 桉树科技, 31(1): 37–65.

国家林业和草原局, 2019. 中国森林资源报告(2014—2018)[M]. 北京: 中国林业出版社.

祁述雄, 1989. 中国桉树[M]. 北京: 中国林业出版社.

王豁然, 2010. 桉树生物学概论[M]. 北京: 科学出版社.

谢耀坚, 2015. 真实的桉树[M]. 北京: 中国林业出版社.

（谢耀坚）

B

拔大毛 single big tree selection cutting

民间对只采伐林分中大径级优良林木的一种说法。

20世纪50年代以前,中国东北和俄罗斯远东地区红松阔叶林区采用的一种原始的择伐方法——选伐,是粗放择伐的一种极端方式。该法没有任何技术要求,主要选择林分内最优良的大径级红松等珍贵树种,把最有利用价值的主干部分采伐运出,其他部分均舍弃。该法已经被废弃。

(孟春)

白桦培育 cultivation of Asian white birch

根据白桦生物学和生态学特性对其进行的栽培与管理。白桦 *Betula platyphylla* Suk. 为桦木科(Betulaceae)桦木属树种,中国北方地区优良的用材树种,也是城市绿化、园林造景的重要树种。

树种概述 落叶乔木。树皮灰白色、成层剥裂。单叶互生,叶三角状卵形,长3~7cm。小枝红褐色,无毛。果序圆柱形,长2~5cm;小坚果椭圆形。分布于中国东北大、小兴安岭和长白山海拔1000m以下及华北、西北、西南山地。喜光、耐寒、耐水湿,在平缓坡、水分适中地带生长良好,在岩石裸露地段、沼泽化地段也能正常生长。种子靠风力传播,天然更新能力很强,是采伐迹地、火烧迹地、弃耕地、林道边缘等立地和林区沼泽地林木更新和演替的先锋树种。木材纹理细致、颜色洁白、表面光滑,是单板、胶合板良好用材,可作工艺材、家具材、纸浆材等。树皮可药用、可提取栲胶,芽可药用,树汁可制作饮料。

良种选育 包括优良种源选择、家系选择、杂交育种、倍性育种等。已选出帽儿山、凉水、小北湖及清源4个白桦优良种源(地方林木良种)和1-7、4-7、3-12和4-13等4个优良家系(国家林木良种),建有1个国家良种基地。

苗木培育 以播种育苗为主。选择湿润肥沃、腐殖质含量高的微酸性沙壤土,夏季随采随播或翌年春季播种。播种前苗床要灌透底水,播种后覆土并轻微镇压。覆土厚度1~2mm。覆土材料必须经过杀草处理。播种后床面上方用遮阴网遮阴。垄作移植密度10株/m;床作移植密度120~150株/m²。容器播种育苗,用直径8cm、高10cm左右的营养杯,将催芽已裂口的种子播种到基质表面,不覆土,保持种子和基质湿润。一般3~5天,种子即可萌发。有组织培养设施的地方可以用腋芽微繁育苗。

林木培育 以植苗造林为主。造林地宜优先选择阳缓坡(坡度30°以下)、中下坡位、厚层土壤(30cm以上)的立地。

造林选用S0.5-1或S1-1裸根苗或容器苗造林。初植密度2500~3300株/hm²。以春季明穴造林为主,穴直径30~60cm、深度30~50cm。幼林抚育采用3、2、1模式(即造林后第一年抚育3次,第二年抚育2次,第三年抚育1次)。

参考文献

王鹏,李国江,王石磊,等,2010. 帽儿山实验林场白桦人工幼林适宜微立地研究[J]. 森林工程,26(3): 11-13, 17.

王鹏,王石磊,王庆成,等,2010. 帽儿山实验林场白桦适生立地条件[J]. 东北林业大学学报,38(10): 9-11.

(沈海龙)

白桦派生林(黑龙江五常市)(沈海龙 摄)

白皮松培育 cultivation of lacebark pine

根据白皮松生物学和生态学特性对其进行的栽培与管理。白皮松 Pinus bungeana Zucc. ex Endl 为松科（Pinaceae）松属树种，中国特有种，重要的园林绿化、生态保护与修复树种。

树种概述 常绿乔木。树形优美、挺拔苍翠。幼树树皮平滑，灰绿色；老树树皮不规则鳞片状脱落后露出粉白色内皮，斑驳美观。叶3针一束。雄花无梗生于新枝基部。球果单生，第二年9～11月成熟。寿命长达数百年。分布于中国甘肃南部，陕西西部、西南部，山西中部、南部及西南部，河南南部、西南部，四川北部、西北部，湖南北部，湖北北部、西部及西北部等7个省。北京、河北、辽宁、山东、青海等地有引种栽培。深根性树种，主根明显、根系庞大，喜光，幼苗期稍耐阴，能适应干旱瘠薄的立地条件。具有较强的抗寒性，能在酸性石质山地及石灰岩地区生长，对病虫害有较强的抵抗能力。木材可作建筑板材、家具、文具等用材。在高档用材或特殊用材方面具有很大的潜力，还具有重要的化工、食用和药用价值。

苗木培育 主要采取播种育苗。针对不同种源的种子休眠特性采用相应的种子催芽方法。生产上常用低温层积催芽方法。也可用改进型催芽方法，即将种子用200mg/kg GA₃（赤霉素）和20% 分子量为6000的PEG（聚乙二醇）混合溶液浸泡48小时，然后取出种子继续在常温下浸水48小时，再在35% 分子量为6000的PEG溶液中浸泡48小时后即可播种。选择排水良好、有灌溉条件、地势平坦、土层厚50cm以上的沙壤土或壤土作育苗地。育苗地准备工作主要包括深翻、整平耙细、清除杂草、施足底肥等。依据发育阶段有针对性地实施浇水、追肥、除草、间苗、松土、病虫害防控、遮阳等管理措施，以及苗木移植等育苗措施。

林木培育 山西、河南、陕西、甘肃海拔1000m（或1800m）以下山地、平原地区及华北地区800m以下的阴坡或阳坡均可造林。低山阳坡薄土型立地能生长，但以深厚肥沃土壤为宜，微酸性至微碱性土壤也能生长，在排水不良、积水以及含盐量过高的土壤不易种植。可在公园、庭院、小区或街道等土壤深厚、通透性良好的地段栽植绿化。石质山地宜采用水平条整地、鱼鳞坑整地或穴状整地，黄土地区用窄带梯田整地、水平沟整地或反坡梯田整地，整地规格依苗木类型和规格而定。山地营造混交林宜采用块状混交、带状混交方法。可与油松、紫穗槐或栓皮栎混交，也可营造小片纯林。一般在春季或雨季造林。在园林景观绿化中，孤植适用于城市公园、广场、大型公共绿地、附属地等；对植适合于庭院入口两侧；丛植多用于城市自然式绿地的美化，也可用于山坡或丘陵地带，或作为城市的草坪衬景；林植可在城市和风景区的绿化带等大空间内应用。山地造林后连续抚育至少3年，主要措施为局部松土和割灌除草、必要的灌水、病虫害防控和火险防控等。公园和庭院等地景观绿化造林后，根据需求采取必要而精细的灌溉、施肥、除草、修剪措施，同时注重病虫害防控。

参考文献

蔡宝军，2015. 北京主要造林树种[M]. 北京: 中国林业出版社.

王九龄，1992. 中国北方林业技术大全[M]. 北京: 北京科学技术出版社.

王小平，2002. 白皮松生物学及种子生理生态[M]. 北京: 中国环境科学出版社.

（王小平，智信）

柏木培育 cultivation of cypress

根据柏木生物学和生态学特性对其进行的栽培与管理。柏木 Cupressus funebris Endl. 为柏科（Cupressaceae）柏木属树种，中国南方主要乡土树种，营建用材林、防护林的重要树种。

树种概述 常绿乔木。树干通直，树冠紧密、狭小。小枝细长下垂。叶鳞形，长约1.5mm。球果球形，着生于小枝顶端，径0.8～1.2cm，微被白粉；种鳞4对，能育种鳞有种子5～6粒。中国分布十分广泛，西至四川大相岭，东达浙江，北至甘肃、陕西南部，南至广东、广西北部；南北分布跨900km、东西跨1700km；华东、华中地区分布于海拔1100m以下，四川、云南分布于海拔2600m以下山地和丘陵。主根浅而细，侧根发达。喜光，对土壤适应性广，在中

白皮松人工林（北京香山松堂）（贾黎明 摄）

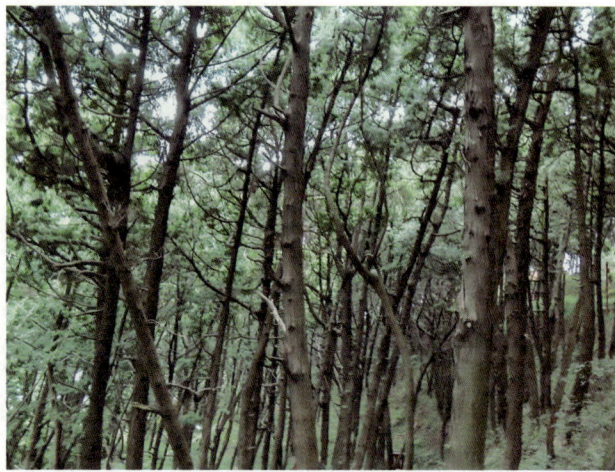

四川古柏林（龚固堂 摄）

性、微酸性及钙质土上均能生长。耐干旱瘠薄，特别是在瘠薄的钙质土和石灰土上能正常生长。木材纹理直，结构细，坚韧，耐腐，具香气，主要用于高档家具、办公室和住宅的高档装饰、木制工艺品加工等。

良种选育　四川蓬安县白云寨林场国家柏木良种基地和四川三台县金鼓国家柏木良种基地是中国仅有的两处国家级柏木良种基地。三台县良种基地包括种子园 22hm²、优树收集区 3hm²、子代测定林 11.33hm²。蓬安县良种基地总面积 80hm²，收集保存柏木优良种质资源 280 份，其中种质资源收集区保存家系 95 个、子代测定林收集保存家系 185 个。此外，中国林业科学研究院亚热带林业研究所在浙江淳安县姥山林场建立了国内首个也是至今唯一的柏木 1 代无性系种子园，面积 3.8hm²。

苗木培育　采用大田播种育苗和容器育苗。播种育苗以春播为主，采用条播。条距 20 ～ 25cm，播幅 5cm，播种量 6 ～ 8kg/ 亩。间苗 2 次，定苗密度 50 ～ 60 株 /m²。容器育苗宜使用塑料薄膜容器、无纺布网袋容器或营养钵。容器规格 5cm×10cm，4.5cm×8cm 或 6cm×10cm。采用芽苗移栽，当芽苗长至 4 ～ 6cm 高时移苗，每个容器 1 ～ 2 株。芽苗移植后即用 70% 左右遮阴网搭架遮阴；15 天后渐渐揭去遮阴网进行炼苗。

林木培育　造林地宜选择石灰岩、紫色砂岩、页岩等母质发育的中性、微碱性土壤；一般选择海拔 1300m 以下背风坡。土层肥沃湿润地段可营造用材林，土壤干旱瘠薄地块可营造薪炭林或水土保持林。多采用 1 年生苗造林。立地条件较好的地方造林密度 4444 株 /hm²（株行距 1.5m×1.5m）；立地条件较差的地方造林密度 6666 株 /hm²（株行距 1.5m×1m）。造林 1 ～ 2 年，夏秋两季应及时除草，以后每年 1 次，直至幼林郁闭。成林后根据林木竞争状况适时间伐调整密度。

参考文献

金国庆，陈爱明，储德裕，等，2013. 柏木无性系种子园营建技术[J]. 林业科技开发，27(2): 112-115.

骆文坚，金国庆，徐高福，等，2006. 柏木无性系种子园遗传增益及优良家系评选[J]. 浙江林学院学报，23(3): 259-264.

（龚固堂）

薄叶润楠培育　cultivation of *Machilus leptophylla*

根据薄叶润楠生物学和生态学特性对其进行的栽培与管理。薄叶润楠 *Machilus leptophylla* Hand.–Mazz. 为樟科 (Lauraceae) 润楠属树种，别名华东楠；用材、观赏和绿化树种。

树种概述　常绿乔木。圆锥花序 6 ～ 10 个聚生嫩枝基部。果皮蓝黑色，果序梗鲜红色。花期 4 ～ 6 月，果实成熟期 8 ～ 10 月。主产中国，主要分布于亚热带东部的安徽、浙江、江西、福建、湖南、广西及广东北部等地。喜湿润，幼年耐阴，成年喜光，不耐寒、不耐旱。在排水良好的壤土至沙壤土上生长最佳，土壤水分是制约薄叶润楠生长的重要环境因子。心材是优良的家具和建筑装饰用材，也是雕刻和

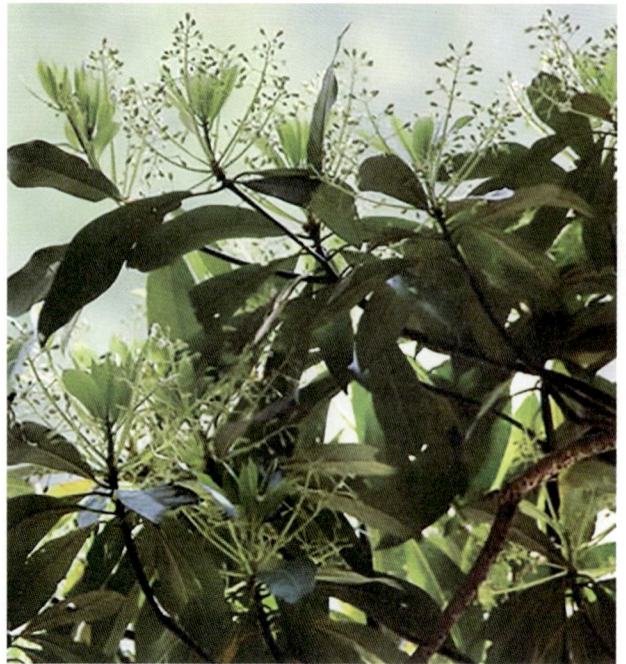
薄叶润楠圆锥花序（安徽农业大学）

精密木模的良材。种子含油率达 50%，榨油可制作蜡烛、肥皂、润滑油等；树叶可提取精油，是优良的天然香料，并具药用价值。

苗木培育　以播种育苗为主，包括苗床育苗和容器育苗。种子含水量高，不耐藏，可在成熟后随采随播。也可采用春播或秋播，春播需进行湿沙层积贮藏，也可采用冷藏法贮藏，贮藏温度 3 ～ 5℃。还可插条育苗，硬枝扦插和嫩枝扦插均可。

林木培育　人工用材林培育宜选择土层深厚、排水良好的中性或酸性土壤，质地以沙壤至轻黏壤为宜，小地形选择山谷、阴坡至半阳坡，土层厚度 40cm 以上。植苗造林可选择 1 年生或 2 年生苗木，用裸根苗造林，起苗后及时蘸泥浆；造林株行距 2m×3m，造林时适施基肥。造林后需加强幼林抚育管理，每年进行 2 次松土除草，连续 4 年；幼林严禁修枝。当林分郁闭度达 0.8 ～ 0.9 时，进行间伐，促进其生长。由于天然更新较好，林分成熟后宜择伐更新，促使形成复层异龄林。

参考文献

方精云，王志恒，唐志尧，2009. 中国木本植物分布图集[M]. 北京: 高等教育出版社: 391.

徐漫平，郭飞燕，周侃侃，2009. 浙江主要乡土珍贵木材刨切加工与装饰适应性研究[J]. 浙江林业科技，29(2): 38-41.

（徐小牛，邓波）

保健林培育　health-care forest cultivation

营造有益于人类生理、心理和精神健康的森林的活动。是一个涉及多学科交叉的创新性森林培育领域。

保健林除具有吸收二氧化碳（CO_2）、释放氧气（O_2），生产负离子、蒸腾、减噪、滤尘、抑菌等功能外，还需要集中连片，有一定的规模，景观优美，小气候适宜且空气中有

益物质含量高，周边没有工矿污染源，以及配备有森林步道、森林保健体验活动和标识解说等基本要素。森林浴、森林疗法和森林医学等实践活动都离不开优质的保健林资源。科学研究为保健林康养环境营造、场地设计、活动安排、效果评价等提供理论与技术支撑，并能重点强化保健林特定的康养保健功能。保健林既可以利用现有的森林进行改造来获得，也可以在新造林地上根据保健林功能目标进行营造和定向培育。

保健林培育应注意以下几点：①通过合理的树种选择和配置提高保健林功效。在适地适树的条件下，将植物精气作为选择造林绿化树种的重要依据，充分考虑树种的精气成分及含量，优先配置萜烯类化合物含量高的树种，如松科、杉科、柏科等植物种类。②根据地域特色，增加彩叶类、芳香类树种，提高人类视觉、嗅觉等感官体验质量。③根据林分结构与小气候的关系，结合森林抚育，保留合适的林分密度和开敞的林下空间，有利于通风，开拓视野，舒缓身心。

参考文献

房城, 王成, 郭二果, 等, 2010. 城郊森林公园游憩与游人生理健康关系——以北京百望山森林公园为例[J]. 东北林业大学学报, 38(3): 87-88, 107.

郭二果, 王成, 郄光发, 等, 2013. 城市森林生态保健功能表征因子之间的关系[J]. 生态学杂志, 32(11): 2893-2903.

（王成）

保健植物　health-care plants

对保持人体身心健康有明显功效的植物。

通过吸收空气中的有害物质而净化空气，调节空气负氧离子含量，释放的杀菌素、植物精气等有机挥发物经过呼吸和皮肤接触进入人体，刺激神经和影响内分泌，产生类似药物的效果，从而发挥对人体防病、强身的作用。根据不同人群的健康需求，将不同类型、不同功效的保健植物进行科学配置，可以有效指导城市绿化与生态服务功能优化提升。

保健植物的研究和应用起源于17世纪英国的"园艺疗法"，是以康复和疗养治病为主要目的，以患有疾病的人群或残疾人等特殊群体为对象。现在其含义逐渐扩展，对象还包括亚健康人群。中国对保健植物的研究和应用大多在居住区的绿化中，且面向健康和亚健康人群，以维护和保持人体健康为主要目的，而不是康复和医疗。

保健植物可依据保健功效、人体感觉器官进行分类。

根据保健功效可分为：①杀菌抑菌类植物。植物的有机挥发物质能有效抑制和杀死细菌，还起到消炎作用。②调节神经类植物。可以调节人的神经和情绪，有助于消除神经紧张和疲劳，安神养心，使人体处于放松状态，或者加强人体循环系统的作用，提神醒脑、活跃思维。③理疗治病类植物。植物散发出的物质对人体的呼吸系统、中枢神经系统、心血管和消化系统等具有保健功效，也可预防和辅助治疗某些疾病。

根据人体感觉器官可分为：①感官型保健植物。主要指在视觉、触觉和听觉方面具有保健功能的植物。②吸入型保健植物。植物的花、果、叶等器官含有芬多精物质，被人体吸收后会产生一定的保健疗效。③食用型保健植物。主要指富含糖分、维生素和其他营养成分以及药效成分的可食用植物。

参考文献

林冬青, 金荷仙, 2009. 园艺疗法研究现状及展望[J]. 中国农学通报, 25(21): 220-225.

易文芳, 马静茹, 龙昱, 等, 2009. 保健植物分类及在城市园林中的应用[J]. 现代农业科学, 16(3): 124-126.

（古琳）

保幼皆伐　clear cutting for preserving young trees

保留适当数量生长良好的前更幼苗和幼树以保证采伐迹地天然更新成功的皆伐方式。

见皆伐。

（王立海）

被压木　suppressed tree

林分中树高和直径生长都非常落后，树冠窄小且偏冠，处于林冠层平均高度以下的林木。又称Ⅳ级木。

被压木可分为Ⅳₐ、Ⅳᵦ两个亚级：Ⅳₐ级木，树冠狭窄，侧方被压，但枝条在主干上分布均匀；Ⅳᵦ级木，树冠偏生，只有树冠的顶部能伸入林冠层，树冠的侧方和上方都受压制。被压木处于极弱的光照条件下，经常不结实。随着林分年龄的增长，被压木会逐渐变为濒死木。在森林抚育采伐中，下层抚育法把被压木作为砍伐的主要对象之一。

参考文献

沈国舫, 2001. 森林培育学[M]. 北京: 中国林业出版社.

（韦小丽）

本多静六　Honda Shiziroku（1866—1952）

日本林学家和造林学（现称森林培育学）奠基人。1866年7月2日生于日本东京都涩谷区（今埼玉县），1952年1月29日卒于伊东市。1890年7月毕业于东京农林学校林学部。同年赴德国德累斯顿的塔兰特山林学校（今德累斯顿工业大学林学院）学习，半年后转入慕尼黑大学专攻造林学。1892年3月在德国慕尼黑大学获得博士学位。先后任东京帝国大学农学部（后为东京大学农学部）副教授、教授，日本庭园协会理事长、会长，国立公园协会副会长，帝国森林会副会长、会长等职。在造林学、造园学理论与实践方面颇有成就，一生著作达370多部，其中有关造林学著作有《造林学前论》（5册）、《造林学本论》（5册）、《造林学后论》（3册）、《造林学各论》（5册）等，有关造园学专著120余部，在诸如大学教学试验林场的建立、东京都水源林的建设、防护林的设定、国立公园的创建以及推进热带林业的实践与发展等

方面作出重要贡献。在日本埼玉县建有"本多静六纪念园"和"本多静六纪念馆"。

（方升佐）

边缘效应 edge effects

在两个相同或两个不同性质的生态系统（缀块或其他系统）交互作用处，由于生态因子（物质、能量、信息、时机或地域）或系统属性的差异和协调作用而引起系统组分及行为（如种群密度、生产力和多样性等）较大变化而产生的效应。各种生态系统、生物群落或生态环境因素之间都有广泛的交接边缘，这些边缘部位往往由于生物组成和环境的特殊性而具有独特的结构和功能。

产生边缘效应的机理主要是种间关系和加成效应。种间关系指各个物种具备不同的生物学、生态学特征，当它们共居于边缘地带时，其自下而上的发展主要取决于各物种自身固有的习性以及对边缘地带环境的适应程度、在食物链中的地位以及与共生种间的他感作用。适应边缘环境、在食物链中占优势地位并与共生种间具有促进性他感作用的种群必然得到发展，产生正效应，否则产生负效应。如在混交林中，不同混交树种其混交边缘行林木生长量有的高于纯林，有的低于纯林，说明树种种间关系是否协调决定了边缘效应的正负效应。边缘效应既能为人类造福，也能危害人类，其作用、性质要靠人工来调控。对边缘效应的最优控制，是充分利用边缘效应规律为人类兴利除害的关键。

在林农复合经营系统内，应用边缘效应原理应遵循的原则是：提高生物多样性，配置适生生物，充分利用边缘正效应，避免边缘负效应的出现。例如，中国东北地区东部山坡地，应用边缘效应原理，在森林生态系统进行多层结构配置，选择红松、落叶松、云杉、水曲柳等树种进行带状混交，在一定范围内形成较大的边缘地带，森林病虫害明显减少，且获得了较高的木材产量，实现了长短结合；黑龙江省宝清县兴国村的稻—苇—鱼—鹅—貂生物循环系统，是在低湿地以边缘效应为原理构建的成功范例。

参考文献

段爱国, 张建国, 2012. 林分边缘效应发生规律及模拟研究综述[J]. 华东森林经理, 26(4): 6-9.

田超, 杨新兵, 刘阳, 2011. 边缘效应及其对森林生态系统影响的研究进展[J]. 应用生态学报, 22（8）: 2184-2192.

（方升佐）

编织材料林作业 forest for braided material work

针对由产条林木所组成林分的矮林作业方式。目的是生产用作编制箱、笼、篓、筐的原料，如培育柳条林和紫穗槐林。

编织材料林作业可当年扦插当年采条，也可以造林5～10年后截去主干或分枝，利用根株萌芽产生新枝条，以后每年采条1次。柳树喜湿，柳条林多于河旁、池旁、溪边、堤岸和河滩低湿地经营。为生产细长且富有弹性的好条，柳条林的栽植密度宜大，杞柳类插条行距40～80cm，株距10～20cm。柳条林更新或复壮可借邻近植株压条。柳条林采条季节多在秋末；如用去皮条，则在生长季采条。

参考文献

北京林学院, 1981. 造林学[M]. 北京: 中国林业出版社.

（彭祚登, 高帆）

变温层积催芽 variable temperature stratification

见层积催芽。

濒死木 dead and dying wood

完全位于林冠下层，接受不到正常的光照，生长衰弱，树冠稀疏且不规则的林木。又称V级木。

濒死木可分为两个亚级：①V_a级木，生长极落后，接近死亡；②V_b级木，枯死木。濒死木的存在会影响林内卫生状况，极易遭受病虫入侵，导致病虫害的发生，且容易成为森林火灾易燃物，引起森林火灾发生。在森林抚育采伐中，濒死木是必须清除的对象。

参考文献

沈国舫, 2001. 森林培育学[M]. 北京: 中国林业出版社.

（韦小丽）

播种方法 sowing method

将种子播撒于圃地苗床上培育苗木的方法。根据种子在苗床上的分布情况，分为条播、点播和撒播3种。根据播种时所采取的人力或者机械情况，分为人工播种和机械播种。

条播 按一定距离开沟，把种子均匀撒在沟内的播种方法。应用最广，适合各种中、小粒种子。优点是苗木有一定的行间距离，便于机械化作业和松土、除草、追肥等苗期抚育管理工作；苗木受光均匀，通风条件良好，生长健壮。

播幅 即播种行的宽度。因树种特性和土壤条件而定。一般情况下播幅宽度2～5cm。适当增加播幅宽度有利于克服条播土地利用率不高和行内苗木密集的缺陷，提高苗木质量。阔叶树种可加宽至10cm，针叶树种可加宽至15cm。

播种行方向 以南北向为好，以有利于灌溉和进行其他抚育措施为宜，多采用平行于苗床长边的纵行条播。但高床育苗时采用横行条播有利于侧方灌溉。大田育苗时，为便于机械化作业，可采用带状条播，即若干个播种行组成一个带，加大带间距，缩小行间距。

生产环节 播种技术的各环节关系到幼苗能否适时出土，对苗木质量有主要影响。以人工条播为例，生产环节如下。

①划线。根据规划的行距和播种行方向确定播种沟位置。

②开沟。根据播种沟要求的宽度与深度开沟，要求通直、深浅均匀一致，沟的深度根据种粒大小而定。

③播种。将种子均匀撒在播种沟内，要严格控制播种量。小粒种子可与细沙等混合播种，以保证下种均匀。

④覆土。用细土均匀覆盖种子，为种子创造发芽的良好

条件。覆土厚度影响种子周围的土壤水分、场圃发芽率、出苗早晚和整齐度。覆土过厚时，温度低，氧气不足，不利于种子发芽，发芽后出土也困难；覆土过薄，种子易暴露，水分不足，不利于发芽，且易遭鸟兽危害。确定覆土厚度的依据：一是树种特性。大粒种子宜厚，小粒种子宜薄；子叶留土萌发的宜厚，子叶出土萌发的宜薄。二是气候条件。气候干旱宜厚，湿润宜薄。三是土壤条件。土壤疏松宜厚，土壤较黏重宜薄。四是播种季节。秋播宜厚，春播宜薄。五是覆土材料。小粒、极小粒种子用原土覆盖易造成覆土过厚，可改用沙子、泥炭土等疏松材料。经催芽的种子，播种时土壤墒情较好，覆土厚度一般以短轴直径的 2～3 倍为宜。极小粒种子以覆土不见种子为度。为保证种子与播种沟湿润，要做到边开沟、边播种、边覆土。

⑤镇压。用铁锨将覆土轻轻压实，使种子与土壤紧密结合，充分利用毛细管作用为种子发芽提供水分。

采用播种器或播种机播种，开沟、播种、覆土和镇压等工序一次完成，能够大大提高播种的工作效率，且幼苗出土整齐一致。

点播　按一定株行距挖穴，将种子逐个放入穴中的播种方法。适用于核桃、栎类、桃、山杏、七叶树、银杏等大粒种子。节省种子，具有条播的优点，苗木生长空间大，根系发育较好，但苗木产量比其他方法低。

株行距　应按种子大小与幼苗生长速度来确定，一般行距不小于 30cm，株距不小于 15cm。

生产环节　①挖穴。按一定株行距挖穴，穴的大小根据种子大小而定。②播种。将单粒种子放入穴中，为便于种子发芽和幼苗生长，将种子侧放，使种子的尖端即种孔所在部位与地面平行。③覆土。用细土覆盖种子，深度为种子短轴直径的 2～3 倍。④镇压。同条播。

撒播　把种子均匀地撒在苗床上的播种方法。适用于极小粒种子，如杨树、柳树、桉树、悬铃木、桤木、女贞等种子。优点是覆土均匀，幼苗易出土，苗木分布均匀，产苗量高。缺点是间苗、定苗、松土、除草等抚育管理不便，苗木密集，通风透光差，苗木长势弱、抗性低，合格苗产量低，用种量较大。

生产环节　①播种。按计算好的播种量将种子均匀撒在平整的苗床上。②覆土。用细沙土均匀覆盖种子，覆土厚度一般为种子短轴直径的 2～3 倍。③镇压。同条播。

参考文献

刘勇, 2019. 林木种苗培育学[M]. 北京: 中国林业出版社: 168-193.

孙时轩, 刘勇, 2002. 林木育苗技术[M]. 北京: 金盾出版社: 70-105.

翟明普, 沈国舫, 2016. 森林培育学[M]. 3版. 北京: 中国林业出版社: 136-148.

（刘勇）

播种更新　seed regeneration

以林木种子为繁殖材料通过人工播种方法恢复森林的人工更新方式。

播种更新不经过幼苗移植、根系不受损伤，适合于直根系树种或移植造林较难成活的树种。省工、成本较低。但用种量大、幼苗管理困难，对不良环境及病虫鸟兽害抵抗力较弱，郁闭年限较长，增加了幼林抚育的难度和费用。

播种更新应符合播种造林的一般要求。有撒播、穴播、块播和条播等方法，手工播种、机械播种、畜力播种和飞机播种等方式。在播种季节选择、播前种子处理、播种地管理、幼林抚育等方面均执行播种造林的技术要求。播种更新适宜在立地条件较好、自然灾害较轻、缺乏天然种源的迹地进行。

参考文献

汉斯·迈耶尔, 1986. 造林学: 第一分册[M]. 肖承刚, 贺曼文, 译. 北京: 中国林业出版社.

翟明普, 沈国舫, 2016. 森林培育学[M]. 3版. 北京: 中国林业出版社.

（张鹏）

播种量　sowing quantity

见播种育苗。

播种期　sowing date

见播种育苗。

播种育苗　seedling production by sowing

用种子培育苗木的方法。是最基本的育苗方法。通过播种培育的苗木称为播种苗，其特点是采用种子繁殖，繁殖系数大，操作简便，且苗木根系发达，对外界不良生长环境的适应性强，树木寿命长。播种育苗起源于古代对树木天然下种繁殖更新的观察，至今仍在国内外林业生产中普遍采用。播种苗经移植后，可培育出移植苗或大苗；茎干可作插穗培育扦插苗，也可作砧木培育嫁接苗。

作业流程　选择播种地；耕作土壤；土壤和种子消毒；制作苗床；种子催芽；选择播种期；计算播种量；播种；播种后对播种地进行覆盖和浇水；幼苗出土后进行苗期灌水、施肥、松土、除草、间苗、补苗、截根、病虫害防治等；在整个育苗过程中对苗木质量进行动态监测与评价，并在出圃前对苗木质量进行抽样调查；苗木出圃时进行起苗、包装和运输，对于已起苗但暂不外运的苗木，采取假植和贮藏；对当年不起苗的小苗要采取越冬防寒措施等。

播种量　单位面积或单位长度上播种的数量。确定的原则是用最少的种子达到最大的产苗量。播种量一定要适中，太多会造成种子浪费，出苗过密，间苗费工，增加育苗成本；播种量太少，产苗量低，土地利用率低，影响育苗效益。确定适宜播种量的依据：①单位面积或单位长度最适宜的产苗量；②种子品质指标，如种子净度、千粒重、发芽势；③种苗的损耗系数等。

计算公式：

$$X = \frac{N \times W}{P \times G \times 1000^2} \times C$$

式中：X 为单位面积或单位长度播种量（kg/m² 或 kg/m）；N 为单位面积或单位长度最适宜的产苗量（株/m² 或株/m）；W

为种子千粒重（g）；P 为种子净度；G 为种子发芽率；1000^2 为将千粒重换算为每粒种子重量 (kg) 的常数；C 为损耗系数。

C 值因树种、圃地的环境条件及育苗的技术水平而异，同一树种在不同条件下的具体数值可能不同。各地应通过试验来确定，参考值如下：大粒种子（千粒重在 700g 以上），$C＝1$，如银杏、板栗、核桃等；中、小粒种子（千粒重 $3\sim700g$），$1＜C＜5$，如落叶松、油松、侧柏等；极小粒种子（千粒重在 3g 以下），$5\leqslant C\leqslant20$，如杨树、桉树等。

用此公式计算的结果为净育苗面积的播种量，但苗圃地除了育苗地，还应该有道路、排灌水渠等辅助育苗用地，在将单位面积计算的播种量推算到更大面积时，每公顷就不能按 $10000m^2$ 计算，根据《国有林区标准化苗圃》（LY/T 1185—1996）规定，净育苗面积不低于总面积的 60%，因此，每公顷播种量按 $6000m^2$ 计算。

播种期 播种季节和时间。直接影响苗木的生长期、出圃的年限、幼苗对环境条件的适应能力、土地的使用率、苗木的养护管理措施以及苗木产量、质量和抗逆性等。适宜播种期要依树种的生物学特性和当地的气候条件而定。中国南方四季均可播种育苗，北方则以春播为主。

春播 适用于多数地区和大多数树种。具有从播种到出苗时间短，管理用工少，鸟、兽、虫等对种子的伤害轻等优点。春季适当早播的幼苗抗性强，生长期长，病虫害少。春播的具体时间是在确保幼苗出土后不会遭受晚霜和倒春寒低温危害的情况下，尽早为好。一般当土壤 5cm 深度的地温稳定在 10℃左右，或旬平均气温在 5℃时，即可播种。

夏播 适用于夏季成熟且易丧失活力、不易贮藏的种子，如桉树、杨树、榆树、桑树、檫木等种子。夏季成熟的种子随采随播可省去种子贮藏的环节，种子发芽率高。夏播应尽量提早，以便苗木有足够的生长期，在冬季来临前充分木质化，安全越冬。

秋播 仅次于春播。大、中粒种子或种皮坚硬的、有生理休眠特性的种子都可以在秋季播种，如栎类、红松、椴树、核桃楸、山桃、山杏等种子。秋播后，种子在育苗地里过冬的同时已完成催芽，翌春发芽早，出苗快，并省去了种子的贮藏工作。在冬季有冻害的地区进行秋播，要保证当年秋季不发芽；休眠期长的种子，可适当早播；在无灌溉条件的育苗地，早春土壤墒情差，可在早秋播种，幼苗萌发出土后土埋法越冬。秋播种子在土壤中停留时间长，易遭受鸟兽危害，应注意防护。北方风沙大的地方不宜秋播。

冬播 实际上是春播的提早，也是秋播的延迟。中国南方气候温暖，冬天土壤不冻结，且雨水充沛，可以进行冬播。杉木、马尾松等种子，初冬成熟后随采随播，种子早发芽，幼苗扎根深，能提高苗木对夏季高温的抗性。由于延长了生长期，苗木生长量大，抗旱、抗寒、抗病能力均较强。

播种方法 将种子播撒于圃地苗床上培育苗木的方法。根据种子在苗床上的分布情况，分为条播、点播和撒播 3 种。

参考文献

刘勇, 2019. 林木种苗培育学[M]. 北京: 中国林业出版社: 168-193.

沈海龙, 2009. 苗木培育学[M]. 北京: 中国林业出版社: 161-170.

翟明普, 沈国舫, 2016. 森林培育学[M]. 3版. 北京: 中国林业出版社: 136-148.

（刘勇）

播种造林 afforestation by seeding

把种子直接播种到造林地培育森林的造林方法。又称直播造林，简称直播。一种古老的造林方法，早在北魏时期贾思勰所著的《齐民要术》中就有记载。

主要特点 具有苗木根系完整、对造林地的适应性强、能够保留优良单株、施工简单、节约开支、对造林地条件要求严格、对播种后抚育管理要求较高、种子需求量大等特点。

适用范围 播种造林虽不如植苗造林应用普遍，但在某些特殊情况下，如地广人稀、交通不便的地区经常使用；需要具备立地条件较好的造林地以及性状良好的种子。

造林技术 播种造林主要分为人工播种造林和飞机播种造林。

人工播种造林方法主要有：①穴播。在造林地上按一定要求整地挖穴，在穴中进行播种。②条播。在经过全面整地或带状整地的造林地上，按一定的行距单行或带状进行播种。③撒播。在不经过整地的造林地上均匀播撒种子。④块播。在经过整地的造林地上，在面积大于 $1m^2$ 的块状地上相对密集地播种大量种子。如果在块状地内有多个均匀分布的播种点，称为簇播或窝播（巢播）。⑤缝播。在鸟兽危害严重、植被覆盖不大的山坡上，选择灌丛附近或有草丛、石块掩护的地方开缝播种，然后将缝隙踩实，地面不留痕迹。

飞机播种造林是利用飞机或其他飞行器把林木种子直接播种在造林地上的方法。与人工播种造林相比，具有速度快、效率高、投入少、成本低、不受地形限制、能深入人力难及的地区进行造林等特点。

除比较粗放的撒播和飞机播种造林外，其他各种方法都要求注意覆土厚度、播种量，以及播前对种子的检验和处理等技术问题。覆土厚度一般根据种粒大小、造林季节及湿度的不同灵活掌握，大体上可相当于种子短径的 $2\sim3$ 倍。播种量主要取决于种子品质和单位面积预定的幼苗株数，其次也与树种、播种方法和立地条件有一定关系。所用种子应事先进行检验，以作为确定播种量的依据。在有些情况下，还需对种子进行浸种或层积催芽，或进行药剂处理。

参考文献

陈祥伟, 胡海波, 2005. 林学概论[M]. 北京: 中国林业出版社.

沈国舫, 2001. 森林培育学[M]. 北京: 中国林业出版社.

（郑元，杨宏艳）

薄壳山核桃培育 cultivation of pecan

根据薄壳山核桃生物学和生态学特性对其进行的栽培与管理。薄壳山核桃 *Carya illinoinensis* (Wangehn.) K. Koch 为胡桃科（Juglandaceae）山核桃属树种，著名干果树种，是集优质干果、木本油料、园林绿化、珍贵木材于一体的生态经济型树种。

图1 薄壳山核桃雄花序（李放 摄）

图4 薄壳山核桃万亩示范果园（安徽合肥佳烨农业）（王春雷 摄）

图2 薄壳山核桃结果枝（南京绿宙基地：15年生的'金华'）
（李放 摄）

图5 浙江建德林场梯田栽植的薄壳山核桃果园（40年生）
（李放 摄）

图3 薄壳山核桃大树（南京中山植物园：96年生，胸径98cm）
（李放 摄）

树种概述 落叶乔木，高达50m。小枝被柔毛，芽黄褐色。奇数羽状复叶，具9～17小叶。雌雄同株，异花；雌穗状花序具3～10雌花，雄柔荑花序3序成束，长8～14cm；雌雄异熟。花期4月底至5月中下旬；9～11月果实成熟。童期长，实生树需10～12年开始结果。原产于北美密西西比河流域及其支流的河谷冲积平原，自然分布北纬16°～42°的亚热带和暖温带。中国引种栽培已有百年历史，在江苏、浙江、安徽、福建、云南等省广泛栽培。适宜种植范围较广，喜温暖湿润气候，主产区无霜期220～280天，年降水量500～1600mm，≥10℃年积温3300～5400℃，需冷量≤7.2℃低温500小时，能耐41.7℃极端高温，部分北方品种能耐−29℃极端低温。在土质疏松、深厚、湿润、富含腐殖质、排水良好的微酸性至中性砾质壤土生长最佳。常见品种果重6～10g，果壳薄（约0.5～0.7mm），出仁率50%～60%，果仁富含蛋白质、氨基酸及钙、镁、磷、锌、铁等20多种矿物元素，具有抗氧化、降血脂等功效，是健康保健干果；种仁含油率高（>70%），富含不饱和脂肪酸（>90%），是高档木本食用油。木材纹理细腻，质地坚韧，密度为735 kg/m³，是商业硬木中最坚硬的木材之一，可用于军工、特殊体育用材和制造高档家具。

良种选育 中国引进、保存100多个薄壳山核桃品种。

经评估、筛选和区域性栽培试验获得省级认定并推广栽培的品种主要有：'波尼'（Pawnee）、'马罕'（Mahan）、'威奇塔'（Wichita）、'卡多'（Caddo）、'斯图尔特'（Stuart）、'绿宙一号''金华''绍兴'等。

苗木培育　以嫁接育苗为主。选用'绍兴'等小果型良种的种子进行砧木育苗。采种后经晾干、筛选、分级，用3%多菌灵和3%赤霉素溶液浸泡种子30分钟消毒，再用冷水浸种5天。随后进行低温沙藏，沙与种子的比例为3∶1，温度4～10℃，层积时间60～80天，应适时翻动，防止种子腐烂。2～3月，将种子转移至20～25℃塑料大棚进行高温催芽。3月底至4月初，幼苗长出真叶时进行炼苗移栽，建议选用12cm×20cm等大规格容器，基质以草炭土∶黄土∶草木灰=5∶3∶2为宜，移栽前适当切断主根以促进侧根萌发。幼苗生长应加强灌溉施肥，并结合赤霉素等激素调控和摘心等手段促进增粗。待幼苗地径达0.8cm以上时开展芽接。芽接最佳时间为8月底至9月初，平均气温25～29℃，嫁接成活率可达90%以上。选择接穗中部的成熟芽片，用双刃嫁接刀在芽片上下距芽0.5～0.8cm处分别横切和纵切，形成带韧皮部的长方形块状接芽；在砧木离地面10～20cm处，选取光滑部位剥离同样大小的皮层，放入接芽，用塑料薄膜带严密包扎。在切口右下角一定要留"放水口"，以利于伤流和水分排出。嫁接15～20天后，砧穗愈合后应及时解绑。嫁接后，在翌年发芽前，将接穗以上2cm处剪砧。接穗芽萌发后及时抹砧。生长季注意除草，加强灌溉，5～8月每亩施氮肥10～25kg。

林木培育　薄壳山核桃最佳种植地为平地、丘陵山地、河道边等。对于表层土壤较薄的平地采用挖定植沟整地，对于表层土壤较厚的沙壤土地，根据苗木大小挖适当的坑种植即可。造林前，应进行品种配置以保障林地充分授粉，如江苏南部宜采用'波尼'作为主栽品种，'卡多'等作为授粉品种。选择根系发达的优良品种富根容器嫁接苗，种植株行距建议选择大行距、小株距的形式，造林初期株行距按照5m×10m或4m×12m定植，5～8年后及时间伐，使株行距调整为10m×10m或8m×12m。定植后浇透水并培土，在树盘处铺地膜草帘保墒。根据苗木大小定干，对于2年生苗在0.9～1.2m处进行定干。树形采用主干分层形，修剪以短截为主。幼树水肥管理应在生长季速生期强化灌溉及氮、锌等肥料施用。嫁接苗一般4～5年陆续结果，应注意灌浆期加强水肥，以促进果实发育。同时，薄壳山核桃大小年现象明显，应结合疏花疏果、水肥管理、整形修剪等技术提升其丰产稳产性。

参考文献

李永荣, 吴文龙, 刘永芝, 2009. 薄壳山核桃种质资源的开发利用[J]. 安徽农业科学, 37(27): 13306-13308, 13316.

彭方仁, 李永荣, 郝明灼, 等, 2012. 我国薄壳山核桃生产现状与产业化发展策略[J]. 林业科技开发, 26(4): 1-4.

张瑞, 2016. 薄壳山核桃生殖特性及杂交育种研究[D]. 南京: 南京林业大学.

（李永荣，张瑞）

勃氏甜龙竹培育　cultivation of *Dendrocalamus brandisii*

根据勃氏甜龙竹生物学和生态学特性对其进行的栽培与管理。勃氏甜龙竹 *Dendrocalamus brandisii* (Munro) Kurz 为禾本科（Poaceae, 异名 Gramineae）竹亚科（Bambusoideae）牡竹属植物，别名甜龙竹；传统优良笋用竹种。

树种概述　大型丛生竹类，广泛分布于云南南部至西部海拔380～1800m地区，多在河谷坝区、村寨周围有零星栽培，近年发展了一定规模的人工竹林基地。缅甸、老挝、越南、泰国亦有分布。秆高15～20m，直径15～20cm。竹笋品质优良、肉质细嫩、食无苦味、鲜甜可口，无论炖炒都是宴上佳品，产区群众均以"甜竹"或"甜笋"相称。其秆型高大，材质优良，用途广泛。

苗木培育　可采用分蔸育苗、埋节或埋秆育苗、主枝扦插育苗、空中诱根育苗等。育苗时间以3月上旬至4月中旬为宜。为了提高造林成活率和造林保存率，最好采用当年育苗、翌年雨季出圃造林的方式。

竹林培育　选择疏松肥沃、湿润的土壤作为造林地，在河谷缓坡、路旁、河岸、溪边或宅旁空地均可种植。初植密度一般为330穴/hm²，株行距5m×6m，适当保留原有林木，实现生物多样性控制的生态栽培，提高林地生态防护效能和经济产出的可持续性。主要抚育措施包括适时松土、合理施肥、疏笋育竹、留笋养竹、老秆间伐、截顶去梢、竹林清理、扒晒除蔸和覆盖培土等，并注意促进丛生竹的散生化经营。

图1　勃氏甜龙竹秆

图 2　勃氏甜龙竹笋（云南沧源县）

参考文献

辉朝茂, 刘蔚漪, 张国学, 等, 2019. 甜龙竹优良种质资源发掘和选育研究[J]. 竹子学报, 38(4): 26-30.

辉朝茂, 刘蔚漪, 史正军, 2020. 优良竹种甜龙竹[M]. 北京: 中国林业出版社.

辉朝茂, 杨宇明, 2002. 中国竹子培育和利用手册[M]. 北京: 中国林业出版社.

杨宇明, 辉朝茂, 1998. 优质笋用竹产业化开发[M]. 北京: 中国林业出版社.

张国学, 辉朝茂, 刘蔚漪, 等, 2020. 甜龙竹发笋和退笋规律及秆高生长特性研究[J]. 世界竹藤通讯, 18(1): 30-33.

张家社, 辉朝茂, 2012. 优良竹种云南甜竹的研究现状与展望[J]. 广西林业科学, 41(4): 341-344, 382.

（辉朝茂, 刘蔚漪, 石明）

补植补播　enrichment planting and seeding

在造林保存率低于 80% 的人工幼林或郁闭度低于 0.5 的林分中, 利用林隙（林窗）或林中空地进行栽植或播种目的树种的林分改造方法。在立地条件较好、符合经营目标的目的树种株数少的有林地, 结合生长伐和林地抚育, 补植补播目的树种, 达到调整林分密度和树种组成结构及提高林分生产力和生态功能的目标。

补植补播时, 应坚持适地适树原则, 人工林可补植原造林树种, 也可选择材质好、生长快、经济价值高, 能与现有树种互利生长的优良树种；次生林应优先补植材质好、经济价值高、生长周期长的珍贵树种或乡土树种。

补植方式有全面补植和局部（植生组）补植。补植时间因种植材料不同而异, 采用直播补植, 宜春季或秋季进行；采用裸根苗补植, 宜春季、雨季进行；采用容器苗补植, 春季、夏季、秋季均可进行。补植后, 需连续抚育幼林 3～5 年, 确保目的树种幼苗幼树生长发育不受灌草干扰。

根据经营方向、现有株数和该类林分所处年龄阶段合理密度而定, 补植后密度应达到该类林分合理密度的 85% 以上。经过补植抚育的林分要求达到以下指标：补植树种成活率大于 85%、3 年保存率不小于 80%；目的树种分布均匀, 密度不低于 450 株 /hm²；针叶林补植后阔叶树比例应达 20% 以上；林分中没有半径大于主林层平均高 1/2 或面积大于 25m² 的林窗或林中空地。在立地条件差的低效林分中, 应注意补植具有改良土壤效果的树种, 提高林地肥力。对于林下植被稀少, 水土流失严重的特殊地段, 补植阔叶树外, 还应适当补植适生的灌木和草本植物, 以提高林分水土保持和水源涵养功能。

参考文献

国家林业局, 2017. 低效林改造技术规程: LY/T 1690—2017[S]. 北京: 中国标准出版社.

翟明普, 沈国舫, 2016. 森林培育学[M]. 3版. 北京: 中国林业出版社.

（徐小牛）

补植补造　replanting

对林内因人为或自然原因出现林木死亡或长势未达预期的区域, 以及意欲增补其他树种的区域进行目的树种苗木栽植的技术措施。适用于残次林、劣质林及低效灌木林等。

补植补造树种　防护林宜考虑通过补植补造形成混交林, 商品林根据经营目标确定补植树种。根据近自然经营原则, 满足经营作业需要的补植补造树种, 应按"典型先锋树种、长寿命先锋树种、机会树种或伴生树种、亚顶极群落树种、顶极群落树种"自然演替序列的类型进行划分和选择。处于演替序列后期的树种可以补植或保留在演替序列前期的林分中, 但不能反过来进行补植改造的设计和操作。

补植补造方法　根据目的树种林木分布现状确定：①均匀补植。用于现有林木分布比较均匀的林地。②块状补植。用于现有林木呈群团状分布、林中空地及林窗较多的林地。③林冠下补植。用于耐阴树种。④竹节沟补植等, 即沿环山水平方向开竹节沟, 进行补植。

补植补造密度　根据经营方向、现有株数和该类林分所处年龄阶段的合理密度而定, 补植补造后密度应达合理密度的 85% 以上。

参考文献

翟明普, 沈国舫, 2016. 森林培育学[M]. 3版. 北京: 中国林业出版社.

（席本野）

不规则混交　mixed irregularly

树种之间没有规则的搭配、随机地分布在林分当中的混交方法。又称随机混交。天然混交林以及天然林内人工栽植混交树种最为常见的混交方式，也是充分利用自然植被资源，利用自然力（封山育林、天然更新、次生林改造等）形成更为接近天然林混交林相的混交方法。

不规则混交一般适合大苗栽植，如在荒山荒地、火烧迹地和采伐迹地已有部分天然更新的情况下，提倡在空地采用"见缝插针"的方式人工补充栽植部分树木，使林分向当地的地带性植被类型或顶极群落类型发展，这样形成的混交林效益好、稳定性强；也适用于复杂的地形和具有特殊要求的造林，如山脚、山顶以及注重景观效应的公园。

采用不规则混交方法造林，虽难以人工协调树种间关系，但遵循天然植被演替规律，树种间关系一般较为协调。不规则混交的理论基础为1898年德国J. C. K.盖耶尔（J. C. K. Gayer）提出的近自然林业理论。该理论的基本含义是模拟自然、接近自然的一种森林营造模式。"接近自然"是指在经营目的类型计划中使地区群落主要的乡土树种得到明显表现。它并不是回归到天然的森林类型，而是使林分建立、抚育、采伐的方式尽可能接近"潜在的自然植被"。若是在人工辅助下，林分能进行接近生态的自发生产，达到森林生物

不规则混交

群落的动态平衡，天然物种就会得到复苏。

参考文献

翟明普, 沈国舫, 2016. 森林培育学[M]. 3版. 北京: 中国林业出版社.

（吴家胜，史文辉）

材用竹林　bamboo stands for culm production

以收获竹材为主要经营目标的竹林。除攀缘型和铺地型竹类外，大部分竹子适于用作材用林培育。优质的材用竹种有毛竹、篌竹、慈竹、硬头黄竹等。

对于物理和力学性能较好的大中型秆材竹种，可用作板材用竹林培育；对于纤维较好的竹种，可作为纸浆材用竹林培育。材用林的立竹度应大于笋用林和笋材两用林，年龄结构跟经营目标相关，板材用竹林培育竹子年龄大于浆材用竹林。

材用竹林以获得竹材为核心目标，在不影响新竹留养质量和数量的情况下，也可适当采笋提高经济收益。如慈竹是中国西南地区重要的材用丛生竹种，以四川等地生长最好，具有秆壁薄、节间长、篾性好、纤维长等特点，是优良的竹编、纸浆原料。慈竹适生环境地要求年平均气温 14～20℃，少霜无雪，年降水量在 950mm 以上为佳。慈竹对土壤条件有较高要求，土层深厚、排水良好且有机质和矿物质丰富的沙壤土或轻黏土上生长良好。慈竹与阔叶树或杉木混交可以营造适宜慈竹生长的小环境，同时也可以减少雪压、狂风等气象灾害和病虫害的发生。慈竹嫩竹加石灰浸煮成竹筋，可以用来粉泥墙壁。笋味苦，煮后去水，可食用，是一种产量高、用途广的重要经济竹种。

参考文献
沈国舫, 2020. 中国主要树种造林技术[M]. 2版. 北京: 中国林业出版社.

（苏文会，范少辉，倪惠菁）

采伐工艺　harvesting technology

伐木、打枝、造材、集材、迹地清理、装车等一系列协调配合与有效衔接的木材采伐作业工序。包括伐区调查设计环节的伐区区划、伐区调查、采伐木或保留木（下种母树）确定、集材道、楞场（装车场）确定，合理可行的更新策略、更新方式和保证更新成功的各种营林措施的确定，以及采伐环节的严格控制树倒方向，随伐木、随打枝、随集材，保护好保留木和幼苗幼树等。

（李耀翔）

采伐迹地　cutting blank; cut-over area

采伐后保留木达不到疏林地标准、尚未人工更新或天然更新达不到中等等级的林地。

采伐迹地的特点是森林刚采伐，光照好，土壤疏松湿润，原有林下植被衰退，而喜光性杂草尚未侵入，更新条件良好。主要问题是伐根未腐朽，采伐剩余物多，影响造林施工，更新不及时，大量先锋杂木树种侵入，影响未来的森林建成。应及时进行清理更新，恢复森林，以免退化。

采伐迹地的清理方法是将伐木造材作业中的剩余物按要求集中归成一定规格小堆，在水土容易流失的迹地横向堆放被清理物。将采伐中放倒的枯立木、火烧木、病虫木，以及在采伐作业中受到严重伤害的树木运出迹地，保留迹地的乔木幼苗、幼树，砍除部分过密的灌木和藤条，为林木更新留出空间。

参考文献
翟明普, 沈国舫, 2016. 森林培育学[M]. 3版. 北京: 中国林业出版社.

（王瑞辉，刘凯利，张斌）

采伐剩余物　logging residue

在森林采伐作业过程中不能形成森林采伐产品和未被利用的木质材料。包括枝丫、梢头、灌木、树桩（伐根）、枯倒木、遗弃材及截头等。

采伐剩余物需要进行合理的清理。采伐剩余物是森林木质资源的一部分，合理利用可以整体提高森林资源利用率；是土壤有机和无机营养成分的重要来源，促进其合理的分解，可以有效提高林地有机质含量，改善土壤理化性质；对更新苗有一定的遮蔽防护作用，但过多会对更新苗生长空间产生挤压和过度遮蔽而影响其正常生长发育，或者对种子萌发产生机械障碍而影响更新苗的发生；影响动物与微生物生境，增加火灾发生的可能性。

采伐剩余物的数量和质量与树种、林龄、林分密度、生长环境及作业方式等有关。一般来说，针叶树树枝较细，树叶密而树冠小，采伐剩余物较少，而且针叶树的树枝含木素多、纤维少，因而剩余物的利用价值低；阔叶树树枝粗大，有时树冠处没有主干，采伐剩余物数量多，并且树枝与树干相差无几，所含纤维的数量与质量几乎和树干相同，因而剩余物利用价值较高。中国南方地区实施采伐时，树木处在生长期间，采伐剩余物中含有大量的鲜叶和中大径级枝干，使得分解期限大大延长。

对于森林资源匮乏的中国来说，合理利用采伐剩余物，有利于林区经济发展和人民生活水平提高。

参考文献

东北林业大学, 1987. 木材采运概论[M]. 北京: 中国林业出版社.

王立海, 2001. 木材生产技术与管理[M]. 北京: 中国财政经济出版社.

（李耀翔，沈海龙）

采伐限额　felling quota

每年度各种采伐消耗林木总蓄积量的最大限量。又称年允许采伐量。

采伐限额按照森林类别和采伐类型分别设置，如商品林限额、公益林限额、天然林限额、人工林限额。商品林限额有主伐、**抚育采伐**、低产林改造等不同采伐类型限额。**薪炭林**、疏林、散生木、**经济林**等的采伐也有限额。天然林采伐限额管理最为严格。

意义　采伐限额是一种森林资源管理制度，是国家对森林采伐实施的一项最基本、最重要的管理制度。是森林可承受采伐的最大限度，是按照森林可持续经营和国土生态安全需求制定的采伐和消耗森林（林木）蓄积的最大限量，是国家通过制定统一的年度木材生产计划对森林和林木实行限制采伐的数量额度，是采伐管理的法律武器，也是当代世界公认的经营利用森林的一条根本原则。

作用　根据《中华人民共和国森林法》所确立的**用材林**的消耗量低于生长量的原则，严格控制森林年采伐量、确定最高年采伐限额、年度木材生产计划不得超过批准的年采伐限额，控制森林资源的消耗量不超过森林资源的生长量，从而提高森林覆盖率、改善国家生态状况以及充分发挥森林在经济发展和社会和谐发展中的作用。保持一定的森林面积和森林蓄积量是国家生态安全的保障。对森林实施采伐限额管理，对保障森林资源持续增长和生态环境不断改善具有重要作用，为森林资源持续稳定增长提供了制度保障。

实施方法　森林年采伐限额制度要求国有的森林以林业局、林场、农场、厂矿等为单位，集体所有的森林和林木及农村居民自留山的林木以县为单位，根据合理经营和永续利用的原则，提出年森林采伐限额指标，逐级上报。省、自治区、直辖市林业主管部门对上报的森林年采伐限额指标进行汇总、平衡，经同级人民政府审核后，报国务院批准。各森林经营单位办理林木采伐许可证时，年度控制指标是年度采伐限额。年度木材生产计划不得超过批准的年采伐限额。国家森林采伐限额每5年编制1次，时间区间与国家"五年规划"相同。采伐林地上胸径5cm及以上的林木，需要编制年森林采伐限额。

参考文献

康强, 2016. 森林资源经营管理[M]. 北京: 中国林业出版社.

（李耀翔，沈海龙）

采穗　scion collecting

在嫁接前采集用于制作接穗的枝条或芽等植物材料的生产环节。又称采条。接穗是嫁接苗的主要组成部分，为保证嫁接苗品质的一致性，接穗应在无性系采穗圃或采穗园中选择。**苗圃**应该建立专门的采穗圃，培养健壮、整齐的优质采穗母树。若无采穗圃（园），接穗应从经过鉴定的优树上采取。采穗时应注意，选择的接穗种质应具有稳定的优良性状，有市场销售潜力；采穗母树应是生长健壮的成龄植株，具备丰产、稳产、优质等性状，并且无检疫对象；接穗宜选用树冠外围中上部的新梢或1年生枝条。

采穗的时间和方式因**嫁接方法**的不同而异。生长期采集的穗条，要立即剪去嫩梢、摘除叶片，以减少枝条水分散失，注意保留叶柄，保护腋芽不受损伤；采集的穗条及时用湿布等保湿材料包裹以防止失水，并尽快嫁接。休眠期采集的穗条，一般先整理打捆，标记清楚，然后采用低温沙藏或蜡封后放置于0～5℃条件下贮藏备用。

参考文献

成仿云, 2012. 园林苗圃学[M]. 北京: 中国林业出版社: 230-231.

翟明普, 2011. 现代森林培育理论与技术[M]. 北京: 中国环境科学出版社: 117.

（侯智霞）

采穗圃　cutting orchard

以优树或优良无性系作材料，生产遗传品质优良的枝条、接穗和根段的良种基地。目的是：①直接为造林提供种条或种根；②为进一步扩大繁殖提供无性系繁殖材料，用于建立种子园、繁殖圃或培育无性系繁殖苗木。

采穗圃分为初级采穗圃和高级采穗圃两种。初级采穗圃是用采自未经测定的优树上的材料建立的，目的是为建立1代无性系种子园、无性系测定和资源保存提供所需要的枝条、接穗和根段。高级采穗圃是用采自经过测定的优良无性系、人工杂交子代优树或优良品种上的营养繁殖材料建立的，目的是为建立1代改良无性系种子园或优良无性系、品种的推广提供枝条、接穗和根段。

图1　桉树采穗圃

图2 杉木挖蔸移植采穗圃（张建国 摄）

图3 湿加松采穗圃

采穗圃一般设置在苗圃里。在配置方式上，以提供接穗为目的的采穗圃，通常采用乔林式，株行距2～6m；以提供枝条和根段为目的的采穗圃，通常采用灌丛式，株行距0.5～1.5m。更新周期一般3～5年。

（张建国）

采育失调 unbalancing of cutting and growth

一个经营单位内森林采伐量远远大于森林生长量，森林资源增长的速度大幅低于森林资源消耗的速度，导致森林资源面积减少、蓄积量降低、质量下降的现象。

采育失调主要出现在20世纪50～80年代的中国东北和西南天然林区。原因是：①当时国民经济建设对木材需求强烈，林区木材生产任务过于繁重，集中过量采伐，更新造林被忽视，采伐和培育产生了失调；②对森林生长发育规律了解不深入，特别是对自然更新的难度和漫长性认识不足，忽视更新等培育过程；③缺乏林业建设经验，营林投资不足，对资源状况把握不准，林政管理不严等。

（李耀翔）

采育择伐 selection cutting with tending and thinning

把主伐和抚育采伐结合在一起的择伐方式。
见择伐。

（孟春，沈海龙）

蚕林作业 silk forest work

针对以饲养柞蚕或养蚕取叶为生产目的的蚕林的矮林作业方式。

柞蚕林是以养蚕为目的的萌生栎树矮林，主要是麻栎林和蒙古栎林；其他种类如蚕桑林是为采摘桑叶喂蚕而培育的桑树林，也常培育矮林。蚕林作业在中国东北及山东、贵州、云南和长江流域各省均有长久经营历史。

在蚕场培养中刈留桩树型，一般可通过中刈留桩、掰芽育枝、伐枝养拳三步养成。中刈留桩是在栎树生长到2～6年生，达到一定高度和粗度时，在每丛植株中选择1～5个上端能疏散布局的健壮干株，在干高30～50cm处截干留桩。桩头尽量选择分杈处上部1～3cm部位刈去上梢，使所留桩干上端丛生繁茂枝条，以利养蚕。中刈留桩第一次砍伐留桩后，在2～3年内要注意掰芽育枝，即在5～6月栎树生长期进行彻底的掰芽，抑制桩干基部和中部生长无用的枝条，促使在桩干上端萌发很多芽条并迅速健壮生长。在中刈留桩树型开始培养的几年内，在桩干上端使其集聚多生枝条，培养成拳状疙瘩。待每一桩拳上能丛生出3～5根以上的枝条时，中刈留桩树型即养成。之后每隔2～4年进行一次桩拳上的枝条疏伐更新，即伐去桩拳基部1～3cm处以上的枝条。一般至少能养蚕50年以上。

参考文献

北京林学院，1981. 造林学[M]. 北京：中国林业出版社.

王昌杰，1964. 蚕场里中刈树型的养成技术[J]. 辽宁农业科学(6)：37-40.

（彭祚登，高帆）

曹福亮 Cao Fuliang（1957— ）

中国林学家，银杏研究专家。1957年11月17日生于江苏省泰县姜堰镇（今泰州市姜堰区）。1978年考入南京林学院（今南京林业大学）林学系。1982年毕业获农学学士，留校任教，期间攻读森林培育学硕士研究生，1989年获农学硕士学位。2004年于加拿大不列颠哥伦比亚大学（The University of British Columbia）研究生院获哲学博士学位。2015年12月当选中国工程院院士。历任南京林业大学助教、讲师、副教授、教授，森林资源与环境学院副院长、院长，南京林业大学副校长、校长，江苏省第十三届人大代表，江苏省人大常委会农业和农村工作委员会副主任委员，中国科协第八届全国委员会委员，中国林学会银杏分会主任委员，中国银杏研究会会长，中国林学会副理事长，中国经济林协会副会长，中国林业教育学会副理事长，江苏省333高层次人才培养工程第一层次中青年首席科学家。

主要从事森林培育、森林生态、森林文化等方面的教学和科研工作，重点开展银杏、落羽杉、杨树等树种的抗性机理、良种选育、培育和加工利用等方面的研究，特别是在银杏种质基因库建立、良种选育和资源综合开发利用等方面取得突出成就。研究成果得到推广，促进了银杏产业发展。先后获国家科技进步奖二等奖4项、三等奖1项，省部级科技进步奖一、二等奖10余项，何梁何利科技进步奖1项。1999年获江苏省青年科技奖，2010年获全国优秀科技工作者、2018年获江苏省优秀留学回国人员等荣誉称号。出版《中国银杏》《中国银杏志》《银杏资源培育与高效利用》等著作16部，发表学术论文300余篇，获授权发明专利20余件。

（杨绍陇）

侧柏培育　cultivation of Chinese arbor-vitae

根据侧柏生物学和生态学特性对其进行的栽培与管理。侧柏 *Platycladus orientalis* (L.) Franco 为柏科（Cupressaceae）侧柏属树种，中国广泛应用的荒山造林、园林绿化和绿篱树种。

树种概述　常绿乔木。树皮淡褐色或灰褐色，纵裂成条片。幼树树冠卵状尖塔形，老树树冠广圆形。着生鳞叶的小枝扁平。球果长卵形。花期3～4月，果实成熟期9～10月。分布北起内蒙古南部、东北南部，经华北向南达广东、广西北部，西至陕西、甘肃，西南至四川、云南、贵州及西藏德庆、达孜等地。黄河及淮河流域为集中分布地区。温带树种，喜光，耐贫瘠干旱，喜钙质土，抗盐碱力强，在土壤含盐量0.3%的情况下也能生长。主要生长在低山阳坡和半阳坡。在郁闭度0.8以上的林地中，天然下种更新良好。木材是重要的建筑、造船、桥梁、家具等用材，种子、根、枝、叶、树皮等均可入药。

良种选育　中国已颁布3批国家林木良种基地，有河南省郏县国有林场、甘肃省陇南市徽县、山东省徐庄林场等国家侧柏良种基地，可为侧柏良种生产提供保障。

苗木培育　主要采用播种育苗。圃地宜选择沙壤土或轻壤土，pH 6.0～8.0。适于春播。冬季寒冷多风地区，在土壤封冻前要灌封冻水，并采取苗木防寒措施。苗木1.5年生，地径0.25～0.35cm，苗高15cm以上时出圃。培养绿化大苗，

侧柏幼林（北京密云穆家峪水漳村）

需经过2～3次移植，以早春移植成活率高。

林木培育　山区和丘陵区均可造林，但避免选择风口、重盐碱地和低洼易涝地。春、秋和雨季均可造林。干旱瘠薄山地，株行距1m×1.5m或1m×2m；立地条件好的地方，株行距1m×2m或1.5m×2m。作绿篱定植时，单行式株距约40cm，斜双行式行距30cm，株距40cm。通常选用1～3年生裸根苗、1～2年生容器苗、2～3年生移植苗造林。造林后3～4年内，每年松土除草3次。造林5年后，在秋末或春初进行修枝，修枝强度为树高的1/3，以后2～3年修枝1次。可根据相关合理经营密度表，开展中幼林抚育采伐。主要病虫害有双条杉天牛、柏肤小蠹、侧柏毒蛾等。

参考文献

国家质量技术监督局，1999. 主要造林树种苗木质量分级: GB 6000—1999[S]. 北京: 中国标准出版社.

马履一，甘敬，贾黎明，等，2011. 油松、侧柏人工林抚育研究[M]. 北京: 中国环境科学出版社.

盛炜彤，2014. 中国人工林及其育林体系[M]. 北京: 中国林业出版社.

（马履一，贾忠奎，王华田）

测定样品　working sample

从送检样品中分取供测定某项质量指标而用的种子样品。

见样品。

（沈香香）

层积催芽　seed stratification

种子催芽方法之一。把吸胀种子和湿润介质（河沙、泥炭、锯末等）混合或分层放置，在一定的温度和湿度条件下经过一定时间，解除种子休眠，促进种子萌发的措施。又称层积处理。生产中应用最为广泛、催芽效果较好的一种催芽方法，适用于任何休眠类型的种子。

层积催芽过程与种子的自然萌发规律是一致的，主要表现在：种皮得到了软化，通气透水性增加；赤霉素、细胞分裂素等促进萌发的物质含量得到增加，脱落酸等抑制发芽的物质含量减少；需要经过形态后熟的种子（如银杏、女贞等）胚完成了分化和明显长大，需要生理后熟的种子（如红松、水曲柳等）完成了生理后熟；在层积处理初期，伴随水解过程，各种水解酶、过氧化氢酶和过氧化物酶等的活性显著增强，还原糖及其他可溶性糖和氨基酸等大量增加，大分子的营养物质脂肪、淀粉和蛋白质降解转化为可溶性的、能在胚生长过程利用的物质，且呼吸作用增强。层积催芽所需温度随种子特性而异。根据温度不同，分为低温层积催芽、暖温层积催芽和变温层积催芽。此外，根据基质的不同，还有混雪层积催芽和裸层积催芽等。

低温层积催芽　吸胀种子经过低温处理而解除休眠的一种层积催芽方法。多数林木种子，尤其是原产温带和寒带地区的树种，其种子休眠的破除需依赖低温层积催芽。低温层积对种子的作用是复杂而多方面的，可概括为种子的后熟

过程，即脱离母株后的种子完成萌发前的一系列生理生化过程，包括形态上的后熟和生理上的后熟。低温层积催芽包括4个基本条件，即适当的低温、适宜的湿润、适度的通气和一定的时间。一般而言，低温层积处理下限温度为1℃，上限温度为10℃，个别种类上限可到15℃，适温为3～5℃。具体做法是将基质和种子分层放置或混合，给种子创造适宜的湿润环境。基质可用洁净的细沙、蛭石、珍珠岩等，湿度应为饱和含水量的60%左右。层积期间要经常检查种子的情况，如有种子过干、过潮、发热、霉烂等情况，应立即采取相应措施。温度较高时，要进行翻倒，还可通过撤除或加盖覆盖物来调节温度。湿度不足时需加水，并注意通气情况。播种前1～2周，经检查未达到催芽要求时，可将种子移到温暖处催芽。当"裂嘴露白"的种子数达30%以上时，即可播种。

暖温层积催芽 将浸泡吸胀后的种子放在较高温度（15～30℃）条件下进行层积催芽的方法。也称高温层积催芽。常用于强迫休眠的种子，有时也用于生理休眠种子的催芽后期，催芽效果一般比浸种催芽好。中国南方因无低温条件，常用暖温层积催芽方法；暖温层积催芽不如低温层积催芽效果好，若有条件应采用低温层积催芽。

变温层积催芽 利用高温和低温交替进行的层积催芽方法。通常先高温（15～25℃，1～3个月）后低温（0～5℃），必要时可再用高温进行短时间催芽。一些植物种子对低温敏感，为数不少的木本植物种子在低温处理前需要先在相对高的温度下处理一段时间，有利并促进其后在低温中完成生理后熟，其作用除了这些植物的种子胚的后发育或后生长需要高温条件，且高温本身有利于促进种皮及其他覆盖物的透性之外，还可能有内在系列代谢环节的节奏配合问题。如生产上白蜡树属植物在1～7℃低温处理前要先在20℃环境中处理几周。变温层积催芽过程中，高温有利于增加种皮及其他覆盖物的透性，能够促进种子在低温中完成生理后熟，完成种胚的后发育或后生长。催芽的温度和时间因林木种子特性而异，一般高温时间短，低温时间长。也有的树种采用高温、低温的时间几乎相等。

混雪层积催芽 将温水浸过的种子，与3倍的雪混合埋入地下，上层覆盖30～50cm厚的雪，并盖上草帘或秸秆，每隔50cm插一把秸秆作为通气孔。春播前15天将种子与雪取出，雪融化后捞出种子，按种沙比1∶2混湿沙催芽，温度保持在10～15℃，每天翻动1～2次，种子很快即可发芽。

裸层积催芽 将室温水浸泡1～2天的种子放入塑料袋中（塑料袋厚度不应超过0.1mm），把盛有种子的塑料袋放在0～5℃条件下，经过一定的时间，袋子至少每周转动1次，并且每2周打开通气1次。

参考文献

沈国舫, 翟明普, 2011. 森林培育学[M]. 2版. 北京: 中国林业出版社.

沈海龙, 2009. 苗木培育学[M]. 北京: 中国林业出版社.

孙时轩, 刘勇, 2002. 林木育苗技术[M]. 北京: 金盾出版社.

郑光华, 2004. 种子生理研究[M]. 北京: 科学出版社.

Derek Bewley J, Bradford K J, Hilhorst W M, et al, 2017. 种子发育、萌发和休眠的生理[M]. 莫蓓莘, 译. 北京: 科学出版社.

（李庆梅）

叉子圆柏培育　cultivation of savin juniper

根据叉子圆柏生物学和生态学特性对其进行的栽培与管理。叉子圆柏 *Juniperus sabina* L. 为柏科（Cupressaceae）刺柏属树种，又称砂地柏、沙地柏、臭柏、爬柏、双子柏、天山圆柏、新疆圆柏；重要的防风固沙、园林绿化和药用树种。

树种概述 匍匐灌木，稀直立灌木或小乔木。高不及1m。枝密，斜上伸展，枝皮灰褐色，裂成薄片脱落。叶二型，刺叶常生于幼树上，稀在壮龄树上与鳞叶并存；鳞叶交互对生。雌雄异株，稀同株。球果生于向下弯曲的小枝顶端，熟前蓝绿色，熟时褐色至紫蓝色或黑色，有白粉。主产中国新疆天山至阿尔泰山，宁夏贺兰山，内蒙古阴山，青海东北部，甘肃祁连山北坡及古浪、景泰、靖远，以及毛乌素沙地、浑善达克沙地。欧洲南部至中亚等地也有分布。生于海拔1100～2800m（或3300m）地带的多石山坡，或针叶林、针阔混交林内，或沙丘上。具有很强的抗寒、抗旱、固沙、抗风蚀能力，在钙质土壤、微酸性土壤、微碱性土壤及沙质土上均能生长。枝叶、果实中含有多种化学成分，在医药上具有抗肿瘤、治腰膝痛等功效，在农（林）业上具有杀虫、驱蚊作用，可提取精油用作香料。

苗木培育 主要采用营养繁殖。一般在4～5月和9～10月进行扦插。用发育充实、无机械损伤、无病虫害的木质化枝条，剪成15～30cm的插穗，并剪除基部6～8cm处的枝叶，以便于扦插。扦插株距8～12cm，行距20～25cm，扦插深度为插穗长的1/4～1/3，以不倒为宜，插后稍加压实。播种育苗需进行较长时间的低温层积催芽。

林木培育 培育防风固沙固土人工林采用植苗造林。

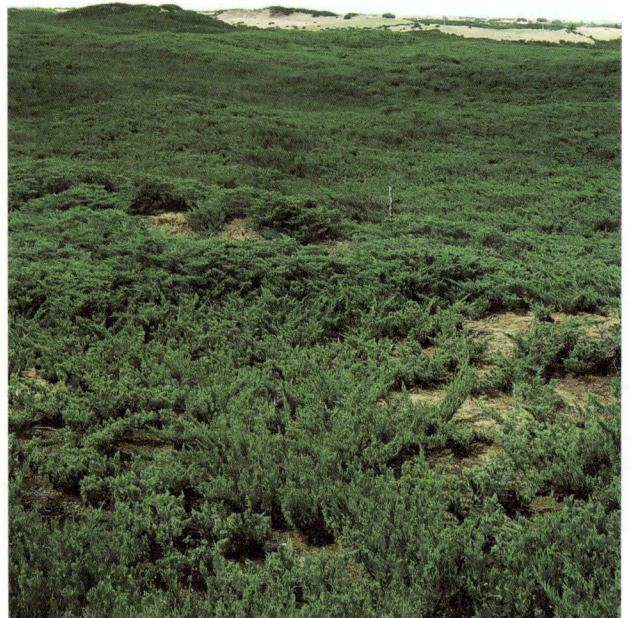

叉子圆柏天然种群（毛乌素沙地）

常用 1～2 年生容器苗在春季或雨季造林。在山地、丘陵采用穴状整地或带状整地。穴状整地穴宽 30～40cm，深 15～20cm；带状整地可采用水平阶、水平沟和反坡梯田等。沙地造林以雨季为宜。沙地造林密度 900～1500 株 /hm²，水土保持林造林密度 600～1000 株 /hm²，不宜密植。

参考文献

内蒙古植物志编辑委员会, 1998. 内蒙古植物志[M]. 呼和浩特: 内蒙古人民出版社.

王林和, 张国盛, 温国胜, 等, 2011. 臭柏生理生态学特性及种群恢复与重建[M]. 北京: 科学出版社.

中国科学院中国植物志编辑委员会, 2004. 中国植物志[M]. 北京: 科学出版社.

（张国盛）

插干造林　truncheon afforestation

利用树木的粗枝、幼树树干和苗干等直接栽植于造林地的分殖造林方法。又称栽干造林。主要适用于生根比较容易的树种如杨树、柳树等。

主要特点　与插条造林的主要区别在于造林所用材料规格大小的不同。所选插干一般采用 2～4 年生、直径 3～5cm 的枝干，干长 2～4m，插植深度大于 1m。深栽的下截口可以直接吸收地下水，插干的下端处于湿润的土层中，所以发根快、发根多，成活率高，长势旺。

造林技术　选择春季造林效果较好。把 2～4 年生的大苗自根茎处截断，并剪去部分枝叶，插 1～2m 深，使基部接近地下水；栽插所用的孔穴，可以用人工钢钎引眼，也可用专用机械钻成；插干插入土中后，插孔要填土砸实，有条件灌水则更佳。

参考文献

翟明普,沈国舫, 2016. 森林培育学[M]. 3版. 北京: 中国林业出版社.

（马长明）

插穗　cutting

扦插繁殖中，从母树上采集用于直接扦插的材料。插穗种类有枝（茎）段、根段、叶片等。用来剪切插穗的枝条或根条称插条，又叫种条或母条。一个插条可剪切成若干个插穗。林木繁殖中应用最普遍的是枝插，其次根插，叶插多用于草本花卉繁殖。插穗采集后应标记树种、品种，注意保湿防止干燥失水。根据环境特性及实际应用需要及时合理贮藏插穗，在扦插前要进行剪截、分级等操作。

枝条、根段都具有极性，即无论正插还是倒插，都是在形态学上端生芽、下端生根。在扦插育苗生产中，必须保证插穗形态学下端插入基质内才能正常生根与发芽。有的扦插繁殖还表现出部位效应，即扦插苗具有保持原采集部位生长状态的特性，如南洋杉、咖啡等树种的扦插苗生长方向会因采自母树的插穗部位而不同，取自同一植株直立生长的枝条发育成直立生长的植株，取自侧向枝条则会继续侧向生长。

枝插插穗能否成活，主要取决于插穗能否生根。按照插穗生根的部位和发生机制，可分为皮部生根和愈伤组织生根。①皮部生根型插穗。扦插之前，插穗在母树上即已形成根原始体和根原基，在离体扦插诱导的情况下生长、发育形成不定根。通常这些根原基受顶端优势控制，处在被抑制状态，当枝条脱离母体后，激素抑制被解除，枝条在良好的氧气、水分供给的情况下迅速发根。根原始体和根原基在插条内产生的部位及发育的程度，在不同植物中有所不同，由此引起不定根产生的部位及过程也不完全一样。侧芽或潜伏芽基部的分生组织、潜伏的不定根原基以及髓射线最宽处与形成层交叉点等部位都有可能产生不定根。皮部生根型的扦插苗生根迅速，生根面积广，为扦插易生根树种，如毛白杨、小叶杨、柳树、桂花、新疆拐枣、水杉、紫穗槐等。②愈伤组织生根型插穗。插穗在脱离母树扦插后，通过愈伤诱导形成不定根。首先在插穗下切口的表面形成半透明、具有明显细胞核的薄壁细胞群，即愈伤组织。愈伤组织内部细胞继续分化，逐渐形成和插穗相应组织发生联系的木质部、韧皮部和形成层等组织，最后充分愈合。在适宜的温度、湿度条件下，愈伤组织中一些细胞会脱分化恢复分裂能力，不断分裂形成不同的分生组织生长中心或鸟巢状的分生结节。当分生结节单极性生长时，分化为根原基，进行生长发育，形成不定根。

不同树种扦插生根的难易程度不同；插穗本身的生理、形态和营养等因素也对扦插生根有影响。主要表现为以下几个方面：①插穗的年龄。包括所采插穗母树的年龄与插穗本身的年龄两层含义，是其发育状态的直观体现。一般情况下，插穗的生根能力随着母树年龄的增长而下降，当年生枝的再生生根能力强，嫩枝较硬枝强。②插穗的采集部位。有些树种在树冠采集的插穗生根率低，而采自树根和干基部的萌蘖条和根出条的生根率较高；针叶树主干上的枝条生根能力强于侧枝；常绿树种中上部枝条、落叶树种硬枝扦插中下部枝条和嫩枝扦插中上部枝条生根率较高。③插穗的粗细与长短。插穗长度的确定以树种生根快慢和土壤水分条件为依据，绝大多数树种长插穗贮藏的营养多，有利于插条生根。粗插穗所含的营养物质多，对生根有利。一般采取"粗枝短截，细枝长留"的原则，根据实践需要合理利用枝条。④插穗的叶和芽。插穗上的叶和芽是形成茎、干的基础，能提供插穗生根所必需的营养物质和生长素、维生素等。插穗留叶多少要根据具体情况而定，一般留叶 2～4 片，若有喷雾装置能定时定量保湿，则可多留以加速生根。

参考文献

成仿云, 2012. 园林苗圃学[M]. 北京: 中国林业出版社: 186-217.

刘勇, 2019. 林木种苗培育学[M]. 北京: 中国林业出版社: 218-229.

（祝燕）

插条造林　planting by cutting

用截取树木或苗木的一段枝条作插穗，直接扦插于林地的分殖造林方法。主要适用于生根比较容易的杨树、柳树等。

插穗采集 插穗是插条造林的物质基础，插穗的年龄、规格、健壮程度和采集时间直接影响造林的成败。插穗宜在中、壮年母树上选取，也可在采穗圃或者苗圃采取，最好用根部或干基部萌生的粗壮枝条。枝条的适宜年龄随树种不同而不同，一般以1～3年生为宜，柳杉、垂柳、旱柳等2～3年；杉木、小叶杨、花棒、柽柳等1～2年。插穗直径1～2cm，长度30～70cm（针叶树30～60cm）。选具有饱满侧芽的枝条中部截取。采集时间选秋季落叶后至春季放叶前。常绿树种随采随插，落叶树种在春季树液流动前采集插穗。下切口平或切成马耳形，多用直插。

栽植技术 一般在春秋两季栽植，以春季为主。扦插前细致整地，使土壤保持疏松、通气、湿润状态。干旱地区扦插前对插穗进行浸水处理。一般扦插深度为插穗长度的1/3～1/2；为防止切口水分散失，可用油漆、蜡封、泥封等进行伤口涂抹。

参考文献

翟明普, 沈国舫, 2016. 森林培育学[M]. 3版. 北京: 中国林业出版社.

（马长明）

檫木培育 cultivation of Chinese sassafras

根据檫木生物学和生态学特性对其进行的栽培与管理。檫木 *Sassafras tzumu* (Hemsl.) Hemsl. 为樟科（Lauraceae）檫木属树种，别名檫树；中国南方优良速生用材和景观树种。

树种概述 落叶乔木。花两性，鲜黄色，早春开花，先叶开放。果实核果状，近球形，成熟时为紫黑色或蓝黑色，外果皮上有白蜡粉，果托和果梗鲜红色。主要分布在中国长江以南13个省份（北纬23°～32°，东经102°～122°）海拔800m以下的山区，多系天然散生林。喜光、深根性，主侧根发达；适生于年平均气温12～20℃、年降水量1000～2000mm、土层深厚、疏松肥沃、排水良好的酸性沙壤土，在过于潮湿的低洼地和瘠薄干燥地生长不良，易得心腐病和烂根病。木材是造船、室内装修和制作家具等良材。

苗木培育 主要采用播种育苗。采种时选10～20年母树，在6月底至8月中旬果实60%～70%成熟时采摘，采后及时去皮、脱蜡，混湿沙贮藏过冬。播种前进行温水浸种消毒，催芽时保持种子在20～30℃，4～5天后种子开始裂嘴即可选播。2～3月中旬开沟点播，沟距20cm，覆盖黄心土1～2cm，上面再薄薄盖一层稻草，播种量15～23kg/hm²。播种后20～30天发芽整齐，5月下旬至6月初幼苗10～20cm高时的阴雨天进行间苗。加强除草、松土、追肥，预防苗木茎腐病。

林木培育 营造纯林选择土层深厚、疏松肥沃的酸性或微酸性的山地红壤、黄红壤造林地；营造混交林选择中等肥力的造林地。1～2月采用植苗造林，穴规格60cm×40cm×40cm，立地较好的初植密度900～1100株/hm²，立地中等的1200～1650株/hm²。与杉木、金钱松、锥栗、福建柏等树种混交造林较好。造林后前三年每年抚育1～2次，

图1 檫木结实情况（江西永丰县李山林场贯南分场义家源山场）

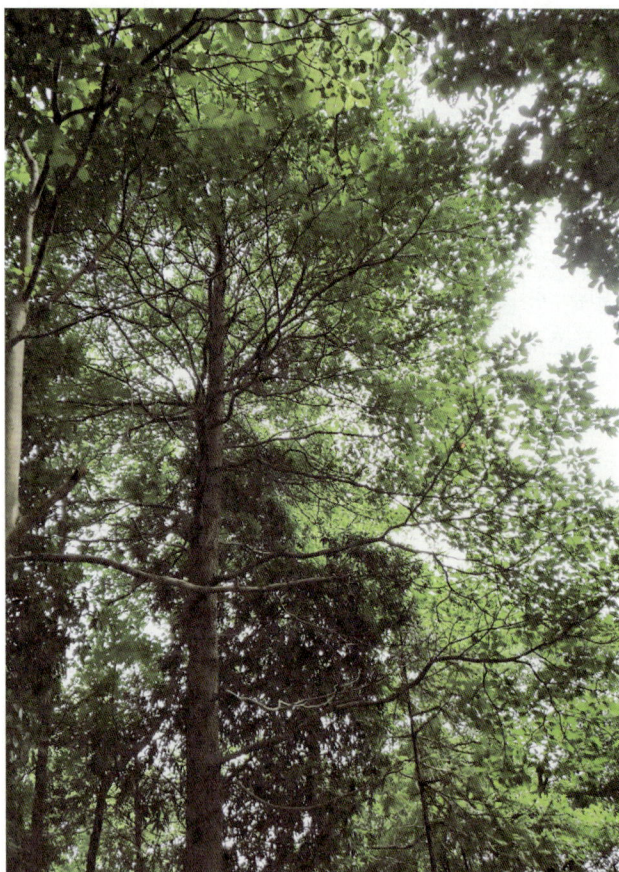

图2 檫木优树（江西永丰县李山林场贯南分场义家源山场）

5～6年或7～9年生时郁闭度达0.8以上可首次间伐，10年生保存750～900株/hm²为宜。

参考文献

陈存及, 陈火法, 2000. 阔叶树种栽培[M]. 北京: 中国林业出版社.

王馨, 杨淑桂, 于芬, 等, 2015. 檫木的研究进展[J]. 南方林业科学, 43(5): 29-33, 39.

中国树木志编委会, 1981. 中国主要树种造林技术[M]. 北京: 中国林业出版社.

（张露）

产区划分　division for producing area

以气候、地质地貌和土壤等自然条件为基础，以生产力为依据，同时兼顾经济要求的某一树种地域区划。又称产区区划。是以合理开发利用自然资源、控制自然、发展生产为目的的单一树种区划，是林业区划和树种区划的继续深入，对生产基地合理布局、造林规划、生产技术和产量标准制订等都具有重要意义。

产区划分原则　①区域分异性原则。自然环境因子的地带性和非地带性变化规律是产区划分的基本依据。②综合环境因子与主导因子原则。区划时既要全面考虑各种环境的共同效应，又要突出主导因子的作用。③区划协调性和行政界线相对完整性原则。产区划分是林业区划的组成部分，应与土壤、植被、气候等方面区划相协调。同时为便于经营管理、组织生产，在符合自然规律的前提下，区划应力求保持行政界线的相对完整性。④逐级控制性原则。根据环境因子在时间上的连续、镶嵌和渐变性，在空间上的完整性、不重复性，产区划分可采用多级序区划系统。⑤服务生产原则。便于生产中应用，服务于树种的科学经营。

产区划分方法　①环境因子综合法。主要是进行地区一级区划。即按照大的气候和地域差异将树种划分为若干地区。②环境因子排序法。从立地指数数量化的结果找出影响树种生长的主导因子和次要因子（常用主分量分析），将地区内不同地域的生态因子进行排序归类（常用模糊聚类），以求出不同地域的聚群状况，据此划分不同的产区范围。③综合评价分析法。在确定分区范围时充分考虑毗邻县（市）的立地变化和生产力差异，综合考虑、全面分析，照顾各产区在地域上的相对完整性，适当调整后，最终确定产区等级范围。

产区划分单位及依据　一般将树种的产区划分为地区和产区两级系统。地区是产区划分中的高级区划单位，涉及范围广，区划的依据是较稳定的、直观的大环境因子及其组合。产区是产区划分中的基本单位，是地区的下一级单位。同一产区内环境因子及其组合、林分生长状况和林型景观应相似，经营管理措施应基本相同。有的地区在进行树种产区划分时，采用产区、亚区两级制区划；有的地区划分为中心产区（适生区）、一般产区、边缘产区（生长较差区）。

参考文献

俞新妥, 何智英, 房太金, 等, 1980. 福建省杉木产区区划和立地条件类型划分研究报告[J]. 福建林学院科技, 1(3): 14-28, 145-155.

（贾忠奎）

超低温贮藏　cryostorage

将种子等生物材料置于−196℃的超低温下，使其新陈代谢活动处于基本停止状态，以便长期保持生命力的**种子贮藏**方法。通常以液态氮为冷源，液态罐中液相的温度为−196℃。种子在如此低温下，代谢过程基本停止并处于"生机暂停"的状态，大大减少了与代谢有关的劣变，从而为长期保存种子创造了条件。

超低温贮藏种子不需要机械制冷设备及其他管理，方法简单，保存费用低廉。种子在液氮中冷却和再升温过程中不会对种子产生有害的影响，也不会产生遗传变异，能省去**种子活力**监测和繁殖更新等工作，极大地延长贮藏种子的寿命。这对于安全有效地长期保存珍贵稀有植物资源的种质材料、保存和抢救濒危物种具有特别重要的意义。

有约200种植物种子能成功地在超低温下贮藏。根据种子对液氮低温的反应，可将种子分为三类：①忍耐干燥又忍耐液氮的种子，如多数农作物和园艺植物种子；②忍耐干燥但对液氮敏感的种子，如李属、胡桃属、榛属和咖啡属等植物种子；③对干燥和液氮均敏感的种子，如顽拗型种子。

超低温贮藏种子的技术关键是寻找适合液氮保存的种子含水量、适合不同种子的冷冻和解冻技术、包装材料和冷冻保护剂选择以及解冻后的发芽方法等。采用液态氮为冷源进行超低温保存种子的技术还有待进一步完善，但该技术的创建为植物遗传资源保存开辟了途径。

参考文献

管康林, 2009. 种子生理生态学[M]. 北京: 中国农业出版社.

马志强, 胡晋, 马继光, 2011. 种子贮藏原理与技术[M]. 北京: 中国农业出版社.

（彭祚登）

超干贮藏　ultradry storage

将植物种子含水量降至5%～7%（依不同种类种子而定）以下，即采用超标准低含水量种子在室温条件下或稍低温度条件下密封保存种子的方法。又称超低含水量贮存。种子超干贮藏通过降低种子含水量来代替降低贮藏温度，达到相近贮藏效果，从而节约种子贮藏成本，降低能耗，对于种质资源和育种材料的保存具广阔的应用前景。适宜种子短期或中期保存，特别是对油料植物种子。

超干贮藏的种子，其内部积累的丙二醛（MDA）含量很少。种子在超干的过程中，不仅会促进自身细胞质的玻璃化进程，增强耐干燥能力，而且含油种子的油脂易在干燥进程中形成具两性离子的产物渗透到膜脂层，起到保护膜结构的稳定性和抗氧化剂的作用，从而保护细胞器结构与功能的完整性，达到保持**种子活力**的效果。

内含物组成不同的植物种子均可通过合适的干燥技术，将其含水量降低至常规临界值5%～7%（依不同种类种子而定）以下，油料种子还可降至1%以下，对种子种质保存和延长寿命均有益无害，甚至在种子种质遗传完整性保持稳定的同时，比常规低温贮藏和**超低温贮藏**在种苗活力水平上还有明显的优势。对多数种子比较安全的超干方法有冰冻真空干燥、鼓风硅胶干燥、干燥剂干燥几种。但是在超干贮藏技术开发中，还存在种子水分的科学确定、有效的干燥技术、超干种子萌发前的回水技术等方面需要解决的问题，其广泛的商业性应用还有待探索。

参考文献

管康林, 2009. 种子生理生态学[M]. 北京: 中国农业出版社.

马志强, 胡晋, 马继光, 2011. 种子贮藏原理与技术[M]. 北京: 中国农业出版社.

郑光华, 2004. 种子生理研究[M]. 北京: 科学出版社.

（彭祚登）

陈嵘 Chen Rong（1888—1971）

中国林学家、林业教育家，中国近代林业科学奠基人之一。字宗一。1888 年 3 月 2 日生于浙江省安吉县，1971 年 1 月 10 日卒于北京。1909 年赴日本北海道帝国大学林科学习。1913 年回国，先后任浙江省甲种农业学校（原浙江农业大学前身）校长、江苏省立第一农业学校林科主任。1923 年赴美国哈佛大学安诺德树木园专攻树木学，1924 年获科学硕士学位。1925 年起任金陵大学森林系教授、系主任。1952 年全国高等学校进行院系调整，金陵大学森林系与南京大学（原中央大学）森林系合并建立南京林学院（今南京林业大学）时，任筹委会主任，同年调任中央林业科学研究所所长。发起创建中华农学会，曾任中华农学会第一届会长兼总干事长。支持成立中华森林会。曾任中国林学会第一至第三届副理事长，第三届代理事长。

在树木学、造林学和林业史科研和教学方面做了大量工作。多次深入湖北神农架、四川峨眉山和云贵边境采集标本。从 1916 年创办江苏省教育团公有林（今老山国营林场）后，先后参与创办了浙江云野林业公司（现龙山林场）等林场 7 处。抗战期间奉命留守南京金陵大学校园，为保护校产、拯救难民作出了重要贡献。著有《中国森林史料》《中国森林植物地理学》等 9 部著作，发表各类文章 100 余篇，其中 1933 年所著《造林学概要》和《造林学各论》是中国第一批近代造林学专著，1937 年问世的《中国树木分类学》（150 余万字）是中国第一部树木学专著。1979 年中国林学会常务理事会根据陈嵘遗愿，用其捐赠的 7.8 万元稿费积蓄设立了中国林学会奖励基金。

（方升佐）

陈翥 Chen Zhu（982—1061）

中国北宋时期林业科学家，泡桐研究专家。字凤翔，自称子翔。号咸聱子、桐竹君。别称闭户先生、荆台居士、铜陵逸民。北宋太平兴国七年农历九月二十八日（982 年 10 月 17 日）生于江南东路池州铜陵县贵上耆土桥（今安徽省铜陵市钟鸣镇）一个世宦家庭。卒于嘉祐六年农历正月十四日（1061 年 2 月 6 日）。自幼聪颖好学，5 岁识书，10 岁为庠生。后因父亲早逝，家境逆转，自身又久病不愈长达十余年，不得不放弃谋取功名的念头。从此隐居在家乡，甘为布衣，乐道安贫，将主要精力都用在了读书著述上。曾先后于当地鸡珑山巅及马仁山侧筑室，杜门苦读，呕心笔耕，家人戚属，非时不见。酷爱自然，以巨大的热情投入到研究林业科学的实践。为深入研究泡桐，亲自于屋后的"西山之南"开辟山地种植泡桐数亩。撰写了中国历史上第一部，也是世界上最早记述桐树的科学专著——《桐谱》。全书约 16000 字，除序文外，有叙源、类属、种植、所宜、所出、采斫、器用、杂说、记志和诗赋 10 篇，全面总结了中国古代劳动人民栽培泡桐的丰富经验，在泡桐分类、生物学特性、造林及育苗技术、人工林经营、材性、用途等方面均有独到见解。此外，所著还涉及天文、地理、儒、释、农、医、卜算等多个方面。一生有著作 26 部 180 多卷，但传留至今只有《桐谱》一书，也是现存唯一一部古代植桐专著。

（杨绍陇）

柽柳培育 cultivation of Chinese tamarisk

根据柽柳生物学和生态学特性对其进行的栽培与管理。柽柳 *Tamarix chinensis* Lour. 为柽柳科（Tamaricaceae）柽柳属树种，重要的防风固沙、水土保持、盐碱地治理、薪炭林造林树种。

树种概述 落叶小乔木或灌木。蒴果圆锥形，种子细小，顶端有束毛。花期 4～9 月。喜生于河流冲积平原、海滨、滩头、潮湿盐碱地和沙荒地。海河流域、黄河中下游及淮河流域的平原、沙丘间地和盐碱化地是其适生分布区，在华北至西北地区集中呈带状分布。喜光，耐旱、耐水湿、耐盐碱，不耐遮阴。对大气二氧化硫（SO_2）、铅及氯污染有较强抗性。用于防风固沙、水土保持、盐碱地治理、薪炭林营造；易栽植、耐修剪，可作绿篱、盆景、造景用树种；萌条枝可编制工具；枝、叶、花均可入药；根是管花肉苁蓉 *Cistanche tubulosa* (Schrenk) Wight. 的专性寄主；树皮可提制栲胶。

苗木培育 采用播种育苗和扦插育苗。播种育苗采用带有引水沟的平床育苗，种子宜随采随播，采用落水播种法，春、夏、秋播均可；扦插育苗采用硬枝平床扦插法，春季扦插，插后压紧，保持床面湿润。

林木培育 在荒山荒地、砾石戈壁、流动沙地、重盐碱地等立地条件下均可造林。常用的整地方式有带状整地、块状整地、穴状整地和反坡梯田整地，深度 30～50cm。可用植苗造林、插条造林，以植苗造林为主。春、夏、秋三季均可造林，夏季造林应重修剪或平茬。造林时应随起苗随栽植，保持苗根湿润。穴植、沟植是植苗造林的主要方式。人工植苗采用穴植法，穴深 50～80cm；机械化植苗常采用沟植法，栽植沟深 0.6～1m，宽 30～50cm。插条造林常用于盐质或沙质的河滩阶地，选用直径 0.6cm 以上的 1 年生枝条，截成长 30cm 左右的插穗。春季扦插，行距 1～1.5m，株距 20～30cm。插后及时灌水，发芽前 7～10 天灌水一次，发芽后可适当延长灌水时间。

图1 柽柳枝与花（刘晓娟 摄）

图2 柽柳灌木林（刘晓娟 摄）

图3 柽柳古树林（段爱国 摄）

参考文献

刘铭庭, 1995. 柽柳属植物综合研究及大面积推广应用[M]. 兰州: 兰州大学出版社.

刘铭庭, 2014. 中国柽柳属植物综合研究图文集[M]. 乌鲁木齐: 新疆科学技术出版社.

郑万钧, 1997. 中国树木志: 第三卷 [M]. 北京: 中国林业出版社.

（曹秋梅）

成熟林阶段　mature forest stage

在林木群体生长发育过程中，林木已达到成熟，可以采伐利用的阶段。林木经过中龄林阶段，在形态、生长、发育等方面出现一些质的变化，持续约2个龄级，因地区和树种而异，一般为10～40年。

从形态上看，林木个体增大到一定程度，高生长开始减缓甚至停滞，树冠有较大幅度的扩展，冠形逐步变为钝圆形或伞状，林下透光增大，有利于次林层及林下幼树的生长发育，下木层及活地被物层更加发育良好，林内生物多样性处于高峰。从生长发育上看，在林木高生长逐渐停滞的过程中，直径生长在相当时期内还维持着较大的生长量，材积年生长量及生物量增长趋于高峰，并在维持一段时期后才逐渐下降。林木大量结实且种子质量最佳。林分与周围环境处于充分协调的高峰期，其涵养水源、保持水土、吸收和存储二氧化碳（CO_2）、改善周边小气候环境等功能都处于高效期。

成熟林阶段可延续相当一段时期，其前半段为近熟林阶段，采取生长伐和卫生伐；后半段为真正的成熟林阶段，可采伐利用，人工促进更新。

参考文献

翟明普,沈国舫, 2016. 森林培育学[M]. 3版. 北京: 中国林业出版社.

（何茜）

城市森林功能　functions of urban forest

人类从城市森林中获得的所有收益。

按照联合国《千年生态系统评估》中的分类，城市森林的功能包括支持服务、供给服务、调节服务和文化服务等。①支持服务功能。是指为生产其他所有的生态系统服务而必需的那些生态系统服务，如初级生产、土壤形成与保持、碳汇、养分循环、水分循环、提供栖息地等。它的强弱决定着城市森林生态系统的健康，并制约着城市森林其他服务功能产出能力。②供给服务功能。主要体现在释放氧气、提供水、生产果品等食物、提供木材等。作为城市复合生态系统中有生命的基础设施，城市森林的功能更加强调对城市环境、人类健康的服务功能。③调节服务功能。是城市森林功能的核心，主要包括调节气候、缓解热岛效应、维护空气质量、净化水质、降低噪声、调节水文、促进人类健康等。④文化服务功能。是城市森林功能特殊性的重要体现，指通过精神满足、认知发展、思考、消遣和美学体验而从城市森林中获得的非物质收益，包括精神与宗教价值、知识系统、教育价值、灵感、美学价值、社会关系、地方感、文化遗产价值、消遣和生态旅游等。依托城市森林发展自然教育、休闲游憩已经成为国家森林城市建设的重要内容。

城市森林对城市生态系统和人类也有一定的负面作用，如部分树种根系对道路路面具有破坏作用，树枝垂落和树木风倒、风折对车辆和行人安全带来一定的风险，花粉、飞絮、叶片刚毛等植源性污染物可引起人的过敏反应，树木释放的部分有机挥发物可导致地面臭氧浓度提高、促进近地面二次气溶胶形成而对城市环境起副作用等。

参考文献

张永民, 译, 2007. 生态系统与人类福祉: 评估框架[M]. 北京: 中国环境科学出版社: 49-85.

Dobbs C, Escobedoa F J, Zipperer W C, 2011. A framework for developing urban forest ecosystem services and goods indicators [J]. Landscape and Urban Planning, 99(3-4) :196-206.

（徐程扬）

城市森林规划设计　urban forest planning and designing

城市森林建设的一项基础性和战略性工作。根据城市的地理环境、自然条件、人文资源、经济发展状况等客观条件，制定适宜城市整体发展和居民需求的森林生态系统建设计划，从而对城市森林的资源总量、空间布局、建设工程、落地方案、投资规模和保障措施等进行综合部署和统筹安排。内容包括城市森林现状分析、规划范围、期限、指导思想、原则、依据、目标和指标、空间布局、重点建设工程、经费估算、效益分析、保障措施等。

组成　包括城市森林规划和城市森林设计两部分。①城市森林规划。应用景观生态学、森林生态学、风景园林学、生态经济学、生态文化等相关学科理论和技术，以服务于城市可持续发展为目标，根据城市的生态环境问题和人居空间分布特点，对城市生态建设中城市森林的面积比例、空间布局、建设工程、投资估算所做的针对性规划。它是从较大尺度上对原有城市森林要素的优化组合和重新配置或引入新的成分，调整或构建新的城市森林结构、景观格局及功能区域。②城市森林设计。将城市森林规划具体应用于城市森林工程中，构建城市森林类型区和实现其特定功能。它是在小尺度上对城市森林规划中划分的城市森林类型区域和特定功能的实现过程，一般都与具体的工程相联系，以具体的技术应用为特征。

特点　①生态合理性。保障有足够面积和分布合理的城市森林空间，以近自然林为主的组成结构，维护城市生态系统健康。②建设长期性。城市森林建设不是一朝一夕的市政工程，而是一项使自然生态系统保持、恢复并不断与城市景观相互融合、与人类需求相互协调的过程，需要培育长寿稳定的森林景观。③内容多样性。城市森林要满足城市、居民的多样化需求，在模式设计、管理维护等环节要满足生态、景观、文化、旅游等多种培育目标的需求。

参考文献

彭镇华, 等, 2014. 中国城市森林[M]. 北京: 中国林业出版社: 167-170.

彭镇华, 王成, 2006. 我国城市林业发展总体规划的研究[J]. 中国城市林业, 4(1): 13-17.

王成, 2021. 中国城市森林建设范围与研究尺度[J]. 中国城市林业, 19(4): 1-5.

（王成）

城市森林培育　silviculture of urban forest

城市森林构建、管护、经营、更新、资源监测等活动的总称。

城市森林一词源于美国和加拿大，最早于1962年出现在美国政府的户外娱乐资源调查报告中，是指城区及其周边所有森林、树木及其相关植被。自1965年加拿大多伦多大学 E. 乔根森（Erik Jorgenson）首次提出城市林业概念，城市林业作为一个新兴行业得到世界范围的广泛承认和接受，作为城市林业的经营对象——城市森林的存在成为世界各国政府、林业和环境科学学者的共识。1996年，美国城市林业学者米勒（Miller）认为城市森林是人类密集居住区内及周围所有森林、树木及其相关植被，范围涉及市郊小区直至大都市。同年，德国弗拉克（Flack）提出了广义的城市森林的概念，即"城市森林是包括城市周边与市内的所有森林"，但此定义不包括传统的城市绿地、公园、庭院、行道树等。针对具体国情，中国学者也从不同角度定义了城市森林。1998年，王木林认为被城市利用的**防护林**、水源涵养林、风景林、生产林地及城市所依托的森林很多是在城区管辖范围之外，但在减免城市灾害、提供游憩和旅游、调节气候、维护城市生态环境等方面发挥着巨大的生态效益，因此也属于城市森林。中国林业科学研究院彭镇华和华东师范大学宋永昌基于上海城市森林战略研究与规划提出，城市森林是指在城市及其周边地区以改善城市生态环境为主，促进人与自然协

图1　城市森林培育（近自然城市森林）（王成　摄）

图2　城市森林培育（王成　摄）

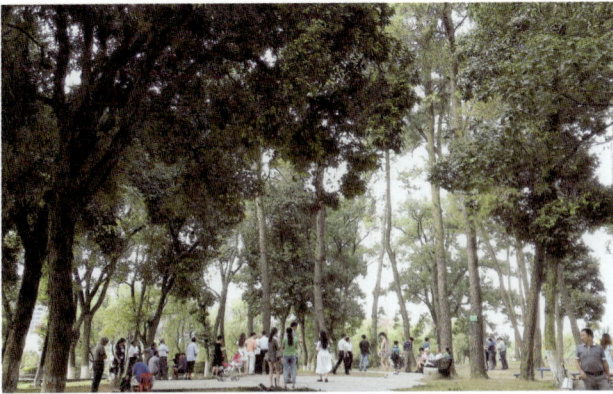

图3 城市森林培育（游憩林）（王成 摄）

调，满足社会发展需求，由以树木为主体的植被及其所在的环境所构成的森林生态系统，是城市生态系统的重要组成部分。为了便于资源调查统计和建设管理，在中国，城市森林是按照市域行政区的范围来界定，与其所在的城市环境共同构成城市森林生态系统。

理论与技术 城市森林的多功能需求和利用方式不同于一般意义上的森林，因此城市森林培育要尊重客观自然规律，追求森林的基本外貌特征，并按照生态、景观、文化、社会等不同的主体功能需求不断地施以人工干预，以期培育特定目标的森林，如人居林、游憩林、保健林、生态风景林等。主要的理论和技术包括城市森林场地选择、树种选择、苗木培育、树木栽植与养护、林木生长发育及其调控、目标森林景观及其培育、树木风险评估、森林景观更新改造等，具体的技术体系应与不同类型城市森林的功能需求和目标定位相适应。

主要原则 ①针对城市环境问题、生态服务需求和城市景观目标，合理确定城市森林的用地比重和空间布局；②注重提高城市林地绿地利用效率，增加乔木树种比例，优化城区植物配置模式；③注重使用乡土树种和保护恢复地带性森林，延续具有地域特色的森林景观；④注重培育和使用景观树种，营造和培育具有地域特色的优美森林景观；⑤注重保护生物多样性，恢复生态廊道，营造有利于保护和恢复鸟类、昆虫及其他动物栖息生境的近自然森林环境；⑥注重森林健康养护和风险评估，培育长寿稳定的森林景观，为城市留下历史生态遗产。

参考文献

彭镇华, 等, 2014. 中国城市森林[M]. 北京: 中国林业出版社: 50-72.

宋永昌, 2004.城市森林研究中的几个问题[J]. 中国城市林业, 2(1): 4-9.

王成, 2003. 近自然的设计和管护——建设高效和谐的城市森林[J]. 中国城市林业, 1(1): 44-47.

王成, 2021. 中国城市森林建设范围与研究尺度[J]. 中国城市林业, 19(4): 1-5.

王成, 蔡春菊, 陶康华, 2004. 城市森林的概念、范围及其研究[J]. 世界林业研究, 17(2):23-27.

（王成）

城市森林树种配置 spatial configuration of urban tree species

在水平空间和垂直空间上，根据树种特性、城市森林建设结构和功能需求，将多个树种科学地组合在同一地段的技术措施。是实现各类园林规划设计的先决条件，也是形成城市独特风貌的主要因素之一，能够达到多树种、多层次、多色彩的绿化美化效果。

城市森林树种配置普遍遵循"10/20/30法则"，即最合理的配置是某一种的比例不能超过10%、属的比例不能超过20%、科的比例不能超过30%，否则将影响生态系统的稳定。同时还应遵循以下基本原则：①充分发挥主导效益。城市森林类型复杂、功能多样，道路和水岸等生态风景林、城郊生态风景林、行道树、公园等游憩空间、工矿等废弃地生态修复林、水土污染净化林等，主导效益不尽相同，在树种空间配置上应该采取与功能相对应的方式。②长期维持原设计景观。预留充足的树木生长空间、种间关系相互协调、种间个体生长速度相协调等是维持景观效果的必要条件。③有利于促进城市森林向半自然、近自然方向发展。避免采用高密度配置、大面积等株行距配置，留有不规则的水平空间，使自然植被合理发育，形成人工基调景观层和林下自然植被有机混交的格局，从而促进城市森林形成半自然、近自然结构。④观赏器官多样性、季相景观多元化。绿化树种的选择要与季相景观相结合，还要充分考虑植物群落花色、叶色等外部形态的季节性变化，形成丰富的季相景观，使得树木配置得宜，四季有景。⑤有利于阻滞植源性污染物扩散。在城市森林的空间配置中，应尽量采取树种的种间隔离、小规模群状混交隔离等，避免花粉、飞毛飞絮等植源性污染物无阻碍地长距离扩散。⑥节约水资源。应尽量采取多树种、低密度混交配置，以及高蒸腾耗水树种与低蒸腾耗水树种混交配置等措施，降低水资源消耗。

参考文献

李静喆, 2015. 城市园林绿化中树种的配置原则和应用措施[J]. 现代园艺(20): 134.

肖路, 王文杰, 张丹, 等, 2016.哈尔滨市城市森林树种种类组成特征及配置合理性[J]. 生态学杂志, 35(8): 2074-2081.

（徐程扬）

抽样 sampling

利用专门的扦样器具，从袋装或散装种批中抽取部分种子作为样品的工作。测定一批种子的质量，不可能把一个种批的种子全部检验，而是从中抽取一部分种子作为样品，保证有代表性。

抽样程序 首先取得初次样品；所有初次样品混合后获得混合样品，然后从混合样品抽取送检样品；送检样品按要求包装后，送到检验机构进行检测。抽样应由受过训练、具有抽样经验的人员来完成。抽样前需了解种批的采集、加工和贮藏等相关资料，查看采种登记表和有关种子堆装、混合的情况，按要求划分种批，并做好标记，然后进行抽样。抽样时应当确认该种批是否均匀，如果发现袋间或初次样品间存在明显差异时，应拒绝抽样，直到重新混匀后再进行抽样。

抽样工具 包括单管扦样器、双管扦样器、气吸式扦样器、电动扦样器等。袋装种子可用单管扦样器、双管扦样器等；散装种子可用双管扦样器、气吸式扦样器、电动扦样器等。初次样品也可徒手取样获得。通过分样器法或四分法把混合样品适当缩减成规定重量的送检样品。

参考文献

国家质量技术监督局, 1999. 林木种子检验规程: GB 2772—1999[S]. 北京: 中国标准出版社.

International Seed Testing Association (ISTA), 2013. International rules for seed testing [S]. Switzerland : Bassersdorf.

（沈香香）

臭椿培育　cultivation of heaven tree

根据臭椿生物学和生态学特性对其进行的栽培与管理。臭椿*Ailanthus altissima* (Mill.) Swingle 为苦木科（Simaroubaceae）臭椿属树种，别名樗树；石灰岩地区的造林树种及园林绿化树种。

图1　臭椿行道树（宁夏灵武市街道绿化带）

图2　臭椿幼果（宁夏银川街道绿化带）

树种概述 落叶乔木。一回奇数羽状复叶，齿顶有腺点。雌雄同株或异株，圆锥花序顶生。花期4～6月，翅果9～10月成熟，褐色。主要分布于亚洲东南部，在中国各地均有分布。喜光，较耐干旱与瘠薄，耐中度盐碱土，不耐水湿，适应性强，抗天牛危害，生长较快。木材可用于制作家具和作建材；树干通直，对二氧化硫抗性强，可作园林绿化风景树和行道树；树皮、根皮、果实均可入药，其树皮、嫩枝叶、根含有多种驱虫、杀虫、治癌的生物活性物质，是极具开发利用价值的多用途树种。

苗木培育 主要采用播种育苗，包括苗床育苗和容器育苗。春播，浸水催芽；第二年可平茬、适时摘侧芽，以培养优良苗木。

林木培育 除重盐碱地和低湿地外，均可选作造林地。造林方法有植苗造林和直播造林两种，以植苗造林为主。在立地条件较差的情况下，多采用植苗造林，春秋两季均可；在干旱多风地区多用截干造林。春季植苗造林，采用带状整地、穴状整地或鱼鳞坑整地，造林密度不宜过大，根据立地条件、造林目的等确定，株行距可采用2.0m×2.0m、2.0m×3.0m、3.0m×3.0m和3.0m×4.0m。根据培育目的，选择不同规格的移植苗（胸径3～5cm），提前整地，裸根起苗，适当修根后截干栽植，截口处涂抹油漆或缠包塑料膜，防止水分蒸发。在中国西北地区多采用截干造林，干高2.5～3.5m，栽植深度以超过根颈原土痕2～3cm为宜；北方地区也可于10月下旬截干栽植，树干缠膜或包草，栽后灌冬水。营林生产中提倡营造臭椿混交林。造林后要做好臭椿沟眶象、沟眶象、斑衣蜡蝉等害虫的防治工作。

参考文献

曹兵, 2011. 臭椿生理生态学特性及在混交造林中的应用[M]. 银川: 黄河出版传媒集团阳光出版社.

张志翔, 2008. 树木学（北方本）[M]. 2版. 北京: 中国林业出版社.

中国树木志编委会, 1981. 中国主要树种造林技术[M]. 北京: 中国林业出版社.

（曹兵）

出苗期　emergence phase of seedling

从播种开始到幼苗出土且地上部分出现真叶（针叶树种壳脱落或针叶刚展开）、地下部分长出侧根以前的时期。播种苗特有的时期，是种子转变为幼苗的时期。

出苗期特点：子叶出土型的阔叶树的子叶长出，子叶留土型的阔叶树的真叶未展开；针叶树的子叶出土但种皮未脱落、初生叶未出现。无论阔叶树还是针叶树，其地下部分生长较快但还没长出侧根，地上部分生长较慢。此期幼苗靠种子贮存的养分生长，还不具备自身制造营养物质的能力，苗木抗性较弱。不同树种出苗期长短因催芽方法、土壤条件、气象条件、播种方式、播种季节的不同而有差异。一般树种出苗期需要10～20天，发芽慢的树种需要40～50天。

育苗措施：要保证种子萌发快，出苗早、齐、匀、多，就要做到：①选用优质种子，配合适宜的催芽方法进行催芽，使种子处于最佳萌发状态；②通过合理耕作和施肥、灌溉等，为种子萌发创造适宜的土壤条件和降低干旱等不良天气条件的影响；③选择合适的播种时间、播种方法、播种量，并进行合理的覆土和镇压，以使种子与土壤良好接触、均匀吸水受热；④采取其他辅助措施，如在干旱缺水地区使用地膜覆盖以保温保湿、促使种子发芽均匀整齐，小粒种子采用落水播种后可覆盖稻草或薄膜以保持土壤湿度，防止土壤板结，同时还应防止病、虫、鼠、鸟等对种子和幼苗的危害。

参考文献

刘勇, 2019. 林木种苗培育学[M]. 北京: 中国林业出版社: 105.

沈国舫, 翟明普, 2011. 森林培育学[M]. 2版. 北京: 中国林业出版社: 130–135.

沈海龙, 2009. 苗木培育学[M]. 北京: 中国林业出版社: 97–104.

（沈海龙）

初次样品　primary sample

从种批的一个部位上随机抽取的一定数量的种子。可徒手取样，也可用抽样工具抽样。

见样品。

（洪香香）

除草剂　herbicide

专用于防除杂草和有害植物的各类化学药剂和微生物制剂。又称杀草剂。除草效果受除草剂类型、植物种类和环境条件综合影响。20世纪70年代具有广谱杀草和环境污染小的草甘膦除草剂的发明使除草剂得到了广泛的应用。在林业苗圃生产中，广泛采用除草剂进行除草。

除草剂类型多样。①按作用方式，可分为内吸性除草剂和触杀性除草剂。内吸性除草剂在植物体内输导后在植株各个部位起作用，触杀性除草剂只能与植物接触部位发生作用。②按灭杀种类，可分为选择性除草剂和灭生性除草剂。选择性除草剂是一种选择性地杀死某些杂草的除草剂，具有除草专性强、除草谱窄、使用时对苗木安全性高等特点；灭生性除草剂是一种无选择性地灭杀植物的除草剂，具有除草谱广、化学毒性高、不合理使用会使苗木产生药害和环境污染等特点，通常采用"时差法"和"位差法"进行除草。③按施药部位，可分为茎叶处理剂、土壤处理剂、茎叶和土壤处理剂。④按药用成分来源，可分为植物源异株克生除草剂和工业源化学除草剂（含有机除草剂和无机除草剂）。发展高效、低毒、广谱、低用量、环境友好型的一次性除草剂将成为未来除草剂发展的方向。

参考文献

沈海龙, 2009. 苗木培育学[M]. 北京: 中国林业出版社.

（郑郁善、陈礼光）

除伐　cleaning cutting

以调整幼龄林林分组成和林分密度为主要任务的森林抚育方式。

通常在幼龄林完全郁闭后（即幼龄林的后期）实施，继续完成透光伐未完成的林分结构调整工作。除了伐去压抑主要树种的次要树种外，还要伐去主要树种中的过密木、劣质木、被压木，以调整林分组成和空间结构，保证主要树种良好生长。方法与透光伐相似，分全面抚育法、团状抚育法、带状抚育法等。重复期一般3～5年。主要针对幼龄林后期的混交林。对已过幼龄林阶段的天然混交林，首要任务仍是调节种间竞争关系，期间的抚育采伐也属除伐。对幼龄人工混交林，若发现树种比例搭配不当，也需要及时进行除伐。

（段爱国）

除蘖　tiller cutting

除去林木根颈附近及伤口附近多余萌蘖条的林木抚育措施。简单易行，能保证主干养分供应，促进主干速生，培育圆满通直的干形。

除蘖一般在造林后1～2年、萌蘖条基部尚未木质化前进行，也可配合其他幼林抚育措施进行，有时需进行多次才能取得良好效果。除蘖后宜及时培土，抑制萌蘖条再生。

植苗造林的林木，应剪除根颈附近和主干下部的萌蘖条；若主干生长太弱，也可从萌蘖条中选一通直健壮者代替主干，而将其余萌蘖条及原主干剪去。截干造林、插条造林、平茬、萌芽更新的林木，常从根颈附近生长许多萌蘖条，致使林木主干不明显、生长势被削弱，可在其高生长达20～30cm时，选留2～3株生长良好的萌蘖条，其余及时剪除；当选留的萌蘖条高达50cm左右时再定株，选留一个生长健壮、干形通直的萌蘖条作主干，将其余萌蘖条全部剪除。风大的地方可留迎风面的萌蘖条以防被风吹折。

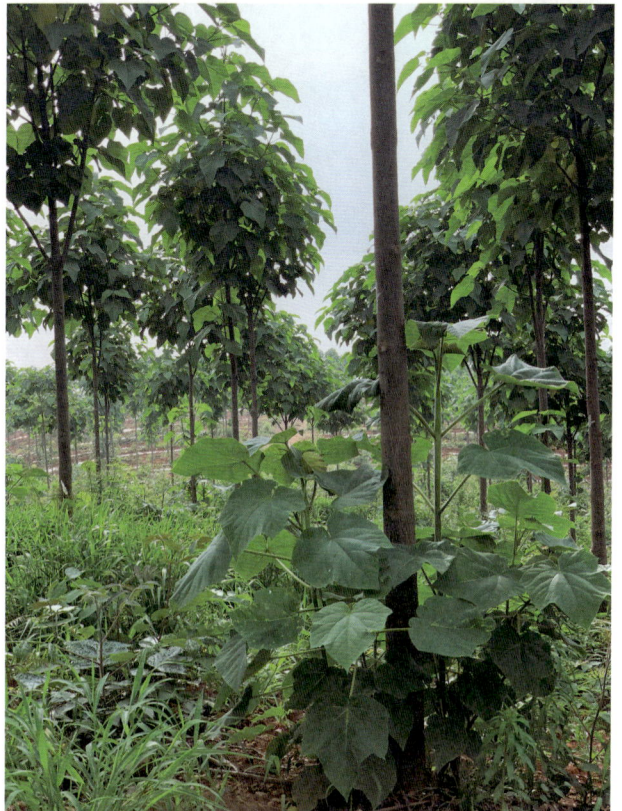

泡桐除蘖（及时除去基部萌蘖条）

参考文献

蒋建平, 1990. 泡桐栽培学[M]. 北京: 中国林业出版社.

（王保平，赵阳）

川滇高山栎培育 cultivation of hollyleaf alpine oak

根据川滇高山栎生物学和生态学特性对其进行的栽培与管理。川滇高山栎 *Quercus aquifolioides* Rehd. et Wils. 为壳斗科（Fagaceae）栎属树种，重要的用材、能源和水土保持树种。

树种概述 常绿乔木。树皮暗灰色，深纵裂。老树之叶全缘，幼树之叶叶缘有刺锯齿。壳斗浅杯形，包着坚果基部。花期 5～6 月，果期 9～10 月。产于中国四川西北部、贵州、云南、西藏等地。垂直分布于海拔 2000～4500m 的山坡向阳处或高山松林下，是横断山区植物群落中的优势树种和建群种。生于干旱阳坡或山顶时常呈灌木状；喜光、耐旱；适生于温湿的气候和肥厚的土壤，对各生态因子适应幅度很大。木材用作机舱板、刨架、木钉等；树皮和坚果含单宁，可用于鞣制皮革；坚果含淀粉、蛋白质等，具有一定的食用和药用价值。川滇高山栎林下盛产多种食菌，常见种有青冈菌、松茸等，可制菌干或鲜食。

苗木培育 主要采取播种育苗，也可扦插育苗。播种育苗选择春季和秋季点播或条播，种子不耐储藏，春播需保湿沙藏、防治栗实象鼻虫，秋播需防治鼠害。

林木培育 培育以用材为目的的人工林，应选海拔 3400m 以下、坡度平缓、土壤疏松湿润、土层比较深厚的向阳山坡、丘陵等地，在海拔 3000～3200m 的阴坡和半阴坡采伐迹地、火烧迹地、宜林荒山，可与高山松、丽江云杉等营造混交林。播种造林时间为 3 月中、下旬及 10 月中旬，多采用穴播，每公顷 4500 穴左右，每穴下种 3～5 粒，覆土厚 6～8cm。植苗造林宜在早春解冻后，或夏秋雨季进行。每亩栽植 300～400 株，每穴 3～4 株。栽植后加强抚育管理，当郁闭度达 0.8～0.9、自然整枝约占树冠 1/3 时开始间伐，并应多次间伐。川滇高山栎萌生能力强，可利用采伐迹地、火烧迹地等的残桩上的休眠芽和不定芽萌发进行森林更新。

参考文献

周浙昆, 1993. 中国栎属的地理分布[J]. 中国科学院研究生院学报, 10(1): 95～108.

（邓莉兰）

图1 川滇高山栎林相（西藏林芝）

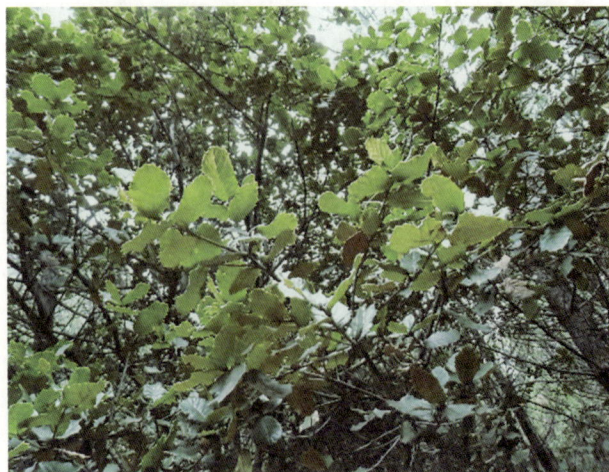

图2 川滇高山栎叶（西藏林芝）

传粉受精 pollination and fertilization

树木在生殖生长过程中所经历的生理发育阶段。开花后，雄蕊的花粉粒从花药中散出，通过各种媒介，传送到雌蕊柱头上的过程称为授粉；雄配子体（精子）和雌配子体（卵子）融合为一个合子的过程称为受精。两个过程合称为授粉受精。

授粉 根据花粉的来源不同，植物的授粉可分为自花授粉、异花授粉和常异花授粉 3 种方式。自花授粉是同一朵花的花粉传送到同一朵花的柱头上，或同株花粉传播到同株柱头上。异花授粉是指雌蕊柱头接受异株或另外不同花朵的花粉的传粉现象。常异花授粉是指一种植物同时依靠自花授粉和异花授粉两种方式繁殖后代。对植物而言，异花授粉比自花授粉产生的后代适应性好、生活力强。许多植物在结构和生理上形成了许多适应异花传粉的性状，如单性花、雌雄花异熟、花丝花柱异长、自花不孕等。异花授粉虽然对繁育后代有利，但受到自然条件的影响较大，在生产上往往需采用人工授粉的方法增强异花传粉的效果。

传粉媒介 主要有风、昆虫、水、鸟等。依靠风力传粉的花叫风媒花，特点是花被小而退化、花色不鲜艳、无香味或蜜腺，花粉粒小而轻、数量多、易于随风飘扬。依靠昆虫传粉的花叫虫媒花，特点是花被大、鲜艳、具香味和蜜腺，花粉粒大、具黏性、易于吸引昆虫和被昆虫携带。

受精 是一个较为复杂的过程。花粉粒落在柱头上以后，从柱头分泌的液汁中吸取水分和养料，迅速萌发，形成花粉管，从花粉粒的发芽孔伸出来，这时花粉粒的外壁被挤破，而内壁则随着花粉管的伸长，从柱头钻进花柱，直到子房内部的胚珠中。成熟的花粉粒一般有 2 个核，即管核和生殖核。花粉粒萌发时，生殖核分裂成 2 个精核。花粉管伸长，管核在花粉管的先端移动，起先驱作用。花粉管通过花柱进入子房的过程中，会分泌各种酶，以分解所接触的养料和组织。花粉管进入子房内部，沿着珠孔方向继续前进。通常落在柱头上的花粉粒数量很多，萌发的花粉管数目也很多，但各个花粉管的生长快慢不一。其中强壮的花粉管最先到达珠孔，由珠孔穿过珠心层进入胚囊，这时花粉管的先端破裂，管核消失，而由生殖核分裂所形成的 2 个精核（雄配子）先后滑到胚囊中，一个与珠孔附近的卵细胞（雌配子）融合形成合子，另一个与胚囊中的 2 个极核（或次生细胞）融合形成原始胚乳细胞。

（王乃江）

春季造林　afforestation in spring

入春后至立夏前所进行的人工林营造。春季是中国多数地区最好的造林季节。相对于其他季节，春季土壤墒情较好，气温和土温开始逐渐升高，苗木的根系逐渐开始复苏，且地上部分还没有发芽，此时植树，苗木先生根后发芽，苗木蒸腾作用小，可提高苗木成活率。松类及其他小粒种子的树种，更适于春季造林。

立春前后即可整地。惊蛰到谷雨是春季造林的黄金时间段。早春时间短，为抓紧时间，可先栽萌动早的树种，如杨树、柳树、栎类、榆树、槐树等，而根系分生要求较高温度的个别树种（如椿树、枣树等）可稍微晚一点栽植。按先低山后高山，先阳坡后阴坡，先轻壤土后重壤土的顺序安排造林。

南方冬季土壤不冻结的地方，立春后尽早开始造林（即顶浆造林）。易发生晚霜危害的地区，造林不宜过早。春季高温、少雨的地区，如川滇地区，不宜在春季造林，应在冬季或雨季造林。气候干燥、多风、温度回升速度快以及土壤墒情差的北方地区，应采取防范措施，提高春季造林成活率。

参考文献

刘长瑜, 2016. 春季造林技术[J]. 现代农业科技(6): 167.

翟明普, 沈国舫, 2016. 森林培育学[M]. 3版. 北京: 中国林业出版社.

张建国, 李吉跃, 彭祚登, 2007. 人工造林技术概论[M]. 北京: 科学出版社.

赵红军, 刘艳辉, 2004. 春季抗旱造林技术要点[J]. 林业实用技术(3): 22.

（马焕成，唐军荣）

纯净种子　pure seed

净度分析中的目标（主要）树种种子。是种子品质检验中相关指标，包括发芽测定、生活力测定、优良度测定和千粒重测定的对象。纯净种子的确定影响种子质量指标的大小，进而影响种子质量的等级划分。

根据《林木种子检验规程》（GB 2772 — 1999），纯净种子包括 4 种类型：①送检者陈述的种或分析中发现的主要种（包括该种的变种和栽培品种）的种子，是完整的、没有受伤的、发育正常的种子；发育不完全的种子和不能识别出的空粒；虽已破口或发芽，但仍具发芽能力的种子。②带翅的种子中，凡加工时种翅容易脱落的，纯净种子是指除去种翅的种子；凡加工时种翅不易脱落的，纯净种子包括具种翅的种子。③壳斗科的种子，壳斗容易脱落的，纯净种子不包括具壳斗的种子；壳斗难以脱落的，纯净种子则包括具壳斗的种子。④复粒种子中至少含有 1 粒种子的。

有些林木种子因形态差异很大，加上受到种子加工处理方法的限制，如落羽杉属种子，使纯净种子的辨别比较困难。

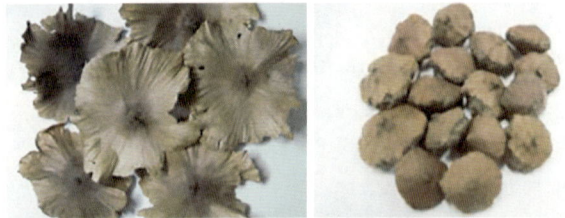

青钱柳纯净种子（左为具翅种子，右为去翅种子）（沈香香　摄）

参考文献

国家林业局国有林场和林木种苗工作总站, 2001. 中国木本植物种子[M]. 北京: 中国林业出版社.

国家质量技术监督局, 1999. 林木种子检验规程: GB 2772—1999 [S]. 北京: 中国标准出版社.

International Seed Testing Association (ISTA), 2013. International rules for seed testing [S]. Switzerland: Bassersdorf.

（沈香香）

纯林　pure forest

由单一树种组成的森林。现实林分当某一树种占 90% 以上时被视为纯林。

纯林以人工林为主，天然更新形成的纯林较少。天然林中的纯林通常处于演替的早期阶段，或者占据某种仅适合于该树种生长发育的特殊地段或区域，如天然林中常见的喜光针叶树种马尾松、樟子松、油松、云南松等的纯林，以及下种量大、天然更新能力强的山杨和白桦等阔叶树种的纯林，都处于演替的早期阶段。纯林个体之间的生态关系主要体现

红松纯林（辽宁省森林经营研究所草河口试验基地）（沈海龙　摄）

为种内竞争，形成单层林冠。

人工纯林为人工林中的主要森林类型，主要优点是便于经营管理，造林和抚育技术较简单，有利于实行机械化作业，营林成本较低。纯林的单位面积上主要树种产量高，可以获得较大的经济收益。在集约经营水平较高的地区，为追求较高的经济效益，对一些高产人工用材林和经济林常采用纯林；在一些极端立地条件下（如干旱、瘠薄、盐碱等），常常只能营造纯林。

人工纯林结构简单，不能充分利用营养空间，一些树种尤其是针叶树改良土壤的作用较小，长期连续栽植容易导致地力衰退。纯林物种单一，易发生病虫害、火灾等自然灾害，林分稳定性差。营造人工纯林，还会导致生物多样性下降，不利于**生物多样性保护**。

参考文献

翟明普, 沈国舫, 2016. 森林培育学[M]. 3版. 北京: 中国林业出版社.

（张彦东）

慈竹培育　cultivation of *Bambusa emeiensis*

根据慈竹生物学和生态学特性对其进行的栽培与管理。慈竹 *Bambusa emeiensis* L. C. Chia et H. L. Fung [*Neosinocalamus affinis* (Rendle) Keng f.] 为禾本科（Poaceae, 异名 Gramineae）竹亚科（Bambusoideae）簕竹属植物，中国西南地区重要的材用丛生竹种。

树种概况　竹秆顶梢细长作弧形下垂。秆高 5～10m，直径 4～8cm，基部间节长 15～30cm，中部最长可达 60cm，枝下各节无芽。以中国四川为分布中心，遍布云南、贵州、广西、湖南、湖北等地。一般栽培在村旁宅旁、河溪两岸以及丘陵山麓地带，广东、浙江有引种。适生地年平均气温为 14～20℃，少霜无雪，要求年降水量在 950mm 以上，水源旁及有地下水的干热地区年降水量在 600mm 以上也能生长良好。节间长、篾性好、纤维性能优异，是良好的竹编、纸浆原料。

慈竹林（四川长宁）

苗木培育　多采用带蔸埋秆育苗、埋节育苗、主枝扦插育苗。带蔸埋秆育苗通常选 2～3 年生无病虫害或无机械损伤的带蔸竹秆作母竹，带蔸挖出，留竹节 10 节左右，削去竹梢，平放于苗床沟内，覆土 5cm 左右，压实并灌水。埋节育苗通常选取生长健壮、秆芽饱满、无病虫害、直径 4cm 左右的当年生及 2 年生母竹，从中部截取含有单节、双节或三节的茎段进行育苗。主枝扦插育苗通常从 2～3 年生的竹秆上选择生长健壮、隐芽饱满的 1～2 年生有根点的竹枝进行育苗。

林木培育　通常采用母竹移栽造林、竹蔸造林、**植苗造林**，造林季节以 2～4 月为宜。春旱严重的地区，可在雨季造林。造林密度依据用材目标的不同而不同，纸浆林可采用母竹移栽造林，栽植株行距为 4m×4m。新造林需要进行林分抚育，及时进行除草、松土、施肥和灌溉。

（刘广路，范少辉，苏文会）

次生林　secondary forest

经自然或人为干扰后形成的**天然林**。又称再生林、退化天然林、天然次生林。

次生林是**原始林**经受大面积反复破坏（不合理的樵采、火灾、垦殖、过度放牧等）后，在次生裸地上经次生演替而形成的。

次生林保持着原始森林的树种组成和土壤条件，但在**林分结构**、树种组成比例、林木生长状况、林分生产力水平、森林环境和生态服务功能等方面与原始林有很大的区别。次生林分为：轻度破坏或破坏严重但恢复良好、仍保留较高比例原始林组成成分的过伐林；破坏严重且恢复不良、原始林组成成分比例严重失调的过伐林；林相良好但缺乏原始林顶极种或优势种的次生林；林相残破、结构不良、生产力低下的次生林；严重退化的疏林地和次生裸地。

次生林的显著特征是经过大面积反复破坏，导致原生群落的大面积消失，已经失去原始林的森林环境。基本特点：①缺乏原生群落的主要优势树种种源或原生群落主要优势树种种群密度很低，很难通过自然恢复和重建原生群落，自然形成结构较好的森林群落需要时间长。②组成树种种类比例发生变化，其中传播能力强、有无性繁殖能力、耐极端生境或具有抗火能力的树种组成比例增大。③中国的次生林形成历史短，很大比例次生林是 20 世纪 50 年代以来封护抚育而形成的中、幼龄林；群落类型多样、镶嵌分布，水平结构复杂多样，但垂直结构简单单一。④很多次生林是经多种因素反复破坏后形成的，萌生等无性繁殖起源林分比例高，这类林分早期生长速度比较快，但衰退也早，病腐率比较高。⑤次生林稳定性较差，喜光先锋树种经一个世代多被中性和耐阴的树种更替。

据联合国粮农组织资料（FAO，2020）统计，世界天然林中有 70% 为各类次生林。根据 2014—2018 年第九次全国森林资源清查结果，中国乔木林中人为干扰较大（自然度Ⅲ和Ⅳ级）的天然次生林面积达 7456.04 万 hm²，占中国天然林面积的 53.77%，占中国天然乔木林面积的 60.74%；人为干扰很大（自然度Ⅴ级）的天然残次林面积 1153.54 万 hm²，

占中国天然林面积的 8.32%，占中国天然乔木林面积的
9.40%。两类合计占中国天然林面积的 62.09%，占中国天然
乔木林面积的 70.14%，占中国乔木林面积的 47.86%，占中
国森林总面积的 39.45%。

参考文献

国家林业和草原局, 2019. 中国森林资源报告(2014—2018)[M].
北京: 中国林业出版社.

北京林学院, 1981. 造林学[M]. 北京: 中国林业出版社.

张佩昌, 周晓峰, 王凤友, 等, 1999. 天然林保护工程概论[M].
北京: 中国林业出版社.

朱教君, 刘世荣, 2007. 森林干扰生态研究[M]. 北京: 中国林业
出版社.

FAO, 2020. Global forest resources assessment 2020: Main
report[OL]. Rome. https://doi. org/10. 4060 /ca9825en.

（沈海龙）

次生林地　secondary forest area

原始森林经过多次不合理采伐或其他自然因素和人为因
素破坏后，自然恢复的森林林地。人工林采伐迹地上栽培树
种的萌生林及萌生林与入侵树种形成的混交林地，也属次生
林地范畴。

次生林地由于人为或自然的长期反复干扰，林地光照增
强，温差加大，蒸发加速，多年积累的死地被物迅速分解，
地表径流增加，腐殖质层变薄或消失，气候、土壤条件趋向
干旱，苔藓层衰退或消失，原始植被中较耐阴或中性的种类
逐渐被喜光和速生的类型所代替。次生林地上的植被往往处
于不稳定的演替阶段，大多起源于无性繁殖，林木初期生长
迅速，但成熟早，寿命短，不宜培育大径材。根据次生林地
的自然特征和当地的经济条件，对次生林地可采取封山育林
和抚育改造等培育措施。

参考文献

翟明普, 沈国舫, 2016. 森林培育学[M]. 3版. 北京: 中国林业出
版社.

（王瑞辉，刘凯利，张斌）

次生林综合抚育　integrated tending of secondary forest

通过采取多种育林技术措施，主要是采伐和造林、育林
措施相结合，对低效次生林进行改造，使之达到该林地条件
下应有的生产力水平、功能高效的优良林分的过程。

次生林是原始林经过反复利用或严重破坏之后自然形成
的森林，也包括人工林主伐后伐蔸萌芽更新形成的萌生林。
次生林中有部分林分生长不好，出现过早衰退、干形不良、
郁闭度过低、林木分布不均、缺乏目的树种、病虫害严重
等，没有培育前途，即为低效次生林。

次生林改造中的采伐不同于一般的抚育采伐和主伐，其
目的在于改变林分组成及结构，通常采伐强度较大，不受限
制。采伐强度大小决定于林分状况及其抚育改造的要求。次
生林抚育改造的造林方法与一般造林相似，在选择造林树种
时须遵循适地适树原则，还须考虑引入树种与原生树种之间

的种间关系。林冠下造林时，须考虑造林树种的耐阴性。在
林中空地补植时，要考虑造林树种耐温差的能力。

对低效次生林改造应根据具体林分的情况采取针对性
的育林措施。常用的改造措施包括：①结构调整；②林分
抚育；③树种更替；④补植补播；⑤封山育林；⑥土壤改良
等。抚育方式有育林择伐、林冠下更新、带状改造、群团状
改造等。

在实施育林择伐抚育时，对于目的树种个体密度较大的
林分，需进行选择性除伐，即保留目的树种及辅助树种，清
除非目的树种以及妨碍目的树种幼苗幼树生长的下层灌木；
酌情伐除与目的树种保留木有竞争的辅助树种个体。对于目
的树种个体密度较小的林分，可进行解放伐，即选择保留目
的树种中生长健壮、干形良好的 I 级木，伐除竞争木，为目
的树种释放生长空间；在较为稀疏的斑块中，考虑天然更新
幼苗幼树分布情况后进行补植，补植树种应为演替中后期生
态关键种。在次生林抚育中，需要加强生态保护，在不影响
目的树种和林分结构的前提下，适当保留一些与目的树种无
竞争关系的其他植物，丰富森林物种多样性；作业林分中树
冠上有鸟巢或有动物巢穴、隐蔽地的林木，应作为辅助木保
留；列入珍稀濒危植物名录的树种或重点保护树种，应选为
辅助木予以保留。

参考文献

国家林业局, 2017. 低效林改造技术规程: LY/T 1690—2017[S].
北京: 中国标准出版社.

翟明普, 沈国舫, 2016. 森林培育学[M]. 3版. 北京: 中国林业出
版社.

扩展阅读

国家林业局, 2015. 热带次生林抚育技术规程: LY/T 2455—
2015[S]. 北京: 中国标准出版社.

（徐小牛）

刺槐培育　cultivation of black locust

根据刺槐生物学和生态学特性对其进行的栽培与管理。
刺槐 Robinia pseudoacacia L. 为豆科（Leguminosae）刺槐属
树种，在哈钦松和克朗奎斯特等分类系统中属于蝶形花科
（Papilionaceae），别名洋槐；重要的防护、用材、能源、饲
料和蜜源树种。

树种概述　落叶乔木。总状花序腋生。荚果线状长圆
形，扁平，有种子 2～15 粒；种子褐色至黑褐色，肾形。花
期 4～6 月，果期 8～9 月。原产北美，19 世纪末引入中国；
广泛栽培于北纬 23°～46°、东经 86°～124° 范围内的 30 个
省（自治区、直辖市），而以黄河中下游和淮河流域为分布
中心；垂直分布可达海拔 2100m。温带树种，喜光，不耐
阴，耐干旱瘠薄，怕风；在气候温暖，土层深厚肥沃、疏松
湿润的山沟、丘陵、坡地、黄土高原沟谷、壤质间层河漫滩
及海滩、道路及渠道边生长最好；萌芽力和根蘖性都很强。
木材适合作建筑、桩木、坑木、机械部件、工具把柄、运动
器材、水工、土工等用材；是优质的薪炭材；叶是很好的家
畜饲料；种子可榨油、酿酒、制酱、制肥皂和油漆；花、果

图1　刺槐果枝（河南国有洛宁县吕村林场）

图2　刺槐人工林（河南国有洛宁县吕村林场）

实（槐角）、叶、根等均可入药；生长迅速，根系发达，具根瘤，耐干旱瘠薄，耐烟尘和盐碱，是水土保持、防风固沙的重要树种。

良种选育　采用引种、选择、诱变育种、倍性育种等技术，引进选育出四倍体刺槐、红花刺槐、金叶刺槐、北林槐系列、吉县刺槐系列、鲁刺系列、豫刺系列等数十个优良品种。

苗木培育

播种育苗　宜选择排水良好，土层深厚，肥沃的沙壤土或沙土地。春季土地平整后作床或垄。播种前采用80℃的热水浸种12～24小时，然后对未吸水膨胀的种子进行逐次增温催芽法处理。也可以进行混沙层积催芽。以春播为主。开沟条播，播后覆土镇压，及时灌水。

扦插繁殖　插条、插根育苗均可。插条育苗一般选择1年生苗干，截制成长15cm左右的插穗，春季随剪随插。插根育苗可采用阳畦播根、营养钵插根、沙土直插埋根、直插地膜覆盖、温床催根萌芽扦插等多种方法。

组织培养　高效快速繁殖各种刺槐新品种，已在形成层、茎尖、茎段、叶培养、胚培养、原生质体分离和培养等方面取得成功经验。

林木培育　根据培育目的选择适宜的造林地，提前一季或一年利用农闲时整地。主要采用植苗造林。裸根苗春、秋季可造林，容器苗造林还可选在6、7月。选达到出圃规格

的1～2年裸根苗或容器苗。裸根苗有带干和截干2种栽植方式。带干栽植适宜在气候温暖湿润少风的南方地区。截干栽植适宜在气候寒冷干旱多风的北方地区。在立地条件恶劣的地方，可用容器苗造林。造林密度要根据林种、立地条件和营林技术水平合理确定。在中等立地条件下，用材林栽植密度3300～4950株/hm²；速生用材林1650～3000株/hm²；防护4800～6450株/hm²；超短轮伐期能源林4950～20100株/hm²。可与栎类、杨树等许多树种进行混交造林。速生树种可与刺槐同时栽植，慢生树种和立地条件较差处可先栽刺槐，然后引入目的树种。造林后的3～5年，需进行松土除草、抹芽、传粉受精、平茬、修枝、施肥、间作等抚育管理工作。栽后2～3年开始修枝，修去根部萌生的多余枝、树干下部侧枝和影响顶梢生长的竞争枝。修枝强度一般不超过树高1/3，最大不超过1/2。连续修枝3～4年，直到幼林郁闭成林。造林第3年或郁闭度达到0.9时进行合理抚育间伐。根据培育目标和初植密度确定间伐强度。如培育大中径材用材林，分3次间伐，第3～4年1次，伐去40%左右；以后每隔2～3年1次，共间伐2次，每公顷保留1200～1350株。病虫害主要有紫色根腐病、干腐病、豆荚螟、刺槐尺蠖等。

参考文献

方芳, 彭祚登, 郭志民, 等, 2013. 刺槐种子硬实特性及萌发促进的研究[J]. 中南林业科技大学学报, 33(7): 72-76.

栾庆书, 罗凤霞, 2001. 刺槐组织培养研究现状[J]. 辽宁林业科技(5): 28-31.

彭祚登, 马履一, 李云, 等, 2020. 刺槐燃料能源林培育研究[M]. 北京: 中国林业出版社.

荀守华, 乔玉玲, 张江涛, 等, 2009. 我国刺槐遗传育种现状及发展对策[J]. 山东林业科技, 39(1): 92-96.

朱延林, 杨洪义, 李向东, 等, 1998. 刺槐无性繁殖配套技术[J]. 河南林业科技, 18(3): 30-32.

（彭祚登）

丛生竹　symbodial bamboo

竹子三大类型之一。秆基上的芽发育成笋，出土成竹，没有地下竹鞭，竹秆在地面呈丛状的竹。地下生长的竹蔸粗大，节间短缩，竹节密集，新竹靠近老竹。常见的经济价值较高、种植规模较大的丛生竹种有麻竹、梁山慈竹、龙竹、绿竹、粉单竹等。

分布　较散生竹喜热，主要分布在中亚热带至热带地区。浙江、四川、江西、福建、广东、广西、云南、贵州、台湾等是中国丛生竹集中分布的地区。

生长特性　与散生竹不同，丛生竹没有地下横向生长的竹鞭，由竹秆基部两侧的芽萌发成竹笋，长出新竹。竹秆、枝条上的休眠芽萌发能力较强，可用分蔸、埋秆、埋节、主枝扦插等方式进行育苗。发笋时间多在夏季，有的竹种笋期较长，可持续到秋后。

抚育管理

扒晒培土　每年春季，扒开竹蔸四周土壤，使笋目暴

露，利用光、热刺激，促进笋芽萌发，达到提早萌笋和增加出笋的目的。实施扒晒作业时须小心地将竹丛周围的泥土自外而内圈状挖开，尽量暴露所有笋目。扒晒后，部分笋目开始膨大发育，形成小笋时再培土覆盖笋芽。

养分管理　全年可分 3 次施肥。第一次是在扒晒结束后，在扒开的竹丛周围施有机肥，再行覆土，促进发笋。第二次通常在 5 月中下旬进行，选用速效性的化肥，目的在于补充笋芽分化和膨大过程中的养分亏缺。对丛生笋用竹林来说，第三次施肥时节是结合采笋后的笋蔸施肥。

水分与垦复管理　适时灌溉对丰产非常重要，遇旱季每周或隔周灌水一次，可提早发笋和增加产量。垦复除草通常利用农闲季节，或结合竹林扒晒、封土、挖笋等培育和生产措施一同进行。

竹林结构管理　合理的密度结构是竹林增产的基础。生产上调控丛生竹密度结构多推荐小丛散生化培育，以提高竹林光、热、水利用率，通常推荐的丛留竹株数为 5～10 株。不同年龄结构，其萌发力不同。1～2 年生的丛生竹处于幼壮龄阶段，蔸部芽眼发育良好，萌发力强；3～4 年生竹处于成熟阶段，萌笋力明显下降，但其枝叶繁茂，对生笋旺盛的 1 年生母竹还能起防风、支撑等作用。丛生竹林都保留 1～2 年生和部分 3 年生竹子，采伐部分 3 年生和 4 年生竹子。

采笋留竹　丛生竹出土的竹笋无法全部发育成竹，不能成竹的竹笋最后成为退笋。因此，在丛生竹林管理中，利用头目和尾目不同的萌动能力，及时疏笋留竹，是保持丰产的关键。笋用丛生竹采挖初期和末期出土竹笋，保留中期出土的健壮竹笋，使其发育成竹。

参考文献

江泽慧, 2002. 世界竹藤[M]. 沈阳: 辽宁科学技术出版社.

周芳纯, 1998. 竹林培育学[M]. 北京: 中国林业出版社.

（范少辉，苏文会，刘广路）

粗放择伐　extensive selection cutting

采伐量较大，间隔期较长，只注重木材利用，而忽略伐后森林的质量和产量的择伐方式。

见择伐。

（孟春）

催根　root promoting

采穗后与扦插前用以促进插穗生根、提高扦插育苗成活率的技术措施。常用方法有：①水浸处理。用水浸插穗可以溶解或稀释生根抑制物质，使插穗生根。②生长素处理。常用的生长素有萘乙酸（NAA）、吲哚乙酸（IAA）、吲哚丁酸（IBA）、2,4-D、ABT 生根粉等。生长素处理用水剂，有高浓度速蘸和低浓度浸泡 2 种处理方法。也可用粉剂。粉剂是将溶解的生长素与滑石粉或木炭粉混合均匀，阴干后制成粉剂，用湿插穗下端蘸粉扦插；或将粉剂加水稀释成糊剂，用插穗下端浸蘸；或做成泥状，包埋插穗下端。处理时间与溶液的浓度随树种和插条种类不同而异。大规模商业化扦插生产一般使用高浓度速蘸的方式。③化学药剂处理。常用的化学药剂有维生素、糖类、氮素、高锰酸钾、二氧化锰、磷酸等。其中维生素有维生素 B1（VB1）、维生素 B6（VB6）、维生素 B12（VB12）和维生素 C（VC）等。用高锰酸钾 0.05%～0.1% 的溶液浸泡插穗 12 小时，既能促进生根，还可抑制细菌生长，起到消毒作用。④其他方法。有 0～5℃的低温冷藏处理、插床增温处理、倒插催根处理、黑暗黄化处理、环剥和刻伤机械处理等。

参考文献

刘勇, 2019. 林木种苗培育学[M]. 北京: 中国林业出版社: 218-256.

孙时轩, 刘勇, 2002. 林木育苗技术[M]. 北京: 金盾出版社: 105-116.

翟明普, 沈国舫, 2016. 森林培育学[M]. 3版. 北京: 中国林业出版社: 148-150.

（祝燕）

翠柏培育　cultivation of *Calocedrus macrolepis*

根据翠柏生物学和生态学特性对其进行的栽培与管理。翠柏 *Calocedrus macrolepis* Kurz. 为柏科（Cupressaceae）翠柏属树种，古老的孑遗植物，国家二级重点保护野生植物，优良用材树种和园林绿化树种。

树种概述　常绿乔木。树形高大优美。小枝扁平，两面异形。鳞叶微凹，交互对生，明显成节。雌雄同株，雄球花着生在新枝基部，雌球花着生在顶部。雌花 2～3 月开放，9～10 月球果成熟。主要分布于中国云南、贵州、广西、海南等海拔 400～1700m 的山地，多散生于林中或四旁。缅甸北部、越南东北部、老挝和泰国也有分布。适生于酸性至偏酸性、弱碱性多种母岩发育的土壤，适宜在水湿条件优越的亚热带温暖湿润地区栽培。要求年平均气温 15～19℃，年降水量 800～1600mm。木材是建筑、桥梁、家具的优良用材。种子可榨油，供制漆、蜡及硬化油等化工业加工利用，亦可入药，有润肺、化痰止咳、消积之功效。其枝叶含有多种抗菌和细胞毒活性成分，在植物医药开发方面具有一定的市场前景。

苗木培育　采用种子育苗，随采随播，平均发芽率

图 1　翠柏营养袋实生苗（云南昌宁县西山林场）

图 2 翠柏幼林（云南宁洱县林业局林业科技推广中心林场）

70%，种子不耐贮藏，贮存 1 年后发芽率低于 50%。幼苗期具有一定耐阴性，为保证成活率需搭棚遮阴。翠柏喜湿，抗病性强，在育苗过程中应适时浇水、施肥。

林木培育 在亚热带温暖湿润地区可大面积培育人工林。整地一般在 10 月至翌年 5 月，雨季（6～8 月）造林。造林密度以 600～850 株 /hm² 为宜，株行距 3m×4m 或 4m×4m；适当密植可使林分提前郁闭，减少抚育管理次数，抑制中下部枝条生长，保证干形通直。初期生长缓慢，小苗上山造林保存率较低，提倡用 2 年生大苗造林，用 1 年生容器苗造林成活率可达 80% 以上。栽植时，先将表土回填，苗干竖直，根系舒展，深浅适当；填土一半后提苗踩实，再填土踩实，灌透水，最后覆盖表土。当年未成活的翌年要补植。翠柏初期生长缓慢，容易被杂草灌木覆盖，使成活率降低，造林后应及时抚育。造林 3 年内，每年可进行 2 次除草施肥，5 月底至 6 月中旬及 9 月底至 10 月初分别抚育一次；肥料以速效氮肥为主，适当配以磷、钾肥料，其中每株施肥量磷肥 50g、钾肥 50g，采用环状沟施。

参考文献

刘方炎, 李昆, 廖声熙, 等, 2010. 濒危植物翠柏的个体生长动态及种群结构与种内竞争[J]. 林业科学, 46(10): 23–28.

宁世江, 赵天林, 唐润琴, 等, 1997. 木论喀斯特林区翠柏群落学特征的初步研究[J]. 广西植物, 17(4): 321–330.

Liao S X, Cui K, Wan Y M, et al, 2014. Reproductive biology of the endangered cypress *Calocedrus macrolepis*[J]. Nordic Journal of Botany, 32(1): 98–105.

（廖声熙，崔凯）

大面积皆伐 large area clear cutting

将伐区面积在 10hm² 以上或伐区宽度 250～1000m 的成熟林木集中全部伐除或基本伐除的皆伐方式。

见皆伐。

（王立海）

大苗移植 transplanting of big-size seedlings

将大苗（大规格苗木）移栽到苗床或容器中继续培育的育苗技术。

大苗移植分为裸根移植、带土球移植和容器移植等方式。一般落叶树可用裸根移植；针叶树、常绿阔叶树、难生根的落叶阔叶树常带土球移植。土球直径为苗木胸径或地径的 6～8 倍，土球高度为土球直径 2/3～4/5。大苗移植后具有抗逆性强、景观形成快、绿化功能发挥早等优势。

大苗移植时间可根据当地气候条件和树种特性而定。多数树种在苗木休眠期移植，常绿树种也可在雨季移植。城市绿化的行道树、庭荫树等乔木大苗培育，一般应在播种或扦插苗龄满 1 年时进行第一次移植，以后根据树种生长快慢和株行距大小，每隔 2～3 年移植一次，并相应加大株行距。对于生长慢、根系不发达且移栽后不易成活的乔木树种，播种后可留床培育 2 年，第三年开始移植，以后每隔 3～4 年移植一次，达到规定的出圃规格即可出圃。普通的花灌木根据树种特性移植 1～2 次即可。对于山地造林树种，一般应在播种或扦插苗龄满 1 年时移植一次，阔叶树种再继续培养 2～3 年、针叶树种培育 3～4 年即可出圃造林。

大苗移植时采用人工或机械起苗方式。起苗后将苗木进行分级，对劈裂根系、过长的须根、病虫危害及机械损伤的枝条进行修剪，树冠过大的苗木适当剪除部分枝叶。采用穴植法移植。较大苗木移植后要设立支架固定，以防苗木被风吹倒。移植后浇 2～3 次透水，浇水后及时培土。树木发芽后，有条件的可 1～2 天喷一次水，要经常除草松土，定期修剪。对幼苗要注意遮阴，对未成活苗木要及时补植更换，确保苗木规格生长一致。

参考文献

成仿云, 2012. 园林苗圃学[M]. 北京: 中国林业出版社.

沈国舫, 翟明普, 2011. 森林培育学[M]. 2版. 北京: 中国林业出版社.

（陆秀君，梅梅）

大青杨培育 cultivation of ussuri poplar

根据大青杨生物学和生态学特性对其进行的栽培与管理。大青杨 *Populus ussuriensis* Kom. 为杨柳科（Salicaceae）杨属树种，中国东北林区重要的乡土树种和营造速生丰产林的主要树种。

树种概述 落叶乔木。树冠圆形。树皮幼时灰绿色，壮龄呈浅灰色，老时暗灰色，纵裂。芽有黏质。叶椭圆形，密生缘毛，上面暗绿色，下面微白色，两面沿脉密生或疏生柔毛；叶柄密生毛。花序轴密生短毛。蒴果 3～4 瓣裂。主要分布于中国小兴安岭、长白山地区。俄罗斯远东地区和朝鲜也有分布。耐寒、喜光、喜湿润；生长快、干形好，适于微酸性棕色森林土或山地棕壤。木材适用于造纸和纤维工业，也适用于生产包装板、胶合板和火柴等。

良种选育 通过选优和无性系测定技术选出适合长白山林区的'银山 2 号'、小兴安岭林区的'伊林 7 号'、张广才岭和完达山林区的 I18、H16 和 C13 无性系。

苗木培育 主要采用播种育苗和扦插育苗。①播种育苗。6 月中下旬采种，每 17～18kg 蒴果可得 3kg 左右种子；

大青杨无性系测定林（黑龙江帽儿山实验林场）

千粒重 0.35g 左右；播种量 0.4～0.5kg/ 亩；播后不覆土，稍加镇压即可；间苗后留苗密度 150～170 株 /m²。②扦插育苗。插穗长度 12～14cm、粗度 0.8～1.5cm；春插，插穗浸水 1～2 天后扦插，垄插 20 株 /m，插后踩实，灌透底水。

林木培育　选择山地中下部，阳坡或半阳坡，坡度 <20°，以河流两岸的冲积沙土和地势平坦的沙壤土、壤土为宜。造林前一年秋季整地，采用大穴整地，穴的长 × 宽 × 高为 80cm×80cm×40cm。采用植苗造林，选用 2 年生Ⅰ、Ⅱ级苗（地径 >2.5cm，苗高 >2.0m）。培育中小径材，初植密度 2000～2500 株 /hm²；培育纸浆材，初植密度 1111～1667 株 /hm²；培育大径材，初植密度 800～1000 株 /hm²。

参考文献

张新春, 王洪学, 王研革, 等, 2011. 大青杨优良无性系7号在退耕还林地上造林试验 [J]. 防护林科技(4): 30−31.

邹建军, 孟宪刚, 王宪法, 等, 2019. 大青杨优良无性系选择试验研究[J]. 吉林林业科技, 48(6): 1−5.

Jin Jiaojiao, Zhao Xiyang, Liu Huanzhen, et al, 2019. Preliminary study on genetic variation of growth traits and wood properties and superior clones selection of *Populus ussuriensis* Kom. [J]. iForest−Biogeosciences and Forestry(12): 459−466.

（李开隆，赵云，邹建军）

大叶榉树培育　cultivation of *Zelkova schneideriana*

根据大叶榉树的生物学和生态学特性对其进行的栽培与管理。大叶榉树 *Zelkova schneideriana* Hand.−Mazz. 为榆科（Ulmaceae）榉属树种，别名大叶榉；国家二级重点保护野生植物和珍贵的硬阔叶树种。

树种概述　落叶乔木。树皮灰褐色至深灰色，呈不规则片状剥落。叶厚纸质，上面稍粗糙，下面密被灰色柔毛。花期 3～4 月，幼叶与花同放，果期 9～11 月。主要分布在中国长江中下游至华南、西南各省区，以浙江、江苏、安徽、湖北、湖南、江西、贵州分布较多。垂直分布一般在海拔 800m 以下，贵州、云南可达 1200m 左右。中等喜光，幼年期耐阴；喜温暖湿润气候，适生于年平均气温 13～22℃、≥ 10℃年积温 4500～8000℃、年降水量 1100～1300mm 的地区；可耐最低气温 −8～−14℃，最高气温 38～40℃。喜深厚、肥沃、湿润土壤，在红壤、黄壤、钙质土及轻度盐碱地上均可生长；初期生长稍慢，6～7 年后生长加快，生长能力可持续 70～80 年而不衰，寿命可达 100 年以上。木材是高档家具、室内装修、船舶、桥梁的优良用材；叶色四季变换，观赏价值高，适合作行道树和庭院树。

苗木培育　主要采用播种育苗。播种前种子采用水浸催芽，待 35% 左右种子露白即可播种。条播。苗木密度控制在 20～30 株 /m²，5～8 月要加强水肥管理。容器育苗宜选择口径 ≥ 12cm，高 ≥ 15cm 的营养袋，营养土配方可选心土 50%+ 腐殖土 30%+ 磷肥 10% 或腐殖土：泥炭土：锯木屑为 1：1：1 的营养土，以芽苗移栽比较适宜。

林木培育　宜选土层深厚、肥沃、湿润的微酸性至中性的土壤造林。栽植穴规格为 60cm×60cm×50cm，造林密度

图1　大叶榉树（贵州）

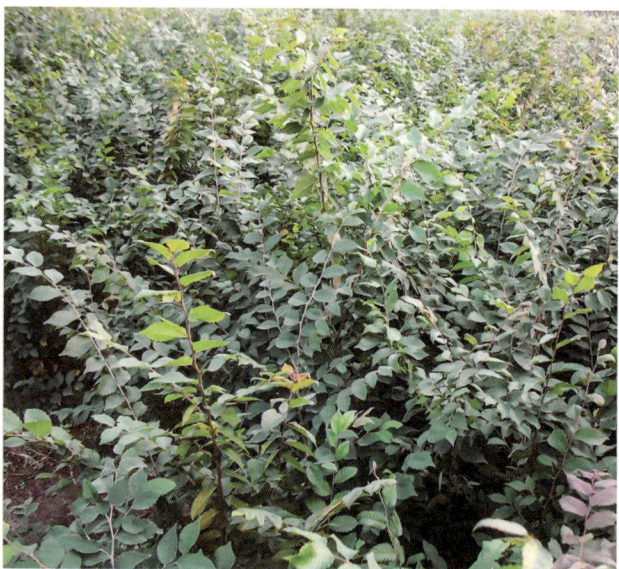

图2　大叶榉树1年生播种苗（贵州黎平）

1.5m×1.5m 或 2.0m×1.5m 或 2.0m×2.0m。除营造纯林外，还可根据不同的立地条件混交不同的树种。造林后每年 4～5 月和 8～9 月各进行一次抚育，连续抚育 2～3 年，注意修枝整形。

参考文献

罗扬, 2012. 贵州主要阔叶用材树种造林技术[M]. 贵阳: 贵州科技出版社.

朱雁, 王玉奇, 田华林, 等, 2012. 珍贵树种榉木芽苗移栽技术研究[J]. 中国林副特产(4): 24−25.

（韦小丽）

带状混交　mixed by strips

以一个树种连续栽植几行（3 行以上）形成带与另一树种连续栽植几行形成的带互相交替配置的混交方法。其中主要树种的行数可多些，伴生树种行数宜少些。

带状混交各树种间关系主要发生在相邻两带的边行，即使在两个树种相邻处有矛盾产生，也可通过抚育采伐来调节，并在伐去一个树种边行后，混交林可保持相对稳定。带

状混交可以防止在造林之初就发生一个树种被另一树种压制的情况，缓冲种间竞争，且种间关系容易调节，栽植、管理方便，多用于种间矛盾比较尖锐、初期生长速率悬殊的乔木树种混交。如乡级公路两侧绿化带，相对比较规则，适宜采用带状混交方法栽植，要求每侧带宽不低于 15m，两侧共 30m，主栽树种栽植 6 行、伴生树种栽植 4 行。乔木、亚乔木与生长较慢的耐阴树种混交时，可将伴生树种改栽单行，这种介于带状混交和行间混交的过渡类型称为行带混交，其优点是保证主要树种的优势，削弱伴生树种过强的竞争能力。

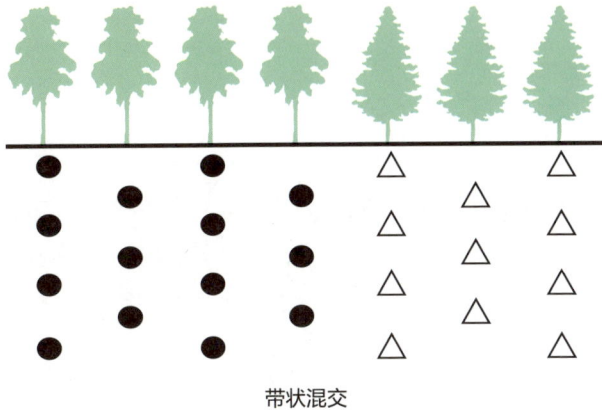
带状混交

参考文献

翟明普, 沈国舫, 2016. 森林培育学[M]. 3版. 北京: 中国林业出版社.

（吴家胜，史文辉）

带状间隔皆伐　alternate clear strip system

带状交互采伐整个伐区采伐带的皆伐方式。

见皆伐。

（王立海）

带状渐伐　strip-shelterwood cutting

将预定采伐的林分划分为若干带状伐区，按带状伐区逐步采伐的渐伐方式。

见渐伐。

（孟春）

带状连续皆伐　continuous clear cutting in strip

在伐区或采伐列区内划分若干个连续采伐带、按顺序进行采伐和更新的皆伐方式。

见皆伐。

（王立海）

单层林　single-layered forest

林木的树冠分布高低相差不超过其高度的 20%，仅形成一个林冠层的林分。与同层林、齐层林等基本同义。多数人工林属于单层林。森林群落中，植物按地上部分的高度和地下部分的深度而形成不同层次的垂直空间结构。在森林中，可按林木枝叶在空间的高度划分层次。与复层林相比，单层

林育林和利用技术较为简单，在经济效益上有利，但不利于长期维持立地生产力，且容易发生冻害、雪害、虫害等。

参考文献

雷瑞德, 1988. 苏联的森林资源和林型学说[J]. 西北林学院学报, 3(2):101−109.

薛建辉, 2006. 森林生态学[M]. 修订版. 北京: 中国林业出版社.

中国林业出版社, 1957. 林业译丛(第13辑)——林型问题[M]. 北京: 中国林业出版社.

（吴家胜，史文辉）

单株择伐　single tree selection cutting

在林地上伐去单株散生的成过熟和劣质林木的择伐方式。

见择伐。

（孟春）

低床育苗　seedling cultivation with belowground seedbed

苗床床面低于地面的育苗作业方式。床面低于步道 15 ～ 18cm，床宽 1 ～ 1.5m，苗床长根据播种区大小而定，一般 15 ～ 20m，具有机械化作业条件且地势平坦的地方可达数百米。步道宽 30 ～ 40cm。

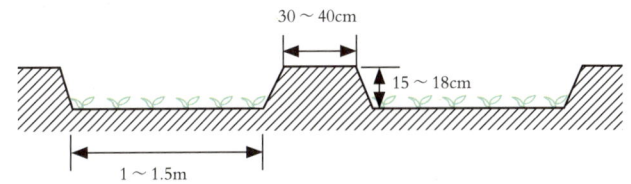
低床育苗示意

优点是作床技术比较简单，比高床省工；浇水时水可以直接灌在苗床上，节水且保墒性较好。缺点是床面温度低，养分的转化效率稍低；苗床灌溉或降大雨后床内易积水，干后床面容易板结；难以机械化起苗和切根作业，起苗相对费工；苗床板结后需多次松土，工作量增加。

低床育苗在中国华北、西北湿度不足或干旱地区育苗应用较广，也适用于降水少、雨季无积水地区的苗圃。不适合寒冷的大兴安岭地区，盐碱较重、黏重的土壤以及南方降雨量较大的湿润地区。从树种特性看，对土壤水分要求不严、耐积水的树种，或喜湿的树种，如大多阔叶树种及侧柏、圆柏等少数针叶树种，可以使用低床育苗，但不适宜大多数针叶树种。

参考文献

刘勇, 2019. 林木种苗培育学[M]. 北京: 中国林业出版社.

沈海龙, 2009. 苗木培育学[M]. 北京: 中国林业出版社.

翟明普, 沈国舫, 2016. 森林培育学[M]. 3版. 北京: 中国林业出版社.

（白淑兰，郝龙飞）

低温层积催芽　low temperature stratification

见层积催芽。

地被竹 dwarf bamboo

具有一定的扩展能力，能迅速覆盖地面的低矮竹种。地下茎多属于复轴混生型，小枝具数叶，密集生长，植丛低矮、延展迅速、适应性强、繁殖容易、维护简单。很多地被竹类具观赏价值，主要观赏叶形、叶态、大小及叶片颜色、条纹等，在园林中被广泛应用。常见的有铺地竹、菲白竹、菲黄竹、翠竹、美丽箬竹、矮箬竹、鹅毛竹等。

生长特性 地被竹喜温暖气候。美丽箬竹、矮箬竹对温度要求较高，仅在长江以南地区生长；鹅毛竹抗寒性稍强，但在长江流域生长时，叶片常会受冻而变成白色；菲白竹、铺地竹和翠竹能在长江流域露地正常生长，冬季能忍耐 -5℃ 左右低温，低于 -5℃ 时即使叶片受寒枯黄，春季天气转暖后仍会重新萌发新叶，恢复良好的观赏性。地被竹喜阳光充足而偏阴的环境，适宜在疏林下种植，在略遮阴条件下生长最佳。菲白竹等叶面上彩色条纹会更清晰美丽，而密林下由于光照太弱，导致植株生长衰弱，叶面上彩色斑纹褪色变淡，生长不茂盛，甚至不能生长。

栽植 地被竹一般采用分株繁殖，可选择密度较大的竹丛将其挖出，根部尽量多带土。每 3～5 株分为一丛，按一定距离种植。种植后浇透水，成活率高。盆栽的地被竹可将生长茂密的植株从盆中倒出，分割成各带一部分根系与土的小丛，分别种植。菲白竹等还可在 5～6 月梅雨时节进行扦插繁殖，将 1 年生嫩枝剪成具 2～3 节的插穗，剪去部分叶片，插于基质后保持湿润，温度控制在 20～22℃，插后 2～3 个月可生根。地被竹生长过密时，易使茎、叶变黄，应剪除部分老化的枝秆，有利于植被内通风透光，或挖出一部分茎秆作繁殖材料。

抚育管理 地被竹喜湿润的土壤环境，天气干旱时应适当浇水，土壤过于干燥时枝叶易变黄，且生长不良。但也不可积水，梅雨或大雨后应及时排除积水，否则会使植株生长不良甚至烂根死亡。在地被竹生长旺盛的 5～8 月，应追施 2～3 次肥，可使枝叶生长繁盛。施肥应以氮肥为主，菲黄竹等叶片上具有斑纹的种类，如能在春季追施 1～2 次磷、钾肥，可使叶片的彩色斑纹更鲜丽。

参考文献

沈俊丽, 2009. 地被竹的种类及养护[J]. 园林 (4): 70-71.

(范少辉, 苏文会)

地表覆盖物 mulch

遮盖在土壤表面、具有降低土壤水分蒸发和水土流失等功能的物质。城市绿化中用到的地表覆盖物主要分为无机覆盖物和有机覆盖物。

无机覆盖物最常用的材料是石子、砂砾、陶粒等，具有保持土壤湿润、抑制杂草生长等作用，维护费用低，且不易腐烂。但无机覆盖物不能增加土壤肥力，反而会增加土壤的碱度和紧密度，保温保水性能一般。无机覆盖物使用技术的相关研究较少，使用时需注意选择合适的粒径、厚度和位置。

有机覆盖物是城市地表覆盖中比较盛行的一种覆盖材料，多以树皮、木片和秸秆为主，也有少数地区使用棕榈或椰丝制成的有机覆盖垫。树叶、松针等个体较小的有机覆盖物原料可以不经粉碎直接覆盖或堆置后覆盖；树枝、树皮等个体较大的有机覆盖物原料应先粉碎，粉碎粒径宜在 2～5cm。在使用时应根据覆盖地点和实况，确定有机覆盖物适宜的粒径大小、厚度和位置，覆盖厚度宜在 2～10cm。相对于无机覆盖物，有机覆盖物生态功能更为全面：能改善土壤理化性质，如调节土壤温湿度，改善土壤结构和化学组成，减轻土壤侵蚀；促进树木生长，如抑制杂草、增加土壤

图1 彩色覆盖（孙振凯 摄）

图2 北京东郊郊野公园地表覆盖物（孙振凯 摄）

图3 北京东小口森林公园地表覆盖物（孙振凯 摄）

养分和透气性；以其丰富的色彩美化城市环境、愉悦市民身心健康；防风固沙、滞尘、缓解城市扬尘；属于生态养护方式，节约环保。但是如果使用不当，有机覆盖物也会带来扬尘、堵塞下水道等卫生和安全隐患。

参考文献

王成, 郄光发, 彭镇华, 2005. 有机地表覆盖物在城市林业建设中的应用价值[J]. 应用生态学报, 16(11): 2213-2217.

（孙振凯）

地径　root collar diameter

苗茎土痕处的直径。又称地际直径。

见苗木质量形态指标。

（刘勇）

地下茎更新　rhizome-wood regeneration

利用地下茎自然克隆再生或者人工埋置地下茎进行分殖形成森林的更新方式。散生竹是典型的地下茎更新植物。高山石缝中的风箱果、林下生长的东北刺人参和刺五加等，都能通过地下不断延伸和分枝的茎干枝条上的不定芽或腋芽萌生形成新的植株，不断扩大自然种群的规模。可利用地下茎作为更新造林材料进行引种造林，扩大资源规模。

参考文献

汉斯·迈耶尔, 1986. 造林学: 第一分册[M]. 肖承刚, 贺曼文, 译. 北京: 中国林业出版社.

翟明普, 沈国舫, 2016. 森林培育学[M]. 3版. 北京: 中国林业出版社.

（张鹏）

滇润楠培育　cultivation of *Machilus yunnanensis*

根据滇润楠生物学和生态学特性对其进行的栽培与管理。滇润楠 *Machilus yunnanensis* Lec. 为樟科（Lauraceae）润楠属软木类用材树种。

树种概述　常绿乔木。花两性、较大，花被片长椭圆形，排成2轮，长3～5mm，淡绿色、黄绿色。核果椭圆形，果皮外被白粉，成熟时蓝黑色，基部具宿存、开展的花被片。花期4～6月，果期8～11月。主产于云南以滇中高原为主的南部、中部、西部至西北部区域以及四川西部至西南部地区。是楠木类较为耐旱、耐寒、分布海拔较高的种类，需要土壤湿润、肥沃的环境才能生长良好，在干旱、土壤贫瘠和强光照环境中生长不良。垂直分布于海拔800～2900m。生态适应性较广，耐旱能力较强，喜温暖、背阴、湿润和土壤肥沃的环境，适宜在年平均气温13～21℃，≥10℃活动积温4500～7000℃，年降水量900～1600mm，年平均相对湿度大于70%的地区生长。树冠圆整，叶四季常绿、春叶红艳，是滇中高原区优良的绿化树种。木材可作建筑、家具、船舶、车辆、胶合板、装修、模具等用材；叶、果、种子可提取芳香油或油脂。

苗木培育　以种子繁殖最为普遍。种子可采用容器育苗，随采随播，播种时间一般在9月上旬至11月下旬。播种后20～25天可发芽，上袋时间在播种后210天左右、苗高10～15cm为宜，上袋前作断根处理；2年生苗可出圃造林。营养袋规格可采用15cm×18cm，营养土由原土、腐殖土或腐熟农家肥、过磷酸钙配制而成。

林木培育　造林应选择气候温暖、背阴、湿润和土壤肥沃的环境，避免干燥、强光照、干旱的林地，以海拔1200～2500m的阴坡、半阴坡下部或沟谷地带为宜；可与云南油杉、高山栲、青冈、栓皮栎、旱冬瓜等针阔叶树种混交。造林时可按2m×2m或2m×3m的株行距以品字形开挖长、宽、高为30～40cm定植穴。造林季节可选择在雨季开始期，移植前对树苗进行枝叶修剪、断根、根部蘸泥浆或土球包扎处理，保护根系。滇润楠分枝多、分枝位置较低，需要适当密植并加强抚育管理才可能获得良好的干形。造林后需要定期检查成活情况，及时补缺；3～5年内每年在6～9月松土、除草1～2次，适当培土、施肥促进苗木生长；郁闭后进行适度透光抚育。

图1　滇润楠果枝

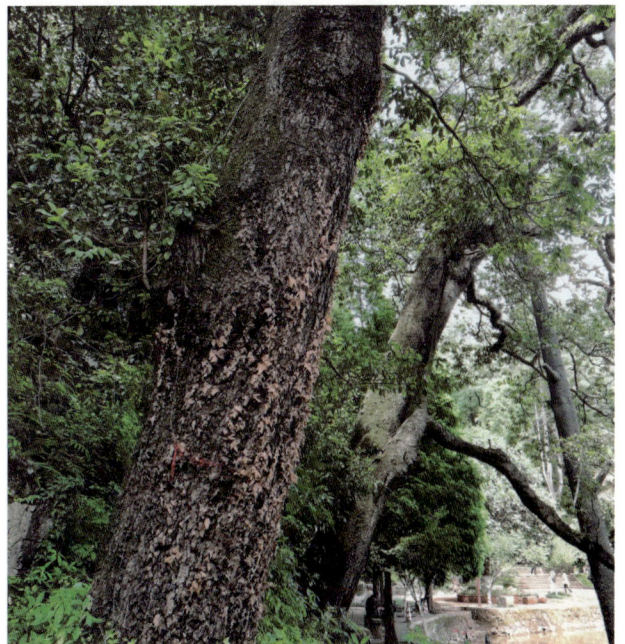

图2　滇润楠大树

参考文献

普绍林, 2014. 滇润楠育苗造林技术[J]. 林业实用技术(6): 31-32.

杨泽雄, 李伟, 余秋尚, 2016. 滇润楠大苗培育技术[J]. 现代园艺 (3): 57-58.

云南省林业科学研究所, 1985. 云南主要树种造林技术[M]. 昆明: 云南人民出版社: 161-164.

（覃家理）

滇杨培育 cultivation of *Populus yunnanensis*

根据滇杨生物学和生态学特性对其进行的栽培与管理。滇杨 *Populus yunnanensis* Dode 为杨柳科（Salicaceae）杨属树种，中国西南地区重要的用材和绿化树种。

树种概述 落叶乔木。树皮呈灰色，纵裂。幼枝有棱，黄褐色，无毛；成年枝无棱且圆滑，呈紫褐色。芽椭圆形，无毛且有黏脂。叶卵状披针形或三角状卵形。雌雄异株。花期 3～4 月，果熟期 5～6 月。水平分布于云南中部、西北部及东北部，贵州威宁县，四川凉山州。垂直分布于海拔 1300～2700m 山地。喜光、耐寒，对土壤要求不严，但在深厚、肥沃、湿润的立地条件下才能表现出速生特点。较耐湿热，要求年平均气温15℃左右，年降水量1200mm，在沟旁、河边土层深厚的冲积土上生长迅速。木材具有较好的酸性染料易染性和良好的加工性能，用途广泛，可用于民用建筑、箱板、火柴杆、工艺品等用材，也是较好的纸浆材。

苗木培育 枝条极易生根，且插穗的年龄效应不明显，繁殖主要采用 1 年生枝扦插育苗。

林木培育 宜选择平地或较为平缓的坡地作造林地。多采用块状整地，种植穴规格 60cm×60cm×50cm。造林株行距 3m×4m 或 4m×4m。宜在早春造林，也可在雨季来临时进行，用 1 年生合格扦插苗造林。造林后的抚育管理主要是进行杂草清除、施肥和修枝，造林后第 1～2 年，松土除草十分必要。为培养良好干形，可将幼树主干中下部侧枝全部修除。随着树龄增加，可以适当增加修枝强度，对于 5 年生以上的树体，可以将修枝高度确定在树高的 2/3 处。

参考文献

徐纬英, 1988. 杨树[M]. 哈尔滨: 黑龙江人民出版社.

袁金成, 2004. 滇杨营林造林及病虫害防治技术[J]. 中国林业 (2): 40.

（何承忠）

点播 spot sowing

按一定株行距挖穴，将种子逐个放入穴中的播种方法。见播种方法。

（刘勇）

电热温床 electric-heated seedbed

利用电加热技术提高育苗圃地苗床温度的育苗设施。电热温床主要由电加热设备（加温线和控温仪）和苗床设施（阳畦、大棚、温室）组成，苗床内土壤温度通过土壤电热加温线来调控，催芽室温度通过空气电热加温线来调控。电热温床的床土升温快，均匀稳定，在有效的温度范围内每小时能提高温度10℃，比一般冷床可提高温度 10～15℃，昼夜温度稳定，温差仅 3～4℃；苗木出土快而均匀，比一般阳畦早出苗，早齐苗 2～5 天。可在低温寒冷季节培育喜温树种的苗木。电热温床能精准控制温度，苗木生长迅速，育苗周期大幅缩短。使用电热温床育苗可实现苗床温度适宜、温度均衡、受外界环境影响小、地温高于气温，培育出的苗木根系发达、长势旺盛。在苗床播种时要根据苗龄与定植时间来确定播种日期，通常电热温床要比传统冷床育苗晚播 20～30 天。电热温床育苗成苗率高，播种量可适当减少，宜在苗床进行稀播。电热温床土温和气温较高，苗床蒸发量大，通风时逸出水分较多，要在播种前对苗床浇足底水，并在育苗期及时供给水分，以防苗床过分干燥。

坡地 6 年生滇杨人工林（云南昭通）

电热温床（马祥庆 摄）

参考文献

宋亚英, 2001. 电热温床的设计与应用[J]. 农村实用工程技术(10):11.

邢世岩, 1990. 电热温床在木本植物插条育苗中的应用[J]. 山东林业科技(4):7-10.

薛玉华, 2007. 温室电热温床设置方法及其注意事项[J]. 农业工程技术(温室园艺)(2):28.

（马祥庆，闫小莉，吴鹏飞）

淀粉能源林培育　silviculture for starch energy forest

以生产富含淀粉的生物质能源原料为主要目的所进行的营造林生产经营活动。富含淀粉类的能源植物转化生物乙醇生产成本低、工艺流程简单，技术成熟，是迄今世界各国生产生物液体燃料的主要原料。

植物资源　中国淀粉类植物资源丰富，有 171 种，隶属 33 科 71 属，最大的科为壳斗科，有 45 种，最大的属为栎属，有 14 种。淀粉类植物中，果实含淀粉的有锥栗、茅栗、甜槠、苦槠、绵槠、青冈、麻栎、栓皮栎、槲栎、金樱子、田菁、马棘、芡实、薏苡、铁树籽等；根茎含淀粉的有葛根、野山药、百合、土茯苓、金刚刺、魔芋、芒蕨、石蒜、狗脊、芭蕉芋、木薯等。

发展区域　淀粉能源植物资源分布面积大，物种多样性高，且多生长于林地内，具有充分利用边际土地的特点。现阶段利用较好的淀粉类能源植物主要是栎类、葛根、芭蕉芋等。栎类发展的重点区域为伏牛山区、皖南浙西山地丘陵区、桐柏—大别山区和罗霄山区，涉及河南、湖北、安徽、浙江、江西、湖南 6 个省；葛根和芭蕉芋发展的重点区域为川中丘陵区。

培育技术　研究与实践较少，可参见**生物燃油能源林培育**。主要应以提高淀粉能源林的原料产量为目标，聚焦良种选育及繁育、天然林改培、人工林高效培育、果实采收及加工储藏等技术研发，形成从立地选择、品种选择、栽培、水肥管理、土壤管理、树体管理、病虫害预测防治到果实采收储藏等技术体系，促进淀粉类林业生物质能源产业发展。

参考文献

赵琦, 王文国, 2013. 我国淀粉植物的地理分布特征分析[J]. 四川农业大学学报, 31(2):176-181.

（侯智霞）

凋落物管理　litter management

对森林凋落物进行处理和有效利用的措施。森林凋落物由植物、动物、土壤微生物等生物残体构成，包括枯立木、倒朽木、枯草、地表凋落物和地下枯死生物等。

影响凋落物分解的因素　1994 年，徐化成归纳了影响森林凋落物分解因素有 3 个方面：①森林类型及其立地条件。土壤过热、过冷或过湿、过干，都不利于土壤生物的活动。②凋落物的化学成分。碳氮比高通常分解慢，原因是微生物须有一定氮含量才有可能利用碳。③土壤生物活动。凋落物分解是各种大小土壤动物和微生物（细菌和真菌）共同作用的结果。土壤动物排泄的富养粪便，间接地粉碎了有机物质并降低其碳氮比，有利于微生物加速分解。

促进凋落物分解的方法　①凋落物混合。不同质量的凋落物混合分解时，高质量的凋落物能提高低质量凋落物的底物质量，改变凋落物的养分状况及微生物的分布，调节 pH 值，促进凋落物分解。②抚育间伐。抚育间伐的本质就是通过降低林分密度，改善林内透光量和光质，使林下养分的积累和利用更加合理完善，从而影响凋落物分解速率。③外施木醋液。添加适量的木醋液为微生物提供饵食，能促进微生物的繁殖，使微生物活性加强，加速凋落物的分解。④外施氮源磷源。外施氮源可调节碳氮比、碳磷比，增加凋落物及土壤中可利用氮量，提供微生物生长发育所需的氮和磷，加速凋落物的分解。⑤发展林下经济栽培模式。尤其种植一些豆科植物，以及进行林下养殖，可以提供良好的绿肥与外源氮肥，从而改善凋落物的养分含量，促进凋落物的分解。

参考文献

李俊清, 2006. 森林生态学[M]. 北京: 高等教育出版社.

（贾忠奎）

丁字形芽接　T-budding

见芽接。

顶芽　terminal bud

在茎轴顶端形成的芽之总称。相对于侧芽而言。顶芽的粗度或长度反映苗木的质量。

见苗木质量形态指标。

（刘勇）

定量抚育采伐　quantitative intermediate cutting

根据林木胸径、树高、材积生长与林分密度之间的数量相关关系，在林分不同的生长发育阶段，按经营目的和采伐方式设计单位面积保留木的株数，从而确定采伐强度的疏伐方式。常用方法有以下 4 种：

根据胸径定量采伐　主要依据冠幅与胸径之间的正相关关系确定：

$$\frac{1}{CW} = a + \frac{b}{D}$$

式中：CW 为冠幅；D 为胸径；a，b 为待定系数。

根据预定要达到的胸径，计算出冠幅及相应的营养面积，再推算出单位面积宜保留的株数，进而根据现实林分株数与宜保留株数之差确定采伐木的数量和比例。

根据树高定量采伐　冠幅与树高的比值称为树冠系数。树冠系数可作为树种所需营养面积的指标，并随树种、年龄阶段而变化。不少树种采用 1/5 ~ 1/4 的树冠系数。确定合适的树冠系数后，测得林分平均高，以平均高乘以树冠系数得到平均冠幅，再计算出一株林木所需的营养面积，进而可求得单位面积上保留木的株数，确定出采伐木的株数。

根据林分生长过程表定量采伐　生长过程表能反映各年

龄阶段疏密度为 1.0 时的单位面积胸高断面积、蓄积量和林木株数的变化过程。疏伐时，根据经营目的定出保留的断面积和蓄积量，对照现实林分情况确定抚育采伐强度。经疏伐后疏密度不应低于 0.6 ~ 0.8。

根据林分密度管理图定量采伐 根据树种、立地、年龄和培育目的编制林分密度管理图，先测出现实林分的优势木平均高，而后依其年龄在图上查出欲知项，确定抚育采伐强度。

参考文献

沈国舫, 2001. 森林培育学[M]. 北京: 中国林业出版社.

（段爱国）

定苗 final thinning of seedlings

最后一次间苗。定苗后，最终使保留的苗木分布均匀、密度合理，数量比计划产苗量多 5% 左右。定苗时间遵循"早间苗，晚定苗"的原则，一般应在幼苗期的末期进行，但具体情况因树种生长特性而异。①针叶树种幼苗适于较密集的环境，定苗时间比阔叶树种晚，生长慢的树种可在速生期初期进行；对生长快的针叶树种如落叶松、杉木、柳杉等，可在幼苗期的末期或速生期初期定苗。②阔叶树生长快，在幼苗期的末期进行定苗。定苗时去除的对象主要包括有病虫害的、受机械损伤的、发育不正常或生长弱小的劣苗，以及并株苗、过密苗等。

参考文献

刘勇, 2019. 林木种苗培育学[M]. 北京: 中国林业出版社: 168-193.

翟明普, 沈国舫, 2016. 森林培育学[M].3版. 北京: 中国林业出版社: 136-148.

（刘勇）

定性抚育采伐 qualitative intermediate cutting

根据林分内林木分级或郁闭度情况来确定抚育采伐强度的疏伐方式。从树种特性、龄级和利用的角度，预先确定某种抚育采伐的种类和方法，再按照林木分级确定应该伐去什么样的林木，并计算抚育采伐量。有两种实施途径：①根据林木分级确定抚育采伐强度。按照林木分级，确定哪一等级或某等级中的哪一部分林木应该伐掉，从而决定采伐强度。如利用克拉夫特林木分级法确定抚育采伐强度。②根据林分郁闭度和疏密度确定抚育采伐强度。当林分郁闭度或疏密度达到 0.9 左右时，应该采伐，采伐强度控制在保留郁闭度 0.6 或疏密度 0.7 以上。在生产实践中，可按《森林抚育规程》（GB/T 15781—2015）的规定进行抚育采伐。

参考文献

沈国舫, 2001. 森林培育学[M]. 北京: 中国林业出版社.

孙时轩, 1992. 造林学[M]. 2版. 北京: 中国林业出版社.

（段爱国）

东北地区森林培育 silviculture in Northeast China

在中国东北地区开展的森林生产经营活动。东北地区在行政区划范围包括黑龙江、吉林、辽宁全部以及内蒙古东部

的呼伦贝尔市、兴安盟、通辽市、赤峰市和锡林郭勒盟，可以划分为东北林区、东北平原和呼伦贝尔高平原三部分。按《造林技术规程》（GB/T 15776—2016）分区，属于寒温带、中温带、暖温带北部等区域。

东北地区是中国的主要林区之一。据 2019 年第九次森林资源清查结果统计（内蒙古按其总量的 80% 计入），该区域森林面积约 5439 万 hm²，占全国森林面积的 24.7%；森林蓄积量约 437912 万 m³，占全国森林蓄积量的 24.9%。东北林区包括大兴安岭、小兴安岭和长白山地的林区，是中国最大的天然林区，是中国重要的优质木材生产基地。同时，该区域森林也护卫着中国重要的粮食生产基地，维系着东北地区的生态平衡。特有的野生中药材、滋补类动植物资源、优良耐寒观赏植物资源，使东北林区成为北药基地建设、绿色森林食品开发和园林绿化植物开发的重要资源基地。同时，东北林区优美的自然风景和凉爽的气候，也使其成为森林旅游和避暑疗养的胜地。中国的天然林保护、退耕还林、三北防护林、速生丰产林及野生动植物保护等林业重点工程，基本覆盖了东北地区。东北的林业建设在全国林业建设的全局中占有举足轻重的地位。

东北地区自然社会特点

气 候 东北地区位于东部季风区的最北面和西北干旱区的东端，热量自北向南逐渐增加。大兴安岭林区气候寒冷湿润，属于寒温带，有明显的大陆性，≥ 10℃年积温 1100 ~ 2000℃，无霜期 90 ~ 120 天，年平均降水量 350 ~ 500mm。四平、通化一线以西以南的长白山南部林区，气候温暖，≥ 10℃年积温超过 3200℃，属暖温带，无霜期 140 ~ 160 天，年平均降水量 700 ~ 1200mm。位于中间的小兴安岭林区和长白山地中、北部林区，属中温带，≥ 10℃年积温 2000 ~ 3000℃，无霜期 90 ~ 140 天，年平均降水量 500 ~ 700mm。东北地区从东到西分属湿润地区、半湿润地区和半干旱地区。

地 形 以组成东北平原的松嫩平原和辽河平原为核心，西、北、东三面环山，成为一个巨大的马蹄形。马蹄形东部为长白山脉的完达山、张广才岭、老爷岭、吉林哈达岭等北北东走向山岭，中部高，南北低，向北逐渐降低入三江平原，向南逐渐降低到辽东半岛丘陵；北部为小兴安岭的西北—东南走向低山；西北面为大兴安岭北北东走向的山地，最南西达西辽河上游，最高峰海拔超过 2000m。广阔的松辽平原是一个巨大的宽浅盆地，海拔 200m 以下。

土 壤 大兴安岭山地北部海拔高处为棕色针叶林土、低处为暗棕壤，西坡有暗灰色森林土，东坡低海拔处为黑土；南部为棕色森林土、灰色森林土和淋溶黑钙土等，低海拔处有暗栗钙土。小兴安岭和长白山脉土壤以暗棕壤为主，土壤亚类随地形而变，坡地为典型暗棕壤，漫岗台地多为白浆化暗棕壤，低洼地带为草甸暗棕壤，海拔高处有棕色针叶林土，间或分布着白浆土和草甸土。三江平原有暗棕壤、白浆土、沼泽土、黑土、草甸土等。松嫩平原主要为黑土和黑钙土，西部边缘有暗栗钙土分布，间歇分布有盐土和碱土。辽河平原以草甸土为主。呼伦贝尔高平原为暗栗钙土、栗钙

土、暗栗钙土性沙土，沿河、沿湖有草甸土和盐渍土。

植被　大兴安岭地带性植被为亮针叶林，以兴安落叶松林为主，伴有樟子松、红皮云杉、偃松及次生的白桦林、山杨林、蒙古栎林、黑桦林，沿河有甜杨林、钻天柳林。大兴安岭南部山地几乎都是次生林，低海拔处为草甸草原和干草原植被。小兴安岭和长白山脉地带性植被为红松阔叶林。小兴安岭北部林中云杉、冷杉和兴安落叶松比例大；小兴安岭南部和长白山树种有红松、沙松冷杉、臭松冷杉、红皮云杉、鱼鳞云杉、长白落叶松、水曲柳、核桃楸、黄檗、紫椴、千金榆、色木槭、白桦、枫桦、黑桦、蒙古栎、白榆、春榆、大青杨、香杨、山杨及众多的灌木树种。长白山低湿谷地有长白落叶松林，主峰一带垂直分布着高山苔原植物、岳桦、云杉、冷杉和阔叶红松林，南部山地可见刺楸、辽东栎、天女木兰等，西部为天然次生林和人工林，有赤松、油松、蒙古栎、麻栎、栓皮栎、槲栎、辽东栎、栗等树种。三江平原植被为草甸草原与落叶阔叶林交错分布，树种主要为蒙古栎、山杨、白桦等。松嫩平原植被从东到西为森林草原、草甸草原和干草原。辽河平原植被为草甸草原。平原地区建有大量农田防护林和少量经济林。呼伦贝尔高平原植被为羊草、针茅、杂草类草原和大针茅、禾草草原。

社会经济　东北地区是中国重要的工业和农业基地，对维护国家国防安全、粮食安全、生态安全、能源安全、产业安全有着十分重要的战略地位。

东北地区森林培育技术特点　东北地区的森林培育主要分为三大类型：国有林区的森林培育，以迹地更新和森林抚育经营为主；地方林区森林培育，以荒山荒地人工造林、迹地更新和次生林经营为主，间有退耕还林和农田防护林、经济林营造；平原地区森林培育，以三江平原、松嫩平原、辽河平原等农区的农田防护林营造和西部草原沙区的治沙造林为主。随着东北林区经济结构的调整，各类经济林（食用、药用、保健、木本油料等）的营造已经引起政府和民众的广泛重视。

树种选择　大兴安岭林区主要为兴安落叶松和樟子松，间或有红皮云杉、西伯利亚红松、甜杨、钻天柳等。小兴安岭林区以兴安落叶松、红皮云杉、红松和樟子松为主，水曲柳、紫椴等阔叶树种有少量试验性造林。长白山林区以红松、红皮云杉、落叶松、樟子松为主，其中迹地更新多采用"栽针保阔（引阔、留阔）"和林冠下造林的方式形成针（以红松为主）阔混交林，而荒山荒地大部分为纯林，个别有阔叶树种源的地点，也可形成人天混交林。对珍贵阔叶树种如水曲柳、核桃楸、黄檗、紫椴、大青杨、白桦、蒙古栎、色木槭等的更新造林越来越重视，但还没有形成规模。这些地区退耕还林的树种也主要是针叶树。已经开发的经济林包括红松坚果林、核桃楸果用林、刺五加采叶林、龙芽楤木采芽林等，但都尚未形成规模；沙棘果用林、黑豆果果用林初具规模；蓝莓生产主要依靠天然资源，但人工培育也正在兴起。农区造林以各类杨树品种为主，间或有樟子松、红皮云杉。治沙造林有品种杨、白榆、樟子松、柠条等。

整地技术　林区更新造林（还林）整体上以带状或块状清林、穴状整地为主。但在土壤水分充足的坡脚、山麓、沟谷、溪旁及新采伐迹地等易发生冻拔害的地段造林时，采用保土防冻的窄缝植苗法造林。在排水不良的低洼地带采用高台（25cm）整地造林。在易发生水土流失的荒坡可以采用水平沟整地、水平阶整地或鱼鳞坑整地。而农区和沙地造林要根据立地条件因地制宜整地，如全垦深翻、带状、块状（穴状）整地等。

更新和造林技术　以植苗为主，其中针叶树和珍贵阔叶乡土树种主要是实生苗，大青杨和品种杨等采用扦插苗；以裸根苗为主，容器苗比重不断增加。除了迹地和荒山造林外，长白落叶松等针叶纯林林冠下营造红松或红皮云杉的方式在增多。在部分采伐迹地，也可采取天然更新和人工促进天然更新的方式，杨树以扦插苗植苗造林方式为主，造林季节以春季为主，容器苗造林时可以在雨季进行。治沙造林形式多样。

幼林抚育　主要目的是排除杂草和灌木的竞争，一般造林后3~4年连续抚育（包括松土、除草或割灌等），每年次数分别为3、2、1次或3、2、2、1次。天然更新或人工促进天然更新形成的林分，如更新苗木密度过大时应进行定株抚育。农田防护林和治沙造林的抚育主要是造林后的灌溉保活。

抚育间伐　可采用透光伐、疏伐等多种方式。针对冠下造林或天然更新形成的林分，在幼龄林林分郁闭后，目的树种或目标树受侧方及上方挤压和遮阴，生长受抑制时可采取透光抚育措施。当林分郁闭度达到0.7以上，林木胸径连年生长量显著下降时，应采取疏伐。红松、云杉、樟子松、落叶松等针叶树纯林，一般采取下层疏伐或机械疏伐等方法；针阔混交林或阔叶混交林采取上层疏伐、综合疏伐等方法，提倡在小兴安岭和长白山林区通过抚育形成符合地带性植被类型红松阔叶林的复层异龄混交恒续林。

次生林经营　东北次生林组成树种多为珍贵优良用材树种，如天然发生的水曲柳、核桃楸、紫椴、黄檗、黄榆、蒙古栎和白桦，以及人工植入天然次生林的红松和云杉等。由于气候寒冷，生长期短，树木生长相对较慢，次生林内个体生长差异较大且空间分布不均匀。次生林所处立地虽然复杂多样，但缓坡、平坡土层深厚地段比例很大。次生林中幼龄林、中龄林居多，树形干形正处于可塑性大的阶段。因此要按纯公益林和纯商品林占较小比例、兼用林或经济型公益林占较大比例的原则进行分类经营。在江河源头、江河湖泊水源涵养区、陡坡裸岩生态脆弱之地实行严格的全封。在少部分立地条件特别好的地块，在经济条件较好、技术水平较高的情况下，进行速生工业用材林培育。而对其他大部分地块上的次生林都作为兼用林经营。对兼用林采用"栽针保阔"（含栽植块状片林、栽针引阔和伐针引阔）的方式建立针阔混交林，并在林中只选择部分具有优良木材培育价值的单株作为目标树，综合采用营养面积控制、修枝、营养管理等方式，进行以大径无节材培育为中心的木材培育。

参考文献

国家林业和草原局, 2019. 中国森林资源报告(2014—2018)[M].

北京: 中国林业出版社.

翟明普, 沈国舫, 2016. 森林培育学[M]. 3版. 北京: 中国林业出版社.

（沈海龙，贾黎明）

冬季造林　afforestation in winter

立冬后至春分前所进行的人工林营造。也可视为秋季造林的延续、春季造林的提前。冬季正值农闲季节，劳动力充足，已成为南方一些地区的主要造林季节。

冬季造林要选择耐寒抗旱、栽种易活、适合本地的树种，以落叶阔叶树为主。冬季用裸根苗造林，务必修除受伤根系；部分树种造林前采用冷藏抗寒炼苗；在冰雪严重的寒冷地区，截干造林的树干宜涂白和封土堆，实施防寒保护，翌年早春升温前扒开封土。冬春干旱严重的地区冬季营造经济林，必须具备浇水或灌溉条件和采取保水措施。

通过采取选用壮苗、适时栽植、合理布局、苗木处理、精细定植、适时浇水、加强栽后管理、封土堆或埋土防寒等一系列关键技术和造林措施后，结合冬季气温低、水分蒸发少等特点，冬季造林可提高成活率和保存率，新造林木物候提前，有利于促进其生长。以造代储，苗木定植于林地后经过冬季抗寒锻炼，增强抗逆能力。冬季造林对树种、气候区域、林地、造林时间的选择和技术等要求较为严格。

参考文献

戴继先, 1999. 高寒地区沙地樟子松冬季造林试验[J]. 吉林林学院学报, 15(2): 78-81.

沈国舫, 翟明普, 2011. 森林培育学[M]. 2版. 北京: 中国林业出版社.

张建国, 李吉跃, 彭祚登, 2007. 人工造林技术概论[M]. 北京: 科学出版社.

（马焕成，陈诗）

杜仲培育　cultivation of *Eucommia ulmoides*

根据杜仲生物学和生态学特性对其进行的栽培与管理。杜仲 *Eucommia ulmoides* Oliver 为杜仲科（Eucommiaceae）杜仲属树种，是中国传统的名贵中药材、优质天然橡胶树种，以及重要的国家战略资源。杜仲在中国已有 2000 多年的栽培和利用历史，栽培区域遍及山区、丘陵、平原，截至2021 年，中国杜仲栽培面积约 40 万 hm²。

树种概述　落叶乔木；高可达 20m，胸径可达 50cm 以上。树皮灰褐色，粗糙，内含橡胶，折断拉开有多数细丝。嫩枝有黄褐色毛，不久变秃净，老枝有明显的皮孔。雌雄异株，花生于当年枝基部，雄花无花被，雌花单生。翅果扁平，长椭圆形，周围具薄翅。在年平均气温 9～20℃，极端最低温度不低于 -30℃，对土壤要求不严，pH5.5～8.5 范围内都能正常生长。其适生区地理分布在北纬 24.5°～41.5°，东经 76°～126°；垂直分布范围约在海拔 5～2500m。在中国亚热带和温带气候带的 29 个省（自治区、直辖市）的 600 余个县内均有栽培，其中河南、湖南、湖北、陕西、贵州、四川、甘肃为中国的中心产区。

图1　杜仲雄花（中国林业科学研究院经济林研究所孟州试验基地）

（杜红岩　摄）

图2　杜仲果实（中国林业科学研究院经济林研究所原阳试验基地）

（杜红岩　摄）

杜仲叶中富含绿原酸、桃叶珊瑚苷、芦丁等多种活性成分，具有抗菌、护肝、利尿、降血压等作用；籽油中 α-亚麻酸含量高达 68.1%，是发现的 α-亚麻酸含量较高的植物之一。雄花含有木脂素类、环烯醚萜类、黄酮等活性成分和氨基酸、矿质元素、维生素等营养物质，具有降压、降血脂、护肝、抗肿瘤、补肾、增强机体免疫、抗氧化、抗衰老等多种作用。果、叶、皮中均含有杜仲橡胶，可应用于橡胶工业、航空航天、国防、船舶、化工、医疗、体育等领域。

生长发育过程　在黄河中下游地区，杜仲花芽一般从2 月中旬开始萌动，初花期在 2 月中旬至 3 月上旬，3 月中旬进入盛花期，3 月下旬至 4 月上旬为末花期。雄花在散粉后花粉管自动脱落；雌花在完成授粉后，幼果迅速膨大。

4 月 15～30 日为杜仲果实迅速生长期，特别是果长的增长比较明显，4月底果实基本接近正常大小，4月30日至7月29日果实生长逐渐停止，外形及大小变化不大，果皮厚度则缓慢增加。8月30日果实生长基本停止，果皮变硬，呈革质状，果皮紧包长形种子。杜仲果皮的含胶量随着果实的生长不断发生变化。5月上旬至7月中旬果实胶丝密度明显增大，果皮杜仲橡胶积累加快。5月中旬以前，杜仲胚尚未发育，5月中旬以后，开始形成幼胚，随着杜仲幼胚不断发育，果皮颜色逐步由绿色变为黄绿色。果实成熟期不同产区存在一定差异，在黄河中下游地区果实成熟期一般在9月上旬。

产区区划　杜仲适生区面积约277万km²，约占国土总面积的28.92%。主要集中分布在大巴山中低山谷地区、川东平行低山岭谷区、鄂西高原—大娄山中低山丘陵谷地区、武陵山中低山谷地区、雪峰山中低山区、川南黔北滇东喀斯特高原中山区以及浙闽中低山丘陵谷地地区、鲁东低山丘陵平原地区、武夷山中低山丘陵谷地区、江汉湖积冲积平原区、赣南低山丘陵盆地区、南阳盆地低山丘陵岗地平原区、汾渭洪积冲积平原台地区、盆西冲积平原区以及武陵山中低山谷地区。以河南、湖南、湖北、陕西、贵州、四川、甘肃、云南、江西、山东、安徽、广西等省（自治区）分布较为集中。

良种选育　杜仲育种起步较晚，20世纪50年代初才有关于杜仲形态变异方面的报道，惯称"川仲""黔仲"等。80年代初期，中国林业科学研究院经济林研究开发中心和洛阳林业科学研究所等单位针对杜仲单种属的特点，开展了长期育种研究，通过实生选育、杂交育种、芽变选育、倍性育种、分子标记辅助育种等手段，创制优良新种质。截至2021年，中国在河南省原阳县、孟州市建立杜仲国家种质资源库2个，已收集国内29个省（自治区、直辖市），以及日本、美国等地的种质资源2000余份，筛选出优良无性系100余个。

2011年，首次以杜仲果实利用为育种方向，以提高杜仲果实产胶量和α-亚麻酸产量等为育种目标，选育出'华仲6~10号'等果用良种，产果量提高163.8%~236.1%；后续又选育出'华仲2号'至'华仲4号''华仲16号'至'华仲20号''华仲25号''华仲26号''华仲29号''华仲30号''仲林1号''仲林2号'等果用杜仲良种。以杜仲雄花利用为育种方向，以提高雄花产量和活性成分含量为育种目标，选育出'华仲1号''华仲5号''华仲11号''华仲21号''华仲22号''华仲27号''华仲28号'等雄花用杜仲良种。同时，选育出具有特异性状的'华仲12号''华仲13号''华仲14号''华仲23号''华仲24号'等良种。截至2021年，已审定良种30余个，其中国家审定良种16个，获得植物新品种权9个。

苗木培育

嫁接育苗　关键技术有砧木培育、接穗选择、嫁接时间、嫁接方法等。选择长势健壮、种子饱满且无病虫害的杜仲母树种子进行砧木培育，播种前可用湿沙贮藏、温水浸种和赤霉素催芽等方法处理种子。根据土壤墒情，开沟后先顺沟浇部分底水，再采用条播法播种。人工播种行距25~30cm，播种量150~225kg/hm²，秋播深度5~7cm，春播深度3~5cm。机械化播种行距30~40cm，播种量120~150kg/hm²，播种深度5~7cm。当砧木地上5cm处粗度达到0.6cm以上时可进行嫁接。春、夏、秋三季均可嫁接，春季嫁接所用接穗于早春芽片萌动前15~20天采；夏季、秋季嫁接所用接穗随采随接，采穗后立即剪掉叶片，留3mm左右的短柄，注意保湿。主要采用"带木质嵌芽接"和"方块芽接"，嫁接位置离地面10~15cm。春季和夏季嫁接，接芽裸露；秋季嫁接，不露芽。春季嫁接，当年应及时剪砧、除萌和解绑；秋季嫁接，宜在翌年树木萌动前剪砧和解绑，

图3　杜仲高效栽培示范基地（河南灵宝）（杜红岩　摄）

芽萌动后及时除萌。

嫩枝扦插育苗　关键技术有插床准备、插穗选择、扦插季节、扦插方法等。选择按照《日光温室建设标准》（NY/T 3024）建造的日光温室进行扦插育苗。扦插采用接地或架空插床，基质采用草炭土和珍珠岩，其中草炭土：珍珠岩为3：1，pH 6.5～7.5，铺设厚度15～20cm。新床基质铺设前一天用0.3%高锰酸钾溶液对插床进行喷洒消毒，放置30～60min后铺设基质，再喷洒40%的多菌灵可湿性粉剂500倍液对基质进行消毒。选取母树上生长健壮、无病虫害的当年生半木质化枝条为插穗，长10～15cm，基部直径以0.3～0.4cm为宜。华北地区宜在春季4月下旬扦插，其他地区根据当地枝条生长情况确定。采后随即将插穗基部3～4片叶子在芽上部紧靠芽切削，留上部幼叶2～3片，将插穗基部1/3处浸泡在清水中防止插穗缺水。用杜仲专用生根剂、生根粉（800mg/mL）或其他生根剂配方，将整捆插穗基部1/3以下浸泡溶液中10秒后备用。插穗垂直插入插床，深度为插穗长度的1/3左右，压实基部。株行距（4～6）cm×（4～6）cm。每床插完后浇透水。

林木培育

果用杜仲林　宜选择光照充足、土层厚、坡度<10°的地块。全园深耕整地，整地深度30cm左右。栽植时挖穴0.8～1.0m见方，每穴施农家肥20～30kg+饼肥1kg。苗木应达到嫁接苗Ⅱ级以上标准。授粉品种宜占5%～10%。肥水条件较好的平地、缓坡地，株距（3～5）m×（3～6）m；立地条件较差的山区、丘陵地，株距（2～4）m×（3～5）m；亦可采用双行（宽窄行）种植，宽行4～6m，窄行2～3m，株距2～3m。栽植后及时浇水、定干，自然开心形、疏散两层开心形定干高度60～80cm；主干形定干高度80～120cm。每年萌动前15天、夏季5～7月，追肥3～4次。5月中旬至7月中旬可进行环剥环割，平衡结果大小年差异。

果实呈黄绿色时可采收，具体时间一般9月下旬至11月上旬。采收过程中注意保护结果枝组，禁止破坏树体。果实采集后宜自然晾干，含水率≤13%。晾干后置5～15℃干燥保存，保存时间不超过12个月。

雄花用杜仲林　宜选择土层厚度80cm以上的平地，坡度<20°的丘陵山地或坡度>20°的坡改梯土地；土壤质地以沙质壤土、轻壤土和壤土为宜，pH 5.5～8.5。采用单行栽植或宽窄行带状栽植方式，在平地、滩地栽植成南北行，丘陵、山地沿等高线栽植。栽植后定干，定干高度40～80cm。栽植后保持土壤水分充足。适宜树形为柱状、篱带状和自然圆头形，及时疏除重叠枝、细弱枝、交叉枝，其余枝条通过拿枝、拉枝等调整角度，使枝组分布合理，均匀受光。内膛、主干第一分枝以下等处的萌芽，以及短截后的多余萌芽应及时抹去。在盛花期对1年生枝轻短截，控制萌条生长势，促进花芽分化。5月中旬至8月上旬可进行环剥环割，平衡开花大小年差异。生长季节及时中耕除草，每年春季萌动前施肥1次，5月上旬、6月下旬、8月上旬分别施肥1次。每年春季萌动前，结合施肥浇透水1次，日常根据土壤墒情及时补充水分。

当雄花进入盛花期，雄蕊颜色由深绿变为浅绿、黄绿或紫红色时采摘。采摘时在1年生枝条基部留4～8个芽，将枝条剪掉。在阴凉处将花枝上的雄蕊摘下，冷藏或将雄蕊摘下后摊晾至含水率70%～80%时进行加工。

果材药兼用杜仲林　宜选择海拔2000m以下、坡度<25°的平地或坡地，避开风口；壤土、沙壤土或可改良土壤，土层深厚，土壤肥沃，pH5.5～8.5，排灌便利。平地栽植区进行全垦；坡度<15°的栽植区修筑水平带，水平带宽度≥2m，梯面挖成外高内低，内外高差20～40cm；坡度在15°～25°的地块进行鱼鳞坑整地。按预定栽植株数挖穴，0.6～0.8m见方，每穴施基肥10～15kg。株距2～5m，行距3～6m。幼树期在生长期及时抹除主干整形带以下萌发的幼芽、主干分枝以下萌芽以及疏枝剪口处萌发的幼芽。每年土壤施肥2次，春季萌动前10～15天施尿素1次，7月上旬至8月上旬施氮磷复合肥。成树期，根据树势强弱，对树体进行轻短截至重短截修剪。轻短截剪去枝条长的1/5～1/4；中短截剪去枝条长的1/3～1/2；重短截留基部6～10个芽或剪掉枝条长的4/5左右。每年春夏两季各施肥1次，每株每次施氮磷复合肥500～800g。

10年生以上或胸径10cm以上生长旺盛的植株可进行剥皮。5～8月均可进行，以5～6月效果最好，一般选择晴天16：00后或阴天。剥皮时应保证树体水分充足，分别在主干第一分枝下10cm左右和地上10～20cm处各环割一圈，在两环割圈之间纵割一刀，然后轻挑树皮，将主干皮剥离。剥皮时不伤及木质部。剥皮后用塑料薄膜包扎剥面，上紧下稍松。在整个剥皮操作过程中，不能碰伤和污染剥面。剥皮后15～20天浇水一次，30～40天解开包扎物。所采杜仲皮截成长50～150cm，内皮两两相对压紧于干燥通风阴凉处发汗，内皮呈棕褐色或紫褐色时，取出晾干。充分干燥后分级包装置阴凉干燥处保存。

叶用杜仲林　宜选择海拔2000m以下、坡度<15°的平地或丘陵地。壤土或沙壤土，土层深厚，pH5.5～8.5，排灌便利。对栽植区进行全垦，结合整地每公顷施农家肥30～50t。栽植密度0.4m×0.8m～0.5m×1.5m；或宽窄行带状栽植，宽行1.0～1.5m，窄行0.5m，株距0.4～0.6m。宜采用丛生状树形。栽植当年不进行修剪，让幼树自然生长，冬季在幼树嫁接口以上10cm处短截。建园第二年春季萌芽后，当萌条长达5～10cm时，每株选留生长健壮、位置分布均匀的萌条3～4个培养成丛生状，其余抹去。建园6～8年以后，萌条部位外移明显，可进行回缩。每年杜仲芽体萌动前10～20天施尿素1次，5月下旬至8月上旬追施氮磷复合肥2～3次。

定植第一年在秋季霜降后采收。第二年开始，每年夏季6～7月采收1次，秋季霜降后第二次采收。夏季采叶采用短截的方法，萌条1.0～1.5m处进行短截，将采下的叶片及时烘干。霜降后采收的叶片和树皮自然晾干或烘干，干燥保存。

扩展阅读

杜红岩, 2014. 中国杜仲图志[M]. 北京: 中国林业出版社.

杜红岩, 胡文臻, 俞锐, 2013. 杜仲产业绿皮书: 中国杜仲橡胶资源与产业发展报告(2013)[M]. 北京: 社会科学文献出版社.

杜红岩, 胡文臻, 俞锐, 2015. 杜仲产业绿皮书: 中国杜仲橡胶资源与产业发展报告(2014—2015)[M]. 北京: 社会科学文献出版社.

杜红岩, 胡文臻, 2017. 杜仲产业绿皮书: 中国杜仲橡胶资源与产业发展报告(2016—2017)[M]. 北京: 社会科学文献出版社.

（杜红岩）

钝叶黄檀培育　cultivation of *Dalbergia obtusifolia*

根据钝叶黄檀生物学和生态学特性对其进行的栽培与管理。钝叶黄檀 *Dalbergia obtusifolia* Prian 为豆科（Leguminosae）黄檀属树种，在哈钦松和克朗奎斯特等分类系统中属于蝶形花科（Papilionaceae），别名牛肋巴；西南干热河谷的先锋造林树种，紫胶虫的优良寄主。

树种概述　乔木。圆锥花序顶生或腋生。荚果长圆形至带状，长 4～8cm，宽 1～1.5cm；果瓣革质，对着种子部分有明显网纹，有种子 1～2 粒；种子肾形，种皮棕色；种子 4～5 月成熟。中国云南西南部，以及越南、老挝和缅甸等北部地区有分布。中国四川攀枝花、广东梅州、广西百色以及华南部分地区有引种。在云南主要分布于哀牢山以西地区的李仙江流域和澜沧江中游、怒江中下游河谷地区。垂直分布于海拔 900～1200m 的山谷。耐旱、喜温、喜光、耐寒力弱，不耐涝，在较冷年份，幼苗和当年抽生的嫩梢及嫩叶有受寒害的现象；主根发达、侧根稀少；无明显落叶现象，旱季 4～5 月有短暂换叶期。主干木材多用作扁担、犁耙木把等农具用材；采收紫胶可收获枝干薪材约 15000kg/hm²；也是优良的薪材树种。

苗木培育　有性繁殖或无性繁殖皆可。

有性繁殖　4 月下旬至 5 月上旬采集种子。种子生活力不足 1 年，若用瓦罐等容器密封贮藏，生活力可延长到 1 年左右。苗圃经细致整地并施足基肥后作成高床。在云南紫胶产区，适宜的播种期为 5～6 月，播种期推迟会减小苗木当年的生长量。如果有上年贮藏好的种子，苗圃地又能保证较高的土壤温度和良好的灌溉条件，将播种期提前到 2～3 月更有利于苗木当年生长。播种方式以条播为宜。播种量 2.0～2.5kg/亩，每亩可产健壮苗木 35000 株左右。也可直接将荚果播入土中。以荚果的播种量计算，每亩用 6.5～8.5kg。

钝叶黄檀林（云南省墨江县紫胶虫寄主林）

用荚果播种的可覆土 1～1.5cm，最好用打细的干牛粪或干马粪拌土覆盖于播种沟面，更有利于幼芽出土和幼苗生长。播种后，床面选用松针、稻草或山草等覆盖苗床，以不见床面为度，覆盖物在幼苗出土后逐渐撤除。

无性繁殖　在 2～4 月采集 1～2 年生苗干作插条扦插成活率较高。同一植株，下部枝条扦插成活率高，中部其次，顶部所采插条成活率低。

林木培育　造林地宜选择地形开阔的河谷两旁半山坡地、荒地及河谷地带。在云南，气候受海拔的影响较大，宜选择海拔 800～1300m 的向阳地段（南坡、西南坡、东南坡），坡度宜在 35° 以下，土壤微酸，土层厚 30cm 以上。西向、东北向和西北向的阴坡地也可栽植，但生长不如阳坡好，且易受寒害。植苗造林成活率高，幼树生长良好，被广泛采用。云南和四川西南部，适宜的造林季节是雨季初期至中期，以 6～7 月为宜，不迟于 8 月。广东、广西、福建、湖南等地春季不太干旱，可以春季造林。直播造林宜在 5～6 月播种，但不宜在雨天进行。每穴播 4～6 粒种子，也可播荚果。播后覆土 1cm 左右。造林当年和第二年，土壤管理以松土除草为主。栽植当年应进行 1～2 次松土除草，时间可在 8～9 月和雨季结束前。松土除草时对种植穴周围的高草和不妨碍苗木生长的小灌木可暂时保留，待苗木成活后逐步清除。整形和修剪以培育较多的紫胶株条为主要目的。先打顶定干，再疏枝。骨干枝不放养紫胶虫，若爬上了紫胶虫、长了紫胶，可在收胶时将胶剥下。同时注意侧枝打顶，即留下的骨干枝应剪去其顶端，促进二级分枝萌发，每个骨干枝上留 3～5 个二级分枝；再在二级分枝上按上述方法培养三级分枝，用二级或三级分枝放虫，收胶时只砍这一部分枝条，不砍骨干枝，使树形不受破坏。人工林有山地木蠹蛾、天牛、小蠹虫、金龟子、地老虎、刺蛾和蓑蛾等主要虫害，应注意及时防治。

参考文献

李绍家, 侯开卫, 刘凤书, 等, 1997. 几种紫胶虫优良寄主树的自然分布概况及耐旱性与水分生理[J]. 林业科学研究, 10(5): 519-524.

（李昆，刘方炎）

多功能林　multi-functional forest

以同时发挥商品生产和生态公益多种功能，满足人类社会多样化需求的森林。

"多功能"的词意在突出森林提供木材功能外，还具有巨大的生态和社会功能。森林是多资源、多功能、多效益的综合体，在森林经营中应突出其主导功能，同时尽可能发挥其他功能，实现生态、经济和社会效益的最大化。

森林的经济功能主要体现在提供林产品和非木质林产品。林产品包括原木、锯材、纸浆材、人造板材、果品等；非木质林产品包括植物叶、茎、皮、脂、胶及森林动物、微生物提供的各种产品。森林的生态功能体现在保障国土生态安全、改善生态环境、维持生态和生物多样性等方面。森林的社会功能涵盖社会经济发展的各个层面。

多功能林有各种不同类型，其中，生态经济林和兼用林是多功能林的两种类型。①生态经济林是兼具生态林和经济林功能的森林，以具有良好生态功能的经济林树种为培育对象，同时发挥水土保持、水源涵养、防风固沙等生态防护功能和生产果品、木本粮油、工业原料和药材等林产品的经济功能。所选用的树种应适应性强、生态效益好、生长迅速、产品效益好，如油茶、核桃、油橄榄、乌桕、板栗、枣树、柿树、木瓜、木豆、任豆、茶树、桑树、漆树、花椒、杜仲、厚朴、山茱萸、香榧、油桐、山杏、山楂、枸杞等树种。生态经济林的理念和实践是伴随退耕还林和各种生态工程建设而产生的。②兼用林是除了生产木材功能外还具有其他用途和功能的森林。因地制宜地发展各种类型的兼用林，既能获得经济收益，又能发挥森林的生态功能，推动山区经济发展和生态恢复，是振兴山区经济的重要措施，也是中国林业经营的重要发展方向之一。兼用林主要从生产功能和产品用途方面进行分类，最常见的是果材兼用林，即除生产木材外，还可利用其果实进行经济收获的森林。如红松果材兼用林是在传统培育红松木材基础上，又经营松果，以发挥红松林更高的经济收益。生产上的核桃、板栗和大枣林也多属果材兼用林。常见的兼用林还有笋材兼用林、果桑水土保持兼用林。

多功能林的培育与经营要以保障国家生态安全、丰富林产品供给、弥补粮食和能源不足、促进农民增收就业、改善城乡居住环境和建设生态文明等为主要目标，因地制宜，开发森林的多种功能，实现森林可持续经营。应进一步拓展林业的内涵和外延，以满足社会对多功能林的多样化需求。

参考文献

沈国舫, 2001. 森林培育学[M]. 北京: 中国林业出版社.

翟明普, 沈国舫, 2016. 森林培育学[M]. 3版. 北京: 中国林业出版社.

中国林业科学研究院"多功能林业"编写组, 2010. 中国多功能林业发展道路探索[M]. 北京: 中国林业出版社.

（马祥庆，闫小莉，吴鹏飞）

多目标经营 multi-objective management

培育健康、稳定、优质、高效森林的一种同时实现多个经营目标的经营范式。

森林具有供给、调节、文化和支持等多种功能，这些功能决定了森林经营需要考虑多目标。现代林业已从传统的单一木材生产目标转向多个经营目标，包括木材生产、碳贮量、生物多样性、水土保持、水源涵养、净化空气、景观游憩、文化教育和康养等，这些目标可用定量或定性的指标来描述。不同目标间是对立统一的关系，多目标决策和多方案优化是实现森林多功能的重要方法和工具，最终实现多个目标综合效益的最大化。

（雷相东）

鹅掌楸培育　cultivation of Chinese tulip tree

根据鹅掌楸生物学和生态学特性对其进行的栽培与管理。鹅掌楸 *Liriodendron chinense* (Hemsl.) Sarg. 为木兰科（Magnoliaceae）鹅掌楸属树种，别名马褂木；著名的观赏树木，国家二级重点保护野生植物。

树种概述　落叶乔木。树冠圆锥状。叶马褂形，长12～15cm，两边通常各具1裂。花黄绿色，外面绿色较多而内侧黄色较多，单生于枝顶。花期5～6月，果实成熟期8～10月。自然分布于中国长江以南及西南地区海拔900～1700m的地带。在海拔660m以下的低山、丘陵和平原地区多有引种栽培。喜光，喜温暖湿润气候，但有一定耐寒性。喜土层深厚、肥沃、湿润而排水良好、pH 4.5～6.5

杂交鹅掌楸（北京林业大学）

的酸性或微酸性的土壤。在干旱土地上生长不良，亦忌低湿水涝。生长迅速，寿命长。对二氧化硫有中等抗性。木材可供造纸、建筑、造船、家具和细木工等用，也可制胶合板；叶、根、树皮均可入药。

良种选育　20世纪60年代初，中国学者叶培忠在世界上首次获得了鹅掌楸的种间杂交种，培育出杂交鹅掌楸。

苗木培育　可通过播种、扦插、嫁接、组织培养等多种方式培育鹅掌楸苗木。

林木培育　造林地应土壤深厚、肥沃、湿润。株行距可采用2m×2m～2.5m×2.5m。庭院绿化宜用大苗，株行距4m×5m，或用株距3～4m行植。一般3月上中旬进行栽植。可与油松、山核桃、木荷、板栗等混交。定植后最好连续抚育4～5年，进行中耕除草、追肥、培土、修枝等。

参考文献

蔡伟建, 郭鑫, 高捍东, 等, 2011. 鹅掌楸属植物人工林培育研究进展[J]. 福建林业科技, 38(2): 164-170.

（李广德）

二次休眠　secondary dormancy

种子休眠的一种类型。原来不休眠的种子发生休眠，或者已经解除休眠的种子，因某种因素影响又进入休眠的现象。也称次生休眠。

诱导二次休眠的因素有光与暗、高温或低温、水分过多或过于干燥、氧气缺乏、高渗压溶液或某些抑制物质等，有的可能由单因素引起，也有的是这些因素综合引起的。二次休眠的产生是由于不良条件使种子的代谢作用发生了改变，影响到种皮或种胚的特性，如已解除休眠的水曲柳种子在高于20℃时会产生二次休眠。二次休眠解除的条件在大部分情况下与原生休眠是一致的，且解除的时间与休眠深度有关。但有些情况下，能够解除原生休眠的因素或方法，对二次休眠的解除可能无效。

参考文献

沈海龙, 2009. 苗木培育学[M]. 北京: 中国林业出版社.

张红生, 胡晋, 2015. 种子学[M]. 2版. 北京: 科学出版社.

（李庆梅）

发芽率 germination percentage

种子播种品质中最重要的指标。在规定的条件下及规定的期限内长成正常幼苗的种子数占供检种子总数的百分比。又称实验室发芽率。

发芽率是室内标准条件下测定**种批**的最大发芽潜力，是种子质量评价最直接和可靠的指标。生产上依此划分种子等级、确定合理的播种量和确定种子价格等。绝对发芽率是另一个评价样品发芽能力的指标，指正常发芽的种子数占供检种子中饱满种子总数的百分比；该指标可避免因发芽测定的**纯净种子**中有较多空粒种子引起的低发芽率，可更准确地反映饱满种子的发芽能力。对于称重发芽法测定的种子，发芽率指的是单位重量样品中的正常幼苗数，单位为株/g。

测定程序：①提取测定样品。从净度分析所得的、经过充分混和的纯净种子中按照随机原则提取。可以用四分法将纯净种子区分成4份，从每份中随机数取25粒组成100粒，共取4个100粒，即为4个重复。也可用数粒仪提取4个重复。称重发芽法测定的种子，直接从**送检样品**中提取符合规定重量的4个重复。②测定样品的预处理。主要目的是通过预处理解除休眠。③置床。可采用滤纸、脱脂棉、沙和土作为发芽基质。种子在发芽床上需保持一定距离。采用沙床（土床）时，需光种子压入沙（土）的表层，忌光种子播种后需再覆盖厚度为10~20mm的沙（土）。

发芽测定中的规定条件包括发芽床、温度、水分和光照等技术条件。在适宜条件下种子样品发芽能力可最大程度地表达。**林木种子**的发芽持续时间普遍较长，而具休眠特性的种子持续时间更长；为了有效评价发芽率，中国执行标准《林木种子检验规程》（GB 2772—1999）中规定林木种子发芽持续时间为21~28天。

发芽测定中的正常幼苗是指具有潜力，能在土壤良好，水分、温度、光照适宜的条件下继续生长成为合格苗木的幼苗。包括3种类型：①完整幼苗。树种应有的基本结构全部完整、匀称、健康且生长良好。②带轻微缺陷的幼苗。应有的基本结构出现某些轻微缺陷，但其他方面正常，生长均衡，与同次测定中完整幼苗的其他方面不相上下。③受到次生感染的幼苗。表现为上述两类幼苗受真菌或细菌感染，但该粒种子不是感染源。用正常幼苗评定种子的发芽率，其结

图1　刺槐（左）和马尾松（右）不正常幼苗（洪香香　提供）

图2　银杏正常幼苗（子叶留土萌发类型）（洪香香　提供）

果更接近于田间发芽率。

参考文献

国家质量技术监督局, 1999. 林木种子检验规程: GB 2772—1999[S]. 北京: 中国标准出版社.

International Seed Testing Association (ISTA), 2013. International rules for seed testing [S]. Switzerland : Bassersdorf.

（洪香香）

发芽势 germination energy

种子品质的重要指标之一。发芽测定中，在规定条件下种子发芽达到高峰时正常发芽粒数占供试种子的百分比。种子发芽能力的一种度量，反映种子发芽的速度和整齐程度。**发芽率**相同的两批种子，发芽势高的种子品质更好。发芽势高的**种批**发芽率常接近场圃发芽率。

发芽势计算，关键在于如何确定计算发芽势的期限，即发芽高峰日的确定。不同学者对确定发芽高峰日的标准分歧较大，得到的结果也存在显著差异，使该指标未得到广泛应用，欧美国家已经停用了这一指标。但在相同的标准下，在生产上具有指导意义，因此中国还在广泛应用。

参考文献

沈国舫, 翟明普, 2011. 森林培育学[M]. 2版. 北京: 中国林业出版社.

翟明普, 2011. 现代森林培育理论与技术[M]. 北京: 中国环境科学出版社.

（洪香香）

发芽速率　germination velocity

衡量种子发芽快慢的指标。一般用平均发芽时间（mean time of germination, MTG）表示。平均发芽时间是指供试种子平均所需的发芽时间，单位为天（d）；发芽特别快速的种子可用小时（h）表示。计算公式：

$$MTG = \frac{\sum (G_t \times D_t)}{\sum G_t}$$

式中：D_t 为从置床之日起到规定的发芽期限日的天数；G_t 为相应每日长成正常幼苗的种子数。

同一树种的两批种子，平均发芽时间短的种子生命力旺盛，种子发芽迅速，播种后出苗早而整齐，场圃发芽率也高。

参考文献

沈国舫, 翟明普, 2011. 森林培育学[M]. 2版. 北京: 中国林业出版社.

翟明普, 2011. 现代森林培育理论与技术[M]. 北京: 中国环境科学出版社.

（洪香香）

发芽指数　germination index

评价种子发芽的综合指标。在规定发芽期内每天长成正常幼苗的种子数与发芽所需天数之比的总和。综合反映一批种子的发芽速度和发芽数量，且能在一定程度上表达种子活力的高低。发芽率相同的两个种批，发芽指数越高，种批质量越好。计算公式：

$$GI = \sum \frac{G_t}{D_t}$$

式中：GI 为发芽指数；D_t 为从置床之日起到规定的发芽期限日的天数；G_t 为相应各日长成正常幼苗的种子数。

参考文献

翟明普, 2011. 现代森林培育理论与技术[M]. 北京: 中国环境科学出版社.

（洪香香）

伐后更新　postfelling regeneration; regeneration after removal of old growth

森林采伐后在迹地上进行的更新。可通过人工更新、人工促进天然更新或天然更新的方式实现。伐后更新的作业法称为后更作业，喜光树种如山杨、桦木、松树等多采用这种方式更新。

参考文献

北京林学院, 1981. 造林学[M]. 北京: 中国林业出版社.

（张鹏）

伐前更新　prefelling regeneration

森林采伐前在林冠下进行的更新。简称前更。包括伐前的天然更新和人工更新。森林采伐时已经更新了足够数量的幼树，更新进程加快。耐阴树种和中性树种，如红松、冷杉等可采用这种方式更新。中国东北温带林区次生林抚育间伐前所进行的林冠下造林也被视作是伐前更新。

伐前更新主要见于采用渐伐或择伐方式进行主伐的情况。皆伐迹地往往由于采伐前林地条件不利于更新，伐前更新状况通常不理想。在中国东北温带林区落叶松人工林的成熟林，采用二次渐伐法，在林冠下人工栽植红松的伐前更新方式取得了较好的效果，可以看作是传统伐前天然更新方法的发展。

参考文献

北京林学院, 1981. 造林学[M]. 北京: 中国林业出版社.

（张鹏）

反坡梯田整地　reverse-slope terracing site preparation

在斜坡或沟坡地带沿等高线修筑坡面为外高里低的一种山地带状整地方法。又称三角形水平沟整地。反坡梯田蓄水保土、抗旱保墒和保肥能力强，改善立地条件的作用大，造林成活率较高，林木长势好。但反坡梯田整地投入劳力多，成本较高。反坡梯田整地适用于黄土高原地区地形较平整、坡度不大、土层比较深厚的地段以及黄土区地形破碎的地段。

反坡梯田田面应修成反坡，外高里低，并在反坡梯田上方留有一定坡长的坡地作为产流区，以汇集降雨径流，用坡地产生径流补充反坡梯田的土壤水分。其核心是将旱坡山地传统梯田内的土壤耕层面改为向梯田根基部逐步倾斜，并形成一定角度的斜坡，同时在梯田外沿修筑具有一定高度的土埂，使得雨季的降水能顺坡聚集在反坡梯田内，供植被吸收利用。反坡梯田整地有利于干旱地区造林地表的水分汇集。造林单位面积上配置的林木株数应根据造林的株行距和能够有效拦蓄径流来综合考虑。

一般山坡坡度较大的地段，田面反坡应大些，田面宜窄，整地工程间距应小些；山坡坡度较缓的，田面反坡应小些，田面宜宽，整地工程间距应大些。梯田面向内侧倾斜成坡度较大的反坡，因荒山坡度的不同，反坡坡度为 3°～15°。梯田面宽 1～3m，梗外坡、内坡均约 60°。每隔一定距离修筑土埂，以防汇集水流，深度 0.4m 以上。

修筑方法：在一个坡面上，沿等高线修筑带有 10°～15° 反坡的窄梯田。自坡下开始，先修下部第一阶，然后将第二阶的表土下填，逐级向上修筑，最后一阶可就近取表土盖于阶面。

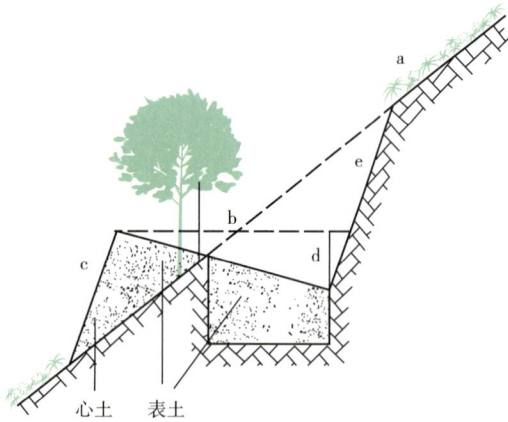

反坡梯田整地

a. 自然坡度；b. 田面宽；c. 埂外坡；d. 沟深；e. 内侧坡

参考文献

沈国舫, 2001. 森林培育学[M]. 北京: 中国林业出版社.

石家琛, 1992. 造林学[M]. 哈尔滨: 东北林业大学出版社.

（郭晋平）

防护林　protection forest

以发挥防风固沙、涵养水源、保持水土、护农护牧、调节气候等防护效益为主要目的的森林和灌丛。中国五大林种之一。

发展各种防护林可以保障农牧业、交通运输、水利设施和国防建设等工农业生产安全稳定及全球生态环境保护和改善，满足国民经济发展需求。根据防护作用的不同，可分为水源涵养林、水土保持林、防风固沙林、农田防护林、牧场防护林、海岸防护林、护路林、护岸林等。森林的防护功能是森林生态系统服务功能的主体。在一个自然景观地带中，依据不同防护目的和地貌类型而营造的各种人工防护林与原有的天然林有机地结合起来，形成一个完整的森林植被网络系统，即防护林体系。如中国三北防护林体系、长江中上游防护林体系、沿海防护林体系、平原防护林体系、黄河中游防护林体系、太行山防护林体系、淮河太湖防护林体系、珠江流域防护林体系、辽河流域防护林体系、农田防护林体系等。防护林的营造应本着因地制宜、因害设防的原则合理配置，形成防护林体系，才可以充分发挥防护作用。

参考文献

沈国舫, 2001. 森林培育学[M]. 北京: 中国林业出版社.

翟明普, 沈国舫, 2016. 森林培育学[M]. 3版. 北京: 中国林业出版社.

（贾黎明）

防护林培育　silviculture for protection forest

对以防护为主要目的的森林、林木和灌木丛所进行的营造林生产经营活动。包括水源涵养林，水土保持林，防风固沙林，农田、牧场防护林，护岸林，护路林等的培育。中国政府十分重视防护林培育工作，目的是使历史上破坏较为严重的生态环境得到修复和保护，助力全国生态文明建设。

发展历程　中国十分重视防护林培育工作。从1950年起，在东北西部、内蒙古东部开展防护林建设，同时，在河北西部一些河流的两岸，河南东部的黄河故道，陕西北部榆林沙荒和辽宁、山东、福建、广东等沿海沙地以及新疆等地进行了大规模的防护林建设。建成的防护林对改善当地生产、生活条件发挥了巨大的作用。1978年，针对中国西北、华北北部、东北西部三大区域风沙危害和水土流失严重状况，国务院批准启动三北防护林体系建设工程，对改善生态环境和农牧业生产条件发挥了明显作用，成为世界著名的生态工程。进入20世纪80年代以来，又陆续立项开展了长江流域、珠江流域、沿海、太行山、平原绿化、黄河中游、淮河太湖流域等防护林体系建设工程。至此，中国防护林建设形成体系。

主要工程　中国开展的主要防护林培育工程有三北防护林工程、长江中上游防护林工程、黄河中游防护林工程、珠江流域防护林工程、淮河太湖流域防护林工程、辽河流域防护林工程、太行山绿化工程、沿海防护林工程、平原绿化工程、治沙防沙工程等。

防护林营造　在树种上应选择生长稳定、寿命长、抗逆性强、枝叶茂盛、根系发达和经济价值较高的乔灌木树种，一般以优良的乡土树种为主，也可以选择经过引种试验证明是适生的乔灌木树种。除了考虑各组成树种生物学特性的稳定性、适地适树原则外，还应根据培育目的考虑其发挥最大的防风固沙、保持水土、水源涵养和调节径流等生态功能。在结构上，要在满足不同防护林林种特殊结构要求的基础上，应尽可能营建由多树种组成的复层异龄混交林，维持林分稳定性、生物多样性和综合防护功能。在造林技术上，应选择良种壮苗，采取改善立地环境和更好发挥防护措施的整地措施，认真栽植。在抚育管理上，在充分考虑防护目的和需求基础上，尽量采用近自然经营技术，推进防护林林分结构向混交林方向发展。

防护林配置　在区域或流域内防护林的配置和布局上，依据地形地貌、土地利用、气候条件及主要自然灾害因子，按照因地制宜、因害设防的原则，采用林带、片林、林网相结合，乔木、灌木、种草相结合的配置形式，各个林种相互补充与完善，使防护林体系形成一个有机整体，以发挥最佳的生态经济效益。为了提高防护林体系的总体效益，在规划配置上要确定合理的森林覆盖率。一般在平原农地或草原牧场，覆盖率以5%～10%为宜；在山地丘陵区，不宜小于30%。要注意防护林体系内各个林种空间分布上的均匀性、合理性。对于特定的自然地理区域，要依据影响当地生产、生活环境的主要自然灾害规划防护林体系，如水土流失地区以水土保持林为主体；江河源区以水源涵养林与水土保持林为主体；在风沙地区，以防风固沙林、农田防护林为主体，结合其他林种，构成当地的防护林体系。一些环境条件较好的农区、沿海地区或具有灌溉条件的地区，防护林体系的树种组成和经营一般采用多层次、多形式、多目标的多功能生态林和林农复合经营。

参考文献

高志义, 1997. 中国防护林工程和防护林学发展[J]. 防护林科技, 31(2):22-26,41.

关君蔚, 1998. 防护林体系建设工程和中国的绿色革命[J]. 防护林科技, 37(4):6-9.

王百田, 2010. 林业生态工程学[M]. 3版. 北京: 中国林业出版社.

（王百田）

防护林树种选择　tree species selection in shelterbelt

根据防护林培育目的、立地条件、树种生物学和生态学特性等开展的适宜树种选择工作。防护林按照防护对象和发挥的功能不同划分为水源涵养林、水土保持林、防风固沙林、农田防护林、护岸林、护路林等。对于防护林树种的选择，因其防护对象不同而有不同的要求。

农田防护林树种选择　农田防护林主要防御对象是风害、平流霜冻、旱涝灾害和冰雹等灾害，保证农田高产稳产，同时生产各种林产品并美化环境。树种选择要求：①抗风力强，不易风倒、风折及风干枯梢，在次生盐渍化地区还要有较强的生物排水能力；②生长迅速，树体高大，枝叶繁茂，能更快更好地发挥防护效能；③深根性，侧根伸展幅度小，树冠狭窄，对防护区内的农作物产生的不利影响较小；④寿命长；⑤与农作物没有共同的病虫害；⑥能生产大量木材和其他林产品。中国应用较为广泛的农田防护林树种主要有杨树、白榆、刺槐、臭椿、樟子松、落叶松等。

水土保持林树种选择　水土保持林的主要任务是拦截和吸收地表径流、涵养水分、固定土壤。树种选择要求：①适应性强；②生长迅速、枝叶发达、树冠浓密、能形成良好的枯枝落叶层、保护地表、减少冲刷；③根系发达，特别是须根发达，能固结土壤；④树冠浓密，落叶丰富且易分解，具有良好的土壤改良性能。中国的乡土水土保持林树种非常丰富，应用广泛的有油松、侧柏、樟子松、落叶松、马尾松、云南松、蒙古栎、辽东栎、麻栎、栓皮栎、刺槐、杨树、木荷、檫木、枫香等。

防风固沙林树种选择　防风固沙林的主要任务是防止沙地风蚀，控制沙砾移动，并合理地利用沙地的生产能力。树种选择要求：①耐旱性强；②抗风蚀沙埋能力强；③耐瘠薄能力强。常见的树种有樟子松、油松、侧柏、柠条、梭梭、杨柴、花棒、柽柳、沙蒿、沙柳等。

此外，防护林还包括沿海防护林、牧场防护林等次级林种，其树种选择都有各自的特殊要求。沿海防护林树种的特殊要求为抗盐碱，如黑松、赤松、木麻黄、红树等；牧场防护林的树种要求抗风性能强，如落叶松、榆树、杨树等。

参考文献

翟明普, 沈国舫, 2016. 森林培育学[M]. 3版. 北京: 中国林业出版社.

（贾忠奎）

飞机播种更新　regeneration by aerial seeding

在飞机上安装播种器，利用飞机在飞行中撒播种子的播种更新方法。适用于交通不便、人烟稀少、其他更新方法难以实行的边远山区、荒野。优点是速度快、工效高、成本低。缺点是落种不均匀，形成的幼林常稀密不均；用种量过大；种子易遭受鸟兽等危害。

参见飞机播种造林。

参考文献

黄枢, 沈国舫, 1993. 中国造林技术[M]. 北京: 中国林业出版社.

（张鹏）

飞机播种造林　afforestation by aerial seeding

利用飞机或其他飞行器在集中连片的荒山荒地上，按照树种的生物学特性与宜林地的自然条件相适应的原则，把林木种子直接播种在造林地上，使其在适宜的气候、土壤条件下发芽、成苗，最终成林的造林方法。简称飞播造林或飞播。

特别适用于人力难及的高山、远山和广袤的沙区的植树（种草）。具有如下优点：①速度快、效率高。一架飞机1个飞行日的播种面积相当于2000～5000个劳动日的造林面积。②投入少、成本低。直接成本加上后期管护费用仅为人工造林的1/5～1/4。③不受地形限制，能深入人力难及的造林地区。在人迹罕至的高山、远山和沙地，人工造林困难极大，飞机播种造林是唯一可行的造林方法。

适于飞机播种造林的树种应具有如下特征：①当地的乡土树种；②中小粒种子，播后易受草丛、碎石和石块的保护，便于自然覆土；③种源丰富，种子产量多，容易收集和贮存，可在短时间内大面积播种；④发芽扎根快，生长迅速，播后遭受鸟兽危害的时间短；⑤需水少，耐日晒，能抵抗极端温度。飞机播种造林时间的确定应考虑发芽所需温度和湿度条件，以及播种后应有足够的生长期以利于幼苗越冬，在中国北方地区以雨季的初期，即6月上旬至7月中旬为宜。播种量的确定应考虑鸟兽虫害、种子品质、成苗率等因素，鸟兽虫害严重、种子品质较差、成苗率低时，应加大播种量。

参考文献

李兴源, 郑均宝, 1990. 实用工程造林[M]. 北京: 中国林业出版社.

翟明普, 沈国舫, 2016. 森林培育学[M]. 3版. 北京: 中国林业出版社.

（许中旗）

飞籽成林　natural regeneration by wind-seeding

依靠风力传播的小粒种子大量高密度传播、更新成林的天然下种更新方式。针叶树种如油松、黑松、赤松、樟子松、云南松、马尾松、脂松，阔叶树种如水曲柳、白桦、山杨、榆树等，结实较丰富，种子飞散能力强，种子适应性强，能在各种土壤条件下萌发成苗；更新密度大，幼苗生长较快，在采伐迹地、火烧迹地、弃耕地及荒山荒地等立地上均可飞籽成林。

保证更新成功的措施是采伐迹地内或有效种子传播距离

内有充足的下种母树，如水曲柳种子顺主风方向的传播距离可达70m，但只有30m以内的种子量能满足大量更新的需要；樟子松天然更新在离林缘顺风一侧50m以内、迎风一侧10m以内能够满足营林要求；美国在北美黄杉皆伐作业时要求每公顷保留15株下种母树，每株母树覆盖范围为直径26m的区域，可以满足天然下种更新的要求。此外，要适当做好迹地清理和整地工作。

参考文献

汉斯·迈耶尔，1986. 造林学：第一分册[M]. 肖承刚，贺曼文，译. 北京：中国林业出版社.

翟明普，沈国舫，2016. 森林培育学[M]. 3版. 北京：中国林业出版社.

（张鹏）

分殖造林　vegetative propagation planting

利用树木的部分营养器官（茎干、枝、根、地下茎等）直接栽植于造林地的造林方法。又称分生造林。

主要特点　所用的造林材料是树木的营养器官，无须采种、育种，施工技术简单；造林省工、省时，节约成本；可以较好地保持母本的优良遗传性状；由于营养器官中贮藏着丰富的养分，一般造林初期生长速度较快；但如多代营养繁殖可造成寿命缩短、生长衰退等后果。

适用范围　为了满足其发根的基本条件，对造林地要求较高，尤其是湿度条件，一般选择在水分充足的河滩地、侵蚀沟等地段采用。

造林技术　按照所采用营养器官、部位和栽植方式的不同，可分为插条造林、插干造林、分根造林、分蘖造林和地下茎造林等多种方法。插条造林、插干造林、地下茎造林应用较为广泛。而分蘖造林、分根造林等适用于能产生根蘖和桩蘖的树种，受繁殖材料所限，仅用于零星植树及小片造林。分殖造林主要用于能够迅速产生大量不定根的树种，这类树种不多，但大多数是主要造林树种，因而应用仍然广泛，如杨、柳、沙柳、柽柳、马桑、桑等可用插条造林、插干造林，泡桐、香椿等可用分根造林，竹类可用地下茎造林。

参考文献

翟明普，沈国舫，2016. 森林培育学[M]. 3版. 北京：中国林业出版社.

（马长明）

风景林树种选择　tree species selection for the scenic forest

根据风景林培育目的、立地条件、树种生物学和生态学特性等开展的适宜树种选择工作。

风景林树种选择的基本原则是：①适地适树，尤其注重选择乡土树种，以构建区域特征突出的地带性森林景观。②从森林审美的角度出发，所选树种色彩艳丽，花叶具有一定变化，以便营建具有丰富季相变化（如春景、夏景、秋景等）的森林景观。③所选树种尽量能形成高大林分，突出森

林高大、壮观、沉静、朴素之美。④树姿优美，树干清晰可辨（如白桦林等），树冠疏密有致，层次简洁错落，形成优美的林内景观。⑤从游憩角度出发，要求树木枝下高适度、树皮光滑，林木不容易发生病虫害，芳香且能吸毒制氧，抑菌杀毒，不产生大量花粉、飞毛飞絮、毒害物质等植源性污染，且不是过敏源（如野漆树），局部地区选择一些落叶树种，确保冬季取暖采光。增加树木的人文关怀。⑥树木有一定的珍稀性、文化性，树木的奇特花果能增加风景林的文化内涵，激发人们游憩兴趣，有利于形成森林文化，如竹文化、茶文化等中国传统文化，使人们在享受森林生态环境的同时，提升文化品位，情操得以陶冶，心灵得以净化，身心更加健康。

参考文献

翟明普，沈国舫，2016. 森林培育学[M]. 3版. 北京：中国林业出版社.

（董建文）

风景游憩林　scenic and recreation forest

同时满足人们审美需求和综合游憩需求、具风景与游憩功能的森林。特种用途林的一种。

因侧重的功能不同，分为风景林和游憩林。①风景林是指具有较高美学价值并以满足人们审美需求为经营目的的森林。重在强调美学价值，要求满足人们的审美需求。②游憩林是指具有适合开展游憩的自然条件和相应人工设施，满足人们娱乐、健身、疗养、休息和观赏等各种游憩需求的森林。内涵广泛、功能多样，重在为人们提供一个修身养性的环境。风景游憩林强调将森林景观的美景度与森林的游憩功能相结合，力求两者均衡发展。

风景游憩林的提出，使人们更好地认识到森林的综合利用价值，满足了社会、生态、文化发展需求，满足了人们美学需求，推动了生态文明建设。国外对风景游憩林的植被类型、景观质量评价、森林景观格局等内容开展了广泛研究，相关评价方法与构建技术已日趋完善。中国主要开展了风景游憩林的类型划分、景观美景度评价、树种选择与配置、培育技术等研究，为科学发展风景游憩林奠定了基础。

参考文献

翟明普，沈国舫，2016. 森林培育学[M]. 3版. 北京：中国林业出版社.

（贾黎明）

风水林培育　silviculture for fengshui forest

通过合理的树种选择和配置，在人类栖息地周边营造具有一定风水文化内涵的森林的活动。

风水林是在村庄一定范围内，由当地村民为了保持良好风水而特意保留或自发种植的树林，是蕴涵中国民间天人合一和自然崇拜等传统文化、人工培植或天然生长但受到严加保护的特定林木或森林类型，服务于乡村祈福、祭祀、祭奠、占卜等原始文化活动。

风水林在中国长江以南地区，特别是福建、广东、江

西、浙南一带的乡村比较普遍存在，保护的也比较完好，主要有村落宅基风水林、坟园墓地风水林、寺庙宫观庵风水林等类型。①村落宅基风水林是在村落宅基周围人工栽培或天然生长保护的风水林木。主要有四类：水口林，主要种植在村落的水口处，具有护托村落生气的风水意义；龙座林，主要是指坐落在山脚、山腰的村落或村落后山的风水林；垫脚林，主要种植在村落前面的河边、湖畔的风水林；宅基林，是指在宅基周围和庭院里种植的风水林，主要是护卫居宅和庭院环境。②坟园墓地风水林是人们在坟园墓地或皇家在陵地周围人工栽培或天然保护的林木。③寺庙宫观庵风水林是僧侣道士在寺、庙、宫、观、庵周围人工栽培或天然生长保护的林木。

风水林培育应注重树种选择、树种配置等因素，以实现其人文内涵丰富、森林景观优美、生态价值良好的功能。风水林应选择具有文化意蕴的树种，如吉祥树种或辟邪驱祟树种，也会选择具有较高使用价值的树种。吉祥树种的形成既与人们的主观感觉有关，又有历史文化积淀，如松树、樟树、榕树、椿树、梧桐树、杏树、李树、荔枝树等。驱邪树种是古代人求安避害心理的反映，如柏树、桃树、无患子等。风水林树种配置应考虑生态、景观、游憩功能，做到疏密有致，开合有度。风水林已经成为乡村人居环境建设中的重要内容，从而得到保护和延续。

参考文献

关传友，2012. 风水景观：风水林的文化解读[M]. 南京：东南大学出版社：1-7.

许飞，邱尔发，王成，等，2012. 福建省乡村风水林树种结构特征[J]. 江西农业大学学报，34(1)：99-106.

（董建文）

封山育林 setting apart hills for tree growing

利用树木的**天然更新**能力，以封禁为主要手段，辅以人工促进措施，使疏林、**灌丛**、**采伐迹地**、荒山荒地以及其他林地恢复或发展为森林或灌草植被的营林方式。简称封育。植被恢复的有效途径。

中国早在先秦时期就采用这种方式扩大森林资源。《吕氏春秋·审时篇》《管子·轻重己篇》《齐民要术》《孟子·告子上》和《国语·郑语》等文献里都强调人与自然和谐发展的思想，被认为是封山育林思想的雏形。最早提出封山育林具体措施的记载是《管子》的封山育林时令表，提出了要把握"育"与"采"的"时"与"序"。在近代，封山育林作为一种"乡规民约"被广泛应用。

目的与特点 采用封山育林，达到塑造景观、增加森林植被覆盖、促进**生物多样性保护**、控制森林病虫害、改良土壤与维持地力、提高水土保持能力、促进森林演替与天然更新、提高生产力和经济效益的目的。在一定条件下，甚至可以促使岩石地带、石漠化地带、半沙漠化地带和干旱瘠薄山地等困难地带实现向植被、植物、灌丛直至森林的再生。实施封山育林后，能将纯林逐步建设为**混交林**，单层林变为**复层林**，疏林变为密林，形成多样化的森林体系，从而实现地

力的恢复和森林多种效益的发挥。与人工造林相比，具有成本低、绿化速度快、利用期早、收效快、有利于保护物种资源、减少森林病虫害、改善生态环境、技术简单、投资少和进度快的特点。

原则 ①以生态效益为基础，生态、经济和社会效益兼顾；②合理处理近期效益和长远效益的关系；③宜封则封，以封为主，封造并举，乔灌草相结合；④合理规划，分区制定封育措施；⑤适地适树，以乡土树种为主，形成混交林；⑥在干旱瘠薄山地上，以草灌为主。

条件 ①自然条件：封山育林地应具备更新能力，林地内有均匀分布母树，或有萌芽萌蘖的伐根，或有生长好的幼苗，或可飞播或飞籽下种；②社会条件：封山育林应在人少、交通不便的地方实施，防止人为干扰。

方式 根据不同的封山育林目的和当地的自然、社会、经济条件而采取的生产方式，分为全封、半封、轮封。①全封（死封）是指在封育期间，禁止除实施育林措施以外的一切人为活动的封育方式。在较长时间内（3～5年或8～10年），将封育区彻底封闭，禁止除实施育林措施以外的各种生产、生活活动。适合于人烟稀少的边远地区、高山，水源涵养区，防风固沙林和风景林，水土流失严重和恢复植被较为困难的地区。②半封（活封）是指在封育期间，林木主要生长季节实施全封，其他季节按作业设计进行樵采、割草等生产活动的封育方式。适用于人烟稠密的近山、低山。在封育用材林、薪炭林以及有一定目的树种生长良好，林木覆盖度较大的地区小班。③轮封是指在封育期间，将封育区划片分段，轮流实行全封或半封的封育方式。在不影响育林要求和水土保持的前提下，划定放牧区和樵采区，有计划、有指导地组织群众樵采、放牧，不准砍成材树和幼树，只准砍灌丛，其余一律封禁。待森林植被恢复后，再按有利生产、方便生活的原则，重新划定樵采区和放牧区，轮流封育。无论全封、半封还是轮封，在封山育林期间，禁止任何单位或者个人在封山育林区从事下列活动：非抚育性修枝、采种、采脂、掘根、剥树皮及其他毁林活动；吸烟、燃放烟花爆竹、烧荒、烧香、烧纸、野炊及其他易引起火灾的野外用火；放牧或者散放牲畜；猎捕野生动物、采挖树木或者采集野生植物；开垦、采石（矿）、采砂、采土；擅自移动或者毁坏封山育林标牌、界桩及其他管理设施；其他破坏封山育林的活动。

类型 按培育目的和目的树种比例划分为5种类型。①乔木型。因人为干扰而形成的疏林地和在乔木适宜生长区域内达到封育条件且乔木树种的母树、幼树、幼苗、根株占优势的无立木林地、宜林地；②乔灌型。其他疏林地和在乔木适宜生长区域内符合封育条件但乔木树种的母树、幼树、幼苗、根株不占优势的无立木林地、宜林地；③灌木型。乔木适宜生长上限，符合封育条件的无立木林地、宜林地；④灌草型。立地条件恶劣，如高山、陡坡、岩石裸露、沙地或干旱地区的宜林地段；⑤竹林型。符合毛竹、丛生竹或杂竹封育条件的地块。

按封育方式划分为3种类型。①封禁型。天然（次生）

植被生长状况较好、地块比较偏远、人和牲畜活动难以到达的地块，或坡度较大、有一定的灌木且人工造林（补植）比较困难的地块。因受自然条件限制，无法进行人工干预，对其实施封禁管护，避免任何人为干扰，让其自然地恢复为森林。②封育型。母树、幼树、幼苗的数量能达到自然更新目的且分布均匀的地块，或立地条件较差、人工造林比较困难、有一定灌木覆盖的地块。通过人为措施培育保护母树、幼树、幼苗，促进母树下种结实和幼树、幼苗生长，促进林分提早郁闭。③封造型。立地条件好，植被稀少，缺乏母树和幼树、幼苗的地段。依靠天然更新比较困难，通过人工造林措施，在不破坏原有植被条件下进行补植、补种，以期迅速提高植被盖度。

参考文献

国家市场监督管理总局，中国国家标准化管理委员会，2018. 封山（沙）育林技术规程: GB/T 15163—2018 [S]. 北京: 中国标准出版社.

翟明普，沈国舫，2016. 森林培育学[M]. 3版. 北京: 中国林业出版社.

（郑元，陈诗）

辐射松培育　cultivation of radiata pine

根据辐射松生物学和生态学特性对其进行的栽培与管理。辐射松 *Pinus radiata* D. Don 为松科（Pinaceae）松属树种，别名放射松、苹果松、蒙特雷松、蒙达利松；重要的速生用材及生态树种。辐射松木材是目前世界上主要的优质商品材，也是中国进口的主要木材品种。

树种概述　常绿乔木。树皮厚，外皮灰褐色，内皮红棕色；具不规则纵横开裂，呈块状脱落。主干明显，冠幅较小，分枝力强。叶3针一束，稀2、4、5针一束。天然分布于美国加利福尼亚州，墨西哥瓜达拉普岛、塞咀斯岛。引种栽培于新西兰、智利、南非、西班牙、中国等。原产地垂直分布于海拔 0～330m，分布区气候湿润，年降水量 380～800mm，年平均气温 16.7～18.3℃，极端最低温度 -6.7℃，极端最高温度 43℃，四季无雪，无霜期 300 天。

辐射松育苗（四川阿坝州理县）（吴宗兴　摄）

主根明显，侧根较多，根系发达，有菌根菌。适应性强，耐盐渍、耐干旱贫瘠，抗锈病、赤枯病能力特强。木材可生产胶合板等各种人造板、印刷纸等多种纸制品，是良好的家具、房屋、枕木、围栏等用材。

苗木培育　采用播种育苗。

大田育苗　整地深度 20.0～30.0cm，随翻随耙，拣净杂草根、碎石后作床。适宜播种期 3～4月。播种前 1 周用 0.5% 高锰酸钾浸种 2 小时，捞出后用清水冲洗干净。将消毒的种子放入始温 45℃的温水中浸种 36 小时。采用水浸催芽，将处理过的种子均匀摊放在苇席或草帘上，置于 20～25℃环境，种子湿度保持在 60.0%，每天翻动 1～2 次，6～8 天后待种子有 1/3 裂嘴时即可播种。**条播**，行距 20.0cm、沟深 2.0～3.0cm、宽 3.0cm，将种子均匀播入，覆土厚 1.0cm。为防止鸟害和日灼，播种后幼苗破土前立即搭盖遮阴网。直到苗茎由绿色变成紫红色后在阴天或晴天傍晚将遮阴网揭开，揭开后立即喷灌浇水，稳定苗木。幼苗期注意防治猝倒病，可用浓度 0.8%～1.0% 波尔多液防治，用量 250.0～350.0g/m²。**苗期管理**同其他松树。1 年生苗平均高 23～26cm，平均地径 0.30～0.40cm。

容器育苗　采用规格 10cm 营养袋，营养土配方为 65% 松林腐殖土 +30% 黄泥土 +4% 腐熟厩肥 +1% 过磷酸钙，用辛硫磷、百菌清等消毒，装袋后每袋播种 1～2 粒。苗期管理同其他松树。

林木培育　中国于 20 世纪 80 年代末开始引种造林，四川阿坝州、甘孜州、凉山州、雅安市等地有规模化种植，内蒙古呼和浩特、贵州紫云县、云南昆明海口林场有引种造林。选择年平均气温 12～20℃、年日照 2000 小时以上、年降水量 500～1250mm、海拔 500～2500m 地区的宜林地。沿等高线方向穴状整地，规格 40cm×40cm×30cm。营造速生丰产用材林纯林，密度 1650 株 /hm²；生态林造林密度 3330 株 /hm²，与岷江柏、侧柏、刺槐、红花椒等树种混交造林，4～5 年即可郁闭成林。造林后每年进行一次扩穴压青，扩穴直径 60cm，将杂草铲除并埋入 20cm 以下土中。施肥采用条状沟施或点施，平均每株施复合肥 0.1～0.5kg。5～6 年生时对已郁闭林分进行第一次修枝，第二次在第一次修枝后的 3～5 年。修枝时砍去树干下部 1/4 枝条，切口紧贴树干。

参考文献

陈水合，2004. 辐射松已成为我国进口木材的主要树种之一[J]. 人造板通讯，11(1): 26-27.

顾淑丽，罗丽萍，杨林秀，等，2015. 昆明市海口林场辐射松引种造林试验阶段报告[J]. 绿色科技(8): 153-155.

熊量，彭晓曦，王泽亮，等，2012. 辐射松不同播种期实生育苗试验研究[J]. 四川林业科技，33(6): 54-56.

王志波，季蒙，李彬，等，2015. 呼和浩特地区辐射松播种繁育技术研究[J]. 内蒙古林业科技，41(3): 18-21, 39.

杨云海，周荣乾，马文革，2000. 辐射松引种试验初报[J]. 四川林业科技，21(4): 30-33.

（吴宗兴，宋小军，彭晓曦）

福建柏培育 cultivation of fokien cypress

根据福建柏生物学和生态学特性对其进行的栽培与管理。福建柏 *Fokienia hodginsii*（Dunn）Henry et Thomas 为柏科（Cupressaceae）福建柏属树种，中国特有珍贵用材树种，国家二级重点保护野生植物。

树种概述 常绿乔木。树皮紫褐色，平滑。生鳞叶的小枝扁平，排成一平面，二三年生枝褐色，光滑，圆柱形。鳞叶 2 对交互对生，呈节状，生于幼树或萌芽枝上的中央叶呈楔状倒披针形。雌雄同株。球果近球形。花期 3～4 月，种子翌年 10～11 月成熟。分布于中国南亚热带的北部和中亚热带中南部中山丘陵地带。喜光树种，侧根发达，耐干瘠，以土层深厚疏松且酸性较强的红黄壤及黄壤生长最好。木材是建筑、家具、细木工、装饰装潢、雕刻的优良用材。树叶、小枝及树皮含有较高的精油，提取加工后可作消毒剂等。树形优美，树干通直，适应性强，可用于园林绿化。

苗木培育 主要采取播种育苗。苗期主根不明显，以苗床育苗为宜。2～3 月播种，撒播和条播均可，山区可采取全光圃地育苗，半山区及丘陵区可利用 70% 遮光度的黑色尼龙网荫棚圃地育苗。

林木培育 造林以混交林为主，通过混植改善林分结构，抑制侧枝发育，减少树干尖削度。混交树种主要有檫木、杉木、湿地松、黑木相思、柳杉、樟树等，以带状或小块状混交效果较好。植苗造林选择 1～3 年生裸根苗，造林前苗木根系应先蘸上黄泥浆，并在黄泥浆中拌适量 ABT3 号生根粉和灭蚁灵，以提高造林成活率及苗木抗性，栽植时要做到"深栽、根舒、栽直、压实"，栽植季节以冬末早春为宜，多于春季下透雨后进行，栽植密度视立地条件而定，土壤肥力高的密度 1800～2500 株 /hm²，立地条件差的密度可适当加大到 3000～4500 株 /hm²。幼林郁闭前，每年春季或秋季清除林地内的杂草及灌木，同时进行扩穴培土。造林后第五年起，每年秋季进行适当修枝，以促进林木主干生长，修枝时保留的树冠层厚度应占全树高的 50%～70%。林分郁闭后适当抚育间伐，控制林分郁闭度以 0.7～0.8 为宜，以促进林木生长。主要病虫害为苗木猝倒病和白蚁。

参考文献

陈德叶, 2008. 福建柏人工林栽培技术[J]. 广东林业科技, 24(4): 102-105, 108.

陈金海, 2003. 福建柏檫木混交林土壤肥力的研究[J]. 林业科技开发, 17(4): 29-30.

邓育宝, 2012. 樟树福建柏混交林种内及种间竞争研究[J]. 林业调查规划, 37(4): 46-49.

侯伯鑫, 程政红, 林峰, 等, 2001. 福建柏育苗技术研究[J]. 湖南林业科技, 28(3): 15-18.

肖祥希, 杨宗武, 叶忠华, 等, 2000. 福建柏与杉木、马尾松人工林木材材性比较分析[J]. 林业科技通讯(2): 3-5.

杨宗武, 郑仁华, 肖祥希, 等. 1998. 珍稀树种——福建柏[J]. 林业科技通讯(7): 21-22.

（叶功富，郑仁华）

图1 福建柏球果（福建农林大学）

图2 福建柏容器苗（福建南平森科种苗有限公司）

抚育采伐 forest thinning for tending

在林分郁闭后直至主伐的未成熟时期，为给保留木创造更好的生长条件而采伐部分林木的森林培育措施。又称抚育间伐、中间采伐，简称间伐。

目的 森林抚育采伐因林种的不同，其目的不一样。在用材林中，以取得数量多、质量好的经济用材为主要目的；在防护林中，追求最大限度地发挥森林的防护效能；在风景林中，其目的是使森林有良好的卫生状况与美丽的景色。通过森林抚育采伐，主要应达到的目的有：①按经营目的调整林分组成；②降低林分密度；③促进林木生长，缩短林木培育周期；④清除劣质林木，提高林分质量；⑤实现早期利用，提高木材总利用量；⑥改善林分卫生状况，增强林分抗性；⑦建立适宜的林分结构，发挥森林多种效能。

种类和方法 按伐除的对象、时期或目的的不同，主要分为透光伐、解放伐、除伐、卫生伐和疏伐。前3种方式主要在幼龄林阶段实施；卫生伐在森林遭受自然灾害后进行，可发生在不同的林分发育时期；疏伐主要在中壮龄林阶段开展。2015 年颁布的《森林抚育规程》（GB/T 15781—2015）将森林抚育采伐分为透光伐、疏伐、生长伐和卫生伐4类，其中透光伐包含了解放伐和除伐内容，生长伐与疏伐的实施内容接近，其区别在于生长伐需要确定林分的最终保留密度。

参考文献

沈国舫, 2001. 森林培育学[M]. 北京: 中国林业出版社.

中华人民共和国国家质量监督检验检疫总局, 中国国家标准化管理委员会, 2015. 森林抚育规程: GB/T 15781—2015[S].北京: 中国标准出版社.

（段爱国）

抚育采伐间隔期 intermediate cutting intervals

相邻两次抚育采伐所间隔的年限。间隔期的长短主要取决于林分郁闭度增长的快慢。间伐后林冠疏开，保留木树冠扩展；到林冠重新恢复郁闭时，就需要再次进行间伐。

主要影响因素：①树种和林地。喜光、速生、立地条件好的林分，间隔期短，反之要长。②抚育采伐的强度。直接影响间隔期。强度间伐，间隔期长，能缩短森林工艺成熟期，在经济收益上比较有利，但会降低林分总生长量，影响主伐木年轮宽度的均匀性；弱度间伐，间隔期短，可使林分保持较大的生长量，形成少节、年轮宽度相对均匀的良材，但间伐的经济收益较小，森林工艺成熟期较长。弱度间伐的间隔期一般3～5年，中度、强度间伐的间隔期5～10年。③抚育采伐方式。透光伐间隔期短，疏伐、生长伐间隔期较长。④当地经济状况等。经济条件较差时，一般进行强度大而间隔期长的抚育采伐。抚育采伐结束期可以到森林主伐前一个龄级结束。

（段爱国）

抚育采伐起始期 initial time of intermediate cutting

第一次进行抚育采伐的时间。主要取决于树种特性、林分密度、生长情况及经济条件等。太早对促进林木生长的作用不大，不利于优良的干形形成，也会减少经济收益；太晚则造成林分密度过大，影响保留木的生长。当林分郁闭、林木间发生竞争、树冠发育受到抑制、林木生长量下降，尤其是胸径生长量下降时，应开始抚育采伐。

确定的主要依据：①林分的直径生长量。当幼林郁闭后林木的直径连年生长量与平均生长量相交，即直径生长量明显下降时，可以开始抚育采伐。②林木的分化程度。当被压木（Ⅳ级木）、濒死木（Ⅴ级木）在林分中的数量比例达30%左右时，或自然径级（即以平均直径作为1.0）0.8以下的小径木约占总株数的1/3时，可以开始抚育采伐。③林相。郁闭度超过0.9或林木自然整枝高度达全高1/3左右时，可开始抚育采伐。在林业生产实践中，当采伐材太小，影响经济收益时，常推迟抚育采伐的起始期，而以林分达到一定直径或一定树高作为抚育采伐开始的指标。④林分直径的离散度。离散度越大，林分分化越明显，不同树种开始抚育采伐的离散度不同。⑤林分密度管理图、表。在集约经营的林区，可用林分密度管理图、表中最适密度与实际密度对照，实际密度高于图、表中密度时，表明该林分应进行抚育采伐。

（段爱国）

抚育采伐强度 intermediate cutting intensity

抚育采伐的蓄积量或株数与采伐前林分蓄积量或株数之比值。分一次采伐强度和采伐总强度两种。一次采伐强度指一次伐去的蓄积量或株数与采伐前蓄积量或株数之比值。采伐总强度是综合采伐量和间伐频度的一种量度。间伐频度指间伐次数。不同的间伐强度对林木的生长和成熟期等产生不同的影响。表示每次间伐强度的指标有两种：一种以每次采伐木的株数占原林分总株数的百分率表示；另一种以每次采伐木的胸高断面积或蓄积量占原林分胸高总断面积或蓄积量的百分率表示。两种指标常结合应用。

抚育采伐强度分级 一般分为4级。伐去原蓄积量的15%以下为弱度；16%～25%为中度；26%～35%为强度；36%以上为极强度。不同采伐强度对林内环境条件产生的影响不同，对林木生长的影响也不同。

确定原则 ①能提高林分的稳定性，不致因林分稀疏而招致风害、雪害和滋生杂草；②不降低林分的干形质量，又能改善林木的生长条件，增加营养空间；③利于单株材积和林木利用量的提高，并兼顾抚育采伐木材利用率和利用价值；④形成培育林分的理想结构，实现培育目的，保证生物多样性，增加防护功能、美学功能或其他有益效能；⑤结合当地条件，充分利用间伐产物，在有利于培育森林的前提下增加经济收入。在生产上，抚育采伐强度应在《森林抚育规程》（GB/T 15781—2015）的规定范围内确定。

参考文献

沈国舫, 2001. 森林培育学[M]. 北京: 中国林业出版社.

（段爱国）

复层林 multiple-layered forest; multi-storied stand

林木的树冠形成两个或两个以上林冠层的林分。又称多层林。天然混交林和耐阴树种所形成的异龄林多为复层林。有的复层林林冠参差不齐，形成梯状郁闭，难以划分层次，如热带雨林。

复层林植物群落的地位 在复层林中，各层次的植物在森林群落中的地位和作用各不相同。在一个郁闭的森林群落中，乔木层中的第一层是接触外界大气变化的"作用面"，在创造森林环境中起着主要作用，是森林群落的主要层；林冠下各层次的植物，在创造森林环境中起着次要作用，是森林群落的次要层。次要层中植物的种类、个体数量和生长情况，常因主要层林木组成、密度和林冠郁闭度的变化而有较大差异。各层次的植物都不同程度地依赖于主要层所创造的环境而生存，分别占有适于本身生长的小环境。主要层基本上决定了森林群落的成层结构和植物的环境。

成因 成层现象主要取决于环境因素的光照、温度、湿度状况和植物的生态学特性。林内小气候垂直梯度的变化，导致不同生态习性的植物分别处于不同的层次，形成森林群落的垂直结构。不同的森林群落所具有的层次多少取决于构成森林群落种的数目、生存条件（气候、土壤）的优劣、种的生态学特性、群落年龄结构等。

参考文献

雷瑞德, 1988. 苏联的森林资源和林型学说[J]. 西北林学院学报, 3(2): 101-109.

薛建辉, 2006. 森林生态学[M]. 修订版. 北京: 中国林业出版社.

中国林业出版社, 1957. 林业译丛(第13辑)——林型问题[M]. 北京: 中国林业出版社.

（吴家胜，史文辉）

复层异龄混交林　mixed uneven-aged forest

处于不同年龄或世代、位于不同林层的两个或两个以上树种构成的森林。主要树种的成年林木构成的层次为主林层，伴生树种或主要树种幼树构成的层次为副林层。不同层次之间的树种组成不同、林木年龄不同。

复层异龄混交林既可以是自然演替形成的或是人工构建形成的，也可以是人工更新和天然更新相结合形成的。世界范围内各类天然针阔混交林和阔叶混交林都属于自然演替形成的复层异龄混交林。中国东北温带天然阔叶红松林、亚热带常绿阔叶林、热带雨林都是典型的自然演替形成的复层异龄混交林。中国东北在次生林下人工栽植红松后形成的红松阔叶混交林是人工更新和天然更新相结合形成的复层异龄混交林。中国南方的马尾松、杉木人工林，也可以通过引入阔叶树的天然更新构建复层异龄混交林。中国东北林区在落叶松人工林下栽植水曲柳等珍贵阔叶树种，南方林区在马尾松和杉木人工林下栽植红锥等珍贵阔叶树种等，均是人工构建复层异龄混交林。

复层异龄混交林的幼树在上层木庇荫下生长慢，心材年轮窄，成材后不易出现心腐，有利于培育大径材；心材未成熟部分所占比重小，木材不易变形，木材质量较高。

复层异龄混交林采用择伐的方式进行主伐，或采用采育兼顾伐（也称"采育择伐"）的方式进行主伐并兼顾抚育采伐。可以单株或团状采伐成熟林木，创建人工林隙，利用林隙更新的规律与特点，采用人工促进更新或人工更新加快目的树种更新、生长和成林的进程，以保持复层异龄混交状态。

红松阔叶复层异龄混交林（吉林省露水河林区）（沈海龙　摄）

参考文献

翟明普, 沈国舫, 2016. 森林培育学[M]. 3版. 北京: 中国林业出版社.

（沈海龙）

复羽叶栾树培育　cultivation of *Koelreuteria bipinnata*

根据复羽叶栾树生物学和生态学特性对其进行的栽培与管理。复羽叶栾树 *Koelreuteria bipinnata* Franch. 为无患子科（Sapindaceae）栾树属树种；优良观赏树种和抗烟尘树种。

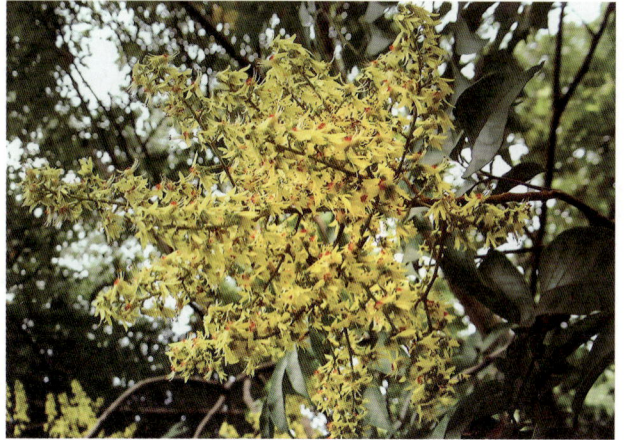

复羽叶栾树盛花期（南京林业大学校园）（沈永宝　摄）

树种概述　落叶乔木。大型圆锥花序顶生。蒴果椭圆形，肿囊状3棱，幼时淡紫红色，逐渐变为褐色；种子近球形，直径5～6mm。花期7～9月，果期8～10月。主要分布于云南、贵州、四川、湖北、湖南、广西、广东等地。生于海拔400～2500m的山地疏林中。江苏以南城乡绿化广泛栽培。喜光，喜温暖湿润气候，深根性，适应性强，耐寒，耐干旱，对土壤要求不苛刻，抗风，抗大气污染。春季嫩叶多呈红色，夏叶羽状浓绿色，黄花满树，入秋叶鲜黄，丹果满树，是城市绿化理想的观赏树种。

苗木培育　主要采用播种繁殖。蒴果成熟期及时采收，采后晾晒1～2天，搓揉使果壳与种子分离，用水选剔除空粒和瘪粒，干燥贮藏。种子有休眠习性，需经过冬季层积2～3个月播种。苗床采用高床，床宽100～120cm，床长根据地形而定。播种行距20～30cm，将处理过的种子均匀播在条行内，每行（宽约1.1m）播40～50粒，用筛过的细土或砻糠均匀覆盖在种子上，浇1次透水，并加盖稻草或其他干草保湿，根据天气情况及时补充水分，确保苗床湿润。苗高20cm左右结合中耕进行施肥，施尿素300kg/hm^2。

林木培育　宜选择土层深厚、肥沃土壤，地势平坦可全垦整地，坡度较大可穴状整地。裸根苗春节前后移植，初植密度1000株/hm^2，栽后可平茬截干。林地郁闭后调整2次密度，保留密度为630株/hm^2。栽植第二年5～7月每株穴施100～150g复合肥（磷酸二铵与尿素比例为1：2）。

参考文献

李馨, 姜卫兵, 翁忙玲, 2009. 栾树的园林特性及开发利用[J]. 中国农学通报, 25(1): 141-146.

杨士虎, 蒋为民, 刘国华, 2007. 浅谈复羽叶栾树的播种繁殖[J]. 现代农业科技(14): 27.

（沈永宝）

G

干藏　dry storage

将充分干燥至安全含水量的种子，置于干燥环境中保存的种子贮藏方法。适合于安全含水量低的**林木种子**，如大部分针叶树和杨、柳、榆、桑、刺槐、白蜡树、皂荚、紫穗槐等阔叶树种的种子。

干藏有普通干藏和密封干藏两种方式。

①普通干藏。将充分干燥达到安全含水量的种子装入麻袋、箩筐、箱、桶、缸、罐等容器中，或散堆放置于经过消毒的低温、干燥、通气的种子库内或普通室内贮藏。适用于大多数针阔叶树种种子进行短期（如秋采、冬贮、春播）贮藏。

②密封干藏。将充分干燥达到安全含水量的种子，装入已消毒的玻璃瓶、铅桶、铁桶、聚乙烯袋等密闭不通气的容器中密封贮藏。由于种子与外界空气隔绝，能够稳定地保持种子原有的干燥状态，种子呼吸微弱，代谢缓慢，能够长期保持种子的生命力。容器中要留有一定空间（种子约九成满），并放入木炭、氯化钙、变色硅胶等吸湿剂以防止种子吸湿、受潮。吸湿剂的用量，木炭为种子重量的 20%～50%，氯化钙为 1%～5%，变色硅胶约为 10%。加盖，用石蜡、火漆、黏土等密封后放入种子库或贮藏室。适用于普通干藏时容易丧失发芽力的种子，如杨、柳、榆等，以及需要长期贮藏的富有脂肪和蛋白质的种子。

参考文献

翟明普, 马履一, 2021. 森林培育学[M]. 4版. 北京: 中国林业出版社.

（彭祚登）

干果　dry fruit

果实类型的一种。成熟后果皮干燥的果实。根据成熟干燥后果皮开裂与否分为裂果和闭果。生产上根据干果的类型和特性采取科学方法进行采收、加工和贮藏。

裂果　成熟干燥后果皮自行裂开的果实。分为：①荚果。由 1 个心皮发育而成的果实。如刺槐、合欢、紫荆、紫藤、锦鸡儿、柠条等的果实。②蒴果。由合生心皮的复雌蕊发育而成的果实。如杨树、柳树、泡桐、油茶等的果实（图1）。③蓇葖果。由单心皮或离生心皮发育而成的果实。如梧桐、白玉兰、乐昌含笑等的果实。

闭果　成熟干燥后果皮仍闭合不开裂的果实。分为：①瘦果。由 1～3 个心皮构成的小型闭果。如喜树、悬铃木等的果实。②颖果。禾本科植物特有的果实类型，果皮薄、革质，只含 1 粒种子，果皮与种皮紧密愈合不易分离。如竹类植物的果实。③翅果。果实本身属瘦果性质，但果皮延展成翅状，有利于随风飘散。如榆树、槭树、白蜡树、臭椿等的果实（图2）。④坚果。外果皮坚硬木质，一般只有 1 粒种子的果实。如麻栎、板栗、山核桃等果实。

干果通常采用干燥的方法脱粒。含水率低的种子，采用暴晒的方法，如荚果；含水率高的种子，采用阴干的方法，如蒴果、蓇葖果、翅果等。

图1　油茶果实（裂果之蒴果）（喻方圆　摄）

图2　红翅槭果实（闭果之翅果）（喻方圆　摄）

参考文献

陆时万, 徐祥生, 沈敏健, 1991. 植物学（上册）[M]. 2版. 北京: 高等教育出版社.

孙时轩, 1992. 造林学[M]. 2版. 北京: 中国林业出版社.

（喻方圆）

干扰树采伐　disturbed tree cutting

伐除对目标树生长产生不良影响的树木的生产活动。

在目标树培育体系、恒续林体系或近自然森林经营中，通常将林分中的树木区分为目标树、干扰树和一般树木。根据目标树的用途可将目标树分为用于木材生产的目标树和用于生态保护的特殊目标树。干扰树是指对目标树生长直接产生不利影响或显著影响林分卫生条件的相邻树木。通过伐除干扰树中的最强竞争者来促进目标树的生长，即伐除目标树周围一定范围内所有相邻树木或仅伐除 1～3 株竞争者。同时伐除林分中受压、受损或病害木。判断是否为目标树的干扰树主要是通过目标树最近几个邻体是否对目标树的树冠产生遮盖或挤压。按照恒续林体系或近自然森林经营中最小干扰原则，一次性采伐干扰树的强度不宜过大。

参考文献

惠刚盈, Klaus von Gadow, 等, 2016. 结构化森林经营原理[M]. 北京: 中国林业出版社.

（惠刚盈）

高床育苗　seedling production with aboveground seed-bed

苗床床面高于地面的育苗作业方式。床面高于地面 15～25cm，床宽一般 1.1～1.2m，床长根据播种区大小而定，一般 15～20m，机械化育苗苗床可以更长，可达百米。两个苗床之间设人行步道，步道宽 30～40cm。

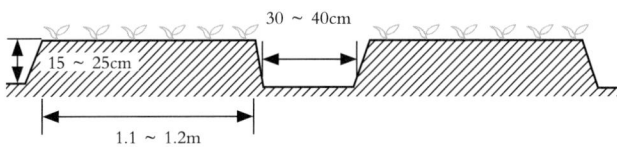

高床育苗示意

优点是床面高，排水良好；床面耕作层土壤温度高，通气性好，有利于微生物活动，有机质分解快，促进土壤养分转化；增加肥土层厚度，有利于苗木生长发育。步道可作为排水沟，也可用作侧方灌溉，床面不容易发生板结。缺点是床面往往容易干旱缺水，作床和后期管理费工。

高床育苗多适用于中国北方气温较低、降水较多、寒冷湿润地区，易积水及盐渍化较高的苗木地。南方降雨量多或者排水不良的黏质土壤苗圃地以及对土壤水分比较敏感、需精细管理的树种，如落叶松、杉木、柳杉、马尾松、红松、云杉、冷杉和油松等多数针叶树种和部分阔叶树种。不适合在北方西部风沙大的干旱、半干旱地区采用。

大型苗圃多采用育苗机械作床。如黑龙江省林业机械研究所设计的 ZC1.25 型筑床机作床，床宽 1m，步道宽

0.5m，比人工作床效率提高 120 倍；辽宁省新民县机械林场制造的机引 ZOX-1.1 A 筑床机，所作苗床的规格为床高 15～22cm，床宽 1.1m，每 4 小时可作床 1hm²。

参考文献

刘勇, 2019. 林木种苗培育学[M]. 北京: 中国林业出版社.

沈海龙, 2009. 苗木培育学[M]. 北京: 中国林业出版社.

翟明普, 沈国舫, 2016. 森林培育学[M]. 3版. 北京: 中国林业出版社.

（白淑兰，郝龙飞）

高径比　height to diameter ratio

苗高与地径之比。反映苗木高度和粗度的平衡关系。

见苗木质量形态指标。

（刘勇）

格木培育　cultivation of *Erythrophleum fordii*

根据格木生物学和生态学特性对其进行的栽培与管理。格木 *Erythrophleum fordii* Oliv. 为豆科（Leguminosae）格木属树种，在哈钦松和克朗奎斯特等分类系统中属于苏木科（Caesalpiniaceae）；国家二级重点保护野生植物，中国珍贵用材树种。

树种概述　常绿乔木。二回羽状复叶，羽片通常 3 对，每羽片小叶 8～12 片。由穗状花序排成圆锥花序，长 15～20cm。荚果长圆形，扁平，长 10～18cm，宽 3.5～4cm，厚革质；种子长圆形，稍扁平，黑褐色，长 2～2.5cm，宽 1.5～2cm，千粒重 800～1000g，种皮黑褐色。花期 5～6 月，果期 8～11 月，种子成熟期 10～11 月。自然分布于中国南部和越南北部，分布范围主要在北纬 16°～24°。适生于平均气温 20℃ 以上、年降水量 1200～2000mm 的南亚热带至北热带的湿润型气候区。心边材区分明显，边材浅黄色或黄褐色，心材红褐色或栗褐色，具光泽，无特殊气味。以心材利用为主，硬度高、耐腐蚀、纹理美观，可用于建筑、家具、地板和工艺品等；种子、树皮和叶内含萜类化合物，具有抗氧化、抗癌等功效；伐桩可天然产生赤芝［*Ganoderma lucidum* (Curtis) P. Karst］；具根瘤；是材用、药用、园林绿化、生态效益兼优的优良乡土树种。

苗木培育　播种育苗。采取分段式容器育苗，即先培育芽苗，然后上袋。种子在低温干燥条件下可长期储藏，春播或秋播均可。

林木培育　人工林以用材林培育为主。

造林　选择土层深厚、肥沃、湿润的中下坡立地。采用 2～3 年生苗木造林效果为佳。以混交林营造为主。早期耐阴，且适当庇荫有利于控制虫害，故伴生树种以生长速度高于格木，且冠幅较小或透光较好的树种为宜，如桉树、西南桦等；与红锥、米老排等树冠浓密的树种混交，则株行距宜适当加大，避免中期种间竞争过强导致格木受压。混交模式以**带状混交**或**块状混交**为好，带状混交的格木带宽以 10～15m 为宜，块状混交的格木面积 200～300m²。林下套种时，上层林木郁闭度早期以 0.3～0.5 为宜，中后期根据格

林下套种格木（中国林业科学研究院热带林业实验中心）

木生长进行适当调整。

抚育 以培育大径材为目标，采取分段式目标树经营。早期通过混交竞争和光照控制协调生长和虫害平衡，形成通直主干，修除1/2树高以下萌条和大枝；中期选择目标树，伐除干扰树，保留450～750株/hm²为宜，修除1/2树高以下大枝；后期进行疏伐，促进径生长，保留150～225株/hm²为宜，修枝高度以10～15m为宜。

参考文献

黄忠良，郭贵仲，张祝平，1997. 渐危植物格木的濒危机制及其繁殖特性的研究[J]. 生态学报，17(6): 671-676.

赵志刚，郭俊杰，沙二，等，2009. 我国格木的地理分布与种实表型变异[J]. 植物学报，44(3): 338-344.

赵志刚，王敏，曾冀，等，2013. 珍稀树种格木蛀梢害虫的种类鉴定与发生规律初报[J]. 环境昆虫学报，35(4): 534-538.

（赵志刚）

隔离林带 greenbelts between community

城市区域为了组团间的区位分隔或特定的目的而构建的具有隔离和安全防护功能的森林景观带。包括基于城市建设发展的特征而设置以防止城市组团建设的无序蔓延、维护及提升城市生态环境质量的隔离林带；根据城市区域特定的目的需求而设置的沿海、内河、湖泊等水岸灾害防护林带；铁路、高速公路、主干公路侧的污染防护林带；工业区与居住区间的隔离环保林带；产生有害气体、粉尘及噪声污染的工厂周边的防污染林带；城市区域的大面积森林区、森林斑块及森林公园的生物防火林带及生物灾害防护林带等。

构建原则 ①因地制宜、适地适树，增强生态、社会及经济效率。②科学规划，合理设计、布局及管理。③政府主导、社会参与。即发挥政府的政策保障、规划控制、创新引导、资源协调和技术推广等作用，推进全社会的广泛参与。④坚持生态优先、功能协调和生态保护、维护生态安全等原则。

构建技术 ①树种选择：依照隔离目的，遵循树种的生物生态学、生理生态学及景观生态学等原理，以乡土树种优先的原则进行遴选。组团隔离带遴选速生、郁闭快的常绿阔叶或落叶乡土乔灌木树种。各类防护林带树种遴选具有极显著的防止、抑制、防治及防护性能的树种，如防止风暴及环境灾害、隔音、吸储或抗污染、抑火耐火、抑制病虫害、防护水土流失等生理生态性能显著的树种。②林带宽度：能够有效地防止组团间的无序蔓延，有效防治或阻断灾害蔓延扩散的林带宽度；且必须遵照城市建设规划的建设用地规范执行。各类安全防护林型的隔离林带宽度通常参照30～50m或大于50m进行构建。③植被群落配置：依据隔离目的构建纯林型或混交林型的隔离林带；林带群落以乔木为主结合灌木、草被进行科学配置，乔灌木种群配置则遵循树种的长期适应性和生境条件构建。④群落密度等生态指标：组团间及水岸、铁路、公路侧防护林带的乔灌木密度可参照600～750株/hm²、郁闭度0.55～0.76；阻隔污染及生物防护林带的密度可参照750～1150株/hm²、郁闭度0.70～0.85。生物防火林带等要依据风向确定其定位；防污染林带依据迎污染面、背污染面确定林带的透风系数，并确定种植树种胸径、树高、侧枝及冠幅等指标。这些技术指标均要因地制宜，按照当地城市森林建设规划设计及相关标准和实验研究结果的指标进行构建。

（陈步峰）

根插育苗 seedling production by root cutting

用植物的根作为插穗扦插培育苗木的方法。是枝插生根较困难树木的一种育苗方法。易产生根蘖的树种适合根插育苗，如香椿、泡桐、毛白杨、香花槐等。

准备根插 选择健壮的幼龄树或1～2年生苗木作为采根母树，以1年生根条为好。若从单株树木上采根，一次采根不能太多，以免影响母树的生长。采根一般在树木休眠期进行，采根时尽量不伤及根皮，采后及时剪截成根段并埋藏，以防失水。根据树种不同，根段剪成不同规格，一般长15～20cm，较粗一端直径为0.5～2cm。为区别根段的形态学上下端，可将上端剪成平口，下端剪成斜口。有些树种如香椿、刺槐、泡桐等可用细短根段，长3～5cm，粗0.2～0.5cm。

扦插 一般在早春进行，扦插前平整插床，灌足底水。将根段垂直或倾斜插入土中，务必注意形态学上下端，不要倒插。如无法区分根段的上下端可平埋于土中。扦插深度一般为上端与地面平，或露出地面1～2cm，覆土踏实。扦插后到发芽生根前要保持苗床湿润，但不要灌大水，以免地温降低和水分过多引起根段腐烂。对根系多汁、根段易腐烂的树种，如泡桐，在扦插前应放至阴凉通风处1～2天，使其略失水后再扦插。根插后圃地用地膜覆盖可显著提高成活率，但幼芽出土后要及时在出芽处将地膜穿孔使芽苗伸出，防止日灼。

参考文献

成仿云, 2012. 园林苗圃学[M]. 北京: 中国林业出版社: 186–217.

刘勇, 2019. 林木种苗培育学[M]. 北京: 中国林业出版社: 218–256.

沈海龙, 2009. 苗木培育学[M]. 北京: 中国林业出版社: 172–178.

孙时轩, 刘勇, 2002. 林木育苗技术[M]. 北京: 金盾出版社: 105–116.

（祝燕）

根长　root length

从靠近地表处的根基部至根端的自然长度。

见苗木质量形态指标。

（刘勇）

根幅　root width

从靠近地表处的主根基部至四周侧根的长度。

见苗木质量形态指标。

（刘勇）

根接　root grafting

以根段为砧木的嫁接方法。根段长度10cm，粗0.5～1.0cm为宜，最好带须根。可选用育苗起苗后残留在土壤中的健壮主侧根作砧木，利于高倍再利用林木的根砧、良种接穗。多采用劈接、切接或者倒腹接等方法进行嫁接。根接应于休眠期进行，若根段较接穗细，可将1～2个根段倒腹接插入接穗下部。根接完成后严紧绑缚。根接法可以省去砧木的培育过程，达到多快好省的繁殖效果，成本低见效快，方法简便易行，适宜嫁接的时间长，一般在休眠期室内外都能进行嫁接，当年成苗，是快速繁育良种、快速建园、降低建园成本的有效途径。

根接

1. 劈接；2. 倒腹接

参考文献

杨振宏, 2002. 果树根接技术[J]. 河北果树(2): 54.

郗荣庭, 2009. 果树栽培学总论[M]. 3版. 北京: 中国农业出版社: 143–144.

（侯智霞）

根蘖更新　root sucker regeneration

利用根部不定芽萌发成幼苗幼树恢复森林的天然更新方式。如山杨、刺槐、臭椿、香椿、泡桐、毛白杨、赤杨、相思树、山毛榉、檫树等阔叶树种具有根蘖能力。

实际应用主要见于杨树和刺槐林的更新，欧洲山樱也常用根蘖更新。自然界很多树种以根蘖更新来应对不利的生存环境，如在黄土高原和沙区生长的沙棘，常常通过根蘖繁殖不断更新扩大自然种群规模。根蘖更新与萌芽更新一样属于无性更新，但由于根蘖更新起源于根系，其生理状态更接近种子更新，且形成的树干直干性好，不易产生心腐，更新林分的质量优于萌芽更新。

参考文献

汉斯·迈耶尔, 1986. 造林学: 第一分册[M]. 肖承刚, 贺曼文, 译. 北京: 中国林业出版社.

翟明普, 沈国舫, 2016. 森林培育学[M]. 3版. 北京: 中国林业出版社.

（张鹏）

根蘖育苗　seedling production by root sprouting

利用树木的根蘖特性繁殖苗木的营养繁殖育苗方法。

有些树种根部周围的不定芽容易萌发形成根蘖苗，采用断根方式可促发根蘖苗，形成的根蘖苗脱离母体可成为新个体。可以根蘖育苗的常见树种有胡杨、毛白杨、香椿、榛子、火炬树、杜仲、山楂、紫玉兰、沙棘、枸杞、枣、酸枣、石榴、紫薇、丁香、连翘、柠条、沙柳、黑莓等。

春季萌芽前在母树周围环状断根，用修枝剪修整根系，填土踏实。经过一个生长季，一般在秋末至翌年春季便可成苗，进行移栽。这种方法能充分利用植物的根系获得幼苗，就地取材，方法简便。但产苗量少，且存在苗木不整齐、苗木根系不发达、移栽成活率低等缺点，不适宜大规模育苗。

参考文献

张会杰, 李培利, 尹东林, 2012. 平欧大榛子根蘖育苗技术[J]. 吉林林业科技, 41(6): 44, 52.

（王乃江）

根生长潜力　root growth potential

以发根能力评价苗木质量的活力指标。能较好地预测苗木活力及造林成活率。由美国学者斯通（Stone）于1955年提出，在苗木质量评价中得到广泛应用，是评价苗木质量可靠的方法之一。

测定方法　先将苗木根系的所有白根尖去掉，然后将苗木栽植在装有混合基质（如泥炭和蛭石的混合物）、沙壤或河沙的容器中，置于最适宜根系生长的环境（如白天温度25℃±3℃，光照12～15小时；夜间温度16℃±3℃，黑暗9～12小时。空气相对湿度60%～80%）下培养，保持苗木所需的水分（一般2～4天浇一次水）。28天后将苗木小心取出，洗净根系的泥沙，统计新根生长情况。

表达方式 分为两类：①反映苗木发根状况，如新根生长点数量 (TNR)；②反映根伸长情况，如大于 1cm 长新根数量 (TNR>1)、大于 1cm 长新根总长度 (TLR>1)、新根表面积指数 (SAI = TNR>1 × TLR>1)、基部粗度大于 1mm 的 I 级侧根数量、新根鲜重、新根干重、新根表面积和新根体积等。

苗木在形态和生理上的各种改变都会在根生长潜力上反映出来，可以根据根生长潜力预测苗木的造林成活潜力，也可以根据不同发育阶段的根潜力状况确定最佳起苗和造林时间。

根生长潜力的不足之处在于其测定所需时间较长，一般 2～4 周，不能快速评定苗木活力。适用于作为苗木活力测定的基准方法，用于科学研究和生产上因苗木质量发生纠纷时的仲裁手段。

参考文献

刘勇, 等, 1999. 苗木质量调控理论与技术[M]. 北京: 中国林业出版社: 1-82.

刘勇, 2019. 林木种苗培育学[M]. 北京: 中国林业出版社: 309-337.

沈国舫, 翟明普, 2011. 森林培育学[M]. 2版. 北京: 中国林业出版社: 170-174.

（刘勇）

工厂化育苗　seedling production by nursery factory

在人工创造的环境条件下，采用现代生物、环境调控、无土栽培、施肥灌溉和信息管理等技术，进行专业化和自动化生产，实现高效稳定地生产优质苗木的规模化育苗方式。工厂化育苗是设施育苗的高级形式。

工厂化育苗最常见的形式是组织培养工厂化育苗和工厂化容器育苗。组织培养工厂化育苗是以组织培养技术为基础，大规模生产优良无性繁殖材料，如桉树、杨树、辐射松和葡萄等育苗。工厂化容器育苗是在容器中装填固体基质，将种子、插穗或幼苗直接放入基质中进行苗木培育。

工厂化育苗采用智能控制技术实现育苗过程的自动化和数字化，为植物繁殖材料提供最适宜的温度、光照、水分和通气等环境条件，使繁殖材料在最适宜的环境中快速发芽、生根和成苗。与传统育苗方式相比，林木工厂化育苗具有用种量少、占地面积小、育苗周期短、育苗效率高、成本低、苗木规格整齐和造林成活率高等优点，可以做到周年连续生产。但工厂化育苗要求具有成熟的育苗技术标准和完善的操作管理规范，仅有少数树种能满足上述条件，如桉树、辐射松等，而大部分树种的工厂化育苗受到了限制。

参考文献

沈国舫, 翟明普, 2011. 森林培育学[M]. 2版. 北京: 中国林业出版社: 155-163.

许传森, 许洋, 2006. 林木工厂化育苗新技术[M]. 北京: 中国农业科学技术出版社.

翟明普, 2011. 现代森林培育理论与技术[M]. 北京: 中国环境科学出版社: 139-170.

Hartmann H T, Kester D E, 2013. Plant propagation: principles and practices [M]. 8th Edition. Pearson: 263-292.

（浃香香）

工业原料林　industrial plantation

为特定工业用途提供原料而营造、采用定向培育和集约经营的产量和质量达到特定工艺要求的人工林。又称工业人工林。属于商品用材林的一部分。

工业原料林具体可指在相对较好的立地条件下，通过良种壮苗和集约化经营定向为制浆造纸、建筑、家具、装饰等林产工业提供原料的林分。高度集约定向培育的工业原料林，可在较短时间内提供大量木材等工业原料，摆脱传统林业生产周期长、资金周转慢、缺乏投资吸引力等经营困境，赋予林业新的生机。发展工业原料林是解决木材供需矛盾、保护天然林资源的有效途径，是维护经济和生态协调发展的必然选择。

1964 年美国学者 Young 首先提出工业原料林短轮伐期和全树利用的概念，随后世界各国逐渐开展工业原料林定向培育技术研究，建立了大量工业原料林，如热带区域桉树人工林，北美和欧洲的北美黄杉、火炬松人工林，新西兰的辐射松人工林，意大利的杨树林等。中国工业原料林研究始于 20 世纪 80 年代，2002 年张守攻等详细论述了工业原料林培育和高效利用，奠定了中国工业原料林的发展体系。中国建立了大量的桉树、杨树、马尾松、杉木等树种的工业原料林。

参考文献

张守攻, 2002. 工业人工林的培育和高效利用——21世纪我国木材供需战略的必然选择[M]. 北京: 中国林业出版社.

（孙晓梅，陈东升）

公益林　public welfare forest

以维护和改善生态环境、维持生态平衡、维持生物多样性等满足人类社会可持续发展需求为主体功能，以提供公益性的森林生态和社会服务产品为主要经营目标的森林。

根据森林分类经营的原则，将生态区位重要、生态脆弱和有特殊需求的森林、林木及宜林地划定为公益林。通过对公益林的培育和经营，建立稳定和高效的森林生态系统，以发挥森林保护国土生态安全、改善生态环境、服务国防和科学实验及经济社会可持续发展需求等重要作用。

公益林分类：根据林种划分为水源涵养林、水土保持林、防风固沙林、农田防护林、护路林、护岸林等防护林，以及风景林、环境保护林、名胜古迹纪念林、国防林等特用林。根据主体功能划分为满足自然生态需求为主体功能的生态性公益林（生态林）和以满足人类生态需求为主体功能的社会性公益林（社会林）。根据公益林建设、保护和管理的投入事权划分为国家生态公益林和地方生态公益林（包括省级、市级和县级）。根据保护程度划分为重点生态公益林和一般生态公益林，重点生态公益林主要分布在长江、黄河及各省（自治区、直辖市）内对主要江河湖泊水库起到保持水土、涵养水源、防风固沙作用的区位，以发挥生态公益效能为主要目的；一般生态公益林以发挥生态环境保护作用为主，又可适当生产非木质林产品。

公益林培育与经营的主要目的是最大限度地发挥森林的生态功能，在这一前提下可尽可能地获取一定的经济收益。实际上大部分公益林在发挥生态功能的同时，也能生产一定的林副产品，并获取一定的经济收益。由于公益林的特殊经营目的，国家和社会必须为公益林经营者提供一定的经济补偿，以保证公益林的可持续经营。公益林的经济补偿标准以当地经济发展水平为依据进行测算。随着经济建设的需要和生态保护需求的增加，公益林与商品林在一定程度上可以互相转换。如新修大中型水库后，在水库周围的商品林就要转为公益林。公益林经营过程中应根据不同的生态功能分别制定不同的经营技术措施和林政管理办法，包括区划、调查、管护、抚育、改造、更新等技术标准和管护制度，加强公益林的保护。

参考文献

沈国舫, 2001. 森林培育学[M]. 北京: 中国林业出版社.

翟明普, 沈国舫, 2016. 森林培育学[M]. 3版. 北京: 中国林业出版社.

（马祥庆, 闫小莉, 吴鹏飞）

构树培育　cultivation of paper mulberry

根据构树生物学和生态学特性对其进行的栽培与管理。构树 Broussonetia papyrifera (L.) L'Hért. ex Vent. 为桑科（Moraceae）构树属树种，别名楮；优良纸浆、饲料、园林绿化、水土保持、石漠化治理、生物质能源等树种。

树种概述　落叶小乔木，常呈灌木状。雌雄异株，雄花花序为柔荑花序，雌花花序球形头状。聚花果球形，肉质，径 2～2.5cm，熟时橙红色。花期 4～5 月，果 8～9 月成熟。种子千粒重 1.5～3.0g。产于中国华北、西北至华南、西南，低山、沟谷、溪边习见树种，东北南部有栽培。日本、越南、印度等国亦有分布。强喜光树种，适应性、抗逆性非常强，耐干冷、湿热；耐干旱瘠薄，也能生长在水边；喜钙质土，也可在酸性、中性土上生长；生长较快，萌芽力强；耐修剪；根系较浅，但侧根分布很广。对烟尘及有毒气体抗性很强，病虫害少。木材可供家具、家具和薪材用；叶可做蛋白饲料；树皮是造纸、纺织的优质原料；根、茎、叶、果实及种子均可入药；也可作为木本模式植物。

苗木培育　繁殖容易，可通过人工播种、母树飞籽、扦插、根蘖、压条、组织培养等方法繁殖育苗。构树种子多（单株可收获几万甚至十多万粒种子）且生活力强，母树附近常多生小苗。营养繁殖可有意避免雌株。根插容易成活，硬枝扦插成活率低。春季可用半木质化穗条、夏季选顶芽穗条扦插，秋冬季节不宜扦插。

林木培育　构树造林限制条件较少，可集中连片，也可见缝插针，在干旱瘠薄、石漠沙荒地和沟、塘、库岸以及溪流两侧、房前屋后等均可栽植，以土层深厚肥沃的低山、丘陵缓坡地带造林最佳。造林密度依经营目的而定，纸浆林可采取 1.0m×1.0m 株行距；饲料林 1.0m×2.0m；林粮、林药间作，可采取 3.0m×3.0m 或 3.0m×4.0m；果用林以4.0m×5.0m 或 4.0m×4.0m 为宜。间作林地结合中耕除草进行抚育，无间作构树的抚育管理主要是在造林当年进行松土除草作业，果用林还要注意适时摘芽和整形修剪。

参考文献

彭献军, 沈世华, 2018. 构树: 一种新型木本模式植物[J]. 植物学报, 53(3): 372–381.

彭玉华, 曹艳云, 黄志玲, 等, 2008. 构树扦插育苗试验[J]. 广西林业科学, 37(1): 35–37.

杨秀淦, 王洪峰, 2012. 构树繁殖与栽培技术[J]. 热带林业, 40(1): 18–21.

（李广德）

光皮梾木培育　cultivation of Cornus wilsoniana

根据光皮梾木生物学和生态学特性对其进行的栽培与管理。光皮梾木 Cornus wilsoniana Wanger. 为山茱萸科（Cornaceae）山茱萸属（梾木属）树种，别名光皮树；具有重要生态和经济价值，是理想的食用油和生物柴油原料树种。

树种概述　落叶乔木。近塔形圆锥状聚伞花序顶生，花序总梗长约 2cm；花两性。核果球形，直径 5～7mm，果核骨质。花期 4～5 月，果熟期 10～11 月。主要分布于黄河

图 1　光皮梾木开花状

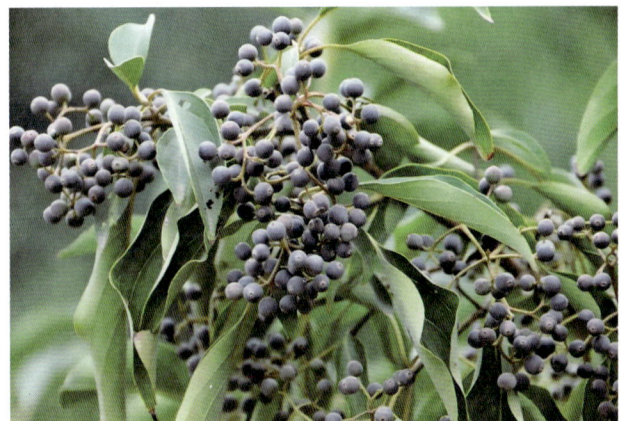

图 2　光皮梾木结果状

以南地区，集中分布于长江流域至西南各地的石灰岩区，垂直分布于海拔1000m以下，海拔200～400m处分布较多。中国陕西、甘肃、浙江、江西、福建、河南、湖北、湖南、广东、广西、四川、贵州等省区有分布，以江西、湖北等省最多。适应性强，耐干旱瘠薄，根系发达，穿透力强；对温度的适应范围广，能耐42℃的高温及-30℃的严寒；喜钙耐碱，在盐分含量0.20%～0.39%的盐碱地上也能正常生长发育；土壤pH、钙含量是影响光皮梾木生长好坏的决定因素，最适pH4.5～8.6。全果富含油脂，且油脂不饱和脂肪酸含量高，其中油酸和亚油酸高达77.68%，是良好的食用油，也可以加工成生物柴油；木材可作建筑、家具、雕刻、农具及工业制板等用材；树干挺拔、清秀，是良好的园林绿化和生态树种。

良种选育 湖南省林业科学院自20世纪80年代后期开始，开展光皮梾木的良种选育和推广工作。收集了湖南、江西、广西、广东、福建、湖北、重庆、河南等地的光皮梾木单株236株，包括32个地理种源。2010年收集种质45份在湖南浏阳市龙伏长期科研基地、龙山县可立坡林场、湖南省林业科学院试验林场和广东省乐昌龙山林场嫁接保存。随后选育出6个优良无性系，并通过了国家良种认证（湘林G1～G6号），4个优良无性系通过湖南省林木良种审定委员会审定（表1）。

苗木培育 主要采用播种育苗和扦插、嫁接等无性繁殖育苗。

播种育苗 育苗的圃地要在冬季进行深翻，打碎整平，并进行土壤消毒，施生石灰300～375kg/hm²，并加2%～3%的青矾（FeSO₄）液进行消毒。移植床作床前，应将基肥均匀地撒在苗圃地和土拌匀。基肥可施枯饼1.5t/hm²，复合肥3t/hm²。苗床宽130cm，高15～20cm。为防止苗圃积水，要开好中沟和边沟。播种前种子可用1%～2%的石灰水或甲基托布津浸泡24小时，取出薄摊阴干后播种。种子要求随采随播，一般采取冬播；春播要求立春前播完，播种量45～60kg/hm²。春季播种一定要进行催芽。采用撒播，将种子均匀播下，然后覆1cm厚经细筛的黄心土，上面再用稻草覆盖。采用地膜覆盖效果更好。春播一个月左右出土，待种子出土20%～60%时进行第一次揭除覆盖物，并保留一定数

量的稻草，待种子出土达50%时，全部揭除。揭除覆盖物，要求在阴雨天或傍晚时进行，动作要轻，防止起苗伤芽。小苗4叶时移栽，做到根舒苗正，压实，浇足定根水。及时除草松土，做到除早、除小、除了；看苗施肥，追肥要少量多次、先稀后浓，全年追施尿素150kg/hm²。雨季要及时清沟排水，做到雨后无积水；旱季灌溉要做到及时灌溉，浅灌、慢灌，一般是傍晚灌水，次日清晨放水。当年的光皮梾木实生苗高可达80～100cm、地径0.7～1cm，单产以30万～45万株/hm²为宜。

扦插育苗 选用当年生的光皮梾木嫩枝，生根时间短，生根率可达90%以上。①剪取插穗。长度8cm，切口为上平下斜形，保留2～3片小叶，用200mg/L吲哚-3-丁酸（IBA）处理插穗0.5～1小时。②建插床。在全光喷雾大棚（覆盖进口塑料薄膜）中铺建苗床，苗床宽1.2m，深30cm，长度控制在15m左右。苗床与苗床之间间隔30cm，苗床四周用木板挡实。在苗床底部铺一层厚10cm的细河沙以利排水。用珍珠岩、泥炭、蛭石按1：1：1的比例填充。扦插前5～7天用2%的高锰酸钾溶液喷洒基质进行消毒处理。③扦插。以8月中旬为最好，扦插密度为6cm×5cm，扦插深度为插条的1/2左右，形态顶端向上，覆少量的土压实。扦插完毕后一次性浇透水。④管理。对扦插后的光皮梾木采用全光喷雾管理，前30天应保证大棚内空气相对湿度95%以上。晴天，当光皮梾木叶片上的水膜蒸发到只剩下1/3时开始喷雾，间隔10～30分钟喷雾10～30秒，夜晚或阴雨天则减少喷雾次数，加大间隔时间。当光皮梾木开始生根后，应适当减少喷雾次数，完全生根后，只在晴天中午前后进行喷雾，具体情况要根据天气状况灵活掌握。间隔10天将腐烂的光皮梾木插穗拔出烧毁或掩埋，并用1000倍液的多菌灵或甲基托布津溶液喷雾杀菌（在傍晚停止喷雾后进行），以防止细菌感染。充分炼苗后，可于秋季或翌年春季移栽大田。

嫁接育苗 嫁接培育过程中的圃地选择、整地、苗期管理要求与光皮梾木实生苗培育相同。砧木选用1年生光皮梾木实生苗，接穗来自健壮的成年结果母树，要求枝条健壮，芽饱满，随采随接，注意保湿。嫁接后0.5～1个月检查成活率，年底检查生长量。苗高从接穗萌芽2cm处测

表1　4个光皮梾木优良无性系

名称	编号	特性	选育年份
湘林G1号	国-R-SC-CW-008-2007	生长势旺，树冠圆形。果实未成熟时为红黄色，成熟呈桃红色间灰白色，平均冠幅面积产果1.46kg/m²，鲜果千粒重126g，干果含油率为34.15%，连续4年平均亩产油达80.16kg	2001
湘林G2号	国-R-SC-CW-009-2007	树体生长旺盛，树冠紧凑，分枝均匀；果实较小，果皮略薄，结实早，产量高，丰产性能好，出油率高。果实未成熟时为深绿色，成熟后黑色，平均冠幅面积产果1.37kg/m²，鲜果千粒重116g，干果含油率为32.71%，连续4年平均亩产油90.16kg	2001
湘林G5号	国-R-SC-CW-012-2007	树体生长旺盛，树冠紧凑，分枝均匀；果实较大，果皮薄，结实早，在紫色页岩土壤上生长良好。成熟果实呈黑紫色，平均冠幅面积产果0.82kg/m²，鲜果千粒重160g，干果含油率为33.11%，连续4年平均亩产油达66.26kg	2003
湘林G6号	国-R-SC-CW-013-2007	树体生长旺盛，树冠紧凑，分枝均匀；果实略大，果皮薄，结实早，产量高。成熟果实呈深紫色略黑，平均冠幅面积产果0.83kg/m²，鲜果千粒重140g，干果含油率为31.73%，连续4年平均亩产油达68.3kg	2003

量。采用秋季三刀法露芽腹接效果最好，最佳嫁接时间为9月初至10月下旬，嫁接苗的成活率可高达95.7%。具体操作步骤为：①削穗。在芽的背面或侧面光滑平直的上方或下方1.8cm处起，直削一平削面，长2.5～3cm，深达木质部。在芽的上方1.0cm切断接穗，形成平滑断口。下端在芽中点的另一侧方1.8cm处，斜削成45°光滑斜面。沿此方向再削一短削面。切接、腹接削法大体相同，区别在于腹接长削面要削通接穗。②削砧切接。在砧木离地面10cm左右断砧，选光滑的一侧，从断面往下直削一刀，稍带木质部，长2.7～3.2cm。腹接先不断砧，接活后再断砧。③嫁接与包扎。将削好的接穗插入砧木内，对准形成层，下贴皮，用塑带扎紧扎牢，砧木伤口也要包扎严实，露出芽眼；嫁接后管理按种子育苗方法进行后期管理。嫁接繁殖是目前成活率最高、成本最低的光皮梾木良种的无性繁殖方法，还可使树体矮化。

林木培育

立地选择　选择海拔1000m以下（西南高山地区可以选择海拔1800m）区域种植。坡度25°以下，土层中至深厚，红壤、黄壤或黄棕壤，pH 4.0～8.6，石灰岩和钙质页岩地区可发展油材兼用林。山区谷地宽度不足50m，光照条件差的两侧山，不宜经营油料林。土层厚度、土壤肥力和坡度3个因子符合表2中指标。

表2　立地条件指标

等级	坡度（°）	土层厚度（cm）	土壤肥力（土层10～30cm）		
			有机质（%）	全氮（%）	容重（g/cm³）
I	<10	>60	>1.2	>0.14	<1.00
II	10～25	40～60	1.0～1.2	0.08～0.14	1.00～1.30
III	>25	<40	<1.0	<0.08	>1.30

整地　一般应在苗木定植一个月前整好地。亚热带宜秋季或冬季整地，暖温带可在春季植苗前整地。山地、丘陵、平原一般采用穴状整地，规格为50cm×50cm×50cm；坡度<35°时采用带状整地，带宽60cm以上，带长根据地形确定，株行间应尽量保留自然植被。对于杂草、灌木丛生、堆积有采伐剩余物，不清理林地无法整地或整地很困难的造林地，应先进行清理。光皮梾木造林适宜带状清理、全面清理和团块状清理3种方式。

栽植　采用1～2年生优良种源种子繁育的实生苗或优良无性系嫁接苗和扦插造林。实生苗和无性系苗均应达到《光皮树苗木质量分级》（LY/T 2530—2015）I级或II级苗标准。造林前根据光皮梾木苗木的特点和土壤墒情，对苗木进行修根、修枝、剪叶、苗根浸水、蘸泥浆等处理；也可采用促根剂、蒸腾抑制剂和菌根制剂等处理苗木。宜在冬季植苗，春季植苗应在苗木萌芽前半个月完成；冰冻严重地区及暖温带宜在春季冰冻解除、苗木萌芽前半个月完成。定植苗木时，先将苗木放入已回填土、肥的栽植穴内，将苗根展开平放在穴内土面上。防止根系弯曲成团和根尖向上。苗放好后填土到根颈处，压紧苗木周围土壤，培土呈圆形土盘。造

林密度因不同培育目标而定，用材林一般采用实生苗造林，密度为1667株/hm²（3m×2m）或2500株/hm²（2m×2m）；油料林采用嫁接苗造林，密度为830株/hm²（4m×3m）；油料和用材兼用林一般用嫁接苗造林，密度为1111株/hm²（3m×3m）。

整形修剪　用材林、防护林无须整形修剪。以生产果实为主要目的油料林需整形修剪，以促进丰产树体和群体结构形成。实生苗造林，选择主干疏层形作为丰产树形；嫁接苗造林，选择自然开心形作为丰产树形；立地条件好、树势强的植株宜选择主干疏层形作为丰产树形。幼树修剪为整形的辅助措施，以促进整形任务的完成为目标。生长期以抹芽和摘心为主，自萌芽基部抹除过密幼芽，对选留的主枝、副主枝、侧枝，在新梢先端30～40cm处摘心，促发新的侧枝；休眠期以疏删和短截为主，自分枝基部剪除过密枝、重叠枝、交叉枝，对选留的主枝、副主枝、侧枝，剪去枝条先端不充实部分。结果树修剪以维护已成型的丰产树形及促进结果枝更新为目的，主要在休眠期进行，主要措施为疏删和短截。疏删是为了维护丰产树形，疏删对象是徒长枝、病虫枝；短截是为了促发新的结果枝。对衰老树则进行更新修剪。

油料林栽植当年进行定干，干高40～60cm。根据树形生长特性主要分为自然开心形和主干疏层形两种定干树形。

幼林抚育　用材林、防护林造林后前三年，每年于夏、秋两季各进行一次抚育，采用带状或穴状方式砍除杂草、灌木，可围蔸松土。油料林每年中耕除草2～3次，全面砍除或铲除林地内灌木、杂草，并结合施肥围蔸松土。树盘下进行割草覆盖保墒。

施肥灌溉　用材林、防护林成林前可适当施肥，成林后可不施肥。油料林必须长期施肥。光皮梾木春梢萌动期、开花期及果实膨大期需水量大，降水较少的地区或年份应及时灌溉。多雨季节或园地积水时应及时排水。秋季花芽分化期及果实成熟期多雨时，为促进花芽分化和提高果实含油率，需适当控水。排水和控水的主要方法为开沟排水。

花果管理　油料林为提高果实品质，减少树体营养消耗，缩小大小年差异，应采取必要的疏花疏果措施，疏除部

图3　光皮梾木植株

分花序或花序分枝。在光皮梾木开花坐果期叶面喷施 2～3 次营养液，生产上常采用 0.2%～0.5% 尿素 +0.2% 磷酸二氢钾 +0.1%～0.2% 硼酸混合液等营养液肥，能显著提高花质。果实膨大期喷施 0.3%～0.5% 的磷酸二氢钾 1～2 次，有良好的壮果作用。盛果期在枝组上环割 1～2 圈，促果增大和提高含油率，同时抑制夏梢生长。防止大小年的出现。增施有机肥，保持土壤疏松、湿润，树势强健，为翌年防止生理落果打下基础；花期和幼果期出现异常高温干旱天气，对树冠喷水，可有效降温、提高坐果率；第二次生理落果前减少氮肥的使用量，减少夏梢抽发，减轻梢果矛盾，提高坐果率。果实颜色由绿色转为黑色时开始采摘。

病虫害防治　光皮梾木对病虫害具有一定的抵抗能力。主要病虫害有食叶虫、蛀干虫、白蚁和吉丁虫 4 种。①食叶虫防治。人工收集地下落叶或翻耕土壤，以减少越冬蛹的基数，成虫羽化盛期应用杀虫灯（黑光灯）诱杀等措施，有利于降低下一代的食叶虫虫口密度。在食叶虫幼虫 3 龄期前喷施生物农药或病毒防治。地面喷雾，用药量 Bt3000 亿国际单位 /hm²、青虫菌乳剂 1 亿～2 亿孢子 /mL、阿维菌素 6000～8000 倍液。②蛀干虫防治。一是捕捉或用农药喷杀啃食树皮的成虫；二是用锤子锤产卵的刻槽，以消灭卵块；三是用药签或药棉堵塞排粪孔，熏（毒）杀幼虫。白蚁取食树皮甚至心材，可用白蚁诱杀装置和白蚁诱饵剂进行诱杀。

参考文献

李昌珠, 蒋丽娟, 2018. 油料植物资源培育与工业化利用新技术[M]. 北京: 中国林业出版社.

李昌珠, 蒋丽娟, 李培旺, 等, 2005. 野生木本植物油——光皮树油制取生物柴油的研究[J]. 生物加工过程, 3(1): 42-44, 53.

李昌珠, 张良波, 李培旺, 2010. 油料树种光皮树优良无性系选育研究[J]. 中南林业科技大学学报, 30(7): 1-8.

李党训, 李昌珠, 陈永忠, 等, 2005. 植物燃料油原料树种光皮树繁殖技术的研究[J]. 林业科技开发, 19(3): 33-35.

胡冬南, 万晓敏, 谢风, 等, 2013. 光皮树嫩枝扦插繁殖技术[J]. 经济林研究, 31(2): 146-150.

（李昌珠，张良波）

光休眠　photodormancy

种子休眠的特殊类型。有生活力的种子，由于光照条件不适宜而不能正常萌发的现象。种子萌发需要适宜的温度、水分和氧气，三者缺一不可，但有些种子萌发时对光照条件的要求也很严格，光的存在会诱导或助长休眠，称为忌光性种子或需暗性种子。相反，把因光的存在而缩短或解除休眠的种子称为喜光性种子或需光性种子。还有一类种子，有无光照都可以顺利萌发。

现有研究认为，种子萌发的需光与忌光特性主要与种子内部存在的光敏素这种调控物质有关。种子中的光敏素有两种存在形式，即红光吸收型（Pr）和远红光吸收型（Pfr），这两种形式在不同光谱作用下会发生相互转换。Pfr 是处于生物活性的状态，它可以与某些特殊物质（X）反应生成 Pfr-X 复合物，引发一定的生理反应，从而诱导种子萌发。

对于光休眠种子，长时间的强光照射使 Pr 向 Pfr 的暗转换过程受到阻碍，种子得不到适宜的 Pfr/P（总）比值，且光敏素受到破坏，因而抑制种子萌发。

光照强度、光照时间、光谱性质等因素均会对种子休眠的形成产生重要影响，许多植物都证明了光周期效应对启动种子休眠的重要性。光休眠的种子萌发时需要或不需要光，有时会和温度有交互作用，短期低温层积催芽即可使其萌发，很多小粒种子如欧洲桦和欧洲赤松即属于这种类型。

参考文献

赵笃乐, 1995. 光对种子休眠与萌发的影响（上）[J]. 生物学通报, 30(7): 24-25.

赵笃乐, 1995. 光对种子休眠与萌发的影响（下）[J]. 生物学通报, 31(8): 27-28.

郑光华, 2004. 种子生理研究[M]. 北京: 科学出版社.

（李庆梅）

桂花培育　cultivation of sweet olive

根据桂花生物学和生态学特性对其进行的栽培与管理。桂花 *Osmanthus fragrans* (Thunb.) Lour. 为木犀科（Oleaceae）木犀属树种，别名木犀；中国十大传统名花之一，中国杭州、苏州、桂林等 20 余个城市的市花，也是重要的园林绿化树种和香料植物。根据开花习性分为秋桂和四季桂两大类，秋桂又分为金桂、银桂和丹桂。

树种概述　常绿小乔木。花单性或两性，聚伞花序簇生于叶腋，有时为总状花序（四季桂）。核果。花期 9～10 月上旬，中部以东的亚热带山地有自然分布，秦岭—淮河以南地区广泛栽培。喜光稍耐阴，喜温暖湿润的环境条件，适应性强。主要用于园林绿化观赏；木材可作为木器雕刻的优质材料；花可提取芳香油，用于化妆香精和食品香精或直接作为佐料食用。

良种选育　主要采用选择、杂交、诱变等育种技术进行新品种选育。明确的品种超过 200 个，获得国家新品种权近 30 件。

苗木培育　以扦插和嫁接为主，培育砧木可用播种繁殖。①扦插。以 5～6 月用半木质化枝条扦插和 9～10 月用硬枝扦插，扦插后注意保湿，2 个月左右即可生根。②嫁接。南方地区可以桂花实生苗、小叶女贞为砧木，北方地区可用

图 1　丹桂

图2 金桂

女贞、白蜡树、流苏等为砧木，通常在休眠期（12月至翌年1月）采用芽接或枝接。

林木培育 应选阳坡、半阳坡，土层深厚、肥沃湿润的立地作为造林地。苗期（1～2年）生长较慢，应重点培育；之后生长速度快，应加大肥水管理和田间抚育；树冠长至3～4m时，生长速度减慢。定植时株行距不应过小，保持5m×5m左右。生长期修剪在春季萌发后至越冬前进行，主要去除徒长枝、病虫枝、盲枝、细弱枝和过密枝，使株形紧凑；休眠期修剪在春季萌发前进行，促进枝整齐粗壮，并调整好树冠。

参考文献

郝日明，赵宏波，王金虎，等，2011. 野生桂花繁育系统的观察和研究[J]. 植物资源与环境学报，20(1): 17−24.

向其柏，刘玉莲，2008. 中国桂花品种图志[M]. 杭州: 浙江科学技术出版社.

赵宏波，郝日明，胡绍庆，2015. 中国野生桂花的地理分布和种群特征[J]. 园艺学报，42(9): 1760−1770.

（赵宏波，董彬）

国际林业研究中心 Center for International Forestry Research; CIFOR

国际农业研究磋商组织（Consultative Group on International Agricultural Research, CGIAR）下属的16个研究机构之一。聚焦全球林业研究的非营利科学机构，承担CGIAR的林业议程和全球森林体系、景观管理、恢复和可持续利用及农林复合经营等方面具有战略性和应用性的合作研究。1993年成立。有50多个成员国，总部设在印度尼西亚茂物市，设有董事会、执委会。在肯尼亚内罗毕、喀麦隆雅温得、秘鲁利马和德国波恩设有办事处。经费由各国政府、私人基金会、国际组织／基金会、大学和联合国机构等提供。

2019年1月1日，CIFOR与世界混农林业中心（World Agroforestry Center，又称国际混农林业研究中心 International Council for Research in Agroforestry，ICRAF）合并，意在扩大可持续发展投资和应对当今全球挑战。新董事会是由两个中心的现有董事会成员合并组成共同董事会，其成员包括林业和农林科学、自然资源管理、审计、财务和风险管理、政策和治理等领域的官员和专家。新执行委员会由两个中心董事会的执行委员会成员合并组成，执委会工作由两个中心的两位董事会主席共同主持。合并后，两个中心继续以各自现有的名称分别在印度尼西亚和肯尼亚维持总部业务运作，同时，继续在全球森林、农林复合可持续发展、粮食安全和气候变化研究方面开展合作。

主要任务 致力于发展中国家（如南亚、东南亚、太平洋地区、中南美、加勒比海和非洲次撒哈拉沙漠地区），特别是热带地区国家的可持续发展。通过与利益相关者交流，发展全球合作伙伴关系，采用多学科创新研究方法，为森林保护、政策制定和实践活动提供信息，为扶贫和改善农村生活、减少毁林、保护生物种群、减缓森林退化、提高森林经营质量等方面提供研究成果，从而促进人类福祉、公平和环境完整性。

工作目标 为确保森林与森林土地的平衡管理提供科学基础；为持续利用林产品、制定政策提供技术服务；研究支持与优化利用森林及土地的新技术，加强各国保护利用森林的能力。

主要活动 世界林业大会（World Forestry Congress）、全球景观论坛（Global Landscapes Forum，GLF）、年度森林日（Annual Forest Day）、全球气候智能农业科学会议（Global Science Conference on Climate−Smart Agriculture）。

2016—2025年战略计划 针对当今世界的发展、环境挑战和机遇制定的战略计划，分为6个主题领域：①森林与人类福祉。旨在提供政策论证，以增强森林对人类福祉和繁荣的贡献，并利用森林及其服务和产品来减少贫困。②可持续的景观和食物。在有益于人类健康和多样化饮食的森林和树木为基础的农业系统方面提供广泛视角和景观比较，为人类提供环境和食物服务。③机会均等、性别、正义和权属。通过评估林权转移对森林影响、成果保护、民众生计与局部治理，为决策者提供信息服务，力求促进性别平等，增强妇女和女孩的权能。④气候变化、能源和低碳发展。旨在提高对气候变化与森林和景观相互作用的技术理解，提高对气候变化对社会影响的理解，反映农村土地使用者的利益诉求。⑤价值链、金融和投资。支持实现可持续性的各种治理安排及能够改善利益分享、升级小农户系统，并支持责任制融资的商业模式。⑥森林管理和恢复。探讨发展中国家农民如何获得森林资源，以及如何在利用多种资源增加森林产量的同时，更科学地管理森林资源。

与中国合作 1995年，中国林业科学研究院与国际林业研究中心（CIFOR）合作开展了"非木材林产品生产及标准"研究项目。至2020年，共开展森林体系和林业方面合作研究近百项。

扩展阅读

国际林业研究中心官网: https://www.cifor.org/

（赵忠）

国际森林日 International Day of Forests

全球范围内关于森林的纪念日。前身为世界森林日或世界林业节（World Forest Day）。1971年在欧洲农业联盟的特内里弗岛大会上，由西班牙倡议设立世界森林日并获得通过。同年11月，联合国粮农组织（FAO）正式予以确认。1972年3月21日为首次世界森林日。有的国家把这一天定为植树节。2012年12月21日，联合国大会在第A/RES/67/200决议中宣布每年3月21日为国际森林日。

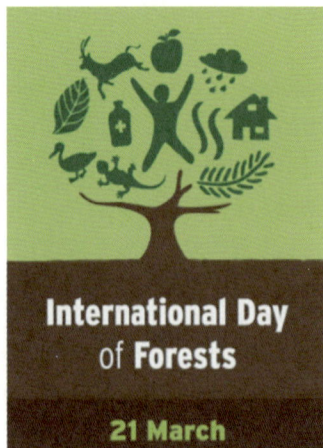

国际森林日的主办方为联合国森林论坛（UNFF）和联合国粮食及农业组织（FAO），协作方为各国政府、森林合作伙伴关系（CPF）以及森林问题的其他相关组织。每年国际森林日的主题均由森林合作伙伴关系选定。从2013年开始，联合国号召各国举办纪念活动，联合国设立主题。2013~2022年国际森林日主题分别是：保护发展森林资源，携手共建美丽中国；绿色的梦想，共同的家园；森林与气候变化；森林与水；森林与能源；森林与可持续城市；森林与教育；森林和生物多样性；森林恢复：通往复苏和福祉之路；森林与可持续生产和消费。2021年国际森林日主题由森林伙伴关系选定，该主题与联合国森林论坛第16届会议专题优先事项相关，即通过森林恢复扭转森林面积减少的问题，同时注重社会经济和环境效益以及森林的贡献，以此促进新冠疫情后的恢复、人类福祉和生态健康。

该节日设立初衷是引起世界各国对人类的绿色保护神——森林的重视，树立森林资源可持续管理意识，并通过协调人类与森林的关系，发挥森林在消除贫穷、维护环境可持续性和保障粮食安全上的作用，实现森林资源的可持续利用。国际森林日的诞生，标志着人们对森林问题的警醒。

（段爱国，毛锋）

国际杨树委员会 International Poplar Commission; IPC

联合国粮农组织（Food and Agriculture Organization of the United Nations, FAO）下属的一个技术性法定团体，是唯一专注于杨树和柳树基础研究以及杨树文化实践方面的科学委员会。成立于1947年。2019年6月更名为维持人类和环境的杨树和其他速生树木国际委员会（International Commission on Poplars and Other Fast-Growing Trees Sustaining People and the Environment）。

宗旨 致力于传播树木文化知识和科技，推动育种材料交流。主要促进杨树、柳树和其他速生树木信息及知识的收集、综合和传播；通过可持续管理提高生态系统服务潜力，促进乡村林业和木材生产利用的发展，减少贫困。聚焦研究杨、柳栽培的科学、技术、社会和经济等方面的问题；促进杨柳科研工作者、生产者与消费者之间经验和材料的交流；组织制定研究计划；结合考察旅行，加强各种相关会议的组织协调；向联合国粮农组织大会进行汇报并提出建议；向各成员国的国家杨树委员会提出建议。

下设6个跨学科工作小组，讨论关于杨柳科栽培和利用的6个主要问题：①分类、命名和注册（Taxonomy, Nomenclature and Registration）；②遗传资源驯化和保护（Domestication and Conservation of Genetic Resources）；③植物健康、抵御威胁和气候变化（Plant Health, Resilience to Threats and Climate Change）；④可持续生计、土地利用、生产和生物能源（Sustainable Livelihoods, Land-use, Products and Bioenergy）；⑤环境与生态系统服务（Environmental and Ecosystem Services）；⑥政策、交流和推广（Policy, Communication and Outreach）。

工作团队 截至2020年，拥有38个成员国，遍布五大洲，包括发展中国家、发达国家和经济转型国。

主要活动 国际杨树大会和执行委员会会议。国际杨树大会每四年举办一次，参会代表为来自世界各国杨树和柳树相关机构的专家，主要讨论杨树和柳树发展中遇到的问题，凝聚共识，寻找对策。大会期间按主题设立分会场，交流和分享在科研、造林、经营、木材工业及市场等方面取得的进步与成果，共同探讨杨树、柳树与人类生存相关的科学技术在国家政策、计划和实践中的应用。执行委员会会议每两年召开一次，主要讨论闭会期间的有关事宜；同时举行各个学组的学术讨论会，通过促进技术交流、标准制定以及对快速增长的森林和树木的保护与可持续利用。

与中国合作 1980年11月，在土耳其召开的第16届国际杨树委员会会议上，中国正式加入国际杨树委员会，并被选入由12个委员会组成的执行委员会，尹伟伦、张绮纹、卢孟柱曾当选为国际杨树委员会执委。

扩展阅读

国际杨树委员会官网：http://www.fao.org/forestry/ipc/en/

（赵忠）

国家储备林 national reserve forest

为满足经济社会发展和人民美好生活对优质木材的需要，在自然条件适宜地区，通过人工林集约栽培、现有林改培、中幼林抚育等措施，营造和培育的工业原料林、乡土树种、珍稀树种和大径级用材林等多功能森林。其根本任务是提升林业综合生产能力，提高木材供给数量和质量。出发点是为解决生态安全与木材需求之间的矛盾，以协调和维护生态安全与保障木材间的平衡。

建设内容 包括人工林集约栽培、现有林改培和中幼林抚育。①人工林集约栽培选择水热立地条件好的荒山荒地、采伐迹地和火烧迹地等宜林地，采用优良种源、无性系培育的壮苗，采取科学施肥、合理灌溉、混交造林等林业科技成果组装配套的集约经营措施,定向培育工业原料林、珍稀树种和大径级用材林。②现有林改培是对立地条件好、生产潜力没有得到充分发挥的林分,结构简单且生长已呈现下降的林分,目的树种不明确、林分结构简单、错过抚育经营时机的人工林或利用价值较高的林分,通过林冠下造林、补植补造等经营措施,适当将纯林逐步调整为复层异龄混交林。③中幼林抚育是对有培养前途、增产潜力较大的中、幼龄林,采取间伐、修枝、除草割灌、施肥等抚育措施,调整树种结构和林分密度,平衡土壤养分和水分循环,培育目标树种优质高效的多功能森林。

建设区域及工程 国家林业和草原局制定的《国家储备林建设规划(2018—2035年)》(以下简称《规划》)提出,到2020年,规划建设国家储备林700万 hm²,国家储备林管理制度体系基本建立。到2035年,规划建设国家储备林2000万 hm²,建成后年平均蓄积净增加量约2.0亿 m³,年均增加乡土珍稀树种和大径材蓄积6300万 m³,一般用材基本自给。国家储备林建设涉及29个省(自治区、直辖市)、5个森工(林业)集团、新疆生产建设兵团,共1897个县(市、区、旗)、国有林场(局)和兵团团场。按照自然条件、培育树种和培育方式相似的原则,共划分为东南沿海地区、长江中下游地区、西南适宜地区、黄淮海地区、京津冀地区、东北地区、西北地区七大区域,并确定不同发展方向和重点。综合考虑七大区域降水量等自然特点和灌溉条件,提出了重点建设20个国家储备林建设工程(见下表)。

投融资机制和模式 《规划》提出,创新和推广国家储备林投融资机制和模式,发挥财政资金引领带动作用和开发性政策性金融积极作用,形成财政金融政策合力。推广"林权抵押+政府增信""PPP""龙头企业+林业合作社+林农"以及企业自主经营等融资新模式,进一步拓展多元化融资渠道,引入多样化融资工具,进一步建立和完善国家储备林金融服务市场,积极创新国家储备林建设融资机制,吸引社保基金、养老基金、商业银行、证券公司、保险公司等各类机构投资者参与国家储备林项目建设,逐渐形成多元化的市场融资结构。

国家储备林布局及建设内容

区域	建设工程	地区	年平均降水量(mm)	面积(万 hm²)	建设内容及主要发展树种
一、东南沿海地区	1. 浙闽武夷山北部国家储备林建设工程	浙南、闽东北2个片,分布在武夷山北部浙闽交界区域	1200~1600	64.76	中短周期用材林:竹子、杉木、马尾松、国外松、木荷、米楮、闽粤栲、拟赤杨等 珍稀树种和大径级用材林:闽楠、红锥、福建柏、香樟、乐昌含笑、乳源木莲、鹅掌楸、观光木、南酸枣等
	2. 闽赣粤武夷山中南部国家储备林建设工程	闽西南、赣东、粤东北3个片,分布在武夷山中南部区域	1200~1600	162.68	中短周期用材林:杉木、马尾松、国外松、木荷、相思树、竹子、桉树、拟赤杨等 珍稀树种和大径级用材林:楠木、樟树、红锥、福建柏、油杉、光皮桦、降香黄檀、火力楠等
	3. 湘粤赣南岭国家储备林建设工程	赣西南、湘东南、粤北3个片,分布在南岭山地区域	1200~1600	38.22	中短周期用材林:竹子、杉木、马尾松、国外松、桉树、栲木等 珍稀树种和大径级用材林:楠木、乳源木莲、桃花心木、木荷、樟树、红豆杉等
	4. 粤桂琼沿海国家储备林建设工程	粤西南、桂东南和琼3个片,分布在南部沿海区域	>1600	116.30	中短周期用材林:桉树、木麻黄、杉木、橡胶树、相思树、湿地松、加勒比松等 珍稀树种和大径级用材林:降香黄檀、青皮、柚木、楠木、乳源木莲、桃花心木、木荷、樟树、土沉香、火力楠、西南桦等
二、长江中下游地区	5. 粤桂湘黔武陵山雪峰山国家储备林建设工程	湘西南、粤西北、桂东、黔东南4个片,分布在武陵山至雪峰山区域	>1200	209.40	中短周期用材林:竹子、杉木、马尾松、火炬松等 珍稀树种和大径级用材林:楠木、红锥、秃杉、榉树、栎类、鹅掌楸、西南桦、红豆杉等
	6. 苏浙皖赣天目山国家储备林建设工程	苏南、浙西、皖南和赣东北4个片,分布在天目山至黄山区域	1200~1600	80.22	中短周期用材林:杉木、马尾松、湿地松、火炬松、木荷、竹子、杨树、柳树等 珍稀树种和大径级用材林:楠木、榉木、鹅掌楸、红椿
	7. 湘鄂赣罗霄山国家储备林建设工程	湘东北、赣西北、粤东南3个片,分布在罗霄山脉区域	>1200	85.90	中短周期用材林:竹子、杉木、马尾松、湿地松、檫木等 珍稀树种和大径级用材林:樟树、楠木、鹅掌楸等
	8. 湘鄂洞庭湖平原国家储备林建设工程	湘北、鄂南洞庭湖区2个片	1000~1600	51.66	中短周期用材林:杨树、竹子、杉木、湿地松、马尾松、木荷等 珍稀树种和大径级用材林:楠木、榉树、香樟、红豆树、鹅掌楸等
	9. 鄂渝川陕甘秦岭大巴山国家储备林建设工程	鄂西、渝东北、川东北、陕南、甘东南5个片,分布在秦岭、大巴山区域	600~1600	102.43	中短周期用材林:杨树、竹子、杉木、马尾松、落叶松等 珍稀树种和大径级用材林:楠木、香樟、榉树、楸树、水曲柳、华山松等
三、西南适宜地区	10. 渝川黔大娄山国家储备林建设工程	渝西、川东南、黔北3个片,分布在云贵高原向西北的过渡地带	1000~1600	65.39	中短周期用材林:桉树、木荷、杉木、竹子、马尾松、湿地松等 珍稀树种和大径级用材林:楠木、栎类、香樟、黄连木等
	11. 滇黔桂云贵高原国家储备林建设工程	桂西、黔西南、滇东南3个片,分布在云贵高原东部区域	1000~1600	105.81	中短周期用材林:柏木、栲木、杉木、桉树、云南松、竹子等 珍稀树种和大径级用材林:降香黄檀、云南樟、铁刀木、栎类、红椿、榉树、秃杉等
	12. 滇西横断山脉国家储备林建设工程	滇西,横断山脉的南端	1000~1600	55.19	中短周期用材林:思茅松、云南松、杉木、桉树、竹子等 珍稀树种和大径级用材林:柚木、西南桦、印度紫檀、铁力木、铁刀木等

（续表）

区域	建设工程	地区	年平均降水量（mm）	面积（万hm²）	建设内容及主要发展树种
四、黄淮海地区	13. 鄂豫皖大别山国家储备林建设工程	鄂东北、豫东南、皖西3个片，分布在大别山区域	>1000	45.28	中短周期用材林：杨树、柳树、杉木、栎类、马尾松、火炬松、黄山松等 珍稀树种和大径级用材林：楸树、榉树、黄檀、黄连木等
	14. 鄂豫伏牛山国家储备林建设工程	豫西南、鄂西北2个片，分布在伏牛山区域	800~1200	28.45	中短周期用材林：杨树、柳树、杉木、栎类、马尾松、火炬松、华山松等 珍稀树种和大径级用材林：楸树、榉树、红豆杉、香樟等
	15. 黄淮海平原国家储备林建设工程	冀、苏北、皖北、鲁、豫东5个片，分布在黄淮海流域平原及丘陵山地	600~800	223.22	中短周期用材林：杨树、柳树、泡桐、刺槐、榆树等 珍稀树种和大径级用材林：油松、栎类、黄连木、楸树等
五、京津冀地区	16. 京津冀国家储备林建设工程	京、津、冀（环京津地区）	400~600	77.39	中短周期用材林：杨树、柳树、泡桐、刺槐、榆树等 珍稀树种和大径级用材林：油松、侧柏、栓皮栎、樟子松、落叶松等
六、东北地区	17. 长白山老爷岭张广才岭国家储备林建设工程	辽、吉、黑以及龙江、吉林、长白山森工（林业）集团，分布在长白山、老爷岭、张广才岭丘陵山地及松辽平原	400~600	243.41	中短周期用材林：杨树、桦木、落叶松、樟子松等 珍稀树种和大径级用材林：红松、云杉、椴树、水曲柳、黄波罗、核桃楸、东北红豆杉等
	18. 大小兴安岭国家储备林建设工程	内蒙古东部及黑龙江、大兴安岭、内蒙古森工（林业）集团，分布在大小兴安岭地区	400~600	142.03	中短周期用材林：杨树、落叶松、樟子松、桦树等 珍稀树种和大径级用材林：云杉、红松等
七、西北地区	19. 黄河中上游国家储备林建设工程	晋、内蒙古、青、宁等省区，分布在黄河中上游地区丘陵山地	<400	98.52	中短周期用材林：杨树、柳树、榆树、落叶松、蒙古栎等 珍稀树种和大径级用材林：云杉、椴树、榉树等
	20. 新疆国家储备林建设工程	新疆及新疆生产建设兵团，分布在新疆境内	<400	3.74	中短周期用材林：杨树、榆树、落叶松、夏栎等 珍稀树种和大径级用材林：椴树、云杉、水曲柳等

引自：国家林业和草原局.2018. 国家储备林建设规划（2018-2035年）。

参考文献

许传德，2014. 关于建设国家木材战略储备基地几个问题的探讨[J]. 林业经济，36(9):36-39.

詹昭宁，2014. 浅议建立国家储备林制度——关于落实国家储备林若干问题[J]. 中南林业调查规划，33(4):1-3, 20.

（贾黎明）

国家森林城市　national forest city

在城市管辖范围内形成以森林和树木为主体、山水林田湖草相融共生的生态系统，且各项指标达到标准要求的城市。森林城市是通过保护、建设和管理以森林、树木和湿地为主体的城市自然基础设施，充分发挥其缓解热岛效应、净化环境污染、调控雨洪灾害、保护生物多样性、应对气候变化等功能，为城乡居民提供优美健康的人居环境、充足便捷的休闲场所，拓展城市绿色生态空间，实现人与自然和谐共生的城市发展方式。森林城市是中国通过建设城市森林推进城乡生态建设、增进居民生态福利的一种实践活动。

城市森林的建设实践起源于欧美发达国家，有50多年的历史。20世纪60年代以来，经过城镇化快速发展，欧美发达国家日益重视森林在改善城市人居环境、缓解环境污染、满足休闲游憩需求等方面的重要作用，并以各种方式推进城镇化地区森林的保护和恢复，主要做法包括：把森林作为城市的绿色基础设施，进行统一规划建设，并通过政府、市民及非政府组织监督落实；保护和建设分布均衡的城市森林生态空间，以及贯穿城乡、连接森林与湖泊的自然生态廊道，形成城市森林网络，联通生态系统的各个要素；坚持以乡土树种为主建设城市森林，保护和营造野生动物的居息环境，培育近自然森林，提高城市地区生物多样性；发展社区森林，推进城乡之间无差别的城市森林建设；在城市附近建立森林公园、湿地公园和城市郊野公园，方便市民走入森林，发挥城市森林的游憩和教育功能。

中国开展城市森林研究与实践的起步较晚，20世纪90年代才引进相关概念，并开展了理论研究与实践探索。为了科学推动和提倡以城市森林为主的城市生态建设模式，2004年全国绿化委员会、国家林业局启动了"国家森林城市"创建活动，并批准贵阳市为第一个国家森林城市。随后国家林业局制定和发布了国家森林城市评价指标，并于2019年完善上升为国家标准《国家森林城市评价指标》（GB/T 37342—2019），明确了森林网络、森林健康、生态福利、生态文化和组织管理等内容和指标，科学规范、持续稳步推进森林城市建设健康发展。2016年国家林业局发布了《关于着力开展森林城市建设的指导意见》，2018年又发布了《全国森林城市建设总体规划（2018—2025）》。截至2020年，全国已有441个城市开展了森林城市建设，其中194个城市获得了国家森林城市称号。建设森林城市是适应中国国情和发展阶段，推进城乡生态建设，增进居民生态福利的实践创新。它顺应了人民群众对改善生态环境的新需求，契合了中国新型城镇化生态建设的新趋势，符合建设生态文明和美丽中国的新部署。

具体做法：以国家标准为引领，编制森林城市建设总体规划，科学指导森林城市建设；在市域范围开展森林城市建设，保障了城市森林生态系统的整体性和功能性；大力提升主城区乔木比例，增加树冠覆盖和提高三维绿量；扩大中心城区公园面积，提高其分布密度和均匀度；构筑中心城区生态屏障，突出环城林带和通风廊道建设；建设城市组团绿化隔离带、功能区安全隔离带；建设森林公园、郊野公园、湿地公园等，满足生态体验、生态教育、休憩休闲需求；注重保护恢复自然生境和生态廊道，提高城市生物多样性；紧密结合乡村环境整治与村容村貌提升，发展乡村森林，形成优美的乡村田园风光。在城市森林建设过程中，大力推行造林树种选择本地化、森林绿地配置多样化、管护措施近自然化，全面提升城市森林生态系统的近自然水平，建设健康、可持续的森林城市。

参考文献

彭镇华，等，2016. 上海现代城市森林研究[M]. 北京：中国林业出版社.

王成，2016. 中国城市生态环境共同体与城市森林建设策略[J]. 中国城市林业，14(1): 1-7.

（王成）

果实类型 fruit type

根据果实结构和性质的不同而划分的果实群体。自然界中，果实的大小、颜色、结构和性质多种多样，根据需要划分果实类型，有利于采取相应的研究手段或技术措施，提高科学研究和果实采收、加工、利用的效率。

植物学上根据果实的来源或发育部位划分果实类型，有真果、假果、单果、聚合果、聚花果等。①真果。果皮单纯由子房壁发育而成，大多数果实属于此类型，如刺槐、桃树、油茶等。②假果。除子房外，还有花托、花萼、花序轴等其他部分参与果实的形成，如苹果、桑树、无花果等。③单果。一朵花中只有一枚雌蕊，只形成一个果实，如桃树、李树、杏树等。④聚合果。一朵花中有许多离生雌蕊，每一雌蕊形成一个小果，聚合在同一花托上，如八角、玉兰、喜树等（图1）。⑤聚花果。由整个花序发育而来，花序也参与果实的组成部分，如桑树、榕树、无花果等。

林业生产中把调制方法相同或相似的果实归为一类，将果实分为球果、干果和肉质果三大类。①球果类。由木质化鳞片叶聚集而成，包括绝大多数的针叶树种，如杉科、柏科、云杉属、松属、落叶松属等的果实（图2）。②干果类。果实成熟后，果皮干燥无汁。其中，干燥后果皮自行裂开的有荚果（刺槐等）、蒴果（泡桐等）、蓇葖果（白玉兰等）等（图

图1 喜树聚合果（喻方圆 摄）

图2 云南松球果（球果类）（喻方圆 摄）

图3 泡桐蒴果（干果类）（喻方圆 摄）

3）；干燥后果皮仍不开裂的有瘦果（喜树等）、颖果（毛竹等）、翅果（槭树等）、坚果（麻栎等）等。③肉质果类。果实成熟后果皮肉质化，肥厚多汁，包括浆果（樟树等）、核果（桃树等）和梨果（苹果等）等。

参考文献

陆时万，徐祥生，沈敏健，1991. 植物学（上册）[M]. 2版. 北京：高等教育出版社.

孙时轩，1992. 造林学[M]. 2版. 北京：中国林业出版社.

（喻方圆）

果树苗圃 fruit tree nursery

以培育和生产可食用性果实、种子及其衍生物的木本或多年生草本植物苗木为主的苗圃。主要任务是培育和生产品种纯正、砧木适宜、生长健壮、根系发达、无检疫对象或病毒病的优质苗木。除重视专业性苗木生产外，还注重无病毒果苗的培育和无病毒繁育体系的建立。嫁接繁殖和组织培养是果树苗圃最重要的育苗方式。

中国果树苗圃有培育单一树种短期小型苗圃和大中型长期商品性专业苗圃两类。①单一树种短期小型苗圃。一般为个体私有制短时期经营，规模较小，所育苗木品种比较单一，育苗技术水平相对较低，苗木质量相对较差；但这类苗圃数量多，能为果树生产提供大量苗木。②大中型长期商品性专业苗圃。多由国家或集体投资经营，面积较大，经营时间长，培育的苗木种类多，有较雄厚的技术力量和物质基

础，可生产高规格、多树种和品种的优良纯正苗木，是果树育苗的主要形式和方向。这类果树苗圃应设立在果树发展中心地区，远离老果园和病虫害严重区域；在建圃前应进行科学的规划，合理区划母本园、采穗圃、繁殖区等生产区，以及道路、房屋、排灌系统、防风林等辅助性用地。

参考文献

郗荣庭, 2009. 果树栽培学总论[M]. 3版. 北京: 中国农业出版社.

（彭祚登）

过伐林　excessive felling forest; overcut forest

原始林经过不合理的中度或强度择伐之后残留的森林。又称原生次生林。

过伐林多为复层异龄林，上层林木较稀疏且多为过熟林木及干形不良或已不同程度腐朽的林木；林下多具明显的更新层、演替层。生境及林下植被基本与原始林相同。一般分布于深山区，掠夺性采伐等干扰因素消除后能尽快恢复到近原始林状态。通过合理的林相整理措施，伐去部分劣质林木（包括部分过熟、遗传品质差和严重病虫害林木），采伐利用上层的过熟木（同时具有解放更新层的作用），为目的树种及其他优良林木的生长和更新创造条件；抚育更新层和演替层，在更新不匀或更新数量不足的地方进行目的树种的补播补植，优化和提高现有林分的结构和质量，促进尽快恢复成近原始状态森林。例如，中国东北温带湿润地区的原始阔叶

过伐林（吉林省露水河林业局红松母树林外围）（沈海龙　摄）

红松林，经过不合理中度或强度采伐和破坏后，建群种（顶极种）红松老龄大径级林木几乎被采伐殆尽，保留的红松林木比例严重下降，径级和龄级均大幅降低，针叶树成分以云冷杉为主；原有的珍贵阔叶树种如水曲柳、黄波罗、核桃楸、紫椴等的径级和龄级降低，数量减少；白桦和山杨等一些先锋树种比例增加。是典型的过伐林。经过合理的林相整理，能够尽快恢复成近顶极阔叶红松林；在长时间无干扰情况下，通过自然恢复，也能成为以红松为优势上层木的近顶极阔叶红松林。

参考文献

陈大珂, 周晓峰, 祝宁, 等, 1994. 天然次生林——结构·功能·动态与经营[M]. 哈尔滨: 东北林业大学出版社.

张佩昌, 周晓峰, 王凤友, 等, 1999. 天然林保护工程概论[M]. 北京: 中国林业出版社.

（沈海龙）

过熟林阶段　overmature forest stage

在林木群体生长发育过程中，林分经过生长高峰的成熟林阶段后，进入逐步衰老的一段时间。又称衰老阶段。

过熟林阶段的林分主要特征是林木生长明显衰退，不少林木枯立腐朽，枯损量很大，甚至超过生长量，林分材积连年生长量出现负值，林分蓄积量增速减缓甚至减少，但林木均为大径级材；林冠破裂，郁闭度下降，森林防护功能下降，但生物多样性较为丰富；林内卫生状况恶化，林分健康程度降低，抵御病虫、气象（风、雪、雾凇、冰冻等）灾害的能力减弱；林木仍大量结实但种子质量下降，林下天然下种的幼苗和幼树增多，次林层及幼树层上升。在过熟林阶段，有的森林维持时间不长，因采伐利用、自然灾害或林层演替而终结；有的可以维持很长时间，有些树种可达200～300年及以上。

根据中国森林资源清查的有关技术规定，过熟林是指成熟林以上的各龄级的林分。例如：主伐年龄为Ⅴ龄级，则Ⅴ、Ⅵ两个龄级属成熟林，Ⅶ龄级以上均为过熟林。过熟林的主要经营措施应为采伐更新，但也应根据不同的林分类型和培育目的而变化。对于自然保护区、风景林、科学试验林和防护林中的过熟林，要尽量采取措施保持林木健康而延长过熟林的存在；对于用材林则要加速开发利用进度，以减少衰亡造成的损失。

参考文献

翟明普, 沈国舫, 2016. 森林培育学[M]. 3版. 北京: 中国林业出版社.

（何茜）

含笑培育 cultivation of banana michelia

根据含笑生物学和生态学特性对其进行的栽培与管理。含笑 *Michelia figo* (Lour.) Spreng. 为木兰科（Magnoliaceae）含笑属树种，应用广泛的芳香型绿化树种。

树种概况 常绿灌木或小乔木。花具甜浓的芳香。花期3～5月，果期7～8月。栽培者少见结果。中国南方各省份均栽培，广东、福建等省有野生。树干多分枝，冠状树形，性喜温暖湿润气候，较喜肥，不耐寒冷、干燥、瘠薄、怕积水。典型的香花型观赏树种，多采用整形修剪进行造型，大量用于庭院、公园和花境等。

苗木培育 可采用播种育苗、扦插育苗、压条育苗及嫁接育苗进行繁殖，其中嫩枝扦插最为常见。嫩枝扦插时间在6月中旬至7月中旬，扦插前用 ABT 生根粉 300mg/L 或根太阳（200mg/L）浸泡穗条基部2小时。也可于秋冬季节进行硬枝扦插。

林木培育 造林地宜选择土壤深厚、疏松、排水良好的半阴坡或阳坡中下部，栽植前应视植被、地形状况进行带状或块状整地。栽植密度1350～1650株/hm²。随起苗随栽植，严禁使苗根受风吹和日晒。当树高达50～60cm时，摘顶定干，定干后第二年开始在整形带内选留3～4个强壮、分布均匀的侧枝，培养成一级骨干枝（或称立枝），逐年在每一骨干枝（或主枝）上选留2～3个2级骨干枝，保留其

他小侧枝，形成自然开心半圆形冠形。因林地空隙较大，宜间种豆科等绿肥植物。病虫害主要是叶枯病、立枯病和介壳虫。对叶枯病，清除病叶焚烧，并用50%托布津可湿性粉剂800～1000倍液处理。立枯病用0.5%波尔多液防治。介壳虫可用40%氧化乐果乳油2000倍液灭杀。

参考文献

陈存及，陈伙法，2000. 阔叶树种栽培[M]. 北京：中国林业出版社.

中国树木志编委会，1981. 中国主要树种造林技术[M]. 北京：中国林业出版社.

（陈礼光）

韩安 Han An（1883—1961）

中国林学家，中国近现代林业事业的先驱者和开拓者之一。字竹坪。1883年1月13日生于安徽省巢县（今巢湖市），1961年1月31日卒于北京。1898年就读于南京汇文书院（金陵大学前身），1904年毕业后留校任教。1907年赴美国康奈尔大学文理学院学习，1909年毕业并获理学学士。随后进入密歇根大学攻读林科，1911年6月获林学硕士学位后，又入威斯康星大学农科学习。1912年8月回国。历任北洋政府农林部山林司金事（北洋政府中央官署中的中级官员），吉林省林业局主任，东三省林务局主任，农商部金事、林务处会办，京汉铁路局造林事务所所长，国立北京农业专门学校教务主任兼森林系主任，察哈尔特别区实业厅厅长兼垦务总办，绥远特别区实业厅厅长兼垦务总办，安徽省政府委员兼安庆市市长、教育厅厅长，山东省青岛市政府参事兼教育局局长，全国经济委员会西北办事处技政、专员、主任，四川省建设厅生产计划委员会农业组主任，中央林业实验所所长等职。中华人民共和国成立后，任西北军政委员会工程师。1956年移居青岛，当选中国人民政治协商会议山东省委员会第一届委员。中国近代出国留学生中第一个林业硕士学位的

含笑花（福建农林大学）（陈世品　摄）

获得者，也是最早一位林学家出身的政府官员。

曾参加《中华民国森林法》《中华民国狩猎法》的起草和参与倡议设立中国植树节。组织创建了河南信阳鸡公山铁路林场（1988年成立鸡公山国家自然保护区，公园内建有"韩安纪念馆"）。主持创建中国第一个林业科研机构——中央林业实验所（所址原位于重庆歌乐山，韩安公馆尚存）。提出营造水源林以护堤保路的建议，创办铁路沿线育苗造林、兵工造林事业，开中国营造护路林之先河。重视林业科研教育、森林资源调查、树木定名修志，培养了大批林业人才。主要著作有《世界各国国有森林大势》《林业之重要性》《造林与生产教育》等。

（杨绍陇）

行间混交　mixed by rows

两个以上树种彼此隔行栽植的**混交方法**。又称隔行混交。行内树种相同，邻行树种不同。主要用于种间矛盾较小的树种混交，多用于乔灌混交、耐阴与喜光树种混交或主伴树种混交，是一种施工简便、较为常用的混交方法。如落叶松与云杉（或水曲柳）、红松与紫椴等混交，采用这种方法效果较好。

行间混交树种间的有利或有害作用一般多在**林分**郁闭以后才明显出现。如果树种选择不当，伴生树种生长太快，造成相邻行的主要树种受压，从而使混交失败。如红松与桦树混交，如不及时抚育调节，就有可能出现松树完全被桦树压制淹没，最后形成桦树纯林。在树种选择恰当的情况下，完全能够形成稳定的**混交林**，例如在比较湿润肥沃的土壤条件下，营造红松与云杉、红松与椴树混交林，都能很好地形成复层林冠。

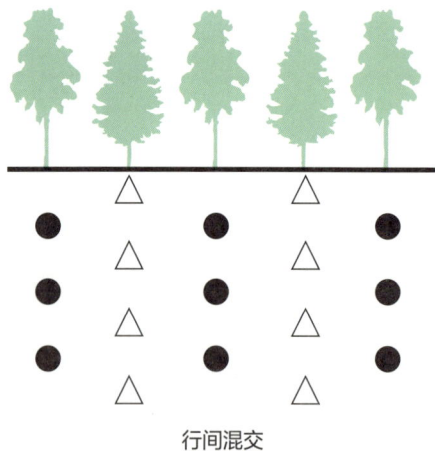

行间混交

参考文献

翟明普，沈国舫，2016. 森林培育学[M]. 3版. 北京：中国林业出版社.

（吴家胜，史文辉）

行状配置　strip spacing

以单株（穴）分散有序地排列为行状的**种植点配置方**式。能充分利用林地空间，树冠和根系发育较为均匀，有利于速生丰产，便于机械化造林及抚育施工。可分为正方形、长方形、品字形、正三角形等配置方式。

正方形配置　行距和株距相等，相邻株连线呈正方形。这种方式比较均匀，具有一切行状配置的典型特点。是营造**用材林**、**经济林**较为常用的配置方式。每公顷的栽植株数=10000/株距^2（株距单位为米）。

长方形配置　行距大于株距，相邻株连线呈长方形。这种方式在均匀程度上不如正方形，但有利于行内提前郁闭和行间进行机械化中耕除草、套种，且大多数树种采用这种配置方式不会出现偏冠和椭圆形树干。每公顷的栽植株数=10000/（株距×行距）（株行距单位为米）。

品字形配置　又称三角形配置。强调相邻行的各株相对位置错开呈品字形，行距、株距可以相等，也可不相等。这样的配置有利于防风固沙及保持水土，也有利于树冠发育更均匀，是山地和沙区造林中普遍采用的配置方式。

正三角形配置　特殊的品字形配置，是最均匀的配置，要求各相邻植株的株距都相等。行距小于株距，为株距的0.866倍。这种配置方式能在不减少单株营养面积的情况下，增加单位面积上的株数，能更有效地利用空间，使树冠发育均匀，提高木材质量，各项指标均优于长方形或其他株行距相差较大的配置方式。但正三角形配置方式的定点技术较复杂，且以郁闭分化为特征的**林分**的单株树冠发育情况不像几何学那么规整，所以不一定能显示出更多的优越性。每公顷的栽植株数=10000×1.55/株距^2（株距单位为米）。

参考文献

土治国，张云龙，刘徐师，等，2000. 林业生态工程学——林草植被建设的理论与实践[M]. 北京：中国林业出版社.

袁成，2007. 杨树良种繁育与速生丰产栽培技术[M]. 北京：中国林业出版社.

翟明普，2011. 现代森林培育理论与技术[M]. 北京：中国环境科学出版社.

翟明普，沈国舫，2016. 森林培育学[M]. 3版. 北京：中国林业出版社.

（曹帮华）

郝景盛　Hao Jingsheng（1903—1955）

中国林学家、植物学家。1903年6月18日生于河北省正定县，1955年4月25日卒于北京。1931年毕业于北京大学生物系。1934年赴德国留学，先后入柏林大学理学院和爱北瓦林业专科大学（Frostlische Hochschule Eberswalde）攻读博士学位。在柏林大学研究植物地理和植物生理，1937年获自然科学博士学位；1938年6月在爱北瓦林业专科大学获林学博士学位。1939年回国，历任国立中央大学、东北大学农学院森林系教授，北平研究院植物研究所研究员，中国科学院植物研究所研究员，林业部总工程师等职。

早年从事植物分类方面的研究，著有《中国北部植物图志（忍冬科）》《中国杨属植物志》《中国柳属植物志》《青海植物地理研究》等。后转向林学和森林植物研究，著有《中国林业建设》《造林学》《科学概论（生物学篇）》《中国木本植物属志（上卷）》《林学概论》及《森林万能论》等。1949年后，参加了冀西沙荒造林、察北绥东森林调查、永定河中上游水土保持调查、华北防护林勘察和小兴安岭林区调查，并著有《怎样植树造林》《主要林木收获、材积和生长表》和《怎样提高木材生产》等。

（方升佐）

合格苗 certified seedling

苗高、地径、根系和综合控制指标等达到国家、行业或地方标准规定等级的苗木。是否为合格苗可从定量和定性两个方面判断。

定量判断　有苗木质量等级标准的树种，合格苗必须严格按照国家、行业或地方标准规定的等级进行判断。裸根苗的合格苗是指达到综合控制指标要求，地径达到Ⅰ、Ⅱ级苗标准的苗木；容器苗的合格苗不分等级，达到标准规定的苗高、地径即为合格苗。

定性判断　没有苗木质量等级标准的树种，可用定性的标准判断。一般健壮的苗木生根能力强、抗性强，移植和造林成活率高即为合格苗，具体应具备以下形态特征：①根系发达，有较多的侧根和须根，主根长度适宜且直；②苗干粗而直，有与粗度相匹配的高度，上下均匀，充分木质化，枝叶繁茂，色泽正常；③苗木茎根比小，且生物量大；④无病虫害和机械损伤；⑤萌芽力弱的针叶树种要有发育正常且饱满的顶芽，顶芽无明显的二次生长现象。具体可因树种不同而有不同的判断标准。

参考文献

孙时轩, 1992. 造林学[M]. 2版. 北京: 中国林业出版社.

（韦小丽）

合果木培育 cultivation of *Michelia baillonii*

根据合果木生物学和生态学特性对其进行的栽培与管理。合果木 *Michelia baillonii* (Pierre) Finet et Gagnep. [*Paramichelia baillonii* (Pierre.) Hu] 为木兰科（Magnoliaceae）含笑属（合果木属）树种，别名山桂花；木兰科中的寡种属植物，对研究木兰科的分类系统与东南亚的植物区系有一定的学术意义，是重要的用材及园林绿化树种；国家二级重点保护野生植物。

树种概述　常绿乔木。花单生叶腋，芳香。聚合果肉质，成熟后开裂，露出外种皮为鲜红色的种子。花期2～3月，果熟期8～9月。产于印度东北部、马来半岛、苏门答腊岛、泰国、缅甸、越南。中国仅分布于云南，生于海拔700～1500m的山地雨林。较喜温热，要求肥沃湿润、排水良好的疏松壤土和沙壤土。干形通直、圆满，木材结构细、花纹美观，为建筑、胶合板、木地板、刨切单板、家具等优良用材。

苗木培育　主要采取播种育苗，包括苗床育苗和容器育苗。秋季采集聚合果晒干开裂，取出种子，除去红色外种皮，随采随播。播后注意保持土壤湿润，苗期适当遮阴。

林木培育　选择气候温暖、湿润、土层深厚、土壤肥沃及排水良好的山坡和山脚地造林。平原、山地、丘陵地等均可选为造林地。采用带状或穴状整地。株行距2m×2m或2m×3m。在湿润地区，春季和雨季都可造林，但以春季造林生长较好。栽植不能过深，回填土埋过苗木根颈2cm。郁闭前每年中耕除草2次，在雨季来临前进行。合果木具萌蘖能力，采伐后可采用萌芽更新。

参考文献

王达明, 龙素珍, 赵文书, 等, 1988. 山桂花育苗技术[J]. 云南林业科技(4): 2-9.

翁启杰, 2007. 山桂花栽培技术[J]. 林业科技开发, 21(3): 95-96.

郑万钧, 1985. 中国树木志: 第二卷[M]. 北京: 中国林业出版社.

（尹五元）

核桃楸培育 cultivation of manchurian walnut

根据核桃楸生物学和生态学特性对其进行的栽培与管理。核桃楸 *Juglans mandshurica* Maxim. 为胡桃科（Juglandaceae）核桃属树种，别名胡桃楸；中国东北地区珍贵的阔叶用材、坚果、药用和绿化树种。

树种概述　落叶乔木。树体高大，树干通直，树冠宽卵形，树皮灰色。奇数羽状复叶，叶痕猴脸形。雌雄同株。花期5～6月，果8～9月成熟。在中国主要分布于温带针阔混交林和阔叶林区域，长白山和小兴安岭是核桃楸的最适生长区域，在内蒙古、河北、山西、河南、陕西、山东等地是天然次生林重要的建群种。俄罗斯远东地区、朝鲜、日本也有分布。喜光，耐寒，深根性，适宜生长在土层深厚、肥沃、排水良好的山地中下部或河岸腐殖质多的湿润疏松土壤上。材质坚硬、致密，切面光滑耐磨，纹理美观，木材为军工、建筑、家具等的优质用材；种仁营养丰富，为重要的滋补中药；树皮、叶和果肉含多种活性成分，可制杀虫农药、抗癌等药物，也是北方地区园林绿化的优良树种。

良种选育　在东北地区划分为4个种源区，即长白山完达山、吉林中部浅山、辽宁东部及小兴安岭松花江地区种源区。

苗木培育　以播种育苗为主。春播或秋播，秋播可在采种后至土壤封冻前进行，春播要混沙层积催芽，播种方式主要为垄播和床播。

林木培育　造林地宜选择土壤深厚肥沃、疏松、排水良好、坡度≤15°的山坡中下部，避开平流霜地带。

造林　①植苗造林。采用1～2年生苗木造林，初植密度以1.5m×1.5m或1.5m×2.0m为宜。春季顶浆造林，秋季应在土壤冻结前完成栽植。与针叶树种带状混交增产效应明显。②直播造林。秋播造林在采种后至土壤封冻前进行，春播造林则需要对种子进行层积催芽处理，土壤解冻10cm播种。每穴播种2～3粒，每公顷4000穴左右。注意防治鼠害。

透光抚育　当郁闭度达到0.7以上时，应开始透光伐，伐除影响目标树生长的上层林木。10年左右开始修枝，保留

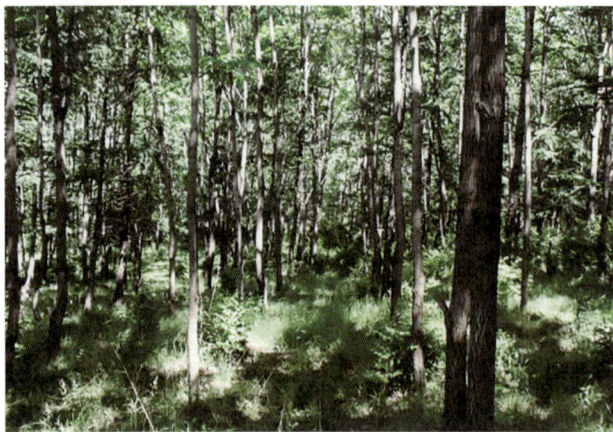
核桃楸人工纯林（黑龙江帽儿山实验林场）

树冠长度占树高 3/5 ～ 2/3，一般修枝 2 ～ 3 次。

间伐　根据林木生长与密度变化状况，第一次抚育间伐可选在 15 ～ 20 年，以后每 5 ～ 8 年间伐一次。

主伐与更新　可采用择伐结合林下更新的方式。

参考文献

刘桂丰, 杨书文, 李俊涛, 等, 1991. 核桃楸种源的初步区划及最佳种源选择[J]. 东北林业大学学报, 19(育种专刊): 189-196.

史凤友, 陈喜全, 陈乃全, 等, 1991. 胡桃楸落叶松人工混交林的研究[J]. 东北林业大学学报, 19(水胡黄椴专刊): 32-44.

（祁永会）

黑杨与青杨杂交杨培育 cultivation of *Populus deltoides* × *Populus cathayana*

根据黑杨与青杨杂交杨生物学和生态学特性对其进行的栽培与管理。黑杨与青杨杂交杨 *Populus deltoides* × *Populus cathayana* 为杨柳科（Salicaceae）杨属的一个杂交种，母本为美洲黑杨、父本为青杨派树种，重要的用材林、防护林和城乡绿化树种。

树种概述　落叶乔木。树干通直圆满，树冠卵形或长卵形。树皮幼时多为绿色，较光滑，渐呈不规则块状裂；皮孔短线形，均匀分布。侧枝较多、平展；萌枝微红色，萌枝叶大。芽较大，先端弯曲，具黏质。根系发达。分布于中国东北、内蒙古中南部、西北的平原地区。喜光、喜肥；速生、抗性（抗旱、抗病虫害等）较强、适应性强。木材可供家具、建筑、包装箱、火柴杆、造纸、胶合板、密度板等用。

良种选育　生产上推广应用的品种基本是采用杂交育种技术选育的，主要品种包括：‘中绥杨’系列，如‘中绥12号杨’‘中绥 4 号杨’；‘中黑防杨’系列，如‘中黑防 1 号杨’‘中黑防 2 号杨’；‘陕林 4 号杨’以及‘赤美杨’‘西丰杨’等。

苗木培育　以无性繁殖为主，多采用硬枝扦插方法。①插穗准备。在秋季落叶后到早春树液流动前采集种条，秋季采集的种条，需采用室内或室外沙藏越冬。3 ～ 4 月初，选用木质化程度高、芽饱满健壮、无病虫害的种条的中段剪成插穗。插穗长度 12 ～ 15cm、直径 1.0 ～ 1.5cm，保证切口平滑。插穗上切口取在一个壮芽上端约 1cm 处，平截。下

切口斜截，切削角度约 45°。扦插前将插穗放到水池中浸泡 1 ～ 2 天，使插穗吸足水分。②扦插技术。扦插前深翻圃地 25 ～ 30cm、耙压，做到地平、土碎、疏松。翻地后作垄，垄间距 50 ～ 60cm，作垄时施入防治地下害虫农药和腐熟的农家肥，施肥量 30000 ～ 45000kg/hm²，可根据土壤肥沃程度增减。4 月中下旬至 5 月，当 20cm 深的土壤温度稳定在 10℃左右时开始扦插。采用大垄单行直插的方法，插穗上切口与垄面相平或略低于垄面，将垄面踩实。扦插密度一般 52500 ～ 60000 株 /hm²。③苗期管理。扦插后立即灌透水 1 次，此后根据苗圃土壤水分状况，适时适量灌溉，并及时松土保墒，保持土壤湿润，雨季注意排涝。整个生长季除草 3 ～ 4 次，做到除早、除小、除了、不伤苗的原则，尤其是第一次除草，苗处在生根阶段，切忌碰到苗，防止伤根。6 月末至 7 月下旬抹掉侧芽和幼嫩的小杈 1 ～ 2 次，保持苗木顶端优势。6 月下旬至 7 月上旬，按照 225 ～ 375kg/hm² 追施复合肥。

林木培育

造林地　选择河流冲积平原、河滩地，土层深厚、土壤肥沃、通透性好，pH 6.5 ～ 8.0，地下水位 1 ～ 3m，含盐量 3g/kg 以下，土壤质地为沙壤、轻壤和中壤的林地造林。

整地　一般采用全面整地，即机械深翻 30 ～ 40cm，将伐根等有碍栽植的杂物捡净，然后镇压一遍。

栽植　栽植前在造林地上按造林设计确定的配置方式和株行距定点，点的标记要清楚，在标记位置挖栽植穴，栽植穴规格 40cm×40cm×40cm 或 60cm×60cm×60cm。采用根桩苗造林（春季或秋季）或整株苗造林。苗木根系要完整，根径在 1.8cm 以上，侧根根幅达到 25 ～ 30cm。根桩苗高 20 ～ 40cm，上部平茬。造林前将苗根全部浸泡水中，浸泡时间 2 ～ 3 天。栽植时将根桩苗放在坑中心，回填表土至苗木的根际处，扶正、提苗、踩实，使苗干上切口与地面平行。再次填土，填平踩实后，再将苗木全部埋上。秋季造林时留一个高约 10cm 的防寒土堆，第二年春季萌芽前扒掉土堆（一般 4 月初）。整株苗造林采用大坑中心栽植法，要保证根系舒展，浇足底水，扶正培土、踩实。立地条件好、培育大径材可适当稀植，栽植密度 250 ～ 333 株 /hm²，配置方式有 5m×6m、4m×8m、5m×7m、6m×6m、5m×8m；立地条件稍差、培育中小径材，栽植密度 360 ～ 500 株 /hm²，配置方式有 4m×5m、4m×6m、5m×5m、4m×7m；培育短轮伐期纸浆林，栽植密度 833 ～ 1250 株 /hm²，配置方式有 1m×8m、1.5m×6m、2m×5m、2m×6m。

抚育管理　造林当年，采用根桩苗造林的，在 5 月下旬或 6 月上旬，选留一个健壮的靠近基部的枝条培育未来的主干，将其他萌条全部抹去。留作主干的条随时抹去长出的侧芽。林地每年除草松土 2 ～ 3 次（5 ～ 7 月），以除早、除小、除净为原则，要求林地土壤疏松、无杂草，可以用间作农作物方式控制杂草。4 年生后，每年或每间隔 1 年在秋季林木停止生长后，在树木行间用重耙松土 1 次，以改善林地土壤的通气状况，控制杂草，促进林木生长。造林后 2 ～ 3 年，在冬季剪掉竞争枝、卡脖枝。培育中、大径材的林分造

图1 黑杨×青杨'龙丰1号'杨示范林
（龙江县错海林场）（李晶 摄）

图2 黑青杨示范林林相（龙江县错海林场）（李晶 摄）

林后第三、第五、第七年，树木休眠时修枝，每次修一轮，直至枝下高达到10m。修枝工具要锋利，切口平滑，紧贴树干，不撕裂树皮，不留桩。施肥以高氮复合肥为主。从造林第三年开始每2年施肥1次，施肥时间6～7月。根据土壤养分状况和树木长势确定施肥种类和施肥量，采用以冠幅为直径的环状施肥或两侧开沟施肥。

病虫害防治 林分易发生美国白蛾、杨干象、透翅蛾、叶锈病、溃疡病等病虫害，可根据实际情况及时防治。

参考文献

符毓秦，刘玉媛，李均安，等，1990. 美洲黑杨杂种无性系——陕林3、4号杨的选育[J]. 陕西林业科技(3): 1–9, 13.

梁德军，2017. 辽宁省杨树主要造林品种[M]. 沈阳: 辽宁大学出版社.

王胜东，杨志岩，2006. 辽宁杨树[M]. 北京: 中国林业出版社.

温宝阳，周丽君，李晶，等，2000. 杨树新品种——中黑防1、2号杨[J]. 林业科技通讯(4): 13–14.

赵鸥，白玉茹，乌志颜，等，2013. 赤美杨选种试验研究[J]. 内蒙古林业科技，39(4): 13–17, 27.

郑淑霞，王占林，2004. 西丰杨选育试验研究[J]. 青海农林科技(增刊): 21–25, 13.

（王胜东）

恒续林 continuous covering forest

以多树种、多层次、异龄为森林结构特征，林分结构和功能较为稳定的森林。近自然森林经营理论中一种理想状态的森林。近自然森林经营理论认为，人类通过恒续林经营可以保持森林的自然特征处在一个生态安全水平之上，为社会提供森林产品和服务功能，从而实现森林的可持续经营。

1913年，德国林学家穆勒（Alfred Möller）将采取择伐经营的异龄林称为恒续林，并在经过多年的实践后在他的著作《恒续林思想：内涵和意义》中提出了关于恒续林的经营法则。20世纪中叶，德国陆续对挪威云杉、欧洲松人工纯林采用恒续林经营技术进行大规模改造，目标是复层异龄混交林、针阔混交林；对现有的阔叶林通过择伐，形成多树种高产混交林（如欧洲山毛榉、欧洲白蜡、橡树、槭树、椴树、花楸等）。除欧洲外，在一些热带森林以及美国北部的硬阔叶林也有规模应用。在中国，以择伐为特征的恒续林经营理论和技术仍在试验和探索阶段。

参考文献

白冬艳，张德成，翟印礼，等，2013. 恒续林经营研究的3个关键问题[J]. 世界林业研究，26(4): 18–24.

惠刚盈，赵中华，2008. 森林可持续经营的方法与现状[J]. 世界林业研究，21(特刊): 1–8.

陆元昌，2006. 近自然森林经营的理论与实践[M]. 北京: 科学出版社.

盛炜彤，2001. 恒被林及其育林体系[J]. 世界林业研究，14(3): 18–21.

章异平，徐军亮，康慕谊，等，2007. 近自然林业的研究进展[J]. 水土保持研究，14(3):214–217.

（王庆成）

恒续林经营 continuous cover forest management

使林地保持有树木连续覆盖的一种森林经营方法。恒续林模式和传统的皆伐式周期林培育模式（法正林）被称为森林经营的两大主要模式。

恒续林经营方式是用单株择伐替代皆伐，将达到目标直径的林木采伐利用（目标直径伐），使森林能在一定程度上永续地保持一定的林分结构，实现可持续经营。其育林技术称为"森林园艺"。传统的适用人工林的基于年龄的森林生产力评价（如平均年生长量）或基于年龄的净现值方法，不适用于恒续林经营效果评价。

恒续林经营特点：①非皆伐作业。最好方式为单株采伐利用，林地处在无间断的林冠覆被下，土壤不裸露。②复层混交异龄林。森林发育无始无终，保持不确定的年龄状态，蓄积量水平是波动的，间伐与主伐不是截然可分的，在抚育采伐过程中强调"三砍三留法"。评价林分的适宜变量是定期生长量。③任何措施对森林系统的干扰应达到最小。④确保森林的生产功能，即允许收获一定数量的木材。⑤强调充分利用自然力进行自然更新，但不排除人工更新。

森林生态系统中树木的不同发育阶段，不被林分条块分割，而是在时间上和空间上都处于同一经营单元内，不同年龄或不同树种的树木相互依存、相互制约、形成"马赛克式"的镶嵌体，保持了森林内部的持续稳定性。

推行恒续林模式是可行的、有利的，在改善生态环境方面将会产生更多的效益。但推行恒续林模式技术要求比较复杂，需要有更多的科技支撑和训练有素的技术人员配备。实际上，恒续林模式首要强调的是培育森林，而传统的法正林系统则更注重森林的木材利用。

参考文献

惠刚盈, Klaus von Gadow, 等, 2016. 结构化森林经营原理[M]. 北京: 中国林业出版社.

（惠刚盈）

红豆杉培育　cultivation of *Taxus wallichiana* var. *chinensis*

根据红豆杉生物学和生态学特性对其进行的栽培与管理。红豆杉 *Taxus wallichiana* var. *chinensis* (Pilger) Florin 为红豆杉科（Taxaceae）红豆杉属树种，中国特有种，国家一级重点保护野生植物；重要的经济林（木本药材）、园林观赏和珍贵用材树种。

树种概述　常绿乔木。树皮灰褐色，裂成条片。叶条形，在小枝上螺旋状排列成 2 列，长 1～3cm，宽 2～4mm，有 2 条气孔带。雄球花淡黄色，雄蕊 8～14 枚。种子卵圆形，生于杯状红色肉质的假种皮中。分布于中国黄河以南部分省份，垂直分布于海拔 750～2700m，多生长于针阔混交林中，零星分布。喜气候温暖多雨的地方，典型的阴性树种，在排水良好的酸性灰棕壤、黄壤、黄棕壤上生长良好。苗期喜阴，忌晒。根、树皮和枝叶中可提取紫杉醇。心材为高档家具、美术雕刻和装饰工艺特种用材。世界公认的濒临灭绝的天然珍稀抗癌植物和珍贵用材、药用树种。

苗木培育　以播种育苗和扦插育苗为主。播种育苗使用成熟的种子，采种后用湿沙层积催芽，每月翻动 2 次，翌年 3 月初即可播种育苗。扦插苗培育在春季和秋季均可扦插，插穗需在一定浓度（50～1000mg/L）的生根药剂溶液中处理。

林木培育　宜选择地势平缓、土层深厚肥沃、中下坡或山谷的阴坡作造林地，或在密度小的幼林下造林。可选择春季造林或秋季造林，春旱严重的地区选择雨季造林。苗圃式或农作式密集种植模式的造林密度，株行距 25～30cm，密度 82995～124995 株 /hm²；茶园式密植种植模式，采用带状双行种植，行间距 0.8～2m，株距 30～50cm，密度 19995～82995 株 /hm²。种植第二年即开始配合整形剪枝收获，以后随苗木生长逐步调整密度。常规模式造林密度 2500～10005 株 /hm²，矩形配置。常规模式造林后 1～2 年可以间种豆类、药材、绿肥饲料等，以耕代抚。

参考文献

檀丽萍, 陈振峰, 2006. 中国红豆杉资源[J]. 西北林学院学报, 21(6): 113–117.

王卫斌, 王达明, 2006. 云南红豆杉[M]. 昆明: 云南大学出版社.

张静, 2014. 植物红豆杉的抗癌药用价值研究 [J]. 中国药业, 23(1): 1–2, 3.

（张劲峰，耿云芬，王磊）

红豆树培育　cultivation of *Ormosia hosiei*

根据红豆树生物学和生态学特性对其进行的栽培与管理。红豆树 *Ormosia hosiei* Hemsl. et E. H. Wilson [*Ormosia hosiei* Hemsl. et Wils.] 为豆科（Leguminosae）红豆属树种，在哈钦松和克朗奎斯特等分类系统中属于蝶形花科（Papilionaceae），别名鄂西红豆；重要的珍贵用材、庭园绿化树种，国家二级重点保护野生植物。

树种概述　常绿或落叶乔木。圆锥花序下垂。荚果近圆形，扁平，先端有短喙，内壁无隔膜，有种子 1～2 粒。花期 4～5 月，果期 10～11 月。产于中国陕西、甘肃、江苏、安徽、浙江、江西、福建、湖北、四川、贵州等地，是红豆属中树形最大、分布最北的树种。幼树耐阴，中龄后喜光，喜湿；树干高大，主根明显，根系发达；对土壤水分要求较高，以深厚肥沃、水源充足、排水良好的沙质壤土为佳。木材是上等家具、工艺雕刻、特种装饰和镶嵌的珍贵用材，亦是优良的庭园树种。根、皮、茎、叶、种子均可入药，具有

红豆杉成熟种子（云南昆明）

图1　红豆树苗圃（浙江丽水白云山生态林场）

图2 红豆树林分（浙江丽水白云山森林公园）

图1 红桧枝叶（台湾太平山）

图2 红桧温室育苗（福建省国有来舟林业试验场）

理气、通经、止痛的功效。

苗木培育 主要采取播种育苗，包括苗床育苗和容器育苗。播种前需进行种子处理，用沸水烫种、机械破皮或浓硫酸处理，挫伤种皮，使种子吸水，提早发芽和提高发芽率。播种时间为2～3月，采用开沟条播，播种后覆盖火烧土或本土。

林木培育 造林宜选择海拔600m以下、土壤湿润肥沃、土层深厚的Ⅰ、Ⅱ级立地。整地宜采用块状穴垦，挖明穴、回表土。1～2月冬芽萌动前选择阴雨天造林。培育优良干材，造林密度可适当加大，纯林170～240株/亩，混交林120～150株/亩。幼苗根部含有糖分，造林前要在苗木根部浇拌药浆预防鼠害。幼林生长速度中等，造林后要加强前期管理，前四年每年锄草2次，第5～6年每年抚育1次，每亩167株的造林地第6年开始郁闭。自然整枝差，幼林郁闭后要进行适当修枝。幼林郁闭后的第5～6年进行第一次抚育间伐，伐除被压木和枯死木及个别生长过密植株，间伐强度30%左右。

参考文献

陈存及，陈伙法，2000. 阔叶树种栽培[M]. 北京：中国林业出版社: 232-235.

赵颖，何云芳，周志春，等，2008. 浙闽五个红豆树自然保留种群的遗传多样性[J]. 生态学杂志，27(8): 1279-1283.

郑万钧，1985. 中国树木志：第二卷[M]. 北京：中国林业出版社: 1306-1307.

（焦洁洁，江波）

红桧培育 cultivation of formosan red cypress

根据红桧生物学和生态学特性对其进行的栽培与管理。红桧 *Chamaecyparis formosensis* Matsum. 为柏科（Cupressaceae）扁柏属树种，珍贵用材树种；国家二级重点保护野生植物。

树种概述 常绿大乔木，高达60m，胸径达6m。树干通直，树皮灰红色至红褐色，浅根性。枝条水平状，枝梢疏生略下垂。叶二型，鳞片状，交互对生。雌雄同株，异花。球果椭圆形。种子11月上旬成熟。特产于中国台湾省，分布于台湾中央山脉和北部雪山山脉。适生于气候温和、湿润、雨量丰沛、湿度较大的地区。耐瘠薄，以土层厚度中等而湿润的灰化土或棕壤土生长最好。木材为上等建筑、家具、器具用材，在造船、雕刻、板材、车辆用材及其他工业用材上应用广泛；木屑有芬芳气味，可制作线香。

苗木培育 主要采取播种育苗，包括苗床育苗和容器育苗。适宜春播，种子不耐贮藏，播种方式为撒播或条播，播种后立即遮阴。

林木培育 应大力营造人工林或针阔混交林。苗期适当遮阴有利于苗木生长。混交树种一般选用柳杉、蓝桉，混交效果较佳，也可用福建柏或鹅掌楸，20年后对鹅掌楸等树种疏伐或皆伐，以利红桧生长。植苗造林应选2～3年生裸根苗，栽前喷400倍20%波尔多液，然后选苗、修剪、蘸泥浆、包装，上山后需假植以恢复苗木活力，栽植季节以1～4月为宜，栽植密度2500～3300株/hm²，底肥采用多元素复合肥，用量300kg/hm²。高山造林须在霜期过后栽植；林下栽植应选疏伐后林地、带状疏伐地或天然林内空隙地，可用裸根苗，成活率可达90%以上，林内透光度55%～90%。幼林易受杂草遮蔽，通风不良，受光量不足而枯萎，应彻底进行除草。在胸径达6cm后开始修枝，剪除树高1/2～1/3以下枝条，修枝时间为冬季生长休眠期或秋季生长停止期及早春树液流动前。林分郁闭后适当抚育间伐，林地郁闭度控制在 0.7 ～ 0.8，以促进林木生长。主要病虫害有叶枯病、茎腐病、腐朽病、星天牛、松墨天牛、象鼻虫、小蠹虫、种子小蜂等。

参考文献

程良绥, 2005. 台湾红桧的生物学特性及引种栽培[J]. 林业实用技术(4): 15-16.

刘洪谔, 张若蕙, 丰晓阳, 等, 2000. 台湾珍贵针叶树种引种造林试验结果[J]. 浙江林学院学报, 17(1): 14-19.

潘金贵, 傅秋华, 张乃芳, 等, 1998. 红桧等台湾特产珍贵树种引种试验初报[J]. 福建林学院学报, 18(1): 69-72.

张若蕙, 刘洪谔, 沈锡康, 等, 1991. 红桧及台湾扁柏引种初报[J]. 浙江林学院学报, 8(4): 483-489.

祝云祥, 丰炳财, 丰晓阳, 等, 1994. 台湾扁柏红桧福建柏在千岛湖区的引种[J]. 浙江林学院学报, 11(3): 320-323.

（叶功富，高伟）

红楠培育　cultivation of alishan machilus

根据红楠生物学和生态学特性对其进行的栽培与管理。红楠 *Machilus thunbergii* Sieb. et Zucc. 为樟科（Lauraceae）润楠属树种，重要的绿化观赏和用材树种。

树种概述　常绿乔木。树皮黄褐色。叶倒卵形至倒卵披针形。花期 2～3 月，果期 7～8 月。集中分布于中国、日本、韩国、印度尼西亚等亚热带和暖温带地区。中国主要分布在长江流域及其以南地区，浙江、福建、山东、台湾和广东等东部沿海地区均有天然分布。多生于湿润阴坡、山谷和溪边，喜中性、微酸性土壤。优良的庭院、行道、园林等绿化树种；木材光泽美丽，纹理通直，结构细密，硬度适中，可用于家具、装饰等。

苗木培育　主要采取播种育苗，包括苗床育苗和容器育苗。种子采收后立即播种。培育园林绿化苗，应选择排灌方便的壤土或轻黏土，株行距以 1.5m×1.5m 为宜。

林木培育　营建人工林，应选阳坡或半阴坡土层深厚、肥沃、湿润的立地作为造林地。造林苗宜采用 2～3 年生容

图1　浙江红楠 2 年生苗（刘军　摄）

图2　浙江舟山红楠野生树（刘军　摄）

器苗。幼林生长缓慢，造林密度控制在 110～160 株 / 亩。造林后应连续 3 年对幼林进行抚育。10 年生时开始间伐，间伐强度 30%～50%。

参考文献

胡小平, 叶增新, 陶义贵, 2009. 红楠播种育苗与造林技术[J]. 中国林副特产(2): 61-62.

中国科学院中国植物志编辑委员会, 2004. 中国植物志[M]. 北京: 科学出版社.

（刘军，姜景民）

红皮云杉培育　cultivation of Korean spruce

根据红皮云杉生物学和生态学特性对其进行的栽培与管理。红皮云杉 *Picea koraiensis* Nakai 为松科（Pinaceae）云杉属树种，别名红皮臭、白松、虎尾松；中国东北林区天然林主要建群种和东北地区营造用材林、水土保持林、四旁绿化的优良树种。

树种概述　常绿乔木，高达 30m 以上，胸径 80cm。树皮灰褐色或淡红褐色，裂成不规则薄条片脱落。大枝斜伸至平展，树冠尖塔形。1 年生枝黄色，淡黄褐色或淡红褐色。叶四棱状条形，微弯，长 1.2～2.2cm，宽 1.5mm，先端急尖。球果卵状圆柱形或长卵状圆柱形，长 5～8（15）cm，径 2.5～3.5cm，成熟时褐色；种子倒卵圆形，长约 4mm，连翅长 1.3～1.6cm。自然分布于北纬 41°31′～53°30′、东经 119°19′～134°09′。主要分布于中国的小兴安岭、长白山山区，在大兴安岭东部和北部的河谷沿岸有少量分布，赤峰市克什克腾旗白音敖包林区沙漠边缘也有较大面积的天然林。朝鲜北部、俄罗斯远东地区也有分布。引种栽培区主要包括大兴安岭、辽宁章古台、青海宝库林区等区域。耐阴，喜冷湿环境，浅根系，抗病力强。多生于山坡中腹以下及河岸、沟谷、山麓地带，常与红松、鱼鳞松、臭冷杉、落叶松、白桦、椴树、水曲柳等混生，形成红松针阔混交林，或以红皮云杉、臭松为主形成谷地云冷杉林。天然更新能力较好。自然整枝能力不良，对风灾、火灾的抵抗力较弱。木材材质轻软，结构匀细，纹理通直，易干燥，但稍有干裂和翘曲，抗腐性中等，不甚耐磨损，弯曲性能、声学性良好。是建筑、

红皮云杉林木种子园（吉林永吉县西阳镇）

桥梁、枕木、电杆、造船、家具、木纤维工业、细木加工等的良好原材料，也是制造乐器的良好材料。树干可割取树脂，树皮及球果的种鳞均含鞣质，可提制栲胶。

苗木培育　主要以播种育苗为主。种子9～10月成熟。球果颜色变为黄绿色或褐色时即可采集。选择生长健壮、干形优良、无病虫害的树木作为采种母树。球果出种率2%～5%。种子适宜干藏，安全含水率8%～10%。千粒重5～7g。发芽率可达80%以上。播种前需进行种子催芽处理。育苗地宜选在地势平坦、质地疏松、排水良好、地下水位较低，有灌溉条件的微酸性（pH 5.5～6.5）的沙质壤土。采用高床育苗，播种量60kg/hm²左右，当年保留株数1000～1200株/m²。采用土埋法或雪埋法越冬。造林苗需在苗圃培育4年，2年生时必须进行移植（换床），移植密度200～220株/m²。

林木培育　以植苗造林为主。选择土层深厚、肥沃、湿润、排水良好的小台地、河谷两岸、无积水的平坦地或缓坡地营造纯林或混交林。可选择红松、水曲柳、核桃楸、黄檗、椴树、蒙古栎、杨树、榆树等作为营造混交林的伴生树种。公益林的造林密度4400～6600株/hm²，商品林的造林密度2500～3300株/hm²。在有充足种源的皆伐迹地或择伐林分内，也可采用人工促进天然更新。

参考文献

何其智, 龚作义, 谢虎风, 等, 1989. 红皮云杉短周期育苗技术 [J]. 林业科技, 61(4): 9-13.

孙宝刚, 2003. 红皮云杉短周期工业用材林定向培育技术的研究[D]. 哈尔滨: 东北林业大学.

王秋玉, 2003. 红皮云杉地理种源的遗传变异[D]. 哈尔滨: 东北林业大学.

徐魁梧, 龚士干, 杨海荣, 1996. 红皮云杉人工林木材物理力学性质的研究[J]. 南京林业大学学报, 20(4): 77-80.

张建国, 2013. 森林培育理论与技术进展[M]. 北京: 科学出版社.

（李凤明）

红松培育　cultivation of Korean pine

根据红松生物学和生态学特性对其进行的栽培与管理。红松 *Pinus koraiensis* Sieb. et Zucc. 为松科（Pinaceae）松属树种，中国温带湿润地区生态功能显著、经济价值高的乡土优质用材林和经济林树种；国家二级重点保护野生植物。

树种概述　常绿大乔木。树皮幼壮龄时暗灰色、光滑，成年灰红褐色、鳞状或块状开裂。叶5针一束，长6～15cm。球果卵圆锥形，长10～20cm；种子三角状卵形，无翅，长1.2～1.8cm，棕褐色。分布于中国东北小兴安岭和长白山林区。垂直分布于长白山海拔500～1300m，小兴安岭海拔300～700m。喜光，幼年阶段适应一定的庇荫。以温和凉爽、≥10℃的有效积温2200～3200℃、空气相对湿度65%～75%、湿润度在0.7以上的气候条件为宜。在半阴半阳坡，肥沃、湿润、通透性良好、土层深厚且腐殖质层厚度大、pH 5.5～6.5的暗棕壤上生长最佳。自然条件下主要靠松鼠等动物传播种子进行更新。木材可作建筑、桥梁、枕木、高档家具等用材。种子营养丰富，可作为保健食品。

良种选育　中国20世纪50年代开始建立了一批原始天然林母树林，80年代开始进行种源试验和优树选择，并开始建设了一批1代种子园，21世纪初开始建设1.5代和2代种子园及采穗圃。在此基础上，于2009年、2012年和2017年分3批确定了国家级红松良种基地15处，包括：辽宁省森林经营研究所草河口种子园和母树林、本溪县清河城林场母树林、吉林省汪清林业局亲和红松种子园和金沟岭红松母树林、露水河林业局母树林和种子园、临江林业局种苗示范中心（闹枝）种子园和母树林、通化县三棚林场母树林、龙井市开山屯林场种子园和母树林、三岔子林业局种子园和母树林、黑龙江省宁安市小北湖红松母树林、带岭林业局母树林和种子园、省林木良种繁育中心母树林（鹤岗）、佳木斯市孟家岗林场母树林和种子园、苇河林业局青山种子园、铁力林业局母树林和种子园、绥棱林业局母树林。黑龙江、吉林和辽宁分别审定或认定了一批地方红松良种，含种源、母树林、种子园、家系、无性系等。

苗木培育

播种育苗　以露天越冬埋藏（经夏越冬隔年埋藏）等方法进行种子催芽处理后播种。选排水良好、质地疏松、结构良好、微酸性的壤土或沙壤土育苗。采用高床育苗，4月末至5月中旬播种。根据出苗期、生长初期、速生期和生长后期的不同生长特点，采取适宜的水肥管理和苗木管理。对留床苗秋季土壤冻结前进行覆土（草）防寒。移植育苗时春季随起随移植。

容器育苗　①容器直接播种、简易环境控制条件下培育容器苗。选用轻质基质、蜂窝纸杯等容器直接播种育苗。气温控制在20～30℃，相对湿度控制在60%～70%。3个月后移入圃地炼苗，1.5～2年出圃。②露天大田容器播种育苗。用直径8cm以上、高15cm以上的塑料薄膜容器，下端扎6～8个孔。装填基质后播种育苗。③移植容器育苗。利用1年生裸根苗移栽入容器培育容器苗。容器规格同露天大田容器播种育苗或更大。移植后培育1年或2年后出圃。

嫁接育苗　通过本砧嫁接和异砧嫁接实现嫁接育苗。本砧嫁接选取当年高生长量达7～10cm的S2-1型或S2-2型红松苗木为砧木，异砧嫁接选择S2-1型、S2-2型或更大苗龄樟子松或油松苗为砧木。

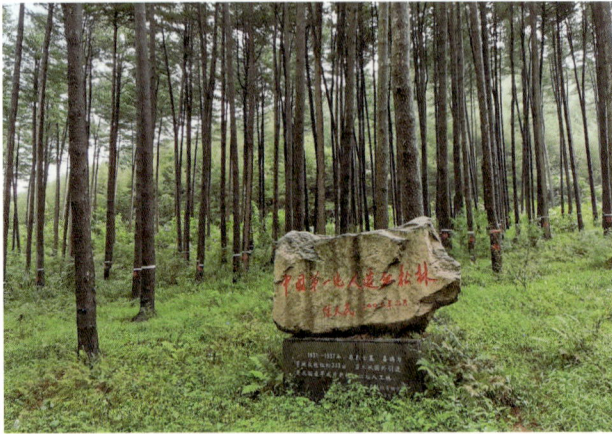

20 世纪 30 年代营造的中国第一片红松人工林（辽宁草河口）（沈海龙 摄）

林木培育

造林地 选择土壤深厚肥沃、排水良好、山坡中下部或坡度平缓的立地造林。坡度较缓（25°以下）、腐殖质层厚度超过 10cm、土层厚度超过 30cm、土壤湿润但不积水的阴坡、半阴坡、缓坡、斜坡等立地，优先培育红松用材林和果材兼用林。坡度陡峭（大于 25°）、腐殖质层厚度 10cm 以上、土层较薄（20cm 以下）、较湿润但不积水的立地，以及石块多但局部土层较厚较肥沃的坡地、岗地和其他不适合营造用材林的立地，可以培育红松坚果经济林。

造林 用材林或果材兼用林初植密度 3300 ～ 4400 株 /hm² 或 500 ～ 625 簇 /hm²。用实生苗营造坚果经济林初植密度 2500 ～ 3300 株 /hm²；用嫁接苗营造坚果林，初植密度 1100 ～ 2000 株 /hm²。适宜的混交树种有水曲柳、黄檗、核桃楸、紫椴、蒙古栎等，混交方式为带状群团状。通过栽针保阔途径建立人工栽植红松与天然阔叶树混交林，见缝插针式栽植红松，初植密度 1250 ～ 2500 株 /hm²。

抚育 幼林抚育主要是割灌、割草、培土，连续抚育 5 年以上。在 10 ～ 15 年生期间，需及时进行透光抚育。林分郁闭后，适时疏伐，间隔期一般 7 ～ 10 年。结合疏伐进行目标树修枝，修枝高度 6 ～ 8m。人天混交林和过伐林中红松的透光抚育和抚育间伐本着阔叶树"护着别盖着"红松主枝、"挨着别挤着"红松侧枝的原则进行，同时兼顾珍贵阔叶树种培育。

病虫害防治 注意防治红松疱锈病、烂皮病、溃疡病和松梢螟、球蚜、松梢象甲等病虫害。

参考文献

李继承, 李玉文, 葛剑平, 等, 2000. 红松容器苗的培育技术[J]. 东北林业大学学报, 28(3): 13–17.

李景文, 等, 1997. 红松混交林生态与经营[M]. 哈尔滨: 东北林业大学出版社.

齐鸿儒, 1991. 红松人工林[M]. 北京: 中国林业出版社.

拓展阅读

沈国舫, 2020. 中国主要树种造林技术[M]. 2 版. 北京: 中国林业出版社.

（沈海龙）

红锥培育 cultivation of *Castanopsis hystrix*

根据红锥生物学和生态学特性对其进行的栽培与管理。红锥 *Castanopsis hystrix* A. DC. 为壳斗科（Fagaceae）锥属（栲属）树种，别名刺栲。中国南方主要的珍贵乡土树种，用材林、水源涵养林等树种。

树种概述 常绿乔木。树体高大，干形通直。树皮灰色至灰褐色，片状剥落。小枝皮孔不明显，嫩枝疏被绒毛。叶背面被棕色鳞秕和淡毛，老时变为淡黄色。幼果圆球形，浅绿色，果实成熟时壳斗由绿色转为深褐色，壳斗球形，连刺径 2.4 ～ 4cm。分布于中国广西、广东、海南、云南、贵州及湖南、江西、福建等省区，西藏的墨脱县也有分布。垂直分布各地不同，在东部主要分布于海拔 500m 以下的低山和丘陵，在广西浦北较多分布于海拔 100m 左右的低丘，在海南一般分布于海拔 300 ～ 1100m 的热带沟谷雨林和常绿阔叶林中，在湖南江华分布于海拔 350 ～ 600m，在云南南部分布于海拔 700 ～ 1000m 地带。喜温暖湿润气候，不耐干旱。适生于由花岗岩、砂页岩等发育的酸性红壤、黄壤或赤红壤，不适生于石灰岩地区。萌芽再生能力极强，不仅能从伐根萌生成林，即使没有采伐，也可由树干基部的根萌条长成大、中径级林木。木材是高级家具、造船、车辆、工艺雕刻、建筑装修等优质用材；树皮和壳斗含鞣质 10% ～ 15%，可作栲胶原料；红锥凋落物量多，改良土壤和涵养水源的作用大。

良种选育 通过区域种源试验研究与区域试验示范造林，在广西主要筛选了两个优良地理种源（博白种源和浦北种源），并已在广西推广造林 10 万亩以上。

苗木培育 主要采用播种育苗。采收的种子摊晾至壳斗开裂，取出坚果；种实脱粒后应立即置流动的清水中浸泡 10 ～ 15 天，清洗种子表面的虫卵和蛀虫，除去瘪粒和杂物；将种子倒入盛有浓度 0.1% ～ 0.3% 的敌百虫容器内，浸泡 24 小时，捞出用清水冲洗，再浸泡 3 ～ 5 天，每天换水 1 次，晾干即可贮藏。处理后的种子用湿沙层积催芽，每层沙厚 4 ～ 5cm，上面覆盖薄膜保湿和防鼠，每隔 2 ～ 3 天淋水一次，约经 70 天，种子伸出胚根。选用腐殖质含量高的森林表土或火烧土 40%、红心土 55%、磷肥 3%、红锥林或马尾松林内表土 2%，充分捣碎拌匀过筛，然后装入 10cm×15cm 的容器袋内。经催芽处理后的种子，移苗时剪去过长的胚根，保留胚根长 2 ～ 4cm，覆土 0.5 ～ 1.0cm，浇足水。幼苗出土后及时遮阴。加强水肥等田间管理，苗木生长后期少施氮肥，增施磷、钾肥。10 月以后停止施肥，控制灌溉，揭除遮盖物。苗高 30 ～ 40cm、地径 0.3cm 以上、顶芽完好、根系发达、无病害，可出圃造林。

林木培育

造林地 选择海拔 500m 以下山坡的中下部，以花岗岩、砂页岩等发育而成的酸性红壤、黄壤或赤红壤，土层深厚、肥力条件中等以上的立地作为造林地。采用穴垦整地，穴规格 60cm×60cm×40cm，每穴施复合肥 150 ～ 200g 作基肥。

红锥与西南桦同龄混交林（中国林业科学研究院热带林业实验中心）

图1 花榈木荚果（福建永安）（陈世品 摄）

造林 采用植苗造林，2～3月在雨后林地土壤湿润时栽植，用苗高35～50cm的1年生壮苗。适当深栽、不窝根、侧根舒展，踩实，栽植后回填土，并在植株周围覆盖松土和杂草以保湿。株行距为2m×2m或2m×3m，可与马尾松、杉木进行行间混交造林，混交比例1:1或1:2。

抚育 造林后头5年，每年铲草、扩穴、施肥1～2次，每株每年施复合肥200～300g。抚育以铲除杂草、扩穴松土为主，适当保留部分杂灌木作侧方遮阴。幼林3～5年生进行修枝，修枝高度为树高的1/3。8年生时进行第一次间伐，保留900～1200株/hm²；培育大径材，15年生时进行第二次间伐，保留750株/hm²左右。

病虫害防治 对危害嫩叶的卷叶虫，可用甲胺磷400～600倍液进行喷杀；竹节虫危害幼林或成林时，可用90%敌百虫1500～2000倍液或50%辛硫磷1000～1500倍液进行喷洒防治。

（申文辉）

后伐 removal cutting

典型渐伐的第四次采伐。即将伐区内留存的所有老林木全部伐除的采伐。

见渐伐。

（孟春）

花榈木培育 cultivation of *Ormosia henryi*

根据花榈木生物学和生态学特性对其进行的栽培与管理。花榈木 *Ormosia henryi* Prain 为豆科（Leguminosae）红豆属树种，在哈钦松和克朗奎斯特等分类系统中属于蝶形花科（Papilionaceae）；国家二级重点保护野生植物，著名的珍贵用材树种。

树种概述 常绿乔木。花蝶形。荚果扁平，长椭圆形；种子椭圆形或卵形。花期7～8月，果期10～11月。主产中国热带及亚热带地区的安徽、浙江、福建、江西、湖北、湖南、广东、海南、广西、云南东南部、贵州、四川东南部及陕西东部，生长于海拔1000～1300m的山地、溪边、谷地阔（针）叶林中，常与杉木、枫香、冬青、马尾松、樟树、栲树、合欢、杜鹃等树种混生。种皮坚硬、致密、透水

透气性差，萌发率低，是其野外种群数量较少的主要原因。喜温暖湿润气候，也较耐寒；具有较强的适应性，酸性、中性土壤均能正常生长；在肥沃湿润土壤中生长快速。心材红褐色，材质致密硬重，是制作各种珍贵高档红木家具及特种装饰品等的上等材料；树体及果实外形美观耐看，适合庭院、公园和行道绿化种植，也是优质的园林景观树种；根、皮、枝、叶均可入药，有破瘀行气、解毒、通络、祛风湿、消肿痛的功能。根部具有能固氮的根瘤菌，可以改良土壤，具有较好的生态价值。

苗木培育 主要采用播种育苗。选择15年生以上、生长健壮、发育正常、干形通直、无病虫害的植株作为母树，每年12月进行采种，果实采回后阴干。种子采用沙藏或置于冷库贮藏。圃地宜选择地势平缓、水源充足、排水良好、土层深厚肥沃的沙质壤土或轻壤土。初冬深翻圃地，播种前整平苗床，浇透水，床面喷洒高锰酸钾或托布津，并翻动土壤。每年3月初播种，播种前用清水浸种24小时；苗出土后立即遮阴，遮阴时间为60天左右。苗木生长初期应及时除草、松土，定期施肥，每月喷施1次尿素溶液；生长盛期天气晴朗时注意及时浇水保湿，追施复合肥、尿素、草木灰等；生长后期减少浇水次数。苗木生长期间需注意病虫害防治，特别是在高温高湿季节，可用多菌灵悬浮剂喷雾以防治病害。

林木培育 造林地选择在海拔600m以下的荒山荒地和采伐迹地的阳坡、半阳坡。3～4月造林，整地时炼山作业，在小雨或雨后栽植。采用营养杯苗造林，将薄膜袋撕掉、放直、压实。采用穴垦，穴规格50cm×50cm×40cm。株行距视立地条件而定，在水肥条件好的地方为3m×3m，较干旱或干旱地区采用3m×2m或2m×2m。施足基肥，每穴可施2.5～5kg的农家肥与250g氮、磷、钾混合肥。造林后加强抚育管理，造林当年根据林地实际情况进行多次松土除草并追肥。抚育时要注意整形修枝，在苗木旁插竹捆绑，以促主干垂直生长，形成优良干材。主要病害有黑痣病、炭疽病等。苗期和幼树易受黑痣病危害，病斑主要表现在叶、枝上，在雨季蔓延较为迅速，严重时整个叶片均显黑色，致使叶子大量脱落，严重影响幼树生长；防治可用百菌清或5%甲基托布津500倍液喷洒，每隔7天喷1次，共喷

图2 花榈木收集圃（贵州黎平东风林场）

2～3次。嫩叶和嫩梢也易发生炭疽病，在叶片上显现圆形褐色小病斑，其上有黑色小点，而在嫩枝上发病处显黑色，逐渐干枯；用百菌清或70%代森锌喷洒，每隔7天喷1次，共喷2～3次。幼林多出现瘤胸天牛危害树干，被害率达40%～50%，造成风倒或枯死；在瘤胸天牛幼虫期可用90%敌百虫或50%辛硫磷300～400倍液以兽用注射器注入，然后用黏泥围封封孔口。夏季幼林常受蝗虫、食叶甲虫危害，可采用90%敌百虫或乐果喷洒树冠叶面。

参考文献

邓兆，韦小丽，孟宪帅，等，2011. 花榈木种子休眠和萌发的初步研究[J]. 贵州农业科学，39(5): 69-72.

沈绍南，柳尚贵，蔡焕留，2009. 珍贵树种花榈木丰产栽培技术[J]. 现代农业科技(1): 81, 84.

杨鹏，2011. 花榈木不同播种育苗方式效果研究[J]. 中国林副特产(2): 26-27.

张都海，袁位高，陈承良，等，2003. 花榈木人工林生长规律的初步研究[J]. 浙江林业科技，23(3): 9-11, 27.

（曹光球，许珊珊，林思祖）

花芽分化 differentiation of flower bud

林木生长到一定阶段，营养物质积累到一定水平后，在成花诱导激素和外界条件的作用下，顶端分生组织由叶芽状态开始转化为花芽状态的过程。花芽分化是植物由营养生长向生殖生长转变的标志。由花芽分化前的诱导阶段及之后的花序与花分化的具体进程组成。一般分为生理分化、形态分化两个阶段。生理分化是芽内生长点在生理状态上向花芽转化的过程。形态分化是花芽生理分化完成后，开始花芽发育的形态变化过程。

花芽形成过程要消耗大量的碳素物质和氮素物质，并且碳、氮必须有一定的比例。一般蛋白质含量需占总氮量的70%以上，低于60%则不能形成花芽。良好的营养生长是生殖生长的物质基础。幼年期是积累营养物质的重要时期，幼年期树木生长得好，才有希望更好地开花结实。

花芽在分化过程中，需要大量的高能物质三磷酸腺苷（ATP）、核蛋白以及淀粉和糖类，磷肥对提高花芽分化有重要作用。一般来说，在新梢内部，生长素和赤霉素处于高水平时，促进生长，抑制花芽分化；乙烯和细胞激素处于高水平时，有利于花芽分化。

通常，树木的花芽分化期并非绝对集中于短期之内，而是相对集中又相对分散，同一树种花芽分化的开始期和旺盛期（相对集中期）在不同地方、不同年份有一定差别。一般树木的花芽分化期都在营养生长趋于缓慢的时候。大多数针叶树花芽分化期在6～8月；杉木通常于8月开始花芽分化，翌年3月底或4月初开花传粉；落叶松雌雄花花芽分化均在7月上旬至7月下旬；日本柳杉花芽分化期雌花为6月下旬至9月下旬，雄花为7月中旬至9月中旬；湿地松花芽分化期雌花为6月下旬至7月初，雄花为8月下旬；欧洲赤松花芽分化期雌花为8月上旬至8月下旬，雄花为8月中旬至8月下旬。

（王乃江）

华北地区森林培育 silviculture in North China

在中国华北地区开展的森林生产经营活动。华北地区东临渤海、黄海，西接山西晋中南盆地，南以淮河干流和苏北灌溉总渠为界，北抵阴山南麓、燕山西北麓和辽河中游。行政区划范围包括山西、河北、北京、天津、山东、河南全部以及辽宁、江苏、安徽等省的局部地区。按《造林技术规程》（GB/T 15776—2016）分区，属于暖温带区、半干旱区一部分。

华北地区林业建设以生态保护与建设为核心，以商品林和森林旅游产业发展为两翼。重点任务包括：大力营造水土保持林、水源涵养林、沿海防护林、农田防护林及环境防护林；在适宜地区建立木材战略储备生产基地，发展速生丰产用材林和珍贵树种用材林；大力营造优质丰产经济林，加大基地建设力度，提高质量、改善品质；着力发展城市森林和乡村绿化美化事业，加强森林公园、自然保护区、风景名胜区、城郊森林公园的建设和保护，合理发展森林游憩与康养产业，保障区域生态安全和人民生活质量不断提高。

华北地区自然社会特点

气候 华北地区跨度大，西高东低，区域气候分为暖温带半湿润与暖温带半干旱两个气候区。年平均气温6～14℃，1月平均气温 -12～3℃，7月平均气温20～25℃。极端最高温度超过40℃，极端最低温度 -37.3℃，≥10℃年积温2200～4800℃，无霜期195～240天。年降水量400～900mm，主要集中在7～9月，占全年降水量的50%～60%。多春旱和伏旱，部分盆地和谷地易发生干热风危害。

地形 复杂多样，有山地、丘陵、平原、滨海及黄土高原等地貌。主要包括恒山、太行山、燕山、伏牛山等山地和鲁中南低山丘陵区。区域内山地中多盆地和谷地，盆地边缘有低山丘陵区。黄淮平原地形平坦、土层深厚、土壤肥沃、水源充足、灌溉方便。

土壤 地带性土壤主要是褐土和潮土，特殊气候与地貌特点，加上长期人为活动和水土流失，造就多样化土壤类型。主要有褐土、潮土、棕壤、草甸土、水稻土、盐土等。具体包括黄棕壤、山地棕壤、淋溶褐土、碳酸盐褐土、黑垆土、栗钙土、灰钙土、草甸土、潮土、砂礓黑土、水稻土、盐碱土等亚类。质地以壤质为主，土体结构较好，但土层厚度和肥力总体变化很大。

植被 地带性植被为暖温带落叶阔叶林，山地替代性植被类型为温性和寒温性针叶林。山地森林植被由低山丘陵到亚高山森林依次分布着暖温带落叶阔叶林、温带针阔混交林、寒温带针叶林。

社会经济 华北地区既是中国政治、文化交流的中心，又是一个资源丰富的经济高速发展地区。就经济而言，长期以来依靠资源消耗增加产值的产业成为华北地区经济的主导。区域循环经济作为一种经济发展模式已经在整个华北地区展开，生态环境保护和治理成为目前最重要的任务之一。

华北地区森林培育技术特点

华北山地区

①树种选择 山地立地类型多样，选择造林树种应结合当地区域生态、经济发展方向。根据立地和林种，以保护和恢复区域植被为根本，乔、灌、草并重，乡土树种为主，适当引进新品种（表1）。

②整地技术

整地方式：根据立地条件及水土保持等要求，主要采用水平沟、水平阶、反坡梯田、穴状、鱼鳞坑等局部整地方式，一般不采用全面整地。通道沿线造林绿化可采用块状整地；局部低洼盐碱地采用大方格高垄起埂方式。

整地时间：春季造林和雨季造林宜在造林前一年的雨季前或雨季进行整地，最迟在前一年的秋季整地。秋季造林在当年的雨季前进行整地。在土壤深厚肥沃、杂草不多的熟耕地上，或土壤湿润，杂草、灌木覆盖率不高的新采伐迹地上，也可以随整地随造林。

③造林技术和抚育管理

造林：一般应结合实际采用封山育林、直播造林、植苗造林等多种造林方式。在半干旱地区和水土流失地区，提倡采用保水剂、生根粉或根宝等制剂，采用薄膜微域集水、穴面覆盖等抗旱保墒造林技术措施。在条件较好的地区营造水源涵养林和水土保持林等，以封山育林为主，并结合人工辅助造林和抚育措施。采用植苗造林时，应使用圃地培育的优质壮苗，提倡使用容器苗，以提高保存率和成林速度。造林密度应考虑区域水分承载能力，不宜过大。提倡营造混交林，特别是针阔混交林，要充分利用自然植被提高林分稳定

性和抗性。造林季节以早春为主，栎类等树种可采用秋季播种造林。立地条件好的地方，可在雨季和秋季采用容器苗造林。

幼林抚育：对幼林抚育的要求较高，抚育管理是保证造林成活、成林的关键。林地管理一般包括松土、扩穴、除草、灌溉、施肥等措施。造林后及时浇水和施肥。造林后1个月内进行第一次穴面平整、苗木扶正和补苗工作；从第二年开始，每年松土除草1～3次，连续进行数年，到幼树树高超过杂草和灌木层时可停止，以后进行其他措施直到幼林郁闭。干旱半干旱或石质山地幼林抚育要采取良好的蓄水保墒措施，在通过扩穴提高集水能力的同时，需就地取材采取穴面灌草或砾石覆盖等保墒措施。对于乔灌混交林，可采用修枝、平茬、间伐等措施调节针、阔叶树与灌木间的关系，保证乔木树种的正常生长。林木管理主要包括抹芽、修枝、接干、平茬、病虫害防治等。

抚育采伐：应在胸径连年生长量大幅下降或郁闭度达到0.8时开始，用材林可适当提前。油松等林木个体间竞争激烈的针叶树种林分可采取下层疏伐，侧柏等林木个体间竞争不强的树种林分可采取综合疏伐；疏伐强度以郁闭度下降0.1～0.2为宜，侧柏林分不能一次疏伐强度过大，否则易造成雪压。抚育采伐间隔期以胸径连年生长量再次下降或郁闭度达到0.8时为宜。也可采取目标树作业法使林分形成地带性的针阔复层异龄混交恒续林，更好发挥林分多功能特性。防护林抚育采伐的目标是使林分始终保持乔灌草复层结构，实现防护功能的最大化。用材林抚育采伐的目标则是促进林分的速生丰产，生产出量多质优的木材。抚育剩余物可就地还林，维持和改善地力。

黄淮海平原区 该区是中国重要的粮食核心产区，林业生产任务以为农区提供生态屏障为重点，大力发展农田林网、农林间作、四旁植树，建立完善的防护林体系。同时，依托木材战略储备工程，大力发展速生丰产和珍贵树种用材林，兼顾发展林果业，提高经济效益。立地条件主导因子是土壤理化性状、地下水位以及盐碱化程度，应据此确定科学合理的营造林技术。

①树种选择 按不同林种分别选择适宜树种（表2）。

②整地技术 适于机械化整地。一般采用大规格穴状整地。盐碱地需加强整地，主要措施有排水淋盐、灌水洗盐、引洪漫淤、铺沙压碱、修筑台田、种植绿肥等。低洼盐碱

表1 华北山地区不同林种树种选择

林种	主要造林树种
防护林	油松、樟子松、华北落叶松、日本落叶松、华山松、赤松、侧柏、杜松、云杉、冷杉、白榆、白桦、栓皮栎、麻栎、槲栎、槲树、辽东栎、蒙古栎、元宝枫、茶条槭、复叶槭、黄栌、盐肤木、黄连木、鹅耳枥、青杨、花椒、毛白杨、新疆杨、杜梨、刺槐、楸树、白蜡树、臭椿、旱柳等；紫穗槐、山皂角、柠条、荆条、酸枣、枸杞、文冠果、欧李、酸刺、胡枝子、沙棘、杞柳、柽柳、火炬树、沙地柏、山桃、山杏、桑（地埂桑）等
经济林	核桃、枣、板栗、柿、花椒、（仁用）杏、香椿、山茱萸、翅果油树、漆树、黄连木、文冠果、欧李、杜仲、连翘等
用材林	华北落叶松、日本落叶松、油松、赤松、侧柏、华山松、栓皮栎、麻栎、蒙古栎、辽东栎、北京杨、新疆杨、毛白杨、欧美杨、泡桐、楸树、刺槐、白蜡树、朴树、榉树、橿子栎等
城市森林	毛白杨、槐树、楸树、欧美杨、银杏、栾树、元宝枫、黄山栾、法国梧桐、青桐、重阳木、白榆、旱柳、楝树、白蜡树、臭椿、香椿、刺槐、女贞、侧柏、圆柏、龙柏、雪松、油松、华山松、白皮松、水杉、玉兰、紫薇、桑树、构树、紫穗槐、连翘、杞柳、黄栌、核桃、碧桃、紫叶李、柿树、樱桃、火棘等

表2 黄淮海平原区树种选择

林种	可选造林树种
农田防护林带	欧美黑杨、水杉、黄山栾、旱柳、楝树、白蜡树、槐树、女贞、侧柏、圆柏、桑树、构树、紫穗槐、梧桐、白榆、泡桐、毛白杨、楸树、臭椿、香椿、刺槐等
农林间作	欧美黑杨、毛白杨、核桃、桃、梨、杏、柿、樱桃、泡桐、楸树、白蜡树、枣、苹果等
沙地防护林	泡桐、欧美黑杨、毛白杨、小叶杨、刺槐、白蜡树、旱柳、杞柳、臭椿、桑树、构树、紫穗槐等
沙地速生丰产用材林	欧美黑杨、毛白杨等
盐碱地防护林	杨树、侧柏、臭椿、旱柳、白蜡树、刺槐、紫穗槐、苦楝、复叶槭等
围村片林	泡桐、杨树、楸树、水杉、核桃、枣、桃、苹果、梨、杏、柿、樱桃
城市森林和四旁植树	泡桐、杨树、楸树、银杏、竹林、水杉、黄山栾、悬铃木、重阳木、山桐子、白榆、旱柳、楝树、白蜡树、臭椿、香椿、刺槐、槐树、女贞、侧柏、圆柏、龙柏、棕榈、铺地柏、雪松、油松、黑松、白皮松、白玉兰、紫玉兰、广玉兰、木瓜、紫薇、枇杷、桑树、构树、鸡爪槭、元宝槭、紫穗槐、连翘、杞柳、黄杨、石楠、核桃、桃、苹果、梨、杏、柿、樱桃、蔷薇、月季、火棘等

地，可挖塘起土培堤，形成桑基鱼塘系统，实行复合经营。在城市森林营建中，采用勾机机械整地，大幅提高效率和节约劳力。

③造林技术和抚育管理

造林：以植苗造林为主，有时采用分殖造林。造林所用苗木以裸根大苗为主，一般要求达到Ⅰ～Ⅱ级苗标准。针叶树以及大苗需要带土球。容器苗使用率较低。造林季节主要以春季、秋季造林为主，冬季不是太寒冷的年份避开三九天也可以适当造林；造林要求按技术标准执行。

抚育：林地管理包括松土除草、种植绿肥、灌溉施肥、排水防涝等。造林后应及时浇定根水和施肥；林木管理包括抹芽接干或平茬接干、修枝抚育、加强病虫害防治等。农林间作情况下实行以耕代抚，无须单独进行松土除草和灌溉施肥等，但需要对林木进行抚育。发展速生丰产用材林一般是在漏水漏肥严重的沙地上，因此提倡采用滴灌等节水灌溉技术，进行随水施肥和修枝，更好地发挥良种优势，大幅度提高林地生产力。

参考文献

翟明普, 沈国舫, 2016. 森林培育学[M]. 3版. 北京: 中国林业出版社.

（贾黎明）

华北落叶松培育 cultivation of prince rupprecht larch

根据华北落叶松生物学和生态学特性对其进行的栽培与管理。华北落叶松 *Larix gmelinii* var. *principis-rupprechtii*（Mayr）Pilg. 为松科（Pinaceae）落叶松属树种，中国华北地区特有乡土树种，重要的用材林、防护林和风景林树种。

树种概述 落叶乔木。树皮暗灰褐色，呈小块片脱落。1年生枝淡黄褐色或淡褐色。叶披针形或线形。雌雄同株，单性花，翌年生或多年生短枝上有雌球花。球果成熟时淡褐色，长2～4cm，直径2～3.5cm；种子有长翅。集中分布在中国山西省吕梁山山脉中段的关帝山林区和北段的管涔山林区、太行山山脉的五台山林区、恒山林区、太行山与吕梁山之间的太岳林区以及河北燕山山脉，北京和内蒙古南部也有少量分布，一般生长在海拔1200～2800m的阴坡半阴或半阳坡。贺兰山、六盘山、祁连山等黄河流域高山

区作为荒山造林树种引种。河北省塞罕坝机械林场是中国华北落叶松人工林面积最大的林场。喜光、耐严寒、耐干旱、耐风沙和耐土壤瘠薄。在≥0℃年积温1500～2200℃、年温差达29～36℃、昼夜温差达14～16℃，以及年降水量350mm以上的气候条件下均可正常生长。土壤母岩以花岗岩和片麻岩最优，其次是石英岩，最差为石灰岩。在弱酸性的山地棕壤和暗棕壤上长势较好，草甸沼泽土不宜栽植。从北到南，随着纬度降低，适宜海拔高度逐渐提高。燕山、阴山在海拔800～1700m，太行山、吕梁山在海拔1000～2000m，贺兰山、六盘山在海拔1500～2200m，秦岭在海拔1500～2200m范围内的阴坡、半阴坡或半阳坡生长良好。春季萌动展叶早，易遭受晚霜的危害。木材用于房屋、建筑、桥梁、电杆、矿柱、舟车、家具等。耐严寒、抗干旱、保持水土、防风御沙和抗雪压雪折能力强，可作分布区内及黄河流域高山区森林更新和荒山造林树种。同时树形高大挺拔，秋季树叶呈金黄色，形成四季分明的森林景色，也是京、津、冀协同发展生态环境支撑区的主要生态和景观树种。

生长发育 早期速生，造林后5～10年生长进入速生期，前20年生长较快，到30年时有所降低，成熟龄一般为40年以上。立地条件好的栽培区，40年生华北落叶松立木蓄积量可达到150m³/hm²。

良种选育 华北落叶松良种选育研究在中国始于20世纪70年代末，先后开展了种源试验、优树选择、种子园营建、杂交育种、子代测定、高世代育种和无性系选育等工作。地理种源按纬度与水分条件划分为晋北、吕梁山脉中段、五台山—管涔山林区3个种源区，其中晋北种源和吕梁山脉中段种源表现良好。华北落叶松向北引种后形成的多数次生种源，如内蒙古巴林及河北围场等生长表现均优于原生种源。现有河北省木兰围场林管局龙头山、内蒙古自治区巴林左旗乌兰坝林场、山西省大同市长城山林场等5个国家华北落叶松良种基地，造林以各地种子园生产的良种为主。

苗木培育 以播种育苗为主。采用高床育苗，床宽80～100cm，高15～20cm，步道沟宽30～40cm，每隔两床留一条宽60cm的顺坡排水沟。种子催芽一般在播种前5～7天进行，用0.3%高锰酸钾溶液浸泡消毒，置于温棚内催

华北落叶松人工林（河北塞罕坝机械林场）（贾黎明 摄）

芽，温度保持在 25～30℃，当种子有 30% 左右胚根萌发露白、多数种子裂嘴时即可播种。当日平均气温达到 10℃、土层 5cm 处的地温达到 8℃ 以上时即可播种。播种沟深 1.8cm，播幅宽 6～8cm，条幅间距 15～20cm，覆土厚度 1.5cm 左右，以围土和细湿锯末按 1∶1 比例混合效果最佳。**苗期管理**以促进苗木根系生长为主。**出苗期** 15～20 天，要保持种子层土壤湿度；**幼苗期和速生期**约 60 天，适当浇水施肥，以速效氮肥和磷肥为主。生长后期（木质化期）约 30 天，可追施磷钾肥，采取切根技术，促使苗木充分木质化，有利于翌年苗木吸收水分和养分。苗期注意防止冻害、日灼、鸟类和病虫危害。育苗容器规格为直径 5～8cm、高 12～15cm，可采用塑料薄膜专门制成的圆柱形、圆锥形塑料钵或简易塑料薄膜袋，底部留有小孔，也可采用透水、透气和透根性强的无纺布制作的网袋容器。根据育苗区实际，**育苗基质**常采用泥炭、珍珠岩、碳化稻壳、发酵后的松针和锯末等，按一定比例充分混合，以控释肥（如落叶松专用控释肥）为肥料，每立方米基质施用 2.5kg 控释肥。4 月中上旬播种，播种前种子要经过精选、检验、消毒和催芽，每个容器播 3～6 粒，上覆 0.3～0.5cm 的沙土或腐殖质土。依天气、生长阶段和苗木表现，适时适量浇水，网袋容器于 7 月对苗木进行**空气修根**，8 月下旬进行炼苗。

林木培育

造林地 选择海拔 800～2500m、微酸性的花岗岩和片麻岩基岩母质上的棕壤或褐土，土层厚度在 40cm 以上，坡向以阴坡和半阴坡为主。

整地 于造林前一个生长季（经过一个雨季）进行。穴状整地适于土层较厚，植被、水分条件较好，坡度 25° 以下的坡面，采用正方形或长方形、穴面略向内侧倾斜、呈品字形配置；整地规格为深度 30cm 以上，口径 40cm×40cm。在石块较多、坡度较大的立地条件下，可采用鱼鳞坑整地；整地规格为深 30～50cm，短径 40～80cm，长径 70～120cm。带状整地适用于山地丘陵地区，沿等高线进行，其形式有水平阶、水平沟、反坡梯田等，带宽 60cm 以上，带长根据地形而定，不宜过长，每隔一定距离应保留 0.5～1.0m 自然植被带。沟状整地适用于地势平缓、开阔、土层深厚的造林地；沟宽 40cm，沟深 20cm，沟间距 200cm；不完整的地段应进行人工补整。

树种选择 以营造纯林为主。营造混交林应依据立地条件和培育目的选择混交树种，主要有樟子松、油松、云杉、白桦、紫椴、水曲柳、白榆、蒙古栎、辽东栎等。混交方法有行间混交、块状混交或带状混交。

造林方法 采用植苗造林，分为容器苗造林和裸根苗造林。容器苗造林栽植时将容器苗轻放于穴内，确保苗木根团完整，根团顶部与栽植穴面留 1.5～3cm 高度。除可降解的容器袋外，其他材质的容器必须取下栽植。裸根苗造林使用植苗锹窄缝栽植，栽植前苗木根部需蘸泥浆或生根粉，栽植深度以苗木地径处与地面平即可，植苗锹开缝深度须达到 20cm 以上，深送浅提苗木，避免"窝根"，挤紧踩实。一般**春季造林**，应在土壤解冻达 30cm 以上，5cm 地温达到 6℃ 以上进行。冬季无冻拔危害的地区，可在秋末冬初，苗木落叶后、土壤结冻前进行造林。造林密度需结合培育目标、经营条件、立地条件确定。培育中小径材时初植密度 3300 株 /hm²（2m×1.5m）和 4400 株 /hm²（1.5m×1.5m），大径材初植密度以 1600 株 /hm²（2.5m×2.5m）或 2500 株 /hm²（2m×2m）为宜。

幼林抚育 造林后 1～3 年每年进行 2 次，4～5 年时每年进行 1 次，围绕目的树种幼苗幼树进行局部割灌或折灌，避免全部割灌。割灌除草施工要注重保护珍稀濒危树木、林窗处的幼树幼苗及林下有生长潜力的幼树幼苗。当幼树超过灌木高度或不再受灌木影响时，不再进行割灌作业。

抚育间伐 造林后 10～14 年时进行第一次间伐，间伐间隔期 4～6 年。间伐强度采用株数强度 20% 左右。间伐木根据"留优去劣，留大去小"原则，伐除生长和干形差的**被压木**和病腐木。采用目标树经营技术时，按照林木生长发育和培育目标确定抚育和修枝技术指标。幼林形成或林分建群阶段（树高 5～10m）进行第一次疏伐，保留林木 2250 株 /hm² 左右，减少林木间竞争，首次修枝高度控制在 2.5～3m，不超过树高 1/3；杆材林阶段（5～10m），选择大径材目标树，目标树 225～300 株 /hm²，修枝高度控制在 6m 左右，伐除影响目标树生长的干扰树，林分保留密度 1500 株 /hm²；目标树生长阶段（16～20m），伐除影响目标树生长的干扰树，使目标树保持自由树冠，以促进径向生长，保持下木和中间木的生长条件，林分上层木保留密度 900 株 /hm²，保留林下阔叶树种，或引进其他混交树种，以形成多树种混交林；大径乔木林阶段（>20m），伐除目标树外的其他上层林木，目标树密度 120～150 株 / hm²。当目标树达到**目标直径**后进行单株择伐，并对更新层林木进行抚育，选择第二代目标树，形成稳定的异龄混交林。

主伐更新 主伐年龄一般 50 年以上。当培育大径材时可适当延长主伐年龄，培育中小径材时适当缩短主伐年龄。生产上采用小面积皆伐，目标树经营采用择伐。更新主要采取人工更新或人工促进天然更新。

病虫害防治 较为常见的病害有落叶松苗立枯病、早期落叶病、枯梢病、褐锈病、癌肿病等；虫害有落叶松毛虫、落叶松鞘蛾、落叶松球蚜、落叶松八齿小蠹、舞毒蛾等；鼠害主要有棕背䶄、中华鼢鼠等。对早期落叶病等，施放五氯酚及五氯酚钠或百菌清烟剂防治，也可用 10% 百菌清油剂或落枯净油剂进行地面或飞机超低量喷雾。对落叶松毛虫等，采用烟雾机施放由高效氯氰菊酯乳油等配成的烟雾剂防治。棕背鼠平等，在秋季下霜后，采用毒饵诱杀灭鼠，一般采用缓效灭鼠剂，如敌鼠钠盐、溴敌隆等。

参考文献

国家林业局, 2010. 华北落叶松人工林经营技术规程: LY/T 1897—2010[S]. 北京: 中国标准出版社.

贾忠奎, 公宁宁, 姚凯, 等, 2012. 间伐强度对塞罕坝华北落叶松人工林生长进程和生物量的影响[J]. 东北林业大学学报, 40(3): 5-7, 31.

李盼威, 胡庆禄, 2003. 华北落叶松速生丰产林培育技术[M]. 北京: 中国林业出版社.

王晶, 2009. 六盘山南部华北落叶松人工林生长特征及其影响因子[D]. 哈尔滨: 东北林业大学.

（张守攻，黄选瑞）

华东地区森林培育　silviculture in East China

在中国华东地区开展的森林生产经营活动。华东地区北部以秦岭、淮河为界，南达南岭山系北回归线附近，东濒黄海、东海海岸和台湾以及所属岛屿。行政区划范围包括浙江、江西、福建、台湾、上海、湖北、湖南全部以及江苏、安徽的大部分地区。按《造林技术规程》(GB/T 15776—2016) 的造林区域划分，华东地区包含亚热带和暖温带 2 个造林区域。

华东地区水热条件优越，树种资源丰富多样，发展林业的潜力巨大。发展方向是在保护好天然植被、确保粮食稳产高产和区域生态安全的条件下，优化森林经营水平，将该区建设成为中国重要的用材林和经济林基地。

华东地区自然社会特点

气候　华东地区跨亚热带和暖温带 2 个气候区，由温带大陆性季风气候向热带气候变化；因面临东海，受海洋强烈影响，具有明显的海洋性暖湿气候特点。在暖温带区，≥10℃ 的天数 181～225 天，≥10℃ 年积温 3100～4800℃，年降水量 400～1000mm，年极端最低温度 -25～-5℃；在亚热带中东部区域，≥10℃ 的天数超过 226 天，≥10℃ 年积温 4800～8000℃，年降水量 1000～1700mm，年极端最低温度 -10～10℃。该区全年四季分明，天气多变。夏季高温多雨，冬季寒冷干燥。总体上热量丰富、降水充沛，年平均气温 11～22℃，冬季绝大部分地域比较暖和。年均降水量总的趋势是南多北少，降水的季节分配比全国其他地区均匀，一般 4～10 月降水量占全年 70% 以上。然而，在南北跨度近 18 个纬度和东西跨度超过 10 个经度的广大地域内，自然环境的地区性变化仍十分明显。另外，该区有较大一片临近海岸地带，常有遭受台风（强热带风暴）袭击的危险，强烈的台风会吹拔折断树木，给林业生产带来巨大损失。

地形　复杂多样。南岭山地、江南低山丘陵、华北平原、江淮平原和太湖、鄱阳湖等湖泊交错分布，东南沿海最东缘海岸线曲折、岛屿众多。总体来说，除山东、安徽、江苏外，该区山地丘陵多，平原少，大部分地区是"七山一水二分田"或"八山一水一分田"。中部和南部地区多为中等海拔的山地，如桐柏山、天目山、怀玉山、武夷山等，东部最高峰为台湾的玉山山脉，海拔 3952m，森林主要分布在山区。

土壤　该区域随着南北热量的差异和东西湿度的不同，出现了不同的森林土壤。如在山东、安徽、江苏等平原地区有褐色土、黄潮土等，沿海地区有盐土和脱盐土分布，但大部分丘陵山地为红壤及黄壤。红壤腐殖质含量较低，一般在 5% 以下，而黄壤相对较高，一般为 5%～10%。红壤和黄壤的 pH 通常在 5.0 以下。山区地形的垂直变化产生不同的土壤类型，如北部山地及其他山地海拔较高处为黄棕壤，pH6.5～7.0；海拔 1500m 以上有山地棕壤、暗棕壤，暗棕壤表层腐殖质含量较高，达 8%～15%，pH5.5～7.5。此外，有大面积的紫色土，主要由白垩纪和第三纪紫色页岩、砂页岩和砂岩发育而成。

植被　在暖温带的山东和安徽及江苏北部平原地区，乔木植物主要有杨树、柳树、榆树、刺槐、泡桐、椿树、梨树、桃树、苹果等。在亚热带地区，以中亚热带常绿阔叶林为地带性森林植被类型，区系植物多为壳斗科、樟科、山茶科、冬青科、山矾科、金缕梅科、蔷薇科、木兰科、杨梅科、芸香科、竹亚科等。在地势较高的山区具垂直地带性植被，有以壳斗科为主的常绿阔叶林、针阔混交林、常绿针叶林（黄山松）、灌丛草甸和山地草甸等；在丘陵和中山地带的常绿阔叶林内常混入一些热带针叶树种如油杉、银杉、福建柏等；在中亚热带北部山地有榧树、黄杉、金钱松、柳杉、刺柏等，混生落叶阔叶树种主要有蓝果树、珙桐、山合欢、野茉莉，自温带渗入到该区域落叶阔叶树种有水青冈属、栗属、栎属、桦木属、赤杨属、槭属、椴属、杨属的一些种。这些针叶或落叶阔叶树种，少数可在局部林窗中小片生长，多数都零星散生，成为固有的混生成分。海拔较低的常绿阔叶林内，因人类活动影响，出现次生植被，如马尾松林、杉木林、毛竹林、灌丛等。另外，在中、南亚热带还存在红树林群落，主要树种有木榄、桐花树、白骨壤、秋茄等。

社会经济　华东地区地处长江流域东部，水热条件良好，自然环境优越，自然资源丰富，是中国生态环境最好的地区之一。同时，经济社会实力强，也是中国最具活力的经济增长区域。然而，该区人口十分稠密，随着人类各种经济活动的日益频繁，对自然界的开发利用，破坏了原有较好的生态环境，带来生态环境问题。发展平原林业、城市森林和山区林业是提升该区经济社会实力和可持续发展的重要举措。

华东地区森林培育技术特点　华东地区水热条件良好，对于人工林的成活和生长非常有利，但也造成植被茂密、杂草灌木丛生，给幼林生长带来极大威胁；该区地形地貌以山地丘陵为主，区域内山峦起伏、坡度较大，再加上气温较高和降水量大，极易引起水土流失。这些直接影响到造林树种选择、林地清理、整地方式和方法、造林技术、幼林抚育等经营管理措施的制定。

树种选择 选择造林树种，必须根据立地条件、造林目的和树种特性，做到适地适树适种源适品种。造林树种应以优良乡土树种为主，外来树种为辅。杉木是该区的最主要的造林树种，对立地条件要求相对较严格，在其中心产区如闽北宜集中大量发展，而在其他地区则宜于在立地条件相对较好的地方发展。马尾松、毛竹、杨树也是主要用材林造林树种，大面积引种成功的湿地松、火炬松也占有重要位置。局部海拔较高的山区可选用柳杉、金钱松、华山松、黄山松等；石灰岩山区可选用柏木、泡桐、南酸枣、白榆、苦楝、麻栎、青檀、淡竹等；一般低山丘陵区应适当增加珍贵阔叶树种比重，选用樟树、楠木、檫树、木荷、青钱柳、槠栲类、毛红椿等；偏南地区，还可增加木莲、火力楠、米老排、红荷木及桉树等。在土壤瘠薄紧实的丘陵区注意选用能改良土壤的肥料树种，如桤木、相思树、亮叶桦、胡枝子、银合欢等树种，营造纯林或混交林。经济林树种如银杏、油茶、光皮树、油桐、板栗是主要发展对象，应按规划建设基地。

林地清理 主要任务是清除死、活地被物和采伐剩余物，以便造林施工，并消除杂草灌木对幼林生长的竞争。通常采用带状清理、块状清理两种方式。带状清理主要适用于山场坡度大、容易引起水土流失或采伐剩余物、杂草、灌木较多的造林地。带的宽度可视植被高度而定，一般为2～3m，大致相当于种植行的宽度。恶性草灌如五节芒、葛藤、杂竹等必须全面清理干净。块状清理主要适用于立地条件较差和植被稀少的造林地，块状清理的宽度为0.5～1m，以保持天然植被，防止水土流失。

整地技术 整地方式要因地制宜，并根据立地条件、林种、树种、造林方法等选择整地方式和整地规格，有全面、带状、穴状、鱼鳞坑等整地方式。山地造林，应采用集水、节水、保土、保墒、保肥等整地技术，要保护和利用已有植被，通常采用带状整地或鱼鳞坑整地，深度一般应大于30cm；平原、丘陵造林，采用穴状整地或全面整地，按造林株行距定点挖穴，穴径40～60cm，深度30～40cm。大苗造林、竹林、培育大径材的用材林、速生丰产用材林和经济林采用大穴整地，穴径和深度不少于80cm。整地一般在造林前一年的秋冬季进行。种植点配置有正方形、长方形、三角形3种。山地造林应采用三角形或长方形（上下长、左右短）配置。以生产果实、种子为目的的经济林，采用三角形配置。岩石裸露地造林，不受配置方式及株行距限制，可见缝栽植。平原地区造林以及机械化造林适宜长方形配置。

造林技术 以植苗造林为主，一般采用1年生实生裸根苗或容器苗；毛竹、泡桐、杨树、漆树、楸树等无性繁殖力强的树种，可采取地下茎造林、埋根、插条和插干等分殖造林形式。大多数树种宜春季造林或早春造林，一般以2月中旬至3月中旬最为适宜。

抚育管理 幼林抚育重点在于除草和松土，原来局部整地的要逐年扩大松土范围，保证幼树有足够的营养面积。在交通便利和经济条件允许的情况下，应提倡林地施肥，尽可能做到测土配方施肥。造林当年抚育2次，第二年或第三年后每年抚育1次，抚育至林分郁闭。一般以5～6月抚育效果较好，下半年可在9～10月进行。低山丘陵地区在劳动力充裕情况下可在冬季进行深翻抚育，效果更好。

华东地区素有林粮间作传统，在可能条件下尽量推行林粮、林肥、林桐（油）、林药间作，既促进幼林生长，又可取得早期收益，长短效益结合。

参考文献

盛炜彤, 2014. 中国人工林及其育林体系[M]. 北京: 中国林业出版社.

翟明普, 沈国舫, 2016. 森林培育学[M]. 3版. 北京: 中国林业出版社.

（方升佐）

华南地区森林培育 silviculture in South China

在中国华南地区开展的森林生产经营活动。华南地区位于中国南部，地理坐标为东经104°26′～117°19′，北纬18°10′～26°24′。行政区划范围包括广东、广西、海南、香港、澳门。为中国主要的重点地区速生丰产用材林基地、国家木材战略储备生产基地和国家储备林基地，也是中国退耕还林、防护林体系建设（珠江流域防护林体系建设、沿海防护林体系建设）的重点地区，是中国重要的集体林区和商品林生产基地。按《造林技术规程》（GB/T 15776—2016）的造林区域划分，华南地区包含亚热带区的一部分和热带区2个造林区域。

森林资源的特点是植物种类繁多，林木生长迅速，林业生产条件极为优越，集约化经营程度高。华南地区人工用材林培育已形成了良种选育、良种繁殖、无性系造林、适地适树、高标准整地、高水平管理的现代森林培育体系，并在速生桉、杉木、马尾松、乡土珍贵树种培育方面得到推广应用。森林以南方亚热带常绿阔叶林和针阔混交林、南方热带季雨林和雨林为主，天然林与人工林并存。人工用材林是以定向、速生、丰产、优质、高效为基本目标，在集约经营条件下，轮伐期大大缩短，单位面积木材产量大大提高。其中以速生桉表现最佳，木材产量可达30 m³/（hm²·a）。

华南地区自然社会特点

气候 华南地区属于热带、亚热带季风气候，气候条件优越，热量充沛，雨热同季，有明显的干湿季节之分，雨季在5～10月，干季在11月至翌年4月；北部气温相对较低，中南部高温、无霜期长，林木年生长时间长。亚热带区域年平均气温16～22℃，最冷月平均气温5～14℃，最热月平均气温28～29℃，全年无霜期270～320天，日平均气温≥5℃的天数240～320天，日平均气温≥10℃的天数250～300天，≥10℃年积温5000～8500℃。北热带区域年平均气温22℃以上，最冷月平均气温16℃以上，最热月平均气温29℃以上，终年无霜，日平均气温≥10℃的天数300天以上，≥10℃年积温8000～9000℃。

地形 地形复杂多样，地貌以山地、丘陵、台地、平原为主，喀斯特地貌面积大，谷地、盆地和山地交错分布。除了广西猫儿山（海拔2142m）为华南第一高峰外，广西大明山、圣堂山均超过1000m，东北—西南向构造形态的山地海拔大多在1000m左右。海南地势是中南部高而四周低平，最高峰为五指山（海拔1867m）。沿海大陆地势一般北高南低，依次降为低山、丘陵、台地和平原。

土壤　主要有砖红壤、红壤、黄红壤、黄壤、钙质土、滨海沙土，除了石灰岩发育的土壤外，其他土壤多呈酸性。砖红壤和红壤的成土母岩主要是花岗岩、玄武岩、砂页岩等，钙质土的成土母岩为石灰岩。一般酸性岩发育的土壤，其风化壳较厚，有机质含量较低（1%～3%），pH 4.0～5.5，缺乏盐基物质，富铝化作用明显，土质较黏重，保水保肥性较差。石灰岩发育的土壤，土层薄，分布不均，有机质较丰富（4%以上），pH 6.0～7.5。

植被　华南地区处于中亚热带、南亚热带和北亚热带。

受气候和地形条件的影响，天然植被为热带常绿季雨林、亚热带常绿阔叶林和针阔混交林，兼有热带雨林、热带草原、海岸红树林、滨海沙生植被、珊瑚岛植被等；长期受人类活动影响，除了部分天然森林植被外，大多演变成各种人工林或农作植被。

社会经济　该地区是中国改革开放的前沿，经济社会实力强，人民生活富裕，社会保障体系建设良好，也是中国最具活力的经济增长区域。

华南地区森林培育技术特点

树种选择　用材林、防护林可营造纯林或混交林。经济林以纯林为主，有些经济林树种要考虑配置授粉树。华南地区主要造林树种见下表。

华南地区不同林种主要造林树种

林种		主要造林树种
用材林	一般用材林	马尾松、湿地松、细叶云南松、杂交松、加勒比松、南亚松、杉木、柳杉、秃杉、马占相思、厚荚相思、黑木相思、木麻黄、橡胶树、毛竹等
	短轮伐期工业原料林	速生桉优良无性系、杉木、马尾松、马占相思、厚荚相思、黑木相思、泡桐等
	乡土珍贵树种	降香黄檀、柚木、格木、砚木、铁力木、香椿、檀香、土沉香、沉香、红锥、火力楠、西南桦、榉木、麻栎、米老排、大叶栎、灰木莲、擎天树、坡垒、粗框等
经济林		油茶、八角、肉桂、千年桐、三年桐、柿树、银杏、枣树、板栗、厚朴、杜仲、脂用马尾松、红豆杉、山苍子、柠檬桉、龙眼、荔枝、杧果、椰子、槟榔、红毛丹、山竹子等
防护林	防火林	木荷、大叶女贞、白格木、大叶栎等
	水土保持林、水源涵养林	大叶栎、枫香、樟树、南酸枣、木荷
	沿海防护林	木麻黄、黄槿、隆缘桉等
	潮间带防护林	木榄、桐花树、白骨壤、秋茄、海桑、红海榄、老鼠勒、红树等
能源林		速生桉、麻栎、大叶栎、相思树类等

造林技术　以植苗造林为主，一般采用1年生实生裸根苗或容器苗，珍贵树种、经济林用2年生以上大苗造林，石山区造林、防火林用容器苗造林。大多数树种造林季节以春季造林为主，一般以2月中旬至3月中旬最为适宜。容器苗可适当延长造林时间，在春夏季的雨季均可造林。有春旱的地区于11月至翌年1月雨季造林。

抚育管理　参照《造林技术规程》（GB/T 15776—2016）和各省地方标准中有关树种造林技术规程执行。造林后1～3年及时松土除草1～2次，可采用人工除草或化学除草。有条件的地方经济林可采用滴灌，以提高造林成活率和造林保存率。间种作物，以耕代抚。①速生丰产用材林、短轮伐期工业原料林、乡土珍贵树种造林后，前三年每年施复合肥或配方施肥1次，每株0.5～0.75kg。并做好抹芽、接干、除蘖、修枝、抚育间伐、病虫害防治等工作。②经济林要及时合理整形修剪、科学施肥、松土除草、防治病虫害等。③薪炭林幼林生长到一定年龄后，平茬以促进分枝。根据不同树种，确定采收期。④防护林要加强对现有植被保护，禁止砍伐和破坏。造林后实施全封，严禁放牧、采伐、挖蔸、铲草等活动。⑤石山区人工林以培土、除草松土为主，铲除植株周围的杂草，并覆盖于植株树干周围。从周边石缝中取土，培放在植株种植点上。

参考文献

翟明普, 沈国舫, 2016. 森林培育学[M]. 3版. 北京: 中国林业出版社.

（潘晓芳）

华山松培育　cultivation of Huashan pine

根据华山松生物学和生态学特性对其进行的栽培与管理。华山松 *Pinus armandii* Franch. 为松科（Pinaceae）松属树种，又名华阴松、白松（河南）、五须松（四川）、果松（云南）、马袋松、葫芦松（陕西），因模式标本采自陕西华山而得名；重要的园林绿化树种。

树种概述　常绿乔木，树体高大。幼树树皮灰绿色或淡灰色，平滑；成年树皮白灰色，呈方形或块状固着于树干上，或脱落。枝条平展，树冠圆锥形或柱状塔形。叶5针一束。雄球花黄色，卵状圆柱形，长约1.4cm。球果圆锥状长卵圆形，9月中旬至10月中下旬成熟，成熟时黄色或褐黄色；种子黄褐色、暗褐色或褐色，倒卵圆形，长1～1.5cm。花期4～5月，球果翌年9～10月成熟。分布于中国山西南部中条山、河南西南部及嵩山、陕西南部秦岭（东起华山，西至辛家山）、甘肃南部（洮河及白龙江流域）、四川、湖北西部、贵州中部及西北部、云南及西藏雅鲁藏布江下游。呈

图1 华山松球果

图2 华山松天然林（山西中条山）（贾黎明 摄）

不连续片状分布，垂直分布海拔1000～3400m。江西庐山、浙江杭州、北京等地有栽培。喜温和、凉爽、湿润，忌水湿，不耐盐碱，喜光。幼苗耐庇荫，幼树随年龄增大对光照要求增强。高温及干燥是限制其分布的主要因素。幼龄林阶段生长迅速，在条件适宜处生长速度与油松、云南松相当。在较好的立地条件下，林木蓄积量可达400～500m³/hm²。结实年龄为10～12年生，种子年间隔期一般3年左右。根系较浅，主根不明显，侧根、须根发达，对土壤水分要求较严格。根系有菌根，栽植时应注意菌根菌接种。木材宜制作家具，可作为建筑、枕木、桥梁、电杆、矿柱、农具用材，也可制作铸型木模、火柴杆、包装箱、胶合板等，还可采脂制松香、松节油。树皮可提制栲胶。针叶综合利用可提制芳香油、造酒、制隔音板，还可造纸、制绳索。种子可食用，种子含油量42.76%（出油率22.24%），皂化值196.6，碘值132.2，酸值3.5，属干性油；种仁含丰富的蛋白质和钙、磷、铁等元素，是上等干果食品。

苗木培育 主要采用种子繁殖。球果由绿色变为绿褐色时及时采收，采收后，先堆放5～7天，然后暴晒3～4天，果鳞大部分张开时敲打翻动，种子即可脱出。种子可阴干，忌暴晒。播种育苗，种皮厚，发芽慢，宜早播。条播、撒播、点播均可，以条播为主。

林木培育 ①采用植苗造林，也可播种造林。在造林前一个月整地。山地、丘陵应采用穴状整地或带状整地，穴宽30～40cm，深15～20cm。带状整地可采用水平阶、水

平沟和反坡梯田等。②一般在春季造林，容器苗可反季节造林。造林密度3300～4950株/hm²，株行距（1.7×1.8）m～（1.2×1.7）m。穴植，栽植深度高于根颈原土印2～3cm。栽植后及时除草松土，合理灌溉。③主要病害有瘤病，主要虫害有华山松大小蠹、欧洲松叶蜂、油松毛虫、松梢螟等。

参考文献

辛培尧，周军，段安安，等，2010. 我国华山松遗传改良研究进展[J]. 北方园艺(19): 210–214.

邹年根，罗伟祥，1997. 黄土高原造林学[M]. 北京：中国林业出版社: 386–389.

（王乃江）

化学除草 chemical weeding

利用各种有机和无机化学物质抑制和毒杀杂草的一种高效除草方法。适宜在杂草密度大、分布均匀的苗圃使用。

化学除草速度快、便于携带、免耕省力、效率高、效果好。施用技术要求较高，受温度、降雨、风等环境条件约束，只有兼顾苗木与杂草二者具体的生长发育阶段及其耐药能力，才能保证目的苗木的安全，并达到即有的除草目的。如果应用不当，易产生苗木药害，严重情况可导致苗木随杂草同时死亡，而且使用过量有可能造成环境污染。

见苗圃除草。

参考文献

沈海龙，2009. 苗木培育学[M]. 北京：中国林业出版社: 204–210.

赵忠，杨吉安，2003. 现代林业育苗技术[M]. 杨凌：西北农林科技大学出版社: 83–95.

（郑郁善，陈礼光）

化学修根 chemical root pruning

将抑制根部生长的化学物质喷射或浸渍固定到容器内壁，使接触到该化学物质的苗木根系停止生长并产生新的、更均匀地分布在整个容器中的纤维状分枝根系的措施。苗木移栽后，这些根系的根尖能够恢复正常的生长，产生自然、健康的根系，并促进苗木生长。

抑制根部生长的化学物质，如铜离子制剂或吲哚丁酸，应保证不会扩散到基质中或对幼苗产生毒性，对苗圃工作人员或环境无毒；同时，化学处理试剂需来源广、价格低廉、在生产上易推广。截至2021年研究发现，铜能够阻止根系生长而不会使幼苗受到伤害，并且也不会影响菌根的生长。$CuCO_3$是试验中最常用的根修剪化学品，具体用量取决于幼苗种类和容器类型。

化学修根剂的弊端之一是离子残留较高。如何减少其在植物及土壤中的残留，做到既能有效控根，又对环境安全、对植物无害，是化学修根剂发展的方向。

参考文献

Landis T D, Tinus R W, McDonald S E, et al, 1990. Containers and growing media: Volume 2 The container tree nursery manual[M]. Washington DC: U.S. Department of Agriculture, Forest Service.

（李国雷）

槐培育 cultivation of Chinese scholar tree

根据槐生物学和生态学特性对其进行的栽培与管理。槐 *Sophora japonica* L. 为豆科（Leguminosae）槐属树种，在哈钦松和克朗奎斯特等分类系统中属于蝶形花科（Papilionaceae），别名槐树、国槐；重要的城镇绿化、用材林及防护林树种。

树种概述 落叶乔木。圆锥花序顶生，花蝶形，花冠黄白色。荚果肉质，呈串珠状。花期 7～8 月，10 月果熟，经冬不落。原产中国，分布范围广，华北平原及黄土高原地区为集中分布区。寿命长，性耐寒，喜光而稍耐阴；对土壤要求不严，耐干旱、瘠薄，抗风，对二氧化硫、氯气、氯化氢及烟尘等有较强的抗性。木材适于作建筑、工器具、家具、地板、车辆等用材；树皮、枝叶、花、果肉、种子均可入药；花、芽和种子可食；花是优良的蜜源，还可做黄色染料；夏季花未开放时采收其花蕾，称为"槐米"，是传统中药材。

苗木培育 以播种育苗为主，也可采用硬枝扦插育苗和嫁接育苗。

播种育苗 播种前种子需用热水浸种后或层积催芽。热水浸种应在播种前用始温为 80℃的水浸泡种子，自然冷却，24 小时后将膨胀种子取出。对未膨胀种子再用 90～100℃的热水浸泡，将浸泡膨胀的种子播种。层积催芽是在发芽前一个月，先用始温为 80℃热水浸泡种子 5～6 小时后，捞出掺两倍 60% 饱和含水量湿沙混沙埋藏，待种子 25%～30% 裂嘴后取出播种。一般春季播种，采用高垄，苗期加强水肥等管理，当年苗高可达 1～1.5m，地径 0.6～0.8cm。秋季苗木落叶后至土壤冻结前，起苗假植越冬。培育槐树大苗需将 1 年生播种苗按一定株行距移植到育苗地，先养根 1～2 年，待苗木地径达到 2cm 左右时，在秋末或翌年春季，距地表 3～5cm 处截干。春暖解冻后，截干处萌发大量萌条，选留一株直立健壮的枝条培养，其余去掉，当年苗高可达 3～4m。

硬枝扦插育苗 一般在秋季母树叶落后，采集当年生枝条在温室有补光条件下扦插，20 天后生根率可以达到 97%；室外扦插，春插和秋插均可，春插当年苗高可达

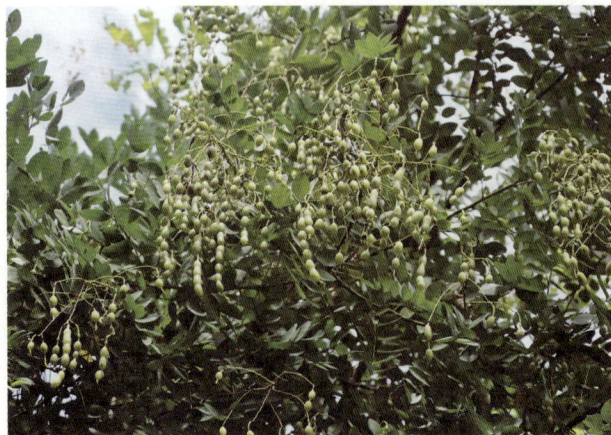

槐果实（河北安新县白洋淀）

96cm，秋插翌年苗高可达到 131cm。嫩枝扦插一般选 6～8 年生优良单株树冠外围的当年生嫩枝，在气温 25～35℃、相对湿度 80%～90% 的通风环境下扦插，可以获得 50% 以上的生根率。

嫁接育苗 培育高规格特色优质槐树苗木可采用嫁接方式。一般选用 2 年生以上的普通槐树作为砧木，选取具有巨大市场前景的槐树良种为接穗，以高枝嫁接方法培育。

林木培育 适宜在肥沃、排水良好、深厚的沙质壤土上生长。多用植苗方法造林。裸根苗造林在春季进行。宜在前一年秋季提前挖深 0.4～0.5m、直径 0.4～0.5m 的穴。按株行距（0.5～1.0）m×（1.0～1.5）m，以品字形或长方形配置。栽植时将树穴底部土壤提前松土，松土深度 10～20cm，之后将生土回填树穴内。栽植后连浇 2 次透水。城乡绿化都用 5 年生以上、胸径大于 4cm 的带土球大苗栽植，株行距 4.0m×5.0m。栽植前要根据土球的大小挖穴，深度 80～100cm、直径 60～80cm。栽植时保持根土密接、灌足底水。栽植完后架设支架固定树干，以防倒伏。树冠郁闭后及时修剪枯枝干杈。注意防治腐烂病、槐尺蠖、蚜虫、天牛等病虫害。

参考文献

冯京华, 2016. 速生国槐苗木培育技术[J]. 山西林业科技, 45(2): 45-48.

石进朝, 2001. 国槐扦插繁殖试验研究[J]. 林业科技开发, 15(2): 21-23.

中国树木志编委会, 1981. 中国主要树种造林技术[M]. 北京: 中国林业出版社.

（彭祚登）

环城林带 greenbelts around urban

城市周边以林地为主体、具有一定宽度和资源面积的森林景观带。标识城市建设区外缘的一种典型景观廊道。

历史 环城林带始于 19 世纪末英国城市学家霍华德著的《明日的田园城市》中提出的环城绿带概念。1944 年环绕伦敦城建成了一条宽 5 英里（1 英里 =1.6093km）的绿带，1955 年又将该绿带的宽度增加至 10 英里。随后在世界其他城市的建设应用中，因乔木组分及林分面积的比重增大而被称为环城林带，如德国波恩的环城林带、俄罗斯圣彼得堡市周围的环城林带等。中国于 20 世纪 80 年代开始，为了解决城市扩张及其带来的诸多环境问题，在城市规划中将环城绿带理念加以应用，并在城市建设中逐渐发展为以乔木组分为主体的环城林带。

主要功能 ①表征或规定城市空间外延界限，抑制城市或城镇的蔓延扩展；②保护城市边缘农林果地、湿地、公园、自然和历史遗址等自然生态屏障，协调生态、生产及生活的可持续发展；③改善城市生态环境及居民生活环境，抵御或缓解极端气候引起的环境灾害；④提供更多亲近自然、低成本、可达性较强的休闲、游憩保健场所，满足人们不断增长的休闲、游憩生活的需求；⑤提升和美化城市郊野、乡村特色及景观。

参考文献

李勉, 李占斌, 韩广, 2002. 焦作市环城林带规划与建设[J]. 防护林科技(1): 36–38.

李艳, 刘春江, 王云, 等, 2008. 环城林带的营造及其经营问题——以上海市外环林带为例[J]. 上海交通大学学报: 农业科学版, 26(2): 168–171, 176.

欧阳志云, 王如松, 李伟峰, 等, 2005. 北京市环城绿化隔离带生态规划[J]. 生态学报, 25(5): 965–971, 1234–1236.

谢涤湘, 宋健, 魏清泉, 等, 2004. 我国环城绿带建设初探——以珠江三角洲为例[J]. 城市规划, 28(4): 46–49.

Kuhn M, 2003. Greenbelt and green heart: separating and integrating landscapes in European city regions[J]. Landscape and Urban Planning, 64(1): 19–27.

（陈步峰）

环境保护林树种选择　tree species selection for environmental protection forest

根据环境保护林培育目的、立地条件、树种生物学和生态学特性等开展的适宜树种选择工作。环境保护林包括城市及城郊接合部、工矿企业内、居民区与村镇绿化区的森林、林木和灌木丛。

在大型厂矿周围，特别是在产生有害气体的厂矿周围营造人工林时，要选择对产生的污染物抗性强且能吸收有害气体的树种。在人居环境中大气颗粒物（特别是$PM_{2.5}$）富集区域，要选择有较强滞纳吸附颗粒物的树种。常见树种对有害气体的抗性分级及滞纳吸附$PM_{2.5}$能力见下表。

树种对有害气体的抗性分级及滞纳吸附 $PM_{2.5}$ 能力

有害气体种类	抗性强	抗性中等	抗性弱
二氧化硫	冬青、丁香、桑树、女贞、臭椿、圆柏、夹竹桃、大叶黄杨、沙枣、合欢、榕树、柑橘、苦楝、法国梧桐、柳树、栎树、构树、杧果	白蜡树、刺槐、黄连木、五角枫、杨树、冷杉、樟树、枫香、山毛榉、葡萄	泡桐、香椿、雪柳、华山松、雪松、水杉、核桃、紫椴
氟化氢	白桦、丁香、女贞、樱桃、大叶黄杨、柑橘、悬铃木、白蜡树、冷杉、油茶	栓皮栎、五角枫、青冈、柳树、刺槐、月季	白皮松、华山松、杜仲、杨树、葡萄
氯气	紫杉、铁杉、冬青、栎树、合欢、女贞、黄杨、麻栎、青冈栎、棕榈、柑橘、印度榕、夹竹桃、沙枣	刺槐、槐树、构树、柳树、含笑、山梅花、菩提树	油松、刺柏、白蜡树、法国梧桐、糖槭、复叶槭、梨树
臭氧	银杏、樟树、青冈栎、夹竹桃、柳树、女贞、冬青、悬铃木	赤松、杜鹃、樱花、梨树	白杨、垂柳、牡丹、八仙花、胡枝子
硫化氢	樱桃、桃树、苹果		
尘	云杉、毛白杨、臭椿、白榆、朴树、刺槐、泡桐、构树、核桃、柿树、板栗、木槿、大叶黄杨	白皮松、油松、华山松、圆柏、侧柏、加杨、丝棉木、乌桕、桑、苹果、桃、紫薇、连翘	银杏、白蜡树、垂柳、杏树、樱花、山楂、紫穗槐、黄杨、蜡梅
乙烯		龙柏、侧柏、白蜡树、石榴、杜鹃、紫藤、丁香	刺槐、臭椿、合欢、白玉兰、黄杨、大叶黄杨、月季
病菌	油松、白皮松、云杉、柳杉、雪松、核桃、复叶槭、榛子	马尾松、杉木、紫杉、圆柏、银白杨、桦、臭椿、苦楝、黄连木、悬铃木、丁香、锦鸡儿、小叶椴、金银花	白蜡树、旱柳、毛白杨、花椒、鼠李
$PM_{2.5}$	红皮云杉、雪松、华山松、白杆、青杆、合欢、油松、圆柏、侧柏	色木槭、复叶槭、臭椿、杨树、核桃、桑	玉兰、栾树、枣树、紫叶李、暴马丁香、香椿、龙爪槐

有些树种对有害气体十分敏感，当人们还没有察觉时，它们已经表现出有害症状，而通过植物的症状表现可及时地获得这些有害气体的信息。这些可作为环境污染的"警报器"，用以监测和预报大气污染的植物通常称为指示植物。指示植物的种类很多，如二氧化硫指示植物有雪松、油松、马尾松、落叶松、枫杨、加拿大杨、杜仲等；氟化氢指示植物有美洲五针松、欧洲赤松、雪松、落叶松、杜鹃等；氯气指示植物有复叶槭等；氮氧化物指示植物有悬铃木、秋海棠等；臭氧指示植物有丁香、女贞、樟树、银槭、皂荚等。

在城市附近为了提供休憩场所而营建人工林（建立森林公园及市郊绿化）时，除了考虑树种的保健性能外，还要考虑美化和休憩活动的需求，选择的造林树种应展叶早、落叶晚、树形美观、色彩鲜明、花果艳丽，最好多个树种交替配置，避免单一。

参考文献

翟明普, 沈国舫, 2016. 森林培育学[M]. 3版. 北京: 中国林业出版社.

（贾忠奎）

荒山荒地　barren hills and wasteland

没有生长过森林植被，或在多年前森林植被遭破坏，已退化为无植被的造林地。在中国是面积最大的一类造林地，土壤已失去了森林土壤的湿润、疏松、多根穴等特性。根据地上植被的不同，荒山荒地可划分为草坡、灌木坡、竹丛地和平坦荒地等。

草坡　因植物种类及其总盖度不同而有很大差异。造林时的最大难题是要消灭杂草，特别是根茎性杂草（以禾本科杂草为代表）和根蘖性杂草（以菊科杂草为代表）。可以均匀配置造林。

灌木坡 灌木覆盖度占植被总覆盖度的 50% 以上。灌木坡的立地条件一般比草坡好。造林时的困难主要是要消除大灌木丛对造林苗木的遮光及根系对土壤肥力的竞争作用，与草坡相比，需要加大整地强度。对于易发生水土流失或土壤贫瘠的地区，可适当保留部分原有灌木，造林时可采取加大行距、减少整地破土面积、降低初植密度等措施。

竹丛地 具有各种矮小竹种植被的造林地。造林的难点是要不断清除盘根错节的地下茎。小竹再生能力极强，鞭根盘结稠密，清除竹丛要经过炼山及连年割除等工序，还要增加造林初植密度，促进幼林早日郁闭，抑制小竹生长。

平坦荒地 多指不宜农业利用的土地，如沙地、盐碱地、沼泽地、河滩地、海涂等。它们都可以成为单独的造林地种类，均是造林比较困难的土地，各有其特点，如沙地要固持流沙，盐碱地要降低含盐量，沼泽、河滩及海涂地要排水等。在这种造林地造林比较困难，需要结合工程措施。

参考文献

翟明普, 沈国舫, 2016. 森林培育学[M]. 3版. 北京: 中国林业出版社.

（李志辉，李何）

黄檗培育 cultivation of amur corktree

根据黄檗生物学和生态学特性对其进行的栽培与管理。黄檗 Phellodendron amurense Rupr. 为芸香科（Rutaceae）黄檗属树种，别名黄波罗、黄柏；重要用材、绿化和药用树种，国家二级重点保护野生植物。

树种概述 落叶乔木，高达 22m。树皮浅灰色或灰褐色，深纵裂或不规则网状开裂，外层具发达木栓层，内皮鲜黄色。小枝暗紫红色，无毛，具叶柄下芽。叶对生，奇数羽状复叶。花序顶生，花瓣紫绿色。雄花雄蕊长于花瓣，退化雌蕊短小。果圆球形，熟时黑色，破碎后有特殊气味。花期 5～6 月，果期 9～10 月。主产中国东北和华北地区，分布于温带针阔叶混交林区。在中国黑龙江小兴安岭南坡、完达山脉，吉林长白山区和河北燕山北部、河南、安徽北部、宁夏有分布，内蒙古有少量栽种。朝鲜、日本、俄罗斯（远东）也有分布，也见于中亚和欧洲东部。垂直分布在小兴安岭可达海拔 600m，在燕山山地可达 1500m。生长速度中等，喜光、耐旱、不耐荫庇，不耐霜冻，耐轻度盐碱，在 pH 8.5 的土壤上可正常生长。对土壤适应性较强，适生于土层深厚、湿润、通气良好、含腐殖质丰富的中性或微酸性壤土。不耐干旱瘠薄的土壤及低洼地。分叉性强，开阔地或稀疏林分内常形成庞大而稀疏的树冠，主干不明显。在疏松肥厚土壤上形成强大的根系，具明显发达的主根，但在灰化土、黏土和贫瘠的角砾土上主根纤弱。木材可供建筑和作家具、农具与胶合板用，也可用于制造枪托；树皮木栓质，可作软木塞、浮标、救生圈或用于隔音、隔热、防震等；内皮可作染料及药用。

苗木培育 主要采取播种育苗，春播或秋播。春播宜早不宜晚，播前用 40℃温水浸种后混湿沙低温层积催芽。播种时在畦上按行距 30cm、深 5cm 开沟，播种后覆土 2cm。每

图1 54 年生黄檗（黑龙江孟家岗林场）

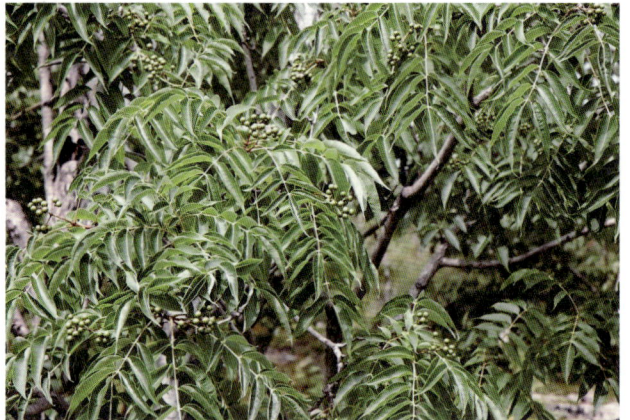

图2 黄檗结果状（黑龙江五大连池）

亩播种 4～5kg。秋播最佳时期在上冻前，随采随播。播前 20 天湿润种子至种皮变软后即可播种。每亩播种 2～3kg。5 月出苗，培育 1～2 年后苗高 40～70cm 即可出圃移栽。亦可通过分根繁殖。以休眠期嫩根窖藏至翌年春季，截成 15～20cm 小段斜插进土中，一年后即可成苗移栽。扦插育苗宜速蘸生长素。嫩枝扦插采条时间以 7 月下旬为宜，采用蛭石作为栽培基质生根率最高。

林木培育 选土层深厚、肥沃、湿润的半阴坡为造林地。

造林 采用 S1-1 苗木于秋季落叶后或春季萌芽前栽植。造林前全面清理造林地，穴状整地。将幼苗剪去根部下端过长部分，每穴栽 1 株。初植密度 4400～4500 株 /hm²。可对

苗木根系做蘸泥浆等处理以提高造林成活率。与红松等树种混交有利于提高林分生长速度和稳定性。混交方式以 4～6 行窄带或块状（0.1～0.2hm²）混交为宜。

抚育 造林后第 1 年 3～4 月进行扩穴培土，第 2～3 年每年夏秋各进行 1 次中耕除草，清除穴面杂草灌木、保留行间灌木以减轻霜冻。对有丛生倾向的幼树应进行平茬。对遮蔽黄檗上方光照的邻近树木的侧枝应及早修除。每年冬季休眠期可适当修枝，修枝高度为树高的 1/3。培育用材林，当郁闭度达 0.8～0.9、自然整枝达树高 1/3 时开始间伐，伐除劣势木，保留优势木，调整林分结构，减小竞争，改善林内光照。

病虫害 主要病害为锈病、轮纹病、烂根病、斑枯病、白霉病、褐斑病、炭疽病等。主要虫害有花椒凤蝶、金凤蝶、绿带翠凤蝶、侧柏毒蛾、丽木虱、柳蛎盾蚧、蚜虫、蛞蝓、小地老虎等。可根据有关方法进行防治。

参考文献

刘军, 2007. 黄檗药用林栽培技术研究[J]. 吉林林业科技, 36(1): 45-47.

秦彦杰, 王洋, 阎秀峰, 2006. 中国黄檗资源现状及可持续利用对策[J]. 中草药, 37(7): 1104-1107.

王佰彦, 侯立明, 王静, 等, 2013. 黄波罗采种育苗与造林及其主要病虫害的防治技术[J]. 农业开发与装备(10): 123.

王贤民, 陈晓波, 王重舒, 等, 2011. 紫椴、黄波罗混交造林技术[J]. 北华大学学报: 自然科学版, 12(4): 443-446.

（杨玲，魏骋）

黄花落叶松培育 cultivation of Korean larch

根据黄花落叶松生物学和生态学特性对其进行的栽培与管理。黄花落叶松 Larix gmelinii var. olgensis（A. Henry）Ostenf. et Syrach 为松科（Pinaceae）落叶松属树种，别名长白落叶松；中国北方主要速生丰产林树种之一，长白山区重要的用材和生态保护树种。

树种概述 落叶乔木。高达 30m，胸径 100cm。树冠尖塔形，树皮灰褐色，长片状剥落。树干通直圆满。1 年生枝淡褐色至棕褐色，无毛或散生长毛。叶披针形，宽 1～2mm，先端钝。球果卵圆形，长 1.4～2.3cm，直径 1～2cm，幼时多绿色，成熟时褐色；种子倒卵形，淡褐色或近白色，种翅倒三角状。花期 4 月下旬至 5 月初，种子 8～9 月初成熟。主要分布于中国黑龙江东南部山地及辽宁、吉林东部长白山地区。耐寒，喜光，速生，浅根性树种，适生于寒冷湿润气候。在灰褐色森林土、肥沃和排水良好的缓坡生长良好。木材是优良的加工和建筑用材，可用在煤矿、造船、桥梁和铁路等方面，也是较好的造纸原料，可提取松香、松节油，提制栲胶。

苗木培育 生产中主要采用播种育苗，包括苗床裸根育苗和容器育苗。裸根苗需培育 2 年后造林，容器苗可用 1 年生苗造林。种子耐贮藏，-18° 以下可长期保存。以春播为主，播前需催芽，或在前一年雪藏。

林木培育 在长白山林区广泛种植。培育以用材为主

黄花落叶松密度试验林（黑龙江孟家岗林场 62 年生）（董利虎 摄）

的速生丰产林，应选择结构良好、湿润、肥沃的沙壤土或排水良好的草甸土、暗棕壤作为造林地，适生年平均气温 2～4℃、年降水量 600～900mm、湿润度 0.6 以上的低山丘陵及缓坡山地。植苗造林前采用穴状或带状整地。大径材培育初植密度 2500～3300 株 /hm²，小径材培育初植密度 3300～4400 株 /hm²。幼林抚育前三年每年抚育 2 次，第 4～5 年每年抚育 1 次。根据培育目的、立地条件、初植密度确定间伐起始年限、间伐强度和间隔期。采用下层疏伐，留优去劣，留稀间密，大径材培育的主伐年龄 41 年，用材和碳汇多目标经营的主伐年龄可适当延至 58 年，小径材短轮伐期培育的主伐年龄约 26 年。

参考文献

国家林业局, 1999. 长白落叶松、兴安落叶松速生丰产林: LY/T 1385—1999[S].

王战, 张颂云, 1992. 中国落叶松林[M]. 北京: 中国林业出版社.

中国树木志编委会, 1981. 中国主要树种造林技术[M]. 北京: 中国林业出版社.

（张守攻）

黄连木培育 cultivation of Chinese pistache

根据黄连木生物学和生态学特性对其进行的栽培与管理。黄连木 Pistacia chinensis Bunge 为漆树科（Anacardiaceae）黄连木属树种，集木本食用油、生物质能源、药用、木材、蔬菜、工业原料、观赏、水土保持多功能为一体树种。

树种概述 落叶高大乔木。多为雌雄异株，偶见雌雄同株。花期 3～4 月，果实 9～10 月成熟。原产中国，分布范围广。北自北京，南至广东、广西，东到台湾，西南至四川、云南，其中以河北、河南、山西、陕西等省最多。喜光，抗旱。主根发达，萌芽力强，抗风力强，对土壤要求不严，耐旱不耐涝，耐瘠薄，对土壤酸碱度适应范围较广。木材致密坚实，纹理细密，可供制家具、农具、手杖等，也可作为雕刻、镶嵌等的精细木工用材；果实含油率 35.05%，可作食用油、生物柴油、润滑油、制肥皂，精制种子油可治疗牛皮癣；饼粕中粗蛋白、粗脂肪、粗纤维含量高，可作饲

黄连木结果状

图1 灰毛黄栌盛花期（北京香山）（贾黎明 摄）

图2 灰毛黄栌林相（北京八达岭国家森林公园）（贾黎明 摄）

料、肥料；鲜叶和枝可提取芳香油，可作保健食品添加剂和香薰剂等；芽、树皮、叶等均可入药；树皮、叶、果含鞣质，可提制栲胶；果和叶还可制作黑色染料；根、枝、皮可制成生物农药；嫩叶有香味，可制成茶叶；嫩叶、嫩芽和雄花序是上等绿色蔬菜。树冠开阔，枝繁叶茂，春季嫩叶呈红色，秋季叶色丰富，或金黄满目，或红叶满树，香气四溢，是非常理想的风景林、行道树、城市绿化、庭荫观赏树种。

苗木培育 主要采取播种育苗和嫁接育苗，包括苗床育苗和容器育苗。种子播前应经过低温层积处理，最适宜时间为100天左右。

林木培育 山区丘陵地造林应选择阳坡或半阳坡，坡度25°以下最为理想，25°～35°的斜坡次之，35°以上的坡地造林效果较差。用1～2年生的优质苗木进行植苗造林。栽植季节为春季或秋季，栽植密度依培育目标确定。以生产种实为目的的油料林造林时，需用嫁接苗，**造林密度1100株/hm²或625株/hm²**，尽量采用雌雄同株无性系，并注意授粉树的配置。若用雌雄异株苗，雌雄株比按8∶1进行配置；以生产木材或水土保持为目的林地，造林密度3300株/hm²或2500株/hm²。造林后至郁闭前，每年松土除草2～3次。以生产果实为目的的黄连木林，可借鉴**经济林培育模式**进行树体及林分管理，如进行整形修剪、合理肥水、花果调控等。要注意防治黄连木种子小蜂。

参考文献

王涛, 2005. 中国主要生物质燃料油木本能源植物资源概况与展望[J]. 科技导报, 23(5): 12–14.

Bai Q, Su S C, Lin Z, et al, 2016. The variation characteristics and blooming phenophase of monoecious *Pistacia chinensis* Bunge[J]. Hortscience, 51(8): 961–967.

（苏淑钗）

灰毛黄栌培育 cultivation of smoke tree

根据灰毛黄栌生物学和生态学特性对其进行的栽培与管理。灰毛黄栌 *Cotinus coggygria* var. *cinerea* Engl. 为漆树科（Anacardiaceae）黄栌属黄栌的一个变种，优良的园林绿化树种，也是荒山造林先锋树种和水土保持、水源涵养树种。北京观赏红叶的主要树种。

树种概述 灌木或小乔木，高可达8m。圆锥花序，被柔毛，花杂性。花期4～5月，果实成熟期6～7月。产于中国北京、河北、山东、山西、河南等地。欧洲东南部也有分布。喜光，也耐半阴；耐寒，耐干瘠薄和碱性土壤，不耐水湿；以深厚、肥沃、排水良好的沙质壤土生长最好；根系发达，萌蘖性强。材质硬，是房屋、农具、薪炭的优良用材；叶、根和茎都可作为工业原料，也可药用；是良好的工艺、药品、染料、鞣料等工业原料树种。

苗木培育 以播种育苗为主，也可采用扦插、分株、组织培养方法进行繁殖。播前要层积催芽，一般4月上、中旬播种，高床育苗。可通过雌性母树上的半木质化嫩枝（保持2～3个叶片），在全光弥雾条件下扦插培育雌性苗木。春季发芽前，选树干外围生长良好的根蘖苗进行分株育苗。以1年生嫩茎（长0.5～1.0cm）或嫩枝的腋芽、顶芽为培养材料进行组织培养。

林木培育 选择海拔1000m以下土壤肥沃、排水良好的山地阳坡作为造林地。苗木按要求严格检疫。防护林可采用1.0m×2.0m株行距，混交林2.0m×3.0m，风景林和母树林2.0m×4.0m或3.0m×4.0m。春、夏、秋三季均可栽植，以春季为佳。纯林或与油松、侧柏、华山松、元宝枫、栎类、刺槐、荆条等带状或块状混交。结合树木生长，造林后做好除蘖、水肥管理、整形修剪、复壮、间伐、冬季防护抚育管理。可通过物理、化学方法调控叶色。病虫害主要有

黄栌枯萎病（黄萎病）、白粉病、黄点直缘跳甲、丽木虱等，
注意及时防治。

参考文献

陈书文, 李娟娟, 雷新彦, 等, 2005. 观赏植物黄栌快繁技术研
究[J]. 西北农林科技大学学报: 自然科学版, 33(9): 117-120.

孙晓萍, 2009. 观赏植物良种繁育技术[M]. 杭州: 浙江人民出
版社.

（李广德）

混合样品   composite sample

从同一种批中抽取的全部大体等量的初次样品充分混合
而成的种子样品。

见样品。

（洮香香）

混交比例   mixed proportion

构成混交林的树种各自所占的比例。用百分数表示。造
林时的混交比例一般用各树种株数占全林（包括所有的乔灌
木树种）总株数的百分比表示。如存在栽植穴内丛植，也可
是丛植树种丛数占全林总株（丛）数的百分比。成林一般以
每种乔木的蓄积量（断面积）占全林蓄积量（总断面积）的
比例表示。树种在混交林中所占比例的大小，直接关系到种
间关系的发展趋向、林木生长状况及混交林最终效益。

在自然状态下，竞争力强的树种会随着时间的推移逐渐
"战胜"竞争力弱的树种，成为混交林中的主宰，而竞争力
弱的树种不断被排挤、淘汰，数量越来越少，甚至绝迹。竞
争力强只是个体生存下来的前提，要成为优势树种，还要有
一定的数量基础。因此，调节混交比例，既可防止竞争力强
的树种过分排挤其他树种，又可使竞争力弱的树种保持一定
数量，有利于形成稳定的混交林。

在确定混交林比例时，应预估林分未来树种组成比例
的可能变化，注意保证主要树种始终占有优势。一般情况下
主要树种的混交比例应大些，但速生、喜光的乔木树种，可
在不降低产量的条件下，适当减小混交比例。混交树种所占
比例，应以有利于主要树种为原则，依树种、立地条件及混
交方法等不同而不同：①竞争力强的树种，混交比例不宜
过大，以免压抑主要树种。反之，可适当增加。②立地条件
优越的地方，伴生树种所占比例不宜太大，应多于灌木树
种；而立地条件恶劣的地方，可不用或少用伴生树种，而
适当增加灌木树种的比重。③群团状的混交方法，伴生树种
所占的比例大多较小；行状或单株的混交方法，其比例通常
较大。一般来说，在造林初期伴生树种或灌木树种的混交比
例，应占全林总株数的 25% ~ 50%。特殊的立地条件或个别
的混交方法，可视具体情况而定。

参考文献

翟明普, 沈国舫, 2016. 森林培育学[M]. 3版. 北京: 中国林业出
版社.

（贾黎明）

混交方法   pattern of mixture

混交林中各树种在造林地上的栽植位置和排列形式。主
要有株间混交、行间混交、带状混交、块状混交、星状混
交、不规则混交和植生组混交 7 种，也可以是上述各种形式
的过渡和结合，如行状与株间混交结合、带状与行间混交结
合、单株与植生组混交结合等。

混交方法不同，种间关系会呈现出相应的变化，导致林
木生长受到不同影响。在设计混交方法时，必须首先明确培育
的目标，根据树种生物学特性和种群关系的发展变化规律合理
选择树种配置方式。混交方法的确定应与混交树种选择和混交
比例相结合，以有利于林木生长为前提，综合考虑树种的竞
争力和立地条件的差异。合理的混交方法能有效调节种间矛
盾，从而促进林木生长、避免压冠、维持林分稳定，提高林分
质量。从各种混交方法的特点来看，株间混交种间关系最为密
切，一旦发生矛盾易趋于尖锐，耐阴树种与喜光树种混交能缓
和种间矛盾；行间混交、带状混交和块状混交种间关系相比株
间混交密切程度减小，种间矛盾较缓和，容易调节；星状混交
种间关系比较融洽，较易成林。从现实生产的角度看，多采用
行间混交、带状混交、块状混交和星状混交。

参考文献

沈国舫, 翟明普, 2011. 森林培育学[M]. 2版. 北京: 中国林业出
版社.

（吴家胜, 史文辉）

混交类型   mixed types

混交林中树种的不同组合形式。影响混交林培育目标确
定、造林技术实施和培育过程调控。

混交林中树种分为主要树种、伴生树种和灌木树种三
类。主要树种是目的树种，防护效能好、经济价值高或风景
价值高，是优势树种；伴生树种是在一定时期与主要树种相
伴而生，并为其生长创造有利条件的乔木树种，是次要树
种；灌木树种是在一定时期与主要树种生长在一起，并为其
生长创造有利条件的灌木或下木树种，也是次要树种。

混交类型通常有 4 种：①主要树种与主要树种混交。两
种或两种以上目的树种混交，可以充分利用地力，同时获得
多种木材，并发挥其他有益效能。当主要树种都是喜光树种
时，多构成单层林，种间矛盾出现得早且尖锐，竞争进程
发展迅速，调节较困难。当主要树种分别为喜光和耐阴树种
时，常形成复层林，种间有利关系持续时间长，矛盾出现得
迟，且较缓和，易于调节。②主要树种与伴生树种混交。此
类型林分生产力较高，防护效能较好，稳定性较强。林相多
为复层林，主要树种居第一林层，伴生树种组成第二林层或
次主林层。主要树种与伴生树种的矛盾较缓和，即使矛盾变
得尖锐时，也较易调节。③主要树种与灌木树种混交。由主
要树种与灌木树种构成的组合，一般称为乔灌木混交类型，
多用于立地条件较差的地方。主要树种郁闭前，灌木可为其
创造各种有利条件；郁闭后，因林冠下光照不足，喜光灌木
逐渐死亡，耐阴灌木的生长也受到限制。灌木的有利作用较

大，但持续时间不长。灌木死亡后，起到调节林分密度作用。主要树种与灌木间矛盾易于调节，在主要树种受到妨碍时，可对灌木平茬。④主要树种、伴生树种与灌木树种的混交。又称为综合性混交类型。兼有上述3种混交类型的特点，一般用于立地条件较好的地方。通过封山育林或人天混交方式形成的混交林多为这种类型，其防护效能很好。

参考文献

翟明普, 沈国舫, 2016. 森林培育学[M]. 3版. 北京: 中国林业出版社.

（贾黎明，魏松坡）

混交林　mixed forest

由两个或两个以上树种组成的森林。结构合理的混交林通常较纯林的生物产量高、生态功能强。有复层异龄混交林、阔叶混交林、针阔混交林等类型。

混交林中的树种以其所处的位置和作用的不同，分为主要树种、伴生树种和灌木树种三类。处于主导和支配地位、作为主要培育目标的树种称为主要树种或目的树种，也叫优势树种。在一定时期内与主要树种生长在一起，主要起辅佐、护土或改良土壤作用的树种称为伴生树种或次要树种。主要树种和伴生树种通常都是乔木树种。灌木树种主要指混交林中在一定时期内起辅佐、护土或改良土壤作用的灌木或下木树种。混交树种一般指与主要树种混交在一起的伴生树种，但当混交林中混交的树种均为主要树种时，它们互为混交树种。混交林的树种组成以各树种的株数、胸高断面积或蓄积比例表示，每个树种所占比例均应不少于10%。

混交林组成树种之间通过竞争、机械、生物、生物物理、生物化学和生理生态等方式产生互作。如果混交林的树种搭配合理，可获得较高的林分产量和稳定性。成功的混交林具有以下优点：①充分利用营养空间。通过喜光与耐阴、深根性与浅根性、需肥特性等不同树种的搭配，可更充分地利用环境空间和营养。②改善立地条件。混交林林冠层重叠，林内光照减少，气温、地温降低，空气湿度增加，有利于改善林内小气候；枯落物较多，针阔叶混交有利于凋落物分解，提高土壤肥力。③提高林产品的数量和质量。混交林树种间通过互补和改善环境作用等种间互作能够促进生长，可以在同一时间内积累较多的有机物质，获得比纯林更高的产量；在伴生树种的辅佐下，主要树种树干更加通直圆满，干材质量也较纯林好。④发挥较高的生态效益和社会效益。混交林树种多样，林冠层次复杂，枯落物多，根系深广，在生物多样性保护、涵养水源、保持水土、防风固沙等生态效益方面都优于纯林；混交林树种组成复杂，美学价值较高，具有更好的休闲康养作用。⑤增强森林的抗逆性。混交林树种较多，环境复杂，寄生性昆虫、菌类等天敌增多；同时混交林良好的小环境，使一些害虫或病菌失去大量繁殖的生态条件，病虫危害减轻；混交林内温度低，湿度大，风速小，因而发生火灾的风险小，不同可燃性树种相互阻隔可以防止林火蔓延；混交林对不良气象灾害的抗性较强，如深根性与浅根性树种混交，常绿与落叶树种混交，可增强抵抗风灾和雪灾的能力。

混交林的缺点：①培育过程较复杂，在树种选择、营造、种间关系调控等环节都较纯林更复杂。如果树种搭配不当，不但不能发挥混交林的优越性，甚至还会导致失败。②造林施工比较麻烦，成林后的种间关系调节更加复杂。为了正确处理好种间关系，常需要采取平茬、修枝、抚育间伐、环剥、去顶等技术措施，抑制伴生树种生长，稍有不慎就会导致目的树种被压、抑制生长。③混交林中目的树种的产量往往低于纯林，导致收益下降。此外，某些恶劣的立地适合生长的树种缺乏，只能营造单一树种的纯林。尽管如此，从营造纯林向培育混交林发展已经成为森林培育发展的趋势。

参考文献

俞新妥, 1989. 混交林营造原理及技术[M]. 北京: 中国林业出版社.

翟明普, 沈国舫, 2016. 森林培育学[M]. 3版. 北京: 中国林业出版社.

（张彦东）

混生竹　amphipodial bamboo

竹子三大类型之一。既有横生地下的竹鞭，秆基上的芽又能发育成笋出土成竹，竹秆在地面上呈散生状或丛生状交错分布的竹。常见的有茶秆竹、金佛山方竹、苦竹等。

分布　与散生竹和丛生竹类型交错生长，在中国四川、云南、贵州、湖南、江西、浙江和福建均有分布，有些混生竹属于高山竹种。

生长特性　兼有散生竹和丛生竹的特点。竹鞭生长与散生竹相似，鞭芽既可以抽出新鞭，又可以发笋成竹。在疏松肥沃的土壤中，竹鞭年生长量可达3～4m。

在立地条件较好和集约经营条件下，生长良好的茶秆竹、苦竹等混生竹林中，鞭梢生长和竹秆生长的强大优势使得竹秆秆基的芽眼长期处于休眠状态而失去萌发能力，只能靠竹鞭上的侧芽来进行繁殖更新，所以长出的竹秆一般都是稀疏散生，很少密集成丛，表现出与散生竹林相同的特点。在立地条件较差和经营粗放条件下，或经过严重的采伐破坏后，混生竹的秆基芽眼大多萌发抽笋，长出成丛竹秆，表现出丛生竹的基本特征。

一般混生竹的出笋期略迟于散生竹而早于丛生竹。例如，茶秆竹在广东3月上旬即有出土，4月初结束，持续1个月左右；苦竹5月出笋，持续时间较短，20天左右基本结束；其他生长在高海拔地区的竹子，如巴山木竹属（*Bashania*）的竹种则出笋期较晚。

栽植　可通过移植母竹造林。选择生长健壮的1～2年生母竹，以2～3株为一蔸，并带好土球，留枝3～4盘，砍去竹梢，栽植方法与散生竹基本一致。

栽植时间为11月或2月，梅雨季节和秋季也可种植。不同的竹种栽植时间不同，一般在该竹种发笋前半个月移植。

宜选择土质肥沃、湿润、排水和通气良好的沙壤土或壤土作为造林地。造林地应在种植前一年的秋冬季进行全垦、带垦或块状深翻垦复。清除造林地内乔木、灌木及树桩、石块等。栽植时做到深挖穴、浅栽种，先填入一层表土，再放下母竹，在母竹四周填满土，打紧塞足，使穴底和四周与土壤密接，要求下紧上松，不留空隙，浇透定根水；宿土上覆盖 4～5cm 厚的松土。

抚育管理 在秋冬季节，可每年进行一次土壤垦复，可据具体情况采取块状、带状、全面垦复，深 15～20cm。结合垦复，均匀追施有机肥或化肥。留笋养竹应在出笋盛期进行，施用发笋肥可提高笋产量。

参考文献

欧建德, 2002. 茶秆竹笋竹两用经营技术研究[J]. 经济林研究, 20(1): 32-33.

郑翼, 吴延亮, 2006. 金佛山方竹母竹移栽造林试验[J]. 林业科技开发, 20(6): 88-90.

周芳纯, 1998. 竹林培育学[M]. 北京: 中国林业出版社.

（范少辉，苏文会，刘广路）

火炬松培育 cultivation of loblolly pine

根据火炬松生物学和生态学特性对其进行的栽培与管理。火炬松 Pinus taeda L. 为松科（Pinaceae）松属树种，中国中南部地区引种的主要工业用材树种。

树种概述 常绿乔木。叶多 3 针、稀 2 针一束，长12～25cm。球果几无柄，第二年秋成熟，开裂前卵状圆锥形，长 6～15cm，种鳞鳞脐尖刺状；种子长约 6mm。原产于美国东南地区，自佛罗里达州中部向北至新泽西州南部，向西至得克萨斯州东部，从沿海平原向内陆至阿巴拉契亚山脉山麓台地，垂直分布上限至海拔 700m，一般在海拔 300m 以下。中国于 20 世纪 30 年代引入，70 年代开始规模栽培，适宜造林发展区域包括自华南至淮河流域的低海拔地带。喜光、喜肥水充足、酸性或弱酸性立地，在土层深厚、表层蓄水性、排水性良好的黏质和沙质土壤上生长良好，在土壤黏重、表土层浅薄或根系层有硬盘、排水不良的地段或蓄水性差的沙土地及盐碱地生长不佳。生长季干旱少雨、土壤水分亏缺会显著影响当年及翌年生长。适合培育中短轮伐期纸浆材或中长轮伐期中大径级用材，树脂流动性较差，不宜作为采脂林树种。木材适合作建筑材、锯材，适合生产中高档纸制品。

良种选育 火炬松天然分布区广，种源间差异显著，北部种源耐寒，西部内陆种源耐旱能力强，优良速生种源主要来自东南沿海地区，中国暖温带地区发展需采用耐寒耐旱种源材料。现主栽省区均已建设种子园良种基地。

苗木培育 选用种子园种子进行播种育苗。种子需经湿沙低温层积贮藏，春季播种，培育 1 年生裸根苗或容器苗春季造林。

林木培育

造林地 选择低平、向阳地带，土壤肥沃、湿润、疏松，土层深厚的红壤或黄壤，全垦或块状整地，宜施用以磷素为主的基肥。

造林 挖穴栽植苗木，初植密度 1500～2500 株/hm²。

抚育 幼林除灌、扩穴抚育管理 2～3 年。10 年生前后

图1 火炬松矮化种子园（浙江杭州长乐林场）

图2 火炬松大径材林分（浙江杭州长乐林场）

下层间伐 30%～40%。纸浆用材林 15～20 年生时主伐；建筑用材林或于 20 年生左右主伐以培育中径材，或于 15～18 年生时作第二次间伐，25～30 年生时主伐以培育中大径材。

病虫害防治 火炬松对松材线虫病抗性较强，主要病虫害为食叶和蛀梢害虫，应以通风透光等营林措施维持林分健康，及时除治害虫。

参考文献

潘志刚, 游应天, 1991. 湿地松火炬松加勒比松引种栽培[M]. 北京: 北京科学技术出版社.

潘志刚, 游应天, 等, 1994. 中国主要外来树种引种栽培[M]. 北京: 北京科学技术出版社.

（姜景民）

火烧迹地 fired blank

森林经火烧后留下来的造林地。与采伐迹地相比，火烧迹地往往有较多的火烧木、站杆和倒木。森林火灾严重干扰森林生态系统的发展和演替，不仅烧毁森林，还会破坏森林

结构，导致林地环境发生急剧变化，各种物质循环、能量流动和信息传递遭到破坏。火烧迹地应及时做好清理和造林更新工作。

清理工作　清理火烧区的最佳时间是在火后当年或者翌年。对站杆、倒木进行清理，对火烧程度较为严重的树种全部清除；对生态系统保护价值较小的植物，根据实际需求予以部分清除；对原有的健康树种要做好保护工作，避免造成二次伤害。

更新工作　对受害程度轻微、火灾面积较小的阔叶林地，常采用封育方法，使其得到自然恢复；对受害程度较深、过火面积较大、森林立地条件较差的火烧迹地，一般实施人工造林。应科学确定更新树种和树种配置方式，可选择适合当地气候和土壤条件且利用价值高的用材阔叶树种，营造块状混交林；或者选用针叶树与天然萌芽更新的阔叶树合理搭配，形成针阔混交林。更新的前三年要加强幼林抚育，保证幼树的光照条件，促进早日成林。

参考文献

翟明普, 沈国舫, 2016. 森林培育学[M]. 3版. 北京: 中国林业出版社.

（王瑞辉，刘凯利，张斌）

霍莱林木分级法　Hole's tree classification

林木分级方法之一。1942 年由美国 R. C. 霍莱（R. C. Hawley）根据树冠的竞争状态制定的阔叶树林木分级方法。他认为，根据林木树冠所处的地位及其扩张的情形，即可判明其所受竞争的影响及健康发育情况，因此，可用树冠的分级来代替林木的生长发育分级。

该方法简便易行，是同龄阔叶林或阔叶混交林常用的分级方法。美国多采用此分类方法，中国在人工林和生态学的调查研究中也有使用。共划分为 4 级。具体划分方法和标准如下：

D（优势木）　树冠超出上层林冠的一般水平，充分接受上方光，部分接受侧方光，树冠很发达，略受邻接木树冠的侧压。

CD（亚优势木）　树冠处于上层林冠的中间位置，上方光照充足，也能接受少部分侧方光，树冠中庸，受邻接木侧压较重。

I（中庸木）　树高比前两级低，树冠处于由优势木和亚优势木形成的林冠层中，上方受光少，不能接受侧方光，侧方受压严重，形成窄小树冠。

O（被压木）　树冠完全处在林冠层下，不能接受上方光或侧方光。

霍莱林木分级法

参考文献

沈国舫, 翟明普, 2011. 森林培育学[M]. 2版. 北京: 中国林业出版社.

（丁贵杰）

霍利，R. C.　Ralph Chipman Hawley（1880—1971）

美国林学家。1880 年 3 月 5 日生于美国佐治亚州亚特兰大市，1971 年 1 月 19 日卒于康涅狄格州纽黑文市。1901 年在威廉姆斯学院（马萨诸塞州）获学士学位。1904 年在耶鲁大学获林业硕士学位。1906 年进入马萨诸塞州林务局工作。1907 年加入耶鲁大学林学院，历任讲师、副教授和教授，1948 年退休。曾任美国东北林业公司的司库（财务负责人）和秘书，康伍德公司总裁和纽黑文自来水公司的林务官。对美国东北部林业和自然科学进行了深入研究和系统总结，先后出版了《新英格兰林业》《美国东北部林业手册》《康涅狄格州阔叶林研究》《实用育林学》和《森林保护学》等 10 余部专著，特别是《实用育林学》一书影响广泛，曾 7 次再版，经 D. M. 史密斯等修订后的该书仍在全世界再版发行。

（方升佐）

机械除草 mechanical weeding

使用专门的除草机械刈割圃地杂草，或通过中耕机具翻耕覆盖等措施来消除杂草的一种除草方法。适合在机械播种或机械植苗情况下，去除条播行间、垄间或大苗株间的杂草，要求培育苗木在空间上分布规则整齐，有预留机械除草的工作空间。

机械除草属物理除草方法，具有工效高、劳动强度低、不污染环境等优点，是近代随林业机械化生产发展而出现的一种高效、安全的除草方式。缺点是难以清除与苗木混杂生长的杂草，不适于种间套作或密植苗木，频繁使用会引起耕层土壤板结；除草设备会产生老化折旧，需要专门维护，隐形成本较高。

参考文献

沈海龙, 2009. 苗木培育学[M]. 北京: 中国林业出版社: 204-210.

赵忠, 杨吉安, 2003. 现代林业育苗技术[M]. 杨凌: 西北农林科技大学出版社: 83-95.

（郑郁善, 陈礼光）

机械疏伐 mechanical thinning

见疏伐。

基肥 base manure

在播种或苗木栽植前结合土壤耕作施用的肥料。又称底肥。目的是创造良好的土壤条件，供给苗木生长所需的养分，同时改良土壤、培肥地力。

种类 以肥效持久且不易淋失的无机肥（如硫酸铵、过磷酸钙、硫酸钾、氯化钾等）和有机肥（如饼肥、厩肥、堆肥、家畜粪等）为主。

施肥量 传统苗圃施基肥要充足，一般占全年施肥量的70%～80%。现代化苗圃设施完备、施肥操作便利，可适当减少基肥比例。

基肥施肥量：

$$U = \frac{A - C}{L \cdot K}$$

式中：U 为基肥施肥量；A 为苗木吸收某种肥分数量；C 为土壤中固有某种肥分数量（氮为吸收量的 1/3，磷、钾为吸收量 1/2）；L 为基肥中某种肥分含量（%）；K 为基肥利用系数（氮可被吸收 50%，磷为 30%，钾为 40%）。

施用方法 常用的施用方法有撒施、条施、穴施、环状施肥、放射状施肥等。①撒施。在耕地前或播种整地前将其均匀撒在土壤表面，通过翻耕混入 15～20cm 耕作层中。②条施。将肥料呈条状施于播种沟内或苗木一侧的施肥方法。开沟深度视苗木生长阶段而定，初期 7～8cm，后期 10～12cm。适用于条播或大田育苗。③穴施。按行距或株距挖穴，或在苗木根部附近挖穴，将肥料施入穴内。适用于移植苗。④环状施肥。根据苗木树冠大小，在树盘（即树冠在地面上投影所占的面积）稍远处挖一环状沟，沟宽 20～40cm、深 20～30cm，将肥料施入沟内再覆土。为减少伤根，沟可以是连续的，也可以断成 3～4 段。⑤放射状施肥。又称辐射状施肥。是以苗木主干为轴心，距轴心 1m 左右开始向外挖 4～6 条放射状沟，将肥料施入沟内再覆土。沟宽 20～40cm、深 20～30cm，内浅外深，避免伤大根，位置应每年更换。

注意事项 ①过磷酸钙施入土壤后磷素易被固定，应与有机肥混合沤制后再施用。②有机肥必须在充分腐熟后再施用，以免灼伤幼苗、引进杂草和病虫害等。③使用硫黄或石灰改良土壤时，多与基肥一起使用。

参考文献

金铁山, 1985. 苗木培育技术[M]. 哈尔滨: 黑龙江人民出版社: 53-150.

刘勇, 2019. 林木种苗培育学[M]. 北京: 中国林业出版社: 120-167.

孙向阳, 2005. 土壤学[M]. 北京: 中国林业出版社: 282.

（邢世岩, 门晓妍, 孙立民）

集约育林 intensive silviculture

在一定土地资源上集约投入资金、技术及人力，以促进林业资源更好地实现生态与经济价值的森林培育方式。目的在于科学、合理地分配林业资源，促进区域生态和经济的协同发展，减轻工作强度，降低人力运作成本，提升人力利用效率。中国的速生丰产工业用材林建设采用集约育林方式进行。

特点 集约育林是伴随工业用材林、高产人工林、短伐期人工林建设出现的，具有高投入（资金、科技、劳动力等）、高产出（高利润），集技术、资金及人力等方面管理为一体的特点。

美国东南部地区火炬松人工林标准育林和集约育林作业比较

项目	标准育林作业	集约育林作业
作业内容	割带—耙地—高翻，成床 造林时施肥（磷酸二铵） 造林时使用除草剂（林草净等）	割带—耙地—高翻，成床 造林时施肥（磷酸二铵） 造林时使用除草剂（林草净等） 第一年和第二年，每年2次杀虫剂处理 第一年和第二年，每年抚育除草 第三年，氯化钾＋磷酸二铵施肥
成本	每英亩（0.4hm²）202 美元	每英亩（0.4hm²）386 美元
造林后第三年树高	使用 A 型苗，0.8m 左右 使用 B 型苗，0.5m 左右	使用 A 型苗，1.5m 左右 使用 B 型苗，1.0m 左右

美国奥本大学 David South 博士（教授）提供。

技术环节　集约育林主要涵盖经营理论、经营技术、经营政策、经营评价等环节。集约育林的基础就是以森林整个生命为周期，根据森林所在演替阶段、分布结构、林木竞争等不同经营特点，制订相应的森林经营方案，并将森林经营与林业生产相关措施及实施程序，严格落实到林班、小班。森林经营方案要对森林经营全过程控制，是经营主体制订年度经营计划、开展具体经营活动的重要依据。生态公益林和商品林是现代林业经营的主要组成部分，对商品林的经营，可在人力、物力及资金的投入上实施集约化管理，以提高效益，用最少的投资获得最大的经济利益。

参考文献

方升佐, 2018. 人工林培育: 进展与方法[M]. 北京: 中国林业出版社.

盛炜彤, 2014. 中国人工林及其育林体系[M]. 北京: 中国林业出版社.

（方升佐）

集约择伐　intensive selection cutting

采伐量较小，间隔期较短，采伐利用与林分培育结合的择伐方式。

见择伐。

（孟春）

季相景观　seasonal landscape

林分的色彩、层次在不同季节所呈现的景观变化。具有时序性和地域性。

温带地区有一年四季的变化，热带地区只有雨季和旱季的变化。植物季相变化受地域性的限制，如中国北方地区四季分明，季相景观明显；江南地区四季较为分明，常绿树和落叶树兼具，季相景观也较有特色；华南、西南地区植物大多四季常绿，即使园林中的季相景观也不十分明显。

季相景观特征分为叶、花、果的季相特征以及植物空间的季相特征。叶随着季节变化出现色彩变化和落叶现象。花、果随季节变更所呈现的色彩变化不如叶片显著，但会随着时间的推移出现或消失，并直接影响植物的整体观赏效果。植物空间的季相特征主要是由叶片萌发、生长对树冠空间的填充以及叶片脱落导致的树冠空间通透性变高等现象的变化。树冠空间变化直接影响树冠色彩构成以及树冠视觉的质感，从而影响游人的森林景观体验。植物对景观空间的影响还体现在改变高于人视平线的空间顶平面郁闭度和改变与人视平线持平或更低的视平面视觉通透性等方面。

为了丰富景观色彩，在构建城市森林景观实践中，通常使用经过遗传改良后的彩叶树种，如紫叶树种、红叶树种、花叶树种等。树种的这种色彩比较稳定，不随着季节的变化而发生变化，因而不属于季相景观。

参考文献

徐红梅, 2008. 植物季相景观与空间营造[J]. 新西部(4): 254.

杨国栋, 陈效逑, 1995. 北京地区的物候日历及其应用[M]. 北京: 首都师范大学出版社: 14–17.

（徐程扬）

迹地清理　slash disposal

在森林采伐、集材之后将迹地上残留的采伐剩余物以及可能影响目的树种更新的灌木等加以彻底清除的作业。又称伐区清理、清林。是伐区作业的最后一道工序，也是保障迹地更新成功的一项重要措施。

清理对象　主要包括树枝、梢头、截头、倒木、枯立木、伐区作业过程中砸倒和碰倒的小径木、灌木等；如果迹地灌木太密，不能进行整地作业，则需割灌，与迹地清理结合进行。对有利用价值的小径木、大枝丫（直径3cm以上）、枯立木、倒木等应当及时挑选、截断，并搬运到集材道旁，并在封号以前运出伐区加以利用。

作用　改善天然下种更新和人工更新的林地条件，为种子发芽、幼苗成活和幼苗幼树生长发育创造良好的立地条件；降低森林火灾的危险性；改善林地卫生状况，减少病虫害的滋生；改良林地土壤理化性状，给森林更新创造有利条件。

方法　对于没有利用价值的采伐剩余物，采取腐烂法和火烧法进行清理。

腐烂法　使采伐剩余物在迹地上自然腐烂的方法。包括散铺法、堆积法和带腐法3种方式。①散铺法是将采伐剩余物截成小段，任其自然腐烂。适用于采伐剩余物少的伐区，如采伐强度较低或树冠较小的择伐和渐伐伐区。要做到采伐剩余物必须全部着地，不得有架空和塘桥现象；距幼苗幼树30cm以内的采伐剩余物应当清除；有条件时可在散铺后用拖拉机碾压，或者用削片机削成木片后再散开，以加速腐烂。②堆积法是将采伐剩余物归成长、宽、高为2m×1.5m×1m的堆，任其自然腐烂，也称堆腐法。有坡时横山堆放，拖拉机集材时尽量横向堆放在集材道上，坡度大时可以利用枝丫堆修筑简易挡水坝，可防止水土流失。堆放时要避开幼树幼苗，最好堆放于伐根上。③带腐法是把采伐剩余物按宽1～1.5m、高1m左右堆成带状，任其腐烂。适用于采伐剩余物多的伐区，如皆伐伐区。带的间距可根据采伐剩余物多少而定，一般6～10m。有坡时以横山堆放为好。

带间距越大越费工，但对造林越有利。

火烧法 将采伐剩余物归成堆焚烧掉的方法。可以消灭附着在采伐剩余物上的有害真菌、细菌和害虫（卵、蛹、幼虫和成虫），增加焚烧点的无机肥料，并且没有枝丫堆占用造林地，还能起到人工促进天然更新整地的作用，对更新最为有利。在天然林中，凡是火烧迹地更新起来的林木生长都相对旺盛。火烧法注意事项：北方应在冬季或夏季，南方应在雨季焚烧；防火期严禁焚烧，以免引起火灾；火烧时要有专人统一指挥，专人看守；烧后要及时清理，熄火24小时后方可离人。

参考文献

孙时轩, 1992. 造林学[M]. 2版. 北京: 中国林业出版社.

（李耀翔）

继代培养 subculture

植物组织培养过程中，当外植体在启动培养基上生长一段时间，将获得的无菌培养物转接到增殖培养基中进行连续数代的扩繁培养过程。又称增殖培养。目的是使培养物增殖扩繁，以获得大量性状一致的无性繁殖材料。

初代培养建立的无菌培养物体系非常有限，难以进行科学研究或工业化生产，而继代培养可以使植物材料大量扩繁。在增殖培养过程中，由于营养的消耗和毒素的积累，需要定期更换新鲜培养基，以保持培养物活力，并实现植物材料的不断增殖扩繁。培养基更换的时间间隔取决于培养材料的生长速度，一般1～3个月内可进行一次继代转接。间隔时间过短，达不到应有的增殖效率；过长，培养材料会老化，降低增殖效率。

根据培养材料的不同，继代培养中扩繁方式有切割茎段、分离芽丛、分离愈伤组织、分离胚状体或原球体等。其中，切割茎段和分离芽丛是工厂化组培育苗常用的扩繁方式。切割茎段方法是将繁殖材料剪成一个带芽茎段，接种在增殖培养基中使其继续生长成苗，完成进一步的扩繁。切割茎段时要注意茎段的长度和粗度，切取长度宜在1～1.5cm，老化或过于细弱的茎段要剔除。分离芽丛多用于离体培养中材料的分生能力较强但茎不易伸长的物种如樱桃等。

影响继代培养物增殖效率的主要因素包括增殖培养基中添加植物生长调节剂种类、适宜的激素浓度配比及培养条件。其中细胞分裂素、生长素是最常用的两种植物生长调节剂，在诱导培养物增殖过程中，根据不同植物种类和外植体类型其浓度配比有所差异。在一些植物种中，赤霉素也可用于培养物的增殖扩繁。培养条件如光强、光质、温度等均对继代培养效果产生影响，可根据不同植物种类和培养目的进行选择。

参考文献

李永文, 刘新波, 2007. 植物组织培养技术[M]. 北京: 北京大学出版社: 52-55.

乔治E F, 阿尔M A, 克勒克G J De, 2015. 植物组培快繁[M]. 莽克强, 译. 北京: 化学工业出版社: 35-48.

（张凌云，郭雨潇）

加杨培育 cultivation of Canadian poplar

根据加杨生物学和生态学特性对其进行的栽培与管理。加杨 *Populus×canadensis* Moench 为杨柳科（Salicaceae）杨属树种，别名欧美杨、加拿大杨；中国长江以北地区重要的速生丰产用材林树种，也是重要的城市绿化、庭园绿化、四旁绿化和农田防护林树种，纤维工业重要原料。

树种概述 落叶乔木。树干通直，窄冠。树皮纵裂或粗纵裂，下部树皮黑色或浅黑色，上部树皮开裂或不开裂，灰绿色或灰色；皮孔菱形。叶三角形，深绿色，叶缘皱具波浪形；叶柄扁平；叶芽长4～8mm，宽而较钝，顶端褐色，基部淡绿色。单性花，雌雄异株，柔荑花序长10～16cm。3月中旬至4月初开花，果实成熟期50～60天。加杨类品种是美洲黑杨和欧洲黑杨的杂交种，在中国没有天然分布，早期品种（'健杨''I-214杨''沙兰杨''72杨''107杨'和'108杨'等）均由国外引进，国内基于抗病虫害及抗寒性，选育出'渤丰杨''中辽1号'等品种。栽培广泛，中国大陆仅海南、广西、广东和福建等省份未见大面积栽培，其余各省份均有引种栽培，主要栽培区集中在长江中下游地区、江淮流域、黄泛平原、华北平原和环渤海湾地区。强喜光，长日照植物，生长季节至少需要1400小时的日照；在年平均气温10～17.5℃、年降水量600～1200mm的地区生长良好；一般认为加杨生产力最高地区的年平均温度不小于9.5℃，

图1 3年生'渤丰杨'纤维材林（辽宁凌海）（黄秦军 摄）

图2 8年生'中辽1号杨'人工林（辽宁凌海）（黄秦军 摄）

生长期内平均气温约16.5℃。具有早期速生、适应性强、易繁殖、造林成活率高，分枝角度小、树冠较窄，抗烟和抗污染能力强等特点，是绿化、农田防护林、环境污染治理、矿山修复的造林树种。木材可作建筑、家具、包装箱、火柴杆等用材，也可作为中密度纤维板、胶合板、细木工板及包装材用原料。

苗木培育 主要采用扦插育苗。要避免重茬，一般可与刺槐、紫穗槐或油松等松树育苗地轮作倒茬或与农作物地倒茬。整地要求深翻土壤30～40cm，苗床宽1.6～1.8m，沟深30cm，基肥每亩施饼肥、磷肥各50kg，钾肥15kg。选择1年生苗干或采穗圃的种条，插穗长15～20cm、粗1.2～1.8cm，上平下斜，上端第一个侧芽应完好，距上切口1.0cm左右。扦插密度2500～4000株/亩。扦插时间在2月中下旬至4月上中旬。扦插后2～3周，灌水2～3次同时及时浅层松土，以防地表板结。5周左右，萌条高20cm后应及时定干，保留1个粗壮萌条。整个苗木生长过程要及时除杂草（2周1次）。

林木培育 选择地势平坦、土壤深厚、水源充足、相对集中连片的平原，河流的滩地、阶地或废弃河道、采伐迹地以及退耕还林地造林。春季造林的林地，在前一年的秋末冬初整地最佳，秋季造林则可随整地随造林。人工林营建可采用插干造林、植苗造林和截干造林。苗木要求粗壮、匀称，枝梢充分木质化，根系发达，顶芽饱满，无机械损伤，无病虫害。造林前，苗木泡水1～2天以促使苗木吸足水分，可提高造林成活率。植苗造林提倡"三大一深"，即采用大株行距、大穴、大苗和深栽技术，栽植深度60～80cm。采用正方形或长方形均匀栽植，造林密度250～555株/hm²。造林后第二年开始施追肥，氮、磷、钾施肥参考比例为3∶1∶1。大径材培育在造林3年后进行修枝，修枝在秋末落叶后至翌年春发芽前的树木休眠期进行。

参考文献

苏晓华，黄秦军，张冰玉，2007. 杨树遗传育种[M]. 北京：中国林业出版社.

赵天锡，陈章水，1994. 中国杨树集约栽培[M]. 北京：中国科学技术出版社.

郑万钧，1983. 中国树木志：第一卷[M]. 北京：中国林业出版社.

（黄秦军，苏晓华）

假植 heeling-in

将苗木根系用湿润土壤进行暂时埋植，以保护苗木活力的临时性贮藏方法。分为临时假植和越冬假植两类。临时假植是在起苗后造林前的短期假植；凡秋季起苗后当年不能造林，而进行的越冬贮藏称为越冬假植。

假植地应选在地势高、背风、排水良好、不会低洼积水也不过于干燥的地段。假植沟应与主风方向垂直，沟的迎风面一侧削成45°斜壁，沟深20～100 cm（视苗木大小而定），沟宽100～200 cm，沟土要湿润。假植的具体方法可分为：①裸根苗假植。越冬假植时，阔叶树和针叶树苗木都要单株或成捆整齐排列在沟内，技术要点为"疏排、深埋、踩实"。

临时假植应适当密排、浅埋，根系不暴露即可。②带土球苗木假植。沟的深度及宽度应根据土球大小适当加大。越冬假植时苗木要排列规整，树冠紧靠，直立于假植沟中，覆土厚度以刚好盖住土球为准，并在覆土后浇水。临时假植时应培土至土球高度1/3处左右，并用铁锹拍实，不要将土球全部埋住，以免包装材料腐烂。带土球的大苗假植还应设立支柱，避免苗木出现歪斜，使其保持直立。③容器苗假植。即将在原产地栽培到一定阶段的大苗、成树经断根后移入容器中继续培育。假植容器分为可降解容器（由泥炭、稻草、纸张、黄泥、生物塑料等材料制成）和不可降解容器（由聚乙烯、聚丙烯、聚氯乙烯、聚苯乙烯等材料制成）以及新型的

图1 裸根苗假植

图2 带土球大苗假植

图3 容器苗假植

控根型容器，其中控根型容器假植效果最好。选好容器后，在容器中装入泥土或人工配制的栽培基质，适时将苗木栽入容器中，让苗木在容器中生根，经过一段时间培育和养护，形成良好的根系及冠型，随时可起苗栽植。

假植后要插上标牌，注明树种、苗龄和数量。假植期间要经常检查，特别是早春不能及时出圃的**裸根苗**，应采取降温措施，抑制其萌发。

参考文献

郭军, 姜生强, 2016. 假植容器苗栽培技术[J]. 宁夏农林科技, 57(2): 31–32.

李娜, 2014. 园林绿化苗木繁育[M]. 北京: 化学工业出版社.

沈国舫, 翟明普, 2011. 森林培育学[M]. 2版. 北京: 中国林业出版社.

（韦小丽）

嫁接方法　grafting method

将接穗和**砧木**连接在一起的各类方法的统称。根据接穗的性质主要分为**芽接、枝接和根接**；根据所用砧木的数量分为单砧嫁接与复砧嫁接（如双砧接、多砧接与中间砧接）；根据嫁接时砧木的生长和存在状况分为地接（砧木生长在土壤或其他基质中，包括在**苗圃**、大田与各种容器中的嫁接）、掘接（将砧木从土中掘起，带回室内进行嫁接），以及扦插嫁接（将砧木剪下作为插条进行嫁接，然后再进行扦插，使砧木生根成活）。**嫁接育苗**过程中接穗的剪截和接穗削面的制备称为制穗。接穗的制备因嫁接方法不同而异。制穗及嫁接操作的原则：接穗的削面平滑，削面的斜度和长度要与砧木的切面相适宜；接穗与砧木的形成层要对准，同型组织靠紧，以使二者愈合在一起；操作要快速准确，接口包扎严密；嫁接成活后，要适时解除绑缚。

参考文献

成仿云, 2012. 园林苗圃学[M]. 北京: 中国林业出版社: 231–239.

孙时轩, 2013. 林木育苗技术[M]. 2版. 北京: 金盾出版社: 123–139.

（侯智霞）

嫁接亲和力　grafting compatibility

砧木和接穗经嫁接能愈合并正常生长发育的能力。是嫁接成活的最关键因子和基本条件。具体是指砧木和接穗在内部组织结构、生理代谢和遗传特性上的彼此相同或相近，能够相互结合在一起并正常生长发育的能力。亲缘关系越近，亲和力越强，嫁接就越易成活。同种或同品种间的嫁接亲和力最强；同属异种间的嫁接亲和力因树种而异；同科异属间的亲和力多数较弱。砧木和接穗之间部分或完全愈合失败的现象称为嫁接不亲和。

嫁接亲和力的表现：①亲和良好。砧穗生长一致，接合部位愈合良好，生长发育正常。②亲和力差。嫁接虽能成活，但有种种不良表现，例如，嫁接后树体衰弱，接口部位愈合不良，膨大或呈瘤状；接合部位上下粗细不均，即所谓"大脚"或"小脚"现象等。③短期亲和。嫁接成活，生活几年后枯死。④不亲和。嫁接后不产生愈伤组织并很快干枯死亡。

参考文献

成仿云, 2012. 园林苗圃学[M]. 北京: 中国林业出版社: 225.

郗荣庭, 2009. 果树栽培学总论[M]. 3版. 北京: 中国农业出版社: 135–137.

（侯智霞）

嫁接育苗　seedling production by grafting

营养繁殖育苗的一种方式。利用嫁接技术培育苗木的方法。嫁接是将一株植物的枝段或芽等器官接到另一株植物的枝、干或根等的适当部位上，使之愈合生长在一起而形成一个新的植株的繁殖方法。所培育的苗木称为嫁接苗。嫁接育苗在苗木生产中应用广泛。用作嫁接的枝或芽称为接穗，主要来自遗传性状稳定的优良种质植株。承受接穗的部分称为**砧木**。生产中常利用砧木的乔化、矮化、抗寒、抗旱、耐涝、耐盐碱、抗病虫等特性，以增强接穗种质的适应性、抗逆性，并调节生长势，有利于扩大栽培范围和选用适宜的栽植密度。

嫁接育苗的主要环节包括砧木和接穗的选择与培育、采穗、制穗、**嫁接方法**的选择和实施、嫁接后的管护等。

影响嫁接成活的因素分内因和外因。嫁接育苗过程中，影响嫁接成活的各种内外因素之间相互协调，又相互制约，综合影响着嫁接育苗的效果。内因：①嫁接亲和力是最关键因子。亲缘关系越近，亲和力越强，嫁接就越易成活。②砧木和接穗的质量。砧木和接穗组织充实，贮存的营养丰富，嫁接后容易成活。③砧木、接穗的生理特性。在嫁接繁殖中，砧木和接穗对水分养分的吸收和消耗、形成层的活动时期、根压等生理特性需求相近时，嫁接亲和力强，易成活。④嫁接的极性。砧穗双方愈伤组织的极性可影响接合部位的正常生长。常规嫁接时，接穗的形态学下端应插入砧木的形态学上端部位（异极嫁接）。外因：①熟练的嫁接技术是嫁接成活的重要条件。②砧木和接穗削面平滑，形成层密接，操作迅速准确，接口包扎严密者，嫁接成活率高。反之，削面粗糙，形成层错位，接口缝隙较大和包扎不严等，均可降低成活率。③嫁接成活率受环境条件的影响。嫁接时要求有适宜的温度、湿度和良好的通气条件，以利于接口的愈合和嫁接苗的生长发育。

嫁接育苗在生产中具有明显的优势。①利用接穗种质的优良性状，可以保持其固有的生物学特性和经济性状。②有利于保存和繁殖芽变等营养变异。③对于一些不结实或者结实少，以及播种繁殖容易出现变异的植物，可以扩大繁殖系数。④接穗通常采自成龄植株，与**实生苗**相比，嫁接苗开花结实较早，可以促进杂交幼苗提早结果，有利于早期鉴定育种材料，加快新品种的选育。⑤在树木的调整及养护方面，可以利用嫁接技术，选用优良种质的接穗对大树进行高枝嫁接，快速获得优良种质的大树，实现"高接换优"。⑥对于病、损树木可以进行桥接补枝，复壮树体，恢复树势。⑦嫁接育苗技术还常用于园林特型苗木的培育，如选用**矮化砧**、乔化砧等培育造型树木。嫁接育苗在苗木生产中应用日益广泛。

参考文献

成仿云, 2012. 园林苗圃学[M]. 北京: 中国林业出版社: 231–239.

郗荣庭, 2009. 果树栽培学总论[M]. 3版. 北京: 中国农业出版社: 133.

（侯智霞）

兼用林 combination forest

见多功能林。

简易渐伐 simplified shelterwood cutting

将典型的四次渐伐简化为 2～3 次甚至 1 次的渐伐。见渐伐。

（孟春）

间苗 seedling thinning

为保证幼苗有足够的生长空间和营养面积而拔除一部分幼苗的育苗措施。又称疏苗。通过间苗，使苗木密度和分布趋于合理，提高苗木质量。苗木过密会造成光照不足，通风不良，每株苗木的营养面积过小，生长细弱，苗木质量降低，易招引病虫害。

间苗的时间、次数和强度因树种、地区不同而异。一般间苗 2～3 次，主要根据幼苗的生长速度而定。①阔叶树种第一次间苗的时间在**幼苗期**的初期，当幼苗展开 3～4 片（对）真叶、互相遮挡时进行间苗，间苗后留苗株数通常比计划产苗量多 20%～30%；第二次间苗在第一次间苗后 20 天左右进行，留苗株数比计划产苗量多 10%～20%；最后一次间苗即**定苗**，应在幼苗期的末期进行，留苗株数比计划产苗量多 5% 左右。②针叶树种幼苗适于较密集的环境，间苗时间比阔叶树种晚，生长慢的树种可在幼苗期末期间苗，**速生期**初期定苗；生长快的树种如落叶松、杉木、柳杉等，可在幼苗期间苗，在幼苗期的末期或速生期初期定苗。

间苗的对象主要包括有病虫害的、受机械损伤的、发育不正常或生长弱小的劣苗，以及并株苗、过密苗等。间苗最好在雨后或灌溉后，也可结合除草进行。要注意保护保留的幼苗。如间苗后苗间出现的苗根孔隙较多，要立即灌水淤塞。

参考文献

刘勇, 2019. 林木种苗培育学[M]. 北京: 中国林业出版社: 168–193.

翟明普, 沈国舫, 2016. 森林培育学[M]. 3版. 北京: 中国林业出版社: 136–148.

（刘勇）

渐伐 shelterwood cutting

在一个龄级期的 10～20 年内分 2～4 次逐渐伐除伐区内的全部成熟林木的主伐方式。目的是防止林地突然裸露，通过采伐的渐近使伐区保持一定的森林环境，以便于林木的结实、下种和保护幼树，达到森林更新。

渐伐主要用于天然更新能力强的成过熟单层林或接近单层林，以及皆伐后易发生自然灾害的成过熟同龄林或单层林，同龄林作业法中最为灵活的一种。属于前更作业，采伐的过程也是更新的过程。

渐伐环节 典型的渐伐包含预备伐、下种伐、受光伐和后伐 4 个环节（图 1）。

预备伐 典型渐伐的第一次采伐。即以疏开林分为保留木更好生长结实创造条件而进行的采伐。是一种轻度的局部采伐。目的在于补救发育不良的林分状况（树冠不发达的树木不能很好地结实，不能依靠它们下种更新）、改善林木的抗风性能或不良的下种地条件（如枯枝落叶层过厚）。在接近轮伐期末的种子年的前几年进行。在林冠已经开始疏开的老龄林内，一般不需要进行预备伐；林冠完全郁闭的林分、未经人工管理过的林分以及壮龄林内，需要进行预备伐。

下种伐 典型渐伐的第二次采伐。即在成熟林分中为上层林木结实下种和幼苗幼树的初期生长创造良好条件而进行的采伐。在不需要预备伐的情况下，下种伐成为第一次采伐。下种伐只进行 1 次，是在预备伐 3～5 年后，结合种子年进行。在成熟林分中伐除若干树木，将林冠疏开到一定程度，为更新保留母树的下种创造条件，以利于目的树种的更

图 1 典型森林渐伐（引自孙时轩《造林学》第 2 版，1992）

0. 采伐前林分；1. 预备伐后的林分；2. 下种伐后的林分；
3. 受光伐后的林分；4. 后伐后的林分

新（促进种子的发芽和幼苗早期生长），并除去非目的树种。

受光伐　典型渐伐的第三次采伐。即为林下幼树提供更多光照以利于尽快生长而进行的采伐。受光伐一般在下种伐后 3～5 年进行，伐后郁闭度保持 0.2～0.4。受光伐可进行数次，根据幼苗对突然失去遮蔽的"敏感"程度决定，还要考虑更新幼苗被活地被物压抑危险的大小。对遮阴敏感或易被活地被物压抑时，要放慢清除上层林木的进程。

后伐　典型渐伐的第四次采伐。又称终伐、清理伐。即将伐区内留存的所有老林木全部伐除的采伐。后伐多在受光伐后 3～5 年进行，当更新幼林生长达到更新标准后一次伐除全部的母树或庇护树等成熟林木。后伐后整个渐伐过程结束，森林也完成更新，由第二代林层构成新的林分。

根据主伐的林分状况和更新特点，并不需要 4 次采伐就可完成较好的森林更新，可进行简易渐伐。其中，将典型的四次渐伐简化为一次下种伐（图 2）和一次受光伐或后伐（图 3）的渐伐为二次渐伐，生产中最为常用。如果一片林地在采伐前已有合格的更新幼苗，等于完成了下种伐的过程，则可将渐伐进一步简化为最终一次的受光伐。

渐伐类型　有均匀渐伐、带状渐伐和群状渐伐等方式，以及瓦格纳氏渐伐等变型。

均匀渐伐　在预定要进行渐伐的全林范围内，均匀地依次进行各次采伐的渐伐方式。又称全面渐伐。一般在渐伐林地面积较小的情况下采用。可控制生境条件、保证更新后形成同龄林；特别有利于种子质量大的树种更新，能最有效控制幼林的树种组成、株数和分布；既适用于耐阴树种，也适用于喜光树种；能很好地保护土壤，产生良好的景观作用；在大面积应用时不受生物学上的任何限制。但其采运成本较高，技术水平要求高；不抗风倒，易伤保留木和已更新幼苗、幼树；更新后需及时伐除上层木。

带状渐伐　将预定采伐的林分划分为若干带状伐区，按带状伐区逐步采伐的渐伐方式。又称伐区式渐伐。方法是从一端的第一个伐区开始，分若干年若干次分别依次进行预备伐、下种伐、受光伐和后伐，并完成更新。即在第一带内首先进行预备伐，其他带保留不动；经几年后，在第一带进行下种伐的同时，在第二带进行预备伐；再过几年，在第一带进行受光伐的同时，第二带进行下种伐，第三带进行预备伐。依此类推，直至采伐和更新完整个林分。带状渐伐历时较长。

群状渐伐　以一些小的更新群为中心进行同心圆带状采伐的渐伐方式。以林下已有幼苗幼树、上层林木稀疏的地段作为采伐基点，向四周扩展划分为若干个环状采伐带（伐区）。首先对采伐基点进行后伐，同时在其周围的环状带进行第一次采伐；若干年后，进行第二次采伐的同时，向外依次采伐各环状带，直至采伐完全林。当采伐完全部成熟林木后，林地更新起来的新一代幼林外观呈塔形。

瓦格纳氏渐伐　在一片森林的北缘按由弱到强的梯度向南逐渐疏开上层林木，逐渐更新的渐伐方式。是渐伐的一种变型方式。从成熟林分的北缘以每年 2～3m（最多 4～5m）的伐带宽度，向南带状采伐并进行天然更新。在一个伐区

图 2　落叶松人工林二次渐伐的下种伐（沈海龙　摄）

图 3　落叶松人工林二次渐伐的后伐（落叶松成熟木全部采伐，红松为下种伐后林冠下人工更新）（沈海龙　摄）

内，可设置多个北缘，进行采伐更新作业，疏开上层林木，创造适合天然更新的条件，等更新苗出现以后，再用同样方式向南进行渐伐。该方法始于德国符腾堡的云杉—冷杉—山毛榉混交林的采伐更新，在德国小范围应用过的一个方法，在中国没有应用过。由于采伐和更新进展过慢，在实施过程中伐带宽度逐渐加大到 5～10m，并通过不规则的带状渐伐向其他渐伐类型演变。

渐伐特点

优点　①更新有丰富的种源保障，幼苗有上层林冠的保护；②采伐过程与更新过程结合在一起，采伐过程中林地上始终有林木的覆盖，森林生态服务功能受影响小；③合理渐伐对保留木生长发育有促进作用，有利于森林生产力水平的提升。

缺点　①采伐过程中容易造成对保留木和幼苗、幼树的损伤；②工艺技术和生产管理要求高，生产成本高。

参考文献

汉斯·迈耶尔, 1989. 造林学: 第三分册[M]. 肖承刚, 王礼先, 译. 北京: 中国林业出版社.

孙时轩, 1992. 造林学[M]. 2版. 北京: 中国林业出版社.

翟明普, 沈国舫, 2016. 森林培育学[M]. 3版. 北京: 中国林业出版社.

（孟春，沈海龙）

渐进带状皆伐　progressive strip clear cutting

在伐区内划分出若干个狭长条带状区域，先采伐伐区最外侧的条带、由外及里顺序采伐各个条带的皆伐方式。

见皆伐。

（王立海）

降香黄檀培育　cultivation of *Dalbergia odorifera*

根据降香黄檀生物学和生态学特性对其进行的栽培与管理。降香黄檀 *Dalbergia odorifera* T. Chen 为豆科（Leguminosae）黄檀属树种，在哈钦松和克朗奎斯特等分类系统中属于蝶形花科（Papilionaceae），别名海南黄花梨、花梨木；重要的药用和红木类用材树种；国家二级重点保护野生植物。

树种概述　半落叶大乔木。花白色或淡黄色。荚果舌状长椭圆形。花期 4～6 月，果 11 月至翌年 1 月成熟。天然分布于中国海南，是海南特有的珍贵用材树种。喜光，不耐霜冻，萌芽力强；耐干旱瘠薄，对土壤条件要求不严，在陡坡、岩石裸露的山地亦能生长。木材材质紧密而坚硬，心材呈红褐色到深红褐色，花纹美丽，夹带有黑褐色条线；强度大，干燥后不开裂、不变形，极耐腐耐湿；有淡淡的特殊香味且香气长久，是制造名贵红木家具、工艺品、乐器、雕刻、镶嵌和名贵装饰的上等用材。树干和根部的心材可药用，具有行气止痛、活血止血之功效；所含降香油具有抗氧化、抗癌、抗炎、镇痛和松弛血管等作用；还可作为绿化、庭园景观、美化环境等树种。

苗木培育　以播种育苗为主。宜选择 10 年生以上生长健壮、树干通直圆满、无病虫害的优势木进行采种，采回荚果后暴晒 1～2 天，揉搓去除杂质即可获得带果荚的种子，可随采随播。播种前用温水将带果荚的种子进行浸泡处理以提高发芽率和发芽整齐性，播种后细沙覆盖苗床到看不见种子为宜。待幼苗长至 2～3 片真叶时即可移栽至容器袋内，育苗基质以 70%～80% 黄心土 +20%～30% 火烧土为宜。

林木培育

造林地　培育用材林时应选择无霜冻、阳面、台风危害小的立地进行造林，海拔控制在 600m 以下。

造林　选苗龄 2 年生以上、主干明显的良种壮苗，雨季造林，初始密度 3m×4m 或 3m×3m。

抚育　造林后及时用竹竿对主干进行固定。每年追肥抚育 1～2 次，修剪过多的侧枝，保留顶端优势，使主干明显；在 4～5 年和 7～9 年后分 2 批分别移植一半的树木以保持足够的生长空间；8～10 年后增施氮肥有利于树干的快

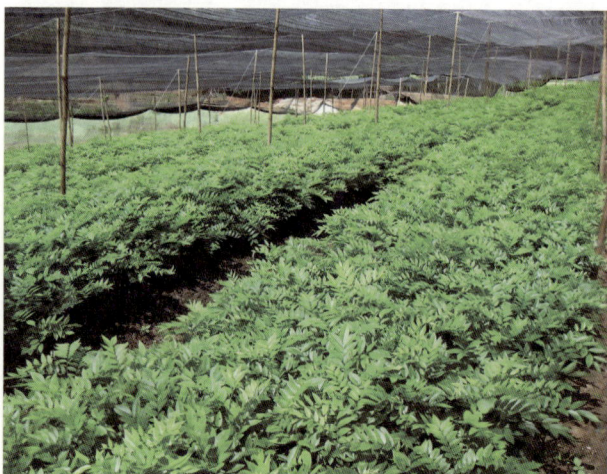

降香黄檀幼苗（广东湛江）

速生长，而增施磷、钾肥则有利于开花结实，提高种子产量和质量。

参考文献

徐大平, 丘佐旺, 2013. 南方主要珍贵用材树种栽培技术[M]. 广州: 广东科技出版社.

周铁烽, 2001. 中国热带主要经济树木栽培技术[M]. 北京: 中国林业出版社.

（徐大平，刘小金）

皆伐　clear cutting

对伐区内所有成熟林木一次性采伐的**主伐方式**。适用于成过熟同龄林或单层林及中幼龄树木少的**异龄林**和遭受自然灾害的林分。

皆伐类型　根据伐区排列方式分为带状间隔皆伐、带状连续皆伐、渐进带状皆伐、块状皆伐等。依据面积大小分为大面积皆伐和小面积皆伐。另外还有孔状皆伐、留母树皆伐和保幼皆伐等。

带状间隔皆伐　带状交互采伐整个伐区采伐带的皆伐方式。又称交互带状皆伐。方法是将伐区分为若干采伐带，隔一带伐一带，保留带作为**种源**，充分利用自然下种进行**天然更新**；3～7 年完成更新后再采伐保留带，通过人工更新、保留母树天然更新、种子年采伐更新、改用渐伐天然更新等方式进行更新［见图（1）］。采伐带宽一般为 1～2 倍树高（30～40m）。保留带一般与采伐带等宽，但由于第二次采伐后的迹地已无可以下种的林墙，天然更新困难，保留带可以窄于采伐带，可为采伐带带宽的 30%～70%。但保留带不能过窄，一般至少相当于 1 倍树高（林分等高）。这样既能保证有足够的种源下种，也能保证有足够的木材量，使下一次采伐更经济。该方法起源于 18 世纪欧美资本主义兴起、大量使用机械采伐的时期。优点是采伐期短。缺点是天然更新效果不理想、保留带易遭风害。

带状连续皆伐　在伐区或采伐列区内划分若干个连续采伐带、按顺序进行采伐和更新的皆伐方式。方法是将伐区划分为若干采伐带，从一端开始逐带采伐，保留带天然下种更新或人工更新。采伐带更新形成幼林后再采伐相邻的保留带，依此类推直至全林采伐更新完毕［见图（2）］。采伐带主要依靠保留带的侧方下种（或人工植苗）进行更新。采伐带形成幼林后，才能再采伐相邻的保留带。采伐带宽一般为树高的 2～3 倍（50～100m）。该方法起源于 20 世纪 50 年代的中国东北内蒙古林区，适用于成熟林面积较大的情况，适合于机械化作业，能满足更新跟上采伐的要求。

渐进带状皆伐　在伐区内划分出若干个狭长条带状区域，先采伐伐区最外侧的条带、由外及里顺序采伐各个条带的皆伐方式。也称渐进伐区式皆伐。在采伐下一个条带之前由保留带的林木实行侧方下种更新，更新成功后再伐下一个带，直到一个采伐周期内完成全林各条带的采伐和更新为止。该方法起源于 20 世纪 50～60 年代的中国大兴安岭林区，后因采伐带过宽（200m）、保留带过窄，保留木易出现大量风倒而被逐渐淘汰。

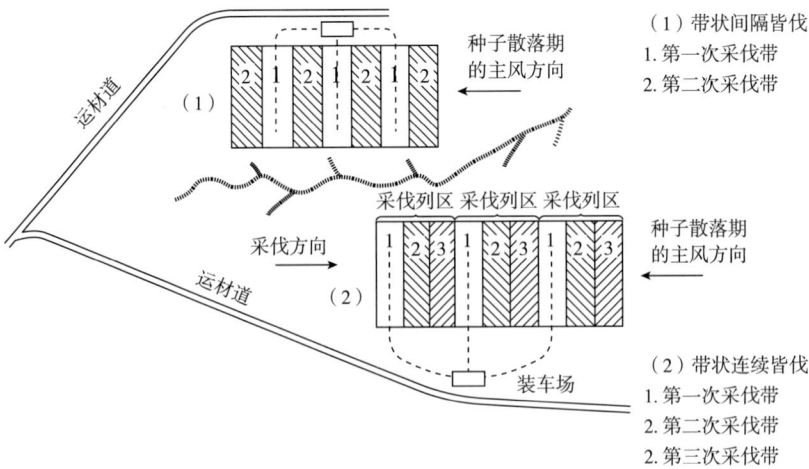

（1）带状间隔皆伐
1. 第一次采伐带
2. 第二次采伐带

（2）带状连续皆伐
1. 第一次采伐带
2. 第二次采伐带
2. 第三次采伐带

带状间隔皆伐和带状连续皆伐示意（仿孙时轩，1992）

块状皆伐 将伐区设置成规则或不规则块状进行采伐和更新的皆伐方式。伐区形状可为近方形、近长方形、近圆形、近扇形等。适用于15°以下阳坡和20°以下阴坡，分布零散、需要更换树种或达成过熟状态的单层林。伐后应及时进行植苗更新。是应用较广泛的一种主伐方式。在地形不整齐或不同年龄的林分呈片状镶嵌分布的情况下，一般应用块状皆伐方式。为了避免对森林环境造成过大的干扰，并且保障更新，块状皆伐的面积一般不大于 5hm²；在坡度较陡、立地条件较差的地段，面积应缩小至 1～3hm²；在坡度平缓、土壤肥沃容易更新的地段，面积可扩大至 10～20hm²。

大面积皆伐 将伐区面积在 10hm² 以上或伐区宽度 250～1000m 的成熟林木集中全部伐除或基本伐除的皆伐方式。又称集中皆伐。一般用于成过熟同龄林、中小径木少的异龄林、需要更换树种林分、遭受严重病虫害林分及坡度平缓、土壤肥沃、容易更新的林分。伐后主要依靠人工更新。具有技术简单、便于机械化作业、节省人力和经费等优点。伐后环境变化过大，不利于天然更新。

小面积皆伐 将伐区面积不超过 5hm²（一般 1～3hm²）的成熟林木在短时间内（一般不超过 1 年）全部伐除或基本伐除的皆伐方式。适用于成过熟单层林和中小径木少的异龄林的主伐更新。采用小面积皆伐方式，在迹地周边一般保留有充足的种源，有利于天然更新。

孔状皆伐 伐区直径小于 30m 或面积小于 1000m²、一次性采伐伐区内所有林木的皆伐方式。实际上是一种面积极小的块状皆伐。伐区形状有方形、圆形、三角形、梭形。一般每公顷设置 2～3 个伐孔。该采伐方式使森林环境变动幅度小，有利于更新，适用于同龄人工纯林。

留母树皆伐 在采伐迹地保留一定数量母树或母树群以促进天然更新的皆伐方式。要求保留的母树是具有良好干形和冠形、生长健康、结实丰富、抗风能力强、具有区域性林区特点的优势树种和目的树种。母树单株或 3～5 株成群或 5～25 株 /hm²，或母树群总面积占伐区面积的 5%～10%。美国林务局规定，北美黄杉成熟林分皆伐每公顷需保留 15 株下种母树，每株母树覆盖范围为直径 26m 的区域。

保幼皆伐 保留适当数量生长良好的前更幼苗和幼树以保证采伐迹地天然更新成功的皆伐方式。由中国大兴安岭林区首先应用。适用于林地坡度小于 15°，伐前天然更新良好，林冠郁闭度低于 0.5，林木世代相同，单一林层结构的成过熟林。采伐后林地上的幼苗、幼树保存率应达到 60% 以上。优点是前更幼苗、幼树生境中光照和通风等微生境条件得到改善，生长加快。缺点是因环境胁迫导致部分植株死亡。

皆伐特点

优点 ①单位面积出材量大，便于在较短时间内、较集中的面积上获得大量的木材；②适于机械化作业；③迹地的次生演替可形成异质斑块，使景观异质性增加，从而有利于森林的稳定性和生物多样性；④迹地在早期形成同龄林，便于集约经营；⑤伐后的林地土壤温度升高，土壤容重降低、总孔隙度和速效养分提高，土壤肥力得到了改善和提高。

缺点 ①引起土壤表层的 pH 值、有机质含量、营养元素等发生变化和土壤流失；②机械化作业会对林地内保留木的树干、根系和材质产生不同程度的破坏和损伤，降低了伐区保留木对自然灾害的抵抗能力，增大了保留木的受害概率；③伐后迹地失去上层乔木的保护，耐阴性下木、下草大多都不能生存；④大型食草动物随食物和湿润环境的消失而消失，小型动物在数量和种类上均发生很大变化。

皆伐应用 皆伐后人工更新适用于各种类型的林分；皆伐后天然更新主要适用于油松、马尾松、樟子松、落叶松以及杨树、桦树等种粒小、能风播的树种，或前更幼树种群数量丰富的耐阴树种。林分中林木全部处于成过熟状态时，或者林分中生长不良的低价林木处于块状分布而需要更新改造时，特别适合于采用块状皆伐，人工更新或天然更新。沼泽水湿地段、排水不良地段、或陡坡等干旱瘠薄、容易发生水土流失的地段，禁止采用皆伐方式。一些保护地森林和具有观赏游憩等特殊价值的地段，不宜采用皆伐方式。

皆伐的目的是充分利用所有成熟的林木，更新培育优良树种。由于皆伐是对森林环境影响最大的主伐方式，皆伐后森林局部环境将趋严重恶化，对皆伐的条件要求越来越高，在实行皆伐时要考虑经济和生态条件。

在实际操作中，为了更快、更好地恢复林地，已经很少采用一次性采伐全部成熟林木的方式，采伐强度一般控制在 70% 以下，伐后的郁闭度保留在 0.3 左右。皆伐后依靠天然更新的林地，每公顷应当保留适当数量的单株或者群状母树、伐前更新的幼苗和幼树，以及目的树种的中小径林木。

参考文献

郭建钢, 等, 2002. 山地森林作业系统优化技术[M]. 北京: 中国林业出版社.

汉斯·迈耶尔, 1989. 造林学: 第三分册[M]. 肖承刚, 王礼先, 译. 北京: 中国林业出版社.

王立海, 杨学春, 孟春, 2005. 森林作业与森林环境[M]. 哈尔滨:

东北林业大学出版社.

孙时轩, 1992. 造林学[M]. 2版. 北京: 中国林业出版社.

（王立海）

接干　trunk extension

对顶芽死亡或顶端优势弱的幼龄林木采用人工辅助方法促控其适宜部位侧芽、不定芽或潜伏芽萌发形成直立的健壮新梢，以达到培育通直高干目的的林木抚育措施。适用于潜伏芽萌发能力强的具假二叉分枝习性的用材树种。

接干有剪梢接干、目伤接干、平头接干、修枝促接干、钩芽接干、平茬接干等方法。生产中可根据林木种类、萌芽能力和分枝习性、立地条件、树势强弱、树龄大小和经营管理水平，以及林种、材种的不同要求等，因地因树选择应用不同的接干方法。

剪梢接干法　采用重截刺激剪口下腋芽萌发形成徒长枝的接干方法。宜在春季萌芽前进行，主要技术环节包括选芽、剪梢、抹芽和控制竞争枝等。选留的芽要健壮、饱满、无机械损伤、无病虫害，应位于主干充实部分的迎风面且夹角较小，以45°角斜剪，芽萌发后保留靠近叶痕的芽、抹去近剪口处的副芽和主干下部的芽，保留4对或6对芽，采用压枝或拉枝的方法控制竞争枝。林木栽植当年一般处于缓苗期，接干高度较低，需进行2～3次接干。

目伤接干法　通过目伤促进位置适当的潜伏芽萌发形成徒长枝的接干方法。利用3～5年生林木树势和潜伏芽萌发能力强的特点，于春季发芽前15天左右在树干最上部侧枝上方选择与主干通直的潜伏芽（芽眼），在其上侧2～3cm处用刀横砍两刀，深达木质部，两刀间距0.8～1.0cm，长度为所在枝条周长的1/3，从形成层处剥掉树皮，并结合截枝（"目伤"处理的枝条）和疏枝（"目伤"位置附近和上方的枝条），促使潜伏芽萌发和徒长而形成接干。接干高度较高，但接干的直径生长受到限制。

图1　泡桐剪梢接干

图2　泡桐修枝促接干（下部侧枝部分为原主干、上部为接干）

平头接干法　通过锯除树冠促进近锯口位置潜伏芽萌发形成徒长枝的接干方法。对2～3年生主干低矮弯曲的幼树，在春季树液流动前全部锯除树冠和弯曲部位，促使近锯口位置潜伏芽萌发徒长形成接干。接干高度较高，但直径生长量明显降低。

修枝促接干法　通过修除顶叉枝和部分下层枝促进顶部潜伏芽萌发形成徒长枝的接干方法。修枝和接干综合应用的方法，已在泡桐培育中应用。宜在造林后第三年的春季进行。对未自然接干植株修除顶部分叉枝和部分下层枝，保留下层2～3轮枝，在接干成功后翌年全部修除剩余下层枝，做好抹芽、定芽和定干工作。对主干高和主干材积生长量提高极显著，对径生长影响不显著。

平茬接干法和钩芽接干法可分别见平茬和摘芽。

参考文献

蒋建平, 1990. 泡桐栽培学[M]. 北京: 中国林业出版社.

（王保平，乔杰，赵阳）

节　knot

由树木自然生长而包含在树干木质部中的枝条部分。是树木重要的固有特征之一。节是木材存在的天然缺陷，也是评定木材等级的主要因素。

按节断面形状，分为圆形节、条状节和掌状节3种。按节的质地及周围木材结合程度，分为活节和死节。①活节。又称生节。是树木生长时，形成层将树干及活枝包围起来，在树干中形成的节。活节与周围木材紧密连生，质地坚硬，构造正常，对木材性能影响较小。②死节。又称疏松节。是当枝条枯死，其形成层停止活动，树枝不再有新的增长，树干与树枝间木材组织的联系被破坏而相互脱离所形成的节。死节的组织与树干脱离，会在板材中脱落而形成空洞，严重影响木材性能。

节的纤维与其周围的纤维呈直角或倾斜，节周围的木材形成斜纹理，干扰木材的纹理走向。节的密度比一般木材密度大，颜色较深，影响木材密度和表观均匀性，且易引起裂纹。作为结构用材，节引起树干局部木材纹理产生歪斜，进而降低木材的硬度和强度，产生较大的负面作用。用于装饰材时，由于节独特的自然美感，受到人们的喜爱。对于纸浆材，节会增加化学浆的处理成本。

参考文献

沈国舫, 翟明普, 2011. 森林培育学[M]. 2版. 北京: 中国林业出版社.

孙时轩, 1992. 造林学[M]. 2版. 北京: 中国林业出版社.

（孙晓梅）

结构化森林抚育　structure-based forest management

培育健康稳定森林的一种现代森林抚育经营方法。依据原生性天然林林木分布的普遍规律来调整现有林的树种配置与林木大小分布，是一种针对林分空间结构优化的单木经营理论与技术体系。在"森林抚育"前面冠以"结构化"，其用意在于强调"结构优化"，以区别于传统的以功能优化为主的森林抚育。

结构化森林抚育是 2007 年由惠刚盈等首次提出。结构化森林抚育经营秉承"以树为本、培育为主、结构优化、生态优先"的经营理念，坚持以原始林为楷模、保持森林连续覆盖或确保最小干扰、维持生态有益性或保护生物多样性、针对顶极种和主要伴生种的中大径木进行竞争调节的经营原则，遵循系统结构决定系统功能的生态系统法则，顺应自然、量身定制适地适林的林分经营方案。

结构化森林抚育经营的显著特点是，在森林结构分析方面，以四株相邻木空间结构单元为基础，用 4 个空间结构参数全方位多角度分析和描述林木个体的分布格局、树种空间隔离程度、竞争状态和拥挤程度；在森林抚育经营方面，首先进行森林经营诊断，然后按照"五观五优先"的操作技术进行森林抚育经营。

结构化森林抚育经营在中国吉林阔叶红松林区、辽宁蒙古栎混交林区、内蒙古樟子松天然林区、甘肃松栎混交林区、贵州常绿阔叶混交林区、河南栎类次生林区、北京侧柏和河北落叶松人工林区进行了大面积经营试验与示范。

参考文献

惠刚盈, Klaus von Gadow, 等, 2016. 结构化森林经营原理[M]. 北京: 中国林业出版社.

（惠刚盈）

结构优化型　structural optimization type

通过模拟该立地退化之前原生植被的树种组成、林分结构和多样性水平，尽可能地通过栽植地带性树种改变林分组成，并通过密度和分布格局调节实现结构优化的林分改造类型。

结构优化型注重栽植演替顶极阶段的树种，对低效林分的结构优化一次到位，需要栽植的树种种类较多，忽略先锋树种的栽植；很多演替成熟阶段的树种生长较慢，需要长期抚育。适用于天然林和人工林改造，不适于在严重退化的次生林或立地条件较差的人工林应用，因为这样的林分土壤水分和养分条件较差，一些顶极群落阶段组成树种难以栽植成活。

参考文献

李景文, 等, 1997. 红松混交林生态与经营[M]. 哈尔滨: 东北林业大学出版社.

中国林学会, 2019. 北方栎类林结构化森林经营技术标准: T/CSF 002—2019[S].

（张彦东）

截干苗　stem-cuttings

经截取苗干基部而萌生长成的苗木。又称再生冠苗。截干可在栽植前或栽植后进行。截干苗培育过程中，留茬或留干高度应视苗龄、立地条件和培育目标而定。截干苗再经过二次截干，可形成鹿角形的骨架冠，适用于园林建设造型。截干苗可减少蒸腾失水，提高移栽成活率，苗木生长成型快、培育简单等优点。截干苗的缺点是苗木截干后发出的枝条集中生长在一个断面，树体结构发生了变化，对风雪、病虫害等自然灾害的抵抗力显著降低，用于城市绿化存在一定的安全隐患；在造林用苗市场，截干苗由于树干高度限制难以成材、森林蓄积量低、生态效应相对较低，难以得到大量应用。

培育截干苗，要因树种而异。有的树种适合截干，能促使粗生长加快，形成较大冠形或艺形树，如槐树、白蜡树、法桐、油松等，可培育截干苗；有的树种不适合截干，顶端优势较强，能形成高大的冠形，如雪松、水杉、杨树、银杏、北美红枫等，不适合培育截干苗。同时，应结合造林或绿化需要、苗木移植规格、树形和景观需求等因素综合考虑确定。

参考文献

何林洪, 2018. 原冠苗应用技术探讨[J]. 绿色科技(13): 48-50.

孙尚伟, 兰再平, 刘俊琴, 等, 2014. 窄冠刺槐幼林树体管理技术研究[J]. 林业科学研究, 27(4): 493-497.

（应叶青，史文辉）

截枝中林　lopping composite forest

上层林木为实生起源，下层林木为无性起源，用于截取枝条的中林类型。

见中林作业法。

（彭祚登）

截枝作业　lopping system

在树冠的分枝以上截断枝条的矮林作业方式。

截枝作业与头木作业的区别在于不伐去整个树冠，而是在分枝以上截断枝条。中国在旱柳林经营中常用截枝作业。作业时间为旱柳长到胸径 6～10cm 时，可进行首次作业，具体时间为惊蛰前后 10 天以内。截口宜选在发育良好的枝上无病虫害处。截口要平滑微斜，截面与地面呈30°角。截面要避风、避光，截枝时要避免劈裂和脱皮。

参见头木作业。

参考文献

北京林学院, 1981. 造林学[M]. 北京: 中国林业出版社.

林海, 1994. 旱柳截枝作业的技术措施[J]. 河南林业(3): 30.

（彭祚登，高帆）

解放伐 liberation cutting

通过伐除上方或侧方林木而使处于被压状态的幼树获得更多生长空间的一种抚育采伐方式。也包括伐除影响林木生长的灌丛或藤本植物。类似于美国抚育采伐分类中的自由伐。

在同一林分中，上、下层林木可能是相同树种，也可能是不同树种。对于自然更新或人工造林形成的幼林林分，当其郁闭后，应及时清除妨碍幼树生长的、林地上原有的上层木。可运用伐除的方法，也可用环割法等。适用于在经济上有利，便于采伐、集材、运材的地方；不适用于病腐率很高，材质低劣，或交通、集材不便的地方。

（段爱国）

金佛山方竹培育 cultivation of *Chimonobambusa utilis*

根据金佛山方竹生物学和生态学特性对其进行的栽培与管理。金佛山方竹 *Chimonobambusa utilis* (Keng) Keng f. 为禾本科（Poaceae，异名 Gramineae）竹亚科（Bambusoideae）方竹属植物，中国西南大娄山山脉中高海拔地区最重要的笋用竹。

树种概述 地下茎复轴混生，秆高5～7（10）m，中下部各节均具刺状气生根，直径2～3.5（5）cm，节间略为四棱形，长20～30cm。幼秆初被白色刺毛，后渐变为无毛。秆每节3分枝，近水平方向平展。箨鞘薄革质或纸质，颜色因不同产地或不同无性系变化大，无箨耳，箨片极小，三角锥状。金佛山方竹是方竹属中分布面积较广的一个种，主要分布于贵州北部、重庆南部、四川西南部和云南东北部，原生竹林总面积约7万 hm²，通常在常绿及落叶阔叶混交林下组成复层竹阔混交林。近年来，由于人工造林，总面积已经超过20万 hm²。喜阴湿凉爽、空气湿度大的环境。自然分布于海拔1000～2200m范围内，但生长良好的竹林在海拔1200m以上。海拔1000m以下不宜作为生产性引种栽培。出笋时间因海拔高度不同而有差异。海拔2000m以上的竹林，出笋始于8月上中旬，结束于9月中旬，出笋顺序自高海拔向低海拔逐渐过渡。海拔1200m左右的竹林，出笋始于9月中旬，结束于10月中旬。曾于1930—1940年大面积开花，开花后竹林死亡，但种子落地后自然更新良好。开花周期为50～80年。开花竹秆通常在秋末时形成花枝，翌年3月上旬开花，中旬进入盛花期，4月下旬至5月初种子成熟，果实为浆果状颖果。以生产竹笋为主。竹笋质地晶莹、笋肉肥厚、味美鲜嫩。采伐的老竹秆可制作家具，也可用于造纸和烧制竹炭。

图1 金佛山方竹秆

图2 金佛山方竹笋

苗木培育 如果遇到竹子开花结果，可采收种子培育实生苗。种子无后熟期，随采随播。一般当年采收种子播种后，翌年10月后即可出圃。

竹林培育 采用母竹移栽或实生苗造林。母竹造林应选择生长健壮、无病虫害、年龄1～2年生的幼竹为母竹。春季和秋季均可造林。母竹造林密度一般1800株/hm²，实生苗造林密度一般2500株/hm²。成林经营立竹度控制在18000～22500株/hm²，1、2、3年生竹各占30%左右。早期的竹笋可全部挖掉，盛期的竹笋按6000～7500株/hm²的标准留养母竹，其余的全部挖掘采收，留养母竹应遵循去小留大、去弱留壮、去密留稀的原则，后期的竹笋也全部采收。4年生老竹秆全部砍除，砍伐时间宜在新竹开枝展叶后。

参考文献

綦山丁, 张喜, 张佐玉, 1997. 金佛山方竹出笋规律的初步研究[J]. 贵州林业科技, 25(3): 18-24.

郑翼, 罗吉斌, 2008. 金佛山方竹育苗与造竹技术[J]. 林业科技开发, 22(3): 115-116.

（丁雨龙）

近自然抚育 near-natural forest management

育林体系中的一种森林抚育方法。遵循自然规律、通过人为干预加速森林发育进程，培育接近自然的森林。

近自然抚育本质就是模仿天然林顶极群落的自然结构进行现有林的结构调整，即森林抚育经营的原理就是"道法自然"，按森林的自然发生、发展规律来开展森林的抚育经营，在充分理解森林自然演替规律的基础上，通过合理的抚育经营，使结构不合理的森林逐步转化为由乡土树种组成、多树种混交、复层异龄结构、接近自然状态的森林。尤为重要的是在森林抚育经营中用轻度—中度抚育择伐替代大面积皆伐。

近自然抚育的理论是基于对天然林特别是原始森林的研究，其精髓是顺应自然，强调重视森林的自我恢复和自我调控能力，可应用于人工林改造、天然林保护、次生林抚育。近自然抚育的理念和原则具有普适性，已成为欧洲各国普遍采用并被世界各国仿效的森林经营理论，在中国的吉林、河北塞罕坝、山西中条山等地都进行了试验推广。

参考文献

惠刚盈, Gadow K V, 2001. 德国现代森林经营技术[M]. 北京: 中国科学技术出版社.

（惠刚盈）

近自然森林　close-to-nature forest

以原始森林植被为参照而经营的主要由乡土树种组成且多树种混交，趋于多层次空间结构和异龄林结构发展的森林。

近自然森林可以是人工设计和培育的结构和功能丰富的人工林，也可以是因经营调整简化的天然林，还可以是同龄人工纯林以恒续林为目标进行改造的过渡森林。与人工纯林相比，近自然森林具有结构复杂、生物多样性高、生产力水平高、群落稳定性强、生态系统功能强且稳定等优点，是森林可持续经营追求的目标森林类型。

参考文献

陆元昌, 2006. 近自然森林经营的理论与实践[M]. 北京: 科学出版社.

（王庆成）

近自然森林经营　close-to-nature forest management

在特定的立地条件下人工经营森林时，参照该立地条件下未经人为干扰的天然林的树种组成、林分结构和演替动态，设计和进行的森林经营活动。生态与经济需求最佳组合的一种真正接近自然的森林经营模式。以森林生态系统的稳定性、生物多样性和系统多功能及缓冲能力的分析为基础，以整个森林的生命周期为时间设计单元，以目标树的标记和择伐及天然更新为主要技术特征，以永久林分覆盖、多功能经营和多品质产品生产为目标。

近自然森林经营理论认为，在特定的立地条件下，如果人工经营的森林（包括人工林和天然林）与该立地上未经人为干扰的天然林具有相似的树种组成、林分结构和演替动态，则这些森林应该具有更大的稳定性，对各种物理的或生物的危害具有更强的抗性，其生物多样性和生态、社会效益都会达到令人满意的水平。采用近自然森林经营技术可以在投入最低的情况下，获得特定立地条件下可能得到的最高产量。

原则　①珍惜立地潜力，尊重自然力。以充分尊重自然力和现有生境条件下的天然更新为前提，避免破坏性的集材、整地和土壤改良等作业方式，以保护和维持林地生产力、天然更新和生物多样性。②适地适树。根据特定立地条件潜在天然植被类型，选择或培育适宜的乡土树种，审慎应用外来树种。③针阔混交，提高阔叶树比重。通过混交提高林分结构的复杂性，为增加生物多样性奠定基础，利用完善的食物网控制病虫害的发生；增加阔叶树种，提高森林生态系统养分循环效率，维持和提高土壤肥力。改变凋落物的油脂含量，减少森林火灾的发生。④复层异龄经营。通过保护天然植被、树种混交、单株抚育和择伐利用等，提高林分的抗风雪灾害能力和水土保持、水源涵养功能，为具有不同生态特性的树种生长创造条件，保证大径级木材持续生产和林地持续覆盖。

发展历程　近自然森林经营理论起源于德国。德国从18世纪开始展开大规模的恢复森林运动，在短期内营造了大量生长快、以用材为目的的针叶纯林，扭转了森林资源持续锐减的局面。19世纪初 G. L. 哈尔蒂希（Georg Ludwig Hartig）和 J. C. 洪德斯哈根（Johann Christian Hundeshagen）分别提出以木材永续利用为目的的木材培育论和法正林学说，期望通过人工营造针叶纯林和采用皆伐作业实现木材生产的可持续经营。由于时代的局限，这些理论的提出基于唯心主义假设，将森林经营问题简单化，导致地力衰退、生物多样性下降、病虫害频发、风倒风折、森林景观美学下降、水土流失、历史文化功能丧失等一系列生态和社会问题，也实现不了木材生产可持续。这些问题引起了德国民众和林业专家对森林经营的深刻反思。德国林学家 J. C. K. 盖耶尔（Johann Christian Karl Gayer）在1898年提出了近自然林业思想，认为森林经营应遵从自然法则，充分利用自然的综合生产力，使地区群落的主要乡土树种得到充分利用，尽可能使森林经营过程顺应潜在的天然森林植被的生长发育规律，使林分生长接近自然状态，达到森林群落的动态平衡，并在人工辅助下维持林分健康。1924年，克鲁奇（Krutzsch）针对用材林的经营方式，提出了接近自然的用材林经营。1949年，德国成立了"适应自然林业协会"，系统提出了"适树、混交、异龄、择伐"等为特征的近自然森林经营理论。1950年，克鲁奇（Krutzsch）与维克（Weike）结合恒续林理论，提出了近自然森林经营理论，认为人工营造和森林经营必须维持与立地相适应的自然选择的森林结构，结构越接近自然林分就越稳定，森林就越健康、越安全。只有保证了森林自身的健康和安全，才能实现可持续经营，森林的综合效益才能持续得到最大化的发挥。中国学者刘慎谔于20世纪50年代提出在红松阔叶林经营中以择伐代替皆伐，60年代在试验的基础上提出"采育兼顾伐"。针对东北林区红松阔叶林采伐后次生林恢复问题提出的"栽针保阔"思想，在数十年的森林经营实践中得以充分验证，这是近自然森林经营思想在中国的探索。

应用　近自然森林经营理论在相当长的时间内未能得到广泛应用，仅有包括德国、瑞士、奥地利等少数几个国家开展了近自然森林经营试验研究工作。20世纪中叶以来，由于资源枯竭、环境污染和全球变化对人类的胁迫日趋加剧，加之以追求木材生产为主要目标的传统林业的弊端不断显现，国际社会开始重新认识近自然经营理论的价值。20世纪90年代，德国政府正式宣告放弃传统的人工林经营方式，采纳近自然林业理论，制定相关政策以恢复天然林；通过人工诱导，促进天然林向原始林的方向过渡；在对人工林抚育间伐的基础上，通过人工促进和人工更新进行混交、复层、异龄化改造。德国的近自然经营引起了其他欧洲国家的关注，瑞士、匈牙利、波兰、挪威、比利时、斯洛伐克、荷兰、奥地利、法国等国先后采纳了近自然森林经营理论。几十年来，近自然森林经营技术在欧洲取得了初步成果，主要表现在森林蓄积量提高、生物多样性增加、群落稳定性提高、森林病虫害发生减少等方面。近自然森林经营理论于20世纪90年代初由邵青还引入中国，随后中国学者对近自然经营的理论和可行性做了大量的探讨，也进行了一些实践探索。主要研究内容包括天然林的恢复和人工林改造中近自然森林经营理论和技术应用，近自然森林经营的经济、生态和社会效益等，初步确定近自然森林经营在中国的适应性。2006年，陆元昌和许新桥等对德国近自然森林经营进行了系统的总结和介绍，推动了近自然森林经营理论和技术在中国的研究和应用。近自然森林经营思想已经广为推广和实践。

参考文献

惠刚盈，赵中华，2008. 森林可持续经营的方法与现状[J]. 世界林业研究，21(特刊): 1-8.

陆元昌，2006. 近自然森林经营的理论与实践[M]. 北京: 科学出版社.

邵青还，1993. 德国: 接近自然的林业——技术政策和技术路线[J]. 世界林业研究，6(3): 63-71.

许新桥，2006. 近自然林业理论概述[J]. 世界林业研究，19(1): 10-13.

章异平，徐军亮，康慕谊，等，2007. 近自然林业的研究进展[J]. 水土保持研究，14(3): 214-217.

（王庆成）

浸种催芽 seed soaking

种子催芽方法之一。播种前用水浸泡种子，以促进种子萌发的措施。适用于强迫休眠的种子。浸种催芽的效果主要取决于水温、水与种子的比例、浸种时间、种子密度和通气情况等。

水温 对催芽效果影响很大，树种不同，对水温要求各异。种皮较薄、种子含水量较低的种子，如榆、泡桐、悬铃木、桑等树种种子，可用20～30℃的温水浸种至自然冷却或冷水浸种；种皮稍厚的种子，如油松、赤松、黑松、湿地松、杉木、臭椿等树种种子，可用始温40～50℃水浸种；种（果）皮较厚的种子，如元宝槭、枫杨、楝树、紫穗槐等树种种子，可用始温50～60℃水浸种；种皮坚硬的种子，如刺槐、皂荚、合欢、南洋楹、台湾相思等树种种子，可用始温60～70℃水浸种，金合欢属种子，则多用80℃以上的热水浸种。

种子密度 对于硬粒种子，采用水温逐渐递增的方法效果更好，具体做法是: 先用始温60℃水浸种24小时，再将未吸胀的硬粒种子用始温80℃水浸种24小时，然后再将硬粒种子用始温90℃水浸种，反复2～3次，直至大部分硬粒种子都已吸胀。

水与种子的比例 种子与水的体积比为1:3。将水倒入盛种子的容器中，边倒水边搅拌，使种子受热均匀，直至水温自然冷却。

浸种时间 浸种时间的长短视种子特性而定，多数种子浸种时间为1～3昼夜，种皮薄的可缩短为数小时，种（果）皮坚硬的可延长至5～7昼夜。凡浸种时间超过24小时的，每天要换水（冷水）1～2次，目的是通过换水改善通气状况，以避免种子缺氧。

参考文献

沈国舫，翟明普，2011. 森林培育学[M]. 2版. 北京: 中国林业出版社.

沈海龙，2009. 苗木培育学[M]. 北京: 中国林业出版社.

叶常丰，戴心维，1994. 种子学[M]. 北京: 中国农业出版社.

（李庆梅）

茎根比 shoot to root ratio

苗木地上部分干重与地下部分干重之比。

见苗木质量形态指标。

（刘勇）

经济林 non-wood forest

以生产果品、食用油料、饮料、调料、工业原料和药材等为主要目的的森林和林木。中国五大林种之一。

经济林主要利用木材以外的其他林产品，如果实、种子、树皮、树叶、树枝、花蕾、嫩芽等。经营周期短、效益高、适宜农户经营，在林业产业中占重要地位。经济林一般要求品种化和种植园式集约经营，在林业经济发展中的地位越来越高，已经成为至关重要的林业产业之一。

按照产品不同，经济林可分为以下类型: ①干果林，主要生产干果或材果兼用，常见树种有核桃、板栗、枣、榛子、仁用杏、巴旦杏、银杏、香榧、山核桃、阿月浑子、红松、乌榄等；②浆果林，常见树种有沙棘、树莓、蓝莓、稠李、蓝靛果、茶藨子等；③食用油料林，常见树种有油茶、油橄榄、文冠果、巴旦杏、油棕、椰子等；④工业油料林，常见树种有小桐子、油桐、无患子、乌桕、黄连木、山桐子、文冠果等；⑤饮料林，常见树种有茶树、咖啡树、可可树等；⑥饲料林，常见树种有桑树、构树、蒙古栎、柠条、刺槐等；⑦香料和调料林，常见树种有玫瑰、花椒、八角、肉桂、香椿、山苍子等；⑧药用林，常见树种有杜仲、厚朴、枸杞、刺梨、山茱萸、银杏、红豆杉、连翘、青钱柳等；⑨其他工业原料林，常见树种有三叶橡胶、杜仲、漆树、青檀、黑荆树、多种紫胶虫及白蜡虫的寄主树等；⑩条编原料林，常见树种有紫穗槐、簸箕柳等灌木柳、蒲葵、棕榈藤等；⑪森林蔬菜林，常见树种有竹子（竹笋）、香椿、龙牙楤木、栾树等。

参考文献

谭晓风, 2018.经济林栽培学[M]. 4版. 北京:中国林业出版社.

（贾黎明）

经济林培育　non-wood forest silviculture

对以生产果品、食用油料、蔬菜、饮料、调料、工业原料和药材等为主要目的的森林和林木所进行的营造林生产经营活动。目的是通过适地适树、良种良法，获得单位面积产量较高、品质优良的经济林产品。经济林培育在保障国家粮食安全、食用油安全、能源安全、国土安全和生态环境保护方面具有重要作用，在林业产业体系居重要地位。

历史及现状　中国在夏商时期即开始了经济林培育利用，在经济林良种选育、无性繁殖、疏花、修剪、防治虫害、防寒等方面积累了丰富的文献。明清时期随着封建社会走向衰亡和资本主义的发展，出现商品化大规模经济林栽培，逐步实现良种区域化。20 世纪 30～40 年代后，由于世界人口增加、土地利用矛盾加剧、栽培成本和市场要求的提高，要求经济林结果早、产量高、更新快，逐步发展为集约化栽培。中华人民共和国成立以来，中国经济林产业得到迅速发展，尤其是"十一五"以来国家高度重视经济林建设，把经济林产业建设作为现代林业建设的重要组成部分，把发展木本粮油、特色经济林和林下经济列为加快林业产业发展的主导产业，出台了一系列政策措施。2014 年国务院发布《关于加快木本油料产业发展的意见》，国家林业局会同国家发展和改革委员会与财政部联合印发了《全国优势特色经济林发展布局规划（2013—2020 年）》，重点选择 30 个优势特色树种，优先规划布局，重点予以扶持。2017 年中央一号文件提出大力发展木本粮油等特色经济林，2020 年中央一号文件将木本油料作为国家粮油安全战略重点发展的内容。中国经济林产业已经步入快速发展的黄金时期，是中国历史上经济林产业发展最快的时期。中国已成为世界经济林生产大国，核桃、油茶、板栗、枣、苹果、柑橘等主要经济林面积和产量均居世界首位。2019 年，全国经济林面积超过 6 亿亩、产量 1.95 亿 t、产值 2.2 万亿元。经济林产业成为林业三大产值过万亿的支柱产业之一。可食性经济林产品成为中国继粮食、蔬菜之后的第三大农产品。中国共产党第十八次全国代表大会以来，中国每年脱贫 1000 万人以上，其中，经济林主产区农民收入有 50% 以上来自经济林产业。

培育目标　经济林培育坚持定向培育的原则，集中反映在丰产、稳产、优质、绿色等目标上。服务生态安全、粮油安全、乡村振兴、区域协调等国家发展战略，积极践行"两山"理念，坚持走"产业生态化、生态产业化"的路子，围绕"扩绿、提质、增效、强企、富农"，以市场需求为导向，以产业链条为纽带，优化空间布局，调整品种结构，丰富产品类型，提升品质效益，促进产业融合，保障有效供给，构建经济林产业高质量发展的新格局，到 2030 年，全国经济林种植面积增加到 7 亿亩，产量增加到 2.5 亿 t 以上，产值增加到 3.3 万亿元，实现生态美、产业兴、百姓富。

培育技术　随着矮化砧木、短枝矮化品种的选出，推动了集约化的发展，矮化密植成为经济林栽培的重大变革和生产现代化的标志。现代经济林培育包含经济林栽培区划、良种无性繁育、良种配置与栽植、营养诊断与调控、整形修剪与花果调控、无公害安全生产、机械化作业、经济林采收和初级产品处理技术等关键技术。经济林培育发展的趋势为种苗良种化、无性化、水肥一体化、栽培集约化、标准化、生产经营规模化、机械化。

参考文献

陈嵘, 1983. 中国森林史料[M]. 北京: 中国林业出版社.

谭晓风, 2018. 经济林栽培学[M]. 4版. 北京: 中国林业出版社.

（苏淑钗）

经济林树种选择　tree species selection for non-wood products

根据经济林培育目的、立地条件、树种生物学和生态学特性等开展的适宜树种选择工作。根据经济林直接产品或间接产品的主要化学成分与主要经济用途，将经济林树种资源划为八大类：木本粮食与果品类、木本油料类、木本药材类、木本饮料类、木本香料类、木本蔬菜类、木本工业原料类、其他类。中国的主要经济林树种见下表。

中国经济林的类别及主要树种

类　别	主要利用部位	主要树种
木本粮食与果品	果实	干果：核桃、栗、枣、榛、仁用杏、巴旦杏、香榧、银杏、腰果等； 水果：柑橘、苹果、梨、桃、猕猴桃等
木本油料	果实	油茶、油桐、油橄榄、文冠果、无患子、核桃、翅果油树、乌桕、油棕、椰子、小桐子等
木本药材	花、果、叶、树皮	银杏、杜仲、喜树、厚朴、红豆杉、山茱萸、黄檗、青钱柳、枸杞等
木本饮料	果、种子、叶	茶、咖啡、青钱柳等
木本香料	树皮、果、种子、叶	花椒、胡椒、八角、肉桂、樟、柏木、桉树、山苍子等
木本蔬菜	叶、花、茎	（笋用）竹、香椿等（嫩芽）、龙牙楤木、辣木等
木本工业原料	树液、树皮、果皮、果壳、根	橡胶、漆树、松树、黑荆树、落叶松、橡栎类（壳斗）、无患子、盐肤木等
其他（编制、农药、饲料等）	茎、叶、树皮、木材	编织料：紫穗槐、杞柳、竹、棕榈、蒲葵等； 农药：苦楝、马桑等； 软木：栓皮栎、轻木等

经济林培育是以生产各类经济林产品投放市场，为社会消费服务并取得高效益为根本目的，经济林树种选择是实现经济林营建目的的一项重要决策，应遵循适地适树、优质、丰产、高效的基本原则，同时特别注意以下条件。

优良特性 具有生长强健、抗逆性强、丰产、优质等较好的综合性状。此外，果用经济林必须注意其独特的经济性状，如美观的果形、诱人的颜色、成熟期早晚、种子有无或多少、风味或肉质的特色、加工特性等。

适应性 适应当地气候和土壤条件，表现优质丰产。必须考虑本地树种的资源状况、生物生态学特性、当地可利用的土地状况，选择适宜的树种。以乡土树种为主，其次考虑引种与本地"地理生态因子"相似的本地区以外的树种。引进树种前，应做好风险评估，以及树种的引进、试验及良种选育工作，积极推广产量高、抗逆性和适应性强的优良树种。

市场需求 根据市场的需要选择树种，应成为商品经济林生产的出发点和归宿，不断调整经济林结构，推进具有区域特色的名特优新经济林基地建设，提高经济林产业的附加值。切忌一哄而上，盲目发展。

参考文献

谭晓风, 2018. 经济林栽培学[M]. 4版. 北京: 中国林业出版社.

国家林业局, 2016. 经济林名词术语: LY/T 2736—2016[S]. 北京: 中国标准出版社.

（苏淑钗）

经营密度　management density

围绕培育目标在林分生长发育不同阶段所采取的林分密度。合理的经营密度是确定间伐抚育措施的前提，是优化林分生长环境、提升林地生产力、实现林分最佳蓄积量等目标产出的有效调控措施。

造林后，林分内林木竞争并通过人为调控形成的阶段性或最终的最适密度即为最优林分经营密度。多以间伐试验或密度试验结果来判定经营密度。在实际工作中，通过树种生长过程表或标准表可查得标准林分每公顷总断面积或蓄积量，再以现实林分每公顷实有的总断面积或蓄积量作分子与标准林分相比，可得林分的疏密度。一般林分经验性的经营密度调整可参考 0.6～0.8 的疏密度。依据最大密度线可定量确定林分经营密度。过高的经营密度不利于林木单株蓄积量增长，而过低经营密度则不利于林分总蓄积量的增长。

参考文献

翟明普, 沈国舫, 2016. 森林培育学[M].3版. 北京: 中国林业出版社.

张建国, 2013. 森林培育理论与技术进展[M]. 北京: 科学出版社.

（段爱国）

径级择伐　diameter-controled selection cutting

超过规定径级的林木一律采伐的择伐方式。

见择伐。

（孟春）

净度　purity

纯净种子重量占测定样品各成分总重量的百分比。种子品质的重要指标之一和种子质量分级的重要依据。根据净度可推测种批的组成。将测定样品分成纯净种子、其他植物种子和夹杂物三个组成部分，并测定各部分的重量百分率。计算公式：

$$净度（\%）= \frac{纯净种子重量}{纯净种子重量 + 其他植物种子重量 + 夹杂物重量} \times 100$$

净度的意义：①影响种子的贮藏寿命，夹杂物通常是种子堆致热的源头；②影响播种量的大小，如净度越低，单位面积的播种量越大；③影响苗木的均匀性和整齐性，净度低可增加播种后的田间杂草和病虫害；④工厂化育苗要求净度高，以降低空穴率和提高成苗率。生产上可采用适当的措施提高种子净度。

测定净度的关键是将纯净种子与其他植物种子和夹杂物分开。根据《林木种子检验规程》（GB 2772—1999），净度分析可采用符合规定重量的一个"全样品"，或者至少是规定重量一半的两个各自独立分取的"半样品"测定法。

测定结果须符合规定的容许误差要求。分析一个"全样品"时，原重量减去净度分析后纯净种子、其他植物种子和夹杂物的重量之和，其差值不得大于原重量的 5%，否则需重做。分析两个"半样品"时，每个"半样品"各自所有成分的重量相加，和原重量的差距不得超过原重量的 5%，否则需再分析 1 对"半样品"（但总计不超过 4 对），直至 1 对"半样品"各成分的差距均在容许范围之内。

参考文献

国家质量技术监督局, 1999. 林木种子检验规程: GB 2772—1999[S]. 北京: 中国标准出版社.

许传森, 许洋, 2006. 林木工厂化育苗新技术[M]. 北京: 中国农业科学技术出版社.

International Seed Testing Association (ISTA), 2013. International rules for seed testing [S]. Switzerland: Bassersdorf.

（洪香香）

局部更新迹地　partial regenerated land

森林采伐或火烧后局部已有幼树更新生长，但其株数和均匀度尚未达到成林标准的造林地。

对于局部更新迹地，原来未对迹地进行清理的，应进行必要的清理，清除迹地中残存的枯立木、火烧木和病虫木，保留已更新的乔木幼苗、幼树，砍除部分过密的灌木和藤条，在乔木幼苗、幼树较稀的地块进行局部整地。

根据见缝插针、栽针保阔原则选择适宜的乡土树种进行补播、补植。已更新的幼苗、幼树为针叶树种的，宜补植阔叶树种；已更新的幼苗、幼树为阔叶树种的，可补植针叶树种或阔叶树种。必要时也可砍去原有的部分低价值树木，使引入的珍贵树种相对均匀地配置，确保最终能够形成阔叶树种占优势的针阔混交林。

参考文献

翟明普, 沈国舫, 2016. 森林培育学[M]. 3版. 北京: 中国林业出版社.

（王瑞辉，刘凯利，张斌）

局部整地 partial site preparation

在造林地局部翻耕土壤的整地方法。根据作用或目的分为带状整地和块状整地两类。

带状整地 呈长条状翻垦造林地土壤，并在整地带之间保留一定宽度非垦带的整地方法。又称条垦。特点是改善立地条件作用较大，有利于保持水土，比全面整地省工，生产成本低。适用于坡度平缓或坡度虽较大但坡面平整的山地、伐根数量不多的采伐迹地和林中空地等。①山地可采用水平带（环山水平带）、水平阶（条）、水平沟、反坡梯田、撩壕等整地方法，带的方向应沿等高线保持水平，带宽一般 1m，变化幅度 0.5～3.0m。如水平带状整地时带面与坡面基本持平，带宽一般 0.4～3.0m，带长较长，适用于植被茂密、土层厚、土壤肥沃、湿润的迹地或荒山，坡度比较平缓地段或南方坡度较大山地。②平原地区可采用带状、高垄和犁沟等整地方法，带的方向一般为南北向，有害风的地方与主风方向垂直。如高垄整地是连续长条状，垄宽 30～70cm，垄面高于地面 20～30cm，垄向的确定应有利于垄沟的排水，适用于地表径流过剩的采伐迹地和水湿地。

块状整地 呈块状翻垦造林地土壤的整地方法。又称穴垦。整地灵活性较大，可以因地制宜应用于不同条件的造林地，尤其是地形破碎、坡度较大的造林地段和岩石裸露但局部土层尚厚的石质山地、伐根较多的迹地、植被茂盛的山地等。块状整地成本低，较带状整地省工，引起水土流失的可能性较小，但改善立地条件的作用较带状整地差。山地可采用穴状、块状和鱼鳞坑等整地方法，排列方式应与栽植行一致，在山区沿等高线排列；在水土流失地区或坡度比较大的山地，穴块以品字形排列，以免造成水土流失。平原地区可采用块状、坑状、高台等整地方法，按南北向排列。

参考文献

翟明普, 沈国舫, 2016. 森林培育学[M]. 3版. 北京: 中国林业出版社.

（张露）

巨柏培育 cultivation of giant cypress

根据巨柏生物学和生态学特性对其进行的栽培与管理。巨柏 *Cupressus gigantea* Cheng et L. K. Fu 为柏科（Cupressaceae）柏木属树种，中国西藏特有的国家一级重点保护野生植物，重要的造林绿化和用材树种。

树种概述 常绿大乔木。树皮纵裂呈条状。着生鳞叶的枝排列紧密，粗壮，四棱形，常被白粉。鳞叶斜方形，交互对生。球果矩圆状球形，能育种鳞具多粒种子，种子两侧具窄翅。花期 3～4 月，球果翌年 4～5 月成熟。中国天然分布狭窄，岛状分布于西藏东南部林芝市巴宜区、米林县、朗

图1 西藏林芝巨柏自然保护区巨柏林（贾黎明 摄）

图2 巨柏（西藏林芝巨柏自然保护区）（贾黎明 摄）

县的雅鲁藏布江及其支流尼洋河下游沿江地段，其中朗县居群面积和数量最大。垂直分布于海拔 3000～3400m。生长缓慢，寿命长，树龄可达 2000 年以上。人工林一般 15～20 年开始结实，天然林 50～100 年开始结实，500～1000 年是结果盛期。主根粗壮发达，常生于岩石缝隙或壤性较差、砾石含量较多的沙土中。适应性强，喜中性及微碱性土壤。木材可用于建筑、桥梁、家具等；枝叶可提取精油，种子可入药。

苗木培育 以播种育苗为主。4～8 月种鳞微裂前采种，自然阴干取种。种子发芽率 30%～60%、千粒重 3～5g，寿命较短，自然条件下 5 年几乎丧失发芽能力。播前用温水浸

种。1～2年生苗木需要一定遮阴，3～4年生苗木可出圃用于更新造林。**幼苗期易发生猝倒病，并受地老虎等地下害虫危害。**

林木培育 在藏东南地区，宜选择海拔3400m以下河谷地带的中性及微碱性轻壤及沙壤土造林。于秋季穴状整地，种植穴直径30～50cm，深度30～40cm。造林以春季为主，也可雨季造林。株行距一般2.0m×2.5m。在拉萨等半干旱地区，栽植后要留好10～20cm的蓄水坑。造林后一个半月保持土壤70%～75%含水量有利苗木生根。巨柏基部多分枝，造林3年后可修枝。

参考文献

王景升，郑维列，潘刚，2005. 巨柏种子活力与濒危的关系[J]. 林业科学, 41(4): 37-41.

吴征镒, 1983. 西藏植物志: 第一卷[M]. 北京: 科学出版社.

（赵垦田）

巨龙竹培育 cultivation of giant bamboo

根据巨龙竹生物学和生态学特性对其进行的栽培与管理。巨龙竹 *Dendrocalamus sinicus* L. C. Chia et J. L. Sun 为禾本科（Poaceae，异名Gramineae）竹亚科（Bambusoideae）牡竹属植物，别名歪脚龙竹；世界上最大的竹子，堪称"竹中之王"。

树种描述 云南省西南部特产的珍稀竹种，仅见于海拔600～1800m的局部地区。秆高可达30m以上，秆径可达30cm。巨龙竹独特的生态景观是一项珍贵的自然和民族文化遗产。以材用为主，可作建材、竹质人造板和竹浆造纸等用材。以其整竹制作的组装式竹建筑和特大型整竹竹工艺品，市场潜力巨大，开发前景广阔。

苗木培育 埋节育苗生根率较低，生产上多采用分蔸移栽。选择1～2年生秆型较小的健康母竹，先将竹秆截剩50～100cm，保留秆基部2～3个节间。挖取根蔸时注意保护根系。挖取后用潮湿的麻袋、草席等将竹苗包扎运输。巨龙竹偶见零星开花结实，条件较好时可采收部分种子进行**播种育苗。**

图1 巨龙竹竹丛（云南沧源县）

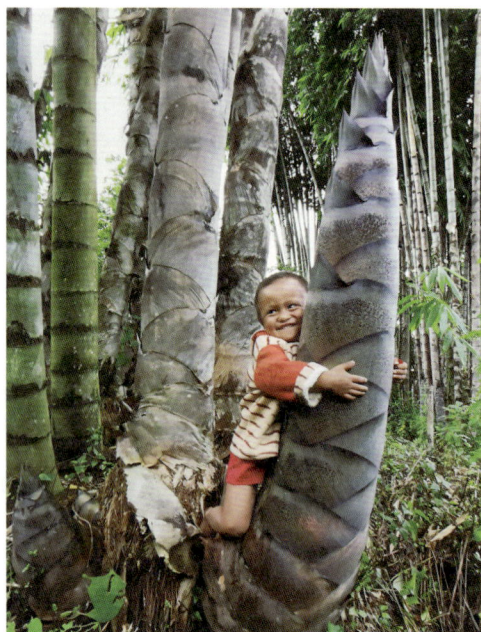

图2 巨龙竹笋（云南沧源县）

林木培育 6～7月雨季来临时造林。选择土质条件较好、肥力中上的阴坡半阴坡进行造林。尤其是在溪流两岸的冲积地带上土层深厚、疏松肥沃的地段生长更好。根据造林地实际选择带状或块状整地方式。种植穴规格一般为80cm×80cm×60cm。初植密度为180株/hm²，株行距7m×8m。有条件时宜采用打浆定植的方法。新造竹林需采取灌溉、除草、松土和施肥等措施。巨龙竹重点培育目标是具有高附加值的特大径级特殊秆材，宜采用"散点栽培、集中管理、精准施肥、生态经营"的高效培育技术模式。

参考文献

辉朝茂, 刘世男, 刘蔚漪, 2015. 厚壁型和薄壁型巨龙竹形态标记研究[J]. 竹子研究汇刊, 34(1): 10-14.

辉朝茂, 刘蔚漪, 史正军, 等, 2019. 巨龙竹一新变种——厚壁巨龙竹[J]. 竹子学报, 38(1): 18-19, 21.

辉朝茂, 杨宇明, 杜凡, 2006. 珍稀竹种巨龙竹[M]. 昆明: 云南科技出版社.

辉朝茂, 张国学, 李在留, 等, 2004. 珍稀竹种巨龙竹种群特性及其保护研究[J]. 竹子研究汇刊, 23(4): 4-9.

李在留, 辉朝茂, 2006. 珍稀竹种巨龙竹组织培养研究[J]. 林业科学, 42(2): 43-48, 129.

刘世男, 辉朝茂, 王兵益, 等, 2017. 厚壁型和薄壁型巨龙竹的分子标记研究[J]. 西南林业大学学报, 37(1): 15-19, 35.

邹学明, 辉朝茂, 刘蔚漪, 等, 2020. 巨龙竹生态文化价值及其品牌建设[J]. 世界竹藤通讯, 18(6): 51-54.

（辉朝茂，石明，刘蔚漪）

均匀渐伐 uniform shelterwood cutting

在预定要进行渐伐的全林范围内，均匀地依次进行各次采伐的渐伐方式。

见渐伐。

（孟春）

K

卡扬德，A. K.　Aimo Kaarlo Cajander（1879—1943）

芬兰林业科学创始人，林学家。1879 年 4 月 4 日生于新考蓬基，1943 年 1 月 21 日卒于赫尔辛基。1901 年毕业于赫尔辛基大学，后赴德国学习。1908 年成为芬兰第一位造林学教授。创建芬兰林学会，为第一任主席。1918 年芬兰独立战争后，受命就任芬兰国家林业委员会主任。1922—1939 年曾数度出任芬兰总理，并长期担任芬兰国会议员。1926 年在美国伊萨卡召开的国际植物学大会上和 1936 年在匈牙利布达佩斯召开的第二届国际林业研究组织联盟大会上，均当选为名誉主席。有 6 种植物以其名字命名。通过在卡累利阿东部、德国、西伯利亚的调查，发展了自己的森林类型理论，认为可以用林下指示植物及其所反映的有代表性的森林类型划分立地条件，并估测林地生产力。发表科技和科普著作 400 余部，其中较有名的著作有《森林类型》《沼泽地森林类型》《造林学》和《树木学》。

（方升佐）

靠接　inarching; approach-grafting

见枝接。

柯塔，J. H.　Johann Heinrich Cotta（1763—1844）

德国林学家、林业教育家，林业科学和林业教育先驱。1763 年 10 月 30 日生于德国图林根州费尔巴赫镇，卒于 1844 年 10 月 25 日。1784 年在耶拿大学学习数学、自然科学和公共管理。1785 年学成后返回费尔巴赫，同父亲一起创办了德国也是世界上的第一所林业专门学校，开始专门从事林业教育和科研工作。1801 年，离开自己创办的学校，到图林根黑森林学院担任教员，同时继续其在费尔巴赫的研究工作。1810 年被萨克森州长任命为森林测绘所所长。1811 年，在德累斯顿的塔兰特创办了萨克森皇家林学院。对林业和自然科学进行了深入研究和系统总结。1804 年首先提出"材积表"的概念，认为"树干材积取决于胸径、树高和干形"，并发表了第一个现代形式的山毛榉立木材积表。1817 年编制了一组标准林木材积表，为森林经理和林业经济提供了重要的科学基础。先后出版了《森林评估指南》《林学概论》《立木材积表》《森林经理学》《造林学》等 9 部林业专著，其中《造林学》在 21 世纪初仍再版发行。

（方升佐）

克拉夫特林木分级法　Kraft's tree classification

应用最普遍的林木分级方法。最早由德国的 H. 布尔克哈尔特（H. Burckhardt）于 1848 年提出，他按照树高和树冠的发育状况，将林木划分为 6 级。G. 克拉夫特（G. Kraft）进一步完善了该方法，并于 1884 年发表了林木生长分级法，即克拉夫特林木分级法。

该方法依据林木生长的优劣将其分为两大组共 5 个等级，第一组为生长发育正常的林木，第二组为生长发育滞后的林木。树冠的特性、相对高度以及在周围邻接木中的地位是进一步分级的主要依据。分级系统及各级林木的特征如下。

第一组：生长发育正常的林木

Ⅰ级木　即优势木。树高和直径最大，树冠大且匀称，一般伸出林冠之上，在林分中数量一般不超过总数的 5%。

Ⅱ级木　即亚优势木。树高略次于Ⅰ级木，树冠向四周发育正常，树高略高于林冠层的平均高度，侧方稍受挤压。

Ⅲ级木　即中等木。生长尚好，但树高和直径较Ⅰ、Ⅱ级木差；树冠较窄，位于林冠的中下层，侧方受一定挤压，树干圆满度比Ⅰ、Ⅱ级木大。

第二组：生长发育滞后的林木

Ⅳ级木　即被压木。树高和直径生长都非常落后，树冠受挤压。又可细分为 2 个亚级：

Ⅳ_a 级木：树冠狭窄，侧方被压，但枝条在主干上分布均匀，树冠能伸入林冠层中。

Ⅳ_b级木：树冠偏生，只有树冠的顶部伸入林冠层，侧方和上方均受压制。

Ⅴ级木　即濒死木。完全位于林冠下层，生长极落后，树冠稀疏而不规则。又可细分为2个亚级：

Ⅴ_a级木：生长极度落后，接近死亡。

Ⅴ_b级木：基本枯死或刚刚枯死。

克拉夫特林木分级法主要用于同龄针叶纯林。优点是简便易行，能客观地反映森林中林木分化和自然稀疏进程基本特点，可作为控制**抚育采伐强度**的依据；缺点是只考虑了林木的生长势和在林冠中的地位，没有兼顾树干缺陷等形质特征，且在中幼林、阔叶林和**异龄林**中均不太适用。该分级法在中国及欧洲各国普遍应用。

克拉夫特林木分级法

参考文献

沈国舫，翟明普，2011. 森林培育学[M]. 2版. 北京：中国林业出版社.

（丁贵杰）

空间分布格局指数　spatial distribution index

测度林木水平分布格局的量化指标。属于最重要的**林分空间结构**指标。林木个体的空间分布格局是指林木个体在水平空间的分布形式，基本类型有三种，即随机分布、规则分布和聚集分布。随机分布指林木个体的分布相互间没有联系，每个个体的出现都有同等的机会，与其他个体是否存在无关，林木之间既不相互吸引也不相互排斥，林木位置以连续且均等的概率分布在林地上。规则分布指林木在水平空间的分布是均匀等距的，林木与其最近相邻木之间保持尽可能大的距离而均匀地分布在林地上，林木之间互相排斥。聚集分布又称团状分布，与随机分布相比，林木有相对较高的超

平均密度占据的范围，林木之间互相吸引。

传统生态学研究中常用的林木空间分布格局指数计算方法有方差均值比、负二项指数、扩散指数、丛生指标、聚集指数等。而用于空间分布格局分析的林木点格局分析方法包括最近邻体法、双相关函数和角尺度方法。其中，角尺度方法应用较多，通过判断参照树与最近4株相邻木组成的夹角与标准角的关系，统计相邻木间的夹角有多少比标准角小，来定义该参照树的均匀性，通过对所有参照树的均匀性分析来评价全林分的林木空间分布特征。角尺度（W_i）计算公式为：

$$W_i = \frac{1}{4}\sum_{j=1}^{4} z_{ij}$$

其中，当第 j 个相邻木的夹角小于72°时，$z_{ij}=1$；否则，$z_{ij}=0$。角尺度方法不需要具体的角度测量，通过判断就可获得 W_i 的值，从而降低了调查成本。

参考文献

惠刚盈，Klaus von Gadow，等，2016. 结构化森林经营原理[M]. 北京：中国林业出版社.

惠刚盈，克劳斯·冯佳多，2003. 森林空间结构量化分析方法[M]. 北京：中国科学技术出版社.

张金屯，1998. 植物种群空间分布的点格局分析[J]. 植物生态学报，22(4): 344-349.

（惠刚盈）

空间结构参数　stand spatial structure parameters

描述林分空间结构的指标。

森林结构可以划分为非空间结构和空间结构。非空间结构指与林木位置无关的结构，包括林分密度、树种组成、直径分布、树高分布、树种多样性及林分活力等。空间结构是指林木的点格局及其属性的空间排列，包括描述林木个体在水平地面上分布格局的角尺度，体现树种空间隔离程度的树种混交度，反映林木个体竞争状态的大小比数，以及体现林木密集程度的密集度。

林分空间结构参数与传统指标或函数相比，其优点主要体现在两个方面：①能了解林分结构的细微之处，而这种细微之处无论是对森林多样性还是特殊物种生境的探索都有潜在的应用意义；②有利于使森林经营中采伐木的选择精准化和判别简易化。基于相邻木关系的林分空间结构参数如角尺度、混交度和大小比数等已在国内外关于林分空间结构分析、林木竞争与优势度计算、物种多样性测度以及结构恢复重建与优化调整等研究中被广泛使用。

参考文献

惠刚盈，克劳斯·冯佳多，2003. 森林空间结构量化分析方法[M]. 北京：中国科学技术出版社.

（惠刚盈）

空气修根　air pruning

将**容器苗**放置在离地面一定距离的育苗架上，利用容器的孔隙使长出容器的根系暴露在空气中，从而抑制根尖生

长，促进侧根萌发的一种技术措施。

空气修根的原理：主根或侧根的根尖与空气接触产生生长抑制信号，根尖分生区细胞内含物分解、细胞分裂能力降低、最终导致细胞死亡，造成根长生长减缓或停滞；根尖顶端优势降低，促进侧根发育，从而萌发较多侧根。空气修根可改善根系分布、增强根系活力、提高苗木抗旱和耐瘠薄能力，是解决容器苗根畸形和提高苗木质量的有效方法。通过对多树种的研究表明，空气修根后苗木根系能够形成良好的根团，能提高侧根数和根系活力，进而显著提升苗木质量。

轻基质网袋育苗是目前林业上应用空气修根原理最为广泛的育苗方式。

参考文献

卫星，吕琳，李贵雨，等，2016. 空气修根对水曲柳无纺布袋容器苗生长及根系发育的影响[J]. 林业科学, 52(9): 133-138.

Dumroese R K, Luna T, Landis T D, 2009. Nursery manual for native plants [M]. Washington DC: U. S. Department of Agriculture, Forest Service.

（王佳茜，李国雷）

孔状皆伐　clear cutting by group

伐区直径小于30m或面积小于1000m²、一次性采伐伐区内所有林木的皆伐方式。

见皆伐。

（王立海）

苦槠培育　cultivation of hardleaf oatchestnut

根据苦槠生物学和生态学特性对其进行的栽培与管理。苦槠 *Castanopsis sclerophylla* (Lindl.) Schott. 为壳斗科（Fagaceae）锥属（栲属）树种，集高档木材、园林绿化、有机食品等于一身的优良树种。

树种概述　常绿乔木。高达15m，胸径可达50cm。树皮浅纵裂。叶片革质。雄穗状花序通常单穗腋生。坚果近圆球形。4～5月开花，10～11月果实开始成熟。锥属在中国分布最北的一种常绿阔叶树种，其分布为北纬27.4°～31.0°。垂直分布于海拔70～600m，以海拔500m以下分布较为普遍，北至秦岭、牛伏山、大别山，以华东、华中地区为主要分布区。喜温暖、湿润气候，喜光，也耐阴；喜深厚、湿润土壤，也耐干旱、瘠薄。在长江中下游以南各地（不包括西南地区和五岭南坡以南）海拔1000m以下的深厚、湿润的中性和酸性土壤上生长较好，对坡向、坡位、坡度没有严格要求。木材是建筑、桥梁、家具、运动器材、农具及机械等的上等用材；树冠浓密，圆球形，观赏价值很高，抗CO等有毒气体，可用于园林绿化；种仁富含淀粉，浸水脱涩后可制成苦槠粉，可制作苦槠豆腐、苦槠粉丝、苦槠粉皮、苦槠糕等，是防暑降温的佳品。

苗木培育　主要采取播种育苗，包括大田育苗和容器育苗。春播或秋播，种子不耐储藏，春播需保湿沙藏、防治栗实象鼻虫，秋播需防治鼠害。

林木培育　在土壤厚度和腐殖质层厚度中等以上的沙

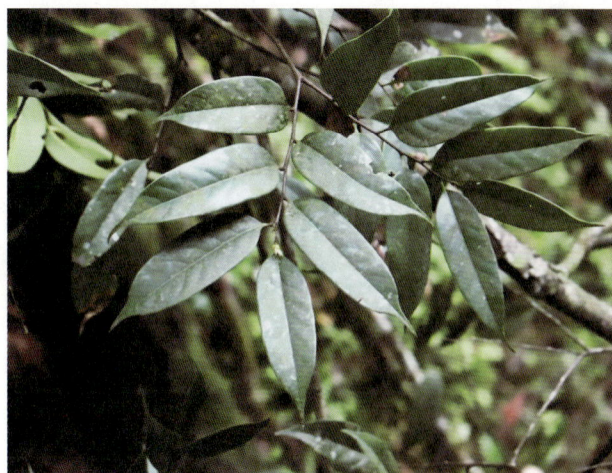

苦槠叶片（福建）

土、沙壤土、轻壤土，pH 5～6的立地条件下能获得最佳生长效果。在干旱瘠薄的土壤条件下也能正常生长，花岗岩、板页岩、砂砾岩、红色黏土、河湖冲积物发育的红壤、山地黄壤、潮土上均能生长。整地方式可采用全垦、穴垦和带垦。栽植穴规格为40cm×40cm×40cm。用材林造林密度3000～3300株/hm²；果用林300～450株/hm²。造林时间为2月下旬至3月上中旬，选择阴天或小雨天气栽植。栽植时要适当修剪部分枝叶及过长主根或离地面30cm以下的侧枝，并做到随起苗、随蘸泥浆、随造林，做到根须舒展、苗直、打紧，适当深栽、防止窝根。先填表土、后填心土，分层踏实，在不伤及苗木根系和根茎的前提下，保证根系与土壤紧密结合。造林后3～5年每年5～6月和8～9月各抚育一次。

参考文献

陈启发, 2013. 苦槠的经济价值及人工造林技术研究[J]. 现代农业科技(6): 162-163.

谢碧霞, 谷战英, 2011. 橡实资源与加工利用[M]. 湘潭: 湘潭大学出版社: 21-23.

黄海松, 林根旺, 沙彩萍, 2009. 苦槠开发前景与造林技术[J]. 长春理工大学学报(高教版), 4(6): 185-186.

中国科学院植物研究所, 1972. 中国高等植物图鉴: 第一册[M]. 北京: 科学出版社.

（黄庆丰）

块状混交　mixed by groups

将一个树种栽植成规则的或不规则的块状，与另一个树种的块状栽植地依次配置的混交方法。又称团状混交。

块状混交分为规则的块状混交和不规则的块状混交两种。①规则的块状混交是将平坦或者坡面整齐的造林地，划分为规则的正方形或长方形块状地，在每一块状地上按一定的株行距栽植同一树种，相邻的块状地栽植另一树种。块状地的面积，原则上不小于成熟林中每株林木占有的平均营养面积。②不规则的块状混交是山地造林时，按照小地形的变化，分别间隔地成块栽植不同树种。不规则的块状混交中块状地的面积尚无严格规定，一般主张以稍大为宜，但也不能大到足以独立成林的程度。

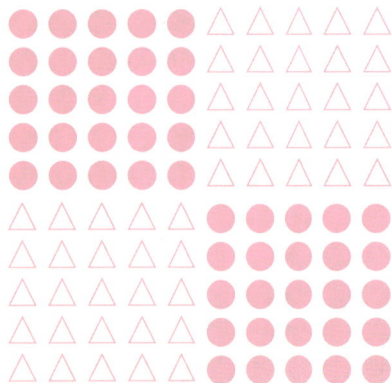

规则的块状混交

在造林施工过程中，一般将形状规则或者不规则的栽植区划分成若干个小块，每一小块栽植区栽植一类树种，区块面积需具体情况具体分析对待。块状混交可以有效地利用种内和种间的有利关系，满足幼龄时期喜丛生的一些针叶树种的要求；待林木长大后，各树种均占有适当的营养空间，种间关系融洽，混交作用明显，造林效果和林分质量较纯林相比大幅提高。块状混交施工比较简单，对种间矛盾较大的树种比较适合，还有改造幼龄纯林和提高林分价值的作用。

参考文献

翟明普，沈国舫，2016. 森林培育学[M]. 3版. 北京：中国林业出版社.

（吴家胜，史文辉）

块状皆伐 clear cutting in patches

将伐区设置成规则或不规则块状进行采伐和更新的皆伐方式。

见皆伐。

（王立海）

块状中林 mixture by group composite forest

乔林层和矮林层呈小块状镶嵌分布、同时进行经营作业的中林类型。

见中林作业法。

（彭祚登）

阔叶混交林 mixed broad-leaved forest

由两个或两个以上阔叶树种组成的森林。

暖温带落叶阔叶林和亚热带常绿阔叶林是典型的阔叶混交林。中国的亚热带常绿阔叶林分布比较集中，面积大，发育典型，是全球常绿阔叶林的典型代表。阔叶混交林既是珍贵阔叶用材的主要生产者，又具有良好的生态功能。

地带性的天然阔叶混交林结构复杂、生物多样性丰富、稳定性好，生态服务功能优于人工林和针叶纯林。如中国亚热带常绿阔叶林，又称照叶林，乔木层主要由樟科、壳斗科、木兰科、山茶科树种组成，常分为2～3个亚层；终年常绿，林相整齐，群落结构复杂。次生的阔叶混交林林分结构多样，如中国东北温带地区的次生阔叶混交林，俗称"杂木林"，是阔叶红松林中的红松等针叶树种被过度采伐利用消失后，由伴生的阔叶树种更新而形成的阔叶混交林。在乔木层主要由水曲柳、核桃楸、黄波罗、紫椴、蒙古栎等珍贵树种构成、且密度适当的情况下，林分质量比较高；而在乔木层主要由榆树、槭树、白桦等树种构成，或者在**林分密度**较低、空间结构不良的情况下，林分质量比较低。

美国中部白栎和黑胡桃等阔叶混交林（沈海龙 摄）

参考文献

翟明普，沈国舫，2016. 森林培育学[M]. 3版. 北京：中国林业出版社.

（沈海龙，张彦东）

冷岛效应 cool island effect

由一定区域的绿地或水体与其毗邻环境比热容的差异而引起其上空气温显著降低的小气候现象。又称绿岛效应。可以通过最大降温幅度、最大降温距离和降温梯度来对其强度进行量化。

冷岛效应最早由中国学者苏从先和胡隐樵于 20 世纪 80 年代中期提出。在对河西走廊的绿洲荒漠区进行气候观测时发现，干旱地区的绿洲、湖泊区域夏季气温低于附近沙漠、戈壁，而湿度比周边大，说明绿洲在夏季相对于周围环境是一个冷源和湿源，这种现象简称为"冷岛效应"。后续的相关研究表明，冷岛效应不仅存在于干旱区的绿洲，城市绿地和水体也具有与绿洲相同的"冷岛效应"。因此，在城市热场的相关研究中，为与城市"热岛"相区别，也将绿地与水体等具有"冷岛效应"的景观斑块称为"绿岛"。

上海市园林科学研究所 2001 年对上海市人民公园和光启公园的乔木林、灌木林、草坪与园内裸地上的气温差做过比较研究，结果显示，乔木林、灌木林内早晚的气温和中午最高气温的温差小于草坪和裸地，而且温度上升过程慢，高温出现的时间比较晚，高温持续时间较短。乔木林和灌木林内的最高气温出现的时间一般比草坪晚 1 ～ 2 小时，比裸地晚 3 ～ 4 小时；高温的持续时间比草坪短 1 ～ 2 小时，比裸地短 3 ～ 4 小时。

冷岛效应产生的原理在于，绿地如森林、草地较周围非绿地环境具有较大的太阳辐射反射率、比热容，绿地地表空气增温的速率相对较低；加之植被蒸腾作用可降低其空间温度、增加湿度；绿地与周围非绿地环境间的局地环流作用，使绿地上空维持一个上热下冷的状态。

冷岛效应是城市绿地和水体生态空间缓解城市热岛效应的最主要表现形式，对其作用机理和影响因素的深入分析，对于城市蓝绿空间的优化布局以及城市的可持续发展具有重要的指导意义。

参考文献

刘万军, 1991. 城市"冷岛效应" [J]. 辽宁气象(3): 27-29, 34.

余兆武, 郭青海, 孙然好, 2015. 基于景观尺度的城市冷岛效应研究综述[J]. 应用生态学报, 26(2): 636-642.

Kuanbiao Qiu, Baoquan Jia, 2020. The roles of landscape both inside the park and the surroundings in park cooling effect[J]. Sustainable Cities and Society, 52(c): 101864.

（贾宝全）

冷杉培育 cultivation of faber fir

根据冷杉生物学和生态学特性对其进行的栽培与管理。冷杉 *Abies fabri*（Mast.）Craib 为松科（Pinaceae）冷杉属树种，中国四川省特有种。冷杉林是四川盆地西南缘山地特有的暗针叶林类型和大熊猫重要栖息地，天然林面积约 23 万 hm²，在涵养水源、保持水土、生物多样性保护和科学研究等方面具有重要价值。

树种概述 常绿乔木。树皮灰色或深灰色，裂成不规则薄片，内皮淡红色。叶条形，扁平，长 1.5 ～ 3.0cm，宽 2 ～ 2.5mm，先端凹缺或二裂，背面具 2 条明显的白粉气孔带。球果卵状圆柱形或短圆柱形，熟时暗黑色或淡蓝黑色，微被白粉；种子长椭圆形或卵形，长 1.3 ～ 1.9cm，种子上部具宽膜质翅。花期 4 ～ 5 月，球果 9 下旬至 10 月上旬成熟。冷杉属为最耐阴湿的一个自然种群，主要分布在中国四川二郎山、大小相岭、黄茅埂等青藏高原东南缘外围山脉，形成南北向狭长而有限的带状分布区，垂直分布海拔 2000 ～ 4000m。具有较强的耐阴性，浅根性树种，适应温凉和寒冷的气候，土壤以山地棕壤、暗棕壤为主。冷杉天然林在 40 年以前树高连年生长量最高为 0.38m，胸径最大为 0.65cm，材积生长量最大值在 100 ～ 120 年之间，124 年生泥炭藓—箭竹—冷杉林蓄积量可达 891m³/hm²。冷杉人工林比天然林生长迅速，15 年生树高可达 4.31m、胸径 5cm，32 年生人工林蓄积量达到 293.67 ～ 337.80m³/hm²。木材可作建筑、枕木、电杆、板材等用材及纸浆原料、火柴、牙签等。树脂是优良天然增塑剂，可用于光学胶和涂料的增塑。树皮分泌的胶液可提炼精制成冷杉胶，是光学仪器的重要黏合剂。

良种选育 1979 年在四川省美姑县境内苏来所（东经 102°54′ ～ 102°54′，北纬 28°38′ ～ 28°39′）营建了国内外唯一的冷杉初级无性系种子园，优树来源于四川凉山州凉北林业局施业区内峨眉冷杉天然林，保留了无性系号 1、5、16、

四川贡嘎山海螺沟冷杉原始林

19、55、115 等 63 个无性系，技术档案保存完整。

苗木培育　选择海拔 1800～2500m 地带的背风阳坡和半阳坡谷底、河滩等比较开阔平坦且避风的地方作苗圃地。播种前对床面进行消毒，种子用 0.5% 福尔马林液进行消毒。播种期 3 月下旬至 4 月上旬，播种量 600～750kg/hm²，撒播。

林木培育　选择海拔 2000～3600m 的阴坡、半阴坡或林中空地、采伐迹地、火烧迹地和撂荒地造林。带状清理，清理林带宽度控制在 3～5m。采用 40cm×40cm×30cm 的穴状整地，初植密度 2000～3000 株 /hm²。采用行业或地方标准规定的 Ⅰ 级或 Ⅱ 级苗造林，12 月至翌年 3 月栽植。幼林连续抚育 2～3 年。

参考文献

樊金栓, 2007. 中国冷杉林[M]. 北京: 中国林业出版社: 1-490.

管中天, 1981. 四川松杉类植物分布的基本特征[J]. 植物分类学报, 19(4): 393-407.

管中天, 1982. 四川松杉植物地理[M]. 成都: 四川人民出版社.

管中天, 陈尧, 徐润青, 1984. 峨眉冷杉林森林类型的研究[J]. 植物生态学与地植物学丛刊(2): 133-145.

李承彪, 1990. 四川森林生态研究[M]. 成都: 四川科学技术出版社: 3-48, 211-145.

刘兴良, 汪明, 邹伯才, 等, 2002. 四川亚高山暗针叶林的起源及其基本特征的研究[J]. 四川林业科技, 23(2): 8-14.

《四川森林》编辑委员会, 1992. 四川森林[M]. 北京: 中国林业出版社: 264-287.

吴中伦, 1959. 川西高山林区主要树种的分布和对于更新及造林树种规划的意见[J]. 林业科学(6): 455-478.

向成华, 刘兴良, 宿以明, 等, 1996. 峨眉冷杉人工林生长分析[J]. 四川林业科技, 17(1): 32-37.

（刘兴良，向成华，宿以明）

立地改良　site improvement

造林整地工作中，对盐碱地、石质山地、废弃矿山用地、挖损地和塌陷地、沙荒地、流动半流动沙地等困难立地进行的各种处理措施的总称。目的是改善难利用地的立地状况，以利于造林施工和林木生长，提高造林质量。

盐碱地改良　可采用物理措施、化学措施或生物措施进行改良。物理措施有抬高作业面、开沟筑垄、通过渠道排碱和洗盐、铺设盐碱隔离层、暗管排盐排碱、树穴覆膜等。化学措施有施用有机肥、风化煤、黄腐粉、沸石、黄铁矿渣及土壤盐分拮抗剂、螯合剂等土壤酸化剂等。生物措施有种植耐盐植物、施用土壤活化微生物菌肥等。

石质山地改良　在岩体相对坚固、土壤瘠薄的地段，难以采用常规人工整地方法进行整地、绿化的，可采用就地集土或客土进行立地改良。覆土厚度根据绿化树种的主根系分布状况确定。

废弃矿山用地改良　对于重金属污染的尾矿库，可采用隔离、植物修复、微生物分解等措施进行治理。对没有污染的煤矿、采石场和经过治理的尾矿库，采用客土覆盖。客土厚度根据造林树种的主根系分布状况确定。

挖损地和塌陷地改良　对于采矿区塌陷地，应通过工程措施稳定边坡，确保造林施工安全。对于没有土壤的挖损地和塌陷地，可在造林地地表覆盖客土。覆土厚度根据造林树种的主根系分布状况确定。

沙荒地和流动半流动沙地改良　设置防风栅栏、草方格沙障，或通过设置高立式、低立式或半隐蔽式机械沙障，或铺黏土和石块压沙等进行改良。

参考文献

翟明普, 沈国舫, 2016. 森林培育学[M]. 3版. 北京: 中国林业出版社.

中华人民共和国国家质量监督检验检疫总局, 中国国家标准化管理委员会, 2016. 造林技术规程: GB/T 15776—2016[S]. 北京: 中国标准出版社.

（韩有志）

立地因子　site factors

林地上所有影响林木生长发育的因子的总称。在进行森林立地分类与评价时，一般采用的立地因子主要包括物理环境因子、森林植被因子和人为活动因子三大类。

物理环境因子　包括气候、地形、土壤和水文等因子。①气候因子。包括光照、水分、温度、空气等，是绿色植物赖以生存的基本条件，决定了森林植被的分布类型，影响着树种或群落的局部分布。在立地分类系统中一般作为大地域分类的依据，在立地类型的划分中不做考虑。②地形因子。主要包括海拔、坡向、坡度、坡位、坡形、小地形等，通过改变光、热、水、土壤和风等自然条件间接影响林木的生长发育，是国内外森林立地类型划分主要考虑的因子。海拔分为平原（200m 以下）、丘陵（200～500m）、低山（500～1000m）、中山（1000～2000m）、亚高山（2000～3500m）、高山（3500m 以上）；坡向分为阳坡（南坡）、阴坡（北坡）、半阳坡（西坡、东南坡、西南坡）、半阴坡（东坡、东北坡、西北坡）；坡度分为平坡（5° 以下）、缓坡（5°～15°）、斜坡（15°～25°）、陡坡（25°～35°）、急坡（35°～45°）和险坡（45° 以上）；坡位分为山脊、上坡、中坡、下坡和山麓（山谷）；坡形分为凸形、凹形和直形 3 种基本形状。③土壤因子。主要包括土壤种类、土层厚度、土壤质地、土壤结构、土壤养分、土壤水分、土壤空气、土壤温度、土壤腐殖质、土壤酸碱度、土壤侵蚀度，以及各土壤层次的石砾含量、土壤含盐量、成土母岩和母质的种类等，是森林生长发育的基质，既满足森林正常发育对养分和水分的要求，又提供生存的空间。在中国，除平原地区外，多采用土壤因子联合地形因子进行立地类型划分。④水文因子。主要包括地下水深度及季节变化、地下水的矿化度及盐分组成、有无季节性积水及其持续期等，是平原立地分类中主要考虑的因子之一。

森林植被因子　①树木生长状况。直接反映立地质量的高低，用林分在基准年龄时的优势木高度（即立地指数）作为评定立地质量的指标。②森林植被类型。反映生态系统特征和组成森林群落的主要植物种类。相对多度及相对大小也是森林立地质量的直接指示者，从大的森林类型到林下植被，从不同生态特性的建群树种到一些非建群植物种分布，在不同层次及不同程度上反映着森林生长的环境特征。

人为活动因子　人为活动对森林及其环境的影响程度，反映了人为干扰对森林植被分布格局产生的影响，尤其是不合理的人为活动，会造成土壤侵蚀、地下水位下降、森林立地条件劣变等现象。人为活动因子存在多变性和不易确定性，在森林立地分类中一般只作为其他立地因子形成或变化的原动力之一进行分析。

参考文献

翟明普,沈国舫, 2016. 森林培育学[M]. 3版. 北京: 中国林业出版社.

（刘平）

立地质量评价　site quality assessment

对某一立地上既定森林或其他植被类型的生产潜力和宜林性进行判断或预测。通常用林地上一定树种的生长指标，如地位指数（立地指数）、地位级（林分平均高）等来衡量和评价森林的立地质量。立地质量评价的目的，是为森林收获预估而量化土地的生产潜力，或是为确定林分所属立地类型提供依据。通过森林立地质量评价，可实现在各种立地类型上配置相应的最适宜林种、树种，实施相应的造林经营措施，使整个区域达到适地适树和合理经营，土地生产潜力得以充分发挥，达到"地尽其用"的最终目的。

评价方法主要有直接评价和间接评价两类。直接评价是直接利用林分的收获量和生长量的监测数据来评定立地质量，如地位指数法、树种间地位指数比较法等。间接评价是根据构成立地质量的因子特性或相关植被类型的生长潜力来评定立地质量，如测树学方法、指示植物法等。中国主要采用地位指数的直接评价方法。这种方法根据某一区域大量的林分样地调查，采用多元统计方法构建某个树种的立地指数与各项立地因子（如气候、地形、土壤、植被等）的回归关系式。其方程表示为：

$$SI = f(X_1, X_2, X_3, \cdots, X_n; Z_1, Z_2, Z_3, \cdots, Z_m)$$

式中：SI 为立地指数；X_i 为立地因子中的定性因子（$i = 1, 2, 3, \cdots, n$）；Z_j 为立地因子中的定量因子（$j = 1, 2, 3, \cdots, m$）。

立地因子中有定性因子时，如坡向、坡形等，可采用数量化理论I建立上述数学模型。

根据各立地因子与立地指数间的偏相关系数的大小（显著性），筛选出影响林木生长发育的主导因子，得出不同主导因子组合下的量化立地指数表，并建立多元立地质量等级表，以评价立地质量。

参考文献

翟明普, 沈国舫, 2016. 森林培育学[M]. 3版. 北京: 中国林业出版社.

（马履一）

连香树培育　cultivation of katsura tree

根据连香树生物学和生态学特性对其进行的栽培与管理。连香树 Cercidiphyllum japonicum Sieb. et Zucc. 为连香树科（Cercidiphyllaceae）连香树属树种，用材和园林绿化等多用途树种，国家二级重点保护野生植物。

树种概述　落叶大乔木。树干通直，树体高大，树姿优美。雌雄异株，聚合蓇葖果，荚果状，种子很小，千粒重通常在 0.58g 左右。花期 4 月，果期 8 月。中等喜光，喜温凉润湿气候，要求土壤湿润而不积水。产于中国和日本，在中国分布于湖南、江西、湖北、河南、陕西、四川、云南、浙江等省。木材是制作小提琴、室内装修、制造实木家具的理想用材；果、树皮等有较高的药用价值；树皮与叶片可提制栲胶；是园林景观配置的优良树种。

苗木培育　主要采用播种育苗和扦插育苗。播种时间在 3 月中旬左右。扦插分为硬枝扦插和嫩枝扦插。苗期主要病害是根腐病，可用多菌灵 1000 倍液进行叶面喷施或用甲基托布津 200 倍液灌根。

林木培育

造林地　宜选择湿度较高、土壤深厚肥沃、排水良好的地段，土层深厚、海拔 800～1600m 亚热带天然次生林地是其造林地最佳选择。应利用疏林空地、林间隙地进行块状整地，整地宜在造林前 3 个月完成。

造林　选用 1～2 年生、苗高 40cm 以上、地径 0.4cm

连香树果枝

以上根系发达的壮苗，苗木尽可能做到随起随栽。11 月中旬或翌年 2 月下旬造林。

抚育 在造林后前 3 年，每年抚育 1～2 次，第一次抚育在夏季进行，包括扩穴培土和除草，同时在保证幼树树冠具有足够的生长空间和需光要求的前提下，保护周边杂灌使其营造一定的小气候；第二次抚育通常在秋冬季，主要是除去根际萌条和过大的侧枝。第四年以后，每年进行 1 次全面劈草和除萌，直至林分郁闭。

参考文献

李俊, 2013. 连香树的培育与利用[J]. 安徽林业科技, 39(3): 68-70.

李文良, 张小平, 郝朝运, 等, 2008. 珍稀植物连香树(*Cercidiphyllum japonicum*)的种子萌发特性[J]. 生态学报, 28(11): 5445-5453.

杨荣慧, 孙宝胜, 赵霞, 等, 2012. 连香树播种育苗试验[J]. 西北林学院学报, 27(1) : 94-97.

（刘桂华）

炼苗 acclimation; hardening

提高苗木抗逆性的措施。对设施培育的苗木，采取降温、控光、适当控水、控肥等措施进行锻炼，使苗木减缓或停止生长，促进木质化。目的是使苗木定植后能够迅速适应不良的环境条件，缩短缓苗时间，增强苗木对低温、干旱等逆境环境的抵御能力。可以在专用的炼苗场进行，也可以在有遮阳条件的大田或环境条件可调控的温室及大棚里进行。一般经过 20～40 天炼苗后可达出圃要求。

参考文献

翟明普, 沈国舫, 2016. 森林培育学[M]. 3版. 北京: 中国林业出版社, 152－165.

（王佳茵，李国雷）

炼山 slash burning

造林前将林地上天然植被割除或砍倒并干燥后进行人为焚烧以清理林地的方法。即全面火烧法。中国南方地区和部分北方地区传统的造林地清理方法。通常用于杂草灌木茂盛或采伐剩余物多的造林地或无母树的皆伐迹地。炼山前一般需要在迹地周围开好防火线，选择无风的阴天，从山坡上部点火，使火势向下蔓延。点火后应派专人监视火场，防止走火。

炼山的好处：①省工，清理林地彻底，可提高地温，增加土壤灰分，消灭病虫害，在短期内具有积肥效果。②可提高幼苗存活率，促进幼苗生长，便于更新造林和抚育管理等作业。

炼山的弊端：①直接烧毁生态系统长期积累起来的枯枝落叶和天然更新的幼树。②初期土壤总孔隙度有所提高，土壤容重下降，但由于土壤裸露，经雨水冲刷，水稳性团聚体减少，细小灰分颗粒堵塞土壤表层孔隙，土壤物理性质逐渐恶化，破坏土壤结构，降低林地的保水保肥能力，易造成水土流失。③林地土壤表层有机物质大量损失，无机养分大量挥发和流失。④动物易丧失栖息场所，鸟、兽、昆虫、微生物和土壤动物类群数量明显减少，生物多样性降低，生态系统被破坏，不利于维持人工林长期生产力。⑤容易引起森林火灾。

炼山在人工林营造中有一定的积极作用，但对生态系统的消极影响也显而易见，在国家重点生态工程中禁止炼山。由于林地连续几代种植相同树种，地力衰退明显，可在炼山后的林地间种决明豆、无刺含羞草、羽扁豆等绿肥，避免雨水对地表的直接冲击，减少水土流失；绿肥可及时吸收炼山后增加的速效养分并以凋落物形式归还林地，提高林地养分的有效性和供应水平，解决炼山带来的弊端，使林业发展形成良性循环。

参考文献

杨振, 吴凯, 李智, 等, 2019. 炼山后27年生杉木人工林生长及生物量分配格局[J]. 福建农林大学学报: 自然科学版, 48(3): 344-349.

翟明普, 沈国舫, 2016. 森林培育学[M]. 3版. 北京: 中国林业出版社.

（张露）

梁山慈竹培育 cultivation of *Dendrocalamus farinosus*

根据梁山慈竹生物学和生态学特性对其进行的栽培与管理。梁山慈竹 *Dendrocalamus farinosus* (Keng et Keng f.) L. C. Chia et H. L. Fung 为禾本科（Poaceae, 异名 Gramineae）竹亚科（Bambusoideae）牡竹属植物，别名大叶慈；中国特有丛生竹竹种。

树种概述 地下茎合轴型，秆高 7～15m，直径 4～10cm，秆壁厚 0.5～1cm，节间长 35～60cm；秆圆筒形，幼时密被厚白粉，秆梢细长作弧形下垂。笋期 7～9 月，花期 3～6 月。主产于西南川滇黔交汇地区，孤丛、数丛、成片分布于海拔 150～1700m 的低山、丘陵、台地及溪河两岸，是牡竹属中耐瘠薄、耐寒性较强的竹种，在多种土壤上均可生长，最适生长气候为：年平均气温 16.0～18.5℃、年降水量 1100～1600mm，温湿同步。竹材理化性状良好，规模化应用于造纸、人造板工业，具有竹原纤维（束）利用潜力，竹丛可用于园林绿化，竹笋可食用。

苗木培育 繁殖主要采取 1 龄母竹无性分株，包括苗圃

梁山慈竹丰产林（四川泸州市）

分株和竹林分株。

林木培育 造林区纬度不宜超过北纬31°，海拔不宜超过800m，以阴坡、半阴坡的沟槽地、台地立地为佳，对土壤条件要求不严，以土壤深厚、肥沃为好。4月上旬雨季来临前采用1龄带蔸母竹单秆斜埋式造林。根据立地质量定植密度400～833秆/hm²。竹丛生长主要靠母竹秆基笋目萌发成竹，定植1年、2年的竹（丛）应进行抚育管理，3年可郁闭成林。丰产林分密度宜400～833丛/hm²、立竹密度11100～15390秆/hm²，以1龄、2龄竹为主。2龄秆材达到工艺成熟，可择伐利用，秆材年产量30～45t/hm²。

参考文献

熊壮, 2007. 梁山慈无性系种群生长特性研究[D]. 昆明: 西南林学院.

周益权, 2010. 纸浆用丛生竹林的出笋成竹规律与结构调控技术研究[D]. 北京: 中国林业科学研究院.

（孙鹏，马光良）

亮叶桦培育 cultivation of bright birch

根据亮叶桦生物学和生态学特性对其进行的栽培与管理。亮叶桦*Betula luminifera* H. Winkl. 为桦木科（Betulaceae）桦木属树种，别名光皮桦；重要速生用材树种。

树种概述 落叶乔木。花单性，柔荑花序，雄花序簇生于小枝顶端或单生于小枝上部叶腋；果序大多单生于叶腋。花期3～4月，果熟期5月。主要分布于中国秦岭、淮河流域以南的四川、贵州、安徽、浙江、福建、江西、湖南、湖北和广西等省（自治区）。喜光，不耐庇荫，浅根性，侧根发达，根系穿透力较强；对土壤要求不严，在深厚、肥沃的酸性沙壤土生长最好。树干通直圆满，出材率高；木材淡黄色或淡红褐色，纹理直、材质细致坚韧而富有弹性，耐磨，切面光滑，干燥性能良好，易加工，是制作实木地板、高档家具、纺织器材、军工器械的优良材料；树皮含芳香油，可用于化妆品、食品香料。

苗木培育 主要采取播种育苗，包括苗床育苗和容器育苗。种子不耐储藏，在成熟期随采随播。在芽苗培育时期，应注意选择排水良好、土层深厚疏松的沙质壤土做圃地，苗床采用黄心土与泥炭的混合土质（比例约为8∶2），整细整平。在起苗前应采取通风、降温和适当控水等措施对幼苗开展炼苗，以增加定植后能迅速适应露地环境条件的能力。芽苗移栽应避开高温时间，选在早晚进行，以利于芽苗移栽后成活。苗木移植后应加强病虫害防治、除草、追肥等苗期管理工作。

林木培育 亮叶桦主要用于山地速生用材林的培育，其中与杉木混交造林是应用最多的一种模式。造林地宜选阳坡中下部的松、杉采伐迹地或荒山荒地，以及土层深厚肥沃、排水良好的立地。造林时根据杉木萌芽更新状况，进行亮叶桦和杉木行间混交，或留长势较好杉木萌条的随机混交。行间混交总密度约1995株/hm²，其中亮叶桦为1200株/hm²、杉木795株/hm²。造林一般在苗木发芽前的2～3月完成；对于裸根苗，宜在雨后植穴湿润时马上造林。造林后1～3

图1 亮叶桦8年生人工林（福建邵武市洪墩镇）

图2 亮叶桦林相（贵州织金）

年，每年抚育2次，围绕种植穴松土除草，可结合幼林抚育每年施复合肥1～2次。从第四年起，每年除草抚育1次。至10年左右，间伐杉木450株/hm²，其余保留培育大径材，到30～50年采伐。随机混交模式总密度2250～2700株/hm²，其中亮叶桦1500株/hm²左右，10年左右间伐，形成以亮叶桦为主的混交林，用以培育大径材。

参考文献

郑万钧, 1985. 中国树木志: 第二卷[M]. 北京: 中国林业出版社: 2124-2131.

（黄华宏，楼雄珍）

撩壕整地 broad base terracing site preparation

在坡面上沿等高线开沟，沟内心土堆于沟的下方，堆放成壕，沟内填入上一沟的表土，壕沟的沟面保持水平，每道壕的外坡栽一行树的带状整地方法。特点是松土深度大，挖去心土，回填表土，使肥沃土壤集中于根系附近，整地效果好，行间操作管理方便。有蓄水保墒、防止水土流失、提高造林成活率、促进林木生长、缩短成材期等优点，但用工量较多。

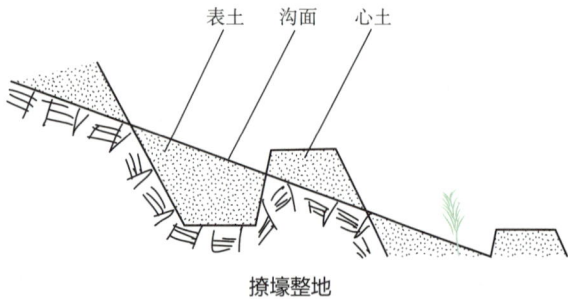

撩壕整地

根据不同的宽度和深度，撩壕分为大撩壕和小撩壕。大撩壕壕宽约 0.5m、深 0.5m 以上，小撩壕壕宽 0.5m、深 0.3～0.35m，长度不限。壕间距离 2m 左右。每次大雨以后，须全面检查，及时修复冲刷破坏的面蚀或沟蚀，每年春季结合土壤管理整修一次，将沟内淤土撩于壕上。

撩壕整地最早是在中国南方山地栽培杉木过程中创造出来的，是杉木造林最理想的整地方式，适用于任何种类的土壤造林（包括紫色页岩）。在土壤发育良好的喀斯特地貌区、干热河谷区也都适用，干旱贫瘠的丘陵地区尤为适宜。对杉木、竹类、相思树类、赤桉、柠檬桉、尾叶桉和新银合欢等树种的造林整地效果好。

参考文献

翟明普，沈国舫，2016. 森林培育学[M]. 3版. 北京：中国林业出版社.

（张露）

辽东栎培育　cultivation of liaodong oak

根据辽东栎生物学和生态学特性对其进行的栽培与管理。辽东栎 *Quercus wutaishanica* Blume 为壳斗科（Fagaceae）栎属树种，在树木分类当中已合并到蒙古栎，别名柴树；中国北方山地松栎混交林中的优势树种，具有重要的生态和经济价值。

树种概述　落叶乔木。高达 20m，树皮灰褐色，深纵裂。雌花单生或 3～5 朵簇生于新枝上端，花被常 6 裂。壳斗浅杯形，包坚果约 1/3；小苞片长三角形，扁平微突起；

辽东栎天然次生林（山西中条山国有林管理局横河林场）

坚果，卵状椭圆形。花期 4～5 月，果期 9～10 月，当年成熟。果实（橡子）成熟时含水量 40% 左右，很快进入萌发状态。集中分布区位于中国甘肃、陕西、山西的山地、太行山中南部以及冀北山地和辽东山地，呈间隔状。垂直分布海拔 500～2800m，在海拔 1300m 以上成片分布。辽东栎林是中国温带植被顶极群落的主要类型，具有重要的水源涵养、水土保持、碳汇等作用，在维护区域生态安全方面不可替代。辽东栎种子是动物的主要食源，对维系食物链平衡不可或缺，也可用来制作豆腐、面条、酿造橡子酒等，其中所含的单宁酸可以预防和医治腹泻，橡子种壳和壳斗可用于制作活性炭、提取栲胶和橡皮色素。

苗木培育　播种育苗，造林常用裸根苗或容器苗。播种可在春季或秋季进行，以秋季最佳。秋季播种应在种子采收处理后立即进行，封冻前播完。春季播种应在土壤解冻后尽早进行。裸根苗采用条播，条距 20cm，深 6～7cm，覆土 5～6cm，用遮阴网、草帘、秸秆等及时覆盖。容器播种育苗宜选择直径 10～15cm、高 20～30cm 的塑料薄膜容器，基质材料主要为珍珠岩、蛭石、草炭，将种子横放入装好基质的容器内，每容器 2～3 粒，覆基质 3～4cm。

林木培育　培育辽东栎大径材需选择年平均气温 5～10℃、年降水量大于 500mm 的湿润和半湿润的凉爽山地，坡向为阴坡至半阳坡，坡位中部至山麓，坡度小于 25°、土层厚度大于 30cm 的立地类型。幼龄林阶段以促进高生长、形成良好干形为主，密度控制在 5000 株 /hm² 左右，郁闭度 0.9 左右。中龄林阶段第 1 次抚育在林龄 41 年左右时进行，以透光伐为主，隔行采伐，郁闭度控制在 0.7、密度控制在 3000 株 /hm² 左右；第 2 次抚育在林龄 51 年左右时进行，进行透光伐和卫生伐，隔株采伐，郁闭度控制在 0.7、密度控制在 1500 株 /hm² 左右；第 3 次抚育在林龄 61 年左右时进行，选择目标树，每公顷确定目标树 300 株左右；以目标树为中心，在其周围留置 3 株左右的辅助木，伐去竞争树和残次、病腐木，郁闭度控制在 0.7、密度控制在 900 株 /hm² 左右；第 4～6 次抚育在林龄 71 年、81 年、91 年左右时进行，培养目标树，密度控制在 600 株 /hm²、450 株 /hm²、300 株 /hm² 左右。进入近熟林阶段，立木密度 300 株 /hm² 左右已基本达到目标株数，不再进行大的密度调整。林龄 100 年后，目标树胸径基本达到大径材标准，材积生长趋缓，可以开始采伐，以择伐为主。

参考文献

侯元兆，陈幸良，孙国吉，2017. 栎类经营[M]. 北京. 中国林业出版社.

（李新平，郭斌）

撂荒地　abandoned land

开垦耕种一段时间后因肥力减退、产量下降而停止耕种的造林地。立地质量因撂荒的原因及时间长短而异。撂荒地土壤瘠薄，植被稀少，有水土流失现象，草根盘结度不大。撂荒多年的造林地，随着时间的推延，植被覆盖度逐渐增大，往往会演变成为草坡、灌木和竹丛等荒地，与荒山荒地的性质类似。

参考文献

翟明普, 沈国舫, 2016. 森林培育学[M]. 3版. 北京: 中国林业出版社.

（李志辉，李何）

林窗造林　planting in forest gaps

在林中空地上采用植苗或播种的方式进行的小范围人工造林。低效林改造的重要措施之一。

由林冠层乔木（单株或多株）的死亡或移除等原因造成林冠层不连续的林中空隙称为林窗。林窗的概念由英国生态学家 A. S. 瓦特（A. S. Watt）于 1947 年提出，被广泛接受。20 世纪 70 年代以来对林窗开展了深入研究。

林窗按其成因分为天然林窗和人工林窗。天然林窗是指因林冠层乔木枯死或风倒、折干而形成的林隙；人工林窗是指在郁闭林分中小块状伐除冠层乔木（单株或多株）而形成的林中空地。人工林窗是加速同龄人工纯林、更新缓慢的老龄林及次生林结构优化的重要干扰措施。林窗大小一般确定为 $4 \sim 1000 m^2$。

林窗造林能够增加林分中目的树种的密度，提高林分质量，促进森林更新、结构优化、生物多样性维持以及功能提高。选择林窗造林树种，要考虑与造林地立地条件相适应，还要根据林窗大小考虑造林树种的耐阴性。林窗小时应选用中性或耐阴树种，林窗大时可选用幼年期具有一定耐阴能力的喜光树种。在阔叶次生林中，宜选用优良针叶树，促其形成复层异龄针阔混交林；在立地条件差的低效林分中，应注意补植具有改良土壤效果的树种，以提高地力。林窗造林时，要注意保留（保护）天然更新的珍贵树种的幼苗和幼树。

参考文献

国家林业局, 2017. 低效林改造技术规程: LY/T 1690—2017[S]. 北京: 中国标准出版社.

翟明普, 沈国舫, 2016. 森林培育学[M]. 3版. 北京: 中国林业出版社.

（徐小牛）

林地施肥　forest land fertilization

见幼林管理。

林地水分管理　water management

见幼林管理。

林地松土除草　forest land soil loosen and weeding

见幼林管理。

林分　stand

在连续空间上森林内部特征大体一致，且与邻近地段有明显区别的一片树林。也称森林分子。是组成和认识森林特征的最小单位，开展森林资源调查以及实施森林作业的基本单元。在空间尺度上对林分的大小没有明确的要求，完全按工作对象而定。

森林内部特征包括树种组成、林冠层次、林龄结构、郁闭度、林木起源、立地条件等群落结构和环境条件。任意一片树林是否可以纳入森林资源量的统计范围，在实践中，一般用林木生长的密集度、高度和空间尺度三个指标来限定。①关于密集度，国际上有不同的主张。中国曾采用苏联提出的疏密度，后改用大多数国家采用的郁闭度。大多数国家都曾采用郁闭度 0.3 作为森林密集程度的界限，低于 0.3 的叫疏林，20 世纪末开始绝大多数国家将其改为 0.2。②林木高度。不同年龄、不同立地林木在生长过程中存在不同高度，中国提出了树高 2m 为森林下限，国际上各国规定的起算树高为 $2 \sim 5m$。③空间尺度。在森林空间尺度的要求方面有不同的标准，联合国粮农组织要求面积在 $0.5 hm^2$ 以上，中国提出了占地 1 亩（$0.067 hm^2$）就可以作为森林，世界上其他国家提出的空间尺度为 $0.05 \sim 1.0 hm^2$。

林分是森林划分的基本单元，在密集度和高度两个指标上必须满足一般性规定，而对于空间尺度，在特定条件下有时会小于森林的空间尺度要求。

为了揭示森林动态并对森林进行科学经营，将大片森林按其本身的特征和经营管理的需要划分成若干林分。森林的多种效益和服务功能基于林分的特征参数评估和预测。为实现森林培育目标的作业方案，也只有基于林分的真实状况才能作出决策。

林分还是一个在林业领域应用非常广泛的表述性词汇。相对于个体方法而言，用林分定义表达的是群体方法，如数学模型中的单木模型和林分模型。在一般文件中，林分也被用来泛指任意一片树林或者特定林业作业对象的统称。

参见《森林经理卷》林分。

参考文献

亢新刚, 2001. 森林资源经营管理[M]. 北京: 中国林业出版社.

（张守攻）

林分改造　forest rehabilitation

针对树种组成、结构、郁闭度以及起源等方面不符合经营要求的低产低质低效林分，进行结构性调整的技术措施。也就是低效林改造。基于森林培育目标及其功能，林分低效主要反映在生态功能低效、生产力水平低下两方面，即森林生态服务功能、林地生产力显著低于同类立地条件下相同林分的平均水平，难以实现预期培育目标。改造目的是将低效林分转变为能生产木材和其他优质林产品，并能发挥多种生态效益的优良林分。林分改造是改变低劣林分，提高森林生产力及其生态服务功能的一项有效措施，对于提高低质、低效林分的经济、生态和社会效益具有重要的意义。

发展历史　林分改造最早始于德国，在 19 世纪初德国就开始了规模化人工造林，到 19 世纪中叶初现低效林分，开始认识到林分改造的重要性。20 世纪 50 年代初西德拯救阔叶林委员会编辑出版了《未来属于混交林》，提出了林分改造技术。自 20 世纪 50 年代以来，世界上很多国家十分重视林分改造工作，林分改造成为提高森林生产力的重要措施之一。中国于1959年在林业部召开的北方十四省（自治区）次生林经营工作会议上，首次提出林分改造。1978年国家林业总局颁布《国有林抚育间伐、低产林分改造技术试行规程》，把林分改造作为次生林经营的重要技术措施。此后，全国各地相继制定相关实施细则，拉开了林分改造的序幕。

低效林形成原因 主要有经营目标定位不当、技术措施失误、抚育管理不及时、强烈的人为或自然干扰、更新能力丧失等，引起林分结构和稳定性失调，林木生长发育迟滞，生态系统功能退化或丧失。

低效林涉及的树种较多，在中国主要有杉木、马尾松、油松、云南松、落叶松、杨树、桉树、刺槐、栎类、桦、榆、水曲柳、竹类等。这类低效林分结构及树种组成不合理，其稳定性差、生产力低、质量次、价值低，生态服务功能脆弱，因此需要进行科学改造、提升质量，已成为中国当前林业面临的亟待解决的重大课题。

低效林分类 低效林按起源分为低效次生林和低效人工林两大类；根据经营目标不同分为低效防护林和低质低产林。

低效次生林是指原始林或天然次生林因长期遭受人为破坏或频繁、强烈的自然干扰而形成的低效林。

低效人工林是指人工造林及人工更新等方法营造的森林，因适地适树或经营培育技术措施不当、人为干扰等而导致的低效林。

低效防护林是指以发挥森林生态防护功能为主要经营目的且功能显著低下的林分。

低质低产林是指以林产品生产为主要经营目的且产量、质量显著低下的林分。

林分改造原则 林分改造应遵循的原则：①立足森林资源培育、实现森林健康和可持续经营的原则；②满足最佳经营目标、生态与经济效益兼顾、长期与中短期利益结合的原则；③尊重森林的生物合理性，利用自然力、促进自然反应力的近自然经营原则；④改造为主、培育与保护相结合，因林施法、因地制宜、适地适树适种源适品种的原则；⑤以优良乡土树种为主、保护生物多样性的原则；⑥统筹规划、循序渐进的原则。

林分改造措施 林分改造的主要技术措施包括：①次生林综合抚育。即采取多项技术措施，主要是采伐和造林、育林措施相结合，对低效次生林进行改造，使之达到该林地条件下应有的生产力水平，形成功能高效的优良林分。②人工纯林改建。即通过抚育、复壮、结构调整等技术措施，使低效人工林转变为高产高效林分。③平茬复壮。对具有萌蘖能力的树种组成的低效林，通过截去主干、促萌新主干，恢复林木生长势的一种林分改造措施。④调整或更替树种。遵循适地适树原则，通过全面改造或局部改造方式更替目的树种，使之转变为优质高效林分。⑤补植补播。就是对残败、稀疏林分通过林地抚育，利用林隙、林中空地造林，补植补播目的树种，使之转变为优良林分。⑥封育改造。适用于林内有符合培育目标的树种幼树幼苗的自然更新，或林内及周边有天然下种能力的母树分布，在全面或局部林地抚育基础

上，通过封山育林措施达到改造目的的低效林。此外，在林分改造中，必要时还可结合修枝、土壤垦覆与改良、林农间作、有害生物控制等技术措施。

参考文献

国家林业局, 2017. 低效林改造技术规程: LY/T 1690—2017[S]. 北京: 中国标准出版社.

翟明普, 沈国舫, 2016. 森林培育学[M]. 3版. 北京: 中国林业出版社.

（徐小牛）

林分改造类型 stand rehabilitation type

根据低效林的现状，对其所采取的林分改造措施的种类。

依据林分改造时所采取改造措施的特点，分为不同的林分改造类型。①根据所采取改造措施在林分中的作业范围，分为局部改造型和全面改造型。局部改造型是在要改造的林分内进行块状或带状形式局部作业改造；全面改造型是在要改造的林分内进行全面作业改造。②根据在改造过程中是否直接采用人工措施，分为生态恢复型和自然恢复型。③根据改造时所栽植树种特性的不同，分为结构优化型和引导转化型。

参考文献

中国林学会, 2019. 北方栎类林结构化森林经营技术标准: T/CSF 002—2019[S].

（张彦东）

林分结构 stand structure

林分在树种组成、年龄、郁闭程度、林冠层次以及直径和树高等方面的林木个体组织形式或搭配形式。是林分组成单元（林木个体）通过一定规则的组织或搭配，这些组织规则或组织形式均属林分结构的范畴。

分类 林分结构分为空间结构和非空间结构。

空间结构 又细分为水平结构和垂直结构。描述林分水平结构的指标主要有林分密度、种植点配置和种群分布格局。描述林分垂直结构的指标主要是林分的层次，即林分在垂直方向的配置状态；一般按生长型把林分划分为乔木层、灌木层、草本层和地被（苔藓地衣）层4个基本层次，在各层中又可按植株的高度划分亚层。

在林分水平结构指标中，密度对生长和产量影响最大。林分密度与林木个体直径和单株材积均呈反比关系，但对个体树高生长影响较小。关于密度与林分产量的关系，日本学者安藤贵提出了著名的"最终产量恒定法则"，即在相同的生境条件下，初植密度不同的同龄林分，经过充分的生长，在某一密度（即合理密度）范围内最终产量相同，而且达到最高，低于或者高于合理密度的林分单位面积产量均出现降低。水平结构的密度和垂直结构的分层最具有经营管理意义。

非空间结构 描述林分非空间结构的指标主要有年龄结构、直径分布结构等；也有将林分的树种组成称为组成结构，作为描述非空间结构的指标之一。林分的非空间结构研

究较多的是直径分布结构，即林分内林木株数按直径大小的分配。在生长正常的同龄纯林中，林木株数按直径的分配近似正态分布，平均直径位于株数百分数累计值 55% ～ 64% 的范围内，最大直径为平均直径的 1.6 ～ 1.8 倍，最小直径为平均直径的 0.5 ～ 0.6 倍。在复层异龄混交林中，具有各个生长阶段的林木，其直径分布结构根据树种组成、年龄结构等表现不同。

作用　开展林分结构研究的目的是要确立合理的林分结构，在合理的林分结构下森林具有较高的功能。林分结构与功能关系研究早期集中于林分结构与生长和产量的关系上，近年来更加注重探讨林分结构与综合效益之间的关系。德国学者 Klaus von Gadow 提出了一套描述复杂森林结构的参数，如角尺度、混交度和大小比数等。角尺度是反映林木个体在水平地面上分布格局的结构参数；混交度是表示林分中树种混交程度的参数；大小比数表示林分中林木大小的差异程度。在生产实践中，可以模拟当地顶极森林植被的结构参数，调整建立结构合理的多功能森林。

参见《森林经理卷》林分结构。

参考文献

惠刚盈, 胡艳波, 徐海, 2007. 结构化森林经营[M]. 北京: 中国林业出版社.

吴增志, 杨瑞国, 王文全, 1996. 植物种群合理密度[M]. 北京: 中国农业大学出版社.

（张彦东）

林分空间结构　stand spatial structure

林木个体的分布格局及其种类、大小在空间上的排列方式。是**林分**的重要特征，是林分内林木间的空间组织关系的反映，决定林木之间的竞争势及其空间生态位，在很大程度上决定了林分的稳定性、发展的可能性和经营空间大小。

林分空间结构包括林分水平结构和垂直结构。林分水平结构指林木在水平地域上的分布格局及其种类、大小的分布规律。林分垂直结构通常指林分的垂直分层，用成层性或林层数表示。林分成层性或林层数是林分空间结构的基本特征之一，也是野外植被调查时首先被观察到的特征。与林分空间结构对应的林分非空间结构描述的是**林分结构**特征的一种平均状态，与林木个体空间位置或相邻木无直接关联，种群年龄结构、**林分密度**及树种多样性、**树种组成**与直径分布等都归属于林分非空间结构。

定量描述**天然林**的空间结构是合理构建人工林林分结构的基础和手段。国内外学者提出了多种定量描述林分空间结构的指标，常用的有空间分布格局指数、树种空间隔离指数和林木竞争指数等。

参考文献

惠刚盈, Klaus von Gadow, 等, 2016. 结构化森林经营原理[M]. 北京: 中国林业出版社.

惠刚盈, 克劳斯·冯佳多, 2003. 森林空间结构量化分析方法[M]. 北京: 中国科学技术出版社.

（惠刚盈）

林分类型　stand type

根据森林的综合自然性状（林木和环境因子的特点）划分的森林分类单位。简称林型。森林群落划分的最小分类单位。相同或相似土壤和气候条件下相同优势树种组成的森林为同一林型。

林型的划分是林学的重要组成部分。划分林型的目的是为森林调查、造林、经营和规划设计等提供科学依据，对不同类型的林分采取不同的营林措施。在森林经营上，不同类型的林分常要求不同的森林经营措施。相同的林分，在同样经济条件下所采取的经营措施应该一致。

林型学说发展过程　科学的植被分类始于德国的 A. 洪堡（A. von Humboldt），第一次强调群落外貌与景观间关系，于 1805 年把植被划分为 19 个类型；A. 格里泽巴赫（A. Grisebach）按照植物的外形与气候条件的关系，于 1866 年提出 60 个营养型和群系，并把群系作为独立的植物群落类型。1893 年，法国 C. 弗拉奥（C. Flahault）绘制出法国植物分布图，奠定了以主要种代表群落特性的分类基础。20 世纪初，美国的 H. A. 格利森（H. A. Gleason）和俄国的 L. G. 拉缅斯基（L. G. Ramensky）提出群落连续性原理主张，在此基础上发展了种群、群落和环境梯度分析研究的途径。

在植被分类学说的影响下，苏联林型学创始人 Г. Ф. 莫洛佐夫（Г. Ф. Морозов）（1867—1921）的代表著作《森林的基本学说》（1920）中，全面阐述了林型的定义、林分分类的意义，并列举了森林草原地区划分林型的实例。自莫洛佐夫以后，林型学分化为两个学派，即以 В. Н. 苏卡乔夫（В. Н. Sukachiov）（1880—1967）为代表的植物群落学派（又称生物地理群落学派）和以乌克兰 П. С. 波格来勃涅克（П. С. Погребняк）（1900—1976）为代表的生态学派（又称地质学派）。

В. Н. 苏卡乔夫追随于 Г. Ф. 莫洛佐夫，认为林型是森林的基本单位。在 1950 年 2 月苏联林型学会议上，В. Н. 苏卡乔夫进一步提出了新的意义广泛的林型定义：在树种组成、其他植物动物区系、综合森林生长条件（气候、土壤和水文条件）下植物和环境之间的相互关系、森林更新过程和更替方式都类似，因而在相同的经济条件下需要采取相同的营林措施的林地总体。该学派的林型学说在苏联北部、乌拉尔、西伯利亚和远东等地的森林调查中曾得到广泛应用。

在运用苏卡乔夫和莫洛佐夫两个学者的分类时，普遍存在把环境和植物分割开来，使得林型分类存在很大的主观性和片面性的问题。20 世纪中叶，林型学界将苏卡乔夫的植物群落学派方案作为林型学，将 Г. Ф. 莫洛佐夫的生态学林型学派方案作为植物地理条件类型学，使得林型分类得到一定发展。然而，这两种分类的简单统一，特别是二者间的机械结合，在实际应用过程中常造成各种错误，一直未得到充分的利用。

乌克兰学者 П. С. 波格来勃涅克在 Г. Ф. 莫洛佐夫早期林型学观点的基础上，于 1929 年总结诠释了生态林型学说，认为森林分类要以立地为基础，而植物种和森林本身的特征是立地条件最好的指示者。П. С. 波格来勃涅克以土壤湿度和肥力为依据将立地条件系统化、规范化，编制了著名的立地条件类型图，把土壤湿度和肥力条件相同地段（包括有林地和无林地）的综合称为林型。从严格的林型概念来看，П. С. 波格来勃涅克的林型实际上是立地条件类型。该学派的产生及应用主要在苏联南部，特别是乌克兰地区，区内森林大都失去了原有的面貌，同类土壤上可能有各种各样的森林，森林类型划分时很难同时把植物和立地条件统一起来，故以土壤条件这个比较稳定的指标作为分类的基本依据，指示植物作为判断环境的基本指标。

中国林型分类发展 从 1954 年开始，中国先后在大兴安岭、长白山、云南西部、阿尔泰山、天山、秦岭以及江西、湖南、海南等地的天然林区、亚热带的人工杉木林区和华北石质山区宜林地进行了林型的研究和划分。对**天然林**基本上采用植物群落学派分类方法，对**人工林**基本采用生态学派分类方法，对宜林荒山、荒地则按生态学派立地条件类型分类方法进行划分。此外，结合国外两个学派的林型学说，中国植被编委会编写的《中国植被》（1980）中列举了中国常用的植物群落分类系统，在此基础上，由江西省林业厅组织 70 余名省内有关专家和林业科技工作者编写的《江西森林》（1987）首次将林型的概念纳入中国森林群落分类系统，作为森林群落划分的基本单位并延续发展至今。

中国国土面积幅员辽阔，植被和地理类型多样，在林型划分时，需根据实际情况灵活掌握或调整分类方法，以反映自然面貌，因而不同地区出现不同的分类系统和方法。例如，在西南高山天然针叶林区，不是建群树种而是其他植物类群占优势地位时，设立"林型环"代替群系作为更高一级分类单位，如箭竹针叶林（林型环）—箭竹冷杉林（林型组）—杜鹃箭竹冷杉林（林型）等。在热带、亚热带雨林和季雨林中，考虑地形及土壤的主导作用，设立"地形级"代替群系；同一地形级内，土壤、植被、生产力大致相同。20 世纪 70 年代后期，数值分类及排序等方法开始在许多地区的植被特别是森林分类研究中得到广泛应用。自 90 年代起，中国常用的林型划分方法包括主导因子法和立地指数法。

中国林型划分方法 一个林区的森林，根据其内部结构特征的差异，可划分成不同的林分类型：①按更新方式，分为人为措施培育的人工林和自然更新形成的天然林；②按树种组成，分为由一种树种组成的纯林和由两种或两种以上树种组成的混交林；③按森林起源，分为由种子培育而成的实生林和由伐根上萌芽长成的萌生林；④按林层结构，分为单层林和复层林；⑤按林分林龄，分为幼龄林、中龄林、成熟林、过熟林等；⑥按林木年龄组成，分为同龄林和异龄林。

参考文献

雷瑞德, 1988. 苏联的森林资源和林型学说[J]. 西北林学院学报, 3(2):101-109.

薛建辉, 2006. 森林生态学[M]. 修订版. 北京: 中国林业出版社.

中国林业出版社, 1957. 林业译丛(第13辑)——林型问题[M]. 北京: 中国林业出版社.

（吴家胜，史文辉）

林分密度 stand density

林分中林木间的拥挤程度。衡量林木对其所占空间利用程度的指标。

描述林分密度的指标包括株数密度、单位面积断面积、单位面积蓄积、立木度、疏密度、郁闭度、树木面积比、相对植距、优势高—营养面积比、Reineke 密度指数和树冠竞争因子等。通常所称林分密度是指株数密度，即单位面积上的林木株数。林木株数可以通过标准地每木检尺直接测得，通过量测平均株行距间接推算求得，也可通过遥感技术获取单位面积样点数的途径得到。

林分密度是可人为调控的主要林分因子，其形成与林分组成树种的生物学特性、**造林密度**、立地条件、自然枯损及抚育间伐等相关。通过选择适宜的造林密度、间伐林龄、间伐强度及间伐次数，调控经营密度，形成**最适密度**，可有效掌控林分空间竞争格局，调整林木竞争态势，协调优化林分生长过程及材积、生物量与其他目标性状产量，并促进林木干形与材质等质量性状指标的提高。合理的密度调控可使林分优质、稳定与高效。

林分密度在中幼林时期影响单位面积林分出材量，在成熟林时期影响林分直径分布及材种结构。林分密度大，幼林时期林分蓄积大，林分郁闭早，**自然整枝**和自然稀疏剧烈，间伐次数多，所获间伐材积较多，但成熟林时所获中大径材较少；反之，林分密度小，幼林时林分蓄积小，所获间伐材积也较少，但成熟林时所获中大径材较多。

参考文献

翟明普, 沈国舫, 2016. 森林培育学[M]. 3版. 北京: 中国林业出版社.

张建国, 2013. 森林培育理论与技术进展[M]. 北京: 科学出版社

（段爱国）

林分状态评价 evaluation of stand state

依据林分在自然中所处的状况对林分现状优劣进行评判比较的过程。

林分状态可从**林分空间结构**（林分垂直结构和林分水平结构）、林分年龄结构、林分组成（**树种多样性**和**树种组成**）、**林分密度**、林分长势、顶极树种（组）或目的树种竞争、林分更新、林木健康等方面加以描述，其对应的每一个指标值都是可测的。传统森林培育学或森林经理学对森林经营效果评价通常采用功能评价，即在施加经营措施若干年后通过分析林分生长量的变化来评价经营效果。而在结构化森林经营中则是通过对抚育前后林分状态的分析来评价**森林抚育**效果，其原理是基于结构决定功能的系统法则。

参考文献

惠刚盈, Klaus von Gadow, 等, 2016. 结构化森林经营原理[M]. 北京: 中国林业出版社.

惠刚盈, 赵中华, 张弓乔, 2016. 基于林分状态的天然林经营措施优先性研究[J]. 北京林业大学学报, 38(1): 1-10.

（惠刚盈）

林冠下造林地　planting site under forest canopy

成熟的老林在进行主伐之前，在林冠下先进行伐前人工更新的造林地。

通常这类造林地的土壤理化性质比较好，影响幼苗幼树生长的杂灌木和喜光杂草盖度不大，有利于幼苗幼树成活成长。这类造林地最大的限制因子是上层林冠对林地光照条件的影响，仅适用于耐阴树种或幼龄期喜庇荫的树种造林；当幼树生长发育到一定年龄对光照需求增强时，及时伐除上层林木，解放幼树，促进其生长。如东北林区成熟落叶松林冠下人工栽植红松、红皮云杉或水曲柳等树种后，经一次或二次主伐（渐伐）去除上层落叶松成熟林木，最终形成伐前红松、红皮云杉或水曲柳等人工林；南方林区在杉木或松树近熟林下套种闽楠等珍贵阔叶树种的林地。

参考文献

翟明普，沈国舫，2016. 森林培育学[M]. 3版. 北京：中国林业出版社。

（沈海龙）

林—胶—茶复合模式　trees-rubber-tea compound management

林下种植模式之一。在同一土地经营单元上，把林木（主要作为防护林）、橡胶和茶树合理组合在一起种植的经营模式。

橡胶原产于美洲亚马孙河流域，适生于高温、高湿和静风的气候条件。20世纪50年代初，中国海南和云南南部大规模引种，但容易遭到寒风和热带风暴的危害，橡胶产量不高，且不稳定。70年代末开始，开展了林—胶—茶复合经营，有效抵御了自然灾害，提高了胶园的产量和经济效益。

根据地形条件和土壤条件，选择相思树、枫香等树种建立防护林带，林带间种植橡胶树和茶树，形成复层结构，模拟热带天然林的结构，提高胶园的稳定性。防护林带的间距根据寒风和风暴的危害程度而定，危害严重，林带间距 100～200m；危害较轻，林带间距 400～1000m。橡胶树多采用行状种植，行距 10～15m，株距 2～4m。在橡胶树行间栽培茶树。丘陵区进行林—胶—茶复合经营，橡胶树和茶树往往沿着等高线进行栽植。

林—胶—茶复合经营的综合效益显著。在经营中，防护林带为橡胶树生长提供有效保护，橡胶树为茶树适当遮阴，利于茶叶品质的提高；茶树覆盖地面，减少水土流失。对茶树进行水肥管理的同时培育了橡胶树，促进了橡胶树的生长，可提早割胶时间；茶树栽后 1～2 年即可采摘茶叶，获取经济收益，起到了以短养长的效果。

参考文献

沈国舫，翟明普，2011. 森林培育学[M]. 2版. 北京：中国林业出版社。

詹行滋，1991. 我国热带季风区的"林—胶—茶生态模式"[J]. 自然资源学报，6 (4): 293-302.

（唐罗忠）

林菌复合模式　compound pattern of trees and edible mushrooms

林下种植模式之一。利用树叶、树枝、树皮、木屑等树木废弃物以及稻草、麦草、玉米等农作物秸秆作为生产菌类的主要基质原料，并利用林内潮湿、阴凉、适合菌类生长的小气候，进行食用菌栽培的经营方式。

林菌复合模式投入较大，效益显著，是一种高效的经营方式，具有广阔的发展前景，生产上已普遍应用。既可在林下搭建大棚设施采用菌床栽培食用菌，也可模仿自然进行半野生菌的培育。例如，福建泰宁县通过封山育林、施农家肥等措施促进红菇菌的生长；东北针阔混交林内采用菌棒人工接种培育黑木耳；辽宁大连、盘锦、营口等地在杨树林下种植平菇、香菇和滑菇等大宗食用菌，在落叶松林下种植蜜环菌（榛子蘑）、榆耳（榆蘑）、猴头菇等珍稀食用菌；浙江松阳县竹子与姬松茸、香榧与香菇复合经营；江苏沭阳县在杨树林下搭建大棚采用菌床培育平菇、草菇等。食用菌培育后的残余基质可作为有机肥归还林地改善林地土壤，菌类呼吸所产生的二氧化碳可促进林木光合作用。

（唐罗忠）

林木采种基地　seed collection base

为保障林木种子遗传品质和播种品质而设立的专门供采种的场所。一般设在地势平缓、面积集中、便于集约经营、交通方便的林分中，其地形因子应有利于树木的结实和采种。

林木采种基地包括一般采种林和林木良种基地（母树林、种子园和采穗圃）。中国主要针叶造林树种如杉木、马尾松、落叶松、油松等均已建立种子园，主要阔叶造林树种如杨树、桉树则以采穗圃为繁殖基地。一些乡土珍贵阔叶树种如楠木、香樟、赤皮青冈等通过建立母树林以满足生产用种需求。

云南沾益川滇桤木采种基地

（段爱国）

林木采种期　tree seed collection period

林木种实的采收时间。主要根据种实成熟期和散落期确定。适宜的采种期是获得种子产量和质量的重要保证。种子的采集必须在种子成熟后进行，采集时间过早，会影响种子质量；过晚，小粒种子脱落飞散后无法收集。生产上可根据具体情况确定采种期。

种子成熟分两个阶段。当种子内部的营养物质积累到一定程度、外部形态也有相应变化、胚具发芽能力时为**生理成熟**；当种子内部营养物质停止积累、外观具有该树种固有特征、胚完成发育时为**形态成熟**。种子成熟除受树种本身内在因素的影响外，还受地区、年份、天气、土壤、树冠部位，以及人为活动等因素的制约。确定种子成熟期的方法有多种，最常用的是根据果实的颜色变化来判断；而胚和胚乳的发育状况则是确定种子成熟期的最可靠指标，可切开用肉眼观察，或不切开用X射线检查。比重法较为简单易行，在野外，可将水、亚麻籽油、煤油等配制成一定比重的混合液，把种子放入，种子成熟的漂浮，否则即下沉。生化指标如还原糖含量和粗脂肪含量等也能指示成熟程度。

林木种子成熟后，多数树种的种子会逐渐从树上脱落下来。种子脱落与否、脱落方式以及散落期长短受树种遗传特性与环境的影响。种子成熟后立即脱落的有杨树、柳树、白榆等，较长时间宿存枝头的有二球悬铃木、臭椿、楝树等；种子成熟后经过短暂时间才部分脱落的有油松、侧柏、黄栌等，属于中间类型。一般来说，气温高、空气干燥、风速大时果实失水快，种子脱落早，反之则晚。种子脱落的早晚与种子质量密切相关，对一般树种来说，在早期和盛期脱落的种子质量好，盛期脱落的种子数量也多。

（张建国）

林木分级 tree classification

为研究林分结构和进行抚育间伐，根据林木的分化情况将林木划分成不同等级。通过分级，可为森林的合理经营和科学管理提供依据。

林木的分级方法很多，据不完全统计，被沿用的有30种以上。最早的林木分级由德国林学家塞巴赫（Seebach）于1844年提出，将林木分为三级，即优势木、中等木和被压木。多数林木分级法是综合考虑林木在林冠层中的地位和树干形质两个方面指标进行划分的。应用最普遍的是**克拉夫特林木分级法**（1884），其次为寺崎林木分级法、霍莱林木分级法和IUFRO林木分级法。

参考文献

沈国舫, 翟明普, 2011. 森林培育学[M]. 2版. 北京: 中国林业出版社.

（丁贵杰）

林木复壮 rejuvenation of forest tree

采用无性繁殖方法，使林木成熟或部分成熟的器官、组织和细胞的成熟特征消失，形态发生能力等幼态特征得以恢复，或林木幼龄状态得以维持的措施。通过复壮措施获得的幼年性材料，可用于建立幼化的采穗圃或直接用于扦插、嫁接或组织培养等规模化繁育苗木。对种质资源的保存、稀有或濒危树种或树群的异地保护、古树名木的保护，特别是优良品种的推广应用等均具有重要的意义。

常用的林木复壮方法有根萌条、幼龄砧木嫁接、连续扦插、反复修剪、组织培养等。生产中也常采用带根压条、埋条、根繁、分株等方法和喷施植物生长调节剂、根系活力诱导等方法来获得一定的复壮效果。

根萌条法复壮 采用连续平茬和萌芽更新措施使树木蘖生萌条。具有幼态性强、复壮程度高和生根能力强的特点，适于根蘖性强的树种。

幼龄砧木嫁接法复壮 用老龄母株上的1年生新梢作接穗，嫁接到幼龄砧木上，经多次反复嫁接，接穗的幼态特征可得以持续，生根能力也可逐步提高。嫁接时宜将成熟态接穗上的老叶去掉，并尽量缩短接穗。

连续扦插法复壮 从老龄母株上采集1年生插条扦插后，用生根成活的植株作插穗再反复扦插，生根率可逐步提高。

反复修剪法复壮 采用强修剪和反复修剪以矮化树干，使树干维持年轻阶段的生理状况。每次修剪时尽量压低修剪

图1 泡桐幼龄砧木嫁接法复壮（王保平 摄）

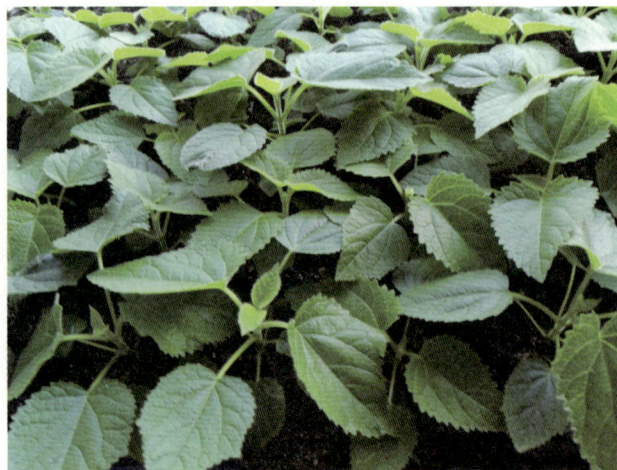

图2 泡桐组织培养法复壮（王保平 摄）

部位，以免下次萌条部位升高，使萌发新枝不远离根区，减慢老化进程。

组织培养法复壮 宜在春季侧芽萌动前 3～4 周或夏末营养生长向生殖生长过渡时，采集树干较低最幼态部位的芽为**外植体**，尽量缩小外植体以打破细胞间的相关控制，并改进培养条件。有微嫁接法和重复继代培养法两种，以后者为常用。①微嫁接法是将成熟树木接穗的芽尖或芽顶端分生组织嫁接在萌发 2～3 个月的实生苗上，反复嫁接达到复壮目的。与常规的**嫁接方法**相比，微嫁接方法使用的砧木体积小，幼态程度高，具有缩短再嫁接周期、快速获得复壮效果的优点。②重复继代培养法是将成熟树木接穗的芽尖或芽顶端分生组织在离体条件下培养，并定期取伸长的芽尖或芽顶端分生组织再次继代培养。随着继代次数的增多，幼态程度也随之升高。

参考文献

沈熙环, 1990. 林木育种学[M]. 北京: 中国林业出版社.

（王保平）

林木覆盖率　tree coverage rate

行政区域内林木面积与土地总面积的百分比。是中国为了统一城乡二元结构管理、充分体现城市森林特点而提出的一项城市森林评价统计指标。

从生态环境保护和生态休闲等功能角度出发，中国国家标准《国家森林城市评价指标》（GB/T 37342—2019）在"附录 A"中规定，林木覆盖率统计的林木面积包括郁闭度 0.2 以上的乔木林面积和竹林面积、灌木林面积、农田林网面积、四旁树面积和城区乔木、灌木面积。其中乔木林面积、竹林面积、灌木林面积、四旁树面积等数据的统计与中国森林资源二类调查完全相同，可以直接采用其调查统计数据；城区乔灌木面积与国外城市森林研究与实践中采用的林木树冠覆盖（urban tree canopy）相同，可以通过米级以内分辨率航片或高分影像的解译获得。

《国家森林城市评价指标》（GB/T 37342—2019）对县级城市、地级及以上城市的林木覆盖率统一要求为：年降水量 400mm 以下的城市，林木覆盖率达 25% 以上；年降水

图1　北京百望山望城（孙振凯　摄）

图2　京礼高速沿线绿化（孙振凯　摄）

图3　林木树冠（孙睿霖　摄）

量 400～800mm 的城市，林木覆盖率达 30% 以上；年降水量 800mm 以上的城市，林木覆盖率达 35% 以上；湿地及水域面积占国土总面积 10% 以上的城市，林木覆盖率达 25% 以上。

一个地区的林木覆盖率核算结果会大于森林覆盖率。因为根据《森林资源规划设计调查技术规程》（GB/T 26424—2010）规定，森林覆盖率指标计算的森林面积只包括有林地面积和国家特别规定的灌木林面积。

参考文献

国家市场监督管理总局, 中国国家标准化管理委员会, 2019. 国家森林城市评价指标: GB/T 37342—2019[S]. 北京: 中国标准出版社.

中华人民共和国国家质量监督检验检疫总局, 中国国家标准化管理委员会, 2011. 森林资源规划设计调查技术规程: GB/T 26424—2010[S]. 北京: 中国标准出版社.

（孙振凯）

林木个体生长发育　tree growth and development

林木个体从花粉受精开始形成种子，萌发幼苗，长大成树，开花结果，直到衰老、更新、死亡的全过程。经历个体生长和个体发育两个阶段。

林木个体生长是林木体积和重量的增长变化，以及新器官的形成和分化，即由种子萌发开始，经过幼苗时期，长成枝叶茂盛、根系发达的林木。可细分为树高、直径、根系、树冠和材积生长，通常通过生长速率和生长量来描述。林木生长过程总体上遵循"慢—快—慢"的生长节律（常称为"S"形生长曲线）。生长速率是林木生长快慢的指标。单位时间内，林木重量、体积和高度等的绝对增量称为绝对生长速率；单位时间内的增量占原有数量的百分比称为相对生长速率。生长量是指一定间隔期内林木各种调查因子（如树高、直径和形数等）所发生年变化的量。由于不同目的常把生长量划分成许多种类，以便用不同的方式来表达林木的生长，满足不同情况下的需要。

林木个体发育是林木个体构造和机能从简单到复杂的变化过程，即林木器官、组织或细胞在质上的变化。新增加的部分在形态结构以及生理机能上与原来部分均有明显区别。一般指达到性机能成熟，即从种子萌发到新种子形成（或合子形成到植株死亡）过程中所经历的一系列质变现象。

生长和发育具有阶段性和循序性，既密切联系，又有质的区别。生长是发育的前提，没有一定的生长，就没有质的发育；发育是在生长基础上进行的。同时，整个发育过程中又包含着生长。生长是量变过程，表现在原生质体积的增加和林木细胞数量的增加；发育是质变过程，表现在细胞生活物质内在的变化。通过发育，才能开花、结实和形成种子。

林木在整个生长发育过程中，要经历不同的生长发育时期。从林木结实规律的角度出发，通常把林木个体生长发育分为林木幼年期、林木青年期、林木壮年期和林木老年期4个时期。

参考文献

翟明普，沈国舫，2016. 森林培育学[M]. 3版. 北京：中国林业出版社.

（奚如春）

林木结实　tree fruiting

木本植物孕育果实、种子的过程。在林木一生中，最初为幼年期或营养生长期，到一定年龄后，才具结实能力。

林木开始结实的年龄因树种而异。一般来说，喜光树种早于耐阴树种，速生树种早于慢生树种。在同一树种的个体中，孤立木、林缘木比密林中的林木开始结实的年龄要早。在同一个树种分布区内，南部地区或南坡的林木比北部地区或北坡要早。进入成年期的树种，年结实量差异很大，种子产量不稳定，有的年份结实很多，有的年份结实特少。结实多的年份称为大年，也叫丰年或种子年；结实少的年份称为小年，也叫歉年；结实一般的年份叫平年。有些树种分布地区辽阔，在同一年度中各地的天气状况不尽一致，常某些地方结实甚少，而其他地方却能丰收。

林木结实是一个漫长的过程，天气、气候、光照条件、土壤、生物因子、树木本身的开花结实习性等都会对开花结实产生一定影响。多数阔叶树以及裸子植物中的苏铁、银杏

和柏科中的多数树种，从花芽分化到种子成熟需要1年；三尖杉、粗榧和麻栎等树种需要2年；松属树种则长达3年，要跨越两个冬天。

（王乃江）

林木结实周期性　periodicity of tree fruiting

林木结实量每年有很大的差异，丰年和歉年交替出现的现象。林木结实丰年间隔期有很大的差异。根据结实情况是否稳定，可以把结实间隔期明显的树种分成以下4类。

结实极不稳定　各年产量的最大差异相当于多年的平均产量，完全无收的年份出现得相当频繁。如橡树、欧洲白蜡、欧洲云杉、西伯利亚落叶松等。特点是寿命长，性成熟的时期来得很晚，多半是高寒地带的针叶树，或是不耐寒的阔叶树。

结实不稳定　各年产量的最大差异相当于多年平均产量的50%～80%。完全无收年份不太多。如欧洲赤松。

结实稳定　各年产量的最大差异不超过平均产量的一半。丰年较多，丰年出现的频率超过歉年，如欧洲白榆、疣皮桦等，特点是果实小，开花后种实很快成熟。

结实相当稳定　丰年相当多，完全无收的年份非常罕见。这类树种的幼年期较短，很快就达到性成熟，但成年期不长；种粒较小，开花后一般很快成熟，如西伯利亚白杨、柳、白蜡树、槭和多种灌木。

林木出现结实周期性的主要原因是自身的营养状况。丰年，光合作用的产物大部分被果实和种子所消耗，有时还利用了母树体内贮存的营养物质，养分的过分消耗抑制了根系的代谢与吸收功能，根系的活动受到抑制反过来又影响枝梢生长与叶片光合作用。另外，由于丰年碳水化合物消耗过度，氮素物质不能合成蛋白质而停留在氨基酸状态，并且结果枝内蛋白质含量低于总氮量的60%，会影响花芽分化，造成花芽在形成的关键时期营养不足，导致来年出现歉年。树木补充这种消耗所需的时间越长，结实大小年现象就越明显。

丰年所结的种子，母树营养充足，开花授粉、受精和种子发育过程都进行得比较顺利，种子产量、质量都很高。应当在丰年大量采种进行贮备，以备歉年不足。另外，种实发育期加强肥水管理，采种时避免损伤母树，可以缓解大小年现象。

（王乃江）

林木竞争指数　tree individual competition index

量化表达林木承受竞争压力大小的指标。一般认为，植物之间的竞争是生物间相互作用的一个重要方面，是两个或多个植物体在对同一环境资源和能量的争夺中所发生的相互作用，竞争的结果产生植物个体生长发育上的差异。林木竞争指数在形式上反映的是林木个体生长与生存空间的关系，但其实质是反映林木对环境资源的理论需求与现实占有量之间的关系。

定量研究林木竞争的方法已有50多年的历史，产生出多

个竞争指数，如树冠面积重叠竞争指数、胸高断面积竞争指数、视角竞争指数、镶嵌多边形竞争指数、直径—距离竞争指数、树冠体积竞争指数、光照竞争指数以及高度角指数等。经典研究以海耶（Hegyi）竞争指数最为常用。后又发展出了能同时简洁地表达出竞争木上方遮盖和侧翼挤压的基于交角的竞争指数和基于空间结构参数（混交度 M_i、角尺度 W_i、大小比数 U_i 和密集度 C_i）的竞争指数（SCI）。SCI 竞争指数的计算公式为：

$$SCI = \sqrt{C_i \lambda_{W_i} U_i \lambda_{M_i}}$$

其中，

$$U_i = \frac{1}{4} \sum_{j=1}^{4} k_{ij}$$

当第 j 株相邻木比参照树小，$k_{ij} = 0$；否则，$k_{ij} = 1$。

$$C_i = \frac{1}{n} \sum_{j=1}^{n} y_{ij}$$

当第 j 株相邻木与参照树 i 的树冠投影相重叠时，$y_{ij} = 1$，否则 $y_{ij} = 0$。

λ_{W_i}、λ_{M_i} 为角尺度和混交度的转化取值形式：

$$\lambda_{W_i} = \begin{cases} 1.00, & \text{若 } W_i = 0.00 \\ 0.75, & \text{若 } W_i = 0.25 \\ 0.50, & \text{若 } W_i = 0.50 \\ 0.375, & \text{若 } W_i = 0.75 \\ 0.25, & \text{若 } W_i = 1.00 \end{cases}$$

$$\lambda_{M_i} = \begin{cases} 1.00, & \text{若 } M_i = 0.00 \\ 0.97, & \text{若 } M_i = 0.25 \\ 0.93, & \text{若 } M_i = 0.50 \\ 0.89, & \text{若 } M_i = 0.75 \\ 0.85, & \text{若 } M_i = 1.00 \end{cases}$$

参考文献

惠刚盈, Klaus von Gadow, 等, 2016. 结构化森林经营原理[M]. 北京: 中国林业出版社.

惠刚盈, 克劳斯·冯佳多, 2003. 森林空间结构量化分析方法[M]. 北京: 中国科学技术出版社.

（惠刚盈）

林木开花结实　tree flowering and fruiting

林木成年阶段所表现出的生理现象。是幼年期结束的标志。影响林木开花结实年龄主要有遗传因素、林木起源因素、外界环境因素等。

遗传因素　树种不同，开花结实年龄也不同。灌木开花结实年龄要早于乔木。许多灌木树种 2 年生就能正常开花结实；油桐中的对岁桐类型，第二年即可正常开花结实；马尾松 5～6 年可结实，杉木 4～8 年结实，中国引种的火炬松 6～7 年才能结实。有些树种开花结实十分迟缓，如银杏结实需要 20 年，云杉需 40 年。一般喜光速生树种开花结实早，而耐阴树种开花结实较晚。

林木起源　林木起源不同，开花结实年龄也不同。无性起源的林木开花结实早；有性起源的林木开花结实晚。例如，嫁接核桃苗 3～4 年可结实，实生核桃 10 年才能结实；红松天然林 80～140 年才开始结实，而人工林 20 年左右就

能正常结实。

外界环境　林木生长环境因子不同，开花结实年龄也不同。孤立木由于树冠部分光照条件好，开始开花的年龄比郁闭林分中的林木早。在一些特殊情况下，如土壤干旱瘠薄，或遭受病虫、火灾以后，林木常常过早开始结实，这是营养生长受到强烈抑制，个体早衰结实，是不正常的现象。

（王乃江）

林木老年期　tree old stage

林木个体生长发育中，从结实量大幅度下降开始，到林木发育进入衰老阶段的时期。

林木老年期林木主要特征是生长出现衰退，产量低或基本没有产量，林木失去可塑性，生理功能明显衰退，新生枝条的数量显著减少，林木主干茎末端和小侧枝开始枯死（枯梢），抗逆能力大大下降，容易遭受病虫危害，结实量大大减少，种粒小，在生产上已无经营价值。

林木老年期出现和持续时间的长短，与树种和栽培措施有关。该时期在培育技术上的主要任务是控制病虫害、促进其改造和更新。

参考文献

翟明普, 沈国舫, 2016. 森林培育学[M]. 3版. 北京: 中国林业出版社.

（吴如春）

林木类型　tree type

在森林培育中，为了便于对林分进行经营管理，根据林分中林木的长势及在林冠层中所处的地位和作用将其划分成不同的类别。

不同的学者针对不同种类的林分划分的林木类型不同。对于同龄针叶纯林，德国的林学家 G. 克拉夫特（1884）根据林木生长的优劣将其分为**优势木**、**亚优势木**、**中等木**、**被压木**和**濒死木** 5 种类型。日本的寺崎（1902）参照日本落叶松单层林的具体情况，根据林冠层的优劣先将林木划分为优势木和劣势木两大类型，然后按树冠形态、树干缺陷将林木再细分成 5 种类型。对于阔叶林及阔叶混交林，1942 年，美国的林学家 R. C. 霍莱（R. C. Hawley）根据树冠的竞争状态，将阔叶林中的林木划分为优势木、亚优势木、中庸木和被压木 4 种类型。中国大多数人工林为针叶纯林，在进行林分经营管理中多采用**克拉夫特林木分级法**进行林木类型划分。

参考文献

沈国舫, 翟明普, 2011. 森林培育学[M]. 2版. 北京: 中国林业出版社.

（韦小丽）

林木良种　certified tree variety

通过审定的主要林木品种，在一定的区域内，其产量、适应性、抗性等方面明显优于当前主栽材料的繁殖材料和种植材料。林木良种是优良基因资源的载体，具有优良的内在

遗传品质和外在播种品质。用良种育苗、造林是提高林业生产力的基础。

林木良种的选育首先需要通过种源试验，选择优良种源，再从优良种源中选择优良林分。从优良林分中选择优良单株，通过子代测定，选择优良家系及优良单株，进行杂交，对子代再作选择，如此连续进行多代的人工选择育种，最终改良树木本身的遗传品质，并通过严格的试验示范，培育出生长快、材质好、抗逆性强、林果产量高的优良类型或优良品种。

林木良种需经过审（认）定程序。在中国，林木优良类型或优良品种要获得推广资格，需要经过良种审定或认定程序。审定是指林木良种审定委员会对生产单位和个人选育、申请的材料进行审查、评价和认可，并进行良种审定、编号、登记，报请同级林业主管部门公布使用的过程，是确认申报材料是否为良种的必经法定步骤。通过审定明确其优良性状，适生、使用范围，避免不良繁殖材料扩散和盲目推广。认定是指由于林木良种的选育需要较长时间的测定期，对一些经过选育的优良种植材料，如果选育程序、测验结果、适应区域、优良指标等基本达到规定的标准，但测定期未达到国家标准的期限，尚不具备审定条件的情况下，林木良种审定委员会按林木良种审定的程序进行论证、评议，暂时确认其使用价值及其推广使用区域的一种程序。通过认定的林木良种，由林木良种审定委员会统一命名、编号、登记，报请同级林业主管部门予以公布。

林业生产周期长，一旦用劣质种苗造林，不仅影响树木成活，而且影响综合效益的发挥，造成的损失要影响十几年甚至几十年。因此，林业发展必须重视林木良种建设。

参考文献

刘红, 施季森, 2012. 我国林木良种发展战略[J]. 南京林业大学学报, 36(3): 1–4.

王印肖, 2006. 林木良种及良种建设策略[J]. 河北林业科技（增刊）: 4–7.

（李淑娴）

林木良种基地　certified seed production base

按照国家营建种子园、母树林、采穗圃等有关规定的要求而建立的专门从事良种生产的场所。遗传品质和播种品质都优良的种子称为良种。遗传品质优良主要表现在用该种子造林形成的林分具有速生、丰产、优质、稳定性强等特点。播种品质优良体现在种子物理特性和发芽能力等指标都达到或超过有关国家标准。遗传品质是基础，播种品质是保证。因森林培育的长周期性，一旦用劣种造林，会影响树木成活、成林、成材，损失严重，难以挽回。在种子生产上，为了有计划地供应遗传品质优良的造林和更新用种，从根本上提高森林生产力水平，改善林产品质量，满足植树造林和森林更新发展需要，必须贯彻基地化、良种化、丰产化的经营方针，建设林木良种基地。

中国林木良种基地建设工作起步于母树林，通过选择优良林分、划定或营建采种母树林的研究，为生产上建立红

湖南会同千亩杉木第 3 代种子园（段爱国　摄）

松、油松、樟子松、马尾松、湿地松、云南松、刺槐等树种的采种基地提供了技术支持。20 世纪 60 年代以来，开始了主要造林树种优树选择和种子园营建技术的研究，发掘出数以万计的优树，通过子代测定，为不同世代种子园、采穗圃的营建提供了宝贵材料，并总结出从嫁接、定植到早实丰产的良种基地建设配套技术。杉木已进入第 3 代生产性种子园营建时期，马尾松、落叶松进入第 2 代生产性种子园建设阶段。经严格筛选和科学评定，先后于 2009 年、2012 年、2018 年分 3 批次确定了 296 处国家重点林木良种基地，推动了林木良种化进程。

参考文献

沈国舫, 2001. 森林培育学[M]. 北京: 中国林业出版社.

（张建国）

林木青年期　tree adolescent stage

林木个体生长发育中，从第一次开花结实开始，到结实 3 ～ 5 次为止的时期。

林木青年期林木积累了充足的营养物质，在适宜的环境条件（温度、养分、水分和光照等）下，开始由营养生长转入生殖生长，产生生殖器官和性细胞，分化出花芽，开始开花结实。林木特征是树势稳定，骨架已形成，但仍以营养生长为主，生长较快，分枝速度、冠幅扩大及根系生长也较快，同时逐渐转入与生殖生长相平衡的过渡时期，结实量不多，果实和种粒大，但空粒较多。种子的可塑性较大，为引种的好时期。

林木青年期出现和持续时间的长短，与树种和栽培措施有关，一般 3 ～ 6 年。这个时期在培育技术上的主要任务是加强林木抚育管理，开始修枝和疏伐工作，保证光照和养分的供给；继续增长茎枝，扩张树形；嫁接苗第一、二次开的花通常要摘除。

参考文献

翟明普, 沈国舫, 2016. 森林培育学[M]. 3版. 北京: 中国林业出版社.

（吴如春）

林木群体生长发育　tree population growth and development

随着年龄的增长，林分内林木生长发育、群体内部结构和对外界的要求有所不同，表现出的林分一定的阶段性规律。

林木群体是由林木个体组成的，林木群体的生长发育与林木个体生长发育有密切的关系，必然带有林木个体生长发育的主要特征，遵循林木个体生长发育的基本规律。但是，由于林木群体是复杂的生态系统的组分，其生长发育不仅与林木个体自身的遗传及生理生态特性有关，而且还与林木群体结构及其生物和非生物环境有很大的关系。一般来说，从幼苗到成熟，典型的林分都要经过幼苗、幼树、幼龄林、中龄林、成熟林、过熟林等几个生长发育阶段，不同树种每个阶段的时间长短（年限）有较大差别（见表）。林分各生长发育阶段的延续期因地区、立地及树种而异，有很大差别，而且从生物学角度的划分与单纯从经营利用角度的划分也有所不同，下表是从生物学和经营利用相结合角度说明不同地带不同类别树种林分生长发育阶段延续期。

林木群体生长以林分平均树高、胸径和材积的生长量来表示，也可以单位面积林地蓄积生长量、单位面积胸高断面积的生长量来表示。常以林分单位面积年平均生长量代表林地的生产力。

林木群体生长与单株林木生长也存在不同，单株林木随着年龄的增大，其林木的直径、树高及材积增加，在林木被伐倒或枯死之前其材积一直在增加。而林分在其生长过程中有两种作用同时发生，即一方面活立木逐年增加其材积，从而增大了林分蓄积量；另一方面，因自然稀疏或抚育间伐以及其他原因使一部分林木死亡，从而减少了林分蓄积量。因此，林木群体生长通常是指林分的蓄积随着林龄的增加所发生的变化。而组成林分全部林木的材积生长量和枯损量（间伐量）的代数和称为林分蓄积生长量。在不是以木材生产为重要目的的树种中，一切器官的生物量（以单位面积的重量表示）成为比蓄积量更重要的关注点，虽然这两者是高度相关的。生物量的形成又与碳汇增长密切相关，正在成为森林生长的研究重点。

参考文献

翟明普, 沈国舫, 2016. 森林培育学[M]. 3版. 北京: 中国林业出版社.

（李吉跃）

林木生长周期性　tree growth periodicity

在自然条件下，林木或器官的生长速率随着昼夜或季节发生有规律变化的现象。林木生长速率按昼夜发生有规律的变化称为生长的昼夜周期性。林木在一年中的生长速率按季节发生有规律的变化，称为生长的季节周期性。了解林木生长周期性，可在林木生长发育过程中，通过制定相应的培育措施，来提高林木的生产潜力。

林木生长周期性主要是由昼夜或四季的温度、光照和水分等因素的分配差异，以及林木对这些因素的适应性差异所引起的。四季的温度、光照和水分等因素的变化大于昼夜变化，对林木生长的影响更大，所以林木生长的季节周期性变化更为明显。

不同树种生长的季节周期性有很大差异，特别是在高生长方面表现更为突出。通常根据一年中林木高生长期的长短，把树种分为前期生长型和全期生长型两种。

前期生长型　又称春季生长型。这类树种的高生长期和侧枝延长生长期很短，多数为1～3个月（中国北方1～2个月，南方1～3个月），每年只有一个生长期，一般5～6月高生长结束。生长特点是春季开始生长时，高生长经过极短的生长初期，即进入速生期，但速生期也比较短，之后便很快停止生长。前期生长型树种有时会出现二次生长现象，即当年形成的芽在早秋又开始生长，也称为秋生长。由于二次生长的部分当年秋季不能充分木质化，所以不耐低温和干旱，经过寒冬和春旱后死亡率很高。

全期生长型　林木的高生长期持续整个生长季节（中国

林分生长发育阶段及其相应的年龄和龄级

林分生长发育阶段		相应的年龄				相应的龄级
		天然林		人工林		
		一般树种	速生树种	一般树种	速生树种	
幼苗（成活）阶段				1～3	1	
幼树（郁闭前）阶段		5～10	2～3	3～7	2～3	I
幼龄林阶段	幼龄林形成	<20	<10	<10	<5	I
	杆材林	21～40	11～20	11～20	6～10	II
中龄林阶段		41～80	21～40	21～40	11～20	III～IV
成熟林阶段	近熟林	81～100	41～50	41～50	21～25	V
	成熟林	101～120	51～60	51～60	25～30	VI
过熟林（衰老）阶段		>120	>61	>61	>31	＞VI

北方 3～6 个月；南方 6～8 个月，有的达 9 个月以上）。生长特点是高生长在全生长季节中都在进行，而叶子生长、新生枝条的木质化等则是随着生长而进行，到秋季达到充分木质化，以备越冬。全期生长型林木的高生长速度在一年中并不是直线上升的，而是出现 1～2 次生长暂缓期，即高生长速度明显减缓，高生长量大幅度下降，有时甚至会出现生长停滞状态。在暂缓期过后，高生长还会出现第二次速生期。

参考文献

翟明普, 沈国舫, 2016. 森林培育学[M]. 3版. 北京: 中国林业出版社.

（李吉跃）

林木生殖发育时期　tree reproductive development period

林木从花芽分化到开花结实的时期。这一时期有花芽分化和开花结实两个阶段。多数林木一年开花一次，一年多次开花的则要经过多次花芽分化。

林木生长到一定时期，开始花芽分化，花芽形成标志着花芽分化结束。花芽分化后，林木经过开花、传粉、受精，最终形成种子和果实，完成生殖发育。生殖发育要消耗大量的碳素物质、氮素物质、蛋白质、三磷酸腺苷（ATP）、淀粉和糖类，还需要赤霉素、乙烯、细胞激素等植物激素。充足的营养是林木营养生长转向生殖生长的基础，**林木幼年期营养物质积累对生殖发育极为重要**。

林木在营养生长和生殖生长平衡中交替进行生殖发育，一般林木生殖发育期相对集中，花芽分化期一般在营养生长趋于缓慢的时候。大多数针叶树花芽分化期在 6～8 月。生产中，在林木生殖发育期要控制水肥，减少氮肥使用量，适当增加磷肥。

（王乃江）

林木营养诊断　tree nutrition diagnosis

对土壤养分和林木的营养状况作出评价的综合技术。可判断养分亏缺和平衡状况，预测、评价肥效和指导施肥，是林木合理施肥的前提和基础。

林木生长需要从土壤中吸收多种化学元素，参与代谢活动或形成结构物质。根据林木对元素需要量的多少，将这些化学元素分为大量元素和微量元素。大量元素包括碳、氢、氧、氮、磷、钾、钙、镁、硫等；微量元素包括铁、锰、硼、铜、锌、钼、氯等。氮、磷、钾被称为肥料三要素，植物对其需要量较多，在不同程度上成为林木生长的限制因子，为林木营养诊断的主要内容。林木营养诊断有以下 4 种方法：

DIRS 法　在大量叶片分析数据的基础上，按照产量高低或生长量划分为高产组和低产组，用高产组所有参数中与低产组有显著差异的参数作为诊断指标，以被测植物叶片中养分浓度的比值与标准指标的偏差程度评价养分的供求状况。

叶片营养诊断法　通过分析测定叶片中营养元素含量来评价植物的营养状况。一般采集靠近树冠顶部且充分发育的新生叶片作为测定样品。常用方法包括临界值法、营养成分诊断法和矢量分析法。

土壤分析法　用土壤养分快速测定仪进行土壤营养分析。

超显微解剖结构诊断法　用电子显微镜扫描植物组织切片，缺少营养元素的细胞结构会出现特殊缺陷，如质体、线粒体等细胞器或细胞壁的内膜、核膜畸形。这些症状的出现往往早于肉眼可见的症状，常作为早期诊断方法。

参考文献

沈国舫, 翟明普, 2011. 森林培育学[M]. 2版. 北京: 中国林业出版社.

翟明普, 沈国舫, 2016. 森林培育学[M]. 3版. 北京: 中国林业出版社.

（王乃江）

林木幼年期　tree juvenile stage

林木个体生长发育中，从种子萌发开始，到第一次开花结实，或开始有其他收益（如树液、树脂、树皮等）为止的时期。

林木幼年期林木从种子萌发、幼根生长到幼茎出土、展叶、抽条全过程都以营养生长为主，进行营养物质的积累。到了幼年期后期，随着营养物质的不断积累，林木开始从营养生长向生殖生长转化，开始进行**花芽分化**，为开花结实做准备。林木特征是营养生长旺盛，营养物质积累多，地上地下迅速扩张。在幼年期，林木年幼，可塑性大，对环境条件适应性强，枝条再生能力强；比较容易生根，适于营养繁殖。

林木幼年期持续长短因树种、环境条件和栽培管理技术而异。通常林木从种子萌发到开花结实需要经过数年，甚至几十年。如"桃三李四梨五年，核桃柿子六七年"就是对幼年期的表述。对林木育种和以果实为收获对象的种类而言，幼年期长是育种期限和早期丰产的严重障碍。在生产实践和科研上，通常采用扦插、嫁接或应用生长调节剂来缩短幼年期。幼年期林木的主要培育任务是保证成活，控制徒长，促进其健壮、匀称生长，培养优良的自然树形，积累营养物质，为生殖生长做准备。

参考文献

翟明普, 沈国舫, 2016. 森林培育学[M]. 3版. 北京: 中国林业出版社.

（奚如春）

林木整枝　tree pruning

自然条件下林木下部枝条枯死脱落或人为地除去树冠下部枯枝和部分活枝的措施。

1936 年德国迈尔·韦格林（Mayer Wegelin）首次提出了林木整枝的概念。随后在欧洲、美洲、大洋洲和非洲的多个国家相继开展了有关研究，逐渐成为有效的林木培育措施。中国对林木修枝技术的认识较晚，人工林进行修枝作业还不普遍，对修枝技术的研究也仅限于一些主要造林树种。林木整枝分为自然整枝和人工整枝。

自然整枝　林木树冠下部的枝条因光照不足或年龄增长逐渐枯死脱落的现象。幼林郁闭后，树冠下部枝条由于上部枝叶庇荫，光照强度低于光补偿点，光合作用弱而呼吸作用强，呼吸消耗量多于光合产量，加之树木生长的顶端优势，下部枝条营养不良；同时，下部枝条因处于相对高温高湿的密闭空间，叶片气孔关闭，蒸腾拉力小而水势低，根系吸收的水分主要输送到水势大的上部枝条，导致下部枝条水分亏缺而干枯死亡。林木自然整枝过程可分为枝条枯死、枝条脱落和死枝残桩被树干包被三个阶段。

自然整枝存在很大的随机性和不确定性，死枝的断裂位置大都不在枝条基部，树干在对这些断裂面积大、断裂位置较远的残桩包裹过程往往会形成较大的节子，其包裹瘤痕也较大，严重影响木材材质和外观。自然整枝与林分密度、树种组成及生长状态等有关。林分越密，郁闭度越大，自然整枝越早，枯枝直径也较小；同一林分内优势木枝条粗，自然整枝慢，而被压木则相反；喜光树种树冠下部枝条枯萎的速度较阴树种要快。

人工整枝　人为地除去树冠下部枯枝或一部分活枝的抚育措施。又称人工修枝。分为干修和绿修。干修指对枯死枝条的修枝。绿修指对活枝条的修枝。可降低木节的数量，消灭木材死节，提高木材质量，促进林木生长，改善林内环境，增强林分对自然灾害的抵抗力。

作用和目的　①提高原木等级和木材品质。修枝可以减少木节的数量，尤其是死节的数量，增加无节干材的比例。②增加树干圆满度。修除活枝后，由于减少了树体内物质运输通道的障碍，使同化物质运输与分配发生变化，切口上方树干生长量有所增加，而切口下部则有所减少，从而提高树干的圆满度。③提高林木生长量。修除树冠下层受光差、光合生产力较低而维持消耗较高的枝条，以及妨碍主干生长的竞争枝、大侧枝和枯枝，可增加树体营养物质的利用效率。修枝可增加林农复合生态系统林下光合有效辐射39.7%～98.9%，增高林下气温及叶温、降低空气相对湿度。④适时改善林分环境及卫生状况，提高林分对病虫害及自然灾害的抵抗能力。修除枯枝、弱枝，能减少发生树冠火的危险性，减弱雪压和风害，降低病虫害的发生。⑤提供燃料、饲料、肥料。

技术要点　确定修枝林分和林木、修枝起始期和修枝间隔期、修枝强度、修枝季节以及修枝切口位置等。

参考文献

沈国舫，翟明普，2011. 森林培育学[M]. 2版. 北京：中国林业出版社.

孙时轩，1992. 造林学[M]. 2版. 北京：中国林业出版社.

（孙晓梅）

林木种实产量预测　tree seed production forecast

在林木开花前后及果实发育期间预估未来种子收成的一项技术工作。是科学制订采种计划，做好采种准备，种子贮藏、调拨和经营的依据。

根据预测周期的长短，分为长期预测、中期预测和短期预测。①长期预测。主要是通过分析影响林木结实的各种因素，特别是外界环境因素，对种子长期供应和需求变化进行宏观预测，方法有灰色系统模型法、GM 模型法和拓扑预测法等；特点是预测周期长，所获结果与实际情况常有较大出入。②中期预测。主要为政府部门的决策提供依据，有树冠信息段法和开花强度法等。③短期预测。主要是在树木开花至种子达到生理成熟这段时间估测产量，有目测法、标准枝法和可见半面树冠法等。

在林木种实临近成熟或已成熟时调查测算实际产量，称为林木种实产量实测。产量实测有全部种实测定法、平均标准木法和径级代表木法等。通过种实产量实测可获得单位面积的绝对产量，进而推算全林或全园产量。

（张建国）

林木种质资源　forest tree germplasm resources

选育林木新品种的基础材料。包括各种林木的栽培种、野生种的繁殖材料以及利用上述繁殖材料人工创造的各种林木的遗传材料。

林木种质资源是具有一定利用价值的遗传物质，是林木遗传改良和新品种选育的基础材料，是遗传多样性和物种多样性的基础，是国家重要的战略资源，关系到林业生产的可持续发展，对林业经济和生态建设具有重要战略意义。林木种质资源的形态包括植株、苗、果实、籽粒、根、茎、叶、芽、花、花粉、组织、细胞和 DNA、DNA 片段及基因等。

中国地域广阔，林木种质资源种类居世界第三位，仅次于巴西和哥伦比亚，多分布于天然林、人工林、自然保护区、森林公园、湿地公园、风景名胜区、植物园、树木园、良种基地、收集圃、试验林等区域。其中具有重要经济价值的有 3000 多种。世界发达国家对林木种质资源十分重视，中国也将林木种质资源的调查、保护利用、新品种的培育与开发列为林业工作的重中之重。

自 2002 年以来，国家陆续开展了林木种质资源清查工作，并制定了相关奖励政策。2007 年国家林业局发布了《林木种质资源管理办法》，2008 年国家林业局印发了《林木种质资源调查技术规程（试行）》（林场发〔2008〕197 号）文件，为全国的林木种质资源调查工作提供了基本依据。2014 年国家林业局出台了《全国林木种质资源调查收集与保存利用规划（2014—2025 年）》，标志着中国对林木种质资源利用进入了按"路线图"发展的新阶段。全面掌握了各省（自治区、直辖市）资源状况，获得了水杉、银杏、银杉、水松、珙桐、香果树等重点树种的遗传变异和多样性分布的重要基础数据，促进和保证了林木种质资源管理工作科学化、系统化。

在开展种质资源调查的同时，国家还开展了种质资源的原地保护、异地保护工作，其中原地保护主要通过建立自然保护区和森林公园等形式对种质资源进行保护；异地保护是最重要的资源保护方式，主要通过建立异地库、样本库、设施库、数字库等形式进行保护。2009 年建立了第一批国家级种质资源库 13 个，2017 年获批 86 个。建有 226 个国家林木良种基地，254 个国家级自然保护区。各地也陆续建立了省级、市县级种质资源库以及企业种质资源库。企业种质资源库多以发掘利用种质资源为主，注重经济效益，兼顾其他利益，多为短期对资源的合理利用。

参考文献

安元强, 郑勇奇, 林富荣, 等, 2016. 林木种质资源调查技术规程研制[J]. 林业调查规划, 41(3): 1–6.

安元强, 郑勇奇, 曾鹏宇, 等, 2016. 我国林木种质资源调查现状与策略研究[J]. 世界林业研究, 29(2):76–81.

郑勇奇, 2017. 种质资源发掘与品种创新——"一带一路"倡议下的国际合作新机遇[J]. 中国花卉园艺, 18: 37–38.

（李淑娴）

林木种子　forest tree seed

林木的繁殖器官。林业生产中凡是能供传种接代和扩大再生产的播种、扦插、栽植的材料。

林木种子是森林培育的物质基础，是承载林木遗传基因、促进森林世代繁衍的载体，其质量的优劣、数量的多少直接关系到森林质量和林业建设，是发展现代林业的重要基础和战略资源。

林木种子主要有 3 种形式：①真正的种子（图 1）。即植物学上所说的种子，指受精后由胚珠发育而成的繁殖器官，如油松、落叶松、马尾松、云南松、云杉、冷杉、杉木、柏木、刺槐等种子。②包含种子的果实（图 2）。其内部具有一粒或几粒种子，外部则由子房壁或花器官的其他部分发育而来，如栎类、桦木、榆树、白蜡树、毛竹、榉树等树木的果实。分别属于坚果、翅果、颖果和核果，其种子包在果皮之内，可直接用于播种。③营养器官（图 3）。主要是树木的根、茎、叶等，如泡桐、枣树、竹类、杨树、柳树、池杉、杉木、雪松、茶树等树木的营养器官，在一定条件下能生出不定根形成新植株。用种子或果实进行繁殖的方法，称为有性繁殖；利用营养器官进行繁殖的方法，称为无性繁殖。

通常提到的林木种子为植物学意义上的种子，其表型性状主要包括形状、颜色和大小。①形状。有圆球形（核桃）、扁圆形（榆树）、倒卵形（松类）、肾脏形（刺槐）、纺锤形（枣树）等。②颜色。有的鲜明，有的暗淡，有的呈现斑纹，有的富有光泽。③大小。通常用种子的长、宽、厚或千粒重表示。种子的形状和颜色在遗传上是相对稳定的性状，是鉴别树种、品种以及种子是否发霉变质的重要依据；种子大小是鉴别种子品质（播种品质）的重要依据。种子的形状、颜色、大小受树种的遗传特性以及成熟期间环境条件和成熟度的影响。如种子成熟期间阴雨连绵，则颜色暗淡；种子掠青采收，表现干瘪、种仁不饱满。种子内部构造基本相同，一般都是由种皮（有时包括果皮在内）、胚和胚乳三个主要部分组成。

种子的成分复杂，主要是水分、糖类、脂肪、蛋白质，还有少量的维生素、生长素、单宁和各种酶等。这些物质是种子萌发所必需的能量来源和生理调节物质，对种子的生理机能有重大影响。

参考文献

沈国舫, 2001. 森林培育学[M]. 北京: 中国林业出版社.

（张建国）

图 1　真正的种子（杉木种子）

图 2　包含种子的果实（青冈栎种子）

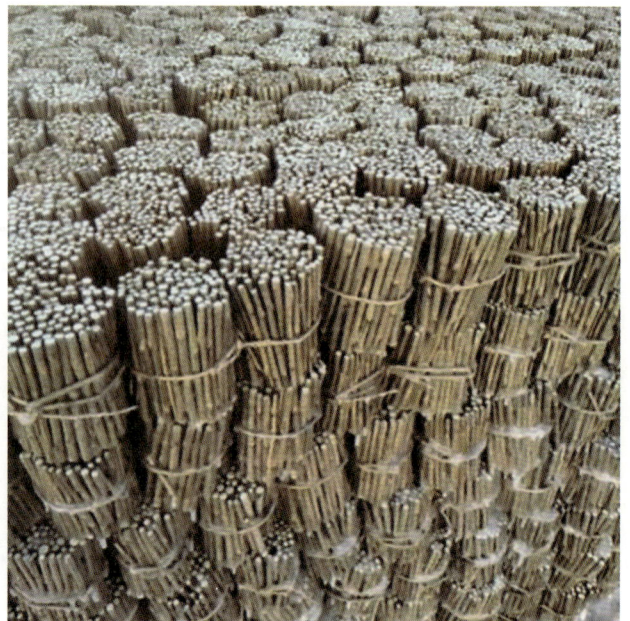

图 3　营养器官（杨树插穗）

林木种子检验 tree seed testing

以种子生物学、种子解剖学和种子生理学等理论为基础，测定种子播种品质的一项技术工作。也称林木种子品质检验。曾称林木种子质量检验。是林木种子管理工作的重要环节。

林木种子检验的目的 ①确定种子质量，评定种子等级，作为种子能否使用和定价的依据；②作为确定**播种量**的依据；③防止不合格的种子，特别是含水量不符合标准或感染病虫害的种子入库贮藏，提出控制种子质量的措施，保证种子贮藏运输的安全；④掌握不同产地、不同林分和不同年度种子质量变化的情况，为种苗行业管理提供基本数据；⑤了解种子质量变化情况和影响种子质量的原因，对种子的采收、加工、贮藏和运输等提出改进意见；⑥作为林木种子执法的技术手段，打击不法分子出售假冒伪劣种子。

发展史 种子质量检验起源于欧洲。1869年，德国F.诺培(Friedrich Nobbe)博士建立了世界上第一个种子检验实验室，并开展了种子的真实性、种子**净度**和**发芽率**等项目的检验工作，1876年出版了《种子学手册》一书。诺培是国际公认的种子检验和种子科学创始人。1906年，在德国汉堡举行了第一次国际种子检验大会。1908年，美国和加拿大两国成立了北美官方种子分析者协会(Association of Official Seed Analysts, AOSA)。1921年欧洲种子检验工作者在法国举行了大会，成立了欧洲种子检验协会(ESTA)。1924年全世界种子检验工作者在英国举行第四次世界大会，正式成立了国际种子检验协会(International Seed Test Association, ISTA)。以后ISTA每3年举行一次世界大会(1937-1950年受第二次世界大战影响除外)。截至2018年，ISTA先后在世界各地召开了28次世界大会，制订并多次修订了国际种子检验规程，建立种子技术培训中心，编写出版种子刊物和手册等。中国学者多次翻译出版了《国际种子检验规程》《乔灌木种子手册》《种苗评定与种子活力测定方法手册》等ISTA官方著作。中国林木种子检验工作始于20世纪50年代初，1957年林业部颁布了《林木种子品质检验技术规程(草案)》。20世纪80年代，林业部分别在北京和南京成立北方林木种子检验中心和南方林木种子检验中心；各省纷纷建立了林木种苗管理站，并在原有林木种子检验室的基础上成立林木种苗质量监督检验站；一些种子生产、经营规模较大的市、县、林场、良种基地等也有自己的林木种子检验室。1982年颁布了《林木种子检验方法》(GB 2772—1981)，1987年颁布了与种子质量检验相对应的林木种子质量等级标准《林木种子》(GB 7908—1987)。2000年，修订版《林木种子检验规程》(GB 2772—1999)和《林木种子质量分级》(GB 7908—1999)发布实施。

林木种子检验的程序 先抽样，按划分种批、抽取初次样品、组成混合样品、分取送检样品的程序取得送检种子样品；检验机构收到送检样品后，先做净度测定，再用抽样取得的纯净种子做发芽率等质量指标的测定。检验项目通常有净度、千粒重、发芽率、生活力、含水量、优良度和种子健康状况等。

林木种子检验的先决条件 包括：①检验人员训练有素。②建立严格的抽样制度。③检验仪器设备运行良好并满足计量精度要求。④检验过程严格按《林木种子检验规程》(GB 2772-1999)规定的技术要求进行。

参考文献

毕辛华, 戴心维, 1993. 种子学[M]. 北京: 中国农业出版社.

International Seed Testing Association (ISTA), 2013. International rules for seed testing[S]. Switzerland: Bassersdorf.

（喻方圆）

林木壮年期 tree mature stage

林木个体生长发育中，从开始大量结实，到出现结实衰退为止的时期。

林木壮年期林木大量结实、种粒饱满、产量高、质量好，是采种最佳时期，也是最有经济价值的时期。结果枝及根系的生长都达到最高峰，树冠充分扩大，林木对养分、水分和光照条件的要求高，对不良环境条件的抗性强。林木特征是生殖生长旺盛，树势稳定，产量稳定；林木生物学特性稳定，可塑性大大减弱；树体构建已完成，结果枝大量增加，产量达到高峰；养分多集中供应果实生长，消耗大，易造成营养失调出现结实"大小年"现象。

林木壮年期出现和持续时间的长短与树种和栽培措施有关。该时期营养生长与生殖生长同时进行，在培育上的主要任务是加强光照、土壤、肥水管理及树体保护，调节生长与结果的关系，保证丰产稳产、延长盛收期年限。

参考文献

翟明普, 沈国舫, 2016. 森林培育学[M]. 3版. 北京: 中国林业出版社.

（奚如春）

林牧复合经营 forestry-animal integrated management

在同一土地经营单元上建立以林业为主体，林下间种牧草，进行牛、羊等放牧，实行多物种共栖、多层次配合，实现资源高效合理利用的生产经营类型。在中国北部和西部地区十分普及，是当地重要的生产方式之一。具有以下优点：提高土地和光能利用率；以牧代休(休耕)，改良林下土壤的理化性质；增加系统稳定性；充分利用作物间的生物学特性，使其相互促进，增加产量等。

林牧复合经营的思想自古有之，并且至今仍有许多国家使用。李寅恭于1919年提出在牧场植树的观点，后又提出了"混牧林"概念，指出"牧不害林，林牧互益"。1978年国际农林复合经营研究委员会的成立，标志着原先相对独立的农业与林业研究开始进入以农林业系统为对象，更加广泛的融合研究阶段，林牧复合经营的系统研究工作也从此开始。

林牧复合经营主要有两种类型：①疏林草场。在半干旱或干旱地区的农田或牧地内不规则地稀植较耐旱的单株树

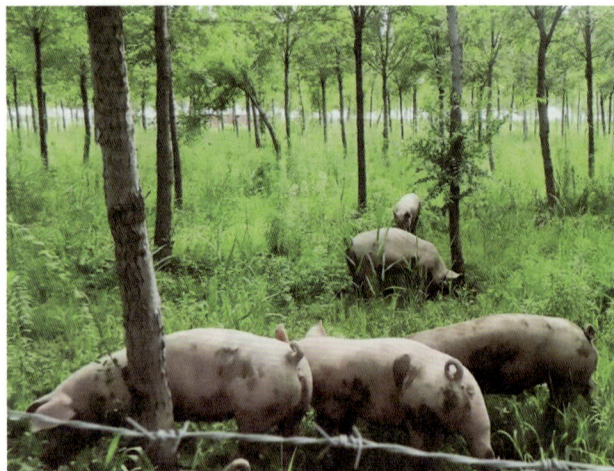

榆树林下养猪

木、树丛或小片林地，或在沙沼地、甸子、河岸阶地保护一些残存的、稀疏生长的榆、柳、杨树林或树丛，形成绿色屏障以阻挡旱风，减少水分消耗，保护牧草和农田，为牲畜提供庇荫及部分饲料。②护牧林。在牧区营造护牧林，可网状或块状配置。为防止风沙灾害，护牧林网的网格面积宜小，一般为 1～4hm²，林带间距 100～200m，林带宽 2～12m。在干旱区林带以灌木树种为主。网格内可种植牧草，如苜蓿、草木犀、沙打旺等，也可种植作青饲料的玉米、高粱等。在土壤水分条件较好的地块，可块状配置护牧林，乔木树种行距 2～3m，株距 1～2m，灌木树种行距 1～2m、株距 1～1.5m。

参考文献

李文华，2003. 生态农业——中国可持续农业的理论与实践[M]. 北京：化学工业出版社.

张久海，安树青，李国旗，等，1999. 林牧复合生态系统研究述评[J]. 中国草地（4）：52-60.

周晓峰，1999. 中国森林与生态环境[M]. 北京：中国林业出版社.

（曹帮华）

林农复合经营 agroforestry

将林业和农业或牧业或渔业等有机地结合在一起进行立体经营的土地利用方式。又称混农林业。可以解决农林争地矛盾、协调资源合理利用、改善与保护生态环境、促进国民经济的可持续发展。

国际农林复合经营研究委员会（ICRAF）认为，林农复合经营是在同一土地经营单元上，将多年生木本植物与栽培植物或动物精心地结合在一起，通过空间或时序的安排以多种方式配置的一种土地利用制度。1950 年，美国人 J. R. 史密斯（J. Russell Smith）所著的《树木作物：永久的农业》（*Tree crops: A Permanent Agriculture*）是第一部关于农林复合经营系统的专著。

特征 林农复合经营是按照经济技术原则建立的人工生态系统，与单纯农业或单纯林业有明显的不同，具有以下4 个特征：①复合性。改变了农业经营对象单一的特点，以树木或林木的参与为前提，把林业和粮食、经济作物、药材或家禽、家畜以及渔业等结合起来，打破了各部门之间和学科之间的界限，加强了各部门之间的协作和学科之间的渗透，提高效益，实现了多物种共栖、多层次配置、多时序组合、物质多级循环利用的高效生产体系。②集约性。有多种组成成分，比单一经营林业或某个农作物要复杂得多，因此在管理上要有更高的技术，在空间配置和时序安排上须精心搭配。③系统性。有其整体的结构和功能，在其组成成分之间有物质与能量的交流和经济效益上的联系。经营目标不仅要关注多个组成成分，更要重视系统的整体效益，把生态效益和经济效益有效联系起来，实现生态效益和经济效益兼顾、协调共赢。④等级性。系统可大可小，有不同的等级和层次，如小范围的庭院经营可视为一个结构单元，田间生态系统、一片山坡也可视为一个结构单元等。

发展阶段 在中国，林农复合经营大体上可划分为 3 个阶段。①原始阶段。原始农业的"刀耕火种"和"游耕农作"就是林农复合经营的原始形式，盛行于新石器时代，延续 7000～8000 年之久，主要表现形式是林地"轮垦"。②传统阶段。公元前 20 世纪前后，奴隶制经济的发展，使刀耕火种演变为定居种植，各地区积累了丰富的实践经验，先后延续 3000 多年，主要表现形式是林农间作套种和林农混作。③现代阶段。20 世纪 50 年代以来，商品经济的发展带动了林农复合经营的发展。现代林农复合经营就是用现代市场经济和系统生态学的观点及科学技术手段，调整农林产业结构，组成农、林、牧、副、渔、工、贸的综合经营体系，使当地自然资源和社会资源得到充分的利用和养护，以谋取巨大而持续的经济、生态和社会效益。

经营类型 林农复合经营是一个多组分、多功能、多目标的综合性经营体系。在多样的自然、社会、经济和文化背景下，形成了不同的类型和模式。由于林农复合经营系统的复杂性与多变性，迄今世界上尚无公认的分类系统和分类标准。在中国，学术界以林农复合经营组成要素的一致性划分系统，并用组成要素的简称合并为系统命名，在系统中再划分经营类型及模式。根据经营目标、成分和功能的不同，将林农复合经营区分为四大系统：林农复合系统、林牧（渔）复合系统、林—农（果）—牧（渔）复合系统和特种林—农复合系统。在系统之下，根据空间与时间的结构划分出不同的经营类型。其中，林农复合经营系统中有**林农间作**、**果农间作**和**农田防护林** 3 种类型；林牧（渔）复合系统中包含**林牧复合经营**、**林渔复合经营**和**护牧林** 3 种类型；林—农（果）—牧（渔）复合系统中有**林农牧复合经营**（三度林业）、**林牧渔复合经营**和**林农渔复合经营** 3 种类型；特种林—农复合系统中有**林药复合经营**、**林果间作**和**林（果）菌复合经营** 3 种类型。在上述复合经营类型中又可根据具体的经营对象细分为经营模式，区域特色明显。如林农间作型中常见的有**杨（桐）农复合经营模式**等；果农间作型中有**枣农复合经营模式**等；林渔复合型中有**桑基鱼塘**等。

参考文献

孟平，张劲松，樊巍，2003. 中国复合农林业研究[M]. 北京：中国林业出版社.

翟明普, 方升佐, 2011. 农林复合经营[M]//翟明普. 现代森林培育理论与技术. 北京: 中国环境科学出版社.

翟明普, 沈国舫, 2016. 森林培育学[M]. 3版. 北京: 中国林业出版社.

Nair P K R, 1985. Classification of agroforestry systems[J]. Agroforestry Systems, 3(2): 97–128.

扩展阅读

黄宝龙, 黄文丁, 林伯颜, 1991. 立体林业[M]. 南京: 江苏科学技术出版社.

李文华, 赖世登, 1994. 中国农林复合经营[M]. 北京: 科学出版社.

（方升佐）

林农间作 tree-crop intercropping

林农复合经营类型之一。在同一土地经营单元上，把林木（包括经济林木和果树）和农作物（包括经济作物）合理组合在一起的栽培模式。在中国常见的有杨粮间作（杨树与小麦、玉米等粮食作物的间作）、枣农间作（枣树与农作物的间作）、桐粮间作（泡桐与粮食作物的间作）、杉农间作（杉木与豆类、红薯间作）等模式。

从组成的比例和经营的主要目的看，林农间作有以林为主、以农为主和农林并举3种类型。①以林为主的林农间作。按照林木培育目标营造人工林，在林龄较小、林内光照较强、林内胁地作用不明显的情况下，选择喜光的粮食作物或经济作物进行间种，以获得一定数量的农产品和较高的经济效益。同时，通过间作可以对幼林起到抚育作用，促进林木生长。当林木长大、林分郁闭度较高、林下光照较弱时，选择耐阴的植物进行间种。②以农为主的林农间作。以农作物栽培为主要目标，林木栽植的株行距比较大，多以行状、带状或网状进行配置，在比较宽阔的树行或树带之间可以长期种植农作物。在风沙、干热风、台风等危害比较严重的地方，通过林农间作，确保农作物高产稳产，并获得一定数量的木材和其他林产品。③农林并举的间作。兼顾林与农双方，物种选择和间作方式介于上述两种类型之间，但对林分结构的动态调控要求比较高，包括林分的空间结构调控以及物种结构的调控，以维持不同组分之间的生态平衡，满足不同组分对环境资源的需求，从而获得较高的生产力和经济效益。

参考文献

宋兆民, 孟平, 1993. 中国农林业的结构与模式[J]. 世界林业研究, 6(5): 77–82.

（唐罗忠）

林农牧复合经营 forestry-agriculture-animal integrated management

林—农（果）—牧（渔）复合系统中的经营类型之一。在同一土地经营单元上，将林、农、牧有机结合的一种经营模式。国外也称"三度林业（three dimension forestry）"。

林农牧复合经营基本原理是以木本粮油植物为主要造林树种，营造宽林带，林带之间种植牧草，并放养畜禽。牧草作为畜禽的饲料，树木既可以生产木材，也可以生产果实作为粮食或畜禽饲料，畜禽的粪便回归土壤，提高土壤肥力，促进林木和牧草生长，形成比较完整的物质循环系统和高效的复合经营系统，具有显著的生态防护功能和较高的生产功能。

参考文献

宋兆民, 孟平, 1993. 中国农林业的结构与模式[J]. 世界林业研究, 6 (5): 77–82.

（唐罗忠，方升佐）

林参复合模式 compound pattern of trees and ginsengs

林下种植模式之一。在同一土地经营单元上，把林木和人参合理组合在一起的经营方式。

野生人参主要生长在中国东北地区的温带针阔混交林中，对环境要求比较高，喜欢阴凉且温度变幅不大的森林环境，生长季最适宜的光照条件是林分郁闭度0.5～0.6的林内散射光，最适气温20～25℃，最适土壤温度18～20℃。人参对土壤的要求也很高，在pH 5.5～7.0、腐殖质含量7%～16%、容重0.6～0.8g/cm³、含水量40%左右的土壤条件下生长较好。

由于天然针阔混交林被大量砍伐，野生人参资源受到了严重破坏，难以满足市场需求，所以出现了人参的人工栽培。人参对环境要求高，连茬种植效果差，历史上曾出现大面积毁林种植人参的现象。为了改变这种局面，20世纪90年代开始大规模开展了林参复合经营，使林、参并存，有效遏制了毁林栽参的传统做法。

林参复合经营包括林参间作型、林下栽参型和林参轮作型3种模式。①林参间作型。一般是在采伐迹地上进行，在栽培人参的同时，在作业步道上栽植珍贵针叶树种，3年后收获人参，再在栽参的床面上栽植阔叶树，形成针阔混交林。②林下栽参型。按照野山参的生长习性选择适宜的林地，进行人工穴播或栽植，并辅以人工管理。采用这种方式培育的人参类似山参，品质较高。近20年以来逐步推广应用苗床式或高畦、平畦式栽培，栽后覆盖落叶以保持土壤温度和湿度，防止土壤板结，栽培效果较好，3年后保苗率可达80%以上，人参产量可达1kg/m²左右。③林参轮作型。在采伐迹地或低价值次生林改造更新的林地上，按种参技术规程进行人参栽培，3年后收获人参，再按造林设计栽植针阔混交林，培育速生、高产、优质的人工林。

除了人参之外，随着人们对保健、药用产品种类和数量的需求越来越多，生产上也开展了大量的其他参类植物的栽培与利用，如林下种植西洋参、丹参、党参、玄参和太子参等，也取得了较好的经济效益。

参考文献

陈大坷, 祝宁, 王凤友, 1990. 中国东北部的人参及林—参系统的经营[J]. 应用生态学报, 1(1): 46–52.

沈国舫, 翟明普, 2011. 森林培育学[M]. 2版. 北京: 中国林业出版社.

（唐罗忠）

林下经济　non-timber forest-based economy

一种农林业生产方式和生态经济模式。以林地资源为基础，充分利用林分特有的环境条件，选择适合林下和林缘种植或养殖的植物、动物和微生物物种，构建和谐、稳定的复合生态系统，或开展其他相关经营活动，以取得明显经济效益。可以充分利用森林资源，加强生态建设，促进农民就业增收，优化林区经济结构，达到经济社会发展与森林资源保护双赢的目的。

林下经济的发展具有阶段性，其概念于21世纪初提出，但目前尚不完全统一。中国林学会2018年发布的《林下经济术语》标准中，将其定义为：依托森林、林地及其生态环境，遵循可持续经营原则，以开展复合经营为主要特征的生态友好型经济。2014年12月中国林学会林下经济分会成立。2018年国家自然科学基金委员会把林下经济列为林学学科下的一个分支领域。

林下经济的基本内涵是**林农复合经营**，是以生产多种木质和非木质林产品为目的的经济形态；外延包括利用森林的生态功能和社会文化功能，开展诸如生态旅游、休闲度假、观光采摘等活动，以满足社会需求。提高了农民护林育林的积极性，丰富了森林资源利用形式，延伸了林业产业链，实现了近期得利、长期得林、以短养长的林业发展目标。与林农复合经营有颇多共同点，但两者存在区别，如林下经济一般以林为主，在生产林产品的前提下提高土地利用率，增加林地的经济产量和经济效益，而林农复合经营不一定以林为主；林下经济的土地利用类型是林地，而林农复合经营可为**农耕地**。

林下经济主要是通过林下种植、林下养殖、林下采集与加工以及森林景观利用等途径提高林地综合利用效率和经营效益。①**林下种植**是发展规模最大、最常见的林下经济模式，是利用林下或林缘光线弱、湿度大、氧气足等特殊环境，选择适生的植物或微生物进行种植。主要包括林药、林菌、林粮、林茶、林菜、林果、林油、林花和林草等模式。②**林下养殖**主要是依托森林、林地及其生态环境，遵循可持续经营原则和循环经济原理，在林内或林地边缘开展的生态养殖活动，包括人工养殖和野生动物驯养。主要包括林禽、林畜、林蜂、林渔以及林特等模式。③林下采集与加工是指对森林中可利用的非木质资源进行的采集与加工活动，如食用菌、中药材、山野菜、野果、花卉、藤条等材料的采集与加工。④森林景观利用主要是合理利用森林景观资源的多种功能和森林内多种资源，开展有益于人类身心健康的经营活动，主要包括森林康养、森林氧吧、森林人家、森林旅游和**森林游憩**等形式。

参考文献

翟明普, 2011. 关于林下经济若干问题的思考[J]. 林产工业, 38 (3): 47-49, 52.

中国林学会, 2020. 林业科学学科发展报告（2018—2019）[M]. 北京: 中国科学技术出版社.

（唐罗忠，方升佐）

林下养殖　in-forest raising

林下经济模式之一。依托森林、林地及其生态环境，遵循可持续经营原则和循环经济原理，在不破坏森林资源和生态环境的前提下，于林内或林地边缘开展的生态养殖活动。

林下养殖包括人工养殖和野生动物驯养。主要有以下5种模式：①林禽模式。开展鸡、鸭、鹅等家禽养殖的复合经营模式。②林畜模式。开展猪、牛、羊、驴等牲畜养殖的复合经营模式。③林蜂模式。开展蜂业生产的复合经营模式。④林渔模式。开展淡水鱼类和甲壳类动物养殖的复合经营模式。⑤林特模式。除以上模式外，驯养、繁殖和保护如梅花鹿、貂、林蛙、蝎子、蝉等特种经济动物和昆虫的复合经营模式。

（唐罗忠）

林下种植　in-forest planting

林下经济模式之一。依托森林、林地及其生态环境，遵循可持续经营原则和循环经济原理，在不破坏森林资源和生态环境的前提下，于林内或林地边缘开展的种植活动。林下种植是发展规模最大、最常见的林下经济模式，是利用林下或林缘光线弱、湿度大、氧气足等特殊环境，选择适生的植物或微生物进行种植。

林下种植包括人工种植和野生植物资源抚育等。主要有以下9种模式：①林药模式。开展药用植物种植或半野生药用植物驯化与培育的复合经营模式。②林菌模式。开展食用菌栽培和人工保育的复合经营模式。③林粮模式。开展粮食作物种植的复合经营模式。④林茶模式。开展林茶套种或林茶间作的复合经营模式。⑤林菜模式。开展蔬菜或野菜种植的复合经营模式。⑥林果模式。开展果树种植的复合经营模式。⑦林油模式。开展油料植物种植的复合经营模式。⑧林花模式。开展具有观赏价值或经济价值花卉种植的复合经营模式。⑨林草模式。开展饲草或**绿肥植物**种植和利用的复合经营模式。

（唐罗忠）

林药复合经营　forest-herbal medicine integrated management

根据植物分布规律、树木与药用植物共生状况，按照生态学原理，合理组合生物种群，充分利用土地、光能、空气、水肥和热量等自然资源，建立乔灌搭配、乔草搭配、灌草搭配的林药间作立体复合经营类型。属于特种林农复合模式的一种，是最具林业特色的林下经济发展模式之一。能充分利用林下环境资源，增加森林生态系统的生物多样性。可分为以林（果）为主前期间作类型、林（果）药长期间作类型和林下药用植物野生化培育类型，其主要的生产形式是林药套种。

发展林药间作必须坚持宜乔则乔、宜灌则灌、宜花则花、宜草则草、宜果则果的"五宜"原则，选择适宜生境，因地制宜，确保药材生长过程中能获取充足的土壤养分、水分等。适合林药复合经营的林地类型包括禁草禁牧次生经济

榆树—板蓝根间作

林区、围栏封育自然修复林区和退耕还林幼林区。人工林发展林药复合经营应选择当地主栽树种，栽植的面积大，根据药用植物的耐阴性确定合理的林分密度和郁闭度。一般来说，针叶林条件优于阔叶林，具体表现在种间竞争弱，能保证中药材正常生长。林药间作多采用高大的喜光乔木与植株矮小的耐阴药用植物配合。适合林药复合经营的药材种类有：乔木如仁用山杏、仁用山桃等；灌木如金莲花、金银花、酸枣、刺五加、连翘等；草本如秦艽、黄芪、柴胡、黄芩、党参、大黄、板蓝根、淫羊藿、玉竹、地黄等。

参考文献

李文华, 2003. 生态农业——中国可持续农业的理论与实践[M]. 北京: 化学工业出版社.

骆世明, 2009. 生态农业的模式与技术[M]. 北京: 化学工业出版社.

沈国舫, 翟明普, 2011. 森林培育学[M]. 2版. 北京: 中国林业出版社.

（曹帮华）

《林业科学》 *Scientia Silvae Sinicae*

林业综合性中文学术刊物。月刊。中国科学技术协会主管，中国林学会主办。1955 年创刊。截至 2020 年 12 月，共出版 56 卷 390 期。陈嵘、郑万钧、吴中伦、沈国舫和尹伟伦先后任主编。

前身可追溯到 1921 年中华森林会创办的中国第一份林学杂志《森林》。创刊之初由中国林学会和林业部林业科学研究所共同主办、中国林业出版社出版，1956 年 7 月改由中国林学会主办、科学出版社出版；1976 年，刊名改为《中国林业科学》，由中国农林科学院主办、科学出版社出版；1978 年

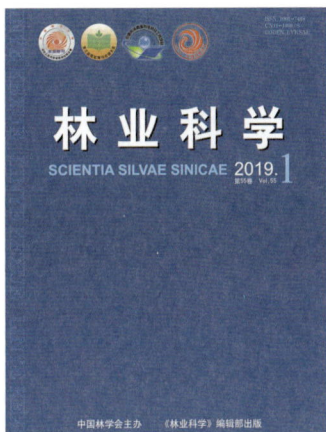

《林业科学》封面

8 月改由中国林学会主办，1979 年 2 月恢复原刊名《林业科学》，1998 年 1 月改由《林业科学》编辑部出版。

主要刊登中国林业及相关领域的最新科研成果。涵盖森林培育、森林生态、林木遗传育种、森林保护、森林经理、野生动植物保护与利用、园林植物与观赏园艺、经济林、水土保持与荒漠化治理、林业可持续发展、森林工程、木材科学与技术、林产化学加工工程、林业经济及林业宏观决策研究等专业领域，设有研究论文、综合评述、问题讨论和研究简报等栏目。

期刊评价指标在林业科技期刊稳居前列，在全国核心科技期刊中也居于前列。是 EI 来源期刊，中国科学引文数据库（CSCD）和北京大学《中文核心期刊要目总览》收录的中文核心期刊。此外，还被 Scopus（荷兰斯高帕斯《文献和引文数据库》）、AJ（俄罗斯《文摘杂志》）、CA（美国《化学文摘》）、CSA（美国《剑桥科学文摘》）、CABI（国际农业和生物科学中心）、ZR（英国《动物学记录》）、AGRIS（《联合国粮农组织书目》）、IC、JST（日本科学技术振兴机构数据库）、UIPD[《尤里奇国际期刊目录》（数据库）] 等国外数据库以及中国科技期刊全文数据库、万方数据库、中文科技期刊数据库（CSTJ）（维普）及中国核心期刊（遴选）数据库等国内数据库收录。1992 年、1997 年、2002 年 3 次荣获中国科协优秀学术期刊二等奖；1999 年荣获中国期刊奖；2003 年荣获第二届国家期刊奖；2005 年荣获第三届国家期刊奖提名奖；2009 年被评为"新中国 60 年有影响力的期刊"；2013 年被国家新闻出版广电总局推荐为"百强报刊"；2018 年荣获第四届中国出版政府奖（期刊类）提名奖。从 2006 年起，连续入选中国科协精品期刊工程项目；18 次获得中国科学技术信息研究所"百种中国杰出学术期刊"称号。连续 9 年入选"中国国际影响力优秀学术期刊"，91 篇论文入选 F5000。2020 年被中国科学评价中心（RCCSE）列为林学学科权威期刊第一名（A+）。

扩展阅读

http://www.linyekexue.net

（张君颖）

《林业科学研究》 *Forest Research*

营林科学综合性学术刊物。双月刊。中国林业科学研究院主办。1988 年创刊。至 2020 年 12 月，共出版 33 卷 198 期。侯治溥、盛炜彤、张守攻先后任主编。

办刊宗旨是及时反映中国林业科学研究营林方面的研究成果，为林业发展提供科学依据和先进技术；同时，作为学术交流的一个窗口，与广大

《林业科学研究》封面

林业科学工作者协同努力为提高中国营林科学技术水平作出贡献。

设有学术论文、研究综述、问题讨论、研究简报、学术讨论、科技动态等栏目。主要内容涉及林木种子、育苗造林、森林植物、林木遗传育种、树木生理生化、森林昆虫、资源昆虫、森林病理、林木及土壤微生物、森林鸟兽、森林土壤、森林生态、森林经营、森林经理、林业遥感、林业生物技术及其他新技术、新方法等。

全国中文核心期刊、中国科技核心期刊、中国农业核心期刊、中国科学引文数据库（CSCD）来源期刊、中国科技论文引文数据库（CSTPCD）来源期刊；Scopus（荷兰斯高帕斯《文献和引文数据库》）、AJ（俄罗斯《文摘杂志》）、CAB（英联邦《农业和自然资源数据库》）、AGRIS（《联合国粮农组织书目》）、BA（美国《生物学文摘》）、ProQuest、EBSCO、ZR（英国《动物学记录》）收录期刊。2002年获第二届国家期刊奖提名奖和国家林业局首届林业科技期刊优秀一等奖。

扩展阅读

林业科学研究: http://www.lykxyj.com

（彭南轩）

林渔复合经营 forestry-fishery integrated management

在同一水域和土地经营单元上，遵循生态学原理，以生态经济学为指导，有目的地将林业与渔业等结合，在空间上按一定的时序安排和多种方式配置在一起，并进行统一、有序管理的土地和水域利用类型。一种充分利用自然力的劳动密集型集约经营方式。主要类型有自然型林渔结合型、以林为主的人工型林渔结合型和以渔为主的人工型林渔结合型等。设计上有网状鱼池、块状鱼池和条状鱼池等（图1）。

图1　林渔复合经营

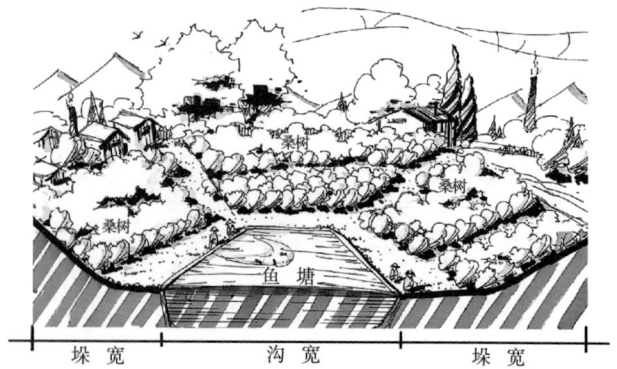

图2　桑基鱼塘图示

在滩地开沟或挖塘，形成垛田（台地），垛田高出地面50～80cm，相对降低地下水位。开挖的沟、塘与主渠道及外河相连，内部沟渠互相连接成水网系统，兼有蓄洪和泄洪功能。沟渠和垛田间，有利于幼林和农作物的管理，起到以短养长，以抚代耕，林、农、渔并茂的作用。常见规格有：沟宽2～5m，垛宽10～15m；沟宽5～10m，垛宽15～20m；沟宽15～20m，垛宽20～40m（图2）。沟面较窄的适于养鱼苗和养虾，沟面较宽的适于放养成鱼或精鱼。放养鱼种主要是草鱼、鳊鱼、鳙和鲢等。一般造林株距2～3m或1.5～4m，每公顷种植1260～1650株，如欲延长间作年限，需进行疏伐或在造林时扩大株行距。

参考文献

程鹏，束庆龙，2007. 现代林业理论与应用[M]. 北京: 中国科学技术大学出版社.

薛达元，戴蓉，郭泺，等，2012. 中国生态农业模式与案例[M]. 北京: 中国环境科学出版社.

翟明普，2011. 现代森林培育理论与技术[M]. 北京: 中国环境科学出版社.

（曹帮华）

林种 forest type

根据森林主导功能和培育目标的不同而划分的森林类型。在森林培育过程中，需要按照林种布局，针对不同的树种特点、区域和立地条件、国民经济发展对林产品需求的不同，采用不同的栽植密度和林分结构，实行不同的抚育间伐和更新保护措施。

分类：主要有防护林、特种用途林、用材林、经济林和能源林等。这些林种还可进一步细分为二级林种，如防护林可分为水源涵养林、水土保持林、防风固沙林、农田防护林、海岸防护林等；特种用途林可分为国防林、风景游憩林等；用材林可分为一般用材林、工业用材林、速生丰产用材林等；经济林可按产品类型分为木本油料林、木本蔬菜林、木本药材林、木本坚果林，或按树种分为油茶林、核桃林、油橄榄林等；能源林可分为生物燃油能源林、木质能源林（含薪炭林、纤维素能源林）、淀粉能源林等。随着社会经济发展对森林功能要求的不同，还可产生新的林种，如以生产乙醇为目的的纤维素能源林，生态防护功能与经济林功能相结合的**生态经济林**，生产用材与生产食用坚果结合的果材兼用林，生态功能与生产功能、社会功能结合的**多功能林**以及国际上采用较多的生物多样性保护林等。与森林分类经营相关的**公益林**、**商品林**和**兼用林**等的划分，实际上也是林种划分的一种形式。

参考文献

沈国舫, 翟明普, 2011. 森林培育学[M]. 2版. 北京: 中国林业出版社.

（贾黎明）

留母树皆伐   seed-tree method for clear cutting

在采伐迹地保留一定数量母树或母树群以促进天然更新的皆伐方式。

见皆伐。

（王立海）

柳杉培育   cultivation of Japan cedar

根据柳杉生物学和生态学特性对其进行的栽培与管理。柳杉 *Cryptomeria japonica* var. *sinensis* Miquei 为柏科（Cupressaceae）柳杉属树种，在恩格勒、哈钦松和克朗奎斯特等分类系统中属于杉科（Taxodiaceae），别名孔雀杉；良好的绿化观赏树种和环保树种。

树种概述   常绿乔木，高达 40m，胸径 3m。树皮红棕色。树干通直，大枝近轮生，平展或斜展；小枝细长，常下垂，枝条中部的叶较长，常向两端逐渐变短。球果圆球形或扁球形，径 1.2～2cm，多为 1.5～1.8cm。花期 4 月，球果10 月成熟。属于第三纪孑遗植物，自然分布极其狭窄。栽培范围为北纬 18°～38°，东经 98°～122°。中国浙江、福建、江西、湖北、湖南、四川、贵州、云南、广东、广西、江苏、安徽、山东、河南等地均有栽培。垂直分布于浙江西部海拔 300～1000m，福建北部海拔 400～1400m，云南中部海拔 1600～2400m，平原和低丘也有人工栽培。较喜光，浅根性，适宜在气候温和湿润、土壤 pH 6～7、水分充足的环境中生长。10 年生左右天然林或 5～10 年生光照充足的人工疏林开始结实，20 年生后为结实盛期，有大小年之分，间隔 1～2 年。柳杉种群具有前期薄弱、中期稳定、后期衰退的特点。材质轻软、纹理直、结构细，可用于建筑、桥梁、造船、造纸等。

苗木培育   采用播种育苗或扦插育苗。播种育苗要求沙质壤土，春季早播为好，播后覆土盖草，1 年生保留130～150 株 /m²。春季扦插育苗宜采用 4 年生以下幼林的一级侧枝或采穗圃母株上的一级侧枝和带分枝的粗壮二级侧枝末梢作穗条，插后 2～3 周生根，当根长 2cm 时可移植并分级移栽，2 年生留床苗密度 55～65 株 /m²。

林木培育   可营造纯林或混交林。混交林常采用单行混交或单双行混交。柳杉与杉木混交，可提高林分收获量；也可与马尾松、日本扁柏等树种混交，形成较为稳定的群落结构。纯林培育小径材初植密度 3330～5000 株 /hm²，培育中径材初植密度 2500～3330 株 /hm²，培育大径材初植密

图1　柳杉单株（天目山保护区）

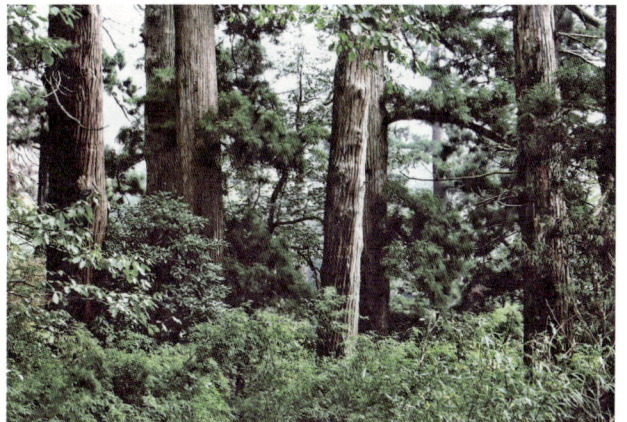

图2　柳杉片林（天目山保护区）

度 1665～2500 株 /hm²。10 年左右进行第一次间伐，强度为总株数的 20%～40%，间隔 5～6 年再进行 1～2 次间伐。培育大径材宜采用目标树经营，可在 80 年以后进行采伐更新。主要病虫害为赤枯病、枝枯病和瘿瘤病。赤枯病防治可用 0.5% 波尔多液、401 抗菌剂 800 倍液及 25% 多菌灵 200 倍液，每 2 周喷 1 次；枝枯病防治可在抽叶前及入冬后分别喷施 1∶1∶100 波尔多液 1～2 次；瘿瘤病防治可在孢子萌发传播季节，在林间喷施多菌灵 800 倍液或 50% 退菌特可湿性粉剂 800 倍液，抑制孢子萌发。

参考文献

高利祥, 周永东, 高瑞清, 2014. 柳杉木材加工利用现状及趋势[J]. 木材加工机械, 25(1): 53-56, 52.

蒋林，廖承锐，陈丽芳，等，2012. 经营密度及混交对广西柳杉林分生长的影响[J]. 南方农业学报，43(5): 662−665.

江希钿，黄烺增，江传阳，等，2005. 柳杉人工林密度效应新模型[J]. 福建林学院学报，25(3): 193−196.

（吴初平）

柳树培育 cultivation of willow

根据柳树生物学和生态学特性对其进行的栽培与管理。柳树 *Salix* spp. 为杨柳科（Salicaceae）柳属树种的总称，是世界上自然种最多的木本植物之一；在中国栽培历史悠久，种植范围广阔，主要栽培树种有旱柳、垂柳、白柳、爆竹柳、朝鲜柳、朝鲜垂柳、钻天柳等乔木柳和沙柳、簸箕柳、蒿柳、银芽柳、花叶柳等灌木柳，以及它们的杂交种。

树种概述 乔木或匍匐状、垫状、直立灌木。柔荑花序直立或斜展；蒴果 2 瓣裂；种子小，多暗褐色。主产北温带，中国是柳树重要分布地区。从黑龙江的松嫩平原到青藏高原海拔 5400m 以上的高山草甸，从新疆塔里木盆地到台湾的阿里山，分布着高 20m 以上大乔木到株高不足 30cm 各种柳属植物 257 种，含 133 个变种与 22 个变型。中国热带地区分布的柳属仅有 10 余种；在海拔 3000m 以上高山地区，主要分布较矮小的垫状或匍匐状或小灌木类柳林；在长江、黄河、黑龙江、松花江等河流冲积平原地区，主要分布旱柳、垂柳、朝鲜垂柳、钻天柳等高大乔木林。从气候特点看，中国温带地区柳树分布最多，约 106 种；青藏高原以其独特的地理与气候条件，也分布了大量的柳树，约 93 种；中国的亚热带区域分布的柳属有 61 种。对环境的适应性很广，喜光、喜湿、抗寒、耐干旱，也耐水涝，一些种也较耐盐碱，一些种能抗煤烟气和烟尘，在生态条件较恶劣的地方能够生长，在立地条件优越的平原沃野生长更好。如苏柳 172 耐水淹时间可达 49.6 天，垂柳可长达 56.13 天；在地表温度 60℃时，1m 厚沙层中土壤含水量仅为 2.28%，3 年生沙柳生长高度仍可达 1m 以上，当沙层含水量下降至 1.29% 时才出现萎蔫，含水量降至 0.6% 时出现死亡，且沙柳抗盐程度可达 0.4%。乔木柳树根系发达，抗风、固土能力强；萌芽力强，可进行**萌芽更新**；生长迅速，一般 10～15 年生即能成材利用。灌木在土层深厚的沙壤土和沟渠边坡地生长较好，可选择沙壤土、河滩地以及近水的沟渠边坡等肥沃的地方种植。木材可作建筑、桩木、矿柱、包装箱板、胶合板、家具、炊具等用材，可供制火柴、纸浆、盆、桶等用；枝材是造纸和人造纤维的原料；枝条可编制筐、篮、箱等；叶及嫩梢可作肥料及饲料；树皮可提制栲胶。柳树也是观赏树种，可用作庭园绿化，作庭荫树、行道树、公路树等。

产区区划 从气候、地理环境等综合考虑，中国栽培柳树区域大体可以划为东北栽培区、华北栽培区、西北栽培区、长三角栽培区、西南栽培区等 5 个主要栽培区及其他地区组成的 1 个非主要栽培区。东北栽培区包括黑龙江、吉林、辽宁及内蒙古东部部分地区；西北栽培区包括甘肃、青海、新疆；华北栽培区包括山东、河北、天津、北京、内蒙古、宁夏、山西、河南、陕西等；长三角栽培区除了包括上海、浙江、江苏等长三角经济区主要省（直辖市），还包括安徽、江西、湖南、湖北和重庆、四川等部分地区；西南栽培区主要是云南、贵州、西藏和四川大部分地区；福建、广东、广西、海南、台湾、香港、澳门等为柳树非主要栽培区。

良种选育 中国主要围绕工业用材林和编织、景观等其他功能林对柳树进行遗传改良。江苏省林业科学研究所（今江苏省林业科学研究院）从 1962 年起开展柳树改良研究，对国内外的柳树种质资源进行收集，保存柳树亲本材料 70 多种，基本涵盖了世界上有经济价值的柳树主要种，主要从纸浆纤维用材、矿用材、抗逆性、观赏性、编织柳、高生物量等方面进行遗传改良。如涂忠虞等 (1987) 以提高生物量、改良干形作为选育的主要目标，选育出苏柳 172、苏柳 194、苏柳 333 和苏柳 369 四个乔木柳无性系，具有生长快、干形优良等特点，是纸浆优良用材；2004 年，潘明建等综合材积生长、纤维性状，选育出苏柳 799、苏柳 903 两个无性系

图1 '苏柳795'纤维用材林

图2 柳树天然林（太湖）

作为纸浆材优良无性系。江苏省林业科学研究院选育的苏柳369 木材具有很高的冲击韧性，抗压及抗弯强度高于马尾松。在高生物量灌木柳的选育方面，1987—2000 年，江苏省林业科学研究院利用蒿柳、簸箕柳、杞柳、三蕊柳、棉花柳、旱柳、垂柳、耳柳和绵毛柳等柳树进行大量种间和种内杂交，选育了'簸箕柳 P61''簸箕柳 JW8-26''苏柳 6-17''苏柳35-13''苏柳 2345''苏柳 51-3''苏柳 52-2''苏柳 1050'等优良品种，个别无性系最高产量可达 73t/hm²。在观赏柳的遗传改良方面，选育出'金丝垂柳苏柳 841''苏柳 842'等，在含盐 0.2% 的土壤上能正常生长，兼有速生、耐水湿的优良特性，又是江河沿岸滩地营建景观与用材、防浪相结合的多功能人工林的优良种植材料，可以在东北南部、华北及长江中下游地区推广。'苏柳 1010''苏柳 1011'是南京垂柳与新疆黄枝白柳的人工杂交种，已经在全国各地推广多年。在抗逆性的遗传改良方面，中国林业科学研究院、江苏省林业科学研究院、山东省林业科学研究院以及吉林白城市林业科学研究院选育了'苏柳 1011''苏柳 52-2''盐柳 1 号'等耐盐无性系，这些无性系的耐盐性得到较大程度的改良，显著扩大了柳树盐碱地造林区域。选出的速生、抗寒、抗旱等特性的品系有旱柳 ×'爆竹柳 8 号'、旱柳 ×'旱柳 10号'、钻天柳 ×'白皮柳 9 号'。

苗木培育　以扦插为主，也可用种子繁殖。

播种育苗　柳树果序成熟时黄绿色，当有 50% 的果序蒴果微微开裂，稍露出白色时，及时采下。把采下的果序在阴凉通风的室内摊开放在纸上，1～2 天后蒴果开裂，把开裂的蒴果在孔径 0.2～0.3cm 的筛内揉搓，再经孔径0.15～0.25cm 的筛子筛除杂物取得较为纯净的种子。也可收集飞落的柳絮，过筛除杂取得种子。采集后的种子不耐贮藏，要及时播种。选择肥沃的沙壤土且容易灌溉的地方作育苗地。冬季深耕 30cm，播前施足基肥，耙平整细，床面要平，床宽 1～1.5m。播种灌足底水，当水快渗完时，将种子拌入 2～4 倍细沙进行条播，播种量每亩 0.25～0.5kg。播种带宽 5cm 左右，带间距离 30～50cm。播种后无须覆土，1 天便开始发芽，2～3 天出齐。或将床面土壤润湿，整细整平后播种，播种后用小水浸灌，湿透床面以下 3～5cm，不可灌水浸流床面将种子漂走。播种苗分为出苗期、真叶形成

期及速生期。出苗及真叶形成期，幼苗的根系没有完全形成，根系分布土壤表层，要保证土壤有较高的含水量，适宜用小水浸灌。真叶期幼苗易感染立枯病，应及时喷洒 1% 硫酸亚铁。当幼苗高 5～10cm、已长出 5～7 片真叶时间苗，或进行小苗移栽，并开始第一次追肥，每公顷施 75kg 尿素或硫铵（加水 7.5t）。幼苗速生期在 8 月，要加强水肥管理，追肥 3～4 次。幼苗生长期要经常除草松土。

扦插育苗　圃地宜选择在交通方便、地势平坦、排灌畅通、靠近水源、电源的地方。土壤宜疏松、湿润而富含有机质，土层厚度 1m 以上，地下水位 1m 以下，土壤含盐量 0.1%以下，pH6.5～8.5。冬季土壤封冻前进行全垦，深度超过0.25m，建好排灌系统。翌年春季扦插前精细耕地，随耕随耙，及时平整。在酸性土壤中，施生石灰 300～375kg/hm²。在碱性土壤中，施硫酸亚铁 75～225kg/hm²。全垦前施腐熟的农家肥 75～150t/hm²，磷肥或复合肥 600～750kg/hm²。作床前清除草根等杂物，细整耙平，苗床宽 1.2～3.6m，两床之间的床底作为灌水沟和步道，步道宽 0.3～0.4m，苗床高出步道 0.15～0.3m，床面和步道平整。选取生长健壮、侧芽饱满、木质化程度高、无病虫害的 1 年生苗木作为种条。一般在春季萌动前剪条，也可在深秋苗木落叶后采条、冬藏春插。用锋利的剪刀截条，穗条下切口切削角度 45°、上切口剪平，切口平滑，不破皮，不劈裂，不伤芽。上切口距第一个芽上端 1cm，确保插穗上端的第一个芽完整。插穗长度 16～20cm，直径 1.5～2cm。按不同部位、直径大小分级捆扎。每一捆插穗挂一标签，并注明品种名称。2 月底至 3 月初地温稳定在 10℃以上时进行扦插。扦插前将插穗放入清水中浸泡 1～3 天。采用直插的方法。插穗下切口朝下垂直插入土中，上切口与苗床平齐，插后覆土 1cm。扦插密度（40～50）cm×60cm。扦插后立刻灌水一次。遇干旱，应及时补足水分。雨后渍涝，应及时排水。除草应人工勤除，如果化学除草，发芽前使用除草醚、氟乐灵、活稗和抑草灵等。松土应及时、全面，不伤苗、不伤根。苗木生长期间施肥 2～3 次，第一次在 5 月中旬，沟施碳酸氢铵 225～375kg/hm²；第二次在 6 月中下旬，沟施尿素 300～450kg/hm²；第三次在 7 月中旬，沟施复合肥750～900kg/hm²。插穗发芽 5～10cm 时，每株选留一个无

图3　苏柳用材林（洪泽湖滩地）

图4　苏柳防浪林（长江芜湖段）

虫害且长势好的芽，其他芽从基部剪去。**苗木出圃时适量修剪侧枝。采用地膜覆盖时，起苗后把地膜收集移出苗圃。**

林木培育

立地选择 河岸、河漫滩地、沟谷、低湿地、四旁，或地下水位 1.5～3m 的冲积平原、平地、缓坡地，水分良好的沙丘边缘的沙土至黏壤土，土壤厚度 ≥ 1m、pH 6.5～8.5、含盐量不超过 0.20% 的立地，均可造林。

整地 秋季或冬季全面翻耕造林地，翻耕深度 ≥ 40cm。在土质较为松软湿润的低湿滩地造林时，可不用翻耕；台田造林时，垄面筑平，不用翻耕。

造林方法 秋季落叶后至早春萌芽前均可栽植，冬季结冰期间不宜栽植。可采用插条、插干和植苗等方式造林。①插条造林。适用于农耕休闲地或全面翻垦、杂草很少的河滩地。灌木柳均采取插条造林。乔木柳插条造林时，选用 1～2 年生健壮苗木，截成小头直径 2cm 以上、长度 40cm 以上的插条造林，插条时可挖穴造林或用钢钎打孔，插条小头向上，直插，小头端与地表平齐，造林前，插条在清水中浸泡 24 小时以上。以用材为目的时，可适当稀植，造林后应及时清除过多的萌条。②插干造林。选用苗干通直、苗高 4m 以上、地径 3.5cm 以上、无病虫害的壮苗造林，常用于低湿滩地造林。在苗圃中用锋利的工具将达到规格要求的苗木平地切断，剪除全部侧枝，苗木及时归集，苗干的 1/3 置于清水中浸泡 24 小时以上用于造林。采用钢钎打孔，孔深 60～80cm，直径 3～4cm，随打孔随插干，将准备好的苗干直接插入打好的孔中，苗干插入深度视造林地水分条件定，一般为 60～80cm，插后踩实根部土壤。③植苗造林。在沿海及多风地区造林时宜采用带根苗植苗造林。选用苗干通直、苗高 4m 以上、地径 3.5cm 以上、无病虫害的壮苗造林，起苗时保留根长 ≥ 25cm，将起苗时劈裂的根系修剪平整，苗木起出后及时归集，将根系置于清水中浸泡 24 小时以上用于造林。在全面翻耕的基础上挖穴，栽植穴规格 60cm×60cm×70cm（深），挖穴时表土与心土分开放置。向栽植穴中回填 15～20cm 表土后，放入浸泡过的苗木，扶正填土，填土 30cm 后轻提树苗，使根系舒展，分层踩实，浇水，继续填土至穴口，踩实。

造林密度 ①四旁绿化，大多成行栽植，4m 株距，可长成檩材；2m 株距的长成椽材时，要隔株间伐。双行栽植的行距不少于 3m。②用材林，初植行距 2.5～3m，株距 2～2.5m；也可采用带状栽植，每带 5～7 行，带间距 5～8m。③防护林，行距 2～2.5m，株距 1.5～2m。

抚育管理 新栽植的柳树，当年春季风雨过后，应及时进行扶苗培土。前两年每年中耕抚育 2 次，5 月中下旬进行第一次中耕，秋末冬初进行第二次中耕。中耕深度 10～15cm。在未采用开沟抬田措施的低湿滩地造林时，每隔 2～3 行开 1 条浅沟，沟深 30～40cm，便于洪水或潮水退后林地迅速排水。造林当年 5 月下旬追施尿素 0.1kg/ 株，距树 50cm 左右挖环状沟均匀埋施。第二年 4 月下旬至 5 月上旬，追施尿素 0.2kg/ 株，复合肥 0.1kg/ 株，距离树 1m 左右挖环状沟均匀埋施。第三年及以后，追肥时间、追肥方法、追肥量同第二年，追肥距离树干每年增加 50cm。在造林当年及第二年的生长期内，注意及时修除粗大竞争枝、萌芽枝和病虫枝条，培育良好的干形；整形修枝在冬季进行，只修除上部竞争枝。直径 ≤ 4cm 的枝条，用锋利的工具紧靠树干修除，切口要平；直径 > 4cm 的枝条，先从下面切一刀，再由上向下切割，以防止撕裂树皮。培育中、大径级木材，要在林分 5 年生时，隔行间伐，强度 50%，株行距调整为 4m×3m；8 年生时再间伐 50%，株行距调整为 4m×6m。防护林要根据不同地区、林带结构以及对防护林效益的要求，进行适度间伐。柳树的主要害虫有天牛、柳瘿蚊、柳毒蛾等，主要病害有斑枯病、柳锈病、杨柳溃疡病等，可采取综合防治措施。

参考文献

丁托娅, 1995. 世界杨柳科植物的起源、分化和地理分布[J]. 云南植物研究(3): 277-290.

方振富, 1987. 论世界柳属植物的分布与起源[J]. 植物分类学报, 25(4): 307-313.

潘明建, 2004. 柳树的遗传改良及栽培技术[J]. 林业科技开发, 18(3): 3-7.

施士争, 潘明建, 张珏, 等, 2010. 高生物量灌木柳无性系的选育研究[J]. 西北林学院学报, 25(2): 61-66.

涂忠虞, 沈熙环, 1993. 中国林木遗传育种进展[M]. 北京: 科学技术文献出版社.

涂忠虞, 1982. 柳树育种与栽培[M]. 南京: 江苏科学技术出版社.

（施士争）

龙竹培育 cultivation of dragon bamboo

根据龙竹生物学和生态学特性对其进行的栽培与管理。龙竹 Dendrocalamus giganteus Wall. ex Munro 为禾本科（Poaceae, 异名 Gramineae）竹亚科（Bambusoideae）牡竹属植物，传统的建筑和编织用材竹种。

树种概述 秆型高大，秆高达 20m 以上，直径可达 20cm，梢端下垂或长下垂，节处不隆起，幼叶被有白粉；秆箨早落，箨鞘大型，厚革质，鲜时带紫色，背面贴生暗褐色刺毛；箨耳与下延之箨片基部相连，易脱落；箨舌显著，边缘有短齿状裂刻；箨片外翻，卵状披针形。主产于云南西部至南部海拔 500～1800m 的低山河谷坝区。暖热性竹种，较喜光，喜温怕寒，幼林时需一定的荫蔽环境，成丛成林后则需较强的光照条件。产区重要的以用材为主的笋材两用竹种。可加工为各种竹建材、竹家具和竹工艺品，也是较好的造纸原料。其笋味苦不宜鲜食，宜做酸笋、笋干、笋丝等。

苗木培育 一般采用分蔸移栽或埋节（埋秆）等无性繁殖方式育苗。育苗时间以 3 月上旬至 4 月中旬为宜。埋节育苗时选择 1 年或 2 年生、生长发育健壮的母竹，截秆大小分为单节、双节或多节，节上带有发育良好的分枝或隐芽。埋节前，在节间中上部开一个 5cm×3cm 的口，注入清水或营养液后封口。

竹林培育 龙竹主产区干湿季分明，在缺乏灌溉条件时一般选择在 6～7 月雨季来临后造林。选择肥沃、湿润、

图 1   龙竹林（云南沧源县）

图 2   龙竹雨后新笋（云南沧源县）

深厚、排水透气性好、pH 5.5 ～ 7.0 的沙质土或沙质壤土最宜。初植密度一般为 330 丛 /hm²。采用竹苗造林时，挖穴深 20 ～ 40cm，穴底放厚约 5cm 的细土或 3 ～ 5kg 腐殖土。有条件时宜采用打浆定植，可在穴中施 0.2kg 的过磷酸钙。定植要深挖穴、浅栽竹、紧埋土、松盖草、浇足水。新造竹林需进行灌溉、除草、松土和施肥等管理措施。

参考文献

辉朝茂, 杜凡, 杨宇明, 1997. 竹类培育与利用[M]. 北京: 中国林业出版社.

辉朝茂, 杨宇明, 1998. 材用竹资源工业化利用[M]. 昆明: 云南科技出版社.

辉朝茂, 杨宇明, 2002. 中国竹子培育和利用手册[M]. 北京: 中国林业出版社.

石明, 杨宇明, 张国学, 等, 2011. 龙竹发笋生物学特性及其在经营培育中的意义[J]. 竹子研究汇刊, 30(3): 18-23.

（石明, 辉朝茂, 刘蔚漪）

垄作育苗   seedling production with ridged tillage

与农业上农作物的垄作相似，由高凸的垄台和低凹的垄沟组成，在高凸的垄台上种植苗木，垄沟作为人行步道以及灌溉和排水的通道。垄作育苗分高垄育苗（图 1）和低垄育苗（图 2）。

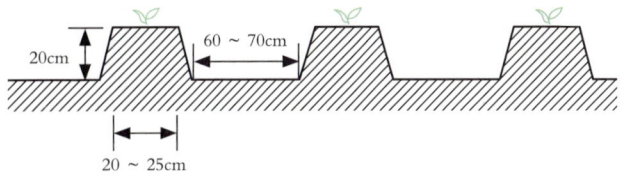

图 1   高垄育苗示意

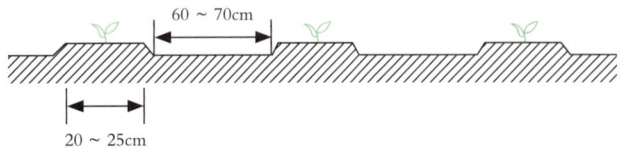

图 2   低垄育苗示意

高垄育苗   高垄开沟较深，垄比较高，一般要求垄高约 20cm，垄顶宽度 20 ～ 25cm，垄距 60 ～ 70cm，长度依地势或耕作方式而定。作高垄时可先按规定的垄距划线，然后沿线往两侧翻土培成垄背，再用木板刮平垄顶，使垄高度和垄顶宽度一致，便于播种或栽植。高垄垄面温度高，有利于微生物的活动，对于土壤养分转化有利，在降水量较大时或长期积水地区有利于排水，便于机械化作业。高垄育苗适用于中粒和大粒的种子以及幼苗生长势较强、播种后不需要精细管理的树种。不适合在风沙较大的地区进行育苗作业，以免使苗木遭受风蚀危害。

低垄育苗   又称平垄、平作。低垄育苗是将苗圃地平整后直接播种，播种时用脚踩实步道，使床面比步道稍高，垄顶宽度、垄距同高垄。优点是简单易行，便于机械化操作，育苗成本低；苗木行距大，光照充足，通风良好，苗木生长健壮。缺点是作业和管理相对粗放，无灌溉和排水通道，灌溉排水困难。低垄育苗适用于发芽力较强的大粒和中粒种子及速生树种，也适用于水分条件适中的地区和具有滴灌或喷灌设备的苗圃。

参考文献

刘勇, 2019. 林木种苗培育学[M]. 北京: 中国林业出版社.

沈海龙, 2009. 苗木培育学[M]. 北京: 中国林业出版社.

孙时轩, 1992. 造林学[M]. 2版. 北京: 中国林业出版社.

翟明普, 沈国舫, 2016. 森林培育学[M]. 3版. 北京: 中国林业出版社.

（白淑兰, 郝龙飞）

鹿角桩作业   antler pile work

通过截去树梢和枝端、促进侧枝和分枝发达的矮林作业方式。因多次砍伐分杈上的萌枝，使枝桩逐年增高，状似鹿角而得名。

鹿角桩作业主要应用于由松类树种组成的**林分**。适用于烧柴紧张地区、干燥瘠薄的山地，适宜培育**薪炭林**。技术简单，经济效益好，是一种有推广前途的经营薪炭林的作业法，在中国江苏、浙江、安徽一带普遍使用。以马尾松为例：马尾松枝条和松针是中国南方群众日常主要的薪材，也是传统的烧窑燃料。马尾松无萌芽更新能力，但侧枝发达且再生能力强，在造林后 5～6 年的冬季，于树高 1～1.5m 处截去主干上部两轮枝条（顶枝），保留基部 3～4 盘枝，但须截去枝梢，促进侧枝生长；选留时，砍密留稀、砍壮留弱。多次截枝后使之长成鹿角状的树枝，以后每隔 2 年砍去侧枝梢和粗大的老枝作薪材，如此多次反复。鹿角桩作业树体矮小，树冠开阔，光合作用面积大，年产柴量 10t/hm² 左右。采用截顶梢、打侧枝的方法经营马尾松薪炭林，松枝年产量可提高 35% 左右。

参考文献

北京林学院, 1981. 造林学[M]. 北京: 中国林业出版社.

冯世祥, 1982. 马尾松鹿角桩作业[J]. 浙江林业科技(3): 9-10.

（彭祚登，高帆）

露地育苗 seedling production in the field

在大田环境下培育苗木的方法。又称大田育苗。包括露天培育容器苗和裸根苗。培育苗木的类型包括：①**实生苗**，即通过播种方式培育的苗木。②**自根苗**，即根系均是由繁殖材料自身产生的、除嫁接育苗之外的无性繁殖的苗木。③**嫁接苗**，即将欲繁殖树种的枝条或芽接在另一植物植株上，使其愈合形成一个单独植株。④**移植苗**，即将实生苗或营养繁殖苗在苗圃中起出，经移栽后继续培育。

大田育苗主要技术环节包括圃地管理、播种、扦插、苗期管理等。特点是便于机械化管理，工作效率高，省劳力；苗木抗性强。但苗木产量较温室育苗低。

参考文献

翟明普, 沈国舫, 2016. 森林培育学[M]. 3版. 北京: 中国林业出版社: 132-152.

Daniels T G, Simpson D G, 1990. Seedling production and processing bareroot[M]. //: Lavender D P, Parish R, Johnson C M, Montgomery G, et al. Regenerating British Columbia's Forests.Vancouver: UBC Press: 206-225.

（李国雷）

栾树培育 cultivation of paniculed gold-rain tree

根据栾树生物学和生态学特性对其进行的栽培与管理。栾树 *Koelreuteria paniculata* Laxm. 为无患子科（Sapindaceae）栾树属树种，重要的风景游憩林、园林绿化和防护林树种。

树种概述 落叶乔木；聚伞圆锥花序长 25～40cm，花小，金黄色；蒴果圆锥形，具 3 棱，长 4～6cm；种子近球形，直径 6～8mm。花期 6～8 月，果期 9～10 月。产东北南部、华北、华东、西南和西北的陕西、甘肃等地，生于海拔 1500m 以下的山地、山谷和平原地区。耐寒区位 5～10。喜光，深根性，萌芽力强，生长速度较快；耐干旱瘠薄，耐寒，也能耐轻度盐渍及短期水涝；在石灰岩山地中，常与青

图 1 花期的栾树（河南辉县郭亮村）（赵国春 摄）

图 2 果期的栾树（北京林业大学校园）（赵国春 摄）

檀、黄连木、朴树等混生成林。树形优美，在园林绿化中被普遍作为行道树和庭荫树广植；叶含鞣质，属水解类鞣质，可提制栲胶，还具有很强的抗菌作用；花具有很高的药用价值，是良好的蜜源树种，还可作染料；种子含油脂，可榨油，可制润滑油和肥皂。

苗木培育 秋季在果实呈现红褐色或橘黄色而蒴果尚未开裂时采集种子，待蒴果开裂后，敲打脱粒，**层积催芽**打破种子休眠，翌年春季播种育苗。栾树属深根性树种，若培育大规格苗木，在苗圃多次移植后才能形成良好的根系。由于树干不易长直，第一次移植时要平茬截干，并加强肥水管理。春季从基部萌蘖出枝条，选留通直、健壮者培养成主干。在生长季节，每隔一段时间检查一次，摘除侧芽，只留 1 个**顶芽**保证形成主干。主干生长快、易倒伏，要用竹竿等固定主干以避免弯曲。当年主干高度不足的，第二年要继续摘除侧芽培养主干，直到主干高度达到标准要求。若继续培育更优良的大规格苗木，以后每隔 3 年左右移植 1 次，移植时要适当剪短主根和粗侧根，以促发新根。幼树生长缓慢，前两次移植密度要适当大些，第一次、第二次移栽密度分别

可为 50cm×100cm、100cm×150cm，有利于培养通直的主干。此后，要适当稀疏，以培养完好的树冠。

林木培育 选用 1 年生壮苗或者 2 年生移植苗造林，初植密度宜稍大，可为 100cm×100cm，通过激烈竞争，形成通直主干，林分郁闭后可以间大苗用以城市绿化。造林从秋季落叶后到翌年春季发芽前均可进行，也可夏季造林。造林后前 3 年每年抚育 2～3 次，包括松土除草、间伐补植等，时间为 5 月中旬到 9 月上旬。

参考文献

王帅, 2017. 北京市栾树优良类型筛选及苗木质量分级[D]. 北京: 北京林业大学.

中国树木志编委会, 1981. 中国主要树种造林技术[M]. 北京: 中国林业出版社.

（李国雷）

轮伐期 rotation

在一个森林经营单位内，伐尽全部成熟林分之后，到可再次采伐成熟林分时的时间间隔。包括采伐、更新、培育成林到再次采伐周而复始的整个时期。在森林经营工作中，确定森林培育目标、计算确定适宜的采伐量、进行森林状态调整和森林调查规划设计等，都需要轮伐期这个指标。

确定轮伐期的生物学基础是森林成熟期。森林类型不同，森林成熟的确定方法不同，轮伐期的确定标准也不相同。以获取中小径材为目标的**用材林**，如纸浆林、能源林等，以数量成熟为标准，轮伐期通常比较短；以获取胶合板面材、雕刻用材等特种用材为目的的用材林，一般以工艺成熟为标准，通常轮伐期较长。同龄纯林轮伐期以该林分树种的成熟状态确定，**混交林**以各个组成树种的成熟状态确定。工业用材林必须要考虑投资收益问题，以收益最大化确定轮伐期。林分年龄结构、森林采伐更新技术水平、林地生产力水平等也是确定轮伐期要考虑的因素。

参考文献

康强, 2016. 森林资源经营管理[M]. 北京: 中国林业出版社.

（李耀翔）

轮作 crop-shift

在同一块土地上，用不同树种的苗木，或苗木与农作物、绿肥、牧草等按一定的顺序轮换种植的方法。又称换茬或倒茬。针对连作存在的弊端而采取的生物改良土壤措施，能有效调节生物与土壤之间的关系。

优点 ①增加土壤有机质，充分利用土壤养分。②改良土壤结构，提高土壤肥力。③改变病原菌和害虫的生活环境，起到生物防治病虫害的作用。④改变杂草生长环境，抑制杂草滋生，减免杂草危害。⑤收获一部分农产品和饲料，提高苗圃经营综合收益。

类型 苗圃地轮作分为不同树种间苗木轮作、苗木与农作物轮作、苗木与绿肥或牧草轮作三种类型。①不同树种间苗木轮作。要求树种间没有共同的病虫害，且对土壤肥力要求不同，常采用针叶树与阔叶树、豆科树种与非豆科树种、深根性树种与浅根性树种进行轮作。②苗木与农作物轮作。可以补偿因**起苗**带走大量营养而导致的圃地肥力衰退，生产上常用的农作物有豆类、玉米、高粱、小麦、水稻等；蔬菜类由于病虫较多，不宜与苗木轮作。③苗木与**绿肥植物**（紫穗槐、苕子等）或牧草（草木犀、苜蓿等）轮作。具备轮作的各种优点，在改良土壤和提高土壤肥力方面效果显著。

苗圃地轮作要根据育苗任务、树种、不同作物的生物学特性，以及它们与土壤的相互关系，进行科学合理安排。

参考文献

刘勇, 2019. 林木种苗培育学[M]. 北京: 中国林业出版社: 120–167.

沈海龙, 2009. 苗木培育学[M]. 北京: 中国林业出版社: 143–144.

（邢世岩，门晓妍，孙立民）

裸层积催芽 naked stratification

不使用基质，层积过程中使**种子含水量**保持在 40%～45%，并控制所需温度的一种**层积催芽**方法。又称无基质催芽。能提高种子**发芽率**，使出苗整齐，提升苗木质量。

采用裸层积催芽方法还可以在催芽处理后对种子进行再干燥（使含水量为 8%），且贮藏几个月后种子发芽率只略有下降，为苗圃提供可直接播种而无须再层积处理的干燥种子，苗圃生产者可以根据天气条件来决定播种时间而无须提前进行催芽处理。适用于大量种子的播前处理。裸层积催芽技术的关键是含水量控制，水分过多容易发霉，水分不足则不能启动正常的代谢过程。该方法在火炬松、冷杉、山毛榉、欧洲白蜡等树种中的应用得到了很好的效果。

参考文献

沈海龙, 2009. 苗木培育学[M]. 北京: 中国林业出版社.

（李庆梅）

裸根苗 bare-root seedling

在出圃、运输、造林过程中根系裸露的苗木。优点是便于运输，栽植方便，造林成本低。裸根苗的缺点：①起苗时根系易受损伤，影响苗木活力。②出圃对苗木的包装、运输、贮藏及栽植等环节要求较严。③造林后有一定的缓苗期。④在干旱瘠薄地区造林效果较差。裸根苗从起苗到造林的每一个环节都要采取有效的技术措施，以维持苗木体内尤其是根系的水分平衡，才能最大限度地保证**造林成活率**。例如，裸根苗起苗后，可立即用混有稀土或吲哚丁酸、生根粉（ABT）等促根素的泥浆蘸根。

裸根苗培育是中国主要的苗木生产方式，大面积造林均采用裸根苗。裸根栽植宜用 1～2 年生小苗，大苗造林宜用带土苗。

参考文献

沈国舫, 2001. 森林培育学[M]. 北京: 中国林业出版社: 141.

（应叶青，史文辉）

裸根苗培育 production of bareroot stocks

在土壤中培育苗木、起苗时根系裸露的育苗方法。相对于**容器育苗**而言，裸根苗培育技术相对简单，成本低廉，是中国主要的育苗方式。裸根苗培育基质宜选择土层深厚、肥力较好、壤土的围地育苗，并对土壤水分、养分和通气条件等进行管理，为苗木生产提供适宜的环境条件。控制合理的**育苗密度**，保证每株苗木生长发育健壮，又获得单位面积上的最大产苗量。合理密度一般是在**合格苗**产量的基础上，针叶树种增加 25%～35%，阔叶树种增加 15%～25%。

参考文献

沈国舫，翟明普，2011. 森林培育学[M]. 2版. 北京：中国林业出版社: 135-153.

翟明普，2011. 现代森林培育理论与技术[M]. 北京：中国环境科学出版社: 78-138.

Nyland R D, 2002. Silviculture: Concepts and Applications [M]. New York: McGraw Hill: 145-171.

（沈香香）

落叶松培育　cultivation of dahurian larch

根据落叶松生物学和生态学特性对其进行的栽培与管理。落叶松 *Larix gmelinii*（Rupr.）Kuzen. 为松科（Pinaceae）落叶松属树种，别名兴安落叶松；重要的用材、生态保护树种和中国东北林区的主要森林树种。

树种概述　落叶乔木，树高 30～35m，胸径 90～100cm。树冠卵状圆锥形，树皮暗褐色至暗灰褐色，鳞状纵裂。主枝和侧枝平展，小枝下垂。叶淡黄绿色，长枝上散生，短枝上簇生，倒披针状条形，长 1.5～3cm。球果卵圆形，长 1.5～2.5cm，直径 1～2cm，幼时绿色或紫红色，成熟时黄褐色至紫褐色；种鳞 16～30 枚，先端凹形或截形，无毛，有光泽；苞鳞卵状长椭圆形，不外露或基部苞鳞露出；种子三角状卵形，连翅长 9～11mm，灰白色，种翅镰刀形。花期 5 月，种子 8～9 月上旬成熟。主要分布于中国大兴安岭、小兴安岭及俄罗斯的西伯利亚和远东地区，朝鲜北部高山也有少量分布。耐寒，喜光，浅根性树种，土壤适应力强，在湿润肥沃和排水良好的缓坡生长良好。木材可作木栈道、桥梁、木结构房屋、造船工业及地下建筑用材；可提炼栲胶，提制松香和松节油；树皮可用来提取二氢槲皮素。

苗木培育　主要采用播种育苗，包括**苗床裸根育苗**和**容器育苗**，裸根苗需围地培育 2 年，容器苗可 1 年生上山造林。春播为主，种子耐贮藏，-18℃以下可长期保存。春播前需催芽，或前一年雪藏。

落叶松人工林（内蒙古库都尔林业局）（张守攻　摄）

林木培育　在中国东北大小兴安岭林区广泛种植。培育以用材为主的丰产林，应选择低山丘陵及山地的阴坡或半阴坡、坡度平缓、土层厚度在 30cm 以上、排水良好的立地作为造林地。**植苗造林**前采用穴状或带状整地，初植密度 2500～4400 株/hm²。幼林抚育前 3 年每年抚育 2 次，第 4～5 年每年抚育 1 次。根据培育目的、立地条件、初植密度确定间伐起始年限、间伐强度和间隔期。采用**下层疏伐**，留优去劣，留稀间密。速生丰产用材林主伐年龄：中径材 33～40 年、大径材 50～55 年，短轮伐期工业原料林主伐年龄 26 年。

参考文献

国家林业局，2017. 主要树种龄级与龄组划分：LY/T 2908—2017[S]. 国家林业局.

王战，张颂云，1992. 中国落叶松林[M]. 北京：中国林业出版社.

中国树木志编委会，1981. 中国主要树种造林技术[M]. 北京：中国林业出版社.

（张守攻）

绿道　greenway

以自然要素为依托和构成基础，串联城乡游憩、休闲等绿色开敞空间，满足行人和骑行者进入自然景观的慢行道路系统。

"绿道"一词于 1959 年在美国首次出现，并在 1987 年首次被美国户外游憩总统委员会官方认可。中国对于绿道的研究与建设起步较晚，2010 年广东省批准《珠江三角洲绿道网总体规划纲要》，第一次出现了绿道的定义，此后绿道在中国快速发展起来，广东、北京、河北、福建等省（直辖市）的城市开展了绿道规划建设。

绿道具备生态功能、休闲健身功能、绿色出行功能、社会与文化功能、旅游与经济功能。其中生态功能主要在于提供动物运动的通道，使物种在不同栖息地之间可以进行季节性觅食，增加物种基因交流，并可以通过在不同栖息地之间迁徙来适应全球气候变化，也基本等同于生物廊道的功能。休闲健身、绿色出行等功能强调满足居民进入绿色休闲场所的休闲游憩功能，主要承担自行车骑行、步行和跑步等休闲服务。随着社会发展，绿道功能的总体趋势越来越体现多目标，但多目标的绿道其各功能之间也存在一定冲突，尤其是生物保护和休闲之间，需要通过加强规划、管理、限制使用等手段协调冲突。

市域绿道规划中，绿道构成要素包括慢行道路、沿路两侧自然和人文景观、沿路文化传承标识系统、交通和服务节点、绿道所串联的自然和社会生态系统。绿道类型主要根据空间跨度与连接功能区域的不同，分为区域绿道、城市绿道、乡村绿道和社区绿道四种类型。绿道建设应与绿道特点相对应，如社区和城区的绿道，重点是建设慢行系统和标识系统；串联城乡的绿道则兼顾生物多样性保护功能，道路路面可以是硬化路面、塑胶路面、木质铺装路面和砂石等自然路面；森林、湿地等自然生态系统的绿道，以生物多样性保护为核心兼顾生态文化传播，并倡导建设木质材料路面和自然路面。

参考文献

蔡云楠, 方正兴, 李洪斌, 等, 2013. 绿道规划——理念、标准、实践[M]. 北京: 科学出版社:14-72.

中华人民共和国住房和城乡建设部, 2016. 绿道规划设计导则[M]. 北京: 中国建筑工业出版社.

周年兴, 俞孔坚, 黄震方, 2006. 绿道及其研究进展[J]. 生态学报, 26(9): 3108-3116.

（张昶）

绿肥植物　green manure plant

以幼嫩枝茎及叶生产肥料、增加土壤养分、改善土壤结构的植物。种植绿肥植物是增加肥源的有效方法。绿肥植物在土壤中腐解后，能增加土壤中的有机质和氮、磷、钾、钙、镁和各种微量元素。

分类　绿肥植物的种类很多，且有多种分类方式。

按来源分　①栽培绿肥植物，指人工栽培的绿肥作物。②野生绿肥植物，指非人工栽培的野生植物，如杂草、树叶、鲜嫩灌木等。

按植物分类分　①豆科绿肥植物，其根部有根瘤，根瘤菌有固定空气中氮素的作用，如紫云英、苕子、豆类等。②非豆科绿肥植物，指没有根瘤菌、不能固定空气中氮素的植物，如油菜、金光菊等。

按生长季节分　①冬季绿肥植物，指秋冬播种、第二年春夏收割的绿肥，如鼠茅草、紫云英、苕子、茹菜、蚕豆等。②夏季绿肥植物，指春夏播种、夏秋收割的绿肥，如田菁、柽麻、竹豆、猪屎豆等。

按生长期长短分　①一年生或越年生绿肥植物，如柽麻、竹豆、豇豆、苕子等。②多年生绿肥植物，如鼠茅草、山毛豆、木豆、银合欢等。

合理施用　合理施用绿肥要做好以下几方面：①适时收割或翻压。绿肥过早翻压产量低，植株过分幼嫩，压青后分解过快，肥效短；翻压过迟，绿肥植株老化，养分多转移到生殖器官，茎叶养分含量较低，碳氮比高，在土壤中不易分解，降低肥效。豆科绿肥植物适宜的翻压时间为盛花至凋谢期；禾本科绿肥植物最好在抽穗期，十字花科绿肥植物最好在上花下荚期。间、套种绿肥作物的翻压时期，应与后茬作物需肥规律相吻合。②翻压方法。将绿肥茎叶切成10～20cm长，撒在地面或施在沟里，再翻耕入土壤中，入土深10～20cm，沙质土稍深，黏质土稍浅。③绿肥的施用量。应视绿肥种类、气候特点、土壤肥力的情况和林木对养分的需要而定，一般亩施1000～1500kg鲜苗基本能满足作物的需要。

参考文献

翟明普, 沈国舫, 2016. 森林培育学[M]. 3版. 北京: 中国林业出版社.

（宋日钦）

绿量　green capacity

单位土地面积上绿色植物生长中茎叶的总量。反映和衡量城市绿色环境和生活质量的重要指标。有体积说和叶面积说之分。体积说认为，绿量是指所有生长中的植物茎叶所占据的空间体积（即绿化三维量），单位 m^3/hm^2；叶面积说认为，叶面积即是绿量，单位 m^2/hm^2。大多数学者使用叶面积法来计算绿量，一是通过测定单株植物的叶面积或者整个样地的叶面积指数来计算绿量较为准确，二是在实践中具有极强的可操作性。

绿量提取方法　分为三维绿量提取方法和叶面积绿量提取方法。

三维绿量提取方法　①平面量模拟立体量法。是利用平面量模拟立体量。对于每种植物来说，根据冠径—冠高关系以及典型树种的树冠立体几何形态与绿量方程，进而求得绿量。这种方法测量时需要明确冠幅的形态特征。②立体量推算立体量法。首先利用高分辨率影像确定样地坐标，然后运用全球定位系统（GPS）对样地进行准确定位，再根据分层抽样的原理，选择林木龄级和郁闭度都不相同的一定数量的样地进行实地测量，根据显示结果计算其三维绿量，最后根据航片影像显示结果推算大面积森林三维绿量。③三维激光扫描提取法。通过三维激光扫描仪对样地进行扫描和测量，对数据进行分析后建立冠幅、冠高和胸径回归模型，通过三维绿量计算方程，进而根据遥感影像数据求得城市或一定区域的三维绿量。

叶面积绿量提取方法　①通过卫星影像传感器中红光和近红外光的吸收和反射特性，以植被指数（或叶面积指数）变化来衡量一定区域的绿量变化。一个地区植被长势越好，叶子越多，植被指数也越高，绿量就越大。②在观测的基础上，确立不同植物的叶面积、胸径、冠幅和树高之间的回归模型，再根据样地的植物种类和特征计算出这一区域的绿量大小。

提高城市绿量途径　①扩大城市生态空间，增加森林和绿地的总面积。②改造现有绿地，增加植物种类，对配置较为单一的绿地进行改造。③合理进行屋顶、桥体、阳台等垂直绿化，增加城市绿化面积。④减少不必要的整形修剪和过度养护，为植物提供自由生长空间。⑤选择高绿量植物，增加单位面积叶量。

参考文献

刘力民, 刘明, 2000. 绿量——城市绿化评估的新概念[J]. 中国园林(5): 32-34.

李伟, 贾宝全, 王成, 等, 2008. 城市森林三维绿量研究现状与展望[J]. 世界林业研究, 21(4): 31-34.

（贾宝全）

绿色通道　green corridor

沿公路、铁路、河渠、堤坝绿化美化而形成的线状绿色空间。保护交通干线免受自然灾害危害、打造优美绿色空间、保障交通安全的重要基础设施，对野生动植物迁徙与扩散起到一定的廊道和栖息地节点等作用。

绿色通道建设是中国国土绿化的重要组成部分，是从总体上实施国土绿化战略布局的需要。1998年，全国绿化委员会、国家林业局、交通部、铁道部联合下发了《关于在全国

图1 河南许昌水岸绿化（贾宝全 摄）

图3 绿色通道（王成 摄）

图2 洛阳市连霍高速公路（贾宝全 摄）

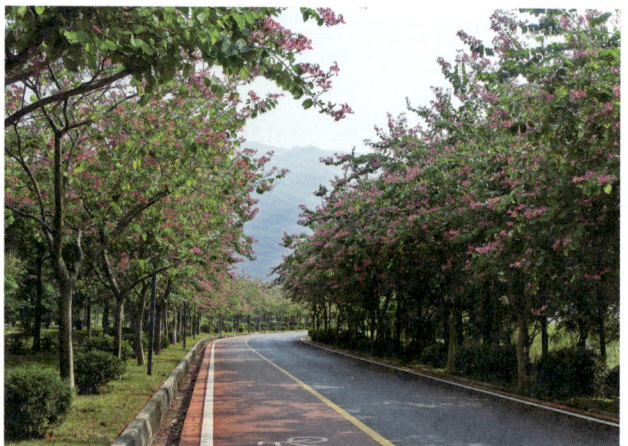

图4 三门峡市通道绿化（贾宝全 摄）

范围内大力开展绿色通道工程建设的通知》，要求开展以公路、铁路、河渠、堤防沿线绿化为主要内容的绿色通道工程建设。2000年10月，国务院下发了《关于进一步推进全国绿色通道建设的通知》，提出要将绿色通道建设纳入全国生态建设规划，作为生态环境建设的重要工程，列入基本建设计划，并提出了绿色通道建设的目标与重点。2003年，党中央、国务院印发《关于加快林业发展的决定》，进一步明确绿色通道工程要与道路建设、河渠整治统筹规划、合理布局、加快建设。截至2015年底，绿化湖库区12.326万hm²、江河沿岸8.02万km，基本实现了"渠成、堤成、绿化成"的目标。截至2017年底，全国公路绿化里程达264.4万km，绿化率达63.7%。其中，国道绿化里程27.8万km，绿化率88%；省道绿化里程23.6万km，绿化率84%。全国运营铁路绿化里程47080km，绿化率82.2%。

建设规划设计要求 ①新建、改建、扩建的高速公路、国道和省道沿线绿化带宽度每侧严格按5~10m进行规划设计，有条件的地区可加宽到10m以上。②在条件适宜的地区，应合理配置主副林带，主林带树种应以高大乔木为主，副林带树种应选择乔木、亚乔木或灌木。③实行针阔混交，形成立体复层的绿化带。④在干旱、半干旱地区，应宜灌则灌、宜草则草，有条件的可选择一些耐旱乔木，形成乔、灌、草结合的绿化带。⑤城市规划区内的公路、铁道旁的防护林带宽度每侧按30~50m进行规划设计，有条件的地区可加宽到50m以上。⑥县、乡道路沿线绿化，应以防风固土、改善环境为主要功能。原则上，新建、改建、扩建道路沿线绿化带宽度每侧严格按3~5m进行规划设计，有条件的地区可加宽到5m以上。⑦河渠、堤坝、水库沿线绿化应以保持水土、护坡护岸、涵养水源为主要功能。

树种选择 坚持"适地适树"和"以乡土树种草种为主，谨慎引种外来植物"原则，选择生态、经济、观赏价值较高的树种。在建设过程中，要因地制宜，有条件的地方允许栽植一定比例的经济林、用材林树种，充分体现"景观路、生态路、旅游路"的特色，将道路融入周围景观。

参考文献

赵德龙, 刘万共, 赵凤良, 等, 2005. 道路绿化[M]. 北京: 人民交通出版社: 1-107.

祝遵凌, 芦建国, 胡海波, 2013. 道路绿化技术研究[M]. 北京: 中国林业出版社: 1-14.

（贾宝全）

绿视率 green appearance percentage

在人的视野中绿色所占的比例。

绿视率通过应用心理物理学模式，在景观物理特征与观察者判断之间构建量化的数学关系，为城市绿地视觉质量评价确立的量化指标。通过拍摄照片、街景地图、人工智能（AI）技术等手段，可以精准、高效、动态地获得照片中绿色空间的构成比例，进而计算出绿视率。绿视率可作为城市空间物理绿量与心理绿量相结合的量化指标，通过城市的三维空间绿化程度及市民的心理感知状态，综合评估城市三维空间的绿化效果，反映市民对城市空间的心理感知绿量。绿视率弥补了传统绿化指标只立足于二维空间的不足，可为相关部门制定绿化规划提供更加精准的支撑。

绿视率的概念由日本国立环境研究所研究员青木阳二于 1987 年正式提出。2002 年，绿视率理论由日本环境地理学专家大野隆造提出。2004 年，绿视率成为日本政府认定的城市绿化建设评价指标之一，在日本城市发展建设中受到重视。然而，绿视率是从人对环境的感知方面考虑，会随着时间和空间的变化而不断变化。加上绿化空间的构成比例是用照片来确定，不同人群拍摄样本时选择不同镜头，视角视线也有很大差异。很多学者为其提供了理论和实验依据，但难以用统一方法进行统计，且相互之间没有可比性。绿视率这一指标的考量仍处于研究阶段。

影响绿视率的主要因素有绿化覆盖率（即区域内绿化植物垂直投影面积占区域内土地总面积的百分比）、街道模式、绿化模式和绿化树种等。其中，绿视率与绿化覆盖率有着紧密联系，当区域绿化覆盖率比较高，通常其绿视率也趋于一个相对较高的数值。当绿视率小于 15% 时，会明显有人造环境的感觉；绿视率大于 15% 时，会感到环境比较自然；绿视率达到 25% 时，人的视觉和精神感觉最舒适。

参考文献

吴立蕾, 王云, 2009. 城市道路绿视率及其影响因素——以张家港市西城区道路绿地为例[J]. 上海交通大学学报: 农业科学版, 27(3): 267-271.

赵庆, 唐洪辉, 魏丹, 等, 2016. 基于绿视率的城市绿道空间绿量可视性特征[J]. 浙江农林大学学报, 33(2): 288-294.

Li X, Zhang C, Li W, et al, 2015. Assessing street-level urban greenery using Google Street View and a modified green view index [J]. Urban Forestry & Urban Greening, 14(3): 675-685.

（古琳）

绿竹培育 cultivation of *Bambusa oldhamii*

根据绿竹生物学和生态学特性对其进行的栽培与管理。绿竹 *Bambusa oldhamii* Munro [*Dendrocalamopsis oldhami* (Munro) Keng f.] 为禾本科（Poaceae, 异名 Gramineae）竹亚科（Bambusoideae）簕竹属植物，亚热带季风气候区优良的笋材两用丛生竹种。

树种概述　地下茎合轴型，丛生，高 6～12m，直径 3～9cm，枝条簇生，节间长 20～35cm，邻近节间稍作之字形曲折。笋期 5～10 月，7～8 月为盛笋期。主要分布于中国、印度、缅甸、孟加拉国、泰国、马来西亚等国家，在中国分布于浙江南部、福建、台湾、广东、广西和海南等省区。分布区年平均气温 18～21℃，年降水量 1400～2000mm，极端最低气温 -5℃，适合栽培于冲积平原、

图1　绿竹鲜笋（台湾桃园市复兴镇三民里）

图2　绿竹竹丛（台湾桃园市复兴镇三民里）

溪边、低丘或房前屋后。笋味鲜美，宜鲜食，也可加工成笋干或罐头；竹秆可作家具、农具、建筑用材等；竹材纤维优良，是优质纸、纤维板的原料。

林木培育　多采用移栽母竹造林。选择生长健壮、直径 3～5cm、基部芽眼饱满、发枝低的 1 年生竹株作为竹苗。随挖随栽，远距离运输需保湿。每穴可栽植 1～3 株竹苗，密度为 450～600 株 /hm²，种植深度 20～30cm。清明前扒土晒目，20～30 天后覆盖笋目，覆土前施春肥，沟施腐熟农家肥或有机肥 20～100kg/ 丛，5 月初施笋前肥（人粪尿 20～30kg/ 丛或尿素 0.3～0.5kg/ 丛），7～8 月产笋盛期施速效复合肥 0.5kg/ 丛，施肥 2～3 次，间隔 15～20 天，9 月后施以钾肥为主的养竹肥（复合肥 0.5～0.7kg/ 丛或焦泥灰 10～20kg/ 丛）。7 月底或 8 月初，选择在竹丛外圈生长健壮的"二水笋"留养母竹，每丛 5～7 株。冬季或早春按照"砍老留新、砍弱留强、砍密留疏、砍病留健、砍内留外"原则，伐除林内 3 年生老竹和部分 2 年生竹，保留 2 年生竹 2～3 株 / 丛，同时挖除 3 年以上老竹蔸。注意竹株开花、防低温冻害。

参考文献

易同培, 史军义, 等, 2008. 中国竹类图志[M]. 北京: 科学出版社.

浙江省林业标准化技术委员会, 2015. 绿竹笋(马蹄笋)栽培技术规程: DB 33/T 343—2015[S]. 浙江省质量技术监督局.

（官凤英，范少辉）

M

麻栎培育　cultivation of sawtooth oak

根据麻栎生物学和生态学特性对其进行的栽培与管理。麻栎 *Quercus acutissima* Carruth. 为壳斗科（Fagaceae）栎属树种，硬阔叶用材林、能源林、防护林树种和园林绿化树种。

树种概述　落叶乔木，树干高大。叶互生，呈长椭圆状披针形，叶缘具芒状锯齿。壳斗杯状或碗状，包被坚果约 1/2，坚果卵状球形。花期 3～4 月，果熟期翌年 9～10 月。主产中国，分布范围广，是中国暖温带和亚热带地区森林植被的主要组成树种，集中分布于云贵高原和秦巴山区。喜光，抗寒，抗旱，萌芽更新力强。根系庞大，主根明显而深。对土壤要求不严，为荒山瘠地的先锋树种或形成次生林，在深厚、肥沃、排水良好的壤土和沙壤土生长最好。木材是优等家具、建筑、造船等用材，也可作枕木、坑木、桥梁、地板等用材，亦可烧制栎炭；枝干可烧木炭和培养食用菌；果实可酿酒、饲用等；种仁和壳斗可提制栲胶；叶可饲养柞蚕。

苗木培育　主要采取播种育苗，包括苗床育苗和容器育苗。春播或冬播，种子不耐储藏，春播需保湿沙藏、防治栗实象鼻虫，冬播需防治鼠害。

林木培育　培育大径材的人工林，造林地应选坡度 25°以下的中低山和丘陵区山沟和山麓的湿润、肥沃、深厚、排水良好的中性至微酸性壤土的立地；营造薪炭林或防护林，对土壤条件要求不严格。20 世纪 50 年代，由于交通和经济等原因，中国开展了规模化人工播种造林。播种应在冬季土壤封冻前、春季冻土融化以后进行，每公顷 4500 穴左右，每穴下种 3～5 粒。20 世纪 80 年代以后，以裸根植苗造林为主，也有容器苗造林的实践。造林宜采用 1 年生苗木，裸根苗应将主根剪短并保留须根，对根系做蘸泥浆等处理；容器苗去除容器杯后直接造林。用材林初植密度 3000～4000 株 /hm²，薪炭林初植密度 4950～6600 株 /hm²，适合与油松、侧柏、柏木、刺槐等混交造林。实生林 5～7 年、萌芽林 4～6 年郁闭成林，每 5 年左右间伐 1 次。混交林采用综合抚育法，同龄纯林采用下层抚育法。轮伐期根据培育目标而定，中小径材为 20～30 年，大径材为 60 年以上，薪炭材 10～15 年。培育中小径级的用材林或薪炭林通常采用萌

图1　麻栎 3 个月幼苗（安徽滁州市南谯区红琊山林场）

图2　麻栎人工幼龄林（安徽滁州市南谯区红琊山林场）

芽更新，伐根接近地面，每伐桩选留 1～2 株萌条抚育成林，10 年左右皆伐，以便再萌芽。培育大径级用材林宜重新造林。麻栎天然更新能力强，可采用近自然森林经营理论中目标树培育方法，充分利用自然力实现恒续经营。

参考文献

侯元兆, 陈幸良, 孙国吉, 2017. 栎类经营[M]. 北京: 中国林业出版社.

刘志龙, 2010. 麻栎炭用林种源选择与关键培育技术研究[D]. 南

京: 南京林业大学.

　　中国树木志编委会, 1981. 中国主要树种造林技术[M]. 北京: 中国林业出版社.

（刘志龙，马履一，贾黎明）

麻竹培育　cultivation of ma bamboo

　　根据麻竹生物学和生态学特性对其进行的栽培与管理。麻竹 *Dendrocalamus latiflorus* Munro 为禾本科（Poaceae, 异名 Gramineae）竹亚科（Bambusoideae）牡竹属植物，中国南方栽培面积最大的大型合轴丛生经济竹种之一。

　　树种概述　地下茎合轴型乔木状竹种。丛生，秆高 20～25m，直径 15～30cm，梢常下垂呈吊丝状；1 主枝多分枝。花两性。颖果卵球形，腹部有长沟，呈淡褐色。果实从 3 月开始成熟，盛期为 4～7 月。广布于中国华南和东南地区，浙江南部和江西南部有少量栽培。中心产区为广西、广东、海南、台湾和福建一带，一般产区为江西、湖南、贵州、云南的中南部。引种区延伸到浙江、湖北、四川南部地区。越南、缅甸有分布。喜温暖湿润，忌霜冻寒冷，要求年平均气温 17℃ 以上，1 月平均气温 8℃ 以上，不耐 -4℃ 以下的低温，年降水量要求在 1500mm 以上。土壤以水肥条件优越的冲积土为佳，忌低洼积水。麻竹是多年生一次开花植物，竹丛开花结实后竹秆枯萎死亡。同一竹林中的少数竹丛开花，并不蔓延至其他竹丛。生长快、产量高、易繁殖、用途广。笋用价值、材用价值、叶用价值、浆用价值和观赏价值高，竹秆粗大端直，可作建筑材料、竹工艺品和造纸等，竹壁厚而材质松软易漂白解离，制浆利用比毛竹更具优势。鲜笋脆嫩香甜，风味独特，供笋季节与毛竹互补；各种笋罐头、笋干及酸笋等产品畅销国内外。叶是传统的粽衣原料，亦可作为绿色食品的包装品，富含对人体有益的活性物质。根系发达，枝叶繁密，具有较强的涵养水源、防风保土的作用。在生态效益和社会效益方面均可与毛竹媲美。

　　生长发育　主要以竹蔸笋芽萌蘖更新繁殖为主，罕见开花结实，极少以种子形式繁殖。一般在春季 2～3 月，当土壤温度回升至 10℃ 以上，竹丛就开始萌动孕笋，此时，若能提高土温和光照刺激，则可有效地促进当年笋芽早发。麻竹一般 3～4 月发叶，5 月开始发笋，笋期为 5～10 月，属夏笋竹。当年完成高生长，从秋季至翌年清明前后，新竹地上茎秆陆续脱箨成竹，从其顶端渐次向下抽枝发叶。通常新竹竹蔸当年不生根或生出少量的须根。在新竹生长完成之后，随着立竹单株年龄的增长，竹株的材质硬度和纤维强度不断增加，而竹蔸上的笋目萌发成笋能力则呈不断减弱趋势。

　　苗木培育　①播种育苗。麻竹偶有零星开花，开花母竹宜中上部断梢，4～7 月种子成熟后，在树上采种，即熟即收，随采随播或低温湿藏；种子带稃千粒重 51～57g，去稃千粒重 45～50g，每千克纯净种子数量 2.0 万～2.2 万粒，发芽率约 70%；春播条播量 15～18g/m²，注意倒春寒和防止鸟兽危害；适时遮阴，透光 50%～60%。②主枝扦插育苗。麻竹主枝基部具有大量隐芽和根原基，选择 2～3 年生母竹 1～2 年生主枝，用 ABT 生根粉、双吉尔-GGR 和吲哚丁酸

（IBA）进行催根处理后扦插，注意勿倒插。③次生枝育苗。次生枝是主枝基部的隐芽抽发而长成的侧枝；入选枝龄宜在 0.5～1 年，以粗壮、节短、基部直径 1cm 的半木质化枝条为好。④埋节育苗。齐地切取 1～2 年生、生长健壮的母竹竹秆，去梢，秆节各留 1 节粗枝，然后将竹秆截成单节段或双节段，通常节段上端留 10cm，节段下端留 20cm，斜切口呈马蹄形，覆土 3～5cm，覆盖、浇透水。

　　林木培育　①造林。造林地宜选土层深厚、疏松、肥沃，且 pH 4.5～7.0 的沙壤土或轻壤土，忌选干旱贫瘠、土壤过于黏重和地下水位太高的地段；在春季或雨季，采用苗木或移母竹穴植造林，带宿土，随挖随种，每亩栽植 25～35 丛；母竹以生长健壮、无病虫害、胸径 4～6cm、1 年生幼龄竹为宜，保留母竹秆长 1.2～1.5m，种植时马蹄形切口与秆柄同向朝上，斜植；当年抚育 2 次，第 2 年开始扒土晒目，发笋盛期注意水肥管理。②竹林结构调控。麻竹林的经营级、立地级、生长级不同，其结构不能一概而论，第 1、2 生长级为 3～5 株 / 丛，第 3、4 生长级为 5～7 株 / 丛，第 5 生长级以下的麻竹林在 7 株 / 丛以上，以保证竹林能够较好郁闭但又不会产生剧烈的竞争；年龄结构宜保证 1 年生新竹占多数，以确保竹林的产量。③收获更新。麻竹每年

图 1　麻竹笋用竹林（福建南靖县）

图 2　麻竹新竹（福建南靖县）

5～10 月持续出笋，食用鲜笋在出土后 10～15cm 及时采割，加工笋宜在出土后 30～40cm 时采割。为获得最大产量，生产上通常以在竹笋出土后 1 个笋节外露至竹箨时采割。早上割笋，平地割断，切面平整，不伤及边笋、竹蔸或蔸目，集约经营笋用林每亩每年可产 1～2t 带箨加工笋或 0.8～1.2t 鲜食笋；竹材采伐作业宜在冬季或早春进行，将部分 3 年生母竹和全部 4 年生以上的母竹砍伐，每丛视竹丛直径大小和立地条件留竹，一般均匀保留 3～8 株成竹；竹叶采收于新叶成熟 15 天后，选取成竹枝条上发育良好、无病害、叶片无损伤的竹叶从叶柄处采摘即可；集约经营的林分在 12 年后宜进行全面采伐更新，日常更新要注意留笋位置、笋径大小，以保证竹林的整齐度和均匀度。④病虫害防治。主要病害包括竹煤烟病、麻竹枯萎病，以营林措施防治为主；主要虫害包括竹弧蟊蛾、沟金针虫、竹蚜虫、黄脊竹蝗、竹笋禾夜蛾、一字竹笋象、竹织叶野螟、蠕须盾蚧等，主要采取物理防治和化学防治。

参考文献

罗集丰，郑奕雄，杨培新，等，2013. 麻竹虫害发生规律及防治对策[J]. 广东农业科学，40(17): 82-83, 90.

邱尔发，2007. 麻竹山地笋用林[M]. 北京: 中国林业出版社.

郑郁善，陈卓梅，邱尔发，等，2003. 不同经营措施笋用麻竹人工林的地表径流研究[J]. 生态学报，23(11): 2387-2395.

周芳纯，1998. 竹林培育学[M]. 北京: 中国林业出版社.

（陈礼光）

马大浦 Ma Dapu（1904—1992）

中国林学家、林业教育家。字述之。祖籍安徽省安庆市太湖县。1904 年 11 月 6 日生于福建省浦城县，1992 年 6 月 18 日卒于南京。1927 年考入金陵大学农学院森林系。1930 年转入国立中央大学农学院森林系学习，1932 年获农学学士学位，留校任助教。1936 年 3 月赴美国明尼苏达大学农学院林学系攻读硕士，1937 年获得科学硕士学位后回国。历任江苏省教育林场技术员、广西大学教授兼森林系主任、江西国立中正大学农学院教授兼森林系主任、安徽学院（抗战时期创建）生物系教授兼安徽农业改进所所长与省农林局局长、国立中央大学教授兼森林系主任等职。中华人民共和国成立后，先后任南京大学教授，南京林学院（今南京林业大学）教授、副院长、院长、名誉院长等。曾任九三学社江苏分社常委、中国林学会第四届理事会副理事长、林业部科学技术委员会委员、国务院学位委员会（农学）评议组成员。担任《辞海》第三卷编委会分科主编《林业辞典》编委会主任。在造林学、油桐、树木种苗等方面研究成果显著，并著有《造林学》《主要树木种苗图谱》《森林学》和《森林调查规划》等，其中于 1959 年主编的由中国林业出版社出版的《造林学》是中华人民共和国成立后国内第一部系统的造林学教科书，对造林学科建设和造林事业发展起到了积极的促进作用。曾受国家林业部的派遣赴越南农林大学任教，其间为越南林业建设提供了有益的建议，获越南政府颁发的"友谊勋章"。

参考文献

中国科学技术协会，1991. 中国科学技术专家传略（农学篇·林业卷）[M]. 北京: 中国科学技术出版社.

（杨绍陇）

马尾松培育 cultivation of masson pine

根据马尾松生物学和生态学特性对其进行的栽培与管理。马尾松 *Pinus massoniana* Lamb. 为松科 (Pinaceae) 松属树种，中国南方重要的乡土用材树种之一，具有速生、丰产、适应性强、用途广泛、综合利用程度高等优良特性。现有林分面积 1.5 亿亩，林分蓄积量达 5.91 亿 m³，在中国森林资源中占有重要地位。

树种概述 常绿乔木。树皮红褐色，下部灰褐色，深裂成不规则的鳞状块片。树冠稀疏，侧枝平展，侧枝分枝角很大（70°～90°）。主干通直圆满，尖削度小。叶 2 针一束，长 12～20cm。雌雄同株，单性。球果卵圆形或圆锥状长卵形，成熟时栗褐色或暗褐色；种子卵圆形，种子轻。花期 2 月中旬至 4 月上旬；球果 2 年成熟，果期 10～12 月。分布广，跨北、中、南亚热带及热带北缘和暖温带南缘气候区，北纬 21°41′～33°56′，东经 102°10′～123°14′；涉及 18 个省（自治区、直辖市）。自然水平分布北起秦岭南坡、伏牛山、桐柏山、大别山，沿淮河到海滨一线，即暖温带与北亚热带的交界线；南沿十万大山西端国境线，经北部湾海滨向东抵达雷州半岛及东南沿海一线；东抵东海之滨及近海岛屿；西界在四川盆地西缘二郎山东坡，向南沿大相岭、青衣江到贵州赫章、六枝，沿北盘江到广西百色一线。此外，越南凉山、河内已引种多年，表现良好。垂直分布于海拔 500～1000m 以下的低山丘陵区，分布上限由东向西随地势升高而逐渐抬高。典型先锋树种。中带和北带种源枝条每年生长 1 轮，南带种源每年多生长 2 轮枝（占 98%）。强喜光、喜温，抗旱性强，不耐庇荫，林冠下更新不良；对热量条件要求较高，在年平均气温 13～22℃地区生长良好，生长速度和生长量均随温度升高（纬度降低）而加大；当冬季低温达 -15～-13℃ 时不能正常生长。主根明显，侧根发达，侧须根上有较多菌根共生。适宜在光照充足、水热条件好的低山或低中山的坡下部、中下部或中部，由板岩、砂页岩、砂岩或花岗岩等发育而成的疏松肥沃、土层深厚的微酸性（pH 4.5～5.5）土壤上生长。木材是优质的制浆造纸和三板生产原料。广泛用于坑木、枕木、桩木、桥梁、建筑、家具、包装业及农村的薪材。马尾松松脂产量占全国总产量 80% 以上，松针可提取松针油、作饮品和食品的添加剂与优质饲料；花粉可入药、作保健品和酒等；木材可培养贵重的中药材茯苓。

产区区划 全国马尾松产区共划分 3 个带 6 个区，每个区内再分 2～3 个产区或亚区。带是根据影响马尾松分布与生长的热量条件的纬度地带性分异，并参考其他气候因子及土壤和植被等进行划分；区是根据大地貌和经向水湿及气候条件的差异进行划分；产区是各省份分区划单位，主要根据省内大地貌、山地垂直带、地方性气候等中尺度地域分异划分。产区一般又划分为Ⅰ类产区（速生高产地区）、Ⅱ类产区（一般生长地区）、Ⅲ类产区（生长较差或边缘区）。马尾松基地造林应优先布局在Ⅰ类产区，其次是Ⅱ类产区。

生长发育　马尾松个体年生长发育过程可划分6个阶段：①2月底至3月上旬为树液流动和顶芽萌发期；②3月上旬至5月上旬为抽梢期；③5月中旬至6月上旬为封顶期；④6月上旬至8月为营养生长期（二次梢生长期）；⑤9月上旬至11月为顶芽发育期；⑥12月至翌年2月为休眠期。林分生长发育过程可划分5个阶段：①生长缓慢期。造林开始到3～4年，是个体生长阶段，幼树地下部分生长迅速，地上部分生长缓慢。②速生前期。从3～4年开始到8～10年结束，进入群体生长，树高生长旺盛，胸径生长逐渐增大，到期末时，树高连年生长量开始下降，可考虑进行第一次抚育间伐。③速生期。从9～10年开始到18～19年结束，树木间竞争加剧，树高连年生长量开始下降，胸径连年生长量先增加后下降，材积生长旺盛，期末材积连年生长量达最大；在期中可实施第二次抚育间伐。④近熟期。19（20）～24（25）年，林分趋于稳定，林分平均树高和胸径生长明显减缓，材积生长仍较旺盛，期末材积平均生长量接近最大；是培育大径材的最佳调控期，如果培育大径材可在这期间实施第三次抚育间伐。⑤成熟期。25（26）年以后，林分生长进入缓慢期，已达数量成熟，如果不培育大径材，可直接采伐利用。从南至北高生长开始时间和进入速生期时间均推迟，而结束时间均提早。南带1年有2个速生期，速生期生长量自南向北递减。

良种选育

种子区划　中国马尾松种子区划分为北、中、南3带9区，即：北带长江中下游丘陵山地种子区、秦巴山地种子区，中带闽浙山地种子区、湘赣低山丘陵种子区、贵州高原种子区和四川盆地种子区，南带南岭都庞山以东丘陵山地种子区、广西盆地种子区和台湾北部山地种子区。在每个区内，根据自然特点和遗传分化情况，又可进一步划分成若干亚区。

优良种源选择　云开大山、南岭山地、武夷山地和大娄山地是马尾松优良种源区。南带可优先选用十万大山和云开大山的广西桐棉、岑溪、容县，广东信宜、高州种源；中带可优先选用广西古蓬、岑溪、恭城、藤县，广东信宜，江西崇义，湖南汝城，贵州都匀、黄平等种源；北带可优先选用广西恭城、忻城，福建长汀、邵武，江西安化，贵州黄平、都匀等种源。

良种基地　全国已有29处国家级马尾松良种基地，分布在安徽、重庆、福建、广东、广西、贵州、河南、湖北、湖南、江西、四川和浙江等省（自治区、直辖市）。马尾松种子园已完成由初级种子园向2代种子园过渡，并选出3代建园材料。

种子园及遗传改良　中国马尾松种子园始建于20世纪70年代，"十五"以后，以利用为目标，科研工作者采用多性状联合定向选育，广泛开展了高世代遗传改良和育种，加强了抗性育种；"十三五"进入第3代种子园建园遗传改良材料选择和利用阶段。围绕建园技术，重点开展优树选择、建园程序、园址选择、无性系配置、嫁接技术、种子园经营管理等研究。已选出适合不同培育目标和不同地区使用的优良种源、优良家系和优良无性系等良种，增产效果明显。如经省级审定的速生型优良种源（MP8189、MP8166、MP8136）材积遗传增益达43.08%～47.76%；贵州、广西、福建等地审定的近百个优良家系良种（福3、桂MVF443、W82170、闽林系列等）材积增益21.65%～75.00%；审定的优良无性系良种（桂MVC027、闽242等）材积增益达21.6%～93.6%。还选出高产脂型和2代种子园良种等。

苗木培育　分有性繁殖和无性繁殖。有性繁殖是主要繁殖途径，包括大田播种育苗和容器育苗；无性繁殖主要是扦插育苗。

采集良种　在种子园或母树林或优良林分内选择干形通直、生长健壮、冠形匀称的15～35年生母树采种。种子通常采用低温干藏，最佳贮藏温度-10～-5℃，0～5℃次之；含水量9%以下为好，以3.42%～5.74%最佳。发芽率一般80%～85%，千粒重10～12g，每千克种子约8300～10000粒。

图1　马尾松球果及松针（丁贵杰　摄）

图2　马尾松大径材丰产林林相（丁贵杰　摄）

大田播种育苗 选地势较平坦、易排水、土层深厚肥沃、土壤呈微酸性（pH 5.0～6.0）、质地适中、阳光充足、病虫害少、靠近水源的林地作圃地。圃地须深耕细整、碎土作床，床面略呈弧形，作床前进行土壤消毒。结合耙地作床施足以磷肥为主的基肥。圃地四周挖好排水沟、拦洪沟和中沟。春季当气温稳定在10℃时播种为好，播种前用0.3%～1%的硫酸铜溶液浸种4～6小时，或用0.5%高锰酸钾溶液浸种2小时，捞出置于容器中闷0.5小时，用清水冲洗后催芽或阴干后播种。播种量：条播60kg/hm²，撒播75～90kg/hm²。条播行距18～20cm，沟宽2cm，沟深0.6～0.8cm；撒种均匀一致。播后覆土厚度0.5～0.8cm，并用山草、稻草等材料覆盖。种子发芽后分次揭除覆盖，适时进行灌溉。苗高3～5cm开始间苗，最后保留150～180株/m²。

容器育苗 多采用无纺布或塑料薄膜袋育苗，适宜容器规格为底径6～8cm，高10～12cm。可选基质配方：①黄心土40%～45%、火烧土15%～20%、松林表土30%～40%、过磷酸钙3%～5%；②黄心土60%、火烧土10%～20%、松林表土20%～25%、过磷酸钙3%左右；③轻基质配方为椰（木）糠70%、泥炭20%、炭化谷壳5%、过磷酸钙2%～3%、黄心土3%～2%。

扦插育苗 选2～3年生幼树当年生半木质化侧枝作插穗，长4～8cm、粗0.2～0.6cm，保持插穗上部1～1.5cm的针叶束；插穗截取后随即进行生根促进剂处理，处理时间约30分钟。效果较好的促进剂有吲哚乙酸100mg/kg、吲哚丁酸100mg/kg+α-萘乙酸100mg/kg、ABT 1号生根粉100～200mg/kg溶液。扦插基质以山地火烧土+细沙+黄心土（1:1:1）、松林表土+黄心土+细沙（2:2:1）和黄心土+山地火烧土+细沙（2:1:1）生根效果较好。9～11月扦插生根效果最好。扦插深度为插条长度的1/2，株距3～5cm，行距16～20cm，成苗时保留150～200株/m²。插后压紧，浇透水，保持床面和空气湿润。马尾松插穗生根均属愈伤生根型，扦插生根需较长时间，一定要防止插穗腐烂。

林木培育

立地选择 尽量选低山或低中山坡中下部，由板岩、砂页岩、砂岩或花岗岩等发育而成的土层深厚、疏松肥沃、微酸性土壤营造马尾松速生丰产林。如果培育大径材，应选择立地指数18及以上的地区栽植。

整地方式及规格 山地造林宜采用块状整地。在土壤质地适中、立地质量中等的山地，造林按40cm×40cm×25cm的规格整地。

造林密度 不同培育目标造林密度差异很大，培育纸浆材造林密度可控制在2500～3300株/hm²；培育小径材2500～3000株/hm²，中径材1667～2000株/hm²，大径材1600～2000株/hm²。

栽植技术 宜适时早栽。1月中旬至2月中下旬栽植较佳，最好选阴天、小雨天，或雨后多云天气栽植；用Ⅰ、Ⅱ级苗造林，苗木随起、随运、随栽。采用三壅两打呈弧形缝植法栽植，该方法关键是分层填土，分层打紧、打实，最后在上面盖松土呈弧形，可保证根系舒展、不窝根、不悬空。

幼林抚育 马尾松侧须根分布很浅（多分布在表土层3～15cm内），抚育过程一定要注意免伤侧根，提倡抚育时只动刀，不动锄。中等以上立地一般抚育3～4年，每年分别在4～5月、9～10月上旬各抚育1次。抚育方式有穴状抚育和带状抚育两种。穴状抚育以定植点为中心，在50～60cm半径范围内除草、松土和培蔸，将妨碍幼树生长的灌、草、藤割除。带状抚育，带宽80～100cm，在定植点周边进行除草、松土的同时，将带内的其他杂草一并清除掉。

林地施肥 南方林地土壤养分状况多表现为缺磷、少钾、氮中等。施以磷肥为主的复合肥或钙镁磷肥效果最佳，配合施入少量氮、钾肥效果更好。对于幼林，可采取栽植前每穴施不低于60g的钙镁磷肥作为底肥；中龄林，每株林木可施过磷酸钙500g，尿素150g，氯化钾50g。立地指数16及以上的立地不提倡幼林施肥；在中等以下立地进行中龄和近熟林施肥，能明显提高生长量和缩短轮伐期。林地施肥必须在营养诊断基础上，坚持缺素施肥、适量施肥、平衡施肥原则。

抚育间伐 通过抚育间伐及时进行林分密度调控是提高马尾松林分生产力的关键。首次间伐时间可以参照下列指标确定：当胸径或断面积连年生长量明显下降、高径比达80以上、被压木累计达30%以上、枝下高占全树高达30%以上以及林分郁闭度达0.85～0.9以上。同时还要考虑造林地经济、交通、劳力和产品销售等条件。以中等造林密度（2500株/hm²）、立地指数16、培育通用材为例，首伐时间9～10年较合适。立地指数每提高1～2级，首伐时间提前1～2年，否则推迟1～2年。每公顷造林株数每增加500～600株，提前1年，相反推迟1年。间伐强度控制在25%～35%比较合适。间伐间隔期4～5年。培育大径材，25年以后保留675～900株/hm²；中径材20年以后保留1050～1200株/hm²；通用材一般间伐2～3次，最后保留1200～1350株/hm²。

采伐年龄 确定采伐年龄的原则：以工艺成熟为基础，重点考虑经济成熟，适当兼顾数量成熟，不同培育目标采伐年龄差异很大。大径材采伐年龄不低于27～30年，中径材不低于23～26年，小径材19～23年，纸浆材13～16年。

混交林营造 提倡营造马尾松混交林，混交类型可采用针阔混交、针针混交，可同龄混交，亦可异龄混交。混交方式可采用行间、带状及星团状混交。适宜的混交树种，南带可选红锥、鳓萌栲、火力楠、西南桦、甜槠等；中带可选木荷、杉木、闽楠、青冈栎、猴樟、光皮桦等；北带可选枫香及壳斗科的麻栎、栓皮栎、白栎等。在逐步加大混交林比例的同时，应实行人工林的混交异龄化、复层化，采用"近自然林业"和"生态系统管理"方法，按目标树经营。

病虫害 主要病害有松材线虫病、松苗猝倒病（也称松苗立枯病）、松苗叶枯病、松赤枯病。主要地上害虫有马尾松毛虫、松干蚧、松突圆蚧、松梢螟，苗圃地下害虫有非洲蝼蛄、蛴螬、地老虎等。主要采用营林措施、生物措施及物理防治与化学防治相结合的防治方法。松材线虫病对马尾松危害最严重，直接关系到马尾松的发展，应高度重视并加强联合预防攻关。生物措施以利用松绒寄甲等天敌预防效果比较理想。

参考文献

俞新妥, 1978. 马尾松种源试验阶段报告[J]. 中国林业科学, 14(1): 4-13.

周政贤, 2001. 中国马尾松[M]. 北京: 中国林业出版社.

（丁贵杰）

马占相思培育   cultivation of *Acacia mangium*

根据马占相思生物学和生态学特性对其进行的栽培与管理。马占相思 *Acacia mangium* Willd. 为豆科（Leguminosae）金合欢属树种, 在哈钦松和克朗奎斯特等分类系统中属于含羞草科（Mimosaceae）; 中国南方绿化荒山、营造水土保持林、防风固沙林和薪炭林的优良树种。

树种概述   常绿乔木。花序为疏散穗状, 长 10cm。荚果成熟后呈螺旋状卷曲; 种子长形, 黑色有光泽。果期 5～6月。原产于澳大利亚昆士兰北部沿海、巴布亚新几内亚等地。1979 年中国开始引进, 20 世纪 80 年代中期在广东、广西、海南和福建等省份大面积种植和发展。喜光, 喜温暖湿润气候, 不耐寒, 耐贫瘠土壤, 在湿润疏松、微酸性的壤土或沙壤土上生长最好。是荒山造林的先锋树种, 也是仅次于桉树的短周期速丰林树种; 能在干旱瘠薄的粗骨性红壤中生长良好, 适宜在沿海地区营造水土保持林。木材可作纸浆材、人造板、工艺品和家具等; 树皮可提取栲胶; 树叶可制作饲料。

苗木培育   通常采用播种育苗和组培育苗。播种育苗采取沸水浸种, 常规苗床育苗。组培育苗采用优良无性系萌芽条或接穗萌条作外植体。丛芽诱导培养基为改良的 MS+0.5mg/L BA +0.1mg/L NAA, **增殖培养基**为改良的 MS+1.0mg/L BA +0.05mg/L NAA。不同无性系适宜的丛芽诱导和增殖培养基不同, 主要调整基本培养基的硝酸铵含量、氨态氮与硝态氮的比例, 即根据增殖芽的数量和大小调整激素含量与配比。**生根培养基**为 1/2 MS+1.0mg/L

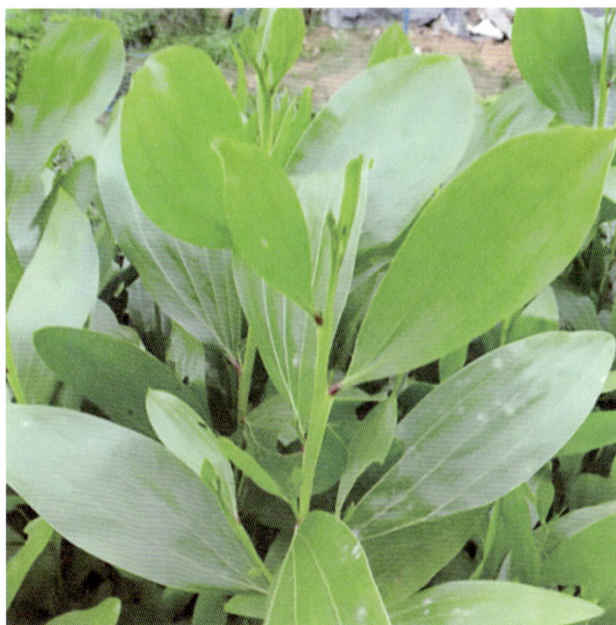

马占相思树叶

IBA+0.5mg/L NAA。应根据生根率和根的粗细调整不同无性系生根培养基的激素浓度。约 60% 的苗木生根后, 及时转移至温室炼苗。

林木培育   全面清理林地, 穴状整地。种植穴的规格为 50cm×40cm×35cm, 株行距 2m×3m 或 3m×3m。**基肥**以钙镁磷肥为主, 一般林地每穴 250～400g, 瘠薄林地每穴 500g。广东、广西和福建的适宜**造林季节**为 3～5 月, 海南为 6～8 月。造林 2～3 年后可郁闭成林, 除草和施肥等抚育管理主要在造林后 2 年内进行。**速生丰产林**一般 7～8 年可主伐, 蓄积量约 150m³/hm²。主要病虫害有白粉病、心腐病、白蚁和大蟋蟀等, 应及时综合防治。

参考文献

何斌, 刘运华, 余浩光, 等, 2009. 南宁马占相思人工林生态系统碳素密度与贮量[J]. 林业科学, 45(2): 6-11.

黄烈健, 陈祖旭, 张赛群, 等, 2012. 马占相思优树组培快繁技术研究[J]. 林业科学研究, 25(2): 227-230.

林绍奕, 黄麟锋, 刘磊, 2000. 马占相思的优化利用[J]. 林产工业, 27(4): 6-9.

苏嘉强, 2007. 马占相思容器育苗造林技术[J]. 河北林业科技(6): 53-54.

（李吉跃）

埋条育苗   seedling production by burying twigs

将剪下的植物枝条水平埋入土中, 使其生根、发芽而培育成苗木的营养繁殖育苗方法。

埋条育苗常用于 1～2 年生枝条较长、扦插难成活的树种, 如连翘、刺梨等。埋条生根前的营养来自枝条本身所储存的营养物质, 由于枝条较长, 只要一处生根就能保证成活, 所以对难生根树种而言, 比扦插育苗成活率高。但出苗不整齐、产苗率较低。

埋条育苗通常在春季萌芽前采用开沟平埋的方法进行, 覆土厚度 5～10cm。也可用点埋法, 即不开沟, 将枝条平放于圃地, 每隔 20～25cm 在枝条节（芽）上覆一堆土, 用地膜覆盖保湿。覆土处会生根, 萌芽成苗。待苗高 20～30cm 时, 适当培土; 苗高 50cm 时, 截断埋条, 便可得到具有完整独立根系的植株。

参考文献

陈廷权, 2017. 刺梨春季大田压(埋)条育苗技术[J]. 绿色科技 (1): 41-42.

韩英, 雷晓水, 2004. 新疆杨埋条育苗试验[J]. 青海农林科技(4): 73, 57.

（王乃江）

毛白杨培育   cultivation of white poplar

根据毛白杨生物学和生态学特性对其进行的栽培与管理。毛白杨 *Populus tomentosa* Carr. 为杨柳科（Salicaceae）杨属树种, 中国北方特有的乡土树种, 重要的用材林、防护林和园林绿化树种。

树种概述   落叶乔木。树干通直。树皮幼时暗灰色, 壮时灰绿色，逐渐变为灰白色，老时基部黑灰色，纵裂，粗糙，皮孔菱形散生，或2～4连生。叶下面密生毡毛，后渐脱落。雌雄异株。花期3～4月，果期4～5月。分布范围北起辽宁、内蒙古南部，南达江苏、浙江，黄河中下游为适生分布区。垂直分布于海拔1500m以下的山谷、温和平原地区。温带树种，喜光；对土壤水肥状况敏感，在高温、多雨气候下，易受病虫危害，生长较差；耐寒性较差，在早春昼夜温差悬殊地方，常产生"破肚子病"。木材易干燥，加工性能良好，刨、锯、镟切容易，油漆及胶结性能良好，是杨树中木材最好的一种。木材可作建筑、家具、包装箱、火柴杆、人造板材等用，也是造纸、纤维工艺的原料。

良种选育 采用选择、杂交、多倍体等育种技术，主要良种有：'三毛杨'系列，如'三毛杨7号''三毛杨8号'；'北林'系列，如'北林雄株1号''北林雄株2号'；'毅杨'系列，如'毅杨1号''毅杨2号''毅杨3号'等。

苗木培育 以无性繁殖为主，多采用根蘖、嫁接（一条鞭、炮捻等）育苗方法。北京林业大学提出的多圃配套系列育苗技术、根蘖与容器硬枝扦插配套育苗技术较为先进和实用。多圃配套育苗技术流程：通过留根、根芽平茬和插根等技术，建立采穗圃提供良种穗条（芽）；建立'群众杨''泰青杨'或'大官杨'砧木圃，一株砧木，基部可接根芽，翌年可培育二根一干大苗，中间部分嫁接"一条鞭"插条，顶部1/3可继续作砧木扩繁材料；建立繁殖圃，利用砧木圃形成的插穗扦插育苗；建立根繁圃，形成根萌苗。采穗圃、砧木圃、繁殖圃用地比例为1：4：30。根蘖与容器硬枝扦插配套育苗技术要点：组培快繁加大新品种繁殖系数和幼化程度，为硬枝扦插育苗提供大量繁殖材料；开展容器硬枝扦插育苗，为根蘖育苗提供繁殖材料；根蘖育苗除提供大量苗木外，留少量苗木根蘖育苗，形成循环。

林木培育 适宜立地为平原或河滩地，土壤质地为中壤、沙壤或轻壤，要求含盐量在0.1%以下、有机质>0.4%、全氮>0.3g/kg、有效氮>15mg/kg、速效磷>2mg/kg、速效钾>40mg/kg、地下水位在1.5m以上。大穴整地，穴径60～80cm、深60～80cm。采用植苗造林，使用2年生Ⅰ级、Ⅱ级苗（地径>3.0cm，苗高>3.5m）和1年生Ⅰ级苗（地径>2.0cm，苗高>3.0m）。栽植时施足基肥，栽植后及时灌

一次定根水。立地条件好、培育集约度高时可适当稀植，栽植密度255～330株/hm²，轮伐期15～16年，可培育大径材；立地条件稍次、培育集约度较高时不宜稀植，栽植密度399～825株/hm²，轮伐期12～13年，可培育中小径材；培育轮伐期5～6年短轮伐期纸浆林，栽植密度1110～2500株/hm²。松土除草从当年开始，也可以耕代抚。每年展叶前灌一次展叶水，落叶后入冬前灌一次冻水，春季旱季和速生期为高效灌溉期。如采用滴灌等节水灌溉设施，可在4～7月加强灌溉，−25kPa（滴头下方20cm处）为起始土壤水势阈值，灌到田间持水量100%；灌溉水主要供给0～40cm土层、树干周围1m区域。穴施、沟施等传统施肥方式下，追肥应分4月底或5月初、6月中下旬两次进行。滴灌随水施肥，适宜施氮量115～150kg/（hm²·a），从第2年开始分4次（5月初、5月底、6月底、7月中上旬）施入。造林第1年注意主干抹芽，第2年疏去主干下部过多侧枝，避免主干弯曲或卡脖；修枝一般从第3～5年开始，第5～6年、7～8年和9～10年保持冠高分别为3/4、2/3、1/2左右。毛白杨人工林有锈病、叶斑病、根癌病、白杨透翅蛾、桑天牛等主要病虫害，注意及时防治。

参考文献

姜岳忠, 2006. 毛白杨人工林丰产栽培理论基础与技术体系研究[D]. 北京: 北京林业大学.

康向阳, 张平冬, 高鹏, 等, 2004. 秋水仙碱诱导白杨三倍体新途径的发现[J]. 北京林业大学学报, 26(1): 1-4.

王烨, 2015. 毛白杨速生纸浆林地下滴灌施肥效应研究[D]. 北京: 北京林业大学.

席本野, 2013. 毛白杨人工林灌溉管理理论及高效地下滴灌关键技术研究[D]. 北京: 北京林业大学.

张平冬, 姚胜, 康向阳, 等, 2011. 三倍体毛白杨超短轮伐纸浆林产量及其纤维形态分析[J]. 林业科学, 47(8): 121-126.

朱之悌, 2006. 毛白杨遗传改良[M]. 北京: 中国林业出版社.

（贾黎明，康向阳，席本野）

毛竹培育 cultivation of moso bamboo

根据毛竹生物学和生态学特性对其进行的栽培与管理。毛竹 *Phyllostachys edulis*（Carr.）J. Houz. 为禾本科（Poaceae，异名 Gramineae）竹亚科（Bambusoideae）刚竹属植物，中国最重要的经济与生态竹种。第九次全国森林资源清查结果表明，中国毛竹林面积达467万hm²，占全国竹林总面积的73%。

树种概述 多年生常绿乔木状禾本科植物，大型竹。秆高可逾20m，直径可逾20cm，最长节间可达40cm。具粗壮横走的地下茎（竹鞭），属单轴型。由地下部分的鞭、根、芽和地上部分的秆、枝、叶组成。多分布在温暖、湿润的亚热带地区。最适分布范围年平均气温15～20℃，1月平均气温1～8℃，年降水量800～1800mm。在毛竹分布的北缘地带，年平均气温约14℃，1月平均气温1℃左右，极端最低温度−15℃左右，年降水量800～1000mm，年蒸发量1200～1400mm。在垂直分布带上，其极限温度又常

大径级毛白杨人工林（山东高唐国营旧城林场）（贾黎明 摄）

图1 毛竹林相（四川长宁）（范少辉 摄）

图2 毛竹春笋（江苏宜兴）（范少辉 摄）

常低于其水平分布的北限温度，海拔800m以下的丘陵、低山地区生长最好，尤其在山谷地带，土层深厚肥沃，水湿条件好，避风温暖，竹林产量高，竹材品质好。毛竹生长快、产量高，光合作用强，鞭根系统分布较集中，大部分处于20～40cm土层。毛竹对土壤条件要求较高，喜温怕寒，喜湿怕旱，喜酸怕碱，喜肥怕淹。毛竹生长呈现出明显的周期性，每2年为一个周期，称为"度"，且通常有较明显的大小年现象，大年大量发笋长竹，小年换叶生鞭，大小年交错进行。毛竹是中国传统经营竹种，广泛应用于建材、建筑、绿色食品、医疗保健、家具农具、日用品、旅游工艺品、文体文艺器材及环境绿化美化等各个领域。另外，毛竹林在水源涵养、水土保持、固碳增汇和改善环境等方面具有较好的生态效益，在国家生态建设与国土安全维持等方面发挥着重要作用。

苗木培育　可进行有性繁殖或无性繁殖。由于种子数量较少，苗木繁育以埋鞭育苗等无性繁殖为主。春季2～3月

选择芽壮、根多的2～3年生、鲜黄色的竹鞭进行挖鞭和埋鞭，鞭段长度一般大于60cm。按约30cm的行距开沟，埋下竹鞭，让鞭根舒展，芽尖向上，芽分列两侧，覆土10cm，浇透水。引种地偏北地区，可采用塑料薄膜覆盖技术，提高苗床温度，促进笋芽出土整齐。埋鞭约1个月开始萌笋出土，6月结合松土除草可施入有机肥或化学肥料。

林木培育　立地选择土壤厚度50cm以上、肥沃、湿润、排水和透气性能良好的轻壤土或壤土。以土壤pH 4.5～7、地下水位1m以下、年降水量1200mm以上、年平均气温14℃以上的林地为宜。

造林　在分布范围内，除晚秋、冬季和早春时的严寒天气外，其他时间均可造林。**造林方法：**多用母竹移栽造林，选择年龄为1～2年生健康竹株作为母竹，挖取母竹时留来鞭和去鞭各30cm以上，留枝5～8盘，及时砍去顶梢。初植密度600～1000株/hm²。浇足定根水，覆土3～5cm。

幼林抚育　造林后第1～3年为幼林阶段，每年抚育2次，主要是除草松土、灌溉、施肥和留笋护竹。

成林抚育　①土壤垦复。坡度25°以下的较平缓竹林地可进行垦复作业，常于出笋大年冬季进行。垦复深度20～30cm，清除竹蔸和老鞭。②施肥。以孕笋年9月前后或竹笋春季出土前1个月施肥为宜，每公顷施肥量为含氮量60kg、含磷量20kg、含钾量30kg的化肥或其他肥料；可采用开沟或开穴施肥。③结构调控。立地条件好的毛竹林密度以2700～3000株/hm²为宜，年龄一般控制在5年生以下，即留养三度以下竹。④采伐。对于大小年分明的毛竹林，宜在出笋年的晚秋砍竹，原则是砍老留幼、砍密留疏、砍小留大、砍弱留强。⑤采笋留竹。留养盛期出土的竹笋，适当挖去前期、后期出土笋，尤其是直径小的孱弱笋不宜保留。

参考文献

国家林业和草原局, 2019. 中国森林资源报告(2014—2018)[M]. 北京: 中国林业出版社.

（范少辉，丁雨龙，郑郁善）

美洲黑杨培育　cultivation of eastern cottonwood

根据美洲黑杨生物学和生态学特性对其进行的栽培与管理。美洲黑杨*Populus deltoides* Marshall为杨柳科（Salicaceae）杨属树种，中国南方平原地区的重要造林树种，主要用于用材林和防护林。

树种概述　落叶乔木。树干端直，树皮纵裂，常为灰白色。枝有长短枝之分，圆柱形或具棱线。花单性，雌雄异株，柔荑花序下垂，常先叶开放；雄花序稍早开放。蒴果，种子细小，具毛，多数。自然分布于北美洲北纬30°～50°的密西西比、俄亥俄、密苏里等大河河谷及其支流沿岸冲积平原地带。中国引种栽培区域主要为黄淮流域和长江中下游平原地区。喜光，一般要求长日照和一定强光照天气，不耐遮阴。较喜温，抗寒能力不强，对早霜和晚霜敏感。自然分布南限为1月平均气温8℃、7月平均气温28℃的地方。对水分要求高，喜湿但不耐淹，生长季节地下水位在1m以上最有利于生长，地下水位高于50cm或低于2m的黏重土壤不宜生长。最适

美洲黑杨 12 年生速生丰产用材林（方升佐　摄）

宜的土壤 pH 6.5～7.5，在土层深厚、物理性状良好、肥力高的冲积土壤上生长最佳，在有效土层小于 40cm、土壤容重超过 1.45g/cm³、大孔隙度小于 10% 的结构不良土壤上不适合种植。木材可作建筑、家具、包装箱、火柴杆、人造板加工用材，也可作造纸、纤维工艺原料。

良种选育　中国从 20 世纪 70 年代开始引入美洲黑杨，并进行种源试验和杂交育种工作，近 50 年来培育了大量优良品种和无性系，部分无性系已被审定或认定为国家林木良种和地方良种。美洲黑杨的主要优良品种和无性系有：①'I-69 杨'。雌株。起源于美国中部伊利诺伊州，20 世纪 70 年代初从意大利引进，生长快，材质好，适应性强，抗褐斑病，为江苏苏北地区的主栽品种。②'I-63 杨'。雄株。起源于美国密西西比州，生长快，干形通直圆满，抗褐斑病，干形和材质优于'I-69 杨'，但生根能力差，抗寒性弱。③'南林 351 杨'。雌株，'I-69 杨'×'I-63 杨'子代。生长快，干形通直圆满，材质优良，抗病和适应性强，是单板用材的优良品种。④'南林 3244 杨'。雄株。生长迅速，干形通直圆满，侧枝细，分布均匀，自然整枝能力较强，材质优良，抗褐斑病，是单板用材的优良品种。⑤'丹红杨'。美洲黑杨认定品种。雌株。耐瘠薄，早期速生，干形通直，较抗光肩星天牛和桑天牛，较耐水涝，可作纸浆材、胶合板材和锯材。⑥'中涡 1 号杨'。美洲黑杨审定品种。树干通直，育苗与造林成活率高，生长迅速，干形好，材质优良，适宜种植范围为淮北平原及长江沿江平原。⑦'中潜 3 号'。美洲黑杨认定品种。生长迅速，材质优良，树干通直圆满，抗性强，适宜种植范围主要为湖北省平原地区。⑧'南林 95 杨'。美洲黑杨与欧美杨的杂种无性系，国家审定品种。雌株、速生、优质、高产，干形通直圆满，材质优良，适于培养大径级单板用材。⑨'南林 895 杨'。美洲黑杨与欧美杨的杂种无性系，国家审定品种。雌株。速生、优质、高产，干形通直圆满，材质优良，可用于杨树单板用材造林和纤维用材造林。⑩'南林 3804 杨'。国家审定品种。雄株。树冠中等，材积生长量比江苏地区主栽品种'I-69 杨'提高 17.2%，单板出材率可提

高 28.6%，抗杨树黑斑病，耐水湿，可作为单板用材品种。⑪'南林 3412 杨'。国家审定品种。雄株。树冠中等，材积生长量比江苏地区主栽品种 I-69 杨提高 21.9%，单板出材率可提高 28.1%，抗杨树黑斑病，耐水湿，可作为单板用材品种。⑫'泗杨 1 号'。江苏省审定良种。雄株，雄性不育。速生、优质、高产，抗逆性较好，扦插育苗和造林成活率高。适宜人造板用材和制浆造纸用材等定向培育，也可用于庭院、公园和城乡绿化。⑬'泗杨 2 号'。江苏省审定良种。雌株。速生、优质、高产，干形通直圆满，出材率高，抗逆性较好，适宜人造板用材和制浆造纸用材等定向培育。

苗木培育　*扦插育苗*　以硬枝扦插为主，扦插材料主要来自 1 年生生长健壮的扦插苗或采穗圃中当年生萌条，在落叶后冬季和翌年春季发芽之前采集穗条。插条要求有 3 个以上饱满腋芽，长度 18～22cm，直径 1～2cm。多于春季采用高床扦插。苗圃地要求深耕细耙，施足基肥，翻耕深度 25～30cm。扦插方式以直插为宜，插条顶部与床面平齐，扦插密度以 33300～50000 株/hm² 为宜。扦插苗生根前需及时灌溉，成活后进行适宜的水、肥和杂草管理。施肥不得迟于 9 月下旬，以提高苗木木质化程度。

林木培育

造林地　选择平原地带土壤深厚肥沃、水分供应良好的中壤、轻壤或沙壤土，最适宜立地的有效土层厚度要求 80cm 以上，地下水位 1.5～2.0m。有效土层厚度 40cm 以下、地下水位长期在 0.5m 以上且无排水措施的立地不适宜美洲黑杨造林。

造林　在立地指数 20 以上、轮伐期 10～12 年的大径材培育时，造林密度以 278～400 株/hm² 为宜。春季萌芽前或秋季落叶后造林，造林前穴状整地，穴的规格为 80cm×80cm×80cm，每穴施复合肥 500g。

抚育　幼林抚育主要进行间作，以耕代抚，间作年限 3～5 年。造林后第三年开始修枝，每年修除最下层一轮侧枝，连续修枝 4～5 年。

病虫害防治　注意防治杨树黑斑病、溃疡病、舟蛾、尺蛾、刺蛾、美国白蛾、天牛、草履蚧等病虫害。

参考文献

方升佐, 徐锡增, 吕士行, 2004. 杨树定向培育[M]. 合肥: 安徽科学技术出版社.

国家林业局速生丰产用材林基地建设工程管理办公室, 2010. 社会投资造林指南: 杨树速生丰产林[M]. 北京: 中国林业出版社.

徐纬英, 1988. 杨树[M]. 哈尔滨: 黑龙江人民出版社.

赵天锡, 陈章水, 1994. 中国杨树集约栽培[M]. 北京: 中国科学技术出版社.

Dickmann D I, Isebrand J G, Eckenwalder J E, et al, 2001. Poplar culture in North America[M]. Ottawa: NRC Research Press.

（田野，方升佐）

萌生林　coppice forest; coppice

由树木伐桩上的萌条、根蘖发育而形成的林分。多为小

乔木组成的浓密树丛，是由于人类伐木或平茬等活动而形成的，属无性繁殖形成的林分。初期生长快，主干较低。多代萌生的林分生产率低，且易腐心，停止生长较早，不易形成大树。萌生林树木生长到可以利用时即进行砍伐，多用于小径材生产或作薪材之用。中国分布较广的萌生林有刺槐萌生林、杨树萌生林、柳树萌生林、桉树萌生林等。

参考文献

薛建辉, 2006. 森林生态学[M]. 修订版. 北京: 中国林业出版社.

中国林业出版社, 1957. 林业译丛(第13辑)——林型问题[M]. 北京: 中国林业出版社.

（吴家胜，史文辉）

萌芽更新　sprouting regeneration

利用林木伐根的萌芽力使森林得以恢复的天然更新方式。林木被采伐后常导致伐根上休眠芽的萌发以及不定芽的形成和发育，从而萌芽形成新植株。由休眠芽萌出的枝条多均匀地分布在伐根的四周；由不定芽形成的枝条往往在伐根断面或伐根上几处集中萌发。

森林采伐后是否能萌芽更新，取决于树种本身的萌芽力。针叶树种除杉木、柳杉和水杉等萌芽力较强外，其他萌芽力极低，或者完全没有萌芽力。阔叶树种几乎所有树木均能由根上的休眠芽产生萌芽条，有些阔叶树还能由不定根产生萌芽条。

采伐森林时如选择萌芽更新，一般采用皆伐方式，因伐后采伐迹地的环境条件更有利于伐根上休眠芽的萌发或不定芽的形成和发育，特别有利于萌芽条的生长。采伐的季节对萌芽力和萌芽条的生长影响不大。萌芽条在伐根上发生的部位有伐根断面、伐根中部和根颈三处。在伐根断面由不定芽产生的萌芽条，生长屡弱，常很快死去；从根颈处发生形成的萌芽条，生活力强，比较稳固，并且有时能很快在地面接触处形成不定根，进而形成独立的根系；从伐根中部发生形成的萌芽条，生活力介于上述二者之间。为了获得较好的萌芽更新，伐根高度要尽量降低，伐根断面要求平滑微斜，以防积水引起伐根腐烂。

萌芽更新的林木早期生长迅速，适用于中、小径级材和薪材，属于矮林作业，轮伐期较短。

参考文献

汉斯·迈耶尔, 1986. 造林学: 第一分册[M]. 肖承刚, 贺曼文, 译. 北京: 中国林业出版社.

翟明普, 沈国舫, 2016. 森林培育学[M]. 3版. 北京: 中国林业出版社.

（张鹏）

蒙古栎培育　cultivation of Mongolian oak

根据蒙古栎生物学和生态学特性对其进行的栽培与管理。蒙古栎 *Quercus mongolica* Fisch. ex Ledeb. 为壳斗科（Fagaceae）栎属树种，别名柞树、柞木、柞栎；中国北方地区营造防风林、水源涵养林及防护林的优良树种和重要的经济林树种。

树种概述　落叶乔木，高达30m。树皮灰褐色，纵裂。幼枝紫褐色，有棱，无毛。叶片倒卵形至长倒卵形，长7～19cm，宽3～11cm。雄花序生于新枝下部，雌花序生于新枝上端叶腋。壳斗碗状，包被坚果1/3～1/2；苞片鳞状，呈瘤状突起，密被灰白色短绒毛。坚果卵形至长卵形，直径1.3～1.8cm，长2～2.3cm，无毛，果脐微突起。花期4～5月，果期9月。分布于中国黑龙江、吉林、辽宁、内蒙古、河北、山东等地。俄罗斯、朝鲜、日本也有分布。喜温暖湿润气候，也能适应 -60～-56℃的低温，为栎属中最耐旱和耐寒的树种；耐瘠薄、干旱，不耐水湿；深根性，根系发达，萌芽力和抗火性较强。木材作车船、建筑、坑木、家具等用材；叶含蛋白质12.4%，可饲柞蚕；种子含淀粉47.4%，可酿酒或作饲料；树皮可入药。

苗木培育　采用播种育苗。可采用裸根育苗和容器育苗形式。

裸根苗培育　选择向阳、地势平坦、排灌方便的地块，土层厚度40cm以上的壤土或沙壤土，pH 5.5～7.0。整地要求做到深耕细耙。播种前7～10天做高床，高20cm，床面宽1.1m，步道宽40cm。采用手选或水选方法净种。种子用25%乐果乳剂350～500倍液浸泡48小时杀虫处理，清水冲洗后阴干至种子相对含水量35%左右，可直接秋播。如翌年春季播种，可将种子与湿沙混拌均匀放于窖中或冷藏库中低温层积，层积温度控制在3～5℃。播种前3～5天，将种子从苗木窖或冷库中取出放于温暖的地方进行增温催芽，约30%种子露白即可播种。春季，土壤5cm深处地温稳定在8～10℃时即可播种；秋播，宜在土壤结冻前播完，土壤不结冻的地区可在树木落叶后播种，也可随采随播。条播或点播。条播播种量300～400g/m²。点播播种量150～200g/m²，放种子2～3粒/穴。播后覆土4～5cm，镇压，有条件的还可用塑料薄膜拱棚或地膜覆盖。经过催芽处理的种子播后20～30天后发芽出土，一般20天左右可出齐。在苗木高生长的速生期进行间苗并定苗，留苗50～60株/m²。蒙古栎主根发达，为控制苗木主根生长，促进侧根发育，在苗木长出3～4片真叶时截根，保留主根长10～15cm，截根后要及时灌溉。蒙古栎1年生苗可出圃造林，起苗深度不能小于25cm。采用2年生截根苗造林效果更好。

容器苗培育　基质可采用原土、山皮土、草炭、马粪

图1　蒙古栎天然次生林（辽宁抚顺清原县）

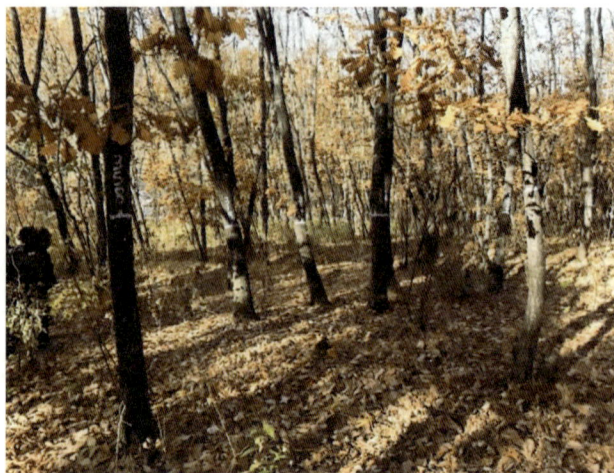

图2 蒙古栎天然次生林目标树经营示范样地（辽宁抚顺清原县）

按体积比 3：1：1：1 的比例进行配制；或采用 60% 圃地土 +30% 草炭 +10% 沙子配比组成；也可采用泥炭、珍珠岩、蛭石体积比为 4：1：1 的轻基质。育苗容器多为侧壁带孔的塑料薄膜容器、无纺布容器，规格一般为直径 8～12cm，高 20～25cm。每容器播种 1～2 粒。

林木培育 造林地选择山地上中腹、半阳坡、阳坡，坡度小于 25°，土壤为暗棕壤，土层厚度大于 20cm 的地块。在干旱半干旱地区，一般选择坡度 10° 左右的向阳疏林地以及林隙、林窗、林中空地等。用材林的初植密度应不小于 5000 株/hm²，水土保持林、薪炭林的初植密度在 6000 株/hm² 左右。营造纯林可采用丛植、双株、三株的形式，营造混交林以窄带或块状混交方式。蒙古栎可与杨树、刺槐等速生树种混交，或与落叶松、红松等松类窄带混交，混交比例为针叶树 2～3 行、蒙古栎 1～2 行。常采用带状整地和块状整地方式。带状整地，带宽 80～100cm，株行距 1m×2m 或 1.5m×1.5m。块状整地，在干旱半干旱丘陵、山地，可采用水平沟、反坡梯田等方式。造林苗木选用 2～3 年生的Ⅰ级、Ⅱ级移植裸根苗，或选择 1～2 年生容器苗。造林季节以春季土壤化冻后的返浆期为好。气候条件较湿润地区采用穴植。在干旱半干旱地区，采用坐水返渗造林、地膜覆盖造林、庇护造林等方法，可有效提高造林成活率和造林保存率。在干旱和半干旱地区，夏季为给幼树创造一定的庇荫通风条件，可根据杂草的高矮、疏密程度确定苗穴周围除草范围。冬春季节，为避免强风引起幼树生理干旱造成枯梢，可保留树穴间草丛。4～5 年以后逐渐加大除草松土面积，到 6～7 年后，将遮阴灌草割去。在幼树郁闭前，适当修去枯枝或少量活枝，修枝高度不宜超过树高的 1/3，以培育无节良才或少节的圆满树干。幼林抚育后期要及时进行透光抚育，纯林在造林后 10 年左右进行，混交林 7 年左右进行。

参考文献

牟智慧, 王继志, 陈晓波, 等, 2012. 蒙古栎母树林营建技术 [J]. 北华大学学报: 自然科学版, 13(6): 710-713.

张桂芹, 周建宇, 李国强, 等, 2013. 蒙古栎生物质能源林良种选育技术[J]. 中国林副特产(2): 50-51.

（陆秀君）

苗高 seedling height

最常用的苗木质量形态指标。从苗木的地径处或地面到苗木顶芽基部的高度。

见苗木质量形态指标。

（刘勇）

苗龄型 seedling age types

表征苗木年龄和培育措施的综合指标。可反映苗木起源是属于有性繁殖或无性繁殖，以及移栽次数与各生长阶段的时间长度，是对苗木年龄和苗木类型的综合表示方法。

苗木年龄以经历 1 个年生长周期作为 1 个苗龄单位，用阿拉伯数值表示。第一个数字表示形成苗木后在初始育苗地生长的年数，第二个数字表示第一次移植后生长的年数，第三个数字表示第二次移植后生长的年数，以此类推。数字之间用短横线间隔，各数之和即为苗木年龄。例如，"1-0"表示 1 年生未移植的苗木，即 1 年生播种苗；"1-1"表示 2 年生移植 1 次，移植后培育 1 年的移植苗；"1-1-1"表示 3 年生移植 2 次，每次移植后在原圃地培育 1 年的移植苗；"0.3-0.7"表示 1 年生移植 1 次，移植前培养 3/10 年生长周期，移植后培育 7/10 年生长周期的移植苗；"$1_{(2)}-0$"表示 1 年干 2 年根未移栽的插条苗（插根苗或嫁接苗）；"$1_{(2)}-1$"表示 2 年干 3 年根移植 1 次，移植后培育 1 年的插条（插根或嫁接）移植苗，下标括号中的数字表示苗木根系在原圃地生长的时间。通过此方法表示苗木年龄，不仅可以得出苗木的年龄，还可判断出苗木的类型。

参考文献

沈国舫, 翟明普, 2011. 森林培育学[M]. 2版. 北京: 中国林业出版社: 131.

刘勇, 2019. 林木种苗培育学[M]. 北京: 中国林业出版社: 102-104.

（应叶青, 史文辉）

苗木包装 seedling packing

为降低苗木在运输过程中的水分损失，采用不同材料包装苗木，以保证苗木活力的技术措施。是在苗木分级后运输前进行的一道工序，包括对裸根苗、容器苗和园林绿化大苗的包装。常用的包装材料有草包、麻袋、尼龙袋、塑料袋、纸箱等。

裸根苗在包装前首先应对其根系进行处理。一般是先用泥浆、水凝胶或保水剂等吸水保水物质蘸根，以减少根系失水，然后再包装。泥浆通常是用黏性较大的土壤加水调成糊状，水凝胶或保水剂应按照规定的比例加水调成糊状。随起随栽的苗木不需要包装，但应用泥浆或保水剂保护根系。如不能随起随栽，先将根系蘸上泥浆，再用湿草袋、麻布包装根部，放在阴凉处，最多不超过 4 小时；包装时要求将同一品种相同等级的苗木包装在一起，包装容器外要有牢固的标签注明树种、苗龄、苗木数量、质量等级、生产者名称等信息。

容器苗包装通常采用纸箱、塑料筐或塑料袋。装筐（箱或袋）时要分层放置，注意避免苗木之间挤压，以免伤到顶芽和枝叶。运输时间长的要适当浇些水，避免失水散坨。

园林绿化大苗是按单株包装，在起苗时就用草绳、麻袋、草包或麻袋对土球进行包扎。

参考文献

郝建华，陈耀华，2003. 园林苗圃育苗技术[M]. 北京：化学工业出版社.

沈海龙，2009. 苗木培育学[M]. 北京：中国林业出版社.

（韦小丽）

苗木病虫害防治 seedling diseases and pests control

对影响苗木质量的各种病虫害进行控制的技术措施。培育优良苗木的重要措施。防治方法有：①植物检疫。又称法规防治。一个国家或地方政府制定检疫法规，并设立专门机构，运用科学的方法，禁止或限制危害植物及植物产品的危险性有害生物诸如病、虫、杂草等人为地扩散传播，将其严格封锁和消灭的一项措施。②育苗技术措施。综合利用栽培技术措施，改变一些环境因子，使环境条件有利于植物的生长发育而不利于病虫害发生，从而消灭或抑制病虫危害。③生物防治。广义的生物防治是通过自然调节，或对环境、寄主或颉颃体的操纵，或大量引入一种或多种抗生体，使病虫害产生的活动得以减弱。生物防治的实质是利用生物之间的相互作用，而防治植物病害或虫害。狭义的生物防治是指用生物制剂或有益微生物来防治植物病虫害。④化学防治。又称药物防治。用化学农药防治植物病虫害，不受地域限制，适于大规模、机械化操作。⑤物理防治。应用人工、机械和利用各种物理因子，如光、电、色、温度、湿度等防治病虫害。⑥抗病虫育种。利用常规育种或基因重组技术，获得抗病虫苗木品种。选育抗病虫品种防治苗木病虫害是一种既经济又有效的措施。

参考文献

沈海龙，2009. 苗木培育学[M]. 北京：中国林业出版社：124-136.

王大平，李玉萍，2014. 园林苗圃学[M]. 上海：上海交通大学出版社：106-109.

（曹帮华）

苗木出圃 seedling outplanting

把质量达到要求的苗木从圃地起出，用于造林的生产过程。是苗木生产的最后一个环节，也是育苗工作的关键环节之一。苗木出圃的关键是维持苗木体内水分平衡和保护苗木根系，在每一个技术环节中都需要充分重视。

苗木出圃包括起苗、苗木分级、苗木包装、苗木运输和苗木贮藏等环节。①起苗。即把苗木从土壤中挖掘出来。挖掘苗木要做到少伤侧根，保持根系完整和不折断苗干，萌芽能力弱的针叶树应不伤顶芽，根系最低保留长度应达到各树种苗木质量分级的规定。②苗木分级。即根据各树种的苗木质量标准将苗木分成Ⅰ、Ⅱ级苗，达不到Ⅱ级苗标准的可弃之不用或移栽后继续培育。③苗木包装。裸根苗长途运输或贮藏时需要包装。包装前常对苗木根系蘸泥浆、保水剂

等以减少苗木根系失水，也可以喷施蒸腾抑制剂减少地上部分水分散失，然后用草包、麻袋、尼龙袋等材料包装。④苗木运输。带叶苗木必须在 5～10℃ 温度下运输，最好采用冷藏车运输，休眠苗木短期运输途中的温度宜在 0～15℃，且应防风吹日晒。⑤苗木贮藏。起苗后如果不立即造林，需要进行苗木贮藏，包括假植和苗木低温贮藏。

苗木出圃要把握好起苗时间，原则上起苗要在苗木的休眠期进行。落叶树种从秋季落叶开始到第二年春季树液流动以前都能起苗。常绿树种还可以在雨季起苗。

参考文献

沈国舫，翟明普，2011. 森林培育学[M]. 2版. 北京：中国林业出版社.

沈海龙，2009. 苗木培育学[M]. 北京：中国林业出版社.

（韦小丽）

苗木低温贮藏 seedling storage at low temperature

将苗木置于低温贮藏库或低温窖中贮藏，从而保护苗木活力的方法。低温能使苗木保持休眠状态，降低生理活动强度，减少水分的消耗和散失，有利于保持苗木活力，且能推迟苗木的萌发，延长造林时间。主要适用于冬季气温很低地区的造林树种贮藏。

低温贮藏的技术要点：①温度的控制，一般要求控制在 0～3℃。树种不同，其低温贮藏的最佳温度范围有所差别。如美国南方松的最佳贮藏温度为 1～3℃，但对耐寒性较强的红松和红皮云杉，在起苗包装后，可先在 0～2℃ 环境下预冷 1 个月，然后放入 -10～-6℃ 的自然条件下贮藏 200天，第二年 5 月直接出库造林，成活率可达到 98%～100%。②注意保持适宜的相对湿度和通气。一般认为空气相对湿度宜保持 85%～90%，并有通风设施。③注意苗木贮藏中的杀菌处理。贮藏室要保持清洁，已腐烂的苗木和有可能带菌的物品要及时清除，地面和墙要经常清洗，必要时可采用苯菌灵杀菌或甲醛 + 高锰酸钾熏蒸处理。

参考文献

刘勇，1999. 苗木质量调控理论与技术[M]. 北京：中国林业出版社.

（韦小丽）

苗木电导率 seedling conductivity

评价苗木质量的生理指标。反映苗木组织外渗液传导电流的能力。衡量苗木组织细胞膜受损情况的重要指标，可在一定程度上反映苗木水分状况和细胞受害情况，起到指示苗木活力的作用。苗木电导率越大，细胞膜受损越严重，苗木质量越差；反之，苗木质量越高。

测定原理 苗木受到逆境（如低温、高温、干旱、病虫害等）影响时，细胞膜的完整性被破坏，细胞内的溶质溢出，细胞外溶液的电解质浓度增大，电导率增加。测定根系细胞膜外渗液电导率，能反映苗木生命力情况。

测定方法 通常用电导仪测定。计算公式：

$$REL = (C_1/C_2) \times 100$$

式中：REL 为相对电导率；C_1 为苗木组织的初电导值；C_2

为苗木组织灭活后的终电导值。具有快速、测定样品量大、精确和成本低等优点。不足之处是苗木以前遭遇的逆境、施肥、污染物或养分吸收的遗传差异、表皮性质等均会影响离子释放速率，且细胞液外渗率随季节、测定时的温度、水分以及测定部位粗细、根段大小而改变。应针对每个树种建立起电导率与造林成活率的相关关系，并根据测定时的温度进行校正，找出保证苗木造林成活率的临界电导率值，将测得的电导率与之对照，才能对苗木质量进行正确的评价。

参考文献

刘勇, 1999. 苗木质量调控理论与技术[M]. 北京: 中国林业出版社.

沈海龙, 2009. 苗木培育学[M]. 北京: 中国林业出版社.

喻方圆, 徐锡增, 2000. 苗木生理与质量研究进展[J]. 世界林业研究, 13(4): 17-24.

（张钢）

苗木分级　seedling grading; seedling sorting

根据国家标准或地方标准的规定，把苗木分成不同等级的过程。目的是使出圃苗木达到合格苗标准，减少造林后苗木的分化现象，提高造林成活率和林木生长量。

20世纪30～40年代，世界各国都趋向于用苗高、地径、根系、顶芽、侧芽及起苗时苗木受伤害和苗木病虫害的情况等形态指标进行苗木分级。50～90年代，各国学者广泛开展影响苗木质量的内在生理因素的研究，先后提出了将苗木芽休眠、水分状况、矿质营养、碳水化合物含量、根生长势、苗木耐寒性等生理指标作为苗木质量分级评价的依据。但由于苗木内在生理指标测定的复杂性及方法的不统一性，用生理指标进行苗木分级大多还停留在研究阶段，生产实践中应用较少。

中国在1985年颁布实施了《主要造林树种苗木》（GB 6000—1985），主要采用苗高、地径和综合控制指标进行分级，苗木质量采用三级制。1999年，修订的国家标准《主要造林树种苗木质量分级》（GB 6000—1999）正式颁布实施，增加了根系质量指标，少数树种增加了苗木新根生长点数量，苗木质量等级采用二级制，去掉了苗木单产和密度指标。GB 6000—1999主要根据苗高、地径、根系情况（根长、大于5cm I级侧根数和根幅）以及综合控制指标进行分级，分为 I 级苗和 II 级苗。综合控制指标是分级的重要因素，综合控制指标达不到要求的为不合格苗。分级时，首先以根系所达到的级别确定苗木等级，如根系达到 I 级苗要求，苗木可为 I 级或 II 级；如苗木根系仅达到 II 级，则苗木最高也只为 II 级；如根系达不到要求即为不合格苗。根系达到合格苗标准后，再根据地径和苗高两项指标确定苗木等级；在苗高与地径不属于同一级别时，则以地径所属级别为准。

中国主要采用人工进行苗木分级，常与起苗后的拣苗结合进行。先将有病虫害的、有损伤的、未达合格苗规格的苗木及非目的树种的苗木剔除，再按标准规定的分级要求和各树种的分级标准，选出 I 级苗，然后选出 II 级苗。

苗木分级宜在背风庇荫处进行，能保持低温和湿润的室内条件最理想。分级时应尽量减少苗木根系裸露的时间，以防止失水。分级后立即包装或贮藏，并挂上苗木标签。

参考文献

喻方圆, 周景莉, 狄香香, 等, 2008. 林木种苗质量检验技术[M]. 北京: 中国林业出版社.

（韦小丽）

苗木分级标准　seedling grading standard

用来评定苗木质量等级的指标体系。中国现行的苗木分级标准按制定标准的级别分为国家标准、行业标准和地方标准；按照苗木类型分为裸根苗、容器苗和城市绿化苗木的分级标准。

中国现行的裸根苗分级标准是1999年由国家质量技术监督局正式颁布实施的《主要造林树种苗木质量分级》（GB 6000—1999）。该标准明确了苗木种类、苗龄、苗批、苗高、地径、根长和根幅、 I 级侧根数和苗木新根生长数量等术语的定义，规定了苗木的分级要求、检测方法和检测规则。其分级依据是综合控制指标、根系指标（根长、根幅和大于5cm I 级侧根数）、地径和苗高等指标，该标准中规定了杉木等90个主要造林树种的苗木质量等级，为中国主要造林树种的苗木质量控制提供了依据。

中国现行的容器苗分级标准是《容器育苗技术》（LY/T 1000—2013）。与裸根苗分级标准不同的是容器苗没有等级划分，而是根据不同苗龄确定了达到合格苗要求的苗高、地径指标及合格苗百分率。

以 GB 6000—1999 和 LY/T 1000—2013 为依据，各地根据当地造林用苗的需求，制定了适用于地方的裸根苗和容器苗质量分级标准。裸根苗、容器苗地方标准的指标体系及分级规则与其对应的国家标准、行业标准一致，但在造林树种的种类和分级指标值上有所区别。原则上对于同一树种而言，地方标准的各质量指标可高于但不得低于上一级标准。除此之外，国家林业和草原局颁布实施的一些树种（如马尾松、杉木、猴樟等）的育苗技术规程或培育技术规程等标准也列出了这些树种的苗木分级标准。在实际生产中，除特别规定外，一般三种级别的标准都可使用。

参考文献

喻方圆, 周景莉, 狄香香, 等, 2008. 林木种苗质量检验技术[M]. 北京: 中国林业出版社.

（韦小丽）

苗木耐寒性　seedling cold hardiness

以苗木在低温中的耐受能力评价苗木质量的活力指标。反映苗木或苗木组织处于冰冻以下的温度条件下保持活力或不受伤害的能力，常以半致死温度（LT_{50}）来表示，说明使一组苗木中50%的苗木死亡的最低温度。

苗木栽植后可能遇到各种逆境，通过测定苗木的抗逆能力可以反映苗木质量。以美国俄勒冈州立大学（1984）提出的一种测定苗木性能指标的方法（又称OSU活力检验法）最为典型。先将苗木暴露于人工逆境中，然后置于人为控制的环境中进行监测。如苗木生长和成活均表现良好，则说明这批苗木健壮、活力强、质量高，具有较高的**造林成活率**和生长潜力；如苗木死亡，则说明抗逆性差，质量不佳。

半致死温度测定方法是将苗木置于不同梯度的低温下冷冻处理几个小时，然后在人工气候室或温室的受控条件下培养，通过对苗木的生长和受冻害程度进行评价。使50%苗木死亡的最低温度，即为该批苗木的半致死温度。半致死温度越低，说明苗木的抗寒性越强。

参考文献

刘勇, 1999. 苗木质量调控理论与技术[M]. 北京: 中国林业出版社: 1–82.

刘勇, 2019. 林木种苗培育学[M]. 北京: 中国林业出版社: 309–337.

沈国舫, 翟明普, 2011. 森林培育学[M]. 2版. 北京: 中国林业出版社: 170–174.

（刘勇）

苗木培养室 seedling culture room; tissue culture room

在无菌条件下将离体的林木器官、组织、细胞或原生质体等材料，通过无菌操作接种在人工培养基上，在人工预知的控制条件下，使之生长发育成完整植株所需的设施。包括准备室、洗涤灭菌室、无菌操作室、培养室、缓冲室和驯化移栽室等。主要用于开展林木遗传改良、新品种培育、种质资源保存、脱毒复壮、无性系苗木培育等工作。

苗木培养室的建造原则：①要求能够控制光照和温度，可根据不同树种及其不同生理期对光质和光强的不同需求进行光源类型选择、光源数量、光源布局、光源强度等配套设计，达到适合**苗木培育**的光环境要求。②要求保持无菌环境，保证育苗材料和育苗过程的无菌状态。③苗木培育时若出现培养瓶内苗木凝水问题，可利用无凝水组培架育苗来避免组织材料玻璃化。④采用反光膜和专用植物生长LED灯可提高培养室光能利用率和节能散热。⑤通过循环系统使空气循环流通，达到培养室温度均衡化，消除培养架积热，平衡苗木生长微环境。⑥苗木培养室应建在安静、清洁、远离污染源、主风向上风方向的地方。

苗木培养室（马祥庆 摄）

参考文献

沈国舫, 2001. 森林培育学[M]. 北京: 中国林业出版社.

沈海龙, 2009. 苗木培育学[M]. 北京: 中国林业出版社.

（马祥庆，闫小莉，吴鹏飞）

苗木培育 planting stock cultivation

以植物的种子或各种营养器官为繁殖材料，通过采取不同方法和相应技术措施，在**苗圃**培育出质量合格苗木的生产过程。简称育苗。目的是为造林绿化提供高质量苗木。作用是提供良好的生长环境和科学的培育措施，将良种的优良基因充分发挥，形成壮苗，为营造优质人工林创建良好开端。中国造林面积为世界第一，把好开端十分重要。

中国古代就有与苗木培育有关的"园""圃"等栽培果树、经济林木与观赏植物的场所和技术。西汉时期的《氾胜之书》就对采种、种子催芽、播种、扦插、苗圃管理等有较为详尽的记述。但真正意义上的苗木培育源于近代人工造林。欧洲工业化最早，森林和环境破坏产生的恶果也最早显现，18～19世纪就开始进行苗木培育和人工造林。美国于19世纪末20世纪初开始建立苗圃，培育苗木。中国20世纪初已有少量苗圃，1949年以后开始大规模育苗。

苗木培育包含了培育一株合格苗木所需的全部理论和技术。基本内容：①苗圃地的选择、区划和建立；②采取整地、施肥和轮作等措施提高圃地肥力；③在掌握**裸根苗**、**容器苗**、**播种苗**、**营养繁殖苗**、**移植苗**等各种苗木类型生长规律的基础上，采取相应措施培育苗木；④通过灌溉、施肥、松土除草、**间苗**、**定苗**、有益微生物接种、病虫害防治等措施管理圃地，促进苗木生长，提高苗木质量；⑤在苗木培育过程中和出圃前对苗木质量进行评价；⑥对暂不出圃的苗木进行越冬保护、**假植**或贮藏，对出圃苗木进行**起苗**、包装和运输等。

苗木培育环节因苗木类型不同而异。以播种裸根苗为例，有播种季节选择、**播种量计算**、种子消毒、**种子催芽**、整地、施基肥、作床、土壤消毒、播种、**覆土**、**镇压**、覆盖、灌溉、松土、除草、遮阴、施追肥、间苗、截根、病虫害防治、越冬防寒、移植、起苗、分级、数量统计、检验、包装、运输、贮藏等。

传统苗木培育是在大田培育裸根苗，对环境的控制力差，苗木质量受自然因素影响大。随着科学技术的发展，苗木培育领域出现了**工厂化育苗**方式，即以先进的育苗设施为基础，在人工创造的优良环境条件下，采用现代生物技术、无土栽培技术、环境调控技术、信息管理技术等新技术，达到专业化、机械化、自动化等规范化生产，实现高效稳定地生产优质苗木。与传统的育苗方式相比，工厂化育苗具有用种量少、占地面积小等特点，可缩短出圃苗龄，节省育苗时间。

从20世纪60年代开始，芬兰、瑞典、加拿大等国家相继开发了林木容器苗培育技术。70年代以后，林木容器苗生产技术在世界各国和地区得到迅速推广。80年代以来，植物组培技术促进林木优良无性系规模化生产，如美国格林黑斯公司（Greenheart Farms, Inc.）1982年以来每年都生产100万株以上的组培植株；新西兰用组培方法大量生产辐射松等造林树种苗木;澳大利亚、印度尼西亚等对桉树等树种进行组培苗和容器苗生产。中国从 20 世纪 80 年代后期开始引进国外先进林木育苗技术和设备,实施了桉树、杂交马褂木、杨树、泡桐、马尾松等优良无性系或优良单株组培苗生产等研究,并在北京、广西、广东、海南等地建立了多个林木组培育苗工厂,使桉树、杨树等一批木本植物先后进入了大规模工厂化苗木生产行列。

苗木培育是森林培育的一个重要阶段,由于造林地的立地条件一般比较恶劣,直接用种子造林不易成功,多采取先在苗圃育苗,然后用植苗造林的方法营造人工林。因此,苗木的质量就成为影响造林效果的一个重要因素。质量优良的苗木俗称"壮苗",壮苗不仅造林成活率高,而且成活后树木的生长也更好。质量低下的苗木不仅会严重降低造林成活率,甚至可能导致造林失败。由于造林绿化的立地条件差异很大,苗木类型和相应的育苗技术手段也很多,如何根据立地条件培育出有针对性的壮苗,是苗木培育的关键。

参考文献

成仿云, 2012. 园林苗圃学[M]. 北京: 中国林业出版社: 157-163.

刘勇, 2019. 林木种苗培育学[M]. 北京: 中国林业出版社: 168-193.

孙时轩, 刘勇, 2002. 林木育苗技术[M]. 北京: 金盾出版社: 70-105.

翟明普, 沈国舫, 2016. 森林培育学[M]. 3版. 北京: 中国林业出版社: 136-148.

（刘勇）

苗木生长规律　seedling growth rhythm

以形态变化为基础的苗木年生长规律。一般根据苗高、地径和根系等的生长特点划分生长阶段,且不同苗木种类的生长规律略有不同。

不同器官生长规律　苗木生长最直观、最容易观察的是苗木高生长。根据一年中高生长期的长短,把苗木分为前期生长型和全期生长型。前期生长型苗木一年中的高生长期及侧枝延长生长期很短,苗木的高生长高峰出现较早。全期生长型苗木的高生长期很长,苗木高生长高峰期在年生长周期中一般出现两次,第一次出现在地径和根系生长高峰前,第二次出现在根系速生高峰后。

苗木的直径生长高峰与高生长高峰交错进行,直径生长也有生长暂缓期。夏、秋两季的直径生长高峰都在高生长高峰之后,秋季直径生长停止期也晚于高生长,这是很多树种的共同规律。对于 2 年生以上的苗木,春季顶芽先萌动,产生激素,通过形成层往下运输,刺激形成层生长,因而直径先出现生长小高峰,而后高生长才出现第一个速生高峰。

苗木根系一年中有数次生长高峰。夏、秋两季根的生长高峰都在高生长高峰之后;根系生长的停止期也比高生长停止期晚。根系生长高峰期与苗木直径生长高峰期接近或同时。根系生长量以夏季最多、春季次之、秋季最少。

不同起源苗木生长规律　不同起源和不同年龄的苗木总的生长规律大致相似,主要在初期生长存在差异。

播种苗(即 1 年生实生苗)分为出苗期、幼苗期、速生期、木质化期(又称硬化期)4 个时期。从播种开始,到当

年生长结束进入休眠期,在不同的时期有不同的生长发育特点,对环境条件和管理要求也不相同。

扦插苗的年生长周期分为成活期、幼苗期、速生期、木质化期 4 个时期。埋条苗的年生长过程与扦插苗基本相同。扦插苗的生长特点和育苗技术要点对埋条苗也适用。

留床苗指在前一年育苗地上继续培育的苗木。留床苗的年生长一般分为生长初期、速生期和木质化期 3 个时期。与播种苗最大的区别是没有出苗期,并且表现出前期生长型和全期生长型的特点。

移植苗指在苗圃内经过移栽而继续培育的苗木。一般分为成活期、生长初期、速生期和木质化期。与播种苗及留床苗最大的区别是有一个成活期(缓苗期)。成活后与留床苗相同。

容器苗多数情况下是在人工控制的优化环境下生长,生长较快,可控性强,一般划分为出苗期、速生期和木质化期 3 个基本时期。国外将其分为建成期、速生期和木质化期。

组培苗一般分为 5 个时期:①稳定的无菌体系建立时期;②稳定培养系的增殖、生长和增壮时期;③诱导茎芽生根形成小苗时期;④生根小苗移栽和驯化时期;⑤商品苗培育时期。前 3 个时期是在完全人工控制条件下的小植株建立时期,移栽和驯化时期相当于移植苗或扦插苗的成活期,商品苗培育时期相当于留床苗或容器苗的培育过程。

参考文献

刘勇, 2019. 林木种苗培育学[M]. 北京: 中国林业出版社: 104-108.

沈国舫, 翟明普, 2011. 森林培育学[M]. 2版. 北京: 中国林业出版社: 130-135.

沈海龙, 2009. 苗木培育学[M]. 北京: 中国林业出版社: 97-104.

（沈海龙）

苗木施肥　seedling fertilization

为促进苗木生长,提高产量或改善质量,以化学或生物措施直接提供苗木生长所需的营养元素,从而保持或提高土壤肥力、改善土壤理化性质的林业技术措施。

在苗木培育过程中,苗木对土壤养分的大量摄取和起苗造成的圃地表层土壤流失,使圃地土壤肥力大幅下降,若仅靠土壤耕作物理措施和轮作生物措施,无法完全弥补土壤营养元素的亏损和不足。所以要提高土壤肥力,提高苗木产量和质量,必须进行施肥。

施肥作用　①提高土壤腐殖质含量,从而提高土壤养分含量,增加保肥能力,改良土壤结构。②加快苗木生长,缩短育苗周期,在一定范围内提高苗木合格率。③根据不同的树种或培育目的,施用不同种类及配比的肥料,实现定向培育,提高苗木质量和经济效益。

肥料种类　根据化学性质和应用效果,肥料分为有机肥料、无机肥料和生物肥料。①有机肥料包括人粪尿、禽畜粪、饼肥、厩肥、堆肥、沤肥、沼气肥、绿肥、泥炭和腐殖酸类肥料等。②无机肥料分为大量元素肥料、中量元素肥料、微量元素肥料和复混肥料。③生物肥料分为固氮的生物肥料、分解土壤有机物质的生物肥料、分解土壤中难溶性矿

物的生物肥料、抗病与刺激苗木生长的生物肥料、菌根真菌肥料等。

施肥原则 ①明确施肥目的，根据苗木对氮、磷、钾、钙、镁、硫等大量元素和铁、锰、硼、锌、铜、钼、氯等微量元素的不同需求，按照苗木施肥的最低量法则（即营养限制因子）进行平衡施肥。②充分考虑苗木所处环境条件（气候、土壤等）以及苗木本身特性（苗木种类、生长阶段、生长状况、种植密度等），做到"看天施肥，看土施肥，看苗施肥"。③多种肥料配合施用，如有机肥料与无机肥料混合，氮、磷、钾同时或不同时按比例混合，大量元素与微量元素混合使用等。

施肥方法 常用的施肥方法有基肥、种肥、追肥。①基肥常用撒施、条施、穴施、环状施肥、放射状施肥等方法。②种肥常用播种沟内施用、分层施用、浸种、拌种、蘸苗根等方法。③追肥分为土壤追肥和叶面追肥。

施肥时间 施肥通常在幼苗期与速生期进行。速生期前期以氮、磷肥为主；速生期后期停止施氮肥，可以施磷肥、钾肥和微肥，以利于苗木充分木质化和提高抗逆性。不同苗木生长型和不同立地类型的施肥时期和次数均有差异，前期生长型树种苗木施肥宜早，而对全期生长型的树种可适当晚施。

施肥量 理论上应基于单位面积上所有苗木对某一特定营养元素的需要量，减去单位面积土地耕作层土壤中该元素的可利用含量，再根据某种肥料的有效成分和肥料利用效率计算施肥量。

①基肥施肥量：

$$U = \frac{A-C}{L \cdot K}$$

式中：U 为基肥施肥量；A 为苗木吸收某种肥分数量；C 为土壤中固有某种肥分数量（氮为吸收量的 1/3，磷、钾为吸收量的 1/2）；L 为基肥中某种肥分含量（%）；K 为基肥利用系数（氮可被吸收 50%，磷为 30%，钾为 40%）。

②追肥施肥量：

$$X = A - C - B$$

式中：X 为追肥施肥量；A 为苗木吸收某种肥分数量；C 为基肥提供某种肥分数量；B 为土壤供应量。

实际土壤肥力和肥料的利用率受多种条件的影响，生产中应根据土壤养分供应量和苗木营养元素积累量来确定施肥量，也可以通过苗圃施肥试验来确定。20 世纪 80 年代以来，稳态营养理论和营养加载施肥方法逐步得到应用。

参考文献

刘勇, 2019. 林木种苗培育学[M]. 北京: 中国林业出版社: 120–167.

沈海龙, 2009. 苗木培育学[M]. 北京: 中国林业出版社: 144–149.

孙向阳, 2005. 土壤学[M]. 北京: 中国林业出版社: 297–305.

（邢世岩，门晓妍，孙立民）

苗木水势 seedling water potential

评价苗木质量的生理指标。反映苗木水分状况。水势是同温度下物系中的水与纯水间每摩尔体积的化学势差。水势低时，苗木需水。通常用苗木枝条、针叶或叶片的水势表示。能敏感地反映出苗木在干旱胁迫下水分状况的变化，用于解释土壤—植物—大气这一连续系统中的水分运动规律，在生产中广泛应用。

组成 苗木水势（ψ_w）由渗透势（ψ_p）和压力势（ψ_π）组成，其关系为 $\psi_w = \psi_p + \psi_\pi$，单位为 MPa。当苗木完全吸足水分时（含水量为 100%），水势为零，此时压力势和渗透势数值相等但符号相反。随着水分的丧失，渗透势降低；由于细胞失去了原有的体积，压力势也减小；最终水势降低，影响苗木的存活。用水势反映苗木质量时，一般是通过对苗木不同时间的晾晒后，测定苗木失水过程中的水势并与造林成活率对比，找出与造林成功、苗木濒危致死等有关临界水势值。

测定方法 常用的方法有小液流法、热电偶湿度计法、电导法、比重法、冰点降压法、水压机法、压力室法等。其中压力室法是应用最广、效果最佳的一种方法，优点是简单、迅速和准确，且便于在野外测定；缺点是可能将水分含量很高的死苗评定为好苗，但可用 P－V 技术弥补，即在苗木慢慢失水过程中作出压力与体积的关系曲线变化图，以此判断样苗是否为死苗。

参考文献

刘勇, 1999. 苗木质量调控理论与技术[M]. 北京: 中国林业出版社.

沈海龙, 2009. 苗木培育学[M]. 北京: 中国林业出版社.

Cleryhe B D, Zaerr J B, 1980. Pressure chamber technique for monitoring and evaluating seedling water status[J]. New Zealand Journal of Forestry Science. 10(1): 133–141.

（张钢）

苗木碳水化合物含量 carbohydrate content in seedlings

评价苗木质量的生理指标。苗木体内重要的营养物质，为苗木的生长提供能量和原料。植物体通过光合作用，产生营养物质，其中一部分供给苗木生长和呼吸消耗，另一部分则以碳水化合物的形式贮藏于苗木体内。苗木从起苗至造林后进行光合作用前，依靠体内贮藏的碳水化合物维持生长和呼吸，其含量越高，越有利于苗木栽植成活。

碳水化合物是苗木萌芽所需能源物质的主要来源，不同高生长类型的苗木，其萌芽过程中碳水化合物变化显著。前期生长型的苗木如油松，芽的萌发需要消耗大量贮存的淀粉和糖；全期生长型的苗木如侧柏的碳水化合物则大部分消耗在生根上，因为侧柏是先生根后发芽。根据苗木生根时所需碳水化合物的主要来源，将苗木分为 3 种类型：贮藏碳水化合物生根型，如侧柏；新生光合产物生根型，如油松；混合生根型，如落叶松。

用碳水化合物含量评价苗木质量的关键是建立碳水化合物与苗木造林成活率和初期生长量的数量关系。当苗木碳水化合物储量不足时，碳水化合物含量与苗木造林后生长表现密切相关，成为苗木正常生长的限制因素。

参考文献

刘勇, 1999. 苗木质量调控理论与技术[M]. 北京: 中国林业出版社: 1-82.

刘勇, 2019. 林木种苗培育学[M]. 北京: 中国林业出版社: 315-320.

喻方圆, 徐锡增, 2000. 苗木生理与质量研究进展[J]. 世界林业研究, 13(4): 17-24.

（张钢）

苗木营养元素含量 nutrient element content in seedlings

评价苗木质量的生理指标。反映苗木体内各种营养元素的组成与多少。苗木生长发育过程中，有17种营养元素参与其生命活动，包括来自大气中的碳、氢、氧3种营养元素，来自土壤中的氮、磷、钾、硫、钙、镁6种大量元素以及铁、锰、铜、锌、硼、钼、氯、镍8种微量元素。营养状况直接影响苗木造林后的田间表现及苗木抗性。通过测定苗木体内营养元素的含量，可对苗木的生长状况进行评定，提出改善苗木营养状况的措施或对苗木质量作出评价，从而为苗木的合理使用提供依据。研究最多的是苗木叶片内的氮、磷、钾3种大量元素。营养元素的缺少或过剩均会对苗木生长造成不利影响。要保持良好的生长状态，苗木体内的营养元素含量须足量、平衡，可以通过合理施肥进行调控。

苗木对各种营养元素的需要量不一，但各种营养元素在苗木的生命代谢中各自有不同的生理功能，相互间同等重要和不可代替。苗木营养元素含量的诊断方法主要是症状分析、施肥试验和组织化学分析等。

参考文献

喻方圆, 徐锡增, 2000. 苗木生理与质量研究进展[J]. 世界林业研究, 13(4): 17-24.

Van den Driessche R, 1980. Health, vigour and quality of conifer seedlings in relation to nursery soil fertility[M]. 100-120 in Proc., North American forest tree nursery soils workshop (L. P. Abrahamson and D. H. Bickelhaupt, eds.).

（张钢）

苗木营养诊断 seedling nutrition diagnosis

根据苗木形态特征或器官中营养成分含量的变化，判断其体内营养元素丰歉状况的方法。

原理 土壤养分供应量影响苗木养分浓度和植物生长量。它们的相关关系可以简化分解为三个直线阶段，分别定义为三种营养状态：营养缺乏、奢侈消耗和养分毒害（见下图）。养分供应量低时，苗木生长受限；随着供应量增加直至充足，苗木生长量显著增加；供应量增加至奢侈消耗水平时，生长量趋缓；供应量增加至毒害水平，生长量递减。

方法 包括形态症状诊断法、土壤化学诊断法、植物组织分析法、向量图解分析法、盆栽试验和田间试验法等。

形态症状诊断法 根据观察苗木外部形态异常症状的特征，判断其营养状态的方法。根据不同元素匮缺所引发的症状，合理补充相应的肥料元素。当土壤某些元素供应不足时，苗木代谢就会受到影响，外部形态随即表现出一定症状

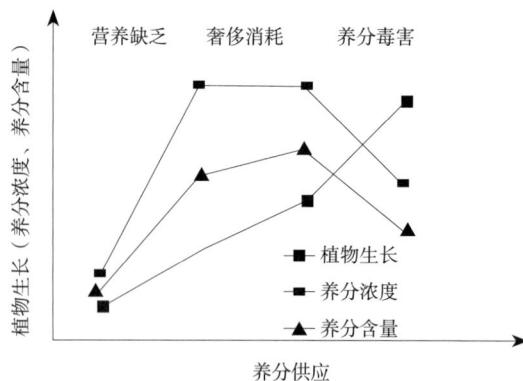

植物生长、养分浓度、养分含量与养分供应的关系
（引自孙向阳, 2005）

（见下表）。形态诊断可结合施肥进行，即通过叶面追肥的方式补充所缺营养元素，实地观察反馈效果。但应注意区别：①苗木缺素症与病虫害感染的差异；②苗木缺素症与遗传因素的差异；③大量元素与微量元素的差异。

苗木部分营养元素缺乏的症状（引自刘勇, 2019）

缺素	主要症状
氮	叶片黄绿而薄，茎干矮小、细弱，下部老叶枯黄、脱落，枝梢生长停滞
磷	先出现在老叶上，叶紫色或古铜色，苗木瘦小，顶芽发育不良，侧芽退化，根少而细长
钾	叶暗绿色或深绿色，生长缓慢，茎干矮小，木质化程度低
钙	先表现在新叶上，叶小、淡绿色，叶尖叶缘发黄，枝条软弱，根粗短、弯曲
镁	针叶叶尖发黄，阔叶叶脉间发黄
铁	苗梢呈现黄色、淡黄色、乳白色，逐渐向下发展，严重时全株黄化
锰	叶片失绿并形成小的坏死斑
锌	节间生长受到限制，叶片严重畸形
硼	枯梢，小枝丛生，果实畸形或落果严重，叶片变厚，叶色变深，叶片小

土壤化学诊断法 通过测定土壤养分含量进行营养诊断的方法。用化学分析方法确定林木生长过程中的土壤养分供应状况与苗木营养水平，确定土壤养分及林木营养的等级指标，建立林木经济施肥标准，为评价土壤肥力、分析土壤障碍因素和调节土壤养分提供依据。与形态症状诊断法相比，该方法较为精细准确。

植物组织分析法 通过检测苗木本身养分水平进行营养诊断的方法。包括组织液速测和全量分析两种。组织液速测的对象为植物中非结合态的无机成分，可在野外进行简易测定，迅速判断当前植物营养状况。全量分析的检测对象为植株中结合态与非结合态的养分元素总量，能更好地反映苗木营养水平和养分平衡状况。

向量图解分析法 在一幅综合性的向量分析图中，比较在相差悬殊的生长状况下的干物质质量和养分组成，解释林木生长效应、养分浓度及养分含量之间内在关系的诊断方法。向量分析包括数据的标准化、建立向量图、向量图养分诊断解释三个步骤。

盆栽试验和田间试验法 根据施肥反应判断土壤营养

元素状况的方法。进行施肥试验时，要注意土壤养分含量、施肥效果和潜在产量之间的关系。当产量低于临界值时，土壤养分低，苗木需要的施肥量大；当产量到达临界值时，土壤养分和苗木营养为最适水平；当产量超过临界值时，继续施肥增产不明显，甚至造成减产。

在进行苗木营养诊断时，最好同时采用多种方法，以保证诊断的准确性。

参考文献

刘勇, 2019. 林木种苗培育学[M]. 北京: 中国林业出版社: 270-280.

马常耕, 1995. 世界苗木质量研究的进展和趋势[J]. 世界林业研究(2): 8-16.

孙向阳, 2005. 土壤学[M]. 北京: 中国林业出版社: 270-280.

（邢世岩, 门晓妍, 孙立民）

苗木运输　seedling transportation

将分级包装好的苗木运往造林地的过程。在运输过程中，苗木常会因为风吹日晒而失水，因装卸不慎碰伤顶芽和侧芽，因包被过于密实不利通风而发霉，特别是路途较远时更是如此。因此，苗木运输过程中要注意苗木活力的保护，宜在夜间或阴雨天运苗，以免苗木因日晒、受热而脱水。

裸根苗运输时，应先在车厢底板上用草袋、蒲包铺垫，然后将包装好的苗木装车。容器苗运输时，应将容器小心码放，注意不要损伤苗木，要尽量利用空间，减少运输成本。可配备专门设计的容器苗运输车，车内设计分层的层架结构，可有效防止运输过程中苗木的损伤，且便于装车与卸车。苗木应装载整齐，防止互相挤压。

园林绿化大苗运输时需要带土球，高度 2.0m 以下的苗木可立装，高大的苗木可选择平放或斜放。装车时，土球向前，树梢向后，枝梢过长的要用绳子围拢，并用支架将树冠架稳，避免树冠与车身摩擦造成损伤。根据土球规格决定堆放层数，土球直径大于 50cm 的苗木一般只装 1 层，小一些的土球可码 2～3 层，土球之间必须码紧密，以防车开时摇摆而振散土球。

无论什么苗木，在苗木运输中必须有专人跟车押运，并带有当地检疫部门的检疫证明。在途中要注意检查覆盖是否被风吹开，根系是否失水，必要时浇水保湿。天气冷时注意防寒，顶部覆盖 3cm 厚的草袋或作物秸秆，防止苗木冻伤和风抽干。

参考文献

沈海龙, 2009. 苗木培育学[M]. 北京: 中国林业出版社.

（韦小丽）

苗木质量活力指标　seedling viability indices

反映苗木被置于特定环境条件下成活和生长能力的因子。又叫苗木质量功能性指标。苗木质量活力指标是苗木栽植在一定环境条件下形态和生理的综合表现，属于实测指标，最能代表苗木质量。常用的苗木质量活力指标有两个：①根生长潜力，是以发根能力评价苗木质量的活力指标；

②苗木耐寒性，是以苗木在低温中的耐受能力评价苗木质量的活力指标。

参考文献

刘勇, 1999. 苗木质量调控理论与技术[M]. 北京: 中国林业出版社: 1-82.

刘勇, 2019. 林木种苗培育学[M]. 北京: 中国林业出版社: 309-337.

沈国舫, 翟明普, 2011. 森林培育学[M]. 2版. 北京: 中国林业出版社: 170-174.

（刘勇）

苗木质量评价　seedling quality evaluation

从苗木形态、生理和功能等各个方面对苗木质量的优劣所作的评估。广义上说，苗木质量是指苗木类型、年龄、形态、生理及活力等方面满足特定立地条件下实现造林目标的程度，是从苗木使用者角度考虑的；狭义上讲，苗木质量是苗木自身生长的好坏，主要体现在苗木的形态、生理和活力等方面，是从苗木培育者角度考虑的。

苗木质量评价的目的是保证优质苗木的生产和应用。①从用苗者角度看，通过质量评价可了解和掌握苗木的品质状况，决定起苗和贮藏的方法，选择苗木适宜栽植的立地条件，制定合适的苗木处理和栽植措施，避免用苗不当造成的损失。②从苗木生产者角度看，通过苗木质量评价，可以评判苗木培育中繁殖材料的遗传品质和播种品质是否优良；苗木培育的各项技术和管理措施是否得当，哪些需要舍弃，哪些需要保持，哪些需要改进；被评价的苗木是否可用于造林绿化，适宜在哪些条件下应用，应用后会产生什么样的效果；在育苗的各个环节中应采取什么样的有效调控措施来保障苗木质量等。

1979 年，国际林业研究组织联盟（IUFRO）在新西兰召开了首次"苗木质量评价技术"专题会，会议讨论了苗木质量在造林中的作用、苗木质量评价技术、影响苗木质量的因子等问题。1994 年，IUFRO 的苗木生产、植物材料特性和树木生理三个工作组在加拿大安大略省联合召开了以苗木质量评价为主题的学术会议，对前人提出的各种苗木质量评价方法进行了总结，分析了苗木质量评价的复杂性，提出了形态、生理和活力各种测定方法的测定标准和应用范围。

中国对苗木质量与造林绿化关系的研究始于 20 世纪 50 年代。1985 年用形态品质指标制定了中国第一个苗木质量标准《主要造林树种苗木》（GB 6000—1985）。各省在此基础上根据各自的实际情况制定了地方标准，用来指导育苗工作和检验苗木质量，改进和提高育苗技术，以及促进苗木质量评价研究。1999 年，修订形成新的国家标准《主要造林树种苗木质量分级》（GB 6000—1999），增加了根系质量指标，认识到了根系在植苗造林成活中的重要性。

苗木质量评价指标主要包括形态、生理和活力 3 个方面。形态指标反映苗木质量的形态特征，生理指标反映苗木质量的生理状况，活力指标反映苗木被置于特定环境条件下成活和生长的能力。

参考文献

沈国舫, 翟明普, 2011. 森林培育学[M]. 2版. 北京: 中国林业出版社: 170-174.

（刘勇）

苗木质量生理指标　physiological indicators of seed-ling quality

反映苗木内在生理状况进而反映苗木质量的因子。反映苗木生命活动的本质状况，在**苗木质量评价**中其作用远大于形态指标。当苗木生长正常时，苗木形态指标与生理指标是一致的，用形态指标就能较好地反映苗木的质量；但当苗木受到某些外界因素（如起苗失水、高温、干旱、养分亏缺等）的影响时，苗木生理状况发生了变化，在形态上不能及时表现出来，而决定苗木**造林成活率**和今后生长潜力的是苗木内在的生理特性。

自20世纪中叶以来，各国林学家对苗木质量评价的研究由形态指标深入到生理指标。1979年在新西兰召开的国际林业研究组织联盟会议上，各国学者对苗木质量评价达成一致认识：既应注重苗木形态指标，也应重视生理指标，认为生理的内在因素对苗木成活影响更大。中国用生理指标评价苗木的研究始于20世纪90年代，但因在实际生产中的可操作性不高，指标测定缺乏统一的标准等原因，现行的苗木质量评价标准未采用生理指标。

常用的苗木质量生理指标有**苗木水势、苗木电导率、苗木营养元素含量、苗木碳水化合物含量**，以及生长调节物质（利用控制苗木生长发育的生长调节物质的水平和变化情况估测苗木的活力状况）、根系活力［苗木根系吸收、合成、生长的综合表现，常用四唑（TTC）法测定，还可用α-苯胺法测定］、叶绿素含量（反映植物光合能力的强弱，定量地反映苗木的健康状况）、芽休眠（苗木适应外界环境条件的一种自我保护方式，适时休眠抗逆性强，测定方法有芽开放速率、休眠解除指数、低温总时数、示波器技术、有丝分裂指数、干重比值、植物激素分析技术和电阻率技术等）、胁迫诱导挥发性物质和抗逆性（苗木对各种逆境的抗性）等。

参考文献

刘勇, 1999. 苗木质量调控理论与技术[M]. 北京: 中国林业出版社.

刘勇, 2019. 林木种苗培育学[M]. 北京: 中国林业出版社.

（张钢）

苗木质量形态指标　morphological indicators of seed-ling quality

反映苗木质量水平的形态特征因子。苗木形态特征直观、易测，便于生产上使用，是评价苗木质量的主要指标。实践证明，高大、粗壮的苗木，造林后的成活率和生长量好于矮小、细弱的苗木。但是，形态特征也存在明显的缺陷，它只反映苗木的外观，不能反映苗木死活。

常用的苗木质量形态指标有苗高、地径、苗木重量、高径比、茎根比、I级侧根数、根长、根幅、顶芽和苗木质量指数等。

苗高　最常用的形态指标。从苗木的地径处或地面到苗木顶芽基部的高度。用厘米（cm）表示。如苗木还没有形成顶芽，则以苗木最高点为准。苗木并非越高越好，虽然较高的苗木有可能在遗传上具有一定的优势，但同一批造林苗木的大小以整齐为好，以防将来林分的强烈分化。过高或过低的苗木都是淘汰的对象。就单株苗木而言，苗高反映出叶量的多少，体现光合能力和蒸腾面积的大小，能很好地反映苗木的生长量。苗木造林成活以后，一般初始高度高的苗木生长更快。但是，苗高与**造林成活率**关系不紧密，尤其在干旱条件下，甚至出现苗木高度越高成活率越低的现象。不同树种苗木存在着各自的适宜高度，在此范围内成活率和生长量都得以兼顾。如火炬松造林，较合理的高度是14～28cm；白云杉造林，苗木的适宜高度是20～25cm，在这个范围内，不仅能保证造林成活率，而且造林10年后的树高与苗高成正比。

地径　苗茎土痕处的直径。又称地际直径。用毫米（mm）表示。在所有形态指标中，地径是反映苗木质量的最好指标。地径与造林成活率及林木生长量成正比。地径越大造林成活率越高。

苗木重量　苗木的干重或鲜重。又称苗木生物量。用克（g）表示。鲜重受含水量的影响较大，不易获得稳定而可靠的数据，更难进行对比；干重排除了含水量的影响，数据稳定、可靠。苗木生长量的大小，主要看其物质积累的多少。干重是反映物质积累状况的最主要指标，也是指示苗木造林成活率和生长量的较好指标。

高径比　苗高与地径之比。反映苗木高度和粗度的平衡关系。将苗木的苗高和地径两个指标结合起来，是反映苗木抗性和造林成活率的指标。高径比越大，苗木越细越高，抗性弱，造林成活率低；高径比越小，苗木则越矮粗，抗性强，造林成活率高。例如，对高度基本一致的落叶松苗木，按高径比分为3级，40～50为优质苗，60为中等苗，70～80为劣质苗；造林时，苗木高径比不能大于60，高径比40～50的苗木对提高造林成活率和幼苗高生长效果极为显著。不同树种之间，适宜高径比的范围差别较大，如侧柏的高径比超过70～80仍能保证造林成活。高径比不能单独使用，与苗高、地径等指标结合起来才是一个好的指标。一般来说，在苗高达到要求的情况下，高径比越小越好。

茎根比　苗木地上部分干重与地下部分干重之比。反映苗木根茎两部分的平衡状况，实际上是苗木水分、营养收支平衡问题。造林后苗木能否成活，关键是能否保持苗木体内的水分平衡。根系发达，茎根比小，苗木地上部的蒸腾量小，而地下部分吸收量大，有利于苗木水分平衡，苗木成活的可能性就更大。茎根比也不是越小越好，各树种苗木都有自己适宜的茎根比。如火炬松苗木适宜茎根比为1.7～2.2。

I级侧根数　从主根上直接分出的侧根的数量。测定时，可以直接统计其总数，也可以规定不同长度，统计大于规定长度的I级侧根数量。如大于1cm长的I级侧根数，就是统计大于 1cm 长所有 I 级侧根的数量。依此类推，可以派生出大于 1cm、大于 5cm、大于 10cm 等 I 级侧根数。中国现行的国家标准中规定的侧根数是指大于 5cm 长 I 级侧根数。

根长　从靠近地表处的根基部至根端的自然长度。是**起苗**时应保留的根系长度，决定**裸根苗**起苗出圃时的起苗深度。例如，2 年生的油松或落叶松苗，起苗后根系长度为 20～30cm。根系过长，栽植时容易窝根，过短会影响造林成活率。

根幅　从靠近地表处的主根基部至四周侧根的长度。是起苗时应保留的侧根幅度，决定裸根苗的起苗宽度。对侧根发达的浅根系树种规定起苗时的最低根幅，能够保证起苗时不至于损失过多侧根，保证苗木造林后能迅速发根和多发侧根。例如，杨树起苗时的根幅是 30～40cm。

顶芽　在茎轴顶端形成的芽之总称，相对于侧芽而言。用顶芽的粗度或长度反映苗木的质量，顶芽越大，芽内所含原生叶数量越多，第二年苗木生长量越大。顶芽反映苗木生长潜力，发育正常而饱满的顶芽是合格苗木的一个重要条件。但对于某些萌芽力强的树种，顶芽有无对苗木质量影响不大，如侧柏、火炬松、湿地松等。

苗木质量指数　苗木总干重与高径比和茎根比之和的比值。A. A. 迪克森（A. A. Dickson）等人提出的用多个指标综合反映苗木质量的一个指标。计算公式为：

$$苗木质量指数（QI）= \frac{苗木总干重（g）}{[苗高（cm）/ 地径（mm）]+[茎干重（g）/ 根干重（g）]}$$

苗木质量指数指示苗木高径比、茎根比越小，总干重越重，苗木质量越好。但是，由于这一指标过分追求总体平衡，对重量虽小但意义重大的须根量反应不灵敏。对油松、侧柏，QI 与苗木等级大小呈正相关，但与造林成活率的关系不紧密，尤其是苗木须根在起苗和运输过程中受损后，其成活率明显下降，而 QI 却差异很小，说明 QI 值对苗木须根量的减小反应不灵敏。这一指标不能完全代替所有形态指标。

参考文献

刘勇, 1999. 苗木质量调控理论与技术[M]. 北京: 中国林业出版社: 1–82.

刘勇, 2019. 林木种苗培育学[M]. 北京: 中国林业出版社: 309–337.

沈国舫, 翟明普, 2011. 森林培育学[M]. 2版. 北京: 中国林业出版社: 170–174.

（刘勇）

苗木质量指数　seedling quality index

苗木总干重与高径比和茎根比之和的比值。

见**苗木质量形态指标**。

（刘勇）

苗木种类　seedling type

苗木类型与树种信息的综合。确定苗木种类，应先确定育苗的材料和育苗的方法。①根据繁殖材料的不同，苗木分为**实生苗**和**营养繁殖苗**。其中，营养繁殖苗又分为扦插苗、压条苗、埋条苗、根蘖苗、插叶苗、嫁接苗、**组培苗**等。②根据培育方式不同，分为**裸根苗**和**容器苗**。③根据培育年限不同，分为 1 年生苗和多年生苗。④根据苗木培育期是否进行移植，分为**移植苗**和留床苗。⑤根据育苗环境不同，分为试管苗、温室苗、大田苗。⑥根据苗木培育基质不同，分为土培苗和无土栽培苗。⑦根据苗木培育目的或苗木用途，宏观地分为园林景观苗和生态造林苗。⑧根据苗木规格大小，分为标准苗和大苗。⑨对于多年生大规格苗，根据其树冠培育技术措施分为原冠苗、截干苗、中央领导干苗。

很多情况下，在苗木种类划分过程中，树种区分不需要细化到具体的科、属、种，只作乔木和灌木、针叶和阔叶、落叶和常绿树种等类型之分。以上不同苗木类型与树种结合，即形成完整的苗木种类信息。苗木种类划分标准的构成具有多样性和灵活性，如何划分苗木种类应结合实际需求来把握。通常情况下，可根据需要采用几种主要区分方法来定义苗木的种类，如落叶乔木移植苗、常绿阔叶树种容器苗、灌木树种萌蘖苗、大规格容器苗、1 年生大田苗等。

参考文献

刘勇, 2019. 林木种苗培育学[M]. 北京: 中国林业出版社: 103.

沈国舫, 翟明普, 2011. 森林培育学[M]. 2版. 北京: 中国林业出版社: 131.

国家质量技术监督局, 1999. 主要造林树种苗木质量分级: GB 6000—1999[S]. 北京: 中国标准出版社.

（应叶青，史文辉）

苗木重量　seedling weight

苗木的干重或鲜重。

见**苗木质量形态指标**。

（刘勇）

苗木贮藏　seedling storage

对出圃后定植前的苗木所采取的苗木活力保护措施。**起苗**后若在短时间内不能立即造林，为保障**造林成活率**，需要对苗木进行一段时间贮藏。方法有假植、窖藏、坑藏、垛藏和低温贮藏。最常用的贮藏方法是假植，包括临时假植和越冬假植，在中国南方和北方都广为应用；窖藏、坑藏、垛藏和低温贮藏则主要适用于中国北方冬季气温很低地区的造林树种、落叶果树苗的贮藏。

世界各国的高纬度和高海拔地区冬季气候寒冷，为了保证苗木过冬，一直就有苗木贮藏的习惯。早在 20 世纪 60～80 年代，国外林业发达国家如瑞典、挪威、美国等的科研工作者对苗木贮藏的生理及苗木活力影响因素进行了较细致的研究，涉及树种包括北美黄杉、挪威云杉、西黄松等。中国关于苗木贮藏条件和贮藏生理的研究主要在 20 世纪 80～90 年代，涉及树种有油松、侧柏、樟子松等针叶树种以及柚木、橡树、红橡等落叶或半落叶树种。

贮藏期间，碳水化合物储量的消耗、苗木失水、风干或枯梢及温度高、通气差、发生霉烂等是影响贮藏苗木活力、造成苗木质量下降甚至死亡的主要因素。因此，要保护好苗木活力，就必须为苗木创造合适的贮藏环境。0～3℃的低温是苗木贮藏的较好方法，空气相对湿度宜控制在 80%～90%，贮藏环境通风良好，最好有通风设施。为了避免病原菌的感染，贮藏环境和苗木的灭菌消毒十分必要。可在苗木包装时喷洒杀菌剂如苯菌灵、福美双等，浓度因树种而异；贮藏环境可用0.5%的高锰酸钾溶液消毒或用甲醛熏蒸。此外，贮藏时间长短也是影响苗木活力的重要因素之一，适宜的贮藏时间以有利于根系活力保护和芽适时开放为宜。

参考文献

邝炳朝，郑淑珍，罗明雄，1988. 柚木小棒槌苗贮藏技术的研究[J]. 林业科学研究，1(6): 579–587.

刘勇，1999. 苗木质量调控理论与技术[M]. 北京：中国林业出版社.

宋廷茂，郎建民，赵朝中，等，1993. 苗木越冬贮藏方法对造林成活和生长的影响[J]. 北京林业大学学报，15(增刊1): 199–202.

Yan Zhengnan, He Dongxian, Song Jinxiu, et al, 2018. Effects of low temperature and poor light environments under LED lighting on quality change of Pepper seedling during storage [J]. Asian Agricultural Research, 10(2): 71–75 , 81.

（韦小丽）

苗圃 nursery

用于专门繁殖、培育、生产苗木的场所。传统苗圃是特指具有一定面积且满足苗木培育目的的土地、场所或苗木场。现代苗圃的概念已逐步发展为以生产苗木为主的经营实体，既包括苗木生产的土地，也包括各种类型温室、组培室等生产设施设备，以及生产技术管理和苗木营销体系等，即苗圃更主要是指能够通过多种技术途径繁育和经销各种造林绿化植物苗木的单位或企业，也称育苗基地。

主要类型 按照不同的分类标准，苗圃可划分为多种不同的类型。

①根据使用时间长短，苗圃分为固定苗圃和临时苗圃。固定苗圃经营时间长，面积大，培育的苗木种类多，适于通过机械化实现集约经营和设置现代化的育苗生产设施。临时苗圃是为完成某一特定地区的造林绿化任务而短期设置的苗圃，一般经营时间短、面积小、培育苗木种类相对较少。临时苗圃一般利用现有土地及设施开展育苗，有设在林中空地的林间苗圃和设在山区宜林荒地的山地苗圃等形式。

②根据育苗面积大小，中国林木种苗工程项目建设标准将苗圃分为特大型苗圃（育苗面积≥100hm²）、大型苗圃（育苗面积60～100hm²）、中型苗圃（育苗面积20～60hm²）、小型苗圃（育苗面积10～20hm²）。但各地区根据实际情况略有差异，如《黑龙江省林区育苗技术规程》（DB/T 23389—2001）规定，凡苗圃经营面积不足5hm²的属于小型苗圃，5～15hm²属于中型苗圃，15hm²以上属大型苗圃。

③根据建设标准，苗圃分为现代化苗圃、机械化苗圃、专业化苗圃和普通苗圃。现代化苗圃工厂化育苗产量一般占整个苗圃产量的50%以上，且生产工序实现自动化，培育的各树种苗木均具有很高的专业化水平；机械化苗圃具备一定的工厂化育苗设施条件，培育的主要树种苗木有较高的专业化水平；专业化苗圃部分生产作业可根据生产需求采用专业

机械生产，所培育苗木均有很高的专业化水平，且苗圃具备推广各类育苗新技术和培育新品种的能力；普通苗圃生产作业基本以人工作业为主。

④根据经营对象和培育目标，苗圃分为森林苗圃、园林苗圃、果树苗圃和实验苗圃，以及具有多功能特点的综合苗圃等。实验苗圃是以承担科学研究、技术推广、教学实习等主要目的建立的苗圃，大多由农业、林业、园林等科研院所、相关高等院校等机构或部门设立；实验苗圃基础设施完善，一般具有较先进的生产设施设备，但并不以销售苗木而获取经济收益为前提；实验苗圃具备开展新产品开发、推广各类育苗新技术的能力，以及进行苗圃育苗教学科研相关的人力和物质条件。

发展概况 作为繁殖植物苗木将其移栽到永久位置或者可以进行交易的场所的概念，最开始苗圃是农业的一部分，到近代发展为商业性的苗圃。在中国，最早甲骨文中就出现了"圃"字样，意为在围起来的园子里培育树木。早在殷商时期（前17至前11世纪），苗圃作为农业中的一种种植形式即已出现。16～17世纪，法国出现了大批具有重要影响的苗圃，标志性的如维克托·莱莫恩（Victor Lemoine）苗圃，主要用于花卉植物的育种。其他欧洲国家在之后有以各种花卉、果树育种为主要生产目的经营苗圃。18世纪在美国西海岸由殖民者建立苗圃以培育由欧洲带到美洲的植物材料，19世纪在美国整个东部都出现了苗圃，并以选育与嫁接果树为主，也生产观赏植物和造林树种。随着社会经济的发展，苗圃已经逐渐成为一种产业形态，其范畴较为广泛。

建立与管理 建立苗圃并科学地组织育苗生产，培育满足市场需求的优质苗木，是林业生产的重要环节。苗圃的建立须进行科学的土地利用规划，合理的布局是苗圃充分发挥育苗生产功能的重要保障。苗圃的育苗生产工艺涉及繁殖材料的准备、土壤耕作、播种、扦插、移植、苗期管理、苗木出圃等众多作业技术环节，各生产环节均有明显的系统性。一项生产作业的增减或改变，会影响前后的工序，甚至波及上下年度作业计划的安排和实施；同时，其育苗生产工艺也存在一定的灵活性，相同的育苗效果常可通过不同的工艺途径等效实现。

参考文献

成仿云，2012. 园林苗圃学[M]. 北京：中国林业出版社：1–2.

刘勇，2019. 林木种苗培育学[M]. 北京：中国林业出版社：15–17.

翟明普，沈国舫，2016. 森林培育学[M]. 3版. 北京：中国林业出版社：124–125.

（彭祚登）

苗圃除草 weeding in nursery

清除苗木生长的竞争对象（包括各种非培育目的的杂草和灌木），使苗木能够最大限度地获得营养空间和养分资源的苗圃管理措施。为林木种苗生产过程中的一项因地制宜、产前管控、搭配互补、科学开展的日常性苗圃作业。

圃地杂草与苗木竞争光、热、水、肥等资源，干扰苗木生长。苗圃除草以"除早、除小、除了"分段式控制为原则。

按不同除草方式分为人工除草、机械除草、化学除草、生物除草和异株克生除草等。可根据不同苗圃生产作业区苗圃杂草特征和生长情况按需进行分类除草。在苗圃生产过程中，圃地杂草产前管控，尤其是恶性杂灌的清除尤为重要。

中国早期育苗生产中常用的除草方式是传统的人工除草，其用工量占整个苗圃作业用工量的20%～60%。现阶段人工除草和化学除草应用最为广泛，农村劳动力日渐紧缺，从而导致传统的人工除草成本大幅攀升；而化学除草省工、省力，成本低廉、方便、效果好，正逐步替代人工除草，成为现代化苗圃的主要除草方式之一。相比传统的人工除草方式，化学除草、生物除草或机械除草等有更高实施技术要求。其中，化学除草是化学、生物等学科相结合的一门综合应用技术，需掌握除草剂的性能和除草原理才能正确使用这一技术。生物除草则要从生态系统功能角度，利用食物链的取食和动态平衡原理来控制杂草及其天敌的数量关系。机械除草则需除草机械研发、除草操控技术掌握、机械维护保养等技术要求。

苗圃杂草消控系统包括清除多年生恶性杂灌，严格管控苗木生产过程中使用的改土、拌种、覆种基质中杂草种子数量，及时清除入侵杂草三个方面。其基本技术要求是机械化、省力化和无害化。减耗增效和环境友好的杂草消控系统逐步取代传统的人工除草，已成必然趋势。

参考文献

沈海龙, 2009. 苗木培育学[M]. 北京: 中国林业出版社: 204-210.

赵忠, 杨吉安, 2003. 现代林业育苗技术[M]. 杨凌: 西北农林科技大学出版社: 83-95.

（郑郁善，陈礼光）

苗圃除草方法 weeding methods in nursery

在苗木生产过程中，为达到控制或消除苗圃地杂草，为苗木创造良好生长环境条件而采取的物理、化学和生物学去除杂草的方法和措施。苗圃除草是苗圃日常管理的一项常规工作，主要是去除影响和妨碍目的苗木生长的其他植物。按不同除草方式，苗圃除草分为人工除草、机械除草、化学除草、异株克生除草和生物除草等。

见苗圃除草。

参考文献

沈海龙, 2009. 苗木培育学[M]. 北京: 中国林业出版社: 204-210.

赵忠, 杨吉安, 2003. 现代林业育苗技术[M]. 杨凌: 西北农林科技大学出版社: 83-95.

（郑郁善，陈礼光）

苗圃地管理 nursery soil management

苗圃育苗前和育苗过程中进行的一系列圃地管理措施。包括土壤管理、水分管理、灾害管理等。目的是改善苗圃地土壤水肥条件，减少杂草、病虫害滋生等，以促进种子发芽、苗木生长，提高苗木质量与合格苗生产效率。

土壤管理 主要包括土壤改良、苗圃耕作、施肥、轮作、接种菌根菌等。①土壤改良。主要针对盐碱土、黏土、沙土、板结土等不符合苗木生长的土壤，通过合理增施有机肥、草木灰以及客土、中耕等措施改善土壤环境，从而满足苗木生长需要。②苗圃耕作和施肥。主要目的在于改善土壤物理性质和提高土壤肥力条件，促进苗木对养分的吸收利用，提高苗木质量。要根据苗圃地环境和培育目的适时、适量进行。③轮作。通常可视为一种苗圃土壤肥力管理措施，将不同树种的苗木或牧草、绿肥、农作物按一定顺序轮作，能调节苗木与土壤环境之间的关系，避免连作引起的病虫害滋生，进而提高苗木产量。④接种菌根菌。在苗圃土壤中缺乏菌根菌的情况下，需要接种菌根菌。

水分管理 保障苗木成活的基础。包括水质调节、灌溉和排水等。①土壤中的水来源不同，则性质不同，需要控制灌溉的水源、盐碱度、pH值、水温和杂质状况，以适应苗木生长对水质的要求。②苗圃灌溉要根据当地水源条件、灌溉设施而定，并按不同季节、土壤、树种、苗木生长阶段和作业内容分别进行，也可以结合施肥进行。③当雨季雨量过大时，要采取苗圃排水措施；对不耐水湿的苗木采取高垄或高床育苗。

灾害管理 苗圃灾害主要有病虫害、鼠害、鸟害、杂草危害和极端环境灾害等。苗圃病虫害防治以预防为主，综合防治。除草一般结合中耕进行，要做到"除早、除小、除了"。防治措施要贯穿苗木培育的各个环节。

参考文献

刘勇, 2019. 林木种苗培育学[M]. 北京: 中国林业出版社: 120-167.

沈海龙, 2009. 苗木培育学[M]. 北京: 中国林业出版社: 138-213.

（邢世岩，门晓妍，孙立民）

苗圃地区划 nursery layout

为充分利用土地，便于生产和管理而对苗圃地进行的土地利用规划。包括生产用地区划和非生产用地区划。做好苗圃地区划，是便于育苗生产、减少生产成本、美化圃容圃貌、提高土地利用率的重要环节之一。

生产用地区划 常因苗圃经营目的或面积大小而有很大差异。按苗木培育的方式，苗圃生产用地一般包括播种育苗区、营养繁殖育苗区、移植苗培育区、设施育苗区等。生产用地区划时根据各类苗木生产的特点和苗圃地自然条件，按照便于生产和经营的原则确定适宜的位置，并尽量使各生产区保持完整。

①由于播种培育的实生幼苗对外界环境条件的抵抗力弱，要求育苗管理精细，因此播种育苗区一般应选择苗圃地势平坦，坡度小，土层较厚，肥力好，灌排水方便，背风向阳的地段。

②营养繁殖育苗区应依据育苗树种生物学特性，以满足扦插、嫁接、埋条、压条、分株等育苗工艺的条件进行区划，一般选苗圃土质疏松、肥力较好、灌排水良好的地段。

③移植苗根系发达，对外界不良环境的抵抗力较强，因此移植育苗区一般应设置在苗圃土壤条件相对较差的地段。

④大型现代化苗圃一般都有设施育苗区，所占地段属于苗圃生产区。温室大棚的建造要求地势平坦，如稍有坡度绝

不能大于1%，要尽量避免在向北面倾斜的斜坡上建造温室群。对于建造玻璃温室，还要求地基必须稳固。对于进行有土栽培的温室，要求土层深厚、肥沃、排水良好。同时，温室还要求有稳定的水源、电力和供热条件，因此，苗圃规划时，一般都将设施育苗区规划在办公及服务区附近。

为便于生产和管理，通常以道路为基线将各生产区再细划为若干个作业区，其大小视苗圃规模、地形和机械化程度而定，一般以1～3hm²为宜，形状依地形地势可采用正方形、长方形、梯形或多边形等。作业区宜南北走向，长度与宽度比例适当。大型苗圃或机械化程度高的苗圃作业区长度以200～300m为宜，中型苗圃或畜耕为主的苗圃以50～100m为宜；作业区宽度一般以长度的1/3～1/2为宜。

非生产用地区划　苗圃非生产用地包括道路系统、灌溉系统、排水系统、防风林带、办公及服务区等用地，以少占地又能满足生产需要为原则。

①苗圃道路系统既是沟通苗圃内各生产作业区的纽带，也是作为划分生产用地的间隔带。道路网应根据苗圃地形、地势及育苗生产的便捷性确定，包括主干道、副道、环圃道等。主干道宽度，中小型苗圃3～4m，大型苗圃5～8m；副道宽度2～5m；大型苗圃在苗圃周围设宽3～5m环圃道；圃内道路网通过主干道与圃外交通线路相连。

②苗圃灌溉系统主要由水源、提水、输水和配水系统组成，其中对苗圃区划影响最大的是输水系统，尤其是采用明渠灌溉的苗圃，其主渠和支渠的设置占用土地并直接影响生产用地区划，且渗漏多，水资源利用效率降低，因此提倡采用喷灌和微灌。

③苗圃排水系统主要由堤坝、截流沟、主排水沟和支沟组成。区划时应以保证盛水期能较快排除积水及少占土地为原则，要与灌水系统和道路网统一协调规划。

④在有风沙危害的地区，应结合苗圃生产用地和道路网设计防护林带。

⑤办公及服务区应设在土壤条件相对较差、交通便捷的地方，并适当构筑一些必需建筑物或场院。

苗圃地区划时以外业测量比例尺为1∶500～1∶2000的测绘图为底图，根据各类苗木的育苗特点、树种特性、计划育苗量和圃地的自然条件，以及生产保障条件进行区划。根据区划结果绘制苗圃平面图，平面图上要标示各类苗木生产区、作业区，以及道路、水源、排水渠、建筑物、场院、**防护林**等的位置，并注明比例尺、方位和图例。

参考文献

成仿云, 2012. 园林苗圃学[M]. 北京: 中国林业出版社.

刘勇, 2019. 林木种苗培育学[M]. 北京: 中国林业出版社.

翟明普, 沈国舫, 2016. 森林培育学[M]. 3版. 北京: 中国林业出版社.

（彭祚登）

苗圃地选择　nursery site selection

为建立**苗圃**，对拟定苗圃所在位置及区域自然与社会经济条件的调查、分析和评判过程及所做的选址决策。苗圃地直接关系到培育苗木的质量、产量和育苗成本。只有选择适宜的苗圃地，采取科学的育苗技术措施，才能培育出优质高产的苗木。无论建立临时苗圃还是固定苗圃，选择合适的苗圃地都至关重要。

苗圃地选择应结合当地林业发展战略规划，拟建苗圃类型、建设规模、建设定位、建设目标以及当地自然与社会经济条件，参照国家和地方相关标准及规范的要求综合考虑。在具体选择苗圃地时，应考虑交通、劳力、能源、土壤、水源、地形地势以及病虫鸟兽危害等条件。

位置　苗圃选址应以苗木主要供给地区、造林地中心或附近地区为基本条件，在满足育苗生产条件的前提下，靠近主要交通衔接点。为便于组织生产，有利于解决劳力、机械动力和电力等保障性问题，在条件允许的情况下应尽可能靠近居民点。

土壤　土壤条件是苗圃地选择至关重要的因素。苗圃地土壤以肥沃的沙壤土、壤土或轻黏壤土为宜，土层厚度应在50cm以上；土壤酸碱度根据不同树种的适应能力而有所差异，大多数针叶树苗木适宜pH 5.0～7.0的中性或微酸性土壤，大多数阔叶树苗木适宜土壤pH 6.0～8.0。盐碱较重的土地不宜作苗圃地，土壤的含盐量应在0.1%以下。

水源　水是苗圃育苗不可缺少的条件。苗圃地必须具备任何条件下都能够满足灌溉用水的水源保障，可设在靠近河流、湖泊、池塘或水库等便于提供灌溉用水的地方；如无以上水源，则应考虑有无可利用的地下水，但地上水源优于地下水源。灌溉用水应为淡水，含盐量不超过0.15 %。苗圃地的地下水位既不能太高也不能太低，适宜的地下水位因区域和土壤质地而异，如沙土一般在1.0～1.5m，沙壤土为2.5m左右。

地形地势　建立固定苗圃最好选择地势平坦或自然坡度在3°以内、排水良好的地块，但在土黏雨多的地区、山地丘陵区建圃时，可选择坡度5°以下的缓坡地或山区坡度较大但具备修筑水平梯田条件的地方。如需在坡地建圃，北方林区宜选东南坡，南方林区宜选东坡、北坡和东北坡；高山地区宜选择东南坡或西南坡。低洼地、不透光的峡谷、密林间的小块空地、长期积水的沼泽地、洪水线以下的河滩地、风口处、坡顶、高岗等庇荫、积水、风大的地段，均不宜作苗圃地。

病虫害　病虫害发生会直接威胁苗木生产效率与经营效益，是苗圃地选择时不可或缺的重要考量因素。地下害虫数量超过标准规定的允许量或有较严重的立枯病、根腐病等病菌感染的地方不宜选作苗圃地。但如果具备控制或根除现有病虫害的措施，能够保障不影响育苗效果时，仍可考虑选择。苗圃附近不能有传染病菌的树木或是病虫害中间寄主的树木。尽量不要选鸟群栖息地、鼠害和其他动物危害较重的土地作为苗圃地。

参考文献

成仿云, 2012. 园林苗圃学[M]. 北京: 中国林业出版社.

翟明普, 沈国舫, 2016. 森林培育学[M]. 3版. 北京: 中国林业出版社.

（彭祚登）

苗圃技术档案　nursery technical file

对苗圃生产、试验和经营管理活动和过程所做的历史记录。苗圃生产经营的内容之一，可以作为积累资料，统筹生产，总结技术经验，提供合理使用土地、劳力、机具等物料的依据；可以科学指导生产经营活动，有效进行劳动管理，提高苗圃生产和管理水平。

主要内容：①苗圃基本情况档案。包括苗圃规划设计文件、固定资产登记表以及组织机构和人员配置、苗圃经营性质和目标的变化等的记载。②苗圃土地利用档案。包括各作业区的面积、培育苗木种类、育苗措施、土壤管理等。③苗圃作业档案。包括每日进行的各项生产活动，劳力、机械工具、能源、肥料、农药等使用情况。④育苗技术措施档案。以树种为单位，记载的各项生产环节及育苗技术操作全过程。⑤苗木生长发育调查档案。以年度为单位，定期抽样调查记载的苗木生长发育情况。⑥气象观测档案。以日为单位记载的苗圃所在地的日照长度、温度、降水、风向、风力等气象情况。⑦科学试验档案。以研究项目为单位记载的试验目的、试验设计、试验方法、试验结果、结果分析、年度总结以及项目完成的总结报告等。⑧苗木销售档案。包括各年度销售苗木的种类、规格、数量、价格、日期、购苗单位及用途等。

苗圃技术档案要求资料的系统性、完整性和准确性。在每一生产年度末，应收集汇总各类记载资料，进行整理和统计分析，为下一年度生产经营提供准确的数据和报告。档案管理人员应保持稳定，如有工作变动，要做好交接工作。

参考文献

刘晓东, 韩有志, 2011. 园林苗圃学[M]. 北京: 中国林业出版社.

苏金乐, 2010. 园林苗圃学[M]. 北京: 中国农业出版社.

翟明普, 沈国舫, 2016. 森林培育学[M]. 3版. 北京: 中国林业出版社.

（彭祚登）

苗圃杂草　nursery weeds

苗圃地上的能够通过环境资源竞争、病虫害共同宿主、寄生等方式明显干扰和妨碍苗木生长发育的非栽培目标植物。包括草本植物、部分小灌木、蕨类及藻类。其中草本植物占主要地位。苗圃杂草具有生活周期短、光合效率高、生长快、繁殖容易、抗逆性和适应性强等优势，具备根系发达、耐瘠薄、耐干旱、产种量大等特征。受生态系统环境负荷量的限制，苗圃杂草的危害主要表现为直接与苗木争夺养分、水分、光照等营养条件和生长空间，妨碍圃地通风透光性能；可增加局部湿度，间接诱发或加重某些病虫害的发生；部分寄生性杂草直接寄生危害苗木，降低苗木产量和质量，严重时会导致育苗失败。

参考文献

邓华平, 2007. 景观植物化学除草技术[M]. 北京: 中国农业出版社: 121.

封洪强, 李卫华, 倪云霞, 2015. 果树病虫草害原色图解[M]. 北京: 中国农业科学技术出版社: 373-374.

（郑郁善, 陈礼光）

苗圃整地　nursery soil preparation

苗圃育苗播种前及苗木生长期间采取的一系列土壤耕作措施的总称。目的是改善土壤水、肥、气、热状况，提高土壤肥力，创造苗木良好生长环境。主要包括平地、浅耕、耕地、耙地、镇压、作床、作垄、中耕等环节。

平地　耕地之前应先平整土地，推平高凸，填平低凹，同时捡除石块、草根等杂物，为耕作环节做好准备。

浅耕　用圆盘灭茬耙、旋耕机、灭茬犁等破碎根茬、疏松表土、切断土壤毛细管。一般在圃地起苗平地后或农作物收割后以及耕地前进行，目的是减少土壤水分蒸发，消灭杂草和病虫害，减少耕地时土壤的机械阻力。时间和深度根据耕作的目的和对象而定。

耕地　苗圃整地的主要环节，可显著促进土壤物理性质的改善和土壤团粒结构的形成，保持地力。①耕地的季节。根据气候和土壤情况而定，一般在春、秋两季进行。北方干旱地区和盐碱土地区均适于秋耕，沙土地苗圃适于春耕，山地育苗宜在雨季前耕地。耕地的具体时间应根据土壤水分状况而定，以土壤不湿不黏、含水量约为田间持水量的 60% ~ 80% 时进行为好。已经进行过浅耕的苗圃地，待杂草种子萌发时再进行耕地为好。②耕地深度。视圃地条件和育苗要求而定。耕地过浅，起不到耕地的作用；耕地过深，苗木根系生长太长，起苗时主要根系不能全部起出，伤根过多易降低苗木质量。从育苗角度，播种育苗区耕地深度以 25 ~ 30cm 为宜；营养繁殖育苗区和移植育苗区耕地深度以 30 ~ 35cm 为宜。但同一苗木在不同的气候、土壤条件下，耕地深度应有差别，如北方干旱地区、南方土壤黏重地区、盐碱地等，耕地深度都应适当加深；对于沙地，为防止风蚀和土壤水分蒸发，耕地不宜太深；北方地区为了保墒，秋耕宜深，春耕宜浅。

耙地　耕地后进行的表土耕作措施。可以起到破碎坷块和结皮、平整土地、清除杂草、耙实土壤和蓄水保墒的作用。耙地过程中可混拌肥料。耙地要防止过度，以免使表土过度细碎，结构破坏，雨后易成结皮，加速土壤水分蒸发。耙地时间取决于气候和土壤条件。北方干旱或无积雪地区，为了蓄水保墒，秋耕后应及时耙地；冬季有积雪地区，宜早春顶凌耙地。土壤黏重地区，耕地后要晒垡，促进土壤熟化，待土壤干燥到适宜的程度或翌春时再耙地。对于休闲地，为了保存土壤水分，常在雨后土壤湿度适宜时耙地。耙地要做到耙实、耙透，达到平、松、匀、碎。

镇压　耙地后使用镇压器压碎土块、压紧地表松土，以减少气态水的损失。在春寒风大地区，对疏松的土壤进行镇压有蓄水保墒的作用；但是镇压也能引起毛细管水的损失，在这种情况下，宜在压碎压平表土后进行轻耙。作床作垄后镇压能避免床、垄变形。播种覆土后镇压能使种子与土壤紧密结合，有利于种子吸收土壤水分。黏重的土壤不宜镇压，否则会使土壤板结，妨碍幼苗出土和径生长。

作床　在多雨或干旱地区，或某些对土壤要求较高的树种（雪松、海棠及小粒种子树种等）多采用苗床育苗。根据床面与步道的高度，苗床分为高床、低床和平床三种。①高床，即床面高出步道的苗床。②低床，即床面低于步道的苗床。③平床，即床面与步道等高，或略高于步道的苗床。

作垄 垄作是大田育苗的一种方式，根据垄面与地面的高度，分为高垄和低垄。①高垄的垄面高出地面，上层厚而疏松，透气性好，土温高，苗木根系生长良好。②低垄的垄面低于地面，便于灌水，垄背可防风，适用于风大、干旱和水源不足的地区。

中耕 苗木生长期间对土壤进行浅层翻倒、疏松表土的耕作措施。通常结合除草进行。中耕能克服由于灌溉和降雨等原因造成的土壤板结，减少土壤水分蒸发，促进气体交换，优化土壤微生物生长环境，提高养分利用效率，并清除杂草，利于苗木生长。中耕应视土壤湿度选择最佳耕作时间。土壤湿度过大时，中耕会破坏土壤结构，造成土壤孔隙度、透水性和通气状况恶化，对苗木生长造成不利影响。当土壤含水量超过凋萎含水量，并低于田间持水量的70%时最适合中耕。中耕深度随着苗木生长逐渐加深，但不能损伤根系及碰伤或锄掉苗木。

参考文献

刘勇, 2019. 林木种苗培育学[M]. 北京: 中国林业出版社: 120-167.

沈海龙, 2009. 苗木培育学[M]. 北京: 中国林业出版社: 140-143.

（邢世岩，门晓妍，孙立民）

苗期管理 seedling management

从幼苗大量出土到**苗木出圃**前所进行的一系列苗木抚育管理工作的总称。苗木抚育管理内容应根据苗木的生物学和生态学特性、苗木类型、**苗圃**的气候和土壤条件来确定，如遮阴、灌溉、排水、松土除草、病虫害防治等。林业上大规模生产的主要有播种苗、扦插苗、嫁接苗和留床苗。

播种苗 1年生播种苗分为出苗期、生长初期、速生期、生长后期4个时期。管理措施：①出苗期是指从播种到幼苗出土或地上长出真叶，地下生出侧根为止的时期。这个时期的突出特点是它的异养性，其生命活动的能量来源于种子内贮藏的营养物质。主要任务是过出苗关，即创造良好的水分和通气条件，通过催芽等措施，保证种子适时出土，出土整齐，出土均匀；防止病虫危害，结合耕地、施肥、播种进行土壤消毒，防止鼠、鸟对种子及幼苗的危害。②生长初期是指从幼苗出土开始到苗木高生长大幅上升为止的时期。主要任务是过保苗关，要在保苗的基础上，适当地进行蹲苗锻炼，促进苗木营养器官特别是根系的发育，为苗木速生打下基础。③速生期是指从苗木高生长量大幅度上升时开始到高生长量大幅下降时为止的时期。主要任务是从数量上过壮苗关，即加强水肥管理，适时**追肥**、灌水、松土、除草，保证苗木快速生长。④生长后期是指从苗木高生长量大幅下降时开始到苗木地上部分和地下部分进入休眠为止。主要任务是从质量上过壮苗关，要保证苗木充分木质化，适当施有利于苗木木质化的磷、钾肥，限制水分供应。

扦插苗 1年生扦插苗生长周期分为成活期、幼苗期、速生期和生长后期。成活期要创造适宜的光、温、水、气、热条件，促进**插穗生根**、萌芽、成活；幼苗期插穗已经生根，应及时追施氮、磷肥，促进生根苗的生长。应及时除草和防治病虫害，适时**除蘖**；速生期与生长后期与1年生播种苗类似。

嫁接苗 1年生嫁接苗成活期应创造适宜的温湿度条件以保证砧穗的愈合。愈合成活后应适时解绑、剪砧、除萌，必要时枝接解绑后要立支架固定接穗，其他管理与1年生扦插苗管理相似。

留床苗 是指在前一年育苗地上继续培育的苗木，一般分为幼苗期、速生期和木质化期。播种苗的留床苗生长规律不同于1年生扦插苗，不同树种表现出不同的高生长类型（前期生长型和全期生长型），幼苗期对水肥比较敏感，应早追氮肥，磷肥可一次追足。要及时进行灌溉、除草，防治病虫害。其他措施参照播种苗。速生期大水大肥以保证苗木快速生长；生长后期应停止一切促进生长、不利于木质化的措施。

参考文献

刘德先, 吴秉钧, 余志敏, 1996. 果树林木育苗大全[M]. 北京: 中国农业出版社: 90-93.

沈海龙, 2009. 苗木培育学[M]. 北京: 中国林业出版社: 170-184.

（曹帮华）

苗期灌溉 seedling irrigation

在苗木生长过程中的补水措施。培育壮苗不可缺少的重要环节。灌溉方法有漫灌、侧方灌溉、喷灌、微喷灌、滴灌和地下灌溉。比较先进的灌溉方法是喷灌和滴灌。喷灌是利用水泵加压或自然落差通过灌溉系统输送到育苗地，具有不受苗床高差和地形限制，不会造成土壤板结，可实现喷肥作业等特点；滴灌是通过管道输水以水滴形式向土壤供水，利用低压管道将水或肥料溶液均匀缓慢地滴在苗木根部的土壤，适用于精细灌溉，省水省肥，特别是盐碱地，能稀释根层盐碱浓度，防止土层盐分积累。苗期灌溉要遵循以下三个原则。

①要根据树种特性、苗木生长时期和苗圃地自然条件合理灌溉。科学地确定灌溉方法，制定灌溉制度，做到以较少的灌水量、较低的费用，获得最高的产量，并保证不破坏土壤结构，不引起土壤的次生盐渍化。制定合理的灌溉制度是苗木灌溉的中心环节。

②灌溉要适时适量。要考虑当地气候条件、土壤状况、树种特性。干旱季节要加强灌溉，晴朗多风的天气灌溉次数要多、灌溉量要大；沙性土壤灌溉应少量多次，黏性土壤宜次少量大，盐碱地应大水明灌以利压盐碱；根系发达、抗旱性强的树种可减少灌溉次数，根系浅、幼苗嫩、抗旱性差的树种应加强灌溉；每次灌溉应使土壤浸湿深度达到主要根系分布层。侧方灌溉应将床或垄中心部位浸透。

③准确把握灌溉时机。出苗期关键要创造良好的墒情，如蒸发量大，土壤过于干燥，可以喷灌予以补充，但宜少量多次；生长初期应适当控制水分，利于蹲苗；速生期应确保水分充足供应，保证苗木快速生长；生长后期要及时停止

灌水。

停止灌溉的时期对苗木生长、木质化程度和抗逆性有直接的影响。过早停灌不利于苗木生长，而过晚会使苗木贪青徒长，降低抗性。具体停灌时间因地因苗而异，一般到雨季即可停止灌溉，如雨季结束较早，出现秋旱时也可适当灌水。一般土壤结冻前6～8周停止灌溉，寒冷地区可以提早停止灌溉。

参考文献

沈海龙, 2009. 苗木培育学[M]. 北京: 中国林业出版社: 152-153.

孙时轩, 2013. 林木育苗技术[M]. 2版. 北京: 金盾出版社: 94-95.

（曹帮华）

苗期排水　drainage in seedling growth period

排除苗圃多余水分的措施。暴雨之后苗圃会有很多积水，应及时察看，尽快疏导，将积水排除；有时因地面不平或灌水较多，灌溉尾水也常积于圃地，亦应及时排除。中国北方地区降水较少，排水问题往往被忽视，但由于雨季降雨集中，时有暴雨出现，容易遭到涝灾。南方梅雨季节，经常降水，地下水位又高，排水更为重要。

建立苗圃时，设置完整的排灌系统是苗圃排水的基础性工作。在每个作业区，都应有排水沟，毛渠、支渠、主渠相连。主渠一般设在主道的两侧，承受着圃内盛水期全部排水流量，出水口必须设在苗圃外与排水沟相连；支渠一般设在支道的两侧，各毛渠的水都经过支渠流到主渠；毛渠是排除苗床和小区水的通道。各级渠的规格因地制宜。在近山的苗圃不仅要有较大的排水渠，而且在水渠外侧应筑成土堤，以防洪水冲击。除建圃时设置好排水系统外，在雨季来临前，必须修整好排水沟，使沟沟相通，畅通无阻，达到外水不进、内水能排、水停沟干的程度。

苗圃经常使用肥料和杀虫剂，排放水中含有的这些物质会对环境造成污染。因此，苗圃要就近建立废水沉淀池，先将水排入沉淀池，经过沉淀处理后再将符合环保要求的水排放到出水口或主渠。

参考文献

沈海龙, 2009. 苗木培育学[M]. 北京: 中国林业出版社: 157.

苏付保, 2004. 园林苗木生产技术[M]. 北京: 中国林业出版社: 91.

（曹帮华）

苗期松土除草　loosen soil and weeding at seedling stage

在苗木生长期内，针对降水、灌溉等原因引起土壤板结以及苗圃地杂草生长旺盛而采取的抚育措施。松土和除草可同时进行，也可根据实际情况单独进行。

松土的目的在于疏松表层土壤，切断上下土层之间的毛细管联系，减少水分物理蒸发，改善土壤的保水性、透水性和通气性，促进土壤微生物的活动，加速有机物的分解。不同地区松土的目的也不尽相同，干旱、半干旱地区主要是为了保墒蓄水；水分过剩地区在于排除过多的土壤水分，以提高地温，增强土壤的通透性；盐碱地则希望减少春季返碱时

盐分在地表积累。松土时要防止伤及苗木根系。松土深度视苗木的不同生长时期而异，苗木生长初期，根系分布浅，松土深度2～4cm；苗木速生期，根系不断伸长，而且根幅增宽，松土深度可增到6～12cm。一般针叶树苗木松土可稍浅，阔叶树苗木松土可深些。土壤严重板结时要先灌溉再进行松土除草，否则易造成幼苗受伤。

除草的目的主要是清除与苗木竞争的各种植物。杂草数量多，适应性强，容易繁殖，与苗木争夺水分、养分和光照；杂草根系发达、密集，分布范围广，阻碍苗木根系的自由伸展；有些杂草甚至能够分泌有毒物质，直接危害苗木的生长。除草应掌握"除早、除小、除了"的原则。中国南方地区气候温暖、雨量充沛，杂草容易繁殖，每隔2～3周要除草一次。在杂草生长快、繁殖力强的苗圃，整个苗木生长期要除草6～8次。见苗圃除草。

参考文献

沈国舫, 2001. 森林培育学[M]. 北京: 中国林业出版社: 255-259.

沈海龙, 2009. 苗木培育学[M]. 北京: 中国林业出版社: 67-168.

（曹帮华）

苗期越冬保护　seedling overwintering protection

入冬前为防止苗木受害而采取的防寒措施。苗木的组织幼嫩，尤其入冬时，如果秋梢未完全木质化，易受冻害；早春幼苗出土或萌芽时，也易受晚霜的危害。

防止苗木受寒害主要在两个方面。一是提高苗木自身的抗寒性，如适时早播，延长生长季，在生长季后期多施磷、钾肥，减少灌水，促使苗木生长健壮、枝条充分木质化；也可进行夏、秋修剪和打梢等措施，促使苗木停止生长，使组织充实，增加抗寒能力。二是采取防寒措施。

生产上常用的防寒措施有：①埋土和培土。在土壤封冻前，将小苗顺着有害风向依次按倒用土埋上，土厚10cm左右，翌春土壤解冻时除去覆土并灌水。②苗木覆盖。冬季用稻草或落叶等把幼苗全部覆盖起来，翌春撤除覆盖物。③搭霜棚（又称暖棚）。用硬质复合材料做霜棚支架，架面为拱形，覆盖塑料薄膜，棚体能够承受大风、大雪、大雨及冰雹挤压。霜棚不透风，白天打开，晚上盖好。④设风障。华北、东北等地区，普遍采用风障防寒，即用高粱秆、玉米秸、竹竿、稻草等，在苗木北侧与主风方向垂直的地方架设风障。风障间的距离依据风速的大小而定，风障防风距离为风障高度的2～10倍。⑤灌冻水。入冬前将苗木灌足冻水，增加土壤湿度，保持土壤温度，减少梢条冻害发生的可能性。灌冻水时间不宜过早，一般在封冻前进行，灌水量应大。⑥假植。结合翌春移植，将苗木在入冬前挖出，按不同规格分级埋入假植沟中或在窖中假植。⑦其他方法。依照不同的苗木和各地的实际情况，可采用熏烟、涂白、窖藏等防寒方法。

参考文献

梁玉堂, 1994. 种苗学[M]. 北京: 中国林业出版社: 211-213.

沈国舫, 2001. 森林培育学[M]. 北京: 中国林业出版社: 140-142.

（曹帮华）

苗期遮阴　seedling shading

为减少苗木本身蒸腾和土壤水分蒸发、防止幼嫩苗茎受日灼危害所采取的遮光措施。一些针叶树种（如落叶松、云杉、水杉等）以及幼苗较嫩弱的阔叶树种（如杨、柳、桦、泡桐等），当幼苗出土并撤除覆盖物后，由于环境急剧变化，易造成苗木损伤，需要对幼苗进行遮阴以缓解环境对其生长所带来的影响；苗木生长初期，幼嫩组织的抵抗力很弱，通常气温升高到 30～45℃，植物的光合作用显著减弱甚至停止活动，适当遮阴可以降低地表温度，维持幼苗生长，减轻苗木生长初期的日灼危害并降低死亡率。特别是在中国北方干旱地区，由于降水量少，蒸发量大，幼苗更难适应这种条件。

遮阴的方法有搭阴棚、混播遮阴植物和苗粮间作等。阴棚主要用苇帘等简易材料搭建而成，形式多样，有斜顶式、平顶式、半圆顶式、斜立式、直立式，按高度可分为高棚、低棚等。混播遮阴植物、插播枝和苗粮间作均能遮阴，省工省力，但难以调节遮阴强度，且遮阴植物常与苗木争夺水分和养分。遮阴网是近 10 年来推广的一种新型保护覆盖材料，在苗木遮阴中广泛使用。遮阴网夏季覆盖起到挡光、挡雨、保湿、降温的作用，冬春季覆盖还有一定的保温增湿效果。

遮阴费工费料，并非必需的抚育措施，而且遮阴不当，还会降低苗木质量。随着科学技术进步，采取合理的育苗技术能够增强苗木对高温、干旱等不良条件的适应性和抵抗力，实现全光育苗。对落叶松、红松、樟子松、油松、云杉、侧柏、杉木、水杉等针叶树种的育苗表明，采取相应的有效技术措施，在不遮阴的条件下全光育苗，也可以培育出优质壮苗。

参考文献

刘德先，吴秉钧，余志敏，1996. 果树林木育苗大全[M]. 北京: 中国农业出版社: 93-94.

孙时轩，2013. 林木育苗技术[M]. 2版. 北京: 金盾出版社: 85-86.

（曹帮华）

闽楠培育　cultivation of *Phoebe bournei*

根据闽楠生物学和生态学特性对其进行的栽培与管理。闽楠 *Phoebe bournei* (Hemsl.) Yang 为樟科（Lauraceae）楠属树种，别名楠木；中国特有珍贵树种，国家二级重点保护野生植物；尤以材质优良而闻名。

树种概述　常绿乔木。树形优美，高大通直。圆锥花序被毛。果椭圆形或长圆形。花期 4 月，果期 10～12 月。主要分布于中国福建、江西、浙江、广东、广西、湖南、贵州、河南、安徽等海拔 1000m 以下的温暖湿润区域。喜湿耐阴，对立地条件要求较高，幼树生长缓慢，后期生长加快。木材纹理美观、结构细致、质韧难朽、奇香不衰，是建筑、家具、雕刻和紧密木模的上等良材；木材和枝叶含芳香油，蒸馏可提制高级香料。

苗木培育　以播种育苗为主。选择 20 年生以上、生长健壮、无病虫害的母树采种，当果实转为蓝黑色时进行采集。采回果实立即洗净，经过净种、分级后用湿沙层积贮

图1　闽楠的花枝（福建南平）（陈世品　摄）

图2　闽楠容器苗（福建邵武卫闽林场）（马祥庆　摄）

图3　闽楠人工幼龄林（福建顺昌洋口林场）（陈世品　摄）

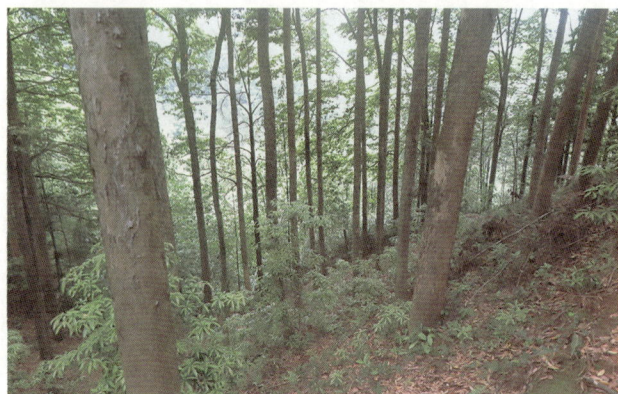

图4　闽楠人工中龄林（福建农林大学南平校区）（马祥庆　摄）

藏。种子失水后发芽率低。大田育苗选择肥沃疏松、排水良好的沙质壤土为圃地。条播播种量 225～300kg/hm²。幼苗出土后需搭遮阴棚。培育容器苗在 2～3 月将种子密播于圃地，当芽苗高 4.0～6.0cm、带 2 片子叶时起苗，并切除主根生长点，移植于容器袋，1 年生苗木即可出圃造林。

林木培育 选择土层深厚、空气湿度大的林地阴坡和半阴坡中下部的 Ⅰ、Ⅱ 类林地造林。纯林初植密度 1650～2000 株/hm²；与杉木等针叶树种混交时，初植密度 2500 株/hm²，闽楠占 75%～80%，杉木为伴生树种。幼林生长较慢，造林后前三年每年除草抚育 2 次。当郁闭度 0.8 时按 25%～30% 强度进行第一次间伐，郁闭度恢复到 0.8 时按 35%～40% 强度进行第二次间伐。培育中径材主伐年龄为 30～40 年，培育大径材主伐年龄为 40 年以上。主要病虫害有立枯病、煤烟病、溃疡病、蛀梢象鼻虫、小地老虎和鳞毛叶甲等，可采取物理或生物综合防治措施进行防治。

参考文献

陈存及，陈伙法，2000. 阔叶树种栽培[M]. 北京: 中国林业出版社.

国家林业局，2013. 楠木培育技术规程: LY/T 2019—2013[S]. 北京: 中国标准出版社.

（马祥庆，吴鹏飞，闫小莉）

抹芽 bud picking

抹除幼龄林木主干中下部尚未木质化的萌生芽以培育高干良材的林木抚育措施。

抹芽在萌生芽未木质化前进行。抹芽后，在林木主干上不留伤口，不留节疤，可集中树体营养供给保留芽抽枝发

泡桐抹芽（抹去下部芽，保留上部 4～6 对芽）

育，提高枝下高，改善树冠结构，促进幼树主干生长，从而达到培育无节干材的目的。抹芽简单易行，可避免幼林过早修枝，也适用于培育高干壮苗。

及时抹芽、因地因树掌握好抹芽高度是抹芽技术的关键。在春季萌芽季节，第一次抹芽后还会反复萌发，需重复抹芽 2～3 次，当枝条生长到 0.5～1m 以后，不必再进行抹芽。抹芽高度过低，枝下高和无节干材高度提高不明显；抹芽高度过高，抹芽当年树冠发育不良，主干直径生长量严重降低。抹芽高度一般以控制在主干高 2/3 处为宜。对有些树种（如泡桐），选择可满足材种规格长度要求的苗木造林，以保留腋芽对数来确定抹芽高度，一般以保留 4 对或 6 对为宜。

参考文献

蒋建平，1990. 泡桐栽培学[M]. 北京: 中国林业出版社.

（王保平）

母树林 seed production stand

在选择优良天然林或种源清楚的人工林基础上，为生产遗传品质较好的林木种子而培育的采种林。培育技术简单、成本低、投产快、种子产量和质量比一般林分高，是生产良种的主要形式之一。用母树林生产的种子造林，一般材积遗传增益可达 3%～7%。

母树林应选在气候、土壤等生态条件与用种地区相接近的地方，且交通方便、地形平缓、光照充足，便于经营管理；面积至少在几十亩以上，且在其周围不能有同树种的劣质林分。

母树林的林龄以生长旺盛、具有良好结实能力的中龄林为好。适宜林龄因树种结实规律和林分起源而异。如速生阔叶树种人工林 10～15 年，杉木、马尾松、湿地松和火炬松等 8～15 年；天然林林龄跨度可适当放宽，如油松 20～50 年，红松 120～200 年。母树林最好为生长发育状况良好的同龄纯林，林分郁闭度一般 0.5～0.7；优良母树的确定要根据国家有关标准进行选择。

母树林要进行疏伐，以提高林木的遗传品质，同时改善林分的光照、水分、养分和卫生条件，促进母树生长发育。

图1　江西安福千亩红心杉母树林（段爱国　摄）

图2　云南永仁白马河林场云南松母树林

疏伐的原则是去劣留优，同时要使保留的母树分布均匀。对雌雄异株的树种，还须注意雌雄株比例和分布。为避免林地环境剧烈变化，疏伐可分2～3次进行，逐渐达到计划保留的母树株数。每次疏伐后郁闭度应保持在0.5～0.6，多数树种最后的郁闭度以0.4～0.6为宜。疏伐后，郁闭度下降，林地暴露，容易滋生杂草，须适时松土除草，合理施肥和灌溉；结合土壤耕作措施，以改善树木营养状况，缩短林木结实周期，减少林木结实大小年现象。

（张建国）

木材战略储备生产基地　timber security base

为解决国家木材供需矛盾而营建的木材生产基地。国家储备林前期过渡性提法。

2013年中央一号文件提出"加强国家木材战略储备基地建设"。国家林业局组织编制了《全国木材战略储备生产基地建设规划（2013—2020年）》（以下简称《规划》）。

《规划》以建设生态文明为总目标，以改善生态、改善民生为总任务，以增加木材储备为主线，以林业重点区域为依托，以集约化、基地化、规模化、标准化经营为根本任务，加快建设一批国家木材战略储备生产基地，进一步增强生态产品供给能力，逐步构建起树种多样、结构稳定和可持续经营的木材安全保障体系。《规划》提出到2020年，在25个省（自治区、直辖市）6大区域18片基地，建设木材战略储备基地1400万hm²，年增加9500万m³的木材供给能力。《规划》优先选择降水量800mm以上的区域，重点在东南沿海、长江中下游和黄淮海等水、光、热条件优越区域开展基地建设，其中降水量800mm以上的区域占总规模的84.2%。

建设模式包括人工林集约栽培模式、现有林改培模式、中幼林抚育模式等。

参考文献

许传德, 2014. 关于建设国家木材战略储备基地几个问题的探讨[J]. 林业经济(9):36-39.

（贾黎明）

木荷培育　cultivation of *Schima superba*

根据木荷生物学和生态学特性对其进行的栽培与管理。木荷 *Schima superba* Gardn. et Champ. 为山茶科 (Theaceae) 木荷属树种，中国南方重要的优质用材、生物防火与生态防护及园林绿化树种。

树种概述　常绿乔木，树干高大通直。花单生于当年新梢叶腋或顶生呈短的总状花序，两性花。蒴果木质，扁球形或球形；种子扁平，具翅，稍呈皱褶状，每果5室，每室种子3粒。花期5～7月，果熟期为翌年10月下旬至11月上旬。主产中国，分布广泛，北以安徽大别山、湖北神农架、四川大巴山为界，西至四川二郎山、云南五龙山，南延广西、广东，东至台湾。适应性强，幼树较耐阴，大树喜光，抗寒，耐旱；结实量大，种子轻盈且具翅，天然下种能力强，能飞籽成林，也能萌芽更新，对土壤条件要求不严，在各种酸性红壤、黄壤、黄棕壤上均能生长，既可造纯林，又是杉木、马尾松等较理想的混交造林或二代迹地更新的替代树种，还可林下造林；以土层深厚疏松、排水良好的沟谷和坡麓林地生长最好，在较干旱瘠薄的山顶也能生长。木材是军工、纺织工业、建筑、家具、木地板、木制玩具和其他旋刨制品的上等用材；树皮、叶含鞣质，可提取栲胶；树皮还含有草酸盐类的针状结晶，人体皮肤接触会引起发痒的过敏现象，可作医药用品原料。

苗木培育　主要采取早春播种育苗，包括大田育苗和轻基质容器芽苗移栽育苗。1年生大田裸根苗苗高45～100cm，1年生轻基质营养袋苗苗高25～60cm。

林木培育　营造用材林宜选择海拔1200m以下、立地指数16以上、土层深厚的酸性红壤、黄壤、黄红壤等立地。

造林　选用1年生实生苗于2～3月的雨后阴天栽植。裸根苗造林应打泥浆蘸根种植；容器苗于苗木地径达0.35cm以上、苗高25cm以上、形成顶芽并充分木质化时种植。纯林或混交林初植密度一般1125～2500株/hm²；杉木采伐迹地萌芽更新套种木荷的初植密度625～1125株/hm²；木荷与杉木、马尾松混交造林多以行间混交为主，可降低林分火险。

抚育　造林后第1～3年的4～5月和8～9月各进行一次全面或带状除（劈）草和扩穴培土，结合每年第一次抚育剪除基部多余萌条；幼林郁闭后开展修枝一次，修除主干上的分叉干和树高1/3以下的侧枝，修枝要求紧贴树干、平滑，又不伤及主干树皮，以培育通直圆满的优质干材。林分林龄12～15年、郁闭度达0.8以上时，采用下层疏伐进行首次抚育间伐，间伐的株数强度一般为30%～40%，间伐后的郁闭度不低于0.6，后续可根据林木的分化程度实施1～2

图1 木荷花枝（福建）

图2 45年生木荷人工林（福建南平樟湖国有林场）

次间伐；最终保留株数，大径材 750～1200 株/hm²、中径材 1200～1800 株/hm²。

参考文献

陈存及，陈伙法，2000. 阔叶树种栽培[M]. 北京：中国林业出版社.

楚秀丽，王艺，金国庆，等，2014. 不同生境、初植密度及林龄木荷人工林生长、材性变异及林分分化[J]. 林业科学，50(6)：152-159.

吴文谱，1989. 中国的木荷林[J]. 江西大学学报：自然科学版，13(3)：18-23.

辛娜娜，张蕊，徐肇友，等，2014. 不同产地木荷优树无性系生长和开花性状的分析[J]. 植物资源与环境学报，23(4)：33-39.

张萍，周志春，金国庆，等，2006. 木荷种源遗传多样性和种源区初步划分[J]. 林业科学，42(2)：38-42.

（范辉华）

木麻黄培育 cultivation of beefwood

根据木麻黄生物学和生态学特性对其进行的栽培与管理。此处木麻黄包含木麻黄属（*Casuarina*）和异木麻黄属（*Allocasuarina*），为木麻黄科（Casuarinaceae）树种。中国华南和东南沿海防护林、工业用材林、薪炭林、农田防护林及园林绿化等优良树种。

树种概述 乔木或灌木。树高可达30m，胸径70cm以上。具有高度退化的雌雄花，似柔荑花序；大多数种雌雄异株，少数种有2%～10%为雌雄同株。木质化蒴果在中国成熟期为9～12月；种子带翅，成熟后种子散出，有些种的蒴果可在树上宿存几个季节，如异木麻黄属植物。天然分布于澳大利亚、东南亚和太平洋群岛，分布区纬度从塔斯马尼亚东南部的南纬43°至关岛的北纬13°28′，经度在东经85°～155°，垂直分布为海平面潮线至海拔3000m的高山；分布区内平均降水量100～2800mm。所有异木麻黄属植物和部分木麻黄属植物是澳大利亚的特有种，其余木麻黄植物则分布至东南亚及太平洋群岛。喜光和炎热气候，具有较强的抗逆性，如抗风和耐盐碱、瘠薄土壤、干旱、潮湿等；在年平均气温16～28℃、最冷月平均气温5℃以上、极端最低温度-5℃以上的地区均可栽培；高温多雨季节生长最快，一般要求年平均降水量1200mm以上；在碱性或中性的滨海潮积沙土上生长最好，离海岸较远的酸性红壤上也能很好地生长；根系与弗兰克氏放线菌（*Frankia*）共生形成根瘤，能固定大气中的氮素。木材可用于生产旋切薄板制成胶合板及生产木片制浆造纸，可用作薪炭材、模板、顶木、工具柄、手杖、栅栏；经处理后供建筑、箱材、家具、地板、工艺品、海上小渔船的桅杆、桨和底板、养殖箱、步道板等用材。树皮含单宁6%～18%，为栲胶原料，也可制备染料；小枝叶、果实和心材中的多种化学成分可用于工业或制药业；枝叶可作牲畜饲料，种子饲养家禽；树冠塔形，姿态优雅，为庭园绿化树种，也是优良的生态保护树种。

引种与良种选育 台湾省1897年引进木麻黄；1919年福建省泉州市、20世纪20年代广州市、40年代海南岛均引种木麻黄，50年代前主要作为绿化树种；1954年，广东省雷州半岛、吴川和电白等地营造了木麻黄沿海防护林获得成功。中国南至南海诸岛北至舟山群岛的沿海地区均可种植木麻黄，内陆地区的陕西省汉中市褒河林场和昆明植物园（约海拔1900m）也引种成功。中国种植的木麻黄树种主要有木麻黄 *Casuarina equisetifolia*、细枝木麻黄 *C. cunninghamiana*、粗枝木麻黄 *C. glauca*、约虎恩木麻黄 *C. junghuhniana* 和滨海木麻黄 *Allocasuarina littoralis* 等。自1986年以来，中国引进木麻黄23个种260多个种源和500多个家系，选育出了一批优良种源和家系，在此基础上，各地均选育出一些适合本地区造林的无性系。天然林中发现了杂交种 *C. cunninghamiana* × *C. glauca* 及 *C. cunninghamiana* × *C. cristata*。人工杂交种中，埃及有 *C. cunninghamiana* × *C. glauca*，泰国和印度有 *C. junghuhniana* × *C. equisetifolia*。中国木麻黄杂交育种始于20世纪50～60年代，70年代初获得第一个杂交种，已获得的几个主要杂交种组合有 *C. equisetifolia* × *C. glauca*、*C. glauca* × *C. equisetfolia*、*C. cunninghamiana* × *C. equisetfolia* 及 *C. cunninghamiana* × *C. glauca*。2010年以来，获得100余个新杂交组合并开展部分子代测定。在海南、广东和福建等地都有一些天然杂交种的无性系人工林，正在人工林更新改造中起着重要作用。

苗木培育 主要采用种子繁殖和扦插繁殖培育造林所需要的苗木。播种地宜选用生荒地，禁用种植过茄科等易感青枯病植物的土地；播种时间以9月至翌年3月播种为宜；播

图1 木麻黄雌花（福建泉州市惠安赤湖国有防护林场）
（仲崇禄 摄）

图2 木麻黄育苗（海南临高县苗圃场）（仲崇禄 摄）

种量 10～50g/m²，因树种千粒重和发芽率等因素而异；芽苗出土前保持苗床表面湿润，萌芽前适当遮阴和挡雨，淋水用 1mm 左右细孔花洒或喷雾器；待苗木长至苗高 7～10cm 时移栽。扦插繁殖，采集 3～6 个月生嫩枝作插条，插条长 8～12cm；用 30～200mg/kg IBA 或 10～200mg/kg NAA 激素溶液等浸插条基部（长 2～3cm）1～24 小时；扦插方式有水培和土培扦插；嫩枝培养 7～30 天生根，待插条基部长出 2～8 条根、根长 2～8cm 时用于移栽。

林木培育

造林地 适宜立地土壤类型为滨海沙土、沙壤土、砖红壤和赤红壤，土层厚度大于 60cm，土壤 pH 4.5～8.8。适宜种植区域有沿海前缘和台地、低山丘陵区、行道树和农田林网的林地，甚至山区；其他可种植木麻黄的林地包含盐碱地、面海荒山、病虫害多发地、采矿地和污染地等退化地。

品种配置 适于栽培的木麻黄树种主要有短枝木麻黄、细枝木麻黄、粗枝木麻黄、山地木麻黄和滨海木麻黄等，但山地木麻黄多数种源不宜种植在海岸前沿沙地；采用速生、干形通直、主干无分叉、侧枝小和抗逆性强的品系。用抗逆性强的树种或品系轮作，或与其他树种混交。可混交的主要树种有桉树类（Eucalyptus）、相思类（Acacia）、松树类或一些乡土树种等。

造林 ①整地：山地或壤土立地，整地在种植前 1～3 个月完成。坡度 < 15° 的林地可全垦，为保水土也可条带状或穴状整地，穴规格长宽深为 40cm×40cm×30cm；坡度 ≥ 15° 的山地，穴植，规格 50cm×50cm×40cm。表土填底，清除穴内石块。滨海沙地，固定沙地可全垦，流动沙地多采用边挖边种植方式；低洼积水沙地，宜开深沟排水，起高垄后种植，穴规格为 30cm×30cm×30cm 或 30cm×30cm×40cm；退化地宜大苗深埋种植。植穴周围 1.0～1.5m 范围清除杂草灌木。全面砍伐清除树木和较高灌木，树桩高度不高于 15cm。②施基肥：用磷肥（过磷酸钙）或复合肥每穴 0.1～0.4kg，或施用土杂肥作基肥，肥料与土壤搅拌均匀，宜在造林前 7～10 天施肥；沙土地上，既可如上先挖穴与施肥再种植，也可边挖穴与施肥边种植。③初植密度：纸浆材林 2500～3333 株/hm²，锯材和建筑材林 1100 株/hm²，生态公益林 1600～3333 株/hm²。④苗木规格：因造林地而定，沿海地区多采用大苗造林，高 40～70cm；内陆地区，苗高为 20～40cm，特殊困难立地宜采用 70～150cm 的大苗造林。⑤造林季节：以春季或雨季且土壤湿透后造林为宜；但容器苗造林，只要土壤湿润，无论晴雨，均可进行。木麻黄种植季节应针对天气特点灵活确定。一般除低温天气外，雨水湿透土壤时即可种植，如造林后又有连续晴天或降水，造林成活率会更高。造林成活率的高低很大程度上取决于天气条件。华南地区多结合春季或夏秋季的降水造林。⑥种植：按苗木分级造林，除去育苗袋，保持营养土团完整，不损伤根系，苗木置于种植穴中央，填土压紧；种植埋土深度在苗木根颈位置上 5～20cm，特殊立地可适当加深；植苗时，要求土壤与苗根系充分接触，水分条件要有保证，这是造林成活的关键因素；流动沙丘或风大处沙地，过于干旱时，种植深度宜加深或加倍，如 40～50cm 深。有些难造林的立地，必要时采取设置防风障、先种草或小灌木植物固沙等措施后，再种植。⑦补植：造林后 3 个月内及时查苗补植。⑧有益微生物应用：造林前，苗木接种弗兰克氏放线菌或菌根菌有助于提高其抗逆性，提升成活率和促进幼苗生长。容器苗比裸根苗成活率高、生长迅速。

抚育 造林当年夏秋，穴状铲除以植株为中心 1m×1m 范围内杂草；幼林连续抚育 3～4 年，第 2～4 年抚育 1～2 次；1～3 年生，每年雨季追肥一次，每次施复合肥 100～250 g/株，穴距离植株根部 0.3～0.6m，穴深 20cm，施后覆土，随林龄的增加追肥量增加；大径级锯材或建筑材培育，第 4 年再追施复合肥 1 次，施肥量 250g/株，穴距离植株 0.8m，穴深 20cm；土层特别深厚、肥力较高的林地，可减少追肥次数；林分郁闭度达 0.7 以上，下部枝条明显衰弱时对下部枝条进行修枝，修枝高度为树高的 1/4～1/3；林分郁闭度达 0.8 以上、被压木占 20% 以上时可进行第一次抚育采伐；主要采用下层抚育法或综合抚育法；林木遭病虫害、风害或其他特殊损害时应及时进行卫生伐；纸浆材主伐年龄 8～15 年；锯材、建筑材 20～25 年。

病虫害　主要病害有青枯病 Ralstonia solanacearum (Smith) Yabuuchi et al. 等；害虫有星天牛 Anoplophora chinensis (Forster)、吹绵蚧 Icerya puchasi Maskell、木毒蛾 Lymantria xylina Swinhoe、多纹豹蠹蛾 Zeuzera multistrigata Moore 和棉蝗 Chondracris rosa rosa (De Geer) 等。防治方法参见《木麻黄栽培技术规程》（LY/T 3092—2019）。

参考文献

国家林业和草原局. 2020. 木麻黄栽培技术规程: LY/T 3092—2019 [S]. 北京：中国标准出版社.

徐燕千，劳家骐，1984. 木麻黄栽培[M]. 北京：中国林业出版社.

Wilson J L, Johnson L A S, 1989. Casuarinaceae, In: Flora of Australia. Hamamelidales to Casuarinales[M].Canberra: Australian Government Publishing Service, 3: 100–203.

（仲崇禄，张勇，姜清彬）

图 1　木棉盛花期（海南尖峰岭）

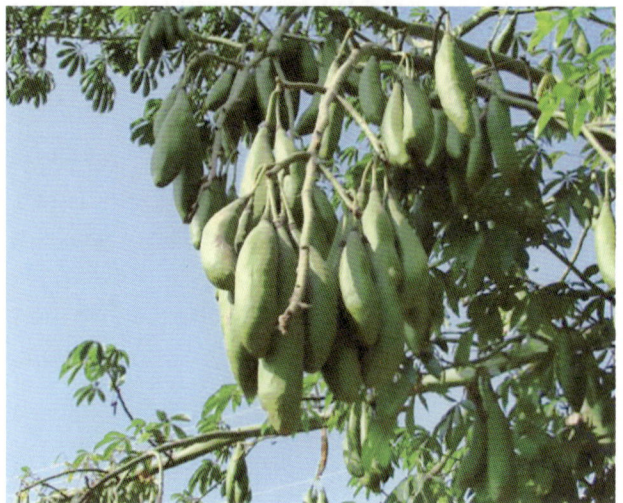

图 2　爪哇木棉果实（海南尖峰岭）

木棉培育　cultivation of red cotton tree

根据木棉生物学和生态学特性对其进行的栽培与管理。木棉 Bombax ceiba L. 为锦葵科（Malvaceae）木棉属树种，在恩格勒、哈钦松和克朗奎斯特等分类系统中属于木棉科（Bombacaceae）；重要的用材、绿化和药用树种。

树种概述　落叶大乔木。雌雄同株，花簇生于枝端。蒴果，成熟时纵裂，裂片木质，露出丝状棉絮，种子埋于棉絮中。花期 3～4 月，果成熟期 5 月。自然分布于亚洲热带和南亚热带地区及澳大利亚北部，中心分布区为中南半岛至海南岛的干热河谷、稀树草原和沟谷季雨林。中国主要分布于海南、云南、四川、广东、台湾等省区。喜光，耐干热，耐火烧，抗风，稍耐寒，忌积水；对立地条件要求不甚严格，喜温暖干燥向阳处，以深厚、肥沃、排水良好的中性或微酸性沙质土壤为宜。果实密被灰白色长柔毛和星状柔毛，柔毛纤维短而细软，可填充枕头、救生衣，被誉为"植物软黄金"；木材可作建材、游艇、电热绝缘材料、衬板、飞机缓冲材料、包装材、火柴杆、造纸原料等；树干挺拔，花橘红色且先叶开放，盛开如一树火焰，具观赏价值；花性味甘、凉，具有清热利湿、解毒、止血功效。

苗木培育　主要采用播种育苗或扦插繁殖。种子采收应早于棉絮飘散，不耐贮藏，即采即播。清水浸种 24 小时后，用 1% 高锰酸钾溶液消毒 10 分钟，冲洗后播种，4 天可发芽，发芽率 70%～80%。春、夏可扦插，以多年生枝条为佳，去除叶片，上切口离芽 1.0cm、下切口离节 0.5cm，插穗在 800 倍多菌灵溶液中浸泡 10 分钟后晾干备用，插前用 ABT 150mg/L 浸泡 1 小时。苗床基质为 3∶3∶1 的椰糠∶黄心土∶河沙，插条 15 天开始生根，1 年出圃。苗期偶见茎腐病，虫害有蚜虫、红蜘蛛、金龟子等。

林木培育　分为纤维人工林和景观林培育。

纤维人工林培育　宜选择土层深厚、排水良好的向阳立地。20 世纪 60 年代，川滇金沙江干热河谷及海南西部干热地区营造纤维人工林，穴状整地，1～2 年生容器苗，西南地区造林株行距 4m×2m 或 5m×3m，水热条件好的华南地区 2m×2m。

景观林培育　景观林营造常用大苗，冬春之际移植成活率高，移植时土球直径为苗木胸径的 8～10 倍，保留 2m 以上的根系。春季雨后种植，当年 5～6 月检查成活率，若低于 95% 要及时补植。新造林地在全面封管的同时，采取"二二一"的抚育措施，即 3 年进行 5 次抚育。造林当年 2 次抚育分别在 5～6 月和 8～9 月进行，第二年 2 次抚育分别在 3～4 月和 7～8 月进行，第三年 1 次抚育在 3～4 月进行。每次抚育须除草、松土、扩穴、培土，每株苗在距茎根 30cm 处环状沟施尿素 0.05kg 和复合肥 0.15kg。秋前剪除枝下高 1.5m 以下的侧枝和枯枝。幼林生长速度中等，8～10 年可成林采棉或开花成景。

参考文献

林奖，沙林华，殷应周，等，2006. 海南野生木本花卉驯化扦插繁殖技术[J]. 热带林业，34(1)：43–45.

郑艳玲，马焕成，Scheller Robert，等，2013. 环境因子对木棉种子萌发的影响[J]. 生态学报，33(2)：382–388.

周铁烽, 2001. 中国热带主要经济树木栽培技术[M]. 北京: 中国林业出版社.

（孙冰，陈雷）

木质化期　hardening phase of seedling

从苗木高生长大幅下降开始到苗木直径和根系生长停止为止的时期。又称硬化期或生长后期。

木质化期最明显的标志是苗木高生长速度开始大幅下降到生长完全停止、形成顶芽。苗木直径和根系在木质化初期还在生长并可出现一个小的生长高峰，之后逐渐减缓并停止生长。苗木含水量逐渐下降，干物质逐渐增加，地上、地下部分完全木质化，对低温和干旱抗性增强，最后进入休眠状态。落叶树种在末期树叶脱落。

育苗措施：保证苗木充分木质化，适当施有利于苗木木质化的磷、钾肥，增强越冬抗寒能力和抗旱能力。经过试验研究确定适宜方案的树种，可在该生长阶段进行秋季养分加载，以促进翌年苗木生长。苗木留床越冬时，可采取越冬防寒措施，如覆草、覆土、灌防寒水等。

参考文献

刘勇, 2019. 林木种苗培育学[M]. 北京: 中国林业出版社: 106-108.

沈国舫, 翟明普, 2011. 森林培育学[M]. 2版. 北京: 中国林业出版社: 130-135.

沈海龙, 2009. 苗木培育学[M]. 北京: 中国林业出版社: 97-104.

（沈海龙）

目标树培育　target tree cultivation

从第一次疏伐到最终采伐之间围绕目标树开展的森林培育方法。以单株树木为对象，充分利用林地自身更新生长的潜力，生态和经济目标兼顾，在保持生态系统稳定的基础上最大限度地降低森林经营投入，并尽可能多地生产森林产品。

目标树培育的关键是**目标树选择**。目标树是能够满足森林经营最终目标，对**林分**稳定性和生产力发挥重要作用的质量好、寿命长、价值高的树木；是在第一次疏伐时作为培育对象挑选的最终采伐利用的树木。目标树德文称为未来木（Z-Bäume），最早由法国的 D. 杜哈密（Duhamel du Monceau，1763）为生产造船用橡树大径材而提出。1840—1950 年瑞士和德国不同程度采纳了目标树这种想法；从 20 世纪 60 年代开始，德国 R. 彼特阿伯兹（Peter Abetz）贯彻了目标树思想并在德国弗莱堡开展了试验、收获表和调查方法的系统研究，构筑了近自然目标树培育体系。由于小径材高的收获费用和低廉的价格，人们愈加将注意力集中在促进能够形成未来最终林分的树木上。森林木材净收益的 85%～90% 来自主伐，也就是由目标树创造的。

目标树培育体系的原则是以最小的风险来生产所需特定价值的木材，即一方面通过维持目标树高的生活力来保证尽可能早日达到**目标直径**，另一方面通过选择确定采伐目标树的最佳市场条件来确保森林的最大收获利用。

目标树培育是通过伐除目标树的最强竞争者来实现，即伐除目标树周围一定范围内所有相邻树木或仅伐除 1～3 株竞争者。对没有竞争力的树仅伐除受压、受损或病害木（见**干扰树采伐**）；达到目标直径的 5～10 株 /hm² 的目标树作为母树始终保留。目标树经营最重要的条件是能够找到足够数量的目标树（见**目标树数量**），这些树必须符合生命力、稳定性、质量等方面的要求。

目标树采伐的重点只关注所选择的目标树，不是所有的林分都能选择出适合用材林培育的目标树。目标树的选择不仅是按照培育珍贵大径材的标准，也要符合现代林业培育健康稳定森林的总体目标。目标树培育的重要法则是，"如果选择了 100 株 /hm² 目标树用于生产目的，那么还应该选择 50 株 /hm² 用于生态或保护目的的特殊目标树。"选出的目标树要进行标记。

参考文献

惠刚盈, Klaus von Gadow, 等, 2016. 结构化森林经营原理[M]. 北京: 中国林业出版社.

（惠刚盈）

目标树数量　number of target trees

在**林分**中选择的目标树个数。通常以每公顷株数（株 /hm²）表示。目标树培育体系主要围绕目标树开展经营活动，即以目标树的直径生长达到最大化为主要目标，其数量多少至关重要。

在确定目标树数量时，通常根据目标树达到**目标直径**时的树冠冠幅，并以冠幅估算目标树间的平均距离，以此估算每公顷的目标树保留株数。由于**优势木**胸径与其冠幅间存在直线相关关系，也有采用目标树的 22～25 倍的目标直径值作为目标树间平均距离的简单估计。上述两种方法确定的目标树数量偏大，尤其对于**天然林**，因为林分中存在其他非目标树，目标树不可能占据所有林分空间。

找到足够数量的目标树是目标树经营最重要的条件。方法是首先在密度足够大的幼龄林（2500 株 /hm²）中根据目标树的标准，选择一定数量的目标树，然后进行目标树**疏伐**经营，促进这些目标树快速生长。

参考文献

惠刚盈, Klaus von Gadow, 等, 2016. 结构化森林经营原理[M]. 北京: 中国林业出版社.

（惠刚盈）

目标树选择　target tree selection

在**林分**中标记一定数量的树木作为重点培育对象的选择过程。以目标树选择与**疏伐**为核心的目标树培育体系，实行"优树优育"，是高效培育大径级珍贵用材的重要技术途径。

目标树选择方法　分为一次性目标树选择和可变目标树选择。一次性目标树选择是在第一次疏伐时就选择出的作为培育对象的最终采伐利用的树木；可变目标树选择是将首次多选目标树木作为预备，最后在其中选择出一定数量的最终目标树。

选择标准　林分中不是所有优势木都是目标树，目标树的选择具有一定标准。根据目标树的用途，将目标树分为用于木材生产的目标树和用于生态保护的特殊目标树。

从木材生产角度，目标树应是健康、具有生命力（直径和树冠发育好）和高质量（干形无瑕疵），即目标树一定属于目的树种、生活力强、干形质量好、实生起源、没有损伤。具体标准为：①生命力。在林分中处于优势地位或者绝对优势的粗大树木（优势木和亚优势木），生长旺盛，相对冠长在 1/2～1/3。②稳定性。$H/D \leq 80$。③质量。一般树干没有损伤，没有很粗的枝。④分布。目标树应尽可能均匀地分布在林分中（正三角形配置）。

从生态、保护和疗养角度，目标树的选择标准应是健康、具有生态和观赏价值，如粗大树干、巨大的根系、多彩的树叶、不规则分布等。

参考文献

惠刚盈, Klaus von Gadow, 等, 2016. 结构化森林经营原理[M]. 北京: 中国林业出版社.

（惠刚盈）

目标树作业体系　target tree system

将林分中所有林木依据树种、起源、干形、冠形、长势、相对位置等分为目标树、干扰树、特殊目标树和一般林木而进行近自然森林经营的一种作业技术体系。典型的恒续林经营技术体系。

目标树是适地适树、满足经营目标、实生起源、干形通直完满、无机械损伤、冠形对称、冠长适当的优势木或主林层林木。干扰树是长势较强，对目标树生长构成威胁的林木。特殊目标树是能够增加混交树种，保持林分结构和生物多样性，维持和改善森林生态系统功能的林木。一般林木是林分中除上述三类以外的林木。

在林木分类的基础上，对目标树实施以培育大径材为目标的单株抚育管理，定期修枝并伐除干扰树，根据需要伐除邻近的一般林木。总体目标是在保证森林生态功能的前提下实现高价值林木（目标树）的高效培育。

参考文献

陆元昌, 2006. 近自然森林经营的理论与实践[M]. 北京: 科学出版社.

（王庆成）

目标直径　target diameter

目标树达到采伐利用标准时的胸径。可根据树种特性、特定立地条件上的生长速率、经济目标和风险评估来确定。确定目标直径的大小是目标树培育的关键技术指标之一。目标直径大小与树种生物学和生态学特性、木材加工利用的工艺成熟程度、木材市场及经营单位的经营水平密切相关。

达到目标直径的目标树原则上可以采伐，但 5～10 株 /hm² 的目标树要作为母树始终保留。不能同时采伐两株相邻的目标树，可采伐其中一株形成一个林隙，使更新幼树得到光照而迅速生长，并促进喜光树种的更新，从而形成一个更新的幼树群。由于收获采伐过程会延续几年甚至几十年，下一代森林的更新则是通过天然更新或在老树的庇护下人工更新，不断地伐去成熟木，不断形成更新幼树群，而保留的不同直径、不同年龄的林木继续生长，直到成熟。这样的林地始终有林木覆盖和林木采伐，把林分中的大部分林木留给自然进程去调节和控制，实现森林的可持续经营。

参考文献

惠刚盈, Klaus von Gadow, 等, 2016. 结构化森林经营原理[M]. 北京: 中国林业出版社.

（惠刚盈）

目标直径伐　target diameter cutting

采伐达到规定直径的树木的择伐方式。

在恒续林经营中最基本的经营模式是森林择伐经营和目标树培育，这种模式在保障森林近自然特性和生物多样性的情况下，通过对现实森林结构的调整来体现森林经营的木材生产、环境保护和文化服务等效益。

目标树培育的基本原则是选择林分中 20% 以内的优秀个体为经营主体对象，并对目标树规定一个采伐时的目标直径，达到这个目标直径的树木可以采伐。在抚育时，伐除影响目标树生长的树木，而对不妨碍目标树生长的保留，用作辅佐木。达到目标直径的树木原则上可以采伐，但要视当时的木材价格和林隙大小及更新情况而定，且不能同时采伐两株相邻的大径木。

参考文献

惠刚盈, Klaus von Gadow, 等, 2016. 结构化森林经营原理[M]. 北京: 中国林业出版社.

（惠刚盈）

N

耐污染树种　pollution-tolerant tree species

对污染环境或污染物有较强的抵抗能力，在一定程度的污染环境下不受到伤害而保持生活力正常的树种。

耐污染机制　①叶气孔自动关闭机能和气腔壁腺毛与叶毛的吸附阻挡机制，阻挡污染物进入体内。②通过叶面气孔、角质层及枝条皮孔或根部的毛细根等，使吸附的污染物迁移进入体内，进行储存或转化，即通过氧化还原等生物化学作用将污染物变成无毒物质或聚合物，或再经代谢迁移降解污染毒害。③对污染环境及有害物具有高度的忍耐力或抵抗能力，使得树木器官无伤害、生活力正常。④对污染物造成的器官伤害具较强的再生能力，通过再生来保持树木生活力。

常见耐污染树种　据常见植物对大气污染物的抗性试验筛选，对大气污染物二氧化硫（SO_2）、氮氧化物（NO_x）、氟化氢（HF）及臭氧（O_3）均表现有强抗性的树种有侧柏、圆柏、刺槐、臭椿、旱柳、紫穗槐等；对大气污染物 SO_2、氯气（Cl_2）、HF 均表现有强抗性的树种有桑树、龙柏、大叶黄杨、构树等；栾树对大气污染物 NO_x、O_3 均有强抗性，白蜡树对大气污染物 SO_2、Cl_2 均有强抗性。另据常见树木对有害气体 (蒸气) 的吸收试验，对大气污染物 SO_2、Cl_2、HF 均表现有吸收能力的树种有棕榈、银桦、悬铃木、女贞、桑树、刺槐、构树等；对大气污染物 SO_2、Cl_2 均有吸收能力的树种有菩提榕、盆架子、木麻黄等；樟树、乌桕对大气污染物 SO_2、HF 均有吸收能力；夹竹桃对大气污染物 SO_2、Cl_2、汞（Hg）均有吸收能力等。有关树木对土壤重金属污染的富集或迁转能力的研究结果报道颇多，如哈尔滨市常见绿化树种榆叶梅、蒙古栎对土壤锌（Zn）、镉（Cd）的富集和转移能力较强，垂柳、旱柳、银中杨等对土壤铜（Cu）、铅（Pb）的富集和转移能力较强。这些耐污染的树种在城市中被广泛应用。

参考文献

刘艳菊, 丁辉, 2001. 植物对大气污染的反应与城市绿化[J]. 植物学通报, 18(5):577−586, 576.

吕海强, 刘福平, 2003. 化学性大气污染的植物修复与绿化树种选择(综述)[J]. 亚热带植物科学, 32(3): 73−77.

齐康, 2013. 城市绿地生态技术[M]. 南京: 东南大学出版社.

王春光, 张思冲, 任伟, 等, 2011. 哈尔滨市常见绿化树种对土壤重金属污染的修复效应[J]. 北方园艺(11): 153−156.

（陈步峰）

南酸枣培育　cultivation of axillary cheorospondias fruit

根据南酸枣生物学和生态学特性对其进行的栽培与管理。南酸枣 *Choerospondias axillaris*（Roxb.）Burtt et Hill 为漆树科（Anacardiaceae）南酸枣属树种，中国重要经济、用材和绿化观赏树种。

树种概述　雌雄异株，雄花排列成顶生或腋生的聚伞状圆锥花序，雌花单生于上部叶腋内。花期 4 月，果期 8～10 月（图 1）。主产中国，分布范围广，以长江流域为分

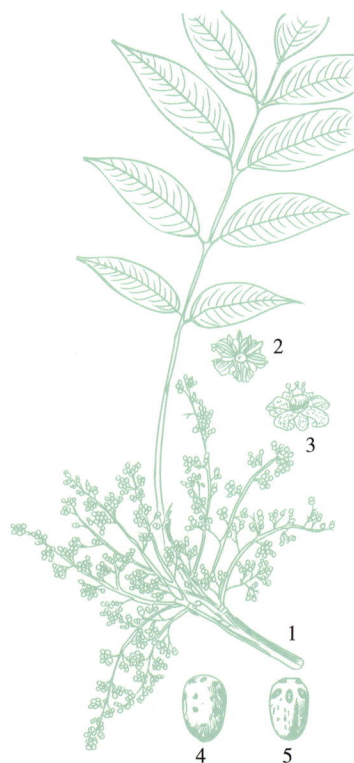

图 1　南酸枣生物学特征［来源:《中国树木志》(第四卷)，李锡畴　绘］1. 花枝；2. 雄花；3. 雌花；4. 果；5. 果核

图 2　南酸枣人工林（江西南昌）（黄兴召　摄）

布中心。喜温暖湿润气候，不耐严寒；适宜在土层深厚、排水良好的酸性或中性土壤中生长，不耐水淹及盐碱。叶和树皮均可提制栲胶；树皮、根皮和果入药；果实可制作果脯、糕点；种子可制作肥皂和纪念工艺品；树干可作为香菇培养原料木；木材淡褐色，有弹性，强度适中，纹理直，易加工，是优良的家具、建筑、室内装饰等用材。

苗木培育　主要采取播种育苗，包括大田育苗和容器育苗。种子采集时间一般在 9 月下旬至 10 月上旬，鲜果皮由青色转为青黄色则达到成熟，选择 20 ～ 30 年生健壮南酸枣母树采收。果实采收后需堆沤 3 ～ 4 天，待果肉软化，用清水冲洗干净后收集种子，稍晾干即可播种或沙藏。翌年 3 月中下旬播种，多选用条播或点播，播种量 300 ～ 450kg/hm²。土壤以土层深厚肥沃的沙壤土为宜，红壤及砖红壤均可，忌选黏重土壤和积水地。种孔朝上，覆土。需防治蛴螬和地老虎。

林木培育　培育以经济和观赏为目的的南酸枣人工林（图 2），应选土壤肥力较高的山地红壤、黄红壤，海拔 300 ～ 800m、坡度 40° 以下的丘陵或者平原地带。穴植为主，每穴施基肥 200 ～ 500g。果用人工林宜采用 "2+1" 或 "2+2" 嫁接苗造林，栽植株行距 6m×6m 或 6m×8m，坡度较大时应适当减小株行距。幼林阶段保持树干基部 1 ～ 2m 范围内无杂草，适当疏松土壤，促进根系生长。当幼林高

1m 左右时，进行整形修剪，培育成自然开心形树冠。南酸枣萌发能力较强，12 月至翌年 2 月中下旬修剪枝条以增加有效结果枝。成林施肥主要抓好三个时期：①萌芽期，每株施有机肥 5 ～ 10kg；②开花期，每株施有机肥 10 ～ 15kg、石灰 1kg；③果实膨大期，每株施腐熟的绿肥加饼肥 10kg，并辅以少量磷钾肥。每年 9 月底进入采收期，可捡拾地面落果或者在林下平铺细格网收集。

参考文献

杨立志, 2013. 南酸枣的传统繁育技术研究[D]. 南昌：江西农业大学.

郑万钧, 2004. 中国树木志：第四卷[M]. 北京：中国林业出版社.

（黄兴召，傅松玲）

楠木培育　cultivation of *Phoebe zhennan*

根据楠木生物学和生态学特性对其进行的栽培与管理。楠木 *Phoebe zhennan* S. Lee et F. N. Wei 为樟科（Lauraceae）楠属树种，别名桢楠；国家二级重点保护野生植物，中国特有的珍贵用材树种。

树种概述　常绿大乔木。圆锥花序腋生，花带黄色。核果卵状椭圆形，黑色。花期 4 ～ 5 月，果期 10 ～ 12 月。中国四川是楠木的中心产区，最东可分布至湖南，南至云南，西抵四川，北可达陕西。多散生分布于海拔 1500m 以下的常绿阔叶混交林中。深根性，根萌能力较强，自然状态下生长速度较慢，寿命长。一年中出现 3 次高生长高峰，分别为 4 月、6 月和 8 月。耐阴，幼年期尤其耐阴湿，成年后渐喜光；怕旱、怕涝、怕冻，适生于气候温暖、湿润、土壤肥沃的地方，尤其在山谷、山洼的阴坡中下部，土层深厚疏松、排水良好的微酸性或酸性壤质土壤上生长良好，在干旱贫瘠、排水不良的环境下生长不良；海拔超过 1200m 后可出现冻害。木材被广泛用于高级建筑、高档家具、制造精密仪器、胶合板面板、漆器、工艺雕刻以及船舶方面。木材精油有较高的医药和香精香料开发利用价值。

苗木培育　以裸根苗培育和容器苗培育为主。裸根苗培育，选取 20 年以上的优良单株采种，11 ～ 12 月采种。种子采用混沙湿藏。大田播种育苗采用条播，播种量 15 ～ 20 kg/hm²，播后覆土 1 ～ 2cm，浇透水，苗期做好遮阴、浇水、除草、松土和施肥等管理工作。容器苗培育应选择规格适宜的无纺布容器或塑料容器，装入由 60% 森林腐殖质土、20% 黄心土和 20% 细沙土混合配制的基质，采用芽苗移栽。容器苗培育 2 年出圃造林效果较好。

林木培育　造林地要求气候温暖湿润，海拔低于 1000m，最好选择在山谷、山洼、阴坡下部及河边台地。采用植苗造林，可采用单行或双行、人工纯林和混交林三种造林模式。在生长过程中不断采取施肥、密度调控等经营措施，人工林保留密度 600 ～ 700 株 /hm²。及时进行抹芽和剪除主梢侧边的次顶梢，以确保主梢的生长，加快主干高生长。造林后 5 年内，每年抚育 2 次，并结合第一次春抚补植。第 6 ～ 10 年，可每年抚育 1 次。10 年以后进行抚育间伐。20 年后经营密度不宜大于 800 株 /hm²。

楠木人工林（四川眉山市彭山区）

参考文献

邓波, 余云云, 赵慧, 等, 2018. 桢楠资源培育的研究进展[J]. 安徽农业大学学报, 45(3): 428-432.

曾广腾, 丁伟林, 董南松, 等, 2014. 桢楠轻基质网袋育苗试验及苗木生长节律研究[J]. 江西林业科技, 42(4): 30-33.

周妮, 齐锦秋, 王燕高, 等, 2015. 桢楠现代木和阴沉木精油化学成分的GC—MS分析[J]. 西北农林科技大学学报, 43(6): 136-140, 152.

（龙汉利, 辜云杰, 李晓清）

嫩枝扦插　propagating by softwood cutting

用半木质化枝条制作的插穗培育新植株的方法。又称生长枝扦插育苗。多用于硬枝扦插难生根的树种，如南洋杉、龙柏、罗汉松、圆柏、油茶等。一般在温室、荫棚等地方，采用专用扦插苗床如电子控温、控湿苗床进行嫩枝扦插育苗。

嫩枝扦插育苗步骤：

①采条。最好选自生长健壮的幼年母树，并以开始木质化的半嫩枝为最好，宜随采随插。针叶树扦插以中上部半木质化的插条较好；阔叶树嫩枝扦插一般在高生长最旺盛期剪取幼嫩的插穗进行扦插，大叶植物在叶未展开成大叶时采条较为适宜。

②插条贮藏。采条后注意保湿，及时喷水或直接放在水桶或水箱中临时保存。

③插条剪截。插条采回后，在阴凉背风处剪截。插穗长 10～15cm，带 2～3 个芽。下切口剪成平口或小斜口可减少切口腐烂。

④扦插。为保持良好的通气性和适当的水分，防止嫩枝插穗腐烂，一般用消毒后的蛭石、石英沙或河沙等作为插壤，插壤中不能带有机质。扦插深度以穗长的 1/3 左右为宜。扦插密度以插穗叶片相连接但不相互重叠为度。扦插前用适宜浓度的 ABT 生根粉或其他生长调节剂处理插穗，以促进生根。

⑤插条地管理。嫩枝插条对温度和湿度条件要求较高，生根困难树种的嫩枝扦插育苗多在温室或塑料棚中进行，并设置喷雾装置，为防止温度过高还需采取遮阴措施。

插穗生根后，若用塑料棚育苗，要逐渐增加通风量和透光度，使扦插苗逐渐适应自然条件。插穗成活后要及时进行移植，在移植初期适当遮阴、喷水，保持一定的湿度，提高成活率。

参考文献

刘勇, 2019. 林木种苗培育学[M]. 北京: 中国林业出版社: 218-256.

沈海龙, 2009. 苗木培育学[M]. 北京: 中国林业出版社: 172-178.

孙时轩, 刘勇, 2002. 林木育苗技术[M]. 北京: 金盾出版社: 105-116.

翟明普, 沈国舫, 2016. 森林培育学[M]. 3版. 北京: 中国林业出版社: 148-150.

（祝燕）

能源林　energy forest

以生产生物质能源原料为主要培育目的的森林和林木。中国五大林种之一。生物质能源的重要获得形式之一。

功能　发展能源林，可促进社会经济发展，改善环境，缓解日益增长的能源需求以及扩大可再生能源资源。

特点　能源林的培育需要利用选育出的速生、高产、高能值的能源树种良种，以定向优化、集约栽培技术获取能源收获物。能源林作为生物质能的主要来源之一，以其可再生、清洁、环境友好及资源丰富等特点而备受关注。中国发展能源林的资源优势明显，能源树种丰富，资源总量大，可利用土地范围广，有较为成熟的培育技术基础，具有良好的发展潜力。

分类　能源林主要分为生物燃油能源林、木质能源林（含薪炭林、纤维素能源林）和淀粉能源林几大类。

生物燃油能源林　利用树体或某一器官所含油脂或类似石油乳汁的物质，将其转化为生物柴油或其他化工替代产品而培育的能源林。生物燃油树种所含油分或乳汁主要分布在茎、叶、花、果、种子等器官中，将其产物提取和加工可直接或间接作为汽油、柴油或石油的替代品。在中国，可作为生物燃油能源林培育的树种很多，诸如小桐子、山桐子、无患子、光皮树、文冠果、黄连木、油棕等。

木质能源林　利用树木的木质营养体进行直接燃烧或经过加工转化为固体、液体或气体燃料，用于发电、供热等而培育经营的能源林。能源林培育应用最广泛的一类。包括以下类型：①薪炭林，主要利用其木质生产木炭、直接燃烧供热或发电（见薪炭林）。②纤维素能源林，也称燃料醇类能源林，是以生产燃料乙醇等液体燃料为主要目的的能源林。原料可通过水解、酶解等工艺将纤维素转化为醇类燃料。

淀粉能源林　利用植物营养器官或果实中富含的淀粉，以生产淀粉乙醇为主要目的而培育的能源林。如木薯林、栎林等。

参考文献

彭祚登, 马履一, 贾黎明, 等, 2015. 燃料型灌木能源林培育研究[M]. 北京: 中国林业出版社.

彭祚登, 马履一, 李云, 等, 2020. 刺槐燃料能源林培育研究[M]. 北京: 中国林业出版社.

（彭祚登）

能源林培育 energy forest cultivation

以生产生物质能源原料为主要目的所进行的营造林生产经营活动。能源林主要分为生物燃油能源林、木质能源林（含薪炭林、纤维素能源林）和淀粉能源林。发展林业生物质能源，能源林培育是基础。许多国家利用选育出的速生、高产、高能值的能源树种良种，采用定向优化集约栽培技术获取高产能源收获物，通过加工利用替代化石能源。

培育历史 20 世纪 70 年代，美国、瑞典、巴西等林业发达国家制定了各自的生物质能源发展战略，并有目的地建立"能源林场"发展能源林，生产生物质原料，用于发电或生产生物柴油，为车船等提供动力燃料。中国农村居民生活用传统能源一直以薪材为主，1981 年国家将薪炭林建设列入全国造林计划和国家农村能源建设计划。2005 年《中华人民共和国可再生能源法》颁布实施，2014 年国务院发布《能源发展战略行动计划（2014—2020）》，标志着中国生物质能源发展进入了新的时期。国家林业局制定《全国林业生物质能源发展规划（2011—2020 年）》，提出了 2011—2020 年中国林业生物质能源发展的指导思想、基本原则、发展目标、布局和工作重点。2020 年 7 月 1 日施行的修订《中华人民共和国森林法》将能源林作为森林的类型之一纳入了商品林范畴。中国能源林培育与林业生物质能源原料基地建设进入了新的阶段。

培育技术 能源林类型不同，对立地条件的要求也有所不同。薪炭林和纤维素能源林具有轮伐期短、树种适应性强、采收频繁和长期利用、地力消耗大等特点，一般在条件较差的沙荒地、山地等发展，但如能在较好的立地条件上发展则生产力更高。生物燃油能源林以生产果实和种子为主体，应在条件较好或经整地得到较大改善的立地上培育。淀粉能源林以利用富含淀粉的植物器官生产燃料乙醇为特征，应选择具有较好土壤条件及便于水肥管理的立地培育。

不同类型能源林树种选择不同。薪炭林和纤维素能源林树种要求具有热值高、生长迅速、生物产量高、纤维含量丰富、萌蘖力强、采收周期短、适应性强、抗逆性强等的特点，如刺槐、栎类、杨树等。生物燃油能源林树种选择要求产量高、含油率高、盛果期长、适应性强、有一定的抗逆性，中国规划主要发展的树种包括小桐子、无患子、光皮树、文冠果、黄连木、油棕等。淀粉能源林树种主要包括栎类及葛根等。

不同类型能源林培育的关键技术有所不同。薪炭林和纤维素能源林一般采取短轮伐期矮林作业方式，其技术关键在造林密度和收获周期。生物燃油能源林和淀粉能源林应采取种植园栽培模式。

参考文献

彭祚登, 马履一, 贾黎明, 等, 2015. 燃料型灌木能源林培育研究[M]. 北京: 中国林业出版社.

彭祚登, 马履一, 李云, 等, 2020. 刺槐燃料能源林培育研究[M]. 北京: 中国林业出版社.

钱能志, 费世民, 韩志群, 2007. 中国林业生物柴油[M]. 北京: 中国林业出版社.

翟明普, 沈国舫, 2016. 森林培育学[M].3版. 北京: 中国林业出版社.

（彭祚登）

能源林树种选择 tree species selection for bio-energy production

根据能源林培育目的、立地条件、树种生物学和生态学特性等开展的适宜树种选择工作。

能源林树种选择应根据适地适树、优质、丰产、高效的原则，充分考虑本地树种的资源状况、生物生态学特性、可利用土地状况，按经营方向和市场需求选择适宜的树种。首先，选择当地有种植传统，立地条件要求不高，栽培技术较粗放，生长潜力大，综合开发利用前景好，具有能源、生态和经济等综合效益的树种，以乡土树种为主。其次，考虑引种与本地地理生态因子相似的本地区以外的树种，甚至国外的树种。引进树种前，应做好风险评估，以及树种引进、试验及良种选育工作，积极推广产量高、抗逆性和适应性强的优良树种。

生物燃油能源林树种应具有分布广泛、适应性强、含油率高、单位面积种实产量高并且稳定等性状，容易获得种子，而且生物柴油或其他化工替代产品转化率高。中国规划发展的生物燃油能源林树种包括小桐子、光皮树、无患子、文冠果、黄连木、山桐子、油棕、山苍子、盐肤木、欧李、乌桕、东京野茉莉等。珍稀树种、优质干果树种、出种率低的树种、优质食用油料树种不宜选为生物柴油树种。木质能源林树种应具有存活寿命长、轮伐期短、高热值、高生物量、高比重、抗逆性强、抗风、低耗水、萌蘖性强、收获运输方便等性状。同时具有防止水土流失、改良土壤等生态效益。木质能源林中，薪炭林树种资源丰富。液体和木质燃料转化途径的规模化培育树种有柳树、杨树、桉树、刺槐等。淀粉能源林树种应具有淀粉含量高、单位面积产量高并且稳定、适应范围广、抗性强等性状，中国主要有青冈、麻栎、栓皮栎、蒙古栎、辽东栎、槲栎、槲树、葛根等。

参考文献

钱能志, 费世民, 韩志群, 2007. 中国林业生物柴油[M]. 北京: 中国林业出版社.

谢光辉, 庄会永, 危文亮, 等, 2011. 非粮能源植物——生产原理和边际地栽培[M]. 北京: 中国农业大学出版社.

（敖妍）

柠条培育 cultivation of caragana

根据柠条生物学和生态学特性对其进行的栽培与管理。柠条 *Caragana* spp. 为豆科 (Leguminosae) 锦鸡儿属灌木栽培种的通称，在哈钦松和克朗奎斯特等分类系统中属于蝶形花科（Papilionaceae）；是三北地区重要的水土保持和防风固沙

图1 柠条（神木六道沟试验站）

图2 柠条（榆林红石峡沙地植物园）

图3 小叶锦鸡儿（榆林红石峡沙地植物园）

造林树种；广泛分布在中国黄河流域及西北、华北、东北地区的沙地、梁地、黄土丘坡上，常形成建群种的灌丛植被；是优良固沙保土植物，也是良好的饲料和蜜源植物；中国栽培较多的有柠条锦鸡儿 C. korshinskii Kom.、中间锦鸡儿 C. intermediate Kuang et H. C. Fu 和小叶锦鸡儿 C. microphylla Lam.。

树种概述 落叶灌木。树皮金黄色、黄灰色或灰绿色。偶数羽状复叶。种子椭圆形或球形。花期 5 月，果期 6 月。在中国主要分布于黄河流域以北的甘肃、宁夏、内蒙古、山西、陕西等干燥地区，西南和西北地区则以青藏高原为中心，少数种类分布在长江下游及长江以南。其中，柠条锦鸡儿分布于南阿拉善—西鄂尔多斯，小叶锦鸡儿分布于蒙古高原东部—松辽平原西部—华北山地，中间锦鸡儿分布于东戈壁—鄂尔多斯高原—黄土高原北部。世界上主要分布于亚洲和欧洲的干旱和半干旱区，自欧洲北部经高加索及中亚向东，直达俄罗斯西伯利亚、蒙古、朝鲜、日本，南至尼泊尔、不丹及印度北部。耐旱、耐寒、耐高温，根系发达，主根入土深，抗旱力强，对水分的要求不严格；全株、根、花、种子均可入药；种子可榨油，供食用或工业用；油渣可作牛羊饲料，也可作绿肥；茎皮可作纤维原料；茎叶适口性好，羊春季喜食，骆驼全年喜食，马、牛采食少。

苗木培育 主要采用播种育苗。3～5 月播种，播前种子消毒、温水浸种，可用 30℃温水浸种 12～24 小时，捞出后用 10% 的磷化锌拌种。开沟条播，行距 25～30cm，沟深 6～8cm，覆土厚 3cm，播种量 250～300kg/hm²。

林木培育

造林方法 播种造林或植苗造林。播种造林于春、夏、秋季均可，以雨季最好，一般在雨季来临前 5～7 天播种。植苗造林多在春、秋季进行，采用穴植法或缝植法，每穴 2～3 株苗，丛状栽植。春季宜在 3 月下旬至 4 月上旬土壤解冻后、苗木萌动前适时早造，秋季则在透雨后或连阴天栽植，最迟不晚于 11 月上旬。适宜与油松、侧柏、樟子松、沙地柏、新疆杨、沙棘、沙柳、紫穗槐等混交造林。造林密度纯林不小于 4500 株 /hm²；与乔木隔行混交栽植不小于 1800 株 /hm²，混交比例 ≤ 30%；与灌木株间或行间混交不小于 2550 株 /hm²，混交比例 ≤ 40%。

抚育技术 柠条栽植后第 1～3 年为幼林期，应加强管护、除草和修坑，看护好林地，禁止人畜危害，保证幼苗生长，每年要对小苗进行一次除草。从第 4 年开始进入成林期后，要实时平茬抚育。首次平茬以第 5～6 年较为合适，在种子采收后的秋末、初冬进行平茬；之后每隔 3 年平茬一次，以促进植株复壮，延长柠条寿命。柠条种实害虫防治，可通过花期喷洒 50% 百治屠 1000 倍液，毒杀成虫；5 月下旬喷洒 80% 磷铵 1000 倍液，或 50% 杀螟松 500 倍液，毒杀幼虫；也可对有虫害的种子进行筛选，然后集中焚毁。柠条苗木病害防治，可通过清除病叶焚烧、喷洒 1∶1∶100～1∶1∶120 波尔多液或 50% 多菌灵可湿性粉剂 800～1200 倍液防治。

参考文献

程积民，朱仁斌，2012. 中国黄土高原常见植物图鉴[M]. 北京: 科学出版社.

刘瑛心，1987. 中国沙漠植物志: 第二卷[M]. 北京: 科学出版社.

卢琦，王继和，褚建民，2012. 中国荒漠植物图鉴[M]. 北京: 中国林业出版社.

牛西午，2003. 柠条研究[M]. 北京: 科学出版社.

（高国雄）

农耕地 crop land

用于营造农田防护林及林粮间作的**造林地**。包括熟地，新开发、复垦、休闲地（含轮歇地、轮作地），或以种植农作物（含蔬菜）为主，间有零星果树、桑树或其他林木的土地。农耕地土壤肥厚，立地条件较好，但往往存在坚实的犁底层不利于林木根系的生长发育，易使林木形成浅根系，容易风倒。因此，在造林时要深耕及大穴栽植。

在农耕地上营造农田防护林，**树种选择**、密度配置要考虑最佳的防护效能。如北方的农田防护林在树种选择方面大多数选择杨树，能起到良好的防护效果；南方的农田防护林在树种选择方面大多数选择"三杉"，即水杉、池杉、落羽杉，采用单排、双排或多排配置，既可形成特殊景观，又能取得良好的防护效果。

农耕地上也可开展林粮间作。应充分考虑林木和农作物的科学合理配置。在林粮间作的实践中，通常是为了树木与农作物协同取得最大土地利用效率和经济效益。在幼林幼果地，利用行间、株间空隙土地间作低秆农作物、药材、蔬菜等，**以耕代抚**，疏松土壤，消除杂草，不仅可以合理地开发和利用林下空间，以短养长，保证林粮双丰收，还可减轻水土流失。

在轮歇地或轮作地上种植林木，要充分控制轮歇的时间和轮作植物的种类。

参考文献

翟明普, 沈国舫, 2016. 森林培育学[M]. 3版. 北京: 中国林业出版社.

（李志辉，李何）

暖温层积催芽 warm stratification

见**层积催芽**。

《欧洲人工林培育》 *Plantation Silviculture in Europe*

系统论述欧洲人工林培育和维护管理技术的著作。中文译名《欧洲人工林培育》。由 P. 萨维尔（Peter Savill），J. 埃文斯（Julian Evans），D. 奥克莱尔（Daniel Auclair）和 J. 法尔肯（Jan Falck）共同编著，是在天然森林资源保护压力不断增大、人工林营造及其研究越来越重要的背景下编写的，1997 年由牛津大学出版社出版。在 P. 萨维尔和 J. 埃文斯于 1986 年出版的《温带人工林培育》（*Plantation Silviculture in Temperate Regions*）的基础上，吸纳了来自法国和瑞典的 2 位作者，经扩展完善而成，内容涉及整个欧洲大陆。该书及时而全面地探讨了森林资源营造和维护的内在原理，自出版以来一直是欧洲森林培育方面通用的教科书或教学参考书。同时，也包含了与北美、东亚和澳大利亚等相关的很多林业内容和材料，也可以作为这些地区的教科书或教学参考书。

全书共 3 篇 16 章。内容涵盖整地、树种选择、人工林营造和维护、养分管理、密度配置、间伐修枝、森林保护等。考虑到当代林业重点不断变化和多样性不断增加，书中增加了社区林业、城市林业、森林游憩、能源植物等章节，并融入了不少与现代林业息息相关的环境、社会和政策问题。该书不仅适用于高等和中等林业院校的师生及林业行业的科研人员和林业政策的制定者，也是基层广大林业工作者的实用参考书。

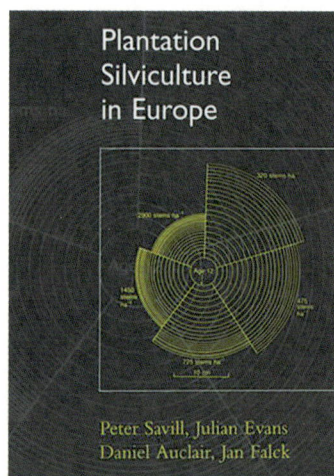

《欧洲人工林培育》封面

参考文献

Savill P, Evans J, Auclair D, et al, 1997. Plantation Silviculture in Europe[M]. Oxford: Oxford University Press.

（方升佐）

P

派生林 derivative forest

在因人类活动或自然灾害使森林植被消失后的次生裸地上，短期内由喜光速生先锋树种更新形成的森林。

派生林通常面积不大，与周围的原生群落镶嵌在一起，一个世代后可恢复原生群落的林相。林下土壤环境和周边生态环境基本保持原生森林群落状态，土壤种子库有丰富的原生群落主要树种的种源，周边也有比较充足原生群落树种种源，林内很快就会出现原生群落主要树种的更新，而组成派生林的先锋树种却很难在林下更新。稳定性低，先锋树种基本上仅能维持一代即被原生群落的优势树种所更替，恢复形成近原生状态。如东北温带湿润地区阔叶红松林破坏后的次生裸地常形成山杨或白桦为主的杨桦林，就是典型的派生林。阔叶红松林的建群种红松和主要组成树种红皮云杉、鱼鳞云杉、沙松冷杉和臭松冷杉，以及珍贵阔叶树种水曲柳、黄波罗、核桃楸、紫椴等，会在杨桦林发育到一定阶段后发生天然更新，向近顶极阔叶红松林的状态发展。

白桦派生林（吉林省露水河林业局）（沈海龙　摄）

参考文献

张佩昌, 周晓峰, 王凤友, 等, 1999. 天然林保护工程概论[M]. 北京: 中国林业出版社.

（沈海龙）

攀缘器官 climbing organs

由地上茎发育中产生，支持棕榈藤攀爬的器官。由于攀缘习性的差异，棕榈藤中存在两种功能和结构完全不同的攀缘器官，即叶鞭（cirrus）和鞘鞭（flagellum）。叶轴顶端延伸成的纤鞭，称为叶鞭；着生在膝曲附近叶鞘上的纤鞭，称为鞘鞭。两种攀缘器官均为鞭状，并着生成簇的、反折的短刺或爪状刺，通常它们是彼此独有的。

具有叶鞭的种类，通常不具鞘鞭。角裂藤属、黄藤属、钩叶藤属、类钩叶藤属、多鳞藤属和戈塞藤属几乎所有种类，以及绝大部分省藤属种类，均具叶鞭。它们的叶鞭可长达 2～3m，在下表面具有一定间距且成组的小锚状刺。在幼苗或幼龄植株中，叶鞭往往不存在，只有在藤茎延长生长，产生成熟叶时，叶鞭才发育出现。

具鞘鞭的种类，其叶轴顶端不延伸为叶鞭，仅存在于省藤属某些种类中。鞘鞭的排列成组或散生，往往反折像小锚。

某些省藤属种类，不仅叶鞘上具有发育良好的鞘鞭，有时叶轴顶端也着生有叶鞭，如兴楼省藤和乌鲁尔省藤的叶轴顶端具有明显的叶鞭，叶鞘上也着生发育不良的鞘鞭。某些具攀缘习性的棕榈藤属种，其叶轴顶端无叶鞭，叶鞘未着生鞘鞭，它们攀缘往往较低，藤茎长度也不超过 5m，如美苞藤、霹雳省藤、疏穗省藤和魏氏省藤等。直立、无茎的种类没有叶鞭，也无鞘鞭，意味着攀缘习性的退化。

鞘鞭与着生在叶鞘上的花序是同源器官，与花序几乎发育于同一位置，但在同一叶鞘中不可能同时发现鞘鞭和花序。这种鞘鞭似乎是不发育的花序，即有时是生长在花序或果序的顶端，因此也称花序纤鞭。通常花序轴延伸成鞭状的种类，花序较长，上面的分枝花序间距较大；花序非鞭状的种类（包括直立种类），花序较短，分枝花序间距较小，花序常呈圆锥状。

（王慷林，刘广路）

攀缘藤 climbing rattan

依赖邻近的树体而攀缘向上生长的一类棕榈藤。大多数棕榈藤种类属于攀缘藤，如小省藤、云南省藤和杖藤等。攀缘藤有极强的攀缘性，往往需要依附其他的树木不断地向上

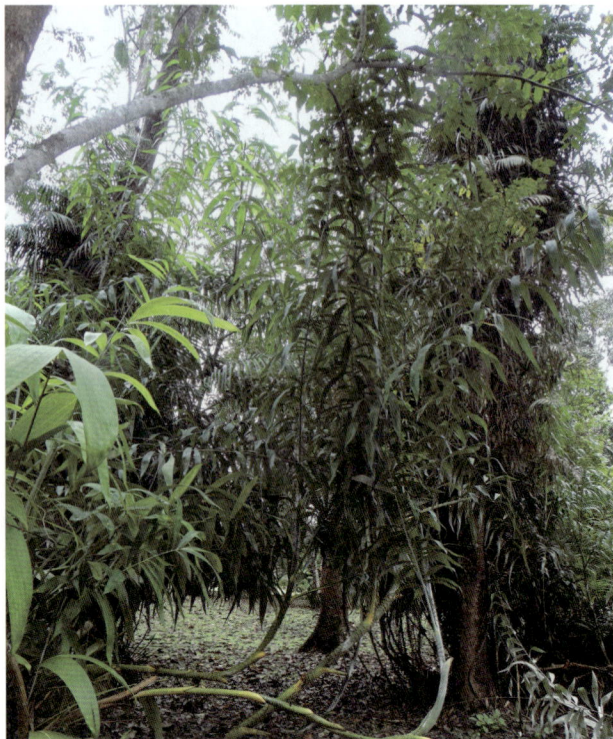
攀缘藤

以南、北京、山西太原、陕西延安、甘肃平凉一线，南到广东、广西和云南的南部（北纬 20°～40°）；东自辽宁大连、山东和江苏北部沿海，西至甘肃东部（东经 98°～125°）。南北以秦岭、伏牛山、淮河为界，东西以太行山东麓和伏牛山东端为界，可划分为黄淮海平原区和西北干旱半干旱区（通称北方）、江南温暖湿润区（南方）三大分布区。黄淮海平原分布区包括河南、山东、安徽、江苏、河北、天津、北京、辽宁等 8 省（直辖市），以兰考泡桐 *P. elongata* S. Y. Hu 为主，还有少量的毛泡桐 *P. tomentosa* (Thunb.) Steud. 和楸叶泡桐 *P. catalpifolia* Gong Tong。西北干旱半干旱分布区包括山西、陕西、甘肃 3 省，以毛泡桐、楸叶泡桐和兰考泡桐为主。江南温暖湿润分布区包括长江以南 13 省份，泡桐种类分布多，种间、种内变异类型复杂，主要种是白花泡桐 *P. fortunei* (Seem.) Hemsl.、华东泡桐 *P. kawakamii* Ito、川泡桐 *P. fargesii* Franch、台湾泡桐 *P. taiwaniana* Hu et Chang 等，其中白花泡桐分布最广、生长最好。自 20 世纪 70 年代初开始，各地广泛开展泡桐优良品系的引、选、育工作，丰富了各分布区的种类和品系。泡桐为强喜光树种，树冠开阔，叶大枝疏，透光度大，展叶迟，落叶早；对温度适应范围较大，适宜生长的日平均气温在 24～29℃；不同种泡桐耐低温能力不同，如毛泡桐、兰考泡桐和楸叶泡桐、白花泡桐分别能耐 -25～-20℃、-18～-15℃、-15～-10℃ 的低温。侧根发达，深根性，根肉质多汁，适宜生长于土层深厚、通气性好的沙壤土或砂砾土中；喜湿怕淹，地下水位宜在 2m 以下，最适的土壤含水量为田间持水量的 50% 左右；年降水量 500～600mm 可满足生长需要；对土壤酸碱度的适应范围较宽，一般为 pH 4.1～8.9；耐贫瘠，在较瘠薄的低山、丘陵或平原地区也能生长。木材是中国重要的民族传统出口创汇木材之一，广泛用于建筑装饰（墙壁板、地板、成型实木门、窗、百叶窗、装饰线材等）、人造板、集成材、改性材、拼板、家具、工艺品、乐器制作，还可用于航模、防水滑板、包装盒、礼品盒、餐具制作等。

生长发育过程　泡桐的速生性因品种、立地条件和抚育管理措施的不同而不同。在北方，以兰考泡桐生长最快，楸叶泡桐次之，毛泡桐生长较慢。在大多分布区，顶芽多在冬季枯死，常呈假二叉分枝状，高生长有明显的阶段性。不同种泡桐的高生长过程有所不同，如兰考泡桐能由不定芽或潜伏芽形成强壮的徒长枝自然接干。栽植后 2～8 年，一般能自然接干 3～4 次。第 1 次自然接干高度最大，可达 3m 以上，以后逐渐降低。胸径和材积的速生期分别在第 4～10 年和第 7～14 年。

良种选育　兰考泡桐、楸叶泡桐等都是在种间天然杂交基础上通过长期人工选择和无性繁殖而培育和保存下来的泡桐栽培种。系统的泡桐良种选育工作始于 20 世纪 70 年代初。针对不同泡桐栽培方式和培育目标，围绕速生丰产、自然接干能力强、抗丛枝病能力强、木材材质优良和综合性状优良等选育目标，各地广泛开展了选择育种和杂交育种，在倍性、航天、转基因等育种方面也开展了一些探索性研究。历经 40 余年，选育出 70 多个泡桐优良无性系 / 品种。其中，

生长、延伸，获得生存的空间，甚至攀缘到树顶，吸收所需要的阳光，促进自我的生长发育。

　　根据攀缘藤的分枝习性，将攀缘藤分为丛生藤、单茎藤和分枝藤。①丛生藤。由藤茎基部自然萌蘖形成多条藤茎的一类棕榈藤。如南巴省藤、小省藤、黄藤、钩叶藤等。丛生藤藤茎又分为开张型和封闭型两种，如生长在马来西亚沙巴的西加省藤，其藤茎水平分枝发育为短的根茎，形成密集的封闭型藤丛，从而导致许多侧枝发育不良；而生长于该地区的粗鞘省藤，其藤茎水平分枝发育为匍匐茎，形成开张型的藤丛，藤茎竞争小，生长发育良好。②单茎藤。植株没有萌蘖的习性，保持单一藤茎生长的一类棕榈藤。一旦采伐，则无新藤茎或侧枝萌发，如云南省藤（部分）和玛瑙省藤等。③分枝藤。植株分枝往往在冠层发生的一类棕榈藤，如钩叶藤属（*Plectocomia*）、戈塞藤属（*Korthalsia*）和脂种藤属（*Laccosperma*）的一些种类，由于分枝发育不均匀和采收困难而经济价值较低。

（王慷林，刘广路）

泡桐培育　cultivation of *Paulownia*

　　根据泡桐生物生态学学和特性对其进行的栽培与管理。泡桐 *Paulownia* spp. 为玄参科（Scrophulariaceae）泡桐属树种的总称，其人工栽培历史可追溯至 2600 多年以前，是中国重要的速生用材树种和传统出口创汇树种。

　　树种概述　落叶乔木，偶见常绿或半常绿。树冠圆锥形至伞形。顶芽常枯死，多呈假二叉分枝状。顶生聚伞圆锥花序；花冠大，紫色或白色，漏斗状或钟状，二唇形。蒴果，室背开裂；种子小，两侧具叠生白色有条纹状翅。原产中国，天然分布达 24 个省（自治区、直辖市）。北起辽宁营口

以优树选择选育的 C125、1-58、烟楸桐 1 号和中桐 20 号，以天然杂交实生选择选育的 C001、C020、C161、9501、中桐 1 号和中桐 19 号，以人工杂交选育的毛白 33、陕桐 3 号、陕桐 4 号、苏桐 3 号、9502、中桐 6 号、中桐 7 号、中桐 8 号、中桐 9 号和中桐 11 号等优良无性系 / 品种，适合在生产上推广应用。在改良效果上，泡桐速生性的提高最为突出。随着泡桐工业利用途径和栽培区域的拓展，选育丰产型（窄冠密植型）、抗逆（旱、寒、丛枝病）性强、材质优良（白度高、密度大）和综合性状优良的品种将成为今后遗传改良的重点方向。

苗木培育　可进行有性繁殖和无性繁殖。育苗方法主要有播种、大田埋根、容器埋根、平茬、组织培养等。播种育苗常用于种质资源收集、引种和杂交育种，由于其技术要求高、种子苗分化大，生产上一般少用。大田埋根育苗是当前培育高干壮苗的主要方法。育苗地宜选择交通便利、地势平缓、肥力中等以上、土层深厚、地下水位 1.5m 以下、排灌良好的壤土或沙壤土立地，避免使用风口地、重茬地和水稻地。在秋冬季节翻耕，于 2 ~ 3 月进行浅耕细耙。施足底肥，进行土壤杀菌杀虫，选用高垄、低床、平床等作业方式。使用当地主栽和经过正式审定或认定的泡桐优良无性系 / 品种，选择健壮、无病虫害的 1 ~ 2 年生苗木，在休眠期采根。种根小头直径 1.0 ~ 3.0cm、长 10 ~ 15cm。晾晒 1 ~ 3 天后，可下地育苗或湿沙坑藏，催芽宜用阳畦催芽方法。埋根时间一般为 3 月上

旬至 4 月上旬。育苗株行距为（1.0 ~ 1.2）m×（0.8 ~ 1.0）m。埋根时种根大头向上，顶端与地面平，封小土堆按紧。若覆膜要有充足的底墒，及时检查出苗情况、破膜和封土。灌水宜小水侧灌，忌大水漫灌，及时排水。追肥时在距苗木 20 ~ 40cm 处两侧穴施。注意松土除草、定苗、培土、抹芽和病虫害防治。在苗木休眠期起苗，根幅 40 ~ 50cm。除大田埋根育苗外，还可采用容器埋根育苗等方法。

林木培育

造林地选择　造林地以沙壤土、壤土为最宜，其次为黏土、沙土。地下水位在生长季节应不高于 2m，活土层应大于 80cm，且要求土壤肥力较高。在山区，坡度小于 30° 的缓坡，只要土层深厚，各部位均可造林。坡度在 30° 以上的，应在中坡以下造林。避免在风口地造林。

整地　宜在秋冬季进行，整地前应清除地上杂草、灌木和伐根。穴状整地的深度一般为 0.8 ~ 1.0m，方形穴的长、宽和圆形穴的直径一般是 0.8 ~ 1.0m。水平带整地适用于水肥条件较好的缓坡，带宽 1 ~ 2m，带间距 3 ~ 7m，深 30 ~ 50cm。在农桐复合经营的造林地可全面整地，整地深度 30 ~ 50cm。后 2 种整地方式需再挖栽植穴。

栽植　中国北方主要采用植苗造林，南方低山丘陵区常采用根桩造林和容器苗造林。造林季节以晚秋、早春为宜。苗木宜采用当年生壮苗，地径 ≥ 4cm、苗高 ≥ 3m。山地造林或长途运输时，可用根桩（地径 ≥ 3cm）和容器苗（苗高

图 1　泡桐大田埋根育苗（河南兰考）（王保平　摄）

图 2　泡桐容器埋根育苗（河南钟祥）（王保平　摄）

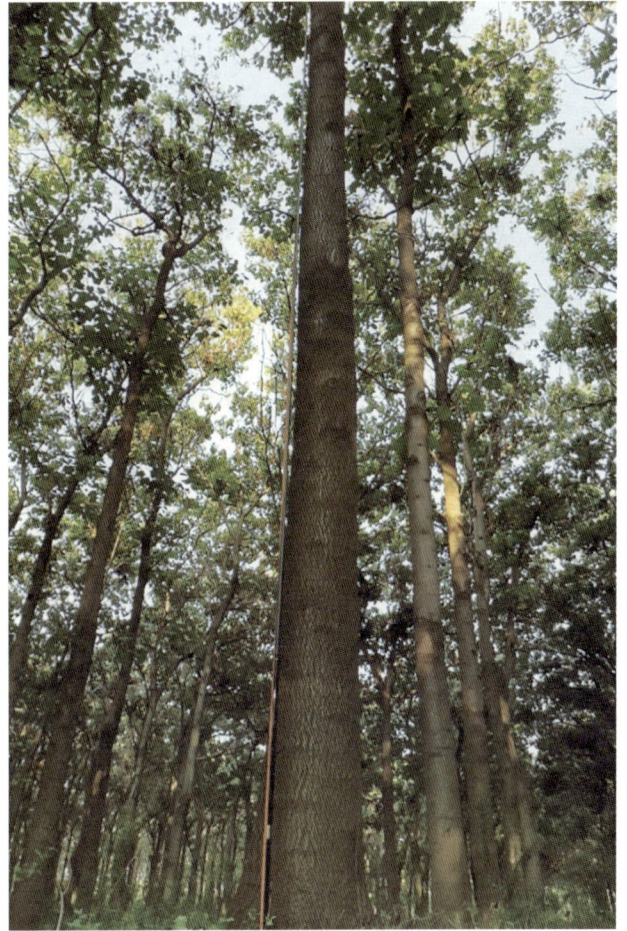

图 3　泡桐丰产林（河南商丘）（王保平　摄）

20～30cm）造林。应理顺根系、浅栽、分层填土，分层踏实、高培土。有条件的地方，栽后应灌一次透水，以保证土壤与根系密接，提高造林成活率。

造林密度　可根据培育目标、立地条件和泡桐种类确定造林密度（株行距）。以培育大、中径阶材为目标，速生丰产林的株行距以（3～5）m×（4～8）m 为宜，大密度造林应在第4～5年时考虑间伐。农田防护林宜品字形配置，株行距（4～5）m×（4～7）m；以林为主的桐农复合经营林，株行距（3～5）m×（8～15）m。若营造混交林，桐杉、桐竹和桐茶混交林的泡桐株行距为（5～7）m×（5～10）m。

图4　泡桐丰产林（湖北赤壁）（乔杰　摄）

图5　泡桐农田防护林网（河南长葛）（王保平　摄）

图6　桐茶复合经营（湖北赤壁）（王保平　摄）

幼林抚育　从造林当年直到幼林郁闭期间进行松土、除草，次数和时间依当地条件而定。采用桐农复合经营，以耕代抚效果较好。黄淮海平原区，造林后头2年灌溉尤为重要。为培育通直高干，众多研究者总结出多种人工接干方法。其中，平茬接干法和剪梢接干法在应用上较为传统，修枝促接干法是修枝和接干综合应用的新方法。平茬接干法宜在冬春季节进行，将1～3年生苗木或幼树的地上部分全部去掉，由根桩萌发出更高更健壮的苗木，当年高度可达4～5m，但对当年生长期管理要求较高，且延缓成林期。剪梢接干法宜在春季萌芽前进行，其主要技术环节包括选芽、剪梢、抹芽和控制竞争枝等。由于泡桐栽植当年处于缓苗期，此法的接干高度仅1m左右，需进行2～3次接干。修枝促接干法宜在造林后第三年的春季进行，对未自然接干泡桐修除顶部分权枝和部分下层枝，保留下层2～3轮枝，在接干成功后翌年全部修除剩余下层枝，做好定芽、定干和抹芽工作。此方法的接干高可达4～6m，对枝下高和主干材积生长提高极显著，对径生长影响不显著。用矮壮苗造林并采用该技术可达到提高造林成活率、培育高干并降低成本的目的。

施肥　基肥可选用腐熟的厩肥、有机肥、饼肥、复合肥等，应与表土混合均匀再填入穴内。追肥可在栽植后头两年进行，每年1～2次，每株每次施复合肥0.3～0.5kg，在距离树干50～60cm处穴施或沟施。

抚育间伐　定植3～4年后，林分已完全郁闭、林木生长发育尚未受到影响、林木分化还没有表现出来以前，即可进行间伐。间伐要考虑造林密度、间伐材利用和培育目标等因素，可隔行间伐或隔株间伐。

主伐与更新　根据造林地的立地条件、泡桐生长情况及培育目标确定主伐年龄。培育小头直径26cm的大径材，北方栽培区一般10～12年可采伐，南方栽培区8～10年即可采伐。采伐时间以秋冬季为好，有利于清理林地、杀灭病虫害，为留桩或留根翌年萌芽更新创造良好的环境。

病虫害防治　主要病害为丛枝病、炭疽病和根结线虫病，主要虫害为叶甲取食。泡桐丛枝病可采用选择抗病品系、培育无病壮苗、加强检验检疫、防治媒介昆虫、对病枝进行修除、对发病初期植株髓心注射盐酸四环素等综合措施，以降低发病率。泡桐炭疽病在发病期可喷施代森锌、代森锰锌等进行防治，在选择苗圃地时，选择距泡桐林较远、便于排水的地方。泡桐根结线虫病可用噻唑膦或阿维噻唑膦颗粒剂进行防治，并避免重茬地育苗。泡桐叶甲可在4月中下旬和6月上旬幼虫发生期喷洒高效氯氟氰菊酯等进行防治，同时可通过营造混交林、保护和利用天敌等措施降低虫口密度。

参考文献

蒋建平，1990. 泡桐栽培学[M]. 北京: 中国林业出版社.

李芳东，乔杰，王保平，等，2013. 中国泡桐属种质资源图谱[M]. 北京: 中国林业出版社.

（王保平，乔杰，赵阳）

劈接　cleft grafting

见枝接。

皮部生根　cortex rooting

从插条周身皮部的皮孔、节（芽）等存在的根原基上萌发不定根的生根方式。见插穗。

在扦插育苗实践中，**王涛**根据插条不定根形成的部位，将扦插生根类型分为愈伤组织生根型、侧芽（或潜伏芽）基部分生组织生根型、潜伏不定根源基生根型及皮孔生根型。有些植物具有 4 种生根形式，这类植物属易生根类型，如柳、杉。有的植物插条具有 3 种或者 2 种生根形式，这类植物为较易生根植物，如柏类。有的植物插条仅靠愈伤组织的进一步分化形成不定根，属于难生根植物，如松树。因此，在进行扦插育苗时，首先应了解扦插植物具有哪几种生根形式，然后根据其不同的生根形式提出相应的繁殖技术及处理方法。

参考文献

沈海龙, 2009. 苗木培育学[M]. 北京: 中国林业出版社: 172–178.
王涛, 1989. 植物扦插繁殖技术[M]. 北京: 北京科学技术出版社.

（祝燕）

皮接　bark grafting

见枝接。

平茬　stumping

将 1～3 年生苗木或幼树的地上部分全部去除，促使从近根颈处萌发和生长出更高更健壮主干的林木抚育措施。可使根部积累的大量养分集中供应选留苗木的生长，使新长出的主干规格整齐、通直粗壮、生长量大。简单易行，效果明显。平茬后的生长期管理要求较高。适用于近根颈处不定芽萌发能力强的树种（如泡桐、杨树、楸树、榆树、刺槐等），以幼龄林复壮为主，常用于造林地改造残次幼龄林；也适用于苗圃地培育高干壮苗。

泡桐平茬

平茬于冬春季节进行，茬口高度宜离最上层侧根 3cm 左右，茬口要平滑、防止劈裂。平茬后封土成堆，厚度宜3～4cm；萌芽长到 10～20cm 时定苗，留强去弱、留下去上、留迎风面去背风面。并加强除萌、抹芽、水肥管理和病虫害防治。

参考文献

蒋建平, 1990. 泡桐栽培学[M]. 北京: 中国林业出版社.

（王保平，乔杰）

平茬复壮　stumping and rejuvenation

林分改造的技术措施之一。对于具有萌蘖能力的树种，因某种原因引起林分或林木生长严重衰退，于休眠期将其地上部分全部截去，促其复壮的方法。

林木平茬后，通常在伐桩上能够萌发新芽，形成新的主干。与平茬前相比，其生长量大幅度提高。如泡桐造林后生长不良，通过平茬，其生长量可比平茬前提高 1～2 倍。平茬复壮是促进林木更新的一种技术措施。适用于遭受严重病虫害，或是缺乏管护、遭受人为或牲畜破坏，造成生长势严重衰退的植株或林分的复壮。适合平茬复壮的树种，乔木有栎类、杉木、杨树、枫香、泡桐、青檀、楸树、栾树、香椿、茅栗、苦槠、甜槠等；灌木有灌木柳类、石楠、茶树、油茶、柠条、沙棘等。

平茬复壮的技术要求：①适宜的平茬高度，乔木和大灌木树种 10～15cm，灌木树种 5～10cm，小灌木 3～6cm。②剪口平滑，避免撕裂韧皮部，影响萌芽生长。③在林地土壤条件不良的情况下，平茬结合土壤改良措施，即在平茬后适施肥水、适度中耕、消除林地杂草竞争，能显著提高复壮效果。④平茬后，在萌条木质化之前定株，培土壅根。

参考文献

翟明普, 沈国舫, 2016. 森林培育学[M]. 3版. 北京: 中国林业出版社.

（徐小牛）

平床育苗　seedling production with flat seedbed

苗床床面与地面大致平齐的育苗作业方式。筑床时只需沿线用脚将步道踩实，使床面比步道略高一点。床宽 1.0～1.5m，床长根据播种区大小而定，多为 20m 左右。采用机械化育苗且地势平坦，可根据地形延长苗床的长度。步道宽 30～40cm。

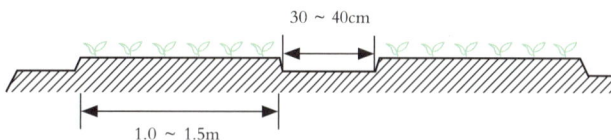

平床育苗示意

优点是作床不需要作埂，省工，床面基本没有抬升；床面土壤温度介于高床和低床之间，保水性和微生物对养分的转化效率中等。缺点是排水不畅，大雨后容易积水；没有明显的灌水通道，灌溉不方便，只能采用喷灌或滴灌。

适用条件介于高床和低床之间，主要用于不需要灌溉的苗圃地。不适合气候寒冷、降水量大、土壤过于黏重和排水不良的苗圃地，也不适合过于干旱缺水、降水量少的地区。由于灌溉和排水的限制，在生产上平床育苗应用较少；随着滴灌技术的发展，平床育苗将有很大潜力。

参考文献

沈海龙, 2009. 苗木培育学[M]. 北京: 中国林业出版社.

孙时轩, 1992. 造林学[M]. 2版. 北京: 中国林业出版社.

翟明普, 沈国舫, 2016. 森林培育学[M]. 3版. 北京: 中国林业出版社.

（白淑兰，郝龙飞）

蒲葵培育　cultivation of Chinese fan palm

根据蒲葵生物学和生态学特性对其进行的栽培与管理。蒲葵 Livistona chinensis (Jacq.) R. Br. ex Martius 为棕榈科（Arecaceae，异名 Palmae）蒲葵属树种，重要的工艺经济和园林绿化等多用途树种。

图1　蒲葵叶片（广东新会）

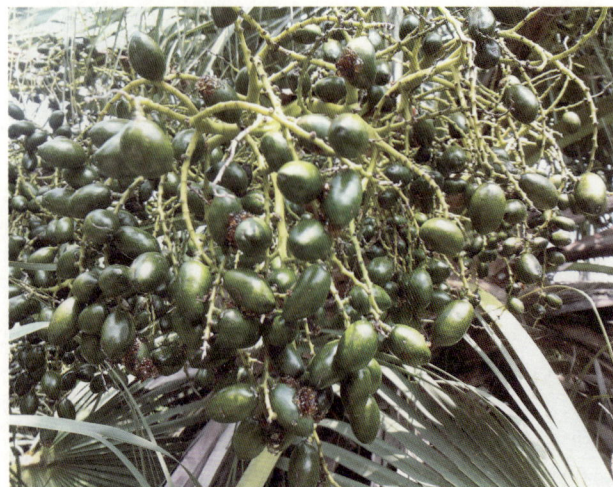

图2　蒲葵果实（广东新会）

树种概述　常绿乔木。花小，两性花。核果，卵形至长椭圆形。花期 3～4 月，果熟期 9～10 月。原产于中国南方，广东、广西、福建、台湾等地栽培普遍，尤以广东新会市和茂名市电白区种植较多，历史悠久。喜光，喜热，喜湿润、肥沃、有机质丰富的黏壤土，能耐一定的水湿。葵叶可制作原扇、织扇、画扇、绣扇、花篮和通帽等，也是良好的再生纤维原料；树形美观、叶簇素雅，是良好的园林绿化树种；种子可入药，具有抗癌、凉血和止血等功效。

苗木培育　主要采用播种育苗，包括苗床育苗和容器育苗。春播或秋播，种子不耐贮藏；播种后，注意防止老鼠和蝼蛄危害。

林木培育　培育工艺经济林，应选平缓地、四旁地、堤坝、山麓、山窝或土层深厚的丘陵坡地。植苗造林，采用 1～2 年生苗，清明前后栽植，植后 1 个月内保持植穴湿润，且不要松开绑扎的苗叶。定植株行距因经营目标而定：'长柄'和'三旗'主要是采老叶和叶柄，株行距 2m×2m；'玻璃扇'是采收未开放的嫩叶，株行距 0.67m×0.84m；栽植后的抚育管理主要是除草、施肥、松土和培土。对于园林观赏的大树移植，最佳移植季节是早春的 2～4 月和晚秋的 10～11 月；起挖大苗前 3～4 个月，按土球直径 60～70cm、高 45～50cm 的规格要求，切断四周的侧根，同时进行割叶，仅保留顶部 2～3 片叶，挖出树头土球，用草绳等编织物包扎土球；然后，捆扎树叶，且用草绳包裹树干。种植穴应比土球直径大 40～50cm 和深 15cm，穴底应回填细碎沙质壤土 20cm 厚；移植时注意扶直树干，回填土要细碎，分层夯实，灌足水；植后 1 个月内每天进行树盘浇水、树体淋水。恢复期约 6 个月。

参考文献

林丽霞, 陈鹏, 区楚婷, 等, 2014. 蒲葵纤维理化性能研究[J]. 中国纤检(15): 86-88.

吴芝杨, 丁少江, 陆耀东, 2002. 蒲葵大树移植的关键技术[J]. 广东林业科技, 18(2): 40-43.

中国树木志编委会, 1981. 中国主要树种造林技术[M]. 北京: 中国林业出版社.

（杨锦昌）

朴树培育　cultivation of hackberry

根据朴树生物学和生态学特性对其进行的栽培与管理。朴树 Celtis sinensis Pers. 为大麻科 (Cannabaceae) 朴属树种，在恩格勒、哈钦松和克朗奎斯特等分类系统中属于榆科 (Ulmaceae)。常用作绿化树种和生态林树种。

树种概述　落叶乔木。叶多为卵形或卵状椭圆形。花 1～3 朵生于当年枝的叶腋。果实较小，近球形，熟时红褐色，直径 5～7mm。花期 3～4 月，果期 9～10 月。主要分布于中国淮河流域、秦岭以南至华南各省区，长江中下游及其以南诸省区。越南、老挝也有分布。垂直分布于海拔 100～1500m。深根性，根系发达，抗风力强；喜光，适于温暖湿润气候，生于肥沃平坦之地；适应性强，对土壤要求不严，在微酸性、微碱性、中性和石灰性土壤上都能生长；

朴树枝叶（刘仁林 摄）

有一定耐干旱能力，也耐水湿及瘠薄土壤。茎皮为造纸和人造棉原料，也可作绳索和人造纤维；木材可供工业用材；果实榨油作润滑油；根、皮、嫩叶入药有消肿止痛、清热解毒的功效，外敷治水火烫伤；根皮入药，治腰痛、漆疮；树冠宽广、绿荫浓郁，可用于公园、道路、庭院绿化；抗烟、耐尘，对二氧化硫、氯气等有毒气体的抗性强，可栽植于厂矿区。

苗木培育 主要采取播种育苗，可苗床育苗和容器育苗。春播或冬播，种子经搓洗去果肉后阴干沙藏冬播，或湿沙层积贮藏至翌年春播。条播行距 30cm，均匀适度，用种量 15kg/hm² 为宜，播后覆土约 1cm。

林木培育 培育用材林应选阳坡、半阳坡土层深厚、肥沃、湿润、通气良好的壤土作为造林地；营造防护林可选择阳坡、半阳坡造林。一般采用植苗造林，采用 1～2 年生苗，保持主根完整，适当修剪须根，对根系做蘸泥浆等处理。造林密度视苗木大小而定，1～2 年苗木株行距 1.5m×2.0m，胸径 10cm 的株行距 3m×4m，胸径 15cm 的株行距 3.5m×4.5m。分级栽植后到林分郁闭前，每年松土除草 2～3 次，注意修枝育干。休眠期修剪以整形为主，可稍重剪；生长期修剪以调整树势为主，宜轻剪。如需培养高大行道树，可在第三年春进行平茬，即可保证树高干直。

参考文献

中国科学院昆明植物研究所, 2006. 云南植物志[M]. 北京: 科学出版社.

朱崇付, 2013. 朴树栽培管理技术研究[J]. 吉林农业(10): 73.

（董琼）

普法伊尔，F. W. L.　Friedrich Wilhelm Leo-pold Pfeil（1783—1859）

德国林学家，埃贝尔斯瓦尔德林业科学所创建人。1783 年 3 月 28 日生于瓦尔姆布鲁恩，1859 年 9 月 4 日卒于阿舍斯莱贝恩。1821 年获德国洪堡大学哲学院名誉博士学位，同年被聘为柏林大学教授。主张将造林与立地条件置于营林的中心位置，要求造林必须建立在区域性的立地基础上，做到适地适树。其理论对现代德国的林业发展具有深远影响，被誉为"立地造林学之父"。一生中培养了大批林业科技人才。著述甚丰，发表科学报告、论文和书评 1300 余篇，出版专著 24 部。为了纪念这位林学家，弗莱堡大学从 1963 年开始设立了普法伊尔奖学金。

（方升佐）

七叶树培育　cultivation of horse chestnut

　　根据七叶树生物学和生态学特性对其进行的栽培与管理。七叶树 *Aesculus chinensis* Bunge 为无患子科（Sapindaceae）七叶树属树种，在恩格勒、哈钦松和克朗奎斯特等分类系统中属于七叶树科（Hippocastanaceae）。重要的用材、经济、绿化及观赏树种。

　　树种概述　落叶乔木。花序圆锥形，花杂性，雄花与两性花同株。果实黄褐色，种子栗褐色。花期 4～5 月，果期 10 月。主要分布于中国北部和西北部，黄河流域一带较多，仅秦岭有野生；自然分布在海拔 700m 以下山地。喜光，喜肥，稍耐阴。木材可制作各种器具；种子可食用、榨油，可作为肥料原料；叶可作黑色颜料，嫩叶可食或制茶；果实又名娑罗子，为常用中药；树皮具有极高的药用价值，可制造化妆品，可用于减肥产品；早春新叶绯红，初夏满树白花，入秋后叶色红黄相间，深秋果实串状倒垂，是集观叶、观花、观果于一身的珍稀园林绿化树种，为世界四大阔叶行道树（七叶树、法国梧桐、椴树、榆树）之一。

　　苗木培育　以播种育苗为主。选择土层深厚肥沃、排水良好的中性或微酸性的沙质壤土作育苗圃地。种子为顽拗型种子。可随采随播，也可湿藏。湿藏过程易萌发，有萌动迹象应及时播种。播种时种子横放，避免种脐朝下或朝上。春季多采用苗根进行根插，初夏则用嫩枝进行扦插，也可采用高压截枝法繁殖。嫁接繁殖采用靠接法。

　　林木培育　采用 1～2 年生健壮苗在春、秋两季进行造林，春季更佳，且萌芽期前 20 天是造林的最好时期。七叶树主根深而侧根少，属不耐移植的树种，大苗移栽时必须带土球。在年生长周期中，关键的灌水有 4 次，即花前水、花后水、果实膨大水和封冻水。施肥以环状沟施为宜。基肥以迟效性肥为主，最好在休眠季节进行。小树可一次施足基肥，大树应在开花前后追施 1 次速效肥，并在春梢生长接近停止前再追施 1 次，促进花芽分化和果实膨大。在落叶后冬季或翌春发芽前进行整形修剪。主要的病害是早期落叶病、根腐病和炭疽病。常见的害虫有迹斑绿刺蛾、铜绿异金龟子、金毛虫、桑天牛等，应注意及时防治。

　　参考文献

陈西仓, 张振纲, 2003. 七叶树的开发利用[J]. 特种经济动植物, 6(4): 25-26.

李鹏丽, 时明芝, 王绍文, 2009. 珍稀观赏树种七叶树的研究现状与展望[J]. 北方园艺(9): 115-118.

Yu Fangyuan, Du Yan, Shen Yongbao, 2006. Physiological

图 1　七叶树花序（南京林业大学校园）

图 2　七叶树盛花期（南京林业大学校园）

characteristics changes of *Aesculus chinensis* seeds during natural dehydration[J]. Journal of Forestry Research, 17(2): 103−106.

（沈永宝）

桤木培育 cultivation of alder

根据桤木生物学和生态学特性对其进行的栽培与管理。桤木 *Alnus cremastogyne* Burk. 为桦木科 (Betulaceae) 桤木属树种，别名四川桤木；中国西南地区特有的速生用材树种和非豆科固氮树种。

树种概述 落叶乔木。小枝细弱，光滑无毛。单叶互生，倒卵状阔椭圆形、倒卵形或椭圆形，叶缘具疏短锯齿。花单性，雌雄同株，柔荑花序，单生叶腋。果序椭圆形，下垂。自然分布区为中国四川盆地与云贵高原的交接地带，主要分布在海拔 1200m 以下，在四川岷江和青衣江流域可分布到海拔 2400m 左右，多见于河滩及溪沟两旁。栽培区以四

图1 桤木 20 年生单株（四川广元）

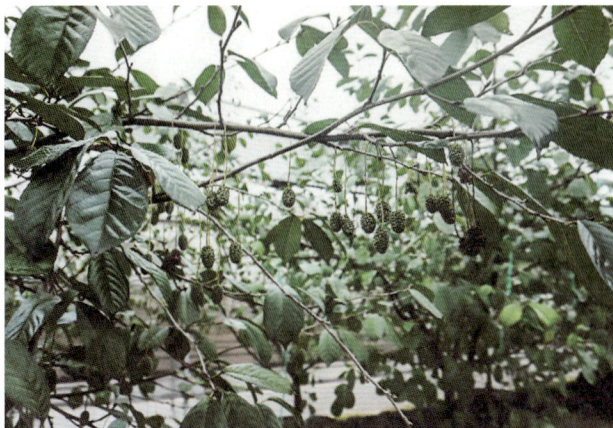

图2 桤木果枝（四川成都）

川盆地及盆周山地为主，长江中下游有引种栽培。喜温、喜光、喜湿、耐水。在年平均气温 15 ～ 18℃、极端低温不低于 −7℃、年降水量 900 ～ 1400mm、土壤和空气湿度大的地区生长良好。典型的多用途树种。木材可供家具、人造板、建筑、矿柱等用材，也是造纸、纤维工业的优质原料。能固氮肥土，是理想的混交树种，经济、生态效益俱佳。

苗木培育 主要采取播种育苗，包括苗床育苗和容器育苗。12 月至翌年 1 月上旬采种，春秋两季均可播种，以春播为好。

林木培育 营造桤木速丰林，应选择立地指数 14 以上、土层厚度 60cm 以上、土壤水分条件较好的立地。裸根苗造林应在 11 月落叶后至翌年 2 月萌动前造林。容器苗造林时间可延长，春秋冬季均可造林。营造短轮伐期工业原料林栽植密度 1667 株 /hm²，立地条件好的地方可适当稀植。造林当年及第二年的 5 月、9 月各抚育 1 次。12 ～ 14 年生时进行间伐，达到成熟龄（18 ～ 20 年）进行主伐。

参考文献

李邀夫, 吴际友, 2004. 四川桤木的丰产性能及栽培技术 [J]. 湖南林业科技, 31(1): 18−19.

杨志成, 1991. 优良阔叶树种——桤木的分布、生长与利用[J]. 林业科学, 4(6): 643−649.

中国树木志编委会, 1981. 中国主要树种造林技术[M]. 北京: 中国林业出版社, 698−704.

（郭洪英，黄振，杨汉波）

启动培养基 initiation medium

植物组织培养过程中，用于初次接种植物材料的培养基。也叫初代培养基。成分一般由水、无机盐、维生素、氨基酸、糖类及其他特殊物质组成。培养基中的无机营养物分大量元素和微量元素两种。大量元素包括氮（N）、钾（K）、钙（Ca）、磷（P）、镁（Mg）和硫（S）离子，微量元素包括铁（Fe）、镍（Ni）、氯 (Cl)、锰（Mn）、锌（Zn）、硼（B）、铜（Cu）和钼（Mo）等。培养基中添加的糖一般为蔗糖，既可为植物组织提供有机营养，也能使培养基维持一定的渗透压，是培养基中必不可少的成分。

培养基成分直接影响培养材料的生长状态。针对不同植物种类已开发出多种类型培养基，包括 MS 培养基、White 培养基、B5 培养基、N6 培养基、SH 培养基、Miller 培养基等。MS 培养基是 Murashige 和 Skoog（1962）研究出来的配方，也是应用最广泛的一种培养基。该培养基是基于烟草愈伤组织生长和发育开发的，其特点是无机盐浓度高，尤其氮、钾含量高，矿质营养丰富，也广泛用于其他植物的组织培养。White 培养基也称为 WH 培养基，具有较低的无机盐浓度，多用于生根培养或胚胎培养。生产上应根据植物种类不同选择合适的培养基种类，以达到最佳培养效果。

不同植物对培养基最适 pH 值的要求不同，大多数植物要求 pH 5.5 ～ 6.5。因此，应根据不同的植物种类调节培养基中适宜的 pH 值。进行植物组织培养时，还应根据不同的外植体和培养目的，添加相应的植物生长调节剂、培养基支

撑物（如琼脂、卡拉胶等），也可根据需要在培养基中添加促生长的有机物提取物、防止褐变的维生素C或活性炭等，以达到最佳培养效果。

参考文献

陈劲枫, 2018. 植物组织培养与生物技术[M]. 北京: 科学出版社: 39-46.

李永文, 刘新波, 2007. 植物组织培养技术[M]. 北京: 北京大学出版社: 24-27.

乔治 E F, 阿尔 M A, 克勒克 G J De, 2015. 植物组培快繁[M]. 蒋克强, 译. 北京: 化学工业出版社: 64-101.

（张凌云，郭雨潇）

起苗 lifting

将生长在苗圃地的苗木起出，并移出苗圃的生产工序。起苗时应尽可能减少对苗木根系的损伤。

起苗应在苗木的休眠期进行，即落叶树种从秋季落叶（常绿树种从形成顶芽）到翌年春天树液开始流动之前起苗。春季起苗适合于绝大多数树种的苗木，其优点是随起随栽，便于保持苗木活力，不足之处是可能会影响春季苗圃育苗生产。春季起苗必须在芽萌动之前，否则会影响造林成活率。秋季起苗有两种情况：一是随起随栽，二是起苗后贮藏。秋季起苗的优点是有利于苗圃再利用，便于安排育苗生产。春旱严重的地区可在雨季起苗造林。

起苗时要掌握好起苗深度和根系幅度，控制好起苗时的土壤水分和疏松程度，减少根系损伤。起苗方法有人工起苗和机械起苗。①人工起苗。关键要把握好起苗的标准（根长、根幅），一般造林苗木起苗的深度要比合格苗根系长2～5cm，针叶树苗的起苗深度18～28cm，阔叶树播种苗、插条苗和移植苗起苗深度25～40cm；起苗时针叶树苗的根幅20～30cm，阔叶树播种苗的根幅25～35cm，插条苗和移植苗的根幅40～60cm。②机械起苗。常用"U"形犁或专门设计的起苗机起苗，能节省劳力，提高工作效率，且起苗的质量好，根长与根幅相对一致。宜在无风的阴天、土壤含水量为饱和含水量的60%时起苗。土壤干燥起苗易伤根，应提前3～5天浇一次水，使土壤湿润。为防苗木根系失水，起苗要边起、边拣、边分级、边假植，注意保护顶芽。

大规格苗木需要带土球起苗（图1），以达到少伤根、缩短缓苗期和提高成活率的目的。土球的大小视树种、苗木的大小、根系分布、土壤质地而定。一般土球直径是苗木根径的5～10倍，土球高度是土球直径的2/3。大规格苗多用机械起苗，起苗后应用草绳或蒲包将土球包裹，以防运输过程中振散土球。常用的捆扎方法有橘子包、井字包和五角包（图2）。

图2　宿土打包示意
1. 橘子包；2. 井字包；3. 五角包

参考文献

沈国舫, 2001. 森林培育学[M]. 北京: 中国林业出版社.

孙时轩, 1992. 造林学[M]. 2版. 北京: 中国林业出版社.

（韦小丽）

千粒重 weight per 1000 seeds

种子质量的重要指标之一。自然干燥状态下1000粒纯净种子的重量。以克（g）为单位。千粒重还是正确计算种子播种量的必要依据。与种子饱满度、大小呈正相关。

影响千粒重的因素较多，同一树种的种子，千粒重会因地理位置、立地条件、海拔高度、母树年龄、母树的生长发育状况、开花和结实条件，以及采种时间等因子的变化而变化。同一立地条件下，同一树种的种子，千粒重越重，种子内含有的营养物质越多，空粒也就越少，种子出苗率越高，同时幼苗也会较健壮。同一植物不同品种的种子，其千粒重不尽相同。

千粒重测定方法主要有千粒法、百粒法和全量法。①千粒法。从经过净度测定的纯净种子中随机数取两份试样称重。其中，大粒种子每份试样500粒；中、小粒种子每份试样1000粒。称重精度（小数位数）因种子大小而不同。大粒种子若以500粒作为一个重复，则需折算成千粒重。②百粒法。测定时，按国际种子检验协会（ISTA）的规定，从净度分析后的纯净种子中随机数取100粒种子，8次重复，分别称重，其精度同千粒法。如果变异系数在允许范围内，将100粒种子8次重复的平均重量乘以10即为千粒重。③全量法。测定时将全部种子称重，换算成千粒重。种子数量少于500粒时，采用全量法。

参考文献

毕辛华, 戴心维, 1993. 种子学[M]. 北京: 中国农业出版社.

胡晋, 2015. 种子检验学[M]. 北京: 科学出版社.

（李淑娴）

图1　大规格苗木起苗

扦插育苗　seedling production by cuttings

营养繁殖育苗的一种方式。利用离体的植物营养器官如根、茎、叶等的一部分制成插穗扦插到基质中，在特定条件下培育成完整而独立的新植株的方法。林木优良无性系育苗的重要方法之一。扦插方法有枝插、根插、叶插等；根据成熟度与扦插季节，枝插又分为硬枝扦插和嫩枝扦插。

扦插成活的关键是不定根的形成。当潜在的根原始体受到适宜的诱导与刺激后，便开始进行细胞分裂、分化，发育出不定根。插条扦插后能否生根成活，首先取决于插条本身的内在因子，如树种生物学特性、插穗的年龄、枝条的着生部位、插穗的形态规格等；此外，还与外界环境因子如温度、湿度、通气、光照、基质等有密切关系。扦插时必须使各种环境因子有机协调，以满足插条生根的各种要求，达到提高生根率、培育优质苗木的目的。

扦插育苗的生根机理有以下观点：①插穗愈伤组织的形成与生根受生长素控制和调节，与细胞分裂素和脱落酸等其他生长调节物质也有一定的关系。生长素不是唯一促进插条生根的物质。生产中常用吲哚乙酸（IAA）、吲哚丁酸（IBA）以及 ABT 生根粉系列等不同生长素处理插穗基部，可显著提高生根率，缩短生根时间。②一些内源的化学抑制物质往往存在于较难生根的树种或插穗中，有抑制生根的作用。大多数属于酚类化合物，采用流水洗脱、低温处理、黑暗处理等措施可消除或减少抑制物质，对促进生根和提高扦插成活率有一定效果。③插穗的成活与其体内养分，尤其是碳素和氮素的含量及其相对比率有一定的关系。碳氮比（C/N）高、插穗营养充足或对插条进行补充碳水化合物和氮，可以促进生根。④插条的生根能力与其发育状态有密切联系，尤其是随着母树年龄的增长而减弱。对一些稀有、珍贵树种或难繁殖的树种可采取绿篱化采穗、连续扦插繁殖、用幼龄砧木连续嫁接等幼化措施提高扦插成活率。⑤解剖学研究发现插条中不定根的发生和生长在一定情况下与其皮层的解剖构造相关。在韧皮部与皮层之间、不定根起始发生部位有由纤维细胞构成的环状厚壁组织，则生根困难。采取割破皮层的方法可在一定程度上提高扦插成活率。

扦插育苗中插穗能否生根是受树种遗传特性和栽培环境条件综合影响的结果。因此，扦插育苗需要充分利用植物本身的特性，配以必要的技术措施，最大限度地提高扦插成活率。

参考文献

成仿云, 2012. 园林苗圃学[M]. 北京: 中国林业出版社: 186–217.

刘勇, 2019. 林木种苗培育学[M]. 北京: 中国林业出版社: 218–256.

翟明普, 沈国舫, 2016. 森林培育学[M]. 3版. 北京: 中国林业出版社: 148–150.

（祝燕）

前更幼树　prefelling regenerated saplings

成熟林在采伐之前就已经在林冠下更新形成的幼树。采伐之后由于得到充足光照，生长良好。中国大兴安岭地区把皆伐上层林木而保留前更幼树获得更新的方法称为"保幼皆伐法"。保存幼树是一项重要更新措施，尤其对于日灼、霜害、风害抵抗力弱的树种，皆伐以后依靠天然更新较困难，这项措施更显重要。中国东北温带林区采伐前在林冠下人工或天然更新形成前更红松幼树，提高了红松更新成功率，延长了红松生长期限（缩短了伐后培育期限），也有利于红松良好干形的培育。

参考文献

北京林学院, 1981. 造林学[M]. 北京: 中国林业出版社.

（张鹏）

前期生长型　preformed growth; predetermined growth

苗木高生长期较短的生长类型。又称春季生长型。苗木高生长期及侧枝延长生长期很短，中国北方地区只有 1～2 个月，南方地区为 1～3 个月；每个生长季只生长 1 次，一般 5 月或 6 月前后高生长即结束。由种胚及顶芽或侧芽内已经存在的特殊结构开始生长，常见树种有油松、樟子松、红松、白皮松、马尾松、云南松、华山松、黑松、赤松、油杉、银杏、白蜡树、栓皮栎、槲栎、麻栎、蒙古栎、臭椿、核桃、板栗、漆树、梨树以及云杉属和冷杉属的树种等。

前期生长型的实生苗，在第一个生长季结束时形成特定的顶芽，从第二个生长季开始表现出明显的高生长期短的特点，即春季经过极短的生长初期就进入速生期，且速生期持续时间短，速生期过后高生长便很快停止；以后主要是树叶生长和叶面积扩大，新生的幼嫩新梢逐渐木质化、出现冬芽；根系和直径继续生长，充实冬芽并积累营养物质。前期生长型苗木在短期内完成主干高生长和侧枝延长生长所用的营养物质主要来自上一年的积累。

前期生长型苗木有时出现二次生长现象，如油松、红松、樟子松和核桃等。二次生长部分当年秋季不能充分木质化，不耐低温和干旱，经过寒冬和春季干旱，死亡率很高。产生二次生长的原因有：母树遗传因素的影响；秋季气温高，圃地氮肥过多，或土壤水分多；秋季强日照时间长，如红松苗秋季强日照超过 14 小时，即出现二次生长。

对于前期生长型苗木，为促进地上部分和根系生长，春季必须在速生前期及时追肥、灌溉和中耕。为防止二次生长，速生期后要适时停止或减少灌溉和施氮肥。

参考文献

刘勇, 2019. 林木种苗培育学[M]. 北京: 中国林业出版社: 104.

沈国舫, 翟明普, 2011. 森林培育学[M]. 2版. 北京: 中国林业出版社: 130–135.

沈海龙, 2009. 苗木培育学[M]. 北京: 中国林业出版社: 97–104.

（沈海龙）

潜在自然植被　potential natural vegetation

在现有的立地条件且没有人为干扰的情况下经过自发生长演替而形成的、以森林植被为主体的植被类型。是一个考虑了同一个区域在历史、当前和未来的自然地理和生态环境影响情况下由能够自然生长的树种构成的理想森林植被的概念，是一个评价现有植被构成接近自然程度的技术性参考概念。

在现实植被中并不存在这样一个树种构成完整的森林植被。一方面涉及在历史性的气候、土壤等环境因素影响下形成的潜在植被的估计和界定，即是传统森林生态学中"顶极群落"概念下对自然植被中树种构成的认识；另一方面还要基于当前和未来的气候、土壤等环境因素影响下，对包括人工引入的树种等现有树种本土化生长和更新的确认，即对"乡土树种"概念的理解和界定。

参考文献

陆元昌, 2006. 近自然森林经营的理论与实践[M]. 北京: 科学出版社.

Kopp D, Schwanecke W, 1994. Standoetlich-naturraeumliche grundlagen oekologiegerachter forstwirtschaft[M]. Berlin: Deutscher Landwirtschaftsverlag.

Zerbe S, 1997. Stellt die potentielle natürliche vegetation (PNV) eine sinnvolle zielvorstellung für den naturnahen Waldbau dar[J]. European Journal of Forest Research, 116: 1-15.

成仿云, 2012. 园林苗圃学[M]. 北京: 中国林业出版社: 231-239.

郁荣庭, 2009. 果树栽培学总论[M]. 3版. 北京: 中国农业出版社: 143-144.

（陆元昌）

嵌芽接 plate budding

见芽接。

乔林状中林 high forest-like composite forest

上层乔林林木很多且分布均匀、下层矮林林木较少的中林类型。

见中林作业法。

（彭祚登）

乔林作业法 high forest system

针对由实生苗起源林木组成的林分所采取的一整套有机结合的经营措施。适合于在较高地位级的立地条件下采用，是世界各国培育经济用材的主要作业法。皆伐、渐伐和择伐都是基于乔林作业法，传统森林作业法主体都是乔林作业。绝大多数针叶树种只能采用种子更新方式建立森林，而且寿命长，晚期生长量大，适于乔林作业。

乔林是由实生起源林木组成的林分，是起源于非萌蘖木、至少其中一部分达到或将达到乔木阶段的树木总体。实生同龄林分的发育阶段，至少要超过杆材阶段才是乔林，其龄级为幼龄林—细杆材林—杆材林—乔林。直接栽植乔木树苗，通过经营使其长大成材，也是乔林作业法。乔林存在各种状况，如老龄稀疏乔林、过密乔林、非目的树种过多的乔林、丧失自我更新能力的乔林等。天然乔林里的实生树种，不一定都是森林经营所追求的目的树种，大部分乔林需要人工加以经营。实生林在正常情况下能长成高大的林分，树木高大、通直、寿命长，适于长轮伐期经营。

200年前，欧洲林学把天然次生林区分为矮林、中林和乔林，并成为欧洲林学的核心内容。对于乔林的概念，各国不尽相同。英联邦国家在热带将树木高大的郁闭森林称为乔林，以区别于稀树草原或矮丛林。新西兰规定树高大于50英尺（15m）的森林为乔林。在欧洲林学里，即便是从根部萌生的树木，也可以形成乔林，如桦树、刺槐等，都可以通过串根形成乔林。而桉树无性系人工林，就是乔林。在中国，乔林这个术语的使用很普遍，但一直固化在实生起源范围内，没有进一步的类型划分。

参考文献

沈国舫, 翟明普, 2011. 森林培育学[M]. 2版. 北京: 中国林业出版社.

（彭祚登，高帆）

乔普，R. S. Robert Scott Troup（1874—1939）

英国林学家。生于1874年12月13日，卒于1939年10月1日。毕业于英国爱丁堡大学。1894年，作为印度林务局的见习生进入印度皇家工程学院学习，3年后开始从事林业工作，因成绩优异被授予研究员。1897年被派到缅甸主管两个林区的工作。重视森林更新，同时在编制森林作业方案中首次引用立木蓄积图。1906年转到印度台拉登森林研究所和林学院，从事林业经济学和造林学的研究，并负责森林作业方案方面的工作。1915年出任印度政府总林务官。1917年任印度军需委员会木材供应处主任。1920年任牛津大学林学教授。1924年，建议在牛津成立帝国林业研究所，并亲任第一任所长。晚年致力于英国的林业教育和科学研究工作。主要著作有《印度林木栽培》《育林作业法》《大英帝国引种的森林树木》《植被研究的目标和方法》和《林业与国家控制》等。

（方升佐）

壳菜果培育 cultivation of *Mytilaria laosensis*

根据壳菜果生物学和生态学特性对其进行的栽培与管理。壳菜果 *Mytilaria laosensis* Lec. 为金缕梅科（Hamamelidaceae）壳菜果属树种，别名米老排；为中国南亚热带常绿阔叶林主要建群树种和用材、绿化美化以及水源涵养等多用途树种。

树种概述 常绿乔木。树干通直圆满，树皮浅灰黄色、平滑，老树皮暗灰褐色。小枝粗壮无毛，具环状托叶痕。叶革质，宽卵状圆形，掌状浅裂。自然分布于中国广东西部、广西西部和云南东南部，在福建沿海一带、浙江平阳和江西赣州等地均有引种栽培。喜肥沃、湿润和排水良好的立地；较喜光，幼苗耐阴，天然更新能力强，在天然林中常为上层林木，在山腰下部及山谷长成高大乔木；自然条件下，种子传播主要依靠成熟果实自然开裂瞬间产生的种子飞弹力，一般可在母树周围50m范围内形成较好的种子天然更新植被层；萌生力强，可萌芽更新。木材为散孔材，淡红褐色，可作家具、建筑、农具、胶合板、室内装修、木地板等用材；还可作为防火林带的主要防火树种。

苗木培育 采种母树宜选15～40年生、干形通直圆满无病虫害的优势木。采种期为10月中旬至11月上旬，宜随

图1 壳菜果30年生树木（广西凭祥）

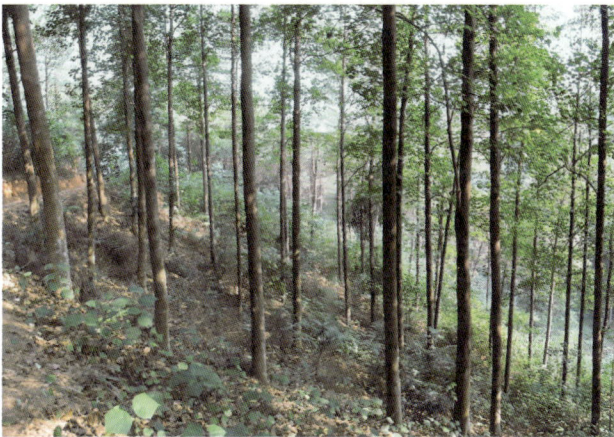

图2 壳菜果19年生纯林（广西凭祥）

采随播。大田育苗和容器育苗。大田育裸根苗，播种期为
1～3月，1年生苗木高达100cm左右，地径1cm可出圃造
林。容器育苗播种期为5月，催芽后种子先在细沙基质的芽
苗床上培育芽苗，芽苗高达5cm后移植至育苗容器中。芽苗
移植后须搭遮阴棚，透光率50%。移苗后第三周开始施追
肥，当苗木高度接近30cm时，则应注意控水控肥。一般出
圃时苗木平均高35cm，地径约0.3cm。

林木培育 造林地选择海拔300～500m低山、丘陵，
以花岗岩、流纹岩发育的红壤，山坡下部土层厚、水肥条件
好的立地为宜。采取穴状整地。初植密度1667～2500株/hm²。
1～4月造林。栽植后连续抚育3年，每年夏、秋季各抚育
1次，秋季抚育要除萌。造林5年后开始抚育间伐，强度为
总株数的50%，第二次间伐约在造林后10年，强度为总株
数的40%。若培育大径材，在10年生时，选择生长势好、

干形通直圆满、培养潜力大的优势木为目标树进行单株定向
培育，采伐目标树胸径50cm左右，每公顷约选择150株目
标树，每隔5～8年对干扰树定期伐除，并对目标树进行适
当修枝，修枝高度至树干10m左右。

参考文献

郭文福, 2009. 米老排人工林生长与立地的关系[J]. 林业科学研
究, 22(6): 835–839.

郭文福, 蔡道雄, 贾宏炎, 等, 2006. 米老排人工林生长规律的研
究[J]. 林业科学研究, 19(5): 585–589.

林德喜, 韩金发, 肖正秋, 等, 2000. 米老排对土壤理化性质的改
良[J]. 福建林学院学报, 20(1)：62–65.

朱积余, 廖培来, 2006. 广西名优经济树种[M]. 北京: 中国林业出
版社.

（郭文福）

切根 root pruning

在苗木培育期间，用工具将苗木的主根切断，培育壮
苗的技术措施。也称截根、断根。目的是抑制主根的顶端优
势，促进侧根和须根生长，扩大根系的吸收面积；暂时抑制
地上部分的生长，使光合产物对根的供应增加，根茎比加
大，提高苗木质量，达到与移植苗培育相似的效果；还可减
少起苗时对根系的损伤，提高苗木移植成活率。

切根主要适合于主根发达、侧根较少的树种，如板栗、
栓皮栎、蒙古栎、核桃楸、核桃、木麻黄、湿地松、青钱
柳、喜树等。切根深度幼苗期为8～12cm，1年生播种苗为
10～15cm。直根性强、主根发达树种宜在长出2～4片真叶
的幼苗期进行。1年生或多年生苗，宜在秋季进行，即在苗
木硬化期的初期，此时高生长即将停止，而地温仍在15℃以
上，有利于被切断的根形成愈伤组织萌发新根；或可在翌年
早春顶芽萌发前、土壤解冻深度为切根深度时进行。可用切
根刀从苗床表面下一定深度切断主根，或用铁锹在苗木旁向
土中斜切，也可用切根机进行机械切根。要求切根工具刀口
锋利，快速切断根系，否则易将苗木向前方拖拉，对苗木造
成极大损伤并破坏苗床。切根后立即灌水，促进新根生长。

参考文献

沈国舫, 翟明普, 2011. 森林培育学[M]. 2版. 北京: 中国林业出版
社: 135–153.

孙时轩, 1992. 造林学[M]. 2版. 北京: 中国林业出版社: 142–143.

Nyland R D, 2002. Silviculture: Concepts and Applications [M].
New York: McGraw Hill: 156.

（洑香香）

切接 cut-grafting

见枝接。

青海云杉培育 cultivation of Qinghai spruce

根据青海云杉生物学和生态学特性对其进行的栽培与管
理。青海云杉 *Picea crassifolia* Kom. 为松科（Pinaceae）云杉
属树种，中国青藏高原东北边缘特有树种，西北地区重要的

用材、观赏和防护林兼用树种。

树种概述 常绿乔木，树体高大。叶条形，横断面四棱形或扁四棱形，顶端钝或尖头。雌雄同株，雄球花常单生叶腋，雌球花单生枝顶。花期 5～6 月，球果成熟期 9～10 月。分布于中国青海、甘肃、宁夏、内蒙古，海拔 1600～3800m，以甘肃、青海两省交界的祁连山为分布中心，占总分布面积的 94.6%。浅根性树种，耐寒、耐旱、耐瘠薄，分布区最低温度可达 -30℃，年降水量不足 400mm。能适应微酸性、中性、微碱性等土壤。在侧方庇荫条件下天然更新良好，但在稠密的林冠下天然更新不良。是重要的航空和名贵乐器用材，还可作建筑、家具、造纸等用材。树皮可制取栲胶，树干可割取树脂，树根、木材、枝丫和针叶可提取芳香油。

良种选育 青海云杉国家重点林木良种基地有 2 处，分别是甘肃省张掖市龙渠国家青海云杉、祁连圆柏良种基地和青海省大通县东峡林场国家青海云杉良种基地，为青海云杉良种生产提供保障。

苗木培育 以苗床播种育苗为主，一般在 4 月下旬至 5 月上旬播种；重点预防立枯病，做好越冬防寒保护；3～4 年生苗高达 8～10cm 时移植培育。扦插育苗基质以河沙、泥炭、珍珠岩、苔藓、森林土等为宜；嫩枝扦插于 6 月中旬至 7 月进行，插穗长度 8～12cm，扦插密度 3cm×3cm～5cm×5cm；硬枝扦插于 4 月冬芽萌动前进行，插穗长度 10～15cm，扦插密度 4cm（或 5cm）×（15～18）cm。扦插苗比实生苗提早 3～4 年出圃，温室中培育容器强化苗亦可提早 3～4 年出圃。

林木培育 在高纬度的寒温带至低纬度的暖温带与亚热带的亚高山与高山的阴坡、半阴坡和谷地土壤肥沃深厚、排水良好的地块造林。春、夏、秋三季整地，最好在造林前一年的夏季或秋季整地，整地方式多采用鱼鳞坑和反坡梯田。以春季造林为主，也可秋季造林，一般选用 2～3 年生或 5～8 年生苗；初植密度 5000 株 /hm²、3300 株 /hm² 或 2505 株 /hm²；连续抚育 3～5 年，每年最少 2～3 次。营造混交林时多与白桦、红桦、沙棘等混交。保水剂和抗旱造林粉的应用以及覆膜可提高造林成活率。郁闭度或疏密度达 0.9 左右时抚育间伐，强度控制在郁闭度 0.7 以上，间隔期 10 年左右；天然林更新困难，采用"单株择伐—小面积林隙—天然

更新"技术可以促进更新。主要病虫害有苗木猝倒病、叶锈病、光臀八齿小蠹、云杉梢斑螟和云杉球果小卷蛾等。

参考文献

康建军，朱丽，张志胜，等，2014. 祁连山青海云杉扦插繁殖技术及其生根机理研究[J]. 防护林科技(5): 8-12.

李金良，郑小贤，陆元昌，等，2008. 祁连山青海云杉天然林林隙更新研究[J]. 北京林业大学学报，30(3): 124-127.

刘兴聪，1992. 青海云杉[M]. 兰州：兰州大学出版社.

彭守璋，赵传燕，许仲林，等，2011. 黑河上游祁连山区青海云杉生长状况及其潜在分布区的模拟[J]. 植物生态学报，35(6): 605-614.

张守攻，王军辉，刘娇妹，等，2005. 青海云杉强化育苗技术研究[J]. 西北农林科技大学学报：自然科学版，33(5): 33-38.

（武利玉）

青杆培育 cultivation of *Picea wilsonii*

根据青杆生物学和生态学特性对其进行的栽培与管理。青杆 *Picea wilsonii* Mast. 为松科（Pinaceae）云杉属树种，别名刺儿松、黑杆松、紫木树、红毛杉等；重要的用材林、防护林和园林绿化树种。

树种概述 常绿乔木，树体可高达 50m。树皮灰色、淡黄灰色或暗灰色，裂成不规则鳞片状脱落。叶四棱状条形。球果卵状圆柱形或椭圆状长卵形；种子倒卵圆形。花期 4 月，球果 10 月成熟。分布于中国内蒙古、河北、山西、陕西、湖北、四川、甘肃、青海等地海拔 1400～2800m 山区。常组成纯林或与白杆、白桦、黑桦等针阔叶树种混生成林。生长缓慢，适应力强。耐阴耐寒。在气候温凉、湿润、土层深厚、排水良好的微酸性棕色森林土或灰化棕壤上生长良好。木材是建筑、家具和造纸等行业的良好用材和栲胶生产及木纤维工业的优质原料。树皮含单宁，针叶可提取挥发油。

苗木培育 主要采取播种育苗，多以露地播种育苗和容器育苗为主。播种前对种子进行催芽处理。宜选择地形开阔、海拔较低的阳坡或半阳坡，土层厚度在 30cm 以上且具有排灌条件的缓坡地育苗。为培育壮苗和大苗，一般在培育 3 年时进行换床移植。第四年早春土壤解冻后，苗木顶芽尚未萌动、树液尚未流动前移植。容器育苗一般结合塑料大棚

青海云杉林（甘肃祁连山）（赵祐 摄）

山西宁武芦芽山落叶松—青杆混交林（贾黎明 摄）

或日光温室进行。早春气温达到 10℃即可播种。青杆为耐阴树种，幼苗期需遮阴，以防高温危害和日灼。苗期适宜温度20～25℃。苗期要防止立枯病、枯梢病和球果锈病发生。

林木培育 以春季和雨季造林为好。造林时要做到随起苗、随蘸浆、随栽植，注意保护苗木根系完整、湿润。容器育苗造林要注意移栽时去掉苗木根系不易穿透或不易分解的容器袋。造林宜选择土层深厚、湿润肥沃、排水良好、微酸性的皆伐迹地、火烧迹地、林中空地及林缘缓坡地。阴坡、阳坡均可栽培。造林密度 3750～4500 穴 /hm²，单株栽植或2～3 株丛植。

参考文献

李树琴, 张战勇, 2004. 青杆育苗及造林技术[J]. 陕西林业科技 (3): 95-96.

郑万钧, 1983. 中国树木志: 第一卷[M]. 北京: 中国林业出版社.

（张凌云）

青钱柳培育 cultivation of wheel wingnut

根据青钱柳生物学和生态学特性对其进行的栽培与管理。青钱柳 Cyclocarya paliurus (Batal.) Iljinsk. 为胡桃科（Juglandaceae）青钱柳属树种，中国特有的单种属植物，集药用、保健、材用和观赏等多种价值于一身的珍贵树种。

树种概述 落叶大乔木。裸芽被褐色腺鳞。奇数羽状复叶，小叶 7～19（13）片。雌雄同株异花，柔荑花序。果实扁球形，果实中部围有水平方向直径达2.5～6cm 的革质圆盘状翅；种子有深休眠特性。花期 4～5 月，果熟期 7～9 月。广泛分布于中国亚热带地区的江西、浙江、安徽、福建、湖北、湖南、四川、贵州、广西、重庆等省区，河南、陕西和云南也有少量分布。垂直分布范围变动较大，东部地区海拔 420～1100m，西部地区海拔 420～2500m。大树喜光，幼苗幼树稍耐阴；适生于湿度较大的环境，在土壤干旱瘠薄的地方生长不良；耐涝性差。树皮、树叶具有清热解毒、降血糖、降血脂、降血压、抗肿瘤、抗氧化、抗菌和增强免疫等多种功效；木材适宜作家具、农具、胶合板及建筑材料等；树姿优美，果似铜钱，是优良的观赏绿化树种。

良种选育 通过种源收集和早期选择，南京林业大学选育的青钱柳沐川种源被江苏省审定为材叶两用的良种，并初步筛选出一些优良的地理种源（家系）。其中，8 个优良药用家系为江西庐山 2 号、江西庐山 6 号、湖北鹤峰 11 号、安徽舒城 4 号、浙江安吉 5 号、江西庐山 4 号、福建漳浦 5 号、贵州剑河 2 号；4 个优良

材用家系为云南昆明 2 号、贵州剑河 1 号、贵州剑河 2 号和贵州剑河 3 号等。

苗木培育 无性繁殖较困难，生产上以种子繁殖为主。育苗技术要点为：采用浓硫酸酸蚀种子后用赤霉素浸种再层积的快速催芽措施，或采用清水浸种或赤霉素浸种后再层积的常规催芽措施；待种子露白时播种到大田或容器中，或待芽苗长至 4～7cm 高时进行芽苗移栽。育苗容器以直径8～10cm、高度 10～12cm 的无纺布袋为佳。营养土配方以黄心土：珍珠岩：泥炭土：有机肥为 2：2：4：2（体积比）较优。

林木培育 宜选择山地缓坡、土层深厚肥沃、排水良好的立地为造林地。要求土壤有效层厚度在 0.5m 以上，土壤容重在 1.4g/cm³ 以下，常年平均地下水位在 1.0m 以上。采用大穴整地，穴径 60cm、深 60cm。

采用植苗造林，使用 2 年生裸根苗Ⅰ级、Ⅱ级苗（地径大于 1.4cm，苗高大于 100cm）和 1 年生容器苗Ⅰ级苗（地径大于 0.6cm，苗高大于 60cm）。栽植时施足基肥，栽植后及时灌 1 次定根水。培育叶用林，初植密度 952～1333 株 /hm²；培育用材林，初植密度 417～625 株 /hm²。

图1 青钱柳开始散粉的雄花

图2 青钱柳雌花柱头

图3 青钱柳果实

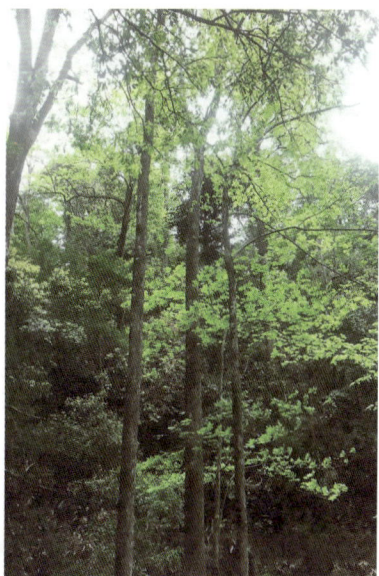

图4 青钱柳天然林（江西井冈山）

松土除草从当年开始，第一年抚育2~3次，第二年和第三年每年抚育2次。造林后也可间作3~4年矮秆农作物及绿肥，以耕代抚。每年秋末至翌年春初追施有机肥。培育措施因定向培育目标差异而不同。①用材林：造林当年注意主干抹芽，此后每年树木进入休眠期后剪去树冠中下部粗大侧枝，一直持续到林木形成4m高通直主干为止。②叶用林：造林当年树木长至1.5m以上可进行截干处理；树木进入休眠期后，离地面60~80cm处截除主枝，新梢萌发后选留5~6个分布均匀的侧枝作为第一轮骨干枝，定期抹去多余的萌芽；造林后第二年休眠期进行修剪，修剪高度控制在1.0m左右，新梢萌发后选留4~5个分布均匀的侧枝，定期抹去多余的萌芽，并剪除病虫枝、细弱枝、过密枝；造林后第三年秋季采收叶片后进行修剪，修剪高度控制在1.5m左右。之后每年秋季采收叶片后重复修剪，修剪高度控制在1.5~1.8m。叶用林造林后第三年可开始采收叶子，每年5月或9月底进行，5月每株采摘30%~50%的鲜叶，9月底每株采摘70%~80%的鲜叶。蛀干害虫主要有木蠹蛾；食叶害虫主要有尺蠖、刺蛾和叶甲。叶用林基地每120m半径范围安装一个太阳能防虫灯进行虫害防治，高度1.3~1.5m。

参考文献

方升佐, 洑香香, 2007. 青钱柳资源培育与开发利用的研究进展[J]. 南京林业大学学报: 自然科学版, 31(1): 95–100.

方升佐, 尚旭岚, 洑香香, 2017. 青钱柳种子生物学研究[M]. 北京: 中国林业出版社.

（方升佐, 尚旭岚）

青檀培育 cultivation of wingceltis

根据青檀生物学和生态学特性对其进行的栽培与管理。青檀 *Pteroceltis tatarinowii* Maxim. 为大麻科（Cannabaceae）青檀属树种，在恩格勒、哈钦松和克朗奎斯特等分类系统中属于榆科（Ulmaceae）；中国特有的纤维树种以及钙质土壤的指示植物、极好的生态防护树种。

树种概述 落叶乔木。高达20m，胸径可达1.0m。树皮淡灰色，幼树青灰色。单性花，雌雄同株。坚果两侧具宽翅，果核近圆形；种子无胚乳。花期3~5月，幼叶与花

图1 青檀种子和叶（安徽青阳）

同放；果实8~10月成熟。分布较广，零星分布于中国青海、甘肃、陕西及华北、华东、华中和西南。北至北京昌平区，约北纬40°10′，东到辽宁省蛇岛，约东经121°；西至青海省境内。分布中心区为华东中西部，其中以安徽宣城、宁国、泾县最为集中。垂直分布于海拔200~1500m，在四川西部海拔1600m仍有生长。喜温暖湿润气候，但对气温和降水量的适应幅度较宽，既耐干旱又耐水湿；在年平均气温12~18℃、极端最低温度−20℃、年降水量500~1600mm的条件下均能生长。自然分布区多为石灰岩山地。深根性，中等喜光，耐阴性随年龄的增大而降低：1~12年生具一定的耐阴性，13~25年生时逐渐趋向喜光，26年生后成为喜光树种。檀皮是制造宣纸的主要原料，取皮后枝干可作为薪材或生物质能源原料，也可用于制浆造纸；叶可作为饲料；茎叶入药具祛风、止血和止痛之功效。

生长发育 主根发达粗壮，侧根多而长。幼苗和幼树阶段生长较快，在立地条件较好的情况下，当年生苗高可达1.2m以上，3~5年生幼树高可达5m，胸径6cm以上；萌条当年生高达1.3~1.5m、径粗1~1.5cm，第二年高达2.5~3.0m、胸径2~2.5cm。高生长旺盛期为第6~10年，径生长旺盛期为第8~12年；材积生长旺盛期为第10~15年，至第27年左右时达到数量成熟龄。

苗木培育 以播种育苗为主，扦插育苗为辅。

播种育苗 圃地宜选择排水良好的钙质土壤。要求精耕细作，施足基肥，每公顷至少施7500kg以上腐熟的农家肥，然后整地作床。一般采用高床育苗，床宽0.8~1m、床高20~25cm、步道25~30cm。秋季或春季播种均可。种子具浅生理休眠特性，播种前需在低温下层积70天或变温层积40天左右；或采用温水（45~60℃）浸种24小时后进行湿沙催芽7~10天，当40%~50%种子露白即可播种。播种可采用撒播或条播，撒播要求播种均匀，种子间距保持在10cm以上；条播行距25~30cm，沟深2cm，播种量以3~5g/m²为宜。播种后覆土以不见种子为宜，上面再盖一层草。适宜条件下，经预处理的种子播种后30天可发芽出土。种子发芽后在傍晚或阴天揭去覆盖物，1个月后选择阴天移密补稀。幼苗期至少松土除草6~7次，5~6月结合松土施以混合肥。

扦插育苗 可硬枝扦插和嫩枝扦插。插床宜选沙质壤土，或在作床后覆盖15cm厚的黄心土；扦插前用0.1%高锰酸钾喷透床面土层以消毒，喷后覆盖薄膜，24小时后揭膜扦插。嫩枝扦插于5月下旬剪取生长健壮的幼年母树伐桩上的当年生半木质化萌条，穗长10~15cm（保留3~4个腋芽）；扦插前用浓度为200mg/kg的ABT 1号生根粉溶液浸泡插穗基部0.5小时。硬枝扦插宜于冬季从优良母树上选取1年生健壮枝条，沙藏越冬后于翌春截制10~15cm长的插穗（保留2~3个腋芽），也可于早春2~3月截取插穗；插穗用0.2%醋酸溶液浸泡1小时，或用0.5%高锰酸钾溶液浸泡24小时。插后压紧浇透水。嫩枝扦插20天后开始生根，生根率可达85%；硬枝扦插1个月后开始生根，生根率可达50%。扦插苗侧根发达，平均侧根数可达18根。

图2 青檀古树（安徽萧县皇藏峪）

林木培育 青檀对立地要求不高，尤其适生于钙质土壤、石灰岩或砂岩分布地区。在向阳山坡、谷地、岩石裸露的荒山等均可栽培；在路旁、坎边、沟边，只要带客土，均能生长。整地宜在冬季采用全垦整地，整地深度20～25cm。

栽植技术 采用1年生苗木造林。要求苗高>80cm、地径>0.6cm、根长20～25cm、顶芽饱满的优质壮苗。可在冬季或春季"惊蛰"前造林；尽可能做到随起随栽。栽植时要做到"三埋、两踩、一提苗"。栽培方法因造林目的而异，可采用：①全苗栽植法。栽植穴规格为50cm×50cm×40cm，此法适于常规绿化造林。②大穴横栽法。栽植穴规格为100cm×40cm×40cm，每穴左右两支倾斜栽植，根部相邻，顶端朝外，选择侧枝多且健壮的一侧朝上，另一侧粗壮分枝弯曲朝上，倾斜角30°～45°。此法利用青檀萌芽力强的特点，可产生更多的分枝，从而提高檀皮产量。③截干造林法。将苗木距离根基部10cm处截断，用根部栽植；苗木萌发后，可保留3～5个分枝。此法兼有全苗栽植法和大穴横栽法的优点。

造林密度 以生产檀皮为主的人工林，造林密度随立地条件和经营模式而定。在地势平缓、土层肥厚的地方，可采用林粮间作模式，株行距采用3m×4m或4m×4m，即630～840株/hm²。在立地条件较差的坡地上，可采用2m×2m或2m×3m的株行距，即1650～2550株/hm²；为使林分提早郁闭，减少抚育工作量，还可适当加大造林密度至3000株/hm²。在裸岩山地石缝中有土即可栽植，宜密不宜稀，按1.5m×1.5m或1.5m×2.0m株行距进行栽植。

幼林抚育 造林后头3年，每年抚育2次。第一年采用块状抚育，分别在6月和8月进行；在8月抚育的同时要进行追肥，采用环状沟施法，每穴施复合肥80g。第二、第三年进行砍灌、疏松土壤，并在林内进行间种矮秆作物及豆类或绿肥；农作物收割后，秸秆还林，增加土壤肥力；林分郁闭后，应停止间种。裸岩山地幼林的管理不能锄草，要割除杂草埋压于根部，既作肥料又可防旱。对于生产檀皮的人工林，栽植后的第二年末在离地面3cm处一刀切，并喷植物生长素促进生长；第三年秋末在离地面40cm处每枝一刀切进行定型，以增加分枝数和提高檀皮产量。

成林抚育 采收檀皮的成林抚育管理可采用下列方法：①低桩矮林作业。栽后3～4年自幼树主干距地面20cm以下截去主梢，由根部萌发丛生枝条，每2年砍枝一次。其枝条粗壮，皮质较好，早期产量高于同龄林的高桩作业；但嫩枝接近地面丛生，易受牲畜、杂草、藤蔓危害，因通风不良易受病虫侵害，8～10年后产量逐渐低于高桩作业。②高桩头木作业。栽后3～4年距地面1.5m处截去主干，以后在此桩上砍条。此法可克服矮林作业的缺点，但多年生老桩往往枝条密集，通风透气不良。③高桩多头作业。人工控制培养多头状树形，有利于提高檀皮产量。栽后3～4年，距地面60～80cm处截去主干，萌发后保留向四面伸展的壮枝3～4根，其倾角控制在45°～60°；1～2年后，距大枝基部40～50cm处截去主梢，然后再从各个主梢上留养2～3根壮枝；1年后距第二层桩顶约30cm处截断梢端，其倾角控制在60°～80°，以后均在最后保留的8～9个树桩上砍取枝条。此法在早期培养树形时较麻烦，但一劳永逸，优点明显。檀皮采收应在冬季落叶以后进行，一般每隔2～3年割条一次，要求萌条长约2m、径粗约1.5cm，过老或太嫩均会影响檀皮的产量和质量。砍条应将桩上所有枝条全部清除，以免影响翌年嫩条萌发；砍条时应留2～4cm长的条基，以利萌发新条。

主伐与更新 青檀经营以人工原料林和生态林为主。人工原料林的生物量和檀皮产量除受立地条件的影响外，还受到经营措施的影响。从收获经济生物量（檀皮）的角度考虑，人工林造林密度以3333～4200株/hm²、采条周期以3年为宜；在条墩年龄为9年以上的人工林中，留萌数以10条为好。

病虫害防治 主要病虫害有青檀叶斑病和青檀绵叶蚜虫。青檀叶斑病防治方法：彻底清除和烧毁患病枝叶，切断病源；加强抚育，清除杂草，剪除过密细弱枝条，砍除临近庇荫的树木或枝条；改变作业方式，低湿地区不宜采用矮林作业，可采取杯状整枝；每年4～8月，用1%波尔多液喷洒。青檀绵叶蚜虫防治方法：修剪越冬卵枝条，清除林间枯枝、落叶及杂草等，以减少越冬场所；青檀为专性寄主，可采取营造混交林以阻断害虫传播；或利用其对黄色的正趋性，采用黄色诱虫板进行诱杀。

参考文献

安广池, 王光照, 刘和风, 等, 2014. 新物种青檀绵叶蚜及其综合防治研究初报[J]. 林业实用技术 (1): 36-38.

方升佐, 1996. 青檀的栽培及檀皮采集加工技术[J]. 林业科技开发 (4): 40-42.

方升佐, 沈香香, 2007. 中国青檀[M]. 北京: 中国科学文化出版社.

沈香香, 方升佐, 杜艳, 2002. 青檀种子休眠机理及发芽条件的探讨[J]. 植物资源与环境学报, 11(1): 9–13.

傅松玲, 1999. 皖东石灰岩山地树种选择[J]. 安徽农业大学学报, 26(1): 16–23.

刘桂华, 1996. 青檀耐荫性的初步研究[J]. 经济林研究, 14(2): 7–10, 63.

王因花, 刘翠兰, 王开芳, 等, 2016. 青檀嫩枝扦插繁殖技术研究[J]. 山东农业科学, 48(10): 74–77.

Fang S, Li G, Fu X, 2004. Biomass production and bark yield in the plantation of *Pteroceltis tatarinowii* [J]. Biomass and Bioenergy, 26: 319–328.

（沈香香）

青杨培育 cultivation of cathay poplar

根据青杨生物学和生态学特性对其进行的栽培与管理。青杨 *Populus cathayana* Rehd. 为杨柳科（Salicaceae）杨属树种，中国北方常见的乡土树种，也是重要的高山荒山造林和速生用材树种。

树种概述　落叶乔木。树皮幼时光滑，灰绿色，老时暗灰色，沟裂。短枝叶卵形；长枝或萌枝叶较大，卵状长圆形，长 10～20cm。蒴果卵圆形，3～4 瓣裂，稀 2 瓣裂。花期 3～5 月，果期 5～7 月。中国西南、西北、华北、东北地区均有分布，青海东部和柴达木盆地人工林分布较多。垂直分布于海拔 800～3000m 的沟谷、河岸和阴坡山麓。喜温凉湿润气候，比较耐寒，在极端最低温度 −30℃ 的地方仍能开花结实。对土壤要求不严，适生于土壤深厚、肥沃、湿润、透气性良好的沙壤土、河滩冲积土上，也能在沙土、砾土及弱碱性的黄土、栗钙土上正常生长。根系发达，生长快，萌蘖性强。木材可作家具、建筑用材等，也是造纸等工业原料。

苗木培育　以无性繁殖为主，多采用扦插繁殖方式育苗。春季和秋季均可扦插，苗期管理注意杨树黑斑病和锈病防治。

林木培育　适宜造林地为平原或河滩地，土壤质地为沙壤、中壤或轻壤，多采用穴状整地。立地条件好的地方可选用 1～2 年生壮苗造林，立地条件稍差的地方用 2～3 年生

青杨短枝叶（齐齐哈尔绿源林业科技示范基地）

壮苗造林。栽植时，每株施有机肥 5～10kg、过磷酸钙 0.5kg 左右。每年浇水 2～3 次，每年 5、6 月进行追肥，每次施碳酸氢铵 10～15kg/ 亩或尿素 4～7kg/ 亩。林分郁闭前，每年除草 2～3 次，分别在 5 月、7 月和 8 月。造林后 2～3 年实行修枝定干。造林后 5 年可根据林分生长情况和培育目标进行间伐。培育中、小径材，间伐后株行距约 3m×3m 或 3m×4m，间伐间隔 3～5 年；培育大径材，间伐后株行距约 4m×4m 或 5m×6m 或 6m×6m，每 3～5 年间伐一次。

参考文献

黄科朝, 胥晓, 李霄峰, 等, 2014. 小五台山青杨雌雄植株树轮生长特性及其对气候变化的响应差异[J]. 植物生态学报, 38(3): 270–280.

燕辉, 刘广全, 李红生, 2010. 青杨人工林根系生物量、表面积和根长密度变化[J]. 应用生态学报, 21(11): 2763–2768.

杨鹏, 胥晓, 2012. 淹水胁迫对青杨雌雄幼苗生理特性和生长的影响[J]. 植物生态学报, 36(1): 81–87.

杨自湘, 王守宗, 徐红, 等, 1995. 不同产地青杨的幼树木材材性变异的研究[J]. 林业科学研究, 8(4): 437–441.

（辜云杰，贾晨）

轻基质网袋容器育苗 seedling production with light-medium and fabric container

将育苗基质装入可降解无纺布容器袋内进行苗木培育的方法。基质常用泥炭、蛭石和珍珠岩按一定配比进行配制；可加入释放时间为 5～6 个月的缓释肥，元素含量为 15% 氮（N）+9% 五氧化二磷（P_2O_5）+12% 氧化钾（K_2O）+2% 氧化镁（MgO）+0.02% 硼（B）+0.055% 铜（Cu）+0.1% 铁（Fe）+0.06% 锰（Mn）；基质装袋前，还需利用福尔马林，或高锰酸钾，或硫酸亚铁等进行消毒；并将 pH 调至相应树种的适宜值。然后用轻基质网袋容器机进行装袋。轻基质网袋是用可降解无纺布按照需要用切割机切割成的直径、长度符合相应育苗要求的圆柱形、无底的网袋，并由容器成型机自动装填基质制成圆柱状网袋容器，经容器切段机均匀切成一定长度的轻基质网袋容器。将其摆放在合适的塑料托盘内，播种或扦插育苗前将基质喷透水，即可进行育苗。

优点　①以泥炭作为主要的基础基质，营养成分稳定明确，不板结、保水保肥，质量轻、利于运输，商品化程度提高，能满足容器育苗基质必须具备的条件；②无纺布的网袋容器具有良好的通透性，透气且不易积水，能够促进根系形成根团，利用空气修根原理促使须侧根的大量生长和发育，彻底解决容器苗根系畸形的问题；③由于上述优点，轻基质网袋容器育苗造林成活率高、长势好；④技术难度小、便于掌握，投资小，省工省时。

注意事项　截至 2021 年，可降解无纺布的降解速率相对于造林后苗木根系生长速率仍较慢，影响根系扎入土壤，因此需在造林前去除网袋。

参考文献

张建国, 王军辉, 许洋, 等, 2007. 网袋容器育苗新技术[M]. 北京: 科学出版社.

（李国雷）

秋季造林 afforestation in autumn

在秋末冬初气温逐渐降低、树木生长缓慢时进行的人工林营造。具有适宜时限较长，提高苗木成活率，减少成本，利于生态环境建设，便于安排生产等优点。

秋季播种造林翌春萌发早，还可以省去种实贮藏及催芽工序。进入秋季，树木生长减缓并逐步进入休眠状态，但是根系活动的节律一般比地上部分滞后，而且秋季的土壤湿润，水分较稳定，苗木落叶，地上部分蒸腾量大大减少，所以，苗木的部分根系在栽植后的当年可以得到恢复，翌春发芽早，造林成活率高。秋季造林的时间应在落叶阔叶树种落叶后。有些树种，如泡桐，在秋季树叶尚未全部凋落时造林，也能取得良好效果。秋分到立冬前后是秋季造林的黄金时间。

在春季比较干旱、秋季土壤湿润、气候温暖、鼠兔牲畜危害较轻的地区，可进行秋季栽植。但秋植要适时，若过早，树叶未落，蒸腾作用大，苗木易干枯；若过迟，土壤冻结，不仅栽植困难，而且根系不能完成生根过程，对成活、生长都不利。在秋季和冬季降水量很少的地区或有强风吹袭的地方，苗木易干梢枯死，为了提高造林成活率，秋季栽植萌芽力强的阔叶树种多采用截干栽植。秋季也可以插条造林，但插条要深埋，以免遭受冬季低温及干旱危害。在风大、风多、风蚀严重的沙地及冻拔害严重的湿润黏重土壤，不适于秋季造林。

参考文献

沈国舫，翟明普，2011. 森林培育学[M]. 2版. 北京: 中国林业出版社.

翟明普，2001. 森林培育学[M]. 北京: 中央广播电视大学出版社.

张建国，李吉跃，彭祚登，2007. 人工造林技术概论[M]. 北京: 科学出版社.

（马焕成，陈诗）

秋茄树培育 cultivation of *Kandelia obovata*

根据秋茄树生物学和生态学特性对其进行的栽培与管理。秋茄树 *Kandelia obovata* Sheue, H.Y. Liu et J. W. H. Yong [*Kandelia candel* (L.) Duce] 为红树科（Rhizophoraceae）秋茄树属树种，别名水笔仔、茄行树、红浪、浪柴、茄藤树、红榄；红树林主要组成树种之一。

树种概述 常绿灌木或小乔木。二歧聚伞花序，有花4～9朵；总花梗长短不一，1～3个着生于上部叶腋。果实圆锥形，长1.5～2.0cm，基部直径8～10mm。花果几乎全年可见。自然分布于亚洲热带、亚热带海岸，多生于浅海和河流入海口的冲积带泥滩。中国热带、亚热带沿海滩涂凡是有红树林的地方均有分布，是中国红树林中分布范围最广的红树林植物，广东、福建、香港、台湾及琉球群岛

是秋茄树的世界分布中心。具有胎生、慢生、拒盐和耐寒等特点，对潮位、盐度、土壤适应性广，中低潮滩均能正常生长。幼苗在母树上发育，当胚轴伸长到一定长度胚根朝下吊垂，陆续脱落，脱落时凭借尖锐的胚根先端直插于淤泥中，迅速长根固定，未能插入的则随海浪漂流至适宜地方定居生长。幼苗耐盐性强，可长期在海水中维持生活力，实现远距离传播。结实与繁殖能力强，群落中常有大量的幼苗萌发和幼树生长；人为干扰少的地方群落极为茂密。中国南部沿海地区滩涂消浪红树林中应用最广的造林树种之一；木材为农具柄等小件用材或薪炭材；树皮含单宁17%～26%，可提制栲胶，也可作收敛剂；胚轴富含淀粉，经处理可食用；树叶可作家畜饲料。

苗木培育

胚轴采集 在海南胚轴采集期为2月上旬至3月初，广东为2月下旬至5月初，广西为4月上旬至5月中旬，福建为5月上旬至6月底。在胚轴自然脱落的初中期，可从发育良好、生长健壮的母树上采摘，也可在滩涂上捡取脱落的胚轴，要求胚轴成熟、粗壮、完好。成熟胚轴的特征为棒棍状，紫褐色且较光滑，长17～27cm，鲜重9～20g，胚芽易从果实中分离，芽长1.2～2.0cm。

胚轴运输和贮藏 胚轴应随采随种，采集后尽快运输至造林地插植，最长不超过1周。如不能及时插植，需进行沙埋贮藏（贮藏时间<15天）或5～8℃冷藏（贮藏时间<180天）。运输时，将胚轴装在潮湿的麻袋中，以便保持水分。插植之前，用0.1%～0.2%的高锰酸钾浸泡12小时杀菌。

林木培育

造林地选择 适宜的造林地为淤泥深厚、肥沃，海水盐度低于20‰、风浪小的中潮滩，在各地的宜林潮滩高程因潮汐特点（潮汐类型、潮差、潮汐日不等）不同而异。造林之前，要清除滩涂上的垃圾和割除杂草。

栽植 适宜的造林时间为3～5月，采用胚轴直接插植。应避开当月大潮，最好是大潮刚过后2～3天，选择退潮后的阴天或晴天插植。胚轴插植后7天左右开始发根。淤

图1 秋茄树胚轴

图2 秋茄树人工林

泥深厚、风浪大的地方应适当深栽,插植深度约为胚轴长度的 2/3,土质硬实、风浪小的滩涂插植深度为 1/3 ~ 2/3;因潮滩生境条件恶劣,胚轴宜适当密植,还可采用丛栽(每穴 3 ~ 4 株),株行距为 0.5m×1m 或 1m×1m,采用三角形或正方形栽植,林带宽度视林地情况而定。最好与桐花树、白骨壤等生长习性比较接近的树种进行块状或带状混交,以形成复合林分结构。

抚育 新造林地需封滩 3 年,禁止任何形式的捕捞活动。幼林地外围设置围网,减少人为干扰和垃圾危害,防止螃蟹和老鼠等动物进入林地、啮食幼苗。定期清理造林地内及缠绕在幼苗幼树上的垃圾杂物和海藻,及时处理造林地内的油污,对倒伏、根系暴露的幼苗幼树进行扶正和培土,对缺损的幼苗幼树采取补植措施,确保造林成活率不低于85%。

病虫害防治 苗期有时发生茎腐病,需及时清除病株,在海水返潮时撒上适量石灰消毒;用等量式波尔多液或敌克松(50% 敌磺钠湿粉)600 ~ 1000 倍液喷雾 3 ~ 4 次。考氏白盾蚧(*Pseudaulacaspis caspiscockerelli*)主要寄生于叶面,受害部位呈黄色褪绿斑,在卵孵化盛期及时喷洒 50% 灭蚜松乳油 1000 ~ 1500 倍液。丽绿刺蛾(*Latoia lepida*)的低龄幼虫取食叶表皮或叶肉,可在 6 ~ 8 月盛蛾期设诱虫灯诱杀成虫;在低龄幼虫期,用国光依它 45% 丙溴辛硫磷 1000 倍液,或国光乙刻 20% 氰戊菊酯 1500 倍液 + 乐克 5.7% 甲维盐2000 倍液混合液,国光必治 40% 啶虫毒死蜱 1500 ~ 2000 倍液喷杀幼虫,可连用 1 ~ 2 次,间隔 7 ~ 10 天。

参考文献

广东省林业科学研究所, 1964. 海南主要经济树木[M]. 北京: 农业出版社.

王伯荪, 廖宝文, 王勇军, 等, 2002. 深圳湾红树林生态系统及其持续发展[M]. 北京: 科学出版社.

王文卿, 王瑁, 2007. 中国红树林[M]. 北京: 科学出版社.

张方秋, 李小川, 潘文, 等, 2012. 广东生态景观树种栽培技术[M]. 北京: 中国林业出版社.

郑德璋, 廖宝文, 郑松发, 等, 1999. 红树林主要树种造林与经营技术研究[M]. 北京: 科学出版社.

(廖宝文,李玫)

楸树培育 cultivation of *Catalpa bungei*

根据楸树生物学和生态学特性对其进行的栽培与管理。楸树 *Catalpa bungei* C. A. Mey. 为紫葳科(Bignoniaceae)梓属树种,中国华北、华中和华东特有乡土树种,重要的用材林和园林绿化树种。

树种概述 落叶乔木。树皮褐色或灰白色,纵裂、斑块状翘裂等。叶阔卵形或卵形,全缘或三浅裂,下表面基部具 2 个灰色腺斑。蒴果线形,长度可达 0.9m;种子梭形,两端具白色种毛。在中国华北、华中和华东地区均有分布,一般为降水量高于 600mm 的平原区、山地丘陵区。喜光,对土壤水、肥状况敏感,耐旱性较强,不耐水淹。幼龄期易发生根结线虫病。木材耐腐蚀,不易翘、裂、虫蛀,纹理通直,花纹美观;加工性能良好,刨、锯、镟切容易,涂饰性能良好。木材用途广泛,可作家具、乐器、贴面板、造船,以及特种用材等用。也常作园林绿化树种。

苗木培育 以无性繁殖为主,多采用嫁接、扦插、组织培养等方法。嫁接育苗用梓树为砧木,选择灌溉和交通方便的苗圃地。培养 1 年生苗,株行距 30cm×40cm。冬季停止生长、封顶 1 个月后,或初春树液流动前,采集穗条。在春季砧木芽体膨大、树液开始流动前嫁接。采用木质部贴芽接。随嫁接随剪砧,剪砧后立即涂抹接蜡。嫁接后 90 ~ 110 天,当嫁接苗长到 50 ~ 70cm 时解绑。扦插育苗技术要点:采集直径 1.5 ~ 3.0cm 的根或 1 年生苗干、树干基部的萌条,在温室或温棚中催芽,催芽床温度保持在 12 ~ 25℃,室温或棚温保持在 15 ~ 30℃;相对湿度保持在 75% ~ 80%。当嫩枝呈半木质化状态时扦插,插穗在浓度 100mg/L 的 ABT 1 号生根粉溶液中浸泡 0.5 小时,或在浓度 500mg/L 的萘乙

图1 楸树组培苗规模化繁育（河南郑州）

图3 楸树城市行道树（河南灵宝）

图2 农楸间作用材林（河南洛宁）

图4 楸树良种示范林（湖北石首）

酸溶液中速蘸3秒，扦插深度为插穗长度的1/2～2/3。

林木培育 造林地选择土层深厚（50～60cm以上）、湿润、肥沃、疏松的中性土、微酸性土和土层深厚的钙质土；不宜选择土壤含盐量超过0.10%、干燥瘠薄的砾质土和结构不良的黏土以及干旱、水涝的土壤。在平原地区要求土壤质地为沙壤土、壤土和土层中有黏土层的土壤，地下水位1.5m以上；山地要求低山山坡下部、河流的两侧、沟谷地带；黄土高原地区要求塬面、沟坡下部、川道。

采用植苗造林，使用1年生Ⅰ级苗、Ⅱ级苗（地径大于2.0cm，苗高大于1.9m）。平原地区非基本农田提倡楸农间作，行距30～50m，株距4～5m，每公顷60～90株，以培养大径材为主，可兼作农田防护林。在丘陵山地的梯田或条田进行楸农间作，行距与梯田或条田的宽度相等，株距可采取4～5m，以栽植田埂外沿为主。在村旁、路旁、水旁、宅旁等地进行栽植，根据四旁的立地条件和周围环境确定单株栽植或群植，要求栽植胸径大于6cm以上的大苗。平原地区设计间伐的株距为2～3m，行距为4m，待胸径达到20cm左右时进行间伐；设计不间伐的株行距为4m×5m。

在平原区为防止干热风危害和促进苗木主干生长，提倡平茬造林。平茬后，待需要保留的生长最健壮的萌生枝高度达到10～15cm时，及时抹掉其他的萌生枝以育干；每年在树木进入生长旺季时，及时抹除主干上萌生的所有侧芽，以保证主干的生长。造林翌年发芽前，在幼树主梢上部10～20cm处的芽眼以上1～2cm进行短截。当顶部萌芽生长高度5～10cm时定主芽，抹去其他萌芽，促进顶芽生长，以形成高大主干。造林第三年应开始修枝，前10年修枝强度枝下高应为树高的2/3，以后修枝使枝下高为6～8m。

参考文献

麻文俊，张守攻，王军辉，等，2013. 楸树新无性系木材的物理力学性质[J]. 林业科学，49(9): 126-134.

国家林业局，2013. 珍贵用材林栽培技术规程 楸树: LY/T 2125—2013[S]. 北京: 中国标准出版社.

国家林业局，2015. 楸树嫁接育苗技术规程: LY/T 2534—2015[S]. 北京: 中国标准出版社.

（王军辉，麻文俊）

球果 cone

果实类型的一种。木质化鳞片叶聚集而成的球形或椭圆形的果实。大多数裸子植物具有的生殖结构。通常由果轴、苞鳞、不发育的短枝、种子、种鳞等组成。由雌球花演变而来。裸子植物中杉科、柏科、松属、落叶松属、云杉属、冷杉属等的果实均为球果。

华山松球果（蒙海斌 摄）

球果脱粒是种子生产的重要环节。首先要经过干燥，使球果的鳞片失水后反曲开裂，种子即脱出。球果干燥的方法有自然干燥法和人工干燥法。

参考文献

孙时轩, 1992. 造林学[M]. 2版. 北京: 中国林业出版社.

Bonner F T, Karrfalt R P, 2008. The woody plant seed manual [M]. Washington D C: USDA, Forest Service.

（喻方圆）

全面整地 overall site preparation

对造林地土壤进行全部翻垦的整地方法。又称全垦。

特点 改善立地条件的作用显著，甚至可以改变小地形；清除灌木、杂草、竹类彻底，便于实现机械化作业及林粮间作，造林后苗木容易成活，幼林生长良好。但用工多，投资大，易发生水土流失，受地形条件（如坡度）、环境状况（岩石、伐根、更新的林木）、劳力和经济条件的限制较大。

整地深度 可根据造林树种的根系情况、土层厚度等具体确定，一般机械翻耕深度22～25cm。

适用范围 平坦地区，主要是草原、草地、滩涂、盐碱地、无风蚀的固定沙地和水土流失不严重的缓坡，滩涂、盐碱地可在栽植绿肥植物改良土壤或利用灌溉淋洗盐碱的基础上深翻整地。

限定条件 主要是坡度、土壤结构和母岩。①花岗岩、砂岩等母岩上发育的质地疏松或植被稀疏的地方，一般应限定坡度在8°以下。②土壤质地比较黏重而植被覆盖较好的地方，坡度不宜超过15°，如坡度较大，可全垦后再修筑水平阶。③全面整地不宜集中连片或面积过大，如坡面过长时，山顶、山腰或山脚等部位应适当保留原有植被。保留的植被一般应沿等高线呈带状分布，并辅以保水土埂和排水沟等防止水土流失措施。

参考文献

翟明普, 沈国舫, 2016. 森林培育学[M]. 3版. 北京: 中国林业出版社.

（张露）

全期生长型 neoformed growth; free growth

苗木高生长期持续整个生长季节的生长类型。苗木的生长与否由遗传因素和环境因素共同控制，没有预先形成的特殊结构。全期生长型的树种有杨、柳、榆、刺槐、紫穗槐、悬铃木、泡桐、山桃、山杏、桉树、杜仲、椴树、黄波罗、油橄榄、落叶松、侧柏、杉木、柳杉、圆柏、杜松、湿地松、雪松和罗汉柏等。北方树种的生长期为3～6个月，南方树种的生长期为6～8个月，有的达9个月以上（热带地区除外）。

全期生长型苗木的叶生长和新生枝条的木质化同时进行，到秋季达到充分木质化。高生长在年生长周期中一般出现1～2次生长暂缓期，与直径和根系生长高峰交互出现，高生长暂缓期就是直径和根系生长速生期。幼苗期前期根系生长比高生长快，后期高生长速度逐渐超过根系而进入速生期。出现第一个高生长高峰时，苗木已枝叶繁茂，地上部分的营养器官发达，是需要水、肥量最多的时期，而根系生长较缓慢。地上部分生长旺盛的枝叶制造大量碳水化合物输送到根部，促进了根系加速生长。高生长速生暂缓期的气温高、光照强，不利于苗木高生长；而土壤温度较气温低，土壤水分充足，适于根系生长。待根系速生高峰过后，高生长又出现第二次速生高峰期。

参考文献

刘勇, 2019. 林木种苗培育学[M]. 北京: 中国林业出版社: 104-105.

沈国舫, 翟明普, 2011 森林培育学[M]. 2版. 北京: 中国林业出版社: 130-135.

沈海龙, 2009. 苗木培育学[M]. 北京: 中国林业出版社: 97-104.

（沈海龙）

全自动温室 automatic greenhouse

林业生产中苗木培育的主要设施。通过人工智能系统控制苗木生长环境中的因子，模拟不同苗木最适生长环境的玻璃温室。全自动温室的核心是智能控制系统，可实时监测温室内部的光照、温度、湿度、二氧化碳（CO_2）浓度等环境因子，并经过智能计算后自动调节控制温室内外遮阳系统、顶开窗、侧开窗和风机水帘等，从而营造出苗木生长的最适环境。骨架采用热镀锌钢管和防锈螺栓连接，以玻璃为采光

全自动温室（马祥庆 摄）

材料，配备相应的辅助设施，如外遮阳、内遮阳、湿帘风机降温系统、侧开窗、顶开窗、内部保温系统、加热系统、循环系统、喷灌滴灌系统等。可根据育苗的实际需求定制，包含太阳追寻单元、数据设定单元、太阳能接纳贮存设备、温度检测模块、湿度检测模块、光照强度检测模块、主控单元、温控单元、湿控单元、光控单元、报警单元和无线网络设备等。

与传统的塑料大棚和日光温室相比，全自动温室能在苗木培育过程中自动调整苗木生长需要的光、水、温度、养分等条件，实时监控苗木生长发育状况，有效提高规模化育苗的经济效益。全自动温室的环境适应能力强，不受所在地区环境条件的限制，在光照不足、干旱、寒冷和炎热地区均可使用，可实现全年苗木的工厂化生产，培育高产优质苗木，满足大规模人工造林的苗木需要。

参考文献

陈青云, 2008. 日光温室的实践与理论[J]. 上海交通大学学报: 农业科学版 (5): 343–350.

李天来, 2005. 我国日光温室产业发展现状与前景[J]. 沈阳农业大学学报, 36(2): 131–138.

（马祥庆，闫小莉，吴鹏飞）

群落生境图　biotope mapping

以群落生境为对象用 ArcGIS 软件绘制而成的图件。近自然森林经营的基础，可为近自然森林经营措施的制定提供依据。

群落生境图是从传统的作为森林经营计划工具的立地条件分类制图演化而来，本质上是制作表达一定生物的生活空间类型的景观生态图。按德国森林法的规定，群落生境图是制定森林经营计划的必备文件之一。在实际群落生境制图工作中产生的是分别反映森林演替、自然保护、立地条件、物种构成、近自然度和经营目标评价、经营规划及措施等的一系列具体的专题图。近自然经营的群落生境与原有森林经营中的森林立地概念基本一致但侧重点不同，前者注重原生植物群落与综合立地因子之间的关系，后者注重立地因子的生产力估计和评价。

参考文献

陆元昌, 2006. 近自然森林经营的理论与实践[M]. 北京: 科学出版社.

（惠刚盈）

群状渐伐　group-shelterwood cutting

以一些小的更新群为中心进行同心圆带状采伐的渐伐方式。

见渐伐。

（孟春）

群状配置　group spacing

植株在造林地上呈不均匀的群丛状分布，群内植株密集、群间间隔很大的种植点配置方式。又称团状配置、簇式配置、植生组配置。特点是群内能很早达到郁闭，有利于抵御外界不良环境因子（如极端温度、日灼、干旱、风害、杂草竞争等）的危害。随着年龄增长，群内植株明显分化，株间竞争加剧，可通过间伐去弱留强，选择定株，直到群间郁闭成林。

群状配置在利用林地空间方面不如行状配置，单位面积产量也不高，但在适应恶劣环境方面有显著优点，适用于较差的立地条件及幼年较耐阴、生长较慢的树种，以及迹地更新和林分改造。在杂灌木竞争较剧烈的地方，用群状配置方式引入针叶树，每公顷 200～400 群，群间允许保留天然更新的珍贵阔叶树种，这是林区人工更新中一种行之有效的形成针阔混交林的方法。在华北石质山地营造防护林时，用群状配置方式是形成乔—灌—草结构防护效益较好林分的主要方法。这种方法也可用于次生林改造。在天然林中，有一些种子颗粒大且幼年较耐阴的树种（如红松）及一些萌蘖更新的树种也常有群团状分布的倾向，这种倾向有利于种群的保存和发展，可加以充分利用并适当引导。

群状配置既有有利方面，也有不利方面。在幼年时，有利作用占主导地位，但到一定年龄阶段后，群内过密，光、水、肥的供应紧张，不利作用上升为主要矛盾，需要及时定株和间伐。

群状配置可采用大穴密播、多穴簇播、块状密植等。群的大小要从环境需要出发，从 3～5 株到十几株。群的数量一般相当于主伐时单位面积适宜株数。群的排列可以是规整的，也可随地形及天然植被变化而做不规则的排列。

参考文献

高育剑, 2012. 青山白化治理技术研究与实践[M]. 杭州: 浙江科学技术出版社.

王礼先, 等, 2000. 林业生态工程技术[M]. 郑州: 河南科学技术出版社.

翟明普, 沈国舫, 2016. 森林培育学[M]. 3版. 北京: 中国林业出版社.

（曹帮华）

群状择伐　group tree selection cutting

小团块状采伐成熟林木的择伐方式。

见择伐。

（孟春）

R

热岛效应　heat island effect

城市气温明显高于郊区及周边地区的现象。又称城市热岛效应。

英国学者霍华德（Lake Howard）于1818年在观测对比伦敦城区与郊区气温时发现并首次形成文字记录。1958年英国曼利（Manley）首次明确提出了"城市热岛"（Urban Heat Island，简称UHI）这一概念。现普遍认为城市热岛效应是在不同的气候条件下，在人类活动特别是城市化因素影响下形成的一种特殊小气候，是由于城市生态环境失调引起的一种现代城市环境问题。热岛效应产生的原因主要有城市下垫面性质、人为热源和大气污染等。

热岛类型　学术界将热岛分为3种类型：①表面热岛。指城市表面温度高于乡村地区（自然区域）表面温度时形成的热岛。②城市覆盖层热岛。指从城市地表到建筑物高度范围内的热岛现象，一般在夜晚云层或风很少的稳定大气层中可以观察到，而在白天，城市覆盖层热岛十分微弱或根本就不出现。③城市边界层热岛。指产生于从城市覆盖层上方一直到城市下垫面能够影响到的大气层高度范围内的热岛现象，它的厚度在白天可以达到1km以上，在夜间则会萎缩至几百米以下。城市热岛的衡量指标主要采用英国奥凯（Oke）于1982年提出的城市热岛强度，一般采用城区与郊区气温的差值来衡量。

城市热岛的时空变化　晴朗无风的天气下，热岛效应具有夜晚强、白昼午间弱的日特征和工作日强、周末弱的周特征，以及最大值出现在秋、冬季节，夏季最小的年变化特征；而未表现出这种变化特征的现象则与风速、云量、天

气形势和低空气温直减率等密切相关。同时，热岛效应还具有同一城市不同区域、不同城市之间存在差异的空间特征，其空间分布因高度的不同而有所差别。

热岛效应既影响城市大气质量，导致城郊风，还容易影响人居环境，引起失眠、压抑、工作效率下降、忧郁、精神

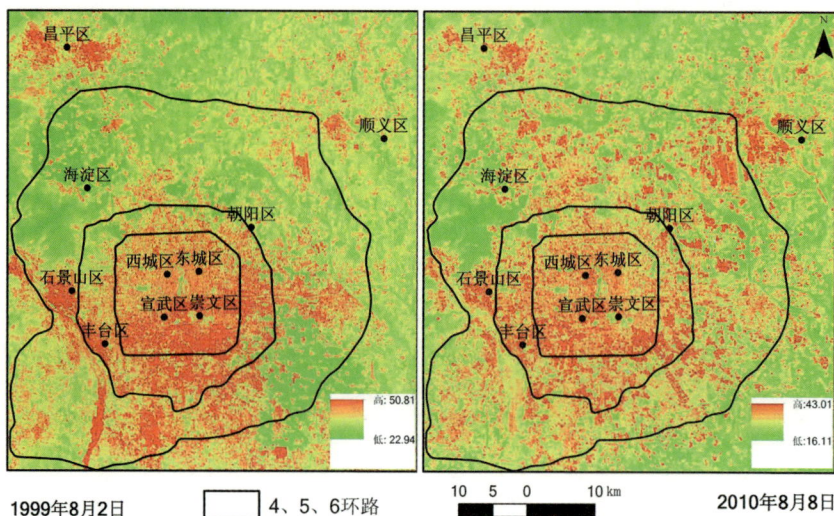

图1　北京市城区1999年8月2日和2010年8月8日亮温分布图（贾宝全　提供）

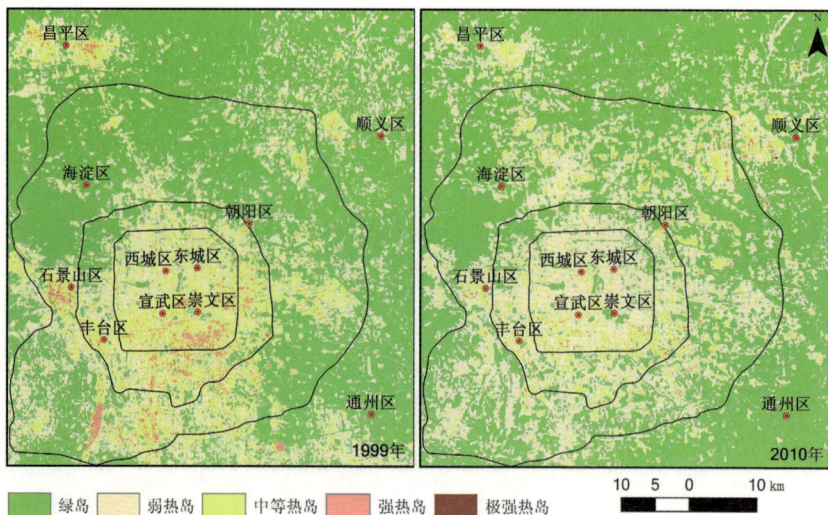

图2　北京市城区1999年8月2日和2010年8月8日亮温分级分布图（贾宝全　提供）

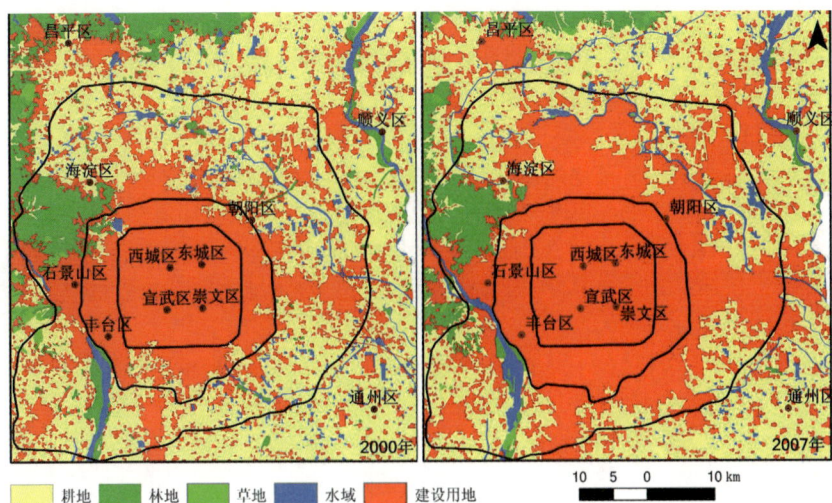

图3 北京市城区2000年和2007年土地利用—土地覆盖图（贾宝全 提供）

图例：耕地 林地 草地 水域 建设用地

萎靡等状况，严重的可以影响到当地的经济发展以及城市植物的物候发育。

城市热岛研究方法 主要有3种：①地面气象资料观测法。利用若干城区气象站和郊区气象站数据，选取平均气温、最高温度、最低温度等指标，利用"城市热岛强度（UHII）=城区温度−郊区温度"来衡量其强度大小。②数学模型模拟法。利用各种大气边界层模型，研究地表与城市大气边界层之间复杂的热力交换过程，定量分析城市下垫面能量交换与温度场的基本特征及其随时间变化的规律。应用较多的大气模型主要有城市冠层模式(UCM)和计算流体力学模式(CFD)。③遥感观测法。利用卫星热红外传感器所接收的地表辐射信息进行城市热岛效应测定的方法。具有大范围同步覆盖、数据获取迅速、成本低廉、克服传统气象站点观测无法实现面状覆盖的缺陷等优点，是应用最多的研究手段，其城市热岛强度的衡量一般以相对亮温来刻画。

热岛效应是伴随城市化进程始终的生态环境问题之一。它的存在不仅影响城市居民的生活与工作质量，也严重干扰城市的各种自然与生态过程，并对城市的生态安全构成一定威胁。城市蓝绿空间，尤其是城市森林绿地，因其冷岛效应对于减缓城市热岛效应具有积极作用，成为城市森林生态服务功能的重要考量内容，也是重构城市生态环境可持续发展的最重要途径。

参考文献

陈云浩，李京，李小兵，2004. 城市空间热环境遥感分析[M]. 北京：科学出版社.

Manley G, 1958. On the frequency of snowfall in metropolitan England [J]. Quarterly Journal of the Royal Metrological Society, 84: 70−72.

（贾宝全）

人工除草 manual weeding

通过人力直接手动拔除或使用锄头、镰刀等农具去除杂草的一种除草方法。适用于杂草和苗木混杂程度高、杂

草数量不多、劳动力资源丰富或机械化实施条件困难的苗圃地。

人工除草具有操作技术简单、除草目标明确、操作方便、效果好，不用预留机械行走位置，并对圃地苗木生长无副作用，能够清除苗木株间杂草，除草彻底等优点。但该方法劳动力需求量大、工作效率低。

见苗圃除草。

参考文献

沈海龙，2009. 苗木培育学[M]. 北京：中国林业出版社：204−210.

赵忠，杨吉安，2003. 现代林业育苗技术[M]. 杨凌：西北农林科技大学出版社：83−95.

（郑郁善，陈礼光）

人工纯林改建 pure plantation rehabilitation

针对低效人工纯林所采取的抚育措施。即通过抚育、复壮、结构调整等技术措施改造低效人工纯林，使其转变为高产高效林分。低效人工林是指人工造林及人工更新等方法营造的森林，因造林或经营技术措施不当而形成的低产低质低效林分。

低效人工林形成的原因多种多样，主要包括：①造林树种（品种）或种源选择不当，未能做到适地适树（品种）；②整地过度粗放、造林技术应用不当；③造林密度过大或保存率过低；④抚育缺失或管理措施不当；⑤遭受严重自然灾害干扰。由于上述原因造成林木生长衰退、地力退化、生态功能与效益低下，难以恢复正常生长，不能实现预期的培育目标。如：20世纪70年代，过分强调杉木速生丰产林集中连片，违背了适地适树原则，导致形成大面积杉木低效林分；杨树单一品种（无性系）大面积造林后，病虫害严重，地力消耗加剧，林分产量、质量严重下降；2008年初南方特大冰雪灾害，人工纯林受害严重，不少杉木林分树干折断或断梢率达60%，湿地松树干折断及翻蔸比例超过40%，林相残破，难以恢复正常生长。

根据低效人工林的形成原因，针对性采取育林技术措施。人工纯林改建措施主要有：①树种更替。适用于没有做到适地适树的低效林，通过树种更替，选择适宜树种重新造林。②立地改良。对于整地粗放及幼林抚育不当而形成的低效林，可通过林地土壤改良措施，如深翻土壤、开沟埋青、科学施肥等，改善立地条件，促使林分恢复正常生长。③调整结构。主要包括调整树种组成和密度，可结合密度调整，引进优良抗性树种；对针叶人工纯林采取抽针补阔，对阔叶人工纯林采取栽针保阔，调整林分树种（品种）组成结构。如：在立地土壤条件较好的迎风山坡营造杉木纯林，因常年大风吹袭而生长不良；通过引进抗风力强的树种如马尾松、柳杉，把林分改造成混交林，杉木生长得到有效改善，林分生产力和功能效益显著提高。④平茬复壮。对于因缺乏管

护，遭受人、畜破坏或病虫、风雪等危害而形成的低价值人工纯林，如果树种具有较强的萌芽能力，常采用平茬复壮的方法，促进林木恢复生长。如泡桐、杨树、楸树、栎类、水杉、水曲柳等树种，都可进行平茬复壮，林分生长量大幅提高，并能形成通直主干。

参考文献

国家林业局, 2017. 低效林改造技术规程: LY/T 1690—2017[S]. 北京: 中国标准出版社.

翟明普, 沈国舫, 2016. 森林培育学[M]. 3版. 北京: 中国林业出版社.

（徐小牛）

人工促进天然更新 artificially promoted natural regeneration

在迹地具备天然更新条件，但不具备或者不完全具备种子萌发出苗条件或伐根不具备萌芽或根蘖条件时，采取的人工促进更新措施恢复森林的更新方式。又称促进天然更新。

具备天然更新条件指迹地内或迹地附近有充足的母树和种子来源、种子可有效传播到需要更新的地点，或者迹地内有满足萌芽更新或根蘖更新的伐根等。人工促进更新措施指人工补植补播以弥补天然种苗的分布不均匀、进行部分块状或带状松土或火烧清理、除去过厚的枯枝落叶层或茂密的草类和灌木，以改善发芽和幼苗幼树生长发育的条件等。

适用范围 ①经过强度采伐的择伐迹地；周围有母树而种子又能传播到的皆伐迹地；各种形式的渐伐迹地；有下种母树的各类疏林地；种子有效传播距离内的弃耕地。②补植改造或综合改造的低产（效）林地。③采伐后保留目的树种天然幼苗、幼树较多，但分布不均匀、规定时间内难以达到更新标准的迹地。

更新技术 ①种源保障和种子传播促进技术，主要包括采取合适的伐区排列方式，如带状间隔皆伐、带状连续皆伐、块状皆伐；保留一定数量的母树；根据主风方向确定保留带等。②种子萌发和幼苗生长发育微生境改善技术，主要包括采伐剩余物、活地被物、死地被物等清理，整地，生长空间（光照条件）调整等。③人工补植（补播）技术，主要是人工补植珍贵树种或目的树种。

参考文献

汉斯·迈耶尔, 1986. 造林学: 第一分册[M]. 肖承刚, 贺曼文, 译. 北京: 中国林业出版社.

黄枢, 沈国舫, 1993. 中国造林技术[M]. 北京: 中国林业出版社.

翟明普, 沈国舫, 2016. 森林培育学[M]. 3版. 北京: 中国林业出版社.

（张鹏）

人工更新 artificial regeneration

在各类迹地上用人工方法恢复森林的更新方式。中国森林更新的主要技术手段。主要有播种更新、植苗更新，以及插条或分根、埋茎等更新方法。

人工更新的优点是幼苗幼树生长较迅速，便于更换树种；缺点是更新成本较高，若伐后地面暴露，易引起水土流失和土壤退化；耐阴树种易遭受霜害，特别是所形成的同龄林易遭受病虫危害。

人工更新适用范围：①需改变树种组成的林地；②皆伐迹地；③皆伐改造的低产（效）林地；④原集材道、楞场、装车场、临时性生活区、采石场等清理后用于恢复森林的空地；⑤工业原料林、经济林更新迹地；⑥非正常采伐（盗伐）破坏严重的迹地；⑦采用天然更新较困难或在规定时间内不能达到更新要求的迹地。

人工更新技术应符合造林的一般要求，即要使用良种壮苗，做到适地适树，密度和林分结构合理；要进行细致整地、精细栽植（播种）和抚育保护。此外，应充分利用迹地上已有的更新幼苗和幼树，加快更新进程，节省更新成本；针对不同的迹地类型，采取不同的人工更新机制和方法，做到生物学和经济学合理；注重森林质量和效益的提升，合理调整树种组成和林分结构。为确保采伐迹地及时有效的更新，中国采取"以人工更新为主、人工和天然更新结合"的森林更新方针。

参考文献

汉斯·迈耶尔, 1986. 造林学: 第一分册[M]. 肖承刚, 贺曼文, 译. 北京: 中国林业出版社.

黄枢, 沈国舫, 1993. 中国造林技术[M]. 北京: 中国林业出版社.

翟明普, 沈国舫, 2016. 森林培育学[M]. 3版. 北京: 中国林业出版社.

（张鹏）

人工林 plantation; artificial forest

人工起源的森林。即在没有森林的地方（裸地）或以前的天然林或人工林采伐后或被火烧等自然灾害破坏的地方（迹地），通过人工造林或人工更新而形成的森林。通常培育目标明确，具有明显的人工痕迹。具有明确的林种，如用材林、能源林、经济林、防护林、特种用途、四旁植树等。人工林已经成为全球森林生态系统的重要组成部分，在满足日益增长的木材需求和生态环境保护功能方面占有越来越重要的地位。

人工林的特点和作用 人工林是按照人类需求、遵循自然规律而人工建立的森林。在满足树种特性对立地条件要求的前提下，根据人类的需要确定造林树种（很多时候使用的树种或品种是经过精心选育的良种），按照适宜的树种组成、均匀合理的林分密度和水平与垂直结构而建立和经营管理。所以一般人工林的产量比较高、生长速度比较快，木材或其他目标产品更符合市场需求、更方便于开发利用、主要收益产出高等。

人工林是森林资源的重要组成部分，在生态修复、景观重建、环境改善、木材生产、非木质林产品生产、生物多样性保护和应对气候变化等方面发挥着重要的作用。当前和未来，人工林不仅是缓解采伐天然林资源、提供木材供给的有效补充，更是实现绿色发展的途径。人工林建设目标已经从以木材生产为主转向木材生产、非木材林产品生产和充分发挥生态和社会功能并重。发展人工林已经成为解决木材供给安全的根本出路、强化生态环境建设的必然选择、增加森林资源的有效途径。

世界人工林概况　据联合国粮农组织统计（FAO，2020），2020 年世界人工林面积 2.94 亿 hm²，约占全球森林总面积的 7%；各大洲人工林分布比例差别较大，见下表。按照气候带划分，温带地区人工林面积最大，为 1.5 亿 hm²；热带和寒带地区人工林面积其次，均约为 0.6 亿 hm²（联合国粮农组织，2016）。人工林提供了全球 50% 以上的工业用材。

2020 年各大洲人工林面积

指标	亚洲	非洲	欧洲	北美和中美洲	南美洲	大洋洲	合计
面积（亿 hm²）	1.35	0.12	0.75	0.47	0.20	0.05	2.94
占全球人工林面积（%）	45.9	4.1	25.5	16.0	6.8	1.7	100
占该区域森林面积（%）	22	2	7	6	2	3	7

根据联合国粮农组织资料（FAO，2020）整理。

人工林对全球森林生态服务功能的提升和发挥起到重要的作用，农田防护林、防沙治沙林主要是人工林。亚洲地区人工林面积接近全球的一半，人工林已经成为亚洲地区木材的主要生产来源。欧洲森林开发利用较早，18～19 世纪工业化时期天然林被大规模采伐利用后通过人工造林恢复和重建，天然林和人工林交错在一起，区别不太明显，但各国之间差异很大。各区域人工林造林树种差异也很大，既有国际性广布树种，也有区域特色树种。桉树和杨树是国际性广布树种，广泛用于速生丰产工业人工林建设，杨树还是农田防护林、城乡绿化和四旁植树重要树种。北美黄杉、火炬松、湿地松等是北美洲和欧洲各国人工林建设的重要树种，并被亚洲和非洲广泛引种。欧洲赤松、挪威云杉、欧洲樱桃是欧洲区域广泛造林的树种。松树类、云杉类、落叶松类、杉类、柏类、栎类等类的树种广泛应用于人工造林，但区域不同各类树种中具体的种也不同。

人工用材林是人工林中最重要的组成部分，如新西兰

17 年生兴安落叶松人工林（黑龙江省铁力林业局）（沈海龙　摄）

用 16.1% 的林地面积上的人工生产的木材占全部用材生产量的 93%；智利用 17.1% 的林地面积上的人工林生产的木材占全部用材生产量的 95%；委内瑞拉用 0.2% 的林地面积上的人工林生产的木材占全部用材生产量的 50%；赞比亚用 1.3% 的林地面积上的人工林生产的木材占全部用材生产量的 50%；巴西用 1.2% 的林地面积上的人工林生产的木材占全部用材生产量的 60%；澳大利亚用 2.0% 的林地面积上的人工林生产的木材占全部用材生产量的 50%；阿根廷用 2.2% 的林地面积上的人工林生产的木材占全部用材生产量的 60%；意大利用 1% 的林地面积上的杨树人工林生产的木材占全部用材生产量的 50%。公益林中人工林也是重要的组成部分，如农田防护林的主体基本上是人工林。

中国人工林概况　中国人工林面积居世界第一。从 20 世纪 50 年代起开始大规模的荒山荒地造林绿化工作，人工林保存面积和蓄积量都实现了连续 40 年稳步快速增长。2014—2018 年第九次全国森林资源清查结果，全国森林面积 2.2 亿 hm²，森林蓄积量 175.6 亿 m³，其中人工林面积 7954.28 万 hm²，占有林地面积的 36.45%；人工林蓄积量 33.88 亿 m³，占全国总蓄积量的 19.86%。人工林面积 400 万 hm² 以上的省（自治区）有广西、广东、内蒙古、云南、四川和湖南，它们的人工林面积合计占全国人工林总面积的 43.50%；其中广西人工林面积（733.53 万 hm²）和蓄积量（34516.12 万 m³）均最大，分别占全国人工林总面积和总蓄积量的 9.22% 和 10.19%。按人工林优势树种（组）组成所占面积排名，排在前 10 位的分别是杉木、杨树、桉树、落叶松、马尾松、刺槐、油松、柏木、橡胶树和湿地松，面积和蓄积量合计分别为 3635.88 万 hm² 和 231954.73 万 m³，分别占中国人工乔木林总面积 5712.67 万 hm² 和总蓄积量 338759.96 万 m³ 的 63.65% 和 68.47%。按人工林的林种结构统计，用材林 3265.25 万 hm²，占人工林总面积的 41.05%；防护林 2446.33 万 hm²，占人工林总面积的 30.75%；经济林 2021.86 万 hm²，占人工林总面积的 25.42%；特用林 202.77 万 hm²，占人工林总面积的 2.55%；薪炭林 18.07 万 hm²，占人工林总面积的 0.23%。中国人工林已经成为提供木材和木质纤维的主要基地，也提供了大量的多种多样的非木材林产品；人工林也是重要的碳汇来源，是各种生态公益功能的重要提供者。

参考文献

方升佐，2018. 人工林培育：进展与方法[M]. 北京：中国林业出版社.

国家林业和草原局，2019. 中国森林资源报告(2014—2018)[M]. 北京：中国林业出版社.

联合国粮食及农业组织，2016. 2015年全球森林资源评估报告[R]. 罗马.

盛炜彤，2014. 中国人工林及其育林体系[M]. 北京：中国林业出版社.

孙时轩，1992. 造林学[M]. 2版. 北京：中国林业出版社.

FAO，2020. Global forest resources assessment 2020: Main report[OL]. Rome. https://doi. org/10. 4060 /ca9825en.

（沈海龙）

人工林地力衰退 site productivity decline of plantation

人工林培育中出现的立地质量和生产力下降的现象。

人工林地力衰退本质上是指人工林立地质量的下降，其内涵包括 3 个层次：①人工林土壤退化。主要体现在土壤侵蚀和土壤性状恶化，其中土壤板结、有机质含量下降、养分亏缺和生物活性的改变更为明显。②立地生产力下降。通常表现为单一树种或连栽导致的生产量逐代递减的现象。③林地环境退化。主要表现在大面积连片连栽导致的区域物种多样性下降和生态环境的改变，进而导致人工林的稳定性下降。

人工林地力衰退的原因，由于研究者研究的人工林对象不同，先后提出了多种假说，如养分亏缺、土壤中毒、土壤酸化等。英国著名学者 J. Evans（1990）认为，人工林连作导致收获下降可用气候波动、专性养分亏缺、杂草竞争、收获时严重立地干扰或没有做到适地适树等来解释。

第二次世界大战后，全球人工林面积迅速增加，特别是在热带和亚热带地区发展极为迅速。但是人工林地力衰退的问题也逐步显现，特别是由单一树种营造的人工林进入第二代后普遍出现产量逐代下降的现象，引起了人们对人工林地力衰退广泛的关注和讨论。从 1990 年的国际林联第 19 届世界大会以来，历届大会都不同程度地将人工林长期生产力的保持作为重要的议题加以讨论。

杉木是中国南方集体林区最重要的速生丰产用材树种，由于连作导致地力衰退和生产力下降比较明显。杉木人工林地力衰退主要是不合理的培育措施导致的，如单一的群落结构、过短的轮伐期、不合理的营林措施等。具体的防治对策为营建杉阔混交林，进行现有纯林的近自然改造，适当延长轮伐期，以维护和提高立地土壤肥力。

参考文献

盛炜彤, 范少辉, 等, 2005. 杉木人工林长期生产力保持机制研究[M]. 北京: 科学出版社.

Evans J, 1990. Long-term productivity of forest plantations–Status in 1990. IUFRO 19th world congress proceeding[C], Division 1, Volume 1.

（张建国）

人工天然混合更新 artificial and natural mixed regeneration

把部分树种的天然更新和部分树种的人工更新结合在一起建立混交林的更新方式。简称人天混更新。

人工天然混合更新起源于中国东北阔叶红松林大面积采伐（皆伐）后，在采伐迹地采用人工更新红松，迹地原有的前更幼树或者采伐后天然更新的杨树、桦树等阔叶树种幼树，对人工更新的红松有辅助保护作用，通过总结研究和实践，形成人工栽植红松为主的针叶树、保留天然更新的阔叶树构建混交林的方法。在此基础上，发展演化为"栽针保阔"动态经营体系，广泛推广应用于东北林区和其他林区，并取得了良好的效果。

人工天然混合更新，符合森林自然演替规律，加快了演替进程，形成了符合地区自然特点的混交林分，促进了森林资源的发展。可以节省人工植苗的数量与工时，因势利导形成混交林，还可提高幼林地的生物多样性与维持林地的生态环境质量，优势明显。要根据迹地自然状况选择合适的人工更新树种，改良不利于人工更新的立地条件，选用全面栽植或局部栽植方式，合理进行人工更新。对更新后形成的混交林，要采取合理的方法调控种间关系，促进目的树种生长和成林。参见栽针保阔。

参考文献

黄枢, 沈国舫, 1993. 中国造林技术[M]. 北京: 中国林业出版社.

翟明普, 沈国舫, 2016. 森林培育学[M]. 3版. 北京: 中国林业出版社.

（张鹏）

人工整枝 artificial pruning

见林木整枝。

人工种子 artificial seeds; synthetic seeds

将植物离体培养中产生的体细胞胚或能发育成完整植株的分生组织包埋在含有营养物质和具有保护功能的胶囊状外壳内，所形成的在适宜条件下能够发芽成苗的颗粒体。又称人造种子、合成种子或无性种子。与天然种子相比，人工种子具有缩短育种周期、加快种苗繁育速度、幼苗整齐一致等优点，且种子抗性强，便于贮藏和运输，适合机械化作业。

发展史 人工种子源于植物体细胞胚的成功诱导。1977 年，美国学者穆拉希格（Murashige）在比利时根特召开的国际园艺植物组织培养学术会议上首次提出人工种子的概念，他将人工种子描述为"装入胶囊的单个体细胞胚"。1981 年，美国学者桔藤（Kitto）等人用聚氧乙烯包裹胡萝卜胚状体，首次制成人工种子。早期人工种子只局限于能够产生体细胞胚的植物，考虑到许多植物难以诱导出体细胞胚，人工种子的概念后来被扩展为"胶囊中的源于离体培养的多种繁殖体"，把人工种子的概念扩充到茎尖、愈伤组织、腋芽等微繁体。

木本植物人工种子的研究也取得了一定的成果。美国学者卡佩塔（Cupta）和杜兰（Durzan）于 1987 年，以挪威云杉和火炬松为材料，将子叶期的体细胞胚用藻酸钠包裹形成珠状人工种子，并成功萌发成小植株。全世界有 40 多种木本植物获得了体细胞胚，包括冷杉属、落叶松属、云杉属、松属、黄杉属和北美红杉属等 20 多个针叶树种和杨属、柳属、栗属、檀香属、枫香属、鹅掌楸属、桉树属和泡桐属等 20 多个阔叶树种。

人工种子的组成 完整的人工种子包括胚状体、人工胚乳、人工种皮三部分。①胚状体。由组织培养产生的具有胚芽、胚根双极性、类似天然种子胚的结构，具有萌发长成植株的能力。一般指由体细胞培养而来的体细胞胚。②人工胚乳。人工配制的供给胚状体生长发育需要的营养物质。一般以生成胚状体的培养基为主，外加一定量的植物激素、抗生素等物质，尽可能提供胚状体正常萌发所需条件。③人工种皮。包裹在最外层的胶质化合物薄膜，能够允许内外气体交换，防止人工胚乳中的水分及各类营养物质渗漏，并具有一定的机械抗压性。

人工种子的生产技术 人工种子的生产包括胚状体的诱导与同步化、胚状体包埋和种皮制作、人工种子干化、贮藏及防腐等技术内容。其中体细胞胚的诱导是制作人工种子的关键，但不同植物体细胞胚胎发生的难易程度差别很大。

人工种子生产技术还存在不足。①许多重要的植物还不能靠组织培养快速产生大量、高质量的胚状体或不定芽。②包埋剂的选择及制作工艺尚需改进，以使其达到正常植株的转化率，并达到加工运输方便、防干、防腐、耐贮藏的目的。③在大量制种、大田播种和机械化操作等方面的配套技术尚需进一步研究。鉴于高质量体细胞胚的获得、人工种子技术的成熟度和生产成本等方面的问题，要实现人工种子的大规模商业化生产还有许多困难。

参考文献

胡晋, 2006. 种子生物学[M]. 北京: 高等教育出版社.

Rihan H Z, Kareem F, El-Mahrouk M E, et al, 2017, Artificial seeds (principle, aspects and applications)[J]. Agronomy, 7: 71.

（喻方圆）

人居林培育　silviculture for human habitat forest

在居住区及其周边，为改善居住环境、提升生活品质、丰富文化内涵而开展的林木培育活动。

人居林具有遮阳、隔声减噪、滞尘杀菌、净化空气、美化环境、改善小气候等功能，与居民身心健康息息相关，其质量成为居住环境质量的重要标志。

图1　乡村人居林风水林（邱尔发　摄）

图2　乡村人居林（邱尔发　摄）

从地域看，人居林分为城区人居林和乡村人居林。城区人居林，在国外也称"邻居林"，在中国主要指城区社区中附属绿地的林分，主要通过苗木移栽营造形成，且一般有专门的人员或团队管理。乡村人居林主要指农村居住区及其周边的林分，一个完整的乡村人居林生态体系至少由乡村庭院林、道路林、围庄林（或风水林）、水岸林、游憩林等组成，除了由村民自发或政府组织人工造林外，其他的为由村民自发保留或保护的天然林，如南方地区的风水林。乡村人居林往往没有专门人员或组织管理，较多处于自由生长状态。

中国地跨多个气候带，人口和民族众多，各地自然条件和风俗习惯差异较大，人居林培育应注意以下几点：①树种选择与配置。要体现地带性群落的特征，以选择乡土、长寿命树种为主，与当地的历史文化、民风民俗和居民审美观相协调。②造林措施。树穴应满足树木根系伸展的需求，与树木的生态习性相适应。③经营管理。在保证树木成活和居民安全的情况下，应尽量减少人为干扰，采取近自然经营管理方式，维护树木健康，稳定发挥人居林生态功能。

参考文献

邱尔发, 董建文, 许飞, 等, 2013. 乡村人居林[M]. 北京: 中国林业出版社: 2-19.

邱尔发, 王成, 贾宝全, 等, 2008. 我国新农村人居林建设研究[J]. 中国城市林业, 6(5): 10-15.

（邱尔发）

日本落叶松培育　cultivation of Japanese larch

根据日本落叶松生物学和生态学特性对其进行的栽培与管理。日本落叶松 *Larix kaempferi*（Lamb.）Carr. 为松科（Pinaceae）落叶松属树种，别名富士松；原产日本本州岛中部山区，在中国引种已有100余年历史，成为温带、暖温带及中北亚热带亚高山区主要用材和生态树种。与乡土落叶松种相比，日本落叶松的生长优势十分明显，并且随着引种区域的南移，其生长优势越大，中北亚热带亚高山区为中国最适引种区。

树种概述 落叶乔木，高达40m，胸径可达1.5m。树皮暗褐色，纵裂呈鳞片状脱落。大枝平展，树冠塔形。1年生长枝淡红褐色，2～3年生枝灰褐色或黑褐色；短枝径2～5mm。叶倒披针状条形，长1.5～3.5cm，宽1～2mm。雌雄同株异花。球果广卵圆形或圆柱状卵形，长2～3.5cm，径1.8～2.8cm；种鳞46～65枚，上部边缘波状，显著地向外反曲；种子倒卵圆形，长3～4mm，种子连翅长1.1～1.4mm。花期4～5月，球果10月成熟。种子千粒重3.8～4.3g。日本落叶松是落叶松属中天然分布最南端的一个种，自然分布于日本本州岛中部约200km²的狭小范围内，南至富士山区，北限为藏王山和宫城县的刘田以南的诸高山，东界为宫城地区，西至石川县白山地区。中国最早引种日本落叶松是1884年，栽植在青岛市崂山林场；大规模生产性引种始于20世纪30年代，现引种区域北起黑龙江林口县青山林场，南至江西庐山，西南到四川西北高山林区，西达新疆伊犁，东经81°30′~130°50′、北纬29°35′~45°50′均有栽培，遍布全国16个省（自治区、直辖市）。喜光，喜冷凉湿润气候，适于年平均气温2.5~12℃、年降水量500~1400mm的气候条件。在气候凉爽、空气湿度大、降水量多的区域表现出明显的速生性，树高和胸径年均生长量分别可达1m和1cm；年降水量700~1200mm的地区生长良好，500~600mm地区可以生长，400mm以下地区生长不良。在土层深厚、肥沃、疏松、透水良好的壤土或沙壤土上生长良好，在排水不良的黏壤上生长不良，北方一般在坡度30°以下土壤肥沃的阴坡、半阴（阳）坡生长较好。不耐盐碱、不耐水涝，适宜生长在pH 5.0~6.5的微酸性土壤上，季节性积水会导致死亡。浅根系树种，不抗强风。枝条柔韧性好，具有较强的抗冰雪等自然灾害能力，抗雪折能力优于其他常绿针叶树。相比乡土落叶松种，日本落叶松的抗旱和抗寒性较差。在海拔100~3000m均可生长，海拔分布随着引种纬度的降低而升高。木材常作为电杆、桩木、桥梁、枕木、坑木、车辆和造船以及建筑中的屋架、梁、檩等用材。可作为优良的结构材原料。枝丫和间伐幼龄材均可利用，适用于生产包装纸、高强瓦楞纸和纸板及生活用纸等具高撕裂度、高挺度、高松厚度的纸种。

生长发育　春季萌动、展叶和秋季封顶时间均迟于其他落叶松种。芽膨大、开始展叶期分别在4月中上旬至5月初，新梢开始生长在5月下旬，封顶时间则持续到9月中旬。全年生长期130~150天。速生期在6~8月，7月中旬为生长高峰，9月生长变缓。为早期速生型，造林后5年开始郁闭，10~24年达到生长高峰期，10年生左右开始结实，35~38年达到数量成熟龄。林分生长发育可划分为5个阶段：①幼树阶段，一般为造林后1~5年，幼树以独立的个体状态存在，是根系发育的重要时期，处于幼树与灌木、杂草竞争阶段。②幼龄林阶段，造林后5~10年，林木开始逐渐分化，需抚育间伐进行人为干预，促进保留木树冠发育和直径生长。③中龄林阶段，一般10~25年，胸径、树高年生长量最大，林木分化和自然整枝强烈，需通过抚育间伐优化林分结构，促进林木旺盛生长。④近熟林阶段，一般25~35年，是培育大径材的有效时期。⑤成熟林阶段，35年后至主伐年龄，根据材种的工艺要求采伐利用。

栽培区划分　根据引种栽培的地理范围和气候条件，划分为4个生态栽培区：长白山－辽东山区（温带）、燕山－太行山区（温带）、伏牛山－秦岭山区（暖温带）、大巴山－邛崃山区（中北亚热带）。随着栽培区的南移，日本落叶松的生产潜力越大，暖温带中山区和中北亚热带亚高山区成为中国新的速生丰产林基地，中北亚热带亚高山区是最适引种区。温带低山区，包括吉林长白山、辽宁东部低山丘陵地区主要引种栽培在海拔500m以下的山区，河北东北部和山东胶东半岛栽培区在海拔500~1100m；暖温带中山区，包括河南伏牛山、陕西、甘肃秦岭北部栽培区在海拔700~2000m；中北亚热带亚高山区，包括湖北、湖南、重庆秦岭南部、大巴山区海拔在1200~2500m，川西栽培区可达3000m左右。

良种选育

良种基地　中国日本落叶松良种选育工作始于20世纪60年代，相继在各地营建了种子园，建立了种源、家系和无性系水平的遗传测定林，开展了不同程度的遗传改良工作。国家级良种基地有湖北省建始县长岭岗国家日本落叶松良种基地、甘肃省小陇山林业实验局沙坝国家落叶松良种基地、陕西省周至县国家日本落叶松良种基地、辽宁省清原县大孤家林场国家落叶松良种基地、辽宁省岫岩县清凉山林场国家落叶松良种基地、辽宁省桓仁县老秃顶子国家落叶松良种基地、吉林省柳河县五道沟国家日本落叶松良种基地、吉林省永吉县国家落叶松良种基地、内蒙古喀喇沁旗旺业甸林场国家落叶松良种基地等。

种源选择　1978年开展了遍布15个省份包括日本落叶松在内的落叶松种和种源地理变异研究，把辽宁和吉林老龄日本落叶松作为遗传异质的次生种源对待，在新引种区广泛开展了次生种源的遗传性比较与生产力评价；1998年开展了日本原生种源的收集与评价，丰富了育种资源。种源研究规范了引种栽培区种子调拨，确立了日本落叶松在中国温带、暖温带和北亚热带山区落叶松利用的主体地位。

种子园技术　种子园是日本落叶松造林良种的重要来源。1963年开始选优，1965年在辽宁清原县大孤家林场营建了中国最早的日本落叶松初级种子园，优树选自辽宁本溪、草河口、抚顺等早期引种的人工林。20世纪70~80年代相继在内蒙古、山东、甘肃、湖北、陕西、吉林等地营建了日本落叶松初级种子园。80年代开始利用种子园母树开展了种内杂交，在温带和寒温带以日本落叶松为亲本，开展了与长白落叶松、兴安落叶松和华北落叶松等的种间杂交与选育工作。在建园的同时或在后期陆续营建了自由授粉家系和全同胞家系子代测定林，在子代测定的基础上采用回溯式嫁接建立了1.5代种子园。2000年以后分别在生态育种区选出适宜的2代优树，营建了2代种子园。高世代种子园建园流程包括优树选择、采穗嫁接、园址选择与规划、种子园无性系数量与配置、种子园树体管理与种子丰产技术。

优良家系和无性系选育　在子代测定的基础上，建立优良家系综合评价体系，为各生态育种区选出优良的种内自由授粉家系和人工控制授粉全同胞家系及种间控制授粉杂交组合。优良家系选择包括速生型、质优型和综合优异型。20世纪90年代攻克了规模扦插繁殖关键技术，在辽宁大孤家林场组建了首个日本落叶松采穗圃，开展了无性系测定，提出了生根—物候—生长—材性四级无性系选育程序，筛选出少数生根、生长和材性兼优的无性系，建立选种性采穗圃，经过区域化栽培试验并通过地方或国家林木良种审定的优良无性系，在生产上推广应用。

良种应用　应用于造林的良种除了各基地种子园生产的种子外，还有在材质育种基础上选育出的适合不同生态栽培区推广的结构材和纸浆材良种。结构材良种，如大孤家81、1061、303、35和27等适宜在辽宁、吉林、河北等温带低山区推广；纸浆材良种，如长岭岗340、224和长岭岗家系、建始3号等，适宜在湖北、湖南、重庆等中北亚热带海拔 1200～1900m 栽培区推广；生长和生根兼优无性系'洛阳 1 号'，适宜在河南等暖温带适生区推广。

苗木培育　主要采用大田播种育苗。日本落叶松为难生根树种，通过技术攻关可以实现规模性扦插育苗，组培育苗也取得突破。温室容器育苗技术日趋成熟。

播种育苗　一般为春季播种，育苗周期为 2 年。育苗圃地以地势平坦、排水良好、灌溉方便、土质疏松、土层深厚较肥沃的中性或微酸性（pH 6.5～7.5）沙壤土为宜。一般采用高床播种，床面宽 110cm，床沟宽 40cm，床高 10～15cm。土壤基肥以腐熟有机肥为主、化肥为辅，施肥量有机肥 90～150m³/hm²，过磷酸钙 300～375kg/hm²，尿素 225～300kg/hm²，硫酸钾 75kg/hm²。土壤消毒常用氯吡硫磷，用量 22.5kg/hm²。播种前 7～10 天，以 45℃温水浸种直至自然冷却，种子充分吸水 48 小时，或者采用雪藏种子于播种前一周取出，0.3% 的高锰酸钾溶液浸泡 1 小时消毒，与细沙混合摊放在温棚内催芽。当气温达 12℃以上，苗床 5cm 表层土壤温度达 8℃以上开始播种，播种量约为 75kg/hm²。出苗期约 10 天，保持土壤含水率 15%～18%。生长初期约 45 天，根据土壤墒情适当浇水，保持床面湿润。6 月中下旬，通过少浇水控制苗高、促进根系生长，进行蹲苗。速生期一般在 7～8 月，适当增加浇水量和次数，表层土壤含水量 15%～18%。当幼苗长出两轮针叶时，进行第一次施肥，每 10m² 苗床施硫酸铵 0.1kg；隔 10 天施肥一次，共施肥 2～3 次，每次递增 0.05kg；7 月末或 8 月初施过磷酸钙 10～15kg/ 亩。第一次间苗在 6 月中下旬，保留密度 600～700 株 /m²，第二次在 15 天后，保留密度 400～550 株 /m²。生长后期一般在 9～10 月，停止浇水施肥，促进苗木木质化。10 月下旬至 11 月上旬起苗，越冬假植。假植沟深度 30～35cm，呈 45° 斜坡。翌年早春土壤解冻 15～20cm 时采取大垄双行移植，密度 80～120 株 /m²。

扦插育苗　分为春插和夏插，以夏插为主。①采穗圃营建与树体管理。采用 2 年生良种实生苗或优良无性系苗早春定植。穴植规格 30cm×30cm×30cm，株行距 1m×1m。定植后第三年早春发芽前，将母株上所有侧枝从距主干 2～3cm 处剪除。结合夏插采穗进行第二次修剪，每个产穗母枝保留 2～3 个新枝作为抚养枝，剪除顶生直立萌生枝，主干定高 140cm。②育苗插播。轻基质网袋容器育苗基质为 1/3 粗泥炭、1/3 炭化稻壳和 1/3 粗珍珠岩（或 2/3 炭化稻壳），容器规格为直径 4.5cm、长 10～15cm，密度 450～500 株 /m²。③插穗制备与扦插时间。春插为 4 月中上旬至 5 月初，插穗长约 10cm、直径 ≥ 3mm，行株距 2.5cm×4.0cm；夏插为 6 月下旬至 7 月中旬，插穗长 13～20cm、直径 ≥ 2.5mm，行株距 3.0cm×4.0cm。插前将插穗基部 3～4cm 置于 200～400mg/L 吲哚丁酸（IBA）中处理。④苗期管理与越冬。插后 20 天内，

晴天 10:00～17:00 每隔 1～2 分钟喷雾一次，其余时间每隔 6～7 分钟喷雾一次。插后 20～40 天、40～60 天和 60 天后，分别相应减少为每 4～5 分钟、6～7 分钟、20～30 分钟和 10～15 分钟、20～30 分钟、40～60 分钟喷雾一次。插后 20 天至 9 月下旬，每隔 7～10 天喷施 0.2% 尿素和 0.3% 磷酸二氢钾的混合营养液进行根外追肥。土壤封冻前分系起苗，保存于假植沟内，于翌年春季进行移栽。

容器育苗　育苗容器使用透水、透气和透根性强的网袋容器，规格一般为直径 5cm、高 10～15cm，干旱和瘠薄立地可适当加大容器规格。常用的轻基质为 1/3 粗泥炭、1/3 炭化稻壳和 1/3 粗珍珠岩（或 2/3 炭化稻壳），或熟化的食用菌棒 50%、松针 40%、泥炭 10%（或松针 50%）。肥料选择控释肥（如落叶松专用控释肥）或有机肥，按每立方米基质施用 2.5kg 控释肥比例添加。当温室气温达 15℃、基质温度 10℃时可播种。每容器点播 1～3 粒，深度 0.8～1.0cm，覆厚 0.3～0.5cm 干沙。在 7 月适时控水进行空气修根，8 月下旬炼苗，适应露天环境。

林木培育

立地选择　对土壤的适应性较广，棕壤、暗棕壤、暗棕壤性白浆土、草甸土、褐土、黄土、黄棕壤、黄褐土、山地棕壤等都适合生长。造林地一般选择土层厚度 50cm 以上、腐殖质层厚度 8cm 以上的立地。海拔 100～2800m 均能生长，北方寒冷地区宜低海拔造林，随着种植区域的南移造林地海拔逐渐升高。北方造林地以阴坡、半阴（阳）坡为宜，坡度一般小于 30°；降水量较多的南方对坡向的要求不高。

整地　一般采用穴状整地，穴径 40～60cm，深 30cm。当坡度大于 20° 时，可采用鱼鳞坑整地。在坡度平缓、可实施机械作业的造林地上可采用带状整地，带宽 40～60cm。整地最好在造林前一年的秋季林地清理后进行，采伐迹地或立地条件较好的造林地也可采用春季现整现造的方式。

造林　①造林方法。采用植苗造林，实生苗或无性系苗应达到《主要造林树种苗木质量分级》（GB 6000—1999）Ⅰ级或Ⅱ级苗标准。裸根苗造林采用 2 年生移植苗，栽前对苗木进行蘸浆处理。栽植方法一般采用穴植，栽植深度比苗根原土印深 1～2cm，覆土时将苗轻轻上提，以免窝根。一

日本落叶松 15 年生无性系林（辽宁大孤家林场）（谢允慧　摄）

般为春季造林,待土壤解冻25cm、苗木地上部分尚未萌动时进行。容器苗造林前几天给容器苗浇水1次。网袋容器栽植时可随苗木一起栽植,塑料容器栽植前先脱去容器。栽植深度随容器的高度而定,在营养土团上覆土2～3cm并踩实。在春季干旱的北方容器苗可雨季造林。②造林密度。根据培育目标、品种特性、立地条件和经济条件等因素确定,通常为1600株/hm²(2.5m×2.5m)、2500株/hm²(2m×2m)、3300株/hm²(2m×1.5m)或4400株/hm²(1.5m×1.5m)。培育大径材(结构材),初植密度可适当小些以保证径向生长;培育中、小径材(纸浆材)可适当密植。立地条件好适宜稀植,立地条件较差可适当密植;交通方便、劳力充足、小径材有销路的地方,可适当密植。

幼林抚育　主要包括除草割灌、扩穴松土和施肥。采用2-2-1或2-2-2的抚育方式,造林后连续2年割灌除草2次,第三年割灌除草1次或2次。采用全面或扩穴割灌除草抚育方式。幼林一般不需施肥,但土壤过于贫瘠、短轮伐期林地,可适当施肥。

间伐与修枝　间伐起始年龄因立地条件、初植密度、品种特性不同,一般为造林后8～13年。间伐强度一般为株数的20%～30%,材积的10%～15%,造林密度大、速生期、立地好则强度大,反之则小。间隔期一般4～6年。幼、中龄林生长快,间隔期小;间伐强度大,间隔期长;立地差间隔期也可长些。间伐次数因培育目标而异,大径材培育需3～5次疏伐,小径材则可不间伐或1次间伐。一般采用下层间伐,伐除林冠下层过密植株及病虫危害、干形不良、机械损伤的林木。修枝是大径材培育中提高木材质量、提升出材率的有效方法,一般在8～10年进行人工修枝。根据需要进行1～3次修枝,强度为树高的20%～40%,要求切口平滑、不破皮和不带皮。

主伐　培育大径材主伐年龄为40年以上,民用建筑材为36～40年,小径材为15～26年。生产上常采用小面积皆伐的主伐方式,立地条件好、更新造林较容易的林地和混交林也可采取择伐方式。

混交林营造　北方适于与其混交的树种有水曲柳、核桃楸、蒙古栎、辽东栎、白桦等,南方混交的树种有檫木、鹅掌楸、桤木等。也可结合大径材培育和目标树培育,加大间伐强度,林下更新红松、云杉、栎类等适宜的树种,形成复层异龄混交林。

大径级结构材培育　选择中等及以上立地(立地指数≥18),采用良种Ⅰ级苗木造林,初植密度1600株/hm²、2500株/hm²或3300株/hm²。起始间伐时间为9～15年,间伐3～5次,保留密度400～500株/hm²,主伐年龄38～48年,原木直径24cm以上,出材率70%以上,培育的木材符合结构材的性能要求。

病虫害防治　日本落叶松较少发生大面积致死性病虫灾害。较为常见病害有落叶松苗立枯病、早期落叶病、枯梢病、褐锈病、癌肿病等,主要采取清理染病植株、加强修枝、抚育间伐等营林措施,以及喷洒多菌灵等化学制剂、施放烟剂进行综合防治。虫害主要有落叶松毛虫、落叶松叶蜂、落叶松鞘蛾、落叶松球蚜、落叶松八齿小蠹、舞毒蛾、云杉大墨天牛、云杉小墨天牛等,主要采取生物防治和化学防治相结合的方法进行防治。

参考文献

国家质量技术监督局, 1999.主要造林树种苗木质量分级: GB 6000—1999[S]. 北京: 中国标准出版社.

马常耕, 1992. 落叶松种和种源选择[M]. 北京: 北京农业大学出版社.

田志和,董健,王喜武, 等, 1995. 日本落叶松育林学[M]. 北京: 北京农业大学出版社.

王战, 张颂云, 1992. 中国落叶松林[M]. 北京: 中国林业出版社.

(张守攻,孙晓梅)

日光温室　solar greenhouse

利用太阳能调控苗木生长环境中温度和湿度条件的较简易的苗木培育设施。广泛应用于寒冷地区喜温类树种的苗木培育。常见的日光温室为坡式建造,主要由围护墙体、后屋面和前屋面三部分组成。前屋面是温室的全部采光面,白天采光时段前屋面只覆盖塑料膜采光,当室外光照减弱时,可用活动保温被覆盖塑料膜,以加强温室的保温效果。利用塑料薄膜和玻璃进行覆盖,透光率达60%～80%。育苗过程中无须加热,在寒冷季节可依靠太阳光来维持温室内一定的温度,满足苗木生长对温度的需求。

日光温室(闫小莉　摄)

日光温室育苗要求:①温室应坐北朝南,沿东西方向修建,以便最大程度地使阳光透射到温室内部,减少温室散热,保证较强的温室效应;②为提高抗风压和抗雪灾的能力,日光温室设计要对护墙体、后屋面和前屋面进行严格选择,墙体厚度一般应50～150cm,较寒冷区域护墙体应设置异质复合墙体,较温暖区域可设置单质墙体。日光温室的优点是结构简单、建造方便、坚固耐用、保温性好、成本较低和节能环保。但也存在生产地利用率低、温度不便于人为控制、受外界因素影响较大等缺点。

参考文献

陈青云, 2008. 日光温室的实践与理论[J]. 上海交通大学学报: 农业科学版(5): 343-350.

李天来, 2005. 我国日光温室产业发展现状与前景[J]. 沈阳农业大学学报, 36(2): 131–138.

（马祥庆，闫小莉，吴鹏飞）

绒毛白蜡培育　cultivation of velvet ash

根据绒毛白蜡生物学和生态学特性对其进行的栽培与管理。绒毛白蜡 *Fraxinus velutina* Torr. 为木犀科（Oleaceae）白蜡树属（梣属）树种，别名绒毛梣，重要的城乡园林绿化和生态、防护、用材树种。

树种概述　落叶乔木，高达 25m。小枝叶密被短绒毛（有疏毛、无毛变异）。奇数羽状复叶对生，小叶 3～7 枚，常 5，披针形、长圆状披针形或卵形。圆锥花序腋生于去年生枝上，花有花萼无花瓣。翅果，花萼宿存，果体长圆柱形，翅扁平，翅长略短于果体，下延至果体中部以上。花期 4 月，果熟期 9～10 月。原产美国西南部至墨西哥北部，约 1910 年引种到中国，华北、华东、西北、东北南部等地区广泛栽培。抗盐碱、耐干旱、耐水湿、寿命长。木材坚韧，纹理美观，用于木建筑、高档家具、家装、体育器械、工具、工艺品制造。

良种选育　中国在 20 世纪 80 年代开始良种选育工作，推广良种有鲁蜡 1、2、3、4 号等速生或抗盐、抗逆品种。

苗木培育　以播种和嫁接繁殖为主。育苗地选择轻壤、沙壤、轻沙质土壤，含盐量小于 0.3%，提倡容器育苗。春播宜在 4 月上中旬，南北差异较大，一般气温 18～25℃ 时进行，种子浸泡 6～8 天，每日换水，使之充分吸胀。秋播于封冻前进行，种子不作处理。点播行距 50～100cm，点距 20～40cm，每点播种 3 粒；条播行距 50～100cm，播种量 90～120kg/hm²。长出 4～6 片真叶时定苗，密度 25050～225000 株 /hm²。芽接在春季萌芽前后至 9 月上旬均可进行，以春季为主。枝接宜在春季萌芽前后。嫁接苗密度 25050～100050 株 /hm²，秋季芽接（半成品苗）密度可达 100050～225000 株 /hm²。移植密度 10005～30000 株 /hm²。

林木培育　以培育生态林、防护林和城乡景观园林绿化为主，也可培育用材林。在滨海盐碱地造林土壤含盐量应低于 0.3%，内陆盐碱地低于 0.5%，以春季裸根造林为主，秋冬季造

林亦可，选用 1～2 年生苗木，园林绿化可用大苗，可带土球在生长季节造林，密度 1110～1660 株 /hm²。危害较重的虫害有美国白蛾、白蜡外齿茎蜂、枣豹蠹蛾、花曲柳窄吉丁虫、云斑天牛、木蠹蛾等，可采取物理、化学方法防治，提倡生物综合防治。

参考文献

李法曾，李文清，樊守金，2016. 山东木本植物志[M]. 北京：科学出版社.

国家林业局，2016. 白蜡造林技术规程：LY/T 2753—2016 [S].

（刘德玺，王振猛）

容器苗　containerized seedling

在容器中装填固体基质，直接播入种子、扦插插穗或移植幼苗所培育而成的苗木。一般在塑料大棚、温室等保护设施中进行培育，根系在容器内形成，在出圃、运输、造林过程中，根系不裸露、不受损伤，便于保持苗木活力，造林成活率高。造林后缓苗期短，根系恢复生长快，没有裸根苗的短期停滞生长现象，有利于苗木的初期生长，且无造林季节限制等。适用于气候干旱、土壤瘠薄地区造林。

参考文献

刘勇，2019. 林木种苗培育学[M]. 北京：中国林业出版社：194.

翟明普，沈国舫，2016. 森林培育学[M]. 3版. 北京：中国林业出版社：158.

（应叶青，史文辉）

容器苗随水施肥　fertigation of container seedling

灌溉与施肥两项措施结合而形成的施肥技术。即在灌水过程中加入水溶性肥料，将可溶性肥料按照所需量与水一同施入容器的过程。灌溉与施肥同时进行。容器苗培育中最为常见的施肥方式。

施肥时在喷灌系统上加入一个肥料注入装置，将根据树种需求配制好的水溶性肥料溶液放到肥料注入装置中，当打开喷灌系统灌水时，肥料便随着灌水一起喷洒到苗木上。肥料注入装置的原理是因水流而产生真空吸力，从浓缩原液桶里吸取一定量的肥料，按设定比例与水混合以达到所需肥料浓度，既可固定安装在供水线上，也可安装在移动架上而方便移动。

优点：简单易行且准确均匀，提高肥料利用率，节省劳力，能准确控制施肥量和施肥时间，苗木养分吸收快，有利于施用微量元素。但前提是必须有喷灌设施。由于需要使用溶解度大的肥料，易产生盐分积累等缺点，因此，对该技术要求较高，管理要求严格，多用于温室和容器育苗中。

参考文献

葛红英，江胜德，2003. 穴盘种苗生产[M]. 北京：中国林业出版社.

Dumroese R K, Landis T D, Luna T, 2012. Raising native plants in nurseries: basic concepts[M]. Fort Collins, CO: U. S. Department of Agriculture, Forest Service, Rocky Mountain Research Station.

（李国雷）

绒毛白蜡果枝（山东东营）

容器育苗　the container seedlings nursery manual

在装填固体基质的容器中直接播入种子，或扦插插穗，或移植幼苗进行苗木繁育的方法。容器育苗是**工厂化育苗**广泛采用的一项技术，体现了苗木生产集约化的特征，世界上仅有少数国家，如芬兰、加拿大、日本等已实现或部分实现容器苗工厂化生产；中国从 20 世纪 80 年代后期开始，陆续引进国外林木工厂化育苗技术，先后在北京、广西、广东、福建、海南等地建立了林木组培育苗工厂，使桉树、杉木、杨树、油松、油茶等一批木本植物先后进入了大规模容器育苗工厂化生产。容器育苗具有育苗周期短、单位面积产苗量高、用种量小、育苗生产效率高、**容器苗造林成效显著**等优点。缺点是育苗与运输成本高、育苗技术相对复杂。

容器育苗最为重要的设施基础是**育苗容器和育苗基质**。育苗装播的技术环节包括将育苗基质装填入育苗容器内、振实、冲穴、播种或苗木移植、覆土等工序，常由技术工人操作完成或**容器育苗装播生产线**自动完成。容器育苗可以在室外进行，尤其是培育较大规格的苗木或者培育多个生长季的苗木，也可以在温室内进行。

参考文献

刘勇, 2019. 林木种苗培育学[M]. 北京: 中国林业出版社.

Dumroese R K, Luna T, Landis T D, 2009. Nursery manual for native plants [M]. Washington DC: U. S. Department of Agriculture, Forest Service.

（李国雷，王佳茜）

容器育苗装播生产线　container seedling filling and snowing equipment

林木工厂化容器育苗的主要机械设备。采用机械化、自动化、智能化等技术手段完成**容器苗装播**的装备系统，由容器整理机、容器清洗机、基质加工机、基质装填机、种子精播机及覆土装置等设备组成。**工厂化育苗**的前提条件。具有一次性完成育苗盘传送、容器装填基质、振实、冲穴、播种、覆土等工序的功能。工作效率为手工作业的 10 倍以上，成本仅为手工作业的 1/3。国内外已研制有多种型号的容器育苗装播作业生产线。中国用于林木容器育苗的有 4RZ-10000 型气吸式容器育苗装播作业生产线、4LRZ-10000 型流动式装播作业生产线和 4RZ-20000 型容器育苗装播机。

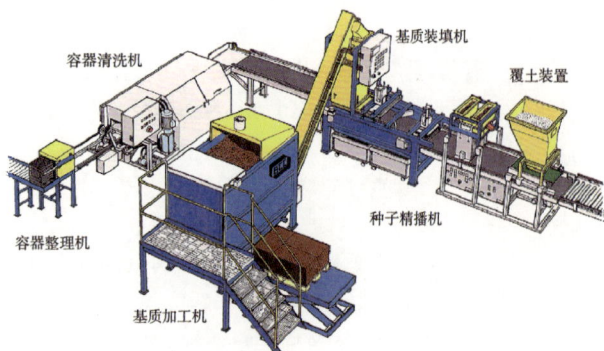

瑞典 BCC 容器育苗全自动装播作业生产线（引自翟明普等，2016）

参考文献

白帆, 吴昊, 肖冰, 等, 2018. 国内外林木育苗生产技术装备概述 [J]. 林业机械与木工设备, 46(1): 4 - 12.

翟明普, 沈国舫, 2016. 森林培育学[M]. 3版. 北京: 中国林业出版社: 152 - 165.

（李国雷，王佳茜）

榕树培育　cultivation of banyan

根据榕树生物学和生态学特性对其进行的栽培与管理。榕树 *Ficus microcarpa* L. f. 为桑科 (Moraceae) 榕属树种，别名小叶榕、细叶榕；中国热带和亚热带**乡土树种**，园林绿化、生态公益林和盆景常用树种。

树种概述　常绿大乔木。雄花、雌花、瘿花同生于隐头花序中，依靠榕小蜂异花传粉。花果期几乎为全年，果熟盛期 10 ～ 11 月。自然分布范围东自台湾东南部，西至云南东南部，南起海南、广东、广西，北到福建东南部；雅榕 *Ficus concinna* (Miq.) Miq 及其变种近无柄雅榕 *Ficus concinna* (Miq.) Miq. var. *subsessdilis* Corner 分布可达台湾北部、福建北部、江西南部、贵州南部，近无柄雅榕北至浙江南部的温州。3 种榕树外观形态特征很相似，用途相同，都俗称为榕树。喜光，半耐阴，喜温暖多雨气候和微酸性土壤，但对土壤要求不严，抗大气污染性能强；寿命长，有千年以上古树；根系发达，具气根和气生根，能形成独树成林的奇景；耐修剪、萌蘖力强；不耐寒冷，引种于自然分布区以北冻害严重。木材是做座椅扶手、楼梯板的好材料；重量中等而纹理不均，可作次档家具、纤维原料、砧板、木屐用材；叶能解毒、理湿滞；气根能发汗散瘀，治跌打肿痛；树皮有固齿和治牙痛功效；乳汁能除翳明目。

苗木培育　以播种育苗和扦插育苗为主。10 ～ 11 月为适宜采种和播种期，种子不耐储藏，宜随采随播。因种子极细小，宜在室内播种。用腐殖质土作基质，以 1 : 5 的比例把种子与过筛的草木灰拌匀撒播，不再覆盖土。播种量 1.3g/m²。并在播种床四周撒灭蚁药。用喷雾器淋水。约 10 天发芽，待幼苗长出 4 ～ 6 片真叶，便可移植到容器中培育**容器苗**。扦插育苗四季皆可，宜在遮光度 50% 的荫棚内，用 80% 河沙 +20% 泥炭土为基质扦插。选 10 年以上树龄的健

榕树独木成林（云南瑞丽）（贾黎明　摄）

壮母树采集插条，大量育苗可用 1～2 年生小枝条截成 15cm
长插条；快速培育大苗可用 3 年生以上径粗 4～8cm 大枝干
截成 2m 长插条并剪去侧枝叶。插条基部速蘸 1000mg/kg 吲
哚丁酸以促生根。扦插成活苗要除去多余萌条，小枝扦插仅
留 1 壮条，大枝扦插留顶段的 3～5 条。

林木培育 ①园林绿化大树培育，宜将 1～2 年生小苗
移植至土层深厚肥沃、光照充足的大田种植。每年要施肥、
修枝整形。待长至胸径 5～15cm 时，挖起再假植，有利于
提高绿化工程造林成活率。以在 12 月至翌年 2 月休眠期挖
起假植为佳。绿化树种植地宜宽阔向阳，庭园遮阴树可孤植
或丛植，行道树株距宜 4m 以上。管理重点是防治煤污病、
榕管蓟马 Gynaikothrips ficorum、榕透翅毒蛾 Perina nuda 等
病虫害，以及修枝整形以防因树冠过大造成风害。②生态公
益林培育，以肥沃湿润的微酸性土壤和光照充足的立地为
佳。水土保持林的造林地主要是池塘、水库、河川和沿海的
护坡护岸林带，水源涵养林造林地是河川上游的水源地，宜
用 50～80cm 高的容器苗造林，与其他树种块状或带状混交，
块状面积宜在 700m² 以下，造林密度更新型 2m×2.5m、改
造型 2m×4m、补植型 3m×4m；风景林造林地是风景名胜
区、森林公园、度假区，环境保护林造林地主要是工矿企业
大气污染区，山上种植宜用 1～2 年生容器苗，四旁种植宜
用假植大苗，可块状或带状混交，造林密度 3m×4m。各林
种均宜在 3～4 月造林。抚育按各公益林种抚育技术规程进
行，主要是防治病虫害、伐除枯死木、对过疏处进行补植。

参考文献

成俊卿, 1985. 木材学[M]. 北京: 中国林业出版社.

华南植物研究所, 1987. 广东植物志: 第一卷[M]. 广州: 广东科技
出版社.

中华人民共和国国家质量监督检验检疫总局, 中国国家标准
化管理委员会 2001. 生态公益林建设 技术规程: GB/T 18337. 3—
2001[S]. 北京: 中国标准出版社.

国家林业局, 2013. 榕树栽培技术规程: LY/T 2209—2013[S] . 北
京: 中国标准出版社.

（胡彩颜，吴仲民）

肉质果 fleshy fruit

果实类型的一种。成熟后果皮肥厚、肉质的果实。根据
果皮来源和性质的不同分为 3 种类型。

浆果 肉质果中最常见的一类，由 1 个或几个心皮形成。
果皮除表面几层细胞外，一般柔嫩、肉质而多汁，内含 1 至
多粒种子。如柿树、猕猴桃、葡萄等的果实。

核果 通常由单雌蕊发育而成，内含 1 粒种子。三层
果皮性质不一，外果皮极薄，由子房表皮和表皮下几层细胞
组成；中果皮是发达的肉质食用部分；内果皮的细胞经木质
化后，成为坚硬的核，包裹在种子外面。如桃树、李树、杏
树、樱桃、楝树等的果实。

梨果 由花筒和心皮部分愈合后共同形成，是一类假
果。外面很厚的肉质部分是原来的花筒，肉质部分以内才是
果皮部分。外果皮和花筒以及外果皮和中果皮之间，均无明
显界限可分；内果皮由木质化的厚壁细胞组成，比较清晰明
显。如苹果、梨树、山楂等果实。部分裸子植物的果实为肉
质球果，或称梨果状球果，其中大多数包裹 1 粒种子，如银
杏、红豆杉、榧树等；少数包裹多粒种子，如刺柏属一些
树种。

苦楝果实（肉质果之核果）（喻方圆　摄）

肉质果的果肉含有较多的果胶、糖类和水分，容易腐
烂。生产上脱粒方法是软化并捣碎果肉，用水淘出种子。淘
出的种子含水率高、不耐脱水，应立即播种或混沙湿藏。

参考文献

陆时万, 徐祥生, 沈敏健, 1991. 植物学（上册）[M]. 2版. 北京:
高等教育出版社.

孙时轩, 1992. 造林学[M]. 2版. 北京: 中国林业出版社.

（喻方圆）

撒播 broadcast sowing

把种子均匀地撒在苗床上的播种方法。

见播种方法。

（刘勇）

三砍三留法 three cutting and three reserving methods

恒续林经营中结构调整（疏伐）的规则，即保留或砍伐林分中林木的方法。恒续林经营中强调的三砍是指"砍伐达到目标直径的树木、砍伐威胁相邻优良树木生长的树木、砍伐能为更新创造光照条件的树木"；三留是指"保留高价值生长的树木、保留具有遮阴或干形培育功能的树木、保留稀有种（为提高物种多样性）"。

"三砍三留"原则完全不同于传统的"砍密留稀、砍劣留优和砍小留大"的人工林疏伐原则，反映了森林经营思想的转变。现代森林经营的主导思想从"永续收获"转变为"森林可持续经营"。森林可持续经营必须遵循的基本原则包括：①保持森林土壤的自然健康，实现生态系统的持续发展；②在森林及其环境可持续能力的允许范围内，满足人们对林产品和森林环境服务的需求；③对社会和经济的健康持续发展作出贡献；④寻求适当的经营途经，促进人与森林和谐发展。

参考文献

惠刚盈, Klaus von Gadow, 等, 2016. 结构化森林经营原理[M]. 北京: 中国林业出版社.

（惠刚盈）

散生竹 monopodial bamboo

竹子三大类型之一。具有真正的竹鞭（地下茎），竹秆在地面呈散生状的竹。竹鞭在地下横向生长，鞭上有节，节上生芽，芽可分化成笋，也可分化成鞭。中国资源规模最大的一类竹子。多数散生竹具有很高的经济、生态和社会价值。常见的有毛竹、早竹、桂竹、刚竹、红哺鸡竹等，其中，毛竹是中国分布面积最大、利用程度最高的散生竹种。

分布 散生竹比丛生竹和混生竹耐寒，广布于中国甘肃、四川、陕西、河南、湖北、安徽、江苏、云南、贵州、湖南、江西、浙江、福建和台湾等地。

生长特性 一般在3～5月竹笋出土生长，之后进入高生长期，直至抽枝展叶。5～6月竹鞭开始生长，8～9月生长最快，10月生长减慢。

栽植 理想的栽竹季节为秋季和春季，春季宜在出笋前栽植。

整地 采用全面整地最好，即对栽植地进行全面翻耕，深度30cm以上。翻耕前，采用铺施法施好基肥，翻耕时将肥料翻入土壤中。整好地后，即可挖种植穴，规格为长、宽各40cm，深30cm。

母竹选择、采挖与运输 所选母竹最好是1～2年生，老龄竹（3年以上）不宜作母竹。中径竹以胸径2～3cm为宜，小径竹以胸径1～2cm为宜。母竹要求生长健壮、分枝较低、无病虫害及无开花迹象。土球直径以25～30cm为宜，母竹挖起后，应砍去竹梢，保留4～5盘分枝。母竹远距离运输时，必须将土球包扎好，装车，先在竹叶上喷少量水，再用篷布将竹子全部覆盖好。

种植 散生竹宜浅栽，母竹根盘表面比种植穴面低3～5cm。先将表土回填种植穴，再将母竹放入穴内，使鞭根舒展；先填表土，后填心土，分层踏实，使根系与土壤紧密相接；然后浇足定根水，进一步使根土密接，待水全部渗入土中后再覆一层松土，在秆基部堆成"馒头"形；最后加盖一层稻草，以防止种植穴水分蒸发。在风大处，须安支撑架。

幼林抚育

水分管理 散生竹喜湿润，怕积水。母竹经挖、运、种植，根系受到损伤，吸收水分能力减弱，极易由于失水而枯死和排水不良而鞭根腐烂。种植后的第一年水分管理最为重要，将直接影响母竹的成活。干旱期必须及时灌溉，促进生长，重点在3～5月竹笋生长期和7～9月竹鞭生长与笋芽分化期。3～5月竹笋生长需水量较大，在竹笋出土前应浇水灌溉，出土后保持土壤湿润。7～9月竹鞭生长旺盛，笋芽开始分化，如果缺水，会影响竹子行鞭及笋芽分化形成，使翌年新竹数量减少。

养分管理 以有机肥为主，结合速效肥。新造竹林，施肥以围绕竹株开沟施入为好。随着立竹量的增加，施肥量可逐年增加，施肥方法也可改沟施为均匀撒施，结合松土将肥料翻入土内。施肥可在一年中 4 个不同生长时期进行，即 3 月（长笋肥）、6 月（促鞭肥）、9 月（催芽肥）和 12 月（孕笋肥）。

松土除草　新造竹林，竹子稀疏，阳光充足，容易滋生杂草，宜每年松土除草 2～3 次；郁闭后每年松土 1 次，可选择在 6 月前后进行，深度 25～30cm，促进鞭根更新生长。

竹林培育技术见**竹林培育**。

参考文献

江泽慧, 2002. 世界竹藤[M]. 沈阳: 辽宁科学技术出版社.

马乃训, 赖广辉, 张培新, 等, 2014. 中国刚竹属[M]. 杭州: 浙江科学技术出版社.

周芳纯, 1998. 竹林培育学[M]. 北京: 中国林业出版社.

（范少辉，苏文会，刘广路）

桑基鱼塘　mulberry fish pond

"基种桑，塘养鱼，桑叶饲蚕，蚕沙喂鱼，塘泥培桑"的生态循环系统模式。

在池埂上或池塘附近种植桑树，桑叶养蚕，蚕沙、蚕蛹等作鱼饵料，塘泥作为桑树肥料，形成生产结构或生产链条，达到鱼蚕兼取的效果。是中国南方水网区的特有产物。最早于 9 世纪在太湖流域出现，而较早开展系统研究的是明代珠江三角洲的桑基鱼塘。

由水、陆两个生态系统组成，陆生系统通过桑树的光合作用为蚕提供饲料；水生系统中，部分蚕沙供鱼食用，部分蚕沙经分解促进浮游植物和浮游动物的生长和繁殖，满足不同食性鱼的需求。在技术上，基塘比例有"基六塘四""基四塘六""基七塘三""五水五基"等；鱼塘的形状以长方形为主，长 60～80m 或 80～100m，宽 30～40m，深 2.5～3m，坡比 1∶1.5，挖成蜈蚣形群壤或并列式渠形鱼塘 6～10 口单塘，总面积 2.6～4.0hm² 或 5.3～6.6hm²；选取的桑树品种，在中国太湖地区和洞庭湖地区以湖桑类型为主，珠江三角洲多为广东桑（广东荆桑）；鱼塘内投放的鱼一般是四大家鱼，同一鱼塘内分为上、中、下 3 层，上层适合喂养鳙（花鲢、胖头鱼）、鲢，中层喂养鲩鱼（草鱼），底层主要喂养鲮、鲤鱼。

桑基鱼塘不仅能够支持农业生产，还具有很高的文化价值。作为一种农业文化遗产，它孕育了丰富多彩的饮食文化、服饰文化、民俗文化、建筑文化及宗教文化，属低成本、低投入、高效益的循环生产方式，可以实现污染少、清洁生产和自然环保，是良性循环立体生态系统，能够维护和稳定地区生态安全。

桑基鱼塘在现代经济活动中也出现了新的应用：①作为农业文化遗产融入现代旅游业，将桑基鱼塘和湿地公园相结合；②将蚕桑元素注入旅游农业，在原有应用基础上，增加了园林及果用桑树的种植，注重桑树的景观效益，将桑基鱼塘的理念应用于园林规划设计中。

参考文献

刘通, 程炯, 苏少青, 等, 2017. 珠江三角洲桑基鱼塘现状及创新发展研究[J]. 生态环境学报, 26(10): 1814-1820.

叶明儿, 2017. 浙江湖州桑基鱼塘系统[M]. 北京: 中国农业出版社.

张健, 窦永群, 桂仲争, 等, 2010. 南方蚕区蚕桑产业循环经济的典型模式——桑基鱼塘[J]. 蚕业科学, 36(3): 470-474.

（曹帮华）

森林成熟林阶段　forest mature stage

森林达到符合经营目的和经营利用的最佳条件的生长发育阶段。这个时期的林龄称为森林成熟龄。林木生长逐渐减退，林木大量结实，自然稀疏减弱，处在末期，稀疏量明显减少，林冠相对疏开，林分郁闭度下降，林内透光度增大，次林层幼树和林下植被发育加快，林内生物多样性处于高峰。林分的生态功能处于高效期，尤其地力维护能力处于恢复和上升时期。

森林成熟是一个逐渐的过程，其前半段为近熟林阶段，后半段为真正的成熟林阶段，共经过 2 个龄级。具体所处林龄因立地条件和树种而异。森林成熟阶段对用材林而言是十分重要的阶段，此时林分平均生长量已经下降，林分的培育目标已经达到，可以进行采伐利用。对其他林种来说也要充分发挥其防护和景观功能，并适当延长利用时间。这一阶段还要充分考虑林分的更新，以达到森林的可持续利用。

参考文献

沈国舫, 翟明普, 2011. 森林培育学[M]. 2版. 北京: 中国林业出版社.

丹尼尔 T W, 海勒姆斯 J A, 贝克 F S, 1987. 森林经营原理[M]. 赵克绳, 王业遽, 宫连城, 等, 译. 北京: 中国林业出版社.

（盛炜彤）

森林定向培育　forest orientation cultivation; utilization-oriented silviculture

按预定培育目标要求建立相应一整套培育策略和技术体系的森林培育机制。广义上包括人工林和天然林定向培育。

原则　森林定向培育是根据经济、社会和生态上的特定要求，确定相应的培育目标，然后按照造林地区和造林地的条件（自然的和经济的）、造林树种或树种组合特性以及当地的经济和技术水平，采用相应专向、系统、先进和配套的培育技术体系，以可能的最低成本和最快速度，达到森林定向要求。

培育体系　定向培育体系由基础体系、目标体系和栽培技术体系组成。基础体系包括立地基础、需求基础、生物学基础、技术基础；目标体系包括林种、材种及其数量和质量指标；栽培技术体系是指从造林到采伐前的所有培育措施。如速生丰产林仅是一种定向的培育目标，必须按照其定向培育的经营机制进行培育，才能实现速生、丰产、优质和高效的目标。定向培育有预定目标，并按目标要求建立相应技术体系，投入和产出的高低取决于经营目标。

发展历程　森林定向培育的理念起源于中国，是伴随速生丰产林的理论和实践出现的，最初只是作为速生丰产林的一个基本技术要求而提出的。定向培育一词主要用于人工林，特别是速生丰产用材林。《1989—2000 年全国造林绿化纲要》提出建设一亿亩速生丰产用材林基地的规划，定向培育作为一项主要技术要求在中国林学会提出的"营建一亿亩速生丰产工业用材林的技术路线"中出现。简单地说，用材林定向培育是指按最终用途所确定的对木材原材料的要求，采用集约经营等科学管理措施缩短营林周期，生产出种类、质量、规格都大致相同且具价格竞争力的大批木材原料，使工业与木材原料生产之间关系密切。然而，即使在有明确分工的情况下，每一片森林，甚至每一个林分，所具有的效益也是多方面的，培育森林的技术措施在主要考虑某个培育目标的同时，也要适当顾及其他可能达到的从属目标，使森林能全面发挥作用，逐渐形成森林定向培育的概念。

与森林分类经营的关系　森林定向培育与森林分类经营既相关又不同。分类经营确定大方向，而定向培育确定具体的目标方向和相应的技术体系；分类经营可以看作定向培育的第一个层次（商品林、公益林等），定向培育是分类经营的必然要求，商品林、公益林和多功能林都存在定向培育的问题。实现定向培育的手段是多方面的，经营模型的建立则是达到定向培育目的的基础。为实现精准的森林定向培育，需要建立一套系统的完整的精度高的经营模型用于指导生产。

参考文献

方升佐, 2018. 人工林培育: 进展与方法[M]. 北京: 中国林业出版社.

黄枢, 沈国舫, 1993. 中国造林技术[M]. 北京: 中国林业出版社.

沈海龙, 2007. 论森林定向培育[J]. 华南农业大学学报, 28(增刊): 11-16.

盛炜彤, 2014. 中国人工林及其育林体系[M]. 北京: 中国林业出版社.

（方升佐）

森林分类经营　forest classification management

按照不同类别森林的特性和功能采取不同的措施，以此进行森林培育、保护和利用的经营模式。

发展　1991年，中国提出林业是培育、保护、管理、开发和利用森林资源，充分发挥森林的经济效益、生态效益和社会效益的综合产业。为使有限的森林资源能满足社会的经济需求、生态需求和游憩就业需求，实行森林分类经营是林业经营体制改革的重大举措，是实施天然林保护工程的重要手段。1994年，中国根据国民经济和林业的现状提出了对森林实行"分类经营"的方针。将森林类型划分为商品林、公益林、生态经济林、兼用林和多功能林5种主要类型。实际上，生态经济林、兼用林是某个类型的多功能林，可以用多功能林来概括，因此，中国森林类型主要有商品林、公益林和多功能林三大类。

经营原则　森林分类经营要求以科学的方法与技术，对不同地区、不同树种、不同年龄的森林进行科学种植、管理、采伐利用和开发，从而实现森林资源的可持续经营，维持森林生态系统的平衡，并充分发挥森林的多种效益。实质就是根据林种和立地生产潜力科学合理地组织森林经营，以

法律保障实行依法治林，明确森林经营目标，拓宽林业投资渠道，加大社会对林业的投入；按照不同林种的功能定向培育森林，实现森林资源的生态、经济、社会三大效益的良性循环和森林资源的可持续经营。

经营模式　不同国家的森林分类经营模式不尽相同，主要有：①森林的经济、生态、社会效益一体化经营模式，以德国为代表。该模式从以木材生产为中心的森林永续利用经营，到实行森林的经济效益、社会效益和生态效益一体化的经营模式，并向"近自然林业"转轨，要求加强森林的稳定性和多样性，最终为利用森林、保持自然力和促进资源利用而服务。②森林多效益主导利用模式。以林业分工论和多效益理论为指导进行分类经营，侧重于发挥其中的某些效益和经营形式，对不同地区、不同林分、不同树种突出其主导功能，兼顾其他功能。③森林多效益综合经营模式。为前两种模式的中间类型。以森林的永续利用为指导，发挥森林的多种效益，实行综合经营。瑞典、美国和日本等国利用此模式。④林业多元化结构的经营模式，大部分发展中国家多采用此模式。

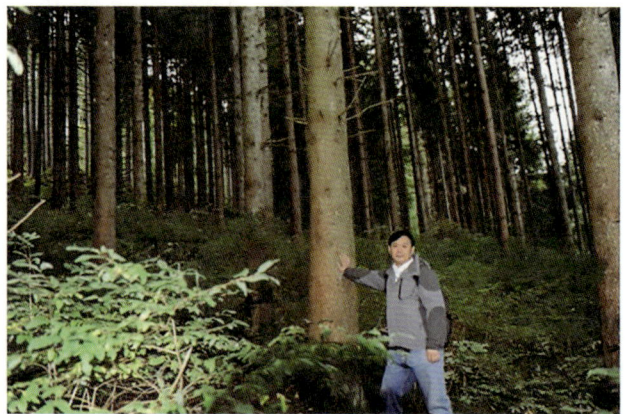

德国滴滴湖岸的挪威云杉水源涵养林，同时也是游憩林和用材林
（张鹏　摄）

参考文献

蔡体久, 孔繁斌, 姜东涛, 2003. 中国森林分类经营现状、问题及对策[J]. 东北林业大学学报, 31(4):42-44.

沈国舫, 2001. 森林培育学[M]. 北京: 中国林业出版社.

颜雯, 2018. 森林经营分类的基本原则及森林培育建议[J]. 经济师, 33(8):279-280.

翟明普, 沈国舫, 2016. 森林培育学[M]. 3版. 北京: 中国林业出版社.

（马祥庆，闫小莉，吴鹏飞）

森林抚育　forest tending

林木生长发育过程中在达到培育目标之前或为长期维持这个目标所进行的一系列抚育技术措施的总称。

森林抚育是森林资源培育技术体系中的核心环节。作用是促进林木生长、提高林分质量、改善环境条件、增加经济效益、发挥森林最大功能。森林通过抚育才能达到速生、丰产、优质、高效和稳定，才能满足人类社会发展的各种需

求。为此，世界上的林业发达国家，如瑞典、德国、美国、加拿大、日本等，都把森林抚育作为培育森林的基本工作。

森林抚育依据林分起源分为天然林抚育和人工林抚育；依据抚育对象分为林地抚育（如除草、施肥、割灌等）、林木抚育（如复壮、修枝等）和林分抚育采伐；依据林种分为用材林抚育、经济林抚育、防护林抚育等；依据树种组成分为纯林抚育和混交林抚育；依据林分发育阶段分为幼龄林抚育、中龄林抚育、成过熟林抚育等。每种类型的森林抚育都有具体的技术和方法。幼龄林可进行透光伐、除伐；中龄林抚育中采取的疏伐，又分为下层疏伐、上层疏伐、综合疏伐、机械疏伐和选择疏伐等方式。解放伐和卫生伐在中、幼龄林均可实施。

随着科学技术的发展，越来越多的现代森林抚育方法不断涌现，如近自然的森林抚育经营、生态系统经营和结构化森林抚育经营等也得到了广泛应用。森林抚育最大特点是长期性，某些抚育技术措施可贯穿整个森林培育周期，短则几年、十几年，长则几十年或上百年。在森林抚育过程中，要根据森林生长的立地条件（如山地、丘陵、平原、沙地）、树种生物学和生态学特性（如速生、慢生、喜光、耐阴）以及培育的目标（如大径材林、纤维林、能源林），制定科学的森林抚育技术规划，灵活采取相应的抚育技术措施。

参考文献

沈国舫, 2001. 森林培育学[M]. 北京: 中国林业出版社.

孙时轩, 1992. 造林学[M]. 2版. 北京: 中国林业出版社.

（王政权）

森林更新方式　forest regeneration methods

在森林采伐迹地、火烧等受灾迹地或森林衰老自然死亡的迹地上通过人力或自然力重新形成森林的方式。

按更新地域和环境条件的不同，分为冠下更新和迹地更新。冠下更新是在有林地依靠林木天然下种形成新林的过程，在进行林分改造时也可采用植苗和直播方式进行。迹地更新是森林经过采伐或遭受破坏后，在迹地上重新形成幼林的过程。按繁殖方式的不同，分为有性更新和无性更新。有性更新即种子更新，可通过人工播种、飞机播种、天然下种等途径进行。无性更新有萌芽更新、根蘖更新和地下茎更新等。按更新时间分为伐前更新和伐后更新，伐前更新的幼树为前更幼树。按人工参与与否，分为人工更新、天然更新、人工天然混合更新和人工促进天然更新。按照更新材料的不同，分为种子更新和植苗更新。

森林更新方式的选用应根据森林培育的目的与各地区森林类型的特点合理安排。一概强调人工更新，忽视天然更新的作用，或一概强调天然更新，忽视人工更新的作用，都会影响森林的形成，造成损失。适宜的更新方法，是培育质量高、生态环境好的林分的重要措施，也是降低育林成本与获得较高经济效益的重要措施。

参考文献

黄枢, 沈国舫, 1993. 中国造林技术[M]. 北京: 中国林业出版社.

汉斯·迈耶尔, 1986. 造林学: 第一分册[M]. 肖承刚, 贺曼文, 译.

北京: 中国林业出版社.

翟明普, 沈国舫, 2016. 森林培育学[M]. 3版. 北京: 中国林业出版社.

（张鹏）

森林健康　forest health

森林生态系统既能维持自身的活力、组织力和恢复力，又能提供人类需要的多种服务的状态。又称森林生态系统健康。

森林健康一词最早出现于20世纪60年代，是针对人工林林分结构单一以及森林病虫害、森林火灾、干旱和空气污染等胁迫因子对森林的影响而提出的一个概念。随着人们认识的发展，学者们从不同的角度给出了不同的理解和解释，可归结为三种途径，即认识森林健康问题的三种出发点：①面向目标途径。从目标途径上森林健康可定义为"生物和非生物因素并不威胁到森林现在或将来经营目标的一种状态，健康的森林远离损害经营目标的因素"。②面向生态系统途径。从生态系统途径上森林健康可定义为"森林生态系统的基础生态过程，包括功能性、生态完整性、平衡和恢复力等"。③平衡二者的综合途径。从综合途径上森林健康可定义为"森林生态系统能维持其复杂性同时又能满足人类需要的一种状态，包括年龄、结构、组成、功能、活力、弹性等"。

森林健康将人类与自然作为一个整体考虑，强调人与自然的和谐，已经成为森林可持续经营的一项重要标准和指标，涉及的空间尺度包括单木、林分、生态系统、景观等。一般认为，健康的森林应具备良好的自我更新能力、对干扰的抵抗力和自我恢复能力；在维持森林生态系统稳定性的同时，最大程度地满足人类的需要。

参考文献

Kolb T E, Wagner M R, Covington W W, 1995. Forest health from different perspectives[R]. Gen. Tech. Rep. RM-GTR-267. Fort Collins, CO: U. S. Department of Agriculture, Forest Service.

（雷相东）

森林近自然度　nature-closeness of forest

现实森林植被与同一地区原始森林植被或潜在森林植被之间的差异程度。评价在特定自然条件下森林状态的广泛应用的指标，是近自然森林经营的重要技术参数。

近自然度的判定和评价是近自然森林经营工作的基础，是评价森林发展型、制订近自然森林经营方案的基础。评价的依据包括空间位置、森林演替阶段、立地条件、树种组成、年龄结构等方面。评价方法是在外业调查的基础上，按照上述评价依据，采用综合评价方法对森林类型划分近自然度等级。德国的体系中分为7个等级：①顶极群落森林；②演替过渡森林；③先锋群落森林；④顶极或向顶极过渡森林混生立地不适生的树种；⑤先锋群落森林混生立地不适生的树种；⑥乡土树种不适应立地人工林；⑦外来树种人工林。中国已见少量研究报道，但未形成评价体系。

参考文献

刘刚, 陆元昌, Knut Strum, 2009. 北京林区森林经营近自然度评价方法的研究与应用[J]. 东北林业大学学报, 37(5): 114–118.

陆元昌, Knut Sturm, 甘敬, 等, 2004. 近自然森林经营的理论体系及在幼龄林抚育改造中的实践[J]. 中国造纸学报(增刊, 中国科协学术年会第十一分会场论文集): 285–289.

（王庆成）

森林经营诊断 assessment indicator of forest management systems

技术人员通过林分调查和分析, 对林分现状按照一定的标准作出是否需要经营的综合评价, 找出主要经营方向并提出具体经营策略的过程。森林经营诊断由评价指标、评价标准和综合评价组成。

评价指标 指标的选择应当遵循科学性和可操作性原则。①科学性原则, 即评价指标应当客观、真实地反映森林的状态特征, 并能体现出不同的林分类型或处于不同演替阶段的森林群落间的差别。②可操作性原则, 即评价指标内容应简单明了, 含义明确, 易于量化, 数据易于获取, 指标值易于计算, 便于操作, 经营单位或有关评价部门易于测度和度量, 简单实用。

评价标准 根据评价指标选择的原则, 以培育健康稳定、优质高效的森林为终极目标, 将森林的异龄性、混交性、复层性及优质性等方面作为评价标准。异龄性考虑森林中林木个体的年龄结构; 混交性主要考虑森林的树种组成和多样性; 复层性指森林的垂直结构, 包括其成层性及天然更新情况; 优质性体现森林整体的生产力和林分的健康状况, 包括林木个体分布格局、个体健康状况、林分长势及目的树种的竞争能力、林分整体的拥挤程度及林木个体的密集程度等方面。

综合评价 根据评价指标和评价标准对林分现状作出综合分析并提出具体经营策略。

参考文献

惠刚盈, Klaus von Gadow, 等, 2016. 结构化森林经营原理[M]. 北京: 中国林业出版社.

惠刚盈, 张弓乔, 赵中华, 等, 2016. 天然混交林最优林分状态的π值法则[J]. 林业科学, 52（5）: 1–8.

（惠刚盈）

森林可持续经营 sustainable forest management

在持续不断地获得森林产品和森林生态服务功能的同时, 不造成森林价值和未来生产力的不合理下降, 也不给自然界和社会造成不良影响的综合森林经营管理模式。

总体目标是通过现实和潜在森林生态系统的科学管理、合理经营, 维持森林生态系统的健康和活力, 维护生物多样性及其生态过程, 满足社会经济发展对森林产品及其环境服务功能的需求, 保障和促进社会、经济、资源、环境的持续协调发展。

中国从21世纪初开始实施森林可持续经营战略, 陆续颁布了《中国森林可持续经营标准与指标》(LY/T 1594—2002)、《中国森林可持续经营指南》(2006)、《森林经营方案编制与实施纲要 (试行)》(2006)、《中国森林认证 森林经营》(GB/T 28951—2021) 等指导性文件和标准。根据社会经济发展、生态环境建设和保护对中国森林的现实需求, 结合森林资源分布、结构, 以及中国森林可持续经营的现实基础, 选择200个森林经营单位作为森林经营方案编制实施示范点, 为中国林业可持续发展和森林可持续经营提供理论和战略支撑。

参考文献

国家林业局, 2013. 中国森林可持续经营国家报告[M]. 北京: 中国林业出版社.

赵德林, 朱万才, 景向欣, 2006. 森林可持续经营概述[J]. 林业科技情报, 38(4):10–11.

（王庆成）

森林立地 forest site

影响林木生长发育的环境条件的总体。包括森林地段上的气候、地质、地貌、土壤、水文等。

森林立地最早由德国的拉曼 (Raman) 于1893年在他编著的《森林土壤学和立地学》一书中提出。一般而言, 这些环境条件在观察期相对稳定, 或者是有规律地反复出现。森林立地是森林生产力的基础, 提出森林立地的核心思想是科学地指导造林树种选择、森林营造与更新、地力维持和经营管理等森林经营技术措施的实施和应用。

与立地相似的另一个生态学上的概念叫生境。美国林学家D. M. 史密斯 (D. M. Smith, 1996) 在《实用育林学》中提出, 立地在传统意义上是指一个地方的环境总体, 生境是指林木和其他活体生物生存和相互作用的空间场所。可以认为立地在一定的时间内是不变的, 而且与其上生长的树种无关。森林生境多数是自然生境, 其地上植被群落包含植被演替过程各个阶段的植物种, 其地下土壤中包含植被演替过程各个阶段的埋土种子。由于内涵的相似性, 林学上的"立地"和生态学上的"生境"可通用。

在林业生产实践中, 人们对森林立地最为关注的主要为立地因子、立地质量及其评价、立地分类与立地类型及其在生产实践中的应用等。

森林立地因子主要包括三大类。①物理环境因子。主要包括气候、地形、土壤和水文。②森林植被因子。主要包括植物的类型、组成、覆盖度及其生长状况等。③人为活动因子。主要包括人为活动的影响程度或人为经营管理的便捷程度。

森林立地具有质量属性, 即有生产潜力的高低之分, 一般以该立地上树种的生长状况进行评价。评价的方法很多, 其中比较常用的方法是构建立地指数和立地因子间多元回归模型定量评判立地生产潜力。评价结果可为森林收获预估提供科学依据。

一个地区的立地因子种类繁多, 但真正影响林木生长发育的仅几个主导因子, 根据主导因子可划分出不同的立地类型。在造林工作中，立地类型是确定林种、选择树种、做到适地适树、制定科学造林技术措施的基础。在森林抚育方面，立地类型是确定抚育间伐的时间（林龄）、方式、频度、强度和间隔期的主要依据。在森林调查工作中应用立地类型表，确定小班立地类型，评价立地质量，进而作为制定造林规划设计、森林经营规划和树种、林种规划等的依据。

参考文献

翟明普,沈国舫, 2016. 森林培育学[M]. 3版. 北京: 中国林业出版社.

（马履一）

森林立地分类　forest site classification

把一定区域生态学上相近的森林立地因子分级组合成类型（即立地条件类型）的过程。主要涉及理论基础、分类依据和分类方法三个方面内容。

理论基础　主要以植物群落学、林型学和生态系统学等为理论基础。欧美国家一些研究植物群落学的学者认为，在高纬度地区，植被与环境间的相关程度较高，加之人为干扰较少，用植被指示立地特征效果较好。林型学派认为，林型可反映林分的立地条件和生产能力，具有相同的立地条件、相同的起源、相似的林木组成，是具有共同的森林学和生物学特性的林分总体，在某种意义上可替代立地类型。生态系统学派则采用植被和物理环境综合进行立地分类，并密切结合林业的要求，是一个综合地理学、地质学、气候学、土壤学、植物地理学、植物群落学、孢粉分析和森林历史的多因子分类系统。德国巴登—符腾堡州森林生态系统分类是一种综合多因子的分类方法。中国亦在立地条件类型划分的基础上提出了自己的类似的综合分类系统。

分类依据　主要依据地形、土壤、植被、水文、水分和养分等环境和生活因子的异同性进行分类。在一定的地区内划分立地条件类型，往往需依据多因子综合分类，在中国大多采用地形和土壤等主导因子，同时以植被作参考，以林木生长状况作验证。

分类方法　①利用主导环境因子分类。可根据主导环境因子的异同性进行分级和组合来划分森林立地类型，有的辅以立地指数。如冀北山地森林立地类型的划分，主导环境因子为海拔高度、坡向、土壤种类和土层厚度，将这些环境因子分级组合后获得 11 个立地类型。这种方法比较适合无林、少林地区，以及因森林破坏严重难以利用现有森林进行立地类型划分的地区。特点是简单明了，易于掌握，因而在实际工作中广为应用。但这种方法包含的因子较少，比较粗放。②利用生活因子分类。主要根据水分、养分等生活因子划分立地类型。具体做法为：首先，将土壤湿度从极干旱至湿润分为若干水分级，并以数字表示各自干湿程度，同时借助于植物组成（主要是反映土壤湿度状况的指示植物）、覆盖度指示水分状况；将土壤养分按土类、土层厚度分为若干养分级，也以字母表示其养分高低。然后，制成土壤湿度和土壤养分二维形式的立地类型表。这种方法反映的因子比较全面，类型的生态意义比较明显。

缺点是生活因子不易测定。

参考文献

翟明普,沈国舫, 2016. 森林培育学[M]. 3版. 北京: 中国林业出版社.

（马履一）

森林立地分类系统　forest site classification system

以森林为对象，对其生长的环境进行宏观区划（系统区划单位）和微观分类（系统分类单位）的分类方式。

一个森林立地分类系统一般由多个（级）分类单位组成，在建立立地分类系统时均需设立系统的单位。立地分类系统的单位具有两层含义，一是系统的分层数或级数，二是各个级别的名称。不同的分类系统，分类的着眼点不一样，相应地形成了不同的分类级数和单位名称。不同的区域、不同的国家甚至同一国家，由于社会经济、立地构成的不同，以及研究的出发点不同，会有不同的系统分类结果。

德国的立地分类系统由 4 级组成，分别为生长区、生长亚区、立地类型组、立地类型。前两级是宏观区划单位，后两级则是微观的基本的立地分类单位。

1989 年，詹昭宁等人在《中国森林立地分类》中提出了立地分类系统方案，把立地区划和分类单位组成统一的分类系统，依次划分为 6 级：立地区域、立地区、立地亚区、立地类型小区、立地类型组、立地类型。该系统的前 3 级是宏观区划单位，后 3 级为微观分类单位。按照这一分类系统，将全国划分为 8 个立地区域、50 个立地区、166 个立地亚区、494 个立地类型小区、1716 个立地类型组、4463 个立地类型。张万儒和蒋有绪等 1990 年提出另一个中国森林立地分类系统，并在 1997 年出版的《中国森林立地》中正式确立。该系统的分类单位由包括 0 级在内的 5 个基本级和若干辅助级组成：0 级，森林立地区域；1 级，森林立地带；2 级，森林立地区、森林立地亚区；3 级，森林立地类型区、森林立地类型亚区、森林立地类型组；4 级，森林立地类型、森林立地变型。其中 1、2 级为森林立地分类系统的区域分类单位，3、4 级为森林立地分类系统的基层分类单位。把全国一共划分成 3 个立地区域、16 个立地带、65 个立地区、162 个立地亚区。由于《中国森林立地分类》的系统面世较早，且属于原林业部林业调查规划设计院组织各省（自治区、直辖市）林业规划单位完成的系统编制，生产应用相对较广；而《中国森林立地》的系统主要为中国林业科学研究院组织相关研究院所和高等院校共同完成的系统，更具有研究性特点。但二者的最终结果基本相似，在中国均可应用。

参考文献

翟明普,沈国舫, 2016. 森林培育学[M]. 3版. 北京: 中国林业出版社.

詹昭宁,周政贤,王国祥, 1995. 中国森林立地类型[M]. 北京: 中国林业出版社.

张万儒, 1997. 中国森林立地[M]. 北京: 科学出版社.

（马履一）

森林立地类型　forest site type

森林立地条件相近、具有相同森林生产力而不相连的地段的组合单位。又称立地条件类型。森林立地分类系统中最基本的分类单位。在生产实践中可根据森林立地类型选择造林树种，设计营林措施。不同的立地条件可划分出不同的森林立地类型。一个地区立地条件差异较大，组合分类后，可以制作出当地的森林立地类型表。举例说明。

例1　冀北山地森林立地类型（表1）：根据主导环境因子海拔高度、坡向、土壤种类和土层厚度等，分类组合出11个立地类型。如立地类型1由海拔高度≥800m、阴坡半阴坡、褐色土、棕色森林土、土层厚度>50cm的立地条件构成。以此类推。

例2　华北石质山地森林立地类型（表2）：采用水分等级和养分等级分类得到的立地类型表，共7种立地类型。即A0、A1、B1、B2、C1、C2、C3。如A0立地类型表示极干旱（旱生植物，覆盖度<60%）、瘠薄的土壤（土层厚度<25cm的厚粗骨土或严重的流失土）。以此类推。

表1　冀北山地森林立地类型

类型号	海拔高度（m）	坡　向	土壤种类及土层厚度(cm)	备　注
1	≥ 800	阴坡半阴坡	褐色土，棕色森林土，> 50	
2	≥ 800	阴坡半阴坡	褐色土，棕色森林土，25～50	
3	≥ 800	阳坡半阳坡	褐色土，棕色森林土，> 50	
4	≥ 800	阳坡半阳坡	褐色土，棕色森林土，25～50	
5	≥ 800	不分	褐色土，棕色森林土，> 25	土层下为疏松母质或含70%以上石砾
6	< 800	阴坡半阴坡	褐色土，棕色森林土，> 50	
7	< 800	阴坡半阴坡	褐色土，棕色森林土，25～50	
8	< 800	阳坡半阳坡	褐色土，棕色森林土，> 50	
9	< 800	阳坡半阳坡	褐色土，棕色森林土，25～50	
10	< 800	不分	褐色土，棕色森林土，> 25	土层下为疏松母质或含70%以上石砾
11	不分	不分	< 25 及裸岩地	土层下为大块岩石

表2　华北石质山地森林立地类型

类　型	瘠薄的土壤 A（< 25cm 厚粗骨土或严重的流失土）	中等的土壤 B（25～60cm 厚棕壤和褐色土或深厚的流失土）	肥沃的土壤 C（> 60cm 厚棕壤和褐土）
极干旱 0（旱生植物，覆盖度 <60%）	A0		
干 旱 1（旱生植物，覆盖度 >60%）	A1	B1	C1
适 润 2（中生植物）		B2	C2
湿 润 3（中生植物，有苔藓类，且徒长，柔嫩）			C3

注：表中字母仅为代号，字母的组合为森林立地类型的名称。

（马履一）

森林美景度　forest scenic beauty

基于视觉的森林景观美学价值以及森林景观给予人在美学上的满足程度。通常采用美景度评价方法所获得的美景度值的大小来衡量。

美景度评价是由美国学者T.C.丹尼尔（Daniel）和R.S.博斯特（Boster）于1976年在总结前人研究成果的基础上进一步完善形成的。该方法以心理物理学为理论基础，其基本思想是把风景与风景审美的关系理解为刺激—反应的关系，主张以群体的普遍审美趣味作为衡量风景美景度的标准。美景度评判结果主要由森林景观结构本身特征的综合表现以及观察者的审美尺度、心理感知和情感反应等心理物理学特征共同决定，存在着较大的尺度效应，评价结果显著受森林景观所处地貌特征、视觉范围的影响，并在一定程度上受观察时间段的天气状况、拍摄角度、拍摄光照以及拍摄设备质量等方面的影响，不同评判群体间评判结果有显著差异。这些因素都在一定程度上增加了森林美景度评判结果的不确定性。尽管存在着一定的不确定性，该评价法仍然是视觉景观质量评价中应用最普遍、结果最可靠的方法。为了提高美景度评价结果的普适性、可靠性，需要有较大的评价群体样本来降低个体间和群体间评价结果间的差异；或者在选择评判群体时，尽量选择背景相似的人。

美景度评价过程：利用幻灯片等播放森林景观照片的形式，按观赏者对照片的接受程度进行打分，是获取美景度值的主要方法。观赏者对网络平台上的照片进行美景度打分具有同样的效果。对开展质量评判的森林景观进行现场打分，结果更加可靠，但是评判效率较低。美景度评判对照片有较高的要求，拍摄的天气和光照条件、照相机参数设置、拍摄距离、相机高度等要求基本一致，否则缺乏可比性。在森林景观质量美景度评判过程中，首先快速播放一遍用于评判的景观照片，让评判者对评判照片形成总体认识，然后再以 8 秒的观看时间间隔正式播放评判景观的幻灯片，评判者根据视觉印象为照片中的森林景观进行打分。评判打分采用 7 分制，即以美景度得分值 3、2、1、0、-1、-2、-3 分别代表感觉很喜欢、喜欢、较喜欢、一般、不太喜欢、不喜欢、很不喜欢。通常采用 T. C. 丹尼尔和 R. S. 博斯特在 1976 年提出的公式计算美景度值：

$$SBE = (\bar{Z}_i - \bar{Z}_0) \times 100$$

式中：$\bar{Z}_0$ 为对照景观各等级对应的 Z 值的平均值；$\bar{Z}_i$ 为第 i 个景观各等级对应的 Z 值的平均值。

根据下表，SBE 值的具体计算步骤如下：

①按照等级值的大小顺序统计各等级的频率（f），计算相应的累积频率（cf）、累积概率（cp）和正态分布单侧分位数（Z）；

②求各等级对应的 Z 值的平均值 $\bar{Z}$；

③随机选择一景观作为对照景观，计算 SBE 值。

SBE 值计算举例表

等级	景观 I				景观 II			
	f	cf	cp	Z	f	cf	cp	Z
-3	0	55	1.00		1	55	1.00	
-2	4	55	1.00	1.79	0	54	0.98	2.09
-1	4	51	0.93	1.46	2	54	0.98	2.09
0	11	47	0.85	1.06	8	52	0.95	1.60
1	20	36	0.65	0.40	15	44	0.80	0.84
2	12	16	0.29	-0.55	22	29	0.53	0.07
3	4	4	0.07	-1.46	7	7	0.13	-1.14
$\bar{Z}$	0.45				0.93			
SBE 值	SBE=(0.45-0.45)×100=0				SBE=(0.93-0.45)×100=48			

注：f 为频数，cf 为累积频数，cp 为累积概率，Z 为正态分布单侧分位数，$\bar{Z}$ 为 Z 的平均值。由于累计频率在最低等级时必定等于 1.0，此时 $Z=\infty$，所以计算 $\bar{Z}$ 时按等级数减 1 来计算。当 $cp=1.0$ 或 $cp=0.0$ 时，采用 $cp=1-1/(2N)$ 或 $cp=1/(2N)$ 计算 Z 值，其中，N 为评判者人数。

参考文献

宋力, 何兴元, 徐文铎, 等, 2006. 城市森林景观美景度的测定[J]. 生态学杂志, 25(6): 621-624, 662.

章志都, 2010. 京郊低山风景游憩林质量评价及调控关键技术研究[D]. 北京: 北京林业大学.

Daniel T C, 2001. Whither scenic beauty Visual landscape quality assessment in the 21st century [J]. Landscape and Urban Planning, 54(1-4): 267-281.

Daniel T C, Boster R S, 1976. Measuring landscape aesthetics: the scenic beauty estimation method [R]. Research Paper RM-167. Fort Collins, CO: USDA Forest Service, Rocky Mountain Forest and Range Experiment Station.

Kalidindi N, Ramani V, Picone J, 1998. Scenic beauty estimation of forestry images [R]. Research Paper, USDA Forest Service, Southern Forest Experiment Station Southern Forest Experiment Station.

（徐程扬）

森林美学 forest aesthetics

研究、欣赏和创造森林美的科学。是森林生态系统服务中文化服务的重要组成。

森林美是人在观赏森林景观时的一种心理物理学感受，主要受森林的树种组成、林分的空间结构、林下植被高度与分布、树木个体形态及其群体效果、由植物的色彩和林分季相组成的森林色彩结构等特性的影响，也受森林所处的山体、建筑物、天空等背景以及道路、水体等前景、观赏距离与角度、光照环境等的影响。森林中的岩石、倒木、溪流、道路以及森林环境中的声音对森林美也有显著的影响。从树木个体到景观，森林美具有强烈的尺度效应，林分与景观尺度的美学特征、林内与林外视觉景观特征、近景与远景景观特征等均有较大的差异。

森林美学的主要研究内容包括树木个体美、森林结构特征、色彩特征、游憩可及度及其与人的感知和接受程度间的耦合关系，基于视觉质量的森林构建技术、森林景观保护与科学经营技术以及服务于森林游憩的林内基础设施建设等，目的是为科学保护森林、合理开发与利用森林提供理论与技术支撑。

森林美学源于 19 世纪的德国，创始人是德国林学家 H. 沙列希（H. von Salisch）。森林美学创立的标志是 1885 年 H. 沙列希的《森林美学》一书的出版。自 20 世纪 60 年代中期开展森林景观美学研究以来，在国际上形成了专家学派、认识学派（心理学派）、经验学派（现象学派）和心理物理学派，被普遍使用并流传至今的主要是心理物理学派。

20 世纪 60 年代，中国学者开始森林美学研究，70～80 年代在台湾掀起了研究热潮。自 90 年代以来，中国森林美学研究得到了快速发展，在树木个体美学与树种选择、多尺度风景游憩林景观质量美学评价及其影响机制和调控技术、风景游憩林和城市森林色彩斑块空间格局与林内景观质量的耦合关系、森林公园景观质量及其调控技术、乡村人居林质量、森林文化与美学关系等方面开展了大量研究，并在森林美学质量评价指标体系及量化评价技术上得到了长足的发展，代表性专著有赵绍鸿2009年出版的《森林美学》、高文琛2011年翻译的日本新岛善直和村山酿造的《森林美学》等。

参考文献

陆兆苏, 1995. 森林美学初探[J]. 华东森林经理 , 9(3): 24-28.

赵绍鸿, 2009. 森林美学[M]. 北京: 北京大学出版社.

郑小贤, 2001. 森林文化、森林美学与森林经营管理[J]. 北京林业大学学报, 23(2): 93-95.

（徐程扬）

森林苗圃　forest nursery

以培育**植苗造林**用树木苗木为主的**苗圃**。又称林业苗圃、树木苗圃。大多在林区和植树造林任务量较大的地区建立，包括林业主管部门所属企事业单位经营管理的国有苗圃，林业或森工企业经营管理的企业苗圃，以及乡、村合作社经营管理的混合所有制苗圃。

森林苗圃是苗圃业的主体，范围广、数量多、经营规模差异大，主要为植树造林和森林恢复工程人工植苗更新提供苗木，苗圃规模和布局是当地政府和企事业单位制定林业发展规划的组成部分。根据主要育苗树种或经营对象的不同，分为用材树种苗圃、防护树种苗圃等。

森林苗圃伴随着人工造林的开始而出现，是人类在林业发展历史进程中从单纯利用森林到培育森林的重要标志。不同的国家和地区森林苗圃的产生时期相差大约1～2个世纪，但通过相互借鉴、交流，各地森林苗圃的建设、生产与管理技术水平差异却远远小于这个时间。

森林苗圃建设基础条件往往比较复杂，土地类型多，少有或没有基本的育苗设施条件，建设初期投资比较大。森林苗圃一般根据植树造林的需求定向培育有针对性的苗木，所培育苗木的树种相对单一，出圃苗木规格小，但对出圃苗木的质量标准和均匀性要求较高。因此，森林苗圃在育苗生产过程中须以苗木群体优质高产为目标，通过树木种子、细胞、组织或营养器官等繁殖材料，在适宜的苗圃自然条件或人为调控的环境条件下，实现低成本、高时效、规范化培育符合植苗造林需求的优质苗木。

参考文献

金铁山, 1992. 树木苗圃学[M]. 哈尔滨: 黑龙江科学技术出版社: 1, 83-84.

翟明普, 沈国舫, 2016. 森林培育学[M]. 3版. 北京: 中国林业出版社: 124-125.

（彭祚登）

《森林培育学》　Silviculture

面向21世纪系统阐述森林培育理论和技术的教材。2001年第1版出版，主编**沈国舫**。中国第一部全国性森林培育学统编教材。顺应科技发展形势、与国际通用名词接轨的产物。

后相继修订，第2版（沈国舫、翟明普主编）2011年出版；第3版（翟明普、沈国舫主编）2016年出版；第4版（翟明普、马履一主编）2021年出版。

第1版构建了中国森林培育学教材体系，包括理论体系和技术体系。同时也介绍与森林培育紧密相关的国家林业生态工程。全书分绪论、第一篇森林培育学原理、第二篇至第四篇森林培育技术、第五篇国家林业重点工程。绪论介绍森林培育学的概念与范畴、森林培育学的发展历史、森林培育的目的与对象、森林培育学的基本内容、森林培育学现存的问题与展望；森林培育原理篇介绍森林的生长发育及其调控、森林立地、造林规划与造林树种选择、林分结构等；森林培育技术篇介绍种子生产、苗木培育、整地与造林、森林抚育、封山育林、农林复合经营、林分改造、森林收获与更新以及苗圃与育林规划设计等内容。后修订各版整体框架没有实质性改变，只在内容方面主要补充和增加本领域最新科技成果，结构有微调。例如，第2版增加了区域森林培育，第3版对森林培育规划设计内容进行充实并独立成篇。该书被国内涉林院校相关专业师生作为教材，并作为林业工作者的主要专业参考书。

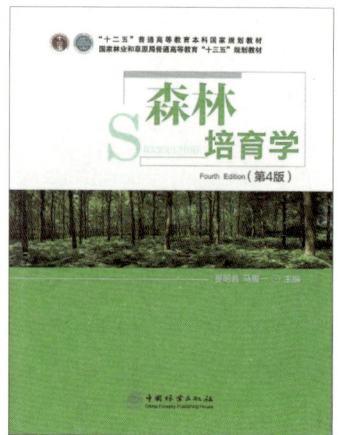

《森林培育学》封面

（翟明普）

森林起源　forest origin; stand origin

森林形成的根源和方式。又称林分起源。起源不同的森林，应采取不同的培育目标和不同的培育措施。按照自然发生或人工培育，分为天然起源、人工起源、人工天然混合起源。按照繁殖方式不同，分为实生起源、无性繁殖起源、有性无性混合起源。

天然起源是通过**天然下种**、萌发成苗、长成树木、形成森林，或者通过自然萌芽、根蘖等成苗成林，形成的森林为**天然林**。人工起源是通过人工播种造林，或者通过有性繁殖途径和扦插等无性繁殖途径培育苗木后进行人工**植苗造林**，形成的森林为**人工林**。人工天然混合起源是森林内既有天然起源的林木，也有人工起源的林木，形成的森林为人工天然混交林。人工林和天然林一般可通过林木空间分布状态进行现场判别，人工林林木有比较规则的株行距和个体分布状态，天然林的林木分布不规则。

由种子繁殖而来的森林为实生起源，形成的森林为**实生林**，也称乔林。通过萌芽或根蘖等无性繁殖方式形成的森林为无性繁殖起源，形成的森林为萌芽林或萌蘖林，也称矮林。森林内既有实生起源也有无性繁殖起源林木，为有性无性混合起源，形成的森林称为中林。实生起源的林木空间分布比较独立，主干根茎部比较规则，没有伐根痕迹；萌芽林林木主干根茎部一般可以看到伐根痕迹，根蘖林一般能看出按一定的根系分支的脉络分布。实生林寿命长，适合培育大径材。萌芽林早期速生但衰老速度较实生林快，通常主干下部易病腐，可用来培育中短伐期小径材。

参考文献

沈国舫, 翟明普, 2011. 森林培育学[M]. 2版. 北京: 中国林业出版社.

（沈海龙）

森林潜在生产力 forest potential productivity

在一定的气候条件下，地带性森林植被（天然林）可能达到的生产力水平。又称森林气候生产力。

在影响森林生产力的诸多因素中，森林类型及土壤条件相对稳定，气候因素（光、热、降水）则随时空而变。在假设森林类型适宜且土壤条件良好的条件下，某一地区森林生产力则主要由当地的气候条件所决定。故常以气候因素估算植物（森林）群落的可能（潜在）生产力。估测森林潜在生产力的目的在于科学合理地开发利用气候资源，充分发挥森林的气候生产潜力；寻找提高森林生产力的有效途径，最大程度地提高生产力水平；研究全球气候变化对森林生产力的影响及应对策略。

森林潜在生产力的估测是运用自然植被净第一性生产力估算模型进行。通常是利用植被生产力与气候因子间的相关关系建立数学模型，以模型运算进行区域自然植被生产能力的估测。国际上常用的估测模型有以气候因子（年平均气温、年降水量）为变量的迈阿密（Miami）模型；以实际蒸散为变量的桑斯维特纪念（Thornthwaite Memorial）模型；以植物生理生态学和统计学方法为基础的筑后（Chikugo）模型等。中国有以筑后模型为基础的改进模型（如北京模型、综合模型等）和以水热因素为基础的水热双因子复合估算模型等。

（孙长忠）

森林生产力 forest productivity

单位时间内单位面积林地上森林生产的有机干物质积累量（生物量）。用干物质重量表示〔单位：kg/（m²·a）或 t/（hm²·a）〕。是森林生态系统最基本的功能指标之一，反映森林的物质生产能力，是营林生产的基本着眼点和最终效果的量化表达。

分类 森林生产力分为森林潜在生产力和森林现实生产力。森林潜在生产力用于估测一定区域内在其气候条件下，森林植被可能达到的生产力水平。它不针对具体的森林地块，无须进行森林调查，运用当地的气候要素数据，通过模型运算便可获得估算数值。森林现实生产力是针对某一具体森林地段（块），就现有生产力水平进行相对精确的量化表述，需经现地测定才能获得实际数值。常用的森林生产力是指森林现实生产力。

测定方法 测定森林现实生产力主要是测定单位面积林地上的生物量（单位：kg/m² 或 t/hm²），包括森林地上部分生物量和地下部分生物量。地上部分生物量包括乔木、灌木、草本、苔藓等植物的生物量及枯落物量，地下部分生物量包括所有植物根系生物量。现在常以森林现存量代替森林生物量，即单位面积林地上长期积累的全部植物活有机体的干物质总量，不包括枯落物量。

森林生物量测定常用标准地调查法。分乔木层、下木层、草本层及地下根系生物量测定方法。①乔木层生物量测定。分为实测和估测两大类。实测法常称作收获法，是将标准地内的全部乔木砍伐，称量全部树木各部分（树干、枝条和叶片）重量（湿重），再换算出标准地乔木层的地上生物量（干重）。估测法又分为标准木法和模型法等。标准木法（包括平均标准木法、径级标准木法等）是在标准地每木检尺基础上，选取平均标准木或径级标准木，砍伐实测各标准木生物量，再根据标准地内林木总株数或各径级株数推算样地乃至全林乔木层生物量。模型法是利用林木测树因子（树高、胸径）与生物量的关系，建立回归模型，进行乔木层生物量的估算；该方法是先对标准地内林木每木检尺，测得各林木测树因子数据，再运用回归模型分别求出其生物量，进而计算出全标准地乔木层生物量。大范围乔木层生物量估测方法常用遥感解析法。②下木层、草本层与苔藓层生物量测定。通常采用样方调查法，以收获法测定。③根系生物量测定。多采用设立样方或壕沟的方法，挖取并称量样方土柱或壕沟内的根系生物量，再推算出单位面积林地上根系的生物量。

森林乔木层是林业生产经营的主要对象，其生物量占森林生物量的90%以上。生产中所称的森林生产力，常指乔木层生产力，森林生物量测定即测定乔木层生物量。为使森林生物量与森林资源调查指标（蓄积量）相一致并便于生产中应用，常将乔木层生物量换算为森林蓄积量。因此，生产上的森林生产力亦常指单位时间内单位面积林地上森林蓄积生长量〔单位：m³/（hm²·a）〕。

影响因素 森林生产力是森林生态系统中林木与环境相互作用，在物质生产能力上的综合量化指标。森林生产力受森林自身状况与环境条件的双重影响。①森林自身状况。森林自身的树种、结构、林龄、健康状况等决定了森林对林地自然资源要素的利用能力与强度。只有当森林树种适宜、结构合理和健康状况良好，并处于旺盛生长阶段（中龄林），才能最大限度地利用林地土壤与区域气候等自然资源，使林地的生产潜力得以充分发挥。人工林树种选择不当、林分结构不合理、经营管理粗放等都会造成森林生产力的低下。②环境条件。良好的土壤条件、适宜的温度、充足的光照和降水，是发挥森林植被自身最大生产潜力和影响森林生产力的主要环境因素。就中国森林植被整体而言，水热充足、地势平坦、土壤深厚肥沃的林地面积很小，而坡度大、土层薄、肥力低且受气候要素限制的林地面积占了绝大部分。森林立地质量（立地指数）普遍偏低是影响中国森林生产力提高最根本的客观因素。降水量不足是中国大部分地区森林生产力提高的气候限制因素。热量不足在中国东北、青藏高原及高海拔山区是影响生产力提高的主要限制因素。光照不足在高纬度地区是森林生产力提高的限制因子之一。

提高途径 根据森林生产力的形成基础（同化作用）与影响因素，提高生产力可从两方面入手：①森林自身。分为森林形成前和形成后。森林形成前，运用现代科技手段对树种进行遗传改良，培育具有更高生产潜力的优良品种。采用良种并按适地适树原则进行人工林营造，是提高未来森林自身生产潜力的有效途径。森林形成后，加强抚育管理，科学育林，保持林分结构的合理与森林的健康，使森林自身的生产能力较长时期维持在较高水平。②林地环境。主要指林地的土壤条件。加强林地土壤管理，不断提高土壤肥力，为林木生长创造良好的土壤环境，是发挥森林自身生产潜力、提高生产力的重要途径。如通过造林整地，可以有效地改变林地的微地形条件，并改善土壤结构，提高土壤肥力。在集约经营条件下，对林地实施积极的中耕除草、灌水、施肥等土壤与水肥管理措施，并对森林加强抚育管理和病虫害防治，将会大幅度提高森林生产力，实现速生丰产优质的经营目标。

（孙长忠）

森林生态系统经营　forest ecosystem management

在景观水平上长期保持森林生态系统健康和生产力的经营范式。是一个不断发展的概念，它强调生态合理、时空协调、模拟自然、人的调控作用和适应性经营。

形成与发展　20世纪20年代，美国林学家及野生动物学家、土地伦理学的创立者利奥博德（Leopold）提出，应该把土地作为一个"完整有机体"来管理，并保持其所有的组分协调有序。即在满足人类生存需要的同时，维持生态系统的完整性。这一土地伦理观点，已经初具森林生态系统经营的内涵。1970年，"生态系统经营"一词开始出现在环境组织的出版物中。到20世纪80年代，随着全球环境问题的突出，可持续发展成为全球共识，人们开始反思传统森林永续利用在资源利用与保护之间不能达成适当平衡的局限性。1993年，美国林学会发表了保持长期森林健康和生产力的专题报告，认为需要找到一条生态系统经营的途径，在景观水平上长期保持森林健康和生产力，即森林生态系统经营。1994年，美国人Grumbine把生态系统经营描述为生态系统科学知识和社会政治价值管理之间的一个界面，目标是保护自然生态系统的长期完整性。但其定义和具体做法并不相同。美国林务局定义为"在不同等级生态水平上巧妙、综合地应用生态知识，以产生理想的资源价值、产品、服务和森林状态，并维持生态系统的多样性和生产力。它意味着必须把森林和牧地建设为多样的、健康的、有生产力的和可持续的生态系统，以协调人们的需要和环境价值。"美国林学会认为"森林生态系统经营是森林资源经营的一条生态途径。它试图维持森林生态系统复杂的过程、路径及相互依赖关系，并长期地保持它们的功能良好，从而为短期压力提供恢复能力，为长期变化提供适应性。简言之，它是在景观水平上维持森林全部价值和功能的战略"。

主要要素　①以生态学原理为指导。包括重视生态系统内部的层级结构（基因、物种、种群、生态系统及景观）；强调复杂性和连接性；确保森林生态系统完整性；模仿自然干扰机制。②实现可持续性。包括生态系统动态地维持其组成、结构和功能的能力，满足人类基本和较高层次需求的能力。③重视社会科学在森林经营中的作用。即承认人是生态系统的有机组成，在其中扮演调控者的角色。森林经营不仅要考虑技术和经济上的可行性，还要有社会和政治上的可接受性。④实施适应性经营。这是一个人类遵循认识和实践规律，协调人与自然关系的适应性的渐进过程。

经营前提　开展森林生态系统经营的前提：①合适的产权制度和经营计划；②长期综合目标，尤其是空间目标；③承认生态系统的动态性，尤其是自然干扰的作用；④经济可持续性；⑤交流和规划工具。

应用　20世纪90年代初期，美国林务局和内政部开始采用生态系统经营的理念来管理国有林，并不断发展和改进。加拿大则采用模拟自然干扰的森林经营来实现。中国开展了森林生态系统经营的理念和原则讨论，但缺乏明确的实施森林生态系统经营的案例，尤其缺乏综合的森林景观管理。虽然森林生态系统经营作为一种新的经营范式提出近30年，在北美的森林经营规划中也得到实施，但仍然缺少具体的可操作技术指南和大范围的案例。

参考文献

邓华锋, 1998. 森林生态系统经营综述[J]. 世界林业研究(4):9-15.

Grumbine R E, 1994. What is ecosystem management[J]. Conservation Biology, 8(1): 27-38.

Patry C, Kneeshaw D, Wyatt S, et al, 2013. Forest ecosystem management in North America: From theory to practice[J]. Forestry Chronicle, 89(4): 525-537.

（雷相东）

森林生长发育　forest growth and development

森林从发生到衰老的整个过程。森林提供一切服务功能的生物学基础。

从生态学角度看，森林生长发育指森林在自然状态下逐渐生长发育成为区域内的顶极群落。从林学角度看，森林生长发育属于森林培育的范畴，其实质是采取林木遗传改良、林分结构调控及直接控制立地环境等措施来促进和调控森林的生长发育，以达到定向的培育目标。森林生长发育包括林木个体生长发育和林木群体生长发育。林木个体生长发育是指林木个体经过生长、发育、繁殖和衰老而完成生命周期，并延续种的存在和繁荣。林木群体生长发育从幼苗到成熟，典型的林分要经过幼苗、幼树、幼龄林、中龄林、成熟林、过熟林等生长发育阶段。了解林木个体及其组成的林木群体的生长发育规律，系统地掌握各种自然或人为干扰对其生长发育的作用，研究探讨在自然状态下以及在人为措施作用下森林的现实生产力和潜在生产力，从而为森林培育提供充分的理论依据。对森林的生长发育及其调控研究，要以树木生理学、森林生态学，尤其是其中产量生态学为理论基础，吸收森林计测学中有关森林生长分析的相关知识，紧密联系森林培育工作的实践。

参考文献

翟明普, 沈国舫, 2016. 森林培育学[M]. 3版. 北京: 中国林业出版社.

（李吉跃）

森林生长发育阶段 development stage of forest growth

森林从幼年到成年再到衰老，由独立的个体状态发展为群体状态，由量变发展到质变所经历的过程。一个典型的森林都要经历森林幼龄林阶段、森林中龄林阶段、森林成熟林阶段、森林衰老阶段等发育过程。

森林是由林木个体组成的群体，是一个复杂的生态系统，其生长发育与林木个体自身的遗传及生理生态特性有关，还与林木群体结构及其生物和非生物环境有关。森林从幼苗幼树阶段起，随着年龄的增大，林木个体的树高、直径、枝条、根系生长和冠幅的扩展，由独立的个体状态发展为群体状态，并开始产生了群体效应。森林在其生长发育过程中，量的增长，使森林内部的结构、环境以及林木与林木之间、林木与环境之间产生了质的变化，并表现出与林龄相关各具特点的阶段性。①森林幼龄林阶段。随着林木直径、树高等快速增长，林冠逐渐扩大到开始郁闭，这一变化使林内的光环境、小气候等跟着发生改变，林木之间产生了竞争与分化。②森林中龄林阶段。林分材积平均生长量加速增长，至末期达到峰值；林冠进一步扩展，郁闭度提高，林内光环境恶化，林木竞争加剧，产生了自然整枝与自然稀疏；林分内林木进一步分化，林分有了明显的结构，并开始开花结果，林下植被发展受到抑制。③森林成熟林阶段。林木生长逐渐减退，自然稀疏减弱，林冠疏开，林木大量结实，林内透光度增加，林下植被获得迅速发展，森林生物多样性处于高峰，森林地力的维护能力处于恢复和上升时期。④森林衰老阶段。林木生长由缓慢到停滞，林冠进一步疏开，林内透光度提高，促进了林下植被的发展和林木的更新。

森林的发育阶段与立地质量、树种（品种）、起源、育林措施、培育目标有着密切的相关性，不同的森林所经历每一个阶段的时间长短和林分状态均有不同的特点。在中国森林资源清查有关技术规定中，按树种、地区和起源划分主要树种龄级和龄组。

参考文献

沈国舫，翟明普，2011.森林培育学[M]. 2版.北京：中国林业出版社.

丹尼尔 T W，海勒姆斯 J A，贝克 F S，1987. 森林经营原理[M]. 赵克绳，王业遽，宫连城，等，译.北京：中国林业出版社.

（盛炜彤）

森林衰老阶段 forest aging stage

森林经历了成熟林阶段后逐步进入的生物学上的衰老时期。也称过熟林时期。

主要特征是林木生长由缓慢到停滞，高生长几乎停止，健康程度降低，对于病虫害及自然灾害等抵御能力下降；病腐木、枯立木、风倒木大量增加，自然枯损木逐年增多。森林的蓄积量生长随年龄增长而迅速衰减，森林的生态景观等功能减退。林分长势弱，养分吸收少，枯落物归还量增加；林冠进一步疏开，林内透光度增加，林下植被发展加速，林内生物多样性增高，因而地力维护功能得以提升，有利于地力恢复。

对待衰老阶段的森林，因培育目标而有所不同。对于防护林的过熟林，应采取卫生伐、择伐等措施，保持健康林木及林下更新幼树等林下植物生长，以延长其防护功能发挥；对于用材林，要加快利用速度以减少衰亡或病虫害造成的损失。在任何情况下，对于过熟林均要关注可持续经营的要求，采取合理和充分的更新措施，尽快恢复森林。

（盛炜彤）

森林现实生产力 forest actual productivity

现有森林群落所具有的生产力水平。是森林群落、自然环境（气候、土壤等）、经营技术和投入等自然和非自然因素综合作用的现实结果。既是自然条件优劣的反映，更是森林经营水平的体现。

森林现实生产力可按森林起源、树种、林龄等森林特征进行分别研究，其数值以实测获得。将森林现实生产力与潜在生产力、林分状况、林地条件等因素综合比较分析，可以科学地评价现有森林的经营水平和以往经营措施的实际效果，为未来经营目标和经营方案的制定提供有力的数据支持。由于现实森林往往受到人为经营活动的积极影响，特别是集约经营的速生丰产林，利用人工培育的优良品种，加以积极有效的林分结构优化和林地水肥管理，森林现实生产力可以超过森林潜在生产力。森林现实生产力的测定方法见森林生产力。

（孙长忠）

森林医学 forest medicine

从医学角度研究森林对人体所具有的治疗、康复、保健和疗养功能的学科。包括森林对健康的益处和危险两个方面。人们关注较多的是有益影响，而与森林有关的致病微生物以及危险的动植物在森林医学里研究较少。

19 世纪 40 年代，德国政府尝试让长期精神紧张、过度劳累的居民住进森林，结合饮食调理和锻炼进行康复疗养，即"气候疗法"。1865 年德国科学家又创造"地形疗法"，

图1 森林露营地（孙振凯 摄）

图2　身体响应测试（孙振凯　摄）

1880年发展为"自然健康疗法"。苏联科学家鲍里斯·托金(Boris P. Tokin)于1930年发现植物能够散发出可以杀死空气中细菌、病毒的物质，并把这类物质命名为"芬多精"，又称植物精气。1982年日本在亚洲首次倡导"森林浴"，即利用森林小气候环境，使人们放松身心、提高身体素质。1990年前后，韩国森林厅在交通便利、环境良好的森林内建设露营地、森林浴场等基本游憩设施，由此诞生了"自然休养林"的概念。2007年国际林业研究组织联盟成立了森林与人类健康的专题研究组，促进这一领域利益相关者交流和推广实践。2011年国际自然和森林医学会成立，与国际林业研究组织联盟和其他相关学术团体联合开展自然和森林医学的研究。中国在发展森林与健康有关的产业方面起步较晚，1985年在浙江省天目山建成的"天目山森林康复医院"，是中国最早利用森林保健功能的产业。自2010年以来，中国林业科学研究院林业研究所在北京、江苏、浙江、福建、广东开展了城市森林康养功能评价与应用研究，研究了不同类型城市森林康养环境质量，并采用动物旷场实验、人体生理指标观测和心理健康评价，分析了不同类型森林环境对人体身心健康的影响。2018年，中国林学会森林疗养分会成立，旨在加强学术交流，促进林学、心理学和医学等多学科融合发展，普及森林疗养理念，推动森林疗养师培训和森林疗养基地认证工作，发展森林疗养产业。

　　森林医学认为，优良的森林环境和适宜的体验活动有助于人们放松紧张心理、提高免疫功能、改善睡眠质量、调节血糖浓度、维护心血管健康、缓解焦虑情绪等，但是具体的体验效果和实践应用还要结合不同学科理论、技术及医学实验加以研究佐证。森林环境对人类健康起作用的因素主要有物理因素、化学因素和心理因素。①物理因素，包括气温、湿度、光照强度、辐射热、气候、声音等。②化学因素，源于植物的挥发性有机化合物，主要是萜烯类物质等对人体健康有益的植物精气成分等。③心理因素，是人们对于森林环境主观反映的评价，如森林环境的明或暗、美或丑等对人们心理的影响。

参考文献

李卿, 2013. 森林医学[M]. 北京: 科学出版社:7-129.

王成, 2006. 城市森林与居民的健康福祉[C].// 第三届中国城市森林论坛论文集: 1-10.

杨欢, 陈志权, 范金虎, 2019. 森林医学发展历程和前景及其对疾病的预防作用[J]. 世界林业研究, 32(4): 29-33.

（孙振凯）

森林营造　forestation

　　通常指无林地上建立新林的生产过程，有时也包括森林采伐迹地、火烧迹地的更新过程。森林营造有广义与狭义之分。广义的森林营造包括林木种子采集处理（含林木良种选育）、苗木培育、造林地清理与整地、栽植（或播种）造林直至幼林形成阶段的抚育管理。狭义的森林营造指按照一定的方案用人工种植的方法营造森林并使其达到郁闭成林的生产过程。森林营造涵盖的内容和需解决的主要问题有：

　　①造林树种选择。解决如何在数以千计的树种中选择适合造林地立地条件和造林目的的树种，解决适地适树问题。

　　②合理的森林结构构建。包括确定森林密度、树种组成和年龄结构。

　　③造林地种类和选择。造林地包括无林地和采伐迹地两大类。无林地指适宜造林的荒山荒地、四旁地、农耕地、撂荒地、退耕还林地和废弃矿山地等，一般统称宜林地。

　　④造林地清理和整地。人工造林必需的生产环节，可在一定程度上改善造林地立地条件。

　　⑤造林方法。按照造林使用的材料不同分为播种造林、植苗造林和分殖造林，以前两种更为普遍。中国飞机播种造林的发展和取得的成效更是瞩目。

　　⑥幼林抚育。即在造林后进入森林郁闭但个体之间尚未出现强烈竞争阶段的林地和林木抚育管理。

　　⑦封山育林。与人工造林相对而言，以封禁措施为主要手段，辅以人工促进措施，使疏林、灌丛、采伐迹地、荒山荒地等恢复和发展为森林或灌草植被。是充分利用自然力、成本低、收效快的措施，对于大面积森林植被恢复具有事半功倍的效果。

　　⑧林农复合经营与林下经济。林农复合经营是将造林树种和其他动植物精心结合，以多种方式配置在同一土地经营单元，在林下开展种植、养殖、采集等立体复合生产活动。是一种土地利用制度，也是一种森林营造模式。林下经济实际上是农林复合经营的拓展和延伸，增加了传统意义上的农林业以外的其他经营活动，其内涵更加丰富。

参考文献

翟明普, 2011. 现代森林培育理论与技术[M]. 北京: 中国环境科学出版社: 1-15.

翟明普,沈国舫, 2016. 森林培育学[M]. 3版. 北京: 中国林业出版社: 177-238.

（翟明普）

森林游憩 forest recreation

人们利用休闲时间，自由选择在森林环境中进行的以恢复体力和获得愉悦感受为主要目的的活动。

1872年世界上第一个国家公园，即美国黄石国家公园的建成标志着森林游憩作为一项产业已初步形成。1916年美国

图1 森林游憩——林下步道（张昶 摄）

图2 森林游憩——依山傍水（张昶 摄）

图3 森林游憩——广州石门薰衣草（张昶 摄）

国家公园管理局颁布《国家公园管理局法案》，使森林游憩的建设与管理逐步实现了法制化和行业化，也使美国成为世界上开展森林游憩较早且较成熟的国家。中国森林游憩起步相对较晚，1982年张家界国家森林公园的开放标志着中国森林游憩正式起步。

森林游憩依托的森林游憩资源包括森林自然景观资源（林景、山景、水景、气象气候景观、古树名木）、森林生态环境资源（环境空气、地表水环境、植物精气、空气负离子等）、人文景观资源（文物古迹、地方文化、民族风情等）类。城市森林作为城市重要的公共开放空间和绿色休闲场所，逐渐成为发展城市森林游憩活动的最佳平台。城市森林游憩是依托城市自然森林、城郊森林公园、城市人工林地等森林环境，以自然野趣为特色，以欣赏自然景物为基础，感知人与自然和谐共生，满足人们回归自然和修身养性需求的各类游憩活动。随着人们生活水平的提高，森林游憩也平稳快速发展。2001年，全国森林公园工作会议将发展森林旅游作为建设现代林业的一个重要方向予以强调，全国森林游憩快速发展，森林游憩产业经济不断调整升级，已成为中国林业支柱产业，也成为中国旅游业新的增长极。

参考文献

易逸瑜，张庆费，安齐，等，2018. 城市森林游憩发展探讨[J]. 中国城市林业，16(1): 7-10.

张苊铭，李健，刘慧梅，2012. 中美森林游憩政策比较[J]. 林业资源管理(6): 128-134.

（张昶）

森林幼龄林阶段 young forest stage

森林郁闭后的5～10年或更长时间。

随着林木直径、树高等快速增长，林冠逐渐扩大到开始郁闭，这一变化使林内的光环境、小气候等跟着发生改变，林木之间产生了竞争与分化。按中国森林资源清查的有关技术规定，幼龄林的年限取决于该树种的主伐年龄，如：主伐年龄为第Ⅳ龄级，则第Ⅰ龄级为幼龄林；主伐年龄为V龄级或Ⅵ龄级时，则幼龄林包括Ⅰ、Ⅱ两个龄级。但幼龄林的定量标志除年龄外，还要考虑郁闭度，即郁闭度不小于0.4时，才能称作幼龄林。在实践中，幼龄林的概念泛指未成林造林地和郁闭后的幼龄林（郁闭度达到0.4以上）。不少国家对幼龄林都各有标准，如加拿大、德国以平均胸径为划分标准，印度以树高为标准。不管哪种规定，形成森林的时间（年限）是因树种（品种）、立地条件和起源而不同。速生树种，特别是一些无性系人工林树种，如桉树、杨树，速生期来得早，成林时间就早；慢生树种，如云杉和一些硬阔叶树种，速生期来得迟，生长量小，成林时间就晚。

参考文献

沈国舫，翟明普，2011. 森林培育学[M]. 2版.北京: 中国林业出版社.

丹尼尔 T W，海勒姆斯 J A，贝克 F S，1987. 森林经营原理[M]. 赵克绳，王业遽，宫连城，等，译. 北京: 中国林业出版社.

（盛炜彤）

森林浴　forest bathing

沐浴森林里的新鲜空气，利用其挥发性芳香物质、负氧离子等，达到促进身心健康目的的一种保健休闲方式。主要是利用森林中一些有形和无形的自然资源，使人们放松心情、解除疲劳、清神醒脑，贴近大自然、感受大自然、享受大自然，达到身心健康目的的。

森林浴最早兴起于19世纪中叶的德国，也被称为森林疗法、森林医院等，是保健三浴（水浴、日光浴、空气浴）中空气浴的一种。人们把森林看成是治病健身的理想场所之一。在亚洲，1982年日本引进联邦德国的森林疗法及苏联的"芬多精科学"，组织林学、化学、医学、健康生理学等学科专家开展联合实验研究，在全日本大力倡导森林浴，并于2004年创立了"森林医学"，研究森林浴对人体健康的影响。中国台湾地区从20世纪80年代开始发展森林浴，相关专家编译或出版了一些有关森林浴的著作，介绍和普及森林浴知识，如1984年刘华豪编译了《森林浴：绿的健康法》；1992年林文镇著《森林浴：最新潮健身法》，促进了中国台湾地区森林浴的发展。中国大陆从20世纪80年代以来建立了各种等级的森林公园，其中一些森林公园设置了森林浴场所，既有独立设计的小型旅游地，如森林医院、森林氧吧等，也有森林公园、自然保护区和风景名胜区内的游憩项目。从2015年开始，中国学者陆续采用旷场试验法研究森林浴对小白鼠的康养效果，并结合森林生理指标观测和心理健康评价来分析森林浴对人体身心健康的影响，是对森林浴康养效果验证方法的创新。

森林浴包含3个要素：①人要置身于森林环境并利用森林中良好的环境条件，包括植物精气、负氧离子、洁净空气、绿色空间等保健因子；②需要开展一定的活动，强度可大可小，比如散步、休憩、游乐、健身等；③能够达到防治疾病、强身健体的目的和功效。根据活动形式，森林浴分为步行浴、运动浴、坐浴和睡浴。

参考文献

但新球, 姜海湘, 龚艳, 1999. 森林浴场的规划设计探讨[J]. 中南林业调查规划, 18(3): 36-39.

肖光明, 吴楚材, 2008. 我国森林浴的旅游开发利用研究[J]. 北京第二外国语学院学报, 30(3): 70-74.

王茜, 王成, 王艳英, 2015. 毛竹林森林浴对小白鼠自发行为的影响[J]. 林业科学, 51(5): 78-86.

Duan Wenjun, Wang Cheng, Pei Nancai, et al, 2019. Urban forests increase spontaneous activity and improve emotional state of white mice[J]. Urban Forestry & Urban Greening, 46 (9): 1-11.

（古琳）

森林质量　forest quality

森林生长状态及服务功能的统称。包含森林本身的内在属性和森林提供的服务效能。准确掌握和科学评价森林质量是现代森林资源高效培育及多目标利用的前提和依据。

森林作为一个生态系统，其结构决定功能，森林质量评价指标应关注森林生态系统本身，且评价指标具有尺度性，可包括单木、林分、景观、森林经营单位及区域等多个层次。乔木林是构成森林生态系统的主体，也是森林资源的主体，在国家森林资源清查中，通常采用乔木林单位面积蓄积量、单位面积生长量、单位面积株数、平均郁闭度、平均胸径、树种组成结构、物种多样性等指标，来反映乔木林质量状况。

森林质量评价方法可采用层次分析法和专家咨询法〔即德尔菲法（Delphi Method）〕。

层次分析法主要通过确定评价指标因子权重，计算出森林质量综合评价指数（通称质量指数），以其大小来衡量森林质量的好坏。质量指数的计算式为：

$$EEQ = \sum_{i}^{n}(v_i w_i)/10$$

式中：EEQ 为森林质量综合评价指数（0～1）；v_i 为各指数评价分值（0～10）；w_i 为各指数的权重（0～1）；n 为指标总个数；i 为第 i 个指标。

根据森林质量指数，将森林质量分为好（$EEQ \geq 0.7$）、中（$0.5 \leq EEQ < 0.7$）、差（$EEQ < 0.5$）3个等级。

（盛炜彤）

森林中龄林阶段　middle aged forest

森林经历了幼龄林阶段后，由树高、直径的速生期转入林分年平均材积生长量的速生期直至达到峰值的时期。为生长发育中期。林木开始开花结实，森林处在壮龄时期，林木生长较旺盛。

中龄林阶段林冠进一步扩展，彼此交接，形成了郁闭的环境，林内光环境恶化，竞争加剧，自然整枝、自然稀疏强烈，是林分自然稀疏株数最多的时期，由此开始，林木产生了显著的分化，使林分在树高、胸径、材积、树冠等方面有了结构规律，并开始开花结实。中龄林阶段的前期，由于林冠的高度郁闭，林下灌木和草本植物被抑制；后期，由于林木的自然整枝和自然稀疏，加上人工抚育的调节，林分密度已显著下降，再加上林冠层的提高，林下透光度增加，林下植被有所恢复，有利于地力的维护。

中龄林阶段最重要的是应及时采取抚育间伐等措施，调整林分密度和郁闭度，增加林分透光度，控制林木间的竞争，以延长并保持保留木有较高的生长量，防止因密度（郁闭度）过大而造成林分生长量过早下降。中龄林阶段的延续时间，因树种（品种）、地区和起源而不同，一般为2个龄级，10～40年，速生树种、南方地区及人工林较短；生长速度慢的树种、北方地区及天然林较长。

参考文献

沈国舫, 翟明普, 2011. 森林培育学[M]. 2版. 北京: 中国林业出版社.

丹尼尔 T W, 海勒姆斯 J A, 贝克 F S, 1987. 森林经营原理[M]. 赵克绳, 王业蘧, 宫连城, 等, 译. 北京: 中国林业出版社.

（盛炜彤）

森林主伐更新 forest harvest cutting and regeneration

在森林培育过程中将成熟林木的收获作业与森林的更新作业紧密结合在一起的生产环节。目的是收获成熟林木，同时进行森林更新。

主伐是对成熟林分或林分中部分成熟的林木进行采伐。森林更新指在森林采伐迹地、火烧等受灾迹地或森林衰老自然死亡的迹地上通过人力或自然力重新形成森林的过程。通常主要指森林采伐后的更新。主伐与更新是两个相互关联的森林培育过程，主伐后必须更新，才能保证森林资源及其各项功能的可持续发展。主伐方式必须首先满足森林更新的要求，即森林主伐之后必须采取适宜的森林更新方式使采伐迹地得以更新。保障森林主伐更新环节的一整套技术措施是森林作业法。

森林主伐与更新是林业生产一个环节中不可分割的两个方面，既不能只强调森林的采伐利用而忽视森林更新，也不能单纯强调生态效益和自然演替而忽视采伐利用和人工更新。采伐和更新都是森林培育措施，要合理进行森林采伐、促进森林更新，做到森林资源可持续发展。合理的森林主伐更新，应该是越采越多、越采越好，只有这样才能实现森林可持续经营。

参考文献

北京林学院, 1981. 造林学[M]. 北京: 中国林业出版社.

汉斯·迈耶尔, 1989. 造林学: 第三分册[M]. 肖承刚, 王礼先, 译. 北京: 中国林业出版社.

翟明普, 沈国舫, 2016. 森林培育学[M]. 3版. 北京: 中国林业出版社.

（沈海龙）

森林作业法 silvicultural system

把主伐与更新结合起来，根据更新要求选用相应的更新方法，使采伐迹地得以更新的一整套技术措施。是森林经营作业的工艺集成。

类型 森林作业法主要指森林收获作业法，包括乔林作业、矮林作业和中林作业。通常讲的主伐更新体系主要是针对乔林作业而言的，矮林作业和中林作业是只在某个生长发育阶段或针对某种特殊森林类型而采取的作业体系。在选择森林作业法时，需要综合考虑生物学要求、社会需求与经济利益，保障树木在一定的环境条件下正常更新。

目的与要求 ①在伐去应伐木的同时，保证在预定时期内恢复或建立新的林分；②通过创造良好的环境条件，促进保留木的生长；③通过选用合适作业方法，选择性促进目的树种生长发育；④通过提供各种合适的林分经营管理办法，满足发挥景观、游憩、生物多样性、碳汇、水源涵养和土壤保持等多种功能的要求；⑤为保持或调整林分结构创造机会；⑥采取不同的采伐方式，以适应经营和调整产品结构的需要；⑦针对可能存在的病虫害或火灾采取相应的更新方法；⑧为有效采用新的采伐工艺、新的利用方式和新形式的产品，选用相应的作业方法。

参考文献

沈国舫, 翟明普, 2011. 森林培育学[M]. 2版. 北京: 中国林业出版社.

（彭祚登，高帆）

《杉木》 Chinese Fir

中国杉木培育理论与技术的系统性著作。1984年10月出版。吴中伦主编。编辑委员会成员有吴中伦、侯治溥、阎贵、王长春、于晓心、迟健、俞新妥、刘松龄、盛炜彤。该书共20章，44.2万字。首次全面介绍了杉木产、运、销历史，以及杉木地理分布、杉木分类、生态学特征、杉木生长发育，阐述了杉木良种选育、种子与实生苗

《杉木》封面

培育、造林地选择与整地、造林密度与方法、林粮间种、抚育间伐、主伐与更新、病虫害防治及木材利用等杉木培育全过程理论与技术，提出了杉木产区区划及重点商品材基地建议，反映了20世纪50～80年代初中国杉木林经营水平和科研成果，奠定了杉木资源培育与产业基地建设的理论基础。该书是从事杉木林及人工林培育的相关科研、教学和生产单位与人员的专业参考书。

（段爱国）

杉木培育 cultivation of Chinese fir

根据杉木生物学和生态学特性对其进行的栽培与管理。杉木 *Cunninghamia lanceolata* (Lamb.) Hook. 为柏科（Cupressaceae）杉木属树种，在恩格勒、哈钦松和克朗奎斯特等分类系统中属于杉科（Taxodiaceae）；中国重要速生乡土针叶用材树种，是最受产区人民喜爱的造林树种。在中国杉木栽培面积达1.49亿亩，蓄积量达7.55亿 m³，分别约占全国人工乔木林主要优势树种的1/4和1/3，在现代林业建设中具重要地位。杉木栽培约有数千年历史，栽培区域遍及南方山区、丘陵、平原，历经早期零星栽植到大面积撂荒栽植与集约化栽培。中国杉木生产力仍普遍较低，现有林分蓄积量不到75m³/hm²，但集约经营条件下蓄积量可达600m³/hm²以上。

树种概述 常绿乔木，高达30m，胸径达3m。树皮棕色至灰褐色，长条状开裂，内皮淡红色。干形通直圆满，侧枝轮生，与主干呈近80°角，放射状开展。雌雄同株异花，雌花多生于树冠中上部，雄花多生于树冠中下部。分布范围遍及中国整个亚热带、热带北缘、暖温带南缘等气候区。北起秦岭南坡，伏牛山南坡，桐柏山、大别山及宁镇山系；南

到广东、广西、云南；东至浙江、福建沿海山地及台湾山区；西到云南西南和四川盆地边缘的安宁河、大渡河下游。结合自然分布与人工引种栽培，中国杉木分布区包括湖南、福建、江西、贵州、浙江、广东、广西、海南、四川、重庆、湖北、云南、安徽、山东、江苏、河南、陕西、甘肃及台湾19个省（自治区、直辖市），分布于北纬19°～37°、东经98°～122°，面积逾200万km²。英国、美国、加拿大、马来西亚、日本、南非、新西兰等国有引种。垂直分布因地区纬度、海拔高度、地形而有较大变化，主要分布在海拔800～1000m以下的丘陵山地。喜温暖湿润、喜光，怕干旱强风。分布地区气候条件：年平均气温15～23℃，极端最低温度约−20℃，年降水量600～2000mm。杉木生长的适宜气候条件：年降水量1300～2000mm且分布均匀，年平均相对湿度在77%以上，年平均气温16～19℃，极端最低温度−9℃。山脚、山冲、谷地、阴坡等地方日照短，温差小、湿度大、风力弱、土层深厚、肥沃湿润，是杉木速生丰产的理想环境。而在山顶山脊、阳坡或山坡上部，日照长、温差大、湿度低、风力强、土壤侵蚀严重，肥力差，杉木生长最差。黄棕壤、红黄壤、红壤等都能生长，但以红黄壤土生长较好。酸性和中性基岩母质特别是板岩、页岩、砂岩、片麻岩、花岗岩等，经过长期风化发育形成的土壤土层深厚（一般在100cm以上），质地疏松，富含有机质，pH 4.5～6.5，肥沃湿润而又排水良好，是杉木生长最好的土壤。木材含有"杉脑"，能抗虫耐腐，是中国最重要的商品木材，广泛用于建筑、桥梁、造船、电杆、家具、室内装修、生活器具等。可作细木工板、芯板等原料。

生长发育过程 树液一般2月下旬开始流动，3～4月抽枝发叶，至11～12月结束生长。雄花主要于3～4月开放。球果成熟期多数在10月下旬到11月下旬，成熟种子20～30天后开始飞散，通常在11月中、下旬采摘比较适合。杉木林分生长发育过程可划分为5个阶段。

幼林阶段 即3年生前，属于幼林与灌木、杂草竞争阶段。

林分形成阶段 即从4年生开始到7～9年，是树高、树冠的快速生长期。

林分激烈竞争阶段 从9～10年到17～18年或20年，林冠高度郁闭，重叠度高，树高生长速度下降，直径生长速度进一步放缓，林木分化及自然整枝强烈，需通过间伐调整林木的密度、光照和营养空间。

林分生长发育的持续阶段 从17～18年或20年以后到25年或30年，通过林木自然整枝，林冠郁闭度下降，林木树高、直径维持在一定水平上的持续生长，材积尚有较大增长，而上层木及优势木仍有较快的生长量，是培育大径材的有效期。林内由于透光度增加，林下植被得到较快发展，地力得到一定程度的恢复。

林分生长发育衰退阶段 不同立地不同密度林分进入衰退时期不同。从25年或30～40年起，林木直径、树高与材积生长缓慢，林冠疏开，通常达到了采伐年龄。这一时期，林下植被得到充分发展，林木对养分吸收量下降，而林分凋

落物量提高，养分归还量增加，延长采伐期对地力维护有利。

产区区划 全国杉木产区共划分为3个带5个区和5个亚区。①杉木北带（相当于《中国植被》的北亚热带）：杉木北带西区；杉木北带东区。②杉木中带（相当于《中国植被》的中亚热带）：杉木中带西区；杉木中带中区；杉木中带东区，包括两湖沿江丘陵台地滨湖亚区（a）和赣、浙、闽中低山亚区（b）及南岭山地亚区（c）。③杉木南带（相当于《中国植被》的南亚热带）：划分2个亚区，分别为粤、桂低山丘陵亚区和粤、桂丘陵台地亚区。

根据杉木产区区划与生产潜力，可划出15片杉木速生丰产林基地，分布于福建、浙江、江西、湖南、贵州、湖北、广东、广西、四川、云南、安徽、河南等12省（自治区）188个县（市、镇），其中第1～8片基地分布于7省106个县（市），地处武夷山脉、南岭山地，雪峰山区，亦称杉木中心产区，包括闽北（闽江上游）、赣南（赣江上游）、粤北（北江流域）及桂东（西江流域）、赣江（赣州以下、赣江两支流）、湘南（湘江）、黔南及桂北（柳江上游、榕江）、黔东及湘西南（清水江、沅江中上游、资江）、鄂西南（清江）；第9～15片基地，分布于7省82个县，虽位置不在中心产区，但多属高丘、低山、中山地带，由于地形对水、热条件的重新分配与组合，形成了有利于杉木生长的环境，杉木生产力仍可达到一般水平以上，包括浙南（瓯江上游）、皖南及赣东北（新安江及信江上游）、大别山、赣西北与湘东北及鄂东南、川南与黔北及滇东（长江上游及南盘江）、川西（岷江流域）、滇东南及滇西南。

良种选育

良种基地 有31处国家级杉木良种基地，即：湖南省靖州县排牙山林场、攸县林业研究所、会同县、资兴市天鹅山林场，福建省洋口林场、邵武市卫闽林场、沙县官庄林场、尤溪县尤溪林场、上杭县白砂林场、光泽县华桥林场，江西省信丰县林木良种场、安福县武功山林场、安福县陈山林场、安远县牛犬山林场，广西壮族自治区融安县西山林场、全州县咸水林场，贵州省黎平县东风林场，浙江省龙泉市林业科学研究所、杭州市余杭区长乐林场、开化县林

图1 杉木无性系区域化测定林

（江西省分宜县中国林科院亚热带林业实验中心）（段爱国 摄）

场，广东省乐昌市龙山林场、韶关市曲江区小坑林场、湖北省恩施市铜盆水林场、阳新县七峰山林场，四川省高县月江森林经营所、洪雅县林场、筠连县，重庆市南川区、南岸区长生林场，安徽省休宁县西田林场，云南省马关县偏洒等，为杉木造林提供了丰富的优良材料。

种源选择　根据全国杉木种源试验协作组对296个地理种源在14个省（自治区）85个试点的生长观测结果，杉木优良种源增产潜力可达20%～40%，并能改善木材品质及树种抗逆性能。据种源试验结果及分布区的生态条件，中国杉木全产区可划分为10个种子区：Ⅰ.秦巴山地种子区；Ⅱ.大别山桐柏山种子区；Ⅲ.四川盆地周围山地种子区；Ⅳ.黄山天目山种子区；Ⅴ.雅砻江安宁河流域山地种子区；Ⅵ.贵州山地种子区；Ⅶ.湘鄂赣浙江山地丘陵种子区；Ⅷ.南岭山地种子区；Ⅸ.闽粤桂滇南部山地丘陵种子区；Ⅹ.台湾中北部山地种子区。广西融水、那坡，贵州锦屏，福建大田、建瓯，广东乐昌，湖南会同，四川邻水及江西铜鼓等种源速生性强、生产力高、适应性广，为优良种源。各造林区应选择适于本地的优良种源造林。

种子园技术　杉木种子园是当前杉木良种繁育及推广的重要手段。中国杉木种子园始建于20世纪60年代，70～80年代先后完成了1代、2代杉木改良代种子园的营建。21世纪10年代，中国南方各省区杉木高世代种子园已全面进入3代试验性或生产性种子园建设时期，正步入第4代遗传改良阶段；利用高特殊配合力的双系种子园也在理论与技术方面取得重要进展，进入生产阶段，以高红心比为目标性状的杉木专营性种子园步入快速发展时期。高世代种子园建立技术主要包括优树选择、建园程序、园址选择、无性系配置、嫁接技术、种子园管理等方面。优树主要衡量因子有树干、树冠、材质、抗性、结实性等。优树选择应优先在优良种源区进行。第3代优树选优林分可来源于2代全同胞家系、2代半同胞家系、2代种子园嫁接母株。为丰富建园材料，防止基因变窄，可在优良半同胞家系中选择优树作为补充材料。另可选择部分其他来源的优异单株，以增强基因多样性。种子园可通过土壤管理包括施肥、中耕和除草，花粉管理如人工辅助授粉，树体管理如截顶矮化措施等，实现稳产丰产。

无性系选育　依据储备材料的起点或基础的不同，杉木无性系选育程序大致归纳为5种类型：①基于杉木种源试验，以适宜当地优良种源的子代为选育基础；②产地种子园半同胞自由授粉的子代；③无性系种子园半同胞自由授粉的子代；④人工控制授粉全同胞优良杂交组合的子代；⑤自然界优良表现型或自然杂种的子代。以建筑材、纸浆材、装饰材等为选育目标，杉木无性系选育主要考虑的经济性状包括速生型、质优型、高红心比率型、耐瘠薄型与单一营养型、抗病抗虫型、综合性状优异型等。40余年来，中国在杉木速生、优质、耐瘠薄等性状及联合性状方面筛选出一大批优良无性系，实现了较高的遗传增益，如江西大岗山17年生中选优良无性系湘杉300、湘杉88、湘杉68的材积生长量分别较生产用种高出76%、37%、35%。

苗木培育　分有性繁殖和无性繁殖，播种育苗是主要繁

殖途径。

播种育苗　杉苗喜湿润、怕干旱、忌积水。圃地土壤要求疏松肥沃湿润，以沙壤土至轻壤土为宜，忌黏重土壤和积水地。杉木种子小，带壳出土，根系穿透力差，圃地必须深耕细整，碎土作床，土粒不大于1cm。每亩施用石灰25kg左右、磷肥60kg、腐熟堆肥或火烧土约60kg，磷肥与堆肥等最好在混合堆沤后施用。采用高床育苗，床高25～30cm，宽1～1.2m，步道40～50cm。播种可在冬、春两季进行。种子开始发芽最低温度8～9℃，最适温度15～25℃。一般杉木南带在12月至翌年1月上旬、杉木中带在1月下旬至2月、杉木北带宜在3月播种。播种前种子经过浸种催芽和消毒，50℃温水浸种一昼夜，捞起晾干，用0.3%～0.5%高锰酸钾或1%漂白粉液浸15分钟。通常采取条播方式，沟宽2～3cm，深约2cm，沟距20cm左右。如种子发芽率在35%以上，条播用种量75～90kg/hm²。播后用过筛的细火烧土或黄心土覆盖，厚约0.5cm，上面再盖无草籽的杂草或新鲜稻草，以保温、保湿、促进发芽。当苗高5～6cm，进入生长盛期，应开始间苗，最后每平方米保留100株左右，1m长条播沟可保留20株左右。

扦插育苗　关键技术有采穗圃营建、插穗选择、扦插季节、扦插方法等。对于新选优树，可将中选优株砍倒挖蔸移植直接建圃。提高采穗圃繁殖系数主要有6项关键技术：斜干式作业方式；弯根栽植母树；超短穗扦插繁殖；定植初期截顶和8月压干；适当移植的压干式和高密植的换干式；采穗圃施磷、钾肥和复合肥。选择采穗母株根际萌发、顶芽明显、长度一致、粗细均匀和较为粗壮的穗条用于扦插；当日采穗当日扦插，注意穗条保湿。3～4月上旬是最好的扦插季节，每平方米扦插100株，每公顷60万株左右较为合适。8～9月进行寄插；夏插要搭荫棚，每平方米扦插400～500条，及时灌水保湿。扦插时，将插穗上已展叶的侧枝剪掉，插穗切口剪成马蹄形，插穗长度8～10cm，扦插深度为插条长度的1/2，株距3cm，行距15cm，插后压紧，浇透水。

组培育苗　不同无性系差异显著，适用的培养基不同。一般外植体诱导培养基1/2 MS+0.3～0.8mg/L 6-BA，诱导率达30%以上；增殖培养基1/2 MS+0.3～0.5mg/L 6-BA+0.1～0.3 mg/L IBA，增殖倍数在2.5以上；生根培养基1/4 MS+0.5～1.0 mg/L IBA+0.5～1.0mg/L NAA+1.0～1.5mg/L ABT 1，生根率达50%以上。对于诱导率高、萌芽能力强但生根困难的优良无性系，将继代苗接入壮苗培养基进行壮苗，然后移栽到加入10%细沙的黄心土基质上，经ABT生根粉溶液处理后，移栽苗的生根率可达50%以上。

容器育苗　育苗容器主要为塑料薄膜袋和无纺布育苗袋。容器规格一般采用直径5～6cm、高度10～12cm。育苗基质分重型基质和轻型基质。重型基质按比重以95%黄心土+5%农家肥或以85%黄心土+15%火烧土（或腐殖质土）的比例配制。轻型基质在经熟化和炭化处理后，按比重以30%木糠、55%松皮粉或杉皮粉、13%炭化木糠或泥炭土或腐殖质土、1%复合肥（N：P：K=15：15：15）和1%尿素

比例配制。育苗过程主要包括基质与种子处理、播种、幼苗保护、水肥管理等。

林木培育

立地选择 选择海拔 500～800m 或海拔 300～800m 的低山丘陵地带。以中大径材为培育目标的造林地，应选择土层深厚，质地疏松，富含有机质，湿润而又排水良好的地带。以中小径材为培育目标的造林地，可选择立地条件稍差、植被较少的地方，但须加强栽培措施，提高土壤肥力，达到速生丰产。过于干燥瘠薄的土壤、盐渍土，以及低洼积水或地下水位过高的地方，不能用来营造杉木林。通常立地指数 12、14 的立地，小径材出材率达到峰值的时间均在 20 年以上，主要以培育中小径材为主；立地指数 16 的立地低密度造林适合培育中大径材，较高密度造林可培育中小径材；立地指数 18 及以上的立地，小径材出材率在 20 年前达到峰值，26 年生后进入大径材生长期，可用于培育中大径材。特定的植物对立地条件好坏具有一定的指示作用，可作为判断杉木造林地好坏的指标，如次生阔叶林中的疏林或低产林及高灌丛，立地条件较好，可选作杉木造林地；灌丛中生长有水竹、苦竹等的竹薮地，以及五节芒占优势的高草丛，立地条件较好，土壤较深厚，可选作杉木造林地。

整地 采用局部穴状、带状清理整地方式。局部穴状整地常用于地势平缓和缓坡地带，只在栽植点上挖穴翻土，栽植穴的长×宽×高为 40cm×40cm×30cm，穴面与原坡面持平或稍向内倾斜。沿水平方向隔一定距离进行带状翻土整地，上下带的中心距离与造林行距一致。对于带状整地，应严格沿等高线进行，且应里切外垫呈反坡梯田状，以利水土保持。带的宽度通常以 70～80cm 为宜。

栽植 采用 1 年生苗木造林，实生苗和无性系苗均应达到《主要造林树种苗木质量分级》（GB 6000—1999）Ⅰ级或Ⅱ级苗标准。通常在 12 月至翌年 3 月栽植，最佳时间为冬末春初的 2 月初至 3 月上旬。选择雨前或雨后、最高气温

低于 20℃的天气栽植，土壤过干、连续大雨或结冰期间以及大风天均不宜造林。适当深栽，一般栽植深度为苗高的 1/3～1/2，将根颈萌条活跃区埋入土中，减少萌条发生。常采用穴植，在挖栽植穴时应将表土与心土分开堆放，穴底要平。栽植时保持苗木端正，根系舒展，覆土细致，先覆表土，后覆心土。覆土时将苗木轻轻上提，以免窝根，并适度层层压实，做到"苗正、舒根、栽深、紧实、不反山"。

造林密度 中国林业科学研究院杉木研究组利用 30 年连续观测数据研究表明，林分密度在中幼林时期影响单位面积林分出材量，在成熟林时期影响林分直径分布及材种结构。不同产区造林密度一般控制在 111～333 株/亩。立地条件一致时，林分密度大，幼林时期林分蓄积量大，林分郁闭早，自然整枝和自然稀疏剧烈，间伐次数多，所获间伐材积较多，但成熟林时所获中大径材较少。反之，林分密度小，幼林时林分蓄积量小，所获间伐材积也较少，但成熟林时所获中大径材较多。立地条件较好时，早期苗木生长速度较快，林分郁闭较早，适宜稀植；立地条件较差时，林分生长速度较慢，林分郁闭较晚，适宜密植。交通方便、劳力充足、需用小径材的地方，造林密度适当大些。

幼林抚育 局部块状抚育时，以杉木蔸为中心在 50～60cm 半径范围内松土、除草和培蔸，将妨碍幼树生长的灌、草、藤割除。带状抚育时，在杉木蔸两边进行局部松土除草，并形成一条宽 80～100cm 的带。按除早、除小、除了的要求，认真做好除萌工作。在生长高峰和杂草种子成熟前进行幼林抚育效果较好。造林后第一至第三年，每年抚育 2 次：第一次 5～6 月，第二次 9～10 月。

施肥 立地指数 18 及以上的林地比较肥沃，通常不缺肥；立地指数 12 以下的立地，土壤肥力差，水分不足，施肥效果比较差。杉木施肥重点应放在中等立地条件，如在立地指数 14、16 等立地上可获得较好效果。以施枯饼或其他有机肥和钙镁磷肥为主，幼龄林以施磷肥为主。中上等立地（立地指数 16）施含 14% P_2O_5 的钙、镁、磷肥 360～320kg/hm²，可一次施入作基肥，也可分作基肥和追肥施入。中等立地（立地指数 14）以磷肥为主，由于有机质总量少，土壤养分不平衡，应施适量的氮、钾肥。

抚育间伐 根据胸径连年生长量降至 1.0cm 以下、径高比达到 1/80 以上、枯枝高度占全树高 30% 以上及重叠度达 2.2 四项指标确定开始间伐年龄。立地指数 20 及以上样地，保留 900～1800 株/hm²，培育大径材 900～1200 株/hm²，中径材 1200～1800 株/hm²；立地指数 18，保留 1500～1800 株/hm²；立地指数 14～16，保留 1800～2100 株/hm²；立地指数 12，保留 2100～2700 株/hm²。采用下层间伐，间伐的间隔期一般 4～6 年。在杉木人工林近自然改造过程中，应加大林分

图2 杉木速生丰产林（福建省邵武卫闽国有林场）

间伐强度，结合间伐进行近自然改造作业，补植乡土阔叶树种，最终形成针阔混交异龄林。

主伐与更新　生产上多采取小面积皆伐。立地条件好、更新造林较易的，部分天然散生林和混交林可采取择伐。更新方式主要有植苗造林和萌芽更新。杉木萌芽林一般只经营3代。萌芽能力随伐桩高度的增加而降低。为促进萌芽条生长，2年内在伐桩周围须整地除草和培蔸，对五节芒等严重影响萌条生长的杂草、藤灌等必除尽。萌芽条生长一两年后，选留1～2根健壮的萌条，着生位置以上坡部位最好。萌芽林密度一般不低于160株/亩。培育小、中径材不需间伐，采取短轮伐期作业（一般20年左右）。

混交林培育　采用针阔混交、针针混交，可以同龄混交，也可以异龄混交。以杉木为目标树种的混交，主要考虑长期生产力的维护及杉木大径材的培育问题。杉木与马尾松、柳杉、湿地松等针针混交，杉木与檫树、火力楠、米老排、桤木、木荷、枫香、樟树等针阔混交，可取得较好生产与生态效益。

大径材培育　培育大径材主要选择杉木产区中带造林，选择立地指数16以上的宜林荒山、第一代杉木人工林采伐迹地、马尾松林采伐迹地及常绿阔叶次生林和针阔混交残次林等采伐迹地。立地指数20及以上的立地，造林株行距2m×3m或2m×2.5m，间伐后保留密度900～1200株/hm²；立地指数16～18的立地，造林株行距2m×2.5m或2m×2m，保留密度1200～1500株/hm²。以生产大径材为目的的林分轮伐期适当延长，以增加大径材出材量，其中立地指数20及以上的立地林分，轮伐期控制在25～30年；立地指数18的立地林分，轮伐期控制在30～35年；立地指数16的立地林分，轮伐期控制在35～40年。

病虫害防治　杉木很少发生病虫灾害，但随着杉木纯林在主要产区的不断扩大，杉木林病虫害防治愈显重要。已发现的主要病害有杉木黄化病（侵染性病害）、杉木炭疽病、杉木叶斑病、杉木叶枯病、杉木枝枯病等，防治主要采取营林措施，化学防治仅起到预防作用。已发现的树干害虫有粗鞘双条杉棕天牛、杉天牛、一点蝙蛾；嫩梢害虫有杉梢小卷蛾；食叶害虫有雀茸毒蛾、小袋蛾、中华象虫、日本黄脊蝗、叶螨；苗圃地害虫有白蚁、非洲蝼蛄、蛴螬、地老虎、种蝇，主要采取物理防治和化学防治。

参考文献

林业部造林局, 1982. 杉木林丰产技术[M]. 北京: 中国林业出版社.

盛炜彤, 2014. 中国人工林及其育林体系[M]. 北京: 中国林业出版社.

童书振, 盛炜彤, 张建国, 2002. 杉木林分密度效应研究[J]. 林业科学研究, 15(1): 66-75.

吴中伦, 1984. 杉木[M]. 北京: 中国林业出版社.

俞新妥, 1982. 杉木[M]. 福州: 福建科学技术出版社.

张建国, 2013. 森林培育理论与技术进展[M]. 北京: 科学出版社.

（张建国，段爱国）

沙棘培育　cultivation of sea buckthorn

根据沙棘生物学和生态学特性对其进行的栽培与管理。沙棘 *Hippophae* spp. 是胡颓子科（Elaeagnaceae）沙棘属植物的总称。包括中国沙棘 *Hippophae rhamnoides* subsp. *sinensis* Rousi、蒙古沙棘 *H. rhamnoides* subsp. *mongolica* Rousi、中亚沙棘 *H. rhamnoides* subsp. *turkestanica* Rousi、云南沙棘 *H. rhamnoides* subsp. *yunnanensis* Rousi、西藏沙棘 *H. tibetana* Schlecht、柳叶沙棘 *H. salicifolia* D. Don、肋果沙棘 *H. neurocarpa* S. W. Liu et T. N. He、江孜沙棘 *H. gyantsensis* (Rousi) Y. S. Lian 等。其中中国沙棘、蒙古沙棘、中亚沙棘耐寒、耐旱、耐盐碱、耐瘠薄，是中国三北地区植被恢复极佳的防护林树种和重要的经济林树种，被誉为"陆地上的鱼油"。

树种概述　落叶灌木或小乔木，常具刺。冬芽小，褐色或锈色。花单性，雌雄异株，先叶开放；花芽明显，在上一年生枝条上形成，有混生芽、营养繁殖芽之分。坚果为肉质的花萼管所包围，呈核果状。广泛分布于欧亚大陆的温带、寒温带及亚热带高山地区，在中国分布遍及东北、西北、华北及西南20个省区。现今中国沙棘林面积已逾250万 hm²，占世界沙棘总面积的95%以上。喜光，属浅根性树种，但根系发达，须根较多。忌过于黏重土壤，忌积水；一般生长在年降水量400mm以上地区，降水量不足400mm的河漫滩地、丘陵沟谷等地亦可生长。通常3年生开始结果，5年生时进入盛果期，20多年后衰败、枯死，但因地区和环境而异，有些地区树龄可达几十年甚至上百年。以果实、种子和叶片为主要利用部分。果实含有大量的有机酸类、维生素类、蛋白质及氨基酸类等，具有很高的食用价值，也具有活血化瘀、增强免疫力、防癌抗癌、保护肝脏、生津止渴、健脾止泻等药用价值。果肉可加工成饮料和冲剂、功能食品或提取色素，果肉、果皮及种子可提取沙棘油，叶片可制作沙棘茶，还可以制成化妆品等。具根瘤，萌蘖能力强，是解决三北地区燃料、饲料、肥料"三料"短缺问题的重要树种和多功能树种。木材可用于制作农业生产、生活小木器，也可用作薪炭材；木材是很好的纤维用材，可用于制作中密度纤维板等。

良种选育　开展沙棘育种的国家主要有中国、俄罗斯、蒙古国、芬兰、德国、加拿大、匈牙利、罗马尼亚等，而育种研究中心在中国和俄罗斯。中国的良种选育进程总体可划分为三个阶段：中国沙棘遗传改良阶段、国外大果沙棘良种引进与区划阶段、杂交育种阶段。历经30年，分阶段测试并审定了一批基于选择育种、实生育种、杂交育种的国家级良种。

苗木培育

播种育苗　选择地势平坦、土质肥沃、有灌溉条件、排水良好的沙壤土作育苗地。将苗床整平、镇压后，在湿润的苗床上，用开沟器开出深1.0～1.5cm、宽3～4cm的播种沟，将混沙种子均匀撒播于沟内，用湿沙或细土覆盖，轻轻压实，覆土厚度约1.0cm。一般1～3粒/cm²，播种量60kg/hm²。最后覆盖草帘。通常沙棘播种后7～10天即可出

图1　沙棘露地沙床嫩枝扦插育苗（辽宁阜新）（张建国　摄）

图2　大果沙棘与苜蓿间作（内蒙古磴口）（张建国　摄）

苗。待60%～70%幼苗出土后，于傍晚揭去草帘，需适时喷水，如气温过高，可采用遮阴措施。注意及时施肥、除草并进行病虫害防治。

扦插育苗　主要有温室大棚扦插育苗和全光雾露地扦插育苗2种方式。在高寒区域，为防寒越冬，保证苗床温度，主要以温室大棚育苗为主，如新疆阿勒泰地区；为降低育苗成本，温室大棚扦插育苗逐步发展成为全光雾露地扦插育苗。选择2年生健壮无病虫害、侧芽饱满、木质化程度良好的良种无性系苗木建立采穗圃。定植株行距可采用密植型0.5m×1.0m或稀植型1.0m×（1.5～2.0m）。3年即可采穗，产穗率最高的是开始剪穗的第4～7年，单位面积内插条的产量随栽植密度的提高而提高。全光雾露地嫩枝扦插苗床采用的是高筑床，具备良好的透气性、渗水性、容热性及营养丰富性，以细沙作表层，厚5cm左右，以腐殖土（或团粒土壤掺入有机肥或化肥）作基质层。嫩枝最佳采条季节为6月中下旬至7月上中旬，硬枝采穗时间可在前一年10月至当年4月。全光喷雾管理下，7～8天即可有根原基形成，10～12天即可有60%以上的生根现象，15～20天生根率可达80%以上。硬枝扦插1年即可出圃造林，嫩枝扦插则需及时移植。最佳移植时间一般为4月下旬至5月上旬，移植密度为5cm×10cm，移植深度不低于前一年扦插深度。

林木培育　培育目标为经济林和防护林。经济林逐步趋向果园化栽培管理模式，防护林则主要体现在荒山绿化、退耕还林、水土保持、防风固沙等林业生态工程中。

经济林　选择水分及土壤条件较好的立地造林，以采收和利用沙棘果实、种子、叶片为主要目标，要求采用优良品种扦插苗造林。无灌溉条件下经济林造林地要求年平均降水量在300mm以上，最好在400mm以上；光照条件较好，地势较平缓的河滩、河谷、撂荒地，或背风向阳、半阴半阳山坡地，或地下水位较高或有灌溉条件的沙地。积水地、漏沙地、重盐碱地不适宜营建沙棘经济林；应避开易发生风灾、水灾、雹灾及其他灾害的地块。土壤要求沙土或沙壤土，酸碱度以中性为宜，pH 9.0以下，含盐量不超过1%，土层厚度大于60cm，并含有比较丰富的腐殖质和矿物盐。整地方式依地形地势及土壤类型而定。平地要深翻熟化。坡度在5°以下可全面整地，也可带状整地；5°～15°的山坡地要做好梯田、鱼鳞坑或撩壕，以防水土流失；盐碱地要洗盐洗碱，降低盐碱含量。深翻不少于30cm，打碎土块，耙平表土。造林苗木选择2～3年生或Ⅱ级以上扦插苗，分别按品种、数量、规格落实到地块。如运输距离较长，根部要带泥浆或粘湿锯末，并用留有透气孔的塑料布包裹。做到适时、顶浆栽植；株行距2m×3m或2m×4m。多选用8：1的雌雄配置比例，按"田字排列法"定植；亦可按照2雌+1雄+2雌模式重复进行栽植，雌雄比例4：1。在定植初期及干旱季节，土壤含水量尽量保持在田间持水量的60%～80%。干旱缺水地区及丘陵山区采用穴贮肥水灌溉，采用喷灌、滴灌等节水灌溉方法更好。沙棘修剪主要有摘心、短截、回缩3种方式，分别用于促进生长、侧芽萌发和控制冠形。当植株长到2～2.5m高时，为控制树势、方便采摘，需进行剪顶作业。修剪要点是：打横不打顺，去旧要留新，密处要修剪，缺空留旺枝，清膛截底修剪好，树冠圆满产量高。选择适宜作物进行间作，以耕代抚，以短养长。采摘方式有手工采摘和机械采摘两种。手工采摘要选择产量高、无刺或少刺品种，选用果实成熟期不同品种组合，延长采摘时间。手工采摘主要有捋枝法、剪枝法、击落法及震落法。捋枝法主要用于引进大果沙棘等无刺或少刺的沙棘良种；杂交品种及中国沙棘良种等刺多的品种用剪枝法采果；击落法是针对部分冬季不落果的沙棘良种或野生沙棘。

防护林　植苗造林时，以实生苗为主，亦可采用扦插苗。采用实生苗营造沙棘生态林具有生长旺盛、萌蘖能力强、遗传基础丰富、生态适应性优良等优点。实生苗造林需根据适地适树原则选用当地种源或经种源、家系测定的优良种源、家系，或者是乡土种源为父母本之一经杂交产生的种子。扦插造林可采用中国沙棘良种或中国沙棘与蒙古沙棘亚种间杂交选育的优良品种。在干旱比较严重的沙荒地等处造林，如苗木较大，应进行截干，以防苗木失水干枯。直播造林时必须在降水量多、土壤含水量高、土壤质地好、杂草少的沟谷荒地或经过整地的反坡梯田、鱼鳞坑上进行。沙地和丘陵地如降水量不低于300mm，亦可进行直播造林。在撂荒地和比较平缓完整的土地上，可用畜力和机械翻耕，然后撒播，播种后再行耙耢，每公顷播种 30～35kg；在水分条件较好、杂草又少的河滩、沟谷坡面上，可以直接撒播，然后浅耙；如水分条件好，但杂草较多时，就需穴播，先挖土坑，除去杂草及其草根，打碎土块，填回湿润净土压实，然后在穴内播种，再覆上厚 1～2cm 的细碎土，播种量为每穴 5～8 粒。如在荒坡上播种造林，要提前做好反坡梯田或鱼鳞坑，把种子条播或穴播在反坡梯田或鱼鳞坑内，并覆土 1～2cm。直播造林的成败关键在于播种时间、播种地的选择和幼苗管护。严禁牲畜践踏。播种当年，最好松土除草 2～3 次。人工造林困难的地方可飞机播种造林。飞播造林适宜的播种期在雨季来临之前，一般为 6 月中旬到 7 月上旬，最迟不应晚于 7 月下旬，干旱年份可停止播种。沙棘生长到一定年龄以后，会逐渐衰老，通过平茬可形成大量根蘖苗，并快速成林。平茬年限以 15 年左右为宜。平茬的季节应在沙棘休眠期的冬季或早春。平茬应贴地进行。

病虫害防治 沙棘病害、虫害分别达 30 多种和 50 多种。主要病害为发生于苗期的猝倒病，主要虫害有蛀果性害虫沙棘象、沙棘绕实蝇和蛀干性害虫沙棘木蠹蛾，可致成片林分死亡或果实绝产。沙棘病虫害防治应以防为主，防治结合。

参考文献

黄铨，于倬德，2006. 沙棘研究[M]. 北京：科学出版社.

李景文，等，1997. 红松混交林生态与经营[M]. 哈尔滨：东北林业大学出版社.

张建国，2010. 沙棘属植物育种研究[M]. 北京：中国林业出版社.

（张建国，段爱国）

沙枣培育 cultivation of narrow-leaved oleaster

根据沙枣生物学和生态学特性对其进行的栽培与管理。沙枣 Elaeagnus angustifolia L. 为胡颓子科（Elaeagnaceae）胡颓子属树种，别名桂香柳；盐碱地造林的优良树种。

树种概述 落叶乔木或小乔木。老枝栗褐色，有时具刺，嫩枝、花序、果实、叶片背面及叶柄均被银白色盾状鳞；2 年生枝红褐色。叶互生，椭圆状针形至披针形。花两性，1～3 朵生于小叶下部叶腋，外面银白色，芳香，雄蕊具蜜腺，虫蝶传粉。果常为椭圆形，熟时黄色或红色，果肉粉质。花期 6 月，果 9～10 月成熟。在中国大致分布于北纬 34° 以北，以西北地区的荒漠、半荒漠地带为分布中心。天然林主要分布于内蒙古西部地区，华北北部、东北西部也有少量分布。人工林主要分布于甘肃、新疆、宁夏、内蒙古等地。具抗风沙、耐盐碱、耐干旱、耐高温、耐瘠薄、易繁殖、适应性强等特点，生活力很强，喜光。分布区年降水量多在 200mm 以下，年平均气温 4～10℃，极端最高温度 40℃，极端最低温度 -30℃，属极端干旱的大陆性气候。沙枣对硫酸盐适应性较强，对氯化物盐抗性较差。以氯化钠为主土壤含盐量 0.5% 以下时生长良好，0.6% 以上则明显受抑；以硫酸盐为主土壤含盐量 1.3% 以下时生长良好，1.5% 以上则严重受抑。在中国被广泛应用于食品、药物、造纸、饲草、薪材、家具等。木材是制作家具、门窗、各种镶板的优良材料，也用作车辆、矿柱、工农具柄和农具等。果实中含有丰富的氨基酸、蛋白质、脂肪、糖类等营养成分。叶中含有咖啡酸、绿原酸、维生素 C 和黄酮类化合物，对慢性气管炎、消化不良及冠心病有辅助治疗作用，对烧伤创面也有一定疗效。花是很好蜜源；鲜花中含香精油 0.2%～0.4%，可作天然香料。花中含有三萜酚、花白素、脂肪和少量的挥发油，已广泛用于制造香水和护肤产品。

良种选育 一般都是自然野生种。大果沙枣果实较大，经选育后已有很多优良的类型，如大白沙枣、牛奶头大沙枣、八卦沙枣、羊奶头沙枣等。主要品种为新疆大沙枣。

苗木培育 多采用播种育苗和扦插育苗。播种育苗分为春播和秋播。春播时，种子需要去掉果皮后进行层积处理，即用湿沙拌种，堆好后覆盖塑料布，中间翻拌 2 次，待有 40%～60% 的种子吐白时再行播种。秋播时，可带果皮播种，省时省工，但须注意灌水越冬。扦插育苗时，硬枝扦插宜在春季，选择木质化良好、无病虫害、具有饱满侧芽的 1 年生枝干作为插穗。也可以秋季扦插，在土壤冻结前进行。扦插深度以地上部分露 1 个芽为宜，扦插后立即灌水。要注意插穗上面覆土或采用覆膜措施。嫩枝扦插宜在夏季进行，插穗带叶片，穗长 25～50cm，扦插株行距 10cm×30cm，一般生根率大于 80%，最高可达 96%。苗木质量以春秋硬枝扦插为最好，扦插 1 年苗高可达 2m。

林木培育 造林前要适时整地。整地一般在造林前一年的春末至晚秋期间进行，较黏重的土壤在春季趁墒耕翻；轻黏土、壤土、沙壤土多在夏季耕翻。耙地要在耕翻、复耕后 2～10 天进行，镇压一般在晚秋和冬天。黏壤土、壤土的整地，一般要经过耕翻、耙地、复耕、复耙、镇压五遍作业。耕翻深度 25～30cm，耙地深度 10～20cm。造林方法有植苗造林和插干造林两种，以植苗造林为主。造林季节为春季清明至谷雨，秋季霜降至立冬，但以春季为好。在地下水位不超过 2～3m 的沙荒地或丘间低地上造林，不必灌水。如地下水位过低，需有灌溉条件方能造林。沙地造林，在沙壤土或壤质沙土地，可不翻耕整地，直接开荒造林，在结皮较厚的盐渍土和厚层覆沙地上，可直接开沟造林。造林密度根据造林目的和立地条件而定，一般株行距为 1.5m×2m、1m×3m 等，每公顷栽植 3300～3450 株。在土壤水分充足、

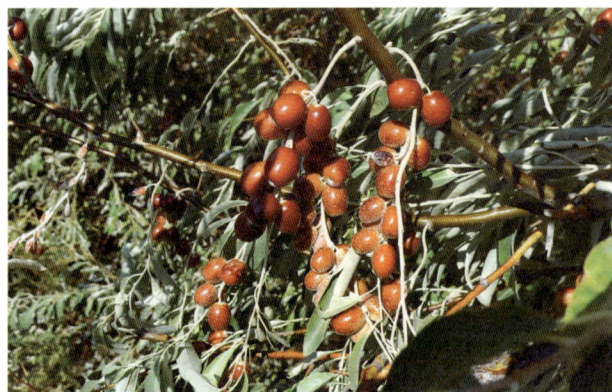

沙枣果实（新疆阿勒泰地区）

杂草多的造林地，造林当年的 5～8 月间松土除草 2～3 次。对于缺株的在当年秋季或翌春进行补植。翌年至林木郁闭前，每年在林木生长期除草松土 1～2 次，林木郁闭后清除根株上的萌生枝条，修剪主干上 1/2 以下的侧枝和影响主干高生长的侧枝。根据林木的生长势，适当隔株或隔行疏伐，促进林木健壮生长。土壤水分不足的林地，除造林时浇 1 次水外，当年还需灌水 1～3 次，此后每年灌水 1～2 次。病虫害主要有沙枣褐斑病、沙枣尺蠖、沙枣白眉天蛾、沙枣蜜蛄蚧、沙枣木虱等，注意及时防治。

参考文献

常兆丰, 屠振栋, 1993. 沙枣资源开发研究综述[J]. 林业科技开发 (2): 39-40.

黄俊华, 买买提江, 2005. 新疆胡颓子属植物(*Elaeagnus*)分类探讨[J]. 植物研究, 25(3): 268-271.

黄俊华, 买买提江, 杨昌友, 等, 2005. 沙枣研究现状与展望[J]. 中国野生植物资源, 24(3): 26-28.

屠振栋, 常兆丰, 1993. 甘肃省沙枣品种资源调查[J]. 甘肃林业科技(4): 20-23.

（蒋全熊）

山桐子培育　cultivation of idesia

根据山桐子生物学和生态学特性对其进行的栽培与管理。山桐子 *Idesia polycarpa* Maxim. 为杨柳科（Salicaceae）山桐子属树种，在恩格勒、哈钦松和克朗奎斯特等分类系统中属于大风子科（Flacourtiaceae）；可作为木本粮油、生物质能源、用材和园林绿化树种。

树种概述　落叶乔木。树皮灰白色，枝条平展近轮生。叶纸质卵形或心状卵形，叶柄绿色或红褐色，有 1～4 对腺体。圆锥花序，下垂，黄色，单性或杂性，雌雄异株或同株。浆果球形，红色或橘黄色。花期 4～5 月，果熟期 10～11 月。广泛分布于东亚暖温带与亚热带，北纬 20°～40°，东经 98°～145°。北起日本青森县，朝鲜北部及中国北京、山西太原、陕西延安、甘肃平凉一线，南至中国广东、广西和云南南部；东起日本冲绳，韩国及中国台湾和东部沿海省份，西至甘肃岷山、四川大雪山和云南高黎贡山。垂直分布于海拔 200～2500m 山坡上的落叶阔叶林和针叶阔叶混交林中。中性偏耐阴树种，较耐寒、耐旱。对土壤要求不严，以深厚、肥沃，排水良好的壤土和沙壤土生长最好。木材材质轻软，细腻光滑，纹理通直，是制造家具、器具、建筑和乐器的良好用材。树形美观，成熟红果累累，是园林绿化树种。花多芳香具蜜腺，为蜜源资源植物。果实含油率和不饱和脂肪酸含量高，是优良的木本油料和生物质能源树种。

良种选育　20 世纪 90 年代开始进行了种源试验与优树选择，建立了多个种质资源库，'豫济'山桐子（*Idesia polycarpa* 'Yuji'）（豫 S-SV-IP-014-2020）良种通过了审定。

苗木培育　以播种育苗、根插育苗、嫁接育苗为主，大规模苗木繁育可以采用工厂化育苗技术，包括组培、容器育苗等。播种育苗的关键技术是低温层积解除种子休眠以及催

图 1　山桐子结果状（湖北利川市南坪乡）（牟联文　摄）

图 2　山桐子大树（湖北利川市南坪乡，134 年生，胸径 82.5cm）

（牟联文　摄）

芽的温度控制技术；根插主要以 1 年生根作插穗；嫁接育苗采用春季劈接法嫁接。嫁接时应注意雌树和雄树分别嫁接，做好标记，雌树育苗数量约为雄树的 8 倍。

林木培育　培育木本粮油、能源林或用材林，宜选择坡度 ≤ 25° 的低山半阳坡或阳坡，土层厚度 30cm 以上，土壤 pH 5.5～7.5，排水良好的地区。植苗造林，其中经济林应采用无性繁殖苗，注意合理搭配雌雄株比例。山地栽植密度（3～5）m×（3～5）m，平地栽植密度（4～6）m×（4～6）m。栽植后 3 年内，在春季和夏季对幼林地松土、除草和割灌 3～4 次。当年雨季前以施氮肥为主，雨季后追肥以复合肥为主，第 2～3 年施复合肥。萌芽前、幼果发育期、果实膨大期应及时防旱排涝。

参考文献

代莉, 2014. 山桐子种实地理变异研究[D]. 郑州: 河南农业大学.

王海洋, 2015. 山桐子无性繁殖技术研究[D]. 郑州: 河南农业大学.

劉震, 2000. 亜熱帯域に分布するイイギリの休眠に関する研究[J]. 三重大学演習林報告, 24: 107–161.

（刘震）

山茱萸培育　cultivation of dogwood

根据山茱萸生物学和生态学特性对其进行的栽培与管理。山茱萸 Cornus officinalis Sieb. et Zucc. 为山茱萸科 (Cornaceae) 山茱萸属árbol乔木树种，传统的名贵中药材，也是绿化、美化的观赏树种。

树种概述　落叶乔木或灌木。伞形花序生于枝侧，总苞片卵形，带紫色；花小，两性，先叶开放。核果长椭圆形，红色至紫红色；核骨质，狭椭圆形，有几条不整齐的肋纹。花期 3～4 月，果期 9～10 月。自然分布于北纬 33°～37°、东经 105°～135° 的亚热带与北亚热带交界地带。原产中国，日本、朝鲜和韩国有零星分布；中国主要集中分布在浙江天目山和河南及陕西的秦岭山区。垂直分布在海拔 200～2100m，多在海拔 250～800m 低山栽培，其中以海拔 500～800m 处生长较为适宜。主要生长在山区的阴坡、半阴坡及阳坡的山谷、山脚；在疏松、深厚、肥沃、湿润、排水良好的微酸性至中性壤土、沙壤土上生长最好。山茱萸的成熟干燥果实，去核后即为名贵药材山茱萸；果肉含有 16 种氨基酸和人体所必需的元素，含有生理活性较强的皂苷原糖、多糖、苹果酸、酒石酸、酚类、树脂、鞣质和维生素A、维生素C等成分；味酸涩，具有滋补、健胃、利尿、补肝肾、益气血等功效。

图1　山茱萸叶片

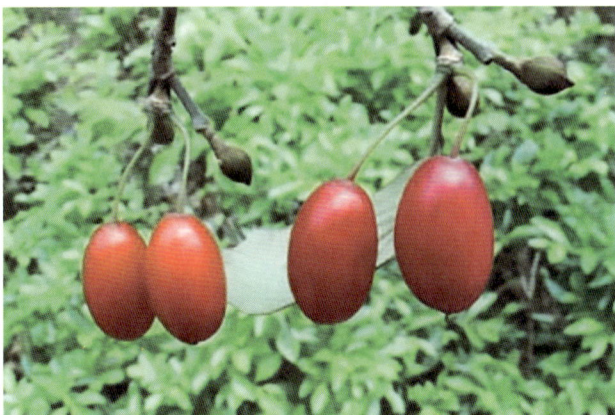

图2　山茱萸果实

苗木培育　主要采用播种育苗。选用充分成熟的种子，播种前进行处理使种核早腐蚀，提高透水性，以利种仁吸水萌发。通常采用漂白粉、草木灰、碱等腐蚀性强的水浸泡新鲜种子，2～3 天捞出搓磨，再浸泡再搓磨，直到种核变薄粗糙时，直接播种到地里；或用湿沙层积贮藏，待翌年春季播种。产区群众习惯把刚采收的新鲜种子倒入猪圈，让猪踩入猪粪中沤制，直到翌年或第三年早春扒出播种，发芽率高，出苗整齐。有的用牛马粪搅拌层积处理。也可采用优良品种的接穗进行嫁接，繁殖壮苗，或大树高接换头。

林木培育　选择背风向阳、土壤疏松、肥沃、坡度小于 25° 的山坡地，采用等高梯田整地，按 600～750 株/hm² 的密度定植。定植前要挖大穴，填好土，于早春栽植，栽后要浇水、培土、封穴。定植后每年中耕除草 4～5 次；5、6 月增施过磷酸钙，促进花芽分化，提高坐果率；冬季增施基肥，平衡结果大小年差异。夏季培土 1 次，以防倒伏。幼树高 40～60cm 时，2 月间打去顶梢，选留 3～4 个主枝，再在主枝上选留 3～4 个副主枝，形成自然开心形。幼树以整形为主，修剪为辅。因山茱萸长、中短果枝均以顶端花芽结果为主，各类果枝不宜短截。成年树于春、秋两季修剪，调节生长与结果之间的矛盾，更新结果枝群，保留生长枝，进行短截，促进分枝。

山茱萸果实由青变黄、变红，轻摇树体，果实自然脱落时即可采收。具体采收时间，因各地自然条件和品种类型不同而有差异，一般成熟时间在 10 月中下旬。采收时要尽量保护好枝条和花芽，以免影响来年结果量。

参考文献

李火根, 方升佐, 2001. 山茱萸的栽培技术及开发前景[J]. 林业科技开发, 15(1): 38–39.

中国树木志编委会, 1981. 中国主要树种造林技术[M]. 北京: 中国林业出版社.

周晓峰, 郑金成, 2011. 山茱萸山地标准化栽培[J]. 特种经济动植物, 14(12): 38–40.

（彭方仁）

商品林　commercial forest

在国家法律和政策范围内，通过向社会提供木材、薪材和其他林产品来获得最大经济产出，以经济需求为主体功能的森林。包括用材林、经济林和能源林等。

《中华人民共和国森林法》规定：未划入公益林的森林均为商品林。商品林是一种实施高投入、高产出、集约和规模化经营的森林类型。一般选择立地条件好、交通方便的林区，以市场需求为导向，通过集约培育与经营，大量生产木材及其他林产品，实现产量和经济效益的最大化，促进林区经济的发展。

商品林是实施森林分类经营后根据森林多功能性、人类需求多样性和对森林主导功能利用不同而划分的类型之一。大力发展商品林是世界各国为满足日益增长的林产品需求而采取的森林经营有效途径，可为林业可持续发展提供原料保

美国佐治亚州 13 年生火炬松纸浆林（沈海龙 摄）

障，主要有以下 4 个方面的功能：①充分发挥森林的经济功能，建立木材培育产业，缓解木材供需矛盾，为林产品的加工和综合利用提供原料，从根本上缓解对天然林生产木材及其他林产品的压力，有利于天然林的保护；②有利于调动林农的生产积极性；③有利于改善森林质量和优化森林结构；④有利于提高林业劳动生产率。

商品林的培育与经营要以市场为导向，合理配置森林资源，实现森林资源培育与产业发展相结合，促进原料林基地建设与利用一体化。遵循生态经济原则，在坚持经济效益优先的同时，兼顾生态与社会效益。要依靠科技，因地制宜，适地适树，科学培育，集约经营，定向利用，实现森林可持续经营。

参考文献

沈国舫, 2001. 森林培育学[M]. 北京: 中国林业出版社.

翟明普, 沈国舫, 2016. 森林培育学[M]. 3版. 北京: 中国林业出版社.

（马祥庆，闫小莉，吴鹏飞）

上层疏伐　thinning from above

见疏伐。

设施育苗　seedling production under controlled conditions

利用设施设备来调控苗木生长环境的育苗方法。有全自动温室育苗、日光温室育苗、塑料大棚育苗、苗木培养室育苗、电热温床育苗、植物工厂育苗等。设施育苗将现代生物技术、环境调控技术、施肥灌溉技术和信息管理技术应用到整个苗木培育过程中，达到苗木培育条件可控化、苗木生长环境最适化、育苗操作简便化、育苗高产化、苗木优质化的培育目标。设施育苗的特点是先进的设施设备决定了育苗环境的控制能力，其环境控制系统由加温系统、降温与保湿系统、灌溉与施肥系统、二氧化碳（CO_2）补充系统、补光系统、环境远程监控系统等组成。

优点：①利用先进的设施设备模拟最适苗木生长的环境条件，进行科学育苗，缩短育苗周期，提高苗木产量和质量，加快苗木培育的产业化；②能保证林木种子萌芽快、出

图 1　全自动育苗温室（马祥庆 摄）

图 2　全自动温室育苗床（马祥庆 摄）

图 3　塑料大棚育苗（马祥庆 摄）

苗快、移栽定植后缓苗快；③能充分利用有限的生产季节，加快苗木的标准化生产，较好地解决传统育苗费时、费工、移栽劳动强度大等一系列问题。

设施育苗技术在苗木培育中广泛使用，利用电热温床对林木种子进行催芽；利用全光照间歇自动喷雾系统改善苗木扦插环境；利用蛭石、珍珠岩等材料调控苗木扦插基质的保水性和通透性；利用温室苗架和自动喷灌系统调控苗木生长环境；利用试管进行气培生根育苗；利用生根剂提高扦插苗木的生根率、缩短生根时间、提高根系质量；利用细胞工程技术进行苗木无性繁殖等。

中国先后对设施育苗中的育苗容器种类、规格、材料、营养基质组成及其配比，病虫害防治技术，水、光、温等环境因子的调控等进行了系统研究，解决了设施育苗机械化程度较低等问题，研制出了可自动调光、控温、控湿、换气的育苗温室，同时采用喷灌、滴灌、节水灌溉技术研发出机械化程度较高的设施育苗装播作业生产线。设施育苗已成为现代林业实现育苗产业化和工厂化的关键，是现代林木种苗业发展的重要方向。

参考文献

沈国舫, 2001. 森林培育学[M]. 北京: 中国林业出版社.

沈海龙, 2009. 苗木培育学[M]. 北京: 中国林业出版社.

（马祥庆，闫小莉，吴鹏飞）

沈国舫　Shen Guofang（1933—　　）

中国林学家、生态学家、林业教育家和生态战略科学家。1933 年 11 月 15 日生于上海市，原籍浙江省嘉善县。1950—1951 年，就读于北京农业大学森林系。1951 年被选派到苏联列宁格勒林学院深造，1956 年毕业，获林业工程师学位（相当于硕士）。1956 年回国，在北京林学院（今北京林业大学）工作，历任助教、讲师、副教授、教授、副教务长、副院长（副校长）、校长、校学术委员会主任等职。中国林学会第八届理事长，《林业科学》主编。1995 年当选中国工程院院士，1998—2006 年任中国工程院副院长。第八、九、十届全国政协委员。中国环境和发展国际合作委员会中方首席顾问，国家林业和草原局和环境保护部咨询委员会委员。

科学研究涉及森林立地评价与分类、适地适树、混交林营造、速生丰产用材林培育、干旱半干旱地区造林和城市林业等多个方向，将适地适树研究推进到定量阶段，是中国混交林营造和造林密度研究的开拓者，是提出林木速生丰产指标的第一人，倡导开展国内城市林业的研究。

主持和作为主要负责人从事工程科技战略研究 20 余项，内容涉及农业、环境、生态建设和保护的重大问题。特别是作为项目组副组长开展了水资源及区域发展战略系列咨询研究，作为专家组组长开展了三峡工程第三方独立评估，联合主持开展了生态文明建设若干战略问题研究，其成果促进了中国生态建设和保护事业的发展。

发表学术论文 150 多篇，出版《造林学》《森林培育学》《林学概论》等多部教材，其中，主编的全国统编教材《造林学》、国家级规划教材《森林培育学》为创建有中国特色的森林培育学教学体系奠定了基础。出版《中国主要树种造林技术（第 2 版）》《中国造林技术》《混交林研究》《新时期国家生态保护和建设研究》等专著 20 多部。其中，获国家级科技进步奖一等奖 1 项，省部级科技进步奖 7 项。1996 年被授予首都劳动奖章、全国五一劳动奖章。2010 年被评为绿色中国年度焦点人物，同年获中国工程院光华工程科技奖。

参考文献

本书编委会, 2012. 一个矢志不渝的育林人——沈国舫[M]. 北京: 中国林业出版社.

（贾黎明）

生根培养基　rooting medium

生根培养过程中所用的培养基。在植物组织培养过程中，需要对增殖培养基上经过多次继代培养且发育健壮的培养材料转接到生根培养基上进行培养。生根培养是组培苗在适宜的培养基中进行生根的过程，具体流程是将无根的小苗切下，接种到含有适宜浓度生长素类物质的培养基中，促其生根，形成完整植株。

生根培养基与启动培养基、增殖培养基的种类和基本成分相同，一般由水、无机盐、维生素、氨基酸、糖等物质组成。常用的培养基种类如 MS、White、B5、N6、WPM 培养基等，可作为基础成分。对于同一植物种，生根所用培养基和启动培养基、增殖培养基种类相同。由于培养目的不同，生根培养基中所添加的植物生长调节物质种类和浓度与启动培养基和增殖培养基中有差异。生长素是组培苗生根过程中最重要的植物生长调节物质，在根的起始分化阶段可促进生根，而在后期有抑制作用，因此适宜的生长素浓度对于生根效果至关重要。常用的生长素类物质包括吲哚乙酸（IAA）、吲哚丁酸（IBA）、萘乙酸 NAA 等，生根过程中这几种类型的激素可单独使用，也可联合使用添加到生根培养基中。

除植物生长调节物质外，生根培养基中的无机盐离子和培养基流动性也是影响生根过程的重要因素。硝酸盐和无机磷可影响根系发育，一般采取无机盐离子减半的培养基利于生根，如 1/2MS、1/2WPM 培养基等。培养基流动性会影响生根效率，尤其对于难以生根的植物种比较重要，可用卡拉胶代替琼脂进行组培苗的半流体生根培养。根据生根难易，一些物种的生根阶段也可在瓶外进行，如生产上选择营养土或苔藓等作为支撑物在温室进行组培苗的生根。

参考文献

李永文, 刘新波, 2007. 植物组织培养技术[M]. 北京: 北京大学出版社: 55-56.

乔治 E F, 阿尔 M A, 克勒克 G J De, 2015. 植物组培快繁[M]. 蒋克强, 译. 北京: 化学工业出版社: 400-401.

（张凌云，郭雨潇）

生理成熟　physiological maturity

种子积累一定量的营养物质、种胚发育到具有发芽能力时的状态。生理成熟的种子含水率较高，种子内部虽然在不断地积累营养物质，但营养物质仍处于易溶状态，种皮不致密，保护组织不健全，不能防止水分散失，内部易溶物质容易渗出种皮，易染病。对于林业生产来说，生理成熟的种子不能采集，而是要等种子达到形态成熟时才能采集。但对于长期休眠的种子，如椴树、水曲柳等，用生理成熟的种子播种能缩短出苗期，提高场圃发芽率。

参考文献

翟明普, 沈国舫, 2016. 森林培育学[M]. 3版. 北京: 中国林业出版社.

（李铁华）

生理后熟 physiological after-ripening

种子形态已呈现完全成熟的特征，但种胚没有长到正常大小或者种胚没有完全分化，种子在适宜的条件下也不能顺利萌发的现象。如银杏、南方红豆杉、水曲柳、冬青、龙牙楤木等树种的种子。对于具有生理后熟特点的种子，生产上可进行催芽处理：①层积处理。将种子与湿润物按体积比1∶3的比例分层放置或混合放置进行层积处理，温度控制在10～15℃，需层积1～3个月或更长时间。②采用一定浓度的外源赤霉素类生长调节物质处理种子，加速种胚的分化与生长，促进种子萌发。

参考文献

翟明普, 沈国舫, 2016. 森林培育学[M]. 3版. 北京: 中国林业出版社.

（李铁华）

生理休眠 physiological dormancy

种子休眠的一种类型。植物内在因素引起的休眠。主要原因是由于胚萌发所需的酶、激素、可溶性代谢物质以及其他化合物未达到足够水平，即种胚生理生化反应尚未完成。

按照休眠程度分为低度生理休眠、中度生理休眠和深度生理休眠。

低度生理休眠 最常见的种子休眠。又称浅休眠。低温（0～10℃）或者 > 15℃条件下短时间层积能够打破休眠，有些种子可能在干藏过程中后熟，赤霉素处理能够促进种子萌发。去除种皮，低温层积几周，施用赤霉素、细胞分裂素，或施用硝酸钾等化学药剂，能有效地解除如雪松属、云杉属、日本落叶松和欧洲桦等种子的低度生理休眠。

中度生理休眠 种子的被覆物是主要的萌发障碍。一定时期的低温层积改变了膜的流动性和酶活性，贮藏脂类减少，糖和氨基酸增多，休眠解除。种皮机械障碍引起的外源休眠归入此类。一些针叶树种如白云杉的种子由于包围胚的大孢子叶的阻碍作用导致的休眠，为中度生理休眠。低温层积过程中酶活性增强，弱化大孢子叶，特别是包围胚根周围的区域，从而解除休眠。

深度生理休眠 一些树种的种子，胚已完成了分化，但去掉种皮后在适宜的条件下也不能萌发，即使萌发，也会形成生理矮化植株，特别是蔷薇科的一些树种（如苹果、梨、桃、李、杏）及水曲柳等。这类树种子需要经过几个月的低温层积之后，才能完成生理后熟，萌发生长。

深度生理休眠在3个方面与中度生理休眠有明显区别：①在去除胚周围被覆物后，中度生理休眠种子的胚能够萌发，而深度休眠胚不能；②中度生理休眠的种子需要低温层积处理的时间远少于深度生理休眠的种子；③中度生理休眠可以使用赤霉素处理代替低温层积催芽，而深度生理休眠的

种子则不能。

参考文献

国际种子检验协会乔灌木种子委员会, 1994. 乔灌木种子手册[M]. 高捍东, 等, 译. 南京: 东南大学出版社.

沈海龙, 2009. 苗木培育学[M]. 北京: 中国林业出版社.

张红生, 胡晋, 2015. 种子学[M]. 2版. 北京: 科学出版社.

（李庆梅）

生态采伐 ecology-based forest harvesting

依照森林生态理论指导森林采伐作业，使采伐和更新达到既高效利用森林又促进森林生态系统的健康与稳定，达到森林可持续利用目的的森林采伐。又称生态性采伐。是对近代森林经营理论的继承和发展，是实现森林可持续经营的一个重要途径。

森林生态采伐内涵涉及3个层次：林分、景观和模仿自然干扰。①在林分水平上，要系统考虑林木及其产量、树种、树种组成和搭配、树木径级、生物多样性的最佳组合、林地生产力、物质和能量交换过程，使采伐后仍能维持森林生态系统的结构和功能，确保生态系统的稳定性和可持续性。②在景观水平上，要以原生植被和顶极群落为模板进行景观规划设计，实现不同森林景观类型的合理配置。③模仿自然干扰是模仿自然选择采伐木、培育木和其他保留木，在采伐作业过程中保留一定的枯立木、倒木和枯枝落叶等，以满足野生动物和微生物生存的需要。

参考文献

沈国舫, 翟明普, 2011. 森林培育学[M]. 2版. 北京: 中国林业出版社.

张会儒, 唐守正, 2008. 森林生态采伐理论[J]. 林业科学, 44(10): 127-131.

（李耀翔）

生态风景林培育 silviculture for ecological landscape forest

在充分发挥森林生态功能的前提下，以视觉景观为基础营造城市森林，通过必要的技术措施，促进林木生长和林分演替，提高森林和树木健康以及森林视觉美学价值的经营活动的统称。生态风景林是以为人类提供浓郁地域特色视觉景观为主要培育目标的公益林，同时具有较高的保持水土、涵养水源、保护生物多样性等生态功能。

生态风景林的概念源于风景林、游憩林、风景游憩林。风景林是指有较高美学价值并以满足人们审美需求为目标的森林的总称；游憩林是指具有适合开展游憩的自然条件和相应的人工设施，以满足人们娱乐、健身、疗养、休息和观赏等各种游憩需求为目标的森林。风景林和游憩林统称为风景游憩林。风景游憩林是指具有良好的视觉景观、同时适于开展游憩活动的森林。为了强调风景游憩林的生态功能属性，中国普遍使用生态风景林这一名词。国外风景林主要是天然林，以美学价值为主要经营目标，培育活动主要包括密度调整、林下倒木和林下植被管理、采伐迹地轮廓线与地形地势

的和谐管理等。中国生态风景林的起源既有天然林，也有人工林，主要的培育活动集中在人工林。

生态风景林培育内容主要包括 6 个方面。①良种选育与繁育。包括良种选择、定向育种、良种苗木商品化繁殖与生产等。②人工造林。以地域基调景观为基础，按照特定目标，遵从当地立地、水资源、植被等自然资源条件，充分保护和利用原有自然植被，通过植苗造林，在非林分地段上构建生态风景林。③林地管理。主要包括土壤改良、整地、灌溉、施肥、灌木和草本植物控制等。④林木管理。包括树木枯死枝条清理、干形和冠形控制、生长衰退树木的复壮等。⑤林分管理。包括林分的树种组成调整、林木大小组成调整、林下游憩空间创建与维护、林分密度调整以及林木空间格局调整等。⑥景观管理。为了提高视觉景观丰富度、森林景观多样性、优化景观斑块间的空间关系等，在景观尺度上开展植被构建、自然植被恢复与重建、游憩道路修建等服务设施建设活动。

中国的城市生态风景林建设兴起于 21 世纪初期，作为城市森林的一个类型，生态风景林具备城市森林所有的特质，尤其是改善生态环境和营造宜人景观，对满足城市生态系统和居民工作与生活的环境需求具有重要作用。城市生态风景林的主体是以高绿量为代表的乔木林生态系统，通过科学设计构建半自然和近自然结构的森林群落，并在景观尺度上形成具有地域特色的森林风貌。

参考文献

陈鑫峰, 沈国舫, 2000. 森林游憩的几个重要概念辨析[J]. 世界林业研究, 13(1): 69−76.

牛君丽, 徐程扬, 2008. 风景游憩林景观质量评价及营建技术研究进展[J]. 世界林业研究, 21(3): 34−37.

周荣伍, 安玉涛, 马润国, 等, 2013. 风景林概念及其研究现状[J]. 林业科学, 49(8): 117−125.

（徐程扬）

生态恢复型 ecological restoration type

根据自然规律，通过人为措施，使退化的低效林恢复到原有天然状态的一种林分改造类型。适用于天然次生林改造。

与自然条件下发生的次生演替不同，生态恢复强调人类的主动作用，生态恢复过程是按照生态学原理由人工设计并实施的。尽管生态系统遭受火灾、砍伐等干扰后，依靠自然演替也可以得到恢复，但生态系统的自我恢复往往较为缓慢。生态恢复可在一定程度上改变生态系统演替的方向和速度，并可缩短其恢复周期。生态恢复的目标不一定要求完全恢复到退化前的原始状态，只要恢复到与退化前大致相似的状态即达到目标。生态恢复的难度和所需的时间与林分的退化程度、自我恢复能力密切相关。一般来说，退化程度越轻的和自我恢复能力越强的生态系统越易恢复，其所需的时间也越短。

参考文献

中国林学会, 2019. 北方栎类林结构化森林经营技术标准: T/CSF 002—2019[S].

（张彦东）

生态经济林 ecological economic forest

见多功能林。

生物除草 biological weed control

利用食物链中杂草的天敌如微生物（真菌、细菌、病毒、线虫）、昆虫和其他动物进行精准控制和防治杂草的一种除草方法。高效安全，是苗圃除草发展方向之一。

生物除草具有投资少、效益高、防治效果好、不污染环境、人畜安全等优点。因杂草天敌往往具有一定的专性取食现象，因此生物除草方式具有高度的杂草类别生物选择性，应用时对灭杀的杂草及其天敌习性、杂草和动物之间消长变化规律要有广泛的认识基础，要具有很强的动物天敌数量平衡控制和干预能力。

在苗圃除草中应用比较成熟的生物除草方式是使用专性微生物除草剂除草。专性微生物除草剂是利用植物病原微生物或其代谢产物使目标杂草专性感病死亡的一种微生物制剂，具有菌株批量繁殖容易、代谢产物毒性大、半衰期短、易降解、除草选择性高、除草谱窄等特点。广谱灭杀杂草天敌选择或研发难度大，使用条件较其他方式复杂，而且应用过程专业技术要求高。随着植物细胞培养技术、发酵技术、分子遗传学和基因工程的不断发展，生物除草剂开发应用前景广阔。

参考文献

沈海龙, 2009. 苗木培育学[M]. 北京: 中国林业出版社: 204−210.

王家德, 成卓韦, 2014. 现代环境生物工程[M]. 北京: 化学工业出版社: 299.

赵忠, 杨吉安, 2003. 现代林业育苗技术[M]. 杨凌: 西北农林科技大学出版社: 83−95.

（郑郁善，陈礼光）

生物多样性保护 biological diversity conservation

通过不减少基因与物种的多样性或不毁坏重要生境和生态系统的方式保护生物资源，以保证生物多样性和人类社会的可持续发展的工作。包括就地保护、迁地保护和综合保护。

生物多样性是指所有来源的生物体，包括陆地、海洋和其他水生生态系统及其所构成的生态综合体，物种内部、物种之间和生态系统的多样性。通常认为生物多样性有三个水平，即遗传多样性、物种多样性和生态系统多样性。生物多样性是人类赖以生存的条件，是经济社会可持续发展的基础。生物多样性丧失已成为全球最大的挑战之一，在森林培育中，通过营造混交林、控制林分密度和发展林下植被等来维持和增加物种多样性，成为一个重要的原则。

参考文献

陈灵芝, 马克平, 2001. 生物多样性科学: 原理与实践[M]. 上海: 上海科学技术出版社.

盛炜彤, 2014. 中国人工林及其育林体系[M]. 北京: 中国林业出版社.

（雷相东）

生物肥料　biological fertilizer

利用土壤中对植物生长有益的微生物,经过培养制备而成的肥料。又称菌肥、菌剂或微生物肥料。生物肥料本身不含营养元素,主要通过微生物活动及其代谢的产物来改善植物营养条件,发挥土壤潜在肥力。

种类　①固氮的生物肥料(如根瘤菌肥料、冻干菌剂)。②分解土壤有机物质的生物肥料(如 AMB 细菌肥料)。③分解土壤中难溶性矿物的生物肥料(如硅酸盐细菌肥料、钾菌肥料、磷细菌肥料)。④抗病与刺激苗木生长的生物肥料(如"5406"放线菌、复合菌肥)。⑤菌根真菌肥料(如丛枝菌根真菌等)。

特点　①减少速效肥的用量,降低硝态氮对地下水和地表水资源的污染。②减少部分农药的施用量,减轻对土壤、水和大气的污染。③提高肥料利用率,缓解高产与土壤质量低的矛盾。④显著提高苗木移栽成活率。⑤提高植物抗旱性,促进生长,有利于保持水土。

施用条件　为了有效使用各类生物肥料,要创造适宜有益微生物生长的环境。①适宜的土壤 pH 值。根瘤菌、固氮菌等最适 pH 6.6～7.5,林木菌根最适 pH 4～6,施用时可配合施用酸性或碱性物质调节土壤 pH 值。②适宜的水分含量。湿润的土壤有利于微生物生长。③适宜的土壤温度。要满足不同微生物对温度的要求。④适宜的通气状态。好气性微生物(如根瘤菌、固氮菌、磷细菌)要求土壤疏松。⑤适宜的有机质含量。固氮菌、磷细菌和抗生菌适宜在有机质含量较高的土壤中生长。⑥适宜的营养元素含量。磷影响微生物生长,土壤有效磷水平低于 5mg/kg 或高于 20mg/kg 都无法发挥生物肥料的效果。

参考文献

刘勇, 2019. 林木种苗培育学[M]. 北京: 中国林业出版社: 130.

孙向阳, 2005. 土壤学[M]. 北京: 中国林业出版社: 296-297.

（邢世岩，门晓妍，孙立民）

生物燃油能源林培育　silviculture for biofuel energy forest

以获得单位面积产量较高、品质优良的生物燃油原料为主要目的所进行的营造林生产经营活动。常见的生物燃油能源林树种有小桐子、文冠果、黄连木、光皮树、无患子等。

苗木培育　应采用种实产量高、含油率高、抗逆性强、适应性强的种质。做好优良品种的引进、试验及良种选育工作。提倡优先采用无性繁殖育苗方式,进行优良种质的嫁接、扦插等无性系化推广。嫁接育苗应选用 1～2 年生、优质、高产植株作为采穗母株。采用劈接、插皮接、丁字形芽接、嵌芽接等方法嫁接。接后及时检查成活情况,解绑,及时除去砧木萌蘖,加强肥水管理和病虫害防治。嫁接后施肥浇水 1 次,生长期浇 2 次透水。扦插育苗根据树种特性以茎段或根段为繁殖材料。扦插后苗高约 20cm 时,留一个长势最强的芽,其余全部抹除。苗期加强管理,及时中耕除草。一般当年留圃越冬,土壤冻结前漫灌冻水,扦插后 1 年出圃。

播种育苗应选用本地的优良种源和良种基地生产的种子。播种育苗春、秋季均可,以春播为主。育苗地应选择光照充足、排水灌水条件良好、地势平坦、交通方便、土壤肥沃、土层深厚的地段。培育 1～2 年后,出圃造林。

造林　造林地选择应根据树种的生物学和生态学特性要求,充分考虑气候条件和立地条件,选择土层深厚、光照充足、坡度平缓等立地条件好,地块相对集中,交通方便的宜林荒山荒地、采伐迹地、疏林地、退耕地及边际性土地。造林前采用穴状、块状或带状开展林地清理和整地,施足基肥。在不同地区,春季、秋季或雨季均可进行造林。宜采用植苗造林。依据立地条件、培育目标等因素选择合理初植密度。雌雄异株的树种应合理配置雌、雄株比例。提倡对优良无性系进行授粉配置试验,合理配置授粉树。栽植前对苗木根部进行适当修剪,栽植后须及时浇水覆土。林间空地较多、水肥条件较好的情况下,鼓励林间套种绿肥,开展林粮间作、林药间作等。对造林后没有达到合格标准的造林地应及时进行补植。

抚育管理　造林后前三年应加强幼树管理。适时进行松土、除草、扩穴。每年均应进行 1～2 次除草、松土、扩穴、施肥等抚育管理措施。生长过程中适时施肥,根据土壤肥力状况、树种及植株生长需求等因素确定施肥量和施肥时间。提倡开展测土配方,使用专用肥。水分管理应根据土壤墒情和树种特点而定。一般在树木开花前期、果实迅速生长期及果实采收后、土壤结冻前进行灌水,也可结合施肥进行灌水。不耐涝树种雨季注意及时排水。应适时进行定干,采取修枝、整形、矮化密植等管理措施实现丰产。建立健全病虫害监测预报体系,以预防为主,早发现,早防治。合理安排和确定能源林采收时间和采收方式,确保采收不影响林木生长,并减少对土地、水及其他林木资源的干扰,实现可持续经营。

参考文献

钱能志, 费世民, 韩志群, 2007. 中国林业生物柴油[M]. 北京: 中国林业出版社.

谢光辉, 庄会永, 危文亮, 等, 2011. 非粮能源植物——生产原理和边际地栽培[M]. 北京: 中国农业大学出版社.

张运山, 钱拴提, 2007. 林木种苗生产技术[M]. 北京: 中国林业出版社.

（敖妍）

湿藏　wet storage

将种子置于湿润、适度低温、通气的条件下保存的种子贮藏方法。适用于安全含水量相对较高的林木种子,如橡栎类、七叶树、核桃、油茶、檫树等树种。一般情况下,湿藏还可以逐渐解除种子的休眠,为发芽创造条件。因此一些深休眠但安全含水量较低的种子,如红松、圆柏、椴树、白蜡树、槭树、花椒等树种的种子,也多采用湿藏。

湿藏有坑藏、室内堆藏和流水贮藏等方法。

①坑藏。保存安全含水量高的种子的最常用方法。贮藏前先在地势较高、排水良好、背风的地方挖宽 1～1.5m、深

0.8～1m 的坑。坑底铺一层厚 10～15cm 的卵石和湿润沙子，在坑中每隔 1m 插一束秸秆或带孔的竹筒以通气。将种子与湿度约为饱和含水量 60% 的湿沙按 1∶3 的容积比混合或种沙分层放在坑内，一直堆至距坑沿 20～40cm 处为止，上面覆一层湿沙呈屋脊形。在坑的周围挖排水沟，以防止坑内积水。

②室内堆藏。选择干燥、空气流通、温度稳定的房间、地下室、地窖或草棚等，先在地面上浇一些水，再铺一层 10cm 左右厚的湿沙，然后将种子与湿度约为饱和含水量 60% 的湿沙按 1∶3 的容积比混合或种沙分层铺放。一般堆高 50～80cm，宽不超过 1m，长度因具体情况而定。堆内每隔 1m 左右插一束秸秆或竹筒以便通气。对一些小粒种子或种子数量不多时，可把种沙混合物放在箩筐或有孔的木箱中，置于通风的室内。定期检查种沙的温度和湿度，发现湿度不够时要适当洒水，堆的上下温湿度不均时要进行翻动。

③流水贮藏。对安全含水量高的大粒种子，如核桃、橡栎类树种种子等，在有条件的地区可以用流水贮藏。选择水面较宽、水流较慢、水深适度、水底少有淤泥腐草，且不冰冻的溪涧河流，在周围用木桩、柳条筑成篱堰，把种子装入箩筐、竹篓、麻袋等容器内，放入流动的水中贮藏。

参考文献

翟明普, 马履一, 2021. 森林培育学[M]. 4 版. 北京: 中国林业出版社.

（彭祚登）

湿地松培育 cultivation of slash pine

根据湿地松生物学和生态学特性对其进行的栽培与管理。湿地松 Pinus elliottii Engelm. 为松科（Pinaceae）松属树种，中国南方引种的主要速生用材和松脂原料树种，也可作为沿海防护林造林树种。

树种概述 常绿乔木。树干通直，小枝粗壮。针叶刚硬，2 或 3 针一束，长 18～25cm。球果具短柄，翌年秋成熟，开裂散种前圆锥状卵形，长 7～15cm，种鳞鳞脐疣状有短尖刺；种子长约 6mm。原产美国东南部，从佛罗里达州向北至南卡罗来纳州南部的大西洋沿海地带，向西至密西西比河河口地区的墨西哥湾沿海地带，海拔多在 150m 以下。中国于 20 世纪 30 年代引入，70 年代后规模栽培，适宜造林发展区域为华南至长江中下游低海拔地形开阔地带。具有较强的耐旱、耐瘠薄和耐水湿力，但不耐海雾和长期涝渍，适酸性至中性土壤，喜光、热、水分充足、肥沃、通透的立地，在生长季热量不足的高海拔地区生长缓慢，在光照不足、湿度大的沟谷地带易发生针叶病害。木材可作建筑、坑木、造纸等用材。松脂产量高，松节油、松香品质好，β - 蒎烯含量高，是国际上主要产脂树种。

苗木培育 采用种子园种子播种育苗。种子湿沙层积贮藏春季播种，华南地区亦可秋季采种即播，培育 1 年生或半年生裸根苗或容器苗。以加勒比松为父本培育的杂交品系主要采取优良家系超级苗营建幼龄矮干式采穗圃采穗扦插育苗。

林木培育 早期速生，材积年生长量一般在 20～25 年生之后下降。一般采用同龄纯林模式培育用材林、采脂林

图 1 湿地松多功能人工林（江西吉安红壤丘陵）

图 2 湿地松林采脂（安徽南陵）

或脂材兼用林。①造林地。选择深厚红壤、黄红壤、下有黏土层的沙地，视地形、植被情况全面或块状整地。②造林。长江中下游地区早春造林，华南南部多春末夏初多雨季节造林。初植密度 1500～2500 株 /hm²，肥力条件好的立地、脂用林应推行低密度。③抚育。依土壤紧实度和竞争性灌草密度实施扩穴除灌。由于栽培区造林地多缺少磷素，应以磷肥为主施用基肥或幼林期追施磷肥。10 年生前后间伐 30%～50%，用材林可于 15～20 年生时主伐更新生产中小径材，或在 15～18 年生时进行第二次中等强度间伐，于 20～25 年生时主伐生产中大径材，对间伐株可施行强度采脂。肥沃立地培育脂用林宜在前期间伐后，保持林分密度 500～600 株 /hm²，郁闭度约 0.6，按中低强度采脂，期间应追肥保持树体旺盛生长，20～25 年生主伐更新。④病虫害防治。湿地松对松材线虫病抗性较强。主要病虫害有食叶类害虫、蛀梢类害虫、针叶病害类等，应通过维持林内通风透光度等措施保障林木生长势，及时除治病虫害。

参考文献

姜景民, 2010. 湿地松丰产栽培实用技术[M]. 北京: 中国林业出版社.

潘志刚, 游应天, 1991. 湿地松火炬松加勒比松引种栽培[M]. 北京: 北京科学技术出版社.

朱志淞, 丁衍畴, 1993. 湿地松[M]. 广州: 广东科技出版社.

（姜景民）

时空效应 temporal and spatial effects

林农复合经营系统中生物组分在系统空间和时间上的配置效果。时间效应和空间效应的简称。

林农复合经营系统中所采用的树种是多年生植物，在其各个生长阶段，通过树冠、树干、根系及其形成的乔木层、灌木丛、草本层与枯枝落叶层对与其伴生的其他物种产生全方位的长期影响。根据各个物种在不同时段的分布特点及资源利用方式对其进行合理安排，使它们在相同的时间利用不同的资源，在不同的时间利用相同的资源，尽量减少矛盾，产生互利的效应。

时间效应 林木从种子萌发到形成幼苗直至长成大树，要经历漫长的时间。在各个生长发育阶段，由于地上部分和地下部分占据的空间范围等因素的变化，与其伴生的农作物之间的关系也发生着变化。因此，合理安排林农复合经营中各物种的生长时段，使它们发挥最大的协同效益，尽量减少种间资源竞争的激烈程度。例如，中国林农复合经营中采用的泡桐，其树叶展开晚，树冠枝叶稀疏，对林下遮阴相对少；再如枣树，由于放叶晚，不影响或者很少影响冬小麦的生长与灌浆，所以成为良好的林农复合经营树种。

空间效应 林农复合经营中，由于林木和农作物个体大小和分布格局的差异，分别在空间上占据了各自的生态位和所需资源。空间效应的衡量指标是培育目标的产量（林农复合经营种间关系综合在人类培育目标上的表达）。当复合经营中两个种的产量不能从净产量中得到估计时，主要考虑其相对产量，即一个物种在单作产量状态下的产量与混作后产量之比，两个物种混作时各自相对产量之和就是"相对总产量"（*RYT*）。当 *RYT* >1 时，说明两个种有不同的资源需求，可避开竞争或存在共生关系；*RYT* =1 时，说明两个种对有限资源有相同的需求；当 *RYT* <1 时，说明两个种对有限资源有共同的需求，彼此相互对抗，致使资源消耗过度。

参考文献

方升佐, 黄宝龙, 徐锡增, 2005. 高效杨树人工林复合经营体系的构建与应用[J]. 西南林学院学报, 25(4): 36-41.

孟平, 张劲松, 樊巍, 2003. 中国复合农林业研究[M]. 北京: 中国林业出版社.

翟明普, 方升佐, 2011. 农林复合经营[M]//翟明普. 现代森林培育理论与技术. 北京: 中国环境科学出版社.

（方升佐）

时序结构 temporal structure

林农复合经营系统中各物种在时间顺序上的有机组合形式。即不同物种生长发育和生物量的积累与资源环境协调吻合的状况。由于任何环境因子都有年循环、季循环和日循环等时间节律，任何生物都有特定的生长发育周期，合理的时序结构搭配就是利用资源因子变化的节律性和生物生长发育的周期性关系，并使外部投入的物质和能量密切配合生物的生长发育，充分利用自然资源和社会资源，使得林农复合经营系统的物质生产持续、稳定、有序和高效地进行。

根据系统中物种所共处的时间长短，时序结构分为林农轮作、短期间作、连续间作、替代式间作、间断间作或复合搭配等形式。实践中有不少复合搭配成功的范例。如安徽淮北泡桐造林（见图），造林后 1～3 年为第一阶段，泡桐林分未郁闭前在行间秋种小麦，春种玉米，充分利用光能资源；待泡桐林充分郁闭后进入第二阶段，林下改种芍药（其根为中药材白芍）。芍药是多年生草本植物，较耐阴，3 月发芽，4～5 月生长发育旺盛，而泡桐正处于无叶期，5 月初发叶，到 6～8 月泡桐盛叶期时，芍药地上部分在 7～8 月枯萎，它们的生长旺盛期正好错开。

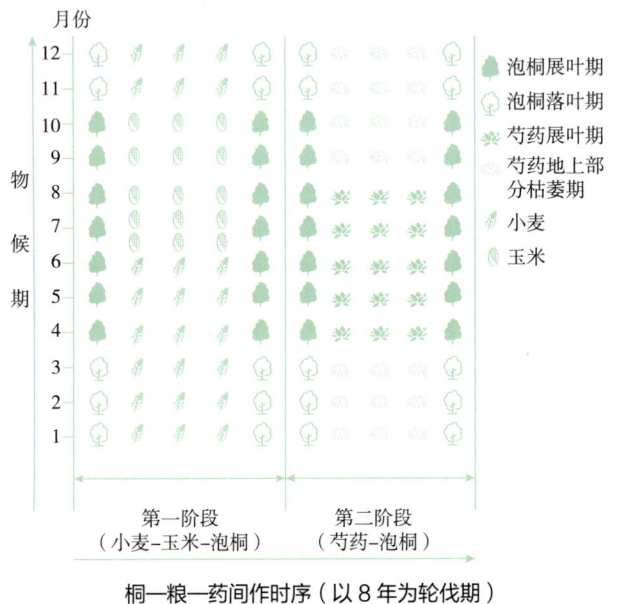

桐—粮—药间作时序（以 8 年为轮伐期）

参考文献

方升佐, 黄宝龙, 徐锡增, 2005. 高效杨树人工林复合经营体系的构建与应用[J]. 西南林学院学报, 25(4): 36-41.

翟明普, 沈国舫, 2016. 森林培育学[M]. 3版. 北京: 中国林业出版社.

（方升佐）

实生林 seedling forest

由种子萌发生长形成的林分。包括天然下种、人工栽植实生苗或直播后形成的林分。在正常情况下能长成高大的林分，树木高大通直，适于长轮伐期，但幼年生长较慢，需要加强抚育管理。实生林与无性繁殖法（如根蘖、插条、插干、压条等）形成的森林相比，具有寿命长、材质好、抵抗病虫害能力较强等优点。

参考文献

雷瑞德, 1988. 苏联的森林资源和林型学说[J]. 西北林学院学报, 3(2): 101-109.

薛建辉, 2006. 森林生态学[M]. 修订版. 北京: 中国林业出版社.

中国林业出版社, 1957. 林业译丛(第13辑)——林型问题[M]. 北京: 中国林业出版社.

（吴家胜, 史文辉）

实生苗 sexual seedling

通过种子播种培育而成的苗木。实生苗生长旺盛、健壮，根系发达，寿命长，抗风能力及对不良环境的适应能力较强。但自由授粉结实繁殖的实生苗容易产生性状分离，个体间遗传性状差异较大，造林后林木分化严重。此外，以利用果实为主的经济林树种实生苗，幼年期较长、结果晚也是其缺点之一。

实生苗繁殖材料来源丰富，体积较小，采收、贮藏、运输、播种等技术相对简单，成本较低。在杂交育种中，需要利用杂种实生苗后代分离的特性来选育新品种。果树生产中后代性状比较稳定的少数种类，如番木瓜、榛、板栗、核桃和一些柑橘类果树仍直接利用实生苗。嫁接所用的砧木，也大多利用各自近缘种的实生苗。实生育苗可在较短时间内培育出大量的苗木，在苗木培育中占有很大的比重和极其重要的地位。

培育健壮、整齐的实生苗，须选择结实量大、种子发芽率高的优良母树，适时采收已成熟的种子。由于实生苗子代分化较严重，造林前必须进行苗木分级，选优汰劣。

参考文献

刘勇, 2019. 林木种苗培育学[M]. 北京: 中国林业出版社: 102−103.

沈国舫, 翟明普, 2011. 森林培育学[M]. 2版. 北京: 中国林业出版社: 146−151.

（应叶青，史文辉）

《实用育林学》 *The Practice of Silviculture*

美国森林培育方面通用的教科书或教学参考书。中文译为《实用育林学》，又称《森林培育学实践》。由美国John Wiley出版，至2020年已出版10版。出版时间第1版为1922年，第10版为2018年。前5版均由美国林学家R. C. 霍利所著，自1954年美国D. M. 史密斯参与该书编写后，增加了体现森林培育实践的科学基础及经济学的相关内容。由D. M. 史密斯、B. C. 拉森（Brouce C. Larson）、M. J. 凯尔蒂（Matthew J. Kelty）和M. S. 阿什顿（Mark S. Ashton）修订出版的第9版，书名增加了"Applied Forest Ecology"（应用森林生态学），强调了科学育林的重要性。第8版中译本《实用育林学》于1990年由中国林业出版社出版。

《实用育林学》最大特点是在前人的基础上不断完善。不同版本的作者依据文献资料及作者本人的观察与研究，充分利用最新科学技术发展的成就来充实传统森林培育学的内容，而且与北美的各个地区各种森林类型的育林实践密切结合。由于北美的森林类型及其经营方向和强度的多样性，其森林培育的实践经验，对世界其他地区有很大的参考价值。在著作中，作者也在反映其他大陆的育林经验方面作了一定努力。书中引用了实例说明，强调要根据当地当时的具体情况灵活运用森林培育学原理，刻板地、教条式地套用某一原则经常会带来不良后果。同时，书中有关育林投资和收益、森林的社会效益及森林经营实践中法律等方面内容的论述，对中国森林培育学的发展和完善有

重要意义。《实用育林学》影响广泛，被耶鲁大学出版办公室称为"全球应用最广泛的林业教材"。不仅适用于高等和中等林业院校师生、研究人员和林业政策制定者，也是基层林业工作者实用的参考书。

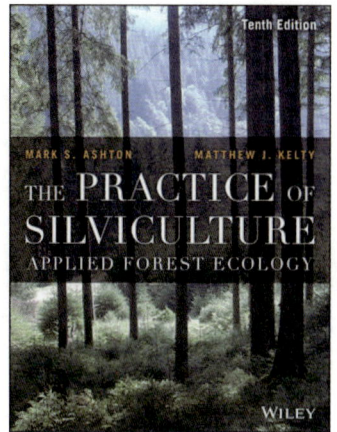
《实用育林学》封面

由M. S. 阿什顿和M. J. 凯尔蒂修订的《实用育林学》（第10版），共6篇33章。内容包括苗木培育、人工林营造、天然更新、育林作业法、林农复合经营、定向培育、森林多功能经营、森林碳汇、生态系统服务等森林培育学的各个方面。每章后列有参考文献，为进一步了解北美及有关国家的森林培育学理论、技术及其发展过程，提供了线索。

参考文献

Smith D M, 1990. 实用育林学[M]. 王志明, 刘春江, 周祉, 等译. 北京: 中国林业出版社.

Smith D M, Brouce C Larson, Matthew J Kelty, et al, 1997. The Practice of silviculture—applied forest ecology[M]. 9th edition. New York: John Wiley & Sons Inc.

（方升佐）

史密斯，D. M. David Martyn Smith（1921—2009）

美国林学家和教育家。1921年3月7日生于美国得克萨斯州的布莱恩市。2009年3月10日卒于康涅狄格州的哈姆登市。1941年在罗得岛大学（罗得岛州）获科学学士学位，1946年在耶鲁大学获林业硕士学位，1950年在耶鲁大学获哲学博士学位。历任耶鲁大学林学院讲师、副教授和教授。曾被任命为耶鲁大学林学院林场主任、耶鲁大学林学院助理院长。担任过M. K. 杰瑟普森林培育学主席和"康涅狄格州森林与公园"等多个组织或协会的主席或负责人。是"森林林分动态"（Forest Stand Dynamics）领域的奠基人。对美国多树种森林经营进行过深入研究和系统总结，提出人工纯林经营并不是经济上最理想经营方式的观点。两次获得"美国林务员新英格兰学会"（New England Society of American Foresters）杰出贡献奖。1954年协助导师R. C. 霍利修订了《实用育林学》（第6版），也是该书第7版和第8版的唯一作者。《实用育林学》一书影响广泛，被认为是全球应用最广泛的林业教材。

（方升佐）

世界混农林业中心　World Agroforestry Center

在热带发展中国家进行农林研究的非营利国际组织。1978 年成立。2002 年之前称国际混农林业研究中心（International Council for Research in Agroforestry, ICRAF），总部设在肯尼亚内罗毕。6 个区域办事处分别位于喀麦隆、中国、印度、印度尼西亚、肯尼亚和秘鲁。20 世纪 80 年代，致力于在非洲开展林业和混农林业的研究。1991 年 5 月加入国际农业研究磋商组织（Consultative Group on International Agricultural Research, CGIAR），将理事会改为研究中心，将其工作与国际农业研究磋商组织的目标联系在一起，范围扩大到南美与东南亚。通过对混农林业系统的研究和技术改良，提高农民的生活水平，减少森林破坏，控制土地退化和水土流失，重建和恢复退化生态系统。从 1996 年起，发展科学文化、构建精良的研究设备、扩大资金和人力资源，逐步促进制度变革，通过建立发展小组，形成制度化管理，把研究成果带到农民的田间地头。2002 年更名为世界混农林业中心。2019 年 1 月 1 日，世界混农林业中心与国际林业研究中心合并，但两个中心还继续以各自现有的名称分别在肯尼亚和印度尼西亚维持总部业务运作。

经费由各国政府（包括中国政府）、私人基金会、援助机构、国际组织、区域开发银行和其他机构资助。

宗旨　通过改进混农林业系统，帮助减少热带毁林、土地耗竭和乡村贫困现象。利用世界上最大的农林业科学和信息资源库，开发从农民田地到全球范围的知识实践，促进和推动农户、农村社区、当地各级机构、研究人员、政策制定者、国际研究人员和资助者间的相互合作，帮助小农户更好地利用土地和林业资源，获得食品安全保障，提高收入、健康和营养水平，改善能源和居住条件以及确保环境可持续发展。

工作团队　2020 年，有雇员 450 多人，在整个热带包括撒哈拉以南的非洲、亚洲和拉丁美洲等 30 个发展中国家开展工作。工作人员由研究小组、发展小组和管理服务小组组成。世界混农林业中心在撒哈拉以南的非洲、亚洲和拉丁美洲有 5 项地区（区域）计划和 5 项研究及发展计划。此外，运作有 3 项国际农研小组全系统计划，即非洲高地生态区计划、刀耕火种替代计划和性别与多样性计划。

世界混农林业中心中国办公室（ICRAF-CHINA）成立于 2002 年 8 月，注册于国际农业研究磋商组织与中国农业部、中国农业科学院签署的协议名下。世界混农林业中心中国办公室以云南省为基地，把国内外的相关机构、研究人员和决策者集合起来，力图为中国西南山区的农村发展和保护探索新方法。2002 年与云南昆明植物所建立联合研究中心，即山地生态系统研究中心。

主要活动　每五年举办一次世界农林业大会（World Congress on Agroforestry）。第一届世界农林业大会于 2004 年 6 月 27 日至 7 月 2 日在美国佛罗里达州奥兰多举行，第二届、第三届、第四届世界农林业大会分别于 2009 年 8 月 23 ～ 25 日、2014 年 2 月 10 ～ 14 日、2019 年 5 月 20 ～ 22 日在肯尼亚内罗毕、印度德里和法国蒙彼利埃举行。

主要成果　年度报告（ICRAF Annual Report）和研究策略（Research Policy）。

扩展阅读

世界混农林业中心官网：http://worldagroforestry.org/

（赵忠）

适地适树　matching site with tree species

造林工作的一项基本原则。使造林树种的生物学、生态学特性和造林地的立地条件相适应，充分发挥林地生产潜力，达到该立地在当前技术经济条件下可能获得的高产水平。是因地制宜原则在造林树种选择上的体现。古代造林实践中提出的"土宜之法"为其思想萌芽。

适地适树的概念和要求与林业生产的科技水平有密切关系。适地适树概念中的"树"，包括树种水平和同一树种中的不同类型（地理种源、生态类型）、品种、无性系等。

适地适树的标准　根据造林目的确定。如对于用材林树种，要求达到成活、成林、成材；有一定的稳定性，即对间歇性灾害有一定的抗御能力；成材还有一个数量标准，主要有三条，即某个树种在各种立地条件下一定基准年龄的优势木平均高（立地指数）或林分平均高、平均材积生长量和立地期望值。防护林对成材的要求要低一些，但要求对防护对象具有较好的防护作用。

适地适树的途径　归纳为选择和改造两条。①选择，包括选地适树和选树适地。选地适树是确定了主栽树种或拟发展的造林树种后，选择适合的造林地；选树适地是在确定了造林地后，根据立地条件选择适合的造林树种。②改造，包括改地适树和改树适地。改地适树，就是通过整地、施肥、灌溉、土壤管理等措施改变造林地的生长环境，使原来不太适应的树种得以正常生长。如通过排灌洗盐，降低土壤的盐碱度，使一些不太耐盐的速生杨树品种在盐碱地上也能生长；通过高台整地减少积水，或排除土壤中过多的水分，使一些不太耐水湿的树种可以在水湿地上顺利生长。改树适地，就是当树和地在某些方面不太相适的情况下，通过选种、引种驯化、育种等手段改变树种的某些特性使之能够适应立地。例如，通过育种的方法，提高树种的耐寒性、耐旱性或抗盐碱的性能，以适应在高寒、干旱或盐渍化的造林地上生长。

选择和改造两种途径是互相补充、相辅相成的。改造的途径会随着经济的发展和技术的进步逐步扩大，但改造的程度受限于技术经济条件；而选择造林树种达到适地适树的要求，仍然是最基本的途径。要做到正确地选树或选地，必须开展相关科学调查研究，深刻认识"树"和"地"的特性。对树种的生物学、生态学特性的认识，一是通过对树种分布区天然林和人工林的生长状况、立地特性进行科学调查研判，二是开展专门的生理生化和解剖学特性的研究与测定，例如，通过树种的水分生理生态的研究，有助于对干旱地区树种的选择。

适地适树的方法　调查研究不同立地条件下的人工林生长状况，分析林木生长与环境的关系，是探索适地适树的主要方法。有单因子对比法和多因子综合分析法。单因子对比法是在其他因子相同而只有一个立地因子不同的情况下，对比调查相同树种人工林生长效应，以此评判是否适地适树。这种方法简单易行，但是适应面比较狭窄，仅能评判单个因子的作用，只可用于某些特殊的情况下对比研究或按照类型的对比调查，这样的试验条件往往会受到很大的局限。一般情况下，影响林木生长发育的立地因子有多个，采用多因子综合分析方法建立林木生长指标和立地因子之间的数学模型，既可了解诸多因子对林木生长的作用程度和各因子之间的相互关系，又可分析各因子对林木生长的综合作用，作出不同立地条件的生长潜力预测，全面评判是否达到适地适树。

参考文献

翟明普,沈国舫, 2016. 森林培育学[M]. 3版. 北京: 中国林业出版社.

（马履一）

适应性抚育　adaptive thinning

依据生态系统的自适应性和多功能协调性而进行的森林抚育。

通过持续的森林监测，获取新的生长、结构和功能信息，评价抚育效果并更新科学认知，充分利用森林生态系统自身的力量如天然更新和自稀疏等，修正森林抚育方案。在充分考虑生态系统的不确定性、复杂性、时滞性的基础上，产生了适应性管理的理念，并逐渐发展成为一种成熟的管理理论和方法，并应用到生态系统管理领域。它强调生态系统的自适应性、多功能协调、多方案设计和不断调整的过程。目的是通过连续监测和学习，得到新的科学认知，不断修正决策，减少不确定性。

参考文献

Stankey G H, Clark R N, Bormann B T, 2005, Adaptive management of natural resources: theory, concepts, and management institutions[R]. Gen. Tech. Rep. PNW-GTR-654. Portland, OR: U.S. Department of Agriculture, Forest Service, Pacific Northwest Research Station.

（雷相东）

受光伐　light cutting

典型渐伐的第三次采伐。即为林下幼树提供更多光照以利于尽快生长而进行的采伐。

见渐伐。

（孟春）

疏伐　thinning

在林分中龄林阶段进行的伐除生长过密和生长不良的林木，优化调整树种组成及林分密度，促进保留木的生长和培育良好干形的抚育采伐方式。

林木进入速生期后，树种之间或林木之间的矛盾集中在对土壤养分和光照的竞争上，为使不同年龄阶段的林木占有适宜的营养面积，此阶段进行抚育，对林木的生长具有良好的效果。

疏伐的主要作用　①减小林分密度，加速林木生长特别是直径生长，进而使森林轮伐期缩短。②可在主伐之前收获部分中小径材。与不进行疏伐对比，疏伐林分的总产量（包括主伐和疏伐两部分）显著增加。

疏伐方法　按树种特性、林分结构、经营目的等因素，疏伐分为下层疏伐、上层疏伐、综合疏伐、机械疏伐和选择疏伐。按开展疏伐所采用的指标是否量化分为定性抚育采伐和定量抚育采伐。

下层疏伐　伐除林冠下层的濒死木、被压木以及个别处于林冠上层的弯曲、分叉等不良木的一种疏伐方法。主要应用于针叶纯林。一般以克拉夫特林木分级法为基础选取采伐木。疏伐强度分为弱度、中度和强度三级。弱度疏伐仅伐除濒死木；中度疏伐伐除濒死木和部分被压木；强度疏伐伐除全部濒死木和被压木。也可用寺崎林木分级法或其他林木分级法作为选取采伐木的标准。该法优点是易于选择采伐木，作业方法简便；只采伐在自然选择过程中将被淘汰的下层木，伐后森林仍能保持良好的郁闭，不会削弱林分抵御自然灾害的能力。缺点是提高保留木生长量的效果较小，主伐前收获的都是径级相对较小的木材。

上层疏伐　通过砍伐上层林木以促进中下层林木生长的一种疏伐方法。适用于阔叶混交林、针阔混交林，尤其是复层混交林，以及在上层林木价值低、次要树种压抑主要树种时。作业时，将优良木（干形优良、树冠发育正常、生长旺盛的林木）列为培育对象，有益木（不妨碍优良木生长、能促进优良木自然整枝、遮蔽林地的林木）列为保留对象；有害木（干形尖削、分叉多节、树冠过于庞大、居于林冠中上层，无培育前途，且妨碍优良木生长的优势木和亚优势木）列为采伐对象；同时伐除林冠下层的濒死木和枯立木。

通过上层疏伐可形成具有垂直郁闭特点的林冠结构，有利于光能利用，促进保留木生长。缺点是伐后林分郁闭度降低较大，因而易遭受风害，在喜光针叶纯林中应用效果不佳。

综合疏伐　综合下层疏伐和上层疏伐特点，既可从树冠上层选伐，也可从林冠下层选伐的一种疏伐方法。一般适用于天然阔叶林，尤其在混交林和复层异龄林中应用效果较好。对坡度小于25°、土层深厚、立地条件好并兼有生产用材的防护林采用综合疏伐。

进行综合疏伐时，先将在生态上彼此有密切联系的林木划分若干植生组（或称树群），然后以每一个植生组为单位进行选木。选择采伐木时将林木分成3个等级：Ⅰ级，优良木；Ⅱ级，有益木；Ⅲ级，有害木。每个组砍伐后的林分，伐除了有害的林木，保留了优良的和有益的林木，保持多级郁闭（阶梯郁闭），使保留下来的全部大、中、小林木都能拥有充分光照而加速生长。

综合疏伐是在树木所有的高度和径级中砍伐林木，采伐强度取决于林分的性质、组成、林相和经营目的，具有很大的伸缩性。植生组和林木的级别在每次抚育前，均应重新划分，选择的疏伐木应做标记。

一次疏伐强度不能过大，株数不超过20%，蓄积量不超过15%，伐后郁闭度应保留在0.6～0.7。立地条件好的保留株数可小些，反之应大些。

机械疏伐　间隔一定距离，机械地确定采伐木或采伐行的一种疏伐方法。又称隔行隔株疏伐、几何形疏伐。基本上不考虑林木的分级和品质的优劣，只要事先确定了采伐行距或株距，采伐时无论大小林木一律伐去。采用的形式有隔行采伐、隔株采伐和隔行隔株采伐。机械疏伐应视林分情况和经营目的而定。适用于人工林，特别是人工纯林或分化不明显的林分。一般应用于第一次抚育采伐，以后则改用选择疏伐；也可在第二次抚育时，将机械疏伐和选择疏伐结合运用。

优点：①工艺简单，作业方便。无须选木挂号；对枯枝不易脱落的针叶林（如杉木、云杉等），无须在施工前打枝；顺行采伐，操作、集材均方便；在地势平坦地段便于机械化作业，抚育成本大幅降低。②安全可靠，作业质量高。采伐时能控制定向倒树，采伐和集材时能较少地损伤保留木，也有利于安全操作。③便于清理迹地与伐后松土。④当林分要实行抚育与改造的综合措施时，在采伐行内引进其他树种，方便易行，能较好地处理与保留木间的矛盾。

缺点：①由于隔行采伐中靠近采伐行的林木生长量增加较大，中间行的林木生长量增加较小，因此，连续保留的行数越多，隔行采伐对保留木生长促进的效果就越差。②某些生长不良的林木并未被砍伐，林木营养面积的分配也不均匀，伐后林分的生长量常低于选择疏伐，林木质量较差，对风、雪等气象灾害的抵抗力较弱。

选择疏伐　林分郁闭后至中龄林时期，伐去形状不整的优势木，同时进行下层抚育，伐去濒死木，然后每隔一定年限（1/2 龄级）进行一次上层抚育的疏伐方法。从利用的观点出发，又称"工业抚育间伐"。旨在每隔一定年限取得一批大径级的木材，同时为亚优势木（Ⅱ级木）、中等木（Ⅲ级木）、被压木（Ⅳ级木）的生长创造良好的条件。保留下来的中等木（Ⅲ级木）和被压木（Ⅳ级木），因生长环境改善而生长量显著提高，经过一定年限就有一批新的林木从中等木（Ⅲ级木）甚至被压木（Ⅳ级木）上升为亚优势木（Ⅱ级木）。优点是每次抚育能取得大径级木材，出材量较大，经济收入多于支出。缺点是保留低级别的林木和被压木，会延迟林分成熟期 2～3 个龄级。适用于云杉、冷杉等耐阴树种和异龄林；在喜光树种组成的同龄林分中效果较差。

参考文献

沈国舫, 2001. 森林培育学[M]. 北京: 中国林业出版社.

孙时轩, 1992. 造林学[M]. 2版. 北京: 中国林业出版社.

（段爱国）

疏林地　open forest land

由乔木树种组成、连续面积大于 1 亩（0.067hm²）、郁闭度为 0.1～0.19 的林地及人工造林 3 年、飞播造林 5 年后保存株数达到合理株数 41%～79% 的林地，或低于有林地划分的株数标准但达到该标准株数 40% 以上的天然起源的林地。

疏林地可分为原始疏林地和次生疏林地。原始疏林地是由于当地自然条件差、林木生长缓慢、天然更新困难而形成的。次生疏林地是由于人为因素造成的，使有林地经过次生逆向演替而形成的。

疏林地可根据具体情况，采取补种、补播、间伐补植或封山育林等措施改造成复层异龄混交林。改造前需要对林地进行适当的清理，清除枯倒木、病虫木和生长不良的林木，保留原生长好的林木。林冠下天然更新树种理想，每公顷目的树种的幼苗、幼树株数达到 1000～1500 株的，可以直接实施封山育林；林冠下天然更新树种不理想，幼苗、幼树株数达不到封山育林标准的，进行局部整地，选择适宜的树种进行补播、补植。

参考文献

翟明普, 沈国舫, 2016. 森林培育学[M]. 3版. 北京: 中国林业出版社.

（王瑞辉，刘凯利，张斌）

树木诊断　tree diagnoses

对树木各器官生长发育状况，尤其是异常症状进行检查判断，以便有效防治树木各类异常症状的技术措施。主要包含树木病虫害诊断、树木营养诊断和树木健康诊断等。

树木病虫害诊断　根据树木受害引起的一系列组织生理病变和虫害症状，通过野外观察和室内检验，确定其属于何种病害或虫害。野外观察要进行田间病害症状和虫害症状观察，了解其发生情况；室内检验是通过采集标本在室内借助显微镜直接观察病虫形态，或制片镜检病原和害虫特征以作出诊断。

树木营养诊断　根据树木形态、生理、生化等指标并结合土壤分析判断树木营养元素丰缺状况。最早的诊断方法是根据树木的叶色、植株发育程度、缺素和元素毒害的症状等判断树木的营养状况，与土壤、树木养分含量分析相结合，逐步奠定了由定性走向定量诊断的基础。树木营养诊断包含形态诊断法、化学诊断法、酶诊断法，同时，显微化学、组织解剖以及电子探针等技术也相继应用于树木营养诊断。

树木健康诊断　除了由病虫害、营养引起的树木健康诊断外，还包括树木受外力损伤或生长环境限制而引起的健康诊断。外力损伤主要是受人为或动物对树木器官造成的损伤，如树皮损伤、截枝、截干等。生长环境限制主要是指树木生长过程中受环境干扰，如城市行道树树穴硬化、树穴大小、路灯光照以及密度过大造成营养空间不足等。无论是外力损伤还是生长环境限制，都是主要通过野外观察诊断。

参考文献

李庆臻, 1999. 科学技术方法大辞典[M]. 北京: 科学出版社: 273-298.

周健民, 沈仁芳, 2013. 土壤学大辞典[M]. 北京: 科学出版社: 402-620.

（邱尔发）

树艺学　arboriculture

关于城市绿化树种的选择与配置、树木的栽植与整形修剪、水肥管理、病虫害防治、树木危险评估、古树名木保护等理论与技术的科学。

树艺学作为一门学科于 1924 年在美国开始发展，同年成立了国际树艺学会（International Society of Arboriculture，ISA）。国际树艺学会是国际上规模最大、历史最久的树艺学组织，会员分布在全球 50 多个国家或地区，负责组织全球"注册树艺师"的认证。国际上从事城市树木栽培养护行业工作的"注册树艺师"职业认证，得到美国、日本等 57 个国家、地区，以及中国香港和台湾地区的承认。ISA 的树艺师包括认证树艺师（Certified Arborist）、市政树艺专家（Municipal Specialist）、公用管线树艺师（Utility Specialist）和大师级树艺师（Board Certified Master Arborist）共四级。国际树艺学会的"注册树艺师"考证制度要求申请人通过相关理论基础和户外实践技能两个部分的测试，其考核内容涵盖树木生物学、树木分类与鉴定、树木观赏性与人文特征、树木水分管理、树木营养学与施肥、树种选择与配置、树木修剪与造型技艺、树木支撑与保护、树木病虫害诊断与管理、树木种植及常规健康护理、树木危险性评估与安全性管理、树艺工作职业安全守则、树木攀爬与树体上操作、建筑工程与工地树木保护等。

中国树艺学的相关理论和实践历史悠久，早在《诗经》中就有原产于中国的桃、李、杏、梅、榛子和板栗等树种栽培养护的记载。《齐民要术》《种树郭橐驼传》《种树书》等古籍中记载的树木栽培养护原理和技艺对于指导今天的树艺学实践仍具有重要参考价值。现阶段中国的树艺学，综合了气象学、土壤学、生态学、生物学、树木生理学、园林树木学、园林苗圃学、树木栽培学、昆虫学、植物病理学和园林艺术等学科理论和技术基础，通过工艺、手艺、工具进行栽培养护、繁育和生产经营，服务于城市绿化，以发挥城市树木改善人居生态环境和满足审美要求。

参考文献

唐岱, 2014. 园林树艺学[M]. 北京: 化学工业出版社.

（张昶）

树种更替 tree replacement

针对低效林分所采取的更换造林树种的林分改造方法。适用于残次林、劣质林、树种不适林、病虫危害林、衰退过熟林及经营不当林。这类低效林形成的原因包括：①由于造林地的立地条件不能满足造林树种生态学特性的要求，导致林分生长不良的低效林，生长严重衰退、更新困难的过熟林分；②因外界因素强烈干扰，如过度开发利用、严重的病虫害、风雪灾害等导致林分严重退化，达不到预期经营目标的低效林；③造林树种选择不当或抚育管理不当，造成林分生长不良，难以实现预期培育目标的低效人工林。

应根据经营方向，遵循适地适树（品种、种源）原则更替树种。树种更替时，视林分实际情况，可对被改造林分进行全面改造，也可采用带状改造、块状改造等方法，通过 2 年以上的时间逐步更替。更替树种时，要做到良种壮苗、细致整地、合理密度、精细栽植，加强管理，确保林分改造成效。也可少量保留原有造林树种或目的树种生长尚好的植株，促其形成混交林。

值得注意的是，位于下列区域或地带的低效林不宜采取更替改造方式：①生态重要等级为 1 级及生态脆弱性等级为 1、2 级区域（地段）内的低效林；②海拔 1800m 以上中、高山地区的低效林；③荒漠化、干热干旱河谷等自然条件恶劣地区及困难造林地的低效林；④其他因素可能导致林地逆向发展而不宜进行更替改造的低效林。

参考文献

国家林业局, 2017. 低效林改造技术规程: LY/T 1690—2017[S]. 北京: 中国标准出版社.

翟明普, 沈国舫, 2016. 森林培育学[M]. 3版. 北京: 中国林业出版社.

（徐小牛）

树种空间隔离指数 spatial segregation index of tree species

描述森林群落中不同种群或林分中不同树种在空间上隔离程度的指标。属于林分空间结构指标。是分析种群特征、种群间相互作用以及种群与环境关系的重要手段，一直是生态学中的研究热点之一。对于树种空间隔离程度的描述有助于深化对群落结构的认识，以解决营造林中的树种配置和采伐利用问题。

树种空间隔离程度的表示方法有多种，林学上常用的有混交比、Fisher 的物种多样性指数、Pielou 的分隔指数，但都不能完整表达树种空间隔离程度。混交度现成为描述混交林中树种空间隔离程度及林分空间结构的重要参数，与角尺度、大小比和密集度共同构成了基于相邻木关系的林分空间结构参数体系。混交度用来描述混交林中任意一株树的最近相邻木为其他种的概率。混交度（M_i）计算公式为：

$$M_i = \frac{1}{4} \sum_{j=1}^{4} v_{ij}$$

其中，当参照树 i 与第 j 株相邻木非同种时，$v_{ij}=1$；否则，$v_{ij}=0$。对于树种较多的混交林的树种隔离程度表现出了较好的区分度，在一定程度上也体现了林分中树种组成的多样性和树种空间多样性。树种混交度越大，树种隔离程度越大，林分树种组成多样性和空间多样性就越大，林分稳定性越高。采用混交度判定种群格局的方法为群落生态学种间关系的研究开辟了全新的途径。

参考文献

惠刚盈, Klaus von Gadow, 等, 2016. 结构化森林经营原理[M]. 北京: 中国林业出版社.

惠刚盈, 克劳斯·冯佳多, 2003. 森林空间结构量化分析方法[M]. 北京: 中国科学技术出版社.

（惠刚盈）

树种选择 tree species selection

根据造林目的、立地条件、树种生物学和生态学特性等开展的造林地适宜树种的选择工作。可根据造林目的细分为用材林、经济林、防护林、能源林、环境保护林、风景林、四旁植树等的树种选择。造林成败的最关键因子之一。如果造林树种选择不当，首先是造林后难以成活，浪费种苗、劳力和资金；即使造林成活，人工林长期生长不良，难以成林、成材，造林地的生产潜力难以充分发挥，收不到应有的防护效益和经济效益。

中国是世界造林大国，在人工林培育方面取得了举世瞩目的成就。但是，也在不少地区存在人工林生产力不高、林木生长不良、结实过早等问题；北方干旱地区栽植的杨树林，南方红壤丘陵地区栽植的杉木林，其中有一定比例的林分形成了"小老头林"，有些地区大面积的杨树林被天牛等害虫毁灭殆尽。这些问题的出现和树种选择不当有密切关系。

树种选择的基础　中国树种资源极其丰富，有木本植物8000余种，其中乔木植物有2000余种，而乔木树种中的优良用材和特用经济树种达1000余种，还有引种成功的国外优良树种约100种。由于树种的多样性及其特性的复杂性，自然条件的多变性，加上中国在生物基础科学方面的研究和资料积累还不够，总的来说，按照树种的特性选择造林树种，除了某些为数不多的树种外，实施起来还有相当大的难度。造林树种选择的依据和基础主要是树种的生物学特性、生态学特性和林学特性。

树种的生物学特性　主要包括树种的形态学特性、解剖学特性和遗传特性等。树体高大的乔木树种，需求较大的营养空间，木材和枝叶的产量比较高，美化和改善环境的效果比较大，适宜作为用材林、防护林以及风景林和国防林等特种用途林等。乔木树种同时要求比较高的立地条件。光合产物在树木各部位分配也有差异，主要集中在树干的树种适宜作为用材林，光合产物虽高但枝叶部位占的比重较大者可以作为薪炭林和特种用途林；树体虽不高大，但是树形、枝叶、树皮美观，或花、果的颜色、气味具有特色，可以作为风景林。树叶硕大的树种叶面的蒸发量大，对于土壤水分条件的要求比较高；叶表面的气孔下陷、角质层发达的树种，比较适应干旱条件；主根发达、侧根比较少的树种，要求深厚的土层；须根系发达的树种比较耐干瘠立地条件；有些树种组织细胞液的渗透压高，或有泌盐的功能，具有较强的抗御干旱和抗盐碱的能力。这里的树种概念是广义的，包括树种、种源、家系和无性系等，树种选择的生物学基础应理解为造林树种的遗传控制。树种选择应尽可能吸收树木遗传改良的最新科技成果，例如，中国先后培育和引进的'群众杨''北京杨''合作杨''沙兰杨''I-214杨'和'I-72杨'等杨树品系；杉木、马尾松、落叶松等40多个树种的种源试验选出的优良种源及种子区划成果；种子园、母树林和采穗圃培育出的优良种质材料等。

树种的生态学特性　树种对于环境条件的需求和适应能力。由于长期的适应性，各个树种形成特有的生态学特性。树种对于环境条件的需求，主要表现为与光照、水分、温度和土壤条件的关系。树种与光的关系主要表现为耐阴性、光合作用特性和光周期。选择树种时，根据树种的需光特性可以将其安排在适宜的立地条件下，例如，喜光树种常作为造林的先锋树种，或适宜在阳坡种植。不同树种对热量的要求不同，这与其水平分布区和垂直分布区有关，分布

得越靠北、海拔越高，对于热量的要求越低。以中国的松属树种为例，樟子松、偃松、西伯利亚红松最耐寒，其次是红松，它们都属于寒温带树种；油松、赤松、白皮松有一定的耐寒性，属于暖温带地区的树种；乔松、云南松、马尾松要求热量比较高，属于亚热带树种；海南五针松、南亚松要求热量很高，属于热带树种。

林学特性　主要指可以组成森林的密度和形成的结构，从而形成单位面积产量或达到主要培育目标的性质。由于树种的生物学和生态学特性不同，加上培育技术水平的差异，导致树种的林学性质出现多样化。如有些树种个体生长良好，单株产量较高，但由于强烈喜光、地下或者树冠分泌有毒物质而产生"自毒"效应，不宜进行成片栽培或大面积栽培；有些树种因树冠紧束而成林郁闭度小，难以形成高质量的森林环境；当同一林分需搭配两个或两个以上树种时，树种之间会出现不同的相互关系。

树种选择的原则　选择造林树种的基本原则可以概括为经济学原则和生物学原则两条。

经济学原则　满足造林目的（包括木材和其他林产品生产、生态防护、美化等）的要求，即满足国民经济建设对林业的要求。造林目的是与经济学原则紧密结合在一起的。对于用材林来说，木材产量和价值是树种选择的最重要的指标。不同的树种在种子来源、苗木培育及其他育林措施方面的成本不同，木材价值不同，所得收益也不同。由于森林的许多收益在育林投入多年以后才能收获，所以育林的理财问题也是个独特且重要的问题，不但要比较不同树种及所需的育林措施所产生的价值，而且要比较收益所需时间和投入的成本。

生物学原则　树种的生物学特性能适应造林地立地条件的程度，包括林学原则和生态学原则。

①林学原则。包括繁殖材料来源、繁殖的难易程度、组成森林的格局与经营技术等。繁殖方法和森林培育的其他技术随着现代科学技术的进步发展很快，造林树种的选择既要有前瞻性，又必须与当前的生产实际相结合。繁殖材料来源的丰富程度和繁殖方法的成熟程度直接制约着森林培育事业的发展速度。随着科技进步和发展，组织培养和生物技术使得原本比较缺乏的繁殖材料在相对短的时间内丰富起来；扦插难以生根的树种，由于应用多种化学制剂处理，扦插生根率和成活率大幅提高，从而丰富了繁殖材料来源。

②生态学原则。树种的选择必须作为生态系统的组成部分加以全面考虑。立地的温度、湿度（水分）、光照、肥力等状况是否能够满足树种的生态要求。生物多样性保护是森林培育的重要任务，而造林树种的选择是执行这一任务的基础与关键，树种的选择必须坚持多样性原则，越是好的立地，越宜选择比较多的树种，营造结构比较复杂的森林，发挥更好的生态效益和生产潜力。树种选择应考虑形成生物群落中树种之间的相互关系，其中包括引进树种与原有天然植被中树种的相互关系。

参考文献

翟明普, 沈国舫, 2016. 森林培育学[M].3版. 北京: 中国林业出版社.

（贾忠奎）

树种组成 tree species composition

构成森林的树种成分及其所占的比例。又称林分树种组成、林分组成。通常以林分组成式表示。如 10 云，表示是云杉纯林；又如 6 油 3 桦 1 椴 + 山 - 水，表示由油松、桦木、椴树、山杨、水曲柳组成，6、3、1 表示所占的成数，树种前的"+"号表示该树种仅占林层的 2% ~ 5%，树种前的"-"号表示该树种仅占林层 2% 以下。在复层林中，每层的组成都应分别加以确定，并以分数式表示，如：10 松（第一林层）/9 栎 1 椴（第二林层）。

森林树种组成，成林以每种乔木的蓄积量（断面积）占全林蓄积量（总断面积）的成数表示。而造林时的树种组成则以各树种株数占全林总株数的百分比表示，包括所有的乔灌木树种。

通常把由一种树种组成或混有其他树种但蓄积量都分别占不到 10% 的林分称为纯林；而把由两种或更多种树种组成，其中每种树木在林分内蓄积量所占均不低于 10% 的林分称为混交林。《造林技术规程》（GB/T 15776—2016）中提出，由一种树种组成，或虽由多种树种组成，但主要树种的株数或断面积或蓄积量占总株数或总断面积或总蓄积量 65%（不含）以上的森林称为纯林；由两种或两种以上树种组成的森林，其中主要树种的株数或断面积或蓄积量占总株数或总断面积或总蓄积量 65%（含）以下的森林称为混交林。

参考文献

孟宪宇, 2015. 测树学[M]. 3版. 北京: 中国林业出版社.

翟明普, 沈国舫, 2016. 森林培育学[M]. 3版. 北京: 中国林业出版社.

中华人民共和国国家质量监督检验检疫总局, 中国国家标准化管理委员会, 2016. 造林技术规程: GB/T 15776—2016[S]. 北京: 中国标准出版社.

（贾黎明）

栓皮栎培育 cultivation of cork oak

根据栓皮栎生物学和生态学特性对其进行的栽培与管理。栓皮栎 *Quercus variabilis* Blume 为壳斗科（Fagaceae）栎属树种，中国重要的用材、能源及软木树种。

树种概述 落叶乔木。树干高大，树皮栓皮层发达，主根明显，细根少。叶卵状披针形或长椭圆披针形，叶缘具芒状锯齿。雌雄同株。壳斗杯状。花期 3 ~ 4 月，果熟期翌年 9 ~ 10 月。以中国秦岭至大别山为分布中心，辽宁、河北、山西、陕西、甘肃、山东、江苏、安徽、浙江、江西、福建、台湾、河南、湖北、湖南、广东、广西、四川、贵州、云南等地均有分布。在华北地区通常生于海拔 800m 以下的阳坡，西南地区可达海拔 2000 ~ 3000m。喜光、抗寒、抗旱。对土壤要求不严，以深厚、肥沃、排水良好的壤土和沙壤土生长最好。木材坚硬，纹理美观，可用于造船、建筑和地板等；软木可用于航空、航海、酒业；枝干可烧木炭和培养食用菌；果实可酿酒、饲用等；种仁和壳斗可提制栲胶；叶可饲养柞蚕。

65 年生栓皮栎人工林（北京林业大学鹫峰试验林场）

苗木培育 主要采取播种育苗，包括苗床育苗和容器育苗。春播或秋播，种子不耐储藏，春播需保湿沙藏、防治栗实象鼻虫，秋播需防治鼠害。

林木培育 培育用材和栓皮结合的人工林，造林地应选阴坡或半阴坡、土层深厚、肥沃、湿润的立地；营造防护林，可选择阳坡、半阳坡立地。中国 20 世纪 50 年代开始规模化人工播种造林，效果很好，形成北京西山、平谷等地大面积人工林。21 世纪以来开始植苗和容器苗造林的实践。播种造林一般在秋季随采种随造林，也可翌年春季播种造林，但需防治鼠害。穴播为主，每公顷 4500 穴左右，每穴下种 3 ~ 5 粒。植苗造林宜采用 1 ~ 2 年生苗，保持主根和侧根尽量完整，可对根系做蘸泥浆等处理。幼林生长缓慢，造林密度宜大，应及时松土除草、间苗等。当郁闭度达 0.8 ~ 0.9、自然整枝约占树冠 1/3 时开始间伐，并应多次间伐。提倡以目标树作业为特征的近自然抚育法，一般分 4 个阶段：①通过高密度和混交竞争生长，形成通直主干；②选择目标树，伐除周边干扰树，为目标树生长拓展空间；③进行疏伐，促进径生长；④通过择伐成熟木实现收获并形成复层异龄混交林。

参考文献

侯元兆, 陈幸良, 孙国吉, 2017. 栎类经营[M]. 北京: 中国林业出版社.

罗伟祥, 张文辉, 黄一钊, 等, 2009. 中国栓皮栎[M]. 北京: 中国林业出版社.

沈国舫, 2020. 中国主要树种造林技术[M]. 2版. 北京: 中国林业出版社.

（贾黎明，郑聪慧）

水岸林培育 silviculture for waterfront forest

狭义上是指在水体两侧沿岸，营造、保护和管理兼有水质净化与景观功能，以乔木为主体的人工植物群落的活动；广义上则包括了对河流、湖泊等在内的所有湿地周边森林植被的栽植与管护的活动。对于流域生态安全格局与景观风貌的保护和恢复具有重要的意义，经营良好的水岸林具有地区生态核心区和生态廊道的功能，也能筑造具有地域特色的河流（或湖泊等）风貌景观。

图1 水岸林——城区绿廊（张昶 摄）

图2 水岸林——北京潮白河（张昶 摄）

图3 水岸林——北京山区（张昶 摄）

水岸林培育最初的目的是生产木材，观赏功能是逐步发展而来的。主要目的是改善水域周边或河岸沿线生态环境与提升景观质量，同时适当利用水域周边景观元素，构建景观与功能相融合的滨水森林植被。水岸林培育要优先保护好自然河岸森林植被，采用自然式布局，以观赏价值高、耐水湿、有较好防护效能的乡土植物种类为主。植物选择与配置方式按照水岸林的主导功能确定，以生态效益和防护功能为主导时，采用片、带、网状的配置方式，选择适应性强、生态防护功能较强的乡土树种，如中国北方比较常见的柳树、

图4 水岸林培育（四川眉山河岸带）（王成 摄）

枫杨等，南方比较多见的乌桕、苦楝、丛生竹等。

大型河流水岸林栽植与保护宽度一般按照生物栖息地、水体净化、景观游憩等功能的不同而确定，通常可以考虑维持在30～50m。空间上将其分成三个区来配置和管理：①永久性植被区。从河岸开始，至少延伸4m，种植本地的阔叶树种。②弹性利用区。至少有6m宽，土地所有者可以根据自己的爱好种植针叶树、阔叶树或灌木。只要永久性植被区没有受到破坏，弹性利用区就可以用来生产木材和其他森林产品。③利用区。最靠近耕地的区域，是一个充当过滤器的狭长草带，它能固定泥土，并阻止水土从排水渠中流失。

参考文献

陈吉泉，1996. 河岸植被特征及其在生态系统和景观中的作用[J]. 应用生态学报，7(4)：439-448.

王成，彭镇华，孟平，等，2001. 河北太行山区河谷土地空间分异规律研究[J]. 生态学报，21(8)：1329-1338.

张昶，王成，孙睿霖，等，2016. 城市化地区河岸带植被特征及其与河岸硬度的关系——以晋江市为例[J]. 生态学报，36(12)：3703-3713.

（张昶）

水平沟整地 horizontal ditch site preparation

在坡地上沿等高线每隔一定距离以带状挖掘植树沟为手段的带状整地方法。又称堑壕式整地。沟的断面形状呈梯形或矩形。特点是沟深、容积大，能够拦蓄较多地表径流；沟壁有一定遮阴作用，可降低沟内温度，减少沟内土壤水分蒸散。水平沟整地在干旱地区控制水土流失和蓄水保墒效果良好；但因其动土量大、比较费工，主要用于水土流失严重的黄土地区和山坡坡度较陡处。

水平沟整地过程中沟底面要保持水平并低于坡面。整地规格需在造林设计中根据造林树种和苗木规格结合坡面坡度、土层厚度、土质和设计雨量来确定，水平沟间距和断面大小应保证暴雨不致引起坡面水土流失。坡陡、土层薄、雨量大的区域，沟距应适当减小；坡缓、土层厚、雨量小的区域，沟距应适当加大。水平沟间距应根据造林密度和行距设计确定，一般2.0～2.5m。水平沟在缓坡修筑时应浅而宽，

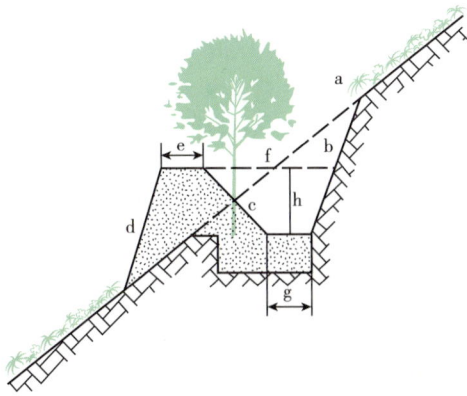

水平沟整地

a. 自然坡度；b. 内斜面坡；c. 植树斜面坡；d. 外斜面坡；e. 土埂顶宽；
f. 沟上口宽；g. 沟底宽；h. 沟深

在陡坡时应深而窄。一般而言，水平沟上口宽 0.5 ~ 1.0m，沟底宽 0.3 ~ 0.6m，沟深 0.4 ~ 0.6m，外侧坡度不大于 45°，内侧坡度不大于 30°。为利于水平沟保持水平状态，沟长一般 4 ~ 6m；为使坡面宽广整齐以便于作业，可加大沟长，但需在沟内留置横埂或做横埂。

修筑方法：挖表土堆于沟上方，以底土培埂，再将表土填盖在植树斜坡上；也可将表土层铲下培于沟下方，然后再从沟内挖心土盖于表土上培埂，最后在内斜坡栽植苗木。

参考文献

沈国舫, 2001. 森林培育学[M]. 北京: 中国林业出版社.

石家琛, 1992. 造林学[M]. 哈尔滨: 东北林业大学出版社.

（郭晋平）

水平阶整地　level bench site preparation

在坡地上沿等高线修筑狭窄的台阶状条形台地的带状整地方法。又称水平条整地。因地形不同呈连续带状阶地或间隔带状阶地，有一定改善立地条件的作用。

水平阶整地作用较灵活，可以拦蓄降雨、提高土壤含水率，改造低效劣质的侵蚀土地、提高水土资源利用率、大幅度提高干旱山区造林成活率。多用于果园及林地，也可应用于干旱的石质山地、黄土地区有各种植物覆盖和土层厚的较缓坡地，如在半干旱黄土丘陵区荒山造林和退耕还林还草工程中得到普遍应用。

水平阶整地阶面在横坡方向上要保持水平，台面稍向内倾斜，以形成较小的反向坡面。整地规格取决于造林密度和拦蓄径流泥沙的需要量。上下两阶间的水平距离以设计的造林行距为准。各水平阶间斜坡径流应在阶面上能全部或大部分容纳入渗，以此来确定阶面宽度或阶边埂。阶面宽随立地条件而异，石质山地较窄，一般 0.5 ~ 0.6m；土石山地和黄土地区较宽，可达 1.5m。阶的外缘可培修土埂或不修土埂。阶长无一定标准，随地形而定，一般 1 ~ 6m。深度 0.35m以上。

修筑方法：在一个坡面上沿等高线修筑阶面。自坡下开始，先修下部第一阶，后将第二阶的表土下填，逐级向上修筑，最后一阶可就近取表土盖于阶面。

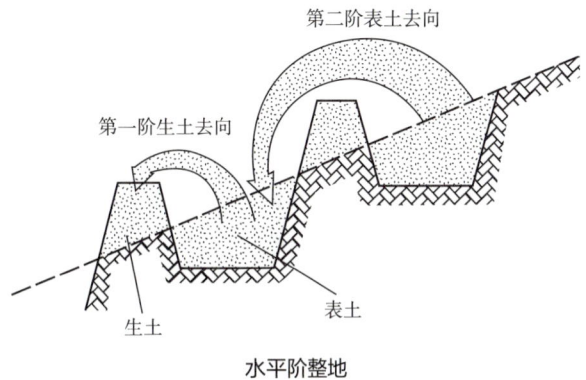

第二阶表土去向

第一阶生土去向

生土　　　表土

水平阶整地

参考文献

沈国舫, 2001. 森林培育学[M]. 北京: 中国林业出版社.

石家琛, 1992. 造林学[M]. 哈尔滨: 东北林业大学出版社.

（郭晋平）

水曲柳培育　cultivation of manchurian ash

根据水曲柳生物学和生态学特性对其进行的栽培与管理。水曲柳 *Fraxinus mandshurica* Rupr. 为木犀科（Oleaceae）白蜡树属（梣属）树种；中国东北东部山地带性顶极群落阔叶红松林的主要伴生树种，为第三纪孑遗植物，国家二级重点保护野生植物，中国东北地区的珍贵用材树种，与核桃楸和黄波罗一起称为"东北三大硬阔"。

树种概述　落叶乔木。高达 30m，胸径达 100cm。花单性，雌雄异株。果实 9 ~ 10 月成熟，种子千粒重约 60g。天然分布区在中国东北、华北、西北，朝鲜半岛北部，俄罗斯远东，直至日本北部；在中国主要集中分布于小兴安岭、长白山、完达山以及辽宁东部山地，在大兴安岭山地、华北、华中和陕甘地区只有零散分布。浅根性，侧根发达，萌蘖能力较强；幼年耐阴，成年喜光，可忍耐 −40℃低温，但在东北地区常于春季受到晚霜危害；喜水湿，但

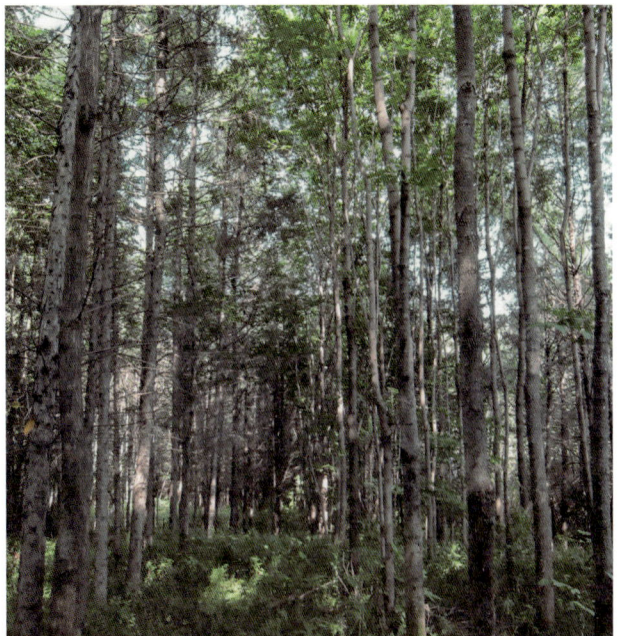

水曲柳—落叶松带状混交林（东北林业大学帽儿山实验林场）

不耐水渍，适生于湿润、肥沃、土层深厚、排水良好的土壤，在季节性积水或排水不良的地块生长较差。木材基本密度 0.50 ～ 0.56g/cm³，材质坚硬，花纹美丽，力学强度大，并富有韧性；耐腐、耐虫、耐磨损性强，常用于家具、室内装修、地板、建筑、造船、运动器材、仪器、枪托、工具把等，也是制造胶合板的良好原料。

良种选育　不同种源水曲柳生长性的地理变异规律为随纬度和经度增加而生长降低，而且纬度对生长的影响更重要。在东北东部地区，可划分为 4 个种源区：①长白山南部种源区；②长白山北部种源区；③完达山三江平原种源区；④小兴安岭种源区。已建立的水曲柳种子园主要在黑龙江和吉林两省，且基本为 1 代无性系种子园，有少数种子园正在进行改良种子园（1.5 代）建设。

苗木培育　以播种育苗为主，播种前必须催芽。可选室内混沙变温层积催芽或经夏越冬埋藏催芽法催芽。经过催芽的种子采取春播，播种量一般 225.0 ～ 375.0kg/hm²，覆土 1.5 ～ 2.0cm。培育 S1-1 型苗木在春季换床，换床时密度为 100 ～ 120 株 /m²。

林木培育

造林地　在山区宜选择坡度 ≤ 15° 的山坡下部、山麓或山间平地，坡向以半阴坡、半阳坡或阴坡为宜，保证土壤湿润。穴状整地，穴径 50 ～ 70cm，穴深 25 ～ 30cm。

造林　以裸根苗造林为主。栽植时间宜选择春、秋两季。造林密度 3300 ～ 4400 株 /hm²。在立地条件较好的地块，为培育大径材，可采用 2500 株 /hm² 的造林密度。营造纯林时生长较慢，应尽量营造与落叶松、红松和云杉等的针阔混交林，尤其与落叶松混交增产效果明显。

抚育　幼林抚育应连续进行 4 年 7 次（2-2-2-1 或 3-2-1-1）。人工林抚育间伐开始期可在 15 ～ 20 年，初次间伐后每隔 5 ～ 10 年间伐一次，每次间伐强度 15% ～ 40%。人工林 61 ～ 80 年达到成熟，天然林 81 ～ 120 年达到成熟。具有较强的天然更新能力，主伐时可利用天然更新形成下一代森林。

病虫害　有虫害 20 余种，病害 10 余种，危害较严重的是柳扁蛾和白蜡窄吉丁等蛀干害虫。加强营林管理，增强树势，减少危害。当虫害发生后可采用物理和化学方法防治。

参考文献

高宇，李海峰，2008. 水曲柳主要病虫害及防治技术[J]. 长春大学学报，18(3): 103-107.

陆文达，安玉贤，刘一星，1991. 东北四种重要商品阔叶树木材构造、材性和加工性能述评[J]. 东北林业大学学报，19(水胡黄椴专刊): 312-317.

王义弘，柴一新，慕长龙，1994. 水曲柳的生态学研究[J]. 东北林业大学学报，22(1): 1-6.

赵兴堂，夏德安，曾凡锁，等，2015. 水曲柳生长性状种源与地点互作及优良种源选择[J]. 林业科学，51(3): 140-147.

张彦东，沈有信，白尚斌，等，2001. 混交条件下水曲柳落叶松根系的生长与分布[J]. 林业科学，37(5): 16-23.

（张彦东）

水松培育　cultivation of Chinese cypress

根据水松生物学和生态学特性对其进行的栽培与管理。水松 *Glyptostrobus pensilis*（Staunton ex D. Don）K. Koch 为柏科（Cupressaceae）水松属树种，在恩格勒、哈钦松和克朗奎斯特等分类系统中属于杉科（Taxodiaceae）；中国特有树种和国家一级重点保护野生植物，沼泽、湿地和水岸防护与绿化树种。

树种概述　半常绿乔木。在湿生环境下，树干基部易膨大呈柱槽状，能形成膝状呼吸根，根系发达。树皮纵裂。枝条稀疏，短枝冬季脱落。叶多型，有鳞形、条形和条状钻形。球果倒卵圆形；种子椭圆形，稍扁，下端有翅。花期 1 ～ 2 月，果秋后成熟。主要分布于中国中亚热带的珠江三角洲和福建中部及闽江下游，江西、广西和云南也有零星分布。南京、武汉、上海等地有栽培。喜光，喜温暖潮湿环境，适宜在年平均气温 15 ～ 22℃、年降水量 1200mm 以上的地区生长。耐水湿，在长期淹水地也能生长，但较缓慢。能耐一定程度的盐碱。在湿润、有机质含量较高的冲积土上生长较快。木材是建筑、造船、桥梁的优良材料。树根质轻、松软，浮力大，能做救生工具及软木塞。球果可做染料；树皮可提取栲胶；枝叶含黄酮类化合物，可入药。

苗木培育　主要采用播种育苗。选择长势良好的母树，在球果成熟时采种，净种、晒干后装袋干藏。春季进行苗床播种育苗，每亩用种 7 ～ 10kg。播前浸种催芽。幼苗期须加强防寒措施，保持圃地湿润。苗木早期以氮肥为主，7 月后以磷、钾肥为主。苗高 1m 以上便可出圃造林。还可采用扦插和组培育苗。

图 1　水松（江苏南京）

图2 水松林（福建屏南）（陈世品 摄）

思茅松无性系种子园（云南景谷）（贾黎明 摄）

林木培育 主要采用植苗造林。造林地选江河滩地、湖泊围堤等地。易淹水的地方采用1.5m以上大苗造林。多采用穴状整地，栽植穴长、宽、深均为50～60cm。裸根苗在立春前后完成栽植。土壤潮湿松软的地方，苗木易倒伏，要用棍棒支撑。成片林造林密度1500～2500株/hm²。幼林期及时松土、除草、培土、剪除基部萌条。也可采用插条造林或萌芽更新。培育大径材需在10年生和20年生左右各间伐1次，林分密度最终控制在500～1000株/hm²。

参考文献

《福建森林》编辑委员会, 1993. 福建森林[M]. 北京: 中国林业出版社.

《广东森林》编辑委员会, 1990. 广东森林[M]. 广州: 广东科技出版社, 中国林业出版社.

中国科学院中国植物志编辑委员会, 1978. 中国植物志: 第7卷[M]. 北京: 科学出版社.

（唐罗忠）

思茅松培育 cultivation of Simao pine

根据思茅松生物学和生态学特性对其进行的栽培与管理。思茅松 *Pinus kesiya* var. *langbianensis* (A. Chev.) Gaussen. 为松科 (Pinaceae) 松属树种，卡西亚松的地理变种，又称白松、卡锡松、喀西松；云南省主要材脂两用树种。

树种概述 常绿乔木。树皮褐色，裂成龟甲状薄块片脱落。枝条一年生长两轮或多轮。叶3针一束，细长柔软。雌雄同株。球果卵圆形，基部稍偏斜，常单生或2个聚生；种子椭圆形，黑褐色，稍扁，长5～6mm，连翅长1.7～2cm。

集中分布于中国云南哀牢山和无量山海拔1100～1800m的山地，包括普洱、临沧、西双版纳、德宏等地州及龙陵、南涧、红河、绿春、金平、元江等县的部分地区。其中以阿墨江、把边江、澜沧江中下游海拔700～1800m的宽谷盆地周围和红河两岸山地最多。印度东部、缅甸、老挝、泰国等也有分布。喜光，喜高温湿润环境，不耐寒冷，不耐干旱瘠薄土壤。适生地区为云南南亚热带与热带地区，多生于宽谷、盆地周围低山、丘陵及河流两岸山地。适宜土层深厚的山地红壤、砖红壤化红壤、幼年红壤。深根性，5年左右开始结实，15年进入结实旺盛期。木材除供一般建筑、家具用材外，还可用作坑木、枕木。树皮含单宁5.8%，纯度65.3%，可供鞣革用。树干富含松脂，松节油含量8%～32%，α-蒎烯含量高，质量较好。

苗木培育 可采用种子育苗、扦插繁殖和嫁接繁殖。采种时间为12月下旬至翌年2月，种子育苗播种时间为3月。播种前用0.15%福尔马林或2%高锰酸钾溶液浸种30分钟，再用清水洗净待用。然后用50℃左右温水浸种24小时后自然冷却，再换室温水浸种12小时后沥干播种。扦插繁殖采用半木质化、无病虫害、顶芽饱满枝作穗条，穗条长8～10cm，扦插时间10～12月，扦插深度2～4cm。嫁接繁殖选择发育良好、健壮、无病虫害的1年生枝条，于4～5月、10～11月，采用劈接法、侧劈接法和腹接法嫁接，嫁接后60天左右检查嫁接成活情况。

林木培育 植苗造林。穴状整地，穴的规格40cm×40cm×40cm。造林密度常采用 (1.5～3.0)m×(1.5～4.0)m，其中适宜思茅松中龄生长的密度为2m×3m。造林季节最好选在雨季，最佳时间是在雨季头1～2次透雨后间歇晴天造林，忌雨天造林。造林当年秋季进行除草抚育，此后的3年根据具体情况每年除草抚育2次，首次在夏季，第二次在秋季或冬季，结合松土抚育，每株施50～100g氮磷复合肥。主要虫害有云南松毛虫、思茅松毛虫、松实小卷蛾、松梢螟等，主要病害有松针锈病、松落针病等。采取物理和化学方法综合防治。

参考文献

李明, 2003. 思茅松高产脂良种的开发利用[J]. 云南林业, 24(5): 22.

彭启智, 邱琼, 罗勇, 等, 2013. 滇南热区4种主要用材树种主伐年龄确定研究[J]. 山东林业科技(1): 12–15.

中华人民共和国国家质量监督检验检疫总局, 中国国家标准化管理委员会, 2006. 造林技术规程: GB/T 15776—2006 [S]. 北京: 中国标准出版社.

中国科学院昆明植物研究所, 1986. 云南植物志: 第四卷[M]. 北京: 科学出版社: 57–58.

《中国森林》编辑委员会, 1999. 中国森林: 第2卷·针叶林[M]. 北京: 中国林业出版社: 983–986.

中国树木志编委会, 1981. 中国主要树种造林技术[M]. 北京: 中国林业出版社: 137–140.

郑万钧, 1983. 中国树木志: 第一卷[M]. 北京: 中国林业出版社: 292–294.

（许玉兰）

四旁地 four-side land

路旁、水旁、村旁和宅旁植树的**造林地**。在农村地区，四旁地基本上就是**农耕地**或与农耕地相似的土地，立地条件较好。其中水旁地水分和土壤养分供应充足，立地条件更好。在城镇地区四旁的情况较复杂，有的地方立地条件好，有的地方立地条件很差，尤其在建筑渣土地段，通常富含石灰，有的地段地下管道及电缆密布。

路旁 道路两侧用于植树绿化的地段。道路两旁立地条件有差别，情况复杂。

水旁 包括农田、旱地、村庄周边的水旁。水源充足，立地条件较好。

村旁 现代农村建成的许多小型生态园、水果园、休闲农庄、特色绿化带等。村旁立地条件不完全一致，有好有差。

宅旁 农村房前屋后地段。

参考文献

翟明普, 沈国舫, 2016. 森林培育学[M]. 3版. 北京: 中国林业出版社.

（李志辉，李何）

四旁植树 four-side tree planting

在路旁、水旁、村旁、宅旁进行的成行或零星植树。

四旁植树是与成片造林相对而言的，本身不是一个林种，但视其重要性以及在林业生产中的地位，相当于一个林种。具有木材生产、绿化观赏、四旁防护、薪材生产等多种功能，也适合一些珍稀树种和珍贵大径材生产。

四旁植树必须满足**适地适树**要求，进行精细抚育保护。四旁的空间较大，光照充足，土壤水肥条件较好，生产潜力很大。在平原农区，与农田园田化、水利化形成配套体系，实现农田林网化，可增加木材及其他林产品产量，优化环境条件和改善群众生活。

参考文献

北京林学院, 1981. 造林学[M]. 北京: 中国林业出版社.

翟明普, 沈国舫, 2016. 森林培育学[M]. 3版. 北京: 中国林业出版社.

（贾黎明）

四旁植树树种选择 tree species selection for the planting of four sides

根据路旁、水旁、村旁和宅旁植树目的、立地条件、树种生物学和生态学特性等开展的适宜树种选择工作。

路旁包括铁路和公路两旁。公路又分为国道、省道、县道，乃至乡间道和机耕道。路旁植树是为了保护路基、美化环境、保证行车安全、避免烈日直射路面，因此要求树种树体高大、树干通直、树冠开阔、枝繁叶茂，但在线路交叉口和道路曲线内侧不宜栽植高大的乔木树种，以免影响视线。路旁植树可选择很多树种，在中国南方应用比较广泛的有樟树、黄山栾、无患子、法国梧桐、水杉等，北方应用比较广泛的有杨树、柳树、槐树、臭椿等。

水旁植树是为了堤岸的水土保持，护岸防蚀，防风浪冲击和季节性水蚀，减少水面蒸发，防止次生盐渍化。所选树种应根系发达、喜湿耐淹、速生优质，如垂柳、水杉、池杉、落羽杉、水松、枫杨等。

村旁、宅旁由于面积较小，经营条件好，树种选择应多样化，兼顾防护、美化和生产等多种效能。种植一些对立地条件要求较严格的珍贵用材树种（如香樟、楠木、降香黄檀、银杏）、一般用材树种（如白榆、楸树、槐树、梓树、水杉等）、一定比例的经济树种（如核桃、板栗、柑橘、樱桃、杏、苹果、梨、葡萄、花椒、棕榈、蒲葵、竹子等）及观赏价值高的树种（银杏、梧桐、桂花、榕树、连翘等）。

四旁绿化只是树木在其空间分布上不同于其他**林种**，而树种选择要求可参照各林种。城镇地区四旁绿化往往就是环境保护林的组成部分，农村地区四旁绿化往往可以纳入防护林体系之中。中国林木稀少、缺材少柴的广大农村地区，四旁绿化在主要发挥防护作用的同时，应能够提供一定数量的农用材、薪材和饲料。由于四旁的土壤条件一般很好，所以生产潜力很大。中国的华北和中原平原，通过四旁绿化及有条件区域所进行的成片造林，已发展成重要的**速生丰产林**基地。

参考文献

翟明普, 沈国舫, 2016. 森林培育学[M]. 3版. 北京: 中国林业出版社.

（贾忠奎）

四株相邻木空间结构单元 optimal spatial structural unit

由林木及其最近4株相邻木所组成的调查、分析和经营森林的最小单位。传统的森林调查体系主要调查林木的大小和林分属性的统计分布如直径分布，忽略了森林空间结构信息。森林是典型的三维空间结构体系，森林的空间结构反映了森林群落内物种的空间关系，即林木在水平地面上的分布格局及其属性在空间上的排列方式。森林群落组成复杂，群落内不同种类的植物之间存在着复杂的相互关系，具有一定的结构形式，森林的这种结构形式可以通过对其状态的调查分析而获悉。

将**林分**内任意一株单木和距它最近的4株相邻木组成的

结构小组定义为分析林分空间结构的基本单元——林分空间结构单元，测量和分析对象既有林木本身的属性同时也考虑了其与相邻木的关系，明显不同于传统的研究方法。

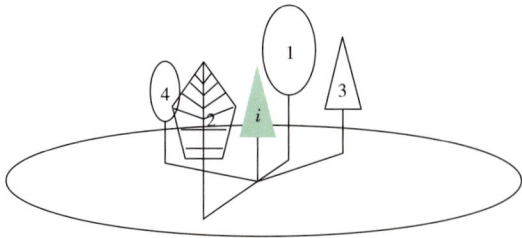

林木及其最近 4 株相邻木组成的结构单元

林木及其最近 4 株相邻木可以组成 5 株树结构体，分析森林中各个林木与其最近 4 株相邻木的空间关系，包括各林木的最近 4 株相邻木如何分布于周围，是否与其属于同种，是否遮盖和挤压了所分析林木等，进而达到量化分析林木个体和森林空间结构的目的。

参考文献

惠刚盈, 赵中华, 胡艳波, 2010. 结构化森林经营技术指南[M]. 北京: 中国林业出版社.

（惠刚盈）

寺崎林木分级法　Terasaki's tree classification

林木分级方法之一。由日本的寺崎根据德国林业试验场联合会（1902）通过的什瓦帕赫分级法，参照日本落叶松单层林的具体情况，制定的一套林木分级方法。首先根据林冠层的优劣将林木分为优势木和劣势木两大组，然后按树冠形态和树干缺陷进行细分，共分 5 级。具体划分标准如下。

优势木　组成上层林冠的林木总称。

1 级木　树冠、树干均发育良好，树冠不受相邻林木的妨碍，树干形态也无缺陷。

2 级木　树冠、树干有缺陷。又细分以下 5 个亚级：

2a：树冠发育过强，冠形扁平；

2b：树冠发育过弱，树干特别细长；

2c：树冠受压，得不到发展余地；

2d：形态不良的上层木或分叉木；

2e：被害木。

劣势木　组成下层林冠的林木总称。

3 级木　树冠减弱，生长迟缓，但树冠尚未被压，处于中间状态。

4 级木　树冠被压，但还有绿色树冠维持生活。

2e 5 2d　2e　　3 2d 5 2c　3 2c 4 2b　4 2a 4 3 5　1

寺崎林木分级法

5 级木　衰弱木、倾倒木、枯立木。

寺崎林木分级法适用于同龄针叶林，它克服了**克拉夫特林木分级法**忽视树干形态的缺点，在日本应用较为广泛。但因分级方法较为复杂，在现实林分中有时较难判断，只有经验丰富的人才能较准确地区分，从而限制了该方法的应用。

参考文献

沈国舫, 翟明普, 2011. 森林培育学[M]. 2版. 北京: 中国林业出版社.

（丁贵杰）

送检样品　submitted sample

送交种子检验机构的种子样品。可以是整个混合样品，也可以是从中随机分取的一部分。

见**样品**。

（洑香香）

速生丰产林　fast-growing and high-yield plantation

通过采用科学的集约经营措施，充分发挥树种和立地的生产潜力，使单位面积林地平均生长量达到或超过一定标准的**林分**。通常指人工营造的林分，又称人工速生丰产林。

速生丰产林的发展始于人工林集约栽培。中国速生丰产林基地建设起步于 20 世纪 70 年代。2002 年国家林业局启动了速生丰产用材林基地建设工程，2005 年出台了《关于加快速生丰产用材林基地工程建设的若干意见》，速生丰产林建设进入一个新的阶段。速生丰产用材林基地工程建设遍布河北、内蒙古、辽宁、吉林、黑龙江、江苏、浙江、安徽、福建、江西、山东、河南、湖南、湖北、广东、广西、海南、云南 18 个省（自治区）886 个县（市、区）、114 个林业局（场），树种包括杉木、杨树、落叶松、马尾松、桉树和泡桐等主要用材树种，建设期到 2015 年。考虑南方水热条件差异，速生丰产林平均每公顷年蓄积生长量要求达到 15m³ 以上。

特征　速生丰产林以"定向、速生、丰产、优质、稳定、高效"为基本特征。①定向是速生丰产林建设的价值取向，是实现其功能最大化的先决条件。是指**用材林**培育的目标，可以是建筑结构材、制浆材、装饰板等用材林、**能源林**、**经济林**等。②速生是速生丰产林的第一属性，主要指能较快地使培育的林木等达到可利用的标准，其关键是**树种选择**和良种应用，满足**适地适树**（品种）的基本原则。③丰产是速生丰产林的第二属性，指培育期内单位面积的木材产量或其他培育目标的生产量达到一个较高的标准。④优质是速生丰产林的核心目标，纤维长、密度大、材质优、干形通直或种实品质好等均可为速生丰产林追求的目标。⑤稳定是速生丰产林的发展目标，包括林分和林地生产力的稳定与维持。⑥高效是速生丰产林的最终目标，是指培育林分的经济、社会和生态等综合效益高。概括而论，速生丰产林培育的目标可为"定向培育，集约经营，持续利用"。

培育技术　速生丰产林培育要做到"良种良法"配套，具体技术主要体现在遗传控制、苗木质量控制、立地控制、密度控制、轮伐期控制和植被管理、水肥管理、目标树管理等方面：①遗传控制是速生丰产林培育的首要问题，选择适宜的树种和品种（良种）是林分高产、优质、抗逆性强的保证。②苗木质量控制是速生丰产林培育的重要环节。良种只有形成壮苗才能发挥应有的增益，良种壮苗共同夯实速生丰产林建设的物质基础。③立地控制是速生丰产林培育的基础，按照适地适树（或品种）原则，良种只有在适宜的立地上才能发挥其潜力。④密度控制是速生丰产林人为调控林分结构的关键，通过选择适宜的初植密度和间伐措施（间伐方式、间伐林龄、间伐强度及间伐次数）调整林木空间格局和竞争态势，调控林分生长、生物量或其他目标性状的产量。⑤轮伐期控制关系到不同材种收获量与经济价值的最佳获取，在全面分析数量成熟、工艺成熟和经济成熟的基础上，提出符合定向培育目标和经济高效的最佳轮伐期，有助于取得目的材种的最高产量和最大经济效益。⑥植被管理是速生丰产林培育过程中愈显重要的技术环节，与速生丰产林的速生、稳定培育目标相关，一方面采用合理的整地抚育等方式，仅去除有碍幼林生长的灌木和杂草，尽量保留林地植被，确保不造成严重的水土流失；另一方面通过适当提高间伐强度和混交等措施，促进林内植被的发育，有助于维护林地的长期生产力。⑦水肥管理是短轮伐期和超短轮伐期速生丰产林培育不可或缺的技术环节。灌溉主要用于地势平坦、靠近水源的速生丰产林培育；大面积山地造林除了造林时浇水或使用保水剂外，由于条件限制，其他时期实施灌溉的较少。由于土壤贫瘠或长期连续栽培导致土壤地力退化，通过合理施肥可有效促进和调节林木生长进程。⑧目标树管理是定向培育大径级无节良材速生丰产林的重要措施，是集约化、精细化定向培育的要求，促进林木干形通直和材积增长，有利于林木市场价值及林分整体效益的发挥。

参考文献

方升佐, 2018. 人工林培育：进展与方法[M]. 北京：中国林业出版社.

盛炜彤, 2014. 中国人工林及其育林体系[M]. 北京：中国林业出版社.

翟明普, 沈国舫, 2016. 森林培育学[M]. 3版. 北京：中国林业出版社.

张守攻, 2002. 工业人工林的培育和高效利用——21世纪我国木材供需战略的必然选择[M]. 北京：中国林业出版社.

（孙晓梅，陈东升）

速生期 rapid growth phase of seedling

从苗木加速高生长开始到高生长速度大幅下降为止的时期。是苗木生长最旺盛的时期，也是苗木生长的关键时期。时间长短因树种和环境条件的不同而有差异，受气温和降水量影响，有的树种会一年出现 2 个速生期。这一时期苗木的高生长量、径生长量和根系生长量均达到全年生长高峰，可占全年生长量的 60% 以上，形成发达的根系和营养器官。苗木生物量增长迅速；叶量增多，单叶叶面积达到最大。速生树种地上部分长出侧枝，地下部分侧根发达、根系生长幅度较大。

育苗措施：加强水、肥管理，适时适量为苗木提供水、肥（大水大肥）。前期可追肥 2～3 次，后期及时停止施用氮肥，停止或减少浇水，防止苗木徒长。进行中耕除草和松土，为苗木根系生长发育创造良好的通气条件。

参考文献

刘勇, 2019. 林木种苗培育学[M]. 北京：中国林业出版社：105-106.

沈国舫, 翟明普, 2011. 森林培育学[M]. 2版. 北京：中国林业出版社：130-135.

沈海龙, 2009. 苗木培育学[M]. 北京：中国林业出版社：97-104.

（沈海龙）

塑料大棚 plastic-film greenhouse

利用竹木、热镀锌薄壁钢管或普通镀锌钢管等材料搭成拱形棚，面上覆盖透明耐老化的聚氯乙烯塑料薄膜而建成的苗木培育设施。优点是具有保温、保湿、提高种子发芽率、缩短育苗周期、延长苗木生长期，使幼苗免受风、霜、干旱、杂草危害等作用。在气候寒冷和风沙灾害严重地区可利用塑料大棚进行苗木保温和越冬培育，在南方地区可利用塑料大棚结合遮阴网进行夏秋季的遮阴、降温、防雨、防风和防雹等。塑料大棚建设要求：①应选择地势平坦、排水良好、背风向阳、空气流通、灌溉良好的地方搭建；②常规大棚中高 2.0～2.2m，宽 10～20m，长 50～100m；③大棚规模要从光、温、水、肥、气等因素综合考虑后确定，南方地区单栋式大棚面积以 400m² 为宜，东北、华北和西北地区以 600～800m² 为宜；④在风害小或有防风措施的地方，采用钢骨架，大棚中高 5～8m，面积 5000～1000m²。

塑料大棚育苗注意事项：①育苗机械化程度较低，苗木施肥、定植和搬运需人工完成，应尽量避免大棚搭建过长；

塑料大棚（马祥庆　摄）

②因塑料薄膜覆盖形成了相对封闭的特殊小气候，需适时采取通风和降温措施，以满足苗木生长需要的适宜环境条件；③育苗不能使用新鲜厩肥作基肥，也不能用尚未腐熟的粪肥或碳酸铵作追肥，用尿素或硫酸铵作追肥时要掺水浇施或穴施后及时覆土，低温季节需要适当通风，以排除有害气体；④大棚内土壤湿度分布不均匀，靠近棚架两侧的土壤因棚外水分渗透，大棚中部比较干燥，要根据实际需要适时进行施肥灌溉；⑤塑料大棚长期覆盖，缺乏雨水淋洗，盐分会随地下水由下向上移动，易引起盐渍化，要注意适当深耕，施用有机肥，避免长期施用含氯离子或硫酸根离子的肥料而影响苗木质量。

参考文献

沈国舫, 2001. 森林培育学[M]. 北京: 中国林业出版社.

沈海龙, 2009. 苗木培育学[M]. 北京: 中国林业出版社.

（马祥庆，闫小莉，吴鹏飞）

髓心形成层对接 pith-cambium layer pairing grafting

见枝接。

笋材两用竹林 bamboo stands for both shoot and culm production

兼顾竹材和竹笋两种经营目标产品的竹林。是集约经营竹林中综合效益较高的一种经营类型。因具有笋、材两类产品输出，经济效益高，见效快。经营集约程度、密度结构和年龄结构介于笋用竹林和材用竹林之间，对林地要求也比笋用竹林低。

毛竹是最为典型的笋材两用竹种，其发笋潜力远大于新竹留养需求。适当采笋，可以提高竹林收益，不会影响竹林的健康经营。根据竹笋生长阶段，毛竹笋有冬笋和春笋之分。冬笋为未出土前的毛竹笋，翌年3～4月，冬笋逐渐出土，成为春笋。对笋材两用竹林，初期和末期的春笋被作为林产品采收，留养部分盛期竹笋，慢慢发育成竹，4年生左右作为竹材收获。春笋留养数量对笋材两用林经营尤为重要。笋材两用林的立竹度介于笋用林和材用林之间，可根据经营目标调整为笋用竹林或材用竹林。

参考文献

江泽慧, 2002. 世界竹藤[M]. 沈阳: 辽宁科学技术出版社.

马乃训, 赖广辉, 张培新, 等, 2014. 中国刚竹属[M]. 杭州: 浙江科学技术出版社.

周芳纯, 1998. 竹林培育学[M]. 北京: 中国林业出版社.

（苏文会，范少辉，倪惠菁）

笋用竹林 bamboo stands for edible shoot production

以收获竹笋为主要经营目标的竹林。中国是世界上笋用竹类最为丰富的国家，竹笋食用和竹林栽培历史悠久，也是世界上最主要的产笋国。

中国适于作为笋用林经营的竹种有200多种，品质优良的笋用竹有30余种。经营较好的笋用竹林主要有散生型的毛竹、早竹，丛生型的麻竹、绿竹，混生型的方竹、苦竹等。

不同竹种分布区域、栽培措施、笋期及竹笋品质等存在差异。如早竹（别名雷竹），原产浙西北丘陵平原地带，以早春打雷即出笋而得名，是中国特有的优良笋用竹种，笋粗壮，笋肉白色，质脆，味甘，含水量多，风味好，为江浙沪一带早春喜食的时令蔬菜之一；经济价值高，在浙江、江苏、安徽、江西、上海、广东、广西、四川、湖南、福建等南方各省份得到了大面积推广。栽培要求温暖湿润的气候条件，春旱地区不宜发展。自然笋期为2月中下旬至4月中下旬；通过覆盖栽培，可提前至春节甚至元旦左右出笋，极大地提高了其栽培的经济效益，单株笋重250～500g，笋体可食部分占60.0%以上；亩产竹笋达750～1000kg，最高可达3000kg以上，是早熟高产优良竹笋品种。

笋用竹林经营较为精细，常规经营措施包括除草、垦复、施肥和病虫害防治等，在高度集约经营的笋用竹林中还有覆盖、喷灌等措施。为了便于管理，笋用竹林通常选择在交通较为便利、土壤肥沃的林地，立竹度较材用林相对较小，年龄结构中小龄竹比例较大。

参考文献

方伟, 桂仁意, 马灵飞, 等, 2015. 中国经济竹类[M]. 北京: 科学出版社.

金爱武, 吴鸿, 傅秋华, 等, 2004. 竹笋高效益生产关键技术[M]. 北京: 中国农业出版社.

易同培, 史军义, 等, 2008. 中国竹类图志[M]. 北京: 科学出版社.

（苏文会，范少辉，倪惠菁）

檀香培育　cultivation of sandalwood

根据檀香生物学和生态学特性对其进行的栽培与管理。檀香 *Santalum album* L. 为檀香科（Santalaceae）檀香属树种，集药用、香精香料、宗教用品于一体的珍贵用材树种。

树种概述　常绿小乔木，花两性。果实近球形，成熟时红色至紫黑色。在华南地区每年开花 2 次，第一次 3～4 月，种子 9～10 月成熟；10～11 月再次开花，种子翌年 3～4 月成熟。天然分布于印度尼西亚，后被引种到印度大面积栽培。中国华南地区于 1962 年引种，已发展人工林近 10 万亩。半寄生；喜光、怕寒；对土壤要求较高，在土质疏松、排水良好、肥沃的立地条件下生长良好。木材颜色呈黄褐色、结构细、纹理致密均匀，在化妆品、梳妆用品、医药用品、精细雕刻工艺用品等行业具有广泛的应用；还是佛教不可或缺的用品。

苗木培育　主要以播种育苗为主，时间宜选择秋季。种子在常温下保存容易丧失活力，须置于 4℃储藏。此外，种子具生理休眠，播种前须用赤霉素浸泡处理以提高发芽率和出苗整齐性。苗期须配置好寄主，中国华南地区以假蒿为宜，每株檀香幼苗配置 2～3 株假蒿，配置时间与芽苗移栽时间同步；育苗基质以疏松、不积水的混合基质为宜。

林木培育　宜选择排水良好、极端最低气温在 0℃以上的地区种植。一般选择春季造林，在造林前一年冬季完

图1　檀香半年生幼苗（广东湛江）

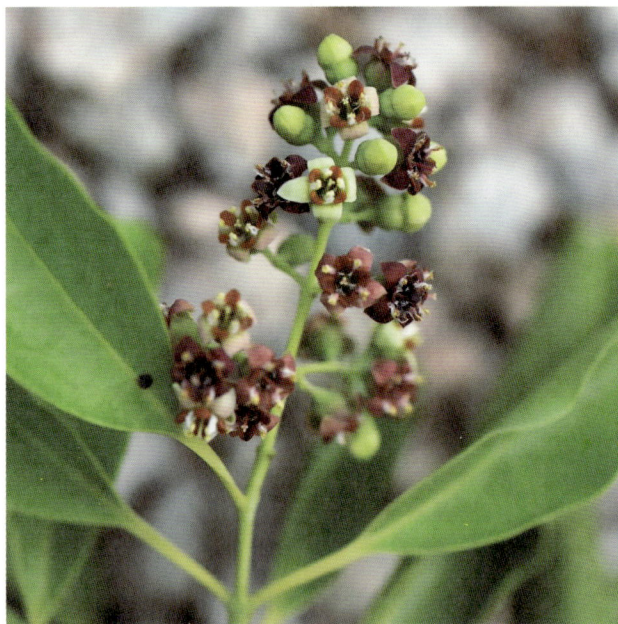

图2　檀香花序（广州）

成备耕，使土壤充分风化，同时减少地下害虫。造林苗龄以 1 年生为宜，造林后需配置好中期和长期寄主。中期寄主宜选择灌木类山毛豆、洋金凤等豆科植物，每株檀香配置 2 株寄主，植于距檀香 60～80cm 处。长期寄主以降香黄檀 *Dalbergia odorifera*、交趾黄檀 *D. cochinchinensis* 等固氮树种为宜，造林密度为 1111 株 /hm²。造林后的前 5 年应加强抚育管理，每年施肥 1～2 次，同时修剪多余的侧枝，培养优良的干形，对影响其正常生长的寄主也要进行修剪。

参考文献

李应兰, 2003. 檀香引种研究[M]. 北京: 科学出版社.

徐大平, 丘佐旺, 2013. 南方主要珍贵树种栽培技术[M]. 广州: 广东科技出版社.

（徐大平，刘小金）

碳汇林培育　carbon sequestration forest cultivation

对以增加森林碳汇为主要目的的森林所进行的营造林生产经营活动。通过造林和再造林增加森林碳汇是林业应对气

候变化的重要手段之一。

主要项目 碳汇林培育与气候变化的国际和中国政策密切相关。2005 年生效的《京都议定书》明确将通过造林和再造林吸收二氧化碳作为温室气体减排措施之一，启动了第一承诺期合格的清洁发展机制项目。中国 2007 年发布《中国应对气候变化国家方案》，明确提出要发展碳汇林业，增强森林生态系统整体固碳能力。中国政府在 2009 年哥本哈根和 2015 年巴黎世界气候大会上承诺大力增加森林碳汇，碳汇林成为中国林业建设一个重要方向。中国实施的林业碳汇项目主要类型包括清洁发展机制（CDM）、国际核证碳减排标准（VCS）、中国温室气体自愿减排交易（CCER）和中国绿色碳汇基金会（CGCF）等，碳汇林培育通过实施林业碳汇项目来实现。中国第一个林业碳汇项目为"中国东北部敖汉旗防治荒漠化青年造林项目"；全球第一个 CDM 林业碳汇项目为"中国广西珠江流域再造林项目"。中国绿色碳汇基金致力于中国林业碳汇项目方法学建立和推进碳汇林营造项目的实施。

培育原则 ①额外性原则。碳汇林提供的碳汇必须是与原有土地利用方式产生的碳汇相比的增加量。②稳定性原则。碳汇林在项目期内甚至在项目结束后的一定时期内不能被破坏，否则由造林产生的碳汇会被减少，通常这段时间为 20 年。③效益多样性原则。在建设碳汇林时不仅要考虑碳汇积累量，还要考虑项目能否提升森林生态系统稳定性、适应性和整体服务功能；要能够推进生物多样性保护；能提供一定的经济效益，促进当地社区的可持续发展。碳汇造林成功的一个条件是所造林分效益的多样性。

培育技术 ①林地规划。碳汇林造林应以生态公益林为主，林地的选择要在综合考虑碳汇林培育原则基础上实现碳汇的最大化。②基线状况调查与分析。项目实施前应对拟开展项目地点进行基线状况调查（主要包括造林地基本状况和现有碳储量大小）和分析。③树种选择。优先选择吸收固定二氧化碳能力强、生长快、生命周期长、稳定性好、抗逆性强的树种，同时兼顾多功能发挥。④造林技术。禁止全垦整地和炼山，以穴状整地为主；保护造林地原生散生树木及灌草植被；造林项目以人工植苗为主，种苗应使用就地或就近培育的 I、II 级苗；造林密度参照国家或当地常规造林技术的相关规定，并结合树种特性、立地条件和增加碳汇等因素来确定；林分结构多采用复层林结构，充分利用林下植被和土壤的固碳能力；不提倡使用化肥，可使用有机肥。⑤抚育技术。对新造林地、未成林地都要加强管护，避免人、畜破坏；抚育过程中注意减少对林下植被和土壤的扰动，以保持固碳量的最大化；采伐时应避免皆伐，使用生态伐或择伐。⑥碳汇计量与监测。在造林前、造林时和进入碳汇计量期时需要对碳汇林的碳汇大小进行计量并动态监测。

参考文献

国家林业局, 2014. 造林项目碳汇计量监测指南: LY/T 2253—2014[S].

国家林业局, 2015. 林业碳汇项目审定和核证指南: LY/T 2409—2015[S].

国家林业局, 2015. 碳汇造林技术规程: LY/T 2252—2014[S]. 北京: 中国标准出版社.

李怒云, 2016. 中国林业碳汇[M]. 北京: 中国林业出版社.

翟明普, 沈国舫, 2016. 森林培育学[M]. 3 版. 北京: 中国林业出版社.

（贾黎明，李广德，李金良）

特种用途林 special purpose forest

以提供森林的保健、观赏、游憩功能以及国防、自然保护、环境保护、科学实验、种质资源保存等为主要目的的森林和林木。简称特用林。中国五大林种之一。包括国防林、环境保护林、风景游憩林、实验林、母树林、种质资源保存林、名胜古迹和革命纪念地的林木，以及国家公园、自然保护区等自然保护地的森林等。

国防林是在特定的地点，通过人为的经营活动，使森林具有特殊的结构，从而能够很好地为国防服务的森林。其作用：①增加地貌的复杂性，增强军民的回旋和隐蔽能力；②提供代食品、药材、木材等军需物资，供战时使用；③对于化学武器和细菌武器的毒害有一定的消除作用；④可以隐蔽和掩护军事设施、兵工厂、战时医院、地下军事工程出入口和通道等。

环境保护林和风景游憩林经常是结合在一起的，但在人口稠密、大气污染严重的地方，侧重于营造环境保护林；而在风景区、疗养区、城市郊区，重点营造风景游憩林。环境保护林和风景游憩林的作用是保护环境、净化大气、美化人民的生活环境、增进身心健康。

实验林是适用于某种科学实验的森林。母树林是用来专门生产造林用种子的森林。种质资源保存林是为保护林木遗传资源而建立的异地或原地保存林。名胜古迹和革命纪念地的林木、自然保护区的森林都是被特殊保护、提供特殊用途的森林或林木。

参考文献

沈国舫, 2001. 森林培育学[M]. 北京: 中国林业出版社.

翟明普, 沈国舫, 2016. 森林培育学[M]. 3版. 北京: 中国林业出版社.

（贾黎明）

特种用途林培育 cultivation of forest for special purpose

对以国防、环境保护、科学实验等为主要目的的森林和林木所进行的营造林生产经营活动。包括对国防林、实验林、母树林、环境保护林、风景游憩林、名胜古迹和革命纪念地的林木、自然保护区森林等的培育。

培育目标 ①国防林又叫边防林、战备林，主要培育目的是在国防前线、边境线上发挥国防作用，避免国与国间公民的居住和流动引起的不必要争端，同时也对进一步利用国土资源、保护动植物资源及减少水土流失具有一定的作用。中国对国防林的重视由来已久。《明经世文编》卷六十三载马文升《为禁伐边山林木以资保障疏》："自偏头、雁门、紫荆，历居庸、潮河川、喜峰口，直至山海关一带，延袤数千余里，山势高险，林木茂密，人马不通，实为第二藩篱。"《宋史·韩琦传》记载，北宋名将韩琦在其奏章中指出："遍植榆柳于西山，冀其成长以制蕃骑。"②实验林主要培育目的是科学研究，即采取定位研究的手段，对一些特殊林分进行科学实验，为合理开发利用森林资源提供科学依据。③母树林用于保存自然演化过程中形成的珍贵种质资源，并为良种的扩大繁育提供种质资源基础。④环境保护林以保护、改善和美化环境、提高人们生存的环境质量为目的。⑤风景游憩林主要是为了满足人们对森林审美的需求，并同时在一定程度上满足人们娱乐、健身、疗养、休憩等综合游憩需求。⑥名胜古迹和革命纪念地的林木或历史悠久，或具有特殊纪念意义，古树名木数量大、树龄长，蕴含着珍贵的遗传基因，具有较高的观赏价值和人文地理、人类历史研究价值。⑦自然保护区森林用以保护自然环境和自然资源，为重点保护的公益林。

培育技术 特种用途林是保护的重要对象，国防林、母树林、环境保护林、风景游憩林等只允许开展抚育和更新性质的采伐。森林更新时，在树种选择及种植上均有特殊的要求，主要是根据各自的培养目标加以选择和配置。在特种用途林培育的过程中，要根据各自的要求，根据相应的法律法规要求，严格加以保护，并在许可的范围内开展适度的经营活动，以实现其生态、经济和社会效益的最大化，服务于国家发展和社会进步。例如，实验林应严格根据实验方案加以建设；母树的确定有其相应的选择标准，并按母树林对种子生产特殊要求加以建设；名胜古迹和革命纪念地的林木重在保护，并开展适当的自然教育活动；风景游憩林要按森林审美规律，展示地带性森林植被外在的视觉美和内在的生态美；国防林应以国防建设为目的，进行相应的保护和修复；自然保护区的森林培育以封山育林为主，不能人工干预。

参考文献

黄枢，沈国舫，1993. 中国造林技术[M]. 北京: 中国林业出版社.

盛炜彤，2014. 中国人工林及其育林体系[M]. 北京: 中国林业出版社.

翟明普，沈国舫，2016. 森林培育学[M]. 3版. 北京: 中国林业出版社.

（董建文）

藤刺 rattan spine

棕榈藤重要的生存器官。着生在叶鞘、叶轴和纤鞭上，可防止其他动物伤害棕榈藤，也协助攀缘藤攀缘生长。

刺的种类、大小和排列方式多样，是种类鉴定的重要依据。有 1mm 的小微刺，也有 30cm 或更长的大刺；有呈组状整齐排列的刺，如钩叶藤属（*Plectocomia*），有凌乱排列的刺，有的大刺之间有小刺，如许多省藤属（*Calamus*）的种类；刺的质地变异很大，多呈柔软纸质，也有木质化、坚硬或非常易碎的刺。

藤刺按形状分为：①直刺。刺轴线与着生器官轴线之间形成近似直角的、长而尖锐的刺，如电白省藤叶鞘被近半轮生排列的直刺；裂苞省藤叶鞘有 1.5～2cm 长的扁平略呈白色的直刺。②钩刺。钩状而尖的刺，着生在叶轴或纤鞭上，

直刺

如白藤叶鞘纤鞭具单钩刺；滇南省藤叶轴背面具单生的短钩刺和直刺。③爪状刺。呈锚状（猫爪状），基部合生而顶部分叉的刺，着生在叶轴或纤鞭上。棕榈藤的爪状刺通常分叉为 2～4。如钩叶藤属、黄藤属种类多具爪状刺的纤鞭。

（王慷林，刘广路）

藤果 rattan fruit

棕榈藤的生殖器官。通常为球形、椭圆形或头状。部分藤果可食、入药和用来制作工艺品。

果实的外果皮覆盖着一层有光泽、覆瓦状排列整齐、纵列的鳞片；果实发育成熟时，花被裂片保留在果实的基部，成为结果时的花被，简称"果被"。若果被浅裂，则形成杯状或钟状，称为"果被梗状"；若深裂，则呈平展或扁平状。鳞片的特征和列数多少是鳞果亚科重要的分种特征。鳞片下面是果皮，最里面是种子，种子外面包着一层肉质种皮。果实成熟度可由鳞片的颜色变化指示出来，当鳞片颜色由绿色

藤果

变成淡黄色、灰白色或橙红色或红褐色时，即表明果实已成熟。如成熟的云南省藤、小省藤果实鳞片颜色为红色或者褐色，成熟的南巴省藤果实为乳白色。

每个藤果内有 1～3 颗发育成熟的种子。去除果皮的种子，通常为椭圆状、稍扁或球状，表面平滑或有小瘤状突起或带多棱角。胚乳由于种皮（或珠被）的侵入而形成暗色的、极不平整的纹理，如嚼过一样，称为"胚乳嚼烂状"。如果胚乳全为白色，则称为"胚乳均匀"。胚位于一个浅孔穴内，基生或侧生。藤果和种子的形状、大小、颜色是鉴定种的重要依据。

（王慷林，刘广路）

藤茎　rattan stem

棕榈藤植株中与地下根系和叶直接相连的器官。成熟的藤茎是藤材的主要利用部位，俗称藤条，主要用于编织和制作家具；部分种类藤茎顶端的幼嫩茎尖部分可以食用，称为**藤笋**。

幼龄阶段的茎均被紧贴的带刺叶鞘包围，随着茎的成熟，下部叶片连同叶鞘逐渐枯死、腐烂而脱落，藤茎就裸露出来。刚露出的茎呈淡黄色或黄白色，以后由于见光而变成深绿色，采收干燥后往往变成深褐色。多数种的叶鞘脱落后，留下光滑的茎表面；但也有棕榈藤的种，其叶鞘残留物仍然紧贴在茎表面，如戈塞藤。

藤茎是藤产品价值高低的直接体现，判定藤茎质量好坏与价值高低的因素主要是直径、外观、颜色、光泽度、强度等。

藤茎通常不随年龄的增加而增粗，不同种类的棕榈藤直径差异较大，从 3mm（爪哇省藤）到 10cm（玛瑙省藤）不等，甚至可达 20cm 以上［某些钩叶藤属（*Plectocomia*）的种类］。藤茎的长度往往随其生存环境和种类不同而差异极大，如果环境条件较好，生长时间长的一些棕榈藤茎可长至数百米，如玛瑙省藤的茎长可达 170m。藤茎的生长显现一个有趣的变化：基部通常较粗，而向上则变细些，藤茎达到林冠或成熟时，藤茎直径达到最大值。藤茎粗细（节和节间）的变化影响着藤条的质量。

藤茎

多数藤茎横切面呈圆形，但一些具纤鞭的省藤属种类茎上着生纤鞭的部位留下隆起的纵脊，茎横切面不呈圆形。有些属（如钩叶藤属）的种类茎横切面呈三角形，不利于藤茎的利用。藤茎外观的变化对商业价值具有较大影响，例如，西加省藤由于其藤茎坚硬、耐腐，表面显现乳黄色光泽，商业价值较高；戈塞藤属（*Korthalsia*）种类的藤茎红色，加之叶鞘与藤茎很难剥离，商业价值较低；受昆虫危害在藤茎表面留下斑痕的藤茎商业价值降低。

藤材的力学强度受藤种、藤龄、藤材位置、纤维比量、密度和含水率等因子影响。高质量的藤茎具有均衡分布的维管束和木质化的薄壁组织。木质化程度较差和维管束分布不均匀的藤条通常质量较差。外表坚硬、藤心柔软的藤茎往往无法利用，如钩叶藤属、类钩叶藤属（*Plectocomiopsis*）和多鳞藤属（*Myrialepis*）的种类，由于藤茎表面坚硬但藤心柔软而具有较低的商业价值。

棕榈藤的去鞘藤茎（藤条）表皮呈奶黄色、乳白色、灰褐色、黄褐色等颜色，其颜色和有无光泽等特征直接影响藤材的品质。藤条颜色深、表面无光泽、节间短、直径不均匀等，意味着其品质较差，利用价值较低。而藤茎表皮乳白色、柔韧、抗拉强度大的种类，是编织和制作家具的优良材料。

（王慷林，刘广路）

藤笋　rattan shoot

藤茎顶端、幼株心部和萌蘖芽的幼嫩部分。几乎所有的棕榈藤嫩梢都可以食用，中国发展的笋用藤主要为萌蘖能力强、茎粗壮的黄藤，以及省藤属、钩叶藤属的部分藤种。

藤笋是一种优良的森林蔬菜，含有丰富的矿质元素和氨基酸。如黄藤笋中含有丰富的钙、磷、镁等矿质元素和 17 种氨基酸（其中人体必需氨基酸 8 种），营养价值优于韭菜、菠菜和苋菜等常见蔬菜。

藤笋因藤种不同而粗细不等、味道各异。在泰国、老挝等东南亚国家，柳条省藤、细省藤、黄藤、多鳞藤和钩叶藤等是主要的笋用藤种；在中国，南巴省藤、高地钩叶藤、多果省藤和黄藤等是主要的笋用藤种。

（刘广路，王慷林）

藤叶　rattan leaf

棕榈藤的主要光合器官。由叶鞘、托叶鞘、膝曲、叶柄和羽片 5 个部分组成。

叶鞘　叶柄的基部下面扩大形成的一个完全包围着整个节间和上面节一部分的管状物，但在非攀缘性的种类或非攀缘阶段（即在攀缘性的种类幼龄时叶鞘上尚未抽出轴鞭的阶段）叶鞘在腹面张开（图 1）。叶鞘通常具刺，少数种类的叶鞘少刺或几无刺，如麻鸡藤。刺的种类、排列各式各样，是种类鉴定的重要依据。见藤刺。

托叶鞘　叶鞘口（即顶端）处常延伸成的舌状体。托叶鞘常常是劈裂、边缘卷起或最终凋落；有些种类如直立省藤，托叶鞘在叶鞘开口的边缘两侧各一半，呈长耳状，密被粗硬毛（图 2）。

膝曲　许多攀缘性的藤种叶柄基部或叶轴下部的叶鞘上形成的一个隆起膨大的部位。也称囊状凸起或囊突。膝曲是叶柄基部组织收缩形成的、达到轴鞭或叶轴刺的着生部位而适应树体支撑的器官，与植株攀缘习性具有密切的关系。省藤属的大部分种类具有膝曲（图3），戈塞藤属、钩叶藤属、类钩叶藤属、多鳞藤属和少数省藤属的种类没有膝曲。

叶柄　由叶鞘上部的末端狭成，延续到叶轴（着生羽片的部位）。通常成熟的植株叶柄缺失或不明显，幼龄植株的叶柄往往存在；叶柄上有时覆被大刺，整齐或凌乱排列，有的种类大刺中分布有小刺。许多种类，叶轴顶端延伸成一具倒钩刺的叶鞭，起着攀缘器官的作用。叶轴的背面及两侧常着生爪状刺，为植株攀缘到支柱树上起到一定的作用。叶柄的长度、表面是否覆被刺及轴鞭是否存在，是分类的重要依据。

羽片　叶片分裂而成。叶片呈羽状复叶状，即羽状全裂，裂片即所称的"羽片"，形状通常为线形、剑形或椭圆形，偶见菱形或扇形。先端渐尖，具刚毛，具数条纵向叶脉，通常中脉较粗，叶脉及羽片边缘通常具微刺或刚毛（图4）。羽片有3种排列形式：①等距排列。羽片整齐排列，羽片之间相隔的距离近相等，如黄藤。②间距排列。羽片整齐排列，但一部分羽片与另一部分羽片之间隔开一段较大的距离，如小省藤。③簇生。羽片不整齐排列，2~6片成一组，

图1　叶鞘

图2　托叶鞘

图3　膝曲

图4　羽片

基部靠拢，顶端指向不同方向，分布在同一个平面或不在同一个平面，如毛鳞省藤。羽片的形状、是否具刺、毛被及排列状况，是种类鉴定的依据。

（王慷林，刘广路）

体胚发生育苗　propagating by somatic embryogenesis

在适宜的条件下，体细胞未经受精作用分化成具有两极性和发芽能力的体细胞胚，进而培育成幼苗的育苗方式。体胚发生育苗是组织培养育苗的方式之一。由体细胞发育成的胚称为体细胞胚。体细胞胚属于无性胚，在形态上与合子胚相似，也经历了球形胚、心形胚、鱼雷形胚和子叶胚等发育阶段。

体胚发生有两种方式：一种是由外植体上直接分化产生，称为直接体胚发生；另外一种是先由外植体上形成胚性愈伤组织，再进一步分化产生体胚，称为间接体胚发生。大多数植物的体胚发生主要通过间接方式发生，少数物种同时具备两种发生方式。

自然条件下体胚发生比较少见。已发现少许植物如落地生根采取胎生无性苗繁殖方式，可在自体叶片上形成无性胚，萌发成苗后脱离母体。自1958年英国科学家Steward首次培养胡萝卜的悬浮细胞获得体细胞胚以来，迄今发现大多数植物可以通过离体诱导进行体胚发生。体胚发生育苗已经成为一种高效的工厂化育苗方式。

影响体胚发生的因素包括外植体的选择、培养基种类及合适的植物生长调节物质等。基于细胞全能性理论，在有合适的外植体及适宜的诱导条件下，几乎所有的植物种都可以诱导体细胞胚的发生。其中，外植体的类型和年龄是影响体细胞胚发生能力的关键因素。一般地，以小孢子、胚珠、幼胚等为外植体比较容易直接分化成体细胞胚。诱导体胚发生的培养基种类包括MS、White、B5、N6、WPM培养基等。生长素（如NAA、2,4-D）和细胞分裂素（如6-BA、TDZ、KT）适宜的浓度配比是诱导体胚发生的重要因素。通过体胚诱导获得的成熟体细胞胚，可以在培养基上萌发形成完整植株，也可以将其包裹在含有养分和具有保护功能的物质中，制作成人工种子。

参考文献

李永文，刘新波，2007. 植物组织培养技术[M]. 北京：北京大学出版社：5-7.

乔治E F，阿尔M A，克勒克G J De，2015. 植物组培快繁[M]. 莽克强，译. 北京：化学工业出版社：326-342.

（张凌云，郭雨潇）

天然更新　natural regeneration

利用林地原有母树或迹地附近林木天然下种或伐根萌芽、地下茎萌芽、根系萌蘖等方式恢复森林的更新方式。可充分利用原有林木种子及幼苗幼树，节约人力和物力。

更新树种均为乡土树种，适应能力强，一般多形成混交多层的林分，不易遭受病虫害。缺点是林木结实有大小年，

不能保证每年有足够的种源；更新苗木稀密不匀，通常需要5～10年或更长时间才能使迹地的幼苗和幼树数量达到要求。

适用范围 ①择伐、渐伐迹地；②择伐改造的低产（效）林地；③采伐后保留目的树种的幼苗、幼树较多且分布均匀，规定时间内可以达到更新标准的迹地；④采伐后保留天然下种母树较多，或具有萌蘖能力强的树桩（根）较多，分布均匀，规定时间内可以达到更新标准的迹地；⑤自然生长状态保持良好，立地条件好，降水量充足，适于天然下种、萌芽更新的迹地。

更新方式 ①有性更新。由迹地上原有母树或邻近林木天然下种而实现。大多数针叶树种的天然更新依靠此方式。更新成功与否同树种更新能力、环境条件和主伐方式有密切关系。通常喜光树种（如白桦、山杨等）结实较丰富，种子飞散能力强，幼苗生长较快，并能抵御灾害，在采伐迹地或火烧迹地上可实现天然更新；耐阴树种（如红松、云杉等）的幼苗需要适度庇荫，采用择伐或渐伐方式才能实现天然更新。保证有性更新的措施是选好母树，做好迹地清理和整地工作。母树应具有较强的抗风能力和结实能力，干形、冠形优良，发育良好。保留母树的数量，针叶林为15～20株/hm²，针阔混交林为10～15株/hm²。②无性更新。通过萌芽更新、根蘖更新和地下茎更新等实现。大多数阔叶树种的天然更新依靠此方式。杉、栎、柳、杨的伐根萌芽能力较强；山杨、毛泡桐等的近地表根部能生出大量的根蘖；竹林通常采用单株择伐由地下茎发笋成林。影响萌芽更新的因素有树种、年龄、采伐季节、伐根高低和环境条件。喜光、速生树种萌芽能力最旺盛期出现早，消失也早；慢生树种则相反。一般在秋末或冬季采伐有利更新；伐根应距地面4～5cm。根的粗度和分布深度对根蘖更新也有影响。表土疏松、湿润时根蘖数量多；干燥则常抑制根蘖更新。灌木过多对天然更新有限制作用。

参考文献

汉斯·迈耶尔，1986. 造林学：第一分册[M]. 肖承刚，贺曼文，译. 北京：中国林业出版社.

黄枢，沈国舫，1993. 中国造林技术[M]. 北京：中国林业出版社.

翟明普，沈国舫，2016. 森林培育学[M]. 3版. 北京：中国林业出版社.

（张鹏）

天然林 natural forest

天然起源的森林。即在原生或次生裸地上通过树木天然下种或自然萌芽、根蘖等途径天然起源、自然形成的森林。又称自然林。分为原始林和次生林。原始林是原生裸地上形成的基本未经人为干扰的天然林。次生林是经自然或人为干扰后形成的天然林。

天然林特点和作用 天然林是生物与环境相互作用、相互依存、协同进化、自然选择、适者生存的结果，即使是经过人工促进天然更新的过程，生存下来也是经过自然选择的结果。原始林具有优良而复杂的群落结构、稳定的树种组成、高效的生态服务功能、强大的抗干扰能力。退化的天然林仍然或多或少保留着原始林的一些树种组成和群落与环境特点。天然林既是木材及林产品生产基地，也是生态环境保护、生物多样性保持的基本资源。

天然林是全球森林生态系统的主要组成部分，蕴藏着极为丰富的生物多样性和巨大的碳储量，在满足社会日益增长的木材需求和生态环境保护功能方面占有重要的地位。对天然林要进行积极的保育，促进森林质量精准提升，更好地发挥多种效益。

世界天然林资源状况 据联合国粮农组织统计（FAO，2020），2020年世界天然林面积为37.51亿hm²，约占全球森林总面积的93%。全球40.45亿hm²森林中用材林为11.87亿hm²，即使所有人工林都作为用材林来看待，天然林中用材林面积也有8.96亿hm²，仍然是用材林的主要组成部分。各大洲天然林分布情况见下表。

2020年各大洲天然林面积

指标	亚洲	非洲	欧洲	北美和中美洲	南美洲	大洋洲	合计
面积（亿hm²）	4.87	6.25	9.29	7.06	8.24	1.80	37.51
占全球天然林面积（%）	13.0	16.7	24.7	18.8	22.0	4.8	100
占该区域森林面积（%）	78	98	93	94	98	97	93

根据联合国粮农组织资料（FAO，2020）整理。

中国天然林概况 天然林是中国森林资源的主体。2014—2018年第九次全国森林资源清查结果显示，中国天然林面积13867.77万hm²，占有林地面积的63.55%；天然林蓄积量136.70亿m³，占全国总蓄积量的80.14%；天然林中乔木林面积12276.18万hm²，占天然林总面积的88.52%。从行政区域上，中国的天然林主要分布在东北和西南各省（自治区、直辖市），天然林面积前5位的省（自治区）分别是内蒙古、黑龙江、云南、西藏和四川，合计面积8181.22万hm²，占全国天然林面积的58.99%；合计蓄积量867419.14万m³，占全国天然林蓄积量的63.45%。从地理上，中国的

红松原始林（黑龙江伊春林区凉水红松自然保护区）（沈海龙　摄）

天然林主要分布在大江大河的源头，其中长江、黄河、黑龙江、辽河、海河、淮河和珠江七大流域中，黑龙江和长江流域分布了天然林中的绝大部分（分别占七大流域天然林面积的 75.51%、占全国天然林面积的 51.80%），黑龙江流域天然林的面积占比高达 89.25%。

参考文献

国家林业和草原局, 2019. 中国森林资源报告(2014—2018)[M]. 北京: 中国林业出版社.

联合国粮食及农业组织, 2016. 2015年全球森林资源评估报告 [R]. 罗马.

臧润国, 成克武, 李俊清, 等. 2005. 天然林生物多样性保育与恢复[M]. 北京: 中国科学技术出版社.

张佩昌, 周晓峰, 王凤友, 等, 1999. 天然林保护工程概论[M]. 北京: 中国林业出版社.

FAO, 2020. Global forest resources assessment 2020: Main report[OL]. Rome. https://doi. org/10. 4060 /ca9825en.

（沈海龙）

天然下种　natural seeding; natural regeneration by seeding

通过母树自然下种萌发成苗的**天然更新**方式。包括风播下种（飞籽成林）、重力传播下种、动物传播下种等方式。

天然更新成功与否同树种更新能力、环境条件和主伐方法有密切关系。种源来自于迹地内或迹地附近的**林分**。其中，皆伐迹地种源来自迹地保留的下种母树或迹地相邻的林分；渐伐和择伐作业，种源来自迹地的母树。

最适合林木天然下种更新的方式是风播下种。大面积迹地的天然更新主要针对具有风播能力的树种。皆伐迹地或空旷地天然下种一定要保证有效风播距离内有足够的种源；渐伐和择伐作业可以保障传播。有了充足的种源，只要有适宜的生境条件，种子就能顺利萌发，幼苗就能够顺利生长发育。

参考文献

汉斯·迈耶尔, 1986. 造林学: 第一分册[M]. 肖承刚, 贺曼文, 译. 北京: 中国林业出版社.

翟明普, 沈国舫, 2016. 森林培育学[M]. 3版. 北京: 中国林业出版社.

（张鹏）

天竺桂培育　cultivation of Japan cinnamon

根据天竺桂生物学和生态学特性对其进行的栽培与管理。天竺桂 *Cinnamomum japonicum* Sieb. 为樟科（Lauraceae）樟属树种，别名浙江樟、普陀樟；珍贵用材树种，国家二级重点保护野生植物。

树种概述　常绿乔木。花序生于去年生小枝叶腋，具 2～5 朵小花。果长圆形，熟时紫黑色。花期 4～5 月，果期 10～11 月。分布于中国的华东地区，主要在安徽的大别山区和皖南山区、江苏南部、浙江大部以及湖北、江西、福建等地。中性偏耐阴，忌阳光暴晒；喜温暖湿润气候，不耐

天竺桂果枝（福建三明）（陈世品　摄）

干旱和寒冷；在深厚、湿润、肥沃及排水良好的微酸性土壤上生长较好。树干通直圆满，材质坚硬、耐水湿，有香气，为建筑、家具等优质用材，也可用作庭荫树、行道树和风景树。树皮、枝、叶可提取芳香油供制香精；干燥树皮、枝皮具行气健胃、祛寒镇痛之药效，也可作为烹饪佐料。

苗木培育　主要采取播种育苗，包括苗床育苗和容器育苗。播种时间以春季 3 月中旬到 4 月上旬为宜，秋季育苗易受冻害。苗床育苗以高床为宜，土壤需整细压平，播种宜选择条播为主，每亩播种量约 10kg，行距 20～25cm，播种后注意保持苗床土壤疏松、湿润，有利种子发芽。容器育苗中基质配方、容器种类及规格、施肥种类及施肥量和不同促根剂配方等处理都会对天竺桂容器苗的生长有重要影响。

林木培育　主要培育山地珍贵用材林。在杉木采伐迹地营造混交林是应用最多的一种模式。选择海拔 800m 以下、排水良好的背风半阳坡或沟谷阶地、酸性至中性土，且土层深厚、肥沃的立地作为**造林地**。混交造林设计总密度约为 1950 株 /hm²，其中天竺桂 1200 株 /hm² 左右。造林在苗木发芽前的 2～3 月完成；裸根苗宜在雨后植穴湿润时马上造林。造林后 1～3 年，每年抚育 2 次，围绕种植穴松土除草，可结合**幼林抚育**每年施复合肥 1～2 次。从第四年起，每年除草抚育 1 次。至 10 年左右，以培育大径材为目的进行适度间伐。用于四旁绿化时，可采取散植、列植等方式，株间距一般不小于 3m。

参考文献

胡月多, 1989. 浙江樟、毛红椿等14个乡土树种的发掘利用及其造林技术的研究[J]. 浙江林业科技, 9(4): 11–17, 43.

孙起梦, 刘兴剑, 汤诗杰, 等, 2008. 浙江樟引种及生物学特性观察[J]. 江苏农业科学, 36(4): 170–172.

郑万钧, 1983. 中国树木志: 第一卷[M]. 北京: 中国林业出版社: 754–756.

（黄华宏，楼雄珍）

条播　strip sowing

按一定距离开沟，把种子均匀撒在沟内的播种方法。见**播种方法**。

（刘勇）

铁刀木培育　cultivation of *Senna siamea*

根据铁刀木生物学和生态学特性对其进行的栽培与管理。铁刀木 *Senna siamea* (Lam.) H. S. Irwin et Barneby [*Cassia siamea* Lam.] 为豆科（Leguminosae）番泻决明属（决明属）树种，在哈钦松和克朗奎斯特等分类系统中属于苏木科（Caesalpiniaceae）；重要的观赏、用材、薪炭及紫胶寄主树种。

树种概述　落叶阔叶乔木。腋生或顶生伞房状总状花序。荚果条状，扁平。花期 10～11 月，果期 12 月至翌年 1 月。原产东南亚、南亚海拔 1300m 以下丘陵、河谷、平坝。中国福建、台湾南部、广东、海南、广西南部、云南南部和西部也都有种植，以云南景洪的薪炭林栽培历史较长。热带树种，耐热、喜光、不耐阴；适宜气温 23～30℃；凡有霜冻、寒害的地方均不能生长，耐旱、耐湿、耐瘠薄、耐盐碱，抗污染，易移植。木材为建筑和制作工具、家具、乐器等良材，也是良好的薪炭林树种、行道树及**防护林**树种；树皮、荚果可提取栲胶，枝上可放养紫胶虫。

苗木培育　采用种子繁殖。3～4 月为适宜采种期，种子深褐色，有光泽，千粒重 25～30g。新鲜种子的发芽率可达 95% 以上，贮藏 3 个月的种子发芽率仍在 90% 以上。播种前用 60～70℃热水浸种，自然冷却后换清水浸 1～3 天。条播，播种量 45kg/hm²，播后覆土以不见种子为度，盖草保湿。苗期加强水肥管理，1 年生苗出圃造林。

林木培育　常用作荒山造林、四旁绿化的优良先锋树种。采用直播或植苗造林。植苗造林以 1、2 年生的苗木较为适宜。在中国热带及南亚热带的砖红壤、红壤分布范围内，排水良好的山地、平原均可造林；薪炭林造林密度 2520 株/hm²，采伐年龄以 4 年为宜，此时薪材的年蓄积量可达 17.74m³/hm²。

参考文献

林开文, 苏光荣, 郭永杰, 等, 2009. 不同种子处理方法对铁刀木种子萌发的影响[J]. 四川林业科技, 30(2): 33-37.

叶捷, 林雄, 马化武, 2013. 铁刀木育苗栽培技术[J]. 林业实用技术(8): 34-35.

余贵湘, 董诗凡, 邵维治, 等, 2012. 铁刀木育苗技术研究[J]. 热带林业, 40(4): 22-24.

Chen Dezhao, Zhang Dianxiang, Kai Larsen, 2010. Fabaceae (Leguminosae)[J]. Flora of China, 10:29-30.

（王连春，杨德军）

铁力木培育　cultivation of ceylon ironwood

根据铁力木生物学和生态学特性对其进行的栽培与管理。铁力木 *Mesua ferrea* L. 为红厚壳科（Calophyllaceae）铁力木属树种，在恩格勒、哈钦松和克朗奎斯特等分类系统中属于藤黄科（Guttiferae）。优质硬木类用材、油料及优良园林绿化树种。

树种概述　常绿乔木；雌雄同株；花期 6 月中旬至 7 月中旬；果熟期 10 月底至 11 月底。原产亚洲热带地区，在中国云南引种有 500 年以上历史，广东、广西、海南等省区有小面积种植。主根发达，侧根少；喜光，喜肥，喜湿，能耐轻霜；对土壤要求不严，以深厚、肥沃、排水良好壤土和沙壤土为佳。木材是军工、建筑、高级家具、特种雕刻、名贵乐器等理想用材；树形优美，枝叶繁茂，嫩叶深红，花多、大而洁白，气味芳香，花期长，种仁含油率 78.99%，是园林绿化及木本油料优良树种。

苗木培育　以种子繁殖，培育容器苗为好。种子不耐贮藏，宜随采随播，也可混沙层积贮藏后春季播种。培育绿化苗宜选择交通便利、有水源的壤土、轻黏壤土平缓坡地。

林木培育　培育用材林以土层深厚、结构良好、湿润、

铁刀木古树（云南景洪市勐养镇）

图 1　铁力木单株树木（云南西双版纳植物园）

图 2　铁力木 31 年生道路绿化景观（中国林业科学研究院热带林业实验中心）

肥沃沟谷地及缓坡中下部造林为优；植苗造林宜用 2～3 年生容器苗，以无纺布容器苗为佳，能保持主根和侧根的完整，利于提高成活率及幼林生长。幼林生长缓慢，造林密度以 2500 株 /hm² 为宜，造林后及时除草、松土。郁闭度达 0.8～0.9、自然整枝约占树冠 1/3 时调控密度。提倡以目标树单株作业法培育大径材，树龄 30 年左右、胸径约 20cm 时，按 90～120 株 /hm² 选目标树及伐干扰树，每 5～8 年采伐一次干扰树，达到目标直径时可择伐利用。

参考文献

王达明, 杨绍增, 张懋嵩, 等, 2012. 云南珍贵用材树种的产材类别品性及分布特征[J]. 西部林业科学, 41(1): 7-16.

王卫斌, 史鸿飞, 张劲峰, 2002. 热带珍稀树种——铁力木资源可持续经营对策研究[J]. 林业资源管理(6): 35-38.

云南省林业科学研究所, 1981. 铁力木 [J]. 西部林业科学 (2): 1-5.

（卢立华, 贾宏炎, 明安刚）

同龄林　even-aged forest; even-aged stand

由年龄相同或大致相同的林木所组成的林分。林木年龄完全相同的同龄林叫绝对同龄林；年龄相差不超过 1 个龄级的同龄林叫相对同龄林。按照中国森林群落分类惯例，同龄林的林木间年龄差别不超过 1 个龄级。不少国家则规定，同龄林的林木间，年龄最大允许差别 0～20 年；在轮伐期超过 100 年时，其年龄最大允许差别可以达到轮伐期的 30%。

同龄林大多数由喜光树种组成，一般是由一个树种或生物学特性相近的几个树种构成的水平郁闭的林分。采伐方式宜用皆伐或伐区式渐伐，更新方式多采用人工更新或伐后天然下种，也可实行萌芽更新。经营上的优点为更新期短，较易更换树种；间伐和主伐的作业技术简便，无伤害后继木的顾虑；单位面积木材产量高，采运成本低。经营上的缺点为更新初期直到幼林郁闭前，地表裸露，不利于水土保持；对病虫害和其他自然灾害的抵抗力较弱。在培育用材林时往往采用同龄林经营模式。

参考文献

薛建辉, 2006. 森林生态学[M]. 修订版. 北京: 中国林业出版社.

（吴家胜, 史文辉）

《桐谱》　*Manual of Paulownia*

宋代植桐专著。有同名著作二部，分别由北宋的陈翥和南宋的丁黼所撰。据《中国农学书录》记载，南宋丁黼所撰已不见于历来各家书目，仅在《[乾隆]江南通志·艺文志·农圃类》中有所著录，无从考究其是否存在或佚失。现今所见均为北宋陈翥所撰。

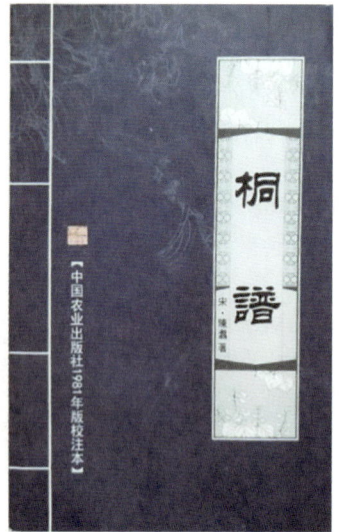

《桐谱》封面

《桐谱》作序于皇祐元年（1049 年），是世界上论述桐树（泡桐）的第一部专著。约 1.6 万字。除序文外分 10 篇，依次为叙源、类属、种植、所宜、所出、采斫、器用、杂说、记志、诗赋。该书名录最先见于南宋陈振孙《直斋书录解题》，《宋史·艺文志》及明、清时期撰修的《安徽通志》《池州府志》《铜陵县志》等均有著录。《本草纲目》《通雅》和《群芳谱》等均曾详加引述。现存版本主要见于《说郛》《唐宋丛书》《适园丛书》《丛书集成初编》《植物名实图考长编》。全书系统地阐述了泡桐的形态特征和生物学特性、种类和分布，以及苗木繁育、造林技术、幼林抚育、采伐和利用等的理论与技术，反映了北宋及其以前中国古代泡桐科技的领先成就。该书对泡桐的分类基本符合现代科学观点，有关泡桐的苗木繁育、造林和高干良材培育技术，均为历史上最早的详细记载。对当今泡桐高效培育和利用仍具重要指导意义，是从事泡桐人工林培育相关科研、教学和生产单位的专业参考书。

参考文献

潘法连, 1980. 陈翥与《桐谱》[J]. 安徽大学学报 (哲学社会科学版) (3):107-111.

曾雄生, 2008. 中国农学史[M]. 福州: 福建人民出版社.

（王保平）

头木作业　pollard system

利用一些乔木树种截干后在树干顶端萌发新枝能力强的特性，高杆造林后截去主梢，促使树干顶端侧枝斜上生长，通过修枝抚育形成椽材的矮林作业方式。

头木作业采伐时不是自地面附近伐去树干，而是从树冠以下一定部位砍去整个树冠，留下一部分树干，高度为 1～4m。经过每年或定期的采伐，砍伐断面附近增大成瘤状，形似人头，加之伐桩较高，故称头木作业。头木作业法在萌发出新枝以后每隔 2～7 年砍伐萌条 1 次，如此反复多代后主伐更新。

头木作业法是中国陕北民众在长期的生产实践中总结出的森林经营技术。适宜长期被水淹没的低洼地、河滩地上的林分或林木，易被牲畜啃伤的村旁、路旁和牧场林地的林分或林木。大面积进行头木作业的林分很少。在农村的四旁，常见到零散头木作业的林分或林木。对行道树和四旁林采用头木作业法，还有方便交通、增加美观的作用。

中国北方的柳树、沙枣，云南的铁刀木，广西的任豆等，多采用头木作业法。紫胶虫的寄主树和提取樟脑的樟树，也都采用头木作业。华北、西北地区经营的旱柳，用3～5年生的枝条高杆扦插，3年后在树干的1.5～2m高处截干，促使顶端萌芽长出新枝，每杆可萌发6～40根萌条，5～7年后可长成7～10cm粗的椽材；生产椽材与薪材相结合，每公顷可产薪材7.5～15t，如此反复采育，可以连续经营10～20代。

头木作业只能培育小径材，采伐年龄1～10年。每年采伐或实行间隔期很短的头木林主要生产编织原料、栅栏杆、薪炭材或用作饲料、肥料。采伐间隔期较长的头木林可生产径级较大的椽材、农具柄等用材。为了培育较大径级的枝条，一般要经过疏枝抚育措施。进行头木作业的林分，到母株生长势衰退时应进行母株更新。这个时期的长短因树种和立地条件而异，但最晚不可等到母株空心或腐朽时再更新，以便利用母株的干材。

头木作业与截枝作业的区别是伐去整个树冠，而不是在分枝以上截断枝条。

参考文献

北京林学院, 1981. 造林学[M]. 北京: 中国林业出版社.
张建国, 彭祚登, 2006. 中国薪炭林培育技术[J]. 生物质化学工程, 40(S1): 56-66.

（彭祚登，高帆）

透光伐 release cutting

对郁闭幼龄林所进行的抚育采伐方式。对于混交林，主要是伐除非目的树种和影响幼树生长的灌木，以调整林分组成为主要目的；对于纯林，主要是间密留稀，留优去劣，改善林分空间结构，促进保留木生长。

伐除对象 主要有4类：①抑制目的树种生长的其他树种、灌木、藤本，甚至高大的草本植物。②目的树种幼林密度过大，树冠交错重叠、树干纤细、生长落后、干形不良的植株。③实生起源的目的树种数量已达营林要求，伐去萌芽起源的植株；对萌芽更新林留优伐劣。④采伐迹地或林冠下造林形成的幼林需要伐除的上层老龄过熟木。在决定伐除对象时，要考虑树种间的相互竞争关系和互相适应关系。

方法 有3种：①全面抚育。将林地上抑制目的树种生长的其他树种普遍按一定强度采伐一次。适用于目的树种占优势且分布均匀，林区交通方便、劳力充足和薪炭材有销路的地区。②带状抚育。将林地分成若干带，在带内进行抚育，形成交互排列的透光廊状带与间隔带的林分。带宽1～2m，带间距3～4m。抚育带应与主风方向垂直，以防风折和风倒。③团状抚育。仅在有目的树种存在的群团中进行，当目的树种分布不均且数量不多时采用此法。实施时小面积幼林可用斧、刀、手锯等进行人工伐除，大面积幼林可用机械（如割灌机）刈除。

时间、次数与强度 透光伐在幼林时期进行，从幼龄林郁闭前后到杆材林时止。透光伐开始的时间因地理位置、立地条件、树种特性、林分状况、社会经济状况而异。在气候温暖、土壤肥沃、林分密度大且由速生树种组成、薪炭材有销路、劳力充裕的地方可以提早开始，反之宜迟。初夏树叶抽出后最适于进行透光伐，可降低伐根萌芽能力，也容易识别各树种之间的相互关系，且采伐时不易砸倒碰断保留木。透光伐次数应视树种的生长速度而定，一般2～3年或3～5年进行一次。采伐强度视立地条件、树种特性、经营集约程度以及社会经济情况而定。

参考文献

沈国舫, 2001. 森林培育学[M]. 北京: 中国林业出版社.

（段爱国）

秃杉培育 cultivation of *Taiwania cryptomerioides*

根据秃杉生物学和生态学特性对其进行的栽培与管理。秃杉 *Taiwania cryptomerioides* Hayata 为柏科（Cupressaceae）台湾杉属树种，在恩格勒、哈钦松和克朗奎斯特等分类系统中属于杉科（Taxodiaceae），别名台湾杉；系第三纪子遗植物，国家二级重点保护野生植物，中国南方山区营造用材林、风景林及水源林的优良树种。

树种概述 常绿乔木。树皮淡褐灰色，裂成不规则的长条片；大树的叶锥形，密集排列，长2～5(6)mm，直或向内弯曲。球果小，椭圆形或矩圆状柱形，种鳞宿存，每种鳞具2种子，无苞鳞；种子矩圆状卵形。球果10～11月成熟。间断分布于中国台湾中央山脉、贵州东南部、湖北西南部、四川东南部、云南西北部与西部及毗邻的缅甸北部。垂直分布于怒江流域、澜沧江流域海拔1700～2700m，贵州东南部雷公山海拔600～1200m。主干发达，顶端优势明显，具有飞籽更新能力，可天然飞籽成林。浅根性树种，主根不明显，侧根发达，要求土壤疏松通气良好。木材是优良的建筑、造船、造纸及家具用材；心材中含有较丰富的香精油，具有抑制真菌和细菌的效果，可用于居室杀菌灭菌和防治尘螨。

苗木培育 主要采用播种育苗与扦插育苗。秃杉种子无休眠期，采种后即可播种。播种育苗应适当早播，一般

天然秃杉林（雷公山）

在 2 月中旬至 3 月上旬。扦插育苗以春季和秋季为宜，尤以春季为好。

林木培育 选择土层深厚、湿润肥沃、腐殖质含量高的棕壤、黄棕壤、黄壤或红黄壤造林，地形以山脚、山谷、山冲或阴坡、半阴坡的山中部和下部为好。秃杉树冠大，适于培育大、中径材，一般株行距 2m×2m 或 2m×3m，造林密度 1665～2505 株 /hm²。造林季节以早春为好，采用 1～2 年生苗木造林。定植后连续抚育 4～5 年，进行中耕除草、追肥。秃杉幼年期需一定庇荫，前三年尽可能间种农作物，以耕代抚。

参考文献

梁宏温, 黄恒川, 黄承标, 等, 2008. 不同树龄秃杉与杉木人工林木材物理力学性质的比较[J]. 浙江林学院学报, 25(2): 137 −142.

郑万钧, 1983. 中国树木志: 第一卷[M]. 北京: 中国林业出版社: 310.

（谢双喜）

图尔斯基，M.K. Mitrofan Kuzmich Tur-sky（1840—1899）

俄国林学家。1840 年 3 月 21 日生于纳尔瓦城，1899 年 9 月 16 日卒于莫斯科。1862 年毕业于彼得堡大学，1876 年起任彼得堡农林学院教授。1877—1880 年于彼得堡森林试验站从事人工林的营造，致力于种源试验、树种混交图式以及不同造林密度对人工林生长和质量的影响研究，取得了重要成果。1893—1899 年，还针对伏尔加河和第聂伯河流域的森林开展了有关研究。主要著作是有关测树学和造林学的。编制了测树数表，研究了确定树种喜光程度的方法。

（方升佐）

涂迈，J.W. James William Toumey（1865—1932）

美国林学家和教育家。1865 年 4 月 17 日生于密歇根州，卒于 1932 年 5 月 6 日。1889 年毕业于密歇根州立农学院，后在该院任植物学讲师。1891—1898 年到亚利桑那大学任教，并在州农业试验站从事植物学方面的研究工作。专长于植物学和昆虫学，特别是枣棕和仙人掌的研究。1899 年访问英国，协助皇家植物园建立了仙人掌的植物分类系统。1900 年任耶鲁大学林学院教授，1910—1922 年担任该院院长，其间，创办了耶鲁大学林学院《科学丛书》；对扩大学院的基金、设备和森林财产作出了重要贡献，对美国林业教育体系的形成和林业实践科学基础的建立起到了重要作用。1922 年，辞去院长职务，全力从事教学和林木生长发育的植物生理学和生态学方面的基础研究，尤其强调土壤水分对林内幼树生长的重要性。代表作有《育苗造林》(1916) 和《造林原论》(1928)。

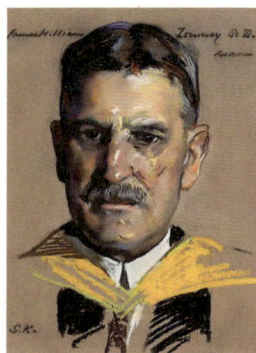

（方升佐）

土沉香培育 cultivation of agarwood

根据土沉香生物学和生态学特性对其进行的栽培与管理。土沉香 *Aquilaria sinensis* (Lour.) Spreng. 为瑞香科（Thymelaeaceae）沉香属树种，中国特有珍贵药用树种，国家二级重点保护野生植物。土沉香受到伤害后，体内产生一系列次生代谢变化，最后形成香脂，凝结于木材中，俗称沉香。沉香是一种传统名贵药材和天然香料，具有多种功效。

土沉香 2 年生幼苗（海南澄迈）

树种概况 常绿乔木。雌雄同株。种子褐色，卵球形，先端具"长嘴"，基部具附属体，千粒重 200～230g。花期 3～5 月，果期 6～8 月。自然分布于中国北回归线以南地区。喜温，喜湿，随树龄增大逐渐喜光，不耐旱和寒冷；对土壤要求不严，北回归线以南、海拔 1000m 以下的丘陵山地均适宜种植，以深厚、肥沃、排水良好的壤土生长最好。老茎受伤后所积得的树脂俗称沉香，具有行气止痛、温中止呕、纳气平喘之功效，常用于治疗胸腹胀闷疼痛，胃寒呕吐呃逆，肾虚气逆喘急；木材可用于制作各类雕刻工艺品；树皮可制蜡纸、钞票纸、皮纸和人造棉；木质部可提取芳香油；叶可制茶；花可制浸膏；种子供制肥皂、鞣料及润滑油等。

苗木培育 主要采用播种育苗，包括苗床育苗和容器育苗。种子不耐储藏，要随采随播。幼苗期需要遮阴，透光度控制在 50%～60%，出圃之前需炼苗。

林木培育 以药用人工林培育为主。选择阳坡或半阴坡土层深厚、肥沃、湿润的立地。采用穴状整地方法，适度保留林下植被，以防止或降低食叶昆虫为害。一般在春季雨后造林，采用 1～2 年生容器苗，保持主根和侧根完整。造林后适度遮阴，有利于提高造林成活率和促进苗木的生长。每年松土、除去穴内杂草及施肥 2 次以上。生长季施肥，以氮、磷、钾复合肥为主，用量逐年增加。当土沉香胸径长至 8～10cm 时，可采用物理、化学和生物诱导法进行人工促进结香处理。

参考文献

傅立国, 1992. 中国植物红皮书[M]. 北京: 科学出版社.

国家药典委员会, 2005. 中华人民共和国药典: 一部[M]. 北京: 化学工业出版社.

林伟强, 贺立静, 谢正生, 2002. 一种值得推广的优良园林树种——白木香[J]. 广东园林 (4): 38-40.

（周再知）

退耕还林 conversion of cropland to forest

从保护和改善生态状况出发, 将水土流失、沙化、盐碱化、石漠化严重的耕地以及粮食产量低而不稳的耕地, 有计划、有步骤地停止耕种, 因地制宜地造林种草、恢复植被的一项措施。

1998 年 10 月, 基于对长江、松花江特大洪水的反思和生态环境建设的需要, 中共中央、国务院制定的《关于灾后重建、整治江湖、兴修水利的若干意见》指出: "积极推行封山植树, 对过度开垦的土地, 有步骤地退耕还林, 加快林草植被的恢复建设, 是改善生态环境、防治江河水患的重大措施。" 中国把退耕还林作为一项重大生态工程来推行。

退耕还林的工程范围 包括北京、天津、河北、山西、内蒙古、辽宁、吉林、黑龙江、安徽、江西、河南、湖北、湖南、广西、海南、重庆、四川、贵州、云南、西藏、陕西、甘肃、青海、宁夏、新疆等 25 个省 (自治区、直辖市) 和新疆生产建设兵团, 共 1897 个县 (含市、区、旗)。同时, 将长江上游地区、黄河上中游地区、京津风沙源区以及重要湖库集水区、红水河流域、黑河流域、塔里木河流域等地区的 856 个县作为工程建设重点县。工程规划到 2010 年, 完成退耕地造林 1467 万 hm², 宜林荒山荒地造林 1733 万 hm², 陡坡耕地基本退耕还林, 严重沙化耕地基本得到治理, 工程区林草覆盖率增加 4.5%, 工程治理地区的生态状况得到较大改善。新一轮退耕还林重点考虑坡度 25° 以上陡坡耕地、重点地区的严重沙化耕地、重要水源地、坡耕地以及西部地区实施生态移民腾退出来的耕地等, 计划 2014—2020 完成退耕还林 533.3 万 hm², 配套完成宜林荒山荒地造林 466.7 万 hm²、封山育林 200 万 hm², 新增林草植被 1200 万 hm², 工程区森林覆盖率再增加 2.7%, 使脆弱的生态环境得到明显改善, 农村产业结构得到有效调整, 特色优势产业得到较快发展, 退耕还林改善生态和改善民生的功能初步显现。

退耕还林的成效 1999 年, 四川、陕西、甘肃 3 省按照 "退耕还林、封山绿化、以粮代赈、个体承包" 的政策措施, 率先开展了退耕还林试点。3 省共完成退耕还林 44.80 万 hm²。

2000 年, 退耕还林试点在中西部地区 17 个省 (自治区、直辖市) 和新疆生产建设兵团的 188 个县 (市、区、旗) 正式展开。国家共下达试点任务 87.21 万 hm²。

2001 年, 将洞庭湖流域、鄱阳湖流域、丹江口库区、红水河梯级电站库区、陕西延安、新疆和田、辽宁西部风沙区等水土流失、风沙危害严重的部分地区纳入试点范围, 退耕还林试点扩大至中西部地区 20 个省 (自治区、直辖市) 和新疆生产建设兵团的 224 个县 (市、区、旗)。国家下达试点任务 98.33 万 hm²。

2002 年, 全国退耕还林工程全面启动。国家安排北京、天津、河北、山西、内蒙古、辽宁、吉林、黑龙江、安徽、江西、河南、湖北、湖南、广西、海南、重庆、四川、贵州、云南、西藏、陕西、甘肃、青海、宁夏、新疆 25 个省 (自治区、直辖市) 和新疆生产建设兵团退耕还林共 572.87 万 hm²。

2003 年, 《退耕还林条例》正式施行。国家共安排 25 个省 (自治区、直辖市) 和新疆生产建设兵团退耕还林 713.34 万 hm²。

2004 年, 根据国民经济发展的新形势对退耕还林工程年度任务进行了结构性、适应性调整, 国家安排 25 个省 (自治区、直辖市) 和新疆生产建设兵团退耕还林 400 万 hm²。

2005 年, 安排退耕还林总任务 377.81 万 hm², 重点解决 2004 年超计划问题, 除适当考虑京津风沙源治理、三峡库区绿化带建设等少数改善生态环境必需的退耕还林外, 不再新增任务。4 月 17 日, 国务院办公厅下发《关于切实搞好 "五个结合" 进一步巩固退耕还林成果的通知》, 要求在继续推进重点区域退耕还林的同时, 把工作重点转到认真搞好 "五个结合", 解决好农民吃饭、烧柴、增收等当前生计和长远发展上来。

2006 年, 国家安排退耕还林 133.33 万 hm²。

2007 年, 《国务院关于完善退耕还林政策的通知》要求, 暂停安排退耕地造林, 同时, 为集中力量解决影响退耕农户长远生计的突出问题, 中央财政安排一定规模资金作为巩固退耕还林成果专项资金, 主要用于西部地区、京津风沙源治理区和享受西部地区政策的中部地区退耕农户的基本口粮田建设、农村能源建设、生态移民以及补植补造, 并向特殊困难地区倾斜。

从 2008 年起, 中央安排巩固退耕还林成果专项资金, 各地编制并实施了巩固成果专项规划。为贯彻落实《国务院关于完善退耕还林政策的通知》精神, 自 2008 年起, 逐年对各工程省 (自治区、直辖市) 原有政策补助到期的退耕地造林进行阶段验收。

1999—2013 年, 全国共实施退耕还林 2981.92 万 hm², 其中退耕地造林 926.42 万 hm², 宜林荒山荒地造林 1745.5 万 hm², 封山育林 310 万 hm²。中央共投资 3542.08 亿元, 其中种苗造林费补助 278.60 亿元, 种苗基建费 3.35 亿元, 科技支撑和前期工作费 1.36 亿元, 原政策补助 2068.88 亿元, 完善政策补助 486.60 亿元, 巩固成果专项资金 703.29 亿元。

2014 年, 国务院批准了《新一轮退耕还林还草实施方案》, 实施新一轮退耕还林工程, 安排山西、湖北、湖南、广西、重庆、四川、贵州、云南、陕西、甘肃 10 个省 (自治区、直辖市) 和新疆生产建设兵团退耕还林还草任务 33.33 万 hm² (其中还林 32.20 万 hm², 还草 1.13 万 hm²), 中央预算内投资 16.69 亿元, 财政专项资金补助 24.80 亿元, 并且按照每亩退耕地 3.6 元的标准, 安排工作经费一次性补助 0.18 亿元。同时, 中央预算内投资 2 亿元, 安排上述 10 个省 (自治区、直辖市) 荒山荒地造林 4.44 万 hm²。

2015 年, 经国务院批准, 财政部、国家发展与改革委员会、国家林业局等 8 部门联合印发了《关于扩大新一轮退耕还林还草规模的通知》。

至 2018 年, 全国累计实施退耕还林还草 3386.7 万 hm²,

其中退耕地还林还草 1326.7 万 hm²、荒山荒地造林 1753.3 万 hm²、封山育林 306.7 万 hm²，国家累计投入 5112 亿元。

退耕还林的政策

第一轮（1999—2013年）退耕还林政策 ①国家无偿向退耕农户提供粮食、生活费补助。从2004年起，原则上将向退耕户补助的粮食改为现金。中央按粮食 1.40 元 /kg 计算，统一拨给各省（自治区、直辖市）。具体补助标准和兑现办法，由省（自治区、直辖市）政府根据当地实际情况确定。退耕地每年补助生活费 300 元 /hm²。粮食和生活费补助年限，1999—2001 年还草补助按 5 年计算，2002 年以后还草补助按 2 年计算；还经济林补助按 5 年计算；还生态林补助暂按 8 年计算。尚未承包到户和休耕的坡耕地退耕还林的，只享受种苗造林费补助。退耕还林者在享受资金和粮食补助期间，应当按照作业设计和合同的要求在宜林荒山荒地造林。②国家向退耕农户提供种苗造林补助费。1999—2007 年种苗造林补助费标准按退耕地和宜林荒山荒地造林 750 元 /hm² 计算。③退耕还林必须坚持生态优先。退耕地还林营造的生态林面积以县为单位核算，不得低于退耕地还林面积的80%。对超过规定比例多种的经济林只给种苗和造林补助费，不补助粮食和生活费。④国家保护退耕还林者享有退耕地上的林木（草）所有权。⑤退耕地还林后的承包经营权期限可以延长到 70 年。承包经营权到期后，土地承包经营权人可以依照有关法律、法规的规定继续承包。退耕还林地和荒山荒地造林后的承包经营权可以依法继承、转让。⑥资金和粮食补助期满后，在不破坏整体生态功能的前提下，经有关主管部门批准，退耕还林者可以依法对其所有的林木进行采伐。⑦国家对退耕还林实行省（自治区、直辖市）人民政府负责制。⑧ 2007 年《国务院关于完善退耕还林政策的通知》规定：退耕还林粮食和生活费补助期满后，中央财政安排资金继续对退耕农户给予现金补助。

新一轮（2014年始）退耕还林政策 ①采取"自下而上、上下结合"的方式实施。即在农民自愿申报退耕还林还草任务基础上，中央核定各省（自治区、直辖市）总规模，并划拨补助资金到省（自治区、直辖市），省级人民政府对退耕还林还草负总责，自主确定兑现给农户的补助标准。②补助资金按以下标准测算：退耕还林补助 22500 元 /hm²，退耕还草补助 12000 元 /hm²。③中央安排的退耕还林补助资金分三次下达到省级人民政府，第一年 12000 元 /hm²（其中，种苗造林费 4500 元 /hm²）、第三年 4500 元 /hm²、第五年 6000 元 /hm²；退耕还草补助资金分两次下达，第一年 7500 元 /hm²（其中，种苗种草费 1800 元 /hm²）、第三年 4500 元 /hm²。④省级人民政府可在不低于中央补助标准的基础上自主确定兑现给退耕农民的具体补助标准和分次数额。地方提高标准超出中央补助规模部分，由地方财政自行负担。⑤退耕后营造的林木，凡符合国家和地方公益林区划界定标准的，分别纳入中央和地方财政森林生态效益补偿。未划入公益林的，经批准可依法采伐。⑥在不破坏植被、不造成新的水土流失前提下，允许退耕还林间种豆类等矮秆作物，发展林下经济，以耕促抚、以耕促

管。⑦在专款专用的前提下，统筹中央财政专项扶贫资金、易地扶贫搬迁投资、现代农业生产发展资金、农业综合开发资金等，用于退耕后调整农业产业结构、发展特色产业、增加退耕户收入，巩固退耕还林还草成果。⑧退耕还林还草后，由县级以上人民政府依法确权变更登记。

参考文献

李世东, 2004. 中国退耕还林研究[M]. 北京: 科学出版社.

李世东, 2007. 世界重点生态工程研究[M]. 北京: 科学出版社.

翟明普, 沈国舫, 2016. 森林培育学[M]. 3版. 北京: 中国林业出版社.

（李世东）

退耕还林地 converted land from farm to forest

对易造成水土流失的坡耕地和易造成土地沙化的耕地，停止种植农作物而改为林地经营的造林地。

由于盲目毁林开垦和进行陡坡地、沙化地耕种，造成了严重的水土流失和风沙危害，洪涝、干旱、沙尘暴等自然灾害频频发生，国家的生态安全受到严重威胁。1998 年长江流域发生特大洪涝灾害，1999 年，国家在四川、陕西、甘肃 3 省率先开展了退耕还林工程试点，第一次提出退耕还林地造林类型。2002 年 4 月，国务院发布《关于进一步完善退耕还林政策措施的若干意见》，同年 12 月，国务院颁布《退耕还林条例》。国家实行退耕还林资金和粮食补贴制度，按照核定的退耕还林地面积，在一定期限内无偿向退耕还林者提供适当的粮食补助、种苗造林费和现金（生活费）补助。

经过 20 多年的退耕还林，生态状况得到明显改善，黄河、长江及主要支流输沙量逐年减少。退耕还林还加快了农村产业结构调整的步伐，提高了粮食综合生产能力，也较大幅度增加了农民收入。

退耕还林地有前期的农耕整地措施，地形相对平整，有利于造林绿化的实施。退耕还林地的确定标准：山区、丘陵区，水土流失严重，粮食产量低而不稳、坡度在 6° 以上、农民已经承包或延包的坡耕地；平原区，风沙危害严重、粮食产量低而不稳、农民已经承包的沙化耕地。只要具备条件、农民自愿，应扩大退耕还林地规模，能退多少退多少。尚未承包到户及休耕的坡耕地、沙荒地，不纳入退耕还林的范围，可作为宜林荒山荒地造林。

参考文献

吴礼军, 刘青, 李璨, 等, 2009. 全国退耕还林工程进展成效综述[J]. 林业经济(9):21-37.

翟明普, 沈国舫, 2016. 森林培育学[M]. 3版. 北京: 中国林业出版社.

（王瑞辉，刘凯利，张斌）

退耕还林还草 conversion of cropland to forest or grassland

见退耕还林。

（李世东）

瓦格纳氏渐伐　Wagner shelterwood cutting

在一片森林的北缘按由弱到强的梯度向南逐渐疏开上层林木，逐渐更新的渐伐方式。

见渐伐。

（沈海龙）

外来树种　exotic tree species

与乡土树种相对应的概念。从其他地理区引种栽培、繁衍的树种。在一定区域内历史上没有自然分布而由人类活动直接或间接引入，在当地自然或人工生态系统中建立了可自我维持的种群。

历史上，外来树种的引进可能是因其具有高的生产率、直干性或符合栽培目的的其他属性。世界各地都在积极引进外来树种，不乏引进外来树种取得成效的案例，甚至有些在当地的森林培育中占据了重要的地位。如北美西海岸的许多针叶树种被引种到西欧同一海拔高度的地区已经获得显著成功；新西兰从美国引进的辐射松已作为全国的主要造林树种；中国从澳大利亚引进的桉树和从北美引进的杨树品种已分别成为南方和北方的主要造林树种，并形成林业的支柱产业；中国从美国引进的刺槐表现良好，在生产中广泛应用。多数外来树种对引种地区的生态条件要求与原分布区相似，但又不求严格一致。当外来树种引栽到比原分布区更适宜的地区时，有时比原产地生长更好。外来树种也是城市绿化的重要组成部分，丰富了城市绿化树种多样性和城市绿地景观多样性，改善了城市绿地生态环境。

但是对外来树种应重视生态安全性，防止引进盲目性，避免生物入侵造成危害。在引进前要做充分的安全评估，尤其要防止外来物种入侵的问题发生。在国土绿化和植被恢复过程中一定要坚持乡土树种为主的原则，只有在乡土树种难以实现造林目的的情况下，才可以适当引进外来树种，并且需要开展长期的大面积栽培试验，取得成功后再推广。

参考文献

陈祥伟, 胡海波, 2005. 林学概论[M]. 北京: 中国林业出版社.

陈晓阳, 沈熙环, 2005. 林木育种学[M]. 北京: 高等教育出版社.

薛建辉, 2006. 森林生态学[M]. 修订版. 北京: 中国林业出版社.

翟明普, 沈国舫, 2016. 森林培育学[M]. 3版. 北京: 中国林业出版社.

（马焕成，夏志宁）

外植体　explant

对植物组织进行初代培养时，从母体植物上采集的用于离体培养的植物材料。包括离体器官、组织或细胞等。离体器官可为根、茎、叶、花、果实、种子等；离体组织如花药、胚珠、形成层、胚乳等；培养的细胞可为体细胞或花粉等生殖细胞，也可为去除细胞壁的原生质体。

植物的各个组织或器官理论上均可以作为外植体进行接种培养，但植物不同部位、不同年龄的组织和器官由于所处生理状态不同，对外界诱导反应程度及再生分化能力有很大差异，因此，外植体的选取部位会直接影响再生效果。此外，外植体采样时期也会决定离体培养的成败。生长于温室内或生长季初期的新生组织较生长于大田及生长季末期的组织污染率低、外植体活力强、增殖效果好。应选取最易诱导的部位作为外植体，茎尖和幼嫩的茎段是广泛应用于**组织培养育苗**的外植体取材部位。以茎段作为外植体时，一般以剪切长度 $0.5 \sim 1cm$ 的带芽茎段为宜，过小会影响成活率，过大会增加污染概率。

外植体选好后，接种前要进行化学灭菌。外植体灭菌常用的化学杀菌剂有乙醇、次氯酸钠、升汞等。灭菌时间因植物材料的幼嫩程度和带菌多少而异。幼嫩的外植体灭菌时间短于老化的外植体，生长季初期采集的外植体灭菌时间短于生长末期采集的外植体。灭菌后的外植体可在超净工作台上分割成适当大小，按照形态学规律放置于培养基上进行接种。外植体的接种过程必须在无菌条件下进行，如用于接种的培养基要经过高温高压灭菌，超净工作台要经过紫外线照射灭菌，接种外植体的器具也需要严格灼烧灭菌等。

参考文献

陈劲枫, 2018. 植物组织培养与生物技术[M]. 北京: 科学出版社: 95–99.

李永文, 刘新波, 2007. 植物组织培养技术[M]. 北京: 北京大学出版社: 43–47.

乔治 E F, 阿尔 M A, 克勒克 G J De, 2015. 植物组培快繁[M]. 莽

克强, 译. 北京: 化学工业出版社: 367–370.

（张凌云，郭雨潇）

顽拗型种子 recalcitrant seed

不耐脱水干燥、低温，或对脱水干燥、低温敏感的种子。安全含水量为30%～50%，是和正常型种子相对存在的概念。顽拗型种子成熟时仍具有较高的含水量，采收后不久便可自动进入萌发状态。一旦脱水，即使含水量仍很高，其萌发过程也会受到影响，从而导致生活力的迅速丧失。产于热带的许多果树，如杧果、油梨、榴莲、可可、椰子、木波罗、荔枝、茶籽、咖啡、龙眼、橡胶树、坡垒、青皮、南美杉等；产于温带的树种，如橡树、板栗、七叶树等，其种子均属于顽拗型种子。

顽拗型种子一般种粒较大，含有较高水分，对干燥脱水十分敏感，易遭冻害和冷害，寿命短。采收后置于室内通风处，往往只有几天或十几天的寿命。大多数顽拗型种子适宜的贮藏条件是含水量33%～35%，温度17～30℃，贮藏期至少70天；当含水量低于27%，温度低于17℃时，迅速失去发芽力。但杧果、荔枝、龙眼、木波罗等种子在15℃中贮藏较佳，而在5～10℃出现低温伤害。顽拗型种子保存方法有适温保湿法和超低温保存法。适温保湿法可以防止脱水伤害和低温伤害，使种子寿命延长至几个月甚至1年；超低温保存法是用液氮（−196℃）贮藏离体胚（或胚轴），贮藏期限可大大延长。

顽拗型种子（麻栎）（李淑娴 摄）

参考文献

管康林, 2009. 种子生理生态学[M]. 北京: 中国农业出版社.
颜启传, 2001. 种子学[M]. 北京: 中国农业出版社.

扩展阅读

马志强, 胡晋, 马继光, 2011. 种子贮藏原理与技术[M]. 北京: 中国农业出版社.

（彭祚登）

王涛 Wang Tao（1936—2011）

中国森林培育学家。1936年6月1日生于山东省青岛胶县（今胶州市），2011年8月10日卒于北京。1959年于北京林学院（今北京林业大学）毕业，进入中国林业科学研究院林业研究所工作。1994年当选中国工程院院士。历任中国林业科学研究院林业研究所研究员、名誉所长，国家林业局社会林业研究发展中心主任，亚太地区植物生长调节剂区域合作协会秘书长，中国林学会副理事长，中国环保基金会副理事长，国家林业局专家咨询委员会副主任，第八、九、十届全国人大代表，第九、十届全国人大常务委员会委员。

20世纪60年代从事林木良种选育与种子园的研究工作。80年代初开始从事植物无性繁殖与立体化、工厂化育苗的研究，研制出复合型植物生长调节剂ABT生根粉及继代产品GGR，并且进行了科技成果转化。带领团队创建了以推广任务带动应用基础理论、开发、应用技术、推广机制与模式研究为一体的成果转化系统，为林业成果推广和服务体系建设开辟了新的途径。成果实施后，应用植物达2763种（品种），推广面积2.77亿亩，育苗115.34亿株，培训1844.86万人，提供试验、研究推广报告5138篇，与48个国家建立了科技合作关系，探索出一条农林科技成果研究、开发与转化良性循环的道路。

20世纪90年代，致力于中国社会林业工程创新体系的研究与实施，将林业系统蕴藏的技术、人才和组织资源进行全面系统梳理、优化配置，在中华人民共和国成立以来的林业先进实用技术基础上进行集成创新，建立起1816项技术体系，500项综合技术和经营模式，多点多地进行示范，推广面积7.5亿亩，提供研究报告4941篇，培训人员159万人。

进入21世纪，主持"中国主要燃料油木本植物资源的普查、研究与开发"研究，在全国普查的基础上，筛选出可作生物质液体原料的树种，进行成品燃料生产技术与工艺流程的研究，为中国生物质能源的发展奠定了基础。

成果获国家科技进步奖特等奖1项、二等奖3项，林业部科技进步奖特等奖4项，获美国、法国、比利时等6个国家和国际组织的奖励12项。出版著作44部，获国家专利3件。1989年获全国先进工作者、2001年获全国农业科技先进工作者和1989年、1996年两次获全国三八红旗手等称号，1999年被人事部等4部委授予杰出专业技术人才奖章，2004年获中国林业科学研究院终身成就奖。

（于海燕）

王棕培育 cultivation of royal palm

根据王棕生物学和生态学特性对其进行的栽培与管理。王棕 *Roystonea regia*（Kunth）O. F. Cook 为棕榈科（Arecaceae,

异名 Palmae）王棕属树种，重要的观赏和防风树种。

树种概述 常绿大乔木。雌雄同株，佛焰苞在开花前像垒球棒。主产美洲热带地区。20 世纪 80 年代前引进中国，主要分布在热带和南亚热带气候区。喜光，喜温暖湿润气候，较耐水湿，不耐干旱瘠薄，耐寒性一般，要求最冷月平均气温不低于 15℃，适宜气温 28～32℃，安全越冬气温为 6℃，也可短期耐 -2℃低温；抗风性强，可抗 8～10 级台风；对土壤要求不严，在深厚、湿润肥沃、排水良好的壤土和沙壤土生长最好，在积水低洼、干旱贫瘠、盐碱等地生长不良，甚至死亡。木材材质一般，可作建筑用材，也可加工为器具及工艺制品；叶子可分离纤维，叶鞘宽而坚韧，可制作坐垫和扫把，叶柄可制作牙签；果实可作为猪和鸽子饲料。

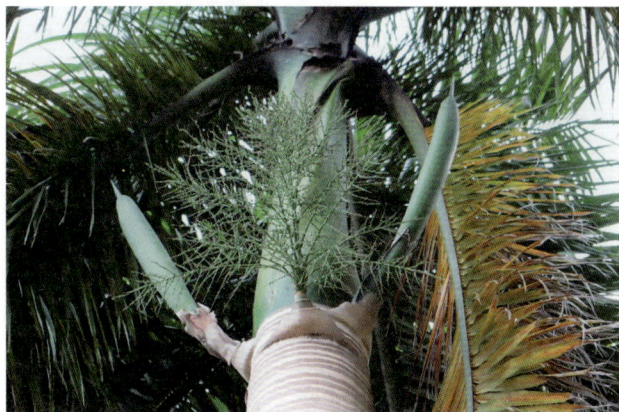

王棕（中国林业科学研究院热带林业研究所）

苗木培育 以有性繁殖为主，也可以种胚为外植体进行组织培养繁殖。苗木培育目标多为园林绿化大苗，主要采取播种及多次移植的育苗方法，培育 5 年以上方可出圃。种子播种后需防鼠害，育成大苗时注意防治干腐病、椰心叶甲和红棕象甲。

林木培育 一般用作培育风景林，造林地要求排水良好、湿润肥沃、土层深厚，土壤条件略差时可添加客土和有机肥进行改良，在积水低洼、干旱贫瘠、盐碱地不宜种植。种植配置有孤植、列植和群植等方式，造林苗木一般采用大苗，群植株行距以 2～4m 为佳，栽植前需修剪叶片，栽植后需固定和精心管护，成活后需防治椰心叶甲和红棕象甲两种虫害。

参考文献

潘志刚，游应天，等，1994. 中国主要外来树种引种栽培[M]. 北京：北京科学技术出版社.

（李荣生）

微立地　micro-site

建立在林地局部微地形与主导立地因子生态阈值基础上的微尺度立地类型。

微地形是指小尺度上的地形变化，具体指局部范围内坡度、坡位、坡向及坡面形状，可以由自然因素形成（地形破碎、洼地、林内掘根等），也可由人为因素造成（挖坑、筑丘等），其范围小至 1m²，大的可达 20m²。特点是由于局部的地形差异导致光照、热量、水分、养分等植物生境资源的空间再分配，使小范围内立地条件产生分异，进而对植物群落物种组成、生长发育、更新及生态系统功能产生显著影响。例如，2011 年张宏芝等将黄土高原区坡面内地表起伏形成的微地形分为浅沟、切沟、塌陷、缓台、陡坎 5 类。2017 年袁振等根据片麻岩易松动、易破碎、地表松散物丰富的特性，将片麻岩山区微地形划分为坡顶、塌陷、巨石背阴、缓台、陡坎、谷坡、U 形沟 7 种，并研究得出微地形与原状坡在植物群落特征方面存在明显差异，微地形上决定植被生物量、平均高、盖度的土壤厚度阈值分别为 12.5cm、9.4cm 和 10.5cm。

微立地类型是在微地形划分的基础上，结合区域海拔、坡向、土壤厚度等立地主导因子进行的立地类型划分。如太行山片麻岩地区以 7 种微地形结合海拔、坡向、土层厚度划分微立地。通过微立地类型的划分，可以在地形破碎或者水蚀、风蚀严重的地区，充分发挥微地形的生境资源优势，采取有针对性的植被恢复手段，形成科学合理的近自然植被类型。

参考文献

袁振，2017. 河北平山片麻岩山区微地形特征及土壤阈值研究 [D]. 北京：北京林业大学.

袁振，魏松坡，贾黎明，等，2017. 河北平山片麻岩山区微地形植物群落异质性[J]. 北京林业大学学报，39(2): 49-57.

张宏芝，朱清科，王晶，等，2011. 陕北黄土坡面微地形土壤物理性质研究[J]. 水土保持通报，31(6): 55-58.

Stathers R J, Trowbridge R, Spittlehouse D L, 1990. Ecological principles: basic concepts[M]. Vancourver: University of British Columbia Press: 51-52.

（贾黎明，袁振）

卫生伐　sanitation cutting

在遭受病虫害、风折、风倒、雪压、森林火灾等的林分中，伐除已被危害、丧失培育前途林木的森林抚育方式。

林木常因受各种自然灾害而生长衰弱或死亡，为防止病菌和虫害对邻近木的感染、蔓延，应及时伐除受危害且无成材希望的立木，以改善森林的卫生环境，促进林木的健康生长。一般林分通过除伐、疏伐等系统抚育采伐后，林分中的生长衰弱木、机械损伤木、病虫害木已被清除，由健壮林木和合理密度构成的林分长势旺盛，抗病虫害、抗风雪害的能力提高，已无必要再单独实施卫生伐。只有在林分遭受突发袭击的自然灾害后，才有必要再施行卫生伐。采伐强度视林分被害程度而定，一般卫生伐后的林分疏密度不应低于 0.6；如损害程度严重、将全部受害木伐除会使林分疏密度大幅降低时，则应酌量暂时保留一部分受害较轻的立木。卫生伐的采伐季节以春季来临以前、害虫和真菌尚未活动之时进行。

（段爱国）

文冠果培育　cultivation of shinyleaf yellowhorn

根据文冠果生物学和生态学特性对其进行的栽培与管理。文冠果 *Xanthoceras sorbifolium* Bunge 为无患子科

图1 文冠果花期（内蒙古赤峰翁牛特旗）（敖妍 摄）

图2 文冠果果期（内蒙古阿鲁科尔沁旗）（敖妍 摄）

（Sapindaceae）文冠果属树种，中国特有树种和北方重要的木本油料和园林绿化树种。

树种概述 落叶灌木或小乔木。树皮灰褐色，奇数羽状复叶，小叶披针形或近卵形。先叶开花或花叶同放，总状花序，花瓣白色，基部紫红色或黄色，花盘5个角状附属体橙黄色，雄蕊8，子房被灰色绒毛。蒴果多为球形。种子球形，黑褐色。花期4～5月，果期7～8月。主要分布于中国东北、西北、华北地区，特别是在黄土高原广泛分布。喜光，抗寒性和抗旱性强。较耐盐碱，以土层深厚、湿润肥沃、通气良好、中性至微碱性土壤生长最好，低湿地生长不良。文冠果籽油可用于生产食用油、生物柴油、润滑油等。种仁可制饮料，叶可制茶，果壳可提取糠醛，枝、叶、果壳均可提取药用成分。木材可制家具或用于雕刻。

苗木培育 主要采用播种和嫁接育苗，也可采用分株和根插繁殖。播种可春播或秋播。春播可将种子用湿沙层积储藏越冬，翌年早春播种。干旱地区应选择低床育苗，低湿地区采用高床育苗。点播，播种密度（10～15）cm×10cm为宜。嫁接多用枝接和芽接。幼苗出土后，注意控制浇水量。施足基肥，根据苗情追肥1～2次。

林木培育 造林应选择土层厚、坡度小、背风向阳、排水良好的沙壤土地。以春季栽植为主。造林密度一般为

1050～1650株/hm²，具体取决于栽培目的和立地条件。适时中耕除草。开花前、果实速生期及采收后、土壤结冻前灌水。雨季注意排水。结合浇水进行施肥。栽植后第一年5～6月定干，干高50～70cm，剪口下10～20cm内选留壮枝（芽），培养3～4主枝。翌年冬季，距主干30～40cm处选留侧枝，培养结果枝组。一般采用双枝更新法。注意防治黄化病、煤污病、立枯病、黑绒金龟子、蚜虫等病虫害。

参考文献

陈有民, 2006. 园林树木学[M]. 北京: 中国林业出版社.

彭祚登, 2011. 北方主要树种育苗关键技术[M]. 北京: 中国林业出版社.

徐东翔, 于华忠, 乌志颜, 等, 2010. 文冠果生物学[M]. 北京: 科学出版社.

（敖妍）

乌桕培育 cultivation of Chinese tallow tree

根据乌桕生物学和生态学特性对其进行的栽培与管理。乌桕 *Triadica sebifera* (L.) Small [*Sapium sebiferum* (L.) Roxb.] 为大戟科（Euphorbiaceae）乌桕属树种，重要的经济林树种。

树种概述 落叶乔木。花单性，雌雄同株。蒴果近扁球形，幼果绿色，成熟时黑褐色；种皮黑褐色，坚硬，外被一层白蜡固着于中轴上，经冬不落。生长速度较快，生命周期较长；管理条件好的4～5年生树木开始挂果，盛果期在10年左右，60～70年后长势渐衰，生长在水肥条件好的土壤寿命可达百年以上。亚热带区域的长江流域和珠江流域均有分布，集中分布于海拔1000m以下的低山、丘陵，是一种集油用、药用、材用、观赏用于一体的多用途树种。种皮外白色蜡状固体油脂可作为食用植物油、类可可脂原料和其他工业原料；种仁的液体油脂是油漆、油墨及医药产品和工业原料；树干是制作模具、高档家具、钢琴、手提琴等的上好用材；树叶有观赏价值和药用价值；树根入药可抑菌、抗炎、降压和治疗肝硬化。

良种选育 主要品种有葡萄桕和鸡爪桕两类群。主要栽培品种有'分水葡萄桕一号''选桕1号''选桕2号''铜

图1 红叶乌桕无性系与对比单株（浙江省林业科学研究院无性系测定林）

图2 乌桕秋季林相（湖北大悟）

锤柏11号'。

苗木培育 主要有播种育苗、嫁接育苗两种方式。①播种育苗。所用的种子应采自进入盛产期、生长健壮、无病虫害的优树或种子园。种子要颗粒大，种仁饱满，柏籽油脂含量≥46%，千粒重＞0.15kg，净度＞95%，发芽率＞85%。种子经去蜡后浸入50℃的热水中，让其自然冷却后浸泡24小时，再放入15～25℃用塑料薄膜覆盖的沙床中进行催芽，待30%的种子种皮开裂露白即可播种。播种分为每年2～3月的春播和12月至翌年1月的冬播。冬播不需催芽，将去蜡后的种子直接播种。条播，行距约40cm，播种沟深度5～8cm，覆土2～3cm，再盖草或盖膜。②嫁接育苗。砧木应选择生长健壮、根颈以上5cm处直径≥0.8cm的**实生苗**，接穗应采自**采穗圃**中生长健壮、无病虫害、芽眼饱满的1年生、直径0.8～1.0cm的春梢或组织充实的夏梢中段。嫁接时间以3月初至4月初为宜。主要有切腹接、**切接**、腹接、**劈接**等嫁接方法，其中切腹接应用较广泛。嫁接后要用塑料条绑扎嫁接部位，待嫁接枝条成活后及时解绑，5月左右去除砧木萌蘖，接穗抽生的萌芽条可选留上部生长健壮的一枝让其延长生长，其余的去除。

林木培育 主要选择山地、河滩和湖洲平原造林。山地造林选择海拔600m以下、坡度15°以下的土层深厚、肥沃的阳坡，土壤选择山地黄棕壤土、沙壤土、石灰岩土。栽植株行距5m×6m或6m×6m。也可进行连片栽培作为观赏用。病虫害约有200种，其中危害严重的是乌桕毒蛾、樗蚕、蚜虫、红蜘蛛及云斑天牛。主要采用人工捕杀和药物防治两种方法消除病虫害。

参考文献

胡芳名, 谭晓风, 刘惠民, 2006. 中国主要经济林树种栽培与利用[M]. 北京: 中国林业出版社.

李正明, 武斌, 许艳, 等, 2015. 乌桕良种丰产栽培技术[J]. 湖北林业科技, 44(4): 88-90.

张克迪, 林一天, 1994. 中国乌桕[M]. 北京: 中国林业出版社.

张敏, 郑道权, 孟晓红, 等, 2014. 乌桕种植前景和苗木培育技术[J]. 林业实用技术(10): 30-32.

（周波）

无患子培育 cultivation of soapberry tree

根据无患子生物学和生态学特性对其进行的栽培与管理。无患子 *Sapindus saponaria* L. 为无患子科（Sapindaceae）无患子属树种，别名木患子、洗手果等；重要的生物化工、生物能源、生态修复和园林绿化树种。

树种概述 落叶乔木；羽状复叶；顶生或侧生圆锥花序，杂性花，花分为雌能花和雄能花，果实近球形。在中国主要分布于秦岭、淮河以南地区，多散生于四旁及疏林地中；福建、湖南、贵州等省有规模化栽培。强喜光树种，耐寒能力较强；对土壤要求不严，可生长于石漠化土地，深根性，抗风力强；不耐水湿，耐干旱；生长较快，寿命长。种仁含油率40%左右，是生产生物柴油、高档润滑油的优良原料；是《本草纲目》记载的纯天然洗剂，果皮中富含皂苷（含量10%～27%），可制作手工皂、洗发产品、洁肤护肤品等。春花、秋果、秋叶均有观赏性，是中国南方重要园林绿化树种。

苗木培育 主要采用播种育苗，嫁接育苗技术也较为成熟。种子需用温水浸泡催芽，播种育苗采用常规技术。嫁接育苗时，穗条比砧木粗的采用春、夏、秋季的**嵌芽接**，细的采用春季切接。

林木培育 果用林培育应选择适生区土层深厚、坡度平缓、立地质量等级Ⅰ、Ⅱ级的阳坡、半阳坡的**造林地**，一般造林立地可差一些。果用林需开梯田精细整地，初始栽植密

图1 无患子花期（福建建宁县）（高嫒 摄）

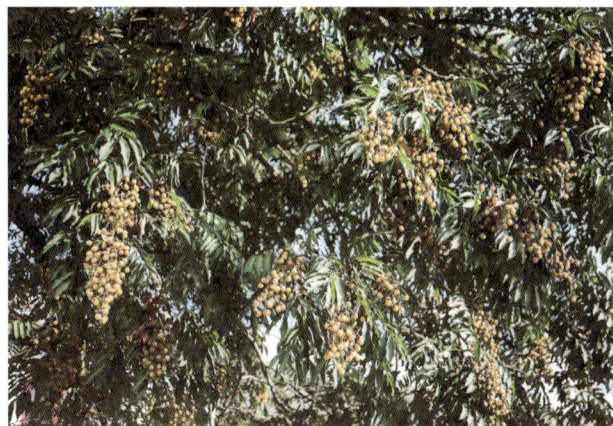

图2 无患子果实（福建建宁县）（贾黎明 摄）

度约 600 株 /hm²（株行距 4m×4m），适量施基肥。防护林及风景林可穴状整地，密度可稍大，成林后抚育管理较为粗放。果用林抚育管理需精细。树长至 1m 左右时修剪定干，剪除顶芽，矮化树形，整形修剪采取 3 骨干枝、开张角 60°、每平方米留 16～18 个结果枝组的树形。林地每年可施肥 3 次，分别为花期肥、壮果肥、养体肥。虫媒传粉。主要病虫害有煤污病、星天牛、铃斑翅夜蛾、桑褐刺蛾等，需及时防治。

除无患子外，中国还有川滇无患子 *Sapindus delavayi* (Franch.) Radlk. 等，培育利用方法基本相同。

参考文献

福建省质量技术监督局, 2012. 无患子生物质原料林培育技术规程: DB35/T 1267−2012[S].

高媛, 贾黎明, 高世轮, 等, 2016. 无患子树体合理光环境及高光效调控[J]. 林业科学, 52(11): 29-38.

高媛, 贾黎明, 苏淑钗, 等, 2015. 无患子物候及开花结果特性[J]. 东北林业大学学报, 43(6): 34-40.

贾黎明, 孙操稳, 2012. 生物柴油树种无患子研究进展[J]. 中国农业大学学报, 17(6): 191-196.

（贾黎明，高媛，孙操稳）

无机肥料　inorganic fertilizer

以矿物、空气、水为原料，经物理或化学工业方法制成，标明养分含量，呈无机盐形态的肥料。又称矿质肥料、化学肥料，简称无机肥、化肥。大多数无机肥料由矿物质构成。有些具有肥料效应的无机物质，虽不属商品性无机肥料，习惯上也称无机肥料，如氨水、液氨等。另外，硫氰氢化钙、尿素及其缔合产品、缓释肥等，习惯上也视作无机肥料。

种类　根据所含营养成分类别，无机肥料分为大量元素肥料（氮肥、磷肥、钾肥）、中量元素肥料（钙肥、镁肥、硫肥）、微量元素肥料（硼肥、锌肥等）和复混肥料。根据营养成分类别数量，分为单质肥料和复合肥料。根据使用时的形态，分为固体肥料和液体肥料。

特点　与有机肥料相比，无机肥料具有养分含量高、体积小、肥效快，便于运输、贮藏和机械化施用的优点。缺点是：①除缓释肥外，其他各种无机肥料肥效较短，营养元素种类少，一般为 1～3 种，不能满足植物生长所必需的全部营养元素。②不含有机质，有的还含重金属等有害成分，长期单独大量施用易导致土壤理化性质变差，污染环境及影响林地生态平衡，降低土壤生产力和肥料经济效益。③理化性质较易受温度、湿度等气候因子影响而降低其使用效果。

施用方法　无机肥料可用作基肥、追肥和种肥。施用时应注意：①全面考虑植物营养特性、肥料和土壤性质、气候等因子之间的相互关系及其对肥效的综合影响，避免施用不当导致土壤条件恶化和肥效骤降。②多种无机肥料合理配施，做到平衡施肥，充分发挥各自的肥效和肥料的综合效益。③与有机肥料配合施用，在提高肥料利用率及其增产效果的同时，提高土壤肥力，避免或减少环境污染，提高施肥的生态效益和社会效益。

参考文献

刘勇, 2019. 林木种苗培育学[M]. 北京: 中国林业出版社: 120-167.

孙向阳, 2005. 土壤学[M]. 北京: 中国林业出版社: 281.

（邢世岩，门晓妍，孙立民）

无茎藤　acaulescent rattan

节间较短，自然生命过程中用肉眼观测不到明显藤茎，形成灌木状藤丛的一类棕榈藤。如矮省藤和硕大黄藤。中国没有该类物种。

（王慷林，刘广路）

无土育苗　soilless nursery

利用非土壤基质供应营养液或完全利用营养液培养苗木的方式。主要分为非土壤基质育苗和营养液育苗。非土壤基质育苗是利用非土壤的固体材料（如蛭石、珍珠岩、岩棉）作基质，通过浇灌苗木生长所需的各种营养液来培育苗木；营养液育苗是利用营养液通过水培或雾培方式来培育苗木。19 世纪 50～60 年代，德国发明了世界上第一个无土栽培营养液配方。1865—1920 年，克诺普（Knop）和霍格兰德（Hogland）等发明了多种无土育苗配方。

无土育苗具有幼苗生长快、根系发育好、幼苗健壮、定植后缓苗时间短、不伤根、易成活、省水肥、避免土壤病虫危害等优点，可实现育苗机械化、工厂化、集约化，大幅度降低劳动强度，且不受季节限制，可全年育苗。无土育苗注意事项：①营养液应按照所培育树种的养分需求配制，各元素比例要协调，浓度适宜，以保证苗木正常生长。②为防止菌类和藻类污染，要求采用无毒无害的支撑物（塑料、合金或陶瓷等）和不透光的水培器皿。③为防止苗木烂根，水培时要通风透气，及时更换营养液，雾培时要严格控制喷灌时间。④移苗需在温室、温床、塑料大棚中进行，以提高栽植成活率。

无土育苗（闫小莉　摄）

参考文献

沈海龙, 2009. 苗木培育学[M]. 北京: 中国林业出版社.

Wang Ziqin, Gan Dexin, Long Yuelin, 2013. Advances in soilless culture research[J]. Agricultural Science and Technology, 14(2): 269-278, 323.

（马祥庆，闫小莉，吴鹏飞）

吴中伦　Wu Zhonglun（1913—1995）

中国林学家、森林生态学家、森林地理学家。字季次。1913 年 8 月 29 日生于浙江省诸暨，1995 年 5 月 12 日卒于北京。1936 年进入金陵大学森林系学习，1940 年毕业后留校任教。1943 年任国立中央大学树木园技术员。1945 年任云南大学农学院植物学讲师。1946 年赴美留学，1947 年在耶鲁大学获硕士学位，1951 年在杜克大学获博士学位。回国后历任中央人民政府林垦部工程师、总工程师，中央林业部林业科学研究所研究员、副所长，中国农林科学院森林工业研究所负责人，中国林业科学研究院副院长。1980 年当选中国科学院学部委员（院士）。1977 年获芬兰林学会奖状及奖章，1980 年当选美国林业工作者学会名誉会员。第三届全国人大代表，第六、七届全国政协委员，中国林学会第五、六届理事长。

20 世纪 50 年代，主持西南高山林区综合考察，第一次对西南高山森林进行全面区划，对采伐方式、更新方法、自然保护和水土保持等技术措施提出实施意见；1960 年对大兴安岭林区进行考察，重点对育林学、森林群落学、病虫害防治等进行了综合研究。首次提出将全国分为 18 个林区，是中国林业区划的开拓者之一，撰写的《全国林业区划草案》（1954）是中国第一部林业区划著作；规划了杉木商品材基地，全面总结了中国长期以来杉木栽培、地理分布、生态、产区区划、立地选择和速生丰产方面的经验，主编《杉木》；对松树的命名做了修正，并于 1956 年发表了《中国松属的分类与分布》；开拓性地进行了林木引种驯化研究，编写的《国外树种引种概论》是第一部全面系统总结国外林木引种的科学专著。提出的《关于大力发展泡桐的建议》《对海南岛大农业建设与生态平衡的若干建议》，受到中央领导和有关方面的重视。1990 年撰写的《加强主要林区建设——发展森林资源，发挥森林生态效益》的咨询报告，得到林业部和中国科学院生物学部的肯定。分别于 1956 年和 1962 年两次主持起草了全国性的林业科技规划。组织和领导创立了中国林业科学研究院广西大青山实验基地。发表专著、译著等 100 多部（篇）。被授予全国先进工作者称号。

（江泽平）

五观五优先　five observation and five priority

对结构化森林经营方法总结出的一套易懂、易操作的"五字一句话"口诀，即"观、测、筛、选、定，五观五优一审轻"。

"五字"　指"观、测、筛、选、定"。

观　观察森林，做到懂林识林，标定"森林自然度"。

测　测量林分状态数据，整合空间与非空间信息，提供诊断依据。

筛　筛选不健康因子，分析经营迫切性、优先性并确定经营方向。

选　选择标记采伐木，贯彻"五优先"原则。

定　定夺作业设计，用"一杆秤"度量经营前后林分结构变化。

"一句话"　指"五观五优一审轻"。

五观　观树干定健康；观树种定混交；观树冠定密度；观周围定分布；观大小定优势。以此衡量林木个体的微环境特征和林分空间状态。

五优　即五优先：优先采伐无培育价值的林木，优先采伐与目标树同种的林木，优先采伐影响目标树生长的林木，优先采伐分布在目标树一侧的林木，优先采伐达到目标直径（针叶树 55cm，阔叶树 45cm）的林木。

一审轻　按照同一标准（一杆秤）即健康稳定森林的普遍特征审视作业设计，评价经营是否以轻度人为干扰方式实现了既定经营目标。

参考文献

惠刚盈，Klaus von Gadow，等，2016. 结构化森林经营原理[M]. 北京: 中国林业出版社.

（惠刚盈）

物理休眠　physical dormancy

种子休眠的一种类型。种皮阻碍造成的休眠。包括 3 种情况：种皮或果皮透水性差或完全不透水，种皮阻碍气体交换或氧气渗透率低，种皮或胚乳的机械阻碍作用。

种皮或果皮透水性差或完全不透水　此类种子一般具有坚实而致密的种皮或果皮。如豆科、锦葵科、茄科等植物的种皮或果皮都会阻碍水分的吸收。种皮内阻碍水分通过的物质因植物种类而异。杜仲果皮内含有橡胶，种子既不易吸水，又不易胀裂，去果皮后可显著提高发芽率。有的种子则是由于种皮的特殊结构使其不易吸水，如刺槐、合欢等豆科植物种子的角质层，皂荚、凤凰木、紫檀种子排列紧密的栅栏组织等。

种皮阻碍气体交换或氧气渗透率低　此类种子种皮能透水，但不能透气，不能满足种子发芽对氧气的需求，同时种子内部呼吸作用产生的二氧化碳又无法排出，气体交换受阻，从而使种子休眠。

种皮或胚乳的机械阻碍作用　此类种子种皮的透水性和透气性都较强，但种皮（多指内果皮）非常坚硬，使胚不能突破种皮向外伸长，种子长期处于吸胀饱和状态。欧洲白蜡种子的种皮和胚乳对胚萌发有阻碍作用，采用低温层积减弱胚根端被覆组织的阻力是解除休眠、顺利萌发的必需过程。

由外种皮或果皮引起的物理休眠，可以通过擦破种（果）皮，高温浸种，冰冻处理，酸、碱、盐类和有机溶剂等化学药剂处理等方法解除休眠。由胚乳机械障碍引起的物理休眠需要低温层积才能解除休眠。

参考文献

沈海龙，2009. 苗木培育学[M]. 北京: 中国林业出版社.

张红生, 胡晋, 2015. 种子学[M]. 2版. 北京: 科学出版社.

（李庆梅）

物理修根　physical root pruning

采用物理方法防止根系在容器内盘旋生长的措施。进行**容器育苗**时，苗木根系如不遇到任何物理障碍，会在容器侧面横向生长，形成螺旋根。造林后螺旋根阻碍苗木根系在土壤中的形成，导致苗木遭受霜冻倒伏等危害，因此**容器苗**需进行物理修根。

物理修根措施：①采用改变容器几何形状和圆筒形容器内壁增设垂直棱脊线的措施，把根系导向容器底部，防止盘绕。这类措施容易带来以下问题：容器苗上部侧根少，少数侧根代替主根，集中从容器排水孔向外生长、堵塞排水孔，并在造林后由于根系入土深，不能吸收地表层沃土的养分而降低生长等。②将容器放置在有槽沟的板条或网架上，使伸出排水孔的根由于空气湿度低而自动干枯。③对于放置在地面的容器，可通过人工定期移动容器，扯断伸出容器底的根系，防止根系扎入地下过深而影响**起苗**。④物块铺垫容器法，即用根系无法穿透的材料铺垫于苗床面上再陈列容器的措施。国内应用较多的是塑料薄膜块铺垫，为预防床面不平整积水，要在塑料薄膜铺垫块与容器之间放1～2cm的细沙，这样根系穿过容器底面在沙内生长，不扎入土，起苗时保证根系完整、不受伤害，根团不散脱。

参考文献

Landis T D, Tinus R W, McDonald S E, et al, 1990. Containers and growing media: Volume 2 The container tree nursery manual[M]. Washington DC: U.S. Department of Agriculture, Forest Service.

Dumroese R K, Luna T, Landis T D, 2009. Nursery manual for native plants[M]. Washington DC: U. S. Department of Agriculture, Forest Service.

（王佳茜，李国雷）

物种互作类型　species interaction type

不同物种之间相互作用所形成的关系。**林农复合经营**有多种生物聚生在同一土地单元上，一种生物通过改造环境可直接或间接地影响相邻生物，即种间互作。实现种间生态特性互相协调十分重要。

物种互作关系表现为竞争和互补两种形式，分4种类型：①双方受益型。系统中物种之间相互适应，表现为双方受益或群体受益，如喜光乔木与耐阴灌木、草本植物共存，浅根性农作物与深根性乔木共存，豆科植物、桤木属植物与固氮菌共生，桐农间作与胶茶间作，都是双方受益的典型例子。②双方受损型。系统中物种之间相互竞争，表现为双方受损，即生态习性相近的生物在一起会对有限的资源如水分、养分、阳光等发生竞争，造成两败俱伤。如树木与作物之间或乔木与灌木、草本之间的异株克生作用，树木或其他植物分泌的有毒物质使双方生长均不良或一方死亡。③一方受益

或受损型。系统中物种之间表现为一种不对等的关系，仅一方受益或受损，如松茶间作，松树改善了茶园的光照、温度和湿度等条件，茶树受益，有利于提高茶叶产量和品质。④损益互存型。系统中物种之间表现为一种动态平衡关系，受益和受损互存，如动物与植物之间形成的消费与被消费关系，消费者是以其他物种的损失或消亡为代价来换取自身生物量的增加和适应性的增强。

在林农复合经营中，系统中物种之间的关系不是固定不变的，常因结构不同而变化，也随着林木年龄的增长而变化。如桐农间作，不同行距的泡桐对农作物的生长有不同的影响，行距越大，农作物生长空间越足；又如幼龄杉木林，林下间作农作物能够正常生长，但随着杉木林的郁闭，农作物生长则受到抑制。为了提高林农复合经营的效益，需要减少物种之间的竞争而增加互补性，应不断调整结构和物种之间的组合。

（段爱国）

物种结构　species structure

林农复合经营系统中物种存在的形式。指系统中物种的组成、数量及其彼此之间的关系，是林农复合经营系统的重要特征之一。

适合于**林农复合经营**的主要物种包括乔木（含经济林木）、灌木、农作物、牧草、食用菌和畜禽等。理想的物种结构能最大程度适应和利用资源与环境，可借助于系统内部物种的共生互补生产出最多的物质和多样的产品。与单一的农业系统相比，林农复合经营系统可以在同等物质和能量输入的条件下，借助系统内部的协调能力达到增产的效果。确定物种结构需要掌握以核心物种为主的原则，即一种林农复合模式只能以一种物种为主要的生产者，并且要在不影响主要生产者生产力或生态效益的前提下，搭配其他物种，而不能喧宾夺主。同时还要注意物种之间的竞争与互补关系，以达到不同物种间的最佳组合。如以农作物为主的枣粮间作，枣树皆以南北行向为宜，行距15～30m，株距4～5m；春作物小麦的生长发育期正是枣树的休眠期，光能和地力利用的矛盾较小，小麦的产量与单作麦田的差异不大。

在森林生态系统中，物种结构则是指根据各物种在生态系统中所起的作用和地位不同而划分的生物成员型结构。关键种在维护生态系统的生物多样性及其结构、功能及稳定方面起关键作用，而冗余种是生态需求上相对过剩而生态作用不显著的物种。

参考文献

李文华, 赖世登, 1994. 中国农林复合经营[M]. 北京: 科学出版社.

翟明普, 沈国舫, 2016. 森林培育学[M]. 3版. 北京: 中国林业出版社.

（方升佐）

西北地区森林培育 silviculture in Northwest China

在中国西北地区开展的森林生产经营活动。西北地区是指中国西北内陆的一个区域，地理上包括黄土高原西部、渭河平原、河西走廊、青藏高原北部、内蒙古高原西部、柴达木盆地和新疆大部分区域，通常简称"大西北"或"西北"。行政区划范围包括新疆、宁夏、甘肃全部和青海北部、内蒙古西部、陕西北部的部分地区。西北地区干旱缺水、土壤贫瘠、沙漠、戈壁广布，自然条件相对恶劣，林业发展的重点在于恢复区域生态、改善生存环境，同时肩负着发展地方经济重任。

西北地区自然社会特点

气候 西北地区地处欧亚大陆的腹地，气候干旱少雨，具有典型的温带大陆性气候特征，为中国的内陆干旱地区。冷热差异悬殊，气温年较差大。最热月与最冷月平均气温差高达30℃以上。气温日变化也大，平均气温日振幅高于11℃。大部分地区年降水量200～400mm，年蒸发量一般达1500～3000mm。光热资源丰富，在中国仅次于青藏高原。年日照时数2500～3500小时，年均日照百分率60%～80%，可利用的太阳能资源丰富。春季多大风，且日数多。

地形 类型复杂多样，以盆地、高原为主，山地相间分布。总地势为东高西低。东部地区以高原为主，包括内蒙古高原和黄土高原。内蒙古高原地势平坦，起伏和缓，以戈壁、沙漠、沙地为主。黄土高原主要由塬、梁、峁和黄土沟壑组成。西北地区主要盆地有准噶尔盆地、塔里木盆地、柴达木盆地及吐鲁番盆地。该区沙漠、戈壁占比较大，山地、盆地相间分布。沙漠面积约5110×10⁴hm²，占该区土地总面积的28.63%，约占全国沙漠总面积的2/3。全国戈壁总面积约5695×10⁴hm²，约95%分布在该区，主要集中在新疆东部、内蒙古西部阿拉善高平原和甘肃河西走廊西北部。准噶尔盆地和塔里木盆地内部戈壁主要呈环状分布于盆地四周的山前洪积扇上。

土壤 地带和垂直分布明显，种类比较多。地带性土壤主要有棕钙土、黑钙土、灰漠土、灰棕漠土、棕漠土、灰褐土、黄绵土等。非地带性土壤主要有风沙土、盐碱土、灌淤土、草甸土、沼泽土等。垂直地带分布的土壤主要有灰钙土、黑钙土、灰褐土、亚高山草甸土、高山草甸土、寒漠土等，主要分布在天山、阿尔泰山等地。土壤贫瘠，土壤剖面厚度很薄，通常50～70cm。土壤有机质含量通常在0.3%～0.5%，一般不超过1%，土壤肥力低。地表水开发利用过度，导致次生盐渍化严重。

植被 种类贫乏，结构简单。植物区系成分以东亚、中亚及北温带成分为主。主要建群植物以针叶林、阔叶林、荒漠、灌丛、草原和草甸为主。盆地绝大部分地区为荒漠植被，平地及山前地带为超旱生、强旱生灌木和半灌木或盐生、旱生的肉质半灌木，东西两侧边缘地带为荒漠草原。山地有新疆五针松、西伯利亚落叶松、新疆云杉、天山云杉、青海云杉、祁连圆柏等寒温性针叶林分布，山区和河谷地带有少量杨、桦、沙枣和野果林等落叶阔叶林分布。黄土高原植被类型主要为暖温带阔叶林和寒温带针叶林，主要建群树种为云杉、华北落叶松、油松、山杨、辽东栎、刺槐、侧柏等。

西北地区森林培育技术特点 西北地区植被稀少、水土流失严重，沙漠、戈壁广布，干旱缺水，土壤贫瘠、次生盐渍化严重，植被建设以培育灌木、半灌木的防护林（水土保持和防风固沙）为主。主要的造林树种有侧柏、油松、杜松、刺槐、榆树、新疆五针松（西伯利亚红松）、新疆云（冷）杉、天山云杉、杨树、梭梭、沙拐枣、柽柳、沙枣、柠条等。

树种选择 造林的关键环节。在丘陵山区影响林木的主要环境因子是地貌部位和地下水位。梁峁因处在最高处，风蚀严重，土层薄（<50cm），土质坚硬，植被稀少，土壤吸收地表径流能力差，土壤含水率极低，地下水位深，造林应选择耐干旱、耐瘠薄和适应性强的树种。在梁峁硬质地适宜栽植的树种主要有油松、杜松、侧柏、沙棘，且以营造防护林为主。

梁峁凹地是集水区，土壤以风积土和淤积土为主，结构较疏松，土层较厚（50～70cm），地下水位较浅（3～5m），树木生长较好，适宜栽植的树种有油松、侧柏、杜松、刺槐、白榆、北京杨、沙棘、柠条等。在较低凹的向阳背风处还可栽植苹果、文冠果等经济林树种。

在丘陵山区的河谷、河岸、河滩、坡脚多为淤积土和冲积土，土层深厚（>70cm），结构疏松，地下水位1.5～2m，可选择对土壤水分要求高的树种，如各种杨树、白榆、柳树、刺槐等，以沙柳、乌柳、沙棘为伴生树种营造用材林；盐碱地段选择胡杨、怪柳造林。

造林整地　整地时间以造林前一年雨季前为宜，利于蓄水保墒。整地方法有全面整地和局部整地。

①全面整地。适用于丘陵山区梁峁较平坦地段。全面翻耕，翻耕方向应与主风方向垂直，以免风蚀。全面整地的优点是把地表杂草和肥土集中在栽植沟内，起到疏松土壤和间接施肥的双重作用，同时便于机械作业，省时、省工、节约开支。

②局部整地。适用于在坡度大于5°的地段，避免水土流失。主要有水平沟整地、反坡梯田整地、鱼鳞坑整地3种方法。水平沟整地：在坡度5°～15°的地段，挖深0.5m、上口宽0.7m、下口宽0.4m、长6m的沟；水平间距1m，上下间距2.5m；在沟底靠外处栽植。反坡梯田整地：在坡度15°～25°的地段，修成外高内低的反坡梯田，田面宽1.5m，长5m左右；间距0.5m，上下间距1.5～2m；栽植于外缘1/3处。鱼鳞坑整地：在坡度大于25°的地段适用。坑呈反坡形，长0.8～1.5m，宽0.5m，深0.4m；间距1.5m，上下间距2m，挖出的土置于坑的下边。为不引起新的冲刷，上述整地的走向应与等高线平行，排列成品字形。在不得不顺坡开挖时，应根据坡度大小，在沟中修筑一定数量的槽梗。

造林技术　为保证造林质量，苗木最好在当地培育，以减少在运输过程中的水分损失。苗木在出圃前人为给予干旱胁迫条件，可增强苗木对造林地不良环境的适应性。在丘陵山区常用的造林树种有油松、杨树、沙棘等。油松选2年生、高20cm、地径0.4cm的苗木；沙棘选1年生或2年生、高25cm、地径0.4cm，根系完整、顶芽饱满，无病虫害和机械损伤的苗木；杨树选1根1杆或2根1杆，苗高1.7m以上、地径2cm以上的苗木。禁止选用有病虫害的苗木。

苗木在造林前是否失水，是造林能否成活的关键。为此，在起苗和运苗过程中采取"三不离水、三保湿"措施。"三不离水"是起苗前2～3天灌足底水，苗木假植浇足水，造林时植苗桶不离水；"三保湿"是起苗时湿土培根保湿，运输过程中用湿土分层压根保湿或苗根蘸浆，运往造林地的苗木如果当时用不完应用湿土深埋根部保湿。

在丘陵山区造林，缺水是影响苗木成活的主要因素。在保证苗木不失水的同时，栽植应尽量减少土壤水分损失和人为增加土壤水分。常采用的栽植方法有带浆栽植、深栽踩实、靠壁栽植、缝植等。

抚育管理　造林后5年内，每年7～8月松土1次，可减少杂草与树木争水争肥，减少蒸腾，提高土壤蓄水保水能力。杂草腐烂后，还可增加土壤有机质，促进幼苗生长。初植密度大的林分，应在造林后7～10年进行乔木间伐、灌木平茬更新，以满足林木生长所需要的空间。

参考文献

罗伟祥,刘广全,李嘉珏,等,2007.西北主要树种培育技术[M].北京:中国林业出版社.

翟明普,沈国舫,2016.森林培育学[M].3版.北京:中国林业出版社.

（赵忠）

西南地区森林培育　silviculture in Southwest China

在中国西南地区开展的森林生产经营活动。西南地区地域辽阔，人口众多，资源丰富，地形地貌和气候复杂多样，地处长江、黄河、珠江等流域上游源头，涵盖中国西南部的广大腹地，总面积达236.5万km²，大部分土地处于中国自然地理的第一、二级台阶上，可显著地分为四川盆地及其周边山地、云贵高原中高山山地丘陵区及青藏高原高山山地地区三个地形单元。行政区域包括四川、云南、贵州、重庆、西藏。按《造林技术规程》（GB/T 15776—2016）的造林区域划分，西南地区包含亚热带和热带2个造林区域。

西南地区生物多样性资源丰富，是中国植物区系最丰富和关键的地区之一。青藏高原是中国—喜马拉雅区系的起源地或分化、分布中心，是世界冷杉、云杉和其他高山植物集中且分化剧烈的区域，同时包括中国第二大林区——西南林区。云贵高原属典型山原地貌，地势由西北向东南呈阶梯状下降，垂直地带发育明显，水热条件优越，森林资源丰富，素有"植物王国""动物王国"之称。由于地貌和气候的多样性，森林类型复杂多样，主要是以云杉、冷杉和云南松为主的针叶林及部分热带和亚热带阔叶林，经济林有温带、亚热带类型的核桃、板栗、油桐、漆树、茶树、油茶等，南部有橡胶、咖啡、椰子等热带经济林，还有各种竹林。该区的发展方向是在坚持生态优先的前提下，强化生态公益林的科学管理，推进局部生态脆弱区生态治理，提升天然林内涵质量，提高人工林生态系统整体服务功能，加快特色经济林、森林生态旅游、森林康养、生物质能源等林业产业培育，实现森林的可持续经营。

西南地区自然社会特点

气候　西南地区位于亚热带季风气候区。由于青藏高原、云贵高原强烈隆升，打乱了热量地带性分布规律，气候垂直变化明显。从西北到东南的温度和降水均有很大差异，气候类型由高原季风气候到亚热带高原季风湿润气候以及青藏高原独特的高原气候。与地形区域相对应，气候主要分为四川盆地湿润北亚热带季风气候、云贵高原低纬度高原中亚热带季风气候及高山寒带气候与立体气候分布区三类气候类型。青藏高原主要受西风环流控制，除西藏东南峡谷和喜马拉雅山系南坡小部分地区具有明显的海洋性气候外，大部分地区干燥寒冷、昼夜温差大、干湿季节分明，无霜期短，降水量少，蒸发量大，相对湿度小。各季节降水分配不均，干湿季分界非常明显，年降水量自藏东南向西逐渐递减，90%的降水量集中在5～9月。云贵高原冬季盛行干燥大陆季风，夏季盛行湿润海洋季风，气候垂直变化明显，气候类型多样，年温差小，日温差大，冬干夏湿，干湿季明显，降水丰沛，雨量分布不均，区域南端云南西双版纳有少部分热带季风雨林气候区。四川盆地边缘山地降水十分充沛，为中国突出的多雨区，有"华西雨屏"之称，但冬干、春旱、夏涝、秋绵雨，年降水分配不均，70%~75%的雨量集中于6~10月，最大日降水量可达300~500mm。

地形 西北高、东南低，主要由青藏高原、云贵高原和四川盆地组成，主要特征为：①青藏高原（不包括青海部分）。位于西北部，海拔2200~8848.86m（珠穆朗玛峰），区内高山峻岭和河流切割，形成多种高原地貌。主要包括山地为主的高原地貌、河谷平地和湖盆谷地地貌、高山峡谷地貌。②云贵高原。位于该区东南部，属于典型山原地貌，以高原、山地为主。包括高原区（云南高原和贵州高原）、高山峡谷区（即滇西北、川西南和黔东区域）、中山宽谷区、盆地。③四川盆地。位于该区的东部，是中国形态最典型、纬度最南、海拔最低的盆地。基岩由紫红色砂岩和页岩组成，分化后形成富含钙、磷、钾等元素的紫色土，俗称紫色盆地。

土壤 受地质变迁和复杂气候等影响，土壤类型多样、地带性明显，垂直分布显著。按区域植被—土壤类型可划分为川西滇北针叶林山地暗棕色森林土及山地棕壤区，云贵高原中部云南松阔叶林山地红壤及黄壤区，云贵高原西部及南部常绿阔叶林山地黄壤、山地砖红壤性土区，西藏东南部针叶林及常绿阔叶林山地漂灰土、山地黄棕壤区。主要表现为：①青藏高原。由低到高南部为燥红土、红壤、山地黄棕壤、山地棕壤、漂灰土和高山草甸土，北部河谷为褐土、棕壤、山地暗棕壤、漂灰土和高山草甸土；海拔3000~3600m及以下的干热河谷狭窄的阶地和洪积扇上以褐土为主；寒冷性针叶林下以棕色森林土为主；林线以上则发育有高山灌丛草甸土或高山草甸土；各流域向源上溯，土壤类型趋向一致，由山地棕壤、暗棕壤和山地棕色森林土组成，河谷地带则包含有红黄壤、黄壤等土壤类型。②云贵高原。地带性土壤为红壤，约占区域土地面积的50%。南部北纬22°~24°地带为砖红壤、赤红壤，东部湿度较大地区为黄壤，中南部海拔2500m的地带为黄棕壤，北部海拔3000m以上为棕壤和暗棕壤，中西部分布有较大面积的紫色土，滇东石灰岩地区分布有黑色石灰土。③四川盆地。是中国紫色土分布最集中的地方，分布于盆地海拔800m以下的低山和丘陵，盆周的山地、盆地内沿江两岸及川西平原的阶地和丘陵上则分布着黄壤。

植被 根据《中国植被》区划，该区广布着不同的森林植被，主要表现为：①青藏高原。森林植被垂直带谱和地域性非常明显，横断山区东部边缘以岷江冷杉、峨眉冷杉为主，三江流域广泛分布着川西云杉，念青唐古拉山东段以南地区有喜马拉雅冷杉、苍山冷杉、长苞冷杉分布，雅鲁藏布江及尼洋曲、迫龙藏布谷地广泛分布着林芝云杉。②云贵高原。属于泛北极植物区的中国—喜马拉雅森林植物亚区，植物种类丰富，种子植物有249科1491属5545种。森林类型以针叶林为主，云南松林分布最广泛，西北侧横断山区高海拔地带分布着良好的亚高山针叶林，南部亚热带季风常绿阔叶林以樟科、木兰科等喜暖热成分为主，并以思茅松林为特色；中东部滇中高原海拔1300~3000m的范围内是常绿阔叶林和云南松林带，是最重要的森林类型。常绿阔叶林树种以壳斗科为主，樟科、木兰科、山茶科次之。③四川盆地。

珍稀孑遗植物和特有种众多，地带性植被为亚热带常绿阔叶林，包括多种珍贵阔叶树种，如栲树、峨眉栲、刺果米槠、青冈、曼青冈、包石栎、华木荷、四川大头茶、桢楠、润楠等；其次有马尾松、杉木、柏木组成的亚热带针叶林及竹林；边缘山地由下而上是常绿阔叶林、常绿阔叶与落叶阔叶混交林、寒温带山地针叶林，局部分布有亚高山灌丛草甸。

社会经济 西南地区少数民族众多，为中国低人口密度区，经济发展比较落后。是中国连接东南亚、南亚的国际大通道，已成为面向东盟自由贸易区的前沿。同时，西南地区还是中国旅游业发展的重要区域，其经济发展的动力和潜力会越来越大。国家和地方政府先后出台了一系列加速林业改革和发展的政策，确立了林业在社会经济发展中的战略地位，为优化森林资源、调整产业结构、明晰产权制度等重大问题提供了强有力的政策支持和战略性机遇，发展林业的潜力很大。

西南地区森林培育技术特点 西南地区是中国的重要林区之一，地理类型复杂，气候类型多样。山地森林区域绝大部分处在高山峡谷。河流的源头、上游，山高坡陡，水土流失和泥石流滑坡严重，生态环境十分脆弱。石漠化、荒漠化、沙化及干旱、干热河谷等困难地带较多，困难立地造林也是森林培育的重要任务。农区人工林生态系统整体服务功能的提升是森林培育的又一重点。

树种选择 ①青藏高原。造林阔叶树种可选择桦木、桤木、杨树、高山栎、川滇高山栎、黄背栎、千里榄仁、阿丁枫、糙皮桦、辽东栎、白桦、小叶杨、垂柳、沙棘等；针叶树种则以西藏红杉、大果红杉、喜马拉雅红杉、青海云杉、林芝云杉、川西云杉、雪岭云杉、乔松、云南松、高山松、长叶松、西藏柏木、巨柏、岷江柏、圆柏、大果圆柏、祁连圆柏、铁杉、冷杉、西藏冷杉、长叶云杉、云南红豆杉等为主；灌丛植物为杜鹃、西藏狼牙刺、金露梅、锦鸡儿、霸王鞭、仙人掌、羊蹄甲、鼠李、白刺花柳、白刺等。其中阔叶树种和灌丛植物多见于**防护林**，以发挥生态效益为主，针叶树种兼顾经济效益和生态效益。②云贵高原。造林以针叶树种为主。云南松、云南油杉、华山松、翠柏（海拔1000~2000m）、黄杉（海拔1500~2800m）等适宜于海拔1000m以上；杉木适宜云南东南部、中部及四川西南部种植；三江（金沙江、怒江、澜沧江）干热河谷区与西藏南部林区联系紧密，适宜种植西藏冷杉、喜马拉雅红杉、糙皮桦、垂枝柏、乔松；大巴山区和巫山山区从地缘上与这一地区比较接近，适生树种有杉木、枫香、毛竹，大巴山区海拔1000m以下可种植马尾松、杉木、麻栎、栓皮栎、柏木、枫香、水杉，海拔1000~2000m地带可种植华山松、柳杉、铁坚杉，海拔2000m以上可种植巴山松（海拔1600~2500m）、麦吊云杉、黄果冷杉、秦岭冷杉、铁杉。阔叶树种可选择檫木、鹅掌楸、青冈、水青冈、黑壳楠、米心树等；此外可发展刚竹、慈竹、红豆杉、秃杉、黄杉等。云南松、杉木、马尾松、柳杉及杨树等可选作主要用材树种造林。③四川盆地。盆中以用材林为主，可选择树种包括杉木、柏木、杨树类（白杨组、青杨组）、桤木（桤木、蒙自栲木）、桦木（光皮桦、红桦、白桦）、桉树（赤桉、巨桉、直干桉）、秃杉、柳杉、马尾松、檫木、水青冈、朴树、栲树、青皮树、鹅掌楸及竹类等；盆周山地适宜发展防护林，可选择栲木、栎类、桦木、马桑、黄荆、榛子、马尾松、柏木、油松、华山松、杉木、落叶松、云杉、高山松、青杨、峨眉冷杉、合欢、刺槐、竹类等树种，并可与悬钩子属、桐子属、胡枝子属、木姜子属、吴茱萸属、蔷薇属等灌木树种混交；核桃、板栗、杜仲、银杏、茶树、花椒、枣、油橄榄、沙棘、石榴、开心果、小桐子等经济林、能源林树种可根据立地条件和地方习惯适当发展。

林地清理 造林地清理的方式分为全面清理、带状清理和块状清理3种。每种清理方式的应用，随造林地的植被种类和覆盖度、采伐剩余物的数量及散布情况、造林方式、清理方法及经济条件等不同而不同。在交通不便或高山峡谷地带一般不清理林地，直接采取穴状等局部整地方式，避免引起水土流失和增加造林成本。一般采伐迹地、杂草及竹类繁茂地以及准备进行全面整地的各类造林地，可采用全面清理。灌丛地、低价值幼林地和疏林地通常采取带状清理。稀疏低矮的杂草地以块状清理为主。

整地技术 交通不便或高山峡谷地带直接采取穴状等局部整地方式，规格为60cm×60cm×40cm或40cm×40cm×30cm，一般采用等高线三角形配置，造林前整地；干旱河谷地带则采用反坡鱼鳞坑或反坡穴状整地，规格为40cm×4cm×40cm、50cm×50cm×40cm，采用等高线品字形配置，一般在雨季来临前整地；山地和丘陵地区采用穴状等局部整地或带状整地，规格多为40cm×40cm×40cm或1～3m带状，横坡或南北向行状配置，提前1～6个月整地；盆地低海拔地带多栽植经济林木或速生树种，一般采用大穴整地，规格为60cm×60cm×60cm或40cm×40cm×40cm，行宽2～4m，造林前进行。

造林技术 一般采用植苗造林。高山峡谷地带常采用裸根苗植苗造林，4～10月造林，注意避免低温危害。部分交通不便地区可采用播种造林（人工播种、飞播造林）或封山育林以促进自然更新。干旱河谷地带采用植苗造林，雨季造林，栽后加强水分管理以提高成活率。云贵高原的山地和丘陵、四川盆地及周边低海拔地区培育用材林，常采用无性系容器苗植苗造林，一年四季均可造林，但以春季、夏季（雨季）、秋季较多；培育经济林则采用大苗植苗造林，春季造林，部分地区注意避免季节性干旱和霜害。分殖造林用较大苗植苗造林，可在水肥优越立地采用，适用于萌蘖性较好的桉、杨等树种。

抚育管理 高海拔地带应结合造林成活率和保存率检查，适时进行补植补播；部分为保证保存率加大造林密度的林分应在林分郁闭后及时疏伐；一般进行1～2年幼林抚育，较少进行成林抚育间伐，注意防止风害。干旱地带一般进行2～3年幼林抚育，以水分管理为主，由于造林成活率低，应及时进行补植补播，干旱季节及时松土灌溉，合理调控林分密度，成林抚育按林种要求进行。云贵高原和四川盆地用材林以松土除草、施肥等幼林抚育措施为主，以营造良好的

生长环境，提高生产力。一般林分郁闭前每年应进行1～3次松土除草，在施足基肥的基础上，根据林木需肥特性和林地肥力适时适量进行追肥，每年可进行1～2次，时间为生长季节前和生长高峰期。成林抚育则以密度调控为主，及时进行修枝除萌，可视林分生长情况适当施肥。而经济林主要以水肥和树形管理为主，特别是高产年之后应及时采取措施恢复树势，营养生长期后应及时进行修剪。此外，病虫害防治是所有林分特别是经济林的抚育管理重点。

参考文献

翟明普, 沈国舫, 2016. 森林培育学[M]. 3版. 北京: 中国林业出版社.

翟中齐, 印嘉祐, 杜锦田, 1993. 中国林业经济地理[M]. 北京: 中国林业出版社.

张余田, 2007. 森林营造技术[M]. 北京: 中国林业出版社.

中国树木志编委会, 1981. 中国主要树种造林技术[M]. 北京: 中国林业出版社.

（张健，肖玖金）

西南桦培育　cultivation of *Betula alnoides*

根据西南桦生物学和生态学特性对其进行的栽培与管理。西南桦 *Betula alnoides* Buch.-Ham. ex D. Don 为桦木科（Betulaceae）桦木属树种，别名西桦、西南桦木；中国南方乡土珍贵树种。

树种概述 落叶乔木。树皮片状剥落。柔荑花序，果序下垂。天然分布于云南南部、西部，广西西部，贵州南部红水河沿岸，西藏墨脱县，海拔200～2800m；越南、老挝、泰国、缅甸、印度和尼泊尔亦有分布；中国广西中部、东部，广东各地以及福建南部已成功引种。喜光、喜温凉，较耐干旱，不耐水淹或积水；属深根性树种，根系发达，对土壤适应性较强；旱季落叶后10天至半月即发新叶；10～11月开花，翌年2～3月种子成熟。速生，材质优良。中高档木材，淡红色，纹理细致，密度中等，易加工；可用于制作家具、木地板、胶合板贴面、乐器等。树皮可入药，可治疗感冒、风湿骨痛、消化道疾病等。

良种选育 已选育出‘西南桦广西凭祥种源’和‘西南桦云南腾冲种源’2个国家级审定良种以及‘青山1号’‘青

西南桦—红锥异龄混交林（李吉良　摄）

山2号''青山5号'和'青山6号'4个省级无性系良种，并得到规模应用。

苗木培育 以实生苗造林为主。种子细小，千粒重约0.1g。培育移植容器苗，先集中培育芽苗。2～3个月小苗长出4～6片真叶或3～5cm高时移苗；约6个月苗高20～30cm时出圃造林。

林木培育 宜选择阴坡、半阴坡土层深厚、土壤肥沃的立地造林。株行距常采用2m×3m或3m×3m。造林后带状或块状抚育2～3年，每年2～3次。一般造林后6～8年和12～14年进行间伐，20～25年主伐。

病虫害防治 可见溃疡病、拟木蠹蛾、天牛、吉丁虫等主要病虫害，尤以拟木蠹蛾危害最为严重，可通过营造混交林及林下植被管理予以防治。

参考文献

曾杰，2010. 西南桦丰产栽培技术问答[M]. 北京: 中国林业出版社.

曾杰，郭文福，赵志刚，等，2006. 我国西南桦研究的回顾与展望[J]. 林业科学研究, 19(3): 379–384.

（曾杰）

喜树培育 cultivation of common camptotheca

根据喜树生物学和生态学特性对其进行的栽培与管理。喜树 *Camptotheca acuminata* Decne. 为山茱萸科（Cornaceae）喜树属树种，在恩格勒、哈钦松和克朗奎斯特等分类系统中属于蓝果树科（Nyssaceae）；中国特有树种，重要的用材、药用和园林观赏树种。

树种概述 落叶乔木。树高25～30m，胸径可达100cm；花单性同株，多数排成球形头状花序，雌花球顶生，雄花球腋生；瘦果长三菱形，有窄翅，25～35枚集成球形辐射状；果熟期11～12月。广泛分布于中国长江流域及其以南各地。美国加利福尼亚州、得克萨斯州和路易斯安那州，英国邱园（皇家植物园）和越南北部部分地区也有引种。喜温暖湿润，不耐严寒干燥，多生长于山脚沟谷坡地。木材适于作造纸原料、胶合板、火柴、牙签、包装箱、绘图板、室内装修、日常用具等。果实、根、树皮、树枝和叶均可入药，具有抗癌、清热杀虫的功能。

苗木培育 主要采用播种育苗。育苗圃地应选择排水良好、灌溉方便、土层深厚、土壤肥沃湿润的壤土或沙壤土；忌过于黏重的土壤以及连作或前作为茄子、辣椒、烟草、红薯等作物的圃地。播种初期需注意圃地排水，减少根腐病和黑斑病的发生；苗期需加强水肥管理和刺蛾虫害防治。1年生苗木平均苗高达75cm以上，地径达0.7cm以上，可出圃造林；也可在翌春按株行距60cm×80cm移植培育大苗。大苗培育喜树主根发达、萌芽力强，1、2年生苗要经常抹芽修剪，保持主干直立生长，不受干扰。

林木培育 造林地应选择海拔800m以下、土层深厚、土壤肥沃、坡度25°以下的阳坡，或立地条件较好的丘岗沟谷坡地。整地方式宜采用穴垦整地或水平带状整地。造林密度视经营目的而定，成片用材林可适当密植，采用3m×3m

的株行距；四旁植树可采用3m×3m或4m×4m。1～2月造林，以叶芽即将萌动时为宜。为提高造林成活率，最好采用1～2年生苗木造林；如采用大规格苗，宜进行截干造林。栽植深度比苗木原土痕深3～5cm即可，截干露头离地2～3cm较好。造林后2～3年中耕除草，每年2～3次，分别在4～5月和8～9月进行。幼林期抹芽修枝。林分抚育间伐的开始年限、次数和强度需根据造林密度、立地条件、培育目标和林分生长状况确定；一般在造林后6～8年内进行第一次间伐，15年左右进行第二次间伐，至主伐年龄时每公顷保留750～900株；防护林带的间伐应以林带稀疏要求为准则，一般保持25%～40%的通风度。

参考文献

陈植，1984. 观赏树木学[M]. 北京: 中国林业出版社.

国家林业局，2014. 喜树栽培技术规程: LY/T 2333—2014 [S]. 北京: 中国标准出版社.

杨银虎，史丽慧，吴金虎，等，2017. 喜树繁育技术[J]. 中国花卉园艺(14): 42–44.

（吴家胜）

下层疏伐 thinning from below

见疏伐。

下种伐 seed cutting

典型渐伐的第二次采伐。即在成熟林分中为上层林木结实下种和幼苗幼树的初期生长创造良好条件而进行的采伐。

见渐伐。

（孟春）

夏季造林 afforestation in summer

在夏季雨量集中充沛，气温高、湿度大，树木生长迅速时进行的人工林营造。也称雨季造林。主要在冬春干旱少雨、夏季雨热同期地区，如华北和云南等地进行。雨季土壤和空气湿度大，夜晚相对低温等有利于提高造林成活率和保存率。多以容器苗造林为主。

夏季造林时间可根据不同年份雨季早晚及造林地空气湿度和土壤保水状况确定，湿度大、保水好，宜雨季初期造林，反之则宜雨季中、后期造林。一般通过土壤湿度判定造林时期，即透雨后，林地土壤表层20cm以下土层湿度良好，即使15～20天晴朗无雨，此层土壤含水率也能达25%～35%，可以造林。雨季苗木蒸发强度大，天气变化无常，造林时机难以掌握，会增加移植苗木根系恢复的难度，影响成活。栽植造林成功的关键在于掌握雨情，要在雨水集中、空气湿度大的时间进行，一般在连续阴雨天或透雨后进行。

雨季造林树种以常绿树种及萌芽力较强的树种为主，如油松、侧柏、云南松、樟树、杉木、柠条、紫穗槐等。栽植阔叶树要适当剪去部分枝叶，减少苗木水分蒸腾，以保持苗木体内水分平衡。栽植针叶树，最好在起苗时带宿土栽植，或用泥浆蘸根，并做好包装工作。尽量做到就地取苗就地造林，防止苗根风干。

参考文献

翟明普, 沈国舫, 2016. 森林培育学[M]. 3版. 北京: 中国林业出版社.

张建国, 李吉跃, 彭祚登, 2007. 人工造林技术概论[M]. 北京: 科学出版社.

（马焕成，唐军荣）

纤维素能源林培育　cellulose energy forest cultivation

以培育纤维素能源原料林为主要目的所进行的营造林生产经营活动。以纤维素为原料转化成液态燃料可以替代乙醇、汽油和柴油，取代以粮食为原料制造生物燃料。林木木质纤维素组成包括约45%主要由葡萄糖聚合而成的纤维素，约30%主要由木糖聚合而成的半纤维素，约25%主要由复杂酚类聚合而成的木质素。植物纤维素资源培育是开发可再生清洁新能源的长期发展目标，是人类主动开发可再生生物质能源的积极行动之一。

树种选择　所选树种应具有纤维素和半纤维素含量高、生长迅速、生物产量大、萌蘖力强、采收周期短、抗逆性强等特点。世界各地营造纤维素能源林的优良树种、品种很多，如在温带地区有耐瘠薄、耐水涝、抗寒性强的杨树杂交种和柳树无性系；在热带、亚热带地区有金合欢、银合欢、木麻黄、桉树等。中国各地气候环境差异大，适合规模化栽培的常见树种较多，东北地区可选择落叶栎类、柳树、杨树等；西北地区可选择沙棘、柠条、沙柳、柽柳等；华北地区可选择刺槐、栎类、杨树等；南方地区可选择栎类、铁刀木、桉树等；东南沿海热带和亚热带地区可选择鳞苞栲、相思树、木麻黄、桉树、银合欢等。

立地条件　可利用条件较差的沙荒地、山地等种植。但不同的立地条件下能源林产量相差很大。为满足能源林短轮伐期下的高生物量，需选择水肥条件好的立地，贫瘠的立地条件需进行改良。

整地与造林　须先细致整地。整地前应清理造林地，一般采用块状或带状方式，并与整地同时进行。平原可采用全面、带状、穴状等整地方法。山地应用窄幅梯田、水平阶、水平沟及鱼鳞坑等方式整地，沿水平等高线品字形配置。一般采取春季植苗造林；容器苗可采取雨季造林。

造林密度与收获期　造林密度依地区、树种和收获周期有很大差异。杨树与柳树，欧洲造林密度5000～10000株/hm²，采伐周期4～6年；而美国造林密度1000～2500株/hm²，采伐周期6～10年。中国刺槐能源林造林密度6667～10000株/hm²，种植3～6年首次刈割收获，间隔收获周期2～3年；灌木能源林造林密度1200～4950株/hm²，种植4～6年首次刈割收获，间隔收获周期3～6年。

经营管理　造林完成后，应对造林地实施封禁保护措施，并进行常年管护，防止栽植苗木受到人畜破坏。在造林后至首次平茬利用之前，每年需进行抚育管理。抚育作业一般包括松土除草、扩穴培土、须施肥灌溉、扶苗清淤等内容。

参考文献

彭祚登,马履一,贾黎明,等, 2015. 燃料型灌木能源林培育研究[M]. 北京: 中国林业出版社.

彭祚登,马履一,李云,等, 2020. 刺槐燃料能源林培育研究[M]. 北京: 中国林业出版社.

钱能志,费世民,韩志群, 2007. 中国林业生物柴油[M]. 北京: 中国林业出版社.

（彭祚登）

蚬木培育　cultivation of hsienmu

根据蚬木生物学和生态学特性对其进行的栽培与管理。蚬木 *Excentrodendron tonkinense* (A. Chev.) H. T. Chang et R. H. Miao 为锦葵科（Malvaceae）蚬木属树种，在恩格勒、哈钦松和克朗奎斯特等分类系统中属于椴树科（Tiliaceae），又称铁木；中国热带或南亚热带岩溶地区著名珍贵用材树种；国家二级重点保护野生植物。

树种概述　常绿大乔木。叶革质，卵圆形或椭圆状卵形。圆锥花序长5～9cm，有花7～13朵，花柄无节，有短柔毛，两性花。翅果长2～3cm，有5条薄翅。主要分布于中国广西西南、云南东南及越南北部的石灰岩山地，垂直分布海拔200～900m。喜暖热气候，幼树耐阴，抗寒性弱。适生区年平均气温19～22℃。不耐水湿，适生于肥沃的钙质土壤。木材气干平均密度为1.02g/cm³，心边材区别明显，心材比重大，红褐色，纹理直，光泽强，耐腐耐磨耐砍，韧性大，干缩性小，为优质的船舰、车辆、机械垫木、特种建筑和高级家具用材。

苗木培育　主要采取播种育苗。6月底果实成熟时采收，经脱粒、除杂后，随采随播。圃地土壤以腐殖质含量高的石灰土为宜，苗床起畦条播，每亩播种量约10kg。种子播后覆盖3cm厚的细土，上面再加盖稻草保湿。3～5天出土，初期宜适度遮阴。幼苗生长较缓慢，要加强除草松土和水肥管理。

林木培育　以培育大径材为主。宜选择北回归线以南的石灰岩山地中下部肥沃的钙质土壤造林。蚬木早期喜阴，造林地不宜炼山全垦整地，一般以块状穴垦为主，也可根据石灰岩山石多土少的特点，采取见缝插针的方式整地。宜在春季雨后造林，将裸根苗修剪后浆根再定植，株行距2m×3m。造林后每年抚育2次，采用块状铲草、松土，直到林分郁闭

图1　蚬木林相（广西龙州）

图2　蚬木苗（广西凭祥热带林业实验中心）

为止。当林分郁闭度达到 0.8～0.9、个体分化明显时进行**透光伐**，以后每隔 5～8 年进行一次生长伐，间伐后林分郁闭度应控制在 0.6～0.7。达到培育目标后主伐利用，宜采用择伐或小面积皆伐，伐后进行**天然更新**或人工造林更新。主要害虫为曲脉木虱，以若虫群集在嫩芽嫩叶吸食汁液；成虫危害嫩梢。应及时用杀虫药剂等喷雾防治。

参考文献

王克建, 蔡子良, 2008. 热带树种栽培技术[M]. 南宁: 广西科学技术出版社.

沈国舫, 翟明普, 2011. 森林培育学[M]. 2版. 北京: 中国林业出版社.

（贾宏炎，卢立华，明安刚）

乡土树种　indigenous tree species

历史上自然分布或土生土长于当地的树种。对本地区的气候和土壤条件有较强的适应性，是当地森林生态系统中的优势种、建群种或特有种。乡土树种有的已用于栽培，有的还处于野生状态。

乡土树种一般都经过了自然竞争和残酷的优胜劣汰，逐渐适应了本地的土壤条件和气候变化等因素，能够很好地与生长区域生态环境和谐共生，如榉树、黄连木、银杏、槐树、栎树、樟树等，许多成为当地古树名木资源的重要组成部分。在生态保护和国土绿化工程的**树种选择**中，一定要坚持以乡土树种为主的原则。由于乡土树种是适应当地立地条件较好的树种，**天然更新**能力强，有可能培育成当地森林生态系统的顶极群落建群种。具有长期的生态稳定性，长期发挥水土

保持、水源涵养、农田防护等方面的作用。对当地特有的乡土树种，或受到了自然和人类活动等诸多因素的影响成为濒危物种的乡土树种，要加大力度进行保护、恢复和培育，使其形成稳定的植物群落，从而构建具有当地特色的植物景观。有些乡土树种如南方的杉木，具有造林成功率高、生长迅速、材质优良的特点，成为当地重要的用材树种；还有一些乡土树种具有药用价值，如黄连木的根、茎、叶均可入药。通过乡土树种的利用，可以构建完善、稳定的森林生态系统，有效改善立地条件，最大程度地服务于生态文明建设。

参考文献

陈祥伟, 胡海波, 2005. 林学概论[M]. 北京: 中国林业出版社.

陈晓阳, 沈熙环, 2005. 林木育种学[M]. 北京: 高等教育出版社.

（郑元，马焕成，夏志宁）

响叶杨培育　cultivation of Chinese poplar

根据响叶杨生物学和生态学特性对其进行的栽培与管理。响叶杨 *Populus adenopoda* Maxim. 为杨柳科（Salicaceae）杨属树种，中国特有的速生阔叶用材树种；具有主干通直、生长快、寿命长、冠形美、材质好、用途广等特点，其木材是工业和民用的良材。

树种概述　落叶乔木。树皮灰白色，树冠卵形。小枝较细，暗赤褐色，芽圆锥形。叶卵状圆形或卵形。雌雄异株，花序轴有毛。蒴果卵状长椭圆形；种子倒卵状椭圆形。花期 3～4 月，果期 4～5 月。主要分布于长江流域以南，陕西、河南、安徽等地也有分布。垂直分布于海拔 300～2500m。萌芽力强，天然更新良好，是火烧迹地和采伐迹地的先锋树种。喜光，不耐庇荫，比较耐寒。对土壤要求不严，但在酸性至中性、有机质含量高的壤土上生长良好。木材供建筑、器具、造纸等用；叶含挥发油，可作饲料。

苗木培育　可播种育苗，但多采用无性繁殖方式育苗。①播种育苗。选择地势平坦、排灌方便的沙壤土作播种地。一般 4～5 月采集将要成熟的蒴果枝条并将其放在通风良好的室内或水培，成熟后脱粒收取种子，随采随播，播种量 0.5kg/ 亩左右，拌细沙或细土播种。播种后 3～5 天大量萌发，此时注意防治立枯病。苗木可当年出圃。②扦插育苗。采集优良母株或无性系根萌条、嫁接苗平茬萌生条和组培苗的硬枝或嫩枝作插条，以 6 月中旬和 9 月下旬嫩枝扦插的生根率最高。采用激素萘乙酸（NAA）和 ABT 生根粉处理，生根率更高。③嫁接育苗。用 1 年生北京杨作砧木，响叶杨优良母株或无性系 1 年生萌条作接穗，采用**枝接**或**芽接**方式进行嫁接。

林木培育　选择土层较深厚、水肥条件较好的地段为造林地，以全面、块状或带状整地方式整地。成片造林一般株行距 2m×2m 或 2m×2.5cm，四旁植树株行距 4m×4m 或 4m×5m。采用 2～3 年生大苗造林。每年 12 月至翌年 3 月初取苗造林。栽植后 3 年内进行块状抚育，逐年扩大。间伐起始时间为 10 年左右，主伐期在 30～35 年。响叶杨抗病虫害能力较强，病虫害主要有叶斑病、杨透翅蛾、白杨叶甲、天牛等，注意及时防治。

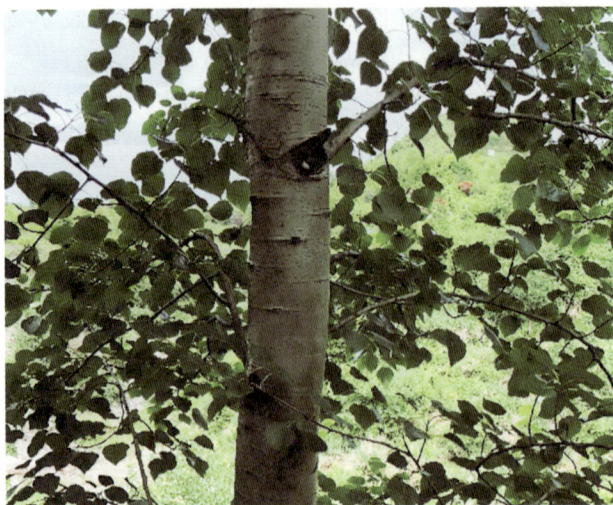

响叶杨（贵州贵阳）（熊忠华　摄）

参考文献

郑万钧, 1985. 中国树木志: 第二卷[M]. 北京: 中国林业出版社.

（熊忠华，伍孝贤）

小面积皆伐　small area clear cutting

将伐区面积不超过 5hm²（一般 1～3hm²）的成熟林木在短时间内（一般不超过 1 年）全部伐除或基本伐除的皆伐方式。

见皆伐。

（王立海）

小叶杨培育　cultivation of simon poplar

根据小叶杨生物学和生态学特性对其进行的栽培与管理。小叶杨 *Populus simonii* Carr. 为杨柳科（Salicaceae）杨属树种，中国三北地区防护林和用材林主要造林树种。

树种概述　落叶乔木。树皮灰褐色，后变为黄褐色。叶菱状倒卵形、菱状卵圆形。雌雄异株。蒴果小，无毛。花期 3～4 月，果熟期 4～5 月。中国乡土树种，分布甚广，遍布东北、华北、华中、西北、西南各地。其中以河南、陕西、山东、甘肃、山西、河北、辽宁等省最多。根系发达，萌蘖力强，耐风蚀。强喜光树种，不耐庇荫，耐旱、耐寒，对土壤要求不严。用于保持水土、防风固沙、护岸固堤、四旁绿化，木材可作建筑、器具、造纸、火柴杆、牙签、胶合板、人造纤维等用材。树皮含鞣质 5.2%，可提制栲胶；叶子可作饲料。

苗木培育　采用扦插或播种繁殖。扦插育苗以 2 年生枝或 1 年生苗干作插穗，插前对插穗进行流水浸泡或催根处理；播种育苗宜于春季随采种随播种，幼苗真叶期应预防立枯病和炭疽病。

林木培育　培育速生丰产林和农田林网，宜选择土层深厚、肥沃、地下水位高的立地，营造其他林种应选择土壤湿润的地块。一般采用带状或块状整地，植苗、插干和压条法造林。造林密度商品用材林 667～1667 株 /hm²，生态公益林 3333～5000 株 /hm²；农田防护林造林株行距 3m×4m，

图1　小叶杨林（青海海北藏族自治州祁连县）（樊军锋　摄）

图2　小叶杨林落叶期林相（陕西延安市桥北林业局任家台林场）
（樊军锋　摄）

主林带 3～5 行，副林带 2～3 行；可与刺槐、白榆、旱柳、紫穗槐、柠条、沙棘、沙柳等混交。幼林前三年应进行松土除草；郁闭后开始修枝或间伐，并注意防治杨树腐烂病、杨树叶锈病、光肩星天牛、杨大透翅蛾、杨扇舟蛾、杨毒蛾和柳毒蛾等。对长势弱的"小老树"可采取间伐、除草砍灌、种植绿肥等方法恢复树势。

参考文献

罗伟祥, 刘广全, 罗嘉珏, 等, 2007. 西北主要树种培育技术[M]. 北京: 中国林业出版社.

吕文, 杨自湘, 王燕, 等, 2001. 中国北方小叶杨资源与发展[J]. 防护林科技(4): 33-36.

齐力旺, 陈章水, 2011. 中国杨树栽培科技概论[M]. 北京: 科学出版社.

徐纬英, 1988. 杨树[M]. 哈尔滨: 黑龙江人民出版社.

（王进鑫）

新疆杨培育　cultivation of Xinjiang poplar

根据新疆杨生物学和生态学特性对其进行的栽培与管理。新疆杨 *Populus alba* var. *pyramidalis* Bunge 为杨柳科（Salicaceae）杨属树种，优良的防护林和用材林树种。

树种概述 落叶乔木，高可达 30m。分枝角度小于 30°，树冠圆柱形或尖塔形。树皮灰绿色，老时灰白色，光滑或少裂。萌条和长枝叶掌状深 5～7 裂，边缘具有不规则粗齿，表面无毛或局部被毛，背面被白绒毛；短枝叶较小，近革质、浅裂，幼时背面密生白绒毛，后渐脱落近无毛。只有雄株。原产中国新疆，南疆较多；主要分布于中国长江以北。俄罗斯南部也有分布。垂直分布于海拔 140～3000m。喜阳，喜温暖湿润气候及肥沃的中性及微碱性沙土，耐大气干旱及轻盐渍土，深根性，抗风力强，抗病虫能力强。耐寒性不强，苗木冻梢严重。可用于水土保持、防风固沙、农田防护、护路、护岸（堤）；木材可作为椽材、矿柱材、檩材、加工用大径材，亦可造纸和加工制造各种人造板。

良种选育 银白杨和新疆杨杂交选育的'准噶尔 1 号'和'准噶尔 2 号'（银新杨），耐寒性强，在极端最低温度 -40℃的气温条件下可正常生长。

苗木培育 多用扦插育苗。①大田扦插育苗。选择沙壤土、沙土或壤土，要求土地平整，灌溉条件良好。打埂做畦或做垄，覆膜。插穗以具有 3 个芽为标准，长 18～20cm，浸泡 1 天后扦插。扦插量 82500～90000 株 /hm²，扦插深度以地面留一个芽为准。扦插后及时浇水，第一水浇透，之后视土壤墒情灌溉，前期浇水要勤，后期注意控水。注意松土除草、抹芽、施肥、苗木防寒等。②营养钵扦插育苗。温室或大田进行，营养钵 10cm×10cm，插穗 10～12cm。一般在落叶入冬后，树液流动前采集条。③采穗圃建立。株行距 60cm×50cm，当年每株留种条 1 个，第二年每株 2～3 个，3 年以后每株 4～5 个。每亩可生产 8000～10000 个种条、10 万～12 万个插穗。

林木培育 ①造林。尽量选择土壤较深厚、水肥条件较好的地块造林。营造中、小径级用材林，土层厚度要在 60cm 以上；大径级用材林，土层厚度 100cm 以上。新疆杨属于窄冠杨树，适合于高密度栽培。南疆 3 月上旬至中旬，北疆 4 月上旬至 4 月底造林。椽材、矿柱材、大径材造林密度分别为 3000～3750 株 /hm²、1500～1800 株 /hm²、600～750 株 /hm²。采用截干、半截干和全苗等方法造林。②幼林管理。重点为水肥管理和松土除草等，以保证其正常需求。根据情况选择滴灌、沟灌、大水漫灌等方式。基肥以有机肥为佳，幼龄林以追施氮肥为主、磷肥为辅，中龄林以磷肥为主、氮肥为辅，采用两边挖坑埋施的方法，滴灌时最好随水滴施；追肥 5 月底至 6 月初一次，6 月底至 7 月初一次。苗期杂草要求除早、除小、除了；幼林郁闭前在 5～6 月或 8～9 月进行中耕除草，大型杂草要除早、除小、除了，低于 50cm 的小型杂草结合松土清除；幼林郁闭后的松土除草可结合施肥和有害生物防治在春秋进行；鼠兔危害严重地区，林木周边杂草须在秋季清除。竞争枝、并头枝、卡脖枝一般在当年或翌年修去，越早越好；造林两年后开始修枝，修枝高度为树高 1/3 最好，一般不要超过树高的 1/2；3cm 以上的枝条最好在夏季（7 月初）修剪，3cm 以下可在任一季节进行。③抚育间伐与主伐更新。当郁闭度达到 0.85 以上，椽材胸径 12cm，矿柱材胸径 15cm 时适时间伐。椽材、矿柱材、大径

材分别在 5～6 年、8～9 年、18～20 年主伐；生态防护林每公顷 525～600 株，30 年以上主伐。主伐后采用常规植苗更新、萌蘖更新、全生长季营养钵苗更新等方法进行更新造林。④病虫害防治。常见的病虫害有锈病、新疆杨破腹病、春尺蠖、白杨透翅蛾、青杨天牛等。除破腹病外，都可通过营林措施、生物防治、物理防治、化学防治等方法进行综合防治。破腹病严重地区只能更换树种，不严重的地区可通过在树干基部包扎玉米秸秆、涂抹胶泥等方法减少冻伤和冻裂。

参考文献

李宏, 2013. 新疆杨树产业发展的技术阶梯[M]. 乌鲁木齐: 新疆人民出版社.

（李广德，李宏，张东亚）

薪炭林 fuelwood forest

以生产木质燃料为主要目的的森林、林木和灌木丛。属于能源林中的木质能源林。

世界各国，特别是发展中国家，对木质燃料的消费量大，常占世界森林资源消耗量的一半。即使世界发达国家，也由于化石燃料的有限和不可再生，非常重视薪炭林建设。

薪材是人类最古老的能源，在世界各国均有着悠久的经营利用历史。《齐民要术》中有"种柳千树则足柴"的记述。薪炭林树种须具有生长快、热值高、无异味、无毒气、适应性强和抗逆性强等特点。中国的主要薪炭林树种有柳树、铁刀木、刺槐、马尾松、桉树、相思树、银合欢、沙棘、柠条、沙枣、紫穗槐、柽柳、木麻黄等。薪炭林常采用头木作业、鹿角桩作业或高密度（超）短轮伐期培育模式。中国西北地区的大面积灌木林可采取平茬方式获取薪材，同时平茬也是保障灌木林生长旺盛的必要措施。欧美等发达国家集约化栽培柳树和杨树高密度超短轮伐期薪炭林，采收后粉碎、压缩形成颗粒燃料，用作居家燃料或开展分布式发电和热气电联产。

参考文献

沈国舫, 2001. 森林培育学[M]. 北京: 中国林业出版社.

翟明普, 沈国舫, 2016. 森林培育学[M]. 3版. 北京: 中国林业出版社.

（贾黎明）

薪炭林培育 fuelwood forest cultivation

以生产薪材为主要目的所进行的营造林生产经营活动。中国有着悠久的经营利用薪炭林的历史，营造薪炭林是解决中国农村，尤其是偏远地区农村居民生活用能源的有效途径。

树种选择 通常选择生长快、生物量大、适应性和抗逆性强、耐樵采、热值高、易点燃、无恶臭、不释放有毒气体、不易爆裂等特点的树种，如刺槐、沙棘、沙枣、栎类、紫穗槐、银合欢、相思树、木麻黄、桉树等。

造林地选择 用于薪炭林营造的树种大多适应性强，对立地条件要求不严，可供选择的宜林地多。薪炭林经营利用时间长，但轮伐期短，樵采频繁，收获物体积大，运输费用高。在合理利用土地的前提下，应尽量选用地势较平缓、光照充足、土壤条件适宜、交通方便（采集、运输最好在 5km

范围内）、有利于发挥薪炭林生产潜力的地方。在特殊情况下，尤其在人多耕地少的地区，要因地制宜安排**造林地**，尽量利用退耕地、**撂荒地**或零星闲散地，在全面规划的基础上，采用相应的技术措施分散经营。

整地 造林前须先细致整地。一般在丘陵地带采用带宽0.8～1.0m的带状整地方式。在水土流失严重地带，宜采用水平阶、反坡梯田等整地方法。在易积水的低洼地，应当全垦整地并修筑高垄。

造林密度确定与种植点配置 薪炭林轮伐期短，适当密植是普遍采取的措施。薪炭林**造林密度**应以获取最大生物量为目的，常受树种特性、采伐时间、区域与林地自然条件等因素的影响。在适当密植的前提下，南方雨量多，幼树生长快、轮伐期短的树种与北方在立地条件较好的地方种植灌木类树种宜密些。薪炭林造林密度除了考虑以获取最大生物量为目的外，还需考虑具体的经营目的，如以烧制木炭为目的的栎类薪炭林，需要直径6～12cm的薪材，经营密度不能过大。薪炭林具体造林密度可参见"纤维素能源林培育"。薪炭林种植点的配置及其排列宜采用正三角形和丛植方式。

造林 一般采取春季植苗造林；容器苗可在雨季造林。

抚育、采伐与更新 薪炭林营造后，通过一段时间的封育，林木生长变快，林分郁闭度逐渐加大，此时要采取抚育间伐措施。抚育时要明确培育的主要目的是生产薪炭材，但也要结合生产一些其他用材和发挥森林的防护效益。其次要明确保留的树种。对于薪炭材价值较大的树种、稍耐阴的灌木以及用材价值大和稀有珍贵树种等，通过砍劣留优、砍杂留主，使保留树种分布均匀，生长旺盛。薪炭林在经历多代采收后，会出现林相残破、根蔸老化等现象，需要进行更新改造。常见的更新改造措施有：挖除老根蔸，清理林地，疏松土壤，在尽量保留原有幼树基础上，重新造林或利用留根萌蘖更新；对因缺乏乔木种源和有萌芽力根蔸的灌丛地和草丛地，进行补植造林；**封山育林**的薪炭林，随着林内树木加密，为调节杂灌木与目的树种的竞争，在割草、砍灌的同时，在目的树种根蔸周围挖垦培土，以促进林木旺盛生长。

参考文献
高尚武, 马文元, 1990. 中国主要能源树种[M]. 北京: 中国林业出版社.
黄枢, 沈国舫, 1993. 中国造林技术[M]. 北京: 中国林业出版社.
张建国, 李吉跃, 彭祚登, 2007. 人工造林技术概论[M]. 北京: 科学出版社.

（彭祚登）

薪炭林树种选择 tree species selection for fuelwood production

根据**薪炭林**造林地立地条件、树种生物学和生态学特性等开展的适宜树种选择工作。

薪炭林是以生产木质燃料（薪材）为主要目的，选择薪炭林树种一般应考虑具有以下特点：生长迅速，生物产量高，能及早获得数量较多的薪材；干枝的木材容量大，热值高；萌蘖更新能力强；适应性强，即耐干旱、耐瘠薄、耐盐碱、抗风，能在不良的环境条件下稳定生长；能兼顾取得饲草、饲料、小径材、编织材料和发挥防护功能等多种效益。

中国树种资源丰富，适合作为薪炭林种植的树种很多，有大量的**乡土树种**，也有一些引进的**外来树种**。不同地带的气候条件与立地条件差异较大，应根据薪炭林树种特性，结合当地具体条件，选用适宜的树种。中国热带及南亚热带地区，常见的可选择树种有桉树类、木麻黄、相思树类、银合欢、大叶栎、红锥、黑荆树、银荆、石栎、任豆、马桑、钝叶黄檀、马尾松、湿地松、加勒比松、思茅松等；亚热带其他地区常见的可选择树种有栎类、余甘子、朱樱花、黑荆树、黄荆、南酸枣、银合欢、刺槐、檫木、枫香、拟赤杨、赤桉、马桑、湿地松、马尾松、晚松、火炬松、旱柳、桤木、化香、紫穗槐、木麻黄、云南松等；温带地区常见的可选择树种有刺槐、沙棘、荆条、黄栌、栎类、胡枝子、紫穗槐、山桃、山杏、柠条类、柽柳、杨柳类、沙枣、梭梭、杨柴、花棒、沙拐枣等。

参考文献
高尚武, 马文元, 1990. 中国主要能源树种[M]. 北京: 中国林业出版社.
张建国, 李吉跃, 彭祚登, 2007. 人工造林技术概论[M]. 北京: 科学出版社.

（彭祚登）

薪炭林作业 firewood forest work

针对以生产薪炭材和提供燃料为主要目的的乔木林和灌木林的矮林作业方式。

薪炭林作业多采用自根际附近截干形成丛生矮林的形式。还可根据树种特性和附带的其他经营目的，采用乔木修枝作业、中林作业、**头木作业**和**鹿角桩作业**方式。薪炭林经营期一般为20～30年。生长衰弱后应复壮。薪炭林采伐年龄不严格，如兼获其他材种，应以工艺成熟龄作为采伐年龄。专用薪炭林一般2～3年即可砍伐利用。经营薪炭林可以同发展农业、牧业等结合起来。

参考文献
北京林学院, 1981. 造林学[M]. 北京: 中国林业出版社.
张建国, 彭祚登, 2006. 中国薪炭林培育技术[J]. 生物质化学工程, 46(S1): 56-66.

（彭祚登，高帆）

星状混交 mixed sporadically

将一个树种的少量植株分散栽植在其他树种组成的群落当中的**混交方法**。能满足某些喜光树种扩展树冠的要求，为其他树种创造良好的生长条件（适度庇荫、改良土壤等），还能最大限度地利用**造林地**原有自然植被；配置树种种间关系比较融洽，通常可以获得较好的混交效果。

星状混交应用的树种有：杨树散生在刺槐林中；杉木或锥栗造林，零星均匀地栽植少量檫木；落叶松造林，零星均匀地栽植少量水曲柳或椴树；马桑或云杉造林，稀疏地栽植若干柏木；侧柏或落叶松稀疏地点缀在荆条、锦鸡儿等的天然灌木林中；紫穗槐林插入少量落叶松。星状混交效果与树种混交比例关系密切。混交比例直接关系到不同林龄阶段各树种之间的庇荫强度和效果，进而影响林木生长和混交林的稳定性。

星状混交

参考文献

翟明普, 沈国舫, 2016. 森林培育学[M]. 3版. 北京: 中国林业出版社.

（吴家胜，史文辉）

形态成熟　morphological maturity

　　种子内部生物化学变化基本结束，营养物质积累已经停止，种子的外部形态呈现出完全成熟特征时的状态。形态成熟的种子含水量降低，营养物质由易溶状态转化为难溶的脂肪、蛋白质和淀粉，种子本身的重量不再增加或增加很少，呼吸作用微弱，种皮致密、坚实、抗性增强，种子较耐贮藏。种子形态成熟是确定采种期的重要标志。

　　形态成熟的外部特征：①球果类。果鳞干燥、硬化、微裂、变色。如杉木、落叶松、马尾松等的球果由青绿色变为黄绿色、黄褐色，果鳞微裂；油松、云杉等的球果变为褐色，果鳞先端反曲。②干果类。果皮由青绿色转为黄、褐或黑色，果皮干燥、硬化。其中，蒴果、荚果类如刺槐、合欢、香椿、泡桐等因果皮干燥而沿缝线开裂；坚果类的栎属种子壳斗呈灰褐色，果皮淡褐色至棕褐色；翅果类如水曲柳、臭椿等种子变为黄褐色。③肉质果类。果皮软化，颜色随树种不同而有较大变化，有些浆果果皮出现白霜。如樟树、闽楠、女贞、黄檗等的果实由绿色变为紫黑色；圆柏呈紫色；银杏为黄色；冬青为红色。

参考文献

翟明普, 沈国舫, 2016. 森林培育学[M]. 3版. 北京: 中国林业出版社.

（李铁华）

形态生理休眠　morphophysiological dormancy

　　种子休眠的一种类型。又称双休眠。除了胚形态发育不全而引起的休眠外，同时还具有生理休眠的特性。可分为简单形态生理休眠和上胚轴休眠。

　　简单形态生理休眠　种子要求先暖温（15～30℃）后低温（1～10℃）的层积条件，暖温条件下先促进胚的发育，再解除生理休眠。不少树种胚休眠是形态和生理后熟共存的。香榧种子在秋季采收时，胚仍在原胚时期，胚长仅1.43mm，在10～20℃条件下层积处理2个月后，胚体积增大，胚长可达10.44cm，此时，抑制物质降到最低水平，生长促进物质赤霉素、细胞分裂素含量增至高峰，之后种子才能萌发。刺五加种子自然成熟时，胚处于刚分化的初期，仅占种子长度的1/20，必须经过胚形态和生理后熟两个阶段才能打破休眠。

　　上胚轴休眠　胚根和上胚轴都有休眠，但二者解除休眠的条件不同，主要有先暖温后低温和先低温后暖温2个亚型。①先暖温后低温。牡丹、一些栎树等在1～3个月的暖温层积阶段，种子萌发，胚根和下胚轴生长。之后需要1～3个月的低温阶段，促进上胚轴生长。②先低温后暖温。荚蒾属等种子胚根和上胚轴都要求低温条件解除休眠，但解除休眠的时间不同。要求先有一个低温层积解除胚根休眠，之后是一个暖温层积促使胚根生长，然后再给予冷处理使上胚轴的休眠得以解除。

参考文献

沈海龙, 2009. 苗木培育学[M]. 北京: 中国林业出版社.

张红生, 胡晋, 2015. 种子学[M]. 2版. 北京: 科学出版社.

（李庆梅）

形态休眠　morphological dormancy

　　种子休眠的一种类型。种胚发育不足或胚器官分化不完善而引起的休眠。有些种子外部形态上虽已成熟，但胚发育不足或者胚器官分化不完善而不能发芽，种子在脱离母株后种胚仍需要进一步地生长才能使种子萌发。主要包括种胚未分化、种胚未长足两种情况。

　　一个完整的胚包括子叶、胚根、胚轴、胚芽等结构。有些树种的种子外部形态成熟时，由于胚器官分化不完善而不能发芽，如银杏、刺楸、七叶树、冬青、油椰子等。这类种子多数需要在暖温或低温条件下并结合较高的湿度完成其形态后熟过程，胚长满胚腔，器官完成分化，物质完成转化。很多种子在15～20℃的温暖条件下才能完成胚的继续分化和生长，经3～4个月层积处理，胚基本分化完全，即具备了萌发能力。其中，前2～3个月胚分化出子叶、胚轴、胚根和胚芽，后1个月是胚的生长，种子长度增长（在胚分化的同时，胚的大小也在增加）。刺楸种子形态成熟时种子几乎完全被胚乳充满，胚极小，几乎没有分化，只能看到两个子叶原基，呈心形或半月形。因此，刺楸必须完成胚的继续分化和生长，完成形态后熟后种子才能具有萌发能力。

　　有些树种的种子完成了形态的建成，胚已完全分化，但胚尚发育不足，胚尚未扩增或贮藏物尚未完成积累。该类种子通常含有大量的胚乳组织，完全将幼小的胚包围。种子萌发之前，从母体植株脱离的不同发育程度的幼胚必须通过细胞分裂、细胞扩增等方式进行生长，完成胚的成熟发育过程。水曲柳种子采收时，胚已分化出肉眼可见的子叶、胚芽、胚轴和胚根，但整个胚仅占胚腔的 60% 左右，层积处理后，在适宜条件下胚继续发育直至充满整个胚腔，胚的干重也相应发生变化，由最初占 5% 增加到占 16% 左右，与此同时，胚乳干重的比例在下降。

参考文献

沈海龙, 2009. 苗木培育学[M]. 北京: 中国林业出版社.

张红生, 胡晋, 2015. 种子学[M]. 2版. 北京: 科学出版社.

Derek Bewley J, Bradford K J, Hilhorst W M, et al, 2017. 种子发育、萌发和休眠的生理[M]. 莫蓓莘, 译. 北京: 科学出版社.

（李庆梅）

修枝季节　pruning season

一年里进行修枝的某个特定时期。一般在晚秋至早春（隆冬除外）树木休眠期，此时树液停止流动或尚未流动，养分大部分贮存在根部，修枝养分损失较少，修枝后伤口愈合快，可刺激新梢生长，且修枝后木材变色较轻。不宜在严冬修枝，寒冷气候易致切口附近的皮层和形成层发生冻害而受损。

对具休眠特性的树种，修枝应在休眠季节进行，尤其是在林木发芽前的早春修枝效果较好。对具休眠特性且萌芽能力强的树种，修枝宜在生长季进行；若休眠季节修枝，伤口周围易产生不定芽，在生长季发育成大量侧枝而影响修枝效果。修枝应避开干热风严重或温热潮湿的季节，干热风严重时切口干燥过快影响愈合，而温热潮湿条件下伤口易受病菌侵染。

参考文献

沈国舫, 翟明普, 2011. 森林培育学[M]. 2版. 北京: 中国林业出版社.

孙时轩, 1992. 造林学[M]. 2版. 北京: 中国林业出版社.

（孙晓梅）

修枝间隔期　pruning interval period

两次修枝之间相隔的年限。修枝间隔期长短会影响林木生长和木材质量。当修枝后树干下方又出现死枝时开始再次修枝，或根据侧枝相对生长法来确定。针叶树大多在第一次修枝后又出现 1～2 轮死枝时进行第二次修枝，间隔期 4～5 年。阔叶树早期修枝有利于控侧枝促主干生长，间隔期宜短，一般 2～3 年。

修枝间隔期的确定因树种特性而异，生长快的树种修枝间隔期短，如杨树一般 2 年左右即可修枝 1 次。修枝间隔期还受立地条件、林分密度和上一次修枝强度等的影响。立地条件好、生长快的林分，密度大、自然整枝严重的林分，上次修枝强度小的林分，修枝间隔期可适当缩短。

参考文献

沈国舫, 翟明普, 2011. 森林培育学[M]. 2版. 北京: 中国林业出版社.

孙时轩, 1992. 造林学[M]. 2版. 北京: 中国林业出版社.

（孙晓梅）

修枝起始期　pruning starting period

对林木开始进行修枝的时间。一般将林分充分郁闭、林冠下部出现枯枝时作为修枝的起始期。是制定人工修枝方案的关键技术指标之一，合理与否直接影响修枝效果、林木的生长以及木材的质量。

修枝起始期宜确定在枝条较小、生长速度快的幼龄阶段。此时枝条直径较小，修枝后伤口愈合快，避免受真菌侵染而造成腐烂。

修枝起始期的选择非常重要。修枝起始期与树种特性、造林密度、立地条件及经营措施等相关。造林密度大、郁闭快的林分，立地条件好、林木生长快、集约程度高的林分及经济条件好的地区，修枝起始期都应提早一些。在树冠郁闭前除去大量的枝条会严重影响树木的生长；郁闭后修枝时间过晚，由于光照、养分和水分的限制，致林木出现两极分化，被压木、枯死木、病腐木所占比例增大，林木参差不齐，林分结构失调，降低林木生长量和木材的材质。对于自然整枝能力相对较弱的树种，更应注重选择修枝起始期，尽量将节子控制在心材，避免使节疤扩张到边材部分。德国目标树经营体系中在未自然整枝前通常以胸径达到 10cm 作为确定初次修枝的时间。

参考文献

沈国舫, 翟明普, 2011. 森林培育学[M]. 2版. 北京: 中国林业出版社.

孙时轩, 1992. 造林学[M]. 2版. 北京: 中国林业出版社.

（孙晓梅）

修枝强度　pruning intensity

修去枝条占保留枝条的相对比例。修枝强度一般用修枝高度与树高之比或树冠长度与树高之比（冠高比）表示。可分为强度、中度和弱度 3 级。弱度修枝是修去树高 1/3 以下的枝条，保留冠高比为 2/3；中度修枝是修去树高 1/2 以下的枝条，保留冠高比为 1/2；强度修枝是修去树高 2/3 以下的枝条，保留冠高比为 1/3。

修枝强度是制定人工修枝方案的关键技术指标，合理与否直接影响修枝效果及林木的生长，决定着收获无节良材的长度。修枝强度过大，会减少修枝对象的叶片等光合营养器官数量，降低林木生长量，甚至会造成树体的永久损害；修枝强度较弱，会导致最后收获的无节干材量减少，达不到预期的培育要求。合理的修枝强度是在不影响修枝对象正常生长的前提下尽可能地收获更多的无节良材。

修枝强度的确定因树种、年龄、立地和树冠发育状况而异。耐阴树种和常绿树种修枝强度要小些，喜光树种、落叶阔叶树种、速生树种强度可大些。立地条件好的和树冠发育良好的林木修枝强度可适当大一些。

参考文献

沈国舫, 翟明普, 2011. 森林培育学[M]. 2版. 北京: 中国林业出版社.

孙时轩, 1992. 造林学[M]. 2版. 北京: 中国林业出版社.

（孙晓梅）

修枝切口 pruning wound

修枝后在树干上留下的创伤。为达到修枝的良好效果，防止修枝后真菌从伤口侵入，造成木材腐朽，修枝切口要求平滑、不偏不裂、不削皮和不带皮。干修时，切口愈合过程与天然整枝相同，因及时去除枯枝可减少死节的形成。绿修时，伤口周围露出的树干形成层和皮层的薄壁细胞分裂长出愈合组织，逐渐把整个切口封闭愈合。

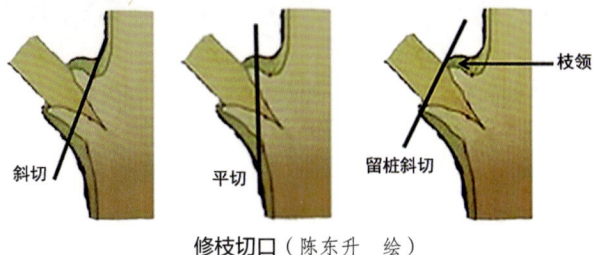

斜切　　平切　　留桩斜切　　枝领

修枝切口（陈东升　绘）

修枝切口主要有 3 种：①斜切。切口上部贴近树干，切口与分枝垂直，伤口近圆形。②平切。贴近树干修枝。③留桩斜切。留桩 1～3cm，操作简单，不易损伤树皮，伤口面积小但愈合慢，容易造成死节。平切修枝较留桩修枝伤口愈合快，有利于无节材培育。对小枝宜采用平切修枝，而对较大枝条宜采用留桩修枝，修枝时不要损坏枝领，以减小创伤面和木材心腐。

修枝切口的愈合受树种、切口方式和位置、立地条件、树木活力、枝条粗度等多因素影响。阔叶树切口愈合一般快于针叶树，伤口距树冠上部生长旺盛枝条越近愈合越快；立地条件好的切口愈合快；树龄越小，生命力越旺盛，越容易愈合；枝条越细切口越容易愈合。

参考文献

沈国舫，翟明普，2011. 森林培育学[M]. 2版. 北京：中国林业出版社.

孙时轩，1992. 造林学[M]. 2版. 北京：中国林业出版社.

（孙晓梅）

悬铃木培育 cultivation of plane tree

根据悬铃木生物学和生态学特性对其进行的栽培与管理。悬铃木在中国是一球悬铃木 *Platanus occidentalis* L.、二球悬铃木 *Platanus hispanica* Muenchh. 和三球悬铃木 *Platanus orientalis* L.的总称，属于悬铃木科 Platanaceae 悬铃木属树种，是优良的城乡行道树和园林绿化树种。

树种概述　落叶大乔木，高可达 40～50m。单叶，互生，掌状脉，掌状分裂。花单性，雌雄同株，头状花序，雄花序无苞片，雌花序有苞片。小坚果窄长倒圆锥形，基部围有长毛，花柱宿存。悬铃木科分布于北美至中美洲墨西哥、欧洲东南部、亚洲西南部至印度。中国引入 3 种：一球悬铃木，又称美国梧桐；二球悬铃木，又称英国梧桐，是三球悬铃木与一球悬铃木的杂交种；三球悬铃木，又称法国梧桐。悬铃木在中国大量栽培已有百余年，北至大连、北京、石家庄、太原，西到西安、武功、天水，西南至成都、昆明，南

悬铃木行道树（江苏南京）（贾黎明　摄）

至南宁、广州等地均有栽培，以上海、杭州、南京、徐州、青岛、九江、武汉、郑州、西安等城市栽植数量较多，生长较好，江西庐山和河南鸡公山海拔 700～1000m 处也有栽培。喜光，不耐庇荫，喜温暖湿润气候；最适于微酸性或中性、深厚、肥沃、湿润、排水良好的土壤，在微碱性或石灰性土上也能生长；抗空气污染能力较强。生长迅速，繁殖容易，根系不发达，易受风害。叶大荫浓，树姿优美，有净化空气的作用，适合作行道树栽培。木材可制作胶合板、刨花板或纤维板的贴面，板材供家具、食品包装箱、洗衣板、玩具和细木工等制品。

苗木培育　主要采用扦插育苗。落叶后选取 10 年生母树上发育粗壮的 1 年生萌芽枝，剪成长 15～20cm 插穗，成捆贮藏，翌年 3 月上中旬当插穗下口已愈合尚未发出幼根幼芽时即可取出扦插。也可播种育苗，通常采用常规技术进行，播种前将小坚果低温沙藏催芽 20～30 天再播种更好。杯状行道树大苗培育采用扦插育苗，株行距 30cm×30cm，1 年生苗高约 1.5m；第二年春移栽，移栽株行距 60cm×60cm，截干萌条当年苗高达 2m 以上；第三年留床，冬季在树高 3.2～3.4m 时定干，疏侧枝；第四年初春再次移栽，株行距 120cm×120cm，在主干切口处保留 20～30cm 长的萌条 4～5 根作为主枝，开张角度为 40°～60°，上下相距约 10cm，主枝长 1m 时摘心，冬季截短主枝至 30～50cm；第五年春季萌芽后，在每一根主枝剪口附近留两根向两侧生长的萌条作为第一级侧枝，疏除其余萌条，当第一级侧枝长达 1m 时摘心，冬季截短第一级侧枝至 30～50cm，此时 5 年生大苗胸径约 5cm，具有主枝和第一级侧枝，符合栽植行道树的要求，翌春即可定植。

林木培育　栽植行道树要求用 5 年生胸径 5cm 以上的裸根大苗，随挖、随运、随栽，种植穴规格为（100～150）cm×（100～150)cm×80cm，采用三埋两踩一提苗方法栽植，栽后用支柱支撑树干。因城市街道上的土壤条件往往很差，栽前需要换土并施基肥。施肥、松土、修剪等管理参照行道树养护要求进行。主要病虫害有黄叶病、星天牛、吉丁虫、刺蛾、大袋蛾、樗蚕、介壳虫等，需及时防治。

参考文献

范林浩，徐绍清，朱杰旦，等，2016. 二球悬铃木主要害虫防治[J].

防护林科技(4): 124-126.

李艳梅, 陈奇伯, 王邵军, 等, 2018. 昆明市主要绿化树种叶片滞尘能力的叶表微形态学解释[J]. 林业科学, 54(5): 18-29.

袁俊云, 郑芹, 化黎玲, 等, 2015. 速生法桐大规格苗木培育技术[J]. 林业科技通讯(12): 29-30.

郑万钧, 1985. 中国树木志: 第二卷[M]. 北京: 中国林业出版社.

（汪贵斌）

选择疏伐 extraction thinning

见疏伐。

蕈树培育 cultivation of *Altingia chinensis*

根据蕈树生物学和生态学特性对其进行的栽培与管理。蕈树 *Altingia chinensis* (Champ. ex Benth.) Oliver ex Hance 为阿丁枫科（Altingiaceae）蕈树属（阿丁枫属）树种，别名阿丁枫；中国南方常绿阔叶林的重要建群种和食用菌原料林树种，也是优良用材和绿化观赏树种。

树种概述 常绿乔木。树高可达 20m，胸径 60cm。树皮灰色，稍粗糙。雌雄同株，雄花短穗状花序，雌花头状花序单生或数个排成圆锥花序。蒴果；种子褐色有光泽。4 月初开花，10 月下旬至 11 月上旬果实成熟。主要分布于中国浙江、福建、湖南、广东、海南、江西、广西、云南、贵州等地。越南北部也有分布。常生于海拔 200～1000m 的山谷、沟边常绿阔叶林中。喜光，生长迅速，萌发力强；树龄 8～9 年开始开花结实。木材供建筑及家具用；枝叶可提取蕈香油，供药用及香料用；适于培育木生食用菌。

苗木培育 以播种育苗为主。选择 15～25 年生、树干通直、冠形饱满匀称、无病虫害的母树采种。当果序颜色呈深褐色、蒴果发育饱满有少数微裂时采种。种子干藏。选择

蕈树果枝（福建）

土层深厚、疏松、肥沃、排灌方便的地块进行大田播种育苗或容器育苗。播种前用 0.5% 高锰酸钾溶液进行种子消毒。苗期注意水肥管理。

林木培育 选择海拔 200～600m 的 I 类、II 类林地造林。纯林的造林密度为 2500～3300 株 /hm²；与杉木、马尾松等针叶树种进行带状混交时，初植密度约 2500 株 /hm²、蕈树 3～4 行、混交树种 1 行；林冠下套种初植密度 900～1200 株 /hm²。幼林郁闭后第 4～5 年进行首次间伐，间伐强度根据造林目的和树种组成而异。主要病虫害有角斑病、白蚁和红腹柄天牛等，采取物理防治和化学防治。

参考文献

陈存及, 陈伙法, 2000. 阔叶树种栽培[M]. 北京: 中国林业出版社.

中华人民共和国国家质量监督检验检疫总局, 中国国家标准化管理委员会, 2015. 森林抚育规程: GB/T 15781—2015[S]. 北京: 中国标准出版社.

（吴鹏飞）

压条育苗　seedling production by layering

将枝条或茎蔓在不与母株分离的状态下埋入土中或其他湿润基质中，待不定根产生后从母株上切下使其成为独立植株的**营养繁殖育苗**方法。由此方法产生的苗木称为压条苗。

压条育苗适合于扦插生根困难、生根缓慢或嫁接不易成活的树种，多见于木本花卉、果树等的繁殖。压条繁殖的常见树种有白兰花、紫玉兰、榕树、梅、樱花、桂花、茶花、紫檀、桑、榛子、樱桃、木瓜、山茶、龙眼、荔枝、金橘、李、石榴、刺梨、蜡梅、夹竹桃、紫荆、含笑、结香、金钟花、玫瑰、月季、蔷薇、扶桑、连翘、八仙花、栀子、变叶木、金银花、凌霄、珍珠梅、黄刺玫、竹子等。

压条育苗的方法很多，根据枝条的状态、位置及操作方法，分为低压法和高压法两类，也称地面压条和高空压条。低压法有普通压条、水平压条、波状压条、堆土压条等。高空压条又称空中压条，是在生长期将半木质化或完全木质化的枝条环剥，用球形容器或塑料，填入湿土或**育苗基质**封住伤口，用绳子固定2个月生根后从下端剪下枝条便得到一个新植株。坚硬不易弯曲或树冠太高，枝条不能弯到地面的树枝，可采用高空压条繁殖。对埋入土中的部位进行刻伤、环剥、环割等处理有利于生根。

压条育苗一般在树木生长期进行，方法简单，生长快，成苗时间短，成活率高；但比较费时，繁殖效率较低，局限于较小范围使用，不易大量繁殖。

参考文献

陈祖瑶, 张军, 郑元红, 等, 2013. 玛瑙红樱桃高空压条育苗试验初报[J]. 中国果树(5): 32-34.

刘勇, 2019. 林木种苗培育学[M]. 北京: 中国林业出版社: 240-242.

赵威, 刘建林, 2018. 杂交榛子嫩枝水平压条育苗技术研究[J]. 辽宁林业科技(1): 41-43, 67.

（王乃江）

芽接　bud grafting

从穗条上削取芽作接穗的嫁接方法。用于芽接的穗条多取用当年生枝，随嫁接随采集，并立即剪去叶片（保留叶柄），保鲜保存。若采用带木质部芽接，也可选用休眠期采集的1年生枝的芽作为接芽。芽接在整个生长季节都可进行，但以**砧木**皮层容易剥离时最好；凡枝条皮层容易剥离、砧木达到芽接所需粗度，接芽发育充实时均可进行芽接。各地的具体芽接时间，应根据不同树种特点和当地气候条件而定。芽接的具体操作方法有丁字形芽接、嵌芽接等。通常芽接后2周左右即可检查成活率。芽接法操作简单、速度快、容易掌握，节省繁殖材料，通过嫁接1个芽即可发育成1株嫁接苗，当年播种的砧木苗即可进行芽接。芽接的接口伤面小、易绑缚保护、成活率高、嫁接的适宜时间长，结合牢固、成苗快，适宜大量繁殖苗木。芽接时砧木不截头，未接活的还可以补接；也可在砧木上进行分段芽接，是现代苗木生产中最常用的嫁接育苗方法。

丁字形芽接　从接穗上切取盾形芽片作接芽的芽接方法。也称T字形芽接。是生产上最常用的一种芽接方法，选择当年生健壮、芽饱满的枝条作接穗，剪去叶片，留下叶柄，并用湿草帘包好或泡于水中备用。削接芽方法：在接穗上选一饱满芽，先在芽上方0.5～1.0cm处横切一刀，深达木质部，再在芽下方1.5cm左右处向上斜削一刀，刀要切入木质部，一直削到与第一刀切口相遇，用手捏住接芽向旁边轻轻掰动，即可使芽片与枝条分离，取下芽片。随即在砧木苗离地面5cm左右处选一平直光滑部位，切一丁字形口，用刀尖拨开皮层，将接芽插入，并使芽片上端与横切口对齐，随后用塑料条绑好，注意留出叶柄（图1）。

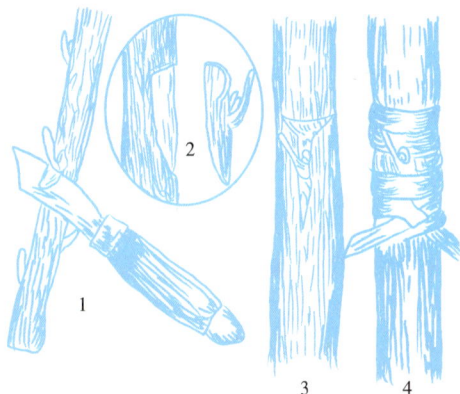

图1　丁字形芽接

1. 削取芽片；2. 取下的芽片；3. 插入芽片；4. 绑缚

嵌芽接 是芽片带木质部的一种芽接方法。用于接穗枝梢上具有棱角或沟纹的树种，如栗、枣、柑橘等树种的接穗，或者接穗和砧木不易离皮时带木质部芽接。削取接芽时倒拿接穗，先在芽的上方约1cm处向下斜削一刀，长约1.5cm，再在芽下方约0.5cm处下刀，深入木质部，向前推进，削透到第一刀口底部，取下芽片，即为接芽，芽片长2～3cm。以同样的方式在砧木上削出切口，砧木的切口比芽片稍长，插入芽片后使芽片上端露出一线砧木皮层，然后绑紧（图2）。

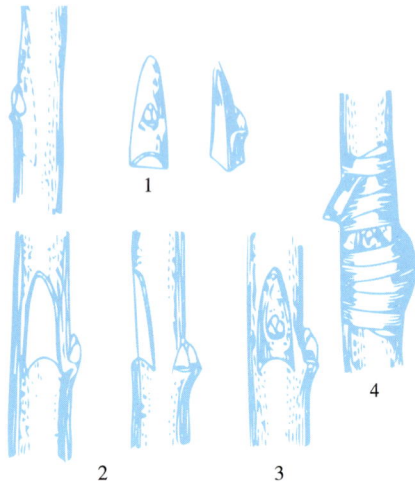

图2 嵌芽接

1. 削接芽；2. 削砧木切口；3. 插入芽片；4. 绑缚

参考文献

成仿云, 2012. 园林苗圃学[M]. 北京: 中国林业出版社: 231-239.
郗荣庭, 2009. 果树栽培学总论[M]. 3版. 北京: 中国农业出版社: 143-144.

（侯智霞）

芽苗移植 transplanting of bud seedlings

将胚根突破种皮的出芽种子（芽苗）移栽到苗床或容器中培育苗木的技术。苗圃培育壮苗的一种措施。可有效提高出苗率，节省种子用量，降低育苗成本；苗木出土早，生长期长，发育健壮，对不良环境的抗性和适应性强。

芽苗移植主要包括取芽苗和移栽两个步骤：①取芽苗。经催芽的种子，待胚根突破种皮生长至种子长度的0.5～1倍时，将芽苗从催芽坑内取出，放入器皿中用湿毛巾覆盖，防止芽苗失水影响成活。为培育优质壮苗、提高造林（或栽植）成活率，对侧根不发达的树种，可切除芽苗胚根后移栽，有效促进苗木侧须根生长。②移栽。采用小种植穴移植。选择阴天或晴天早、晚进行。移栽前一天应将苗床或盛有基质的容器用水喷湿，栽苗时用竹筷等工具在苗床上开种植穴，穴深为芽苗长度的1～2倍。将芽苗放入种植穴后覆土，全面覆盖，覆土厚度为种子直径的0.5～1倍。覆土后浇水，使芽苗与土壤紧密结合。芽苗出土期间保持苗床湿润。移栽2～3天后，若发现芽苗萎缩，及时补栽芽苗，确保苗木生长整齐。

参考文献

沈海龙, 2009. 苗木培育学[M]. 北京: 中国林业出版社.
孙时轩, 刘勇, 2002. 林木育苗技术[M]. 北京: 金盾出版社.

（陆秀君，梅梅）

亚优势木 subdominant tree; codominant tree

林分中直径、树高仅次于优势木，树冠略高于林冠层平均高度，侧方略受挤压的林木。又称Ⅱ级木。

在林分中，亚优势木的生长发育状况及单株结实量虽然不如优势木多，但在林分中的株数比优势木多，总的蓄积量、生物量和种子产量均比优势木高，在森林抚育中被作为保留培育的对象，也是采种的主要对象。

参考文献

沈国舫, 2001. 森林培育学[M]. 北京: 中国林业出版社.

（韦小丽）

杨（桐）农复合经营模式 poplar (paulownia) -crop intercropping pattern

林农复合经营模式之一。中国平原地区林农复合经营的主要推广模式。

杨树和泡桐均为落叶树种，生长迅速，耐风沙，繁殖容易，分布广，是两种优良的林农间作树种，在中国平原地区发展面积很大。如杨树吸收根总量的84%集中在40～100cm的土层中，而多数农作物吸收根（约74%～85%）集中于20～40cm土层，从土壤空间的综合利用方面来看，杨树是比较适合进行林农复合经营的树种之一。主要有3种类型。

以农为主的杨（桐）农间作 在保证粮食作物小麦、玉米或经济作物油菜、棉花、花生等稳产高产的前提下，每公顷种植30～80株杨树或泡桐，行距20～60m，株距4～5m，培育胸径约30cm的中径材，轮伐期10～12年。杨（桐）农间作常见的有杨树（泡桐）—小麦—棉花、杨树（泡桐）—小麦—玉米、杨树（泡桐）—小麦—花生、泡桐—油菜—玉米、杨树（泡桐）—油菜—大豆等，能明显改善农田的局部小生境，保障农业稳产，使小麦等作物增产10%～30%。

以林为主的杨（桐）农间作 杨树或泡桐行距6～10m，株距4～5m，每公顷种植200～400株，一般在立地较差的地方施行。

杨（桐）农并重间作 杨树或泡桐以株距5～6m、行距10m、每公顷种植165～200株为宜。

为保证农区的粮食生产，在平原农区比较可行的办法是发展杨（桐）农田防护林，实行林农复合经营。杨（桐）农田防护林主要分为可变式小网格类型、带状式复合经营类型和团状式复合经营类型。可变式小网格复合经营是在单纯的农田林网建设和单纯农粮间作基础上优化组合而形成；带状式复合经营是在小网格的基础上，把副林带间距加密；团状式复合经营是为了降低带状栽植对作物后期生长的影响。这些类型均可以解决农作物光照问题，使林带的固定型带状阴影变为移动式小片状阴影，使作物受光均匀，减少林带遮阴部位所造成的减产带。

参考文献

沈国舫, 翟明普, 2011. 森林培育学[M]. 2版. 北京: 中国林业出版社.

于一苏, 钱滕, 1996. 农区林业镶嵌型的几种栽培模式[J]. 生态学杂志, 15(4): 74-78.

翟明普, 2011. 现代森林培育理论与技术[M]. 北京: 中国环境科学出版社.

翟明普, 贾黎明, 沈国舫, 1997. 杨树刺槐混交林及树种间作用机制的研究[M]. //沈国舫, 翟明普. 混交林研究. 北京: 中国林业出版社.

（曹帮华）

洋紫荆培育　cultivation of purple orchid tree

根据洋紫荆生物学和生态学特性对其进行的栽培与管理。洋紫荆 *Bauhinia variegata* L. 为豆科（Leguminosae）羊蹄甲属树种, 在哈钦松和克朗奎斯特等分类系统中属于苏木科（Caesalpiniaceae）; 中国华南地区特色的观赏及蜜源树种。

树种概述　半落叶乔木。雄蕊 5 枚, 花期全年, 3 月最盛。荚果黑色长条形。主要在中国南方地区种植栽培, 陕西、新疆、四川、西藏、云南、广东以及广西等地均有栽培。不耐寒, 喜欢潮湿、温暖、有阳光的环境; 适宜排水良好、肥沃、湿润的酸性土壤。树皮可作鞣料和染料, 花芽、嫩叶、幼果可作蔬菜, 树皮、花、根入药; 木材坚硬, 适于精木工, 藤材可作木碗、笔筒及工艺品。花美丽而略带香味。

苗木培育　可采用播种育苗, 但种子繁殖的苗木后代分化较大, 苗木参差不齐, 质量比较低。通常采用嫁接、压条、扦插育苗。嫁接是大量繁殖洋紫荆最可取的方法, 采用本砧枝接法。扦插育苗采用硬枝扦插。

林木培育　栽培土质不拘, 以肥沃壤土、沙质土为好。选择温暖湿润、土层厚度 30cm 以上、排水良好的中性或弱酸性土壤为造林地。造林前清除林地上的杂灌草, 实行块状整地。整地包括清理、打穴、施基肥、回土, 宜于种植前一个月完成。造林宜在早春雨后阴天进行, 成活率可达 96% 以上。栽植株行距 2.0m×2.5m。种植穴规格 50cm×50cm×40cm。施肥以磷肥为主, 每穴施 2kg 有机肥和 1.0～1.5kg 磷肥作基

肥。穴内先回填 2/3 表土, 施入基肥, 混匀, 再回填表土满穴。栽植时间以 3～5 月为宜。把植株放入穴内, 培土、压实、覆土、再压实。洋紫荆造林成活后应加强幼林抚育管理, 充分发挥其早期生长快的特性。每年除草松土 2～3 次, 扩穴埋青, 并及时除萌。种植后宜连续除草、松土、修剪, 施肥结合松土除草进行, 每株施复合肥 150g。

参考文献

方福忠, 2015. 宫粉紫荆容器扦插育苗技术研究[J]. 福建热作科技, 40(2): 11-13.

魏丹, 唐洪辉, 赵庆, 等, 2016. 景观树种宫粉羊蹄甲的扦插育苗试验[J]. 森林工程, 32(1): 1-5.

杨之彦, 冯志坚, 曹忠元, 2011. 羊蹄甲属观赏植物的辨别及其园林应用[J]. 广东园林, 33(1): 47-51.

（李吉跃）

样品　sample

为检验种批品质, 按规定程序抽取的具有代表性的种子。可分为初次样品、混合样品、送检样品和测定样品。初次样品来自种批, 其代表性决定了种批种子的质量; 多个初次样品经充分混合后形成混合样品; 从混合样品中分取送检样品, 送到种子检验机构; 用于种子质量不同项目检测所需的测定样品则来自送检样品。

初次样品　从种批的一个部位随机抽取的一定数量的种子。可徒手取样, 也可用抽样工具抽样。

种子的存放分容器盛装和散装 2 种, 不同存放方式初次样品的抽取方式不同。容器盛装的种子, 按照抽样强度要求随机选定取样容器, 从选定容器的上、中、下各个部位抽取一定数量的初次样品。对于散装种子, 应随机从各个部位或深度抽取初次样品, 一般在堆顶的中心和四角设 5 个抽样点, 每点按上、中、下三层抽样。从不同部位抽取的初次样品的重量应大致相当。

初次样品的抽样强度可根据容器数量或样品重量来确定。以容器数量为依据的抽样强度: ①≤5 个, 每个都抽, 至少抽取 5 个; ②6～30 个, 抽 5 个, 或每 3 个抽 1 个; ③31～400 个, 抽 10 个, 或每 5 个抽 1 个; ④>400 个, 抽 80 个, 或每 7 个抽 1 个。有两种抽样强度的, 以大的为准。以种批重量为依据的抽样强度: ①≤500kg, 至少抽 5 个; ②501～3000kg, 每 300kg 抽 1 个, 但不少于 5 个; ③3001～20000kg, 每 500kg 抽 1 个, 但不少于 10 个; ④>20000kg, 每 700kg 抽 1 个, 但不少于 40 个。

混合样品　从同一种批中抽取的全部大体等量的初次样品充分混合而成的种子样品。是抽样程序中介于初次样品和送检样品的中间样品, 既是初次样品的混合结果, 也是送检样品的来源。混合样品的重量取决于种批大小和初次样品的重量。种批越大, 混合样品的量越大; 初次样品越重, 混合样品的重量也越大。可通过适当多抽取初次样品来保证样品的代表性, 一般混合样品重量不小于送检样品重量的 10 倍。

送检样品　送交种子检验机构的种子样品。可以是整个

洋紫荆花朵

混合样品，也可以是从中随机分取的一部分。送检样品的代表性对种批种子质量的评价至关重要。

从混合样品中取得送检样品可采用分样器法或四分法。分样器法适用于种粒小、流动性大的种子。分样器有圆锥分样器、钟鼎式分样器、横格分样器等。通过 3～5 次混合和分样，即可获得均匀一致、数量符合要求的送检样品。四分法是通过徒手分样取得送检样品，适用于重量较小的混合样品；方法简单，但样品的均匀度不如分样器法。

送检样品的重量要求因检测指标不同而异，净度测定一般应含不少于 2500 粒纯净种子，送检样品的重量至少为净度测定样品重量的 2～3 倍；大粒种子重量至少为 1000g，特大粒种子应不少于 500 粒。含水量测定的送检样品，最低重量为 50g，需要切片的种类为 100g；用于种子健康状况测定的送检样品重量至少为净度送检样品重量的一半。

送检样品宜用木箱、布袋等容器密封包装。供含水量测定和经过干燥含水量很低的送检样品须装在密封的防潮容器中。种子健康状况测定所用的送检样品应装在玻璃瓶或塑料瓶中。

测定样品　从送检样品中分取供测定某项质量指标而用的种子样品，应对送检样品有最大的代表性。分取方法与送检样品相同，可采用分样器法或四分法。

测定样品的数量应略多于规定数量，但最低量因测定指标不同而异。按照《林木种子检验规程》（GB 2772—1999）的规定，净度分析用的测定样品除大粒种子不少于 500 粒外，其他树种通常要求至少含有 2500 粒纯净种子；种子健康状况测定要求从送检样品中随机抽取测定样品 200 粒或 100 粒。含水量测定要求从送检样品中抽取两份独立的重复样品，每份测定样品的重量与样品盒直径大小有关：直径 <8cm，测定样品取 4～5g；直径 ≥ 8cm，测定样品取 10g。

参考文献

国家质量技术监督局, 1999. 林木种子检验规程: GB 2772—1999 [S]. 北京: 中国标准出版社.

International Seed Testing Association (ISTA), 2013. International rules for seed testing [S]. Switzerland : Bassersdorf.

（洪香香）

姚传法　Yao Chuanfa（1893—1959）

中国林学家、林业教育家，中国近代林业事业的开拓者和奠基人之一。字心斋。祖籍浙江省鄞县（今宁波市）。1893 年 9 月 2 日生于上海，1959 年 2 月 24 日卒于上海。1914 年毕业于上海沪江大学（今上海理工大学）理科，获理学学士学位。1915 年自费赴美国丹尼森大学深造。1919 年毕业获科学硕士学位，转入美国耶鲁大学林学院继续学习。1921 年获林学硕士学位和耶鲁大学年度最佳奖学金，同年 7 月，在途经加拿大回国

期间，于渥太华加入中国国民党。历任上海复旦大学生物学教授，上海沪江大学生物学教授，江苏省立第一农业学校教授兼林科主任，国立北京农业大学（今中国农业大学）生物系教授兼系主任，国立东南大学（今南京大学）教授。1927 年，国民政府定都南京后，先后担任江苏省农林局局长，江苏省建设厅专任设计委员，国民政府农矿部技正，训政时期立法委员等职。中华人民共和国成立后，先后任原国立南昌大学教授，华中农学院（今华中农业大学）教授，南京林学院（今南京林业大学）教授。

发起恢复组建了中华林学会（今中国林学会），并担任中华林学会第一届和第五届理事长，组织创办了会刊《林学》。作为民国政府指定专员参与起草了《中华民国森林法》。作为立法委员主持了《中华民国土地法施行法》的审议。主张以法治林，认为"森林事业是国家的事业，森林问题是法律的问题，……因为林业之困难，不在造林育苗，而在管理与保护，所谓造林容易保护难。管理保护，必须施行法律。"主张兴办林业高校发展林业教育，认为"林业教育除造就专门技术人才之外，尤能提倡人民爱护国家天然富源之公德，启迪人民审美养性之观念，培养人民深谋远虑之识见"。著作有《中国林业问题》《兵工与造林》《造林救国办法之商榷》等。

（杨绍陇）

一般采种林　general seeding forest

选择中等以上林分去劣疏伐，以生产质量合格的种子为目的的采种林分。由市、县人民政府林业行政主管部门确定，并向社会公告。

一般采种林应确标定界，设立明显的标牌或标桩，严禁设在树种病虫害疫区内。在混交林中建林木采种林，目的树种为针叶树的，其比例不得小于 70%；目的树种为阔叶树的，其比例不得小于 50%；异龄林分中采种母树树龄相差不大于 2 个龄级。采种母树应生长良好，结实正常，无严重病虫害，优势木和亚优势木比例应高于 80%。

（段爱国）

移植苗　transplanted seedling

经过一次或数次移栽后培育的苗木。又称换床苗。移栽前的苗木可以是实生苗，也可以是营养繁殖苗。林业苗圃中移植苗多为实生苗，园林苗圃中的大苗一般都经历多次移栽培养。珍贵树种或种源稀少的树种，播种后经过芽苗移植和幼苗移栽，节约种子，便于管理，可以提高苗木的出苗率。移植的苗木能增加营养面积，改善通风、透光条件，促进侧根、须根生长，提高质量，并且能增强对造林立地条件的适应性。

参考文献

刘勇, 2019. 林木种苗培育学[M]. 北京: 中国林业出版社: 257-278.

沈国舫, 翟明普, 2011. 森林培育学[M]. 2版. 北京: 中国林业出版社: 153-154.

（应叶青, 史文辉）

移植育苗　seedling cultivation by transplanting

将播种或营养繁殖的苗木，根据其生长发育需求，从原苗床、圃地或容器中起出，按一定株行距栽植到新的育苗地或容器中继续培育的可提高苗木造林（或定植）成活率的方法。是苗圃培育优质壮苗的一种重要方式。可采用芽苗移植、大苗移植等技术移植。生长快的树种，一般经过1～2次移植即可出圃；生长慢的树种需要移植多次。喜光苗木移植时株行距要大些，耐阴苗木可适当密植。为培育大苗和节省土地，苗圃常采取分阶段移植的生产方式来调整苗木间的株行距。

主要作业环节包括起苗、分级、修剪、栽植。①起苗时间选择春季或秋季，即早春土壤解冻后苗木萌动前或秋冬季土壤结冻前进行。②为使移植的苗木整齐一致，起苗后根据苗木高矮不同分2～3个等级，按等级进行移栽。同时，将过长的主根和侧须根进行适当修剪，防止移植窝根现象。③树种移植的次序根据发芽早晚确定，常绿树种在雨季进行移植。生产中可采用裸根移植、带土坨移植和容器苗移植等不同移植方式。易生根的阔叶树和灌木可裸根移植；针叶树应带土坨移植；小苗移植根部可蘸保水剂（或蘸泥浆）。④栽植可采用缝植法、沟植法和穴植法。缝植法和沟植法适用于小规格苗木移植，穴植法适用于大苗移植。也可采用芽苗移植，即将胚根突破种皮的出芽种子（芽苗）移栽到苗床或容器中。苗木移植后立即灌水1～2次，以后根据苗木生长特点进行灌水、中耕除草、追肥、防治病虫害、除蘖、抹芽等工作。

参考文献

成仿云, 2012. 园林苗圃学[M]. 北京: 中国林业出版社.

沈海龙, 2009. 苗木培育学[M]. 北京: 中国林业出版社.

（陆秀君，梅梅）

以耕代抚　foster by cultivation

利用幼林的林中空地，合理选择间作植物，通过对间作物的施肥、除草和灌溉等栽培管理，实现幼林抚育、促进幼林生长的栽培措施。在土地资源紧张的地区开展以耕代抚，可以降低幼林抚育的管理成本，提高林地资源的利用效率，形成早期收益；通过对间作物的水肥管理，能促进幼林的早期生长，提高林木生长量，提早进入郁闭期。

实施以耕代抚时，首先应考虑林地的地形地势，避免因耕作活动造成水土流失。在坡地上进行，应考虑坡度大小和整地方式。大于25°的坡地上不允许进行；15°～25°的坡地，穴垦整地不进行间作。间作方式以带状为好，间作带与等高线平行。选择间作物种类时，应考虑其与栽培树种之间的化感作用和是否存在共生病虫害，不可选择存在转主寄主、相互抑制的作物种类；以豆科植物最好，利用其固氮作用增加土壤氮素，更好地改善土壤肥力。还应合理确定作物与林木之间的距离，防止耕作措施损伤林木根系。

参考文献

翟明普, 沈国舫, 2016. 森林培育学[M]. 3版. 北京: 中国林业出版社.

（宋日钦）

异龄林　uneven-aged forest; uneven-aged stand

由不同年龄的林木所组成的林分。林分内林木的年龄差异超过1个龄级，林冠参差不齐，垂直郁闭，具有多层次和多树种的特点。主要类型为复层混交异龄林。

异龄林一般由能够适应林冠下更新的耐阴树种组成，以保证林分的形成与延续。采伐方式为择伐，更新方式为冠下更新。经营上的优点为林地上始终有林木覆盖，能有效地维持地力和保持水土，林地立体利用最为集约，能提供大径材和较多的森林副产品。异龄林结构对各种自然灾害有较强的抵抗力，适用于水源涵养林、水土保持林、风景林等。经营上异龄林结构的缺点为更新期长，难以更换树种；更新、间伐和主伐的作业技术复杂，故成本高、收益低；在采伐和集材时，有伤害后继木的危险。

参考文献

雷瑞德, 1988. 苏联的森林资源和林型学说[J]. 西北林学院学报, 3(2): 101-109.

薛建辉, 2006. 森林生态学[M]. 修订版. 北京: 中国林业出版社.

中国林业出版社, 1957. 林业译丛(第13辑)——林型问题[M]. 北京: 中国林业出版社.

（吴家胜，史文辉）

异株克生除草　allelopathic weed control

利用植物产生的次生代谢物（如有机酸、芳族酸、香豆素、生物碱、萜烯、类黄酮、酚、氨基酸和多糖等）对杂草生长发育造成不利影响来防除杂草的方法。适用于与栽培苗木异株克生化合物相异的杂草。

异株克生化合物是能够产生抑制或毒杀圃地杂草的化学物质，多属生物学选择性除草剂。通过混作释放无害于目的苗木并能释放异株克生化合物的植物，或用各类异株克生化合物如樟科的樟脑、黑胡桃的胡桃醌等分离和提纯后的制剂，抑制或毒杀圃地杂草，达到除草目的。在林业苗圃生产中利用异株克生化合物研发高效、稳定的除草剂是当前除草剂研究领域的热点。

参考文献

沈海龙, 2009. 苗木培育学[M]. 北京: 中国林业出版社: 204-210.

姚建仁, 郑永权, 董丰收, 2006. 浅谈异株克生在防除杂草中的应用[J]. 植物保护, 32(5): 109-112.

赵忠, 杨吉安, 2003. 现代林业育苗技术[M]. 杨凌: 西北农林科技大学出版社: 83-95.

（郑郁善，陈礼光）

银桦培育　cultivation of silky oak

根据银桦生物学和生态学特性对其进行的栽培与管理。银桦 *Grevillea robusta* A. Cunn. ex R. Br. 为山龙眼科（Proteaceae）银桦属树种，城市绿化、速生用材等多用途树种。

树种概述　乔木。树皮浅皱纵裂，嫩枝被锈色绒毛；叶二回羽状深裂，裂片7～15对，上面无毛或具稀疏丝状绢毛，

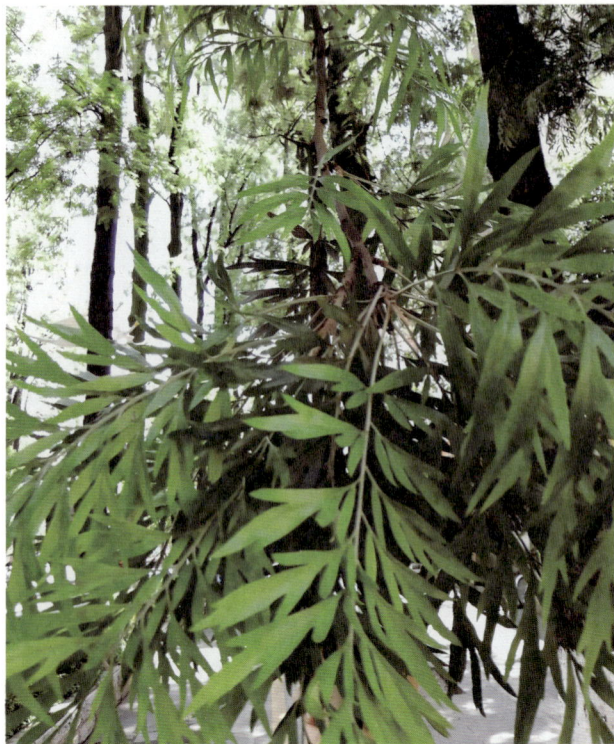
银桦叶部形态（云南昆明）

下面被褐色绒毛和银灰色绢状毛；总状花序，腋生，被柔毛。果皮革质，黑色，宿存花柱弯曲；种子长盘状，边缘具窄薄翅。花期 3～5 月，果期 6～8 月。原产大洋洲，在原产地从湿润的热带雨林到干旱裸露的山坡都有分布，分布区气候变化较大。中国引种栽培银桦已有 90 多年的历史，广东、福建、台湾、云南、海南、广西、四川、湖南、浙江南部等地先后引种栽培。幼苗期不耐强光暴晒，成年树喜光，喜温暖气候，不耐重霜及低温，较耐干旱，在深厚肥沃、疏松、排水良好、微酸性的沙质土壤上生长良好，不适宜在坚硬、砾质或黏土地上生长。银桦叶形别致、叶背银白，阳光照耀下会发出银光；花色鲜红至白色，色彩多样，四季均可开花，花为养蜂蜜源；其病虫害较少，抗污染能力强，是城市和工厂绿化的理想树种；其木材花纹色泽美观，物理力学指标优良，木材加工性能良好，木纤维较长，是较好的造纸原料。

苗木培育　主要采取播种育苗。采收后的种子需阴干，种子不耐贮藏，通常夏季随采随播。采用苗床育苗或容器育苗，播种后可用细土、细沙、粗糠、锯木屑或草木灰覆盖种子，厚度以隐约可见种子为宜。苗期需防治猝倒病、根腐病、蚜虫、草履蚧等病虫害。

林木培育　大面积人工造林很少，主要用于城市绿化、四旁绿化以及小面积的试验林。播种造林宜在夏季；作为行道树，常用高度 2m 以上的大苗移植，株距 2m；小面积植苗造林，可采用穴状整地，初植株行距 2m×3m。第一年每季松土除草并追施复合肥一次，冬季进行整形修剪。

参考文献

龚峥, 张卫华, 张方秋, 等, 2013. 2种银桦属树种石山造林试验初报[J]. 广东林业科技, 29(4): 60-63.

韦戈, 陈正麟, 杨峰, 等, 2011. 广西南宁市园林树木白蚁发生种类及危害情况[J]. 应用昆虫学报, 48(3): 769-774.

熊友华, 寇亚平, 2011. 澳大利亚花卉银桦、蜡花的生物学特性及引种栽培[J]. 云南农业科技 (5): 61-62.

朱忠泰, 2015. 银桦苗木容器育苗技术[J]. 福建农业科技 (6): 57-58.

（王晓丽，曹子林）

银杏培育　cultivation of maidenhair tree

根据银杏生物学和生态学特性对其进行的栽培与管理。银杏 Ginkgo biloba L. 为银杏科（Ginkgoaceae）银杏属树种，别名白果；原产中国，是现存裸子植物中最古老的孑遗植物；国家一级重点保护野生植物。银杏栽培历史可追溯到 3000 年前的商代，三国时代江南已有大面积栽植，唐代扩及中原，宋代是中国银杏生产的第一个昌盛发展的时期。银杏集食用、药用、材用、绿化观赏于一身，是一种多用途生态经济树种。

树种概述　落叶乔木，花期 3 月下旬至 4 月中旬，雌雄异株，9～10 月种子成熟。果实椭圆形、倒卵形或近圆球形，熟时黄色或橙黄色，种子 300～400 粒 /kg。中国是银杏分布中心，第三次、第四次冰川运动，使分布在世界其他地方的银杏全部灭绝，仅中国得以保存下来。世界上许多国家已引种栽培。中国银杏资源占世界总量的 90 % 以上，除黑龙江、内蒙古、青海、西藏、海南以外，其余省、自治区、直辖市均有栽培，集中分布在北纬 22°～42°、东经 97°～124° 之间，主要气候带在温带、暖温带和亚热带。垂直分布东部在海拔 30～1100m，西部 1700～2000m，个别达到 3000m。分布区的年平均气温 12.1～16.3℃，1 月平均气温 -3.1～5.0℃，7 月平均气温 23.5～28.0℃，极端最低温度不低于 -13.9℃，极端最高温度不高于 40℃；降水量 300～2000mm。要求充足的土壤水分，喜爱湿润的空气环境，对干燥的气候环境具有一定的忍耐力，如北京的相对湿度仅为 59%，能良好生长。喜光树种，光照不足则生长不良，对光照的要求因树龄的增长有所变化，幼苗有一定的耐阴性，但随着树龄的增加，对光照的要求愈加迫切，特别是在结果期，树冠要求通风透光。对土壤要求不严，在花岗岩、片麻岩、石灰岩、页岩及各种杂岩风化成的土壤或是沙壤、轻壤、中壤均适合生长，但最喜深厚肥沃通气良好、地下水位不超过 1m 的沙质壤土。对土壤酸碱度适应较广，以 pH 6～8 最为适宜。种仁产量高、营养成分含量丰富，含有一些特异的药用成分，长期食用可起到营养和保健双重作用；叶中含有黄酮类、内酯类和聚戊烯醇类等多种具生理活性的化合物，具有极高的药用价值；花粉中含有人体所需要的多种营养素，在营养学上有"微型营养库"的美誉，具有较高的开发价值；木材材质好、用途广泛，早在三国时期就被列入珍贵的用材资源；银杏树体高大挺拔，寿命长，叶形奇特，秋天叶片金黄，姿态雄伟壮丽，是优良的绿化观赏树种。

良种选育　银杏品种可分为核用、叶用、材用、花用、观赏用等类型。

核用品种　根据种核的外形和某些遗传性状，将核用银杏品种分为 5 类，即长子银杏类、佛指银杏类、马铃银杏类、梅核银杏类和圆子银杏类。长子类种核特长，下部呈锥形，长∶宽为 2∶1，似长橄榄形，代表品种有'橄榄果''枣子果''长白果'；佛指类种核长卵圆形，顶端有尖为佛手，无尖为佛指，核长∶宽为 1.5∶1，代表品种有'长柄佛手''泰兴佛指''七星果''洞庭皇''大金坠'、'新宇'（'金坠 1 号'）等；马铃类种实似马铃状，种核广卵圆形，中隐线明显，核长∶宽为 1.2∶1，代表品种有'大马铃''魁铃'（'马铃 3 号'）'海洋皇''青皮果''黄皮果''桐子果'等；梅核类种实圆形，种核外形似梅核，核长∶宽为 1.2∶1，代表品种有'大梅核''李子果''棉花果'等；圆子类种实和种核均为圆球形，核体胖，长∶宽为 1∶1，代表品种有'大龙眼''团峰''葡萄果''算盘果''眼珠子'等。

观赏用品种　叶籽银杏，仅产于广西兴安县护城福寨二甲村和山东沂源织女洞林场，同一短枝上有部分雌花直接着生于叶片之上，并发育成为带叶种实，种核畸形，姿态各异，大小不一，多数呈椭圆形。胚乳丰满，绿色，没有胚芽；垂枝银杏，仅见于广西桂林地区灵川海洋乡，且只有雌株，枝条纤细绵长，若丝绦下垂，风过之处，绿影飘然，具有较高的观赏价值，通常作为公园绿化树种；金丝银杏，雄株，黄条纹叶与绿叶相间排列，从叶基直到叶缘条纹呈线状，宽度 1～2mm；金叶银杏，叶片 4～6 月黄色，7～10 月淡绿色，11 月后黄色。

叶用、花用和材用品种　部分学者开展了银杏叶用、花用和材用优良品种的选育工作，筛选出了一些优良的叶用、花用和材用优良品种或品系，如叶用品种'叶丰''黄酮 F-1 号''内酯 T-5 号'，花粉用品种'魁盛'。

苗木培育　主要采用播种、扦插、嫁接等方法育苗。

播种育苗　选择品种优良、抗逆性强、速生丰产的银杏植株作为母树，待种子自然成熟后进行采种。经过贮藏，种胚继续生长直至发育完全。常用催芽方法有室内恒温或变温催芽、室外温床催芽、加温催芽等。除夏季外其他季节均可播种，因秋播、冬播鸟兽害及鼠害严重且管理时间长，多以春播为主。南方 3 月中下旬、北方 4 月上中旬播种，未催芽的则需提前 1 周以上。点播。大面积播种可用机械播种，播种覆土一般为 2～3cm。种子萌芽后，进行松土、除草、施肥、灌溉、防治病虫害等管理。

扦插育苗　选择树龄 30 年生以下母树 1～3 年枝条，秋末冬初落叶后采条，或于春季扦插前 5～7 天采条，枝条要求无病虫害、健壮、芽饱满。将枝条剪成 15～20cm 长的插穗，每一插穗保证有 3 个以上的饱满芽，上切口为平口（有顶芽者不截），下切口为马耳形，剪面长 1.5～2cm。将插穗捆扎，下端对齐，用生根粉处理。扦插前对基质或土壤进行药剂消毒，3～4 月进行扦插。扦插深度为

地面露出 1～2 个芽，盖土压实，株行距为 10cm×（20～30)cm。插后要保持空气湿度 80% 以上，适时进行遮阴、追肥、病虫害防治等。

嫁接育苗　选择树龄 30～50 年生的优良品种作为采穗母树，以树冠外围、中上部、向阳面的 1～3 年生枝条作为接穗。除绿枝嫁接要求随采随接外，其他枝接最好是在发芽前 10～20 天采集。采集后，将枝条剪成 15～20cm 长、带 3～4 个芽的枝段，下部插入干净水中使其吸水充足，然后以 30～50 枝扎成一捆，下端 1/3 埋放在室内通风的湿沙中贮藏。银杏从萌芽后至秋季落叶前，只要条件许可，均可进行嫁接，以春季为主。可采用**劈接**、**切接**、**插皮接**、**插皮舌接**等方法。嫁接以后，要及时检查成活情况、**抹芽除萌**、**松绑**、**剪砧**、**缚梢**等。

林木培育

果用林　以收获银杏种核为经营目的。若采用实生苗造林，20 年左右才能开花结实；嫁接苗造林则能 5 年始实，7～10 年丰产。培育技术包括：①**适地适树**。为达到早实、丰产、优质、稳产目的，造林地应满足以下条件：地势空旷、阳光充沛；土层深厚，质地疏松，排水良好；地下水位低于 2～2.5m；≥ 10℃的年活动积温在 4000～6500℃以上，无霜期 195～300 天，年降水量 600～1200mm；土壤 pH 6.5～7.5。无论是平原、山地，还是丘陵，均可进行造林。②良种壮苗。应选择'佛指''洞庭皇''大金坠'等产量高、品质好、商品性强的优良品种，用嫁接大苗，一般选 3～5 年生、地径 3cm 以上、生长健壮、根系健全发达、无病虫害的苗木。③栽植密度。矮干密植早实丰产林栽植密度大，1245～1665 株 /hm²（2m×2m，4m×2m），密植林主干矮（20～40cm）、密度高，可以充分利用地力，提高光能利用率，提早结实，增加早期单位土地面积种核产量，加强抚育管理后，3～4 年始实，5～6 年有较高产量。乔干稀植丰产林是中国历史上一直沿用的果用银杏栽培模式，株行距采用 4m×6m、6m×6m、8m×8m 等，定干高度 80cm 以上，若管理措施得当，4～5 年也能结实，后期产量较高，且管

图 1　银杏桑树复合经营

图2 银杏叶用林矮干经营

理方便。在结实之前，可进行间作，增加前期经济收入。④细致整地。在条件许可的情况下，应全面整地。整地前，全面撒施腐熟的厩肥，结合整地与土壤混匀。整地后，按预定株行距挖大穴，穴规格为60cm×60cm×60cm，大规格苗木还应增加种植穴的规格。⑤栽植。栽植前对根系进行适当修剪，剪除受伤根系、发育不正常的偏根、短截过长的主根和侧根。但修根要适当，只要不过长，可不必修剪。银杏苗木从苗圃起苗后，在分级、处理、包装、运输、造林地假植和栽植取苗等工序中，必须加强保护，以减少失水变干，防止茎、叶、芽的折断和脱落，避免运输中发热发霉。在土壤湿润的地方，应尽量浅栽，根颈可稍高于地面，只要根系不裸露即可。在干旱的地方，可适当深栽，对成活有利。要注意使侧根分层舒展开，舒展一层紧压一层土壤，避免伤根。栽植后浇一次透水。⑥抚育管理。松土除草：幼林每年结合中耕除草4～5次，采用全面松土除草的方式。建园初期，苗木根系分布浅，松土不宜太深，随幼树年龄增大，可逐步加深；土壤质地黏重、表皮板结或幼林长期失管，可适当深松；特别干旱的地方可深松。松土可遵循以下原则：里浅外深；树小浅松，树大深松；沙土浅松，黏土深松；土湿浅松，土干深松。一般松土除草的深度为5～15cm，加深时可增大到20～30cm。施肥灌溉：江苏省邳州市总结出"两长一养"的施肥要领，即长叶肥、长果肥和养体肥。长叶肥和长果肥为追肥，一般用化肥。养体肥为满足整个生长期的需要，施用优质有机肥。长叶肥多在早春3月即谷雨前后施，施肥量可依据前一年的种核产量确定，通常每产100kg种核施5～10kg尿素，多产多施，少产少施。长果肥多在7月以前施，肥料为速效肥料。养体肥多在9月采果之后施，以腐熟的有机肥料为主，适当混合一定量的过磷酸钙，施肥量可按当年白果产量的4倍确定。间作：合理间作可使银杏生长量提高30%以上，效益提高40%以上。可间作粮食作物、经济作物、绿肥作物、牧草、蔬菜和药用植物等。间作过程中，要注意保护幼树，避免损伤幼树，做到以树为主，以间作物为辅。整形修剪：以果用为目的多采用矮干、无中心主干开心形，以果材两用为目的多采用主干分层形、自然圆锥形和主干无层形等高干树形。促花促实：措施包括刻伤、环剥、环割、纵伤、倒贴皮等。疏花疏实：大年疏花疏实，避

免树体营养过度消耗，减轻大小年现象的发生。人工辅助授粉：在雌树可授粉之前就着手收集人工授粉所用花粉，花粉采集后，可采取石灰干燥法、晾晒干燥法和烘干法处理，并置于4℃左右的冰箱中保存，或置于通风、凉爽的地方保存。密切注意观察雌花胚珠的生长情况，当迎着阳光观察到80%以上的胚珠珠孔有一滴晶莹透亮的水珠时，即为授粉的最佳时期（一般在谷雨前后），立即采用喷雾法、震粉法等方法进行授粉。授粉应选在无雨、无风或微风的天气，上午9:00以后（露水干后）、下午4:00以前授粉效果最好。授粉后，注意观察水珠的情况，如果在一天后大部分胚珠的水珠干涸，说明授粉已完成，否则，要再次授粉，但可减少授粉量。授粉后如遇雨天，要重新授粉。保花保实：在5月上旬至6月上旬以及7月上句会出现落实现象。为了减少落花落实，应及时追肥、改善立地条件，及时防治病虫害等。

叶用林 以收获银杏叶为经营目的。培育技术包括：①立地选择。造林地应建立在交通方便，地势平坦，阳光和水源充足，排水良好，土壤深厚肥沃的地方。园区沟、渠、路要统一规划设计，有条件的地方可安装喷灌系统，特别要注意排水系统的到位，确保雨季或大雨来临时不能长时间有积水。②品种选择。银杏叶片中有效药用成分的含量因品种、产地、树龄、雌雄、采叶时间、采叶部位、加工方式及实生苗与嫁接苗的不同而有差异，不同银杏品种生长情况也不一致。须选择叶产量高、药用成分含量高的优良品种，如'叶丰''黄酮F-1号''内酯T-5号'。③栽植密度。依据立地条件及作业方式而定。土壤瘠薄、立地条件较差的地方宜密植，肥沃的平原可稀植，一般株行距为40cm×50cm、40cm×60cm、60cm×60cm等。如采用机械化作业，则需根据机器规格确定株行距，美国、法国多采用宽行窄距即40cm×100cm。④抚育管理。施肥：一年四季均需施肥，少量多次。养体肥，在采叶后即施用，一般在9月底至10月施入，最晚不得迟至10月中下旬，以有机肥为主，施腐熟的厩肥或堆肥45t/hm²，或施腐熟的鸡粪、羊粪、大粪干等15t/hm²。萌芽肥，一般3月施肥，以氮肥为主，尿素375kg/hm²。枝叶肥，一般在5月中下旬，施复合肥375kg/hm²。壮叶肥，一般在7月下旬至8月上旬施用，可施复合肥375kg/hm²。灌溉与排水：根据当地气候条件和银杏对水分的需求适时灌溉，使土壤含水量达田间持水量70%左右。当土壤含水量低于田间持水量40%时，要引水灌溉。在灌溉过程中或大雨来临时，切忌土壤积水，适时排除多余的水分。修剪：实行矮林作业，以提高叶用林叶产量和叶片有效成分含量。第3～5年进行截干，截干高度在30～50cm为宜，以后隔年截一次。修剪时，注意剪去发育较差的细弱枝，留4～5根粗壮枝。

用材林 无论是平原、丘陵，还是山地，银杏都能生长。但为了达到速生、丰产、优质的目标，应选择土壤条件较好的造林地：有良好的物理性状，在生长季节有足够的水分，具有一定的土壤肥力，土壤通气良好和无积水。造林时，选择速生、丰产、优质的银杏用材品种。银杏雄株的生

长速度超过雌株，因此用雄株营造用材林是较好的选择。银杏用材林的株行距以 3m×3m、4m×4m、4m×5m 等较为合适。采用生长健壮、树形良好、有较完整的根系、无病虫害的大苗，大穴造林，穴规格为 60cm×60cm×60cm。栽植后要适时施肥、灌溉、间作和修枝等。

参考文献

曹福亮, 2002. 中国银杏[M]. 南京: 江苏科学技术出版社.

曹福亮, 2007. 中国银杏志[M]. 北京: 中国林业出版社.

邢世岩, 1997. 叶用核用银杏丰产栽培[M]. 北京: 中国林业出版社.

邢世岩, 2013. 中国银杏种质资源[M]. 北京: 中国林业出版社.

Crane Peter, 2013. Ginkgo: The Tree That Time Forgot [M]. New Haven: Yale University Press.

Guan R, Zhao Y, Zhang H, et al, 2016. Draft genome of the living fossil Ginkgo biloba [J]. Gigascience, 5(1): 1–13.

（曹福亮）

尹伟伦　Yin Weilun（1945—　　）

中国林学家、生物学家、林业教育家和农林业战略科学家。1945 年 9 月生于天津市。1968 年 9 月毕业于北京林学院（今北京林业大学）林学专业，被分配到内蒙古牙克石甘河林业局机修厂工作，先后任技术员、车间主任。1978—1981 年在北京林学院攻读植物生理学硕士学位，毕业后留校任教。1985—1986 年和 1994 年先后到英国威尔士大学和比利时安特卫普大学学习。历任北京林业大学生理教研室副主任、林业资源学院副院长、副校长、常务副校长、校长。2005 年当选中国工程院院士。曾任中国工程院农业学部主任，北京市科协副主席，**国际杨树委员会执委**，中国林学会副理事长，第十一、十二届全国政协委员。2015 年被国家发展和改革委员会聘为第一届全国生态保护与建设专家咨询委员会主任委员。现兼任中国杨树委员会主席，中国工程院主席团成员，北京林学会理事长，《林业科学》《北京林业大学学报》《森林与环境学报》、*Forest Ecosystems*（《森林生态系统》）等杂志主编。

长期从事树木生理学、林木及花卉生长发育调控机制、植物抗逆栽培生理及分子机制、速生和抗逆良种选育、分子生物学基因工程等研究。发表论文 300 余篇。主编《中华大典·林业典》《林业生物技术》《中国杨树栽培与利用研究》等著作 10 余部。成果先后获国家科技进步奖二等奖 4 项、三等奖 1 项，国家发明奖三等奖 1 项，国家教学成果奖一等奖 1 项、二等奖 1 项，省部级科技、教学奖 25 项。2005 年获全国优秀科技工作者、2006 年获首都劳动奖章、获"2010 绿色中国"年度焦点人物特别贡献奖等 10 余项荣誉称号。

（刘超）

引导转化型　guidance-conversion type

通过少数森林演替早期阶段或中期阶段树种的栽植作为基本框架，后期林分的恢复主要依赖当地种源的**天然更新**来完成的**林分改造类型**。用于退化较严重的次生林或立地较差人工林的改造。

引导转化型的优点是只涉及少数先锋树种的栽植，为生态系统演替后期树种的进入创造条件。演替后期树种主要依靠当地的天然种源完成更新。在少数树种天然更新不良时，也可以通过人工栽植进行恢复。经过较长时间的进展演替过程，森林结构和生物多样性最终得到恢复。该方法适宜在距离现存天然林生态系统较近的地段应用，以保证具有充足的天然更新种源。栽植的先锋树种要具有较强的抗逆性，能够适应退化的恶劣环境，同时具有较强的繁殖能力，栽植易成活。

参考文献

中国林学会, 2019. 北方栎类林结构化森林经营技术标准: T/CSF 002—2019[S].

（张彦东）

印度黄檀培育　cultivation of *Dalbergia sissoo*

根据印度黄檀生物学和生态学特性对其进行的栽培与管理。印度黄檀 *Dalbergia sissoo* Roxb. 为豆科（Leguminosae）黄檀属树种，在哈钦松和克朗奎斯特等分类系统中属于蝶形花科（Papilionaceae）；重要的用材树种和名贵药用植物。

树种概述　乔木。主干明显，树冠圆伞形。荚果舌状椭圆形或阔披针形，成熟时不脱落，干燥时呈黄褐色或褐色，具柄，有种子 1 粒。花期 3～4 月，果期 10～12 月。原产于印度、尼泊尔、巴基斯坦和孟加拉国等国，尤其是巴基斯坦和印度北部的印度河流域、阿萨姆地区以及海拔 1000m 左右的山谷分布较多。巴西、热带非洲、马达加斯加等热带地区和国家，中国广东、广西、海南、福建、浙江、云南、四川等地有引种栽培。喜高温，也能耐轻霜及短期 -1℃左右极端低温；喜光，但幼树在全光照条件下分枝低，主干不明显，成材率低；在密林中无法生长，在郁闭度较小、有稀疏庇荫的疏林中可长成直干大材；适于年平均气温 20℃以上、年极端最低温度 0℃以上、年均降水量 600mm 以上地区栽培。速生珍贵树种，木材色泽近黄褐色或红褐色，不带紫色色泽，宜作高级家具、地板、精密仪器；心材可提取食品防腐剂；根、树干和叶子是名贵药材；木材蒸馏可提取降香油，是高级香料的定香剂，广泛用于日用化工行业，是高档化妆品的重要原料。

苗木培育　可播种育苗，也可扦插育苗。

播种育苗　每年 11 月采种，翌年 3 月播种。播种前需用 60℃热水处理种子。播种方式宜采用种子或荚果条播。每平方米播种 1000 粒，播后 5～8 天即可发芽。苗高 5～6cm 时移入营养袋，移栽后用遮光度 70% 的遮阴网搭建遮阴棚；15 天后，苗木成活和生长稳定即可拆除遮阴棚。保持苗圃通风透光，苗高达到 30cm 时即可出圃。

印度黄檀（国家林业和草原局云南元谋荒漠生态系统定位研究站）

扦插育苗 扦插基质用黄心土、腐殖质土、泥炭土、椰糠按 3 : 3 : 2 : 2 的体积比混合，扦插前用 2% 的福尔马林消毒。选用处于幼年发育阶段的枝条进行扦插育苗发根率和育苗效果较好。7 ～ 8 月采集 1 年生母株上部直径为 0.5 ～ 1.5cm 的未萌芽插条，径切用 0.15% 的甲基托布津溶液消毒，使用 100mg/L 的 ABT 1 溶液浸泡后直插入基质容器中，进行湿度、光照和温度的综合管理。扦插成活率达 90% 以上，且萌芽率高、根系发达、成苗周期短。

林木培育 选择平地、向阳或半阳坡地山腰以下采伐迹地造林和房前屋后栽植，栽植前按常规清杂、炼山，坡度超过 20° 的要开水平带，挖宽深各 40 ～ 50cm 的坑，回填表土、肥土之后定植。用Ⅰ、Ⅱ级苗造林。初植密度 1500 株 /hm²，造林 5 年后通过间伐将密度调整为 1200 株 /hm² 左右，10 年后可调整并保持在 800 ～ 1000 株 /hm²。定植 1 个月后，每株施高氮复合化肥 15 ～ 25g；年底松土除草 1 次。翌年雨季初期和中期分别进行松土除草，同时每株追施有机肥 5kg+ 氮肥 50g+ 磷肥 100g，穴施或沟施，深度 10 ～ 15cm。造林当年秋冬季剪去低矮分枝、下垂枝、枯枝等，促进形成良好树干。连续抚育管理 4 ～ 5 年，保证 2.5m 以下树干通直健壮。

参考文献

唐勇，陈艳彬，2012. 印度黄檀的丰产栽培技术[J]. 四川林业科技，33(3): 121-122, 43.

杨健全，2015. 印度黄檀的种植和管护[J]. 云南林业，36(1): 67-68.

（李昆，刘方炎）

营养繁殖苗　cuttings

利用树木的营养器官（如枝、根、茎、叶等）在适宜条件下培育而成的苗木。又称无性繁殖苗。

根据所用育苗材料和育苗方法的不同，营养繁殖苗分为：①扦插苗。用苗干或截取树木的枝条、根段扦插育成的苗木。②埋条苗。用苗干或种条，全条横埋于育苗圃地育成的苗木。③根蘖苗。又叫留根苗，是利用地下的根系萌出新条育成的苗木。④嫁接苗。用嫁接方法育成的苗木。⑤压条苗。把不脱离母体的枝条埋入土中，或在空中包以湿润物，待生根后切离母体而育成的苗木。⑥组培苗。利用植物体离体器官（如根、茎、叶、茎尖、花、果实等）、组织（如形成层、表皮、皮层、髓部细胞、胚乳等）或细胞（如大孢子、小孢子、体细胞等）以及原生质体，在无菌和适宜的人工控制条件下生产的苗木。

营养繁殖苗能够最大程度地继承亲本优良品性，幼苗一般生长快，可提早开花结实，提高苗木生产成效和繁殖系数，适用于良种扩繁以及不结实、结实少、不生产有效种子、种子贮藏不易或生长性状独特的树种育苗。用营养繁殖苗植树造林，苗木成林后林相相对整齐，蓄积量高，林木品质较一致，契合现代企业的规模生产和集约化管理的运营理念。用营养繁殖苗建立的林木种子园，比普通的同龄林木结实早、结实多，能够缩短培育和开花结果的周期。营养繁殖苗的不足是苗木主根不明显，根系欠发达（与实生苗相比，嫁接苗除外），易产生早衰、偏根偏冠现象，抗性较差，寿命相对较短。

参考文献

沈国舫，翟明普，2011. 森林培育学[M]. 2版. 北京: 中国林业出版社: 151-153.

郑晓东，2015. 浅谈营养繁殖技术在林业育苗中的应用[J]. 防护林科技(9): 89-90.

（应叶青，史文辉）

营养繁殖育苗　seedling production by asexual means

利用林木的根、茎、枝、叶、芽等营养器官培育成完整新植株的方法。又称无性繁殖育苗。

营养繁殖育苗可分为**扦插育苗、埋条育苗、根蘖育苗、压条育苗、嫁接育苗、组织培养育苗**等。在林业生产中应用最广的是扦插、嫁接和组织培养育苗。

营养繁殖育苗的细胞学基础是细胞的全能性，即植物的大多数生活细胞，在适当的条件下都能由单个细胞经分裂、生长和分化形成一个完整植株。植株细胞的全能性使植物具有再生能力、分生能力和愈合能力。再生能力是指植物营养器官在一定条件下能分化出自己原来没有的组织器官，最终形成与母体相同的、能够独立生活的新个体，这是扦插、压条和组织培养等繁殖方法的基础。分生能力是指有些植物能够形成诸如变态根、变态茎以及根出条、萌蘖条和匍匐茎等具有繁殖作用的器官，它们在与母体分离后，能够生长发育为新的个体，分株繁殖就是利用了这一特性。愈合能力是植物体在受到外界损伤时的一种本能反应，主要是通过愈伤组织的形成和生长达到愈合伤口、保护正常生长的目的，在嫁接繁殖中被充分利用，成为许多植物营养繁殖的基础。

优点：①遗传变异性小，能够保持母本的遗传性状，稳定优良基因型。营养繁殖苗是由母本营养体的一部分形成的，具有与母本相同的遗传性，可以保持母本的优良遗传性状而没有有性繁殖中的性状分离现象。对许多树木的优良品种，在播种苗不能或不完全能保持原有的优良性状时必须用营养繁殖育苗进行繁殖。由播种繁殖产生的实生变异或芽变等其他突变，通过营养繁殖固定并进一步扩大繁殖，形成具有一定数量的群体，通过观察、试验与评价，就可能成为性状稳定一致、具有良好应用价值的新品种。②繁殖系数大，苗木品质一致，适合规模化生产。通过建立专门的采穗圃、插条圃，可以同时获得大量规格一致的繁殖材料；新技术与设施栽培结合，可实现快速、高效、高质繁殖苗木，实现苗木产业化规模化生产。③拓宽繁殖渠道，使观赏价值高、造型特殊但不结实或结实少的树木能够有效繁殖。园林树木有较多花期不遇、各种原因造成的种子败育等不结实或结实少的优良观赏品种，以及种子休眠复杂、有性繁殖繁琐的品种，可以采用分株、嫁接或硬枝扦插等营养繁殖方法繁衍后代。④苗木生理成熟度高，可缩短开花结实时间。营养繁殖使用的插条或接穗一般采自生理成熟的母树，营养繁殖苗的新株个体发育是在母株该部分的基础上继续发展的，可以提早开花、结实。

缺陷：压条与分株繁殖因繁殖系数有限，苗木规格较难一致；长期营养繁殖会使得苗木生长势减弱，生活力下降；传播一些肉眼不易察觉的病毒，从而影响苗木品质；遗传上完全一致的树木对病害的易感性较为一致。见营养繁殖苗。

中国从20世纪70年代开始，开展了对杨、榆、桉树、杉木、水杉等树种的无性繁殖技术研究。随着科学技术的发展和高新技术的相互渗透，人们已把营养繁殖的概念引申到基因保存、染色体加倍、良种选育等植物遗传改良范畴，把单一的繁殖方式与现代各种先进设施和圃地组合配套使用，构成了多学科的营养繁殖体系。

参考文献

成仿云, 2012. 园林苗圃学[M]. 北京: 中国林业出版社: 186-217.

刘勇, 2019. 林木种苗培育学[M]. 北京: 中国林业出版社: 218-256.

翟明普, 沈国舫, 2016. 森林培育学[M]. 3版. 北京: 中国林业出版社: 148-150.

Hartmann H T, Kester D E, Davies F T, et al, 2001. Hartmann and Kester's plant propagation: principles and practices[M]. 7th edition. New Jersey: Prentice Hall.

（祝燕）

营养加载　nutrient loading

一种使苗木生物量和养分含量同时达到最大化的施肥理念。即苗圃培育苗木过程中，在给予苗木充足的养分供给满足其生长需求的基础上，进一步对苗木施加肥料，使营养在苗木体内形成贮存的养分库，翌年造林后苗木即可利用体内建成的养分库进行根系和顶芽等新器官的生长，提高苗木的竞争力。

营养加载理念认为苗木生物量和体内养分浓度是决定造林效果的关键因素之一。为确定施肥量，需要根据经验或资料人为制定出多个施肥量，并根据每个施肥量下的生物量，模拟出生物量对施肥量的响应曲线。充足施肥量和最佳施肥量是根据这一曲线中的拐点来确定：生物量开始达到最大时的施肥量为充足施肥量；随着施肥量的继续增加，苗木生物量基本维持不变，而苗木继续吸收养分，体内养分浓度逐渐增大，当施肥量持续增大到一定量时，胁迫效应出现，苗木生物量开始下降，苗木即将受到胁迫时的生物量所对应的施肥量为最佳施肥量。二者之间的施肥量即为营养加载施肥量。

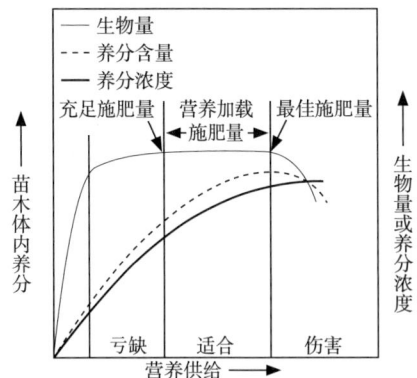

充足施肥量、营养加载施肥量、最佳施肥量与生物量、
养分含量和浓度的关系示意

参考文献

李国雷, 刘勇, 祝燕, 等, 2011. 苗木稳态营养加载技术研究进展[J]. 南京林业大学学报（自然科学版）, 35(2): 117-123.

Timmer V R, 1996. Exponential nutrient loading: a new fertilization technique to improve seedling performance on competitive sites [J]. New Forests, 13: 279-299.

（李国雷，王佳茜）

硬枝扦插　propagating by hardwood cutting

用完全木质化的休眠枝条制作的插穗培育新植株的方法。又称休眠枝扦插。凡插穗容易成活的树种，都可用硬枝扦插，简便易行。适用的树种有杨、柳、悬铃木、水杉、池杉、柳杉、雪松、柽柳等。

硬枝扦插大多在春季进行，必要时在苗床搭建塑料小棚以保证相应的温度和湿度，插穗生根后可撤掉小棚。难生根树种应该在人工控制的环境如室内、温室的人工基质上扦插，温暖地区在特制的苗床上进行。

硬枝扦插步骤：

①采条。选用优良幼龄母树上发育充实、健壮、无病虫害、充分木质化的 1～2 年生枝条或萌生条。落叶树种在秋季落叶后或开始落叶至翌春发芽前剪取；常绿树种宜于春季芽萌动前采集。

②插条贮藏。北方地区采条后如不能立即扦插，要将插条贮藏起来待翌春扦插。贮藏方法有露地埋藏和室内贮藏。见湿藏。

③插条剪截。一般插穗长 15～20cm，插穗上要有 2～3 个发育充实的芽。单芽插穗长 3～5cm。剪切时上切口距顶芽 1cm 左右，下切口的位置依植物种类而异，宜紧靠节下，因在节附近薄壁细胞多，细胞分裂快，营养丰富，易于形成愈伤组织和生根。下切口有平切、斜切、双面切、踵状切等切法。一般平切口生根呈环状均匀分布；斜切口不定根多生于斜口的一侧；双面切与扦插基质的接触面积更大，多用于生根较难的树种；踵状切是指在插穗下端带一小段（长 2～3cm）2～3 年生枝条，即带踵，常用于老枝条更容易生根的树种，如圆柏。

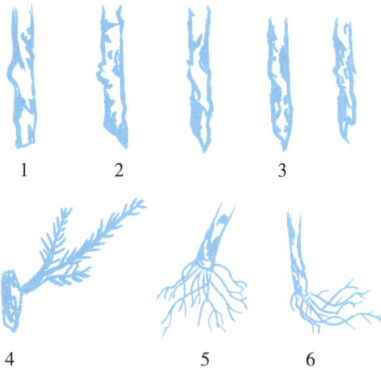

插穗下切口类型与生根情况

1. 平切；2. 斜切；3. 双面切；4. 踵状切；5. 下切口平切生根均匀；
6. 下切口斜切生根偏于一侧

④扦插。

扦插时间：硬枝扦插多在春、秋进行，在温暖湿润的条件下采用春插，在寒冷而干燥的条件下采用秋插。春插气温应稳定在 10℃ 左右（毛白杨 15℃ 左右）。可覆盖塑料薄膜，以提高温度和空气的相对湿度。

扦插密度：杨、柳树以垄插为宜，垄距为 60～80cm，每垄插 1 行，株距 20～40cm，$3 \times 10^4 \sim 5 \times 10^4$ 株 /hm²；水杉 $15 \times 10^4 \sim 28 \times 10^4$ 株 /hm²；花灌木株距 10～20cm，行距 20～40cm。

扦插方式：直插或斜插，生产上以直插居多。扦插时注意保护上切口处的芽，防止倒插。扦插深度一般以地上部露出 1 个芽为宜，干旱地区和沙地苗圃可将插穗全部插入土中，插穗上端与地面平，插后踩实。

⑤插条地管理。扦插后围地立即灌水，既有利于插穗与土壤紧密结合，又可满足插穗对水分的要求，易于成活。要根据土壤墒情进行浇灌。

插条成活后要及时选留一枝新梢培养苗干，除掉基部多余的萌生枝。随着插条苗的生长，及时抹除苗干下部的侧芽和嫩枝，促进苗木茎干的正常生长。

参考文献

刘勇, 2019. 林木种苗培育学[M]. 北京: 中国林业出版社: 218-256.

沈海龙, 2009. 苗木培育学[M]. 北京: 中国林业出版社: 172-178.

孙时轩, 刘勇, 2002. 林木育苗技术[M]. 北京: 金盾出版社: 105-116.

翟明普, 沈国舫, 2016. 森林培育学[M]. 3版. 北京: 中国林业出版社: 148-150.

（祝燕）

用材林 timber forest

以生产木材为主要目的的森林，包括以生产竹材为主要目的的竹林。中国五大林种之一。大力发展各种用材林，对保障木材供给安全、满足国民经济发展需求具有重要意义。

用材林分为一般用材林、工业用材林、速生丰产用材林等。①一般用材林。以培育大径通用材种（主要是锯材）为主要目的的用材林。②工业用材林。指专门培育某一材种的用材林，包括纸浆林、胶合板材林、坑木林等。③速生丰产用材林。指采取集约培育技术措施培育的用材林，其目标是速生、丰产、优质、稳定、高效。速生是尽可能缩短培育规定材种的年限；丰产是要求单位面积林地上最终获得比较高的蓄积量和木材产量；优质主要包括对干形（通直度、尖削度）、节疤（数量、大小）及材性（木材物理—力学特性、纤维素含量和特性等）等方面的要求，依定向培育目标不同而异；稳定是要求用材林地力可持续维持，病虫等生物和非生物危害限制在可控范围内；高效既是指经济核算上较高的投入产出比，也指能实现较高的生态、经济和社会综合效益。为获得高价值和高质量木材，在国家储备林建设中特别强调培育以珍稀树种和大径材为目标的用材林。

联合国粮农组织（FAO，2020）统计，2020 年世界森林中约 31% 被划分为用材林，划为多用途林的 22% 的森林也具有木材生产功能。2014—2018 年中国第九次森林资源清查结果显示，中国森林中用材林比例为 33.19%。为了形成一定的生产能力，便于合理轮伐、可持续发展，并有利于经营和开发，用材林在布局上宜适当集中，形成基地。

参考文献

国家林业和草原局, 2019. 中国森林资源报告(2014—2018)[M]. 北京: 中国林业出版社.

北京林学院, 1981. 造林学[M]. 北京: 中国林业出版社.

翟明普, 沈国舫, 2016. 森林培育学[M]. 3版. 北京: 中国林业出版社.

FAO, 2020. Global forest resources assessment 2020: Main report[OL]. Rome. https://doi. org/10. 4060 /ca9825en.

（贾黎明）

用材林培育 silviculture for timber forest

对以生产木材为主要目的的森林和林木（包括竹林）所进行的营造林生产经营活动。作为当今四大材料（钢材、水泥、木材、塑料）中唯一可再生的绿色环保原材料，木材需求量随人口和经济的增长逐年增加。中国是全球第二大木材消费国和第一大木材进口国，对外依存度达50%以上，长期以来十分重视用材林培育。

中国用材林培育历史悠久，规模化培育起步于20世纪中期。50年代后期提出营造速生丰产用材林的发展目标，研究制定了速生丰产用材林基地规划。1985年国家发布《发展速生丰产用材林技术政策》；1988年发布了《关于抓紧一亿亩速生丰产用材林基地建设报告》；2002年制定了《重点地区速生丰产用材林基地建设工程规划》，建设期到2015年，建设总规模为1333万hm²；2011年，国家发展和改革委员会、财政部会同国家林业局向国务院上报了《关于构建我国木材安全保障体系的报告》，2013年、2015年、2017年中央一号文件提出加强国家木材战略储备基地建设和建立国家用材林储备制度。国家林业局组织编制了《全国木材战略储备生产基地建设规划（2013—2020年）》《国家储备林建设规划（2018—2035年）》，中国用材林培育进入新的阶段。

培育目标 集中反映在速生、丰产、优质、稳定等目标上。

速生性 速生是为了缩短培育规定材种的年限，快速解决木材供需矛盾。培育速生用材林是全世界的共同趋势。意大利、法国、巴西、新西兰等国家利用杨树、桉树、辐射松等树种造林取得显著成就。其中，意大利杨树造林仅占林地面积的3%，但生产了全国工业用材的50%；新西兰营造80万hm²辐射松用材林，仅以全国林地面积的11%，每年生产木材850万m³，占全国木材产量的95%。中国的速生树种资源很丰富，如北方地区的落叶松、杨树，中部地区的泡桐、刺槐，南方地区的杉木、马尾松、毛竹，从国外引进的松树、桉树和杨树等树种，都是很有前途的速生用材树种。截至2014年底，中国桉树种植面积达450万hm²（仅占中国森林总面积的2%），年产木材超过3000万m³（占中国木材总产量的25%）。

丰产性 要求用材林最终获得单位面积林地上比较高的木材产量。丰产性和速生性是两个既有联系又有区别的概念，有些树种既能速生也能丰产，例如杨树和杉木等；有些树种速生期来得早，但是维持时间比较短，或者只适于稀植，而不宜密植，这些树种只能速生而不能丰产，例如苦楝、旱柳、臭椿、刺槐等；也有些树种速生期来得较晚，但进入速生期后的生长量较大，且维持时间长，如红松、红皮云杉等。

优质性 指用材林生产的木材具有良好的形质指标。"形"主要是指用材林树种树干通直、圆满、分枝细小、整枝良好，这样的树种出材率高，采运方便，用途广泛。"质"指用材林生产的木材的物理和化学性质优良，经济价值较高。大部分针叶树种有良好的干形，这是针叶树造林面积显著超过阔叶树种的主要原因之一。阔叶树中的大量珍贵用材树种，因材质致密、纹理美观、具有光泽和香气等受到极大的重视，如降香黄檀、桢楠、闽楠等。

为保持用材林林地地力、生态功能以及防治病虫害，用材林还需具备稳定、高效等目标。主要是维持用材林生态系统的健康、稳定，地力的可持续维持或不断改善；使用材林的投入产出比合理，经济效益显著，并能产生重要的生态效益和社会效益。

培育技术 常采用较为集约的育林技术，在基地布局和立地选择、树种选择和良种壮苗、结构控制和集约经营等方面应采取更加精准的措施，坚持"适地适树、良种良法"的森林培育原则，促进用材林的生产力提高和可持续经营。

基本布局和立地选择 应选择自然条件较优越，林地生产力较高而且宜林地集中连片的区域。从全国范围来看，用材林培育基地主体布局在400mm等雨量线以东，优先安排600mm等雨量线以东地区。在具体地区，要求造林地立地指数较高，立地条件要好。立地条件也可通过造林整地、土壤改良等措施来调控。在非国家主要用材林培育基地的地区，也可在较好的立地条件下发展用材林，以部分解决区域木材的供应。

树种选择和良种壮苗 必须符合适地适树原则，且扩展到适地适种源、适地适无性系。不同地区适宜的树种不同：粤桂琼闽地区主要选择桉树、相思树、杉木、马尾松等树种发展浆纸、人造板和建筑材原料林，营造柚木、桃花心木、西南桦、楠木等珍贵大径级用材林；长江中下游地区主要发展杉木、马尾松、竹类、杨树等工业原料林和楠木、樟树、池杉、柳杉等珍贵大径级用材林；黄淮海地区主要发展毛白杨、欧美杨、泡桐等浆纸和人造板原料林以及楸树、榉树、黄檀等珍贵大径级用材林；东北内蒙古地区主要发展落叶松、杨树等浆纸和人造板原料林，同时发展红松、水曲柳、核桃楸、黄檗、云杉等珍贵大径级用材林。桉树、杨树良种选育成果的应用大幅度提高了林地生产力。

结构控制 林分结构控制主要包括密度和树种组成的调控。密度控制包括合理的造林密度和经营密度。用材林造林密度对林木的生长调控、成材早晚、木材产量及径级大小等都有重要作用，要根据培育目的（如纸浆林、胶合板林等）及培育周期确定造林密度。很多速生丰产用材林的造林密度就是经营密度，而以培育大径级木材为目标的用材林则应通过经营过程中的抚育间伐来调整林分密度。在培育速生丰产用材林时较少营造混交林，但随着大径级珍贵用材越来越受到重视，多树种混交林培育成为重要途径。

集约经营 用材林集约经营除以上措施外，还采取植被管理、养分管理、水分管理、林木修枝、病虫害防治、地力可持续维持等措施，每一环节都应围绕用材林的培育目标，实现经营管理的集约化和精细化。合理水肥管理要根据造林区域立地特点和林木水分、养分需求规律等制定合理的节水灌溉和精准施肥制度；地力可持续维持需要通过合理施肥、合理间作、树种混交、连栽品种更新换代、枯落物和采伐剩余物合理还林等措施来实现；病虫害综合防治需通过树种改良、多树种搭配和混交、病虫害生物综合防治等措施来实现。长周期珍贵用材树种的培育则要树立"前人栽树后人乘凉"的培育理念，利用多目标培育、适当加大初植密度、与短周期培育树种混交、发展林下经济等以短养长的方法实现短期收益。用材林培育还需考虑集约经营程度，充分考虑经济可行性、生态可行性等因素。

参考文献

盛炜彤, 2014. 中国人工林及其育林体系[M]. 北京: 中国林业出版社.

翟明普, 沈国舫, 2016. 森林培育学[M]. 3版. 北京: 中国林业出版社.

（贾黎明）

用材林树种选择　tree species selection for timber production

根据用材林培育目的、立地条件、树种生物学和生态学特性等开展的适宜树种选择工作。要求速生、丰产、优质、稳定等。

速生性　生长速度要快。中国木材对外依存度已超过50%，木材资源安全形势严峻，解决这一问题的切实可行的措施是营造速生用材林。发展速生树种造林也是全世界的一个共同趋势。意大利、法国、韩国等国家在杨树的造林中取得了卓越成就，其中意大利仅用林地面积的3%，生产了全国工业用材的50%；新西兰营造了80万hm²辐射松速生丰产用材林，仅以全国林地面积的11%，每年生产木材850万m³，占全国木材产量的95%。中国亚热带和热带地区的主要速生用材林树种有桉树、杉木、马尾松、云南松、思茅松、相思树类等；中国温带和暖温带地区的主要速生用材林树种有杨树、落叶松、油松、泡桐和刺槐等；中国寒温带的主要速生用材林树种有落叶松、樟子松等。

丰产性　单位面积蓄积量要大。要求树体高大、相对长寿，材积生长的速生期维持时间长，又适于密植，因而能在单位面积林地上最终获得比较高的木材产量。丰产性和速生性是两个既有联系又有区别的概念。有些树种既能速生，也能丰产，例如杨树和杉木等；有些树种速生期早，但是维持的时间比较短，或者只适于稀植，这些树种只能速生而不能丰产，如苦楝、臭椿、刺槐等；有些树种速生期来得较晚，但进入速生期后的生长量较大，且维持的时间长，如红松、红皮云杉等。

优质性　生产的木材质量要好。良好的用材树种应该具有良好的形（态）质（量）指标。所谓形，主要是指树干通直、圆满、分枝细小、整枝性能良好，这样的树种出材率高，采运方便，用途广泛。所谓质，是指材质优良，经济价值较高。用材树种质量的优劣还包括木材的机械性质和力学性质。一般用材都要求材质坚韧、纹理通直均匀、不易变形、干缩小、容易加工、耐磨、抗腐蚀等。

另外，用材林树种应有较强的抗病虫害、抗旱、抗寒、抗风、抗火等能力，维持林分的稳定性。还应有较强的**生物多样性保护**、水土保持、水源涵养、防风固沙、固碳释氧、风景游憩等生态功能，促进森林生态系统维持较强的可持续性。

参考文献

翟明普, 沈国舫, 2016. 森林培育学[M]. 3版. 北京: 中国林业出版社.

（贾忠奎）

优势木　dominant tree

林分中直径最大、树高最高、树冠处于林冠层上部，几乎不受挤压的林木。又称Ⅰ级木。在林分中数量一般不超过总数的5%。

优势木在生长、干形和材质等方面都占据优势地位，是林木自身优良遗传特性与环境因素、人为因素共同作用的结果。

优势木的概念广泛应用于森林立地质量评价、森林抚育采伐、林木种子生产和优树选择中。①在森林立地质量评价中，采用树木基准年龄的优势木平均高确定立地指数，用以衡量立地质量的优劣；②在森林抚育采伐中，优势木是具有培育前途的林木，是保留的对象；③在林木种子生产中，优势木受光充足，结实层厚，种子产量高，质量好，是采种的最佳对象；④在优树选择中，常采用的方法就是优势木对比法，即以候选优树为中心，在立地条件相对一致的10～25m半径范围内（至少包括30株以上的树木），选出仅次于候选优树的3～5株优势木，实测树高、胸径，并计算平均高、胸径、材积，如果候选优树生长指标超过规定标准，即可入选。

参考文献

沈国舫, 2001. 森林培育学[M]. 北京: 中国林业出版社.

（韦小丽）

油松培育　cultivation of Chinese pine

根据油松生物学和生态学特性对其进行的栽培与管理。油松 *Pinus tabuliformis* Carr. 为松科（Pinaceae）松属树种，中国北方地区优良的**用材林**和**防护林**树种，也是城市绿化、园林造景的重要树种。

树种概述　常绿乔木。树冠塔形、卵圆形或圆柱形。树皮灰褐色、黄褐色、灰黑色或红褐色，龟裂、纵裂、片状剥落等。叶2针一束。雌雄同株。球果；种子卵圆形或长卵圆形，长6～8mm，淡褐色或深褐色。花期4～5月，种子翌年9～10月成熟。在中国自然分布北至辽宁西部的医巫闾山；西至宁夏的贺兰山，青海的祁连山、大通河、湟水流域一带；南至四川甘肃接壤地区向东达陕西的秦岭、黄龙山，河南的伏牛山，山西的太行山、吕梁山，河北的燕山；东至山东的蒙山。陕西、山西为分布中心。垂直分布因地而异，辽宁在海拔500m以下，华北山区在海拔1500～1900m以下。喜光，在全光照条件下能天然更新；抗寒，可耐－25℃的低温；抗旱，较耐土壤干旱瘠薄，在年降水量仅有300mm左右的地方（如大青山）也能正常生长。适生于森林棕壤、褐色土及黑垆土，以在深厚肥沃的棕壤和淋溶褐土上生长最好。喜微酸性及中性土壤，不耐盐碱。木材可作建筑、桥梁、矿柱、枕木、电杆、车辆、农具、造纸和人造纤维等用材。

良种选育　良种主要来源于国家油松林木良种基地。国家林业局2009年公布的第一批国家油松林木良种基地有：河北省平泉县七沟林场，山西省吕梁林管局上庄，内蒙古自治

油松人工林林相（内蒙古旺业甸）

区土默特左旗万家沟林场、宁城县黑里河林场、辽宁省北票市、陕西省延安市乔山林业局、陇县八渡林场、洛南县古城林场、甘肃省庆阳市中湾林场、河南省卢氏县东湾林场、辉县市白云寺林场等；国家林业局 2012 年公布的第二批国家油松林木良种基地有：关帝山国有林管理局吴城、太行山国有林管理局海眼寺林场、凌海市红旗林场；山西省林木良种培育中心为国家林业局 2017 年公布的第三批国家油松林木良种基地。林木良种基地保障了油松高产稳定的良种生产。

苗木培育　造林常用苗木有裸根苗和容器苗。裸根苗为 1 ～ 3 年生，容器苗有百日苗、1 ～ 2 年生容器苗和容器移植苗。生产上使用较多的是 2 ～ 3 年生裸根苗。育苗地宜选择地势平坦、土壤肥沃、土层深厚、灌溉方便、pH 7.5 以下、排水良好、土壤质地沙壤和壤土的地段。根据《主要造林树种苗木质量分级》（GB 6000—1999）中规定 Ⅰ 级苗在 1.5 ～ 2 年生出圃。苗木出圃规格一般要求达到苗高 15cm、地径 0.6cm 以上。为节约育苗地，1 年生苗也可出圃，要求苗高和地径分别达到 8cm 和 0.25cm 以上。

林木培育

　　造林地　可选择年平均气温 6 ～ 12℃、年降水量 600mm 以上区域。立地条件选择阴坡和半阴坡。石质山地多采用水平阶和鱼鳞坑整地，黄土高原多采用水平沟和反坡梯田整地。

　　造林方法　造林密度以 750 株 /hm² 为宜，造林的初植密度可适当提高，但不宜超过 1500 株 /hm²。营造混交林时，混交阔叶树种主要有元宝槭、椴树、刺槐、花曲柳、山杏以及栎类，常采用油松 3 行和阔叶树种单行的混交方法。灌木混交树种主要有紫穗槐、胡枝子、黄栌、沙棘、锦鸡儿等。油松与侧柏或落叶松混交亦表现出良好的效果。可用植苗或播种方法造林，春季、雨季、秋季均可造林，多采用春季造林。

　　抚育　造林后，幼林抚育措施主要为松土除草，一般每年抚育 2 ～ 3 次，连续抚育 3 ～ 4 年。造林后的第一年，

冬季低温不利于新栽植苗木的存活，需要覆土防寒。覆土时间应在上冻不久前进行，解冻后立即撒土。覆土厚度以幼苗各部分不露出土面为标准，或在此基础上，再加盖 2 ～ 3cm 厚的土壤。林分充分郁闭后，开始出现林木间的分化，此时根据各地的气候、土壤和林分的实际生长情况，确定合理的间伐技术，关键技术为合理经营密度表的确定，据此可以制定间伐强度、间隔时间等技术要素。在林冠郁闭后进行修枝，使保留的树冠长度与树干比最初可为 3/4，然后逐渐过渡到 2/3，最后为 1/2。主伐更新采用择伐或渐伐，伐后林分的郁闭度保持在 0.4 ～ 0.5。通过 2 次渐伐，即可完成更新过程。

　　病虫害　主要病虫害为猝倒病、油松毛虫、油松球果小卷蛾、松枝小卷蛾、松果梢斑螟、松蚜、松叶小卷蛾、新松叶蜂、微红梢斑螟、松纵坑切梢小蠹、红脂大小蠹、日本松干蚧等。

参考文献

国家质量技术监督局, 1999. 林木种子质量分级: GB 7908—1999 [S]. 北京: 中国标准出版社.

李成德, 2004. 森林昆虫学[M]. 北京: 中国林业出版社.

马履一, 甘敬, 贾黎明, 等, 2011. 油松、侧柏人工林抚育研究[M]. 北京: 中国环境科学出版社.

马履一, 2011. 油松丰产栽培实用技术[M]. 北京: 中国林业出版社.

沈熙环, 2015. 油松、华北落叶松良种选育实践与理论[M]. 北京: 科学出版社.

（马履一，贾忠奎，段劼）

油桐培育　cultivation of tung tree

　　根据油桐生物学和生态学特性对其进行的栽培与管理。油桐 *Vernicia fordii* (Hemsl.) Airy Shaw 为大戟科（Euphorbiaceae）油桐属树种，中国重要的木本工业油料树种；栽培品种较多，以三年桐为主（以下油桐皆指三年桐）。

图 1　油桐雄花（湘西永顺县青坪镇）

图2　油桐雌花（湘西永顺县青坪镇）

图3　油桐果实（湘西永顺县青坪镇）

图4　油桐林相（湘西永顺县青坪镇）

树种概述　落叶小乔木。雌雄同株异花。核果近球状。分布于西自青藏高原横断山脉大雪山以东，东至华东沿海丘陵以及台湾等沿海岛屿，南起海南、华南沿海丘陵及云贵高原，北抵秦岭南坡中山、低山和伏牛山及其以南的广阔地带，北纬18°30′～34°30′、东经97°50′～122°07′。重庆、湖南、湖北、贵州4省（直辖市）比邻地区的武陵山区是中国油桐核心产区。美国、阿根廷、巴拉圭、巴西和非洲中南部的马拉维等国有少量引种栽培。喜温暖，忌严寒；喜光，不耐阴，多栽植在阳坡或半阳坡；喜雨量充沛、空气湿润的气候条件；宜在富含腐殖质、土层深厚、土质疏松的地段生

长，以排水良好、中性至微酸性沙壤土最为适宜。木材可制家具，桐油可以制备环保涂料、油墨以及作高分子材料，桐饼脱毒后可制饲料，桐壳可制取糠醛。

良种选育　油桐品种群包括对年桐类、小米桐类、大米桐类、柿饼桐类、窄冠桐类、柴桐类、五爪桐品种群等，其中优良品种（家系）有四川小米桐、湖南葡萄桐、浙江少花球桐、四川大米桐、浙江座桐、浙江五爪桐、'华桐1号''华桐2号''华桐3号''华桐4号'等。

苗木培育

播种育苗　将成熟桐果采收后堆沤15～20天，果皮软化后取籽粒，阴干，沙藏或干藏。随采随播，也可贮藏至翌年春播。播后30天左右即可发芽出土，1年生苗高达80～100cm，即可出圃造林。

嫁接育苗　以千年桐/油桐、大米桐/小米桐为砧穗组合，嫁接成活率较高。春接以3月中旬至4月上旬最佳，秋接以9月中旬至10月中旬最佳，嫁接后注意除萌及水肥管理。

组培育苗　可选用叶片、胚轴和叶柄等为外植体，其中以下胚轴效果最好，愈伤组织诱导的最佳培养基为WPM+5.0mg/L 6-BA+1.0mg/L KT+0.1mg/L NAA，诱导率可达100%；愈伤组织分化不定芽的最佳培养基为WPM+1.0mg/L 6-BA+0.05mg/L NAA+2.0mg/L GA_3，诱导率达82.46%；最佳生根培养基为1/2MS+0.1mg/L IBA，生根率97.1%。炼苗移栽至泥炭土：珍珠岩：黄土为2∶1∶1的基质中，成活率可达90.0%以上。

林木培育

造林地　宜选向阳开阔、避风的缓坡山腰和山脚，土层深厚、排水良好的微酸性或中性土壤。

造林　纯林初植密度300株/hm²（早期套种、后期为纯林）；油桐与油茶、杉木短期间作时，油桐初植密度225～300株/hm²，杉木（油茶）初植密度300～450株/hm²，呈梅花形配置。以直播造林为主，采用随采随播或霜降至立冬时播种，春播以立春至清明时为好，在已整地的种植点每穴播种2～3粒，播后覆土5～6cm。也可采用植苗造林。

混交与套种　在油桐和油茶（杉木）混交林中套种农作物如玉米等，至第3～4年停止套种农作物，至7年或10年左右，油桐衰败，油茶开始丰产，形成油茶或杉木纯林。

抚育　成林后每年仍需中耕除草，使表土保持疏松透气。每隔3～4年需大垦一次，并结合翻压绿肥，熟化土壤，复壮根系。林地要大量种植绿肥，既可防止土壤冲刷，改良土壤，又能增加肥源和饲料。对于衰老的桐树，可进行一次强度修剪，也可截干后进行萌芽更新。

病虫害　主要有油桐枯萎病、油桐角斑病、油桐尺蠖、油桐扁刺蛾、油桐金龟子等，可采取相应措施予以防治。

参考文献

方嘉兴, 何方, 1998. 中国油桐[M]. 北京: 中国林业出版社: 130-134, 332-324.

何方, 谭晓风, 王承南, 1987. 中国油桐栽培区划[J]. 经济林研究, 5(1): 1-9.

何方, 谭晓风, 王承南, 等, 1991. 油桐优良无性系的选育[J]. 中南林学院学报, 11(2)：120-124.

林青, 吴玲利, 张琳, 等, 2014. 油桐叶柄高效直接再生体系的建立[J]. 植物生理学报, 50(10): 1608-1612.

谭晓风, 李泽, 张琳, 等, 2013. 油桐叶片愈伤组织诱导及植株再生[J]. 植物生理学报, 49(11): 1245-1249.

谭晓风, 蒋桂雄, 谭方友, 等, 2011. 我国油桐产业化发展战略调查研究报告[J]. 经济林研究, 29(3): 1-7.

（张琳）

游憩林培育 silviculture for recreation forest

在具有开展游憩活动条件的地段，培育满足人们娱乐、健身、疗养、休息和观赏等各种游憩需求的森林的活动。

从森林功能角度出发，游憩林通常可分为两大类：综合游憩林（普通游憩林）和专项游憩林（特殊游憩林）。综合游憩林能够较为均衡地发挥美学、生态服务、娱乐、锻炼以及疗养保健等多种功能。专项游憩林侧重于发挥其中某项具体功能。常见的专项游憩林包括狩猎林、采摘林、野营林及沐浴林等。

游憩林培育有人工营造、补植改造、抚育改造等技术措施。人工营造即从造林伊始就按游憩林的用途，制订森林经营方案，重点选择景观价值高、有益于人体健康的乡土树种。补植改造主要是在低效林分中补植目的树种，优化林分结构，提高林分的风景游憩质量和功能。抚育改造重点是对影响目标树木生长的林木，通过间伐调节结构，促进林分生长，提升景观质量。

参考文献

陈鑫峰, 沈国舫, 2000. 森林游憩的几个重要概念辨析[J]. 世界林业研究, 13(1): 69-76.

汪平, 2013. 北京西山侧柏、油松游憩林抚育效果研究[D]. 北京: 北京林业大学.

（邱尔发）

有机肥料 organic fertilizer

由植物残体或人畜粪便等有机物质经过微生物的分解腐熟而成的肥料。简称有机肥。包括人粪尿、禽畜粪、饼肥、厩肥、堆肥、沤肥、沼气肥、绿肥、泥炭和腐殖酸类肥料等。除能供给苗木营养外，还能改善土壤性质和生物性状，培肥土壤和促进土壤微生物活动，维持森林生态良性循环，节约能源，降低林业成本。

特点 ①大部分以有机物形态存在，如蛋白质、氨基酸、核酸、碳水化合物和各种酶等。②含碳多，碳氮比高，不仅含有氮、磷、钾等林木生长所需的大量营养元素，而且含有微量营养元素，因此也称多功能性肥料或完全肥料。③多数营养元素呈与有机碳相结合状态，需经微生物和酶促作用分解转化后方能被苗木吸收利用。④养分释放慢，肥效稳长，多属迟效性肥料。⑤一些有机肥有臭味、病原菌、寄生虫卵等，有些还含有过量的重金属及还原性物质等有害物质，须经灭菌和无害化处理后方可施用。⑥多数有机肥含水量高，体积大，运输费用高。⑦所含各种营养成分的数量与比例不能完全保证各种苗木的生长需要，某些养分特别是速效养分少，氮、磷、钾比例不合理。

施用方法 ①人粪尿、禽畜粪含氮量较高，磷、钾含量较少，需充分腐熟后使用，可作基肥，也可稀释后作追肥。②饼肥含有机质、氮、磷、钾和微量元素，可在播种前或苗木需肥期前2～3周碾碎作基肥，也可腐熟后作追肥。③厩肥、堆肥、沤肥含有机质、氮、磷、钾和微量元素，宜腐熟后作基肥。④沼气肥中氮、磷、钾含量较堆肥、厩肥高，且速效养分含量较高，沼渣宜作基肥，沼液宜作追肥。⑤绿肥含有较多有机质和营养元素，且可改善土壤理化性状，宜作基肥，可采用直接翻耕和堆沤后施用，前者应在播种或移苗前2～3周进行。⑥泥炭含有机质、氮、磷、钾等，须经过微生物分解才能发挥肥效，根据其分解程度，可用作牲畜圈垫料、苗床覆盖物、容器育苗材料、碱性土壤和沙性土壤改良材料或制造堆肥、颗粒肥等。⑦腐殖酸类肥料是一类多功能复合肥，可作基肥、追肥和种肥。

参考文献

刘勇, 2019. 林木种苗培育学[M]. 北京: 中国林业出版社: 120-167.

孙向阳, 2005. 土壤学[M]. 北京: 中国林业出版社: 291-296.

（邢世岩, 门晓妍, 孙立民）

幼林抚育 tending after young plantation

造林后至幼林郁闭前的林地管理和林木管理措施。

新造幼林个体处于彼此孤立状态，树体矮小，根系分布浅，抗性弱，林木对高温、寒冷、干旱、水涝、病虫害等不良环境的抵抗力差，与灌木、杂草的竞争激烈。这一阶段是苗木成活、成林的关键时期。幼林抚育的目的是创造适宜的环境条件，提高造林成活率和保存率，促进幼林生长。一般在造林后前三年进行，第一年3次，第二年2次，第三年1次，包括幼林林地抚育管理和幼林林木抚育管理两部分。具体措施可见幼林管理。

参考文献

沈国舫, 翟明普, 2011.森林培育学[M]. 2版. 北京: 中国林业出版社.

翟明普, 沈国舫, 2016.森林培育学[M]. 3版. 北京: 中国林业出版社.

（王乃江）

幼林管理 young forest management

从人工造林或天然更新后开始至林分郁闭前的阶段所进行的措施。包括幼林林地管理和幼林林木抚育两部分。

幼林林地管理 目的是提高土壤有机质含量和肥力，改善土壤理化性质，活跃土壤微生物，从而有利于林木根系生长以及吸收水分与营养物质，促进林木生长。主要包括林地松土除草、林地水分管理、林地施肥、栽植绿肥植物或改良土壤树种、林地凋落物和抚育剩余物管理等技术措施。

林地松土除草 对幼林林地表层土壤进行疏松和消除杂灌草竞争，为林木创造良好生长环境的栽培技术措施。对于初植阶段林木存活和正常生长以及加速林分郁闭至关重要。松土的作用主要是疏松表层土壤以减少土壤蒸发，改善土壤保水性、透水性和通气性，促进土壤微生物活动，加速有机物分解。除草的作用主要在于清除与目标林木竞争水分、养分、光照等资源的各种杂草和灌木等，从而促进林木生长；破坏可能对目标林木造成危害的病菌、害虫、寄生虫、啮齿动物等的栖息环境；避免竞争植被对目标林木造成机械损伤，降低林内火灾隐患。

松土和除草一般同时进行，也可根据实际情况单独进行。松土除草的持续年限应根据造林树种、立地条件、**造林密度**和经营强度等具体情况而定。一般从造林后开始，连续进行数年，直到幼林郁闭为止。**速生丰产林**整个栽培期均须松土除草，但后期不必每年都进行。每年松土除草的次数，受气候、立地条件、树种、林龄以及当地经济状况制约，一般进行 1～3 次。松土除草的方式有全面松土除草和局部（带状或块状）松土除草。确定松土除草深度的原则：里浅外深（距树体的距离）；树小浅松，树大深松；沙土浅松，黏土深松；湿土浅松，干土深松。一般松土除草的深度为 5～15cm，必要时可增加到 20～30cm。造林 3～4 年后深翻至 25～40cm 可更有效地促进幼林地下和地上部分生长。松土除草的方法有人工松土除草、机械松土除草、生物松土除草和化学除草等。

林地水分管理 对林地特别是幼林林地土壤进行灌溉或排水的栽培技术措施。林地灌溉通过为林地供给水分以缓解或防止林木水分胁迫发生，从而提高**造林成活率**和保存率，改善林木水分状况，提高光合速率，影响根系分布、构型和动态，进而促进林木生长和林分郁闭。此外，灌溉还能降低土壤温度，影响土壤容重和三相比结构；在盐碱含量过高的土壤上，灌溉还可洗盐压碱，改良土壤。因条件限制，灌溉主要用于地势平坦立地上的速生丰产林和经济林培育。

灌溉应合理，即采用合理的灌溉方式，在合理的灌溉时间，按合理的灌水量将灌溉水供给到土壤中合理的位置。常用的灌溉方法包括漫灌、畦灌、沟灌以及节水灌溉（包括渠道防渗技术、低压管道输水灌溉技术、喷灌技术、微灌技术、雨水汇集利用技术、抗旱保墒技术等）。幼林灌溉多在生长季前半期进行。灌溉的湿润深度视根系的主要分布深度而定，一般为 50cm 左右。灌溉的次数和间隔期可根据当地的降水量、蒸发速度、天气状况以及土壤条件和林龄等因素综合考虑确定，地区越干旱，灌溉间隔期越短、次数越多；林龄越大，每次的灌溉量越大，间隔期越长，次数越少。

林地排水分为明沟排水和暗沟排水。明沟排水是在地面上挖掘明沟，排除径流；暗沟排水是在地下埋置管道或其他填充材料，形成地下排水系统。多雨季节或单次降雨过大造成林地积水成涝，应挖明沟排水；在河滩地或低洼地，雨季地下水位高于林木根系分布层时，可开挖深沟排水；土壤黏重、渗水性差或在根区下有不透水层时，须修建排水设施。

林地施肥 通过对林地补充肥料，满足林木生长养分需求，促进林木生长的栽培技术措施。林地土壤肥力的维持是保障林木生长发育，实现林分可持续经营的基础。由于宜

林地土壤多数较贫瘠，有些林地由于连续栽植而导致土壤养分含量逐渐降低，需要通过林地施肥技术措施补充土壤养分。幼林施肥的时间、方法以及肥料种类等，取决于树种和立地条件，并应在对土壤和林木进行营养诊断的基础上进行。

林地施肥方法有**基肥**和**追肥**。追肥又分为撒施、条施（沟施）、穴施、灌溉施肥和根外追肥等。造林前将肥料施入土壤中的方法为基肥，造林后施肥的方法为追肥。肥料类型包括**有机肥料**、矿物质肥料、微生物肥料、工业废水肥料和生活污水肥料等。

营养诊断分析是明确某个树种林木达到某一产量指标时土壤中存在的或潜在的缺素问题，即发现存在的或潜在的养分限制因子，以便提出和调整平衡施肥方案。**林木营养诊断**方法包括 DRIS 法、叶片营养诊断法、土壤分析法、缺素的超显微解剖结构诊断法等。为获得最佳施肥效果，必须弄清楚树种在不同土壤上对肥料的需求量，对氮、磷、钾比例的要求。

施肥时间应根据林木生长节律和养分需求规律而定，有效的施肥季节常为林木生长旺盛期，即春季和初夏。此外，一般情况下，在林分郁闭前施肥对林木生长的促进效果要好于林分郁闭后施肥。施肥量根据树种的生物学特性、土壤贫瘠程度、林龄和施用肥料的种类来确定，并根据肥料施入土壤的方式（如直接施入或随水施入）进行调整。

栽植绿肥植物或改良土壤树种 在林地上栽植绿肥植物和改良土壤树种，能起到增加土壤肥力和改良土壤的作用。常用的绿肥植物有紫云英、苕子、草木犀、紫花苜蓿等，改良土壤的树种有紫穗槐、赤杨、木麻黄等，多为具有固氮能力的植物。生产中，可先在贫瘠的无林地上栽植绿肥植物或对土壤有改良作用的树种，使土壤得到改良后再造林；也可在造林的同时种植绿肥植物，与造林树种混生或间作；也可在主要树种或喜光树种林冠下混植固氮植物或小乔木，以达到培肥地力的目的。

林地凋落物和抚育剩余物管理 林内的凋落物层是林木与土壤之间营养元素交换的媒介，是林木获取营养的重要来源。林地凋落物对林木的作用有：①凋落物分解后，可以增加土壤营养物质的含量。②保持土壤水分，减少水土流失。③使土壤疏松并呈团粒结构。④缓和土壤温度的变化。⑤在空旷处和疏林地可以防止杂草滋生。可以通过营造**针阔混交林**或林下发展灌木层来增加林内的凋落物。禁止焚烧或耙取林内凋落物。如凋落物分解较慢，可采取外加氮源（铵态氮、硝态氮）以降低碳氮比，加速凋落物分解和养分释放。

抚育剩余物主要包括除草（灌）剩余物、间伐和修枝剩余物等。对抚育剩余物进行合理管理可以有效保存林地养分，减少土壤水分散失和水土流失，抑制杂草生长，增加土壤微生物数量和活性。对抚育剩余物的管理方式有平铺、垄状归堆、粉碎还林或就地腐熟还林等。

幼林林木抚育 对幼林林木本身进行的抚育和管理。不仅可促进树木生长发育尽快成林郁闭，还可保证林木向目的产品的速生、丰产、优质、高效方向发展。幼林林木抚育包括抹芽接干、修枝抚育、除蘖定株、平茬促干、定干控冠等。

抹芽接干　对顶芽死亡或顶端优势弱的树种保留树干上部1个健壮侧芽接干，抹除下部部分或全部侧芽，以培育高干良材的林木抚育措施。**抹芽**是整枝的一种形式，即在侧芽膨大、芽尖呈绿色时，把芽抹掉，以省去以后修枝的一种方法。

①抹芽接干树种选择。树种的生物学特性不同，抹芽接干的效果大不相同。大部分针叶树和一部分阔叶树顶芽比侧芽大且饱满，顶端优势强，具有单轴分枝特性，无须抹芽接干；部分顶芽死亡成合轴分枝的阔叶树种，人工抹芽接干的必要性相对较弱；而许多对生阔叶树种顶芽比侧芽小或死亡，呈二叉或假二叉分枝特性，顶端优势弱，无法直接通过顶芽或侧芽实现接干，必须通过人工抹芽接干的方法来实现，如泡桐。

②抹芽接干时期和时间。抹芽接干时期宜早不宜晚，一般造林当年就要进行。**植苗造林**后需要连续抹芽接干2～3次才能达到高干材培育的要求。抹芽接干时间应掌握在芽开始萌动至尚未抽梢发叶时为佳，最迟应在侧枝的基部木质化以前。

③抹芽接干的方法。顶芽饱满、不需人工接干的树种，除需要早春芽萌动时抹除侧芽外，夏季须及时抹除新萌发的侧芽，通过4～5年的连续抹芽，主干达7～8m成材高度后停止抹芽。对具有二叉或假二叉分枝特性的树种进行抹芽接干时，一般在梢部迎主风方向留1个饱满健壮的侧芽，在其上部2cm处剪去梢部，下部侧芽全部抹除或仅留1对，秋季落叶后或次年春季萌芽前，砍除侧枝。

修枝抚育　人为地除去树冠下部的枯枝及部分活枝的抚育措施。分干修和绿修两种。干修是去掉枝干下部枯枝；绿修是去掉部分活枝。

①修枝林分和林木的选择。在有价值和立地条件较好的林分中进行人工修枝，而干形不良林木占多数的林分和立地条件差的林分暂不进行或不宜进行。修枝主要应在幼林和干材林中实施；**自然整枝**良好不留死节的树种不需要修枝。

②修枝开始年龄、间隔期和修枝高度。一般以林分充分郁闭、林冠下部出现枯枝时，作为开始修枝年龄的标志。在立地条件好、林木生长较快的地方，修枝开始年龄宜早；在经济条件好和少林地区，修枝时间也应早些。**修枝间隔期**指两次修枝中间相隔的年限。大多针叶树是在第一次修枝后又出现1～2轮死枝后进行第二次修枝。阔叶树早期修枝有利于控侧枝促主干生长，间隔期宜短，一般是2～3年。修枝高度应视培育的材种而异，一般修到6.5～7m高即能满足普通锯材原木的要求，造纸、火柴和胶合板用材修到4～5m，造船和水利用材要修到6～9m。

③修枝季节。一般在晚秋到早春（隆冬除外）进行修枝。有些萌芽力很强的树种，例如刺槐、杨树等，宜在生长季节修枝。

④修枝强度。修枝强度一般用修枝高度与树高之比，或用树冠的长度与树高之比（冠高比）表示。修枝强度可分为强度、中度和弱度，因不同的树种、年龄、立地和树冠发育等情况而异。耐阴树种和常绿树种保留的冠高比要大些，喜光树种、落叶阔叶树种、速生树种保留的冠高比可小些。立地条件好的和树冠发育良好的林木，修枝强度可大些，否则相反。

参考文献

翟明普，沈国舫，2016. 森林培育学[M]. 3版. 北京: 中国林业出版社.

（席本野）

幼林灌溉排水　young forest irrigation and drainage

幼林林地水分管理的主要措施。包括灌溉和排水两个方面。

灌溉　供给林地水分，缓解林木干旱胁迫发生的抚育措施。能提高**造林成活率**和保存率，改善树体水分状况，提高光合速率，影响根系分布、构型和动态，从而促进林木生长和林分郁闭，大幅度提高林地生产率。盐碱地灌溉可以洗盐压碱，改良土壤。在地势平坦的经济林、速生丰产林培育和特殊地段工程造林中应用较广。

灌溉时间可根据土壤水分状况和树体水分状况来确定。灌溉要适量。水源包括蓄水或引水，最好采用河流、水库等地面水源。在干旱和半干旱地区，鼓励发展径流林业，提倡节水灌溉。

灌溉方法有漫灌、畦灌、沟灌和节水灌溉。在平地，一般幼林的灌溉湿润深度50cm（灌水量500～600m³/hm²）；对大部分树种来说，两次灌溉间隔期以保持土壤含水量在最大田间含水量60%以上为宜。山地灌溉技术比平地复杂，可利用高水源井渠引灌，但要注意防止土壤侵蚀，有条件的地方可以用喷灌装置进行灌溉。

排水　作用是减少土壤中多余的水分，改善土壤通气状况，促进好气性微生物的活动和有机质的分解，改善林地土壤结构、理化性质和营养状况。排水分为明沟排水和暗沟排水。明沟排水是在地面挖掘明渠，排除积水。暗沟排水是地下埋设管道排水。在降雨较多或地下水位高的地区要注意林地排水。多雨季节或降雨过多造成林地长期积水，应挖明渠排水；在河滩地或低洼地，雨季时也可挖明沟排水。

参考文献

翟明普，沈国舫，2016. 森林培育学[M]. 3版. 北京: 中国林业出版社.

（王乃江）

幼林林木施肥　young forest tree fertilization

增加林地养分元素、提高林木生长量的措施。林地肥力的维持是保证林木生长发育、实现可持续经营的基础。宜林地土壤多贫瘠，需补充养分。施肥可以提高林地土壤肥力，改善林木营养状况，增加叶面积，提高生物量的积累，缩短成材年限，也是促进林木结实的有效措施。

施肥量可根据树种的生物学特性、土壤的贫瘠程度、林龄和肥力的种类来确定，采用按需和配方施肥。施肥时要充分考虑氮、磷、钾比例以提高施肥效果。主要的施肥方法有基肥和追肥。追肥又分为撒施、条施（沟施）、穴施、灌溉施肥和根外追肥等。造林地大量间种绿肥，同时定期进行埋青，是利用生物固氮增加林地有机质和养分的一种有效方法。

施肥特点：①林木是多年生植物，施肥应以长效肥料为主；②用材林以生产木材为主要目的，施肥应以氮肥为主，兼顾磷钾肥，幼林时适当增施磷肥，对分生组织的生长、迅速扩大营养器官有很大作用；③林地土壤，尤其针叶林下的土壤酸性较大，对钙质肥料需要量较多；④有些土壤缺乏某种微量元素，在施用氮、磷、钾肥的同时，配合施入少许的锌、硼、铜等，往往对林木的生长和结实极为有利；⑤幼林阶段林地杂草较多，林地施肥与除莠剂结合使用较为合适。

幼林抚育阶段有效的施肥季节为林木生长旺盛期，即春季和初夏。

参考文献

沈国舫, 翟明普, 2011. 森林培育学[M]. 2版. 北京: 中国林业出版社.

翟明普, 沈国舫, 2016. 森林培育学[M]. 3版. 北京: 中国林业出版社.

（王乃江）

幼龄林阶段 young forest stage

在林木群体生长发育过程中，林分郁闭后的一段时间，一般为5～10年。为森林的形成时期。从幼树个体生长发育阶段向幼龄林群体生长发育阶段转化的过渡时期。

在幼龄林阶段，幼树树冠刚刚郁闭，林木群体结构才开始形成，对外界不良环境因素（如杂草、干旱、高温等）的抵抗能力增强，稳定性大大提高；林木个体之间的矛盾较小，个体营养空间比较充足，有利于幼龄林生长发育，开始进入树高和直径的速生期。天然更新良好的幼龄林此时进入全林郁闭，呈不通透的密集状态，有时称为密林阶段。

幼龄林阶段调控林木生长发育的中心任务，就是要为幼龄林创造较为优越的环境条件，满足幼龄林对水分、养分、光照和温度的需求，使之生长迅速、旺盛，为形成良好的干形打下基础；免遭恶劣自然环境的危害和人为因素的破坏，去除非目的树种对目的树种的过度竞争。发育较早的树种在这个时期已开始结实，属结实幼年期。

过于密集的幼龄林，在幼龄林阶段后半段往往出现拥挤过密的状态，生长纤细，林木出现竞争而分化，枝下高迅速抬升，林下阴暗而往往形成较厚的死地被物，开始出现自然稀疏现象。这个阶段称为杆材林阶段。易遭风雪及病虫害，种间竞争也比较激烈。应开始修枝，密度过大的开始间伐，保护目的树种并降低密度，以促进保留树的树冠发育和直径生长，增强抗逆能力。幼龄林阶段是森林抚育极为重要的时期。密度得以适当调控的人工林，有时可以躲开杆材林阶段，使幼龄林直接进入中龄林阶段。

参考文献

翟明普, 沈国舫, 2016. 森林培育学[M]. 3版. 北京: 中国林业出版社.

（何苜）

幼苗阶段 seedling stage

在林木群体生长发育过程中，从种子形成幼苗（或萌蘖出苗）到1～3龄，或植苗造林后1～3年的时期。又称成活阶段。

在幼苗阶段，幼苗以独立的个体存在，苗体矮小，根系分布浅，生长比较缓慢，抵抗力弱，任何不良外界环境因素都会对其生存构成威胁。幼苗生长特点是地上部分生长缓慢，根系发育迅速，地下部分的生长超过地上部分。幼苗在这个时期必须克服自身的局限性和外界环境的不良影响，才能顺利成活并保存下来。幼苗阶段森林培育的主要任务为消除周围杂草和杂灌等的竞争，维持苗木体内水分平衡，促进幼苗生根，保证幼苗成活，提高成活率和保存率。在造林实践中，主要采取除草除灌、扩穴和水肥管理等技术措施。

参考文献

翟明普, 沈国舫, 2016. 森林培育学[M]. 3版. 北京: 中国林业出版社.

（何苜）

幼苗期 juvenile phase of seedling

从幼苗地上部分长出第一片真叶、地下部分出现侧根开始，到幼苗出现明显高生长的时期。又称生长初期、蹲苗期。幼苗积攒养分水分吸收能力的根系生长时期，地上部分生长量小。

幼苗期是苗木自养阶段的开始期，子叶出土型阔叶树的真叶长出，子叶留土型的阔叶树的真叶展开，针叶树种皮脱落、子叶展开、初生叶出现，苗木地下部分生长较快且已经长出侧根。幼苗开始光合作用制造营养物质，对水分、养分需求增多。表现为叶数量不断增长、叶面积逐渐扩大；根系生长速度快，长出多级侧根，后期根系长达10cm以上。高生长由前期的缓慢而逐渐变快，个体开始增大。幼苗期长短因树种不同有所差异，一般3～8周。

育苗措施：主要是促进幼苗的根系生长、保证幼苗成活、防止病虫害发生。适当控制灌溉量，少量多次，保持湿润，以促使幼苗主根向地下伸长生长、侧根发育。必要时，可采取遮阴、浇降温水等措施以防止灼伤幼苗。特别要防止夏初强光照射导致的苗床表面温度过高，造成幼苗死亡或引发病害。适时间苗、定苗。幼苗期的后期对氮肥需求增多，可结合灌溉适量追肥。

参考文献

刘勇, 2019. 林木种苗培育学[M]. 北京: 中国林业出版社:105-108.

沈国舫, 翟明普, 2011. 森林培育学[M]. 2版. 北京: 中国林业出版社:130-135.

沈海龙, 2009. 苗木培育学[M]. 北京: 中国林业出版社: 97-104.

（沈海龙）

幼树阶段 sapling stage

在林木群体生长发育过程中，幼苗造林成活后至郁闭前的时期。又称郁闭前阶段。是幼树扎根和根系大量发生的重要时期。

在幼树阶段，幼树仍然以独立的个体状态存在。幼苗成活后，逐渐长大成幼树，根系扩展，冠幅增加，对立地环境已经比较适应，稳定性有所增强。以杉木为例，这个阶段的幼树根系大量分生，密集在表土层30cm范围内，根幅可达2～3m；幼树主梢生长逐渐旺盛，每年增长量可达0.5～1.5m，侧枝每年生长一轮或更多；地上部分的生长相对比地下部分缓慢，如2.5年生幼树地下部分与地上部分生物量之比仅为1∶1.08（而19年生林木的比例为1∶7.61）。在立地条件好、造林技术精细的地方，幼树阶段相对较短，造林后3～5年即可郁闭成林并进入速生阶段。相反，如果立地条件差或整地粗放、抚育不及时，则幼树阶段相对延长，林分迟迟不能郁闭，常形成"小老树"。

幼树阶段调控幼树生长的中心任务就是要及时采取松土、除草、施肥、灌溉、间作等土壤管理措施和平茬、除蘖、抹芽、修枝等幼树抚育措施，改善幼树的生活环境，消除生物竞争等不良环境因素的影响，促进幼树生长，加速幼林郁闭，以形成稳定的森林植物群落。在进行天然更新时，由于幼树分布的不均匀性导致郁闭进程的群团性特征，呈现部分区域提前郁闭，部分区域迟迟不能郁闭的问题。因此，天然更新林分，幼树阶段应以保证未郁闭部分林地目的树种幼树不受损害、稳定生长并顺利进入郁闭为主要任务。

参考文献

翟明普,沈国舫, 2016. 森林培育学[M]. 3版. 北京: 中国林业出版社.

（何茜）

柚木培育 cultivation of teak

根据柚木生物学和生态学特性对其进行的栽培与管理。柚木 *Tectona grandis* L. f. 为唇形科（Lamiaceae）柚木属树种，在恩格勒、哈钦松和克朗奎斯特等分类系统中属于马鞭草科（Verbenaceae）；世界著名的珍贵用材树种。

树种概述 落叶或半落叶高大乔木。树干通直圆满（图1）。花小，两性，圆锥花序顶生或腋生；坚果，近球形，外被毡状绒毛，内有1～3粒种子。原产缅甸、印度、泰国和老挝；中国海南和云南、台湾、广东、广西、福建、四川、贵州等省（自治区）南部热区或干热河谷均有引种栽培。对气候和土壤条件要求较严，极端最低气温要在5℃以上，短暂最低气温不低于−1.0℃，无霜或短暂轻霜；一年有3～5个月明显干季（月累计降水量≤50mm）；喜光，适宜pH 5.5～7.5，盐基饱和度＞30%，钙、磷、钾、镁和有机质含量较高（尤其是钙含量高）的土壤，以土层深厚（＞80cm）的土壤或排水性好的冲积土为好，在沙质土、重黏土、土层薄（＜50cm）和排水不良的土壤或强酸性土壤生长不良。木材是古代用于宫殿、庙宇建筑，现代用于制造高档家具、室内装修、乐器外壳和雕刻工艺品的上等材料；干缩小，不翘不裂，是高级木地板首选用材；耐腐耐磨，抗虫蛀，是露天建筑、桥梁、船舶、军舰甲板和木渔船舷侧板的首选材；也宜作化工厂及实验室的桌、椅、试验台板和容器等。

苗木培育 以播种和无性繁殖育苗为主，培育截干苗、

图1 柚木人工林（云南畹町）（梁坤南 摄）

图2 柚木无性系穴盘容器苗（贵州罗甸）（梁坤南 摄）

小棒槌苗和容器苗（图2）。种实透水透气性差，播种前须采用石灰浸沤处理、冷热干湿交替处理、浸沤冷热干湿处理等方法催芽。无性繁殖以优树顶芽外植体组培，或以组培苗建采穗圃，嫩枝扦插繁殖无性系。

林木培育 选择避风、向阳、开阔的平地、坡地及河谷盆地造林。林地清理后进行穴状、带状或机耕全垦整地。选用种子园种子或无性系良种无性繁殖培育的Ⅰ级和Ⅱ级的容器苗、截干苗和小棒槌苗造林。以碱性肥料和有机肥为主，施足基肥。雨季初土壤湿透后即可造林。造林当年抚育2次，第2～5年每年抚育3次，主要为除草松土与扩穴，并结合追肥进行。立地条件好、集约经营程度高或采用良种造林，造林密度1111～1333株/hm²，间伐2～3次，以培育大径材；立地条件一般或受台风影响的地方或采用普通实生苗造林，造林密度1667～2500株/hm²，间伐3～4次，培育中大径材。轮伐期20～35年。宜采用与豆科或非豆科固氮树种混交造林。

参考文献

国家林业局, 2010. 柚木培育技术规程: LY/T 1900—2010[S]. 北京: 中国标准出版社.

扩展阅读

潘志刚, 游应天, 等, 1994. 中国主要外来树种引种栽培[M]. 北京: 北京科学技术出版社.

（梁坤南）

鱼鳞坑整地　fish skin pit site preparation

山地破土面呈半月形的一种块状整地方法。在较陡的梁峁坡面和支离破碎的沟坡上沿等高线自上而下修筑的近于半月形的植树坑穴。坑与坑交互呈品字形排列，形似鱼鳞，故称鱼鳞坑。具有一定的蓄水能力。当流水未漫溢鱼鳞坑时，鱼鳞坑可起到分段、分片切断和拦蓄径流的作用；当流水漫溢鱼鳞坑时，因田埂中间高两边低，能保证坡面径流非直线下泻。

鱼鳞坑整地适用于容易发生水土流失的干旱山地及黄土地区。小鱼鳞坑适用于土层薄、坡陡、地形破碎的地段，大鱼鳞坑可用于土层厚、植被茂密的中缓坡。

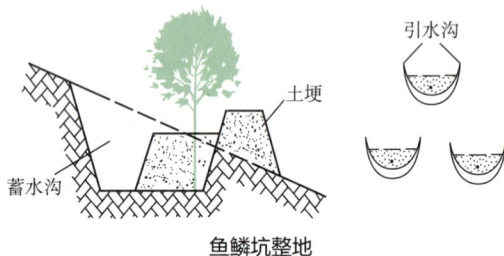

鱼鳞坑整地

鱼鳞坑整地规格须在造林设计中根据造林树种和苗木规格、造林密度、拦蓄量、降雨、坡度、土层厚度、土壤渗透强度等因素综合确定。规格有大小两种：大鱼鳞坑长径（横向）0.8～1.5m，短径（纵向）0.6～1.0m；小鱼鳞坑长径（横向）0.7m，短径（纵向）0.5m；深0.4～0.5m。坑面水平或稍向内侧倾斜。部分情况下坑内侧有蓄水沟与坑两角的引水沟相通。外缘有土埂，半环形，高0.20～0.25m。

修筑方法：人工直接刨挖，先将表土堆于坑上方，心土置于下方筑埂，后把表土回填入坑。坑与坑排列多呈品字形，以利于保土蓄水。每坑内栽植1棵树。

参考文献

沈国舫, 2001. 森林培育学[M]. 北京: 中国林业出版社.

石家琛, 1992. 造林学[M]. 哈尔滨: 东北林业大学出版社.

（郭晋平）

榆树培育　cultivation of white elm

根据榆树生物学和生态学特性对其进行的栽培与管理。榆树 *Ulmus pumila* L. 为榆科（Ulmaceae）榆属树种，别名白榆、家榆；中国北方重要的**防护林**、**用材林**和风景林树种。

树种概述　落叶乔木。花两性。果实为翅果。花期3～4月，果期4～5月。中国各地皆有分布，生于海拔1500m以下的平原、山坡、山谷、川地、丘陵及沙岗等处。喜光树种，对土壤条件要求不高，抗寒、抗旱和耐高温、耐盐碱能力强，耐修剪，不耐水涝，具抗污染性。木材供建筑、车辆、枕木、家具、农具等用材；皮、叶、果、种子等可供医药用和食用，还可作饲料、绳索、麻袋、线香和蚊香的黏合剂、医药片剂的黏合剂和悬浮剂等。

苗木培育　以播种育苗为主，也可嫁接育苗和扦插育苗。播种育苗可随采随播，播种量为37.5～75kg/hm²；嫁接

图1　榆树人工林（河北）

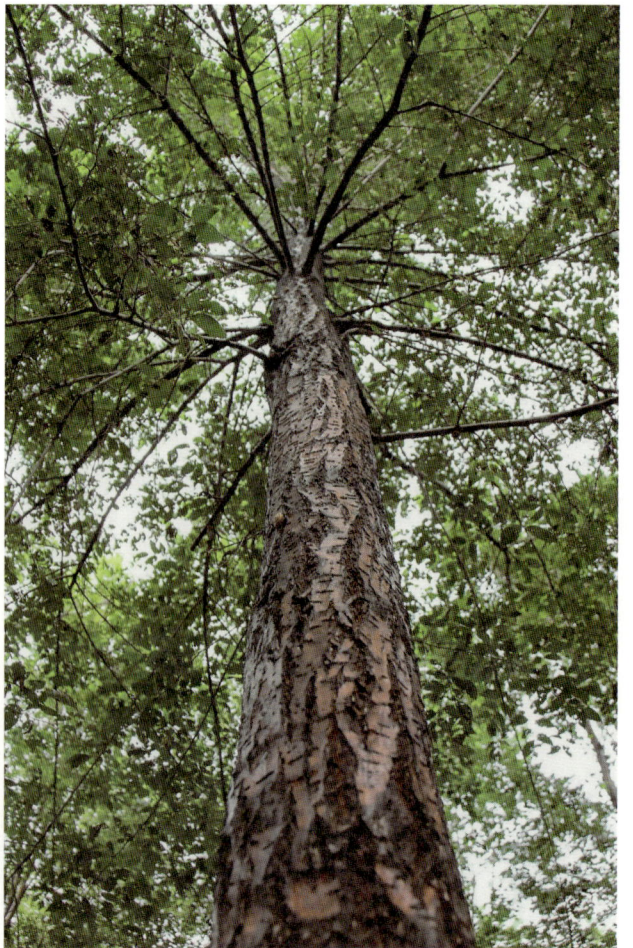

图2　榆树优良单株（河北省盐山县绿农苗圃场）

育苗在春季发芽前进行，采用切接法；扦插育苗在夏秋季进行，以当年生半木质化嫩枝为插穗。

林木培育 培育用材林一般采用 2～3 年生榆树优良品种或无性系苗木造林。随整地随造林，盐碱地、黄土高原等应在造林前 1～2 年整地，最好在雨季前或雨季整地。在干旱荒山上造林，应截干栽植，留茎干 10～15cm。一般株行距为 (2～3)m×(1.5～4)m。栽植深度以超过苗木原土痕印 3cm 为宜，要求做到深栽、踏实、截干、埋严。造林后及时浇水，适时松土、除草。榆树是合轴分枝，修枝时间应从造林后的第二年开始，到 5～6 年主干形成时（主干高 6～8m）为止。修枝方法常用"冬打头，夏控侧，轻修剪，重留冠"、去竞争枝、控制树冠比、截干或平茬等方法。间伐年龄以不影响林木生长为原则，郁闭度宜控制在 0.6 左右。

参考文献

国家林业局, 2014. 中华金叶榆苗木培育技术规程: LY/T 2306—2014 [S]. 北京: 中国标准出版社.

张敦论, 林新福, 王铁章. 等, 1984. 白榆[M]. 北京: 中国林业出版社.

朱建峰, 乔来秋, 张华新, 2016. 白榆研究利用现状及我国白榆良种化探讨与展望[J]. 世界林业研究, 29(3): 46-51.

（王玉忠）

玉兰培育 cultivation of yulan magnolia

根据玉兰生物学和生态学特性对其进行的栽培与管理。玉兰 *Yulania denudata* (Desr.) D. L. Fu [*Magnolia denudata* Desr.] 为木兰科（Magnoliaceae）玉兰属（木兰属）树种，别名白玉兰、望春、辛夷花；栽培历史悠久，中国传统名花，"玉堂富贵"之首的"玉"便指玉兰；先花后叶，是早春重要的观花树木。

树种概述 落叶乔木。花蕾卵圆形，先叶开放。聚合果圆柱形，种子心形，侧扁，外种皮红色，内种皮黑色。花期 2～3 月，果期 8～9 月。原产中国中部各省份，全国各大城市广泛栽培。喜光，较耐寒，可露地越冬；忌低湿，栽植地渍水易烂根；喜肥沃、排水良好而微带酸性的沙质土壤。木材供家具、图板、细木工等用；花蕾入药与辛夷功效相同；花含芳香油，可提取配制香精或制浸膏；花被片食用或用于熏茶；种子榨油供工业用。

良种选育 应用广泛的品种有二乔玉兰、飞黄玉兰及同属种红花玉兰。二乔玉兰为玉兰与紫玉兰的杂交品种，花被片外面淡紫色、内面白色。飞黄玉兰为玉兰芽变枝培育获得，花黄色。红花玉兰 *Magnolia wufengensis* 为北京林业大学马履一在湖北五峰发现的木兰科新种，根据其丰富的花部变异特征培育出'娇红 1 号''娇红 2 号''娇丹''娇莲''娇姿''娇菊''娇艳''娇玉'等新品种并推广应用。

苗木培育 可采用播种、嫁接、扦插等方法繁殖，播种和嫁接最常用。

播种育苗 在秋季蓇葖果由青绿转为紫红色或黄褐色、果皮微裂露出红色种子时采收种子，洗净后低温沙藏层积催芽，翌年 3 月播种，常用露地条播或苗床撒播。

图1 红花玉兰花（湖北五峰）

图2 红花玉兰幼林
（湖北五峰博翎红花玉兰科技发展有限公司培育基地）

嫁接育苗 在南方以秋季芽接为主，北方以春节芽接为主。

林木培育 选择气候温暖、湿润、土层深厚、土壤疏松、肥沃及排水良好的坡地造林。根系忌水涝，地势平坦区域最好起垄种植。定植株行距 2m×3m 为宜，移栽后需缓苗 1～2 年，可通过培育控根容器苗移植克服缓苗。常见病虫害有炭疽病、叶斑病、红蜡蚧、红蜘蛛、毒蛾等，一旦发现可用 2000 倍戊唑咪鲜胺、甲基硫菌灵和高氯啶虫脒雾化液喷洒叶面防治。

参考文献

马履一, 王罗荣, 贺随超, 等, 2006. 中国木兰科木兰属一新种(英文)[J]. 植物研究, 26(1): 4-7.

马履一, 王罗荣, 贺随超, 等, 2006. 中国木兰科木兰属一新变种(英文)[J]. 植物研究, 26(5): 516-519.

（马履一，桑子阳）

育苗基质 nursery substrate

用于培育苗木的营养物质。具有支撑、透气、持水等功能。可由泥炭、蛭石、珍珠岩、土壤和有机堆肥中的一种组成或者几种混合而成，形成的基质颗粒大小、容重、透气性、持水能力、pH 值、阳离子交换量等均须满足植物发育要求。

配制基质时应充分考虑泥炭、蛭石、珍珠岩等透气、持水、养分等理化性质以及成本差异，选用合适比例的基质组分。生产实践中，利用树皮、锯末、树木修剪的枝叶、生产蘑菇的废弃菌袋等制造有机物基质，能够替换一定量的泥炭，提高废弃物循环利用效率、缓解环境污染。用于播种育苗的基质，需要瘠薄而含有较少养分，颗粒相对较小，以利于种子萌发冲出基质；用于扦插繁殖育苗的基质，由于插条生根过程中频繁的喷雾灌溉，透气性要求高，以免湿度过大影响生根；用于移栽育苗的基质，颗粒要求相对较大。

参考文献

刘勇, 2019. 林木种苗培育学[M]. 北京: 中国林业出版社.

Dumroese R K, Luna T, Landis T D, 2009. Nursery manual for native plants [M]. Washington DC: U. S. Department of Agriculture, Forest Service.

（李国雷，王佳茜）

育苗密度　seedling density

单位面积或单位长度上苗木的数量。合理密度在保证每株苗木生长发育健壮的基础上，可获得单位面积最大产苗量，因树种、苗龄、环境条件不同而异。

密度大小取决于株行距，其中行距对育苗质量更为重要。苗床育苗的播种苗行距一般为 8 ～ 25cm，大田育苗 50 ～ 80cm。合理的行距有利于通风透光，方便除草、施肥、间苗、移栽等育苗管理工作。育苗密度过大，单株营养面积不足，枝叶互相遮挡，通风不良，光照不足，光合作用效率降低，不合格苗比率高，通常表现为苗木细弱、高茎比大、叶量少，根系不发达，侧根、须根少，苗木分化严重，苗木抗逆性差，易感染病虫害，移栽成活率低。育苗密度过小，土地利用率低，单位面积产苗量少，易滋生杂草，增加土壤水分和养分的消耗，管理成本增大。

确定某一树种合理育苗密度应参考以下几个原则：①树种的生物学特性。生长快、冠幅大的树种适宜小密度育苗，反之则加大育苗密度。②苗龄及苗木种类。培育年龄越大的苗木，育苗密度要越小。③苗圃地的环境条件。如土壤、气候和水肥条件好，苗木密度可适当增大，或培育期间进行移植的苗木，初植密度宜大些，条件差或苗木移植管理工作少的宜小。④育苗技术水平。育苗技术水平高、管理精细的密度可大些；育苗技术水平较低、管理条件较差的密度宜稍小。

生产中主要树种的育苗密度如落叶松 300 ～ 400 株 /m²，杉木 65 ～ 75 株 /m²，水曲柳约 200 株 /m²，蒙古栎 50 ～ 60 株 /m²。

参考文献

成仿云, 2012. 园林苗圃学[M]. 北京: 中国林业出版社.

国家标准局, 1986. 育苗技术规程: GB/T 6001—1985[S]. 北京: 中国标准出版社.

沈海龙, 2009. 苗木培育学[M]. 北京: 中国林业出版社.

（陆秀君，梅梅）

育苗容器　container

用于培育苗木的器具。单株苗木所使用的容器称为育苗单元。每个单元种植 1 株苗木，多个育苗单元可安排到同一个托盘中，在苗圃中，育苗单元和托盘均称作育苗容器。育苗容器根据制作材料分为无纺布容器、塑料容器、草泥容器等；根据容器组合方式，可分为单体容器、穴盘等；育苗容器按照利用次数，可以分为一次性容器和可回收多次利用容器（图1）。

图1　不同育苗容器（刘勇，2019）

育苗容器的选择对于苗木根系发育至关重要，如圆形且侧壁光滑的容器易形成螺旋根，在容器侧壁设计垂直的凹槽能够在一定程度解决该问题（图2）；塑料薄膜容器质地较软，导根肋不突出，不能有效引导根系向下生长而出现缠绕根、"弹簧根"等畸形根系（图3）；轻基质网袋容器的空气修根能力较强，可避免根系过度生长，成本低，是生产中应用广泛的一类容器，不足之处是水分散失较快、苗木灌溉频繁，轻基质网袋容器可摆放于托盘中，容器之间留有空隙以防止根系穿透进入相邻容器。育苗容器材质的选择需要综合考虑使用时间、重复利用率、清洁成本以及运输与储存成本。此外，育苗容器选择还需考虑造林地特征。在杂草竞争强的立地，苗木要求规格大，苗木在苗圃培育时间长，容器规格适当大些；土壤深厚但干旱立地，应尽可能选择深度大的容器以培育长根系的苗木，造林后苗木能从水分含量较大的深层土壤中吸收水分，提高造林成活率。

图2　容器侧壁采用垂直凹槽设计（刘勇，2019）　图3　塑料薄膜容器育出的栓皮栎苗木根系常出现根系畸形（刘勇，2019）

参考文献

刘勇, 2019 . 林木种苗培育学[M]. 北京: 中国林业出版社.

Grossnickle S C, El-Kassaby Y A. 2016. Bareroot versus container stocktypes: a performance comparison[J]. New Forests, 47: 1–51.

（李国雷，王佳茜）

育苗作业方式 operation pattern in seedling production

育苗前把精耕耙平后的苗圃地做成不同的形状（床或垄），以适于不同地区不同树种种子发芽与苗木生长发育的作业方法。目的是为种子发芽和幼苗生长发育创造良好的条件，也便于苗木后期管理。生产中育苗作业方式分为苗床育苗和垄作育苗。

苗床育苗 把精耕耙平的苗圃地做成窄条形，类似于"床"的育苗地的育苗作业方式。是一种历史最久、应用最广的育苗作业方式，分为高床育苗、低床育苗和平床育苗。适用于需要精细管理的苗木及珍贵树种的育苗，特别是种子粒径小、顶土力较弱、生长缓慢的树种，如马尾松、杨树和泡桐等。优点是出苗整齐、幼苗生长健壮、优质苗生产率高。缺点是作床比较费工，育苗成本较高。作床时间应与播种时间密切配合，在播种前5～6天完成。

垄作育苗 将精耕耙平后的苗圃地做成一定规格的高凸垄台和低凹垄沟的育苗作业方式。与大田作业方法相似，也称大田式育苗。适用于生长快、管理技术要求不高的树种，如灌木树种。优点是简单易行，便于机械化作业，劳动生产率高，育苗成本低；加厚肥沃土层，提高土壤温度，有利于土壤养分转化；苗木光照充足，通风良好，苗木生长健壮。缺点是作业和管理相对粗放，单位面积苗木产量比苗床育苗低。

参考文献
刘勇, 2019. 林木种苗培育学[M]. 北京: 中国林业出版社.
沈海龙, 2009. 苗木培育学[M]. 北京: 中国林业出版社.
孙时轩, 1992. 造林学[M]. 2版. 北京: 中国林业出版社.
翟明普, 沈国舫, 2016. 森林培育学[M]. 3版. 北京: 中国林业出版社.

（白淑兰，郝龙飞）

预备伐 preparatory cutting

典型渐伐的第一次采伐。即疏开林分为保留木更好生长结实创造条件而进行的采伐。

见渐伐。

（孟春）

愈伤组织生根 wound-induced rooting; callus rooting

以愈伤组织生根为主，生根源于处于未分化细胞分裂间期的细胞，从基部愈伤组织或相邻近的茎节上发出不定根的生根方式。见插穗。

愈伤组织生根型的插穗能否完成不定根的形态建成，一方面取决于愈伤组织能否形成，另一方面取决于愈伤组织能否进一步分化形成根原基。而愈伤组织与根原基的形成主要取决于良好的环境（温度、湿度、光照）与激素条件。插穗愈伤组织的形成与生根，都受生长素控制和调节，同时与细胞分裂素和脱落酸等其他生长调节物质也有关系。见扦插育苗。

由于愈伤组织生根型插穗生根时间长、要求较高的外界条件与扦插繁殖技术，因而与其他生根类型相比，属于难生根类型，如圆柏、雪松、悬铃木等树种的扦插育苗。

参考文献
成仿云, 2012. 园林苗圃学[M]. 北京: 中国林业出版社: 186–217.
王涛, 1989. 植物扦插繁殖技术[M]. 北京: 北京科学技术出版社.

（祝燕）

元宝枫培育 cultivation of *Acer truncatum*

根据元宝枫生物学和生态学特性对其进行的栽培与管理。元宝枫 *Acer truncatum* Bunge 为无患子科（Sapindaceae）槭属树种，在恩格勒、哈钦松和克朗奎斯特等分类系统中属于槭科（Aceraceae）槭属植物，因翅果形状像中国古代"金锭元宝"而得名。《中国植物志》中又名元宝槭、平基槭，《华北树木志》《河北树木志》中又名华北五角枫。是中国的特有树种，著名的观赏树种，也是优良用材树种，20世纪70

图1 内蒙古科尔沁沙漠中的元宝枫（王性炎 摄）

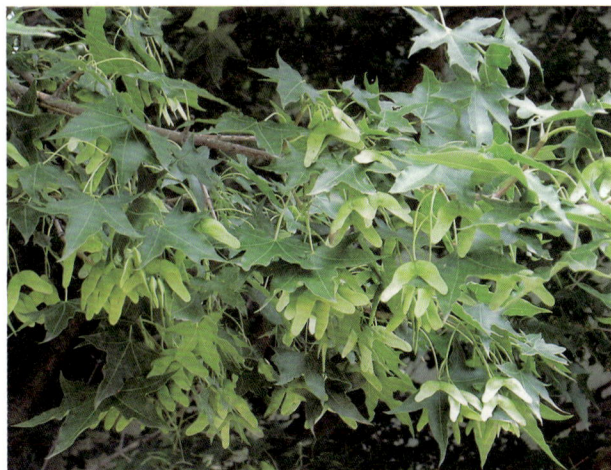

图2 元宝枫果枝（王性炎 摄）

年代研究开发为木本油料树。

树种概述 落叶乔木，树干高大；花期4月，与叶同放，花黄绿色，单性雄花与两性花同株，伞房花序着生于枝端。果熟期10月下旬至11月初，翅果扁平，形似元宝。元宝枫在中国主要分布于吉林、辽宁、内蒙古、北京、河北、河南、山东、山西、江苏、安徽、陕西和甘肃12个省（自治区、直辖市）。元宝枫叶、果、木材具有综合利用价值。

元宝枫叶营养丰富，绿原酸含量与金银花相似，黄酮含量高于银杏叶，成林后每亩可采叶600kg，叶中富含黄酮、绿原酸、强心苷等生物活性成分，同时还含有SOD、维生素E、儿茶素等抗氧化、抗衰老成分，已开发为元宝枫茶和畜禽的饲料添加剂。

元宝枫种仁含油量高达48%以上。生长在内蒙古科尔沁沙地的200年生的元宝枫天然林，单株采果量在100kg以上。元宝枫籽油富含神经酸。美、英、德、日等国科学家公认神经酸是大脑神经纤维和神经细胞的核心天然成分，能修复疏通受损大脑神经纤维并促进神经细胞再生的物质。神经酸的缺乏会引起脑中风后遗症、脑瘫、脑萎缩、记忆力衰退、失眠健忘等脑疾病。西安交通大学药学院研究表明，元宝枫籽油具有与美国抗癌药物环磷酰胺相似的抑制肿瘤生长的作用，且无毒副作用。2011年3月国家卫生部公告，批准元宝枫籽油为新资源食品。

元宝枫种仁含蛋白质27.2%，含有人体必需的8种氨基酸，是优质蛋白质的新资源。

元宝枫木材纹理细腻，质地坚韧、光洁耐磨，可用于军工、乐器、纺织、特殊体育用材和制造高档家具。2019年国家林业和草原局已将元宝枫列为**国家储备林**树种。

元宝枫叶形秀丽、春天嫩叶鲜红、夏叶翠绿，秋叶火红，果似元宝，是重要的观赏树种。北京香山、辽宁本溪、内蒙古乌旦塔拉国际枫叶节世界瞩目。

苗木培育

播种育苗 宜选择交通方便、有灌溉条件、地势平坦、土层深厚、排水良好、土壤肥沃疏松的地块作育苗地。苗床经碎土、平整和保墒后，画线开沟。播种沟的深度在30cm左右，开沟深度要均匀，经过风选纯度在95%以上的翅果，每

亩播种量15kg左右，每亩合格苗产量在1.5万～2万株为宜。

插扦育苗 关键技术是母树的年龄，年幼母树再生能力强，故宜用嫩枝插条，选用枝条中部做插穗。元宝枫枝条中单宁含量高，需进行水浸枝条处理。插条生根需要氧气，插壤要保持良好的通气性，扦插深度一般不大于插条长度的1/3。

嫁接育苗 种子繁殖的苗木一般在5年后才能开花结果，元宝枫嫁接育苗是快速繁育良种的有效途径。元宝枫嫁接技术与果树相同，常用带木质嵌芽接和T字形芽接两种嫁接方法。7月底以前嫁接的苗木，在接后1周可剪除砧木顶梢，检查接芽成活，在接后15～20天解除绑缚，使接芽抽枝生长。解绑后在接芽以上2cm处再次剪砧；7月底到8月中旬嫁接的苗木，在接口愈合组织老化后，解除绑缚，防止因苗木生长迅速出现"蜂腰"现象；8月下旬以后嫁接的苗木可在翌年春天解除绑缚。7月底及8月下旬以后嫁接的苗木，当年不剪砧，次年春季苗木萌动前半个月在接芽以上2cm左右处进行剪砧。

平茬苗的培育 元宝枫是顶端优势较强、侧芽萌蘖力也很强的树种。当苗木顶端受损后就出现主干低侧枝丛生的小老树。对1～2年生实生苗木进行**平茬**处理，提高苗木生长势，培养成端直健壮的主干，可作为行道树、**防护林**和景观树。

林木培育

立地条件 元宝枫对温度的适应幅度比较宽，在平均气温9～15℃，极端最高温度42℃以下，极端最低温度不低于−30℃的地区，植株均能正常生长发育。元宝枫适宜在pH 6.0～8.0范围内生长，土层深厚、肥沃、疏松、排水良好的沙质壤土或壤土为最好，过于黏重、透气性差、贫瘠、土层较薄的土壤上生长不良。

元宝枫耐旱能力较强，在年降水量250～1000 mm条件下均能正常生长。元宝枫不耐涝，土壤湿度高于80%会造成根腐死亡。

元宝枫为喜光树种，幼苗耐侧方庇荫，在光照比较充足的地方生长健壮结实多。若处于半遮阴状态下，结果少，出现偏冠现象。

元宝枫栽培 ①以果为主的元宝枫栽培有矮化密植、乔木栽植两种方式。

图3 元宝枫播种育苗（3个月，山东枣庄）（王性炎 摄）

图4 元宝枫人工林（陕西扶风）（王高红 摄）

矮化密植：元宝枫萌芽抽枝能力强，合理矮化密植是早期丰产的一种栽培形式。矮化密植选用 3 年以上苗木，矮化主干，枝下高一般为 60～80cm。矮化密植养分输送距离短，树体结实早，产量高，管理方便。栽植密度可依据地势、地力等条件确定。在土层深厚、土壤肥沃、有灌溉条件的平地上栽植，密度宜稀，株行距可采用 (3～4)m×(4～5)m，每亩栽植 34～56 株；在土层浅薄的山地或浅山区栽植，密度宜密，株行距可采用 (2～3)m×(3～4)m，每亩栽植 56～111 株。随着树龄增长，树冠冠幅变大，待林地郁闭后，逐步隔行或隔株移栽，达到要求的密度。

乔木栽植：选用 8～10 年进入丰产结果、胸径在 8 cm 以上、生长健壮的实生大树，根据不同胸径选用株行距 5m×6m，6m×7m，7m×8m，8m×9m 等，枝下高一般为 2m。

②以叶为主的元宝枫栽培。借鉴茶园栽培方式，按照树体被修剪的形状分为球形栽培和宽窄行带状栽培。球形栽培：行距 2～3m，穴距 2m，每穴栽植 4～6 株成丛状，留主干 0.5～0.7m，萌条后逐步剪成球形。宽窄行带状栽培：株行距为 (0.5～1.0)m×0.5m，两行构成一组林带。带内三角定植，间隔 2～3m，再营建与之相平行的另一组同样的林带，栽植后留主干 0.5～0.8m。提高球形或带状元宝枫栽植园产叶量，每年春季芽萌动前重割 1 次。采叶时期不受季节限制，可根据需要连续采摘嫩叶。

荒山造林　利用荒山营造元宝枫生态经济林，不与农田争地，发挥元宝枫的生态、经济、社会效益，是元宝枫发展的一个重要方向。1994—1995 年，在中德合作陕西西部造林工程中，宝鸡市林业局选用元宝枫、刺槐、核桃、油松、侧柏、山杏、板栗 7 个树种作为抗旱造林树种，元宝枫荒山造林成活率明显高于其他树种，名列第一（见表）。

元宝枫与其他几个树种造林成活率比较（单位：%）

调查时间	元宝枫	刺槐	核桃	油松	侧柏	山杏	板栗
1994-04-05	88.2	82.3	41.7	84.0	73.3	20.7	78.0
1995-04-05	34.6	27.2	13.4	29.4	18.0	5.9	21.5

元宝枫侧根发达，其根部与 VA 菌根共生，耐干旱。元宝枫侧枝多，干形差，栽植不宜过稀。株行距宜采用 2m×3m 或 2m×1.5m。为防止天牛危害，在旱区大面积造林可与油松、沙棘、侧柏等树种混交。截至 2021 年，元宝枫人工造林面积已突破 160 万亩。

病虫害防治　元宝枫主要病害为白粉病，多发生在叶、嫩茎等部位。主要叶部害虫有黄刺蛾，以幼虫危害叶片；蛀干害虫有光肩星天牛和黄斑星天牛。为保证元宝枫叶不受农药污染，应以防为主，主要采取生物防治和物理防治。

参考文献

王性炎, 2013. 中国元宝枫[M]. 陕西: 西北农林科技大学出版社.

王性炎, 2019, 中国元宝枫生物学特性与栽培技术[M]. 北京: 中国林业出版社.

王性炎, 2019. 中国元宝枫开发利用[M]. 北京: 中国林业出版社.

（王性炎，董娟娥）

园林苗圃　landscape nursery

专门繁殖、生产和经营各种城镇园林绿化植物苗木的苗圃。园林苗圃生产和供应的苗木产品称为园林苗木，是城市园林绿化的物质基础。不仅为城市绿化生产苗木，同时还是城市绿地的一部分。

中国园林绿化苗木生产历史悠久，在秦汉时期（公元前 221—公元 220 年），就已经随着园林规模和苗木栽培技术的发展而变得普遍。随着城市化发展以及人们对改善人居生态环境的需求，城市园林绿化和森林建设已经成为城镇建设的重要组成部分，园林苗圃推动了园林绿化苗木生产技术和苗圃经营管理措施的不断发展，逐渐形成了以园林苗木生产为核心、园林苗木经营为龙头的园林苗圃产业。现代园林苗圃向集生产、经营、科技创新与示范推广、生态与环境教育等于一体的复合功能型综合产业方向发展，在完成园林苗木培育经营与企业发展的同时，客观上还发挥着社会公益事业的作用。因此园林苗圃建设时选址大多在紧邻城区附近或近郊区。

园林苗圃培育的植物种类多、苗木规格差异大、苗木类型及造型多样、外来珍稀和异型观赏植物培育材料较多。在开展多样化的绿化用植物苗木培育与生产的同时，既利用当地植物种质资源优势开发并生产具有地方特色的苗木品种，又加强新品种和新类型苗木的引进、培育和推广，为城市绿化和森林建设提供品种丰富、品质优良、适应性良好的绿化苗木。

参考文献

成仿云, 2012. 园林苗圃学[M]. 北京: 中国林业出版社.

刘晓东, 韩有志, 2011. 园林苗圃学[M]. 北京: 中国林业出版社.

苏金乐, 2010. 园林苗圃学[M]. 北京: 中国农业出版社.

（彭祚登）

原始林　primary forest; virgin forest

原生裸地上形成的基本未经人为干扰的天然林。又称原生林、老林、原始天然林。原始林是某个特定地区或特定立地条件的顶极森林群落，物种丰富、结构良好稳定、抗干扰能力强、生态功能高效。分为基本没有受人类干扰破坏的原始林和受轻微干扰但基本保持原始状态的原始林。

原始林的特点和作用　原始林由群落系统发生和内源生态演替动力及群落的自动调节过程所形成，是长期受当地气候条件的影响，逐渐演替而形成的最适合当地环境的森林植物群落，生物与生物之间、生物与环境之间达到和谐，构成了一个复杂的生态系统。

原始林不同空间上的种群的发育阶段存在明显的差异；存在大径级的活立木和枯立木、有腐朽程度不同的粗大倒木；具有多层次的林层结构；有特有的灌木和草本植物、丰富的物种成分和松软深厚的地被物；有较高的立木蓄积量或生物量；存在后期演替阶段的物种或耐阴树种；存在分布不均的各种大小的林隙及前更幼树等。

原始林除具有森林的共性作用外，最重要的作用是保持生物多样性。作为一个地区顶极群落的原始林，保持着该地区最为丰富的物种群和基因库，特别是一些对环境条件要求

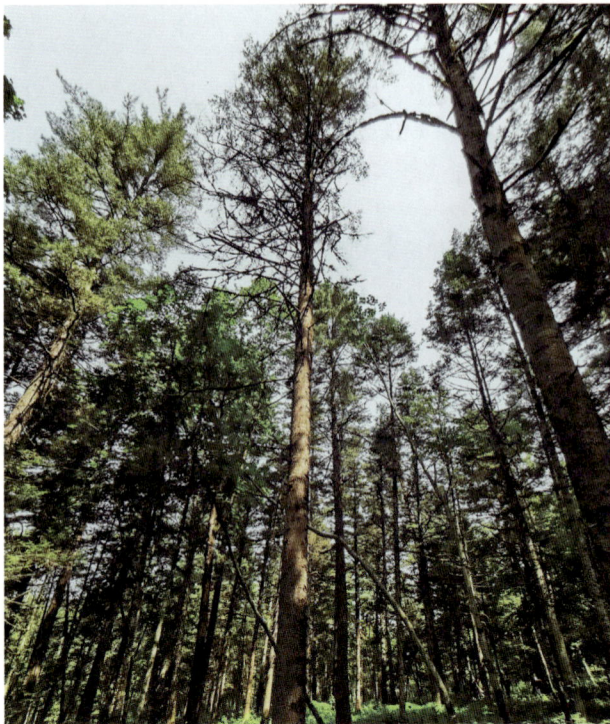

受过轻微干扰的红松原始林
（黑龙江省汤原县大亮子河国家森林公园）（沈海龙　摄）

苛刻的珍稀物种往往只能生存在该地区特有环境保持者的原始林中。原始林的另外一个重要作用是为一个地区森林发展和森林培育提供模板。原始林的群落结构和物种组成是适应当地自然条件长期演化的结果，稳定性高、生产力水平高、生态功能强。人工林和由原始林退化演替而来的各类次生林都应以原始林为参照模板进行培育。

　　原始林已经很稀少，唯一可以选择的培育措施就是严格的保护。原始林规模较大的地区，利用强度不能超过其自我修复能力，培育活动需要采取能够保持原始林群落和物种结构复杂性的措施和方法。

　　世界原始林资源状况　据联合国粮农组织统计（FAO，2020），2020 年全球原始林面积约 11.10 亿 hm²，占全球天然林面积的 29.6%、占全球森林面积的 27.4%，各大洲原始林分布情况见下表。全球 60% 的原始林分布在巴西、加拿大和俄罗斯（合计 6.76 亿 hm²），14% 分布在美国和刚果（金）（合计 1.58 亿 hm²），其余国家合计仅占 26%。

2020 年各大洲原始林情况

指标	亚洲	非洲	欧洲	北美和中美洲	南美洲	大洋洲	合计
原始林面积（亿 hm²）	0.86	1.50	2.59	3.13	2.99	0.03	11.10
占全球原始林面积（%）	7.8	13.5	23.4	28.2	26.9	0.2	100
有原始林的国家数	33	31	42	18	8	14	146
有原始林国家森林面积占该区域森林面积（%）	91	62	95	97	72	7	81
原始林占有原始林国家森林面积（%）	15	38	27	43	49	21	34

根据联合国粮农组织资料（FAO，2020）整理。

　　中国原始林资源状况　根据 2014—2018 第九次全国森林资源清查结果，中国天然乔木林中处于和接近原始状态（自然度 I 级）的天然林面积 856.99 万 hm²，占中国天然林面积的 6.2%，占中国天然乔木林面积的 7.0%；人为干扰影响较小（自然度 II 级）的天然林面积达 2809.61 万 hm²，占中国天然林面积的 20.26%，占中国天然乔木林面积的 22.89%。这两类林分主要分布在四川、西藏、内蒙古、云南、黑龙江，合计面积 3067.87 万 hm²，占中国该类森林面积的 83.67%。自然度 I 级原始林主要分布在自然保护区及人类活动尚未到达的深山区，自然度 II 级原始林多数分布于各类森林公园和天然母树林。如东北温带湿润地区地带性顶极群落红松阔叶林，处于原始状态林分仅限于长白山、凉水和丰林 3 个自然保护区，一些天然母树林和森林公园中的原始林大都受过"拔大毛"式采伐的轻微干扰。

参考文献

国家林业和草原局，2019. 中国森林资源报告(2014—2018)[M]. 北京：中国林业出版社.

张佩昌，周晓峰，王凤友，等，1999. 天然林保护工程概论[M]. 北京：中国林业出版社.

Bauhus J, Puettmann K, Messier C, 2009. Silviculture for old-growth attributes[J]. Forest Ecology and Management, 258(4): 525–537.

FAO, 2020. Global forest resources assessment 2020: Main report[OL]. Rome. https://doi. org/10. 4060 /ca9825en.

（沈海龙）

云南松培育　cultivation of Yunnan pine

　　根据云南松生物学和生态学特性对其进行的栽培与管理。云南松 *Pinus yunnanensis* Franch. 为松科 (Pinaceae) 松属树种，又称飞松、青松、长毛松；云贵高原主要针叶树种和优良先锋造林树种。

　　树种概述　常绿乔木。树皮褐灰色，深纵裂，裂片厚或裂成不规则鳞片状脱落。叶 3 针一束，稀 2 针一束，常在枝上宿存 3 年，长 10～30cm，径约 1.2mm。雌雄同株。球果圆锥状卵圆形；种子褐色，近卵圆形或倒卵形，微扁，长 4～5mm，连翅长 1.6～1.9cm。花期 4～5 月，球果翌年 10 月成熟。水平分布于北纬 23°～30°，东经 96°～108°；南北水平距离达 900km，东西水平距离达 1000km 以上。以中国云南、四川、贵州为主，广西、西藏也有分布。垂直分布于海拔 250～3500m，主要分布在海拔 1600～2900m，集中分布于 2000～2500m。强喜光，幼苗幼树不耐阴。适宜在 pH 4.5～6.0 的酸性土壤上生长，如红壤、褐红壤、粗骨性红壤和紫色土。在其他树种不能生长的贫瘠石砾地或冲刷严重的荒山上也能生长。具有一定的耐干旱、耐瘠薄能力。10～20 年开始结实，20～30 年大量结实，数量成熟和工艺成熟年龄为 30～80 年，100～120 年进入自然成熟年龄。木材除供一般建筑、家具用材外，还可用作坑木、枕木及造纸等。树干可割取树脂，松脂中松香含量 70%～75%，松节油含量 20%～23%；树根可培育茯苓；树皮可提取栲胶；松针可提炼松针油。松脂、松节油、枝、叶、幼果、松花粉等均可药用。

云南松人工林林相（四川西昌）

苗木培育 采用大田育苗和容器育苗。大田育苗与马尾松相似。容器苗培育用0.5%高锰酸钾液或等量式波尔多液浸种10～15分钟，然后用10～25mg/L的ABT 1号生根粉液浸种24小时，取出稍晾，待播。用高25～29cm、径15cm的无纺布容器或塑料袋育苗。选用造林地附近的表熟土、黄心土，经杀虫灭菌处理后作为培养土，有条件的可掺入适量菌根土或加入适量菌根菌剂。每袋播种2～3粒，出苗后间苗，加强苗期管理。注意防治猝倒病。

林木培育 采用播种造林和植苗造林。①播种造林应在雨季到来前10天左右播种，即每年的5月下旬至6月上旬。人工直播造林主要采用塘播，应于上一年11～12月整地。塘的规格多为30cm×30cm×20cm；也可用小锄边整地边播种，塘的规格可采用15cm×15cm×10cm。塘内的土块必须打碎整平，在塘的中心挖一小穴，每塘播种3～5粒，均布于穴内，覆土厚1cm左右。②植苗造林采取雨季造林，云南以5月上旬至7月下旬为宜。云南松虽为速生树种，但造林初期（前3年）生长缓慢，有蹲苗现象（蹲苗期或草丛苗期）。

病虫害防治 云南松猝倒病是苗期较为严重的病害之一，可使芽、茎、叶甚至整株苗木腐烂而死亡，以化学防治为主。主要虫害有云南木蠹象、纵坑切梢小蠹、松墨天牛、云南松毛虫等。主要采取物理防治、化学防治和生物防治等措施。

参考文献

金振洲, 彭鉴, 2004. 云南松[M]. 昆明: 云南科技出版社: 1-66.

《中国森林》编辑委员会, 1999. 中国森林: 第2卷·针叶林[M]. 北京: 中国林业出版社: 958-970.

中国科学院昆明植物研究所, 1986. 云南植物志: 第四卷[M]. 北京: 科学出版社: 54-57.

中国树木志编委会, 1981. 中国主要树种造林技术[M]. 北京: 中国林业出版社: 126-136.

（蔡年辉）

云南油杉培育　cultivation of Yunnan keteleeria

根据云南油杉生物学和生态学特性对其进行的栽培管理。云南油杉 *Keteleeria evelyniana* Mast. 为松科 (Pinaceae) 油杉属树种，中国特有种，西南地区优良的用材林和风景林树

云南油杉（云南林业职业技术学院）

种；国家二级重点保护野生植物。

树种概述 常绿乔木。树皮灰褐色，不规则纵裂。叶长条形。球果圆柱形，种鳞宽卵形，边缘外曲。花期4～5月，种子10月成熟。主要分布于云南、贵州西部及西南部、四川西南部安宁河流域至西部大渡河流域。垂直分布于海拔1600～2200m。对土壤要求较高，常生长在山地红壤、红黄壤、砖红壤以及棕色森林土上。喜光，喜温暖湿润气候，耐寒、耐旱能力较差。天然更新良好。木材为军工、建筑、造船、家具等优良用材；富含树脂，可以割脂；种子含油，可用于制造肥皂。

苗木培育 主要采取播种育苗，包括苗床育苗和容器育苗。秋播或春播。种子不耐贮藏，宜随采随播，条播、撒播均可。条播行距15～20cm，撒播时种子要均匀，播种量300kg/hm²左右。覆土厚度0.5～1cm。

林木培育 培育用材林，应选择阴坡、半阴坡、土壤肥沃、水湿条件好的立地作为造林地。播种造林一般在秋季随采种随造林，也可翌年春季播种造林。以穴播为主，密度5000穴/hm²，每穴撒种3～5粒。植苗造林宜采用"百日苗"，苗木要随起随运随栽，避免风吹日晒。幼林生长缓慢，初植密度一般4440～6675株/hm²，及时松土除草。当郁闭度达0.8、自然整枝约占树冠1/3时开始间伐，并应多次间伐。

参考文献

邢付吉, 2002. 云南油杉"百日苗"培育及人工栽培技术[J]. 林业调查规划(增刊): 116-117.

云南省林业科学研究所, 1985. 云南主要树种造林技术[M]. 昆明: 云南人民出版社.

中国科学院昆明植物研究所, 2006. 云南植物志[M]. 北京: 科学出版社.

（董琼）

云杉培育　cultivation of spruce

根据云杉生物学和生态学特性对其进行的栽培与管理。云杉 Picea asperata Mast. 为松科（Pinaceae）云杉属树种，中国的特有树种，优良的用材树种和生态树种。

树种概述　常绿乔木。树皮淡灰褐色或淡褐灰色，裂成不规则鳞片或稍厚的块片脱落。枝条轮生。雌雄同株。球果下垂，卵状圆柱形或圆柱形，成熟时为淡褐色或栗褐色；苞鳞三角状匙形，种子呈倒卵形。花期 4～5 月，果实成熟期 9～10 月。分布于陕西西南部（凤县）、甘肃东部（两当）及白龙江、洮河流域、四川岷江流域上游及大小金川流域，垂直分布于海拔 2400～3600m，常与紫果云杉、岷江冷杉、紫果冷杉混生，或形成纯林。云杉寿命较长，系浅根性树种。幼树时期地上部分生长缓慢，根幅与根深的增长量近相等；树龄 15～20 年后，地上部分生长加快，根幅增长量大于根深。20 年以后，云杉林开始郁闭，树高生长加快，树干生物量积累比例较大。云杉初始结实年龄为 30～40 年，60～120 年林木的结实量较多。云杉能耐干燥及寒冷的环境条件，在气候温凉湿润，土层深厚，排水良好的微酸性棕色森林土地带生长发育良好。云杉在**幼苗阶段**耐阴，随着树龄的增长对光照的需求量增加；宜在年平均气温 6～9℃、年降水量 600～1010mm、相对湿度达 70% 以上的高山峡谷区生长。是优良的纸浆原料林树种。木材可作为电线杆、枕木、建筑和家具等用材；针叶可提取芳香油；树皮可提取栲胶；树皮粉可作为脲醛树脂增量剂。

苗木培育　育苗地要求深翻、细耙，严格土壤消毒。用 0.1% 的高锰酸钾进行种子消毒杀菌，用清水冲洗种子 2～3 次后与沙混拌播种。条播，播种后应保持苗床湿润，适时进行苗期管理。

林木培育　海拔 2400～3600m，土层深厚、养分充足的阴坡或半阴坡是云杉造林的最佳区域。造林前需适当进行清林整地，人工林的造林密度为 1500 株 /hm²。川西地区造林时间一般为 3～5 月，也可于 7～8 月的雨季进行造林。造林后缓苗期长、生长缓慢，最好用 4～5 年的苗木造林，小苗造林应加强抚育管理，注意松土扶苗。

参考文献

成俊卿, 杨家驹, 刘鹏, 1992. 中国木材志[M]. 北京: 中国林业出版社.

李贺, 张维康, 王国宏, 2012. 中国云杉林的地理分布与气候因子间的关系[J]. 植物生态学报, 36(5): 372-381.

刘增力, 方精云, 朴世龙, 2002. 中国冷杉、云杉和落叶松属植物的地理分布[J]. 地理学报, 57(5): 577-586.

四川省云杉纸浆材协作组, 2001. 云杉人工林材性变异的初步研究[J]. 西北农林科技大学学报（自然科学版）, 29(3): 29-34.

（罗建勋）

Z

栽针保阔 planting conifers and reserving broadleaved trees

在次生林内或采伐迹地上，人工栽植适合于该立地条件的针叶树，保留天然更新起来的多种阔叶树，以形成符合地带性特征的针阔混交林的一种森林培育体系。

栽针保阔主要是针对缺乏红松等针叶树种源的东北温带湿润地区次生林或派生林恢复与重建近顶极红松阔叶混交林而提出的，也适用于带有次生性质的红松种源不足或天然更新种群密度不够的温带湿润地区过伐林质量和功能的提升，以及与次生林镶嵌分布的人工针叶纯林改培为针阔混交林。

起源和形成 栽针保阔源于20世纪50年代末关于中国东北温带阔叶红松林采伐更新的一场大讨论。在针对红松阔叶林采伐后更新和大规模破坏后的恢复与重建进行广泛深入研究和实践的过程中，依据自然演替规律，总结和提出"栽针保阔"动态经营体系。随着东北林区的开发，采伐方式和采伐后迹地更新的方式方法与效果引起了学者们的注意，开展了针对红松阔叶林采伐更新的调查研究和大讨论。刘慎谔、王战、张正崑、韩麟凤、任玉衡、李景文、钱国桢等林学家都参与了这场大讨论。讨论中提到了红松阔叶林采伐更新中保留母树和保护幼苗幼树的问题，注意到了红松阔叶林择伐迹地上更新起来的阔叶树可以抑制杂草生长、可以为人工栽植的红松提供庇荫的环境、有利于红松幼苗生存和生长的现象，这些阔叶树种也是重要的森林资源，有很大的利用价值，提出了"留阔栽红"的更新途径，即认为在大部分红松林伐区内，以保留阔叶幼树与栽植红松相结合形成针阔混交林的更新方式较为合适。经过20世纪60年代和70年代的实践，栽针保阔被学术界认同，并在生产实践中正式使用；适应于红松阔叶林恢复和次生林经营的"栽针保阔"途径及"动态经营体系"于80年代初期被正式提出，称为"中国次生林作业法"。

含义 初始阶段包括栽针留阔、栽针引阔和栽针选阔3层含义，应用过程中又发展栽针伐阔、抚育留阔和伐针引阔3个延伸。①栽针留阔是在造林地已有天然阔叶树存在的情况下，采用均匀配置、植生组配置或"见缝插针"等多种栽植模式人工栽植针叶树种，适当保留天然阔叶树，建立人工针叶树与天然阔叶树混交林。②栽针引阔是在造林地虽无天然阔叶树存在，但在造林地附近有天然阔叶树种源存在，采用多种模式人工栽植针叶树，适当留出效应带或效应岛（林隙），诱导天然阔叶树发生，建立人工针叶树与天然阔叶树混交林。③栽针选阔是栽针留阔和栽针引阔的后续阶段，即在已形成有效混交、且阔叶树的竞争比较强烈或树种组成不理想的情况下，对混交林内阔叶树的数量和组成进行人工调整，选留经济、生态价值大且能够与人工栽植的针叶树种间关系协调的阔叶树种，提高混交林的生产力水平和生态效能。④栽针伐阔指在现有次生林已经成林、密度很大、林相较好的情况下，通过人工伐除部分阔叶树，稀疏林分或形成各种形式和规模的效应带或效应岛，然后在林冠下、效应带上或效应岛内人工栽植针叶树种，建立人工

次生林内人工栽植红松形成的红松阔叶混交林（沈海龙　摄）

针叶树与天然阔叶树混交林。⑤抚育留阔是指在针叶树种人工纯林抚育间伐过程中，有意识地保留天然更新的阔叶树，建立人工针叶树与天然阔叶树混交林。⑥伐针引阔是指现有针叶树种人工林内虽然没有天然阔叶树存在，但在其附近有天然阔叶树种源存在的情况下，结合抚育间伐，采用多种模式在针叶人工林内开拓效应带或效应岛，诱导天然阔叶树的发生，从而建立人工针叶树与天然阔叶树混交林。例如在中国东北林区，"栽针"是指人工栽植红松为主的乡土针叶树种，"保阔"是指保留天然更新的水曲柳、核桃楸、黄波罗、紫椴、色木槭、枫桦、蒙古栎等珍贵乡土阔叶树种，经营目标是恢复与重建近地带性顶极的红松阔叶混交林。

应用 栽针保阔的理念已经得到广泛认可，其实践已经不仅限于东北温带湿润地区。通过林冠下或林隙中人工栽植红松，在东北温带林区构建了大面积的次生天然阔叶树与人工红松组成的人天混交林，辅以适当的抚育间伐等种间关系调控措施，大面积的近地带性顶极的红松阔叶混交林将会逐渐形成。

参考文献

陈大珂，周晓峰，丁宝永，等，1984. 黑龙江省天然次生林研究（Ⅰ）——栽针保阔的经营途径[J]. 东北林学院学报，12(4): 1-12.

陈大珂，周晓峰，丁宝永，等，1985. 黑龙江省天然次生林研究（Ⅱ）——动态经营体系[J]. 东北林学院学报，13(1): 1-18.

沈海龙，2015. "栽针保阔"途径：创始、成就、问题和展望[M]// 中国林学会. 中国林业优秀学术报告2015. 北京: 中国林业出版社.

（沈海龙）

藏川杨培育 cultivation of *Populus szechuanica* var. *tibetica*

根据藏川杨生物学和生态学特性对其进行的栽培与管理。藏川杨 *Populus szechuanica* var. *tibetica* Schneid. 为杨柳科（Salicaceae）杨属树种，青藏高原特有的乡土树种，重要的防护林和用材林树种。

树种概述 落叶乔木。树干白色，树冠整齐。叶色柔和，皮光滑或具纵沟。雌雄异株，雄性无飞絮。花期4～5

藏川杨5年生大苗（西藏自治区林木科学研究院）

月，果期5～6月。四川及西藏的拉萨、林芝、日喀则、山南、昌都等地均有分布，生于海拔2000～4500m的高山地带。喜温凉湿润气候，耐寒、抗旱、耐瘠薄。对土壤要求不严，喜中性或弱碱性土壤。抗病虫害能力强。常用来营造防风固沙、农田防护、水土保持林。木材常作为建材、薪材以及家具和雕刻工艺品用材。叶可用作野生动物及家畜饲料；芽脂可作黄褐色染料，部分品种芽脂、花序可供药用；树皮含单宁，可作鞣料。

苗木培育 以无性繁殖为主，多采用硬枝扦插育苗。

林木培育 多用来培育以防护为主、用材为辅的人工林。可选温凉湿润的河谷、冲积土或草甸土的平坦地作为造林地，以沙壤至轻沙壤为佳。造林时以穴状整地为主，坡地以鱼鳞坑整地为主。生产中提倡"三大一深"，即采用大株行距、大穴、大苗、深栽，深栽70～80cm可使苗木部分树干产生根系，增加根量，吸收深层土壤中的水分，提高抗旱力和成活率。造林时间多在3月底至4月，雨季之前进行补栽。用2～3年生裸根苗或1年生容器苗造林。成片造林株行距4m×4m为宜。立地条件差的情况下，可适当稀植。幼林应及时做好松土除草、灌溉、施肥、修枝整形等工作。常见病虫害有杨树白粉病、杨树叶斑病、杨白潜蛾、春尺蠖等，可采用营林措施、物理和化学措施综合防治。

参考文献

范志浩，2015. 西藏"两江四河"流域生态化造林绿化模式的探讨[J]. 中南林业调查规划，34(2): 29-33.

唐宇丹，普布次仁，次旦卓嘎，2012. 地域环境对青藏高原特有植物藏川杨生物学特性的影响[J]. 中国野生植物资源，31(2): 24-28, 32.

吴征镒，1983. 西藏植物志：第一卷[M]. 北京: 科学出版社.

（辛福梅）

早竹培育 cultivation of lei bamboo

根据早竹生物学和生态学特性对其进行的栽培与管理。早竹 *Phyllostachys violascens* (Carr.) A. et C. Riv. 为禾本科（Poaceae，异名 Gramineae）竹亚科（Bambusoideae）刚竹属植物，又名雷竹、天雷竹、燕竹；中国特有的优良笋用竹种。

图1 早竹林（浙江临安）

图2　早竹笋（浙江农林大学）

树种概述　散生小型竹。秆高5～9m，直径2～4cm。原产中国浙江西北丘陵平原地带，以临安、余杭和德清为最多，安徽宁国市等地也有分布；由于早竹经济效益显著，在浙江、江苏、安徽、江西、上海、广东、广西、四川、湖南、福建等南方各省区大面积推广。要求温暖湿润的气候条件。早竹笋粗壮，笋肉色白，质脆，味甘，含水量多，风味好，为江苏、浙江、上海一带早春喜食的时令蔬菜之一。该竹种在刚竹属中出笋最早、产量高，是经济效益最高的竹种。竹秆壁薄质脆，整秆可作一般柄材、晒衣竿等。

苗木培育　早竹种子极少，通常采用母竹移植造林。

林木培育　在早竹主产区一年四季均可造林，以2月、6月、秋冬季10～11月为佳；造林地宜选择海拔600m以下，坡度20°以下，光照充足，土层深厚肥沃，疏松透气的沙质微酸性壤土；选择1～2年生健康母竹进行造林，造林密度900～1500株/hm²。3～4年就可郁闭成林，丰产竹林密度以12000～18000株/hm²为宜。自然笋期为2月中下旬至4月中下旬；通过覆盖栽培，可提前至春节甚至12月出笋。常见病害有竹丛枝病、竹疹病等，常见虫害有竹笋夜蛾、沟金针虫、竹蚜虫、贺氏线盾蚧、竹瘿广肩小蜂等。有春旱的地区不宜发展早竹。

参考文献

浙江林学院罐藏竹笋科研协作组, 1984. 竹笋的营养成分[J]. 浙江林学院学报, 1(1): 1-14.

胡超宗, 金爱武, 黄红亚, 等, 1994. 雷竹生长气象因子的相关分析[J]. 福建林学院学报, 14(4): 295-300.

胡超宗, 张建明, 胡明强, 1992. 雷竹生物学特性的研究[J]. 浙江林学院学报, 9(2): 133-143.

（林新春）

枣农复合经营模式　jujube-agriculture integrated management pattern

林农复合经营模式之一。已有600多年的发展历史，在华北和西北地区比较常见。具有较高的生物量，构建合理的枣农复合经营模式既有益于区域生态系统的良性循环，又能充分合理地利用土地资源，是用地与养地相结合的较好经营方式。

以农作物为主的枣农间作，适用于土壤条件较好的地方，枣树行距宜大些，行距采用15～30m，枣树以南北向为宜，株距4～5m。春作物小麦的生长发育期正是枣树的休眠期，光能和地力利用的矛盾较小，小麦的产量与单作麦田的差异不大；夏秋作物豆类、谷子和芝麻也是良好的枣农间作物，虽存在争光、争水肥的矛盾，但农作物的产量也仅有少量降低。以枣为主的枣农间作，适用于土壤条件较差的地方，行距7～10m，株距4～5m。为便于管理，枣树的树干高度以1.4～1.6m为宜。

参考文献

李文华, 赖世登, 1999. 中国农林复合经营[M]. 北京: 科学出版社.

沈国舫, 翟明普, 2011. 森林培育学[M]. 2版. 北京: 中国林业出版社.

周晓峰, 1999. 中国森林与生态环境[M]. 北京: 中国林业出版社.

（曹帮华）

造林保存率　survival rate of plantation

造林3年后单位面积造林苗木保存株数与造林总株数的百分比。造林成活后的抚育管理、幼林保护集约程度的标志之一，能反映人工造林质量的好坏。

保存率高的林分，林地生产力潜力较大。一般情况下成活率大于保存率，因为造林后由于环境、人为伤害等因素的影响，林木必然会死亡一部分。如果造林后经营管理条件较好，保存率可以与成活率相当。要提高保存率，必须对幼林进行细致的抚育管理，严禁人畜破坏，及时防治病虫害。

（王乃江）

造林成活率　survival rate of afforestation

造林一年或一个生长季后单位面积上成活的种植点数占造林时的种植点总数的百分比。如果单株种植，造林成活率也可指单位面积上的成活株数与造林时总株数的百分比。检查造林成败的主要指标之一，能反映初期造林情况。

根据国家《造林技术规程》（GB/T 15776—2016），判断标准是：①年均降水量400mm以上地区及灌溉造林，成活率≥85%；年均降水量400mm以下地区，成活率≥70%，均可以认定造林合格。②年均降水量400mm以上地区及灌溉造林，成活率为41%～85%（不含85%）；年均降水量400mm以下地区，成活率为41%～70%（不含70%），均需要补植。③成活率＜41%，必须重新造林。④四旁植树成活率应达到90%（含）以上。

造林成活率调查采用随机抽样的方法进行，抽样时随机设置样地或样行。成片造林面积在 10hm² 以下、10～30hm²、30hm² 以上的，样地的面积应分别至少为造林面积的 3%、2%、1%。防护林带应抽取总长度的 20% 进行调查，每 100m 检查 10m。山地幼林调查，样地或样行应包括不同部位和坡度。**植苗造林**和**播种造林**，每穴中有 1 株或多株幼苗成活均按 1 株（穴）计数。造林成活率按以下公式计算（平均成活率保留一位小数）：

平均成活率（%）=[∑（小班面积 × 小班成活率）/ ∑小班面积]×100

小班成活率（%）= [∑样地（行）成活率 / 样地块数]×100

样地（行）成活率（%）= [样地（行）成活株（穴）数 / 样地（行）栽植总株（穴）数]×100

参考文献

中华人民共和国国家质量监督检验检疫总局, 中国国家标准化管理委员会, 2016. 造林技术规程: GB/T 15776—2016[S]. 北京. 中国标准出版社.

（王乃江）

造林成效评价 evaluation on afforestation effects

对人工造林后效果的评价。分为广义和狭义两种概念。广义的造林成效评价包括对森林的三大效益，即社会效益、经济效益和生态效益的评价，也称造林效果评价。狭义的造林成效评价是对人工造林的**造林成活率**、**造林保存率**、保存面积和幼林生长的状况进行调查评价。造林成活率是指造林一年或一个生长季后单位面积造林苗木成活的种植点数占造林时的种植点总数的百分比。造林保存率是指造林 3 年后单位面积造林苗木保存株数占造林总株数的百分比。造林保存面积是指造林 3 年后立木保存率达到 85% 以上的造林面积。

人工造林成效评价主要根据工程造林竣工验收标准，即**人工林**造林后当年林地造林成活率应达到 85% 以上，3 年后造林保存率应达到 85% 以上，造林保存面积不得减少，幼林生长正常且无严重病虫害。当造林成效评价存在多个经营单位小班造林时，调查多采用分层抽样后加权平均计算。现阶段，城镇森林造林成活率还没有相关的验收标准，通常按城镇森林管理方要求，造林成活率须达到 98% 以上。

造林成效未达预期目标或造林竣工验收标准时，必须进行整改。当造林成活率 ≤ 40% 时要求重新造林，造林成活率为 41%～85% 的要求补植，造林成活率达 85% 的为合格，部分地区合格要求造林成活率达 90% 以上。

造林成效评价的方式可分为事前评价、中间评价和事后评价 3 种。在林业生产实践中，事后评价运用最多，如无特殊说明，造林成效评价即是指造林成效事后评价。①事前评价。造林施工前对**造林规划设计**进行评价，属于可行性评价，可以减少因盲目性或失误导致的各种损失。②中间评价。在造林施工中进行，是指在造林时，种苗准备、**造林地**准备已进行了大量勘测、生产性工作之后，根据实践中暴露出的问题来验证设计方案的正确性，包括**树种选择**是否与立地条件相适应、树种品种的遗传性能是否符合预计指标、对造林方案可行性带来较大影响的因素有何变化等。③事后评价。在造林植苗任务全部施工完毕，**幼林管理**即将开始时进行，属于幼林正式移交之前的评价。重点是审查施工的成果是否符合造林规划设计方案的要求，完成的各项指标及造林投资的使用是否符合原订计划的要求，以及幼林抚育及郁闭成林之前可能出现的问题、相应的解决办法等。

参考文献

赵忠, 2007. 造林规划设计教程[M]. 北京: 中国林业出版社.

中华人民共和国国家质量监督检验检疫总局, 中国国家标准化管理委员会, 2016. 造林技术规程: GB/T 15776—2016[S]. 北京. 中国标准出版社.

（郑郁善，陈礼光）

造林档案 afforestation archives

在造林过程中直接形成的各种形式的具有保存价值的原始记录。又称造林技术档案。是对造林全过程的记载，是分析造林生产活动、评价造林成效、拟定经营措施的依据。通常以小班为单位建立造林档案。任何形式的造林项目，包括国有林场造林、集体造林、合作造林、重点工程造林和具有一定规模的其他形式的造林，都要建立造林档案及其管理制度和管理办法，为**人工林**的经营管理提供依据和基础资料。

造林档案的内容一般比较完善，记载从造林任务立项开始，到造林规划设计、造林作业设计、造林施工、造林抚育、造林检查验收的全过程。主要内容有造林设计文件、图表，整地方式和标准，**林种**、造林树种、造林立地条件、造林方法、密度，种苗来源、规格和保湿措施，抚育管理，病虫兽害的种类和防治情况，造林施工单位、权属、施工日期，施工的组织、管理、检查验收和造林保存率检查情况，各工序用工量及投资等。

档案资料包括：①造林项目的背景资料。包括可行性研究文件；与造林相关的政府文件，造林工程立项申请书；造林规划设计说明书（方案）；项目审批文件；开工报告；工程、资金、技术管理办法等前期准备工作材料；施工单位（造林工程队）的资质；造林监理单位的资质；必要的土地承包或租赁合同；林业用地使用合同；造林施工合同；造林监理合同等。②机构设置、人员配备、职责范围及会议文件，领导讲话及信件、照片等。③年度造林、育苗、辅助工程施工形成的设计任务书、单项设计、工程概算、决算、合同、报告、变更、请示、批示等。④整个造林项目实施过程中形成的计划任务书，施工管理办法，专题研究计划、报告、调查材料、试验记录、原始凭证和数据、总结、财务账目、检查验收材料、施工小结、年度竣工总结等。⑤相关仪器设备图纸、说明书、操作规程，维护和运行记录等。⑥造林小班经营卡片，林班各类面积蓄积量统计表，固定调查样地卡片，造林技术档案卡、施工卡等。⑦标准地调查资料。根据造林树种、立地条件，建立永久性的标准地，连续记载经营管理活动和林木生长等情况。

（王乃江）

造林地　planting site

实施造林生产的地段。又称宜林地。人工林生存的外界环境。造林地的特性及其变化规律，是选择造林树种及制定科学合理的造林技术措施所必须考虑的因素。

造林地的环境状况主要是指造林前土地利用状况、造林地上的天然更新状况、地表状况以及伐区清理状况等。根据造林地环境状况的差异性，划分出不同的造林地类别，主要有荒山荒地（含草坡、灌木坡、竹丛地、平坦荒地等）、四旁地、农耕地、撂荒地、退耕还林地、采伐迹地、火烧迹地、局部更新迹地、疏林地、次生林地及林冠下造林地等类型。

参考文献

翟明普, 沈国舫, 2016. 森林培育学[M]. 3版. 北京: 中国林业出版社.

（李志辉，李何）

造林地清理　site clearance

造林地整地前清理植被或残留物的工作。在翻耕土壤前，清除造林地上的灌木、杂草、杂木以及竹类等植被，或采伐迹地上的采伐剩余物（枝丫、梢头、伐根、站杆、倒木、伐桩）、火烧迹地剩余物的一道生产工序。主要目的是改善造林地的立地条件和卫生状况，同时为土壤翻垦及其后的造林施工、幼林抚育等作业创造便利条件。在植被比较稀疏、低矮或迹地上的剩余物数量不多，对于土壤翻垦影响不大的情况下，往往与土壤翻垦一并进行。

生产中包括两种典型的需清理的造林地。①人工更新前的采伐迹地或火烧迹地。这些迹地上往往有一定数量的站杆、倒木或未采尽的小径木，还有伐前更新幼树、采伐剩余物、伐根，以及被废弃的、土壤结构受严重破坏的集材道棚、装车场等。有时迹地的环境状况很差，树苗无处可栽，机具难以通行，卫生状况不佳，如不经清理就难以满足造林要求。②稠密的杂灌木。过多的杂灌木有碍整地的进行，会给新栽入的树苗造成过度遮阴或根系竞争，影响新栽幼林的成长。

清理方式　有全面清理、带状清理和块状清理。生产上可根据造林地的天然植被状况，采伐剩余物的种类、数量和分布，造林方法以及经济条件等具体情况决定清理方式。

全面清理　全部清理天然植被和采伐剩余物的清理方式。可以采用火烧、割除以及化学药剂清理等方法。仅适用于有比较严重病虫害的造林地和经营集约度相当高的商品林造林地。

带状清理　以种植行为中心呈带状地清理两侧植被或迹地剩余物，然后将剩余物或被清除植被堆成条状的清理方式。可以采用割除和化学药剂清理等方法。带的方向一般是山地与等高线平行、平原区呈南北走向。带的宽度随植被的高度做相应的调整，一般 1~3m，以不影响苗木生长为准，通常划分为窄带（割带 1m，保留 1m）、中带（割带 3m，保留 1m）和宽带（割带 4m 以上，保留带不宽于 3m）3 种。窄带适用于灌丛矮、密度小的阳坡及营造耐阴树种的造林地；中带适用于缓坡、斜坡，灌木中等密度的造林地；宽带适用于灌丛较高、密度大或营造喜光树种的造林地。

块状清理　以种植穴为中心呈块状地清理其四周植被和迹地剩余物，然后将剩余物或植被归拢成堆的清理方式。块状的面积根据植被及苗木的高度设定。可以采用割除和化学药剂清理等方法。适用于地形破碎、不利于进行全面整地的造林地。块状清理施工不便，在生产实践中很少应用。

清理方法　有割除、火烧、堆腐和化学药剂清理。北方多用割除清理，南方多用火烧清理。化学药剂清理是比较先进的方法。

割除清理　最常用的一种清理方法。通常是将造林地上的杂草、灌木等割除或者砍伐。分为全面割除和带状割除两种。一般多用带状割除，带宽 1~3m，可随植被的高度做适当的调整，带的方向在山地与等高线平行，在平原通常为南北走向。割除清理适用于幼龄杂木林、灌木林、杂草繁茂的荒地及植被已恢复的采伐迹地等，比较费工费时。

火烧清理　造林前粗放地割除、砍倒天然植被（劈山），待其干燥后进行火烧。分为堆积火烧法和全面火烧法两种。堆积火烧法是将采伐废弃物堆积起来加以焚烧，相对安全；全面火烧法（炼山）适用于无母树的采伐迹地，比较省工，但是容易引起森林火灾。

堆腐清理　将采伐剩余物和割除的灌草按照一定方式堆积在造林地上任其腐烂和分解。不破坏有机质和各营养元素，能较好地改良土壤性能。但是堆积时间过长或堆积面积过大，会引起病虫害。需要根据剩余物的数量及病虫害的程度决定，主要适用于采伐迹地。分为抛腐法、堆腐法和带腐法 3 种。①抛腐法是将采伐残留物粉碎成小段后均匀撒在迹地上，适用于土壤瘠薄、干旱和坡度较大的迹地，也可作为其他方法的协同措施。②堆腐法是将采伐剩余物短截后堆成堆，置于迹地上任其自然腐烂，适用于潮湿、火灾危险性小的迹地。③带腐法适用于陡坡、容易引起水土流失的迹地。

化学药剂清理　具有针对性强、清理效果显著、投资少、省工以及不致造成水土流失等优点，但有的化学药剂会引起环境污染。化学药剂清理的关键是要选择适宜的化学药剂的种类、合适的剂量和喷洒时间。造林地的化学药剂清理，中国研究得不多，基本上处于试验阶段，国外在用材林营造中使用较普遍。

参考文献

沈国舫, 1989. 林学概论[M]. 北京: 中国林业出版社.

翟明普, 沈国舫, 2016. 森林培育学[M]. 3版. 北京: 中国林业出版社.

（马焕成，郑元）

造林典型设计　typical design of afforestation

把地块不相连接、立地条件基本相同、经营目的一致的造林地块（小班）作为一个类型，以类型为单位进行的造林技术设计。

造林　典型设计多用于造林地面积较大、小班数量较多的造林技术设计。某个立地类型的造林典型设计适用于这个立地类型中经营目的一致的所有小班，因而不必逐个进行小班造林技术设计，可以大大减少内业设计工作量。具有条理化、标准化、直观明了、易推行的特点，在中国各地广为应用。

编制 一般按立地类型分别进行编制。林种比较复杂的地区，典型设计应分别林种、分别立地类型编制。立地类型、林种及主要造林树种都较简单的地区，可按主要造林树种编制典型设计。不论按哪种方法编制的典型设计，均需依次编号，以利于造林小班应用典型设计时查找方便。编制的典型设计，一般以表格形式体现，分别造林主要技术环节提出造林技术措施和规格要求，即造林典型设计一览表（表1）。

应用 可综合分析小班所处的位置、林种布局、造林树种的比例以及种苗来源等情况具体确定。然后，将小班确定采用的典型设计（编号）填写在"造林地小班调查表"（表2）中。造林、经营施工时，某林班的各个小班只要按"造林地小班调查表"注记的典型设计编号去找相应编号的典型设计，便可以"对号入座"。还可另行编制"造林作业设计一览表"（表3），分林班进行登记。

表1 造林典型设计一览表

造林典型设计编号	立地条件类型	林种	树种		林地清理		整地			种苗			密度	造林			肥料		用水	其他辅助材料		未成林抚育管护		
			名称	混交比例	方式	时间	方式	规格	时间	类型	规格	数量		种植点配置	方式	时间	名称	数量	次数	数量	名称	数量	方式	次数	时间

表2 造林地小班调查表

造林作业区编号：　　　　　　日期：　　年　月　日　　　调查者：

造林作业区位置：
　　县市区（国有林业局、国有林场）　　乡镇（林场）　　村（林班）　　小班

造林作业区图斑矢量数据：地理信息系统　　卫片　　航片　　激光雷达　　其他

造林作业区面积：　　　hm²（精确到0.01），相当于　　　亩（精确到0.1）

造林作业区立地特征：

地形地势：①山地阳坡 ②山地阴坡 ③山地脊部 ④山地沟谷 ⑤丘陵 ⑥岗地 ⑦阶地 ⑧河漫滩 ⑨平原 ⑩其他（具体说明）

海拔：　　　　m　　坡度：　　　　度　　坡向：　　　　　坡位：

土地类型：①疏林地 ②一般灌木林地 ③采伐迹地 ④火烧迹地 ⑤其他规划用于造林绿化的土地 ⑥其他地类（道路河流沟渠两侧、湖库周边、农村四旁等）

母岩类型：①第四纪红色或黄色黏土类 ②花岗岩类 ③页岩、砂页岩类 ④砂岩类 ⑤紫色砂页岩类 ⑥石灰岩类 ⑦玄武岩类

土壤类型：　　　　　　石砾含量（%）：

土层厚度：　　cm，其中，A0层　　，A层　　，AB层　　，B层　　，C层

土壤质地：①沙土 ②沙壤土 ③轻壤土 ④中壤土 ⑤重壤土 ⑥黏土

植被类型：　　　　　植被盖度（%）：　　乔木层　　灌木层　　草本层

主要植物种类：

邻近林分类型　方向：　　　主要树种：　　　生长情况：

　　　　　　　方向：　　　主要树种：　　　生长情况：

需要保护的对象：

社会经济情况：

a 幼苗幼树的树种种类：　　株数：　　平均高：　　更新等级：

b 林木树种组成：　　年龄：　　株数：　　树高：　　郁闭度：　　林木分布：

c 年降水量：　　生活生产生态用水分配比例：　　造林用水来源：

总体评价及建议（对造林作业区的立地条件好坏、土地利用现状、造林难易程度、有无水土流失风险、有无需要保护的对象、土地权属是否清楚、交通是否方便等进行评价，对适宜造林树种、整地方式、造林密度、栽植配置等提出建议）：

注：a、b选项为更新造林作业区附加调查因子；c选项为半干旱区、干旱区、极干旱区的造林作业区附加调查因子。

表3 造林作业设计一览表

小班号	造林典型设计编号	树种	种苗量（株）	用水量（t）	用工量（工日）	肥料（kg）	其他	经费预算（万元）

参考文献

赵忠, 2015. 林业调查规划设计教程[M]. 北京: 中国林业出版社.

（赵忠）

造林调查设计　afforestation survey and design

在造林规划或林业区划的原则指导及宏观控制下，依据上级机构下达的设计任务书的要求，对某一个基层单位（如一个林场或一个经营区）与造林工作有关的各项条件因子，特别是对宜林地资源进行详细的调查，并在此基础上进行具体的造林设计。林业基层单位制订生产计划、申请投资及指导造林施工的基本依据。

造林调查设计的主要内容为规划造林总任务量的完成年限，规划造林林种、树种，设计造林技术措施，这些调查设计意见需落实到山头地块。造林调查设计还要对此项造林工程的种苗、劳力及物质需求、投资数量及效益估算等作出更为精确的测算。

造林调查设计综合反映了造林技术的各个方面，是多学科综合运用的成果，通常由专业调查设计队伍或专业调查设计人员和基层生产技术人员共同完成。进行此项工作，主要依据《造林技术规程》（GB/T 15776—2016）、《造林作业设计规程》（LY/T 1607—2003）以及由各省（自治区、直辖市）林业主管部门制定的有关造林调查设计的实施细则或技术规范。造林调查设计一般包括准备工作、野外调查和内业设计3个阶段。

参考文献

翟明普, 沈国舫, 2016. 森林培育学[M]. 3版. 北京: 中国林业出版社.

赵忠, 2007. 造林规划设计教程[M]. 北京: 中国林业出版社.

（赵忠）

造林方法　afforestation method

人工造林的具体方法。一般按照造林的材料分为播种造林、植苗造林和分殖造林3种。造林方法的选择是否得当，与造林成活率的高低、人工林生长的好坏有密切关系。

播种造林　具有造林后苗木根系完整、对造林地适应性强、能保留优良单株、施工简单和成本低等优势，但对造林地条件要求严格，对播种后抚育管理要求高，对种子需求量大，要求种子性状良好。在人力难及的高山、远山和广袤的沙区常采用飞播造林（种草）方法恢复植被。

植苗造林　具有适用多种立地条件、幼林初期生长迅速和节约种子等特点，是中国最常用的造林方法；其缺点是造林过程中根系易受损伤，要求高度保护，造林成本偏高。在干旱半干旱地区、盐碱地区、易滋生杂草的造林地、易发生冻拔害的造林地、鸟兽害严重影响播种造林成效的造林地广为应用。

分殖造林　能较好地保持母体的优良遗传性状，生长迅速，但多代无性繁殖寿命短暂，生长容易衰退。要求土壤湿润、栽培树种能迅速产生大量不定根和母树来源要丰富等条件。

参考文献

翟明普, 沈国舫, 2016. 森林培育学[M]. 3版. 北京: 中国林业出版社.

（马履一）

造林规划设计　planning and design for forestation

造林的基础工作。根据造林地区林业资源状况，在对宜林荒山、荒地及其他绿化用地进行调查的基础上，编制科学实用的一整套造林规划和造林技术设计方案。

造林规划设计按其细致程度和控制程度，分为3个逐级控制而又相对独立的类别：造林区划、造林调查设计和造林施工设计。其中，造林调查设计是核心；造林区划实质上是一种简化的造林调查设计，其主要标志是造林技术措施不落实到山头地块；造林施工设计是造林调查设计在年度执行中的具体化方案。

具体任务　①查清规划设计区域内的土地资源和森林资源，森林生长的自然条件和发展林业的社会经济情况。②分析规划设计地区的自然环境与社会经济条件，结合地方经济建设和社会的需求，对造林、育苗、幼林抚育、现有林分经营管理和森林保护等提出规划设计方案，并计算投资、劳力和效益。③根据实际需要，对与造林有关的附属项目进行规划设计，包括造林灌溉工程、防火瞭望台、营林区道路、通信设备、林场和营林区区址的规划设计等。④确定林业发展目标、造林经营方向以及安排生产布局，落实造林任务，提出保证措施，编制造林规划设计文件。

主要内容　造林规划设计的内容是根据任务和要求决定的。主要包括八方面内容：

土地利用规划　在调查土地利用现状的基础上，根据林业规划提出的农、林、牧土地利用比例，结合本地实际情况，制定合理的土地利用规划。

立地类型划分　为了做到适地适树，通常要根据立地类型进行造林树种的选择。编绘立地类型图，用图面形式直观地反映立地分类的成果，并将其作为造林规划设计的依据和专用图。

林种规划　按照《中华人民共和国森林法》划分的林种（防护林、特种用途林、用材林、经济林、能源林）执行，根据规划地区的自然条件、社会经济条件和对林产品的需求情况，因地制宜地确定所需培育的林种，在立地调查和造林地调查的基础上具体落实林种布局。

树种规划　按照适地适树原则，坚持以当地优良乡土树种为主，乡土树种与引进外地良种相结合的原则，不断丰富造林树种。在树种搭配上，要统筹考虑国家和群众多方面的要求，尽量做到针阔结合、常绿与落叶树种结合以及乔灌草结合。

造林技术设计　作为造林施工和抚育管理的依据，主要内容包括造林整地、造林密度、造林树种组成、造林季节、造林方法及幼林抚育管理等。

造林进度规划　目的在于加强造林工作的计划性，便于按计划做好苗木准备，安排劳力。

种苗规划　根据造林规划设计提出的树种和种苗规格要求提前制定种苗规划。以本地区育苗为主，尽量减少外地苗木调运，对外地优良品种应积极扩大繁殖。

投资规划和效益估算　投资规划主要包括人力、物力和资金规划。效益估算主要估算造林工作完成后的森林覆盖率、生态效益、立木蓄积量和抚育间伐所生产的林产品、林副产品以及多种经营的实际收益等。

工作程序 分为准备、外业调查、内业设计和编制方案三个阶段。

准备阶段 包括成立领导班子，组建规划设计队伍，编写提纲，制订计划，组织学习，进行试点，收集有关文字及图面资料，准备仪器、工具、调查用表和文具等。

外业调查阶段 包括立地调查与立地类型划分，造林地区划分与调查，树种生物学特性与现有林木生长状况调查等。

内业设计和编制方案阶段 包括林种布局与树种选择，造林技术设计，种苗规划与苗圃设计，用工与投资概算，预期效益分析等，直至提交全部成果。

参考文献

翟明普, 2011. 现代森林培育理论与技术[M]. 北京: 中国环境科学出版社.

翟明普, 沈国舫, 2016. 森林培育学[M]. 3版. 北京: 中国林业出版社.

（赵忠）

造林季节 afforestation season

在造林地上播种、栽植及扦插各种树木的时间。选择适当与否直接关系到造林成效。需要根据造林地的气候条件、土壤条件、造林树种的生长发育规律，以及社会经济状况综合考虑，选择合适的造林季节。

适宜的造林季节，应该是温度适宜、土壤水分含量较高、空气湿度较大、符合树种的生物学特性、遭受自然灾害可能性较小的季节。从气候条件看，造林季节应具备种子萌发及苗木生根所需要的土壤水分状况和苗木生长适宜的温度、湿度条件，没有干旱和霜冻等自然灾害；从种苗条件看，造林季节应该是种苗具有较强的发芽生根能力，而且易于保持幼苗内部水分平衡的时期。一般树木造林应该在树木落叶后、发芽前，树液停止流动时期进行。

中国地跨寒温带、温带和热带，各个地区的气候条件和土壤条件不同，小气候千差万别，再加上造林树种繁多，特性各异，从全国来看，一年四季都有适宜的造林树种和季节，但多以春季造林、夏季造林、秋季造林为主，南方一些地区可在冬季造林。中国古代即有"种树无时，莫使树知"的说法。不同树种、不同地区林木的物候节律不同，因此要因地制宜、因树制宜地选择造林季节。

参考文献

沈国舫, 2001. 森林培育学[M]. 北京: 中国林业出版社.

翟明普, 2001. 森林培育学[M]. 北京: 中央广播电视大学出版社.

翟明普, 沈国舫, 2016. 森林培育学[M]. 3版. 北京: 中国林业出版社.

（马焕成，赵冬）

造林密度 planting density

单位面积造林地上的栽植点或播种穴的数量。又称初植密度。规则造林时用株行距作为造林密度的另一种表达方式。

意义和作用 造林密度的大小对林木的生长、发育、产量和质量均有重大影响。①造林密度与造林地上单位面积成活的绝对株数相关。通常在立地条件较差而造林成活率不高的地方，适当增加造林密度，以保证幼林及时郁闭所必需的成活株数。②造林密度与幼林郁闭的早晚相关。在其他条件相同的情况下，造林密度大，则幼林郁闭早；反之则郁闭晚。而幼林郁闭的早晚又与林分的稳定性、幼林抚育的年限、第一次抚育间伐的年限和出材的尺寸等有密切关系。③造林密度与林木的生长发育有直接关系。对树高生长的影响虽较小，但适当密植对有些树种的高生长有促进作用，林分过密则可导致树高生长的显著下降。密度对树干直径生长的影响较大，二者呈反相关，密度越大单株材积越小。④人工林密度偏大会延迟林木开始结实的年龄及减少林木的单株结实量。⑤适当加大密度可使树干通直、圆满，并能促进自然整枝；但过密则形成细高干材。密度与木材机械力学特性的关系因树种而异，大部分针叶树种在稀植条件下形成的宽年轮木材的材性比正常木材的材性有所下降。

确定原则 确定造林密度时一般考虑的因素有：①树种的生物学特性。凡速生的、喜光的、宽冠的树种，造林密度宜稀；反之宜密。②造林地立地条件。通常立地条件好，造林密度宜稀；反之，则宜密。但在特别干旱的造林地上，造林不以林冠全面郁闭为目标，造林密度以稀为宜，可保证树木根系的充分扩展，吸取足够的水分。③经营条件。集约栽培的人工林，造林成本高，林木生长快，造林密度不宜大。粗放栽培的人工林，造林密度可适当加大。但少数以生产生物量为主要目标的高度集约栽培的人工林，也可以采取高密度短轮伐期的经营方式。④林种。如薪炭林以生产全株生物量为目标，一般宜密。用材林以生产干材为目标，密度宜适

图1 杉木人工林（株行距2m×3m）（段爱国 摄）

中。许多经济林以生产果实为主要目标，要避免树冠相接，一般宜稀。同为用材林，以培育中小径材为目标的人工林宜密，而培育大径材为目标的人工林宜稀。但在小径材有销路又有充足劳力开展早期抚育间伐的地方，即便最终目标是培育大径材，造林密度也可大一些，以后可通过多次间伐再使林分密度下降。⑤造林成本和经济收益。造林密度大，则造林成本高。确定造林密度时应做经济上的分析和论证。

参考标准 中国国家标准《造林技术规程》（GB/T 15776—2016）中规定了不同造林区域中国主要造林树种的适宜造林密度，可在实际造林工作中参考采用。

图2 杉木人工林（株行距1.5m×2m）（段爱国 摄）

图3 杉木人工林（株行距1m×1.5m）（段爱国 摄）

参考文献

翟明普, 沈国舫, 2016. 森林培育学[M]. 3版. 北京: 中国林业出版社.

张建国, 2013. 森林培育理论与技术进展[M]. 北京: 科学出版社.

（段爱国）

造林模式 silvicultural pattern

在某一造林作业区域依据不同立地类型和培育目标，明确造林树种、造林密度、配置方式、整地方式、栽植方法、未成林地抚育管理措施，以及成林后的生长预估等造林要素进行的设计方案。造林模式的选择在实际造林设计工作中起着关键性作用，决定了整个造林工程的成败。选择好造林模式能够做到适地适树，提高苗木成活率，还能更好地发挥林地生态效益。

造林模式设计时首先做好树种选择，分析不同树种生态学和生物学特征，做到适地适树。造林树种选择应多以乡土树种为主且造林树种选择尽可能多样性，有利于森林生态系统的稳定，增加单位面积的林地生产力。在造林模式中混交林的营建也十分重要。混交林具有生态效益显著、抵御自然灾害能力强、有利于土壤改良和提高生物多样性等优点，如在典型黄土丘陵沟壑区，根据立地类型及造林目标开展的以侧柏、刺槐、樟子松、油松、山杏、柠条等乔灌木配置形成的乔灌混交林模式或人工纯林/乔木混交造林等模式。

参考文献

翟明普, 沈国舫, 2016. 森林培育学[M]. 3版. 北京: 中国林业出版社.

（赵忠）

造林区划 silvicultural regionalization

根据各地区不同的造林条件和造林目的及任务而进行的区域划分工作。又称造林类型区的区划。

目的 造林区划是林业区划的一部分，是实行林业生产区域化、专业化的基础工作，也是造林调查设计的基础工作，是适应造林工作需要的自然区划。为满足造林工作的需要，把影响林木生长发育和生产率的自然条件、经济条件等大体相似以及造林经营方针基本相同的地区归纳在一起，进行分区划片。区划是对地域差异性和相同性的综合分类，是揭示造林区域内共同性和区域间差异性的重要手段。

依据 造林区划是以综合的自然区划为基础，依据各地区对造林工作有明显影响的自然条件和经济条件，还要尽可能照顾行政区划。区划的依据主要包括：①自然条件，主要有地质、地貌、水文、气候、土壤、植被等自然因子。②林业资源条件，包括有林地、灌木林地、疏林地和宜林地等组合结构状况。③树种和树种组条件，区划中涉及树种选择及多树种组合。④社会经济和林业经济条件，主要指人口、劳动力、耕地、居民点、水利设施、交通条件、现有林业生产基础的分布和规模等。

分类 造林区划包括造林地区划和小班区划。

造林地区划 通过土地利用区划和规划确定造林地，使用的土地包括荒山荒地、采伐迹地、火烧迹地、沙荒和规划用于造林的土地。造林地区划应在正式外业调查前进行，由设计单位与造林部门共同研究区划原则、标准等，并在地形图上将分区界线划分。

小班区划 小班是调查规划的基本单位。要以小班为单位进行调查、计算统计面积；按小班规划设计、造林；造林后按小班建立经营档案和实施经营管理。

按照《造林技术规程》（GB/T 15776—2016），坚持因地制宜、分区施策的原则，参照中国气候区划，依据显著影响林木生长发育的积温、降水、干燥度等水热条件，按照主导性、差异性和一致性的原则，将中国划分为热带、亚热带、暖温带、中温带、寒温带、半干旱、干旱、极干旱、高寒等9个造林区域，并划定各个区域的范围以及涉及的县（市、区、旗）。

参考文献

孙时轩, 1992. 造林学[M]. 2版. 北京: 中国林业出版社.

中华人民共和国国家质量监督检验检疫总局, 中国国家标准化管理委员会, 2016. 造林技术规程: GB/T 15776—2016[S]. 北京. 中国标准出版社.

（赵忠）

造林施工设计　planting operation design

以小班为单位，在造林调查设计或林区的森林经营规划方案的指导下，在造林前一年所进行的施工设计。又称造林作业设计。连续面积 1 亩（0.067 hm²）以上的造林应进行造林施工设计。

造林施工设计的具体任务是正确地落实小班设计（包括造林类型设计、林分经营类型措施设计以及各项作业用工、成本核算等），统计各种表格，绘制设计图，编写施工设计说明书等。主要内容为按地块（小班）确定造林地地点、面积、立地条件、实施的技术措施，编制设计文件，安排种苗、用工、投资计划及造林时间，并绘制大比例尺设计图，指导造林施工。造林施工设计要提前一年完成，逐级上报。一经批准，施工单位必须严格贯彻执行，并在生产活动中依此进行检查验收。

造林施工设计主要包括外业调查和内业设计。外业调查主要包括立地调查与立地类型划分，造林地区划与调查，造林树种生物学特性与现有林木生长状况调查等。内业设计工作主要包括林种布局与树种选择，造林技术设计，种苗规划与苗圃设计，用工与投资概算，以及预期效益分析等。

参考文献

翟明普, 沈国舫, 2016. 森林培育学[M]. 3版. 北京: 中国林业出版社.

赵忠, 2007. 造林规划设计教程[M]. 北京: 中国林业出版社.

（赵忠）

《造林学概要》　*Afforestation Summary*

结合中国造林实践，系统论述造林学原理和造林技术的第一部著作。陈嵘著。1933年2月初版，1951年增订第6版。

第6版共4编20章。第一编绪论，分森林及林业、森林种类、森林学、森林之利益、林业与农村建设、林业与改造自然6章；第二编造林学通论，分林木生长之天然要素、森林树木、造林工作之实施、养苗法、造林设计中应考虑之事项、林木之抚育、林地之培养、森林之保护8章；第三编

造林学各论，分普通林木类、特用林木类、竹类3章；第四编余论，分世界各国森林概况及中国森林之分布、各国经营林业成功史实、世界林业之趋势3章。另该书设附编——法令指示及参考资料。第6版在第1版的基础上增加了第一编中的第六章和第四编余论中的部分内容，并在附编中补充了部分当时林业科技成果作参考。

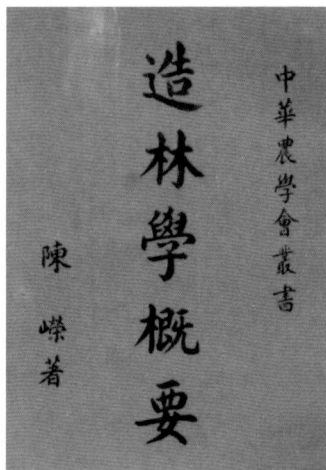

《造林学概要》封面

该书初版奠定了中国造林学发展史上早期学科体系的基础，以中国森林地理条件和造林树种为基础编写，并提出了植树造林法、分生造林法、鹿角桩更新法等，是在总结中国重要造林树种（杉木、杨树、柳树、泡桐、竹类等）造林经验基础上提出的适合中国实际情况的造林法，体现了中国特色，是对当时造林学教科书的重要改进。内容涵盖造林、抚育、管护等生产技术，代表了当时造林学在中国发展的技术范畴，林下植被保护及林下栽植则体现了造林的生态学基础及多种效能，对现今森林培育及学科发展亦具有积极意义。

参考文献

沈国舫, 2002. 关于森林培育学教材建设的一些历史回顾[J]. 北京林业大学学报, 24 (5/6): 280-283.

（段爱国）

造林整地　site preparation

造林前对造林地进行植被清理、土壤翻垦的技术措施。又称造林地整理。包括植苗或播种前清理造林地上有碍于造林作业的地被物或采伐剩余物和以蓄水保墒、提高造林成活率、促进林木生长为目的而进行的局部或全面的土壤翻垦等。是人工林栽培过程中保证造林成活和顺利生长的重要技术措施之一。

作用　造林整地能有效改善造林地的立地条件、保持水土、减免土壤侵蚀、提高造林成活率、促进幼林生长及便于造林施工、提高造林质量，对人工林的生长发育具有重要作用。

特点　造林整地具有与农业整地不同的特点。造林地一般面积大，地域广，地形、植被状况多变，整地花费劳动力和财力较大，受当地的经济和社会条件限制较大；地形比较复杂，整地容易引起水土流失和生物多样性受损。

整地方法　有全面整地和局部整地两种。局部整地又分为带状整地和块状整地。根据造林地不同的立地条件以及不同地区的气候、地形、土壤等条件采用不同的整地方法。例如，南方多雨山区采用水平沟整地，北方干旱丘陵山区采用鱼鳞坑整地。同一整地方法，在不同立地条件下，效果也不同。一般在坡度较大的立地，只要能满足整地的目的要求，

尽量采用局部整地；只有在地势平坦且不至于引起水土流失、经济条件许可的情况下才进行全面整地；造林地的立地条件越差，越需要细致整地，反之可适当降低整地标准，甚至可以不整地。

整地时间 有随整随造和提前整地两种。在土壤深厚肥沃、杂草不多的熟耕地、植被覆盖度不高的新采伐迹地，或有冻拔害的地区，或水土流失较严重地区，以及风蚀比较严重的沙地或草原荒地，通常不能充分发挥整地的有利作用，可以整地与造林同时进行即随整随造。在干旱、半干旱和半湿润地区，多采用提前整地。整地季节以伏天效果最好，有利于消灭杂草、蓄水保墒。*秋季造林*，整地可提早到雨季前；*春季造林*，在上年雨季前或上年秋季进行整地。没有春旱的地区可春季整地，当年秋季造林。各地区的适宜整地季节因地而异，如在某些情况下，"提前"的时间应该稍长，如盐碱地造林为充分淋洗有害盐分，沼泽地为使盘结致密的根系及时分解，都需要提前1年以上的时间进行整地。提前整地有利于植物残体的腐烂分解，增加土壤有机质，改善土壤结构；便于安排造林生产，到了*造林季节*无须突击整地，可从容完成造林任务；在干旱半干旱地区，还可充分利用大气降水蓄水保墒，改善土壤水分状况，提高*造林成活率*。

参考文献

沈国舫, 1989. 林学概论[M]. 北京: 中国林业出版社.

翟明普, 沈国舫, 2016. 森林培育学[M]. 3版. 北京: 中国林业出版社.

（马焕成，张露，韩有志，夏志宁）

择伐 selection cutting

相隔一定期限，单株或小群状反复伐除林分中达到一定径级或具有一定特征成熟林木的*主伐方式*。适用于*异龄林*。是符合森林自然特性的一种主伐方式。通过采伐成熟林木代替*原始林*中自然枯死和腐朽老龄过熟林木，使林冠疏开，为更新创造必要的空间。最适合在异龄复层林中进行，成熟一批采伐一批，每次采伐后都出现一批新的幼苗幼树，始终保持异龄林状态。

择伐类型 按照集约程度分为集约择伐和粗放择伐。按照作业方式可分为单株择伐、群状择伐和采育择伐等。

集约择伐 采伐量较小，间隔期较短，采伐利用与林分培育结合的择伐方式。又称经营择伐。单株择伐、群状择伐和采育择伐都是集约择伐。采伐木比较分散，不仅采伐一定直径的林木，而且采伐病腐木及非目的树种。采伐木的选择要做到采大留小、采劣留优，要考虑林木大小和树龄分布

的均匀性。择伐后衰老木、病腐木、枯立木、风倒木等被清除，林分始终维持大、中、小林木的均匀分布和采伐前的基本结构，林相比采伐前整齐、清洁。

粗放择伐 采伐量较大，间隔期较长，只注重木材利用，而忽略伐后森林的质量和产量的择伐方式。只采伐达到一定径级标准以上的优良木（如"拔大毛"），留下的多是劣质木和小径木；常引起树种更替，易发生枯梢、风倒，严重的甚至会造成森林的破坏。实践中主要采用径级择伐。径级择伐是超过规定径级的林木一律采伐的择伐方式。径级择伐确定采伐木的标准是径级。根据木材生产要求，决定采伐径级，且经常性地只采伐符合径级要求的优良林木，不采伐达到径级要求的病腐木、枯立木、干形不良的弯曲木等。在以往的实践中，径级择伐的强度往往偏大（60%以上），导致采伐后林木密度降低严重、林相破碎，目的树种比例下降；甚至径级标准逐渐下调、采伐间隔期不断缩短，导致更大的逆行演替。该法已经被废弃。

单株择伐 在林地上伐去单株散生的成过熟和劣质林木的择伐方式。属于集约择伐。是在一个林分内反复频繁地进行个别林木或林木小群体的采伐。伐后形成的林隙面积较小，对森林环境的影响小，有利于较耐阴树种的更新。适用于能在很小的林隙下更新成活的耐阴树种。优点是：①采伐林分始终保持异龄林状态；②更新幼苗处于保留木的遮阴庇护状态，免受风吹日晒影响；③采伐量可调性强，更能适应市场需求变化；④景观价值能得到很好的保障；⑤可以与抚育间伐相结合，更好地提升森林质量。缺点是：①技术要求高，采运成本高；②易伤保留木和幼苗幼树；③不能通过密度控制手段提高干材质量；④不利于喜光树种更新和幼苗生长发育。

群状择伐 小团块状采伐成熟林木的择伐方式。也称群团状择伐。属于集约择伐。群团内包括两株或更多成熟木，群团最大直径可达周围树高的1～2倍，也受地形和方位的影响而变。"群团"大小可调、形成的林隙可大可小。喜光树种的群团（林隙）可大些，耐阴树种可小些。与单株择伐相比，群状择伐庇护幼苗性能和景观美学效果较差，但更新起来的一些小群树木是在同龄条件下生长的，干形较好，伐开的空隙较大，喜光树种可以更新成长；采伐量较集中，采运成本较低，对保留木损伤较轻。

采育择伐 把主伐和抚育间伐结合在一起的择伐方式。又称采育兼顾伐。属于集约择伐。是径级择伐基础上的一种改进作业法。既进行成熟林木的采伐利用，又对林分内生长不良的病腐木、干形不良林木、枯立木、过密林木等进行

择伐林的林相（引自陈大珂，1993）

抚育间伐，促进天然更新，并对更新不良的地段进行人工更新。在径级择伐的同时，对病腐木、弯曲木、枯立木以及无培育前途的林木，不受径级限制一律伐除。采育择伐于20世纪50年代由黑龙江省伊春林区的乌敏河林业局提出。该法更加明确地提出了主伐兼顾抚育间伐的做法，在中国东北林区推广应用中取得了良好效果。吉林省汪清林业局与北京林业大学合作，对采育择伐进行了长期试验研究，使该法走向成熟。用采育择伐方式培育的林分，被林业专家王战命名为"采育林"。

择伐林按林木高度分成上、中、下三层，上层为高大、发育良好的单株或成群分布的林木；中层为高度中等、发育中等成群分布的林木；下层为矮小的林木。

择伐特点

优点　①择伐更新中的成熟林木是以单株分散采伐或者呈小群团状采伐，不论用哪种择伐方式，采伐均可一直重复地进行，始终保持所采伐的林分为异龄林；②采伐的过程与森林的更新紧密结合，每次采伐后都给森林更新创造良好的空间条件，使之有利于幼苗的生长；③每次短间隔的采伐之后，都不断有新龄级林木出现；④理想的择伐使每次的采伐量相等，择伐林分内包括所有年龄的林木，每年都可采伐，每年都有更新。

缺点　①择伐林内不同年龄的树木混生在一起，在进行具体操作时，要随时考虑哪些树应该更新，哪些树应该抚育；②择伐须使林内不同径级的树木既要在数量上保持一定的比例，又要均匀分布；③在进行伐区调查设计时，要针对林分状况（树种、年龄分布、立地条件）和经营目标（林种与材种），从建立林分适宜的年龄结构考虑采伐对象。

择伐应用　择伐作业应用很广，除了强喜光树种构成的纯林与速生人工林外，其他林分都可采用。有些条件下必须采用择伐，有些条件下择伐与其他作业法相结合。主要应用对象为：①由耐阴树种形成的异龄林；②由耐阴性不同的树种构成的复层林、针阔混交的复层林以及有一定数量珍贵树种（如水曲柳、黄波罗等）的阔叶混交林；③次生阔叶林；④所有陡坡、土薄、岩石裸露、高山角、森林与草原的交错区、河流两岸、铁路与公路两侧的森林；⑤自然保护区的试验区、森林公园及森林旅游区的大面积森林；⑥雪害与风倒严重地区的森林。

参考文献

汉斯·迈耶尔，1989. 造林学：第三分册[M]. 肖承刚，王礼先，译. 北京：中国林业出版社.

孙时轩，1992. 造林学[M]. 2版. 北京：中国林业出版社.

翟明普，沈国舫，2016. 森林培育学[M]. 3版. 北京：中国林业出版社.

（孟春，沈海龙）

增殖培养基　propagation medium

增殖培养阶段所用的培养基。又称继代培养基。组织培养过程中，当外植体在启动培养基上生长一段时间，获得足够的无菌培养物后，可根据需要将其转接到增殖培养基中进行培养，以获得大量无菌材料；或增殖培养基中的营养成分被消耗，不足以继续供给其生长，同时积累了一些毒害植物材料生长发育的次生代谢物质，此时需要将培养物转入新的增殖培养基中，否则将降低其活性，限制生长。

增殖培养基由水、无机营养、有机营养、维生素、氨基酸、糖及其他特殊物质组成。常用的培养基种类如MS、White、B5、N6、WPM等作为基础成分。对同一个物种而言，增殖培养所用的培养基种类与启动培养基类型相同，区别在于添加的植物生长调节物质种类和浓度不同。植物生长调节物质是增殖培养基中用量微少但十分重要的组分。

根据培养目的不同，增殖培养阶段需在植物生长调节物质种类、浓度配比及添加物、培养环境条件等方面加以选择，以保证增殖效果。生长素和细胞分裂素是最常用的两类植物生长调节物质，其用量和配比可调控组培材料的生长和增殖效率。生长素类物质可促进细胞伸长和细胞分裂、诱导愈伤组织或根的形成。细胞分裂素可促进细胞分裂增大、促进芽的发育、抑制衰老等。除上述组分以外，在增殖培养基中亦可酌情添加具有吸附功能的活性炭、具有支撑作用的琼脂或卡拉胶等进行固体培养或半固相基质培养，可取得较好扩繁效果。通常，在培养原生质体、扩繁细胞系或根系生产次生代谢物等过程中，多采用液体培养基。增殖培养基中pH也非常重要，不同植物种类会有所差异。大多数植物最适pH在5.5～6.0之间，高压灭菌后培养基pH在储存期会降低，导致培养基酸化，黑暗储存可以减少pH的变化。

参考文献

陈劲枫，2018. 植物组织培养与生物技术[M]. 北京：科学出版社：39-46.

李永文，刘新波，2007. 植物组织培养技术[M]. 北京：北京大学出版社：24-27.

乔治 E F，阿尔 M A，克勒克 G J De，2015. 植物组培快繁[M]. 蒋克强，译. 北京：化学工业出版社：64-101.

（张凌云，郭雨潇）

摘芽　pinching

根据林木分枝特性，在幼龄林木主干梢端保留顶芽或一个比较直立的健壮侧芽，摘除其余侧芽，以促进保留芽向上生长并发育成通直主干的林木抚育措施。又称钩芽。

摘芽简单易行，伤口易于愈合，可以改变林木的营养以及植物激素的平衡，调节主干、主枝的生长发育，显著促进主干的高生长。使枝叶量大幅度减少，前期树干直径生长量有所降低。摘芽与抹芽的主要区别，一是部位不同，摘芽是主干梢端，抹芽是主干中下部；二是作用不同，摘芽是促进主干再增高，抹芽是提高无节主干高。

及时摘芽、因地因树选好保留芽是摘芽技术的关键。摘芽宜在每年腋芽开始萌动之前，最迟也须在侧枝基部木质化前进行，以尽量减少养分消耗、节约劳力和费用。腋芽在春季萌发力很强，第一次摘芽后，摘过的芽还会重新萌发，每年需重复摘芽2～3次。宜选立地条件好的林分和生长旺盛的林木，保留顶芽或在组织充实部位选择一个生长健壮、位于苗干迎风面的侧芽作为保留芽，摘除保留芽的对生芽和各节间侧芽。摘芽的效果因树种不同而异。针叶树种具有单轴分枝特性，主梢生长旺盛，摘去侧芽常能促进主干生长，一般在造林后 3～6 年时开始，主干高度达 6～7m 时停止。多数阔叶树种具有合轴分枝和假二叉分枝特性，主梢生长力弱，摘芽对控制侧枝、促进主枝生长尤为重要，一般在造林后第二年春季开始，主干高度达 7～8m 时停止。

参考文献

蒋建平, 1990. 泡桐栽培学[M]. 北京: 中国林业出版社.

(王保平)

张守攻　Zhang Shougong（1957—　）

中国林学家、生物学家。1957 年 7 月 1 日生于安徽省怀远县。1982 年毕业于安徽农学院（今安徽农业大学）林学系，留校任教。1988 年和 1990 年先后在北京林业大学获硕士、博士学位。之后进入中国林业科学研究院林业研究所工作。历任助理研究员、副研究员、研究员、中国林业科学研究院林业研究所所长。1997—2018 年先后任中国林业科学研究院副院长、常务副院长、院长，期间于 2005—2006 年挂职任湖南省林业厅副厅长、党组成员。2017 年 11 月当选中国工程院院士。曾任国际林业研究组织联盟执委、中国林学会副理事长、中国治沙暨沙业学会副理事长，中共十七大代表，《中国大百科全书（第三版）林业卷》主编。现任第十三届全国人大环资委副主任委员，兼任中国林学会森林培育分会理事长、自然与文化遗产分会主任委员、福建省人民政府科技顾问、《林业科学研究》主编、《中国林业百科全书·森林培育卷》主编和《中国林业百科全书》总编纂委员会总主编。

致力于落叶松品质改良、繁殖工程、林分经营技术及应用基础研究。首次在森林经营模型中实现生物数学模型系统和产品预估模型系统的完全重构。开发了中国主要针叶纸浆用材树种新品系选育、规模化繁殖及培育配套技术。推动了中国森林可持续经营理论与指标体系及技术体系的构建。倡导并组织创建了中国林业生物技术研究队伍，为国家 973 计划"林木育种的分子基础研究"项目首席科学家。获授权发明专利 14 件，主持制定国家标准 1 项、行业标准 8 项，育成林木良种 24 个，发表学术论文 300 余篇，出版《工业人工林的培育和高效利用》《森林可持续经营导论》等专著 7 部。作为第一完成人，先后获国家科技进步奖二等奖 3 项，省部级科技进步奖一等奖 2 项。1993 年获"中国青年科技奖"，1995 年获国家"九五"科技攻关奖，2021 年荣获"全国杰出专业技术人才"称号。

(段爱国)

樟树培育　cultivation of camphora tree

根据樟树生物学和生态学特性对其进行的栽培与管理。樟树 *Cinnamomum camphora* (L.) Presl. 为樟科（Lauraceae）樟属树种，中国南方地区优良的用材林、防护林和风景林树种，也是重要的工业原料林树种。

树种概述　常绿乔木。树皮幼时绿色，老时渐变为黄褐色或灰褐色，有不规则纵裂。叶脉腋有腺点。花黄绿色。核果卵形或近球形，成熟后为紫黑色。花期 4～5 月，果期 9～12 月。自然分布于中国长江流域以南，以江西、湖南、广东、广西、湖北、福建、浙江、四川、贵州、台湾等地为主要产区。越南、泰国、朝鲜、日本也有分布。生长区域海拔可达 1800m。属亚热带树种，喜光和温暖湿润气候，耐寒性弱。主根发达，深根性。萌芽力强。适生于土壤肥沃的向阳山坡、谷地及河岸平地。喜微酸性及中性土壤，不耐盐碱，有很强的吸烟滞尘、涵养水源、固土防沙和美化环境的能力。木材质优，可作建筑、造船、家具、箱柜、板料、雕刻等用材。

良种选育　21 世纪初以来，以苗期高、径生长及材用特性为选育指标，中国林业科学研究院亚热带林业研究所、广东省林业科学研究院、江西省林业科学院和福建师范大学等单位开展了樟树种源试验，筛选出了一批优良种源、优良家系和优良单株。

苗木培育　采用播种育苗或扦插育苗。9～11 月种子成熟时采摘，随采随播或湿沙层积催芽后春季播种。也可用无纺布轻基质容器育苗。扦插育苗采用嫩枝在 3～5 月或 9～11 月扦插。生产上选用 1 年生Ⅱ级以上苗木造林，苗木出圃规格要求达到苗高 30cm、地径 0.4cm 以上。

林木培育　造林地宜选择低山丘陵、山坡中下部或山谷缓坡，土层 60cm 以上、肥沃疏松、水气通透性良好的土壤；采用全垦、带垦或穴垦整地。造林密度 625～1667 株/hm²；春季造林。幼林抚育措施主要为松土除草、追肥和修枝整形，每年抚育 1～2 次，连续抚育 3～5 年。抚育过程中，对侧枝较多的幼树进行整形修枝，将株高 1/2 以下的侧枝剪去。幼林郁闭后 4～5 年进行间伐；间伐强度、时间和次数，

樟树人工用材林（江西南昌）

视经营目标、造林密度、林分分化程度和立地水平等确定，最终保留株数为 300 ～ 500 株 /hm²。

主要病虫害为炭疽病、灰斑病、毛毡病、樟叶蜂、樟梢卷叶蛾、樟巢螟、樟天牛、蚜虫、樟蚕等，应及时防治。

参考文献

国家林业局. 樟树培育技术规程: LY/T 2460—2015[S]. 北京: 中国标准出版社.

中国科学院中国植物志编辑委员会, 2004. 中国植物志[M]. 北京: 科学出版社.

（李江，邱凤英，何小三）

樟子松培育 cultivation of Mongolian scots pine

根据樟子松生物学和生态学特性对其进行的栽培与管理。樟子松 Pinus sylvestris var. mongolica Litv. 为松科（Pinaceae）松属树种，中国东北地区优良的用材林树种和三北地区重要的防护林树种，也是城市绿化、园林造景的重要树种。

树种概述 常绿乔木。叶 2 针一束，粗硬，微扭曲。球果卵圆形或长卵圆形，长 3 ～ 6cm；种子黑褐色，长卵圆形或倒卵圆形，微扁，长 4.5 ～ 5.5mm，千粒重 6g 左右。自然分布于北纬 46°30′ ～ 53°39′，东经 118°21′ ～ 130°8′ 的大兴安岭山地，引种栽培至三北地区。极喜光；耐寒性强，能耐 −50 ～ −40℃低温；抗旱性强；不苛求土壤水分和养分，耐盐能力较弱，有很强的抗沙埋能力；幼林阶段易遭鼠害。木材是良好的建筑、造船、桥梁、水闸板、桩木、车辆、电杆、造纸及家具等用材。

良种选育 高峰、卡伦山种源为东北平原、东北东部山地及小兴安岭等引种地区最佳种源。金山种源为大兴安岭西北部樟子松自然分布区栽培的最佳种源。2009 年、2012 年确定内蒙古自治区红花尔基林业局、辽宁省昌图县付家机械林场、黑龙江省嫩江县高峰林场、陕西省榆林市、黑龙江省大兴安岭林业集团技术推广站、黑龙江省森林与环境科学研究院、甘肃省武威市良种繁育中心和龙江森工桦南林业局等为国家樟子松良种基地。

苗木培育 育苗地一般选沙质壤土或沙土，黄土高原区可选壤土或黄壤土。播种地施入 7 万～ 10 万 kg/hm² 腐熟的厩肥。播种前种子用混雪埋藏等方法催芽，土壤用 0.5% ～ 1.0% 硫酸亚铁（FeSO₄）或其他土壤消毒剂消毒。采用高床、条播，播幅宽 3 ～ 4cm，行距 8 ～ 10cm，覆土约 0.5cm，播种量 75kg/hm² 左右。播种苗以留床苗 600 ～ 700 株 /m² 为宜，采用覆土（雪）防寒越冬。造林苗以 S1-1 型、S1-2 型或 S2-2 型移植苗为主。春季移植换床，密度 200 ～ 220 株 /m²。

林木培育

造林地 除了水湿地、排水不良的低洼地和临时性积水地，土壤可溶性盐含量 0.12% 以上的立地外，其他立地均可栽植。大兴安岭地区可随挖穴随栽植；石质山地或干旱的阳坡，多采取鱼鳞坑、水平阶或水平沟等方式整地。整地应在造林前一年夏季或秋季进行。新采伐迹地和撂荒地可随整地随造林。

造林 ①纯林。春季顶浆造林，干旱地区可雨季造林，无冻拔危害的干旱沙地可秋季造林。山地和平原地区造林采用单株穴植植苗，穴规格 30cm×30cm 或 50cm×50cm，造林密度 3300 ～ 6600 株 /hm²。沙地造林主要用小坑靠壁栽植法和窄缝栽植法，造林密度依据具体造林地条件确定。②混交林。山地樟子松与落叶松、水曲柳、核桃楸、黄檗、紫穗槐等混交；沙地樟子松与白榆、杨树、沙棘等混交。生物固沙措施可以使用胡枝子或黄柳。

抚育间伐 公益林采用弱度、短间隔期方式间伐。纸浆用材林，10 年生时密度 4000 ～ 5000 株 /hm²，之后每次按 15% ～ 50% 强度间伐；大径材用材林，10 年生时密度 1000 ～ 1100 株 /hm²，之后每次按 15% ～ 50% 强度间伐。

病虫鼠害 主要病虫害为松苗立枯病、松球果象虫、松毛虫等。鼠害一般发生在 10 年生以下幼龄林中。

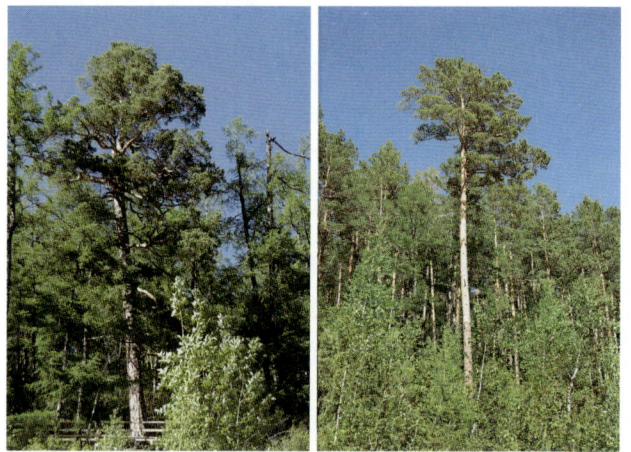

与兴安落叶松混生的天然樟子松单株（左）和片林（右）（内蒙古莫尔道嘎）（沈海龙 摄）

参考文献

刘桂丰, 褚延广, 时玉龙, 等, 2003. 17年生帽儿山地区樟子松种源试验[J]. 东北林业大学学报, 31(4): 1-3.

刘桂丰, 杨书文, 杨传平, 等, 1991. 樟子松种源试验的研究——遗传稳定性测定及最佳种源选择[J]. 东北林业大学学报, 19(2): 17-23.

沈海龙, 1994. 东北东部山地樟子松人工林定向培育的林学基础及技术体系研究[D]. 北京: 北京林业大学.

沈海龙, 吴吕梁, 孙广祥, 1994. 樟子松人工林鼠害防治的探讨[J]. 东北林业大学学报, 22(6): 89-93.

（张鹏）

浙江楠培育 cultivation of Zhejiang phoebe

根据浙江楠生物学和生态学特性对其进行的栽培与管理。浙江楠 Phoebe chekiangensis C. B. Shang 为樟科（Lauraceae）楠属树种，中国特有珍稀树种和南方地区重要用材与优良园林观赏树种；国家二级重点保护野生植物。

树种概述 常绿乔木。果椭圆状卵形，长 1.2 ～ 1.5cm；种子具多胚性。花期 4 ～ 5 月，果期 10 ～ 11 月。分布于浙江、安徽南部、江西东部和福建北部海拔 800m 以下山地，以浙江杭州九溪、西天目山、开化和安徽祁门、江西婺源保存古树较多，其中浙江开化保存的古树群植株最大。苗期（1～2年）需庇荫，3～4年后逐渐喜光，成年大树多为上层木；深根性、抗风，适于酸性或微酸性土壤生长。木材属金丝楠木的原植物种之一，是家具、雕刻的上等用材。

苗木培育　可采用播种育苗、扦插育苗及体胚繁育。用3～5年生幼树当年生枝进行扦插，成活率达60%左右，且无偏冠现象。采用未成熟胚可进行体胚快繁。生产性播种育苗均采用容器育苗，成熟种子经净化处理沙藏至12月至翌年1月，温室催芽后，于2月中下旬将芽苗移栽于8cm网袋容器培育1年生轻基质容器苗；经水肥控制、夏季遮阴等系列措施，1年生容器苗控制在苗高30～35cm、地径0.8cm。翌年春，移栽于14cm×16cm的无纺布容器，培育2年生容器苗，控制苗高100cm、地径1.2cm左右，属最佳山地造林用苗。亦可采用大容器进一步培育容器大苗，或地栽培育3～10年生绿化大苗。

林木培育　山地造林宜选择中、下坡土壤深厚的立地条件，选用2年生容器苗造林，挖穴50cm×50cm×40cm，施基肥（复合肥0.1～0.25kg/穴），3月、5月、6月、10月均可造林，成活率可达95%，当年高生长可达20cm以上。每

图1　浙江楠2年生造林用容器苗

图2　15年生浙江楠人工林（浙江省庆元县实验林场）

年割灌除草2次，加施复合肥0.1～0.2kg/株，连续抚育3年，可达株高2.5～3.0m、地径5cm以上。初植密度依造林模式而定，采用纯林、大块状混交、多行混交等造林模式，初植密度1300株/hm²左右；采用林苗一体化模式，初植密度3333株/hm²；采用生态林补植造林、杉木大径材林地套种以及竹林套种等模式，初植密度450株/hm²左右。混交树种主要有杉木、杂交松等针叶树种，以及银杏、杂交马褂木、光皮桦等彩色落叶树种。当郁闭度达0.8～0.9、自然整枝约占树冠1/3时开始间伐，伐除混交树种，保留浙江楠600株/hm²以培育高值大径材。浙江楠在种源、家系间变异丰富，浙江北部种源叶片深绿、树冠整齐、耐寒性好，适于城镇、道路绿化；浙江西南部、安徽、江西东北部种源高生长明显，更适于用材林培育。

参考文献

李因刚, 柳新红, 马俊伟, 等, 2014. 浙江楠种群表型变异[J]. 植物生态学报, 38(12): 1315-1324.

李锡文, 1982. 中国植物志(第31卷)[M]. 北京: 科学出版社: 7-68.

吴显坤, 谢春平, 汤庚国, 等, 2015. 祁门浙江楠种群结构与数量动态研究[J]. 四川农业大学学报, 33(3): 258-264.

臧敏, 邱筱兰, 姚丽芳, 2015. 江西三清山浙江楠群落结构与物种多样性分析[J]. 安徽师范大学学报（自然科学版）, 38(3): 267-271.

Ding Y J, Zhang J H, Lu Y F, et al, 2015. Development of EST-SSRmarkers and analysis of genetic diversity in natural populations of endemic and endangered plant *Phoebe chekiangensis*[J]. Biochemical Systematics and Ecology, 63: 183-189.

（童再康，张俊红）

针阔混交林　mixed forest of conifer and broadleaved trees

由针叶树种和阔叶树种组成的森林。通常是复层林。针叶树种通常为培育的目的树种，位于主林层；阔叶树种通常为伴生树种，处于副林层。

针叶树种和阔叶树种生态习性不同，占据的生态位不同，混交后所形成的林分通常生产力水平较高，群落结构稳定，物种组成丰富。针阔混交林是最常见的混交林类型，是森林培育实践中比较理想的混交林类型。

针阔混交林可以是自然更新演替形成或人工建立，也可以通过人工和天然更新相结合构建而成。世界上绝大多数自然状态下形成的针阔混交林主要分布于针叶林和阔叶林分布区的过渡地带，如地带性顶极群落红松阔叶林就是长期演化形成的典型针阔混交林。人工可通过科学选择树种、采用合理的混交模式建立针阔混交林，如中国东北林区的落叶松水曲柳混交林、华北地区的油松刺槐混交林、南方地区的杉木火力楠混交林等。东北林区通过"栽针保阔"在天然次生林中栽植红松构建的红松与阔叶树混交林，南方在杉木和马尾松人工林内通过阔叶树天然更新形成的混交林，均为人工和天然更新相结合形成的针阔混交林。

自然形成的针阔混交林通常是异龄林，如红松阔叶林。人工营造的针阔混交林，多数是同龄林，如东北温带林区的

秦岭平河梁由华山松、云杉、冷杉等针叶树与红桦、杨树等阔叶树组成的针阔混交林（沈海龙　摄）

落叶松水曲柳混交林。通过人工和天然更新相结合形成的针阔混交林多为异龄林。

参考文献

翟明普, 沈国舫, 2016. 森林培育学[M]. 3版. 北京: 中国林业出版社.

（沈海龙，张彦东）

针叶束嫁接　needle fascicle grafting

见枝接。

砧木　rootstock

嫁接苗中承受接穗的植株。是嫁接苗木的基础, 对嫁接成活和接穗生长有重要影响。林木生产要经过长期比较观察来确定当地适宜的砧木种类。从当地原产的树种中选择适宜的砧木, 一般都能适应当地或与其环境条件差异不大的地区的发展。如果当地树种缺乏, 需从外地引种时, 应对引种的砧木特性有充分的了解或先行试栽, 观察其适应能力后再大量引种。砧木应具备以下条件: ①与接穗有良好的亲和力, 嫁接后愈合良好, 成活率高; ②对栽培地区的环境条件适应能力强, 如抗旱、抗涝、抗寒、抗盐碱、抗病虫害等, 且根系发达, 生长健壮; ③对接穗的生长、结果及观赏价值等性状有良好的影响, 如生长健壮、丰产、提早开花结果、提升品质、延长寿命等; ④材料来源丰富或繁殖容易; ⑤具有某些特殊需要的性状, 如矮化等。

参考文献

郗荣庭, 2009. 果树栽培学总论[M]. 3版. 北京: 中国农业出版社: 121−126.

（侯智霞）

整地规格　site preparation parameter

造林整地的断面形状、深度、宽度、长度及间距等的总称。需根据造林地区的气候特点、造林立地条件、苗木规格、树种生物学和生态学特性确定。其中整地深度是影响整地质量最主要的指标。

整地断面形状　整地时翻垦部分与原地面构成的断面形状。在干旱和半干旱地区, 翻垦土面可低于原地面, 或与原地面（原坡面）构成一定交角, 利于储蓄降水、增加土壤湿度、防止水土流失。在水分过剩或地下水位较高的地区, 翻土面可高于原地面, 以利排水透气。

整地深度　造林整地时翻垦土壤的深度。对于新造幼林的林木根系发育乃至林木高生长至关重要。干旱半干旱地区加大整地深度利于蓄水保墒, 寒冷地区加大整地深度利于增加土壤温度。干旱阳坡应适当加大整地深度, 土层薄的立地也应尽可能加大整地深度。有钙积层的草原地区, 整地深度应达到能破除或松动钙积层, 以消除钙积层对林木根系生长的阻隔。从苗木和林木根系特点方面考虑, 整地深度应略大于苗木主根长度。一般情况下大多数林木根系集中分布在 0.4～0.5m 的土层, 因此, 整地适宜的深度为 0.4～0.5m。栽植行道树、庭院绿化和营造经济林等使用大苗造林时, 整地深度要适当加大, 要求达到 0.5m 甚至 1m 以上。

整地宽度　主要指带状整地的宽度。带宽一般 1m, 变化幅度 0.5～3.0m。从拦截降水看, 整地宽度宜大些, 但要结合立地综合考虑。坡度缓的宜宽, 坡度陡时宜窄, 以免引起土体坍塌, 造成水土流失。整地地段植被茂密、萌蘖能力强的植物多时, 整地宽度宜大一些。经济林、速生丰产林整地宽度宜大, 防护林整地宽度宜小一些。喜光速生树种, 整地宽度宜大些, 耐阴树种宽度可小一些。经营条件好, 整地宽度可适当加大。

整地长度　各种整地方式中翻垦部分的边长。整地长度主要影响种植点配置的均匀程度。山地、地形破碎、裸岩较多、伐根多的采伐迹地, 整地长度宜小; 反之, 可适当延长。平缓立地、机械整地作业, 整地长度宜大一些。

整地间距　带状整地之间或块状整地之间保留的一定间隔。间距大小视坡度、植被状况和造林密度而定。间距小, 工作量大, 不利于种植点的均匀配置; 间距大, 土地利用率低, 单位面积上种植点少。一般情况下, 保留带的宽度应以其坡面上的地表径流能被整地带截留为确定原则, 保留带与翻垦带宽度比例通常为 1:1、1:2 或 2:1。

参考文献

翟明普, 沈国舫, 2016. 森林培育学[M]. 3版. 北京: 中国林业出版社.

中华人民共和国国家质量监督检验检疫总局, 中国国家标准化管理委员会, 2016. 造林技术规程: GB/T 15776—2016[S]. 北京: 中国标准出版社.

（韩有志）

正常型种子　orthodox seed

在发育后期经历成熟脱水过程, 可在很低的含水量下长期低温贮藏而不丧失生活力的林木种子。

正常型种子安全含水量低, 一般为 3%～10%, 是和顽拗型种子相对应的概念。在成熟脱水期种子失去约 90% 的水分并进入静止状态, 种子内部的代谢活动基本停止。大多数林木种子属于正常型种子, 如杉木、马尾松、油松、刺槐、紫穗槐、柠条等。

按现代种子学的观点，正常型种子的贮藏寿命主要受温度、湿度的双因子作用，贮藏条件或方法与正常型种子寿命的关系遵循一定的科学规律。**种子含水量和贮藏温度越低，越有利于延长正常型种子寿命**。1970年美国种子学家哈林顿（Harrington）提出了温度、湿度双因子与种子贮存关系的两条原则：一是大多数种子含水量在5%～14%范围内，每增加1%，**种子寿命缩短一半**［后经英国植物学家罗伯茨（Roberts）等人修正为种子含水量每上升2.5%，种子寿命缩短一半］；反之，种子寿命延长1倍。二是种子贮存在1～50℃的温度范围内，温度每上升5℃，种子寿命缩短一半（后经罗伯茨等人1973年修正为温度每上升6℃，种子寿命缩短一半）；反之，寿命延长1倍。通常能降低种子呼吸作用的因子，都有延长正常型种子寿命的作用。

图1　杉木种子

图2　紫穗槐种子

图3　刺槐种子

图4　马尾松种子

参考文献

管康林, 2009. 种子生理生态学[M]. 北京: 中国农业出版社.

马志强, 胡晋, 马继光, 2011. 种子贮藏原理与技术[M]. 北京: 中国农业出版社.

扩展阅读

颜启传, 2001. 种子学[M]. 北京: 中国农业出版社.

（彭祚登）

郑万钧　Zheng Wanjun（1904—1983）

中国林学家、树木分类学家，中国近代林业开拓者之一。字伯衡。1904年6月24日生于江苏省徐州市，1983年7月25日卒于北京。1923年毕业于江苏省立第一农业学校林科，留校任教不久，调入东南大学任生物系助教。1929年，应聘为中国科学社生物研究所植物学研究员。1939年赴法国图卢兹大学森林研究所进修，同年获科学博士学位。回国后历任云南大学、国立中央大学农学院教授，曾兼任云南植物研究所研究员、副所长。中华人民共和国成立后，先后

任南京大学农学院森林系教授、系主任，南京林学院（今南京林业大学）副院长、院长，中国林业科学研究院副院长、院长、名誉院长，中国林学会副理事长、理事长。1955年当选为中国科学院学部委员（院士）。1978年在全国科学大会上被授予"科技战线先进工作者"称号。

毕生从事林学、树木学的教学与研究，重视理论与实践相结合。系统地研究了中国天然林的分类、分布、特性和发生、发展规律，以及人工林的生长发育规律和经营利用途径。主张设置综合试验林，开展多学科的定位观察，用动态的观点研究森林的生态、生理、生长和经济指标，从而提出了科学造林和科学营林的技术措施和管理方法。在树木学研究中，提倡研究林木细胞染色体的特性、特征和花粉的特征及其解剖结构，据以进行树木分类，并提出了新的裸子植物分类系统。发现和命名了约100个树木新种和4个新属。1948年与胡先骕鉴定和命名水杉新种，被认为是世界植物学界重大发现之一。先后发表论文和专著60余篇（部），主编《中国树木学》《中国植物志》第7卷"裸子植物门"、《中国主要树种造林技术》《中国树木志》等。

（方升佐）

枝接　shoot grafting

以枝段为接穗的**嫁接方法**。选用具有1个或数个芽的枝段为接穗，接穗的长短依穗条节间的长短而定，每个接穗带2～4个饱满芽；为节省接穗，也可以用单芽枝接。依据接穗的木质化程度，枝接分为硬枝嫁接和嫩枝嫁接。硬枝嫁接使用处于休眠期的完全木质化的枝条为接穗，嫁接时期以**砧木**树液开始流动而接穗尚未萌芽时最为理想。嫩枝嫁接是以生长期中未木质化或半木质化的枝条为接穗，在生长期内嫁接，常用于常绿阔叶树种的嫁接。通常枝接后1个月左右砧木和接穗充分愈合，可以检测嫁接成活率。枝接的应用历史长、方法多。与**芽接**相比，操作技术较复杂，需用的接穗量大，但在砧木较粗、砧木和接穗处于休眠期不易剥离皮层、树木高接换优或利用坐地苗建园时，采用枝接法较为有利。常用的枝接方法有切接、劈接、皮接、靠接、腹接等；也包括新发展起来的适宜油茶、核桃等大粒种子的子苗嫁接，以及多用于针叶树种的针叶束嫁接、髓心形成层对接等。

切接　在砧木截断面的一边垂直下切，紧靠木质部切接口进行嫁接的方法。是枝接中最常用的方法，适用于大部分树种。选择适宜的接穗，在接穗上端距上芽1cm处剪截，下端距下芽1cm左右处下刀，削掉1/3木质部，削面要平直，长2～3cm，再将斜面的背面末端削成0.5～1.0cm长的斜面，两边削面要光滑。根据砧木大小，选择距地面5cm左右的高度，将砧木水平断断，选比较光滑平直的一侧，向下垂直切开，深度略短于接穗长削面长度。把削好的接穗插入切

口，使接穗长削面两边的形成层和砧木切口两边的形成层对准、贴紧，至微露长削面上端约 0.2cm。若接穗较细时，必须保证一侧的形成层对准。务必使砧木、接穗形成层紧密相接，否则影响嫁接成活。用塑料薄膜条将嫁接处自下而上包扎绑紧，绑缚时避开芽（图 1）。

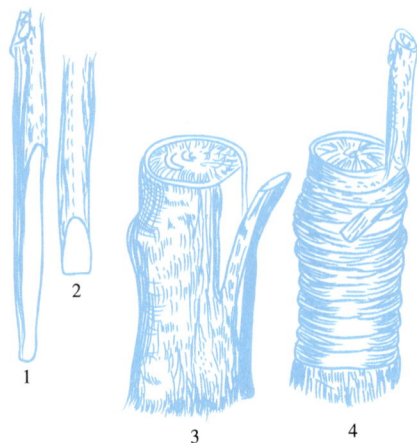

图 1　切接

1、2. 接穗的长削面和短削面；3. 切开的砧木；4. 绑缚

劈接　在砧木截断面中央，垂直劈开接口进行嫁接的方法。选择适宜的接穗，在接穗下芽两侧削成 2～3cm 长的楔形斜面。当砧木比接穗粗时，接穗下端削成偏楔形，使接芽较好的一侧稍厚，另一侧稍薄，插入砧木切口时，厚的一侧与砧木的形成层对齐，有利于接口密接（图 2）。砧木与接穗粗细一致时，接穗可削成正楔形，接穗和砧木两侧的形成层密接，利于砧木含夹，且接触面大，有利于愈合。嫁接时，根据砧木的大小，可从距地面 5cm 左右处截断砧木，削平剪口面以利于愈合；在砧木切面中央垂直下劈，劈口长约 3cm，用劈接刀轻轻撬开劈口，将削好的接穗迅速插入。如接穗较砧木细，可把接穗紧靠一边，保证接穗和砧木至少有一面形成层对准，并用绑扎材料绑扎紧。

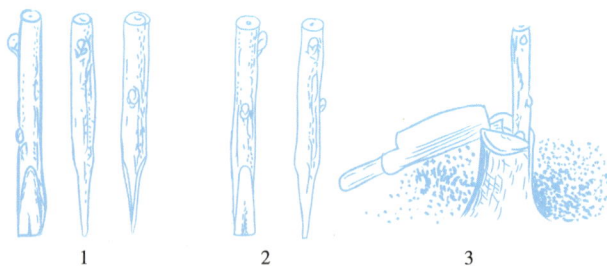

图 2　劈接

1. 偏楔形接穗；2. 正楔形接穗；3. 插接穗

皮接　在砧木断面皮层与木质部之间插入接穗的嫁接方法。又称插皮接，一般在砧木较粗，且生长季树木形成层活动时期应用。视断面面积大小，可插入多个接穗。接穗可为长 8～10cm 的枝段，下端一侧削 3～6cm 长的斜面，背侧削长不足 1cm 的小斜面。插入时在砧木横断面边缘撬开皮层，将削好的接穗长削面靠砧木的木质部，插入砧木的皮层与木质部之间，插入深度为上部露白约 0.2cm 为宜。插接穗动作

要快，使接穗削面和砧木密接。用绑扎材料绑扎牢固（图 3）。

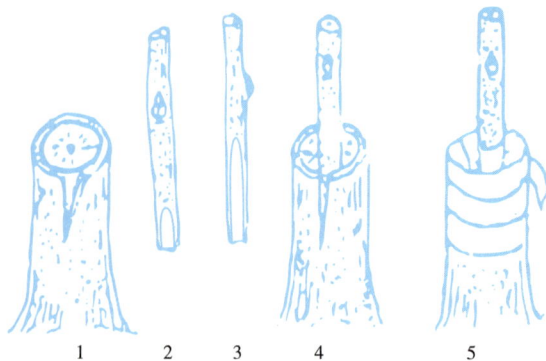

图 3　皮接

1. 砧木；2. 接穗小斜面；3. 接穗大斜面；4. 接穗插入皮；5. 绑缚

靠接　将有根系的砧木和接穗植株，在易于互相靠近的茎部各削出长宽相当的削面进行嫁接的繁殖方法。在生长季，将砧木和接穗靠近，在砧木上削出约 3cm 长的削面，露出形成层，同时在接穗上削出对应削面，露出形成层或削到髓心，然后将两者绑缚在一起，即为靠接（图 4）。也可用舌接法靠接，在砧木和接穗一侧削出相应的平切面，再切成舌状，然后相互插入以保证砧木与接穗接合。靠接后 1 个多月，当砧木和接穗充分愈合时，在愈合处上端剪除砧木原枝，下端剪除接穗原枝，使其成为独立的新植株，即完成嫁接。靠接成活率高，但要求砧木和接穗都有根系，愈合后再剪断，操作相对较繁琐。适用于切离母株后不易接活的植物。

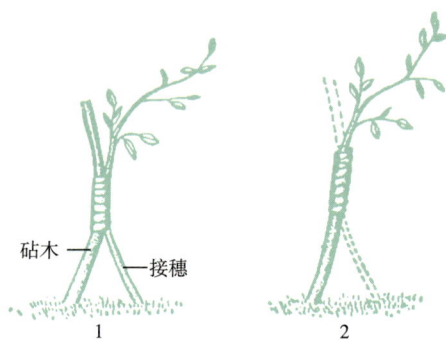

图 4　靠接

1. 绑缚砧木和接穗；2. 剪去砧木上端和接穗下端

腹接　在砧木的嫁接部位斜向下切一刀，切口与砧木成 30°左右斜角，深入木质部 1/3 左右，切口长 2～3cm 或根据砧木大小确定。在接穗一侧削出 2～3cm 长削面，对侧削出 0.5～1cm 短削面。将长削面朝向砧木内侧插入切口，保证砧穗形成层对准并绑缚。操作简便，成活率高，生产中应用广泛。

子苗嫁接　采用砧木种子发芽后的幼嫩苗木进行枝接的嫁接方法。也称芽苗砧嫁接。通常在真叶即将展开时进行嫁接。此法操作简便，育苗成本低，成活率高，苗木质量好，主要用于油茶、板栗、核桃、银杏、栎类、樟类等大粒种子树种的嫁接，可以大大缩短培育嫁接苗的时间。技术要点：将选好的砧木种子进行浸种催芽和播种，当种子萌发后幼芽即将展出真叶时，即可进行嫁接。嫁接时，在子叶叶柄以上

1cm处剪去砧芽，顺子叶柄沿胚轴中心在中间劈开接口。接穗可根据实际情况按照常规嫁接标准选择，以壮枝上刚发芽的嫩枝效果较好。接穗选留1~2个芽，下端削成楔形，插入接口，砧穗形成层对齐并绑缚（图5）。

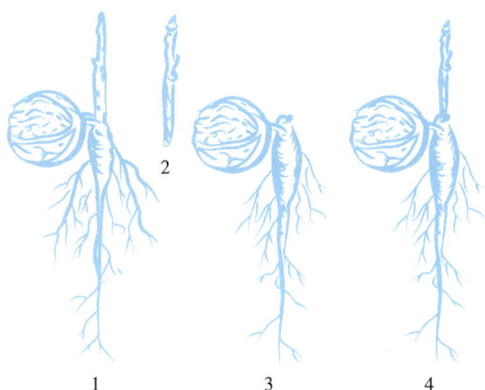

图5　子苗嫁接

1. 砧木苗；2. 接穗；3. 切砧；4. 接穗插入芽苗砧

针叶束嫁接　用成年松树嫩枝上的针叶束为接穗，以幼苗为砧木进行嫁接的繁殖方法。具有接穗利用率高、繁殖率高、嫁接植株生长快、省工省料、操作简便等优点。技术要点：选择生长健壮的2年生移植苗作砧木，湿地松、火炬松、马尾松砧木接位径粗分别以0.9~1.1cm、0.7~0.9cm、0.5~0.7cm为宜。在春末夏初时，选优株树冠中上部发育充实的当年新梢，先用三刀法（在选定针叶束的正下方、侧方和上方分别下刀，深达木质部，切出形成层），取下长0.5~1.0cm、宽约0.5cm的带有少许木质部的针叶束作接穗。切砧时摘除砧木主梢中下部针叶，剪掉轮生枝，然后于幼茎摘叶部位切下与针叶束接穗等长的韧皮部块，露出形成层。将针叶束接穗贴在砧木去皮处，贴紧，随用塑料带绑扎（图6）。嫁接后，可以用塑料罩套入嫁接部位以保持湿润。

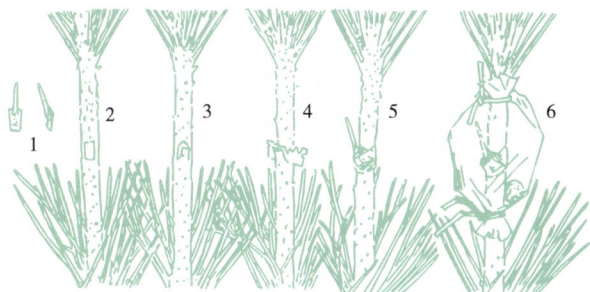

图6　针叶束嫁接

1. 针叶束接穗；2. 嵌接法砧木切削；3. 贴接法砧木切削；4. 腹接法砧木切削；5. 绑缚；6. 加罩保湿

髓心形成层对接　使接穗髓心与砧木形成层相对的嫁接方法（图7）。又称髓心形成层贴接。多用于针叶树的嫁接。春季嫁接宜在砧木的芽开始膨大时进行，夏秋季当砧木和接穗新梢木质化时也可进行嫁接。优点是接穗的髓心和砧木的形成层接触面较大，而且容易吻合，砧木的整个切口几乎都有形成层，接穗的髓线细胞和髓的薄壁细胞也在愈合中起积极作用，愈合速度快，成活率高。技术要点：取长10cm左右带顶芽的1年生枝，保留近顶芽的10多束针叶和2~3个轮生芽，摘除其余针叶和芽。削接穗时，从保留的针叶以下1cm左右入刀，逐渐向下经髓心平直切削，削面长5cm左右，切削面露出髓心，再于削面背侧下端削一小斜切面。砧木利用中干顶梢，在略粗于接穗的部位6~8cm范围内摘掉针叶，然后下刀略带木质部切削接口，露出形成层，削面的长度和宽度要同接穗切面相当，切开的皮层可保留，也可以切掉一部分。将接穗长削面髓心与砧木的切面形成层对准插入，用塑料条带紧密绑缚（图7）。待成活后再从接口以上剪去砧木枝头，并摘掉砧木接口以下轮生枝的芽，以保持接穗萌发枝的生长优势。随着嫁接苗的生长，逐渐去掉接口以下的轮生枝。

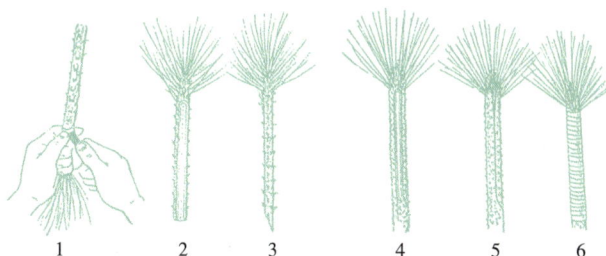

图7　髓心形成层对接

1. 削接穗；2. 接穗正面；3. 接穗侧面；4. 切砧木；5. 接穗和砧木贴合；6. 绑缚

参考文献

陈孝英, 何礼华, 1989. 松树繁殖新途径——针叶束嫁接技术[J]. 林业科学研究 (2): 109–112.

梁荣纳, 沈熙环, 1989. 油松短枝嫁接技术的研究(Ⅰ)[J].北京林业大学学报, 11(4): 60–65.

梁玉堂, 龙庄如, 许方振, 等, 1984. 核桃子苗嫁接的研究[J]. 林业科学, 20(1): 1–7.

（侯智霞）

直立藤　erect rattan

自然生命过程中，藤茎始终呈直立状况的一类棕榈藤。具有粗大直立的茎，像小型乔木一样，如直立省藤和电白省

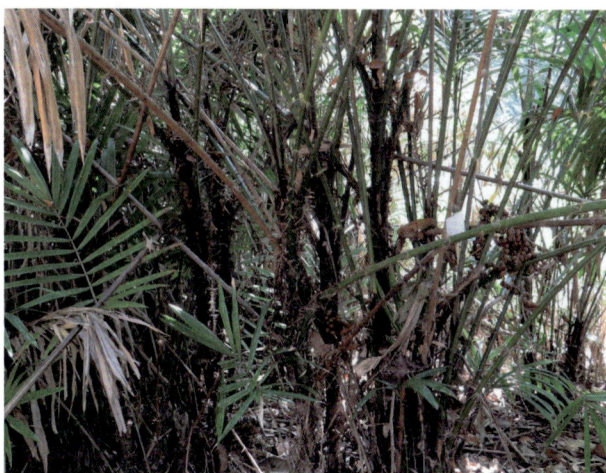

直立省藤

藤等。直立藤茎质量不佳，多作为藤器编制中的框架。

（王慷林，刘广路）

植苗更新 regeneration by planting

以苗木作为栽植材料的人工更新方法。适用树种和立地条件广泛，尤其在干旱地区、流动沙地或半固定沙地、杂草丛生、容易发生冻拔害及鸟兽害严重的迹地。

植苗更新的苗木带有根系，栽后能较快恢复吸水机能，适应造林地环境，顺利成活。栽植后幼林郁闭早、生长快、成林迅速；一般不受树种、立地条件的限制。

主要采用裸根苗和容器苗植或缝植方法栽植。栽植成活的关键在于保持苗木体内的正常水分平衡。穴植方法应用很广，缝植主要用来单株或成丛栽植裸根小苗。栽植深度稍高于苗木根颈处土痕 2～3cm。干旱、风大、土壤疏松的地方可适当深栽；湿润、地下水位高的地方，可适当浅栽。栽植时务必使苗根均匀舒展，不窝根、不上翘、不外露，同时边填土边分层踏实。春季适于大多数树种的植苗更新，但春季造林时间短，一定要及时。雨季更新适用于蒸腾量较小、萌芽力强或生根迅速的树种。雨季要准确掌握雨情，适时进行。

参见**植苗造林**。

参考文献

汉斯·迈耶尔, 1986. 造林学: 第一分册[M]. 肖承刚, 贺曼文, 译. 北京: 中国林业出版社.

翟明普, 沈国舫, 2016. 森林培育学[M]. 3版. 北京: 中国林业出版社.

（张鹏）

植苗造林 seedling planting

以苗木为造林材料进行栽植的**造林方法**。又称植树造林、栽植造林。应用最为普遍而且比较可靠的一种造林方法。

特点 优点是适用多种立地条件，节约种子，幼林初期生长迅速和郁闭早；缺点是造林过程中根系易受损伤，要求高度保护，造林成本偏高。

适用范围 适用于所有宜林地立地条件。在干旱半干旱地区、盐碱地区、易滋生杂草的**造林地**、易发生冻拔害的造林地、鸟兽害严重影响播种造林成效的造林地广为应用。

造林技术

要点 造林成活率与造林苗木的生活力、种植技术和造林地土壤水分状况密切相关。造林时保证苗木体内的水分平衡至关重要。①注重整地质量。通过合理的整地方法和合适的整地季节，提高土壤中的有效含水率。②注重苗木选择。如苗木的种类、年龄、规格和质量等。常用的**苗木种类**主要有播种苗、**营养繁殖苗、移植苗**以及**容器苗**等。**裸根苗**造林要避免起苗时伤根。针叶树苗和困难立地条件下造林可采用容器苗。一些经济条件好的地方也可采取大苗造林的方法。③注重苗木保护和处理。对起苗、分级、包装、运输、贮藏、造林地假植和栽植等工序要进行严格管理，最大程度

地减少苗木水分的散失，同时防止芽、茎、叶等受到机械损伤。苗木地上部分的处理措施有截干、去梢、剪除枝叶、喷洒蒸腾抑制剂等；根系可进行浸水、修根、蘸泥浆、蘸吸水剂、蘸激素或其他制剂、接种菌根菌等。④注重造林季节选择。要根据造林区域的气候条件、造林地土壤条件、造林树种的生长发育规律以及社会经济状况综合考虑，选择合适的造林季节和造林时间，保证造林成活和苗木正常生长。

栽植方法 按照栽植穴的形态可分为穴植、缝植和沟植 3 类。①穴植。在经过整地的造林地上挖穴栽苗。适用于各种苗木，应用比较普遍。穴的深度和宽度根据苗根长度和**根幅**确定，应大于苗木根系。每穴栽植 1 株苗木，苗干要竖直，根系要舒展，填土一半后提苗踩实，再填满踩实，最后覆上虚土。②缝植。在经过整地的造林地或土壤深厚湿润的未整地造林地上，用锄、锹等工具开条窄缝，植入苗木后从侧方挤压，使苗根与土壤紧密结合。造林速度快，工效高，造林成活率高，一般用于新采伐迹地、沙地栽植松柏类小苗。缺点是根系被挤在一个平面上，生长发育受到一定影响。③沟植。在经过整地的造林地上，以植树机或畜力拉犁开沟，将苗木按照一定距离摆放在沟底，再覆土、扶正和压实。造林效率高，但要求地势比较平坦。

栽植技术 栽植深度是关键技术，可根据树种特性、气候和土壤条件、造林季节等确定。一般情况下，栽植深度应在苗木根颈处原土印以上 3cm 左右，以保证栽植后的土壤经自然沉降后，原土印与地面基本持平。不同的土壤水分条件下栽植深度可以适当调整：土壤湿润，在根系不外露的前提下适宜浅栽，在根系恢复期间既有足够的土壤水分，又因处于温度较高的地表层而有利于生根；干旱地区应深栽。在其他条件相同的情况下，黏重的土壤宜浅，沙质土壤宜深；秋季栽植宜深，雨季栽植宜浅；容易生根的阔叶树种可适当深些，针叶树种多不宜过深。容器苗栽植时，穴的大小和深度应适当大于容器，以便于容器苗植入；栽植技术与裸根苗基本一致，栽植时要去掉苗木根系不易穿透或不易分解的容器。

参考文献

翟明普, 沈国舫, 2016. 森林培育学[M]. 3版. 北京: 中国林业出版社.

（马履一）

植生组混交 mixed by clumps

种植点配置成群状时，在一小块地上密集种植同一树种，与相邻或相距较远密集种植的其他树种的小块地相配置的**混交方法**。又称团状造林法、丛植造林法。

同一块状地内同一树种组成的群团称为植生组。块状地内同一树种具有**群状配置**的优点，块状地间距离较大，种间相互作用出现很迟，具有充分利用林地条件、有效改良林地环境、显著增强抗灾害能力、提高防护效益和促进林木速生丰产、稳产优质的特点。植生组混交种间关系容易调节，但造林施工比较麻烦，主要适用于林区**人工更新**、次生林改造及治沙造林等。

植生组混交

参考文献

翟明普, 沈国舫, 2016. 森林培育学[M]. 3版. 北京: 中国林业出版社.

（吴家胜，史文辉）

植树节　Arbor Day

国家或政府用法律形式规定的以宣传森林效益、动员人民参加植树造林为活动内容的节日。按时间长短可分为植树日、植树周或植树月，总称植树节。通过这种活动推动全社会植树造林，增强爱林护林意识，绿化和美化家园，增加森林面积和蓄积量，发挥森林生态产品和林产品供给功能，促进人与自然和谐发展。

中国植树节由凌道扬和韩安、裴义理等林学家于1915年倡议设立，最初将时间确定为每年的清明节。1928年，国民政府为纪念孙中山逝世三周年，将植树节改为3月12日。中华人民共和国成立后的1979年，由邓小平倡议，第五届全国人民代表大会常务委员会第六次会议根据国务院提议，决定将每年的3月12日定为中国的植树节。1981年12月13日，第五届全国人民代表大会第四次会议讨论通过了《关于开展全民义务植树运动的决议》。2019年12月28日第十三届全国人民代表大会常务委员会第十五次会议修订了《中华人民共和国森林法》，其中第十条明确植树造林是公民应尽的义务，各级人民政府应当组织开展全民义务植树活动，并以法律形式规定每年3月12日为中国的植树节。

由于地理位置和气候条件差异，世界上很多国家都根据本国实际设立了植树节，一年中的每个月都有一些国家的植树节：约旦为1月15日，西班牙为2月1日，法国为3月3日，日本为4月3日，委内瑞拉为5月23日，尼加拉瓜为6月最后一个星期日，印度为7月第一周，巴基斯坦为8月4日，巴西为9月21日，古巴为10月10日，意大利为11月21日，叙利亚为12月最后一个星期四。美国各州都有植树节，内布拉斯加州自1885年起规定每年4月22日为州植树节。

（段爱国）

植物工厂　plant factory

利用计算机和电子传感系统对苗木的生长环境因子，如温度、湿度、光照、二氧化碳（CO_2）浓度、营养液等进行自动调控，使苗木生长发育不受外界环境条件制约的育苗设施。主要由栽培设施、环境感知和决策系统、配套的生产装备三部分构成。可以大幅缩短苗木生长周期，可全年生产，还具有安全洁净、突破地域限制等优势。

世界上第一家植物工厂于1957年在丹麦诞生，1974年日本建成一座计算机调控的花卉蔬菜植物工厂，实现了蔬果花卉的周年生产。20世纪60年代，美国犹他州州立大学用植物工厂种植小麦，一年可收获4～5次。中国植物工厂起步晚，经过多年发展已初具规模，2004年中国农业大学开发了利用嵌入网络式环境控制的人工光型密闭式植物工厂。2016年福建省中科生物股份有限公司建成国际单体面积最大的全人工光利用型植物工厂，实现植物工厂的产业化运营，2017年又成功实现了中国首例中药材全人工光利用型植物工厂生产。

利用植物工厂技术进行**苗木培育**是一种高投入、高技术、精装备的生产技术体系，集生物技术、工程技术和系统管理于一体，使林业苗木培育从自然环境的限制中解脱出来，从而实现苗木生产的连续高效，可有效缩短育苗周期，大幅提高苗木产量和质量。植物工厂育苗中营养液配制、灭菌、输送、回收均由专门的设施和电子仪器来完成，可实时监控营养液浓度、成分和酸碱度变化，并定时定量地自动补给营养液，为苗木生长提供最优的营养环境。

植物工厂根据生产对象分为植物体生产型、组培型、细胞生产型；根据光能利用方式分为太阳光利用型、全人工光利用型、太阳光和人工光综合利用型。

植物工厂育苗注意事项：①培养空间洁净，室内外空气交换通过带有空气过滤装置的空调来实现；②实时对温度、湿度、光照、气流、CO_2浓度及营养液等环境因素进行自动监控；③苗木所需养分配制为离子态营养液，采用循环流动方式输送来满足苗木生长需要；④营养液流动速度和温度要保持在苗木需求的适宜水平，以保证苗木的最快生长；⑤通过定制光配方来实现植物工厂内的光环境精准调控，根据苗木生长环境选择对光合作用贡献最大的光类型，以提高苗木的光能利用效率，实现增产和节能。

植物工厂育苗（马祥庆　摄）

参考文献

崔刚, 2005. 植物开放式组织培养与工厂化育苗新模式的研究[D]. 泰安: 山东农业大学.

杨其长, 2019. 植物工厂发展史[J]. 生命世界(10):4-7.

（马祥庆，闫小莉，吴鹏飞）

植物精气 phytoncidere

植物释放出的具有芳香气味的挥发性气态有机物质。又称芬多精。主要成分是芳香性的萜类化合物，其中包含单萜、倍半萜等，其碳架都是由异戊二烯聚合而成，又被称为异戊二烯类化合物，是不饱和的碳氢化合物。

人类利用植物精气由来已久。早在4000多年前，中国、古埃及、欧洲等国家和地区就开始利用植物精气消毒、治病。到1930年，苏联的鲍里斯·托金 (Boris P. Tokin) 在观察植物的新陈代谢过程中，发现植物散发出来的物质能杀死细菌、病毒，才把这些物质统一命名为芬多精。随着近现代科技的发展，植物精气的作用机理逐渐得到了阐释。植物精气具有多种生理功效，能够促进人体免疫蛋白增加，增强人体抵抗疾病的能力，能够辅助治疗多种疾病，对咳嗽、哮喘、慢性气管炎、肺结核、神经官能症、心律不齐、冠心病、高血压、水肿、体癣、烫伤等都有一定疗效，尤其是对呼吸道疾病的效果更显著。同时，植物精气还可以增加空气中臭氧和负氧离子的含量，增强森林空气的舒适感。从20世纪开始，德国、日本、俄国、中国台湾等国家和地区开始利用植物精气的杀菌和保健等功能开展森林生态旅游。中国大陆也将植物精气的保健功能作为旅游资源，为旅游产品的创新开拓了新的方向。植物精气除了用于保健外，还广泛应用于房屋建筑、家具、室内装饰、玩具、包装厨具用材等方面。

参考文献

陈欢, 章家恩, 2007. 植物精气研究进展[J].生态科学, 26(3): 281-287.

吴楚材, 2006. 植物精气研究[M]. 北京: 中国林业出版社: 1-46.

（张昶）

植源性污染 phytogenic pollution

植物产生的某种物质达到一定程度时对人体和环境产生不利影响的现象。

类型与症状 城市植源性污染物主要有花粉、飞毛、飞絮、气味、有机挥发物等。花粉过敏和飞毛飞絮过敏的症状主要有过敏性皮炎、过敏性鼻炎等；气味过敏的症状主要有过敏性鼻炎、头痛、头昏等；飞毛飞絮等还会引起火灾、交通事故等公共安全问题。北方地区的植源性污染比南方地区突出，花粉过敏和飞毛飞絮过敏主要集中在春季，气味、有机挥发物污染主要集中在夏季。

来源 已发现的容易产生致敏性花粉的植物有100余种。其中，松科、柏科、杨属、蒿属、苋属、莎草属、豚草属、蓖麻属、藜属、楝属、白蜡树属、木麻黄属、臭椿属及桑科等植物，由于抗原性强、致敏率高、数量大、花粉产量高、散播范围广，且植物本身属于广布种，生态适应性强，植物

种群庞大，成为重要的致敏花粉源。造成飞毛飞絮植源性污染的树种主要是杨柳科、悬铃木科、木棉科等树种，芦苇、蒲公英等草本植物在繁殖季节也会有飞絮问题。气味污染主要是通过叶片、花朵、果实等植物器官散发、分泌出来的各种挥发或者不挥发的物质，如银杏果实、椿树花的气味，会使一些人感到头晕恶心。一些树木释放的异戊二烯类物质可导致地面臭氧浓度提高、促进近地面气溶胶形成而对城市大气环境产生副作用。

防治措施 围绕污染源头、传播路径、吸纳能力、影响区域、敏感人群5个核心要素来考虑。采取的措施有：①合理选择绿化植物，少用有植源性污染问题的植物。②科学配置植物，控制花粉、飞絮等污染物传播范围。③避免在市民活动频繁的生产生活场所栽植、使用有植源性污染问题的植物。④科学养护管理林地地表，增强地表对花粉、飞絮的吸附滞纳功能。⑤保护恢复城市河流湿地，适当配置人工水景观。⑥逐步调整植源性污染问题突出地点的植物配置结构，移走居民区和公众活动区有严重污染问题的植物。⑦对植源

图1 北京某森林公园地被植物滞留的杨絮（王成 摄）

图2 柳树飞絮（孙振凯 摄）

性污染时间、地点、类型、等级等进行科学预测预报，使敏感人群合理选择出行时间和游憩场所，主动回避污染高峰期和高发场所。

植物花粉、飞毛、飞絮、有机挥发物等都是植物生长发育、繁衍后代过程中的一种自然现象，也是植物呈现给人们的一种自然景观。要科学认识植源性污染问题，对于一些有植源性污染问题的植物不能因噎废食，重要的是要正确使用、合理搭配和科学管理植物，让植物更好地为城市景观增色，为居民健康服务。

参考文献

黄美元，徐华英，王庚辰，2005. 大气环境学[M]. 北京：气象出版社.

王成，金佳莉，孙睿霖，等，2020. 城市植源性污染及其防治[M]. 北京：中国林业出版社.

叶世泰，张金谈，乔秉善，等，1988. 中国气传和致敏花粉[M]. 北京：科学出版社.

（王成，孙振凯）

指数施肥 exponential fertilization

一种通过指数递增的养分添加方式，使得养分施加与植物在各生长阶段相对生长率相匹配的施肥方法。相对于常规施肥，指数施肥的养分添加方式与植株的生长速率相吻合，能够为植株更高效地提供营养。

指数施肥计算公式为：

$$N_T = N_S(e^{rt} - 1) \tag{1}$$

$$N_t = N_S(e^{rt} - 1) - N_{t-1} \tag{2}$$

式中：N_T 为总施肥量，可利用**营养加载理论**模型中的最佳施肥量确定；N_S 为初始养分含量，一般通过测定种子或施肥前的幼苗体内的养分含量来确定；t 为总施肥次数，由苗木施肥持续时间和施肥间隔期决定，其中需注意的是施肥起始时间，应根据**出苗期**来确定；r 为相对施肥量，根据公式（1），由 N_T、N_S、t 三要素推算而来；N_t 为第 t 次施肥量；N_{t-1} 为 $t-1$ 次累计施肥量。指数施肥公式中 N_T、N_S、t、r 等是确定稳态施肥技术的四要素。

指数施肥方法由 20 世纪 80 年代瑞典农业科技大学的 Ingestad 等通过试验研究创立，经过几十年的发展，已在黑云杉、脂松、白云杉、日本落叶松、北美黄杉、西铁杉等欧美造林树种上应用。在中国，指数施肥在油松、栓皮栎、华北落叶松等树种上也有研究应用。

参考文献

李国雷，刘勇，祝燕，等，2011. 苗木稳态营养加载技术研究进展[J]. 南京林业大学学报（自然科学版），35(2): 117−123.

Timmer V R, 1996. Exponential nutrient loading: a new fertilization technique to improve seedling performance on competitive sites [J]. New Forests, 13: 279−299.

（李国雷，王佳茜）

制穗 scion making

嫁接育苗过程中接穗的剪截和接穗削面的制备。接穗的制备因嫁接方法不同而异。枝接一般采用健壮的 1 年生枝做穗条，采好的穗条剪截成段，接穗的长度可根据嫁接方法、嫁接技术、接穗数量和珍贵程度等的实际情况剪制，通常可保留 1~3 个芽；剪截好的接穗可按照粗细标准分级。通常宜将粗接穗嫁接在较粗砧木上，细接穗嫁接在较细的砧木上。接穗削面的制备方法因选择的嫁接方式不同而异（操作详见**枝接**中切接、劈接、皮接等具体嫁接方法）。

（侯智霞）

滞尘树种 dust retention tree species

对空气中的颗粒物、粉尘及污染物具有阻挡、过滤、吸附和滞留能力的树种。

不同树种滞尘能力大小差异较大，因为树种间叶片大小、叶片形状、叶面质地、枝干分枝角度和树冠形态特征等生物学特性各不相同，尤其是在叶表面微观结构上存在差异。不同时间、不同地点、不同气象条件、不同植物配置方式、不同树木高度等外在因素也会改变植物的滞尘能力。

树种滞尘能力评价是筛选滞尘树种常用的方法，可为城乡绿化选用滞尘能力强的树种提供科学依据。树种滞尘能力常用单位时间内单位叶面积或叶重滞尘量来表示。例如，合肥市阔叶乔木树种 7 天单位叶面积（m^2）滞尘量（kg）测定结果为：广玉兰 > 女贞 > 棕榈 > 悬铃木；针叶树种单位叶重量（kg）滞尘量（kg）测定结果为：雪松 > 龙柏 > 蜀桧。也有的以单位叶片体量（m^3）滞尘量（g）来评价树种滞尘能力，例如，北京市主要乔木的滞尘能力是圆柏 > 毛白杨 > 元宝枫 > 杨树 > 槐树。由于树种有大乔木、亚乔木、灌木之分，树种滞尘能力评价要结合单位面积滞尘量估算个体或群落的滞尘能力，从而科学选择造林树种和精准评估造林成效。除了滞尘树种筛选以外，构建乔灌复层异龄混交林也是提高群落滞尘能力的一种方式，尤其在北方，适当地增加常绿针阔树种可以有效增加冬季森林群落滞尘效果。

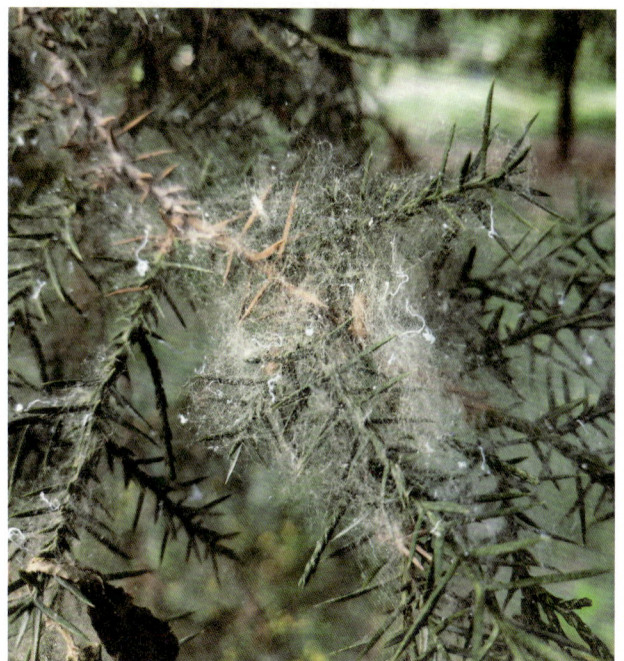

滞尘树种拦截飘絮（孙振凯 摄）

参考文献

彭镇华, 等, 2014. 中国城市森林[M]. 北京: 中国林业出版社: 152-177.

（孙振凯）

滞尘效应　dust retention effects

植物阻挡、过滤、吸附、滞留空气中颗粒物、粉尘等污染物的效果。

植物发挥滞尘效应主要通过布朗扩散、截获、碰撞、沉降等过程来实现。大气中的超细颗粒物（粒径为 0.1μm）通过布朗扩散向植物表面迁移而被植物表面滞留；粒径为 1μm 左右的空气颗粒物与植物表面的距离小于颗粒物的物理半径时，就会被植物截获，而着生绒毛、粗糙、能分泌黏性物质的叶片可有效地截获颗粒物；粒径大于 2μm 的颗粒物通过碰撞、重力沉积作用可滞留在植物表面。

影响植物滞尘效应的主要因子包括叶片特征、群落结构和环境因子。粗糙、黏性大的植物叶片有利于滞尘，叶片尺寸、叶片倾斜角对颗粒物干沉降过程也有影响。叶面积指数越大、植被覆盖度越高、森林绿地的垂直结构越复杂，滞尘效应越高。温度、湿度、风速、降水等气象因素对植物个体和森林绿地的滞尘效应都会产生较大影响。温度会影响空气颗粒物的布朗扩散及重力沉积过程，温度越高布朗运动越剧烈，重力沉降速率也越大。空气湿度高会导致吸湿性颗粒物吸水膨胀，还会增加植物表面的黏性，从而加速颗粒物在植物表面的沉降并且减轻颗粒物的再悬浮作用。风速会影响空气颗粒物的运动方式及速度，在合适风速范围内，植物滞尘效果较好，风速过高或过低均会影响植物滞尘量。风速小于 8m/s 时，叶面滞尘量及颗粒物沉降速率随风速增大而增加。

自 20 世纪中叶起，欧美一些国家就开展了森林、绿地滞尘效应的研究，且多集中在物种水平。20 世纪 90 年代末，粒径为 2.5μm 细颗粒物开始受到重视，针对细颗粒物的绿地滞尘研究也相应增多并保持在较高的热度。随着 90 年代较为成熟的绿地滞尘模型出现，绿地滞尘相关研究向植物群落、公园绿地、城市区域等更大尺度发展，不再局限于物种水平。中国绿地滞尘效应研究始于 20 世纪 70 年代末，2000 年以后研究逐步增多，但多集中在树种水平上滞尘能力的差异研究和绿地滞尘效应的评估，植物滞尘机理的研究相对缺乏。

用空气颗粒物检测仪测定林内颗粒物浓度（古琳　摄）

评价绿地滞尘效应的主要方式是对森林绿地的整体滞尘量进行估算，主要采用 UFORE、i-Tree 等常用且比较成熟的模型模拟绿地滞尘过程。在森林绿地的滞尘效应评价方面，中国应用较普遍的是对森林绿地内外大气质量进行实地监测，并通过不同采样点之间的浓度差来评估其滞尘效应。

参考文献

马克明, 殷哲, 张育新, 2018. 绿地滞尘效应和机理评估进展[J]. 生态学报, 38(12): 4482-4491.

Beckett K P, Freer-Smith P H, Taylor G, 2000. Particulate pollution capture by urban trees: effect of species and windspeed [J]. Global Change Biology, 6 : 995-1003.

Weerakkody U, Dover J W, Mitchell P, et al, 2018. Evaluating the impact of individual leaf traits on atmospheric particulate matter accumulation using natural and synthetic leaves [J]. Urban Forestry & Urban Greening, 30: 98-107.

（古琳）

中等木　intermediate tree

林分中直径、树高均接近平均木大小，树冠位于林冠中下层，侧方受一定挤压，树冠较窄的林木。又称Ⅲ级木、中庸木。

一般林分中，中等木占林分总株数的 60%～70%，代表了林木的平均生长水平。在森林抚育中，中等木属于主要保留的对象，一般只伐除生长有缺陷和过于密集的中等木。中等木受光较差，树冠不发达，开始结实晚，结实量很少，且种子质量相对较差。

参考文献

沈国舫, 2001. 森林培育学[M]. 北京: 中国林业出版社.

（韦小丽）

中国林学会桉树分会　Eucalyptus Society, Chinese Society of Forestry

中国林学会下属的二级学术团体。简称桉树分会。挂靠国家林业和草原局桉树研究开发中心。在 1973 年召开的全国林木良种工作会议上，由广东省牵头组成了"全国桉树科技协作组"。1986 年 11 月在昆明召开的桉树会议上，全国桉树科技协作组更名为南方桉树研究会，范围扩增到 12 个省份，会员近 300 人。1987 年国家科委批准林业部桉树研究开发中心成立。1990 年 6 月，经中国林学会批准，在原南方桉树研究会的基础上成立中国林学会桉树专业委员会。2018 年更名为"中国林学会桉树分会"，会员发展到 1000 多人。历届主任委员为祁述雄（第一届）、杨民胜（第二、三届）、谢耀坚（第四、五、六届）。

宗旨　围绕发展中国桉树产业开展学术活动，促进国内外学术交流和学科发展；组织和协调全国桉树研究及科技成果推广工作；编辑出版桉树研究的科技书刊，推广桉树科技成果；普及桉树知识，巩固桉树资源培育与利用的社会基础。

主要任务　组织科教人员，通过学术交流、经验分享、促进桉树事业繁荣；组织团结广大桉树科技、生产工作者，发挥桉树分会在政府、企业和种植户之间的桥梁纽带作用，落实国家促进桉树发展的相关政策，积极反映桉树科技工作者的意见与建议，服务广大会员，维护科技工作者合法权益。

主要活动 每年组织召开一次全国桉树学术研讨会。
出版刊物 代表刊物为《桉树科技》。
扩展阅读
中国桉树网：http://chinaeuc.caf.ac.cn/

（赵忠）

中国林学会城市森林分会 Urban Forest Council, Chinese Society of Forestry

中国林学会下属的二级学术团体。简称城市森林分会。成立于1993年11月。最初挂靠全国绿化委员会办公室，2004年7月12日变更为中国林业科学研究院林业研究所。自2020年，挂靠国家林业和草原局城市森林研究中心。历届主任委员为彭镇华（第二届）、王成（第三届）。

宗旨 致力于宣传城市林业的建设思想，结合学科的发展方向和国家林业建设目标，跟踪国际城市林业的发展趋势和研究动态，促进中国城市森林的发展。结合国家林业建设的目标，把解决城市林业发展中存在的关键问题作为学科理论和技术研究的重点和方向，为政府部门提供决策咨询，促进城市经济、社会和环境协调发展。重视与中国城市林业教学、科研和生产实践紧密结合，为高等院校、科研院所、基层单位以及从事城市林业研究、建设、管理人员提供交流平台，推动中国城市森林建设，引导城市森林建设的健康发展。

主要活动 组织召开中国林学会城市森林分会学术研讨会、世界林业大会城市森林研讨会。分别在2004年、2006年和2008年协助举办了首届、第二届和第三届"亚欧城市林业国际研讨会"。
扩展阅读
中国林学会城市森林分会：http://www.csf.org.cn/news/newsDetail.aspx?aid=26661

（赵忠）

中国林学会古树名木分会 Society of Ancient and Famous Tree, Chinese Society of Forestry

中国林学会下属的二级学术团体。简称古树名木分会。成立于2014年6月，挂靠西南林业大学。历届主任委员为刘惠民（第一届）、胥辉（第二届）。

宗旨 组织开展学术交流和科学普及活动，引领古树名木科技创新和技术推广；为从事古树名木科研、管理、调查、修复、复壮和保护的相关单位和个人提供技术咨询和建议，指导企业技术进步，促进古树名木保护事业发展；加强组织建设工作，扩大会员规模，努力把分会建设成为从事古树名木科研、管理、保护等相关工作人员交流的理想平台。

主要工作 开展古树名木调查、古树生理、古树年龄测定、古树衰老机理、古树生境、古树生态环境、古树复壮技术、古树修复技术、古树复壮生物制剂等研究。加强全国古树名木科学与技术工作者的团结合作与交流沟通，结合城乡生态建设和古树名木保护现实需要，开展古树名木学术活动和科普工作，提供咨询和建议。

主要活动 不定期举办全国古树名木保护学术研讨会。
扩展阅读
中国林学会古树名木分会：http://www.csf.org.cn/news/newsDetail.aspx?aid=26654

（赵忠）

中国林学会栎类分会 Oak Committee, Chinese Society of Forestry

中国林学会下属的二级学术团体。简称栎类分会。2018年5月31日在北京成立，挂靠中国林学会。第一届理事长为赵秀海，名誉理事长为侯元兆、王祝雄。

宗旨 开展栎类学术交流、国际合作、科学普及、评价咨询、标准化、技术培训，推动中国栎类事业的全面健康发展。

主要活动 ①引进国内外40余名专家学者，对国内栎类重点经营地区的经营给出了指导性建议及国际化参考，助力当地企业开展栎类经营；②建立了6个栎类示范基地：甘肃小陇山栎类经营示范样板基地、河南栾川栎类经营示范样板基地、陕西桥山栎类经营示范样板基地、辽宁栎类经营示范样板基地、宁夏六盘山栎类经营实验示范样板基地、吉林蛟河栎类经营实验示范样板基地；③举办室内培训会9次，现场培训10余次，共培训专业技术人员200余人次，普及栎类经营新理念，提高生产经营水平；④启动"栎类文化中国行"系列活动机制，完成首站山西、二站辽宁活动，传播栎类资源保护、经营及利用的生态与产业意义；⑤组织撰写出版《中国北方栎类经营技术指南》和编写栎类相关团体标准《北方栎类林结构化森林经营技术标准》等；⑥建设栎类专家智库，涵盖各国学者智囊团人数300余名；⑦推动成立栎树国家创新联盟，为栎类产、学、研融合发展奠定了基石；⑧设立了"中国栎类"微信公众号，关注数达700余人，搭建了栎类交流与信息分享的互联网平台。

（郭文霞）

中国林学会森林培育分会 Silviculture Committee, Chinese Society of Forestry

中国林学会下属的二级学术团体。简称森林培育分会。
前身为中国林学会造林分会，成立于1984年9月。2016年更名为森林培育分会，挂靠北京林业大学。历届理事长为沈国舫（第一、二、三届）、熊耀国（第四届）、张守攻（第五、六届）。

宗旨 联合全国有关森林培育学科的高校、科研院所及行政事业单位，围绕中国森林培育学科领域的重点、热点、难点等问题，开展学术交流，活跃学术思想，促进森林培育领域的科技创新；发挥智囊团作用，开展行业技术咨询服务，为中国生态文明建设和林业发展出谋划策；开展科普宣传，普及森林培育学理念、思想和战略；促进国内外森林培育学科合作交流，建立全国森林培育协作机制及体系，为推动森林培育学科发展、建设中国生态文明作出贡献。

主要活动 围绕当代森林培育、美丽中国与森林培育、森林培育与木材资源安全、速生丰产林培育、森林质量精准提升、人工林高效培育、生态保护修复、天然林保护等主题开展学术交流和工作研讨。举办一年一度的全国森林培育学术研讨会。协助中国林学会举办中国林业学术大会、中国科协年会、中国林业青年学术年会、中国林业青年科技论坛等学术活动中的森林培育主题活动。开展科学普及活动，拓展学术服务新领域，在自身发展的同时，致力于服务社会。

2015 年形成"森林培育广州共识"，提出"既要保护好绿水青山，又要经营好金山银山"。2019 年森林培育分会被评选为"2014—2019 先进学会"。

扩展阅读

中国林学会森林培育分会：http://www.csf.org.cn/news/newsDetail.aspx?aid=26656

（赵忠）

中国林学会杉木专业委员会　Chinese Fir Committee, Chinese Society of Forestry

中国林学会下属的二级学术团体。简称杉木专业委员会。

成立于 2014 年 6 月 17 日，挂靠福建农林大学。历届主任委员为林思祖（第一届）、马祥庆（第二届）。

宗旨 围绕中国林学会"继承、改革、创新、服务"的要求，倡导"百花齐放，百家争鸣"的方针及坚持实事求是的科学态度，联合全国杉木产区涉及遗传育种、资源培育、资源保护、资源利用及林业经济政策等领域的林业高等院校、科研单位、生产单位和管理单位，围绕中国杉木资源高效培育、深加工利用等过程中遇到的问题，开展学术研讨、交流，促进杉木科学技术的繁荣和发展；普及杉木相关知识，传播科学思想；推广杉木高效培育和深加工利用技术，服务国家各级林业管理部门和社会相关组织决策咨询。

主要活动 2016—2020 年分别在福建福州、湖南会同、广西柳州、贵州黎平和广东广州组织召开了 5 次全国杉木学术研讨会。

扩展阅读

中国林学会杉木专业委员会：http://www.csf.org.cn/news/newsDetail.aspx?aid=26651

（赵忠）

中国林学会松树分会　Pine Committee, Chinese Society of Forestry

中国林学会下属的二级学术团体。简称松树分会。

成立于 2016 年 3 月，挂靠中国林业科学研究院亚热带林业研究所。2016 年 9 月 26 日在浙江富阳组织召开成立大会暨学术研讨会，选举产生了第一届委员会，主任委员王

浩杰。

宗旨 联合全国研究松树育种、资源培育及资源利用的科研单位，以及行业重点区域、重点企业、重点基地科技和产业工作者，围绕中国松树产业发展的需求，开展松树学术交流和学术研讨，促进学科发展；普及松树及松树产业相关知识，传播科学思想和方法，推广松树高效培育和加工利用技术；充分发挥试验示范基地的优势；组织松树育种、培育和加工利用技术相关培训，制定松树产业的行业标准，为国家林业部门和社会相关组织提供科学咨询等。

主要活动 组织召开松树学术研讨会、中国林学会松树分会常委会年会和松树学术论坛。截至 2020 年 12 月，先后在浙江杭州、广西南宁、北京、甘肃天水和陕西蓝田等地共召开 5 次中国林学会松树分会学术研讨会。

扩展阅读

中国林学会松树分会：http://www.csf.org.cn/news/newsDetail.aspx?aid=26649

（赵忠）

中国林学会杨树专业委员会　National Poplar Committee of China, Chinese Society of Forestry

中国林学会下属的二级学术团体。简称杨树专业委员会。成立于 1979 年 12 月。对外称中国杨树委员会，1998 年更名为中国林学会杨树专业委员会。是以杨树为主，也包含柳树的学术组织和中国第一个以树种命名的学术团体。挂靠中国林业科学研究院林业研究所。历届主任委员为梁昌武（第一届）、徐纬英（第二届）、王世绩（第三、四届）、尹伟伦（第五、六、七届）。

宗旨 联合并团结与杨树（含柳树）有关的教学、科研、资源利用、生产管理部门的专业人员，保护杨树天然林资源，有计划开发利用杨树资源，促进生态环境建设；推动中国杨树人工林建设（包括工业商品林和生态防护林）、天然资源保护及生态建设；开展杨树育种、栽培、加工利用、病虫害防治等学术交流；开展与杨树有关科普宣传工作，提高民众对杨树认知能力；培养培训各类杨树专业技术人才；协助或参与各级政府的技术咨询，以及杨树良种的审查、鉴定与登记工作；积极参与国际交流，推动世界和中国杨树发展。

学术交流 于 1980 年 11 月加入联合国粮农组织（FAO）下属的国际杨树委员会（International Poplar Commission, IPC），积极参与国际杨树委员会的活动，介绍中国杨树教学、科研和生产方面的发展概况，递交学术论文，展示中国杨树研究成果，在国际杨树委员会执委会中保持中国话语权，扩大中国在国际杨树领域的学术地位和影响。

主要活动 不定期组织全国杨树学术研讨会，并组团参加国际杨树大会。

扩展阅读

中国林学会杨树专业委员会：http://www.csf.org.cn/News/noticeDetail.aspx?aid=26646

（赵忠）

中国林学会银杏分会 Ginkgo Committee, Chinese Society of Forestry

中国林学会下属的二级学术团体。简称银杏分会。挂靠南京林业大学。1991 年 9 月，由从事银杏研究的相关单位倡导组织，在湖北省安陆市召开了全国首次银杏学术研讨会暨中国银杏协会筹备会；1992 年 12 月，中国林学会经济林分会批准成立了银杏学组；1993 年 9 月，在江苏省泰兴市召开银杏学组成立大会，同年 11 月更名为中国林学会经济林分会银杏研究会，简称中国银杏研究会。2005 年 12 月更名为中国林学会银杏分会。2018 年曹福亮当选为第五届主任委员。

宗旨 围绕"保护银杏资源，科学合理开发利用；优化银杏产业结构，助力新农村建设；弘扬银杏文化，服务生态文明建设"的发展理念，联合全国涉及银杏研究领域的高校、科研院所及相关企事业单位，针对银杏产业中的重点、热点、难点问题，开展学术交流，活跃学术思想，促进银杏资源培育及加工利用领域的科技创新；充分发挥智囊团作用，开展决策咨询，为中国生态文明建设和现代林业发展出谋划策；开展科普宣传，拓展学术服务新领域，将银杏研究科学理念深入大众；促进多方合作交流，建立全国银杏资源培育及利用协作机制及体系。

主要活动 不定期组织召开全国银杏学术研讨会。

(赵忠)

中国林学会珍贵树种分会 Society of Precious Tree Species, Chinese Society of Forestry

中国林学会下属的二级学术团体。简称珍贵树种分会。成立于 2015 年 9 月，挂靠中国林业科学研究院热带林业研究所。第一届主任委员为徐大平。

宗旨 团结和组织珍贵树种研究、推广、产业等领域的科技工作者，开展学术交流、科学普及、咨询服务、国际合作、科技推广、技术认证、科教奖励、展览展示、书刊编辑、成果鉴定、专业培训等；加强会员与会员单位之间的经验交流，建言献策，发挥桥梁纽带作用。

主要工作 加强珍贵树种学术交流，深化珍贵树种理论研究，总结珍贵树种发展经验，推广珍贵树种典型发展模式，开发拓展当下热门的珍贵树种，加强珍贵树种天然林保护，为促进珍贵树种资源培育、保护与利用事业的健康持续发展服务。

主要活动 每年组织召开一次全国珍贵树种学术研讨会。

(赵忠)

中国林学会竹子分会 Chinese Bamboo Society, Chinese Society of Forestry

中国林学会下属的二级学术团体。简称竹子分会。成立于 1992 年 11 月，挂靠中国林业科学研究院亚热带林业研究所。历届主任委员为傅懋毅（第一届）、程渭山（第二届）、

陈铁雄（第三届）、楼国华（第四、五届）、蓝晓光（第六届）。

宗旨 秉承"竹子科技工作者之家"的办会宗旨，联合从事竹子科研、生产、教学、管理、文化等方面的科技人员，开展技术研究、成果推广、学术交流、技术咨询、知识普及和自身建设等方面工作；加快竹子资源培育，加强竹子种质创新和竹类植物多样性保护；加快竹子速生丰产基地和道路等基础设施建设；重视竹子新产品开发，提高竹子产品国际市场竞争力和占有率；关注竹林生态效益研究，促进全国竹业交流发展。

主要活动 承办中国竹业学术大会，从 2004 年始每年一届（2006 年除外），举办了中国（上海）国际竹产业博览会等学术品牌活动。

出版刊物 分会作为主办单位之一主办专业期刊《竹子学报》。

(赵忠)

《中国人工林及其育林体系》 Plantation and its Silviculture System in China

全面反映 20 世纪 60 年代到 21 世纪前 10 年中国人工林培育理论与技术集成的著作。2014 年 7 月出版。盛炜彤著。全书分 4 个部分 22 章，共 870 千字。

第一部分人工林概论，分 2 章，主要叙述了中国杉木栽培与人工林发展历史和主要人工林树种的资源分布、生长量与基地；关于人工林的历史，

《中国人工林及其育林体系》封面

重点讲述了有代表性的杉木人工林的发展史。第二部分人工林生态学基础，分 9 章，包括人工林分布、生长与气候、地形、土壤的关系，中国人工林森林立地分类，中国人工林森林立地评价，人工林生长区（产区），人工林生态系统能量利用，人工林养分循环，人工林群落，人工林生长发育与生产力，人工林生态功能。第三部分人工林长期生产力保持，分 5 章，系统提出了人工林长期生产力保持的背景及研究现状，育林干扰对土壤的影响，人工林地力退化过程与连作，人工林与病虫害和自然灾害，人工林生产力不能长期保持的原因分析。第四部分育林体系，分 6 章，从理论到实践，论述了人工林的遗传控制、立地控制、密度控制、植被控制和地力控制及优化栽培模式。

该书论述了人工林培育的生态学基础，系统阐述了人工林尤其是针叶林长期生产力维护问题、发生机制及营林途径；提出了遗传控制、立地控制、密度控制、植被控制和地力控制五个控制构成的育林技术体系。该书是盛炜彤先生长期从事人工林研究，特别是"七五""八五"期间针对人工

林培育中存在的关键科技问题，组织国家攻关课题研究理论与实践的总结。该书理论与技术兼顾，系统性与实证性兼备，反映了中国人工林培育技术的时代性进步，对中国人工林用材基地建设与生态建设具有指导价值，是从事森林培育科研、教学和生产工作人员的重要参考书目。

（段爱国）

中国人工林历史　history of plantation in China

中国人工林发展的主要过程及栽培历史。在新中国成立之前主要是杉木人工林的历史。

杉木是中国南方历史上栽培面积最大、作为人工林经营管理最早、产量最高的优良速生用材树种，栽培利用有8000年历史。杉木栽培源于距今0.8万～1.2万年的史前农业火耕期。先秦时期古越人和荆蛮人结合刀耕火种原始农业生产，先后创造发明了杉木萌条和插条无性繁育技术。秦汉时期杉木成为长江流域重要造林树种，并引种到黄河流域。从出土杉木古文物看，这一时期杉木在建筑、船舶、棺葬及日用器物方面已被广泛利用。杉木栽培及其人工林的发展一直是延续的。中国人工林历史，从古到今可划分为4个时期。

人工林发展的起始期（从西晋至隋唐时期）　这一时期，虽然有了一定的人工林面积，但规模不大且分散，未形成基地，杉木产量有限，尚没有进行商品经营，对社会经济影响小。

西晋郭璞《尔雅注》：煔似松，生江南，可以为船及棺材。煔是杉木的古称。该注反映了晋代人已了解杉木适生于江南，对木材耐腐性及用途也有较深认识。唐代白居易（817）《庐山草堂记》、宋代陆游（1170）《入蜀记》、范成大（1177）《吴船录》均记载江西庐山寺有栽于晋代的大古杉。南朝梁江淹（444—505）《杉颂》中分析，当时福建西北部地区已营造杉木纯林。唐代中期，湘西南出现大面积杉木人工林。唐代李郃《贺州思九嶷》诗描述宁远九嶷山杉木"卓植斗杓南，序列俨成行""俯观总群植，纤纤若毫芒"。唐代元结《九嶷山图记》记述九嶷山杉木人工林"杉松百围，榕栝并茂"，有杉木纯林和针阔混交林。唐代诗人咏杉诗很多，说明唐代栽培杉木也很普遍。湖南城步岩寨金南村发现栽于东晋建武年间（317—318）古杉群，面积4亩，现存40株，立于清乾隆十五年（1750）石碑记载，原有200余株；最大胸径225 cm，树高26 m（已断顶）。这是现今仅存的栽培较早的杉木人工纯林，位于沟谷地带，土壤为板页岩风化的山地黄棕壤，是杉木最佳造林地。现存杉木均为寿命长、材质好的油杉类型。

人工林的发展期（宋元时期）　宋元时期中国经济中心南移，南方的建筑业、造船业空前繁荣，随着社会对杉木商品材的大量需求和杉木插条推广普及，各地出现较大面积杉木商品材生产基地和木材市场，杉木生产成为林区人民赖以生存的重要物质来源与经济来源。

宋代宋祁（约1040）《福严禅院种杉述》中记载："又命其徒环院且百里广树杉焉。师之言曰：岳之陬，莫杉为良。今视我居水火之不可常，堂构之不可怠，苟无其备，谓吾能外助哉。由是日葺岁营，数盈十万。"该文详细记述了湖南

衡山杉木人工林造林地选择、栽培技术、抚育管理方式、杉木生长性质及砍伐利用方法。证明了当时湘中一带栽杉盛况，栽培管理技术已达相当高的水平。宋代陈田夫（1164）《南岳总胜集》中记载：南岳衡山"松杉数万，每至风激林响，声若洪涛"。

宋代寇宗奭（1116）《本草衍义》中记载："庐山有万杉寺"。清光绪《江西通志》中记载：万杉寺在庐山下，唐名庆云院。宋景德年间（1004—1007）僧太超即山植万杉，故名。宋代朱熹还作《万杉寺》诗描述说：门前杉径深，屋后杉色奇，空山岁年晚，郁郁凌寒姿。宋张孝祥有"老干参天一万株"的诗咏。反映当时庐山人工林有较大面积。

宋代罗愿（1175）《新安志》（安徽歙县一带）和宋代祝穆《方舆胜览》均记载皖南山区大别山"山美材，岁联为桴，下淛（浙）河者往往取富"，反映当时出现了杉木商品材生产基地，杉木生产成为重要经济来源。

宋代张栻（1167）《题福岩》诗（引《衡山县志》）："楼台还旧观，杉桧抚新栽"，说明出现杉桧混交林。

宋代南方各地栽杉记述涉及宋代诗人的诗句、宋代一批文人的著作以及地方志，反映栽杉普遍，且多在山区。

宋代长江流域木材市场杉木商品交易十分活跃，大批杉木编筏水运至长江下游江浙地区。《宋史·杜杲传》记载江苏仪征县长江码头"具积排杉木殆十万株"。宋代陆游《入蜀记》记述作者于宋乾道五年（1170）八月十四日在湖北与江西交界处富池镇长江上看到巨型木排。

人工林发展兴盛期（明清时期）　明清时期是中国南方杉木生产的兴盛期，产区人民经过长期生产实践，创立了一套以炼山整地、混农作业、以耕代抚、稀植皆伐为特色的栽培制度，建成以南方水系流域为网络的杉木产、运、销系统，龙泉码价的产生规范了杉木商品材交易，对木材市场的繁荣起了重要促进作用。

明清时期不仅形成了杉木人工林栽培制度与育林体系，栽培技术也达到了高水平，而且农民有种杉的习惯，杉木造林已成为社会造林，农民有了生活的保障和经济来源。据史料记载，距今300年前，黔东南地区农民造林规模大，技术已达到相当高的水平。清嘉庆时期的《九嶷山志》载有明代周子恭的《古杉记》，载湖南省九嶷山、阳明山、西洞等，煔（杉）山森郁弥望。据考证，明清时期大量瑶民和其他少数民族进入山区开山种粮、租地栽杉。如《岭表记蛮》中记载"蛮人食物仰给杂粮，而种杂粮时一面兼种杉"，加上明清时期为鼓励山民栽杉，采取了一些优惠政策，规定间种杂粮不交租。这一措施，大幅提高了农民套种杂粮的积极性。《江华县志》中记载：明初规定"屏水不上，任瑶民开垦种植，不交租，不纳粮"。《建德县志》也记载："植杉者先募贫民开种杂粮，不取租"。由于当时统治者的鼓励政策和民众生活经济的需求，杉木生产达到了兴盛时期。杉木人工林基地达到了106个县。当时种杉规模很大，不仅形成一套栽杉的技术经验（如明代的《致富全书》《农政全书》等均有详细记述），而且也形成一套经营杉木商品材的经验。

清乾隆五年（1740），朝廷准奏开垦田土，饲蚕纺织，

栽植树木。政策出来后，如贵州黎平县农民开山种杉者甚众，多者 500hm² 余（60 万株），少则数十公顷。黔东南的老产区，如剑河、黎平、锦屏、天柱、榕江等县植树栽杉已很盛行。迄今仍能找到雍正年间栽杉契约，还有民间联合造林的形式。

清光绪《灌县乡土志》中记载：宋初有力之家，兼并为豪，种茶千株，栽杉数万，并与安邑千树枣、燕秦千树栗相埒，此时四川灌县青城味江一带出现较大面积杉木人工林。

人工林现代发展期（中华人民共和国成立至今） 中华人民共和国成立后，中国将造林绿化作为一项重大的社会主义建设任务，在政府领导下，有计划、有组织地依靠全党全民积极开展。鉴于中国荒山荒地甚多，生态环境急需改善，而中国森林资源又严重不足，木材供应极为缺乏，对人工造林极为重视，从 20 世纪 50 年代就开始了荒山荒地造林绿化工作。根据《1956 年到 1967 年全国农业发展纲要（草案）》要求，在 12 年内，在自然条件许可、人力可经营的范围内绿化荒山荒地，在一切宅旁、村旁、水旁、路旁，只要有可能，都要有计划地种起树来。从此以后，全国荒山造林发展迅速，营建人工林的主要树种由新中国成立前的一个树种，发展到杉木、杨树、马尾松、落叶松、桉树、刺槐、油松、柏木、橡胶树和湿地松 10 个树种，但杉木仍是最主要造林树种。1964—1965 年制定了全国用材林基地规划，共规划基地 240 片。20 世纪 70 年代初，农林部又提出在南方发展以杉木为主的用材林和建立用材林基地，并制定了大片用材林生产基地的规划。80 年代初，国家开始重视科研，为了改变中国生产力的落后状况，将科研工作放到了十分重要的位置，林业科技也因此得到了快速发展，林业科技部门对人工林发展中的问题开始立项研究。如"七五"时期国家科技攻关设立了"人工林集约栽培技术研究"项目，"八五"又设立了"短周期工业用材林定向栽培技术研究"项目。按第九次全国森林资源清查（2014—2018 年），全国人工林面积达 7954.28 万 hm²，占全国有林地面积的 36.45%。人工乔木林优势树种（组）面积，前 10 个树种合计 3635.88 万 hm²，其中杉木人工林面积 990.20 万 hm²，占 10 个优势树种总面积的 27.23%，占全国人工林总面积的 12.45%。通过全国性协作试验研究，学习了国际的先进科技，总结了国内的经验，并针对关键性科技问题进行多树种的共同攻关，较好解决了对中国人工林栽培中的关键性科技问题，改变了中国在人工林科技上的落后状态，如人工林的立地控制、遗传控制、密度控制、植被控制、地力控制、生长模拟、轮伐期的确定以及优化栽培模式等都取得了科学先进且技术可行的成果，有力地推动了人工林健康发展。

参考文献

盛炜彤, 2014. 中国人工林及其育林体系[M]. 北京: 中国林业出版社.

吴中伦, 1984. 杉木[M]. 北京: 中国林业出版社.

吴中伦, 侯伯鑫, 等, 1995. 杉木自然分布区和栽培史研究专集[J]. 林业科技通讯（专刊）.

（盛炜彤）

《中国主要树种造林技术》 *Afforestation Techniques of Key Tree Species in China*

系统阐述有关中国主要造林树种的生物学特性、森林培育技术、木材及林产品主要用途等的科学著作。生态建设、林业、农业、水利、环境、建筑等领域的重要学术及生产用书。

《中国主要树种造林技术》封面

1978 年 1 月第 1 版出版，由郑万钧、陶东岱、杨衔晋、仲天恽、王战、朱志松、徐永椿、朱政德等携手 27 个省（自治区、直辖市）的林业相关科研院所和单位，500 多名科技人员共同编撰完成。平装版分上、下两册，由农业出版社出版；精装版于 1981 年 1 月由中国林业出版社出版。全书包括全国各地 210 个主要造林树种，其中绝大多数是中国乡土速生和珍贵的优良树种，少数为从国外引种的优良树种。分为用材林树种、油料和干果树种、特种经济林树种、固沙水土保持林树种和附录五部分。扼要介绍了每个树种的形态特征、分布地区、适生条件、生物学特性和生长发育过程；着重叙述了良种选育、壮苗培育、造林地选择、整地、造林、幼林抚育、抚育间伐、主伐与更新和主要病虫害防治等森林培育技术；简略介绍了木材特性、林产品利用、经济价值及其主要用途。

第 2 版于 2015 年启动编撰，2020 年 12 月由中国林业出版社出版。沈国舫任主编，包括曹福亮、张守攻及中国森林培育界专家 500 余人共同编撰完成，涉及全国 80 余所高等院校、科研院所、相关单位。该书分上、下两册，包含裸子植物、被子植物等共计 83 科 241 属 500 余种树种。在保留第 1 版内容和框架结构的基础上，第 2 版作了重要扩充，保证了全书内容的系统性、新颖性、权威性、规范性和可阅读性。

参考文献

郑万钧, 1983. 中国树木志: 第一卷[M]. 北京: 中国林业出版社.

中国树木志编委会, 1981. 中国主要树种造林技术[M]. 北京: 中国林业出版社.

（贾黎明，戴腾飞）

《中华人民共和国种子法》 *Seed law of People's Republic of China*

种子管理的基本法律。是一部专业法，也是一部实体法。通过立法，建立和制定与种子有关的法律条文，以法律的形式实现政府对种子生产经营各个环节的把握与控制。

《中华人民共和国种子法》（以下简称《种子法》）于 2000 年 7 月 8 日由第九届全国人民代表大会常务委员会第

十六次会议通过，2000 年 12 月 1 日起实施，同时废止 1989 年 3 月 13 日国务院颁布的《中华人民共和国种子管理条例》。

2013 年，修改《种子法》被列入第十二届全国人民代表大会常务委员会立法规划。2015 年 11 月 4 日修订的《种子法》经第十二届全国人民代表大会常务委员会第十七次会议通过，2016 年 1 月 1 日起实施。其内容涵盖了种质资源保护、品种选育与审定、新品种保护、种子生产经营、种子监督管理、种子进出口和对外合作等，对规范品种选育和种子生产、经营行为，维护品种选育者和种子生产者、经营者、使用者的合法权益，提高种子质量水平，促进农林业的健康发展起到了重要作用。与此同时，各省（自治区、直辖市）也先后出台了地方性的种子法规，形成了一套较为完善的种子行业法律体系。

参考文献

刘振伟, 余欣荣, 张建龙, 2016. 中华人民共和国种子法导读[M]. 北京: 中国法制出版社.

全国人民代表大会常务委员会, 2015. 中华人民共和国种子法[M]. 北京: 法律出版社.

（李淑娴）

中间型种子　intermediate seed

贮藏特性介于正常型种子和顽拗型种子之间的种子。不同中间型种子的贮藏特性不同。有的种子能耐轻度失水和 0～5℃低温，贮藏时需维持较高含水量（20%～30%），如榛子、日本栗、欧洲七叶树、北方红栎、黑胡桃等树种种子贮藏在 1～5℃下可延长寿命 6 个月甚至 1～2 年，这些种子的顽拗型特征并不典型，可视为中间型种子；有的树种种子，如青冈栎、银杏、山苍子、山核桃等，能耐部分失水，对 5℃低温有较强的忍受力，其贮藏特性既不同于正常型种子，也不同于顽拗型种子，也可视为中间型种子；柑橘类树种的种子处在果瓣中时含水量高达 40%，当种子离开果实后很容易失水到 25% 左右，仍有发芽力；但继续干燥失水，就会丧失活力，也属于中间型种子。在秋、冬季，中间型种子在 5℃下保存可延长寿命。

中间型种子（银杏）（喻方圆　摄）

参考文献

管康林, 2009. 种子生理生态学[M]. 北京: 中国农业出版社.

（彭祚登）

中林作业法　composite system

在同一林分中同时培育着起源不同、年龄不同，既用长轮伐期培育大径材，又用短轮伐期生产小径材或薪炭材的经营措施。

中林作业结合了乔林和矮林作业的特点。德国林学奠基人哥塔（Gotta）于 1820 年提出了"中林"的概念，弥补了此前只有矮林和乔林的次生林分类。所谓中林，即在同一林地上层是乔林，下层是矮林的森林。当乔林占据上层（上木），为种子更新的异龄林，实行择伐，培育大径材，轮伐期长；矮林居于下层，为无性更新的同龄林，实行皆伐，培育小径材或薪炭材，轮伐期短。上层木采用乔林作业，下层木采用矮林作业。

中林类型　根据上层木和下层木的数量及分配状态，可分为乔林状中林、矮林状中林、块状中林和截枝中林。

乔林状中林　上层乔林林木很多且分布均匀、下层矮林林木较少的中林类型。即实生起源林木很多，分布均匀；无性起源林木较少，分布不一定均匀。可以收获更多的大径材。

矮林状中林　实生起源上层林木数量很少、无性起源下层林木数量较多的中林类型。不同于单纯矮林，因下层木常受到上层木的抑制，其矮林层的发育不如单纯矮林。但矮林层可以得到上层林木的遮阴保护。

块状中林　乔林层和矮林层呈小块状镶嵌分布、同时进行经营作业的中林类型。森林呈小块状分布，仍分乔林和下层矮林，只不过经营范围更小。经营方式是乔林层和矮林层同时采伐，乔林层采用择伐方式，矮林层采用皆伐方式。如果上木有成片状的特用经济林木（如板栗、核桃、柿树等）或珍稀树种，采伐时都以培育保护这些经济林木或珍贵树种的经营措施为主，经营后会出现块状中林。

截枝中林　上层林木为实生起源，下层林木为无性起源，用于截取枝条的中林类型。乔林层一般不采伐或采伐强度极低，为矮林层林木生长提供遮蔽环境。矮林层以皆伐作业为主。

中林建立途径　培育起源不同，建立途径不同。①原为乔林的林分，只要主要树种是珍贵、速生、树冠稀疏的喜光树种，均可选作上木。如原林分密度小，逐渐营造不同世代的上木，并补充进矮林树种即可。如原林分密度大，可逐渐疏伐上木，并补充矮林树种。②原为矮林的林分，要培育中林，必须在每次采伐矮林时，逐渐地营造起各世代的乔林，形成各级上木，原则上必须是实生的，否则得不到大径材。如果原林分树种优良，虽为无性繁殖林，也可以经营短轮伐期乔林。③在无林地上通过人工造林培育中林，首先用植苗或播种造林法营造起实生同龄林，到一定年龄将大部分林木伐去，均匀地保留部分优良木作为第一代上木，采伐的同时还要造林。经过 1 个矮林轮伐期，再将上次采伐后营造起来的或原上木采伐后萌生起来的林木大部分伐去，保留其中一部分优良木作为第二代上木，此期同时伐除第一代上木中的不良木。依此继续进行，直至形成第三代、第四代等各代上木和既定的矮林层为止。当到达上木采伐年龄时，采伐矮林的同时，采伐第一代上木；以后每次采伐矮林时，均同时采伐一代上木，即可在一次采伐中同时获得径级大小不同的材种。

中林采伐更新 更新和采伐同时进行。乔林层采伐强度取决于上木组成树种和目的不同的中林类型。为得到较多大径材，采伐强度宜小，保留上木宜多；如以培育矮林为主，则采伐强度宜大，保留上木宜少。经过系统经营的中林，上层林冠和下层林冠共同构成郁闭的林冠，但上层林冠本身未形成郁闭，仅矮林层林冠构成郁闭。当矮林层刚刚采伐后，使呈现一个稀疏的异龄乔林林相（规定矮林层轮伐期 26 年，上木轮伐期 100 年）。中林的采伐和上木的保留不一定是均匀的，也可以是群状或带状。中林林相经常是多样的。

中林作业特点

优点 可获得多种材种，收益早，适于农村小面积经营；因林地上始终保留着一定数量的上层林木，森林环境稳定，有利于防风、防冻和防止水土流失等自然灾害；林相美观，适于作风景林、疗养林和城市绿化林，也利于保存狩猎动物；上木永存且分布稀疏，有利于结实和天然更新。

缺点 生产力一般低于乔林，尤其大径材出材量低；经营技术也较复杂，需要集约的经营条件；上木如果处理不当，林冠过于稀疏，干材往往低矮、尖削、多节、品质不良；上木易遭风害和极限温度的危害（如皮烧、冻裂等）；矮林层的发育不如单纯矮林，常受到上木的抑制；消耗地力大，利用时也有困难。

参考文献

北京林学院, 1981. 造林学[M]. 北京: 中国林业出版社.

沈国舫, 翟明普, 2011. 森林培育学[M]. 2版. 北京: 中国林业出版社.

（彭祚登，高帆）

中龄林阶段 half-mature forest stage

在林木群体生长发育过程中，林分经过幼龄林阶段后所进入的一段时间。一般持续 2 个龄级，10 ～ 40 年。

在中龄林阶段，森林生长发育比较稳定，且材积生长加速、防护作用增强的重要阶段，森林的外貌和结构基本定型。林分先后由树高和直径的速生时期转入树干材积的速生时期，在林木群体生物量中，干材生物量的比例迅速提高而叶生物量的比例相对减少。例如，19 年生的杉木人工林的生物量中，干材生物量的比例由 3 年生的 10.0% 左右提高到 76.0%，而叶生物量的比例由 3 年生的 30.0% 左右下降到 3.3%。中龄林阶段，由于自然稀疏或人工抚育的调节，林分密度显著下降，再加上林冠层的提高，使林下重新透光、枯枝落叶层分解加速、下木层及活地被物层有所恢复或趋于繁茂，有利于地力恢复及森林防护作用的发挥。

在中龄林阶段，由林木体量增大而造成的拥挤过密的过程还在延续，仍需通过抚育间伐进行调节。林木已长成适于某些经济利用的大小，间伐材可作为森林利用的一部分，但利用要以保证林分结构的优化、促进林分旺盛生长为主。对

林分发育和结实的调控需视林分培育目的而定。在一般防护林以及用材林中，此阶段不需要有大量的结实，要以控制发育促进生长为导向；而在对林木结实有需求的林分（林果兼用林、采种母树林等），要使林木生长和发育协调发展。

参考文献

翟明普,沈国舫, 2016. 森林培育学[M]. 3版. 北京: 中国林业出版社.

（何茜）

种肥 fertilizer for seeding

播种或定植时，与种子混合施入或施于种子（芽苗）附近的肥料。目的是满足幼苗在营养临界期对养分的需求，或为幼苗的健壮生长创造良好的环境条件。

种类 主要有以磷为主的无机肥料，人粪尿、肥饼等精制的有机肥料，以及微量元素肥料、腐殖酸类肥料和生物肥料等。

施用方法 常用的施用方法有播种沟内施用、分层施用、浸种、拌种、蘸苗根等。在养分含量较低的土壤上，播种时可适当使用无机肥料作种肥。当选用无机磷肥时，最好在播种沟内施颗粒磷肥，因其与土壤接触面积小，被土壤固定量小，利于根系吸收。

注意事项 种肥浓度不能过高，且必须严格控制用量。用无机肥料作种肥应注意：①硫酸铵适合作种肥，甚至可与种子混在一起播种，用量应控制在 125kg/hm^2 以下；②磷肥中过磷酸钙宜做成颗粒状种肥，用量为 112.5 ～ 150kg/hm^2，切忌用粉状磷肥作种肥，以免灼伤种子和苗木；③硝酸铵、氯化铵作种肥时不能直接接触种子；④浓度高的尿素原则上不宜作种肥；⑤碳酸氢铵易挥发，不能作种肥。

参考文献

刘勇, 2019. 林木种苗培育学[M]. 北京: 中国林业出版社: 133.

孙向阳, 2005. 土壤学[M]. 北京: 中国林业出版社: 282.

（邢世岩，门晓妍，孙立民）

种批 seed lot

种子质量检验过程中抽样的基本单位。也是种子质量检验的直接对象。按要求划分种批是抽样的前提和要求。

种批的条件：①同一树种的种子；②在一个县范围内采集；③采种期相同；④加工调制和贮藏方法相同；⑤种子经过充分混合，组成种批的各成分均匀一致地随机分布；⑥不超过规定数量。有 1 项不符合要求，就不能作为同一种批。如采种期相同的两袋马尾松种子，贮藏加工方法相同，种子质量看上去相近，但采种地点不在同一个县范围内，则两袋种子应划分为 2 个种批。

《林木种子检验规程》（GB 2772 — 1999）规定了中国主要造林树种的种批最大重量：特大粒种子，如核桃、板栗、麻栎、油桐等为 10000kg；大粒种子，如油茶、山杏、苦楝等为 5000kg；中粒种子，如红松、华山松、樟树、沙枣等为 3500kg；小粒种子，如油松、落叶松、杉木、刺槐等为 1000kg；特小粒种子，如桉、桑、泡桐、木麻黄等为 250kg。

重量超过 5% 时需另划种批。如重量为 1250kg 的一批杉木种子，前 4 项都符合 1 个种批的条件，但超过了规定重量，应将这部分种子平均划分成 2 个种批。

参考文献

国家质量技术监督局, 1999. 林木种子检验规程: GB 2772—1999 [S]. 北京: 中国标准出版社.

International Seed Testing Association (ISTA), 2013. International rules for seed testing [S]. Switzerland : Bassersdorf.

（洑香香）

种实发育　seed development

植物授粉受精后子房逐渐膨大，最终胚珠发育成种子、子房壁发育成果皮的过程。最主要的特征是种实体积增大，同时消耗大量的营养和水分。

种实发育过程中，伴随着种实体积逐渐变大，含水量不断下降，种子内部发生一系列复杂的生物化学变化，各有机质和矿质元素从茎、叶流入种子，以糖、脂肪和蛋白质的形态贮存在种子内部，营养物质逐渐积累，并由易溶状态变为贮藏状态。发育初期，种子内部充满液体，由于贮藏物质不断积累，这种液体逐渐混浊而成为乳状。随后由于水分继续减少，不断浓缩，最后种子内部几乎被合成的产物所充满。

不同种子，发育时期长短不同，但发育过程都要经过胚胎发生期、种子形成期和成熟休止期 3 个阶段。①胚胎发生期。从受精开始到胚形态初步建成为止。以细胞分裂为主，同时进行胚、胚乳或子叶的分化，此时胚不具有发芽能力。②种子形成期。以细胞扩大生长为主，淀粉、蛋白质和脂肪等贮藏物质在胚、胚乳或子叶细胞中大量积累，引起胚、胚乳或子叶的迅速生长。此时有些植物种子的胚在适宜条件下能萌发，即所谓的早熟发芽或胚胎发芽，简称胎萌。这种现象在红树科和禾本科植物中最为常见。这一时期，种子一般不耐脱水，脱水易丧失生活力。③成熟休止期。贮藏物质的积累逐渐停止，种子含水量降低，原生质由溶胶状态转变为凝胶状态，呼吸速率逐渐降到最低水平，种胚进入休眠期。成熟状态的种子耐贮藏，潜在生活力最强。

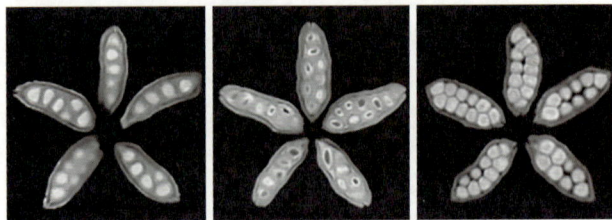

油用牡丹种实发育（李淑娴　摄）

（王乃江）

种源　provenance

在同一树种分布区内，一批种子或苗木的来源或原产地。原产地是种源的同义语。例如，将杉木引种到江西分宜，种子来自广西融水，则属于融水种源。种源的意义主要源于林木地理变异的普遍存在。

江西大岗山杉木种源试验林（段爱国　摄）

种源区划　按照生态条件的相似性或林木遗传结构的相似性，将一定地域范围（或一定的行政区域，或一个树种的分布区或栽培区）划分为若干地域单位。

种源选择　在种源试验的基础上，划分种子调拨区，做到合理调拨与使用种子。种子的合理调拨也就是种源的选择，实际上就是生态型或地理型的选择。①生态型指同种生物长期生存在不同的环境条件下，经过变异、遗传和选择而形成的具有不同形态和生理特性的个体群；生态型的分化是物种进化的基础。根据形成生态型主导因子的不同，可把生态型分为气候生态型、土壤生态型、生物生态型等。②地理型是对地理分布范围很广的树种，按照分布区域和海拔高度等综合生态条件，将种内的树木群体划分成的不同类型。每一个地理型都有一定的特征，特别是生理上的特征。例如，分布很广的白花泡桐，大体上可划分为南亚热带、中亚热带和北亚热带 3 个地理型。

参考文献

王明庥, 2001. 林木遗传育种学[M]. 北京: 中国林业出版社.

徐化成, 1990. 林木种子区划[M]. 北京: 中国林业出版社.

（张建国）

种植点配置　spacing of planting spots

植株栽植点或播种点在造林地上的排列方式。种植点配置方式可分为行状配置、群状配置和自然配置三大类。

种植点配置与造林密度和幼林抚育有着紧密的联系。①造林密度通过种植点的配置得到体现，种植点的配置又以一定的造林密度为基础，故在造林前必须合理地确定种植点的配置方式。通常以经营目的、树种生物学特性、立地条件、造林技术和经营条件为原则确定造林密度，进而确定种植点的配置方式。种植点分布方式决定着林分立木之间的相互关系，同一种造林密度可以由不同的配置方式来体现。在密度已经确定的情况下，不同的种植点配置方式将对林木的生长发育及对林地的光能、水分和营养等资源的利用产生不同程度的影响，从而产生不同程度的经济效益、生态效益和社会效益。配置合理，林木就能够充分利用光能和其他环境资源，保证树冠发育所需的空间，林木之间的关系也就比较协调。②幼林抚育。种植点配置影响幼林抚育的作业方式。平原常采取行状配置，以利于松土除草、施肥灌溉等的机械化作业。山地群状配置和自然配置利于保留原生植被和利用微地形开展植被恢复，但不利于开展幼林抚育作业。山地常用品字形配置，在考虑生物多样性保护和水土保持的同时，也便于利用栽植行开展幼林抚育。

种植点配置对于不同林种作用不同。对于用材林来说，种植点的配置是优化栽培模式的重要技术措施。在城市绿化与园林设计中，种植点的配置也是实现艺术效果的一种手段。对于防护林来说，通过种植点的配置能使林木更好地发挥其防护效能。在天然林中树木分布也按树种及起源的不同而呈一定的规律，可以在培育过程中采用人为措施因势利导，达到培育目的。

参考文献

陈祥伟, 胡海波, 2005. 林学概论[M]. 北京: 中国林业出版社.

王治国, 张云龙, 刘徐师, 等, 2000. 林业生态工程学——林草植被建设的理论与实践[M]. 北京: 中国林业出版社.

袁成, 2007. 杨树良种繁育与速生丰产栽培技术[M]. 北京: 中国林业出版社.

翟明普, 2011. 现代森林培育理论与技术[M]. 北京: 中国环境科学出版社.

翟明普, 沈国舫, 2016. 森林培育学[M]. 3版. 北京: 中国林业出版社.

（曹帮华）

种子包衣　seed coating

利用黏着剂或成膜剂，将杀菌剂、杀虫剂、肥料、植物生长调节剂、着色剂和填充剂等非种子材料包裹在种子外面，使种子呈球形或基本保持原有形状，以提高种子抗逆性、抗病性，加快发芽，促进成苗的一项种子处理技术。具有促进苗齐苗壮、省种省药、利于机械化播种和保护环境等优点。

发展史　种子包衣起源于19世纪60年代，首先应用于农作物种子。20世纪80年代，美国、英国等发达国家种子包衣技术基本成熟。中国自20世纪80年代初开始研究和应用种子包衣技术，首先应用于牧草种子，后推广至农作物和林木种子。在西北、华北等干旱地区，为解决飞播造林中柠条、沙棘、油松、侧柏等树种存在的种子易飘移、易闪芽、易遭受鼠害和干旱等问题，种子包衣技术被广为应用。

类型　种子包衣有种子丸化和种子包膜两种类型。①种子丸化指利用黏着剂，将杀菌剂、杀虫剂、微肥、植物生长调节剂、着色剂和填充剂等非种子物质粘在种子外面，制成大小和形状一致的球形单粒种子单位。丸化后种子形状和大小均有明显改变，适用于小粒种子。②种子包膜指利用成膜剂，将杀菌剂、杀虫剂、微肥、植物生长调节剂、染料等非种子物质包裹在种子外面，形成带有一层薄膜的种子单位。包膜后种子质量略有增加，形状无明显变化，适用于中粒和大粒种子。

种子包衣技术的核心是种衣剂。种衣剂是一种用于种子包衣的新制剂，是由杀虫剂、杀菌剂、复合肥料、微量元素、植物生长调节剂等与黏着剂或膜剂加工制成的药肥复合型的种子包衣新产品。按种衣剂成分和性能的不同，分为农药型、复合型、生物型和特异型4类。农药型种衣剂的主要成分是农药，用于防治种子和土壤病害、虫害。复合型种衣剂的成分由农药、微肥、植物生长调节剂或抗性物质等组成，具有防病、提高抗性和促进生长等多种作用。生物型种衣剂是根据生物菌类之间的拮抗原理，筛选有益的拮抗根菌并制成制剂，达到防病目的。特异型种衣剂是根据不同目的而专门设计的种衣剂类型，如用高吸水树脂制成的抗旱种衣剂等。种子包衣的方法有机械包衣和人工包衣两种。

参考文献

胡晋, 2006. 种子生物学[M]. 北京: 高等教育出版社.

赵磊磊, 聂立水, 朱清科, 等, 2009. 种子包衣及其在中国的应用研究[J]. 中国农学通报, 25(23):126-131.

（喻方圆）

种子包装　seed packaging

对加工后的种子按一定技术方法，采用适宜的容器、材料等盛装种子并对其封实的过程。为最大程度保持林木种子的质量，保护种子品质，防止品种混杂、感染有害生物，同时保证安全贮运，促进销售，提高林木种子的商品化水平，增强产品在市场上的竞争力，需在销售前对种子进行加工、调制，并对其进行合理包装。种子包装也是企业贯彻《中华人民共和国种子法》的规定。

种子包装要求：①包装的种子需符合含水量、净度、发芽率（或生活力、优良度）标准的要求。②材料。包装时根据林木种子的生理特性选择坚固、耐用、清洁、环保的材料，且要重量轻、无检疫性有害生物。如果包装的是超干种子（含水量不高于5%），包装宜选用聚乙烯袋等防水、不透气的材料进行真空包装；顽拗型种子包装宜选用编织袋、麻袋、布袋、木箱等具有防水和透气性能的材料；普通种子（种子安全含水量在10%左右），包装宜选用麻袋、铁桶、塑料桶、塑料编织袋等防水、透气材料；在高温高湿的热带、亚热带地区，种子包装时需选择严密防湿的容器；价高量少的种子可以选择金属罐（桶）、玻璃瓶等容器。③规格。根据不同树种、种子大小、用种量及种子价格，选择不同的包装规格。每个包装的重量应准确无误。大包装或进口种子可以分装；实行分装的，应当标注分装单位，并对种子质量负责。④封口。应保证包装材料的完整性，确保不会在种子贮藏、搬动、运输等环节有所损坏。⑤包装应当便于贮藏、搬运、堆放、清点以及取样。⑥每个包装容器外应加印或悬挂林木种子标签，并附有种子使用说明书。

参考文献

陈火英, 柳李旺, 2011. 种子种苗学[M]. 上海: 上海交通大学出版社.

扩展阅读

《林木种子包装和标签管理办法》（林场发〔2016〕第93号）.

（李淑娴）

种子标签 the labeling of seeds and seedlings

印制、粘贴、固定或者附着在种子、种子包装物表面的特定图案及文字说明。是使用者直接了解种子来源和种子质量以及判断是否使用该批种子的重要依据。种子标签制度是《中华人民共和国种子法》（以下简称《种子法》，2016 年 1 月实施）确立的种子生产经营者必须执行的法律制度，也是市场经济条件下买卖双方保护自身权益的有力证据。

《种子法》第四十一条规定：销售的种子应当附有标签。标签应当标注如下信息：种子类别、树种（品种）名称、产地、生产经营者及注册地、质量指标、重量（数量）、检疫证明编号、**种子生产经营许可证编号**、信息代码等，各项标注的内容应当与销售的种子相符。种子生产经营者对标注内容的真实性和种子质量负责。如果经营者销售的林木种子与标签标注的内容不符或者没有标签，相关部门可以按照《种子法》第七十五条进行处罚。如果销售的林木种子质量低于标签标注指标，可以按照《种子法》第七十六条进行处罚。

为更好地按照《种子法》的要求执行标签制度，保护林木种子生产经营者和使用者的合法权益，国家林业局根据《种子法》制定了《林木种子包装和标签管理办法》（林场发〔2016〕第 93 号），进一步规范了标签的制作、标注和使用行为等内容。标签标注内容的填写：①种子类别，应当填写普通种或良种。②树种名称应当填写植物分类学的种、亚种或变种名称，品种名称填写授权品种、通过审（认）定品种及其他品种名称。③产地，应当填写林木种子生产所在地，标注到县。进口林木种子的产地，按照《中华人民共和国进出口货物原产地条例》标注。④生产经营者及注册地指生产经营者名称、工商注册所在地。⑤籽粒质量指标按照**净度**、**发芽率**（生活力及优良度）、含水量等标注，苗木质量指标按照**苗高**、**地径**等标注，标签标注的苗高、地径按照 95% 苗木能达到的数值填写。⑥重量（数量）指每个包装（销售单元）籽粒（果实）的实际重量或苗木数量，籽粒（果实）以千克（kg）、克（g）、粒等表示，苗木以株、根、条等表示。包装中含有多件小包装时除标明总重量（数量）外，还应标明每一小包装的重量（数量）。⑦使用信息代码的，应当包含林木种子标签标注的内容等信息。

该管理办法还要求：①林木种子销售过程中，采用包装销售的林木种子，每个包装需附带一个标签；不采用包装销售的林木种子，每个**种批**必须附带至少一个标签。②苗木销售过程中，每个销售单元需附带一个标签，每个苗批必须附带至少一个标签。③良种使用绿色标签，普通种子使用白色标签。

参考文献

国家质量技术监督局, 2017. 林木种苗标签: LY/T 2289—2017[S]. 北京: 中国标准出版社.

王萍, 王爱民, 2009. 常见的种子标签违法行为及应对措施[J]. 南方农业, 3(1):39–40.

扩展阅读

《林木种子包装和标签管理办法》（林场发〔2016〕第 93 号）.

（李淑娴）

种子标准化 seed standardization

对**林木良种**、品种选育、种子繁殖、加工处理、检验方法及包装、运输、贮存等方面制定的一系列先进可行的技术标准的工作。

简单地说，种子标准化就是实行良种标准化和种子质量标准化。良种标准化是指生产中推广的优良品种符合品种标准；种子质量标准化是指林业生产中所使用的种子达到国家规定的质量标准。通过种子标准化工作的开展，可以使种子质量检验有相同的尺度；在实践中不断提高种子质量水平，使种子的播种品质有显著提高；使种苗生产有统一的要求，收获、加工有统一的规定，包装、贮藏有统一的方法。

标准化程度的高低是一个产业成熟程度的重要标志，标准化工作对种子专业化、社会化、商品化发展具有重要意义，是实现种子产业可持续发展、促进种子企业走向现代化的重要措施。

为了适应种子产业发展的需要，规范企业行为，1975 年以来，中国国家标准总局连续召开了多次全国种子标准化经验交流会、座谈会，使种子标准化工作在全国迅速发展和普及。20 世纪 80 年代开始陆续颁布了种子生产、加工处理、质量检验和质量分级等标准，这些国家、行业、地方和企业标准的颁布实施，奠定了中国种子标准化工作的基础。

种子标准化主要包括五方面内容：优良品种标准（特征、特性），种子生产技术规程，种子质量分级标准，种子检验规程，**种子包装**、运输、贮藏标准。种子标准化涉及标准的规划、制定、审查颁布和贯彻实施等环节，是一个完整的管理和知识体系。

参考文献

辛景树, 2004. 加强种子标准化工作 促进种子产业可持续发展[J]. 种子科技（6）: 315–317.

（李淑娴）

种子采集 seed collection

林木种子生产中的重要环节。季节性强。种子采集是否科学、适时，直接影响种子的品质、产量及种苗产业的发展。为了持续获得大量良种，必须正确选择采种母树、预测种实产量、掌握种实成熟和脱落的一般规律，做好采种前的一切准备工作，制订切实可行的采种计划，选用适宜的采种林、采种期、采种方法和采种工具，同时做好**种子登记**工作。

采种林 包括种子园、母树林、一般采种林和临时采种林、群体和散生的优良母树以及**采穗圃**。用材林用种应优先选择林木良种基地的种子；在林木良种基地面积小、种子产量不足的情况下，可选择一般采种林的种子。采种林分要求实生起源、年龄适宜、优树比例高、组成单纯；采种母树要求速生、干直、材质优良、无病虫害、生长健壮。

采种期 应根据种子成熟和脱落的时间、特点及果实大小确定。种子的采集必须在种子成熟后进行。见**林木采种期**。

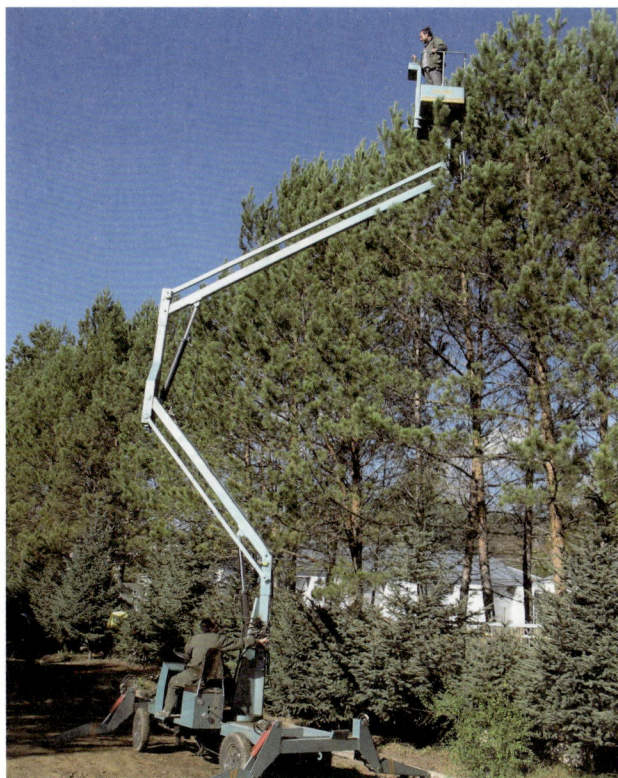

采种

采种方法 主要有立木采种和地面收集。立木采种分为采摘法、摇落法和机械化采种，主要适用于小粒种子或种子脱落后易飞散的树种，常用工具有高枝剪、采种钩、采种梯、采种镰、多工位自动升降平台、振动式采种器等。地面收集主要适用于在脱落过程中不易被风吹散的大粒种子，待种子脱落后在地面收集或用采种网收集。

参考文献

沃香香, 喻方圆, 郑欣民, 2008. 林木种子采集、加工和贮藏技术[M]. 北京: 中国林业出版社.

（张建国）

种子成熟 seed maturity

受精的卵细胞发育成具有胚根、胚芽、胚轴和子叶的完整胚的过程。一般包括**生理成熟**和形态成熟两个阶段。多数树种是在生理成熟之后进入形态成熟；有些树种的种子，如银杏、七叶树、水曲柳和冬青等，生理成熟是在形态成熟之后，故又称**生理后熟**。只有达到了完全成熟阶段的种子，通过采集、加工、贮藏，才能保证其具有良好的品质。

发育初期，种子内部是透明液体，这些液体大部分是可溶性单糖、脂肪酸、氨基酸等有机化合物。随着种子的发育，营养物质逐渐转化成淀粉、蛋白质、脂肪等大分子物质。种子成熟过程中，通常磷、镁会显著增加，而钾会减少。经过一系列的生物化学变化，种子内干物质不断积累，含水率渐减，最后干物质积累结束，种子内含物质硬化，呈现不溶状态，种皮致密而坚硬，呈现出某种种子固有的颜色与光泽。大多数林木种子成熟后，种子呼吸微弱，抗逆性增强，进入了休眠状态，以保证其种的延续与繁殖。

种子成熟的判断方法：①目测法。根据球果或果实的外观颜色变化来判断种子的成熟程度。②种胚与胚乳观察法。切开种子观察种胚和胚乳的发育情况或用 X 射线检查完整种子的种胚和胚乳发育情况来判断种子的成熟程度。③比重法。将水、亚麻籽油、煤油等按不同比例配制成一定比重的混合液，将新采球果放入溶液中，成熟的球果漂浮，否则下沉。④生物化学法。通过测定分析还原糖和粗脂肪含量等来判断种子的成熟程度。

参考文献

翟明普, 沈国舫, 2016. 森林培育学[M]. 3版. 北京: 中国林业出版社.

（李铁华）

种子成熟期 seed maturity stage

林木种子的内部生物化学变化基本结束，营养物质积累已经停止的时期。一般以种子达到**形态成熟**作为判断的依据。不同树种的种子成熟期不同，既受树种本身遗传特性的影响，又受各种环境条件的制约。

树种的遗传特性对种子成熟季节具有决定性作用，不同树种开花后种子发育和积累营养物质所需时间不同。柳、杨、榆等树种的种子在春季成熟；台湾相思、桑树、刺槐、檫树等树种的种子在夏季成熟；落叶松、红松、银杏、水曲柳、栓皮栎、木荷、油茶和桦树等大多数树种的种子在秋季成熟；闽楠、樟树、女贞等树种的种子在初冬成熟。大多数树种是开花后种子当年成熟，也有相当一部分树种，开花后要到翌年种子才会成熟，如红松、樟子松、桂花、栓皮栎、木荷、油茶等。

环境条件会影响种子成熟的时间节点。在环境条件中起主要作用的有气温、光照、降水、湿度等。生长在不同地理位置的同一树种，气候温暖地区种子成熟期比气候寒冷地区早；低海拔处树种种子成熟期比高海拔处要早；阳坡温度与光照条件都较好，种子成熟期较阴坡早。天气晴朗、气温高、降水少的地区或年份种子成熟期早，反之则晚。土壤较干旱的地区种子成熟期早，反之则晚。同一株树的树冠上部或南侧种子成熟期早，反之则晚。

参考文献

翟明普, 沈国舫, 2016. 森林培育学[M]. 3版. 北京: 中国林业出版社.

（李铁华）

种子处理 seed treatment

播种前对种子进行物理、化学和生物等处理措施的总称。曾称种子预处理。广义的种子处理包括精选、干燥、分级、化学药剂处理（控制有害生物、破除休眠），以及各种提高种子活力、促进萌发和幼苗生长的措施。狭义的种子处理一般包括机械方法、物理（光、温、电）方法、化学（激素）方法和生物学方法等，主要目的是改善种子品种，提高适播性和增强苗期抗病、抗虫能力，减缓逆境的不良影响以提高种子抗逆能力，打破休眠，提高场圃发芽率，加速前期生长发育，使幼苗出土整齐，缩短出苗期。

机械方法 使用锉刀、针、砂纸等，对种皮坚韧的种子和硬粒种子进行机械擦伤，改善种子的透性，加快水分的吸收和气体的交换，促进种子萌发。

物理方法 对种子进行光、电、磁、热、射线等处理，可以防治病虫、解除种子休眠、促进种子萌发生长和防止种子衰老。

化学方法 播种前使用化学药剂对种子进行处理。可以杀死或抑制种子外部附着的病菌及潜伏于种子内部的病菌，还可以通过种子吸收药剂并输导给植株地上部分，保护地上部分在一定时期内免受某些害虫和病菌的侵害。生产上应用的药剂处理方法有浸种、拌种、闷种、包衣、丸化、热化学法、湿拌法和熏蒸法等。

生物学方法 利用微生物及其代谢产物处理种子，抑制或杀死种传病原菌。随着人们环境保护意识的增强，化学药剂的使用逐渐减少，生物防治技术的应用进一步加强。如生产上使用对种子萌发和幼苗生长有促进作用的微生物或生物制剂，通过拌种、浸种或包衣等方式对种子进行处理。

参考文献

陈火英, 柳李旺, 2011. 种子种苗学[M]. 上海: 上海交通大学出版社.

叶常丰, 戴心维, 1994. 种子学[M]. 北京: 中国农业出版社.

（李庆梅）

种子催芽 seed presowing treatment

以人为方法打破种子休眠，促进种子萌发的技术措施。目的是解除种子休眠，促进种子萌发，提高发芽势和场圃发芽率，使幼苗适时出土，出苗齐、快、壮，保证苗木的速生、丰产、优质。根据种子休眠方式和程度的不同，催芽方法主要有浸种催芽、层积催芽（包括低温层积催芽、暖温层积催芽、变温层积催芽、裸层积催芽、混雪层积催芽）、药剂浸种催芽、机械擦伤、种子引发和酸液腐蚀等。根据种子休眠类型、容许处理时间、安全性、经济性等多种因素选择具体的催芽方法。有些种子需要几种方法复合进行催芽。

浸种催芽 播种前用水浸泡种子，促进种子吸水膨胀，适用于强迫休眠的种子。浸种水温、浸种时间视种子特性而定。

层积催芽 把种子和湿润的介质混合或分层放置，在一定的温度和湿度条件下经过一定时间，促进种子萌发达到胚根裸露的程度。是催芽效果较好、生产中应用最为广泛的一种催芽方法，适用于任何休眠类型的种子。

药剂浸种催芽 利用化学药剂（如小苏打、溴化钾、过氧化氢）、微量元素（如硼、锰、锌、铜）、植物激素（赤霉素、细胞分裂素、吲哚丁酸、萘乙酸等）和渗透调节剂（聚乙二醇）等溶液浸种解除种子休眠，加强种子内部的生理活动，促进种子提早萌发，使种子发芽整齐，幼苗生长健壮。小苏打水浸种可以去除种壳的油质和蜡质，并使种皮软化。赤霉素浸种可以打破某些种子休眠，起到促进种子发芽的作用。

机械擦伤 用擦伤种皮的方法，如用手工工具、电动擦伤机、种子磨皮机等，对因种皮阻碍而导致休眠的种子进行擦伤，可以起到促进种子吸水膨胀的作用。

种子引发 在人为控制条件下使种子缓慢吸水，为萌发提前进行生理准备的一种播前种子处理技术。

酸液腐蚀 简称酸蚀。是对硬实性种子使用浓硫酸等进行浸种，腐蚀种皮，增强透性，打破种子休眠的一种方法。种子经酸蚀后，必须将其放入流水中充分冲洗，然后进行发芽。处理大批量种子时，须预先用少量种子做试验，以确定合理的浸泡时间。使用酸蚀方法处理种子时，要注意对环境的不良影响，并要严格安全操作。

参考文献

沈海龙, 2009. 苗木培育学[M]. 北京: 中国林业出版社.

翟明普, 沈国舫, 2016. 森林培育学[M]. 3版. 北京: 中国林业出版社.

（李庆梅）

种子登记 seed registration

对所采收的种子或就地收购的种子进行登记的工作。在采种过程中，为了分清种源，防止混杂，合理使用种子，保证种子质量，要对种子分批登记、分别包装，按照中国国家标准《林木采种技术》（GB/T 16619—1996）登记内容。种子包装容器内外均应编号，贴上标签。此标签在种子调制后，从包装运输至播种的全过程均应保留。苗木出圃时，应分别苗批附以产地标签；产地标签由县或相当于县级的林业主管部门制定，并由专人负责签证。产地标签为黄色。

（张建国）

种子调拨 seed allocation

所产种子不能满足本地育苗造林需要而从外地调进种子的措施。种子调拨是否适当，对生产影响颇大，种源不同则造林效果也不同。因栽培地区的生态因子与种子原产地之间存在差异，同时树种适应性不同，则种子调拨范围也就不同。

为了科学合理地使用种子，做到适地适树，在调拨种子时，必须分析种子产地气候和土壤条件是否与造林地适宜，同时应遵循以下原则。

①有种子区划树种的种子调拨原则：应优先考虑从造林地所在的种子亚区内调拨种子。若种子满足不了造林要求，再到本种子区内调拨。

②无种子区划树种的种子调拨原则：当地种源最适宜当地的气候和土壤条件，应尽量采用本地种子，就地采种，就地育苗造林；需要调进外地种子时，要尽量选用与本地气候、土壤等条件相同或相似地区生产的种子；海拔高度变化对气候的影响很大，在垂直调拨种子时，海拔高度相差一般不宜超过500m；林木种子调运距离的一般规律是由北向南和由西向东调运的范围大于相反方向的范围。

采用外来种源时，最好先进行种源试验，试验成功后才能大量调进种子。调运种条或苗木也应遵循上述原则。

（张建国）

种子分级　seed sorting

对林木种子质量等级进行划分的技术措施。用分级后的种子播种，出苗整齐，生长均匀，便于更好地进行抚育管理。目的是为种子按等级议价和优质优价提供依据，避免因使用劣质种子而造成经济和生态效益方面的损失。

种子分级方法主要有3种：①筛选，即利用不同孔径的筛子，将大小种子分开；②风选，将轻重不同的种粒分级；③介电分选，利用种子的电场、磁场效应实现种子分选，以提高种子品质和出苗整齐度。

分级标准可参考中国国家标准《林木种子质量分级》（GB 7908—1999）。该标准根据种子净度、发芽率、种子生活力和种子含水量等品质指标，将主要造林树种种子质量划分为2级或3级，并规定各相关技术指标等级。不属于同一级时，以单项指标低的定等级。

（段爱国）

种子干燥　seed drying

通过风吹、日晒或加热等措施降低种子水分含量的过程。是不断降低空气水蒸气分压、使种子内部水分不断向外散发的过程。目的是在保持种子活力前提下，减弱其生命代谢活动，使贮藏中的种子处于安全状态。种子干燥的程度一般以达到安全含水量为准。刚采收回来的种子含水量较高，通常在12%以上。含水量过高，种子中存在大量的游离水，酶的活性增高，种子的呼吸作用加强，会释放出大量的热量和水分，从而引起种子霉变。对于干藏种子，贮藏的安全含水量通常为8%～10%。种子入库前必须充分干燥。

种子干燥的方法主要有自然干燥、人工加热干燥、干燥剂干燥3种。

自然干燥　利用日光、风等自然条件，使种子的含水量降到安全贮藏所要求的标准。根据种子干燥的要求，自然干燥又分晒干和阴干。

晒干　即利用日光干燥种子。凡种皮坚硬、安全含水量较低、不会迅速降低发芽率的种子，如大部分针叶树、豆科、翅果类（榆除外）及含水量低的蒴果种子，都可利用日光晒干。

阴干　即在阴凉干燥的环境下干燥种子。主要用于：①安全含水量高于气干含水量，一经干燥便很快脱水，易丧失生命力的种子，如栎类、板栗、油茶等；②在阳光下晒容易失去生活力的种子，如杉木、马尾松、油松、侧柏、刺槐、合欢、相思等种子；③种子小、种皮薄、成熟后代谢活动旺盛的种子，如杨、柳、榆、桑、桦、杜仲等；④含挥发性油质的种子，如花椒等；⑤凡经水选后或由肉质果中取出的种子，均忌日晒，只能阴干。

种子阴干应摊放在通风良好的室内或棚内。无论晒干或阴干都应将种子摊薄并勤翻动，以加速干燥及通风。

人工加热干燥　利用加热空气作为干燥介质通过种子层，使种子含水量降到规定要求的方法。具有速度快、不受天气影响的优点，适合南方多雨地区。但需要一定的场所和

图1　种子晾晒场

图2　华山松种子园种子晾晒

设备，干燥成本较高，并要预防因温度过高而灼伤种子。

干燥剂干燥　将种子与干燥剂按一定比例装入密闭容器内，利用干燥剂的吸湿能力，不断吸收种子扩散出来的水分，使种子失水干燥。干燥剂具有安全、能人为控制干燥程度等优点，不足之处是只能干燥少量种子。常用的干燥剂有变色硅胶（$SiO_2 \cdot nH_2O$）、氯化锂（LiCl）、氯化钙（$CaCl_2$）、生石灰（CaO）和五氧化二磷（P_2O_5）等。

（段爱国）

种子管理　seed management

在种子经营运转中，通过计划、组织、激励、协调等手段，建立秩序，保证种子质量，为农林业的健康发展提供保障的工作。主要是通过种子管理机构对种子的采集过程及贮藏方法、种子的包装及标签的使用、生产经营档案、种子质量等进行监管。

中国种子管理体系自20世纪50年代初期建立以来，形成了中央、省、地区（市）、县的四级管理体系。中国种子管理的特点：①法定性。国家对种子实行严格管理制度，在《中华人民共和国种子法》中明确规定了种子管理机构的设置及其职能，确保种子管理有法可依。②专业性。种子管理与经营活动剥离，种子管理机构主要承担行政与技术于一体的管理职能，要求从业人员具备扎实的林业生产相关知识。③特殊性。种子是一种特殊的商品，种子管理机构一方面要做好种子生产经营企业的全过程监管，另一方面还要维护种子生产经营者、使用者以及品种选育者的合法权益。④地域性。不同生态区植物种

类、品种各不相同。《中华人民共和国行政处罚法》《中华人民共和国行政许可法》等规定，中央及各省（自治区、直辖市）、地区（市）、县按照行政区划进行权限管理，行政行为不得超越行政管辖的区域范围。⑤公益性。种子管理机构为林业生产安全用种发挥着保驾护航的作用，承担种子行政许可、行政处罚、行政管理、种子市场和种子质量监管、新品种引种、试验、审定、示范、推广和保护等社会公益性职能。

参考文献

刘振伟, 余欣荣, 张建龙, 2016. 中华人民共和国种子法导读[M]. 北京: 中国法制出版社.

（李淑娴）

种子含水量　seed moisture content

反映种子中所含水分多少的指标。用种子中所含水分重量占种子重量的百分比表示。种子含水量的高低直接影响种子的调运和贮藏安全。

种子含水量可分为安全含水量和平衡含水量。①安全含水量指种子在贮藏期间，能够维持其生命所必需的最低限度的水分含量，又称标准含水量。种子安全含水量与种子内含物性质有很大关系，含油脂高的种子安全含水量低。②平衡含水量指在一定的温度、湿度条件下，经过一定时间后，种子对空气中水分的吸附和解吸以同等速率进行时的种子水分含量。种子平衡含水量因树种及环境条件的不同有显著的差异，其影响因素有大气湿度、温度和种子内含物的化学组成。种子含水量可采用烘干法或水分速测仪测定。

种子含水量不同，影响其生命活动的强度和特点有明显差异，同时还通过对仓虫、微生物的作用影响到贮藏安全。当种子含水量超过12%～14%，使用熏蒸剂杀虫，会损害种子发芽能力，且种子表面和内部的真菌开始生长；种子含水量超过18%～20%时，贮藏种子会"发热"；如果在贮藏过程中发生因渗水、结露等引起局部种子含水量增高并超过40%～60%时，种子会出现发芽现象。

参考文献

马志强, 胡晋, 马继光, 2011. 种子贮藏原理与技术[M]. 北京: 中国农业出版社.

颜启传, 2001. 种子学[M]. 北京: 中国农业出版社.

（彭祚登）

种子活力　seed vigor

在田间条件下，决定种子迅速整齐出苗和长成正常幼苗的潜在能力的总称。是综合反映种子播种品质的重要指标。使用高活力的种子，田间出苗迅速、均匀一致，抗逆能力较强，能保证全苗、壮苗和田间密度。

早在1876年，种子学创始人、德国科学家诺贝（Nobbe）就发现，在一批种子中，种子之间的发芽和幼苗生长速率有差异，他给这一现象取名为生长力（triebkraft），意思是推动力（driving force）或发芽强度（shooting strength）。但这一现象当时并未引起人们重视。直至1950年国际种子检验协会（ISTA）召开的会议上重新引起人们的兴趣，会议对种子活力取得了一致意见。尽管如此，长期以来种子活力的定义仍不统一，因为种子活力不像发芽率那样是一个单一的质量指标。

种子活力测定方法主要有直接法和间接法两类。①直接法是模拟田间不良条件，测定种子出苗能力或幼苗生长速度和健壮度的差异。②间接法是测定某些与种子活力有关的生理生化指标，如酶活性、电导率、种子呼吸强度等。国际种子检验协会的《活力测定方法手册》（1978）推荐了8种较为常用的测定方法：种苗生长和评价测定（seedling growth and evaluation tests）、希氏砖砾测定（Hiltner test）、冷冻测定（cold test）、电导率测定（conductivity test）、加速老化测定（accelerated aging test）、控制劣变测定（controlled deterioration test）、四唑图形测定（topographical tetrazolium test）及糊粉层四唑测定（aleurone tetrazolium test）。随着对种子活力研究的深入，很多测定方法更为成熟，国际种子检验协会在《国际种子检验规程》（2013）中推荐了4种测定方法，即电导率测定、加速老化测定、控制劣变测定、胚根伸长测定（radicle emergence test），规程对测定程序做了进一步规范。

高活力种子的特点：①具有较强的生命力，对田间逆境具有较强的抵抗能力，在干旱地区可适当深播，以便吸收足够的水分而萌动发芽，并有足够能量将子叶顶出土面。②发芽迅速，出苗整齐，可以规避和抵抗有病生物危害。幼苗健壮、生长旺盛，具有和杂草竞争的能力。③成苗率高，可比低活力种子减少播种量。低活力种子特点：田间出苗率低，往往缺苗断垄，必须重播。

参考文献

国际种子检验协会, 1993. 种苗评定与活力测定方法手册[M]. 徐本美, 韩建国, 等, 译. 北京: 北京农业大学出版社.

陶嘉龄, 郑光华, 1991. 种子活力[M]. 北京: 科学出版社.

International Seed Testing Association (ISTA), 2013. International rules for seed testing [S]. Switzerland : Bassersdorf.

（李淑娴）

种子健康测定　seed health testing

对种子是否携带真菌、细菌、病毒以及害虫等病原体所进行的检测。种子携带病原体会引起田间病害发生并逐步蔓延，给林业生产造成重大损失和灾难。病原体还会通过流通领域带入新的疫区。种子健康测定，可以为评估种子质量和提出种子的处理措施提供科学依据。经健康测定后，了解了病原菌的种类和感染程度，可以有针对性地采取措施对种子进行处理，减轻种传病害的发生，减少农药的使用。

种子健康测定方法分为室内测定和田间测定两大类。在种子贮藏、调种和引种过程中主要进行室内测定；田间测定则是根据病虫害的发生规律，在生长期主要依靠肉眼测定是否携带病原体。室内测定又包括未经培养测定和培养后测定。其中未经培养测定包括直接测定、吸胀种子测定、洗涤测定、剖开测定、染色测定和软X射线测定等；培养后测定包括吸水纸法、砂床法、琼脂皿法等。

种子健康测定方法较多，测定前需根据种子种类、病害种类及测定目的进行合理选择，所选择的方法需具有使病原体易于识别、结果有重演性、样品间结果有可比性和简单快速等特点。如果是调查、作出种子处理决定或田间评定等目的的，只需评定种传病菌感染率；对于检疫目的或田间高发病率的种传病，对种子样品的测定精度要求较高。在实际测定过程中，测定结果经常会受到以下因素的影响：其他病原菌对被测病原菌的干扰；室内测定结果通常高于田间测定结果；有些病原菌对培养条件敏感；种传病原菌生活力随着种子的贮藏而衰退。

参考文献

胡晋, 2015. 种子检验学[M]. 北京: 科学出版社.

王军平, 刘箐, 文朝慧, 2006. 植物种子的健康检验[J]. 检验检疫科学, 16(增刊): 116-117.

（李淑娴）

种子精选　seed cleaning

去除种子中混杂物的技术措施。又称净种。混杂物包括鳞片、果皮、种皮、果柄、枝叶碎片、空粒、废种子、其他种子、土块等。种子精选的目的是提高种子的精度和利用率，即提高种子纯度、净度、发芽率和活力。净种工作越细，种子的纯度越高。常用精选方法有：利用风力的风选，利用筛孔大小和形状不同进行的筛选，根据种子粒形、粒色、脐色等进行剔捡的粒选，以及利用种子不同比重进行的液选等。通常利用的精选机械有窝眼筒、窝眼盘、帆布滚筒、光电色泽分离机、静电分离器等。

（段爱国）

种子老化　seed aging

种子活力自然衰退的现象。随着时间的推移，种子的生活力、品质及性能呈现出从较高水平向较低水平下降的不可逆变化过程。是一个渐进和积累的过程，更是一个由量变到质变的过程。种子老化既有种子本身的遗传和生理原因，也有外界环境的作用。掌握种子老化的规律，有助于采取科学措施，延缓种子老化的进程。

种子老化过程　种子老化过程伴随着形态和生理生化特征的一系列变化。①形态特征方面。老化的种子种皮颜色变深、变暗甚至变黑，失去光泽，油质种子出现"走油"现象。在解剖结构方面，老化种子的种胚干涩，失去鲜嫩感，有的胚乳角质程度降低。含有挥发性物质的种子，老化后其挥发性物质挥发量增加，使种堆内的异味变浓。在超微结构方面，老化种子最常见的变化是脂肪体的融合，其次是质膜收缩破损，内质网断裂或肿胀，线粒体脊变小，双层膜破损等。老化严重的种子，核仁、核膜模糊，染色体结块，最终细胞结构消失。②生理特征方面。老化的种子膜系统受损，膜脂过氧化，可利用营养物质减少，乙醇、多胺和丙二醛等有毒物质积累，蛋白质和核酸的生物合成能力下降，酶、维生素、植物激素、谷胱甘肽等生理活性物质被破坏和失衡，染色体畸变和基因发生突变。

延缓种子老化的措施　种子老化进程是不可逆的，但通过科学的处理措施，可在一定程度上修复和提高老化种子的活力，改善种子的发芽情况。主要措施有渗透调节处理、干湿交替处理、微量元素处理、外源化学药剂处理、磁场处理、电场处理和热击处理等。

参考文献

胡晋, 2006. 种子生物学[M]. 北京: 高等教育出版社.

翟明普, 2011. 现代森林培育理论与技术[M]. 北京: 中国环境科学出版社.

（喻方圆）

种子类型　seed type

根据种子内部或外在特性的不同而划分的种子群体。不同树种的种子在大小、形状、颜色、内部结构、营养成分和生理特性等方面有着较大的差别。在科学研究和生产实践中，根据需要划分种子类型，有利于采取相应技术措施，提高种子采集、加工、贮藏和检验的工作成效，保障种子产量和质量。

根据胚乳的有无分为有胚乳种子和无胚乳种子。如杉木、马尾松、油松、侧柏、银杏、樟树等大多数林木种子为有胚乳种子；刺槐、合欢、相思树、七叶树、麻栎、核桃等种子为无胚乳种子。

《林木种子检验规程》（GB 2772—1999）根据种子的大小或重量分为特大粒种子、大粒种子、中粒种子、小粒种子和特小粒种子。如核桃、板栗、七叶树等为特大粒种子；油茶、山桃、山杏等为大粒种子；红松、华山松、沙枣等为中粒种子；杉木、马尾松、落叶松、刺槐等为小粒种子；桉树、泡桐、杨树、柳树等为特小粒种子。

根据对干燥和低温的敏感程度分为正常型种子、顽拗型种子和中间型种子。杉木、马尾松、油松、侧柏、刺槐、柠条等种子经历成熟干燥过程，含水量可低至3%～10%，能耐零下低温，为正常型种子（图1）；板栗、七叶树、黄皮、荔枝、龙眼、咖啡等种子不经历成熟干燥过程，含水量通常在30%以上，不耐零下低温甚至零上低温，为顽拗型种子（图2）；还有一些种子介于正常型和顽拗型种子之间，属于中间型种子，如白玉兰、火力楠、樟树、楠木、檫树等的种子。

根据种子主要营养成分含量的不同分为淀粉种子、油料种子和蛋白种子。如板栗为淀粉种子，油茶为油料种子，刺槐为蛋白种子等。

图1　杉木种子（正常型、小粒种子）（喻方圆　摄）

图2 麻栎种子（顽拗型、特大粒种子）（喻方圆 摄）

参考文献

胡晋, 2006. 种子生物学[M]. 北京: 高等教育出版社.

（喻方圆）

种子劣变 seed deterioration

种子生理机能衰败的过程。种子劣变导致种子生活力、品质及性能的下降。种子劣变主要表现在生理状况变化及细胞结构受损等。具体包括膜系统受损及膜脂过氧化，乙醇、多胺和丙二醛等有毒物质积累，淀粉、蛋白质、脂肪等营养物质和核酸等生物大分子的合成能力下降和分解过程加强，酶、维生素、植物激素、谷胱甘肽等生理活性物质被破坏和失衡，染色体畸变和基因突变，亚细胞结构如线粒体和微粒体被破坏等。

种子劣变与种子老化有所不同。种子老化是种子活力的自然衰退，是种子在贮藏过程中发生的不可避免的现象；种子劣变的原因除自然老化外，还包括由外界突然性高温或结冰等现象导致蛋白质变性或细胞膜受损等。种子劣变与种子老化密切相关，种子劣变主要是由种子老化引起的，种子老化的过程也是种子劣变的过程。

导致种子劣变的原因很多，既有种子本身的遗传和生理原因，也有外界环境的作用结果。掌握种子劣变过程中的生理生化变化规律，有助于了解种子劣变的机制，以便采取科学措施延缓种子劣变的进程。

参考文献

胡晋, 2006. 种子生物学[M]. 北京: 高等教育出版社.

翟明普, 2011. 现代森林培育理论与技术[M]. 北京: 中国环境科学出版社.

（喻方圆）

种子品质 seed quality

种子优劣程度各项指标的统称。曾称种子质量。由种子不同特性综合而成，包括遗传品质和播种品质两个方面。生产上多指播种品质。种子是林业生产的基本资料，种子品质的优劣直接影响到林业生产的成败。

遗传品质 与遗传特性有关的种子品质。包括生长潜力、木材品质、抗逆性、抗病虫能力、适应性等指标。就林木种子而言，遗传品质是从母体遗传下来的特性，遗传品质的好坏，取决于采种母树的选择，如种子园种子、母树林种子、优良林分种子和一般林分种子等。

在林业生产中营建种子园就是为了使林木种子获得优异的遗传品质，种子园的建园材料是通过选择或改良后获得的优异母本材料，生产出的种子具有父母本的优良特性，遗传品质优良。在不具备发展种子园的条件时，通过选择适当年龄的优良林分，经过去劣疏伐后建成母树林，能够生产出遗传品质在一定程度上得到提高的优良种子。通过科学的育种程序，选育优良品种并建立采穗圃，能够生产遗传品质优良的无性繁殖材料。

要确定不同来源种子遗传品质的优劣，必须进行子代测定和区域试验。品种真实性也是种子遗传品质的重要方面。林木品种真实性的鉴定方法有形态鉴定法、生理生化鉴定法和分子标记鉴定法等。

播种品质 种子在一定环境条件下萌发并生长为健康植株的能力。包括净度、千粒重、含水量、发芽率、生活力、优良度和病虫害感染度等指标。

播种品质的优劣对种子的种用价值具有重要影响。林木种子的播种品质受外界环境因素的影响，如结实母树的生长状况、气候条件、土壤水分状况和土壤肥力等。结实母树在壮年期所结种子的播种品质优于青年期和老年期；林木种子的采收时期对种子播种品质也有影响，一般情况下，"掠青"种子的播种品质要低于成熟种子。加工和贮藏对种子播种品质也有很大影响，加工方法得当，种子未受物理损伤，播种品质好。科学的贮藏方法有利于播种品质的保持。

参考文献

毕辛华, 戴心维, 1993. 种子学[M]. 北京: 中国农业出版社.

王明麻, 2001. 林木遗传育种学[M]. 北京: 中国林业出版社.

（喻方圆）

种子区划 seed zone division

将一个树种的分布区和栽培区划分为自然条件和遗传结构相同的若干地域单元的工作。即对某个树种各地所产种子的供应范围，根据生态条件、地理变异以及行政区界等进行区划，要求使用同一区划内种子，限制使用区划外种子。造林用的不同种源在成活率、保存率、生长和材质等方面都可能存在遗传差异，这种差异有时是极其显著的。造林工作不仅要求做到"适地适树"，而且要求做到"适地适种源"。只有这样，才能营造出生产力高、稳定性好、材质优良的人工林。

发展 对种源实施法律控制并进行种子区划工作较早的是德国。德国于1906年立法禁止从国外进口种子；在1958年颁布的种苗法实施细则中分别树种划分了种子区和高度带。美国的林木种子区划最初是在1941年，由美国农业部林务局提出把普利列草原（Prairie）各州划分为11个种子区。苏联在1944年由全苏林业科学研究所制定和发表了水源涵养地带林木种子工作指南，其中提出欧洲松、橡树和西伯利亚落叶松的种子调运分区；从1982年3月起，苏联实行新的种子区划，区划树种有欧洲松、欧洲云杉、落叶松、冷杉、水青冈、橡树、梭梭、西伯利亚松、红松。中国自1982

年起由林业部主持，对 13 个主要造林树种种子区做了区划；1988 年 4 月 13 日由国家标准局颁布了中华人民共和国国家标准《中国林木种子区》（GB 8822.1—1988 至 GB 8822.13—1988），于 1988 年 8 月 1 日开始实施。

主要依据 ①分布区的地貌、气候、植被等生态条件差异。在生态条件中，首先要考虑地貌。中国地貌变化大，山地、高原、平原及盆地交错分布，对气候、土壤、植被有很大影响。其次要注意气候和植被条件。②树种地理种源试验。③树种表型地理变异。靠亲本群表型变异划分的地理群与根据种源试验划分的种源类群比较接近。

区划内容 包括种子区、种子亚区。种子区和种子亚区有名称和序号。①规范和基本原则。序号用两位数表示。前一个数字代表种子区，后一个数字代表种子亚区。为了便于实际应用，特别强调种子区或种子亚区边界的明确性。尽量利用行政区界（省界、县区等）、天然界线（山脊、河流等）、人工界线（铁路、公路等）作为种子区或亚区界线。县作为重要的行政区划单位，一般不把一个县的范围分属于两个种子区或种子亚区。②种子区。生态条件和林木遗传特性均基本类似的地域单元。是**种子调拨**的基本单位。在某一种子区内造林时，应当采用本种子区的种子；本种子区的种子不能满足造林需要时，经上级批准，可按照区际调拨允许范围的规定使用其他种子区的种子。中国 1988 年颁布了红松、华山松、樟子松、油松、马尾松、云南松、兴安落叶松、长白落叶松、华北落叶松、粗枝云杉、杉木、侧柏、白榆 13 个树种的种子区划国家标准。③种子亚区。在一个种子区内部，为控制用种的需要所划分的次级单位。一个种子区可包括 1 个或 1 个以上的种子亚区，造林时应优先采用造林地点所在的同一亚区的种子。

与种子区划相近的名称是种源区划。一般认为，种子区划是造林学上的概念，目的是对造林中的种子调拨进行限制；种源区划是生态学和遗传学上的概念，是在对地理变异及其规律研究基础上，进行种源类群划分。种源区划为种子区划提供了最可靠的依据。

参考文献

王明庥, 2001. 林木遗传育种学[M]. 北京: 中国林业出版社.

（张建国）

种子散落 seed scattering

林木种子成熟后，果实与种子逐渐从树上脱落、飞散的现象。

种子散落的早晚受树种遗传特性和环境条件的影响。①树种遗传特性。成熟后立即散落的，如杨、柳、白榆、桦等；成熟后经过较短时间后散落的，如油松、侧柏、栎类、黄栌等；成熟后经过较长时间才散落的，如刺槐、槐树、紫穗槐、白蜡树、复叶槭、臭椿、悬铃木、苦楝、圆柏等。②环境因素。同一树种种子成熟后散落的迟早，受环境因素如气温、光照、降雨、空气相对湿度、风和土壤水分的影响。气温高、空气干燥、风速大、果实或球果失水快，种子散落早，反之则晚。

种子散落的早晚与种子质量有密切关系。一般情况下，早期和中期（即盛期）脱落的种子质量好，中期落下的种子数量多，后期脱落的种子质量较差，如落叶松、油松、杉木和马尾松等。但栓皮栎、麻栎等最早脱落的种实，多为受虫害及发育不健全的果实，其**千粒重**、**发芽率**都较低，而中期脱落的种实数量最多，质量也最好。

不同球果类型的树种具有不同的种子散落特点。球果类的红松种子成熟时，整个球果脱落；杉木、落叶松、马尾松、侧柏等种子成熟时果鳞张开，种子散落；金钱松、雪松、冷杉等种子成熟时果鳞与种子一起飞散。蒴果与荚果类种子成熟时，一般是果实开裂，种子散落。坚果类、肉质果类及翅果类，常常整个果实与种子一同脱落。种子脱落期持续时间长短因树种而异。如杨、柳等种子从蒴果开裂到带有种子的絮毛飞散完毕仅有数日，樟树、闽楠、云杉和华北落叶松种子散落时间较长，自开始散落到散落完需 1 个月以上。成熟后立即脱落或随风飞散的小粒种子，应在成熟后脱落前立即采种，成熟后立即脱落的大粒种子，应在成熟后采集或在地面上收集；成熟后果实色泽鲜艳易招鸟类啄食的，应在形态成熟后及时从树上采种；成熟后较长时间种实不脱落的，应在形态成熟后及时从树上采种，以免长期悬挂在树上造成种子质量下降。

参考文献

翟明普, 沈国舫, 2016. 森林培育学[M]. 3版. 北京: 中国林业出版社.

（李铁华）

种子生产经营档案 production and management archives of seeds and seedlings

种子生产经营者在种子生产经营活动过程中直接形成的具有保存价值的文字、图表、声像等不同形式的客观记录。通过档案工作的开展，可以规范种子生产经营秩序，确保种子来源清楚、去向明确，保证生产经营活动的可追溯性。

建立与规范种子生产经营档案的意义：①《中华人民共和国种子法》（以下简称《种子法》）对种子生产经营者规定履行的义务；②种子生产经营者严格自律的行为准则；③种子生产经营者加强自身管理、提高管理水平所采取的必要措施；④种子生产经营者查找问题、落实责任、制定制度的重要依据。生产经营档案未建立或不规范，不仅不利于自身管理，还要受到《种子法》相应的处罚。

《种子法》（2016 年 1 月实施）第三十六条规定，种子生产经营者应当建立和保存包括种子来源、产地、数量、质量、销售去向、销售日期和有关责任人员等内容的生产经营档案，保证生产经营过程可追溯。不依法建立档案的种子生产经营者，可由县级以上人民政府林业主管部门按照《种子法》第八十条的规定，责令其改正，并处以罚款。

为贯彻《种子法》，国家林业局发布了《林木种子生产经营档案管理办法》（林场发〔2016〕第 71 号）以及《林木种苗生产经营档案》（LY/T 2280—2018），对生产经营档案中需载明的事项、档案如何整理、保存期限等做了更为详细的要求。

参考文献

赵新生, 焦富玉, 王岩, 等, 2012. 强化种子生产经营档案管理完善种子质量追溯制度[J]. 种子科技, 30(3): 19.

周治华, 2008. 加强档案管理 提高种子质量[J]. 种子科技(5):15-16.

扩展阅读

国家林业局, 2018. 林木种子生产经营档案: LY/T 2280—2018[S].

（李淑娴）

种子生产经营许可证 commercialization permission for tree seed production

根据《中华人民共和国种子法》的规定, 由县级以上人民政府林业主管部门核发的准予从事林木种子生产经营活动的证件。从事林木种子经营和主要林木种子生产的单位和个人, 应当取得林木种子生产经营许可证, 按照生产经营许可证载明的事项从事生产经营活动。实施种子生产经营许可证制度就是用法律手段规范种子生产经营活动, 提高种子企业独立承担民事责任的能力, 维护正常的种子生产经营秩序, 保护种子生产经营者的合法权益, 推动林木种子产业化发展。

2000年12月《中华人民共和国种子法》实施后, 国家林业局即于2002年11月制定了《林木种子生产经营许可证管理办法》（国家林业局第5号令）, 进一步规范林木种子生产经营许可证制度。新修订的《中华人民共和国种子法》2016年1月起实施后, 国家林业局第40号令制定了新的管理办法, 从2016年6月起启用新的种子生产经营许可证制度。

国家对许可证实行分级审核、发放制度。根据许可证发放机关的不同分为3类: ①从事种子进出口业务、转基因植物品种的单位, 需向省（自治区、直辖市）人民政府林业主管部门提出申请, 审核后由国务院林业主管部门核发; ②从事林木良种子生产经营的单位, 需向所在地县级人民政府林业行政主管部门提出申请, 审核后由省（自治区、直辖市）人民政府林业主管部门核发; ③从事主要林木种子生产经营及非主要林木种子经营的单位, 其许可证由所在地县级以上地方人民政府林业主管部门核发。

参考文献

隋文香, 2002. 种子经营许可证发放条件的法律思考[J]. 中国种业(1): 6-7.

张向前, 2002. 浅析林木种子生产经营许可证制度[J]. 湖南林业科技, 29(4): 57-60.

扩展阅读

国家林业局第40号令《林木种子生产经营许可证管理办法》.

（李淑娴）

种子生活力 seed viability

用物理或化学方法测定的种子潜在发芽能力。以具有生活力的种子数占供试种子数的百分比表示。生活力测定可快

速估测种子的潜在发芽能力, 特别是休眠种子; 发芽结束时未萌发的新鲜种子, 也可通过测定生活力进行评价。

与发芽率测定相比较, 生活力测定所需时间短, 但准确性通常不如发芽率高。测定方法有染色法、离体胚培养法和X射线衬比摄影法等。

染色法 常用方法有四唑染色法（TTC法）, 其次是靛蓝染色法。四唑染色法的原理是活细胞内的脱氢酶可将无色四唑溶液还原成稳定且不扩散的红色甲臜, 从而使种子中有生命的部位染上红色, 无生命的部位不染色; 其可靠性高、反应速度快, 是最广泛的林木种子生活力测定方法。

离体胚培养法 将离体胚在规定的条件下培养5～14天, 有生活力的胚保持坚硬新鲜的状态, 或者吸水膨胀、子叶展开转绿, 或者胚根和侧根伸长、长出上胚轴和第一叶。适用于发芽慢或具休眠特性的种子生活力测定。

X射线衬比摄影法 简称XC法。依据是细胞膜具有选择透性。射线摄影之前用衬比剂处理种子, 死亡组织由于丧失了选择透性的能力, 被衬比剂浸渗; 而衬比剂能强烈吸收X射线, 被浸渗的组织在射线照片上呈现密度反差, 从而判断种子的生活力。常用衬比剂有水、氯化钡（BaCl₂）、硝酸银（AgNO₃）、碘化钠（NaI）、碘化钾（KI）等。其中, 用水作衬比剂的衬比摄影法（简称IDX法: I—培养, D—干燥, X—X射线摄影）为无损检验法, 检验过的种子还可以逐粒用于对照发芽测定。该法在林木种子生活力测定上得到广泛应用。

图1 山杏种子生活力测定（浓香香 提供）

1、2. 有生活力, 3、4. 无生活力; 3. 子叶染色未达到1/2, 4. 胚根未染色

图2 离体培养测定乌桕种子生活力（李淑娴 提供）

1. 培养前, 2. 培养8天; ★ 有生活力, ▲ 无生活力

参考文献

国家质量技术监督局, 1999. 林木种子检验规程: GB 2772—1999 [S]. 北京: 中国标准出版社.

International Seed Testing Association (ISTA), 2013. International rules for seed testing [S]. Switzerland: Bassersdorf.

（浓香香）

种子寿命 seed longevity

在一定环境条件下种子生活力能够保持的期限。一批种子从收获后到发芽率降低一半所经历的时间，即为该批种子的平均寿命，也称半活期。尽管每粒种子都有它们各自的生存期限，但因为种子数量很多，不可能测定每粒种子的生物学寿命，只能从种子群体中取样测定其生活力或发芽率，用来估算种子的寿命，所以种子寿命是一个群体概念。种子寿命的长短与林业生产密切相关。种子寿命长，其利用年限就长，可以降低种子生产成本，以丰补歉，调剂余缺，提高生产效率。对种质资源保存来说，种子寿命长可以降低保存费用和维护成本。

种子寿命的差异 种子寿命的差异较大。寿命短的种子，如杨树和柳树种子，在自然状态下只能存活 2～3 周；寿命长的种子可存活几百年甚至上千年。如 1967 年，美国曾报道世界上最长命的种子为北极的羽扇豆，寿命为 1 万年。

1908 年，英国科学家尤尔特（Ewart）按种子寿命长短分为长命种子、常命种子和短命种子三类。①长命种子寿命 15 年以上，通常种皮坚韧，透水、透气性不良，如合欢、决明等的种子。②常命种子寿命 3～15 年，大多数农作物种子寿命在这一范围，如水稻、小麦、玉米、向日葵、油菜等种子。③短命种子寿命在 3 年以下，多数林木种子为短命种子，如杨、柳、榆、板栗、麻栎、七叶树、油茶等的种子。

影响种子寿命的因素 影响种子寿命的因素有内因和外因两方面。内因有种子的遗传特性、种皮结构、种子营养成分、种子含水量、种子的生理状态和种子的物理性状等。外因有空气湿度、温度、气体和生物因素等。其中种子含水量和贮藏温度是影响种子贮藏寿命最关键的因素。

参考文献

胡晋, 2006. 种子生物学[M]. 北京: 高等教育出版社.

翟明普, 2011. 现代森林培育理论与技术[M]. 北京: 中国环境科学出版社.

（喻方圆）

种子寿命预测 seed longevity prediction

根据种子寿命的变化规律，通过数学方法推算种子寿命的方法。可作为生产上种子贮藏的参考。对许多植物种子的研究结果表明，一个种子群体所有种子生活力的丧失是呈正态分布的，探明前半期的变化情况，就可推知后半期的变化趋势。

影响种子寿命的关键因素是种子含水量和贮藏温度。根据这一原理，英国科学家罗伯茨（Roberts）于 1973 年提出了预测正常性种子寿命的对数线性回归方程：

$$\lg P_{50}=K_v-C_1 m-C_2 T$$

式中：P_{50} 为种子发芽率降低到 50% 的平均时间（天），即半活期或者平均寿命；m 为贮藏期间种子的含水量（%）；T 为种子的贮藏温度（℃）；K_v，C_1，C_2 为常数，可根据不同树种多次贮藏试验结果推算获得。

应用上述方程，可由任何贮藏温度和水分组合求出种子

保持 50% 生活力的期限，或根据预先所要求保持生活力的期限，求出所需的贮藏温度和种子含水量，以便选择适宜的贮藏策略。不足是只能求出种子保持 50% 发芽率所经历的时间，生产上要求的种子发芽率常常高于 50%，这就需要重新拟合种子寿命预测方程的参数，以用于保持不同发芽率所经历时间的预测。在低温和低含水量时，预测可靠性差。不同树种的种子，方程的参数也存在较大的差异。

参考文献

胡晋, 2006. 种子生物学[M]. 北京: 高等教育出版社.

Roberts E H, 1973. Predicting the storage life of seeds[J]. Seed Science & Technology, 1: 499–514.

（喻方圆）

种子调制 seed processing

对采集后的种实进行脱粒、干燥、去翅、净种和种粒分级等处理的技术措施的总称。目的是获得纯净而适于贮藏、运输或播种的优质种子。

种子调制方法根据果实及种子的结构和特点而定，一般把调制方法相同或相似的种实归为一类，分为球果类、干果类和肉质果类。

球果类种子调制 如杉木、油松、落叶松等，因种子包藏在球状果的种鳞内，种实调制中首先要进行干燥，使球果的鳞片失水后反曲开裂，种子才能脱出。球果干燥分自然干燥和人工干燥两种方法。①自然干燥法。即以日晒或阴干使球果干燥开裂，大部分种子可自然脱粒，去杂后取得纯净种子（如红松和华山松）。有的地区用刀具将球果外层种鳞削去一层后再自然干燥，可使球果迅速开裂，加快脱粒速度（如马尾松）。优点是作业安全，调制的种子质量高，不会因温度过高而降低种子的品质；但常常受天气变化影响，干燥速度缓慢。②人工干燥法。指通过人工控制干燥室的温度和通风条件，进行干燥脱粒，也可使用球果脱粒机脱粒种子。还可采用减压干燥法或真空干燥法脱粒种子。为便于贮藏和播种，对于落叶松、油松等有翅的种实，完成脱粒工序后，要通过手工揉搓或用去翅机除去种翅。瑞典采用湿去翅法，可防止去翅时损伤种皮，有利于种子保持发芽能力和活力。

干果类种子调制 干果类种实包括蒴果、荚果、翅果和坚果等。调制时主要使果实干燥，去除果皮、果翅、各种碎屑、泥土和夹杂物，取得纯净种子，然后晾晒，使种子达到贮藏所要求的干燥程度。①蒴果类。种实含水量高的，如杨、柳等种实，宜采集后放入通风背阴处干燥脱粒；种实含水量很低的，如紫薇、木槿、香椿等种实，采后即可在阳光下晒干、脱粒净种。②荚果类。多数种实含水量较低，如刺槐、合欢等种实，采集后可直接暴晒，待荚果开裂，敲打脱粒。对于皂角类等果皮坚硬的种实，可用石碾压碎果皮，进行脱粒。③翅果类。如白蜡树、枫杨、杜仲等果实，不必去翅，干燥后去除杂物即可贮藏。其中，杜仲翅果在阳光下暴晒易失去发芽力，应阴干。④坚果类。如栎类的种实，含水量较高，不宜在阳光下暴晒，采集后及时通过水选或手选，除去虫蛀果实，摊在通风处阴干。

肉质果类种子调制　肉质果类包括浆果、核果、仁果、聚合果以及包在假种皮中的球果等，如山楂、小檗、银杏等种实。果皮多为肉质，易发酵腐烂，采集后应及时调制。工序主要为软化果肉、揉搓果肉，用水淘洗并取出种子，然后阴干。

在林业发达国家，种子调制的全过程实现了机械化，常用的机械包括种子和球果干燥箱、种子脱粒生产线、净种和分级机、去翅机、水选机和重力分选机等。

参考文献

狄香香, 喻方圆, 郑欣民, 2008. 林木种子采集、加工和贮藏技术[M]. 北京: 中国林业出版社.

（段爱国）

种子休眠　seed dormancy

有生活力的种子在适宜条件下暂时不萌发的现象。休眠的起源可能与过去地球气候的变化有关。随着纬度的升高，降水和气温的季节性变化越显著，存在种子休眠现象的植物种类也越多。不同种子具有不同的休眠特征，但所有种子的休眠特征均在种子不适应生长环境的条件下产生。休眠程度反映了种子对生长环境的适应能力，种子在不同时期对温度、水分以及光照等生长条件有不同的需求，能发芽的宽度范围与种子的休眠程度成反比，也就是说，能发芽的范围越窄，种子的休眠程度越深。

种子休眠的意义　种子休眠是植物经过长期演化而获得的一种对环境条件及季节性变化的生物适应性，是种子调节自身以获得萌发的最佳时间和空间分布的一种对策。种子休眠的意义通常体现在三个方面：①从同一母体植株产生并散落在环境中的种子具有不同的休眠程度，休眠程度的差异体现在种子的颜色、大小及种皮厚度上，这也是种子成熟度不同的体现；②利用休眠来解除对环境因素的依赖性，使种子自身可以调控和分配萌发的时间，例如，种子一般在经历低温之后才会解除休眠，必须熬过漫长的冬季才能顺利萌发，幼苗在春天破土而出并在良好的气候中苗壮成长；③休眠有利于种子的空间分布，风力、水流和动物等媒介能将种子散播到更远的空间，这也是种子生物学重要性的体现。种子休眠有利于种族的生存和繁衍，具有重要的生态意义。但是，种子休眠对于林业、农业和园艺等部门的生产而言却是不利的，对人工育种特别是珍稀濒危物种的人工繁殖尤为明显。

种子休眠的类型　种子休眠是一种或多种萌发抑制因素作用的结果，不同种子的休眠机制、程度及打破休眠的方法也各不相同。迄今为止，种子休眠有很多分类方法，广泛得到认可的有两种。①苏联科学家 M. G. 尼古拉耶娃（M. G. Nikolaeva）1977 年提出的种子休眠分类体系，把种子休眠分为外源性休眠、内源性休眠及形态生理综合休眠（深休眠和上胚轴休眠）。其中外源性休眠包括由于种皮不透水引起的物理休眠，种皮（果皮）中有抑制物质的化学休眠和由于胚的各种包被物对胚的生长有机械阻力引起的机械休眠；内源性休眠包括形态休眠和生理休眠，形态休眠指由于胚发育不完备引起的休眠，生理休眠又根据生理性抑制由弱到强分为浅休眠、中度休眠和深休眠；形态生理综合休眠包括由于胚发育不良同时发芽生理性抑制强烈引起的深休眠，和胚发育不良同时对上胚轴生长的生理性抑制强烈引起的上胚轴休眠。②美国 J. M. 巴斯金（J. M. Baskin）和 C. C. 巴斯金（C. C. Baskin）（1998, 2004）将种子休眠分为生理休眠、形态休眠、形态生理休眠、物理休眠和综合休眠 5 种类别，其中生理休眠进一步分为深度生理休眠、中度生理休眠和低度生理休眠。此外，种子休眠还包括光休眠和二次休眠等。

种子休眠的影响因素　林木种子休眠受诸多因素的影响：①种壳、种皮的结构对种子休眠的影响。通过对不同种子种壳与种皮对种子休眠状态影响的研究可以发现，不同种皮结构的种子休眠时间不一样，通过对种皮的处理可以延长或缩短种子的休眠期。②种壳、种皮透水性、透气性对种子休眠的影响。研究结果表明，种子种皮和种壳的透气性和透水性与种子休眠期成正比。③种胚发育结构、形态对种子休眠的影响。④种子的内含物对种子休眠的影响。种子内所含抑制物的量与种子的休眠期长短成正比。

打破休眠的方法　休眠种子需要通过一系列的环境因素诱导自身代谢和结构的变化，才能缩短休眠时间并萌发。解除休眠所采用的方法因其休眠原因而不同，硬实可用机械损伤、热水浸泡或酸（碱）处理。低温（1～10℃）、湿沙层积处理，是生产上最常用的消除胚生理后熟休眠的办法。对一些胚尚未发育完善的种类，沙藏早期宜用高温（>20℃）。如种子内含水溶性抑制剂脱落酸、酚类等，则可用水冲洗。采用化学处理时，常用的药剂有赤霉素、过氧化氢、硝石、乙烯、硫脲等，可起到低温层积处理的效果。赤霉素还能部分取代光感效应和干藏的作用。

参考文献

沈海龙, 2009. 苗木培育学[M]. 北京: 中国林业出版社.

张红生, 胡晋, 2015. 种子学[M]. 2版. 北京: 科学出版社.

郑光华, 2004. 种子生理研究[M]. 北京: 科学出版社.

Derek Bewley J, Bradford K J, Hilhorst W M, et al, 2017. 种子发育、萌发和休眠的生理[M]. 莫蓓莘, 译. 北京: 科学出版社.

（李庆梅）

种子引发　seed priming

通过渗透调节、温度调节、气候调节和激素调节等措施促进种子萌发、提高萌发整齐率、减少萌发时间等的种子催芽方法。又称种子渗透调节。是在人为控制条件下使种子缓慢吸水，为种子萌发提前进行生理准备的一种播前种子处理技术。广义上也属于种子催芽的范畴。旨在提高种子迅速、整齐的出苗能力和幼苗的抗逆性。引发后的种子可以直接用于播种，也可以回干贮藏。

引发方法按基质类别可分为水引发、溶液引发、固体基质引发和生物引发等。这些方法虽各有特点，但其原理都是在控制条件下使种子缓慢吸水，通过早期阶段引发，为种子萌发做好生理准备。

水引发　直接使用水进行种子处理。生产上使用的浸种处理，将种子直接浸泡在水中一段时间后取出进行播种，为最古老的一种引发方法。

溶液引发 以溶质为引发剂，将种子置于被溶液湿润的滤纸上或浸于溶液中，通过控制溶液的水势调节种子吸水量。生产上应用比较普遍。常用的引发剂包括硝酸钾、氯化钙、磷酸钾等无机盐类及聚乙二醇（PEG6000 或 PEG8000）等大分子化合物。要取得最佳的引发效果，必须控制引发溶液的水势、引发温度和引发时间。

固体基质引发 将种子、基质和水按一定比例混合进行种子处理，种子通过基质吸水，引发结束后基质与种子分离。该方法模拟种子在土壤中发芽过程，引发过程中能够提供种子代谢所需的氧气，无须特别的通气装置。

生物引发 在种子水合过程中添加有益微生物作为种子保护剂的一种引发方法。有益微生物可以通过成膜剂包裹到种子上，也可以直接加入基质中。经过生物引发处理的种子，有益菌或细菌布满种子表面，播种后能够使幼苗免遭有害菌侵袭，同时可以促进苗木生长，提高抗逆性。

参考文献

沈海龙, 2009. 苗木培育学[M]. 北京: 中国林业出版社.

王彦荣, 2004. 种子引发的研究现状[J]. 草业学报, 13(4): 7–12.

姚东伟, 吴凌云, 沈海斌, 等, 2020. 种子引发技术研究与应用进展[J]. 上海农业学报, 36(5):153–160.

（李庆梅）

种子优良度 seed goodness

判断种子优劣程度的指标。优良种子数占供检种子总数的百分比。优良种子是指种粒饱满，胚和胚乳发育正常，呈新鲜种子特有的颜色、弹性和气味的种子；反之则为劣质种子。

种子优良度指标包括种子外观和内部性状。测定时先依靠眼看、手摸、牙咬、鼻闻、舌尝等感官感受，对种子外观、色泽、气味、硬度、夹杂物等进行综合考察，确定种子质量的好坏。随后采用解剖法、挤压法、压油法等对其内部性状进行测定。①解剖法。根据种皮颜色、光泽及剖开种子后胚和胚乳的色泽、状态、种子的气味和味道等来判断种子的品质。通常用于种粒较大的栎类、油桐、油茶等树种种子。②挤压法。将种子用水煮 10min 后置于两块载玻片间挤压，饱满种子挤出正常的种仁，空粒种子挤出水，变质的种子挤出黑色的种仁。适用于特小粒种子。③压油法。将种子放在两张白纸之间用瓶碾压，凡显出油点的为好种子，无油点的为空粒。主要适用于含油分高的小粒种子。

青钱柳种子优良度测定（洑香香 提供）

1、2、5、6.饱满种子；3.半饱满种子；4.空粒种子

种子优良度测定适用于种子收购现场或由于时间等条件限制不能进行实验室发芽测定的种子，具有方法简便、不需要复杂仪器设备、速度快的优点，能在短时间内得到测定结果。缺点是对处于中间状态的种子，需凭借经验进行判断；对酸败变质的种子与好种子难以区分；实验结果受人为主观因素的影响较大。

参考文献

喻方圆, 周景莉, 洑香香, 等, 2008. 林木种苗质量检验技术[M]. 北京: 中国林业出版社.

（李淑娴）

种子园 seed orchard

用优树无性系或家系按设计要求营建、实行集约经营，以生产优良遗传品质和播种品质种子为目的的特种人工林。采用种子园生产的种子造林能提高林木生长量的遗传增益达 15%～40%，是世界发达国家林业良种生产的重要途径。

根据母树的繁殖方法，种子园分无性系种子园和实生苗种子园。①无性系种子园是以优树或优良无性系个体为材料，用无性繁殖的方法建立起来的种子园。优点是能保持优树原有的优良品质、开花结实早、树形相对矮化和便于集约经营管理等。②实生苗种子园是用优树或优良无性系母株上采集的自由授粉或控制授粉种子培育的苗木建立起来的种子园。优点是繁殖容易，适用于无性繁殖困难的树种；对开花结实早、轮伐期短的树种，可将子代测定与种子生产结合起

图 1 红心杉木专营性种子园（段爱国 摄）

图 2 樟子松种子园

来。缺点是开花结实晚，优树性状不稳定，容易发生变异。

根据建园亲本经过选择鉴定情况，种子园分为1代种子园、1代去劣种子园、1代改良种子园和高世代种子园。高世代种子园是经过多世代的选择和培育形成的，可以提高林木群体中优良基因频率，并组合出更符合人们需要的优良基因型；随着种子园建园亲本性状的不断改良，改良效果能逐步提高，且随着对种子适应性和抗性的需求，高抗高增益的高世代种子园已成为发展方向。

参考文献

沈国舫, 2001. 森林培育学[M]. 北京: 中国林业出版社.

（张建国）

种子真实性鉴定　the identification of seed genuineness

对一批种子所属种、品种或属与文件（*种子标签*、品种证书、质量检验证书等）描述的一致性进行辨别和确定的过程。又称种子的真假鉴别。是种子生产工作中不可缺少的重要环节，是保证造林绿化用种正确性、防止以假乱真或真假掺杂、牟取暴利现象发生的重要依据，是促进林业生产可持续发展的有效措施。

种子真实性鉴定方法主要包括形态鉴定、生理生化鉴定、细胞学鉴定和分子生物学鉴定等。

形态鉴定　又分为籽粒形态鉴定、种苗形态鉴定和植株形态鉴定。籽粒形态鉴定简单快速，鉴定结果受主观因素影响较大，仅适合于籽粒较大、形态性状丰富的植物。种苗形态鉴定适合于幼苗形态性状丰富植物，一般需要7～30天，因苗期所依据的性状有限，且苗期性状不太稳定，鉴定结果准确性欠佳。植株形态鉴定依据的性状较多，测定结果较准确，但植株培养到所需的形态特征时需要的时间较长，难以满足快速鉴定的需要。

生理生化鉴定　这类方法较多，主要是利用生理生化反应和生理生化技术进行鉴定。在不同的基因调控下，植物就会有不同的生理生化上的差异，前者的原理是，不同品种的种子、种皮(壳)内过氧化物酶、酚酶活性不同，因此可以采用愈创木酚染色法、苯酚染色法，根据溶液颜色深浅的差异进行品种鉴定；后者操作的原理是由于不同品种的遗传基因有差异，其蛋白质及同工酶的结构也有所不同，形成的谱带数与位置也有所差异，因此采用同工酶电泳法、蛋白质电泳法也可进行种子的真实性鉴定。生理生化鉴定具有快速的特点，但由于方法的限制，鉴定的普遍性不是特别高。

细胞学鉴定　主要依据染色体数量和结构变异、染色体带型差异及细胞形态差异进行种及品种的真实性鉴定。细胞学鉴定也具有省时快速的特点，但由于方法的限制，鉴定的普遍性同样不是特别高。

分子生物学鉴定　是在 DNA 和 RNA 等分子水平上鉴别种子的真实性。主要有随机扩增多态性标记（RAPD, random amplified polymorphic DNA）技术、扩增片段长度多态性（AFLP, amplified fragment length polymorphism）技术、简单重复序列分子标记（SSR, simple sequence repeat，又

称 microsatelite DNA）技术和单核苷酸多态性（SNP, single nucleotide polymorphisms）技术。分子生物学鉴定具有高效、准确，不受时空表达影响，操作简单等优点，在种子真实性鉴定的应用越来越普遍；缺点是技术要求高，基层操作比较困难。

在实际应用中，无论采用哪种鉴定方法，理想的鉴定方法需满足5个要求：结果正确、重演性好、方法简单、省时快速、成本低廉。

参考文献

胡晋, 2015. 种子检验学[M]. 北京: 科学出版社.

沈海龙, 2009. 苗木培育学[M]. 北京: 中国林业出版社.

（李淑娴）

种子贮藏　seed storage

种子收获后储存以保持其生命力的措施。是种子产业的重要环节。

作用与意义　种子是农林业极为重要的生产资料，种子贮藏的任务是通过采用合理的贮藏设备和科学的贮藏技术，人为地控制贮藏条件，将种子老化和劣变带来的损失降到最低限度，使具有活力和发芽力的种子数量保持在尽可能高的水平，以保证生产用种的安全。

在相同环境条件下，不同树种的*种子寿命*长短不同。在林业生产中，林木种实经过调制处理后获得的*纯净种子*，如果不直接用于播种，则需要贮藏一定时间。随着贮藏时间的延长，种子维持其生命活动过程所必需的新陈代谢体系或其中若干环节会遭遇障碍或破坏，进而导致种子衰老或劣变而影响其寿命。种子在长时间贮藏过程中，发生衰老或劣变是不可避免的，*种子活力*也会因此逐渐下降，直到彻底失去生命力。良好的贮藏条件和科学的加工与贮藏管理方法，可以明显延长种子的寿命。

种子贮藏原理　种子作为活的有机体，呼吸时刻都在进行着，呼吸过程中辅酶作用的消失及去氢酶的失活是影响种

图1　种子库（李庆梅　提供）

图2 常温库（油松种子）（李庆梅 提供）

子生活力最为关键的生理变化，因此种子呼吸与种子安全贮藏有着密切的关系。影响种子呼吸作用的因子，如温度、种子含水量和氧气等也是决定种子能否安全贮藏的重要条件。

种子含水量 影响种子寿命最关键的因素。种子中水分越高寿命越短，当种子含水量超过其安全贮藏的水分含量，即安全含水量时，种子寿命大幅度下降。种子含水量和种子呼吸强度关系密切，当种子中出现自由水时，种子中的呼吸酶活化，各种生理过程，尤其是有机物的分解加速进行，使得呼吸强度激增，这样的种子很难安全贮藏。对正常型种子，最适宜延长种子寿命的种子含水量为1.5%～4%；顽拗型种子需要有较高的含水量才能保持其生命力，如橡树种子须保持含水量在30%以上。

贮藏温度 影响种子寿命的另一重要因素。正常型种子在水分得到控制的情况下，贮藏温度越低种子寿命越长，即使在−196℃的低温下种子也不会丧失生活力。相反，随着温度升高，种子呼吸作用增强（0～55℃范围内），引起脂质的氧化和变质，进而引起蛋白质变性和胶体凝聚，同时温度升高也带来仓虫和微生物的活动，使种子的生活力下降。在种子含水量低于临界含水量的情况下，最有利于延长正常型种子寿命的贮藏温度是−20～−10℃。若种子水分含量高，又处于高温条件下，种子会很快丧失生活力。

氧气 氧气的存在促进种子呼吸作用增强和有机物质的氧化加速，也会促进种子的劣变和死亡，不利于种子安全贮藏。

此外，植物种类、种子大小、种子成熟度、损伤状况、种子的纯度和净度等也会影响种子贮藏的效果。在种子贮藏期间，应尽可能地将种子的呼吸作用控制在最低限度，使种子处于极微弱的生命活动状态中。选择成熟度高、纯净且处于安全含水量的种子，创造最适宜的条件，控制温度、合理通风，防止种子发热霉变和虫蛀，以减缓种子劣变的进程，较长时间保持种子生活力。

种子贮藏方法 根据种子贮藏条件，在低温低湿条件下采取密闭方式，可使种子的生命活动维持在最微弱的状态，进而延长种子的寿命。种子作为植物生长发育和产量质量形成的基础，将植物种子作为品种资源予以长期保存以待利用的做法越来越受到广泛关注，这类种子属于植物种质。联合国粮农组织所属国际植物遗传资源委员会（IBPGR）曾推荐5%±1%的种子含水量和−18℃的低温作为世界各国长期保存植物种质的理想条件。

生产上一般根据种子的特性选择适当的方法控制种子贮藏条件，以达到贮藏目的，常见的方法有干藏和湿藏。20世纪80年代后，利用液态氮（−196℃）为冷源的超低温贮藏和将种子水分降低至5%以下密封保存的超干贮藏被提出，对于长期保存植物种子或种质在理论和技术上都是突破性的发展。

参考文献

马志强, 胡晋, 马继光. 2011. 种子贮藏原理与技术[M]. 北京: 中国农业出版社

翟明普, 沈国舫, 2016. 森林培育学[M]. 3版. 北京: 中国林业出版社.

郑光华, 2004. 种子生理研究[M]. 北京: 科学出版社.

扩展阅读

颜启传, 2001. 种子学[M]. 北京: 中国农业出版社.

（彭祚登）

重点地区速生丰产用材林基地 fast-growing and high-yield timber forest base in main area of China

为保障木材资源安全，争取在较短时间内培育出大量优质木材而在重点地区营造的用材林基地。

中国速生丰产用材林建设起步于20世纪中期，50年代后期提出营造速生丰产用材林的发展目标，研究制定了速生丰产用材林基地规划。1985年国家发布《发展速生丰产用材林技术政策》，1988年国家计委批准了林业部制定的《关于抓紧一亿亩速生丰产用材林基地建设报告》，将速生丰产用材林基地建设推向一个新的高潮。2002年7月，国家计委批复了《重点地区速生丰产用材林基地建设工程规划》，同年8月工程正式启动，"重点地区速生丰产用材林基地建设工程"成为中国重点林业生态工程之一。

建设原则和范围 根据森林分类区划的原则，主要选择在400mm等雨量线以东，优先安排600mm等雨量线以东范围内自然条件优越，立地条件好（原则上立地指数在14以上），地势较平缓，不易造成水土流失和对生态环境构成影响的热带与南亚热带的粤桂琼闽地区、北亚热带的长江中下游地区、温带的黄河中下游地区（含淮河、海河流域）和寒温带的东北内蒙古地区。具体建设范围涉及河北、内蒙古、辽宁、吉林、黑龙江、江苏、浙江、安徽、福建、江西、山东、河南、湖南、湖北、广东、广西、海南、云南18个省（自治区）的1000个县（市、区），建设总规模为1333万 hm²。其中，浆纸原料林基地586万 hm²，人造板原料林基地497万 hm²，大径级用材林基地250万 hm²。全部基地建成后，每年可提供木材13337万 m³，可支撑木浆生产能力1386万 t、人造板生产能力2150万 m³，提供大径级材1579万 m³，能提供国内生产用材需求量的40%。

建设措施 包括新造林和现有林改培两种方式，共提出11个树种（或树种组），25个培育技术模式。即：桉树（含

相思树）浆纸材 1 个、国外松（含湿地松、火炬松、加勒比松等）浆纸材及人造板材 4 个（新造及改培）、马尾松（含云南松、思茅松）浆纸材及人造板材 4 个（新造及改培）、柚木（含桃花心木、西南桦等）大径材 1 个（改培）、杉木大径材 2 个（新造及改培）、欧美杨浆纸材及人造板材 2 个、毛白杨浆纸材及人造板材 2 个、落叶松（含日本落叶松、长白落叶松、兴安落叶松）浆纸材、人造板材及大径材 6 个（新造及改培）、红松（含云杉、樟子松）大径材 1 个（改培）、水曲柳（含椴树、核桃楸、黄檗）大径材 2 个（改培）等。

经过多年的努力和发展，中国速生丰产林基地建设取得了显著成就，2002—2012 年建设面积超过 1.4 亿亩，为缓解国内木材生产压力和改善生态环境等起到了积极作用。

参考文献

沈国舫，翟明普，2011. 森林培育学[M]. 2版. 北京: 中国林业出版社.

（贾黎明）

株间混交 mixed by individual trees

两种或两种以上树种株与株之间混合栽植的**混交方法**。即在同一种植行内隔株种植两个以上树种的方法。又称隔株混交、行内混交。

株间混交造林的技术关键是处理好各树种之间的关系，明确判断树种为耐阴或喜光。因不同树种间种植点相距较近，种间发生互相作用和影响较早。如果树种配置适当，能够较快地产生辅佐等作用，充分发挥种间的有利关系；若树种搭配不当，则种间矛盾会比较尖锐，调节困难，难以形成相对稳定的**混交林**。株间混交对地形地貌的要求不高，一般选择厚土层阳坡等地。1m 以上大苗造林多采取这种栽植方式。多用于种间矛盾不大的乔灌木树种混交，或公园、庭院绿化建设及改造。缺点是造林施工麻烦，不便于机械化作业，费时费工。

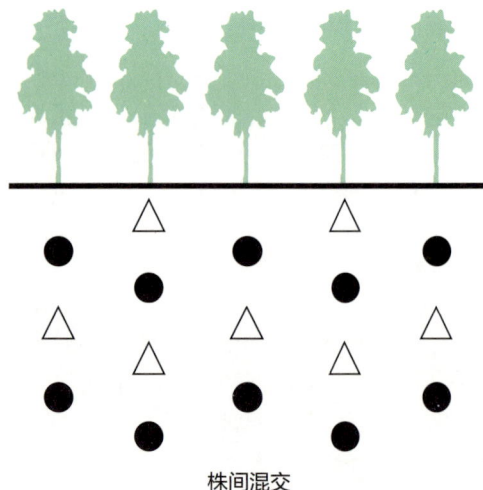

株间混交

参考文献

翟明普，沈国舫，2016. 森林培育学[M]. 3版. 北京: 中国林业出版社.

（吴家胜，史文辉）

竹鞭 bamboo rhizome

与立竹相连的地下茎。其上着生芽和根。能吸收、贮藏、输送养分和水分，也是竹子的重要繁殖器官之一。

鞭上有节，节上有芽并着生须根，芽发育出土成笋、成竹或形成新鞭。竹鞭的节间长度较秆部短，节间中空，空洞较秆部小，在土壤中多呈匍匐、蔓延起伏状，部分竹鞭有时会露出地表，称为跳鞭。较大型竹种，如毛竹、刚竹等竹鞭年生长量可达 4m，矮小竹类每年生长 30～70cm。

竹鞭的形态分为 3 种类型：①单轴散生型。地下鞭呈散生状，鞭上有芽，芽萌发成竹。毛竹是典型的单轴散生竹种，竹鞭深度在 15～40cm 之间，寿命可达 10 年以上；刚竹、淡竹、紫竹的竹鞭分布在 10～25cm 土层中。②合轴丛生型。无横向生长的竹鞭，竹秆基上的芽萌发成竹，竹子在地面上呈丛生状。代表竹种有箣竹属、慈竹属、牡竹属等。③复轴混生型。兼具有单轴型和合轴型的特点，具竹鞭，鞭和秆基均有芽，芽可萌发成竹，竹子在地面上呈散生和丛生状态。代表竹种有箭竹属、箬竹属、赤竹属、寒竹属等。

参考文献

周芳纯，1998. 竹林培育学[M]. 北京: 中国林业出版社.

（官凤英，范少辉）

竹林扒晒 picking out soil and shining bamboo shoots

扒开土壤使竹蔸暴露并接触阳光，利用光、热刺激，促进笋芽萌发，实现早出笋和多出笋的经营措施。在浙南绿竹笋用林中应用较为普遍，收到了很好的效果。

竹林扒晒一般在 2 月底或 3 月初进行。在竹丛四周，用锄头自外而内将土扒开，使笋目暴露，但注意不要损伤笋目。扒晒对出笋数和笋产量有显著促进作用，作用大小与扒晒时间和周期有关。扒晒后，部分笋目开始膨大发育；当形成小笋时培土，覆盖笋芽。

（苏文会，范少辉，刘广路）

竹林复合经营 compound management of bamboo forest

充分利用竹林特有的环境空间，开展林下种植、养殖和游憩等功能多元化开发的竹林经营模式。能够有效利用林下空间，提高经济产出。

林下种植　常见的有竹菌、竹药和竹草模式。①竹菌模式。竹林占据林地上层空间，形成了阴凉、潮湿、通风的广阔林下空间，为生性耐阴的食用菌生长提供了有利条件；食用菌生产的剩余物还可以作为竹林的有机肥料，改善竹林土壤质量，以竹养菌、以菌促竹，可增加竹产区农民收入、保护生态环境。以食用菌作为套种品种的竹菌复合经营主要有竹荪、木耳、平菇、秀珍菇、榆黄菇、姬菇、姬松茸等。②竹药模式。复合经营常选用黄精、淡竹叶、绞股蓝、草珊瑚、白及、玉竹、野百合、决明、吴茱萸、麦冬、八角莲等药用植物。③竹草模式。林下多套种豆科牧草或水土保持、改土效果良好的草本植物，如牛鞭草、白三叶、紫花苜蓿、圆菱叶山蚂蝗、皇竹草、黑麦草、鸭茅、苇状羊茅等，收割的牛鞭草等可作为牲畜较好的饲料，也兼顾了经济效益。还可结合竹林旅游，种植观赏草种矮蒲苇、斑叶芒、金叶薹草，森林草种唇形科、龙胆科等植物以及春兰、阔叶山麦冬等花卉品种。

林下养殖　主要是林下养鸡、猪、羊、竹虫等，以家禽养殖为主。发展竹林养鸡能够有效改善竹林生态结构，提高竹林和养鸡业的经济收入，达到竹林、养鸡业良性发展。

竹林游憩　是森林游憩的一种类型。竹林游憩的规模和特点因地域和竹子种类不同各具特点，有的突出自然景观，有的突出竹子文化，有的突出康养功能，有的突出科学普及。

（蔡春菊，范少辉）

竹林覆盖　ground mulching of bamboo forest

将竹叶、砻糠、稻草、麦秸等覆盖在竹林地表，以增温催笋的耕作措施。多用于经营优良笋用竹种。在中国应用广泛的有早竹、毛竹、白哺鸡竹、红哺鸡竹和甜龙竹等。其中早竹林覆盖技术最为典型。

早竹林覆盖的年龄结构维持在 4 年生以内，立竹度控制在 9000～12000 株 /hm²，覆盖时间为开始孕育冬笋的 10～11 月。覆盖前施肥增温，施用的肥种以竹林生物有机肥、厩肥等长效肥为主，一般施用量为 10t/hm²。施肥后浇足发笋水，一般控制在 200t/hm²。覆盖前，先喷湿酿热层，湿度一般保持 70% 左右，需要中、低温酿热材料以保证酿热层的长效发热。覆盖材料采用砻糠、竹叶和稻草，并保持材料的干燥。覆盖分 4 层：第一层为干燥的稻草，均匀铺摊，厚度 5cm；第二层施新鲜未经腐熟的鸡粪，厚度 5cm；第三层铺竹叶（或稻草），厚度 15～20cm，为加快下层覆盖物发酵增温，在竹叶或稻草上适当浇水，以用手挤压不出水但手上有水印为准；第四层铺上砻糠并扫平，厚度 20cm。4 层覆盖物保持覆盖层地表温度在 15～25℃，以满足笋芽正常萌发所需温度。竹林覆盖后一般 60 天开始出笋。竹笋采收时拨开覆盖物，挖出竹笋，然后将土回盖原处，再将覆盖物盖好，继续保温增温。当气温逐渐回升至月平均气温 15℃以上、只有零星竹笋出土时，及时移去覆盖物。新竹留养工作在出笋中期进行。

竹林覆盖

（范少辉，刘亚迪，刘广路）

竹林混交　mixed bamboo stand

以竹子为主要树种与其他一个或多个树种混交的经营模式。

混交竹林与纯竹林相比，病虫害发病率低，林地土壤养分含量高，保水保肥能力强，能有效提高竹林的生态环境质量和生产力，经济和生态效益显著。竹林混交综合效益与混交比例和混交树种关系密切。混交比例计算方法有：①混交树种株数占林分总株数的比例。②混交树种的胸高断面积占林分总胸高断面积的比例。③混交树种冠幅投影面积占样地面积的比例。以混交树种冠幅投影面积占样地面积的比例计，以经济效益为主的竹林，混交树种比例为 10%～20%；生态效益和经济效益兼顾型竹林，混交树种比例为 20%～30%；生态效益为主的竹林，混交树种比例为 30%～40%。毛竹的适宜混交阔叶树种主要有拟赤杨、南酸枣、檫木、木荷、栲树等深根窄冠型树种。

参考文献

周亚琦, 官凤英, 范少辉, 等, 2017. 天宝岩竹阔混交林毛竹及其伴生树种生态位的研究 [J]. 北京林业大学学报, 39(7): 45–53.

（官凤英，范少辉）

竹林结构调控　structure regulation of bamboo forest

为提高竹林经济和生态效益，对立竹年龄、立竹密度、树种组成等竹林结构因子所进行的调节控制。散生竹和丛生竹的生长特性存在较大的差异，其结构调控技术也不相同。

年龄结构　科学的年龄结构是丰产的基础，跟竹种类型和经营目标密切相关；随着竹材和竹笋加工利用工艺的改善和市场需求的变化，竹林经营的年龄结构也相应发生变化，板材用竹林的采伐年龄大于浆材用和笋用竹林。以毛竹为代表的板材用竹林，采伐年龄 4～5 年生，年龄结构调控可遵循"留三砍四莫留五（年生）"的原则，即留养 3 年生毛竹，采伐部分 4 年生毛竹，5 年生毛竹全部采伐利用；以梁山慈竹为代表的浆材用竹林，采伐年龄 3～4 年生，年龄结构调控遵循"留二砍三莫留四（年生）"的原则。

密度结构　竹林的合理密度随经营目的、经营措施、立地条件的不同而不同，同时受竹子类型和竹种的影响。立地条件好的毛竹林密度为 2700～3000 株 /hm² 时可取得较好的综合效益；立地条件一般或较差的林地，应适当增加立竹密度，适当留养大龄毛竹，提高竹林生态系统稳定性，实现竹林生态效益和经济效益兼顾的经营目标。丛生竹的立竹密度调整既要考虑单位面积竹丛数，又要考虑每丛中保留的竹株数。结构调控通常结合采竹挖笋进行。采笋养竹的基本原则：采密留疏，采小留大，采弱留强，采初期和后期出土竹笋，保留中期出土的健壮竹笋。伐竹的基本原则是伐小留大、伐老留嫩、伐弱留强、伐密留疏。采伐时间以秋冬为宜，采伐量不超过生长量。根据竹子种类和培育目标的不同，密度和年龄结构不同。

树种结构　密度适宜的竹木混交林，能够提高光能和营养空间的利用率，使生物多样性与生态系统的稳定性提高，林地生态质量有效改善，竹株胸径、单株材积及生物量均比纯林的大，是比较理想的竹林经营模式。如南酸枣、拟赤杨等窄冠深根型的阔叶树是竹林优良的混生树种。立地条件好的林地混交树种比例可以低些，立地条件差的林地混交树种比例可以高一些。对集约经营的笋用林来说，可进行纯林培育，降低采笋的难度。

（范少辉，刘广路，苏文会，罗慧莹）

竹林垦复　reclamation of bamboo forest

通过深翻林地，将伐蔸、老鞭挖除，促进土壤理化性质改善，为竹林孕笋长竹创造一个疏松空间的竹林培育措施。

垦复方式　分为全垦、带垦和块垦3种。①全垦。对林地进行全面垦复，适用于坡度20°以下的较平缓竹林地。②带垦。对林地进行水平带状垦复，带宽和带距3～5m，分2～3年完成全林垦复，适用于坡度20°～30°的坡地竹林。③块垦。对陡坡地，在不宜带垦的情况下，仅挖除林内的树蔸、竹伐蔸和石块的作业方式。

垦复季节　一般避开出笋季，通常在秋冬季进行。如毛竹通常选择出笋大年的秋冬进行垦复，此时林地无冬笋孕育，垦复作业不会伤及冬笋，且可清除部分越冬害虫。也可在新竹完成抽枝长叶后的6～7月进行，促进竹鞭生长。

垦复深度和频度　垦复应达到竹子根系分布的深度。像毛竹等大型竹，竹鞭主要分布在20～40cm深的土层，垦复松土深度须达到20cm以上，忌浅锄，尤其是山地竹林，浅锄不但引发跳鞭现象，且锄松了的表土容易被雨水冲刷，引起水土流失。垦复频度与经营目标有关，材用竹林可3～5年垦复一次，并结合竹林结构管理等配套技术措施，控制杂草灌木的生长；笋用或笋材两用竹林可结合每年的挖笋和施肥作业进行。

（苏文会，范少辉，刘广路）

竹林扩展　bamboo forest expansion

竹子通过地下茎伸长生长不断向周边伸展的现象。在生产实践中，人们利用竹子这一特性，通过人为促进的方法，低成本地实现了竹林面积的快速增加。

竹林在向周边扩展时，竹子会通过形态和生理上的变化来适应新的环境，发生明显的可塑性反应。竹子向周边扩展的速度与程度受周边生态系统稳定性的巨大影响，当周边生态系统稳定性小于竹子扩展能力时，竹林呈扩展状态；当大于竹子扩展能力时，竹林呈维持或者退缩状态。长期经营的竹林是一种人工偏途顶极群落，人为的干预，比如劈灌清除了阔叶幼树，维持了竹林的稳定；对周边次生林阔叶树的清理，提高了竹林向周边次生林内扩展的能力。人为干预不当，会使竹林对毗邻的生态系统稳定性造成不利影响。当人为干预消失时，阔叶幼树将逐步在竹林内天然更新生长，竹林边界受到次生林恢复生长的挤压，竹子的扩展能力受到抑制，竹林边界退缩，难以形成地带性顶极群落。

（刘广路，范少辉，苏文会）

竹林培育　cultivation of bamboo forest

竹林抚育管理。主要目的是为提高竹材或竹笋产量，而竹林产量的提高主要依赖于土壤水肥管理和合理的群体结构。

不同种类的竹子在生长习性和个体发育上有较大差别，在利用目标上有以产竹笋为主或产竹材为主的经营方向。作为产量形成的竹笋和竹材生长均只涉及营养生长，各类型竹林的管理具有共通性，培育措施主要包括土壤与养分管理、结构调整、竹林采伐及留笋养竹等。涉及育苗、造林及幼林管理等技术见**竹子育苗**、**竹子造林**、**竹子幼林管理**。

土壤与养分管理　①土壤垦复。通过深翻林地，将林内的树蔸、竹伐蔸和老竹鞭挖除，促进土壤理化性质的改善，为**竹鞭**孕笋长竹创造一个疏松的空间。垦复分为全垦、带垦和块状垦复3种，通常在秋冬季进行，每年1次。毛竹林通常选择出笋大年的冬季进行垦复。②水分管理。竹林主要分布在山地斜坡，通常情况下无法像农田那样实施灌溉，而夏秋季节的干旱会影响翌年竹林出笋。适时引水灌溉，可明显提高笋竹产量；但土壤水分过多会导致通气不良，低洼积水的竹林应适时排涝。③养分管理。是提高毛竹林产量的重要抚育手段。竹子生长必需的矿质元素有10余种，多数元素一般都可以从土壤中得到满足，因此竹林施肥主要集中在氮、磷、钾三大营养元素上。施肥种类分有机肥和无机肥两大类，施肥量跟竹子类型和竹种关系密切，也与培育目标有关。

结构调整　竹林的合理结构是竹林高效经营的核心技术之一，包括年龄结构、密度结构、树种结构。通常通过留养竹笋和采伐竹材等措施得以实现，具体技术参见**竹林结构调控**。

竹林采伐　竹子是以无性繁殖的方式进行更新，通过砍伐老竹、留养新竹的择伐方式来保证竹林的持续生产，达到一次种植、长期利用的目的。一般是出笋成竹后，待到秋冬时借农闲进行采伐；工业化时代，为了满足竹材加工连续化生产的需求，竹子一般随用随采，但一定要避免在孕笋期伐竹，否则会影响翌年竹林的发笋和成竹。采伐立竹的原则是"砍老留幼、砍密留疏、砍小留大、砍弱留强"。

采伐方式有齐地伐竹、带蔸伐竹和带半蔸伐竹等。齐地伐竹是最常用的一种方法，适用于一般竹林的采伐，采伐时沿竹的蔸部齐地砍倒立竹，要尽量降低伐桩，提高竹材的利用率。带蔸伐竹伐后林地不留伐桩，采伐时掘出带蔸竹秆。带半蔸伐竹介于两者之间。带蔸伐竹和半带蔸伐竹有利于垦复松土，释放林地空间，但采伐成本较高。

留笋养竹　合理采笋、留养和养竹对提高竹林经营收入、保证林分持续生产力至关重要。**散生竹**的笋期通常为春初到夏初，**丛生竹**的笋期较散生竹稍晚，一般为春末到秋初。为保障竹林持续稳定的生产力，采笋应以初期、末期笋为主，保留盛期健壮笋。采挖时应遵循采密留疏、采小留大、采弱留强的原则，避免伤鞭和沿鞭寻笋，采笋后要覆土盖穴。

参考文献

顾小平, 萧江华, 梁文焰, 等, 1998. 毛竹纸浆竹林施用氮磷钾肥料效应的研究[J]. 林业科学, 34(1): 25-32.

（范少辉，苏文会，刘广路）

竹林施肥　fertilization in bamboo forest

将肥料施于竹林土壤、竹腔或叶片等处，以提供竹子生长所需养分，保持和提高土壤肥力的竹林培育措施。提高竹林产量的重要手段之一。

肥料种类和施肥量　肥料分有机肥和无机肥两类。有机肥是源于农村的主要肥料，种类复杂，肥效差异较大，施肥量多凭经验，一般可控制在 10～20t/hm²。在施用秸秆、青草等没有充分腐熟或碳氮比较高的有机肥时，须配合施用尿素等氮肥，以利于调整有机肥的碳氮比，促进微生物的分解作用。无机肥的作用主要在于能根据土壤缺素情况和竹子生长对不同营养元素的需求，有针对性地适时、快速补充矿质营养。为提高毛竹林养分科学管理，1992 年，国家制定了行业标准《毛竹林丰产技术》（LY/T 1059—1992），提出毛竹林氮、磷、钾三大元素的施肥量及配比。随着竹林培育技术的发展，对技术指标进行了优化提升，形成国家标准《毛竹林丰产技术》（GB/T 20391—2006），提出丰产毛竹林施肥量标准为每公顷含氮量 100～120kg、含磷量 20～25kg、含钾量 40～45kg 的化肥或其他肥料。在实际生产中，还应结合立地状况、林分结构及培育目标等具体条件选择施肥量。

施肥方式与施肥对象　竹林施肥方式在生产上有撒施、带施（沟施）、穴施、竹蔸施和竹腔施肥等。不同的施肥方式产生的效果有所差异，可根据经营目标进行选择。1～2年生竹株生理功能较强，对养分需求和利用率高，应作为重点施肥对象，进行单株穴施。

施肥时间　竹子在不同生长阶段对养分的敏感度不同。散生竹如毛竹可于换叶期 6～7 月、孕笋期 9 月和春笋出土前 2～3 月施肥。丛生竹可根据不同的竹种，在出笋期前、出笋中期和出笋期后施肥。多次施肥的效果优于单次施肥，但次数越多成本越大，生产中应根据经营目标和集约程度灵活掌握。

（苏文会，范少辉，刘广路）

《竹谱》　Bamboo Spectrum

中国古代竹类典籍。南朝时期的戴凯之首创《竹谱》，开辟了中国古代植物谱录中"竹谱"一类，影响最大，后世有多部同名著作，如宋代钱昱《竹谱》、明代高松《竹谱》、清代陈鼎《竹谱》等。

戴凯之的《竹谱》是中国第一部植物谱录专著，也是世界上最早的竹类专著。后世《竹谱》传本和相关史志目录中大都记载戴凯之为晋朝人，但根据书中引用文献和提及南康、浔阳、庐陵等地理位置资料来看，他应该是《南齐书》中所记载的"南康相戴凯之"，主要活动于南朝宋、齐时期。《竹谱》全书约五千余字，前一部分是总论，概括介绍了竹的性状、分类、分布、生长环境、开花生理及寿命；后一部

分是分论，详细记述了各种竹的名称、性状特征、产地和用途。具体论述中涉及竹类资源的分布、竹文化以及竹子利用等多方面知识，比如竹子可以做笠、船等日常生活用具，也可以用来制作笙、箫、笛等乐器，一定程度上展现了魏晋南北朝时期南方人民对竹类植物资源开发利用状况。

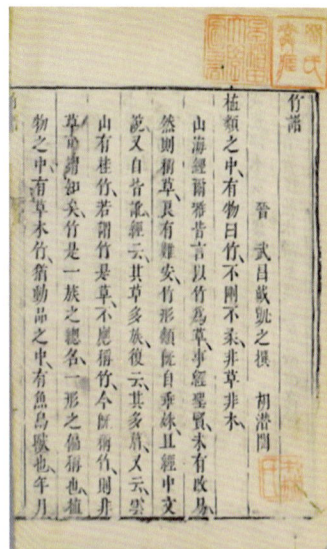
日本早稻田大学藏明刻本《竹谱》

《四库全书总目提要》概括其书的特点是"以四言韵语，记竹之种类，而自为之注，文皆古雅"。就是说全书以四字韵文为纲，典型地体现了魏晋南北朝时期语言文字特点；再以散文形式逐条进行解释，每条目下往往先引述前人记载，再结合自己经历详细叙述。戴凯之在《竹谱》总论部分概括介绍了竹类的总特点：①首先是竹的植物学分类，指出竹"不刚不柔，非草非木"，肯定竹是植物界里不同于草、木的一个独立的大类，"植物之中有草、木、竹，犹动品之中有鱼、鸟、兽也。"②其次是竹子的性状特征，认为竹"小异空实，大同节目"，茎秆"分节"和"空心"是所有竹的共同特点。③还提及竹类分布具有明显的地域性，由于生长受气候等原因影响，"九河鲜育，五岭实繁"，指出黄河以北竹类很少，南方的竹类却很茂盛，实际上科学性地发现了淮河、秦岭这一条竹类生物分界线。④书中还提到"箁必六十，复亦六年"，指出竹有六十年开花枯死，而又自然复新的现象。

戴凯之《竹谱》首次对中国竹类资源进行了系统的概括总结，影响了诸如宋代赞宁《笋谱》、元代刘美之《续竹谱》、李衎《竹谱详录》、明代释真一《笋梅谱》、清代陈鼎《竹谱》等 20 多部后续竹谱著作，是研究中国竹类资源栽培利用和竹文化的重要文献史料。

（李飞）

竹器官　bamboo organ

竹子营养器官和生殖器官的统称。营养器官主要包括竹鞭、竹秆、竹枝、竹叶、竹根和竹箨等；生殖器官主要包括竹花和竹果。

营养器官　①竹鞭。竹类植物的地下茎，一般为散生竹和混生竹特有，既是养分贮藏和输送器官，又是无性繁殖器官。竹鞭有节，节上生根，节侧有芽，有些芽发育成笋，有些芽抽成新鞭。根据竹子地下茎的分生特点和形态特征，竹子分为散生、丛生和混生三大类型。②竹秆。竹子的地上茎，通常中空，也有的竹种竹秆近实心。是竹材的主要贡献部分，由秆柄、秆基和秆茎三部分组成。秆高、胸径、竹壁厚度和竹节数量因竹种的不同有所差异。③竹枝。竹类植物

的枝条，由秆环或枝环上的芽萌发而成。根据竹秆每节上着生枝条的数量可分为单分枝型、双分枝型、三分枝型和多分枝型4种，是竹种分类的重要依据之一。④竹叶。竹子主要光合器官，由叶鞘和叶片两部分组成，着生于枝条各节。竹叶中含有黄酮、活性多糖和微量元素等成分，被广泛应用在食品、医药、农业工程等领域。⑤竹根。竹子养分和水分的主要吸收器官，从竹鞭或秆基上发生。⑥竹箨（笋箨）。俗称竹壳（笋壳），着生于箨环上，对节间生长有保护作用，当节间停止生长后，竹箨一般都形成离层而脱落，也有些竹种的竹箨只脱不落，宿存在竹秆上达数年之久。竹箨的形状是鉴定竹子属种的重要依据之一。

生殖器官 ①竹花。竹子的重要生殖器官。竹子开花后结实，完成整个生长周期。竹子的开花周期大致有两种类型：一种是在整个生长过程中只开一次花，而且有一定周期性，开花后成片死亡，地下茎失去萌发力，结成的种子可萌发成竹苗；另一种是不定期零星开花，开花后竹子并不整片或整丛死亡。竹子开花原因主要有生长周期说、营养说、外因说、自由基理论、病理学说、个体变异和突变学说等，开花机理尚不清楚。②竹果。形似稻谷，俗称"竹米"，多为颖果，少数坚果或浆果。果实形状基本为椭圆形、卵圆形和长圆柱形。竹果的种类和形态是竹子分类的重要依据。据记载，旧时遇饥荒，竹果还被作为粮食解燃眉之急。

（苏文会，范少辉，倪惠菁，罗慧莹）

竹笋　bamboo shoots

竹鞭或秆基上的芽萌发分化而成的膨大芽或幼嫩茎。又称竹萌、竹芽、竹胎。

竹鞭顶端的幼嫩顶尖通常也可食用，就是通常所说的鞭笋，也是竹笋的一类。竹笋既是竹林成林的基础，也是重要的竹林产品之一。呈圆锥形或尖塔形，基部肥大，先端渐尖，出土长竹。竹笋出土时的粗度及节数均在土中全部形成，笋出土后的高生长不增加节数，而是每节节间的伸长。就毛竹而言，出土后40～60天内，其高度可达20m左右，一天最大生长量可达1m左右。不同类型竹种竹笋的形成与出笋期有所不同。从竹笋开始出土到出土结束，根据竹笋的数量、质量及退笋情况可大致分3个时期，即出笋初期、出笋盛期和出笋末期。

散生竹竹笋由竹鞭上的笋芽萌发而成。在地下阶段生长慢、时间长。夏末秋初，壮龄竹鞭上的部分肥壮侧芽开始萌发分化为笋芽。笋芽顶端分生组织经过细胞分裂增殖，进一步分化形成节、节隔、笋箨、侧芽和居间分生组织，并逐渐膨大，笋尖向上。初冬，笋体肥大，称为冬笋，可以挖掘食用。冬季低温时期，竹笋处于休眠状态；春季温度上升时，继续生长出土，称为春笋。竹笋出土时间因竹种而不同，2～6月都有不同的竹笋出土。初期出土的竹笋数量少，养分充裕，退笋率低。盛期出土的竹笋数量最多，笋体健壮肥大，成竹质量高。末期出土的竹笋养分不足，笋体弱小，退笋率高。在竹林培育上，应尽量留养盛期竹笋，挖掘初期和末期竹笋，以减少竹林养分的消耗，保证新竹的质量。

丛生竹竹笋由秆基上的笋芽萌发而成。萌发出笋持续时间长，笋期可达3～4个月。一般在初夏（小满前后）开始萌动，陆续出土，大暑前后达到高峰，白露以后又逐渐稀少，直至霜降基本结束。丛生竹高生长所需时间较散生竹略长，需60～100天。

竹笋是一种天然绿色蔬菜，富含膳食纤维、蛋白质及氨基酸、多糖和芳香类等营养物质，性味甘微寒，具有清热消痰、利膈爽胃、消渴益气等功效。中国分布的500余种竹子中，竹笋可食用的竹种有200余种，品质优良的笋用竹有100余种，竹笋产量居世界第一；竹笋产品以新鲜竹笋、笋干、清水笋、发酵竹笋和方便笋等产品为主。

参考文献

周芳纯, 1998. 竹林培育学[M]. 北京: 中国林业出版社.

（蔡春菊，范少辉）

竹箨　bamboo sheaths

竹子主秆所生之叶。着生于箨环上，起保护节间不受机械创伤和支撑笋体的作用。

竹箨由箨鞘、箨耳、箨叶、箨舌等组成。①箨鞘相当于叶鞘，纸质或革质，包裹竹秆节间。箨鞘背面的色泽、斑点及被毛等也因竹种而异；先端形状有平截状、凸形、凹形以及宽窄等区别；边缘有的明显被毛，有的光滑。②箨耳着生于箨顶两侧，有的竹种为箨叶基部延伸而成，与箨叶连成一体，如篌竹，有些竹种则无箨耳。③箨叶为着生于箨顶中央一枚发育不全的叶片。箨叶无中脉，脱落或宿存。箨叶的形状有三角形、锥形、披针形、卵状披针形、带形。竹子不同的生长发育时期，箨叶的名称不同。笋期时，包裹在笋肉外围，称为笋箨；随着竹子生长，待发育成竹后，箨叶着生于箨环上称为竹箨，此时，箨叶不断分化，根据着生部位又分为秆箨和枝箨。④箨舌着生于箨叶和箨鞘连接处的内侧。绝大多数竹种均具箨舌。箨舌的颜色、高度、宽度、先端形状、是否被毛及被粉等性状随竹种不同而发生变化。竹箨是

竹箨结构

竹子分类重要的器官之一。

竹箬带有竹子的清香,具有柔韧性好、可降解、可循环利用的特点,被广泛应用于竹工艺品制作、产品包装、食品烹饪等多个领域,是一种原生态的绿色环保材料。

参考文献

周芳纯, 1998. 竹林培育学[M]. 北京: 中国林业出版社.

(蔡春菊,范少辉)

竹资源　bamboo resources

森林资源的一部分。指竹林地及其所生长的竹有机体的总称。包括竹类植物分布、种类、培育现状及行业现状等。

分布与种类　竹类植物属多年生禾本科(Poaceae)竹亚科(Bambusoideae)植物,全世界约88属1400余种,面积约2200万hm²,占森林总面积1%左右,主要分布于热带和亚热带地区。按地理分布可分为亚太竹区、美洲竹区和非洲竹区三大区,其中,亚太竹区为世界最大的竹区,占全球45%的竹林面积和80%的资源总量。中国是全球竹类植物的起源地和分布中心之一,栽培历史悠久,且竹子种类、面积、蓄积量和产量均居世界之首,被誉为"世界竹子王国",除引种栽培的竹种之外,中国现有竹种43属647种(含变种),竹林面积达641.16万hm²。

竹培育现状　中国竹子种类丰富,但竹资源分布不均匀,培育水平差异也较大。竹资源分布相对集中,福建、江西、浙江、湖南、四川、广东、广西、安徽等8省(自治区)约占全国竹林面积的89%。中国较大面积栽培的经济竹有50余种,包括毛竹、刚竹、早竹、麻竹等,以散生竹种毛竹林面积最大,达467.78万hm²。金佛山方竹、巴山木竹、缺苞箭竹等为中国特有的竹种,是世界竹类之珍品。其中早竹、金佛山方竹、麻竹等是中国优质笋用竹种,培育水平较高。

竹行业现状　竹材具有强度大、韧性好、纤维含量高等优点,在建筑材、家具材、竹浆造纸、竹纤维纺织等方面被广泛应用。中国现有竹加工企业1万多家,竹产业直接就业人员达1000多万;2018年中国竹产业年总产值为2456亿元,竹产品出口贸易额20.8亿美元,约占世界66%;2017年竹藤商品出口总额1.5亿美元,占全球总额的9%。全球竹藤产业年总产值约600亿美元,年贸易总额约25亿美元。

参考文献

国家林业和草原局, 2019. 中国森林资源报告(2014—2018)[M]. 北京:中国林业出版社.

沈国舫, 2020.中国主要树种造林技术[M]. 2版. 北京: 中国林业出版社.

(范少辉,苏文会,罗慧莹)

竹子病虫害　insects and diseases of bamboos

竹子在生长发育过程中或其产品及繁殖材料在存储或运输过程中,遭受其他生物或非生物因子的影响,导致形态、组织、生理和生化上产生变化,影响竹子正常生长发育或其产品的应用价值,从而引起经济损失或其他损失的现象。主要包括竹子虫害(昆虫和螨类)和竹子病害(真菌、细菌、病毒、植原体及线虫)两大类,是影响竹子培育及加工利用的重要因素之一。

竹子虫害　竹子害虫取食或产卵造成竹子虫害。已报道过的竹子害虫种类已逾800种,其中中国记述的有683种,隶属于10目61科277属,以半翅目(Hemiptera)害虫种类最为丰富,占全部种类的48.02%;鳞翅目(Lepidoptera)害虫次之,占22.84%;最少的是缨翅目害虫,仅5种。依据害虫危害竹子的部位,竹子害虫分为竹笋害虫、竹叶害虫、竹枝秆害虫、竹花实害虫及竹材害虫5个类群,以竹叶害虫种类最多。竹笋害虫主要有竹林金针虫 *Melanotus* spp.、竹笋夜蛾 *Apamea* spp.、一字竹笋象 *Otidognathus davidis*、长足大竹象 *Cyrtotrachelus buqueti*。竹叶害虫有黄脊竹蝗 *Ceracris kiangsu*、竹螟 *Agedonia coclesalis*、刚竹毒蛾 *Pantana phyllostachysae*、南京裂爪螨 *Schizotetranychus nanjingensis*。竹枝秆害虫有竹卵圆蝽 *Hippotiscus dorsalis*、竹瘿广肩小蜂 *Aiolomorphus rhopaloides*、刚竹泰广肩小蜂 *Tetramesa phyllostachitis*。竹花实害虫有竹巨股长蝽 *Macropes bambusiphilus*。竹材害虫有竹绿虎天牛 *Chlorophorus annularis*、竹红天牛 *Purpuricenus temminckii*、竹长蠹 *Dinoderus minutus* 及竹粉蠹 *Lyctus brunneus* 等。

竹子病害　已报道的竹子病害超过60种。致病的病原物190种,分为真菌、细菌、病毒、植原体及病原线虫5类。寄生(或兼性寄生)的真菌有183种、细菌1种、植原体2种、病毒1种、线虫3种。竹子病害主要有叶斑病、叶锈病、煤污病、丛枝病、花叶病、枯梢病、枝叶枯萎病、秆锈病、秆腐病、竹秆灰枯病、青竹腐烂病、秆基腐病、根际疫病、竹鞭腐病、猝倒病和苗叶枯病等。

防治方法　竹子病虫害种类多,发生规律及生物学特性各异,针对性的防治方法不同。主要包括5个方面的技术措施:①营林技术措施。是病虫害综合防治的基础。通过良好的竹林培育的技术手段改善竹林生态环境,提高竹林个体和群体的生长势,丰富林内生物多样性,提高竹林生态系统的抵抗力和恢复力,以达到防虫减灾及增产的效果。②物理机械防治措施。利用物理(包括光、电、声、温度、颜色、红外线辐射等)及人工、机械等捕捉、引诱、阻隔等手段防治竹林病虫害。如用黑光灯诱杀竹螟、竹毒蛾等,挖掘蝗卵防治竹蝗等。③生物防治措施。利用自然天敌(鸟类、寄生性及捕食性昆虫)、真菌、细菌、病毒、线虫及微孢子虫等进行病虫害防治。如施用绿僵菌、白僵菌及苏云金杆菌生物制剂进行竹螟、竹毒蛾等害虫的防治。④行为调控措施。针对害虫特定的趋性或聚集等行为,通过种植引诱植物、配制诱杀剂进行害虫诱杀。如用发酵人尿诱杀黄脊竹蝗成虫等。⑤药剂防治措施。利用阿维菌素、灭幼脲、苦参碱等高效低毒的化学药剂及加工产品来控制竹子病虫害。竹腔注射及大面积喷粉、喷雾等是当前竹子病虫害化学防治常用的方法。

参考文献

徐天森, 王浩杰, 2004. 中国竹子主要害虫[M]. 北京: 中国林业出版社.

(舒金平,张威,王浩杰)

竹子大小年 on-year and off-year of bamboo stand

竹林发笋长竹的数量多少在年度间交替出现的现象。出笋多的年份为大年，出笋少的年份为小年。大小年现象在毛竹林中尤为明显，即以两年为一个生长周期，小年换叶抽鞭孕笋，大年发笋长竹。

大小年分明的竹林，在小年的夏末，竹鞭上的部分肥壮芽开始分化萌动并逐渐膨大成冬笋。初冬，冬笋笋箨呈浅黄色，被有绒毛，随着温度的降低，生长减慢；到翌年春季来临，气温回升，生长加速，出土，成为春笋。

竹子叶色变化及换叶与大小年相关。当年生新竹完成抽枝展叶后，翌年开始换叶，要经历"两黄"（当年幼叶期和第二年老叶期）、"一黑"（中间的绿叶期）的叶色转变。1年生以上的竹子，每两年（一个大小年周期）换一次叶，从新叶抽发到老叶枯落经历"三黄两黑"：小年4～5月，全林落叶并抽发新叶（黄色）；6～7月以后，随着营养物质积累，叶色转为深绿色（黑色）；当年12月至翌年4月为冬春笋大年，因发笋和新竹生长消耗了大量的营养，叶色又转为黄褐色（黄色）；而后经营养生长和积累，8月以后，叶色转为深绿色（黑色）；11月以后，又逐渐变黄（黄色），翌年4月前后脱落，完成第二次换叶。如此循环。

竹子的大小年现象与竹林养分有关。大年萌发大量新竹，竹林营养消耗大，影响翌年出笋，使翌年成为小年。小年积累了营养，又为翌年的大量发笋准备了条件。如此周而复始，形成了大小年循环。

（苏文会，范少辉，刘广路）

竹子幼林管理 management of bamboo young forest

造林后到竹子郁闭成林所进行的一系列抚育措施。主要包括灌溉、劈灌草、垦复、施肥、留笋护竹等措施。竹子幼林的抚育管理不仅直接影响造林成活率和成林速度，甚至关系到造林的成败。

灌溉 因栽植时根系受损，幼林阶段的竹株根系吸水存在一定困难，容易引起失水，导致叶片干枯、脱落，应及时浇水灌溉，补充林地水分。在多雨季节，应开沟排水，以防林地积水。成活后，新竹萌发，天旱时仍需加强水分管理，促进生长，提早成林。

劈灌草、垦复 竹子幼林阶段，竹株稀疏，林地光照充足，杂草、灌木容易滋生，会妨碍竹子生长，且易导致病虫害的发生。因此在幼林郁闭前，每年应进行劈灌草和垦复2～3次。劈灌草和垦复应避开笋期，在杂草幼嫩或种子成熟前进行。

施肥 一般施用有机肥或化肥，可结合松土进行。根据造林地的肥力状况及竹子的生长特性，确定合适的施肥时间和施肥量。散生竹选择6月和9月的生长旺季施用速效化肥，可加速竹鞭的生长和提高翌年的出笋及成竹数量；丛生竹选择出笋期前和出笋期后施肥。随着竹林逐渐郁闭，立竹量逐渐增加，施肥量可适当增加。

留笋护竹 留笋是提高竹林密度、增加竹林生长量的

关键措施之一。前两年，由于竹林稀疏，应尽量保留出土竹笋，增加立竹度，促进翌年的发笋和成竹；在进入第三四年时，应根据留远采近、留强采弱、留稀采密的原则，疏除部分竹笋，使林内竹株逐渐均匀分布。

（范少辉，苏文会，刘广路）

竹子育苗 bamboo seedling-growing

利用种子或竹秆、竹枝、竹鞭上的休眠芽培育苗木的生产活动。是竹子繁育和造林的基础环节。主要包括播种育苗和无性繁殖育苗。

播种育苗 种子成熟后，逐渐自然脱落，如气候、土壤条件适宜，会发芽生长，形成良好的天然更新。人工采收种子，以砍倒开花竹、修下花枝采种为宜。除要低温（0～5℃）冷藏外，最好随采随播。竹苗幼嫩，要避免日光直接暴晒，应搭荫棚适当遮阴，配合松土除草，及时淋水和追肥。种子育苗的主要优点是起苗、运输、造林简便，适应性强，容易驯化，成活率高，成本低，尤其适合远距离的引种。播种育苗在丛生竹育苗中应用较多，而散生竹的开花概率低，获取的种子量少，因此播种育苗在散生竹育苗的实际应用基本限制于具较高经济价值、个体高大、移竹造林相对困难的毛竹 *Phyllostachys edulis*。

无性繁殖育苗 利用竹秆、竹枝或竹鞭上的休眠芽能萌发生根的特点，选用竹秆、竹节、竹枝、竹鞭等材料进行育苗的方式。根据育苗材料的选择，分为埋秆育苗、埋节育苗、扦插育苗和埋鞭育苗。①埋秆育苗。把整个母竹竹秆平埋土中，靠竹节上的芽眼生根萌发，长出新竹株。多数丛生竹的竹节部分通常都有一些休眠芽，在适宜条件下，休眠芽可以萌蘖生根，长成新的独立竹株。一般分为带蔸埋秆、去蔸埋秆和压条埋秆3种方法。埋秆育苗应选择1～3年生、具饱满隐芽、生长健壮的竹秆作母竹，育苗季节以早春为宜。②埋节育苗。主要适用于丛生竹。根据竹节的多少，分为埋单节育苗、埋双节育苗、埋三节育苗等方法。将竹秆按节数要求锯开，平埋于圃地；对于节上长有根点或气生根的竹种，可采用斜埋或直插竹节进行育苗。母竹年龄的选择与埋秆育苗母竹相同。同一母竹，不同部位的竹节成苗率也存在差异，竹秆基部竹节为优，中部次之，梢部较差，一般选择全秆的2/3以下部分用作埋节材料。③扦插育苗。通常指利用主枝或次生枝基部的隐芽萌发新根和长成独立竹株的育苗方法。该方法不伤母竹，不影响竹林出笋，枝条来源丰富，保管和运输方便，育苗成本低，产苗量大，起苗容易，出圃快，是较好的育苗方法，主要适用于枝条粗大的大型丛生竹育苗。④埋鞭育苗。散生竹具有横走地下的竹鞭，鞭节上具休眠芽，可萌发成苗。埋鞭育苗是散生竹比较成熟和传统的育苗方法。可在春季2～3月开展，选择2～3年生、鲜黄色健康的母竹鞭。鞭段长度60cm左右。在整好的苗床上，将选取的鞭段按约30cm的行距开沟，埋下竹鞭，让鞭根舒展，芽分列两侧，芽尖向上，覆土10cm，盖草浇透水，保持苗床土壤湿润。可结合塑料薄膜覆盖技术，提高竹苗床温度，促进笋芽出土整齐。

（苏文会，范少辉，刘广路，罗慧莹）

竹子造林　bamboo afforestation

通过人为方式、根据竹子生态适应性和生长发育规律科学营造竹林的活动。分为母竹造林和苗木造林。

丛生竹造林时间以春季为宜，散生竹造林时间以春季和秋季为宜。造林地宜选择土壤肥沃、湿润、排水和透气性能良好的微酸性沙质土或沙质壤土的林地。

母竹造林　最常用的造林方式，成活率高，成林速度快。选择生长健壮、无病虫危害及无开花迹象、秆基部芽目饱满、中等粗度的 1～2 年生竹株作为母竹，在离竹蔸 25～30cm 的外围扒开土壤，由远到近，逐渐深挖，注意不要损伤芽眼，并尽可能保留竹蔸的须根。在靠近老竹的一侧，找出母竹秆柄和老竹的连接点，用利凿或快刀切断，连蔸带土挖起母竹。一般丛生竹保留 3～5 盘枝条，散生竹保留 5～8 盘枝条，其余部分切断，以减少蒸腾失水，方便搬运和栽植。如不能及时栽种，应放在阴凉避风的地方，适当喷水。远距离搬运时，应包扎竹蔸，保护芽眼和防止宿土震落。根据竹子种类、培育目的和土壤状况等，确定适宜的栽竹密度；大径级竹种可适当稀植，中小径级竹种可适当密植；笋用林适当稀植，材用林适当密植；立地条件好的适当稀植，立地条件一般的适当密植。依种植密度挖好植穴，清除植穴内的石块、树根等。将母竹放入穴内，舒展根系，填土轻提踩实，培一层松土，浇水，保持土壤湿润。

苗木造林　采用育好的无性或有性繁殖竹苗造林。选择 3 年及以上实生苗。丛生竹起苗时应将竹苗成丛挖起，保留基部数节枝叶，其余剪除，并按 2～3 株为一丛分成若干小丛。散生竹起苗时应保护鞭芽，保留来鞭去鞭 15cm，竹秆留枝 3～4 盘，剪去梢部，适当疏叶。均带宿土，或用稀泥浆根后，包扎蔸部，运往造林地种植。起苗后尽快造林，远途运输要适当淋水，以防竹苗失水干燥。造林株行距以 2～3m 为宜，开穴栽植。栽种时应使幼苗根系在植穴内自然舒展，然后填入细土，盖过根盘后，踏实，再填土，使根系密接土壤，浇足定根水。栽植不宜过深，填土至比原苗着土处高 1～2cm。竹苗造林的栽植密度参考母竹造林。

除母竹造林和苗木造林外，散生竹育苗还有移鞭造林，但生产上较少应用。

（范少辉，苏文会，刘广路）

主伐方式　harvest cutting methods; system of cutting

在预定采伐地段上、在规定期限内对成熟林分或成熟林木按一定要求进行收获的方式。分为皆伐、渐伐和择伐。皆伐主要用于同龄林，特别是短轮伐期同龄纯林，如纸浆林。渐伐适用于同龄林，特别是长轮伐期同龄林。择伐适用于异龄林。

由于树种、地区和经营目标不同，同一种采伐方式的具体实施办法有很大变化。应针对不同特点的林分采用不同的主伐方式，根据森林更新的要求选用最有利于森林更新的主伐方式。选择主伐方式还必须有利于保持水土、涵养水源、保护生物多样性、发挥森林的多种功能，有利于降低木材生

产成本和提高劳动生产率。如对结实量大、传播力强、适合于天然下种更新的树种，可以选用小面积带状皆伐或渐伐的方式，充分利用自然力快速完成森林更新；而对适合于人工更新的树种，可采用小面积皆伐、人工更新；对树种繁多、年龄不一的复层异龄混交林，只能选择择伐，人工更新或天然更新。

参考文献

北京林学院, 1981. 造林学[M]. 北京: 中国林业出版社.

汉斯·迈耶尔, 1989. 造林学: 第三分册[M]. 肖承刚, 王礼先, 译. 北京: 中国林业出版社.

翟明普, 沈国舫, 2016. 森林培育学[M]. 3版. 北京: 中国林业出版社.

（沈海龙）

追肥　additional fertilizer

在苗木生长期根据苗木生长规律调节苗木营养状况而施用的肥料。在基肥的基础上分次或分期施用，是基肥的重要补充。一般在林木营养的临界期或最大效率期施用，及时满足林木在生长发育过程中对养分的需求。

种类　用作追肥的肥料可以是固体，也可是液体。一般选择速效性无机肥料、微量元素肥料或高度腐熟的有机肥料。

施用方法　按照肥料施用的位置分为土壤追肥和叶面追肥。①土壤追肥。将肥料施加到土壤中。方法有撒施、条施、沟施和浇施。土壤追肥后需要灌水，有喷灌条件的可用清水冲洗苗木，以防肥料撒在苗木茎叶上灼伤苗木。②叶面追肥。又称根外追肥。将营养元素溶液喷洒在苗木茎叶上，营养液通过皮层被叶肉细胞吸收利用的一种施肥方法。叶面追肥施用的溶液浓度和用量不宜过高，一般尿素为 0.2%～0.5%，每次用量 7.5～15.0kg/hm²；过磷酸钙为 0.5%～2.0%，每次用量 22.5～37.5kg/hm²；硫酸钾、氯化钾、磷酸二氢钾为 0.3%～1.0%；其他微量元素为 0.25%～0.50%。叶面追肥不宜用缓效肥，且应在早、晚或阴天空气湿润时进行。

施用时间　根据苗木的生长规律，特别是苗木从土壤中吸收营养的季节变化动态，通过田间试验或育苗试验以及实践经验确定。1 年生苗木追肥通常在快速生长期进行，有的地区在秋季苗木硬化期也施用磷、钾肥，以促进苗木直径生长和苗木木质化，增强苗木抗逆性。

施肥量　苗木生长对某肥分的吸收量与土壤供应量之差，应由基肥和追肥提供。基本计算公式：

$$X = A - C - B$$

式中：X 为追肥施用量；A 为苗木吸收某种肥分数量；C 为基肥提供某种肥分数量；B 为土壤供应量。

注意事项　若用厩肥或人粪尿等有机肥料作追肥，用前必须经过充分腐熟，且施用时须加几倍的园土与肥料拌匀或加水溶解稀释后施用，防止烧苗。

参考文献

金铁山, 1985. 苗木培育技术[M]. 哈尔滨: 黑龙江人民出版社:

53-150.

刘勇, 2019. 林木种苗培育学[M]. 北京: 中国林业出版社: 133-134.

孙向阳, 2005. 土壤学[M]. 北京: 中国林业出版社: 282-283.

（邢世岩，门晓妍，孙立民）

子苗嫁接　tender rootstock grafting

见枝接。

紫椴培育　cultivation of amur linden

根据紫椴生物学和生态学特性对其进行的栽培与管理。紫椴 *Tilia amurensis* Rupr. 为锦葵科（Malvaceae）椴树属树种，在恩格勒、哈钦松和克朗奎斯特等分类系统中属于椴树科（Tiliaceae）；主产中国东北、华北地区，为针阔混交林、落叶阔叶混交林重要组成树种之一，是重要的用材树种和主要蜜源树种；国家二级重点保护野生植物。

树种概述　落叶乔木，高可达 30m，胸径可达 lm。聚伞花序，核果球形或椭圆形，具种子 1～3 粒；种子褐色，倒卵形，长约 0.5cm。花期 6～7 月，果熟期 9 月。种子为综合休眠。垂直分布在海拔 300～1000m。中心分布区域在北纬 40°15′～50°20′，东经 126°～135°30′。喜光，稍耐阴，较耐寒，喜温凉湿润气候。深根性。对土壤要求比较严格，多生长在山地中下腹。幼树、幼苗比较耐庇荫，在郁闭度较小的针阔混交林或红松林下，天然更新良好。幼树生长较慢，10 年生后生长加快。优良的胶合板及细木工板的重要原料，亦可用于建筑、机械、雕刻、家具、造纸等行业；是城市、庭院绿化树种和优良的蜜源植物。

良种选育　初步认定黑龙江省方正、山河屯、五常，吉林省湖上几个种源的苗木生长较快，且苗木枯梢率及枯梢程度较小。

苗木培育　以有性繁殖为主，已陆续开展了扦插、嫁接、组织培养等无性繁殖工作。

林木培育

造林地　选择土壤肥力高和排水良好的立地。在小兴安岭南部和长白山北部，最适于紫椴生长的立地条件是半阴半阳坡的中部。

44 年生紫椴人工纯林（黑龙江勃利县河口林场）

造林　在栽植前一年秋季进行穴状整地。初植密度 5000 株/hm² 或 6600 株/hm²；或采用植生组造林。可与红松、落叶松、班克松窄带混交。

抚育　定植后，一般幼抚 4 年 7 次。顶芽生长不明显、具有分叉现象，宜对幼树进行平茬复壮。透光抚育首次应从第 10 年开始，郁闭度保留 0.7 左右。15～20 年进行抚育间伐，采取综合抚育法。

病虫害防治　椴毛毡病寄生在叶上，可喷石硫合剂杀螨。对黑龙江紫椴吉丁、黑小蠹、椴枝子小蠹可喷洒敌百虫 800～1000 倍液进行防治。

（杨立学）

紫楠培育　cultivation of sheraer phoebe

根据紫楠生物学和生态学特性对其进行的栽培与管理。紫楠 *Phoebe sheareri* (Hemsl.) Gamble 为樟科（Lauraceae）楠属树种，金丝楠木原种之一，中国特有珍贵用材树种。

树种概述　常绿乔木，可达 20m，胸径可达 50cm。叶互生，倒卵形或椭圆状倒卵形，先端具长尖，基部楔形。圆锥花序，位于顶端分枝处。浆果椭圆形。花期 5～6 月，果 10～11 月成熟。自然分布于中国江苏、浙江、安徽、江西、福建、贵州、湖南、广西等省（自治区），常见于海拔 1000m 以下的山地溪边阔叶林中。适生于气候温暖、湿润环境，群落外貌为常绿阔叶林或常绿落叶阔叶混交林，土壤多红壤或山地黄壤，酸性或微酸性。在幼树期或遇周期性极端最低温时有冻害发生。木材心边材明显，心材径弦面具丝状光泽，金丝楠据此而得名，是上等家具材，又是建筑、造船和制造多种贵重木质器具良材。

苗木培育　主要采用播种育苗。11 月中下旬，从优良母树上采种和湿沙贮藏。春季播种，因种子发芽极慢，需与湿

浙江建德的紫楠优株

沙混合层积进行催芽，待种子大量萌动便可播种。每亩用种量 7.5～10kg，条播行距 20cm。播后覆盖土或土粪灰，厚度为种子的 1.5～2 倍即可；上面再盖新鲜稻草或稻壳，再搭遮阴棚或拉遮阴网。幼苗出齐后进行叶面追肥。进入 6 月要结合除草进行间苗，最终控制在每亩 2 万株以内。2 年生苗高 70cm 可造林，成活率高。

林木培育 选择土层深厚、排水良好的中性或微酸性冲积土或壤质土造林。一般春季造林，由于紫楠初期生长慢，幼树较耐阴，初植密度 2250 株 /hm²。待树冠完全郁闭，可间伐 50% 或分批间伐。造林后 3～5 年内，每年抚育 2 次，第一次抚育在 4～5 月，第二次抚育在 7～8 月。主要病虫害有苗木茎腐病、根腐病、立枯病、灰金花虫和蛀梢象鼻虫等，需加强预防工作，加强抚育管理，通过营造混交林、药剂防治和灯光诱杀成虫等进行综合防控。

参考文献

段凤芝, 2004. 紫楠培育技术[J]. 安徽林业科技(1): 31-32.

刘昉勋, 1957. 紫楠[J]. 生物学通报(10): 11-16.

罗祖筠, 1982. 紫楠[J]. 贵州林业科技(3): 37-39.

（张俊红，童再康）

紫檀培育　cultivation of rosewood

根据紫檀生物学和生态学特性对其进行的栽培与管理。紫檀 *Pterocarpus* spp. 为豆科（Leguminosae）紫檀属植物的总称，在哈钦松和克朗奎斯特等分类系统中属于蝶形花科（Papilionaceae）；全世界紫檀属树种有 20 多种，均为珍贵用材树种。

树种概述 落叶或半落叶乔木，树干圆满通直高大。主根明显，侧根发达。自然分布于热带亚洲和非洲地区，中国已引入 7 种，包括檀香紫檀 *P. santalinus*、大果紫檀 *P. macarocarpus*、印度紫檀 *P. indicus*、马拉巴紫檀 *P. marsupium*、刺紫檀 *P. echinatus* 和小叶紫檀 *P. pamfoolius*。典型的热带植物，喜光，喜温暖湿润的热带气候，不耐阴，不耐寒，热带山地及南亚热带湿润气候区是其适生和丰产区；对土壤要求不严，能固氮，耐瘠薄，以深厚、肥沃、排水良好的壤土和沙壤土生长较为理想。木材是制作高级红木家具、工艺品、乐器和雕刻、美工装饰的上等材料。

苗木培育 主要采用播种育苗，也可扦插、组培或嫁接。以容器育苗为主，辅以苗床育苗。可即采即播或春播。荚果在常温下干燥贮藏，一年后发芽率明显下降。

林木培育

造 林 地　要求最低气温在 0℃以上，年降水量大于 1000mm。以培育用材为主要目的人工林，造林地应选择阳光充足、土层深厚、肥沃、湿润的立地；营造生态林，可选择阳坡或半阳坡营造混交林。

造 林　整地方式以水平带状穴垦为主，穴规格 50cm×50cm×40cm 或 60cm×40cm×40cm。施基肥，在春夏的雨后造林更为合适。株行距 2m×3m 或 3m×3m，即造林初植密度 1111～1666 株 /hm²，适当密植可以抑制分枝培育良好干形。广东、广西、福建和云南最合适的造林季节为 3～5

图 1　印度紫檀花枝（海南尖峰岭森林生态系统野外科学观测研究站）

（施国政　摄）

图 2　印度紫檀（海南尖峰岭森林生态系统野外科学观测研究站）

（施国政　摄）

月，海南可以至雨季的 7～9 月。

抚 育　造林后 3 年内必须进行幼林抚育管理，适时修枝。施基肥。每年雨季来临前进行除草、松土和追肥，保证生长旺盛季节到来之时有良好的生长条件，早日郁闭，并形成良好的干形。造林后 10 年左右进行第一次透光伐，伐除总株数的 30%～40%，保持郁闭度 0.6～0.7 为宜。

参考文献

陈青度, 李小梅, 曾杰, 等, 2004. 紫檀属树种在我国的引种概况及发展前景[J]. 广东林业科技, 20(2): 38-41.

杨曾奖, 徐大平, 曾杰, 等, 2008. 南方大果紫檀等珍贵树种寒害调查[J]. 林业科学, 44(11): 123-127.

周铁烽, 2001. 中国热带主要经济树木栽培技术[M]. 北京: 中国林业出版社.

（杨曾奖，曾杰）

自然度等级　degree of naturalness

一种根据既定指标体系评价现有林接近天然林程度的等级标准。

地球上现存的植物或森林群落都是植被与其环境长期适应及人类长期干扰影响的结果，现实植被已被迫或多或少离开其天然状态。

自然度等级采用现实植被偏离天然植被的距离（自然度）来表达。自然度等级评价是近自然森林经营的基础和基本工具，依赖一系列的参数和指标，确定参数和指标的过程就是评价自然度等级的过程。

评价自然度等级的参数是用一定程度受到人为干扰的"现实状态"与可追溯的历史特征和可认识的自然特征所表现出来的"理想状态"之间的对比分析和评价而确定的。构成森林自然度等级的指标包括土壤、植被构成、森林演替和林分年龄结构以及生态干扰等方面。通常划分为 5～7 个等级。自然度等级由高到低依次为：原始林为 7；原生性次生林为 6；次生林为 5；乡土树种混交林为 4；乡土树种纯林为 3；外来树种人工林为 2；疏林自然度等级最低，为 1。

参考文献

赵中华, 2009. 基于林分状态特征的森林自然度评价研究[D]. 北京: 中国林业科学研究院.

（惠刚盈）

自然恢复型　natural restoration type

根据森林演替规律，不直接采用人为措施，通过切断干扰将林分封护起来，依靠自然力使低效林恢复到原有天然状态的一种林分改造类型。封山育林是自然恢复的典型做法。

自然恢复需要的时间较长；主要适用于具有一定天然更新能力的林分，或者目前尚无能力进行人为改造的林分。自然恢复的优点在于省工、成本低、可以大面积应用。根据封护程度的不同，恢复方式分为：①全封。在封禁期内不准进入封禁区进行樵采、抚育、放牧等人为活动。②半封。在封禁期内，生长季禁止人为活动，在树木休眠期可有计划地进行割灌、修枝、间伐和搞副业活动。③轮封。将整个封山育林地区划分成片，分片进行轮封轮放，按要求进行生产活动。

参考文献

中国林学会, 2019. 北方栎类林结构化森林经营技术标准: T/CSF 002—2019[S].

（张彦东）

自然配置　natural configuration

人工模拟自然错落有序的种植点配置方式。模拟自然景色，追求植物的自由茁壮成长，展示植物自身姿态、色彩与香气，形成活泼的氛围和极有特色的环境景观。

自然配置主要以自然流畅的曲线方式布置，形式上不会有明显的轴线、中心与规律。表现方式多为集群分布，对植物进行疏密不一种植，使植物自身的形态特征和生活习性能自由发展。与集群分布对立的表现方式为均匀分布，在自然配置中较少见。

在自然状态下群落内部是由乔木、灌木、草本、地被物组成，各自占据不同的生态位。这种现象广泛存在于生态系统中，这是高斯假说的现实意义，即不同种群对空间、时间以及资源利用的方式趋于互补，组成的群落更稳定，更广泛存在于自然的生态系统中。因此群落内部的物种组成要自然搭配，各物种对光照、温度、水分、湿度、空气等气候因子和土壤理化性质等土壤因子以及生物因子的适应范围要满足高斯假说和生态位分化的要求，这更要求群落在物种组成上符合天然性。

参考文献

金煜, 2015. 园林植物景观设计[M]. 沈阳: 辽宁科学技术出版社.
尹公, 2001. 城市绿地建设工程[M]. 北京: 中国林业出版社.
周初梅, 2017. 园林规划设计[M]. 3版. 重庆: 重庆大学出版社.

（曹帮华）

自然整枝　natural pruning

见林木整枝。

综合苗圃　integrated nursery

繁殖、生产和经营各种植物苗木的苗圃。具有多种生产和经营目的，主要是培育多种不同规格的乔灌木树种、花卉、草本植物等的植苗造林、园林绿化、果园建植、庭院观赏植物栽培等的苗木或植材料，以及开展其他多种经营活动。即一个苗圃既可以培育营造用材林树种苗木，也可以培育防护林树种、园林绿化树种、果树等苗木；既可以是生产型苗圃，也可以作为科学研究性质的苗圃，甚至带有旅游观光特点。

综合苗圃多为固定苗圃，以企事业单位或大型民营企业投资建设的经营性苗圃为主，是具有独立从事苗木生产经营活动的法人单位。具备开展露地育苗、设施育苗等多种类型苗木培育的技术和物质条件，但与苗圃育苗面积及培育苗木的数量等规模特征没有直接关系。

综合苗圃在建立之前，需要对其经营条件和自然条件进行细致的可行性论证和分析，并在此基础上按照规定程序作出详细规划设计后方可进行建设。在生产过程中，需要通过计划管理使苗圃各种人、财、物等资源达到综合平衡；在时间和空间上进行合理安排，从而使各种资源得到充分利用，以提高苗圃的综合效益。综合苗圃经营需要根据苗圃内外部条件变化确定发展目标，选择计划方案并制定实施办法，一般包括确定发展方向、目标、市场定位的发展规划，确定年度工作目标、主要任务的年度经营计划，以及明确年度具体实施方案的专项作业计划。

参考文献

汪民, 2015. 苗圃经营与管理[M]. 北京: 中国林业出版社.
翟明普, 沈国舫, 2016. 森林培育学[M]. 3版. 北京: 中国林业出版社.

（彭祚登）

综合疏伐　combined method of thinning

见疏伐。

综合休眠　combinational dormancy

种子休眠的一种类型。两种或两种以上的休眠因素同时存在或相继出现而导致的休眠。又称复合休眠。种子如果既存在物理休眠，又存在生理休眠，则先要解除物理休眠，再给予条件解除生理休眠。很多乔灌木种子属于这种类型，如紫荆、椴树、漆树、苹果等树种种子。苹果种子的休眠主要是胚休眠，但胚乳和种皮对萌发也有一定的阻遏作用，先将它们的阻遏作用去除后，可以减少胚休眠处理（低温层积）所需的时间。刺楸气干种子具有深度休眠，其种皮透气性较差，层积1～2个月后种皮破裂，透气性得以改善；种子成熟时，胚尚未完成形态和生理成熟，又需暖温层积3～4个月才能使胚分化完全；种子中含有3种发芽抑制物质，又需3个月的低温层积才能消除抑制作用，最终彻底解除其休眠。

参考文献

沈海龙, 2009. 苗木培育学[M]. 北京: 中国林业出版社.

Derek Bewley J, Bradford K J, Hilhorst W M, et al, 2017. 种子发育、萌发和休眠的生理[M]. 莫蓓莘, 译. 北京: 科学出版社.

（李庆梅）

图1　棕榈人工林（云南红河）

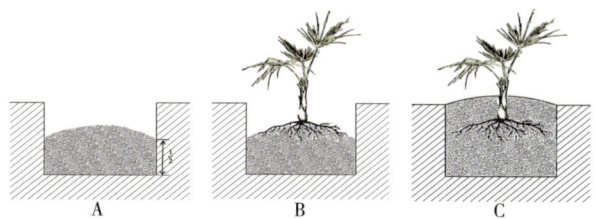

图2　棕榈栽植示意

棕榈培育　cultivation of palm

根据棕榈生物学和生态学特性对其进行的栽培与管理。棕榈 *Trachycarpus fortunei* (Hook.) H. Wendl. 为棕榈科（Arecaceae，异名 Palmae）棕榈属树种，重要的经济和园林绿化树种。

树种概述　常绿乔木。树干圆柱形，不分枝，被不易脱落的老叶柄基部（棕夹板）和棕片包裹。叶圆扇形，簇生于树干顶端向外展开，掌状深裂至中部以下。雌雄异株。花期3～5月，果期11～12月。原产中国，除西藏外秦岭以南地区均有分布，在云南红河县有近20万亩的人工纯林。喜温暖湿润气候，也较耐寒、耐阴，幼苗、幼树可在林下更新；适生于排水良好、湿润肥沃的中性、石灰性或微酸性土壤，耐轻盐碱，抗旱能力很强；最忌积水的低洼地。棕榈是一个集工业原材料（棕纤维）、饲料、食用、药用为一体的多用途树种，兼具环保、园林绿化、水土保持等生态功能。由棕片、棕夹板加工成的棕纤维，是自然界最耐腐蚀的天然纤维，可制成棕丝软床垫、软坐垫、软枕垫等系列生活用品；棕果（即棕籽）富含淀粉和蛋白质，出粉率80%～90%，是喂养牲畜的良好饲料；棕嫩心、棕苞、棕花和乳熟棕果都是具有较高开发价值的无公害特种稀有菜果，营养丰富。

苗木培育　主要采取播种育苗。采集处理后的种子含水量应控制在20%～25%，混沙湿藏或0～5℃低温冷藏。沙藏种子露胚根20%～40%时即可播种，冷藏种子播种前需用温水浸种2～3天。条播。棕榈苗当年只长出3～4片披针形叶，不能出圃。翌年4月上旬开始追施适量磷肥，追肥量18～24kg/hm²；在6～7月生长旺盛期追施尿素2～3次，每次追肥量为45～50kg/hm²，苗木达到质量标准即可出圃。

图3　棕榈山地造林（贵州）

图4　棕榈播种苗（贵州）

林木培育 宜选海拔 800～1500m、土壤湿润、深厚肥沃、排水良好的地方造林，以微酸至微碱性土壤为佳。整地规格为 40cm×40cm×30cm。造林方式有纯林、棕粮间作或棕茶、棕桐或与其他喜光树种混交。纯林的株行距为 1.5m×2m 或 1.5m×1.5m，棕粮间作的株行距为 2m×2m 或 2.5m×2.5m。棕桐无主根，须根发达呈爪状向下生长。栽植时应先在穴底用松土填至 1/2 坑深（图 2A），呈四周低中间高的馒头形，再将苗木根系舒展放在穴中（图 2B），然后再填满细土，压实，埋土呈馒头形（图 2C）。

定植后 2～3 年内要加强管理。纯林种植，每年 4～5 月和 8～9 月松土除草，注意不要伤及根系，并结合施肥培土，防止露根或泥土掩心。根据棕树长势，每年可施 1～2 次有机肥或复合肥。进入割棕年龄后，为保证棕片丰产，适时开展密度调控、松土除草和施肥工作。

参考文献

郭津伍, 1998. 棕树栽培和棕片的采割加工技术[J]. 特种经济动植物(4): 31-32.

张茂谦, 1982. 棕桐[M]. 合肥: 安徽科学技术出版社.

（韦小丽）

棕桐藤培育 cultivation of rattan forest

棕桐藤抚育管理。其主要目的是提高棕桐藤材或笋的产量。不同种类的棕桐藤在生长习性和个体发育上有较大差异，在利用目标上有以培育优良藤材为主要目标的材用棕桐藤和以培育优良藤笋为目标的笋用棕桐藤。作为产量形成的藤材和藤笋生长主要涉及营养生长，不同利用目标的棕桐藤抚育管理具有相通性，主要包括种子采集和处理、催芽育苗、苗木管理、造林及抚育管理、采收等培育措施。

种子采集和处理 依据棕桐藤生物学特性，在种子成熟时及时采收棕桐藤种子。不同种类棕桐藤果实成熟期不同，如黄藤果实成熟期为 11 月至翌年 3 月，多果省藤果实成熟期 11 月至翌年 4 月，白藤果实成熟期 12 月至翌年 2 月，小省藤果实成熟期 5～6 月，杖藤果实成熟期 4～7 月。采集的果实放置在透气性良好的容器中，并及时进行处理（通常 5 天内），获得干净种子，阴干后与湿沙、锯末或椰糠等保湿材料混合贮藏，温度控制在 15℃左右，时间一般不超过 3 个月。

催芽育苗 播种前，用硫酸铜或高锰酸钾溶液对种子消毒，赤霉素等处理后沙床育苗。播种时将种子均匀撒播于沙床上，以种子不重叠为原则，然后用木板将种子压入沙内，再覆盖细沙，厚度 2cm 左右。播种后浇水保持沙床湿润，避免水柱直接冲击沙床。播种后，大约 30 天后棕桐藤种子开始发芽。不同棕桐藤种子开始发芽时间不同，如盈江省藤播种后 85 天左右发芽，高地省藤 52 天左右发芽，小省藤 40 天左右发芽，发芽持续时间可达 100 多天。

苗木管理 苗木对光照强度、土壤养分和水分的要求较高。要根据苗木生长状况及时补充氮、磷、钾肥，保持土壤湿润，适度遮阴。如盈江省藤需要 50% 左右的光照强度，施氮磷钾配比为 4:1:4 的复合肥幼苗生长良好；高地省藤需要 25%～50% 的光照强度，施氮磷钾配比为 1:2:2 的复合肥幼苗生长良好；黄藤和柳条省藤幼苗生长的光照强度为 75%～80%，黄藤施氮磷钾配比为 3:1:2 的复合肥、柳条省藤施氮磷钾配比为 2:3:1 的复合肥幼苗生长良好；白藤幼苗生长的光照强度为 45%～50%，施氮磷配比为 1:1 的复合肥幼苗生长良好。土壤含水量应保持在田间最大持水量的 85%。当幼苗高 2.0cm 左右，部分呈现绿色，但未展叶时可以移苗。移苗时，用水浇透沙床，拔出芽苗，如主根太长，可修剪保留根长 5～6cm，然后移入苗床或者营养袋培育，并及时浇水。苗木保留的活叶数达到 4 片、高度 30cm 以上即可出圃，适当应用大苗造林效果较好。

造林及抚育管理

造林密度 通常采用实生苗林冠下造林，根据棕桐藤种类和林地情况采用均匀密度或非均匀密度造林。如盈江省藤和高地省藤造林的合理栽植密度 3m×4m 或 4m×4m，也可以根据林地情况采用"见缝插针"式的非均匀密度造林。

劈灌除杂 造林后及时进行劈灌除杂，促进棕桐藤幼株生长。如轻度除杂（去除 1/3 小乔木 + 灌木 + 草本）有利于黄藤幼株的生长，中度除杂（去除 2/3 小乔木 + 灌木 + 草本）有利于白藤幼株增长。

透光疏伐 光照强度是影响棕桐藤幼株生长的关键因子，及时进行透光疏伐可以促进棕桐藤的生长。如黄藤、白藤在光照强度 40%～55% 环境下幼株生长良好，柳条省藤在光照强度 60% 以上环境下幼株生长良好。

水分调控 土壤水分对棕桐藤的生长有重要的影响，如黄藤在土壤含水量高的湿润环境下生长较好；白藤在半湿润环境下生长较好；柳条省藤在湿润环境下株高生长较好，干旱环境能促进地径生长。

养分调控 造林后，盈江省藤每株施有效成分大于 16% 的过磷酸钙 150g，不施用氮肥；高地省藤每株施有效成分大于 45%，氮磷钾比为 4:1:4 的复合肥 25g；黄藤、柳条省藤施用磷肥 10～15g/ 株；白藤施用磷肥 15～20g/ 株，幼株生长良好。

采收 材用棕桐藤茎中下部叶片干枯或半干枯、叶鞘开裂或脱落时，藤茎即为成熟，可以采收。小径藤（去鞘藤茎直径小于 10mm 的藤种）如小省藤、白藤等，在定植后 5～6 年进行第一次采收，以后每隔 2～3 年采收一次。中径藤（去鞘藤茎直径介于 10～18mm 的藤种）如盈江省藤、单叶省藤、黄藤等需 9～12 年才开始采收，以后每隔 3～5 年采收一次。大茎藤（去鞘藤茎直径大于 18mm 的藤种），如玛瑙省藤需要 15 年左右才能采收。秋冬季节采收比较适宜。宜采用择伐法，即选择藤丛中成熟的藤茎进行采收。采收时从藤茎基部离地面 15cm 处砍断，通常可将藤茎环绕在一株树干上以脱去带刺的叶鞘部分，去掉顶端 2～3m 的幼嫩部分。笋用棕桐藤株高达 1.5～2m，即可进行第一次采收；此后一年四季均可进行采收。用长枝剪去掉枝叶，距地面 3～4cm 处剪下，但不要碰伤周围的萌芽苗。

（刘广路，王慷林）

棕榈藤器官 rattan organ

由棕榈藤不同类型的组织经发育分化并相互结合构成具有一定形态和功能的结构。分为营养器官和生殖器官。不同的器官承担不同的系统功能。

营养器官 主要包括根、茎、叶、纤鞭（叶鞭、鞘鞭）、刺。①根。棕榈藤位于地下的部位，养分和水分的主要吸收器官，具有支持、繁殖、贮存合成有机物质的作用。②茎。植株中与地下根系和叶直接相连的器官。成熟的藤茎（藤材）是主要的利用器官，是藤产品价值高低的直接体现；藤笋（幼茎）可食，是天然绿色健康食品。③叶。棕榈藤的光合器官。藤叶由叶鞘、托叶鞘、膝曲、叶柄和羽片5个部分组成，其功能是进行光合作用合成有机物，并有蒸腾作用，提供根系从外界吸收水和矿质营养的动力。④纤鞭。由地上茎发育中产生，是棕榈藤的特有攀缘器官。包括叶鞭和鞘鞭，叶鞭是由叶轴顶端延伸成的纤鞭，鞘鞭是着生在膝曲附近叶鞘上的纤鞭。⑤刺。棕榈藤重要的生存器官。着生在叶鞘、叶轴和纤鞭上，可防止其他动物伤害棕榈藤，协助攀缘藤攀缘生长。藤刺的种类、大小和排列方式多样，是种类鉴定的重要依据。

生殖器官 主要包括花和果实部分。①花。棕榈藤的花序具有复杂的结构，单生于叶腋，花序轴的下部通常贴生在节间同时也是下片叶的叶鞘上，形成一条纵脊。棕榈藤开花分为两种类型：单次开花和多重开花，单次开花结实的种类具有将制造的营养储存于髓里的特点，具有较软的髓部，藤茎利用价值较低，如钩叶藤属（Plectocomia）；多重开花的种类往往并不同时开花，而是持续开花，花后植株继续生长发育，藤茎质地优良，具有较高的商业价值，如省藤属（Calamus）。②藤果。通常为球形、椭圆形或头状。果实外

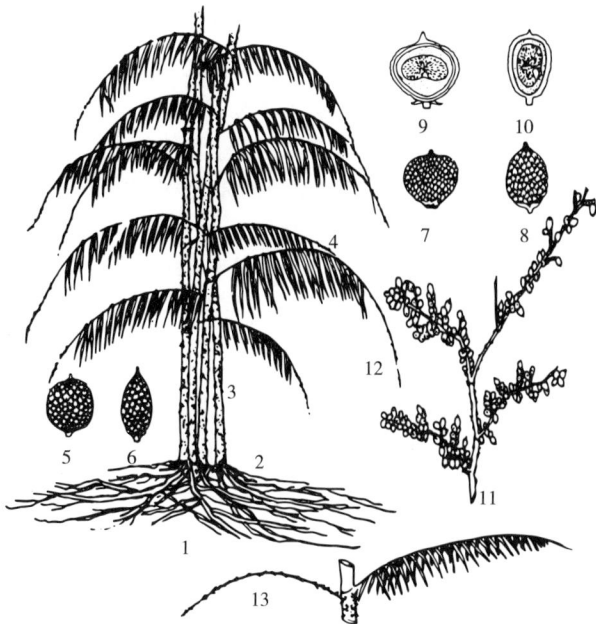

棕榈藤

1. 棕榈藤形态；2. 根；3. 茎；4. 羽叶；5～8. 果实；9～10. 果实纵
剖面；11. 果序；12. 叶鞭；13. 鞘鞭

覆盖鳞片，每个藤果内有1～3颗发育成熟的种子，种子外包着一层肉质种皮。果实成熟度可由鳞片的颜色变化指示出来，当鳞片颜色由绿色变成淡黄色、灰白色、橙红色或红褐色时，即表明果实已成熟。藤果可食用、入药和用来制作工艺品。

（刘广路，王慷林）

棕榈藤资源 rattan resources

森林资源的一部分。指棕榈藤林地及其所生长的棕榈藤有机体的总称。包括棕榈藤植物分布和种类、资源和利用、培育现状、国际贸易等基本情况。

分布和种类 棕榈藤属棕榈科（Arecaceae或Palmae）省藤亚科（Calamoideae）省藤族（Calameae）植物，是热带分布植物类群，天然分布于东半球的热带地区及邻近区域。全世界有11属631种（含种下单位），中国有3属（省藤属 Calamus，黄藤属 Daemonorops 和钩叶藤属 Plectocomia）36种4变种，主要分布于中国云南南部、西南部和海南岛，部分分布于广东、广西、贵州等省（自治区）的热带和亚热带山区。中国优良栽培藤种有黄藤、单叶省藤、短叶省藤、南巴省藤和白藤等。小省藤、桂南省藤等尚未广泛利用，但材性优良，也具有很大发展潜力。

资源和利用 全球天然棕榈藤资源总量目前还没有非常精确的数字，全球3500万hm²以上的天然林有棕榈藤分布。中国天然棕榈藤资源面积30万hm²，年产野生藤4000～6500t，在西南和华南共有5000hm²人工藤林，两大分布中心产量占全国90%以上。棕榈藤是重要的非木质林产品之一，具有重要的经济价值和发展前景。棕榈藤的去鞘藤茎（藤条）柔韧、抗拉强度大，是编制和制作家具的优良材料。有些种类的果实可供食用或药用；藤笋尖（藤笋）含有丰富的矿物质、氨基酸和维生素，是一种很好的蔬菜；黄藤属某些种类的果实可萃取"麒麟血竭"药品。

培育现状 棕榈藤培育研究主要集中在印度尼西亚、马来西亚、中国和菲律宾等棕榈藤资源较为丰富的国家，在种质资源保护、优良藤种引种驯化、人工栽培、天然藤林抚育等方面研究成果较多，形成了较为完备的棕榈藤培育技术体系。参见棕榈藤培育。

国际贸易 亚洲、欧洲和北美是世界藤制品国际贸易的主要地区，国际贸易价值超过3.5亿美元，主要包括藤条原材料、藤条家具和编织藤条产品。亚洲国家是藤制品的最大出口国，占全球总额的84%；其次是欧洲，占全球总额的14%。中国是世界最主要的藤产品生产国、消费国和出口国，国际贸易价值额超过1.2亿美元，主要进口产品为藤条，出口产品为藤编制品。

（刘广路，范少辉）

组培苗 tissue culture plantlet

营养繁殖苗的一种。利用植物体离体器官（如根、茎、叶、茎尖、花、果实等）、组织（如形成层、表皮、皮层、髓部细胞、胚乳等）或细胞（如大孢子、小孢子、体细胞

等）以及原生质体，在无菌和适宜的人工控制条件下生产的苗木。优点是保持母本特性，避免或减小病毒感染风险，提高苗木活力，生长迅速、整齐。缺点是组培苗培育技术性强，对环境条件控制要求严，初期基本建设投资较高。

组培苗繁殖速度快，效率高，有很强的抗病力，能有效地抗御病害，保证品种的优良稳定性。广泛用于珍稀植物扩繁，优新品种推广，脱毒果树苗木生产中。

参考文献

黄烈健, 王鸿, 2016. 林木植物组织培养及存在问题的研究进展[J]. 林业科学研究, 29(3): 464-471.

刘勇, 2019. 林木种苗培育学[M]. 北京: 中国林业出版社: 244.

翟明普, 沈国舫, 2016. 森林培育学[M]. 3版. 北京: 中国林业出版社: 156.

（应叶青，史文辉）

组织培养育苗　seedling production by tissue culture

通过植物组织培养技术进行大规模工厂化繁育苗木的方法。简称组培育苗。育苗的重要方式之一，广泛应用于林木、蔬菜、花卉及药用植物等的工厂化育苗、脱毒育苗及快繁育苗，可在短时间内获得大量、一致的优质苗木。植物组织培养是指通过无菌操作分离培养材料并接种到培养基上，在人工控制的条件下（如适宜的营养、激素、温度、光照等）进行培养，使其生长、分化并再生为器官或完整植株的过程。由于培养材料是在脱离母体条件下在试管或其他容器中进行培养，因此又称为离体培养或试管培养。

组织培养育苗包括外植体的选择、无菌培养物的建立、中间繁殖体的增殖、诱导生根以及试管苗的移栽驯化等过程。外植体是指取自身体进行培养的初始植物材料，包括离体器官、组织或细胞等。外植体以选择幼嫩部位为宜。无菌培养物的建立和增殖可通过初代培养和继代培养实现。初代培养是指将灭菌后的外植体在无菌条件下接种于培养基上的最初培养阶段，目的是建立无菌的培养物体系。培养基是指供给微生物、植物或动物（或组织）生长繁殖的，由不同营养物质组合配制而成的营养基质。初代培养是整个组织培养过程中非常重要的环节。初次进行一个物种的组织培养时，要进行培养基种类的筛选工作，确定最佳培养基种类。此外，培养基中添加适宜的激素种类和浓度，也是获得无菌培养物的重要因素。初代培养过程中，部分物种外植体由于自身分泌的次生代谢物质较多，经常导致外植体褐化甚至死亡。对此可通过多次转接新鲜培养基以减轻褐变对外植体的伤害，或培养基中添加Vc、活性炭等物质。继代培养是实现中间繁殖体如茎段增殖的过程，目的是获得大量的无菌材料。生根培养是组培苗在适宜的培养基中进行生根的过程，对增殖培养基上经过多次继代且发育健壮的培养材料转接到生根培养基上进行培养。试管苗驯化与移栽是植物组织培养苗的最后阶段，目的是提高试管苗对外界环境条件的适应性和成活率。

组织培养的原理基于细胞全能性理论，再生方式包括器官发生和体胚发生两种。1902年德国植物生理学家G.Haberlandt提出了植物细胞具有全能性设想，认为在适当条件下离体植物细胞具有不断分裂、分化并再生成完整植株的潜在能力。1934年，美国植物生理学家温特（White）进行番茄根离体培养，获得成功；与此同时，法国科学家Gautherer连续培养胡萝卜形成层获得成功。1943年温特提出了细胞全能性理论，指出正常生物体的每一个具有完整细胞核的细胞，都含有该物种的全部遗传信息，在一定的条件下都具有发育成一个完整个体的潜在能力。20世纪60年代，科学家在胡萝卜髓部细胞通过体胚发生途径获得植株，之后用原生质体培养和花药培养均获得再生植株。至此，细胞全能性理论得到证实，植物组织培养也逐渐成为一门新兴技术开始应用于生产，例如"兰花工业"即基于茎尖组织培养进行的兰花离体脱毒快繁育苗。

参考文献

陈劲枫, 2018. 植物组织培养与生物技术[M]. 北京: 科学出版社: 13-22.

李永文, 刘新波, 2007. 植物组织培养技术[M]. 北京: 北京大学出版社: 1-7.

Edwin F, George, Michael A, Hall, Geert-Jan De Klerk, 2015. 植物组培快繁[M]. 莽克强, 译. 北京: 化学工业出版社: 29-48.

（张凌云，郭雨潇）

最适密度　optimum density

林分生产力能达最高值的林分密度。早期来源并应用于动物种群的研究。对于树木而言，林分的最适密度首先要求林分中每株林木都具有一个最适宜的生长空间和一个较好的林分整体结构，此时的林分密度能够使林木最充分地利用生境，林木间对营养空间的竞争最小，生物产量最高，经济效益最好。

林分最适密度的确定与树种生物学特性、林分生长发育规律直接相关，且需考虑培育目标。此外，最适密度的确定与造林密度及后期抚育采伐方式有关，其目的是在任一轮伐期和任何条件下都能保证有效地培育具有最高抗性和最大生产力的林分。不能笼统地说林分各个阶段是稀一些为好还是密一些为好，如生产大径材，较低的林分密度为最适密度，而对于短轮伐期能源林培育，较高的林分密度才是最适密度。林分最适密度可以根据林分树高、直径、材积与株数的关系进行定量确定。林分密度管理图按树种、立地条件、林龄和经营目的来设计理想的立木株数，是一种有效的确定方法。

（段爱国）

醉香含笑培育　cultivation of *Michelia macclurei*

根据醉香含笑生物学和生态学特性对其进行的栽培与管理。醉香含笑 *Michelia macclurei* Dandy 为木兰科（Magnoliaceae）含笑属树种，别名火力楠；中国重要的乡土珍贵用材和多功能树种。

树种概述　常绿乔木。花单生于叶腋。聚合果长3~5cm；蓇葖果倒卵状长圆形或倒卵圆形，顶端钝圆；种子常见1~4粒，少见5或6粒，扁卵圆形，假种皮红色，种壳黑色。1月中旬开花，果实10月下旬至12月上旬成

图1 醉香含笑果实（广东高州）

图2 醉香含笑苗圃育苗（广东新兴）

熟。种子千粒重 60 ～ 100g。天然分布于中国广东、广西交界处，越南北部也有分布。在长江一带及长江以南各地均有广泛种植。天然垂直分布于海拔 500 ～ 600m 以下的山谷至低山地带。具备一定的天然更新能力。喜温暖湿润气候，喜光稍耐阴，喜土层深厚的酸性土壤；萌芽力强，耐寒性较强，适应性强，能耐 -7℃低温；具有一定的抗风能力。生长较快，15 年生林分平均胸径达 20 ～ 30cm，30 年生胸径可达 45 ～ 60cm，是培育大径级用材的理想树种，可作为高档家具和建筑等用材；假种皮和种子富含植物油，用于香料、医药、日用化工等方面；也适宜作为园林绿化及防火、改良土壤、涵养水源的树种。

苗木培育 主要采用播种育苗，亦可组培快繁育苗。种子成熟后即采即播发芽率高。宜选用透水性好的沙壤土作为播种基质，播种 1 个月后种子发芽出土，应注意揭开稻草、

淋水、除草，防涝保湿，适当薄施一次经充分沤熟的有机肥。当幼苗长出须根，具 3 ～ 5 片叶，苗高 4 ～ 5cm 时，应及时移苗上袋，确保移植成活率。移苗上袋时，需在 1 ～ 2 天前将营养袋淋透水，幼苗上袋后要淋足水，遮阴，防止阳光灼伤幼苗。幼苗移植后应加强苗木的肥水管理，及时除草。施肥以有机肥或复合肥为佳，以勤施、薄施为原则，视苗木生长状况确定施肥种类和次数，做好病虫害防治。苗高 40 ～ 50cm 即可出圃，可用于造林或转而继续培育大苗。

林木培育 造林地宜选择土层较厚、通透性良好、湿润的坡地中下部。采用 1 年生苗植苗造林，纯林初植密度 825 ～ 1650 株 /hm²。纯林病虫害很少发生。亦可与其他树种混交造林。与马尾松和杉木等混交造林，可以有效提高林分生产力，改善林地生态环境，增强林分抗逆性。造林前清山挖穴，穴规格宜 50cm×50cm×40cm，造林时间一般在 12 月至翌年 3 月，湖南、江西等地造林宜早，广东、广西等地可晚至 3 月。在早春透雨后的阴天或小雨天种植，可适当深植。植后 1 个月检查成活情况，发现死苗及时补植。造林前 2 年内应每年穴抚 2 次，即在植株 1m 范围内松土、除草。有条件的每年 4 ～ 5 月或 9 ～ 10 月适当追肥 1 ～ 2 次。造林第 3 ～ 4 年可采用常规抚育措施。林分郁闭和出现分化后，可进行间伐，或挖取一部分用于园林绿化。采取萌芽更新及相应抚育管理措施，即采伐后当年除草抚育 1 次，翌年 7 ～ 8 月抚育 1 次，同时通过伐除保留接近地面的 1 ～ 2 株生长旺盛健壮的萌芽植株，并培土让其发育成林。

参考文献

广东省林业局, 2003. 广东省商品林100种优良树种栽培技术[M]. 广州: 广东科技出版社.

姜清彬, 李清莹, 仲崇禄, 2017. 乡土珍贵树种火力楠的培育与综合利用[J]. 林业科技通讯 (8): 3-7.

（姜清彬）

左旋康定柳培育 cultivation of *Salix paraplesia* var. *subintegra*

根据左旋康定柳生物学和生态学特性对其进行的栽培与管理。左旋康定柳 *Salix paraplesia* var. *subintegra* C. Wang et P. Y. Fu 为杨柳科（Salicaceae）柳属树种，为康定柳（*Salix paraplesia*）（原变种）的变种，别名左旋柳；西藏中部地区的乡土树种，生长快、寿命长，树干向左盘旋，树龄越大扭曲越明显，具有很高的生态价值和观赏价值。

树种概述 落叶乔木。本变种与原变种的主要区别：叶至少基部为全缘，生于雌花序梗上的叶通常为全缘，叶柄顶端不具腺点，幼叶两面具绢毛，成叶下面疏生伏毛，有时近光滑；雌花序长 4 ～ 5cm，果序达 6cm；果较小，长约 5mm。分布于西藏雅鲁藏布江中游及其支流拉萨河、年楚河的河谷地带，垂直分布于海拔 3600 ～ 3900m 的河边、路旁及山沟。中生喜光树种，抗寒、抗风、喜水湿、耐淹；对土壤要求不严，在草甸土、砂砾土、沙壤土等土壤上均能正常生长。可营造防护林、薪炭林、采条林、饲料林；树干拧得像麻花，为优美的观赏树种。

左旋康定柳人工林（西藏拉萨河谷）

苗木培育　以扦插繁殖为主。在秋冬季，选当年生直径0.5cm以上健壮枝条作穗条，插穗进行沙（坑）藏。翌年4月上旬至5月上旬扦插，采用地膜覆盖。扦插密度

83000～114000株/hm²。

林木培育　采用植苗和插干造林。

春季植苗造林　整地、起苗、栽植均在春季进行，随起随栽。

插干造林　采用2～3年生的枝条插干，长2.5～3m、直径5cm左右；采条时间以春季发芽前为宜，随采随栽。病虫害有杨柳腐烂病、丽腹弓角鳃金龟、柳瘤大蚜及高原鼠兔等。树干涂白可防止病菌侵入。对虫害及鼠兔可采取物理与化学综合防治的办法。

参考文献

赵能, 1993. 四川及其邻近地区杨柳科植物分类的研究(二)[J]. 四川林业科技, 14(1): 10-14.

中国科学院青藏高原综合科学考察队, 1983. 西藏植物志: 1卷[M]. 北京: 科学出版社.

中国科学院青藏高原综合科学考察队, 1985. 西藏森林[M]. 北京: 科学出版社: 180-204 .

（杨小林）

其他

IUFRO 林木分级法　IUFRO's tree classification

林木分级方法之一。由国际林业研究组织联盟（International Union of Forest Research Organizations，IUFRO）于 1956 年制定的一种林木分级方法，是一种林木综合分级方法。主要根据树木的生物学以及栽培学或经济特性两个方面进行林木等级划分，具体考虑了树高、生命力、发展趋势、培育价值、树干和树冠特性 6 个因素。因考虑的林木特性较全面，对应用者要求较高，且具体操作有一定难度，因此应用不够普遍。分类依据和主要准则如下。

生物学方面

（1）树高等级（评估树木的位置）

100= 上层，树高大于林分最高树木的 2/3；

200= 中层，树高处于林分最高树木的 1/3 ～ 2/3；

300= 下层，树高低于林分最高树木的 1/3。

（2）发育等级（评估树木的生理状态和活力）

10= 过度发育的树木；

20= 正常发育的树木；

30= 发育不良的树木。

（3）演替进展趋势等级（评估树木在群落中的动态）

1= 在群落演替中处于进展的树木；

2= 在群落演替中处于稳定的树木；

3= 在群落演替中处于衰退的树木。

栽培学或经济特性方面

（1）培育价值等级

400= 目标树，重点考虑未来及主伐时树木的树干情况；

500= 有益辅助木，为目标树提供最佳的生长条件并有助于维持地力；

600= 有害辅助木，妨碍目标树生长。

（2）树干等级

40= 高标准原木，无缺陷，造材时，50%（体积）具有商业价值（单板，切片）；

50= 普通原木，轻微缺陷，造材时，50%（体积）符合锯木厂造材标准；

60= 有缺陷原木，严重缺陷，不符合锯木厂造材标准。

（3）树冠等级（评定树冠长度）

4= 长树冠，树冠超过树木总高度的 1/2；

5= 正常树冠，树冠介于树木总高度的 1/4 ～ 1/2；

6= 短树冠，树冠小于树木总高度的 1/4。

6 个因素的组合运用简化了林木分级，且涵盖了大多数可能情况。例如，代码 121 表示该林木属上层木，正常发育，进展林木；445 表示目标树，高标准原木，正常树冠。

（丁贵杰）

X 射线检验　X-ray test

以 X 射线图像可见的形态特征为依据检测种子质量的方法。优点是速度快，对种子无损伤，可区分饱满、空瘪、虫害和机械损伤的种子。采用 X 射线衬比摄影法，还可以快速测定种子的潜在发芽率。不足之处是检测技术和设备都较为复杂，在基层推广有一定困难。

X 射线于 1895 年由德国科学家伦琴（Röntgen）发现。1903 年，美国学者伦斯多姆（Lunstrom）将其应用到农业种子的测定中。1950 年，瑞典科学家斯马克（Simak）等人开始将 X 射线用于林木种子潜在发芽能力的快速测定中。1993 年，这一技术被添加至国际种子检验协会（ISTA）的《国际种子检验规程》中。中国是 1979 年由陈幼生、吴琼美首先发表了 X 射线研究林木种子质量的初报。

X 射线具有较强的穿透能力，波长较短的 X 射线可用于拍摄大而致密的物体；波长较长的 X 射线又称为软 X 射线，主要用于拍摄较小的物体，如种子。X 射线具有荧光性和感光性，可以使种子在胶片或相纸上形成图像。由于种皮、胚、胚乳等各种组织的厚度、密度不同，当 X 射线穿透不同组织时，其被吸收的量也不相同，最终到达感光材料上的数

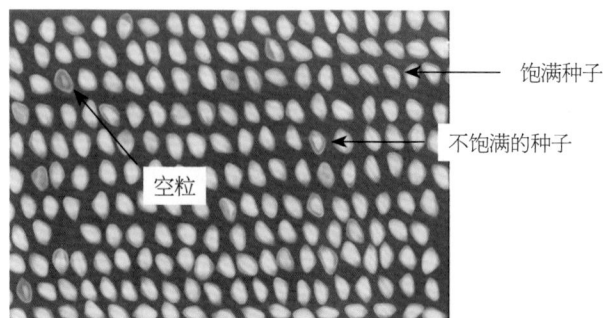

图 1　X 射线直接摄影的湿地松种子（李淑娴　摄）

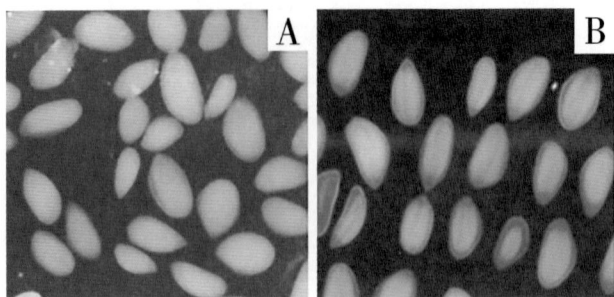

图2　X射线衬比摄影法（湿地松种子）（李淑娴　摄）

A. 有生活力的种子；B. 死亡种子

量也会有差异，冲洗胶片或相纸，即可得到明暗深浅不同的图像，据此可区分饱满粒、空瘪粒、虫害粒和机械损伤粒，并建立永久性的图像。

除了利用 X 射线直接摄影得到种子内部的图像，还可用 X 射线衬比摄影法（简称 XC 法）快速测定种子的潜在发芽能力。由于有生命力的生物膜具有选择透性，而死亡组织则丧失了这种能力，用衬比剂如氯化钡（$BaCl_2$）处理种子时，死亡种子吸收的衬比剂就比较多，而有生活力的种子则不吸收或极少量吸收衬比剂。软 X 射线摄影时，被渗有衬比剂的死亡组织强烈吸收 X 射线，穿透力减弱，不使感光片感光，呈现不透明的阴影。瑞典科学家斯马克（Simak）等利用该方法测定了欧洲赤松种子的潜在发芽能力。

参考文献

Dos Santos S A, da Silva R F, Pereira M G, et al, 2009. X-ray technique application in evaluating the quality of papaya seeds[J]. Seed Science & Technology, 37: 776-780.

International Seed Testing Association (ISTA), 2013. International rules for seed testing [S]. Switzerland : Bassersdorf.

（李淑娴）

I 级侧根数　number of first grade lateral root

从主根上直接分出的侧根的数量。

见苗木质量形态指标。

（刘勇）

条目标题汉字笔画索引

说　明

1. 本索引供读者按条目标题的汉字笔画查检条目。

2. 条目标题按第一字的笔画由少到多的顺序排列。笔画数相同的按起笔笔形横（一）、竖（｜）、撇（丿）、点（丶）、折（一，包括乛、乚、く等）的顺序排列。第一字相同的，依次按后面各字的笔画数和起笔笔形顺序排列。

3. 以外文字母、罗马数字和阿拉伯数字开头的条目标题，依次排在汉字条目标题的后面。

条目标题外文索引

说　明

1. 本索引按照条目标题外文的逐词排列法顺序排列。无论是单词条目，还是多词条目，均以单词为单位，按字母顺序、按单词在条目标题外文中所处的先后位置，顺序排列。如果第一个单词相同，再依次按第二个、第三个，余类推。

2. 条目标题外文中英文以外的字母，按与其对应形式的英文字母排序排列。

3. 为便于检索，部分条目标题外文将人名中的姓放在最前面，用逗号与其他词分开。

4. 条目标题外文中如有括号，括号内部分一般不纳入字母排列顺序；条目标题外文相同时，没有括号的排在前，括号外的条目标题外文相同时，括号内的部分按字母顺序排列。

5. 条目标题外文中有罗马数字和阿拉伯数字的，排列时分为两种情况：

①数字前有拉丁字母，先按字母顺序排再按数字顺序排列；英文字母相同时，含有罗马数字的排在阿拉伯数字前。

②以数字开头的条目标题外文，排在条目标题外文索引的最后。

Q

R

S

Y

Z

内容索引

说　明

　　1. 本索引是全书条目和条目内容的主题分析索引。索引主题按汉语拼音字母的顺序并辅以汉字笔画、起笔笔形顺序排列。同音时，按汉字笔画由少到多的顺序排列，笔画数相同的按起笔笔形横（一）、竖（丨）、撇（丿）、点（丶）、折（乛，包括丁、乚、く等）的顺序排列。第一字相同时按第二字，余类推。索引主题中夹有外文字母、罗马数字和阿拉伯数字的，依次排在相应的汉字索引主题之后。索引主题以外文字母、罗马数字和阿拉伯数字开头的，依次排在全部汉字索引主题之后。

　　2. 设有条目的主题用黑体字，未设条目的主题用宋体字。

　　3. 不同概念（含人物）具有同一主题名称时，分别设置索引主题；未设条目的同名索引主题后括注简单说明或所属类别，以利检索。

　　4. 索引主题之后的阿拉伯数字是主题内容所在的页码，数字之后的小写拉丁字母表示索引内容所在的版面区域。本书正文的版面区域划分如右图。

a	d
b	e
c	f

附 录

1.主要树种汉拉名称对照

阿丁枫（蕈树）	*Altingia chinensis*
矮箬竹	*Indocalamus pedals*
矮省藤	*Calamus pygmaeus*
桉树	*Eucalyptus* spp.
巴山木竹	*Bashania fargesii*
白哺鸡竹	*Phyllostachys dulcis*
白果（银杏）	*Ginkgo biloba*
白花泡桐	*Paulownia fortunei*
白桦	*Betula platyphylla*
白蜡树	*Fraxinus chinensis*
白皮松	*Pinus bungeana*
白松（红皮臭、红皮云杉、虎尾松）	*Picea koraiensis*
白松（华山松、华阴松、五须松、果松、马袋松、葫芦松）	*Pinus armandii*
白松（思茅松、卡锡松、喀西松）	*Pinus kesiya* var. *langbianensis*
白藤	*Calamus tetradactylus*
白榆（榆树、家榆）	*Ulmus pumila*
白玉兰（玉兰、望春、辛夷花）	*Yulania denudata; Magnolia denudata*
柏木	*Cupressus funebris*
薄叶润楠（华东楠）	*Machilus leptophylla*
本沁桉	*Eucalyptus benthamii*
滨海木麻黄	*Allocasuarina littoralis*
勃氏甜龙竹（甜龙竹）	*Dendrocalamus brandisii*
薄壳山核桃	*Carya illinoinensis*
侧柏	*Platycladus orientalis*
叉子圆柏（沙地柏、砂地柏、臭柏、爬柏、双子柏、天山圆柏、新疆圆柏）	*Juniperus sabina*

茶秆竹	*Pseudosasa amabilis*
檫木（檫树）	*Sassafras tzumu*
檫树（檫木）	*Sassafras tzumu*
柴树（辽东栎）	*Quercus wutaishanica*
长白落叶松（黄花落叶松）	*Larix gmelinii* var. *olgensis*
长毛松（云南松、飞松、青松）	*Pinus yunnanensis*
柽柳	*Tamarix chinensis*
赤桉	*Eucalyptus camaldulensis* var. *camaldulensis*
臭柏（叉子圆柏、沙地柏、砂地柏、爬柏、双子柏、天山圆柏、新疆圆柏）	*Juniperus sabina*
臭椿（樗树）	*Ailanthus altissima*
樗树（臭椿）	*Ailanthus altissima*
楮（构树）	*Broussonetia papyrifera*
川滇高山栎	*Quercus aquifolioides*
川滇无患子	*Sapindus delavayi*
川泡桐	*Paulownia fargesii*
垂柳	*Salix babylonica*
慈竹	*Bambusa emeiensis; Neosinocalamus affinis*
刺儿松（青杆、黑杆松、紫木树、红毛杉）	*Picea wilsonii*
刺槐（洋槐）	*Robinia pseudoacacia*
刺栲（红锥）	*Castanopsis hystrix*
刺紫檀	*Pterocarpus echinatus*
粗皮桉	*Eucalyptus pellita*
粗鞘省藤	*Calamus trachycoleus*
粗枝木麻黄	*Casuarina glauca*
翠柏	*Calocedrus macrolepis*
翠竹	*Sasa pygmaea*
大果紫檀	*Pterocarpus macarocarpus*
大花序桉	*Eucalyptus cloeziana*
大青杨	*Populus ussuriensis*
大叶慈（梁山慈竹）	*Dendrocalamus farinosus*
大叶黄杨	*Buxus megistophylla*
大叶榉（大叶榉树）	*Zelkova schneideriana*
大叶榉树（大叶榉）	*Zelkova schneideriana*
单叶省藤	*Calamus simplicifolius*

淡竹	*Phyllostachys glauca*
道生苹果	*Malus pumila* var. *praecox*
邓恩桉	*Eucalyptus dunnii*
滇南省藤	*Calamus henryanus*
滇润楠	*Machilus yunnanensis*
滇杨	*Populus yunnanensis*
电白省藤	*Calamus dianbaiensis*
杜仲	*Eucommia ulmoides*
短叶省藤	*Calamus egregius*
钝叶黄檀（牛肋巴）	*Dalbergia obtusifolia*
多果省藤	*Calamus walkeri*
多鳞藤	*Myrialepis paradoxa*
鹅毛竹	*Shibataea chinensis*
鹅掌楸（马褂木）	*Liriodendron chinense*
鄂西红豆（红豆树）	*Ormosia hosiei*
二球悬铃木（英国梧桐)	*Platanus hispanica*
法国梧桐（三球悬铃木）	*Platanus orientalis*
方竹	*Chimonobambusa* spp.
放射松（辐射松、苹果松、蒙特雷松、蒙达利松）	*Pinus radiata*
飞松（云南松、青松、长毛松）	*Pinus yunnanensis*
菲白竹	*Sasa fortunei*
菲黄竹	*Sasa auricoma*
粉单竹	*Bambusa chungii*
辐射松（放射松、苹果松、蒙特雷松、蒙达利松）	*Pinus radiata*
福建柏	*Fokienia hodginsii*
复羽叶栾树	*Koelreuteria bipinnata*
富士松（日本落叶松）	*Larix kaempferi*
刚竹	*Phyllostachys sulphurea*
高地钩叶藤	*Plectocomia himalayana*
高地省藤	*Calamus nambariensis* var. *alpinus*
戈塞藤	*Korthalsia robusta*
格木	*Erythrophleum fordii*
钩叶藤	*Plectocomia pierreana*
构树（楮）	*Broussonetia papyrifera*
光皮桦（亮叶桦）	*Betula luminifera*

光皮椋木（光皮树）	*Cornus wilsoniana*
光皮树（光皮椋木）	*Cornus wilsoniana*
桂花（木犀）	*Osmanthus fragrans*
桂南省藤	*Calamus austro-guangxiensis*
桂香柳（沙枣）	*Elaeagnus angustifolia*
桂竹	*Phyllostachys bambusoides*
国槐（槐树、槐）	*Sophora japonica*
果松（华山松、华阴松、白松、五须松、马袋松、葫芦松）	*Pinus armandii*
海南黄花梨（降香黄檀、花梨木）	*Dalbergia odorifera*
含笑	*Michelia figo*
旱柳	*Salix matsudana*
合果木（山桂花）	*Michelia baillonii; Paramichelia baillonii*
核桃楸（胡桃楸）	*Juglans mandshurica*
黑杆松（青杆、刺儿松、紫木树、红毛杉）	*Picea wilsonii*
黑杨与青杨杂交杨	*Populus deltoides × Populus cathayana*
红哺鸡竹	*Phyllostachys iridescens*
红豆杉	*Taxus wallichiana* var. *chinensis*
红豆树（鄂西红豆）	*Ormosia hosiei; Ormosia hosiei*
红桧	*Chamaecyparis formosensis*
红花玉兰	*Magnolia wufengensis*
红榄（秋茄树、水笔仔、茄行树、红浪、浪柴、茄藤树）	*Kandelia obovata; Kandelia candel*
红浪（秋茄树、水笔仔、茄行树、浪柴、茄藤树、红榄）	*Kandelia obovata; Kandelia candel*
红毛杉（青杆、刺儿松、黑杆松、紫木树）	*Picea wilsonii*
红楠	*Machilus thunbergii*
红皮臭（红皮云杉、白松、虎尾松）	*Picea koraiensis*
红皮云杉（红皮臭、白松、虎尾松）	*Picea koraiensis*
红松	*Pinus koraiensis*
红锥（刺栲）	*Castanopsis hystrix*
篌竹	*Phyllostachys nidularia*
胡桃楸（核桃楸）	*Juglans mandshurica*
葫芦松（华山松、华阴松、白松、五须松、果松、马袋松）	*Pinus armandii*
虎尾松（红皮臭、白松、红皮云杉）	*Picea koraiensis*
花梨木（降香黄檀、海南黄花梨）	*Dalbergia odorifera*
花榈木	*Ormosia henryi*

华北落叶松	*Larix gmelinii* var. *principis-rupprechtii*
华北五角枫（元宝枫、元宝槭、平基槭）	*Acer truncatum*
华东楠（**薄叶润楠**）	*Machilus leptophylla*
华东泡桐	*Paulownia kawakamii*
华山松（华阴松、白松、五须松、果松、马袋松、葫芦松）	*Pinus armandii*
华阴松（**华山松**、白松、五须松、果松、马袋松、葫芦松）	*Pinus armandii*
槐（槐树、国槐）	*Sophora japonica*
槐树（**槐**、国槐）	*Sophora japonica*
黄柏（**黄檗**、黄波罗）	*Phellodendron amurense*
黄波罗（**黄檗**、黄柏）	*Phellodendron amurense*
黄檗（黄波罗、黄柏）	*Phellodendron amurense*
黄花落叶松（长白落叶松）	*Larix gmelinii* var. *olgensis*
黄连木	*Pistacia chinensis*
黄藤	*Daemonorops jenkinsiana*
灰毛黄栌	*Cotinus coggygria* var. *cinerea*
火炬松	*Pinus taeda*
火力楠（**醉香含笑**）	*Michelia macclurei*
加拿大杨（欧美杨、**加杨**）	*Populus × canadensis; Populus euramericana*
加杨（欧美杨、加拿大杨）	*Populus × canadensis; Populus euramericana*
家榆（**榆树**、白榆）	*Ulmus pumila*
假蒿	*Kuhnia rosmarinifolia*
江孜沙棘	*Hippophae gyantsensis*
降香黄檀（海南黄花梨、花梨木）	*Dalbergia odorifera*
交趾黄檀	*Dalbergia cochinchinensis*
金佛山方竹	*Chimonobambusa utilis*
近无柄雅榕	*Ficus concinna* var. *subsessdilis*
巨桉	*Eucalyptus grandis*
巨柏	*Cupressus gigantea*
巨龙竹（歪脚龙竹）	*Dendrocalamus sinicus*
喀西松（**思茅松**、白松、卡锡松）	*Pinus kesiya* var. *langbianensis*
卡锡松（**思茅松**、白松、喀西松）	*Pinus kesiya* var. *langbianensis*
康定柳	*Salix paraplesia*
栲树	*Castanopsis fargesii*

孔雀杉（柳杉）	*Cryptomeria japonica* var. *sinensis*
苦槠	*Castanopsis sclerophylla*
苦竹	*Pleioblastus amarus*
兰考泡桐	*Paulownia elongata*
蓝桉	*Eucalyptus globulus* subsp. *globulus*
浪柴（**秋茄树**、水笔仔、茄行树、红浪、茄藤树、红榄）	*Kandelia obovata; Kandelia candel*
乐园苹果	*Malus pumila* var. *paradisiaca*
雷竹（**早竹**、天雷竹、燕竹）	*Phyllostachys violascens*
肋果沙棘	*Hippophae neurocarpa*
冷杉	*Abies fabri*
连香树	*Cercidiphyllum japonicum*
梁山慈竹（大叶慈）	*Dendrocalamus farinosus*
亮叶桦（光皮桦）	*Betula luminifera*
辽东栎（柴树）	*Quercus wutaishanica*
裂苞省藤	*Calamus multispicatus*
柳杉（孔雀杉）	*Cryptomeria japonica* var. *sinensis*
柳树	*Salix* spp.
柳条省藤	*Calamus viminalis*
柳叶沙棘	*Hippophae salicifolia*
龙柏	*Sabina chinensis*
龙竹	*Dendrocalamus giganteus*
栾树	*Koelreuteria paniculata*
落叶松（兴安落叶松）	*Larix gmelinii*
绿竹	*Bambusa oldhamii; Dendrocalamopsis oldhami*
麻鸡藤	*Calamus menglaensis*
麻栎	*Quercus acutissima*
麻竹	*Dendrocalamus latiflorus*
马袋松（**华山松**、华阴松、白松、五须松、果松、葫芦松）	*Pinus armandii*
马褂木（**鹅掌楸**）	*Liriodendron chinense*
马拉巴紫檀	*Pterocarpus marsupium*
马尾松	*Pinus massoniana*
马占相思	*Acacia mangium*
毛白杨	*Populus tomentosa*
毛鳞省藤	*Calamus thysanolepis*

毛泡桐	*Paulownia tomentosa*
毛竹	*Phyllostachys edulis*
美苞藤	*Calospathas cortechinii*
美国梧桐（一球悬铃木）	*Platanus occidentalis*
美丽箬竹	*Indocalamus decorus*
美洲黑杨	*Populus deltoides*
蒙达利松（**辐射松**、放射松、苹果松、蒙特雷松）	*Pinus radiata*
蒙古栎（柞树、柞木、柞栎）	*Quercus mongolica*
蒙古沙棘	*Hippophae rhamnoides* subsp. *mongolica*
蒙特雷松（**辐射松**、放射松、苹果松、蒙达利松）	*Pinus radiata*
米老排（**壳菜果**）	*Mytilaria laosensis*
闽楠（楠木）	*Phoebe bournei*
木荷	*Schima superba*
木患子（**无患子**、洗手果）	*Sapindus saponaria*
木麻黄	*Casuarina equisetifolia*
木麻黄属	*Casuarina* spp.
木棉	*Bombax ceiba*
木犀（桂花）	*Osmanthus fragrans*
南巴省藤	*Calamus nambariensis*
南酸枣	*Choerospondias axillaris*
楠木（**闽楠**）	*Phoebe bournei*
楠木（**桢楠**）	*Phoebe zhennan*
拟赤杨	*Alnus japonica*
柠檬桉	*Corymbia citrodoral*
柠条	*Caragana* spp.
柠条锦鸡儿	*Caragana korshinskii*
牛肋巴（**钝叶黄檀**）	*Dalbergia obtusifolia*
女贞	*Ligustrum lucidum*
欧美杨（**加杨**、加拿大杨）	*Populus × canadensis; Populus euramericana*
爬柏（**叉子圆柏**、沙地柏、砂地柏、臭柏、双子柏、天山圆柏、新疆圆柏）	*Juniperus sabina*
泡桐	*Paulownia* spp.
盆架子	*Alstonia scholaris*
霹雳省藤	*Calamus perakensis*
平基槭（**元宝枫**、元宝槭、华北五角枫）	*Acer truncatum*

苹果松（**辐射松**、放射松、蒙特雷松、蒙达利松）	*Pinus radiata*
菩提榕	*Ficus religiosa*
蒲葵	*Livistona chinensis*
朴树	*Celtis sinensis*
普陀樟（**天竺桂**、浙江樟）	*Cinnamomum japonicum*
铺地竹	*Sasa argenteastriatus*
七叶树	*Aesculus chinensis*
桤木（四川桤木）	*Alnus cremastogyne*
壳菜果（米老排）	*Mytilaria laosensis*
茄藤树（**秋茄树**、水笔仔、茄行树、红浪、浪柴、红榄）	*Kandelia obovata*; *Kandelia candel*
茄行树（**秋茄树**、水笔仔、红浪、浪柴、茄藤树、红榄）	*Kandelia obovata*; *Kandelia candel*
青海云杉	*Picea crassifolia*
青杆（刺儿松、黑杆松、紫木树、红毛杉）	*Picea wilsonii*
青钱柳	*Cyclocarya paliurus*
青松（**云南松**、飞松、长毛松）	*Pinus yunnanensis*
青檀	*Pteroceltis tatarinowii*
青杨	*Populus cathayana*
秋茄树（水笔仔、茄行树、红浪、浪柴、茄藤树、红榄）	*Kandelia obovata*; *Kandelia candel*
楸树	*Catalpa bungei*
楸叶泡桐	*Paulownia catalpifolia*
缺苞箭竹	*Fargesia denudata*
日本落叶松（富士松）	*Larix kaempferi*
绒毛白蜡（绒毛梣）	*Fraxinus velutina*
绒毛梣（**绒毛白蜡**）	*Fraxinus velutina*
榕树（小叶榕、细叶榕）	*Ficus microcarpa*
三球悬铃木（法国梧桐）	*Platanus orientalis*
桑树	*Morus alba*
杉木	*Cunninghamia lanceolata*
沙地柏（**叉子圆柏**、砂地柏、臭柏、爬柏、双子柏、天山圆柏、新疆圆柏）	*Juniperus sabina*
沙棘	*Hippophae* spp.
沙枣（桂香柳）	*Elaeagnus angustifolia*
砂地柏（**叉子圆柏**、沙地柏、臭柏、爬柏、双子柏、天山圆柏、新疆圆柏）	*Juniperus sabina*
山桂花（**合果木**）	*Michelia baillonii*; *Paramichelia baillonii*
山毛豆	*Tephrosia candida*

山桐子	*Idesia polycarpa*
山茱萸	*Cornus officinalis*
湿地松	*Pinus elliottii*
史密斯桉	*Eucalyptus smithii*
疏穗省藤	*Calamus laxissimus*
栓皮栎	*Quercus variabilis*
双子柏（**叉子圆柏**、沙地柏、砂地柏、臭柏、爬柏、天山圆柏、新疆圆柏）	*Juniperus sabina*
水笔仔（**秋茄树**、茄行树、红浪、浪柴、茄藤树、红榄）	*Kandelia obovata; Kandelia candel*
水曲柳	*Fraxinus mandshurica*
水松	*Glyptostrobus pensilis*
硕大黄藤	*Daemonorops ingens*
思茅松（白松、卡锡松、喀西松）	*Pinus kesiya* var. *langbianensis*
四川桤木（**桤木**）	*Alnus cremastogyne*
台湾泡桐	*Paulownia taiwaniana*
台湾杉（**秃杉**）	*Taiwania cryptomerioides*
檀香	*Santalum album*
檀香紫檀	*Pterocarpus santalinus*
天雷竹（**早竹**、雷竹、燕竹）	*Phyllostachys violascens*
天山圆柏（**叉子圆柏**、沙地柏、砂地柏、臭柏、爬柏、双子柏、新疆圆柏）	*Juniperus sabina*
天竺桂（浙江樟、普陀樟）	*Cinnamomum japonicum*
甜龙竹（**勃氏甜龙竹**）	*Dendrocalamus brandisii*
铁刀木	*Senna siamea ; Cassia siamea*
铁力木	*Mesua ferrea*
铁木（**蚬木**）	*Excentrodendron tonkinense*
秃杉（台湾杉）	*Taiwania cryptomerioides*
土沉香	*Aquilaria sinensis*
托里桉	*Corymbia torelliana*
歪脚龙竹（**巨龙竹**）	*Dendrocalamus sinicus*
王棕	*Roystonea regia*
望春（**玉兰**、白玉兰、辛夷花）	*Yulania denudata; Magnolia denudata*
尾叶桉	*Eucalyptus urophylla*
魏氏省藤	*Calamus whitmorei*
文冠果	*Xanthoceras sorbifolium*
乌桕	*Triadica sebifera; Sapium sebiferum*

乌鲁尔省藤	*Calamus ulur*
无患子（**木患子、洗手果**）	*Sapindus saponaria*
五须松（**华山松**、华阴松、白松、果松、马袋松、葫芦松）	*Pinus armandii*
西藏沙棘	*Hippophae tibetana*
西桦（**西南桦**、西南桦木）	*Betula alnoides*
西加省藤	*Calamus caesius*
西南桦（**西桦**、西南桦木）	*Betula alnoides*
西南桦木（**西南桦**、西桦）	*Betula alnoides*
洗手果（**无患子、木患子**）	*Sapindus saponaria*
喜树	*Camptotheca acuminata*
细省藤	*Calamus tenuis*
细叶桉	*Eucalyptus tereticornis*
细叶榕（**榕树**、小叶榕）	*Ficus microcarpa*
细枝木麻黄	*Casuarina cunninghamiana*
蚬木（**铁木**）	*Excentrodendron tonkinense*
响叶杨	*Populus adenopoda*
小省藤	*Calamus gracilis*
小叶锦鸡儿	*Caragana microphylla*
小叶榕（**榕树**、细叶榕）	*Ficus microcarpa*
小叶杨	*Populus simonii*
小叶紫檀	*Pterocarpus pamfoolius*
辛夷花（**玉兰**、白玉兰、望春）	*Yulania denudata; Magnolia denudata*
新疆杨	*Populus alba* var. *pyramidalis*
新疆圆柏（**叉子圆柏**、沙地柏、砂地柏、臭柏、爬柏、双子柏、天山圆柏）	*Juniperus sabina*
兴安落叶松（**落叶松**）	*Larix gmelinii*
兴楼省藤	*Calamus endauensis*
悬铃木	*Platanus* spp.
蕈树（**阿丁枫**）	*Altingia chinensis*
雅榕	*Ficus concinna*
燕竹（**早竹**、雷竹、天雷竹）	*Phyllostachys violascens*
洋槐（**刺槐**）	*Robinia pseudoacacia*
洋金凤	*Caesalpinia pulcherrima*
洋紫荆	*Bauhinia variegata*
一球悬铃木（**美国梧桐**）	*Platanus occidentalis*

异木麻黄属	*Allocasuarina* spp.
银桦	*Grevillea robusta*
银杏（白果）	*Ginkgo biloba*
银中杨	*Populus alba* 'Berolinensis'
印度黄檀	*Dalbergia sissoo*
印度紫檀	*Pterocarpus indicus*
英国梧桐（二球悬铃木）	*Platanus hispanica*
盈江省藤	*Calamus nambariensis* var. *yingjiangensis*
硬头黄竹	*Bambusa rigida*
油松	*Pinus tabuliformis*
油桐	*Vernicia fordii*
柚木	*Tectona grandis*
榆树（白榆、家榆）	*Ulmus pumila*
榆叶梅	*Amygdalus triloba*
玉兰（白玉兰、望春、辛夷花）	*Yulania denudata*; *Magnolia denudata*
'豫济'山桐子	*Idesia polycarpa* 'Yuji'
元宝枫（华北五角枫、元宝槭、平基槭）	*Acer truncatum*
元宝槭（华北五角枫、**元宝枫**、平基槭）	*Acer truncatum*
圆柏	*Juniperus chinensis*
约虎恩木麻黄	*Casuarina junghuhniana*
云南沙棘	*Hippophae rhamnoides* subsp. *yunnanensis*
云南省藤	*Calamus acanthospathus*
云南松（飞松、青松、长毛松）	*Pinus yunnanensis*
云南油杉	*Keteleeria evelyniana*
云杉	*Picea asperata*
杂交鹅掌楸	*Liriodendron chinense* × *L. tulipifera*
藏川杨	*Populus szechuanica* var. *tibetica*
早竹（雷竹、天雷竹、燕竹）	*Phyllostachys violascens*
柞栎（**蒙古栎**、柞树、柞木）	*Quercus mongolica*
柞木（**蒙古栎**、柞树、柞栎）	*Quercus mongolica*
柞树（**蒙古栎**、柞木、柞栎）	*Quercus mongolica*
樟树	*Cinnamomum camphora*
樟子松	*Pinus sylvestris* var. *mongolica*
杖藤	*Calamus rhabdocladus*
爪哇省藤	*Calamus javensis*

浙江楠	*Phoebe chekiangensis*
浙江樟（**天竺桂**、**普陀樟**）	*Cinnamomum japonicum*
浙南绿竹	*Bambusa oldhami*
桢楠（楠木）	*Phoebe zhennan*
直立省藤	*Calamus erectus*
中国沙棘	*Hippophae rhamnoides* subsp. *sinensis*
中间锦鸡儿	*Caragana intermediate*
中亚沙棘	*Hippophae rhamnoides* subsp. *turkestanica*
紫椴	*Tilia amurensis*
紫木树（**青杆**、**刺儿松**、**黑杆松**、**红毛杉**）	*Picea wilsonii*
紫楠	*Phoebe sheareri*
紫穗槐	*Amorpha fruticose*
紫檀	*Pterocarpus* spp.
紫竹	*Phyllostachys nigra*
棕榈	*Trachycarpus fortunei*
醉香含笑（火力楠）	*Michelia macclurei*
左旋康定柳（左旋柳）	*Salix paraplesia* var. *subintegra*
左旋柳（**左旋康定柳**）	*Salix paraplesia* var. *subintegra*

注：黑体为正名，宋体为别名。

2.主要树种拉汉名称对照

Abies fabri	冷杉
Acacia mangium	马占相思
Acer truncatum	元宝枫（华北五角枫、元宝槭、平基槭）
Aesculus chinensis	七叶树
Ailanthus altissima	臭椿（樗树）
Allocasuarina spp.	异木麻黄
Allocasuarina littoralis	滨海木麻黄
Alnus cremastogyne	桤木（四川桤木）
Alnus japonica	拟赤杨
Alstonia scholaris	盆架子
Altingia chinensis	蕈树（阿丁枫）
Amorpha fruticose	紫穗槐
Amygdalus triloba	榆叶梅
Aquilaria sinensis	土沉香
Bambusa chungii	粉单竹
Bambusa emeiensis	慈竹
Bambusa oldhami	浙南绿竹
Bambusa rigida	硬头黄竹
Bambusa oldhamii	绿竹
Bashania fargesii	巴山木竹
Bauhinia variegata	洋紫荆
Betula platyphylla	白桦
Betula alnoides	西南桦（西桦、西南桦木）
Betula luminifera	亮叶桦（光皮桦）
Bombax ceiba	木棉
Broussonetia papyrifera	构树（楮）
Buxus megistophylla	大叶黄杨
Caesalpinia pulcherrima	洋金凤
Calamus acanthospathus	云南省藤
Calamus austro-guangxiensis	桂南省藤
Calamus caesius	西加省藤
Calamus dianbaiensis	电白省藤

Calamus egregius	短叶省藤
Calamus endauensis	兴楼省藤
Calamus erectus	直立省藤
Calamus gracilis	小省藤
Calamus henryanus	滇南省藤
Calamus javensis	爪哇省藤
Calamus laxissimus	疏穗省藤
Calamus menglaensis	麻鸡藤
Calamus multispicatus	裂苞省藤
Calamus nambariensis	南巴省藤
Calamus nambariensis var. *alpinus*	高地省藤
Calamus nambariensis var. *yingjiangensis*	盈江省藤
Calamus perakensis	霹雳省藤
Calamus pygmaeus	矮省藤
Calamus rhabdocladus	杖藤
Calamus simplicifolius	单叶省藤
Calamus tenuis	细省藤
Calamus tetradactylus	白藤
Calamus thysanolepis	毛鳞省藤
Calamus trachycoleus	粗鞘省藤
Calamus ulur	乌鲁尔省藤
Calamus viminalis	柳条省藤
Calamus walkeri	多果省藤
Calamus whitmorei	魏氏省藤
Calocedrus macrolepis	翠柏
Calospathas cortechinii	美苞藤
Camptotheca acuminata	喜树
Caragana spp.	柠条
Caragana intermediate	中间锦鸡儿
Caragana korshinskii	柠条锦鸡儿
Caragana microphylla	小叶锦鸡儿
Carya illinoinensis	薄壳山核桃
Cassia siamea	铁刀木
Castanopsis fargesii	栲树
Castanopsis hystrix	红锥（刺栲）

Castanopsis sclerophylla	苦槠
Casuarina cunninghamiana	细枝木麻黄
Casuarina equisetifolia	木麻黄
Casuarina glauca	粗枝木麻黄
Casuarina junghuhniana	约虎恩木麻黄
Casuarina spp.	木麻黄属
Catalpa bungei	楸树
Celtis sinensis	朴树
Cercidiphyllum japonicum	连香树
Chamaecyparis formosensis	红桧
Chimonobambusa spp.	方竹
Chimonobambusa utilis	金佛山方竹
Choerospondias axillaris	南酸枣
Cinnamomum camphora	樟树
Cinnamomum japonicum	天竺桂（浙江樟、普陀樟）
Cornus officinalis	山茱萸
Cornus wilsoniana	光皮梾木（光皮树）
Corymbia citrodoral	柠檬桉
Corymbia torelliana	托里桉
Cotinus coggygria var. *cinerea*	灰毛黄栌
Cryptomeria japonica var. *sinensis*	柳杉（孔雀杉）
Cunninghamia lanceolata	杉木
Cupressus funebris	柏木
Cupressus gigantea	巨柏
Cyclocarya paliurus	青钱柳
Daemonorops ingens	硕大黄藤
Daemonorops jenkinsiana	黄藤
Dalbergia cochinchinensis	交趾黄檀
Dalbergia obtusifolia	钝叶黄檀（牛肋巴）
Dalbergia odorifera	降香黄檀（海南黄花梨、花梨木）
Dalbergia sissoo	印度黄檀
Dendrocalamopsis oldhami	绿竹
Dendrocalamus brandisii	勃氏甜龙竹（甜龙竹）
Dendrocalamus farinosus	梁山慈竹（大叶慈）
Dendrocalamus giganteus	龙竹

Dendrocalamus latiflorus	麻竹
Dendrocalamus sinicus	巨龙竹（歪脚龙竹）
Elaeagnus angustifolia	沙枣（桂香柳）
Erythrophleum fordii	格木
Eucalyptus benthamii	本沁桉
Eucalyptus camaldulensis var. *camaldulensis*	赤桉
Eucalyptus cloeziana	大花序桉
Eucalyptus dunnii	邓恩桉
Eucalyptus globulus subsp. *globulus*	蓝桉
Eucalyptus grandis	巨桉
Eucalyptus pellita	粗皮桉
Eucalyptus smithii	史密斯桉
Eucalyptus spp.	桉树
Eucalyptus tereticornis	细叶桉
Eucalyptus urophylla	尾叶桉
Eucommia ulmoides	杜仲
Excentrodendron tonkinense	蚬木（铁木）
Fargesia denudata	缺苞箭竹
Ficus concinna	雅榕
Ficus concinna var. *subsessdilis*	近无柄雅榕
Ficus microcarpa	榕树（小叶榕、细叶榕）
Ficus religiosa	菩提榕
Fokienia hodginsii	福建柏
Fraxinus chinensis	白蜡树
Fraxinus mandshurica	水曲柳
Fraxinus velutina	绒毛白蜡（绒毛梣）
Ginkgo biloba	银杏（白果）
Glyptostrobus pensilis	水松
Grevillea robusta	银桦
Hippophae gyantsensis	江孜沙棘
Hippophae neurocarpa	肋果沙棘
Hippophae rhamnoides subsp. *mongolica*	蒙古沙棘
Hippophae rhamnoides subsp. *sinensis*	中国沙棘
Hippophae rhamnoides subsp. *turkestanica*	中亚沙棘
Hippophae rhamnoides subsp. *yunnanensis*	云南沙棘

Hippophae salicifolia	柳叶沙棘
Hippophae spp.	沙棘
Hippophae tibetana	西藏沙棘
Idesia polycarpa 'Yuji'	'豫济'山桐子
Idesia polycarpa	山桐子
Indocalamus decorus	美丽箬竹
Indocalamus pedals	矮箬竹
Juglans mandshurica	核桃楸（胡桃楸）
Juniperus chinensis	圆柏
Juniperus sabina	叉子圆柏（沙地柏、砂地柏、臭柏、爬柏、双子柏、天山圆柏、新疆圆柏）
Kandelia candel	秋茄树（水笔仔、茄行树、红浪、浪柴、茄藤树、红榄）
Kandelia obovata	秋茄树（水笔仔、茄行树、红浪、浪柴、茄藤树、红榄）
Keteleeria evelyniana	云南油杉
Koelreuteria bipinnata	复羽叶栾树
Koelreuteria paniculata	栾树
Korthalsia robusta	戈塞藤
Kuhnia rosmarinifolia	假蒿
Larix gmelinii	落叶松（兴安落叶松）
Larix gmelinii var. *olgensis*	黄花落叶松（长白落叶松）
Larix gmelinii var. *principis-rupprechtii*	华北落叶松
Larix kaempferi	日本落叶松（富士松）
Ligustrum lucidum	女贞
Liriodendron chinense	鹅掌楸（马褂木）
Liriodendron chinense × *L. tulipifera*	杂交鹅掌楸
Livistona chinensis	蒲葵
Machilus leptophylla	薄叶润楠（华东楠）
Machilus thunbergii	红楠
Machilus yunnanensis	滇润楠
Magnolia denudata	玉兰（白玉兰、望春、辛夷花）
Magnolia wufengensis	红花玉兰
Malus pumila var. *paradisiaca*	乐园苹果
Malus pumila var. *praecox*	道生苹果
Mesua ferrea	铁力木
Michelia baillonii	合果木（山桂花）

Michelia figo	含笑
Michelia macclurei	醉香含笑（火力楠）
Morus alba	桑树
Myrialepis paradoxa	多鳞藤
Mytilaria laosensis	壳菜果（米老排）
Neosinocalamus affinis	慈竹
Ormosia henryi	花榈木
Ormosia hosiei	红豆树（鄂西红豆）
Osmanthus fragrans	桂花（木犀）
Paramichelia baillonii	合果木（山桂花）
Paulownia catalpifolia	楸叶泡桐
Paulownia elongata	兰考泡桐
Paulownia fargesii	川泡桐
Paulownia fortunei	白花泡桐
Paulownia kawakamii	华东泡桐
Paulownia spp.	泡桐
Paulownia taiwaniana	台湾泡桐
Paulownia tomentosa	毛泡桐
Phellodendron amurense	黄檗（黄波罗、黄柏）
Phoebe bournei	闽楠（楠木）
Phoebe chekiangensis	浙江楠
Phoebe sheareri	紫楠
Phoebe zhennan	楠木（桢楠）
Phyllostachys bambusoides	桂竹
Phyllostachys sulphurea	刚竹
Phyllostachys dulcis	白哺鸡竹
Phyllostachys edulis	毛竹
Phyllostachys glauca	淡竹
Phyllostachys iridescens	红哺鸡竹
Phyllostachys nidularia	篌竹
Phyllostachys nigra	紫竹
Phyllostachys violascens	早竹（雷竹、天雷竹、燕竹）
Picea asperata	云杉
Picea crassifolia	青海云杉
Picea koraiensis	红皮云杉（红皮臭、白松、虎尾松）

Picea wilsonii	青杆（刺儿松、黑杆松、紫木树、红毛杉）
Pinus armandii	华山松（华阴松、白松、五须松、果松、马袋松、葫芦松）
Pinus bungeana	白皮松
Pinus elliottii	湿地松
Pinus kesiya var. *langbianensis*	思茅松（白松、卡锡松、喀西松）
Pinus koraiensis	红松
Pinus massoniana	马尾松
Pinus radiata	辐射松（放射松、苹果松、蒙特雷松、蒙达利松）
Pinus sylvestris var. *mongolica*	樟子松
Pinus tabuliformis	油松
Pinus taeda	火炬松
Pinus yunnanensis	云南松（飞松、青松、长毛松）
Pistacia chinensis	黄连木
Platanus hispanica	二球悬铃木（英国梧桐)
Platanus occidentalis	一球悬铃木（美国梧桐）
Platanus orientalis	三球悬铃木（法国梧桐）
Platanus spp.	悬铃木
Platycladus orientalis	侧柏
Plectocomia himalayana	高地钩叶藤
Plectocomia pierreana	钩叶藤
Pleioblastus amarus	苦竹
Populus × *canadensis*	加杨（欧美杨、加拿大杨）
Populus adenopoda	响叶杨
Populus alba 'Berolinensis'	银中杨
Populus alba var. *pyramidalis*	新疆杨
Populus cathayana	青杨
Populus deltoides × *Populus cathayana*	黑杨与青杨杂交杨
Populus deltoides	美洲黑杨
Populus euramericana	加杨（欧美杨、加拿大杨）
Populus simonii	小叶杨
Populus szechuanica var. *tibetica*	藏川杨
Populus tomentosa	毛白杨
Populus ussuriensis	大青杨
Populus yunnanensis	滇杨

Pseudosasa amabilis	茶秆竹
Pterocarpus echinatus	刺紫檀
Pterocarpus indicus	印度紫檀
Pterocarpus macarocarpus	大果紫檀
Pterocarpus marsupium	马拉巴紫檀
Pterocarpus pamfoolius	小叶紫檀
Pterocarpus santalinus	檀香紫檀
Pterocarpus spp.	紫檀
Pteroceltis tatarinowii	青檀
Quercus acutissima	麻栎
Quercus aquifolioides	川滇高山栎
Quercus mongolica	蒙古栎（柞树、柞木、柞栎）
Quercus variabilis	栓皮栎
Quercus wutaishanica	辽东栎（柴树）
Robinia pseudoacacia	刺槐（洋槐）
Roystonea regia	王棕
Sabina chinensis	龙柏
Salix babylonica	垂柳
Salix matsudana	旱柳
Salix paraplesia	康定柳
Salix paraplesia var. *subintegra*	左旋康定柳（左旋柳）
Salix spp.	柳树
Santalum album	檀香
Sapindus delavayi	川滇无患子
Sapindus saponaria	无患子（木患子、洗手果）
Sapium sebiferum	乌桕
Sasa pygmaea	翠竹
Sasa argenteastriatus	铺地竹
Sasa auricoma	菲黄竹
Sasa fortunei	菲白竹
Sassafras tzumu	檫木（檫树）
Schima superba	木荷
Senna siamea	铁刀木
Shibataea chinensis	鹅毛竹
Sophora japonica	槐（槐树、国槐）

Taiwania cryptomerioides	秃杉（台湾杉）
Tamarix chinensis	柽柳
Taxus wallichiana var. *chinensis*	红豆杉
Tectona grandis	柚木
Tephrosia candida	山毛豆
Tilia amurensis	紫椴
Trachycarpus fortunei	棕榈
Triadica sebifera	乌桕
Ulmus pumila	榆树（白榆、家榆）
Vernicia fordii	油桐
Xanthoceras sorbifolium	文冠果
Yulania denudata	玉兰（白玉兰、望春、辛夷花）
Zelkova schneideriana	大叶榉树（大叶榉）

注：括号内为别名。

《中国林业百科全书》工作委员会